Gesamtverzeichnis des deutschsprachigen Schrifttums (GV) 1700 – 1910

Bearbeitet unter der Leitung von
Hilmar Schmuck und Willi Gorzny

Bibliographische und redaktionelle Beratung:
Hans Popst und Rainer Schöller

136

Sod – Spau

K · G · Saur München · New York · London · Paris 1985

CIP-Kurztitelaufnahme der Deutschen Bibliothek

Gesamtverzeichnis des deutschsprachigen Schrifttums :
(GV). -- München, New York, London, Paris : Saur.
Bd. 1 – 6 bearb. unter d. Leitung von Peter Geils
u. Willi Gorzny.
ISBN 3-598-30000-X

1700 – 1910 / bearb. unter d. Leitung von Hilmar
Schmuck u. Willi Gorzny. Bibliograph. u. red.
Beratung: Hans Popst u. Rainer Schöller

NE: Schmuck, Hilmar [Bearb.]

136. Sod - Spau. - 1985.

Techn. Realisierung und Druck: Norbert Gärtner, Mainz-Kastel
Binden: Karl Schaumann, Darmstadt
Printed in the Federal Republic of Germany
ISBN 3-598-30000-X (Gesamtwerk)

Soda, Kiichiro: Geld und Wert. Eine logische Studie. Tübingen 1009: Laupp. IX, 176 S. 8° ¶(Ersch. auch als Buch b. Mohr, Tübingen.)
Tübingen, Staatsw. Diss. v. 23. Juni 1909, Ref. Fuchs
(Nur in beschränkter Anzahl für den Austausch)
[Geb. 28. Febr. 81 Yokohama; Staatsangeh.: Japan; Studium: Freiburg i. B. 6, Tübingen 2 S.; Coll. 14. Jan. 09.] [U 09. 3989

Soda, Kiichiro, Geld u. Wert. Eine log. Studie. (IX, 176 S.) gr. 8. Tübingen 909. J. C. B. Mohr. 4. —

Sodale, der Augsburger. Red.: Leop. Riedmüller. 1. u. 2. Jahrg. Aug. 1905—Juli 1907. à 4 Nrn. (44 u. 52 m. 7. u. 13 Abbildgn.) Lex.-8. Augsburg (Literar. Institut v. Dr. M. Huttler). à Jhrg. — 60
Nicht im Handel.

Sodale, Der Marianische. Regel-, Gebet- und Gesangbuch zum Gebrauche der Congregationen der seligsten Jungfrau Maria, zunächst für die arbeitenden Stände, zusammengestellt von einem Priester der Gesellschaft Jesu. 32. (352 S.) In Calico geb. —.40
Graz: Moser 1896.

Sodale, der marianische. Regel-, Gebet- u. Gesangbuch zum Gebrauche d. Congregationen d. seligsten Jungfrau Maria, zunächst f. d. arbeit. Stände, zusammengest. v. e. Priester d. Gesellschaft Jesu. 16. (IV, 252 S.) Graz 897. U. Moser. Geb. in Leinw. n. — 70

Sodale, der marianische. Regel-, Gebet- u. Gesangbuch z. Gebrauche der Congregationen der seligsten Jungfrau Maria, zusammengestellt von e. Priester der Gesellschaft Jesu. 2. erweit. Ausg. 16. (IV, 264 S.) Graz 898. U. Moser. Geb. in Leinw. n. — 70

Sodalen-Korrespondenz

Sodalen-Correspondenz f. marian. Congregationen. Hrsg.: Frz. Doll. Red.: Ludw. Feix. 1. Jahrg. März 1895—Febr. 1896. 12 Nrn. (à ca. 12 S. m. Abb.) gr. 4. Wien (I, Sonnenfelsgasse 21), Administration u. Exped. d. Sodalen-Correspondenz. n. 2. 50

— dasselbe. Hrsg. unt. Mitwirkg. v. Priestern d. Gesellschaft Jesu v. Frz. Doll. Red.: Ludw. Feix. 2.—4. Jahrg. 1896—1898. à 12 Nrn. (à ca. 12 S. m. Abb.) gr. 4. Wien, Verl.-Buchh. „Austria". à Jahrg. 2. 50

Sodalen-Correspondenz für marianische Congregationen. Hrsg. unter Mitwirkg. v. Priestern der Gesellschaft Jesu v. Frz. Doll. Red.: L. Feix. 5.—8. Jahrg. 1899—1902. à 12 Nrn. hoch 4. (à ca. 16 S. m. Abbildgn.) Wien „Austria". à Jahrg. 2. 50

Sodalen-Korrespondenz f. marianische Kongregationen. Hrsg. unter Mitwirkg. v. Priestern der Gesellschaft Jesu v. Frz. Doll. Red.: L. Feix. 9. Jahrg. 1903. 12 Nrn. (à ca. 16 S. m. Abbildgn.) hoch 4. Wien, Styria. 2. 50
Fortsetzg., s.: Unter der Fahne Mariens!

Sodalis contritus hoc est motiva efficacia ad detestandum peccatum . . . Ingolstadii 1719. V: *Celt, Paul.* (Jes)

Sodalis Marianus. Verfassung, Statuten und Gebräuche der Congregationen der allerseligsten Jungfrau Maria. Zusammengestellt von einem Priester der Gesellschaft Jesu. 3. Aufl. Wien [1897]. V: *Schwärzler, Franz Xaver.* (EB)

Sodalis Marianus Friburgensis instructus de ortu, progressu et utilitate Congregationis . . . Friburgi Helvet. 1757. V: *Hildebrand, Thomas.* (Jes) (So)

Der Sodalist: vol. 1–54, no. 5, Dec. 1884—June 1938†
Roman Catholic monthly, published in English and German, the German text seems to begin in vol. 50, and to cease in vol. 51, no. 9, Aug. 1935. Published by Sodalities of St. Francis Church. Quarto, each issue 8 pages.
Cincinnati, OH

Sodalitati Archimedis ad tres abacos ferias saeculares pridie Kal. Febr. MDCCCXXXXII agenti Gymnasii Fridericiani director et professores. Altenburgi [1842]: Aulicus. 2 Bl. 2°
[Umschlagtit.]
Gedicht.

Sodan, Erich, approb. Arzt: Aus d. Königl. Frauenklinik zu Königsberg i. Pr. Ueber Schwangerschaft im rudimentären Nebenhorn. *Königsberg i. Pr. 1898: M. Liedtke.* (27 S.) 8°
Königsberg, Med. Diss. v. 5. Nov. 1898

Soddy, Frederick, die Entwickelung der Materie enthüllt durch die Radioaktivität. Wilde-Vorlesung, geh. am 23. II. 1904 in der literary and philosophical society in Manchester. Autoris. Uebersetzg. v. G. Siebert. (64 S.) gr. 8. Leipzig 904. J. A. Barth. n. 1. 60

Soddy, Frederick, die Natur des Radiums. Nach 6 an der Universität zu Glasgow im J. 1908 geh. freien populären Experimentalvorlesgn. bearb. Übers. v. G. Siebert. (XVI, 272 S. m. 31 Abb. im Text u. auf Taf.) 8. Leipzig 909. J. A. Barth.
5.— ; geb. in Leinw. 6. —

— die Radioaktivität, vom Standpunkt der Desaggregationstheorie elementar dargestellt. Unter Mitwirkg. v. L. F. Guttmann übers. v. G. Siebert. Mit 38 Abbildgn. im Text u. auf 1 Taf. (XII, 216 S.) gr. 8. Ebd. 904. n. 5. 60; geb. in Leinw. n. 6. 40

Soden am Taunus, Bad, seine Umgebung, seine Heilquellen u. örtlichen Verhältnisse. Ein Beitrag zur Würdigg. d. Bades, zugleich Rathgeber u. Führer f. Kurgäste. gr. 16. (17 S. m. Ansichten, Plan u. Karte.) Würzburg 893. L. Woerl. n. — 50; engl. Ausg. n. — 50

Soolbad u. Luftkurort Soden-Salmünster *Frankfurt (Main) [1902]: Kornsand & Co.* (16 S.) 8° [illegible] 0,10

v. **Soden,** d. Einflüsse uns. Gymnasiums auf d. Jugendbildung. 2. Aufl. Tüb. 884.

Soden, Graf. Ideen über Staatsschulden-Tilgung mit Anmerkungen des Herausgebers über eine neue, sehr vortheilhafte Verwendungsart der Domänen und über eine öffentliche Leihbank für die Grundbesitzer zu drey p. C. Zinsen. 12°. Wien 1814.

Soden, v., d. soziale Wirksamkeit d. im Amt stehenden Geistlichen, ihr Recht u. ihre Grenzen. Vortrag, geh. auf d. 7. evang.-sozialen Kongreß zu Stuttgart. [Aus: „Bericht d. 7. evang.-sozialen Kongreß".] gr. 8. (28 S.) Berlin-Carlshorst 896. H. Friedrich. n. — 50

Soden, von, Die sociale Wirksamkeit des im Amte stehenden Geistlichen, ihr Recht und ihre Grenzen. Vortrag, geh. auf dem 7. evangelisch-socialen Congress zu Stuttgart. gr. 8°. Berlin, K. G. Wiegandt, 1896,

Soden, Frhr. Arth. v., die Einflüsse unseres Gymnasiums auf die Jugendbildung. Betrachtet im Anschluss an das ärztl. Gutachten über das höhere Schulwesen Elsass-Lothringens, nebst einem Bericht über die Schule des Dir. Beust in Zürich. gr. 8. (44 S.) Tübingen 883, Fues. *
Aus: Correspondenzblatt für die Gelehrten- und Realschulen Württembergs, besonders abgedruckt.

—— dass. — Vorschläge für eine natur- und zeitgemässe Reform der Mittelschule. 2. erweit. Aufl. gr. 8. (XI, 100 S.) Ebendas. 884. *

Soden, C. v., Zolltarif des verein. Königreichs Großbrittanien und Irland, s. a. Zolltarif.

Soden C v, Zolltarif des vereinigt. Kgr. Grossbritannien u Irland. 1851. Hamburg 1851

Soden, Carl Theodor v., s. Soden, Karl Theodor v.

Soden, Emma v., eine tamulische Hochzeit, s.: Lotosblumen, indische. Nr. 7.

Soden, Eugenie v., Haidekraut. (XI, 180 S.) kl. 8. Stuttgart 905. M. Kielmann. n. 2. —

Soden, Eugenie v., der segnende Kinderfreund. 12. (15 S.) Basel 894. Jaeger & Kober. n. — 8

— die Leidensschule. 12. (24 S.) Ebd. 894. n. — 8

— aus meiner Mappe. 16. (V, 208 S.) Stuttgart 893. Greiner & Pfeiffer. Geb. in Halbleinw. m. Goldschn. n. 2. 50

— Unbekannt. Nach e. wahren Begebenheit erzählt. Neue Ster.=Ausg. (64 S.) 8. Reutlingen (903). Enßlin & Laiblin. — 20; kart. — 30

Soden, Eugenie v., von Freiheit zu Größe. Erzählung. (120 S.) kl. 8. Basel (910). E. Finckh. Brosch. od. kart. — 80; geb. 1. —

— Wissen ist Macht. Erzählung. (90 S.) kl. 8. Ebd. (910). Brosch. od. kart. — 80; geb. 1. —

Soden, Franz Ludwig v.

— Beitrr. zur Geschichte d. Kriegs in d. J. 1812 u. 13, besond. in Bezug des 6ten Regiments der damal. Fürstendivision des Rheinbundes. 8. Arnst. 821.

v. Soden, Frhrr. Frz., Beitrr. zur Geschichte des Kriegs in d. J. 1814 u. 15, besond. in Bezug auf die norddeutschen Bundestruppen. 8. Nürnb. u. Altdorf 829. Monath u. K. 8 Gr.

Soden, Frz. Frh. v., Beiträge z. Geschichte d. Kriegs in d. J. 1814 u. 15, besond. in Bezug auf d. norddeutschen Bundes=Truppen. 8. ($5^1/_2$ B.) Nürnberg 829, [Recknagel.]

Soden, Frz. Ludw. v., Beiträge zur Geschichte der Reformation und der Sitten jener Zeit mit besond. Hinblick auf Christoph Scheurl II. Nach archivar. u. andern handschriftl. Quellen bearb. Mit Scheurls (lith.) Bildniß nach Lucas Cranach u. 1 Fac Simile (2 lith. Taf. in 8. u. 4.). Nürnberg 855. Bauer u. Raspe. gr. 8. (XVI, 522 S.) 2 Thlr. 9 ngr.

v. Soden, Frhrr. Frz., historisch=topographische Beschreibung der uralten Kapelle zu Altenfurth bei Nürnberg. Mit 1 Grundriß u. 3 Ansichten. gr. 8. Nürnb. 834. Riegel u. Wießner. $^3/_8$ Thlr.

Soden, Frz. v., Geschichte d. ehemal. Weilers Affalterbach, Landgerichts Altdorf in Mittelfranken d. Königr. Bayern, Beitr. z. Kriegs= u. Sittengeschichte d. Mittelalters. Nach archivar. u. a. handschriftl. Quellen bearb. gr. 8. (11 B., 3 col. Bild. u. 6 Landsknechtsliedern.) Nürnberg 841, Recknagel. *

Soden, Frz. Frhr. v., Gustav Adolph und sein Heer in Süddeutschland von 1631 bis 1635. Zur Geschichte des 30jähr. Krieges. 1. und 2. Bd. Nach archival. und anderen Quellen bearb. gr. 8. Erlangen, Deichert. à Bd. * 2 Thlr. *

Inhalt:

Bd. 1. Von Gustav Adolphs Erscheinen in Süddeutschland bis zu seinem Tod. 1631 bis 1632. (XXII und 525 S. mit 1 chromolithogr. Plan in qu. Fol.) 865.

" 2. Von Gustav Adolphs Tode bis zur Eroberung von Regensburg durch König Ferdinand von Ungarn und Böhmen. 1633 bis 1634. (XX und 604 S. mit 1 lithogr. Ansicht.) 867.

Soden, Frz. Frhr. v., Gustav Adolph und sein Heer in Süddeutschland von 1631 bis 1635. Zur Geschichte des 30jähr. Krieges. 3. (Schluß=)Bd.: Von der Schlacht bei Nördlingen bis zum Prager Frieden. 1634 bis 1635. Nach archival. und anderen Quellen bearb. gr. 8. (XII, 499 S.) Erlangen 869, Deichert. [München, Brissel.] *
3 Bde. 1865—69. [München, Brissel.] (* M. 18.) M. 9.

— Kaiser Karl V. in Nürnberg. Zur Kriegs= und Sittengeschichte des 16. Jahrhunderts. Nach archivar. Quellen bearb. Nürnberg 858. Raw. 8. (IV, 173 S.) 20 ngr.

—— Kriegs= und Sittengeschichte der Reichsstadt Nürnberg vom Ende des sechzehnten Jahrhunderts bis zur Schlacht bei Breitenfeld, 7. (17.) September 1631. 3 Thle. gr. 8. Erlangen, Deichert. *

Inhalt:

Thl. 1. 1590 bis 1619. (XXIII und 572 S. mit 5 ill. Bildern.) 860. * 2 Thlr. 10 Ngr.

" 2. 1620 bis 1628. (XII und 457 S. mit 2 ill. Bildern.) 861. * 1 Thlr. 22 Ngr.

" 3. 1629 bis 1631. (X und 414 S. mit 3 ill. Bildern.) 862. * 1 Thlr. 22 Ngr.

—— die Kriegezüge der Nürnberger nach Lichtenberg und nach Ungarn. Zwei Monographieen aus der Kriegs= und Sitten=Geschichte des 15. Jahrh. Nach handschriftl. Quellen bearb. 8. (35 S. mit 1 lithogr. Ansicht.) Nürnberg 857, Recknagel. *

v. Soden. Leben und Schicksale des fürstl. Schwarzburgischen Kammerherrn und Oberstlieutenants Freiherrn Franz v. Soden, von ihm selbst beschrieben, hersg. von J. Baader. Als Mscr. gedr. 8. Nördlingen.

— Kaiser Maximilian II. in Nürnberg. Zur Geschichte des 16. Jahrh. Nach archival. u. andern Quellen bearb. Erlangen 866. Besold. gr. 8. (IV, 172 S. mit 2 color. Bildern u. 1 Ansicht in Stahlst.) n. 21 ngr.

— s. Memoiren aus russ. Kriegs-Gefangenschaft ...

——, Christoph Scheurl d. Zweite u. sein Wohnhaus in Nürnberg. Ein biograph.=histor. Beitr. z. Reformation u. zu d. Sitten d. 16. Jahrhunderts. gr. 8. ($9^1/_4$ B.) Nürnberg 837, Bäumler. (Leipzig, Liebeskind.)

Soden, Frz. v., der Sturm auf Belden. Monographie aus d. ersten Jahrzehend des 30jährigen Krieges. Mit 13 Schlacht- u. Lobgesängen. Nach handschriftl. Quellen bearb. 8. ($5^5/_8$ B.) Nürnberg 844, Recknagel. * —

Soden, Friedrich Julius Heinrich v.

— s. ABC- u. Lesebuch, Militär.

— Aletbia od. Ideen. 8. Leipz. Leo. 796.

Soden, Jul. Graf v. (Hrsg.), s. Almanach für Franken.

— zwei nationalökonom. Anführungen: 1) das idealische Getreidemagazin. 2) die National=Hypotheken=Bank. (Als Anh. zum 2n Bd. d. National=Oekonomie.) gr. 8. Leipz. 813. Barth. 8 Gr.

— Deutschlands Annalen des J. 1794, s. a. Annalen.

— Deutschlands Annalen des J. 1794, 1r Bd. 8. Wien, Alb. Doll. (a. Mauke in Chemnitz.) 796.

– s. Archiv des Wiener Congresses.

— Aurora, oder d. Kind d. Hölle. Schspl. in 5 A. Mit 4 Kpf. 8. Chemnitz 795. N. A. 809. Starke. 20 gr

v. Soden, Graf Fr. Jul. H., Aurora, od. dunkel sind die Wege der Rache. 8. Bresl. 801. Schall. 10 gr

— Bemerkk. üb. die Wellmersche Schrift: Was haben wir Baiern von der jüngsten Thronveränderung zu erwarten. 8. Nürnb. 826. Riegel u. W. 6 gr

— der Blinde; Schspl. in 5 A. 8. Ronneb. 798. Schumann in Zwickau. 18 gr

— Anna Boley; Trspl. 8. Nürnb. 791. Felssecker. 9 gr Mit Portr. 14 gr

— Anna Boley. Histor. Drama. Neuer Abdruck, s. oben Taschenbuch.

— Bianka Capello. Drama. 8. Leipz. 804. Baumgärtner. 1 Rthl.

— Ines de Castro. Trspl. 784. 2e Aufl. 8. Berl. 791. Maurers B. 7 gr

— s. Cervantes Novellen u. dess. Abentheuer d. Persiles.

(Soden, Friedrich Julius Heinrich Reichsgraf von): „Deutschland muß einen Kaiser haben", o. O. 1788.

Soden, Jul. v., Emmi, oder die zerbrochenen Eyer. In 8 Gesängen. 8. Aarau, Sauerländer. 819.

Graf v. Soden, Entwurf eines allgemeinen Kreditvereins für die größeren Gutsbesitzer im Königreich B.
Der Soden'sche Entwurf erhielt die Genehmigung der Regierung, wurde aber nicht verwirklicht, ist aber als Vorläufer der Bayr. Hyp- und Wechselbank und der Landwirtschaftsbank zu betrachten.
München 1823

— Entwurf e. allgem. Kreditvereins f. die größeren Gutsbesitzer im Königr. Baiern. gr. 8. Münch. 824, Fleischmann. 9 gr

Soden, Julius Gr von

Erzählungen. Bdchn 2. Mit 1 Titelkupfer.
Bamberg, Würzburg: Goebhardt 1823. 292 S. 8°

— Erzählungen. 2 Bde. 8. Bamb. 823. Wesché in Frankf. 2 Rthl. 16 gr

— Ernst, Graf v. Gleichen, Gatte zweier Weiber; Schspl. 8. Berl. 791. Maurers B. 10 gr

— Doctor Faust; Volksschspl. in 5 A. 8. Hamb., (Herold jun.) 12 gr

— Doctor Faust; Volksschspl. in 5 A., mit 1 Kpf. gr. 8. Augsb. 797. (Liebeskind in Leipz.) 8 gr

— üb. Nürnbergs Finanzen. 1r Abschn. gr. 8. Nürnb. 795. Felssecker. 2 gr

— die Franzosen in Franken 1796. Mit 2 Kpf. 8. Nürnb. 797 Pech. (v. Seidel in Sulzb.) 1 Rthl. 8 gr

— Gallerie des deutschen Theaters. No. 1. u. 2. gr. 4. Chemnitz 797. Hoffmann. 1 Rthl.

— Gedächtnißrede auf Joseph II. 8. o. O. 790.

Soden, Fr. Jul. Heinr. Graf von: „Geist der peinlichen Gesetzgebung", 4 Teile, Dessau 1782. — Neue Auflage 1792.

— Geist d. peinlichen Gesetzgebung Deutschlands. 2 Bde. gr. 8. Frankf. Eßlinger. 792.

— Geist der Criminalgesetze. 3 Bde. 8. (Hof) 782—784. Vierling. 2 Rthl. 2e Aufl. u. d. T.: Geist peinl. Gesetzgebung Deutschlands. 2e verm. Ausg. in 4 Bden. gr. 8. Frankf. a. M. 792. (Schäfer). 2 Rthl.

SODEN, J. F. v., Geist der teutschen Criminal-Gesetze. 3 Bde. Dessau 1783. 8°. (3 Mk., nur Bd. 2—3, A. Bielefeld, c. 1905.)
Von dem Ehbruch. — Vielweiberey. — Blutschande. — Sodomie. — Hurenwirthschaft u. Kupeley. — Von d. Entführung. — etc.

Soden, Jul. v., d. agrarische Gesetz, Beweis d. Nothwendigkeit e. Ackergesetzes ꝛc. 8. Augsb. Späth. 797.

Soden, (Friedr.) Jul. (Heinr.) Graf v., die annonarische Gesetzgebung. Versuch e. Systems üb. d. Getraidhandel u. d. Gesetze, nach welchen d. Staatsverwaltung in Absicht d. Getraides zu handeln hat. Nebst e. annonar. Bibliothek. gr. 8. (18 B.) Nürnberg 828, Riegel u. Wießner.

[Glaubensbekenntnis der Loge Joseph zur Einigkeit in Nürnberg. Aufgest. von Jul. Graf v. Soden. Dat.:] Nürnberg 1794. 1 Bl. 2°
cf. Geist, L.: Kurzgef. Gesch. d. L. Joseph z. Einigk., Nürnberg. [1861] S. 77—79.
Betr. Ziel u. Zweck d. Frmei u. Pflichten d. Frmr. Veranlasst durch d. Bewegung in Bayern gegen geheim. Gesellsch. u. insbes. gegen d. Illuminaten.

— die deutsche Hausmutter. Schspl. in 5 A. 8. Augsb. Späth. 18 gr (Nürnb., Zeh). 20 gr

—— Hortensien. Erzähln. aus geschichtl. Quellen. 8. (10½ B. u. 1 ill. Kpfr.) Nürnberg 829, Riegel u. Wießner.

v. Soden, Reichsgraf Fr. Jul. Hnr., Ideen üb. die Mittel, das Sinken des Preises der landwirthschaftl. Erzeugnisse, also auch des Grundeigenthums zu hemmen, u. jenem u. diesem zu sichern. gr. 8. Nürnb. 825. Riegel u. W. 9 gr

— Cameralistik für den Landadel. 8. Hof 784. Vierling. 20 gr

— Kleopatra; Trspl. 8. Berl. 793. Maurers B. 8 gr

– s. Kotzebue, A. v.: Menschenhaß u. Reue.

— Merkwürd. Criminal- u. Civilrechtsfälle, s. a. Criminal-Rechtsfälle.

Soden, Jul. Graf v.: Merkwürdige Kriminal- und Civil-Rechtsfälle. Bearb. von einem Jur. Privatvereine. Nürnberg u. Altdorf 1825.

– s.a. Landtag, Der baierische.

(v. Soden, Graf Jul.): Der baiersche Landtag v. J. 1819; ein Vers. *Nürnberg*, Riegel. 821. gr. 8. (1 Thl. 12 Gr.)

— Kaiser Heinrich IV. Leben u. Tod. Schspl. N. A. 8. Berl. 790. Maurers B. 9 gr

– s. Lindor und Ismene.

— der Maximilians-Kanal; üb. die Vereinigung der Donau mit dem Main u. Rhein. Mit 1 Karte. gr. 8. Nürnb. 822. Riegel u. W. 16 gr

– s.a. Mercur, D. französ.

— d. französische Merkur, f. d. Jahre 1801–4. 8 Bde. 8. Osnabrück, Blothe.

– s. Mit d. Glockenschlag zwölf.

— Mythologie der Christus-Religion, s. dess. philosoph. Schriften rc.

— die lange Nase, s. A. Müllner, Almanach für Privatbühnen. 2s Bdchen.

— Natalie u. Desalbe. 8. Hildburgh. 820. Kesselring. 1 rthl 6 gr

— die Nationalökonomie, e. philosoph. Versuch üb. den Nationalreichthum u. die Mittel, ihn zu befördern. 5 Thle. gr. 8. Leipz. 805—811. Barth. 7 rthl 15 gr Schrbp. 9 rthl (4r Thl. A. u. d. T.: Lehrbuch d. Nationalökonomie. — 5r Thl. A. u. d. T.: die National-Finanzwirthschaft.) — 6r Thl. A. u. d. T.: die Staatsnationalwirthschaft, Versuch üb. die Gesetze, zu Leitung der National-Production d. Landwirthschaft. gr. 8. Aarau 816. Sauerländer. 1 rthl 16 gr — 7r Bd. A. u. d. T.: die Staatspolizei, nach d. Grundsätzen d. Nationalökonomie. 817. Ebd. 1 rthl 3 gr — 8r Bd. A. u. d. T.: die Staats-Nationalbildung. Versuch über die Gesetze zur sittl. u. geistigen Bildung d. Volkes. 820. Ebd. 1 rthl 8 gr — 9r u. letzter Bd. A. u. d. T.: die Staats-Administration im engeren Sinne. gr. 8. Nürnb. 824. Riegel u. W. 1 rthl

— — Anhang dazu, s. H. W. Crome Ideen.

v. Soden, Reichsgr. Fr. Jul. Hnr., die Regerin, oder Lilliput, 2r Thl. Lstspl. 8. Berl. 790. Maurers B. 6 gr

— Neuigkeiten aus d. Reiche der Natur, der Politik, d. Wissenschaften u. Künste, zur Unterhaltung für beide Geschlechter. 12. Nürnb. 787.

– s.a. Palm, Jh. Ph.: Buchhändler.

(*Soden*, Julius Graf) *Joh. Phil. Palm*, Buchhändler zu Nürnberg (geb. 1766). Auf Napoleons Befehl hingerichtet zu Braunau, d. 26. Aug. 1806. **Ein Beitrag z. Geschichte des leztern (!) Jahrzehnds.** Der theilnehmenden Menschheit u. insbes. den edlen Wohlthätern gewidmet, von der Palmischen Familie. Nürnberg, in der Steinischen Buchhdlg. 1814. 8⁰. Stockfl. Unbeschn. in Ppb.

VI—1?0 S., 14 S. Verlagsartikel der Stein'schen Buchh. — S. 17—102 verkürzter Abdruck der berühmten Schrift „Deutschland in seiner tiefen Erniedrigung". O. O. (Nürnb., Stein) 180[illegible] [illegible] (Expl. in Leipzig, Bibl. des Börsen-Vereins d. Deutschen Buchh.), um derentwillen Palm (Inhaber obiger Firma) erschossen wurde. — In unserem Expl. ist zu Beginn der Vorrede (Bl. 2) am Rande mit Bleistift der Name des Verfassers dieser sehr selten geword. Schrift vom J. 180[illegible] so angegeben: „schrieb Joh. Christian Heinrich Adler, Rektor der Stadtschule zu Altorf bei Nürnberg." — Dasselbe. Ein Beitrag z. Geschichte d. Napoleonischen Fremdherrschaft. Neu hrsg. von Heinr. Merkens. Würzb. 1877. 8⁰.

Soden, Jul. Reichsgr. Die Produktensteuer. 1817.

— der Proceß; Lstspl. 8. Berl. 793. Maurers B. 5 gr

— Psyche, über Dasein, Unsterblichkeit und Wiedersehen. gr. 8. Nürnb. 794. Felssecker. 8 gr

— Psyche, ein Mährchen in 4 Büchern, e. Versuch zur Erklär. der Mythen des Alterthums. Mit 3 Kpf. 8. Berl. 801. Maurers B. 20 gr

v. Soden, Fr. Jul. Hnr., Psyche. Ein Mährchen in 4 Büchern. Mit Kpfrn. 8. Berlin 801, jetzt Heymann. 5/6 rthl

— der rasende Roland; Schspl. 8. Berl. 791. Maurers B. 5 gr

— Romio u. Juliette; e. dramat. Gedicht; nach della Cortes Geschichte v. Verona. gr. 8. Hamb. u. Leipz. 803.

— Rosalie v. Felsheim, oder Lilliput. Lstspl. 8. Berl. 785. N. A. 790. Maurers B. 8 gr

— Dass. N. A. 8. Hof 794. Grau. 9 gr

v. Soden, Reichsgr. Fr. Jul. Hnr., Schauspiele. 4 Bde. 1r Bd. Enth.: 1) Kleopatra. 2) Don Quixotte. 3) Der Proceß. 4) Arkadien. 8. Berl. 788. Maurers B. 18 gr 2r Bd. 1) Die Braut. 2) Der neue Timon. 3) Laura. 789. 20 gr 3r Bd. 1) Leben u. Tod Kaiser Heinrich IV. 2) Rosalie v. Felsheim, oder Lilliput, 1r Thl. 3) Die Regerin, oder Lilliput, 2r Theil. 790. 1 rthl 4r Bd. 1) Ernst, Graf v. Gleichen. 2) Ignaz de Castro. 3) Der rasende Roland. 8. Ebd. 791. Ebd. 20 gr

— philosoph. Schriften. 1r Bd. Auch u. d. T.: Mythologie der Christus-Religion; Ideen zu deren Veredlung. Ein Versuch. Mit 2 Kpf. 8. Augsb. (Osnabr.) 791. ... 12 gr

— philosophische Schriften. 1r Th. 8. Osnabrück, Karl. (Blothe.) 800.

— Franz v. Sickingen. Histor. Drama. gr. 8. Leipz. 808. N. A. 819. (Auc in Alt.) 16 gr

— christl. Sittentäflein, meiner lieben Schuljugend gewidmet. 12. Sulzb. 797. v. Seidel. 1 gr

— d. Spanier in Mexico od. 2r Bd. d. vorhergehenden, m. 6 K. 8. Ebend. 795.

— d. Spanier in Peru. 1r Bd. m. 5 K. 8. Berlin, Maurer. 793.

Soden, J. G. v. Die Staatsfinanzwirtschaft nach den Grundsätzen der Nationalökonomie. Ein Versuch. 8⁰. Leipzig 1811.

Graf J. v. Soden, Die Staatsfinanz-Wissenschaft. Leipzig, 1811. 6 Bde.

— die Staatshaushaltung. Eine Skizze z. Behuf öffentl. Vorlesungen; als Vorbereitung u. Einleit. zu der Kunde sämmtl. Zweige d. Kameralwissenschaften. gr. 8. Erlang. 812. Palm u. E. 10 gr

— Staats-Nationalbildung, s. o. oben: Nationalökonomie, 8r Bd.

Soden, Friedrich Julius Heinrich Graf von: „Die Staatsnationalbildung, Versuch über die Gesetze zur sittlichen und geistigen Vervollkommnung des Volkes" (= Band 8 der „Nationalökonomie"), Aarau 1820 (Sauerländer).

— die Staats-Polizei, s. o. oben: Nationalökonomie, 7r Bd.

Soden, Friedrich Julius Heinrich Graf von: „Die Staatspolizey nach den Grundsätzen der Nationalökonomie" (= Band 7 der „Nationalökonomie"), Aarau 1817 (Sauerländer).

— dramat. Taschenbuch für 1803. (Neuer Abdruck d. Anna Boley). 8. Osnabr., Blothe. 18 gr

— — die Theurung vom Jahr 1816. Versuch einer Darstell. der Quellen dieser Theurung und der Mittel, deren Wiedererscheinung auf immer zu verhüten. Beylage zum 9 d. der Nationalökonomie. gr. 8. Leipzig, Barth. 817.

Soden, Fr. Julius Heinrich Graf von: „Die Theuerung vom Jahre 1816. Versuch einer Darstellung ihrer Quellen und der unfehlbaren Mittel, ihre Wiedererscheinung für immer zu verhüten", Leipzig 1818 (Barth).

— Thalia u. Melpomene I. 1s 2s Hft. m. K. gr. 4. Chemnitz, Hoffmann. (Maute.) 797. (à 20 gr.)

— Thalia u. Melpomene. I. 1s u. 2s Hft. Mit 2 Kpf. gr. 4. Chemnitz 797. (Starke). 1 ₰ 8 gr

— Theater. 1r u. 2r Bd., mit d. Bildn. d. Verf. (1r Bd., enth.: Sadi, Schach v. Persien. Tragödie in 5 A. — Chelonis; Tragödie in 5 A. — Franz v. Sickingen; histor.-romant. Drama in 5 A. — 2r Bd. Medea; Tragödie in 5 A. — Franzesko Pizarro, oder d. Schwur im Sonnentempel; histor. Drama in 5 A. — Virginia; Tragödie in 5 A.) gr. 8. Aarau 814. Sauerländer. 3 ₰ — 3r Bd. (enth.: Das Bild von Albr. Dürer. Schspl. in 5 A. 819. 12 gr — Adels- u. Bürgerspiegel. Lstspl. in 5 A. 819. 16 gr — Die doppelte Comödie. Lstspl. in 4 A. 819. 12 gr) gr. 8. Ebd., Ebd. 1 ₰ 15 gr

– s.a. Todesstrafe, Die.

(——) die Todes-Strafe. gr. 8. (1½ B.) Nürnberg 830, Riegel u. Wießner.

– s. Vega, Lopez de: Schauspiele.

– s.a. Verfassungsurkunde, Über die, d. Königr. Baiern.

Ueber die Verfassungs-Urkunde des Königr. Baiern. Einige bescheidene Bemerkungen von dem Verfasser der Nationalökonomie. (*Graf Jul. v. Soden.*) *Nürnberg*, Riegel u. Wiessner. 819. gr. 8. (6 Gr.)

— Versöhnung u. Ruhe. Schspl. in 5 A. Wien 801. Wallishausser. 8 gr

— Virginia; Trspl. in 5 A. 8. Berl. 805. Maurers B. 18 gr

— Zoe, ein hohes Ideal zärtl. Weiblichkeit. 8. Berl. 805. Maurers B. 21 gr

— Zoe. Ein hohes Ideal zarter Weiblichkeit. Mit Kpfrn. 8. Berlin 824, jetzt Heymann. 7/8 ₰

Soden, Hans Frhr. v.: Die Cyprianische Briefsammlung, s.a. Texte u. Untersuchungen zur Geschichte der altchristlichen Literatur. N. F. X. 3.

Die Cyprianische Briefsammlung. Geschichte ihrer Entstehung u. Überlieferung. Von **Hans** Frh. v. **Soden.** *Leipzig: J. C. Hinrichs 1904.* (VIII, 268 S.) 8°
= **Texte u. Untersuchungen z. Geschichte d. altchristl. Literatur.** Bd 25, H. 3. (N. F. 10, H. 3.) [04. 16156]

Soden, Hans v., eine neue Handschrift des pseudo-cyprianischen Liber de rebaptismate. (9 S.) gr. 8. Rom 910. Loescher & Co. — 80

— Die Prosopographie des afrikan. Episkopats zur Zeit Cyprians. (26 S.) gr. 8. Ebd. 909. nn 1.

— Der Streit zwischen Rom u. Karthago üb. die Ketzertaufe. (42 S.) Lex. 8. Ebd. 909. nn 1. 60
Sonderabdruck aus: „Quellen u. Forschgn. a. ital. Archiven u. Biblioth."

— s.: Testament, das lateinische Neue, in Afrika zur Zeit Cyprians.

Soden, Hans Freiherr von: Theologische Thesen ... zur Erwerbung des Grades eines Lizentiaten der Theologie ... Berlin (1906): G. Schade. (2 Bl.) 4°
Berlin, Theol. Fak., Ref. Seeberg, Diss. v. 17. Jan. 1906
[Geb. 4. Nov. 81 Dresden; Wohnort: Berlin; Staatsangeh.: Preußen; Vorbildung: Friedrich Wilhelmsgymn. Berlin Reife M. 99; Studium: Berlin 8 S.; Rig. 19. Dez. 05.]

Soden, Herm. Frhr. v., s.: Abhandlungen, theologische.

Soden, Herm. Frhr. v., Bericht üb. die in der Kubbet in Damaskus gefundenen Handschriftenfragmente. (6 S.) gr. 8. Berlin 903. (G. Reimer.) n. — 50
Sonderabdruck a.: „Sitzungsber. d. preuss. Akad. d. Wiss."

Soden, H. v., der Brief d. Apostels Paulus an die Philipper. 8. (VII, 98 S.) Freiburg i/Br. 889. J. C. B. Mohr. cart. n. 1. —

— der Brief des Apostels Paulus an die Philipper. 2., durchgeseh. Aufl. (VI, 106 S.) 8. Tübingen 906. J. C. B. Mohr. n. 1. 50; geb. n. 2. —

— die Briefe an die Kolosser, Epheser, Philemon. Die Pastoralbriefe, s.a. Hand-Commentar zum Neuen Testament.

Soden, H[ermann] v.: Die Briefe an die Kolosser, Epheser, Philemon; die Pastoralbriefe. 2. verb. u. verm. Aufl. Freiburg i. B. & Leipzig: J. C. B. Mohr 1893. (3, VIII, 261 S.) 8°
= Hand-Commentar z. Neuen Testament. Bd 3. Abth. 1.

— die wichtigsten Fragen im Leben Jesu. (Ferienkurs-Vorträge.) (120 S.) 8. Berlin 904. A. Duncker. n. 2. —; geb. in Leinw. n.n. 2. 60

— Die wichtigsten Fragen im Leben Jesu. (Ferienkurs-Vorträge.) 2. verb. Aufl. (3. u. 4. Taus.) (122 S.) 8. Berlin 909. Charlottenburg, A. Glaue. 2. —; geb. in Leinw. 2. 60

— Frieden auf Erden. Ein Wort zum Streit ums Apostolikum. gr. 8. (24 S.) Berlin 892. A. Haack. n. — 50

— Hat Jesus gelebt? Aus den geschichtl. Urkunden beantwortet. 1.–20. Taus. (III, 54 S.) 8. Berlin-Schöneberg 910. Protestant. Schriftenvertrieb. — 50

Soden, H. v., Hebräerbrief, Briefe des Petrus, Jakobus, Judas, s.a. Hand-Kommentar zum Neuen Testament.

Soden, Hermann v.: Hebräerbrief, Briefe des Petrus, Jakobus, Judas. 3., verb. u. verm. Aufl. Freiburg i. B., Leipzig & Tübingen: J. C. B. Mohr 1899. (XII, 234 S.) 8°
= Hand-Commentar z. Neuen Testament. Bd 3. Abth. 2.

Ist die historisch-kritische Behandlung des Neuen Testaments berufen, seine Bedeutung für das religiöse Leben zu mindern oder zu steigern? Vortrag von Prof. D. Frh. [Hermann] v. **Soden.** Berlin-Schöneberg: Protestant. Schriftenvertrieb 1910. 8 S. 8°
Aus: Protokoll d. 5. Weltkongr. f. Freies Christentum u. Religiösen Fortschritt Berlin 1910. [10. 17288]

— s.: Kirchen, die evangelischen, u. der Staat.

Urchristliche Literaturgeschichte (die Schriften des Neuen Testaments) von D. Hermann Frh. v. **Soden.** Berlin: A. Duncker 1905. (237 S.) 8° [05. 1147 3]

(B) — Urchristliche Literaturgeschichte. 905. Jetzt: Charlottenburg, A. Glaue.

— Palästina u. seine Geschichte, s.a. Aus Natur u. Geisteswelt.

Soden H v, Palästina und seine Geschichte. (112 S 3 K) (Aus Natur und Geisteswelt 6) Leipzig 1899

Palästina und seine Geschichte. 6 volkstüml. Vorträge von Prof. D. H[ermann] Frh. v. **Soden.** Mit 2 Karten, 1 Pl. u. 6 Ansichten. 2. verb. Aufl. Leipzig & Berlin: B. G. Teubner 1904. (IV, 112 S.) 8° [J.]
= **Natur, Aus, u. Geisteswelt.** Bdch. 6. [05. 11376]

Soden, H. Frhr. v. Reformation u. soziale Frage, s.a. Zeitfragen, evangelisch-soziale.

Soden, H. Frhr. v., Reformation und sociale Frage. (Evangelisch-sociale Zeitfragen, 6. Heft.) Leipzig 1891.

Soden, H. v., Reisebriefe aus Palästina. 12. (VII, 216 S.) Berlin 898. J. Springer. Geb. in Leinw. n. 3. —

— Reisebriefe aus Palästina. 2. Aufl. 8. (VII, 216 S.) Berlin 901. J. Springer. Geb. in Leinw. n. 3. —

— die Schriften des Neuen Testaments, in ihrer ältesten erreichbaren Textgestalt hergestellt auf Grund ihrer Textgeschichte. 2 Bde. in 3 Abtlgn. gr. 8. (I. Bd., 1. Abtlg. XVI, 704 S.) Berlin (902). A. Duncker. Für vollständig n. 50. —; geb. n. 55. —

— Die Schriften des Neuen Testaments, in ihrer ältesten erreichbaren Textgestalt hergestellt auf Grund ihrer Textgeschichte. 2 Bde. in 3 Abtlgn. (I. Bd., 3 Abtlgn., XVI, X u. 1648 S.) gr. 8. Berlin 902—07. Göttingen, Vandenhoeck & Ruprecht. Für vollständig erh. Pr. 70.—; geb. 86. -

— „Und was thut die evangelische Kirche?" Erwogen angesichts der Reichstagswahlen, zumal in unseren Großstädten. 1.—3. Aufl. gr. 8. (60 S.) Berlin 890. G. Nauck. n. — 80

— unser täglich Brot gieb uns heute! Predigt nach den Reichstagswahlen vom 20. Febr. 1890. Geh. in der Jerusalemskirche in Berlin. gr. 8. (16 S.) Berlin 890. G. Nauck. n. — 20

Soden, v., wie erhalten wir unsere Toten zurück? Gedanken zum Totenfest. gr. 8. (8 S.) Berlin 894. (F. Rühe.) n. — 10

[F.] Wie erhalten wir unsere Toten zurück? Gedanken z. Totenfest. Von Prof. D. [Hermann Frh.] v. **Soden,** Prediger . . . *Berlin: [Selbstv.; in Comm. bei G. Nauck]; Dr. v. J. F. Starcke [1894].* (8 S.) 1 Bd 8. [96. 5034

Wodurch schützen wir das erwachende Geschlechtsleben unserer Jugend vor Überreizung und ihren Folgen? Referat auf d. 3. regelmäßigen Jugendfürsorge-Konferenz erstattet von Prof. D. Frh. [Hermann] v. **Soden.** Berlin 1908: Mittler. 20 S. 8°
(Schriften d. Deutschen Zentrale f. Jugendfürsorge. 1.) [10. 5183

SODEN, HUGO VON. Ueber Triphenylphosphin und einige Derivate desselben. (Tübingen) Leipzig, 1885.

Soden, Julius v., s. Soden, Friedrich Julius Heinrich v.

v. Soden, Graf Karl Aug., († d. 26. Jan. 1811.) Kameralistik f. d. Landadel. 2 Hfte. 8. Wallerst. 782, 83.

v. Soden, K. A., s. **Leben e. Leont. Bettlers.**

— Neuigkeiten aus d. Reiche der Natur, der Politik, d. Wissenschaften 2c. 12. Ansb. 786.

— s. Torrubia's Schildwache.

Soden, Karl Theodor v.

Soden, C. Th., von, Der Charterer. Hamburg 1854. 8°.

—— die Elbe und die Elbzölle. Ein publicist. Versuch. I. Heft.: Einleitung. Der eßlinger Zoll. gr. 8. (15 S.) Hamburg 853, B. S. Berendsohn. *

—— practisches Handbuch für Schiffscapitaine in Havarie-Angelegenheiten. 2., vollständig veränd. und verm. Aufl. 8. (XII und 119 S.) Hamburg 853, (Th. Niemeyer.) *

— practisches Handbuch für Schiffscapitaine in Havarie-Angelegenheiten. 2. vollständig veränd. u. sehr verm. Aufl. Hamburg 853. Salomon u. Co. 8. (XII, 119 S.) n. 1 ₰.

— und Henry A. Tobiesen, Nauta. Praktisches Handbuch für Seefahrer, Rheder und Kaufleute bei der Führung ihrer Correspondenz u. allen sonstigen Geschäfts-Angelegenheiten. Hamburg 854. Salomon u. Co. 8. (XV, 502 S. u. 1 Tab. in Fol.) n. 2 ₰.

—— und Henry A. Tobiesen, Nauta. Praktisches Handbuch für Seefahrer, Rheder und Kaufleute bei der Führung ihrer Correspondenz und allen sonstigen Geschäfts-Angelegenheiten. 8. (XIV und 502 S. mit 1 Tab. in qu. Fol.) Hamburg 854, (Trupp.) *

Soden, Carl Thdr. v., und Henry A. Tobiesen, Nauta. Praktisches Handbuch für Seefahrer, Rheder und Kaufleute bei der Führung ihrer Correspondenz und allen sonst. Geschäfts-Angelegenheiten. 2. Aufl. gr. 8. (XV und 502 S. mit 1 Tab. in qu. gr. 4.) Hamburg 855(61), Salomon und Comp.

Soden, Carl Th. v., des Auswanderers Schutz diesseits und jenseits des Oceans. Wegweiser für Auswanderer nach allen zur Einwanderung geeigneten Ländern und Gebieten in Nord-, Mittel- und Süd-Amerika, sowie in Australien, nebst einer vergleichenden Zusammenstellung der Münzen in 10 verschiedenen Staaten. gr. 8. (XX und 256 S. mit 2 Tab. in qu. Fol.) Hamburg 853, B. S. Berendsohn. *

Soden, Kurt Frhr. von, Referendar a. D. a. Offenbach a. M.: Bedeutung des § 325 Absatz 2 der Civilprozeßordnung. Marburg 1907: R. Friedrich. (IV, 99 S.) 8°
Marburg, Jur. Fak., Ref. Traeger, Diss. v. 16. Mai 1907
[Geb. 12. Apr. 82 Reutlingen (Württemberg); Wohnort: Offenbach; Staatsangeh.: Württemberg; Vorbildung: Gymn. Offenbach; Studium: Lausanne 1, München 2, Berlin 2, Marburg 3 S.; Rig. 27. Okt. 06.]

Soden, L. v., König Wilhelm's Kaiserfahrt. 8. (124 S.) Leipzig 884, Bergmann. * ℳ 2,50.; geb. *

(SODEN, M. v.), Auflösung einer geometrischen Aufgabe. Stade, d. 22. Martii 1770. U. Titelbl. 4. P.

Soden, Thdr. Frhr. v., das Invalidenversicherungsgesetz vom 22. VI. 1889/13. VII. 1899, s.: Handbibliothek, Leipz. jurist.

— dasselbe, s.: Hallbauer, Max.

Graf v. Soden-Frauenhofen und Frhr. v. Cetto.
Zum landwirtschaftlichen Kreditwesen.
(W)
München 1887

Sodenstern, Arth. v., **die Anfänge des stehenden Heeres in der Landgrafschaft Hessen-Kassel u. dessen Formationen bis zum Ende des 30jähr. Krieges. Nach Orig.- u. anderen Quellen bearb. Cassel 867. Freyschmidt. gr. 8.** (30 S.) n. 8 ngr.

(Sodenstern.) Ansichten über die Einübung des Felddienstes, analog der Waldersee'schen Ausbildungsmethode der Infanterie für das zerstreute Gefecht. Für jüngere Officiere bearbeitet von St. 8. Darmstadt 1857.

Sodenstern, Arth. v., das norddeutsche Bundes-Heer im Kampfe gegen Frankreich 1870 u. 1871. Vergleichende Uebersicht der Theilnahme jedes einzelnen Truppentheiles auf Grund der officiellen Verlustlisten zusammengestellt. Mit 6 Beilagen u. e. Uebersichts-Karte. 3 Lfgn. hoch 4. (XXIX, 237 S.) Kassel 871. Freyschmidt. à n. 2. 80

—— der Feldzug des königlich preussischen Generals der Infanterie Heinr. Aug. Baron de la Motte Fouqué in Schlesien 1760. Nach den besten Quellen zusammengestellt und bearb. 2., verb. und durch einen Anh. verm. Aufl. gr. 8. (XVII und 209 S. mit 2 lithogr. Plänen in 4. und Fol.) Cassel 867, Freyschmidt. cart.

Sodenstern, Arth. v., die Schlacht bei Bergen am 13. April 1759. Auf Grund des bisher noch nicht veröffentlichten Tagebuchs des Landgräflich Hessischen Generallieutenants v. Wutginau, sowie anderer Quellen u. genauer Kenntniss des Terrains dargestellt u. kritisch besprochen. Mit 1 (lith.) Plane (in 4.) u. 4 Anlagen. Kassel 864. Freyschmidt. gr. 8. (XVII, 93 S. u. 2 Tab. in 4.) n. 25 ngr.

(**v. Sodenstern, E.**) Zum Secularged ächtniss von 1758. Der Feldzug in Mähren, Belagerung und Entsatz von Olmütz. Von E. v. St. (263.) 8. M. 2 Pl. Frankfurt a. M. 1858. 3,00.

Sodenstern, E. v, Der Feldzug des Königlich Preussischen Generals der Infanterie Heinr. Aug. Baron de la Motte-Fouqué in Schlesien 1760. Nach den besten Quellen. Mit 2 Plänen. Cassel 1862. 8.

— — Instruktion des Felddienstes, gestützt auf die Waldersee'sche Ausbildungsmethode der Infanterie für das zerstreute Gefecht, in Verbindung mit kriegsgeschichtlichen Beispielen. Für jüngere Officiere der Infanterie bearbeitet von E. v. St. 8. Frankfurt a/M. 1858.

(Sodenstern.) Das Leben im Felde. Ein Lehr- und Lesebuch für junge Officiere und die Unterofficiere der Infanterie. Bearbeitet von E. v. St. Der Soldat auf dem Marsche. 8. Leipzig 1860.

Soder, Alfred. Exlibris. Mit einer Einführung von Carl Fr Schulz-Euler. [6 Bl. + 15 Tafeln.] 4. (Frankfurt a. M., Verlegt bei Carl Fr. Schulz, 1907.) [geb. M. 25.—]
(Dieses Werk — des Basler Künstlers A' S' — wurde ... in 200 Exemplaren für Subskribenten hergestellt. Radierungen [gedruckt durch] die Kunstkupferdruckerei von Heinrich Feh in Zürich.... — ... Exemplar ... No. 60.)
Dabei: Prospekt und Verzeichnis der Subscribenten....

Söder und die Bildergallerie daselbst. [Leipzig 1810.] V: *Seckendorf, Gust. Anton Freih. von.* (MGT)

Söder, vovez S. d. S. Roland.

Söder, Heinr., Merkbuch zum evangelischen Religionsunterricht nach Martin Luthers kleinem Katechismus f. Taubstummenanstalten, Hilfs- u. sonstige Elementarschulen. (VI, 65 S. m. 20 Abb.) 8. Leipzig 909. G. Reichardt. Kart. — 60

Söder, Heinr., die Methodik des Sprach-Unterrichts in Taubstummen-Anstalten. gr. 8. (III, 76 S.) Hannover 877. Helwing's Verl. n. 1. —

Söder, Heinrich: Programm der provenzialständischen Taubstummen-Anstalt zu Stade, s. Gude, W.

Söder, Heinr., Veranschaulichung der Zeiteintheilung [zwei color. Taf.]. Ein Lehrmittel zum Anschauungs-Unterrichte in Elementarschulen, Volksschulen, Taubstummen-Anstalten etc. Imp.-Fol. Wien 874, Pichler's Wwe. und Sohn.
In Mappe *
Auf Pappe aufgezogen *

Soeder, R. Ambr., poma sapientiae et flores devotionis seu meditationes consonantes et orationes flammantes de perfectione christiana tractantes. Ex hortulo Imitationis Christi compilatae. 12. (VIII, 64 S.) München 886, Stahl sen. *

Söder, Rud., der Begriff der Katholicität der Kirche u. des Glaubens nach seiner geschichtlichen Entwicklung dargestellt. Von der theolog. Facultät Würzburg gekrönte Preisschrift. gr. 8. (X, 231 S.) Würzburg 881. Woerl. n. 3. —

Söder, Rud. Biblische Parallelberichte od. ähnliche Erzählgn. aus dem alten u. neuen Bunde, behufs Erkenntnis der v. den Verfassern benützten Quellenschriften nach dem Urtexte zusammengestellt. gr. 8. (IV, 82 S.) Stuttg. 889, Söder. * 1 20

—— Weidmanns Wandern, Lieben u. Leiden. Lyrisch-vaterländ. Dichtg. 12. (XII, 168 S.) Ebd. 890. * 2 40

Söder, William, Referendar in Bremen: Die Mängelanzeige nach modernem Handelsrecht. ⟨H.G.B. § 377.⟩ Bremen 1907: Diercksen & Wichlein. (IX, 51 S.) 8°
Leipzig, Jur. Fak., Diss. v. 17. Juni 1907
[Geb. 1. Aug. 82 Bremen; Wohnort: Bremen; Staatsangeh.: Bremen; Vorbildung: Gymn. Bremen Reife O. 03; Studium: Freiburg i. B. 3, Berlin 1, Kiel 3 S.; Rig. 24. Nov. 06.]

Söderbaum, Henrik Gustaf

Söderbaum, H. G., s. Berzelius, Jakob, selbstbiographische Aufzeichnungen.

Über Metalltrennungen mittelst Acetylen. Von H[enrik] G[ustaf] **Söderbaum.** Stockholm 1900. P. A. Norstedt & söner. (25 S.) 8°
= Handlingar, K. Svenska Vetenskaps-Akademiens. Bihang. Bd 25, Afd. 2, No 5.

Söderbaum, H. G., Berzelius' Werden u. Wachsen, s.a. Monographien zur Geschichte der Chemie. 3.

Berzelius' Werden und Wachsen 1779–1821. Von H. G. Söderbaum in Stockholm. Mit 1 Titelbild. Leipzig: J. A. Barth 1899. (XI, 228 S.) 8°
= Monographien aus d. Geschichte d. Chemie. H. 3.

SÖDERBAUM, H. G. Berzelius' Werden und Wachsen, 1779–1821. Leipzig, 1809. 8vo. Portrait.

Söderbaum, P. H. (Ed.), s. Lysias

Söderberg, D., Abhandl. von d. Hämorrhoiden; aus d. Engl. 8. Altenb. 778. Richter. (Akadem. B. in Jena). 6 gr

Soederberg, Eduard, Gassenlieder. Autoris. Uebersetzg. v. Max Bamberger. (77 S.) 12. Strassburg 902. J. Singer. n. 1. 50; geb. n. 2. 50

Söderberg, Gunnar, a. Stockholm: Die Handelsbeziehungen zwischen Schweden und Deutschland. Leipzig 1906: (O. Leiner.) (180 S.) 8°
Leipzig, Phil. Fak., Ref. Stieda-Bücher, Diss. v. 18. Febr. 1907
[Geb. 27. Juli 81 Stockholm; Wohnort: Stockholm; Staatsangeh.: Schweden; Vorbildung: Realsch. Stockholm Reife Mai 01; Studium: Upsala 4, Leipzig 5 S.; Rig. 16. Mai 06.]

Söderberg, Gunnar, die Handelsbeziehungen zwischen Schweden u. Deutschland. Diss. (V, 180 S.) 8. Leipzig 906. (Stockholm, C. E. Fritze.) 3. 20

Doktor Glas. Roman von Hjalmar **Söderberg.** Berlin & Leipzig: Schuster & Loeffler 1907. (241 S.) 8° [F.] [07. 17494]

— Historietten. Autoris. Uebertragg. v. Francis Maro. (218 S.) 8. Ebd. 905. n. 2. 50; geb. in Leinw. n. 3. 50

Söderberg, Hjalmar, Martin Birck's Jugend. (Autoris. Uebertragg. v. Francis Maro. Titel-Zeichnung v. Heinr. Vogeler.) (235 S.) kl. 8. Leipzig 904. Insel-Verlag. n. 2. —; geb. n. 3. —

Zur Theorie der imprimitiven und der dekomposabeln auflösbaren Gruppen von J[akob] T[eodor] **Söderberg.** *Upsala 1899: E. Berling.* (26 S.) 4°
— Acta, Nova, Reg. Societatis scient. Upsaliensis. Ser. 3. Vol. 20, Fasc. 1. Sectio phys. math. 1. [03. 3161]

Einige Untersuchungen in der Substitutionstheorie und der Algebra von J[akob] T[eodor] **Söderberg.** Upsala 1892: E. Berling. (38 S.) 4°
in : Acta, Nova, Reg. Societatis Scient. Upsaliensis. Ser. 3. Vol. 15, Fasc. 1.

Söderblom, Nathan, Kompendium der Religionsgeschichte, s.: Tiele.

Die Religion und die soziale Entwickelung. Vortrag auf d. 1. religionswiss. Kongr. in Stockholm geh. 1897 von Nathan **Söderblom**, Pfarrer, Paris. Freiburg i. B., Leipzig & Tübingen: J. C. B. Mohr 1898. (96 S.) 8°
— [**Sammlung** gemeinverständl. Vorträge u. Schriften aus d. Geb. d. Theol. u. Religionsgeschichte. 10.] [06. 9379

— die Religionen der Erde, s.a. V o l k s b ü c h e r, religionsgeschichtliche.

Die Religionen der Erde. Von Prof. D. Nathan **Söderblom**-Upsala. 1.–10. Taus. Halle a. S.: Gebauer-Schwetschke 1905. (64 S.) 8° [F.]
— **Volksbücher**, Religionsgeschichtl., f. d. deutsche christl. Gegenwart. Reihe 3, H. 3. [05. 10484

Söderblom, Nathan, Vater, Sohn u. Geist unter den hl. Dreiheiten u. vor der religiösen Denkweise der Gegenwart, s.a. S a m m l u n g gemeinverständlicher Vorträge u. Schriften aus dem Gebiete der Theologie. 58. Heft.

V a t e r , Sohn und Geist unter den heiligen Dreiheiten und vor der religiösen Denkweise der Gegenwart. Von D. Nathan **Söderblom**, Prof., Upsala. Tübingen: Mohr 1909. III, 73 S. 8°
(Sammlung gemeinverständl. Vorträge u. Schriften aus d. Geb. d. Theol. u. Religionsgeschichte. 58.)

Söderhjelm, W., Petrarca in der deutschen Dichtung. gr. 4. (44 S.) Helsingfors 886. (München, Buchholz und Werner.) **
Aus: Acta societatis scientiarum fennicae, besonders abgedruckt.

Söderhjelm, Werner (Hrsg.), s. G a t i n e a u , Péan: Leben und Wunderthaten des heiligen Martin.

Soderholtz, E. E., examples of colonial architecture in South Carolina and Georgia, s.: Crane, Edward A.

Soderholz, E. E., alte Bauwerke im Kolonialstil aus den nordamerikanischen Unionstaaten Südkarolina u. Georgia, s.: C r a n e, C. A.

Söderström, C. E. A., carmina selecta. (Zum Tl. in schwed. Sprache.) 2 voll. gr. 8. (LXXII, 249 u. 272 S. m. 2 Bildn.) Nyköping 895. (Lund, Hj. Möller's Univ.-Buchh.) n. 8. 50

Söderström, Hugo, die Bürgermeisterwahl. Ein humorist. Epos m. lyr. Einlagen. 8. (VII, 224 S.) Leipzig 886. Kittler. geb. m. Goldschn. n. 4. 50

Söderström, Hugo, die Bürgermeisterwahl. Ein humorist. Epos m. lyr. Einlagen. 2. Aufl. 12. (VII, 224 S.) Leipzig 893. L. A. Kittler. Geb. in Leinw. n. 2. —

Söderström, Hugo, die Bürgermeisterwahl. Ein humorist. Epos m. lyr. Einlagen. 3. Aufl. (Prachtausg.) Lex.-8. (VIII, 224 S. m. Bildnis u. 5 Taf.) Melle 899. F. E. Haag. Geb. in Leinw. n. 8. —

S ö d e r s t r ö m, Hugo, über den Begriff: „Kunst." Eine Abhandlung für die Volksanschauung. 8. (67 S.) Grünberg 867. Levysohn. *

S ö d e r s t r ö m, Hugo, Sternenlicht und Wetterleuchten. Novelle. gr. 8. (99 S. mit Titelbild, Holzschntaf.) Grünberg 874. Weiß. *M. 2,80.; geb. mit Goldschn. *

Söderström, Hugo (Red.), s. W o l l e n g e w e r b e , Das deutsche.

Sodeur, Gottlieb

Sodeur, G.: Johann C a l v i n , s.a. A u s Natur u. Geisteswelt.

S o d e u r , G[ottlieb]. Johann Calvin. Mit einem Bildnisse Calvins [Tafel]. VIII + 100 S. 8. Leipzig, B. G. Teubner, 1909. (M 1. —, geb. 1. 25)
Aus Natur und Geisteswelt. Sammlung wissenschaftlich-gemeinverständlicher Darstellungen. Bändchen 247.

Sodeur, G., Luther u. die Freiheit, s.a. F l u g s c h r i f t e n des Evangelischen Bundes. 235.

Luther und die Freiheit. Von Dr. G[ottlieb] **Sodeur,** Pfarrer. Leipzig: C. Braun in Komm. 1905. (23 S.) 8° [F.]
— **Flugschriften** d. Evangel. Bundes. 235. [05. 9794

— Luther u. die Lüge. Eine Schutzschrift. (IV, 55 S.) 8. Leipzig 904. Breitkopf & Härtel. n. — 80

Sodeur, Gottlieb [Pfarrer]: Vergleichende Untersuchung der Staatsidee Kants und Hegels ... Borna, Druck v. R. Noske, 1893; 2 Bl., 68 S. 8.
Erlangen, Phil. Fak., Inaug.-Diss. v. 1893

Sodeur, J. G., Erlebnisse und Abenteuer eines Deutschen bei der französischen Fremdenlegion in Africa. [1856 bis 1858.] In humoristisch-pittoresken Bildern. Leipzig 859. Kollmann. 16. (XII, 227 S.) n. 20 ngr.

SODINA, D i e v o r t r e f f l i c h e C o r s i c a n e r i n —. Aus dem Französischen ins Teutsche übersetzt. (Kl. typ. Ornam.) Franckfurt und Leipzig, 1755. 8°. Rar!
Zahme Avanturen u. Seeräubergeschichten. 205 S. (incl. Tit. u. 2 Bll. Vorr.). Mit interess. Titelkpf., unten beigestochen:
Difficilia, qvæ pulcra.
Was uns gefällt und scheinet fein,
Muß erst mit Müh erworben sein.

Soeding, Henricus [Hannoveranus]: De infinitivi apud Martialem usurpatione ... Marburgi, 1891; 43 S., 1 Bl. 8.
Marburg, Phil. Fak., Inaug.-Diss. v. [28. Jan.] 1892

Söding, Wilhelm

Söding, W., Leitfaden in der neuen deutschen Rechtschreibung nebst Wörterverzeichnis u. Verdeutschung der gebräuchlichsten Fremdwörter. Für den Schul- u. Selbstunterricht bearb. gr. 8. (47 S.) Essen 902. Fredebeul & Koenen. n. — 30

Söding, W., Leitfaden in der neuen deutschen Rechtschreibung nebst Wörterverzeichnis u. Verdeutschung der gebräuchlichsten Fremdwörter. Für den Schul- u. Selbstunterricht bearb. 2., verm. u. verb. Aufl. (55 S.) 8. Essen 903. Fredebeul & Koenen. n. — 30

Söding, W., U e b u n g s b u c h f. d. deutschen Sprachunterricht in der Volksschule. Schülerheft. 3 Tle. 2., verb. Aufl. 12. Arnsberg, J. Stahl. n.n. — 70
1. Uebungen f. d. Unter- u. Mittelstufe. 3. Aufl. (20 S.) 897. n.n. — 15
2. Uebungen f. d. Oberstufe. 2. Aufl. (32 S.) 896. n.n. — 25
3. Uebungen f. d. oberen Jahrgänge mehrklass. Schulen. (47 S.) 897. n. — 30

Ü b u n g s b u c h für den deutschen Sprachunterricht in d. Volksschule v. W. **Söding** . . . Schülerheft. Tl 1–3. Arnsberg: J. Stahl 1897. 3 Bde 8°
1. Übgn f. d. 3. u. 4., bezw. 3., 4. u. 5. Jg. 4. Aufl. (20 S.)
2. Übgn f. d. Oberstufe. 3. verb. Aufl. (35 S.)
3. Übgn f. d. oberen Jahrgänge mehrklass. Schulen '(3. Tausend)'. (47 S.)

— Übungsbuch f. den deutschen Sprachunterricht in der Volksschule. 1. u. 2. Tl. Schülerheft. 8. Arnsberg 901. J. Stahl. n. — 40
1. Übungen f. den 3. u. 4., bezw. 3., 4. u. 5. Jahrg. 8. Aufl. 35.—38. Taus. (20 S.) n. — 15
2. Übungen f. den 5. u. 6., bezw. 6., 7. u. 8. Jahrg. 6. Aufl. 25.—28. Taus. (35 S.) n. — 25

Übungsbuch für den deutschen Sprachunterricht in der Volksschule von W[ilhelm] **Söding**. Schülerheft. T. 1–3. *Arnsberg: J. Stahl 1902.* 3 Bde 8° [F.]
1. Übungen f. d. 3. u. 4. oder f. d. 3., 4. u. 5. Jg. 10. verb. Aufl.
2. Übungen f. d. 5. u. 6. oder f. d. 6., 7. u. 8. Jg. 8. verb. Aufl.
3. Übungen f. d. 7. u. 8. Jg. mehrklass. Schulen. 3. verb. Aufl. [03. 8839 6

— U e b u n g s b u c h f. d. deutsch. Sprachunterricht in d. Volksschule. 3 Tle. Schülerheft. 8. Arnsberg, J. Stahl. n. — 85
1. Uebungen f. den 3. u. 4. od. f. den 3., 4. u. 5. Jahrg. 13. Aufl. 56.—60. Taus. (29 S.) 905. n. — 20
2. Uebungen f. den 5. u. 6. od. f. den 6., 7. u. 8. Jahrg. 11. Aufl. 46.—50. Taus. (45 S.) 906. — 30
3. Uebungen f. den 7. u. 8. Jahrg. mehrklassiger Schulen. 3., verb. Aufl. 6.—10. Taus. (54 S.) 902. n. — 35

Söding, W., Übungsbuch f. den deutschen Sprachunterricht in der Volksschule. (3 Tle.) I. Tl. Schülerheft. 8. Arnsberg, J. Stahl. — 20
I. Übungen f. den 3. u. 4. od. f. den 3., 4. u. 5. Jahrg. 14. Aufl. 61.—65. Tauf. (29 S.) 906.

Übungsbuch für den deutschen Sprachunterricht in der Volksschule von W[ilhelm] Söding. 5. verb. Aufl. T. 1. Arnsberg: J. Stahl 1906. 8° [J.]

— dasselbe. Lehrerheft. 3 Tle. 2., verb. Aufl. 12. Ebd. Kart. à n. — 60
1. Uebungen f. d. Unter- u. Mittelstufe. (45 S.) 896.
2. Uebungen f. d. Oberstufe. (69 S.) 896.
3. Uebungen f. d. oberen Jahrgänge mehrklaff. Schulen. (81 S.) 898.

Übungsbuch für den deutschen Sprachunterricht in der Volksschule von W[ilhelm] Söding. Lehrerheft. T. 1–3. *Arnsberg: J. Stahl 1902.* 3 Bde 8° [J.]
1. Übungen f. d. 3. u. 4. oder f. d. 3., 4. u. 5. Jg. 4., verb. Aufl.
2. Übungen f. d. 5. u. 6. oder f. d. 6., 7. u. 8. Jg. 4., verb. Aufl.
3. Übungen f. d. 7. u. 8. Jg. mehrklass. Schulen. 3. verb. Aufl.

— dasselbe. I. u. II. Tl. Lehrerheft. 8. Ebd. Geb. 2. —
I. Übungen f. den 3. u. 4. od. f. den 3., 4. u. 5. Jahrg. Anweisung f. den Rechtschreibunterricht auf der Unterstufe. 5., verb. Aufl. (64 S.) 906. Geb. 1. —
II. Übungen f. den 5. u. 6. od. f. den 6., 7. u. 8. Jahrg. 5., verb. Aufl. (97 S.) 907. Geb. 1. —

Die regierenden Wörter. Prakt. Übungen z. Verhütung d. Fallfehler nebst Wörterverzeichnis u. Verdeutschung d. gebräuchlichsten Fremdwörter. Für Fortbildungs-Schulen ... bearb. von W. Söding. Hauptl. 2., verm. u. verb. Aufl. *Essen-Ruhr: Fredebeul & Koenen 1903.* (87 S.) 8° [J.]

Sodiro, Alois, S. J., Cryptogamae vasculares Quitenses adiectis speciebus in aliis provinciis ditionis Ecuadorensis hactenus detectis. gr. 8. (V, 656 u. VI S. m. 7 Taf. u. 7 Bl. Erklärgn.) Quiti 893. (Freiburg i/B., Herder.) n.n. 18. —

Sodoffsky, Gust., die Besteuerung der Gebäude. In Beziehg. auf Riga. gr. 8. (III, VI, 117 S.) Riga 892. (A. Stieda.) n. 9. —

Sodoffsky, Gustav, Dr.: Die Besteuerung der städtischen Immobilien (Kron-Immobiliensteuer) in Russland. *(Stuttgart [1898]: Union.)* (S. 194—239.) 8° [Kopft.] ¶Aus: Finanzarchiv, Jg 15, Bd 2.
Tübingen, Staatswiss. Diss. v. 1898
(Nicht für den Austausch)

Bibliographie der Immobilien- und Gebäudebesteuerung sowie Beiträge z. Bibliographie verwandter Fragen. Von Gustav Sodoffsky [Sodovskij]. St. Petersburg 1901: (Puškinskaja Skoropečatnja). (87 S.) 8°

Sodoffsky, Gust., zur Einführung in die Gebäude- u. Grundbesteuerung (Immobilienbesteuerung). Eine volkswirtschaftl. u. finanzwissenschaftl. Studie. (181 S.) gr. 8. Leipzig 910. C. L. Hirschfeld. 5. —

— zur Frage der Ertrags- od. Personal-Besteuerung. Mit besond. Beziehg. auf die Gebäude-, Immobilien- u. Einkommensteuer, sowie auf Russland. (VII, 87 S.) gr. 8. Riga (906). E. Plates. n. 2. —

— Die kommunalen Gebäude- u. Grundsteuern (Immobiliensteuern) Russlands nebst Vergleichen m. auswärtiger Besteuerung. (In 2 Bdn.) 1. Bd. (97 S.) Lex. 8. Ebd. 910. 4. —

Die staatlichen und landschaftlichen Gebäude- und Grundsteuern (Immobiliensteuern) Rußlands nebst Vergleichen m. auswärt. Besteuerung. Von Dr. Gustav Sodoffsky. Leipzig: Hirschfeld 1910. IV, 184 S. 8°

Sodoffsky, G., aus der Gypsproduction Livlands. gr. 4. (16 S.) Riga 890. (Stieda.) n. 5. —

— aus der Gypsproduction Livlands. 2., vervollständ. Aufl. gr. 8. (40 S.) Riga 891. (Kymmel's Sort.) n. 3. —

Sodoffsky, Gust., die Immobiliensteuer in Riga und die Gebäudesteuer in Oesterreich. gr. 8. (59 S.) Riga 888, Stieda's Verlag. *

— von baltischen Küsten u. Inseln. (VIII, 278 S.) gr. 8. Reval 906. F. Kluge. n. 3. 60

Sodoffsky, Gust., von Estlands Meeresgestaden. (IV, 61 S.) gr. 8. Reval 904. F. Kluge. n. 1. 60

Reisebilder aus der Krim. Von Gustav Sodoffsky. *(S. Peterburg 1901: A. Lasinsky.)* (16 S.) 8° [Kopft. J.]
Aus: St. Petersb. Zeitung.

Sodoffsky, Karl Heinrich Wilhelm

Sodoffsky, Carl Heinrich Wilhelm. Gedichte. Mit einer Einleitung versehen von G. S. Als Ms. gedruckt. Riga 1905. H: *Sodoffsky, Gustav.* (EB)

Gedichte von Dr. med. Karl Heinrich Wilhelm Sodoffsky. Mit e. Einl. versehen von G.S. Als Ms. gedr. (Riga: Jonck & Poliewsky in Komm.; Leipzig & Berlin: F. Volckmar in Komm.) 1905. (17 S.) 8°

Sodoffsky, W., das Seebad zu Dubbeln. 8. Riga u. Mitau 839. Götschel. 2/3 ℛ

Sodoffsky, W., über den Ullucus tuberosus, siehe: Bulletin de la Société Impériale des naturalistes de Moscou, tome XXIV, 2. partie.

Sodoffsky, W., s. v. Söckell, W., Anleitung z. Kenntniß u. Behandlung der in den Ostseeprovinzen Rußlands vorkomm. Krankheiten.

Sodom u. Gomorrha od. der Untergang des guten Geschmacks in Kunst, Litteratur u. Presse. Rücksichtslose Kritik, Humor, Satire. In zwanglosen Heften I—V. gr. 8. Münch., F. A. Ackermann. * 6 50
I. 1.—3. Aufl. (IV, 127 S.) 891. * 2 —. — II. 1. u. 2. Aufl. (64 S.) 891. * 1 —. — III. (89 S.) 891. * 1 50. — IV. (71 S.) 892. * 1 —. — V. 1. u. 2. Aufl. (70 S.) 892. * 1 —

'Sodom und Gomorrha'. Der Prozeß der Königsmacher. Berlin: Vorwärts 1907. (16 S.) 8°
= Agitations-Bibliothek, Sozialdemokratische. 8.

SODOMA und Gomorra, Das in dem Wort des HErrn allen Menschen entdeckte, und eröffnete, stellet vor die 5. thörichte und abgesonderte Jungfrauen von den 5. Klugen, an dem selten vorkommenden 27. Sonntag nach Trinit. erstlich in 5 Oden, da sie den Mißbrauch ihrer 5. Sinnen bey gegenwärtigen Straffen zu spat beklagen; darauf folget ihr greuliches Lamento, zumahl bey Erblickung vieler specificirten Sünden nach den 10. Gebothen; ferner in einem Recitatif der Höllen entsetzliche Beschaffenheit; alles nach Anleitung des Propheten Esaiä, des Buchs der Weißheit, Offenb. St. Johannis etc. Leipzig, bey Andr. Chr. Dathen, im rothen Collegio, oder 1. Treppe hoch, forne heraus (sic!). 4°.
O. M. V. 1732. A 1 b. — Noch kein Expl. nachweisbar.

Sodoma, der heilige Sebastian, s. Meisterbilder. 133. Bl.

Sodoma, Ferd., das polychrome pflanzliche Ornament. (20 farb. Bl.) qu. Fol. Nebst Text. (IV, 15 S. m. Abbildgn.) gr. 8. Wien (902). A. Pichler's Wwe. & Sohn. In Mappe n. 13. —

Sodor, Hans, d. Frauenvolkes Schattenseiten. Eine Sammlg. v. Aussprüchen der besten Schriftsteller aller Völker u. Zeiten üb. Frauenwesen u. Frauenleben. 8. (VIII, 231 S.) Bamberg 876. Buchner. 3. —

— — Dasselbe. Gera 1897. 8°. (In Amsterdam, Bibl. Gerritsen.)

Sodré, A. A. de Azevedo, u. Miguel Couto, das Gelbfieber, s.a. Pathologie u. Therapie, specielle, V. 4. II.

Sodré, A., A. de Azevedo u. Miguel Conto: Das Gelbfieber. Aus d. franz. Manuscript übers. von Max Kahane. Mit 42 Abb. u. 4 Taf. in Farbendr. Wien 1901. IX, 312 S. (Specielle Pathologie u. Therapie. Hrsg. von H. Nothnagel. Bd V, 4, Abt. 2.)

Sodré, Pedro, portugiesische Grammatik, s.: Schmitz, F. J.

Sødring, Thomas, anden Verdensomseiling foretagen i A. 1841—43. 8. (85 S.) Kopenhagen 847. Bing. 1/3 ₰

Sodtmann, J., 600 Etiquetten der hauptsächlichsten Schmetterlinge Deutschlands, nebst Angabe der Flugzeit des Thieres, sowie Futterpflanze u. Entwicklungszeit der Raupe. Nach eigenen Beobachtungen systematisch zusammengestellt. 2 Tabellen. gr. Fol. Hamburg 881. Vetter. — 75

Soest [Sachl. OW]

Soest, seine Altertümer u. Sehenswürdigkeiten. gr. 8. (121 S. m. Abbildgn. u. e. Stadtplan.) Soest 890. Nasse'sche Buchdr. u. Verlagshandlg. Geb. n. 8. —

— in Vergangenheit u. Gegenwart. Merk- u. Erinnerungs-Blätter. (4. Aufl.) 16. (86 S. m. 1 Abbildg. u. Stadtplan.) Soest 894. Nasse'sche Buchdr. — 75

Soest [Schlagwort]

— s. a.: Arnsberg, Reg.-Bez. — Deutschland, Karte. (Abt. Preussen.) — Militärkarten. Eynatten. — Westfalen. Grundkarte.

Soest, s. a. Rheinprovinz, Liebenow, W.

Soest, s.a Westfalen, Wegekarte

Soest. Knoop, W., Schulwandkarte v. dem Kreise Soest. 1:25,000. 4 Blatt à 62,5×64 cm. Farbdr. Soest (904). Ritter. n. 14. —; auf Leinw. m. Stäben n. 24. —

Soest [Verfasser]

Soest, Gust (geb Sumprecht bei Coln a. Rh 15 7 1836) De morbis conjunctivae nonnullis Berolini (1863). (31 S.) 8°
Berlin, Med. Diss. v 7 März 1863

Soest, Jul. v., König Alfred. Berlin 859. W. Schultze. gr. 8. (IX, 264 S.) n. 1 ₰ 5 ngr

— neue Weisen. Elberfeld 860. Bädeker. 16. (VIII, 244 S.) n. 24 ngr.

Soest, Rob. v., der Dieb im Luftbad, s. Herrenbühne

— Ein Duell, s.: Vereinstheater.

— Er hat 'nen Vogel, s.. Lustspiele.

Soetbeer (Komm.), s. Bankgesetz v 14 3 1875

Deutscher Handelstag. — Bericht zum Antrage betreffend Verbesserung der deutschen Handelsstatistik. Berichterstatter: SOETBEER. (Ohne bes. Titelblatt. — Datirt: 23. November 1882.) fol.

* *Soetbeer.* Zum Gesetz über den Versicherungsvertrag. 1904.

Soetbeer, A., De mythico argumento Euripidis Supplicum. Diss. 1887. 30 S.

Soetbeer, A., deutsche Bankverfassung, s.a. Gesetzgebung, die, d. deutschen Reiches, m. Erläuterungen.

Soetbeer, A. Deutsche Bankverfassung. Erlangen 1875
1 Gesetze uber die Ausgabe von Banknoten. Vom 27 März 1870, 16. Juni 1872, 30. Juni 1873, 21 Dezember 1874.
2 Bankgesetz Vom 14. März 1875
3. Statut der Reichsbank Vom 21 Mai 1875.
Mit Erläuterungen versehen. Dazu
Nachtrag Verordnungen, Verfügungen und Bekanntmachungen in Betreff der Bankverfassung. 1875—1880 Erlangen 1881

Soetbeer, Adph., Beiträge und Materialien zur Beurtheilung von Geld- und Bank-Fragen mit besonderer Rücksicht auf Hamburg. Hamburg 855. Nolte u. Köhler. 4. (3 Bl., 135 S.) n. 1 ₰. 10 ngr.

Soetbeer, Ad. Bemerkungen zu dem Vorschlage des Herrn C. Langen betreffend Regulierung der Zuckerbesteuerung etc. 8°. Hamburg 1869.

Bestrebungen und Wirksamkeit der Commerz-Deputation in Hamburg während der 25 Jahre 1840–1864 Notizen bei Gelegenheit des 25jähr Jubiläums der Commerz-Deputation am 19 Jan 1865 Von Adolf **Soetbeer** – Hamburg Voigt 1865 VIII, 61 S 4°

Soetbeer, (G) A „Graphische Darstellung der Jahres-Durchschnittspreise von Weizen in England und Frankreich, sowie von Weizen, Roggen und Kartoffeln im Preussischen Staate in den Jahren 1816 bis 1857 Graphische Darstellung der Jahres-Durchschnittspreise von Reis (Java-), Zucker (Bahia braun ord.), Caffee (Domingo, ord. und real ord) und Baumwolle (Georgia good middling) in Hamburg während der Jahre 1816 bis 1857 (Nach dem Hamb. Allgemeinen Preiscourant ermittelt und auf Thaler Preuß court. pr. Zollcentner reducirt) — Uebersicht verschiedener Jahres-Durchschnittspreise während der Jahre 1816 bis 1857" 3 Tabellen, (Hamburg 1858) fol — Vorh. Com. Bibl Hamburg

— graphische Darstellung von Jahres-Durchschnitts-Preisen in den J. 1816—1857. I. Weizen in England u. Frankreich, sowie Weizen, Roggen u. Kartoffeln im Preussischen Staate II. Reis, Zucker, Caffe u. Baumwolle nach dem Hamburg Preiscourant. Hamburg (858) Nolte u Kohler Fol (3 lith. Taf und: Beiträge zur Statistik der Preise rc 4 Bl) n 24 ngr.

Soetbeer, (G.) A „Graphische Darstellung von Schwankungen der Getreide-Preise — Tab I: Jährliche Durchschnitts-Preise für Weizen im Preussischen Staate, in Hamburg, England, Frankreich, Belgien während der Jahre 1816 bis 1853. — Tab II und III Wöchentliche Preise für Weizen und Roggen nach dem Hamburgischen Preiscourant, während der 8 Jahre (vom 1 Juli bis 30 Juni gerechnet) 1846/47 bis 1853/54 — Nebst einem Blatte erläuternder Nachweisungen". Hamburg, Juli 1854 — Vorh Com Bibl Hamburg.

Soetbeer, Ad., graphische Darstellungen in Bezug auf die Silberfrage. Angefertigt auf Grund der 2. Ausg. der Materialien zur Erläuterg. u. Beurteilg. der wirtschaftl. Edelmetallverhältnisse u. der Währungsfrage, auf Veranlassg. d. Vereins zur Wahrg. der wirtschaftl. Interessen v. Handel u. Gewerbe gesammelt. gr. 4. (1 Chromolith. in qu. gr Fol. m. 1 S. Text.) Berlin 886. Puttkammer & Muhlbrecht n. 1. 40

Soetbeer. A Graphische Darstellungen in Bezug auf Werthrelation der Edelmetalle. Hamburg 1869.
I. Monatliche Durchschnittspreise für Silber in London nebst dem Londoner Wechselcourse k S in Hamburg, wahrend der Jahre 1845 1869.
II. Edelmetall-Einfuhr im Britischen Indien, nach zollamtlichen Angaben, reducirt auf den Werth von Millionen deutscher Thaler 1845—1866.
III. Gold- und Silber-Production, nach annähernder Schätzung, im Werth von Millionen deutscher Thaler 1845 – 1868

Soetbeer, Dr. G. A. Denkschrift in Betreff des Elbeverkehrs und der Elbzölle. (Im Auftrage der Handelsvorstände der Elbstädte verfasst.) fol. Magdeburg 1847.

Soetbeer, Dr. G. A. Denkschrift der Handelskammer zu Hamburg über die Reform der Zuckerbesteuerung im Zollverein. Hamburg, März, 1868. Abgedr. in Hirth's Annalen, I, 1868.

Soetbeer, A., s. **Denkschrift** betr. die deutsche Münzeinigung.

Denkschrift über Hamburgs Münzverhältnisse. Von Adolph **Soetbeer.** Als Ms. gedr. — o. O. 1846: (Voigt). 75 S. 4°

Soetbeer, Ado., Denkschrift über Hamburgs Münzverhältnisse. gr. 4. ($10\frac{1}{4}$ B.) Hamburg 846, Hoffmann u. Campe. *

Soetbeer, A. Edelmetallgewinnung und Verwendung in den Jahren 1881—1890. (Sonderabdruck aus den Jahrbüchern für Nationalökonomie und Statistik. Band 56.) Jena 1891.

Soetbeer, Adf., Edelmetall-Produktion und Werthverhältniss zwischen Gold und Silber seit der Entdeckung Amerika's bis zur Gegenwart, s.a. Mittheilungen aus Justus Perthes' geographischer Anstalt.

Soetbeer, Adolf: Edelmetall-Produktion und Werthverhältniss zwischen Gold und Silber seit der Entdeckung Amerika's bis zur Gegenwart. Mit drei Tafeln graphischer Darstellungen. Gotha 1879. (II), 142 S.
= Ergänzungsheft zu Petermann's Geographischen Mittheilungen. No. 57. 8°.

Soetbeer, Ad. Die Elbzölle. **Aktenstücke und Nachweise 1814—1859. Nebst einer Einleitung über Flussschiffahrtsbestimmungen der Wiener Kongressakte und die Elbzollfrage. 8°. Leipzig** 1860.

(Soetbeer, A.): „Erscheint eine Belehnung auf Gold abseiten der Bank zweckmässig und unbedenklich?" (Abgedruckt aus Nr. 13, 14 und 15 des wöchentlichen Beiblatts zur „Liste der Börsenhalle"), Hamburg 1850.

Soetbeer, A. Goldwährung und deutsche Münzverhältnisse. Berlin 1864.

— Grundzüge des See-Völkerrechts der Gegenwart. Als Einleitung und Register zu der Sammlung officieller Actenstücke in Bezug auf Schifffahrt und Handel in Kriegszeiten. Heft 1—8. Febr. 1854—April 1855. Hamburg 855. Nolte u. Köhler. 4. (48 S.) n. 20 *ngr.*
Vgl.: Sammlung officieller Actenstücke etc.

Soetbeer, Adlf, Deutschlands und Frankreichs auswärtiger Handel in den Jahren 1876—85. Eine handelsstatistische Untersuchung.
(Sep.-Abdr. aus: Jahrbb. f. Nat.-Oek. u. Stat. N. F. Bd. 16.) . . . . (D.; HC.)

— s.: Handel u. Gewerbe.

Soetbeer, Ado., über Hamburgs Handel. gr. 8. ($19\frac{3}{4}$ B. u. 5 Tab.) Hamburg 840, Hoffmann u. Campe. *

—— dass. 1. Forts. — A. u. d. T.: Statistik d. hamburgischen Handels. 1839. 1840. 1841. gr. 8. (27 B.) Ebds. 842. *

—— über Hamburgs Handel. 3. Thl. A. u. d. Ttl.: Statistik des hamburger Handels 1842. 1843. 1844. gr. 8. (20 B.) Hamburg 846, Hoffmann u. Campe. *
1. u. 2. Thl. Ebendas. 1840, 42. * 5 Thlr.

(Soetbeer, G. A.): „Die deutsche Handels- und Zollverfassung und das Freihafen-System. Mit besonderer Rücksicht auf Hamburg", „nebst einigen statistischen Uebersichten des hamburgischen Schiffahrts- und Handelsverkehrs", Frankfurt a. M. 1848. 4°. — Vorh.: Com. Bibl. Hamburg.

Soetbeer, Adf. Litteraturnachweis üb. Geld- u. Münzwesen, insbesondere üb. den Währungsstreit, 1871—1891. Mit geschichtl. u. statist. Erläutergn. gr. 8. (V, 322 S.) Berl. 892, Puttkammer u. Mühlbrecht. geb. * 8 —

—— Materialien zur Erläuterung und Beurtheilung der wirthschaftlichen Edelmetallverhältnisse und der Währungsfrage, s.a. Schriften des Vereins zur Wahrung der wirthschaftlichen Interessen von Handel und Gewerbe.

— **Materialien** zur Erläuterung u. Beurtheilung der wirthschaftlichen Edelmetallverhältnisse u. der Währungsfrage. Gesammelt v. A. S. Hrsg. vom Vorstande d. Vereins zur Wahrg. der wirthschaftl. Interessen v. Handel u. Gewerbe. gr. 4. (107 S.) Ebend. 885. n. 2. —

Soetbeer, Ad., Materialien zur Erläuterung und Beurteilung der wirtschaftlichen Edelmetallverhältnisse und der Währungsfrage. Auf Veranlassung des Vereins zur Wahrung der wirtschaftl. Interessen von Handel und Gewerbe gesammelt. 2. vervollständ. Ausg. gr. 4. (XII, 123 S.) Berlin 886, Puttkammer und Mühlbrecht. *

— die 5 Milliarden, s.a. Zeit- u. Streitfragen, deutsche.

Soetbeer, Adlf, Die 5 Milliarden. Betrachtungen über die Folgen der grossen Kriegsentschädigung für die Wirthschaftsverhältnisse Frankreichs und Deutschlands. Berlin 1874. 8.
Ist: Deut. Zeit- u. Streitfr. Ser. 3. Nr. 33. (D.)

Soetbeer, A., Die fünf Milliarden. Betrachtungen über die Folgen der großen Kriegsentschädigung für die Wirtschaftsverhältnisse Frankreichs und Deutschlands. Berlin, 1874. 56 S.

—— deutsche Münzverfassung, s.a. Gesetzgebung, die, des Deutschen Reiches mit Erläuterungen.

Soetbeer, A. Deutsche Münzverfassung. 4 Abtheilungen. Erlangen.
Abtheilung I. Gesetz, betreffend die Ausprägung von Reichsgoldmünzen, vom 4. Dezember 1871. Münzgesetz vom 9. Juli 1873. 1874.
" II. Verfügungen und Bekanntmachungen in Betreff der Ausführung der Münzgesetze vom 5. Dezember 1871 und 9. Juli 1873. Vom November 1873 bis Mai 1874. Gesetz, betreffend Abänderung des Artikels 15 des Münzgesetzes vom 9. Juli 1873. Vom 20. April 1874. Gesetz, betreffend die Ausgabe von Reichskassenscheinen, vom 30. April 1874. 1874.
" III. Gesetze, Verfügungen und Bekanntmachungen in Betreff der Ausführung der Münzgesetzgebung. Vom Mai 1874 bis Januar 1876. 1876.
" IV. Desgleichen, vom October 1875 bis October 1880. 1881.

— Deutsche Münz- und Bankverfassung mit Erläuterungen. (Gesetzgebung des Deutschen Reiches II, 1) Erlangen 1881

Soetbeer, A. Die Prägung von Handelspiastern aus feinstem Silber. Göttingen 1877.

Soetbeer, Adph., Sammlung von officiellen Actenstücken in Bezug auf Schiffahrt und Handel in Kriegszeiten, s.a. Sammlung.

Soetbeer, Dr. Adolf **Sammlung officieller Actenstücke** in Bezug auf Schiffahrt und Handel in Kriegszeiten, mit den Grundzügen des See-Völkerrechts der Gegenwart als Einleitung und Register. (Februar 1854 bis Juli 1856.) (2 Bde.)

Soetbeer, A., Schiffahrts-Gesetze etc., s.a. Schiffahrts-Gesetze.

Soetbeer A, Schiffahrtsgesetze, sowie Handels- und Schiffahrtsverträge verschiedener Staaten im Jahre 1847. 4° Hamburg 1848

Soetbeer, A., Statistik des Hamburg'schen Handels 1839—44. Hamburg 1842–46. 2 Bde. 8°.

— **Umfang u. Vertheilung** des Volks-Einkommens im Preussischen Staate 1872—1878. gr. 8. (VI, 90 S.) Leipzig 879. Duncker & Humblot. n. 2. —

—— des Stader-Elbzolles Ursprung, Fortgang u. Bestand. Eine publicist. Darstell. gr. 8. ($7\frac{1}{2}$ B.) Hamburg 839, Hoffmann u. Campe.

Soetbeer, Ad., des Stader Elbzolls Ursprung, Fortgang u. Bestand. Eine publicistische Darstellung. gr. 8. Hamburg 840. Hoffmann u. Campe. 5/6 *ß*

—— **Versuch, die Urform d. Hesiodeischen Theogonie nachzuweisen. gr. 8. ($5\frac{1}{2}$ B.) Berlin 837, Nicolaische Buchh.**

—— griech. u. röm. Zeittafeln, s. Fischer, E. W.

Soetbeer, Fr.: Sociale Ausstattung d. Armenpflege, s. Flesch, Karl

Soetbeer, Franz: Über die Körperwärme der poikilothermen Wirbelthiere. *Leipzig 1897: J. B. Hirschfeld.* (28 S.) 8° Jena, Med. Diss. v. [17. Aug.] 1897

Soetbeer, Franz, Dr.: Aus d. Kinderklinik zu Heidelberg. Die Secretionsarbeit der kranken Niere. Mit 3 lithogr. Taf. *Strassburg: K. J. Trübner 1902.* (26 S.) 8° ¶(Aus: Zeitschrift f. physiol. Chemie, Bd 35.)
Heidelberg, Med. Hab.-Schr. v. 1902

Soetbeer, G. A., s. Soetbeer, Adolf

Soetbeer, H. Entwurf e. Arbeitsordnung. Als Anhalt f. Abfassg. v. Arbeitsordngn. im Auftrag u. m. Zustimmg. d. Ausschusses f. Arbeiterwesen der Handels- u. Gewerbekammer zu Zittau aufgestellt. gr. 8. (16 S.) Lpz. 892, Roßberg. * — 40

Soetbeer, H. Kosten der Beförderung von Getreide und Sinken der Getreidepreise seit 1870. (Sonderabdruck aus den Jahrbüchern für Nationalökonomie und Statistik Band 66.) Jena 1896.

Gewerbeordnung, Sozialpolitik, Behandlung von Industrie und Handel durch Regierung und Parlament. Vortrag, geh. 1910 in der Vollversammlung des Deutschen Handelstags von Dr. Heinrich **Soetbeer,** Gen.Sekr. Berlin (1910): Liebheit & Thiesen. 22 S. 4°
(Mitteilungen d. Handelskammer, Berlin. [Mai 1910, Beil.]) 10. 9426 2

Soetbeer, Heinrich: Die Stellung der Sozialisten zur Malthus'schen Bevölkerungslehre. Eine von der philosophischen Fakultät der Georg-Augusts-Universität zu Göttingen gekrönte Preisschrift, eingereicht als Inaugural-Dissertation ... Göttingen, Druck d. Dieterichschen Univ.-Buchdr. (W. Fr. Kaestner), 1886; 2 Bl. + 117 S. 4°.
Göttingen, Phil. Fak., Inaug.-Diss. v. 1886.

Soetbeer, Heinr., die Stellung der Sozialisten zur Malthus'schen Bevölkerungslehre. Eine v. der philosoph. Fakultät der Georg-Augusts-Universität zu Göttingen gekrönte Preisschrift. gr. 4. (III, 117 S.) Berlin 886. Puttkammer & Mühlbrecht. n. 3. —

Soetebier, Jos., Zolltarif-Handbuch. Im Auftrage des Handelsvertragsvereins bearb. u. hrsg. gr. 4. (VIII, 131 S.) Berlin 901. Liebheit & Thiesen. n. 4. —

Söf, E., das Mordnest im Böhmerwalde, s.: Volksbücher, Münchener.
— Rinaldo Rinaldini,

Sofer, Emil, s.: Jahrbuch des höheren Unterrichtswesens in Österreich.

Sofer, Emil: Livius als Quelle von Ovids Fasten. S. 3—30. 8.
Progr. K. k. Maximilians-Gymn. *Wien* 1906.

Sofer, Emil (Hrsg.), s. Lycurgus: Rede gegen Leokrates. 1905.

Sofer Emil: De casuum obliquorum apud Ammianum Marcellinum usu.
H. 1889 PN 597 **Diss.** Wien, Univ. 1490

Sofèr, Imman. (Emilio Schreiber), Biblia e Babele. (Appunti alle conferenze del Gust. Sacerdoti.) (162 S.) gr. 8. Triest 904. (F. H. Schimpff.) n. 3. —

Sofer, Jos., Jalkut Sofer. Handbuch der in den beiden Talmudim u. Midraschim citirten religionsgesetzl. Bibeltexte, speziell bezüglich der normativen Vorschriften bei Circumcisionen, Confirmationen, bei Traugn. u. Trauergebräuchen, nach den Wochen-Abschnitten der hl. Schrift geordnet u. m. Glossen u. Erläutergn. versehen. 1. Bd. Genesis-Paks. gr. 8. (VIII, 452 S.) Deregsko 894. (Wien, Ch. D. Lippe.) n. 3. 40

Sofer, Jos., Jalkut Sofer. Sammlg. aller in Talmud, Midrasch u. Jalkut enthalt., auf das II. Buch Moses bezughab. Exegesen, als entsprech. Texte zum Gebrauche bei Trauer-, Trauungs- u. Grabreden. Gesammelt u. erläut. v. S. 2. Bd. (In hebr. Sprache.) gr. 8. (336 S.) Paks 895. (Wien, Ch. D. Lippe.) n. 2. 80 (1. u. 2.: n. 6. 20)

Sofer, L. **Jalkut Elieser. Lexicon der in den Talmuden, Midraschim u. in der älteren rabbinischen Literatur enthaltenen aggadischen Exegesen zu den Psalmen, m. Glossen u. Anmerkgn. versehen u. hrsg. (In hebr. Sprache.) gr. 8. (IV, 319 S.) Paks 890. (Wien, Lippe.) * 3 40**

[Hebr.] Sēfer tōrat Mōše. Mē-rabbēnū Mōše **Sōfēr**. Pa'am 2. [1–3.] Wien: J. Schlesinger 666 [1906]. 3 Bde 4°
1. Berēšit. 2. Šemōt. 3. Waj-jiqrā, be-midbar, debārim.
[Kommentar z. Pentateuch. 2. Aufl.] 06. 10054

Sōferim

Sōferim. Iudaeorum codicis sacri rite scribendi. leges ad recte aestimandos codices manu scriptos antiquos perutiles. E libello thalmudico Massechet Sōferim in latinum conversus . . . tradit Iacobus Georgius Christianus Adler. Hamburgi 1779.

— Der talmudische Traktat der Schreiber . . . herausgegeben . . . von Joel Müller. Leipzig 1878.

Soffé, E. Ist „Mucedorus" ein Schauspiel Shakespeares? Brünn, St. R. 1887. 11 S. **Progr.**

Soffé, Elisab., auf deutscher Erde. Reiseerinnergn. (131 S.) 8. Brünn 910. C. Winiker. 1. 80

Soffé, Emil, bunte Blätter. Studien. 8. (V, 222 S.) Brünn 899. F. Irrgang. n. 2. 50

Soffé, Emil, Peter Ritter v. Chlumecký. (VI, 50 S. m. 1 Bildnis.) 8. Brünn 902. R. M. Rohrer. n. 1. —

Peter Ritter von Chlumecký. Von Emil **Soffé**. *Brünn: R. M. Rohrer 1903.* (VI, 50 S.) 8° 03. 7718

Soffé, Emil, die erlebten und literarischen Grundlagen zu Goethe's dramatischen Jugendwerken. 1. Heft: „Erwin und Elmire". gr. 8. (25 S.) Brünn 888, Knauthe. *

Soffé Emil: Die erlebten und literarischen Grundlagen von Goethes Clavigo. 16. Brünn St. R. 91.
Progr.

— Lebensbild Ludwig Goldhanns, s.: Goldhann, Ludw., Leben u. Gedichte.

— Das Königslied. 14. ibd. 01.
Progr.

— Rudolf von Habsburg im Spiegel der deutschen Dichtung. 16. ibd. 93.
Progr.

Soffé, Emil, vermischte Schriften. (VII, 242 S.) kl. 8. Brünn 909. F. Irrgang. 3. —

— aus meiner Studienmappe. Essays. (VII, 188 S.) kl. 8. Brünn 906. F. Irrgang. n. 2. 50

Soffel, K., Lebensbilder aus der Tierwelt, s.: Meerwarth, H.

Das zweite Buch der Kommentare Cäsars über den Gallischen Krieg ins Deutsche übersetzt. — Von Ludwig Soffel, Stdl — 1883, Landau, ibid. — S. 3—21[a].
Progr. Landau (Pfalz), K. Gymn.

Söffing, Herm., krystallographische Untersuchung einiger organischer Verbindungen. Inaugural-Dissertation. gr. 8. (44 S. mit 1 lithogr. Taf.) Göttingen 883, (Vandenhoeck und Ruprecht's Verlag.) *

Söffing, Just., geistr. Jesusgebete, v. d. Beicht u. Communion, im Amt u. Stande. 8. Rudolstadt. 740.

Soffner, Joh., dogmatische Begründung der kirchlichen Lehre von den Bestandtheilen des Menschen. Ein offener Brief an Herrn Christian Franke, mit Rücksicht auf dessen Vademecum. Regensburg 861. Manz. gr. 8. (79 S.) n. 12 ngr.

Soffner, Johs., Geschichte der katholischen Pfarrei Oltaschin nebst deren Adjuncta Bettlern. Ein Beitrag zur Breslauer Diöcesan-Geschichte. gr. 8. (IX, 198 S.) Breslau 875. Görlich. n. 2. —

Soffner, Joh., Geschichte der Reformation in Schlesien. 2 Fascikel. gr. 8. Breslau, Aderholz' Buchh. [1. Fasc. (S. I—IV, 1—182.) 886. *ℳ 2.—.; 2. Fasc. (S. V—XIX, 183—462.) 887. *ℳ 3.—.] *

—— der Minorit Fr. Michael Hillebrant aus Schweidnitz. Ein Beitrag zur schlesischen Reformationsgeschichte des 16. Jahrh. gr. 8. (VII, 90 S.) Breslau 885, (Aderholz' Buchh.) *

Soffner, die beiden Kirchenvisitationen des Archidiakonates Breslau aus den J. 1638 u. 1651/52. 8. (VII, 186 S.) Breslau 899. G. P. Aderholz. n. 1. 50
Sonderabdruck aus: „Pastoralblatt f. Schlesien".

Die Altranstädtische Convention ⟨1707⟩ und die Kaiser Josephinische Pfarrfundation für Schlesien ⟨1710⟩. Von Erzpriester Dr. [Johannes] **Soffner**, Pfarrer in Oltaschin. *Breslau: G. P. Aderholz 1897.* (73 S.) 8° [F.]
Aus: Schles. Pastoralblatt. [04. 7055 2

Soffner, Joh. Ein Lutherspiel aus alter Zeit: Ludus Ludentum Luderum Ludens, quo Joannes Hasenbergius Bohemus in Bacchanalib. Lypsiae, omnes ludificantem Ludionem, omnibus ludendum exhibuit. Anno 1530. Im Auszuge dargestellt u. m. einigen Noten versehen. gr. 8. (IV, 26 S.) Bresl. 889, Aderholz. * — 60

Soffner, Joannes: De arcano divinae praedestinationis mysterio dissertatio. Part. 1. Vratislaviae: G. P. Aderholz 1857. (42 S.) 8°
Breslau, Kath.-theol. Fak., Hab.-Schr. v. [10. Juni] 1857

—— Sebastian Schleupner, Domherr und Domprediger zu Breslau, gest. 1572. Eine Festschrift, zum 50jähr. Priesterjubiläum des Hochwürdigsten Herrn Weihbischofs von Breslau, Herrn Herm. Dr. Gleich [30. Septbr. 1888], gewidmet. gr. 8. (IV, 69 S.) Ebendas. 888. *

Friedrich Staphylus, ein katholischer Kontroversist und Apologet aus der Mitte des 16. Jahrhunderts, gest. 1564. Von Erzpriester Dr. Johannes Soffner. Breslau: G. P. Aderholz 1904. (VIII, 170 S.) 8° [F.] [04. 9913 2

Soffner, Joannes *[geb. Langenbrück bei Neustadt in Oberschles. 6. 3. 1828]*: Theses theologicae ... pro licentiatus in ss. theologia honoribus rite capessendis. Vratislaviae (1854). (2 Bl.) 8°
Breslau, Kath.-theol. Liz.-Thesen v. 1. Juli 1854

Soffredi del Grathia's Übersetzg. d. philosoph. Traktate Albertano's v. Brescia, hrsg. v. Gust. Rolin. gr. 8. (XCIII, 82 S.) Leipzig 898. O. R. Reisland. n. 6. —

Sofia [Schlagwort]

Sofia. Plan der Stadt Sofia. 1 : 20,000. Mit Nomenclatur in bulgar. u. deutscher Sprache. 51×44,5 cm. Farbendr. Sofia 894. (Leipzig, K. F. Koehler, Sort.-Cto.) n. 1. —

Sofiano, Ant. D., griechische Anthologie. Kleine Sammlg. neugriech. Gedichte. Metrisch ins Deutsche übertr. (40 S.) 8. Leipzig 908. Modern. Verlagsbureau. 1. —

Griechische Anthologie. Kleine Sammlung neugriechischer Gedichte. Metrisch ins Deutsche übertr. von Anton D. **Sofiano**. Berlin-Leipzig: C. Wigand 1909. 39 S. 8°

Sofienalpe [Schlagwort]

Sofienalpe, s.: Wiener Ausflugskarten.

Sofka, Teiche u. Wälder e. Raubbau der Neuzeit. 3. verb., stark verm. Ausg. gr. 8. (31 S.) Wien 874. Weiske & Co. n. 1. —

Sofka's, Prof. Dr., Wetterprognose für das Jahr 1863. 6. Jahrg. 1 Blatt qu. gr. 8. Brünn, Rohrer. 6 kr.
1865

Sofka Franz: Allgemeine Betrachtungen über das Freihandzeichnen. 26. Wien V. R. 90.
Progr.

Sofka, Frz. Octav, die kosmischen Abkühlungen, ein meteorologisches Princip. Wien 863. Prandel & Ewald in Comm. gr. 8. (90 S.) n. 20 ngr

Immeken **Söfken**, die eifrige Sammlerin. Ein Märchen f. gutherzige u. freigebige Kinder. *Paderborn: Bonifacius-Dr. [1896].* (31 S.) 8° [F.]
= [Märchenbücher f. Kinder.] No 8. [00. 13090

Söfner, C., Antrittspredigt am Sonnabend nach d. Einweihung d. Johanniskirche, d. 25. Febr. 1815. gr. 8. Leipz. 815. Klein. 3 gr

Sofocle, Edipo re col commento di F. G. Schneidewin, riveduto e migliorato da Aug. Nauck, e recato in Italiano da Domen. Denicotti. gr. 8. (LXXXIV und 158 S.) Wien 858, Gerold's Sohn. *

Collection **'Sofort'**. Bd 1 [einz.] Berlin: O. Georgi [1898]. (24 S.) 8°
1 = Seyffert, Hermann: Sofort Chinesisch sprechen ohne Lehrer.

Sogalla, Bruno [aus Klein-Dombrowka in Ober-Schlesien]: Beiträge zur mechanischen Analyse der Muskelzuckungskurven. (Aus d. physiolog. Institut d. Univ. Würzburg.) ... Würzburg: Druck d. Bonitas-Bauer'schen Buchdr. 1889. 24 S. u. 1 Taf. 8°
Würzburg, Med. Fak.m Inaug.-Diss. v. 1889

Sögel [Schlagwort]

Sögel, s.: Deutschland. Karte. (Abt. Preussen.) — Preussen. Messtischblätter.

Sogemeier, Heinrich

Sogemeier, H., der Begriff der christl. Erfahrung hinsichtlich seiner Verwendbarkeit in d. Dogmatik untersucht, s. Beiträge zur Förderung christl. Theologie. VI. 2.

Sogemeier, Heinrich, Pfarrer in Wellinghofen: Der Begriff der christlichen Erfahrung hinsichtlich seiner Verwendbarkeit in der Dogmatik untersucht. *Gütersloh (1902): C. Bertelsmann.* (77 S.) 8° [F.]
Greifswald, Theol. Diss. v. 14. März 1902

Das Menschheitsideal in Goethes 'Faust' und Hauptmanns 'Versunkener Glocke'. Vortrag, geh. 1901 in Gütersloh von H. **Sogemeier**. *Gütersloh: C. Bertelsmann 1901.* (46 S.) 8° [F.]
Aus: Beweis d. Glaubens. [01. 6911 6

Das Menschheitsideal in Goethes 'Faust' und Hauptmanns 'Versunkenen [!] Glocke'. Vortrag geh. von Lic. H[einr.] **Sogemeier**, Pfarrer. 2. Aufl. Gütersloh: Bertelsmann 1910. 70 S. 8° [10. 18830

Sogni, J, d'Aristobulo ... tradotti da Guglielmina di Anhalt. Berlino 1768. V: *Lévesque, Pierre Charles.* (BrMm)

Sogomonoff, S(ocrates), a. Tiflis in Rußland: Oxydationsprodukte der α- und β-Campholennitrile. Göttingen 1908: E. A. Huth. (66 S., 1 Tab.) 8°
Göttingen, Phil. Fak., Ref. Wallach, Diss. v. 19. März 1908
[Geb. 5. Jan. 82 Tiflis; Wohnort: Tiflis; Staatsangeh.: Rußland; Vorbildung: Gymn. II Tiflis Reife Juni 01; Studium: St. Petersburg 1, Techn. Hochsch. Berlin 7, Univ. Göttingen 4 S.; Rig. 5. März 08.]

Sögur, forumanna, eptir gömlum handritum utgefnar ad tilhlutun hinsnorraena fornfraeda félags, d. h. Historische Sagen von Begebenheiten außerhalb Islands, nach alten isländ. Handschriften in d. Ursprache herausg. v. C. C. Rafn. 12 Bde. gr. 8. Kopenhagen 825—37 (Hamburg, Perthes, Besser u. Mauke.) n 25½ ℔ — dass. in latein. Uebersetzung, s. Scripta historica Islandorum.

Sohège, Max, approb. Arzt aus Hamburg: Beitrag zur Behandlung des Gebärmutterkrebses am Ende der Schwangerschaft. *Leipzig 1901: B. Georgi.* (41 S.) 8°
Leipzig, Med. Diss. v. (11. Nov.) 1901

SOHER, Josef: Apologetische Gegenüberstellung des Heidentums und Christentums nach den beiden Werken Cyrillus' von Alexandrien „De sancta christianorum religione adversus atheum Julianum" und Theodoretus' von Cyrus „Graecarum affectionum curatio". — (1906) IX, 127 Bl. 4° (Handschr.) Diss. 863
Diss. Wien, Univ.

Soherr, Konrad: Kurz dargestellte Begriffe von der belebenden Flüssigkeit und Beobachtungen über derselben Heilkraft. Th.1, 391 S., gbd.

Wien: Selbstverlag 1802

JB. 2.677

Soherr, Konrad: Materia medica austriaco-provincialis in compendio materiam medicam regni vegetabilis explicans; secundum classes et ordines systematis Linnaei edita. 272 S., gbd.

Vindobonae: typ. Schmidt 1783

JB 6.537

Sohier, A., praktisches Lehrbuch zur Erlernung der französischen Sprache, s.: Koch, John.

Sohl, A., Ransome's transportable Dreschmaschine, s. Geysmer, Gerh.

Sohl, Geo., Militärstrafgesetzbuch f. das Deutsche Reich. — Militärstrafrecht f. Heer u. Marine des Deutschen Reichs. — Die Verordnungen üb. die Ehrengerichte im Heer u. in der Marine, s.: Elsner v. Gronow, Kurt.

Söhlbrandt, J. M., Vorlegeblätter zum Schönschreiben. 1—4. Heft. qu. 4. (à 8 lithogr. Bl.) (Lübeck 854, Dittmer'sche Buchh.) à Heft * 9 Ngr. *

Söhle, Karl, Seb. Bach in Arnstadt. 8. (VI, 182 S.) Berlin (902). B. Behr's Verl. n. 2. —; kart. n. 2. 50; geb. in Leinw. m. Goldschn. n. 3. —

Söhle, Karl, Seb. Bach in Arnstadt. 2. [Titel-]Aufl. (VI, 182 S.) 8. Berlin [902] 904. B. Behr's Verl. n. 2. —; geb. n. 3. —

Ⓑ Söhle, Karl, Seb. Bach in Arnstadt. 904. Jetzt: Leipzig, L. Staackmann.

Söhle, Karl, s.: Brahms, Johannes.

— Eroica, s.: Volksbücher, Wiesbadener.

— Johannes Brahms Klavierkonzert (No. 2) in B-dur, s.a Musikführer, der.

Johannes Brahms, Klavierkonzert '(No 2)' in B-dur. op. 83. Erläut. v. Karl Söhle '(Dresden)'. Frankfurt a. M.: H. Bechhold (1897). (18 S.) 1 Bd. 8°
(Musikführer, Der. No 139.)

— Mozart. Dramatisches Zeitbild in 4 Aufzügen. (123 S.) kl. 8. Leipzig 907. L. Staackmann. Kart. 2. —

— Musikanten u. Sonderlinge. Neue Musikantengeschichten. 8. (VII, 190 S.) Ebd. 900. n. 2. 50; geb. n. 3. 50

— Musikantengeschichten. Mit Titelbild v. J. V. Cissarz. 8. (V, 150 S.) Florenz 898. Leipzig, E. Diederichs. n. 2. 50; geb. in Leinw. n. 3. 50

— Musikanten-Geschichten. 1. Bd. 2. Aufl. 8. (VII, 162 S. m. Titelbild.) Ebd. 902. n. 2. 50; geb. in Leinw. n. 3. 50

— Musikanten-Geschichten. 2. Bd. 2. [Titel-]Aufl. (VII, 190 S.) 8. Ebd. [900] 903. n. 2. 50; geb. n. 3. 50

— dasselbe. Ausg. in 1 Bde. 1. u. 2. Aufl. (3.—6. Aufl. der Gesamt-Ausg.) (211 S. m. Bildnis.) 8. Ebd. 905. n. 2. —; geb. n. 3. —

— Schummerstunde. Bilder u. Gestalten aus der Lüneburger Heide. 1. u. 2. Aufl. (VIII, 251 S.) 8. Ebd. 903. n. 3. —; geb. n. 4. —

Karl Söhle. Schummerstunde. Bilder u. Gestalten aus d. Lüneburger Heide. *Berlin: B. Behr 1905.* (VIII, 251 S.) 8° [Fr.] [04. 15904

— Föhringer Wanderbilder. (24 S. m. 1 Taf.) 8. Föhr (Post Wyk) 907. Dr. Gmelin. (Nur direkt.) — 50

Söhle, Ulrich: Geologische Aufnahme des Labergebirges bei Oberammergau mit besonderer Berücksichtigung des Cenomans in den bayerischen Alpen. *München 1897: Dr. C. Wolf & Sohn.* (50 S.) 8°
München, Phil. Diss. v. 1897

Söhlemann, Hans, Fachzeichnen für Möbeltischler, s.: Lachner's, Karl, Lehrhefte.

Sohlenschraubmaschine, Patentiert. Neu!... Unentbehrlich für jede Schuhmacherwerkstätte.... [Illustrierter Prospect.] IV + 4 S. 8. (Schaffhausen, H. Meier & Cie., [1901].)

Sohler, Theodor *Joseph* [aus Mannheim in Baden]: Über die Komplikation von Schwangerschaft mit einem Beckenexsudat und die Störungen durch letzteres während der Geburt ... Berlin, Druck v. E. Ebering, *1897;* 28 S., 2 Bl. 8.
Berlin, Med. Fak., Inaug.-Diss. v. 23. Juli 1897

Sohler, Wilhelm, appr. Arzt a. Mailand: Ueber Spät-Störungen nach subcutaner Contusion des Peritoneums. München 1904: Kastner & Callwey. (20 S.) 8°
München, Med. Fak., Ref. v. Angerer, Diss. v. 20. März 1905
[Geb. 7. Febr. 75 Mailand, Italien; Wohnort: Zell i. Baden; Staatsangeh.: Baden; Vorbildung: Gymn. Offenburg i. B. Reife Juli 96; Studium: Freiburg i. B. (jur.) 2, Freiburg 2, Kiel 2, München 4 S.; Coll. 22. Dez. 04; Approb. 17. März 04.]

Sohlern, Edgar Frhr v.

Sohlern, Edgar Frhr. v., Bad Kissingen als Terrainkurort für Fettleibige und Kranke mit Kreislaufstörungen, s. Dietz.

Sohlern, Edgar Frhr. v., die Erkrankgn. d. Magens u. Darms. Für d. Laien gemeinverständl. dargestellt. 8. (VIII, 215 S.) Leipzig 895. J. J. Weber. n. 3. —; geb. in Leinw. n. 4. —

Sohlern E v, die Erkrankungen des Magens und Darms. (215 S) (Illustrierte Gesundheitsbücher 26) Leipzig 1895

Sohlern, Frhr. v. Die chronische Gastritis u. ihre Behandlung in Bädern. gr. 8. (22 S.) Kissingen 890, Weinberger. ** — 50
Aus: St. Petersb. medicin. Wochenschr., besonders abgedruckt.

Sohlern, Frhr. v., Kissingen als Heilfaktor bei Blutarmut u. Bleichsucht. Für Laien bearb. (17 S.) kl. 8. Kissingen 907. F. Weinberger. — 50

—— die häufigsten Magenkrankheiten und deren Behandlung. 8. (III, 179 S.) Kissingen 885, (Hailmann.) *

Sohlern, Egon Frhr. v.: Ein Fall von Invagination m. Spontanheilung durch Ausstossung des Intussusceptums, kompliziert durch Thrombose und Fremdkörper im Darm, s.a. Mitteilungen aus den hamburgischen Staatskrankenanstalten. X, 2.

Sohlern, Egon Freiherr von: Aus d. Direktorial-Abt. d. Eppendorfer Krankenh. ⟨Lenhartz.⟩ Ein F a l l von Invagination mit Spontanheilung durch Ausstossung des Intussusceptums, kompliziert durch Thrombose und Fremdkörper im Darm. Hamburg & Leipzig: Voss 1909. 28 S. 8° (Aus: Jahrbücher d. Hamburg. Staatskrankenanstalten. Bd. 14.)
Kiel, Med. Diss. v. 3. Nov. 1909, Ref. Lüthje
[Geb. 12. Febr. 84 Kissingen; Wohnort: Hamburg; Staatsangeh.: Bayern; Vorbildung: Neues Gymn. Würzburg Reife Sommer 03; Studium: Würzburg 5, Tübingen I, Breslau I, Berlin I, Kiel I, Würzburg 2 S.; Coll. 30. Juli 09; Approb. 27. Sept. 08.]

Sohlich, Karl

-- Der Erfinderschutz der technischen Privatangestellten, s.: S c h r i f t e n der Gesellschaft für soziale Reform.

Sohlich, Karl, techn. Angestellte in Arbeitskammern, s.a. S c h r i f t e n des Bundes der technisch-industr. Beamten.

Technische Angestellte in Arbeitskammern! Von Karl **Sohlich**, Sekr. Berlin: Selbstverl. 1905. (27 S.) 8° [F.]
— **Schriften** d. Bundes d. industr. Beamten. No 5. [06. 13776

Technische Angestellte in Arbeitskammern! Von Karl **Sohlich**. 2., verm. u. verb. Aufl. Berlin: K. Sohlich 1907. 31 S. 8° [11. 7060

Sohlich, Karl: W a r u m u. wie müssen sich die techn. Privatbeamten organisieren?, s.a. S c h r i f t e n des Bundes der technisch-industr. Beamten.

Warum und Wie müssen sich die technischen Privatbeamten organisieren? Neue Antworten auf alte Fragen von Karl **Sohlich**, Sekr. Berlin: K. Sohlich 1906. (15 S.) 8° [Umschlagt. F.]
— **Schriften** d. Bundes d. industr. Beamten. No 8. [06. 13778

Söhling, Willy (Wilhelm), **Referendar a. Mülheim a. Rh.: Die** Ministerverantwortlichkeit nach preussischem und Reichsstaatsrecht. Mülheim a. Rh. 1908: Druck d. Mülheimer Volkszeitung. (X, 81 S.) 8°
Heidelberg, Jur. Fak., Ref. **Anschütz, Diss.** v. 1908
[Geb. 28. Jan. 85 Mülheim; Wohnort: Mülheim; Staatsangeh.: Preußen; Vorbildung: Gymn. Mülheim Reife O. 04; Studium: Bonn 2, München 1, Berlin 1, Bonn 2 S.; Rig. 21. Okt. 07.]

[F.] Das Dragoner-Regiment Ansbach — 1. Brandenburg. Drag.-Reg. Nr. 2. — 1689–1896. E. Beitr. z. Gesch. d. Dragoner v. Dr. jur. Ernst **Soehlke**, Reg.-Assess. ... M. 2 Abb. '(Als Ms. gedr.)' *Berlin: Dr. v. W. Greve 1896.* (4 Bl., 101 S., 2 Portr.) 1 Bd 4. [97. 6235

Soehlke, Ernst, das Dragoner-Regiment Ansbach, 1. brandenburgisches Dragoner-Regiment Nr. 2, 1689—1896. Ein Beitrag zur Geschichte der Dragoner. 2., ergänzte Ausg. gr. 4. (VII, 102 S. m. 2 Bildnissen.) Hierzu e. (Leinw.-)Mappe: Dragoner-Bilder v. G. Wühlisch. gr. Fol. (20 farb. Taf.) Berlin 898. (M. Pasch.) n.n. 25.—

Soehlke, Ernst, s.a. Z w a n g l o s e, die, 1806—1906.

Die Z w a n g l o s e. 1806–1906. (Verf.: [Reg.R. Dr.] Ernst **Soehlke**.) (Berlin 1906: W. Greve.) (88 S.) 8° [F.] [06. 5706

Söhlke, G: JII. Katalog der Spielwaaren-Fabrik G. Söhlke Nachfolger. Berlin 1892. 1893

Sohm, Joann. Bapt. (pseudon.), **Commentatio historica sistens Lutheranorum novissima dissidia de canone divinarum** Scripturarum. Freiburg, 1780, 8°.
Verf. ist Engelbert Klüpfel. Recens. Nova biblioth. eccles. Friburg. 1780. V, 123—140.

– – s.a. S o h m , Josef Benedikt

Sohm, Joh. Bened., Über den Einfluß der Religion auf die Wohlfahrt der Staaten. Auf den höchst feierlichen Krönungstag Franz II. zum erblichen Kaiser von Österreich. Stockach 1804, 8°, 32 S.

Sohm, Jos. Bdkt., Beantwort. einiger Preisfragen, welche Se. Hochfürstl. Gnaden Franz Ludwig sämmtl. Landgeistlichen im Weinmona 1787 zustellen ließen. gr. 8. Kempten 789. Rienner in Würzb. 6 Kr

— die dankbare Bürgerfreude üb. den Werth des Friedens. Eine Rede. 8. Augsb. 801. Kranzfelder. 2 Kr

— comment. histor. sistens Lutheranorum novissima dissidia de canone divinor. scriptor. 8maj. Freiburg 781. Wagner. 3 Kr

– – s.a. S o h m , Johann Baptist

Sohm, J. B., üb. d. Nothwendigkeit u. d. Recht, Hülfspriester an einer Pfarrey anzunehmen u. die angenommenen wieder zu entlassen. 8. Freyburg, Wagner. 819.

Sohm, Jos. Bdkt., vollständ. Predigtentwürfe auf alle im Großherzogth. Baden kathol. Antheils gebotenen Festtage d. Jahres. 8. Freiburg 827. Fr. Wagner. 15 Kr

– s.a. T r o s t g r ü n d e für die Mönche.

TROSTGRÜNDE f ü r d i e M ö n c h e ü b e r i h r h e u t i g e s S c h i c k s a l . . . (von *Jos. Bened. Sohm*). Augsburg 1802.
Anon.-Lex. IV. p. 197 (nach Kayser u. Meusel).

— die wahre Weisheit e. Christen; e. Lobrede auf d. heil. Joh. v. Nepomuk. 8. Constanz 806.

Sohm, Edw., († d. 11. März 1786.) ausführl. Begriff d. christl. Lehre für Alte u. Junge in der Ravensburger Gemeinde. 8. Lindau 772.

— kurzer Begriff d. christl. Lehre, für die evangel. Schuljugend der Ravensburger Gemeinde. 8. Lindau 772.

— Form der Confirmation in d. evangel. Gemeinde zu Ravensburg. 8. Lindau 772,

— Gedanken üb. die Innungen der evangel.-lutherischen mit der reformirten Kirche im Punkte des heil. Abendmahls. 8. Hanau 768.

— erste öffentl. Confirmation zu Ravensburg evangel. Antheils. 4. Lindau 771.

— Lehrbuch im Christenthum bei d. evangel. Gemeinde zu Ravensburg. 8. Lindau 772.

— Versuch üb. einige Hauptstücke der Metaphysik, od. der allgem. Wesens-Grundlehre. 8. Hanau 768.

Sohm, Rudolf

— u. **Max Lorenz, d. A r b e i t e r s t a n d u. d. Sozialdemokratie. 2 Reden, geh. in öffentl. Versammlg. d. evangel. Arbeitervereins zu Leipzig am 27. März 1896. 1.—3. Aufl. gr. 8. (34 S.) Leipzig 896. (Hannov. Münden, R. Werther.) n. — 60**

Die Sozialen A u f g a b e n des modernen Staates. Von Rudolph Sohm, Prof. in Leipzig. Leipzig: O. de Liagre 1898. (32 S.) 8°
Aus: Cosmopolis. Okt.- u. Novemberheft 1897.

Sohm, Rud., die s o z i a l e n A u f g a b e n des modernen Staates. [Aus: „Cosmopolis".] gr. 8. (32 S.) Leipzig 898. W. Bobach & Co. n. — 50

Sohm, Rud., die soziale Bedeutung des Erbbaurechts, s.: O e r t m a n n, P.

Sohm, R(ud.), E(du.) Hölder [u.] E(mil) Strohal: Drei B e i - t r ä g e zum bürgerlichen Recht. Leipzig 1905. 8°
Festschrift d. Leipziger Jur. Fak. [für] Heinr. Degenkolb.

— zur Einführg. d. bürgerl. Gesetzbuchs in d. Reichstag, s.: N i e b e r d i n g.

Sohm, R., die Entstehung d. deutschen Städtewesens. Eine Festschrift. gr. 8. (102 S.) Leipzig 890. Duncker & Humblot. n. 2. 40

Sohm, Rud.: Ueber den Entwurf eines BGB. für das Deutsche Reich in zweiter Lesung. Ein Vortrag. Berlin 1895.
(S.-A. a.: Beiträge z. Erl. des Dt. Rechts. Bd 39.)

-- über d. Entwurf d. bürgerlichen Gesetzbuchs f. d. Deutsche Reich in zweiter Lesung. E. Vortrag. [Aus: „Beiträge zur Erläuterg. d. deutschen Rechts".] 3. Abdr. gr. 8. (III, 31 S.) Berlin 896. F. Vahlen. n. — 80

Gedächtnisrede auf König Albert gehalten in d. öffentl. Sitzung beider Klassen d. kgl. sächs. Gesellsch. d. Wiss. zu Leipzig am 14. Nov. 1902 von Rudolph Sohm. *Leipzig: B. G. Teubner 1903.* (11 S.) 8°

—— die Gegensätze unserer Zeit, s. Sammlung von Vorträgen.

— der Gegenstand, s. Beiträge, drei, zum bürgerlichen Recht.

Sohm, Rudolph, die deutsche Genossenschaft, s.a. Festgabe der Leipziger Juristenfakultät für Dr. Bernhard Windscheid.

Sohm, Rud. Die deutsche Genossenschaft. gr. 8. (43 S.) Lpz. 889, Duncker u. Humblot. * 1 —
Aus: Festgabe der Leipz. Juristenfakultät f. B. Windscheid, besonders abgedruckt.

— zur Geschichte der Auflassung, s. Festgabe zum Doctor-Jubiläum des Hrn. Geh. Justizrath Prof. Dr. Heinr. Thöl in Göttingen.

— Institutionen. E. Lehrbuch d. Geschichte u. d. Systems d. röm. Privatrechts. 7., erweit. Aufl. d. „Institutionen des röm. Rechts". gr. 8. (XVI, 563 S.) Ebd. 898. Geb. in Halbfrz. n. 11. 60

Institutionen. Ein Lehrb. d. Gesch. u. des Systems d. Röm. Privatrechts von Rudolph Sohm, Prof. in Leipzig. 8. u. 9. Aufl. der 'Institutionen d. Röm. Rechts'. Leipzig: Duncker & Humblot 1899. (XVI, 566 S.) 8°

Institutionen. Ein Lehrbuch d. Geschichte und d. Systems d. römischen Privatrechts von Rudolph Sohm, Prof., Leipzig. 10., mit d. 8. u. 9. gleichlaut. Aufl. *Leipzig: Duncker & Humblot 1901.* (XVI, 566 S.) 8°

— Institutionen. Ein Lehrbuch der Geschichte u. des Systems des röm. Privatrechts. 11., neu durchgearb. Aufl. (XVI, 585 S.) gr. 8. Leipzig 903. Duncker & Humblot. Geb. in Halbfrz. n. 12. —

Institutionen. Ein Lehrbuch d. Gesch. u. d. Systems d. röm. Privatrechts von Rudolph Sohm, Prof. in Leipzig. 12., mit d. 11. gleichlaut. Aufl. Leipzig: Duncker & Humblot 1905. (XVI, 585 S.) 8°

Sohm, Rud., Institutionen. Geschichte u. System des röm. Privatrechts. 13., wesentlich umgearb. Aufl. (XIV, 765 S.) 8. Leipzig 908. Duncker & Humblot. Geb. in Leinw. 13. —

—— Institutionen des römischen Rechts. gr. 8. (XIV, 390 S.) Leipzig 883, Duncker und Humblot. *

—— Institutionen des römischen Rechts. 2. umgearb. Aufl. (XVI, 411 S.) 886; 3. Aufl. gr. 8. (XVI, 452 S.) Leipzig 888, Duncker und Humblot. *ℳ 8.—.; geb. *

—— Institutionen d. römischen Rechts. 4. Aufl. gr. 8. (XVI, 464 S.) Ebd. 889. * 8 —; geb. * 9 50

Sohm, Rud., Institutionen des römischen Rechts. 5., umgearb. Aufl. gr. 8. (XII, 478 S.) Leipzig 894. Duncker & Humblot. Geb. in Halbfrz. n.n. 9. 50

Sohm, Rud., Institutionen d. römischen Rechts. 6., mit der 5. gleichlaut. Aufl. gr. 8. (XVI, 478 S.) Leipzig 896. Duncker & Humblot. Geb. in Halbfrz. n.n. 9. 50

—— Kirchengeschichte im Grundriß. 8. (VI, 194 S.) Leipzig 888, Böhme Nachf. *ℳ 2.80.; geb. *

—— Kirchengeschichte im Grundriß. 4. verm. Aufl. (VIII, 200 S.) 889; 5.—7. Aufl. 8. (VIII, 216 S.) Lpz. 890—92, Ungleich. * 2 80; geb. * 3 80

— Kirchengeschichte im Grundriß. 8. u. 9. Aufl. 8. (III, 218 S.) Leipzig 893. 894. E. Ungleich. n. 3. —; geb. n. 4. —

— Kirchengeschichte im Grundriß. 11. Aufl. 8. (VIII, 218 S.) Leipzig 898. E. Ungleich. n. 3. —; geb. n. 4. —

— Kirchengeschichte im Grundriß. 12. Aufl. 8. (VIII, 218 S.) Leipzig 901. E. Ungleich. n. 3. —; geb. n. 4. —

— Kirchengeschichte im Grundriß. 13. u. 14. Aufl. (VIII, 218 S.) 8. Leipzig 902. 905. E. Ungleich. n. 3. —; geb. n. 4. —

Kirchengeschichte im Grundriss. Von Rudolph Sohm. 15. Aufl. Leipzig: E. Ungleich 1907. (VIII, 219 S.) 8° [F.]

— Kirchengeschichte im Grundriß. 16. Aufl. (VIII, 219 S.) 8. Leipzig (909). E. Ungleich. 3.—; geb. in Leinw. 4. —

— Kirchenrecht, s.a. Handbuch der deutschen Rechtswissenschaft.

Sohm, Rud.: Kirchenrecht. Leipzig.

Bd 1. Die geschichtl. Grundlagen. 1892.

Sohm, Lehre v. subpignus. Rost. 861.

Sohm, Rud., die Lehre vom subpignus. Gekrönte Preisschrift. Rostock 864. Stiller. gr. 8. (VII, 152 S.) 22½ ngr.

—— s. Lex Ripuaria.

— der deutsche Mann u. die Sittlichkeit. Vortrag, geh. auf der XIII. allgemeinen Konferenz der deutschen Sittlichkeitsvereine in Leipzig am 28. X. 1901. gr. 8. (8 S.) Berlin 901. (Leipzig, H. G. Wallmann.) n. — 20

Der deutsche Mann und die Sittlichkeit. Vortrag geh. in Leipzig 1901 von Prof. [Rudolf] Sohm. 2. Aufl. Berlin: Geschäftsstelle d. deutschen Sittlichkeitsvereine 1902. (8 S.) 8°

— neue Pflichten der Kirche. Hrsg. v. der sächs. evangelisch-sozialen Vereinigg. (14 S.) 8. Dresden 906. C. L. Ungelenk. n.n. — 10

Die sozialen Pflichten der Gebildeten. Vortr. v. Prof. Dr. Rudolph Sohm . . . Leipzig: Kommv. v. R. Werther; (Dr. v. W. Hoppe) 1896. (18 S.) 1 Bd. 8°
(Sozial-Wissenschaftliche Vereinigung.)

— dasselbe, s.a. Vereinigung, sozial-wissenschaftl.

— die sozialen Pflichten d. Gebildeten. Vortrag. 3. Aufl. gr. 8. (18 S.) Leipzig 896. [R. Werther.] W. Bobach & Co. n. — 20

—— der Prozeß der Lex Salica. 8. (X und 237 S.) Weimar 867, Böhlau.

—— das **Recht** der Eheschliessung aus dem deutschen und canonischen Recht geschichtlich entwickelt. Eine Antwort auf die Frage nach dem Verhältniss der kirchl. Trauung zur Civilehe. gr. 8. (XI, 336 S.) Weimar 875, Böhlau. *

—— fränkisches **Recht** und römisches Recht. Prolegomena zur deutschen Rechtsgeschichte. gr. 8. (84 S.) Weimar 880, Böhlau. *
Aus: Zeitschrift der Savigny-Stiftung für Rechtsgeschichte, besonders abgedruckt.

Der **Rectoratswechsel** an der Kaiser-Wilhelms-Universität Strassburg am 1. Mai 1884. Darin: a) Jahresbericht erstattet von Prof. Dr. F. von Recklinghausen, d. Z. Prorector; b) Bericht über die **Preisbewerbung** für das Jahr 1883/84 und über die Preisaufgaben für das Jahr 1884/85, sowie über die Preisaufgaben der Lamey-Stiftung, der Lobstein-Preisstiftung und der Max Müller'schen Preisstiftung; c) Von der deutschen Rechtswissenschaft. Rede gehalten beim Antritt des Rectorats von Dr. Rudolf Sohm, o. Prof. der Rechtswissenschaft, d. Z. Rector. Strassburg, Univ.-Buchdr. v. J. H. Ed. Heitz. 1884. 8. 47 S.

— s. Rechtswissenschaft, systematische.

Sohm, Rud., die altdeutsche Reichs- und Gerichtsverfassung. 1. Bd.: Die Fränkische Reichs- und Gerichtsverfassung. gr. 8. (XXXII, 588 S.) Weimar 871, Böhlau. *

—— die Sonntagsruhe. Vortrag gehalten auf der öffentl. Generalversammlung des Vereins für Sonntagsruhe in Straßburg am 6. Febr. 1887. 8. (16 S.) Straßburg 887, Heitz. *

— **Trauung** u. Verlobung. Eine Entgegng. auf Friedberg: Verlobung u. Trauung. gr. 8. (VII, 147 S.) Ebend. 876. n. 3. —

— zur Trauungsfrage, s. a. Zeitfragen d. christlichen Volkslebens.

— zur Trauungsfrage. Heilbronn 879.

Sohm, Rud., das Verhältniss von Staat und Kirche aus dem Begriff von Staat und Kirche entwickelt. 8. (54 S.) Tübingen 873, Laupp'sche Buchh. *

Sohm, R., das Verhältniss von Staat und Kirche aus dem Begriff von Staat und Kirche entwickelt. 8. Tübingen 873. Freiburg i. Br., Mohr. *

— Wesen u. Ursprung des Katholizismus, s. a. Abhandlungen der königl. sächs. Gesellschaft der Wissenschaften. Philol.-histor. Kl. 27, X.

Sohm, Rud., Wesen u. Ursprung des Katholizismus. Leipzig 1909. 4°.
(Abhandlungen d. philos.-hist. Klasse d. Kgl. sächs. Ges. d. Wissenschaften. Bd 27, Nr 10.)

Wesen und Voraussetzungen der Widerspruchsklage. Von Dr. Rudolf **Sohm**, Ref., Leipzig. Leipzig: Duncker & Humblot 1908. (XIV, 172 S.) 8°
Ein T. erschien als Inaug.-Diss.

Sohm, Rudolf, Referendar: Das Wesen der Widerspruchsklage. Altenburg 1908: Pierer. x, 51 S. 8° ¶(Ersch. vollst. als Buch b. Duncker & Humblot, Leipzig.)
Leipzig, Jur. Diss. v. 25. Sept. 1908
[Geb. 10. Juli 83 Straßburg; Wohnort: Leipzig; Staatsangeh.: Sachsen; Vorbildung: Thomassch. Leipzig Reife O. 02; Studium: Freiburg i. B. 1, Leipzig 1, München 1, Leipzig 4 S.; Rig. 21. Jan. 07.] [U 09. 2692

Sohm, Rud., die obligatorische Civilehe u. ihre Aufhebung. Ein Gutachten. gr. 8. (48 S.) Weimar 880. Böhlau. n. — 80

Sohn, der, der Alpen, s.: Saat u. Ernte. 12. Bd.

Sohn, d. dankbare,. Lstsp. v. Engel. 8. Lpz. Dyk. 801.

Sohn, Der edelmütige. Drama in fünf Aufzügen. Hamb. 1780. V: *Paalzow, Carl Friedrich.* (Stockmayer, D. dtsche Soldatenstück. Weimar 1898. S. 106.)

— der edelmüthige,. Drama von Paalzow. 8. Stendal, Franzen u. G. 786.

Sohn, der, Ethelwolfs; eine histor. Erzählung. 8. Bremen, Müller. 1 ℛ

Sohn, der feindliche. Schauſp. in 5 Aufz. von Arresto. Als Fortsetzung d. Soldaten. 8. Hamb. (Brem. Heyse.)

— d. feindliche,. Schſp. in 5 A. v. Arresto. 8. Hamburg, Kratzsch. 805.
Schreiber.

Sohn, Friederich Ferdinand. Geschichte seines Lebens, seine Vorhersagungen und seine sympathetischen Kuren. Von ihm selbst erzählt. Berlin 856. Remak. 8. (159 S.) n. 12 ngr.

Sohn, Friedrich Ferdinand, Geschichte seines Lebens, seine Vorhersagungen und seine sympathet. Kuren. Von ihm selbst erzählt. 3 Lfgn. 8. (159 S.) Berlin 856, [Verlags-Büreau.] à Lfg. * 4 Ngr. *

Der | gerächte Sohn, | oder | fünffacher Mord. | Schreckliche Begebenheit, | welche sich in Posen zugetragen hat. | Druck von C. Schulze u. Co. in Schmiedeberg | (Prov. Sachsen.). o. J., 8 S., 180 × 110.
LBO Bänkelsängerlit. III, 87.

Sohn, der, der Griechin, s. Abendunterhaltungen, christl., 6. Bdchn.

— d. gute,. Schſp. v. Florian, m. deutschen u. franzoſ. Text. (a. unt. d. Titel: le bon fils.) 12. Lpz. Rein.

— der gute, od. Gesch. d. Grafen Samarandes, a. d. Franz. 4 Thle. 8. Danzig, Flörke. (Sommer in Leipz.) 772.

— der gute, od. Geschichte des Grafen Samarandes; aus dem Französ. 4 Thle. 8. Leipz. 772. (Nauck). 12 ℊℊ

— der gute, od. Begebenheiten Herrn Karl Braß. 5. Thle. 8. Nordhausen, Groß. (Nitzsche.) 786—92.

— d. gutherzige,. Lstsp. n. Florian v. Schmieder. 8. Frkft. Pech. (Sommer in Lpz.) 791.

Sohn, Der Herr, des Herrn Noch Jemand. Eine heroische Tragikomödie von A. v. K. Fortsetzung der Komödie Noch Jemands Reise-Abentheuer. O. O. u. V. 1814. V: *Kotzebue, August Friedrich Ferdinand von.* (?) (BGE V³, 301)

ORIGENDO, Des grossen, kleiner Sohn, dessen Reisen, Liebschaften, Abenteuer und Heldenthaten. (Zahmer Roman nach d. Französ.) Seitenst. zu „Europens Götter im Fleisch". Schweinfurt (Zwickau, Schumann) 1803. 8°.

— der, des Kriegs, dessen Leben bis nach d. Frieden von Tilsit u. bis zum Jahre 1808 ꝛc., v. K. Stein. 2 Thle. m. Kpf. 8. Posen, Kühn. 808.

Sohn, der, d. Leibeigenen. Eine Erzählg. aus dem Mittelalter. 16. (64 S.) Elberfeld 875. Püttmann. n. — 25

Sohn, an meinen ältesten beinahe 6jähr., über die Art, wie er bisher im Rechnen unterrichtet worden, (v. G. A. Roscher). 8. Luneb. 781. (7½ Bog.)

— H***., an meinen, (v. M. Claudius). 8. Hamb. 799. Fr. Perthes. 2 gl.

— der, der Nacht, oder der Wendenfürst, s.: Bibliothek, Europäische, 369 u. 370. Bd.

— der, d. Natur; Seitenstück zu Lafontaine's Naturmensch. 8. Wien. (Liebeskind in Leipz.) 799.

Sohn, der, der Natur, oder der neue Achill. Merkwürd. Erzählungen von H. Burdach. 8. Leipzig, Hartmann. 819.

Sohn, der natürliche, s. a. Novellen, Hamburger.

— d. natürliche; od. d. Proben d. Tugend. Schsp. v. Diderot, a. d. Frz. 8. Lpz. Büschel. 775.

— der natürliche. Lstsp. von Cumberland. 8. Leipz. Dyk. 785.

— der natürliche; aus d. Französ. 8. Bresl. 791. W. G. Korn. 18 gl.

— d. natürliche. Schsp. in 5 Akten v. Huber, s. Taschenbuch f. 1807.

Des Pfarrers Sohn, oder: Die alleinseligmachende Kirche. Herausgegeben nach vorgefundenen Papieren von einem Laien der röm.-kath. Kirche. Breslau, Kern, 1846, gr. 8°, 1,50 Mk.

Sohn, der siebte. Ein Lebensbild aus d. Zeit, als Hannover noch e. Königreich war. Von L. M. (61 S.) kl. 8. Bremen 907. G. Winter Verl. 1. —

Sohn, d. 7te, ein Geisterseher, Fragment a. d. erst. Quartal d. 18n Jahrhund. 8. Leipz. Weigel. 805.

Sohn, Der, des Teufels und seine Liebschaften. Pirna 1801. Neue Ausg. Dresden 1807. V: *Schulz, Friedrich August (Fr. Laun).* (Ky) (EE) (BGE)

— der, des Teufels, u. seine Liebschaften, (v. Fr. Laun). 8. Dresd. 801. 2e A. 807. Arnold. 1 rthl 4 gl

Sohn, der, des Atta Troll. Ein Winternachtstraum. (Gedicht.) 8. (108 S.) Leipzig 850, Herbig. ½ rthl

Sohn, der, des Verbannten, oder das Geld des Juden. Historisch-romantische Erzählung aus Europa's Gegenwart vom Verf. von „Amerika's Kinder der Hölle" rc. Mit zahlreichen Illustr. 3 Thle. in 24 Heften. gr. 8. (364 S. mit 8 Holzschntaf.; III, 380 S. mit 8 Holzschntaf.; III, 395 S. mit 6 Holzschntaf.) Berlin 869, Heidemann und Comp. à Heft 40 Pf.

Sohn, Der Verlorne. In Seinem Abschiede. Salzburg [175?]. V: *Holzmayr, Wolfgang.* (VLBS V, 286) (Hr)

Sohn, Der verlohrene. Lustspiel aus dem Französischen. München 1775. V: *Kepner, Joh. Frdr.* (GGr) (WBL) (MGT)

— — dasselbe. 8. Basel, Serini. 779.

— — — Trsp. v. Zimmermann. 8. Augsb. Wolf. 788.

— d. verlorne. Lustsp. v. Schink. 8. Wien, Wallishäußer. 794.

Sohn, Der verlorne. Die Geschichte einer deutschen Familie. Augsburg 1834. V: *Nebel, W. M.* (BGE)

Sohn, der verlorne, d. Geschichte e. deutschen Familie. Zur Beherzigung u. Warnung f. d. reif. Jugend u. f. Aeltern, erzählt v. W. M. N****. 8. (12¼ B. u Ttlkpfr.) Augsburg 834, M. Rieger.

Sohn, der verlorne, e. Geschichte aus d. Zeiten d. 30jähr. Krieges. Zur Beherzig. u. Warnung f. d. reif. Jugend u. f. Jugendfreunde erzählt v. W. M. N***. 2., reich verm. u. verb. Aufl. 8. (12½ B. u. 1 Ttlkpfr.) Augsburg 837, Rieger'sche Buchh.

Sohn, der verlorene. Ein Monatsblatt, um die rechte Theilnahme zur Rettung gefallener Seelen in der Christenheit befördern zu helfen. Hrsg. von mehr. Strafanstaltspredigern. Redig. von Posner. 5. Jahrg. Octbr. 1847 — Septbr. 1848. 12 Nrn. (Bog.) 4. Görlitz, Heinze und Comp. Thlr. *

Sohn, der verlorene. Eine wahre Geschichte für die reifere Jugend. gr. 16. (45 S. mit 1 Stnt.) Basel 852, Bahnmaier's Buchh. *

—— der verlorene. Von dem Verf. der Schrift: Der reine und unbefleckte Gottesdienst. Aus dem Französ. 8. (20 S.) Straßburg 869. (Berlin, Beck.) *

— der verlorne. 16. (35 S.) Barmen 872. (Wiemann.) n. — 14

Sohn, Der verlorene oder der Fürst des Elends. Niedersedlitz-Dresden [1884]. V: *May, Carl.* (Hist. pol. Blätter für das kath. Deutschland 129, 534.) (Frankfurter Zeitung Nr. 31. 9. XI. 1902.)

Sohn, Der verlorne, in seinem Elende. Salzb. [175?]. V: *Holzmayr, Wolfgang.* (Hr)

SOHN, Der verlorene, und die unglückliche Maitresse, oder Liebesbegebenheiten des Ritters von Rollan und Fräulein Dorothea. Frankfurt u. Leipzig (Delitzsch, Vogelgesang) 1751. 8°.
Von äusserster Seltenheit! Citirt Heinsius.

Sohn, Der verlorne, in seiner Rückkehr . . . Salzburg [175?]. V: *Holzmayr, Wolfgang.* (Hr)

—— der verlorne, in seinen Verirrungen u. seiner Rückkehr zu seinem Vater. Zur Erbauung f. Alle, besond. aber f. jene, die sich verirrt, u. bei Gott d. Versöhn. suchen. 12. (3 B.) Linz 838, (Haslinger.)

Sohn, Der verlorene und wiedergefundene, oder: Des Sünders Leiden und des Büßers Freuden. 7 Fastenpredigten für das Landvolk von P. H. B. Innsbruck 1863. V: *Babl, H. (Pater.)* (Russell XII, 1, 1034)

— der verlorene und wiedergefundene, oder: des Sünders Leiden u. des Büßers Freuden. Sieben Fastenpredigten für das Landvolk von H. B. Innsbruck 863. Wagner. 8. (99 S.) n. 8 ngr.

— e. verlorener, s. a. Brockenhaus-Erzählungen, Berliner, 3. Heft.

Sohn, e. verlorener, s. a. Volksbücher, neue.

Ein verlorener Sohn. Erzählung von A. R. Mit 4 Ill. Berlin: Schriftenvertriebsanst. 1903. (104 S.) 8°
(Volksbücher, Neue. Bdch. 72.)

SOHN, Der, des Waldes oder Bastard und Kronenräuber in einer Person, der Vater des berühmten Rinaldo. Eine schauerliche Geschichte des 18. Jahrhunderts. Leipzig 1803. 8°.
Citirt Müller-Fraureuth.

— der, des Waldes, od. Bastard u. Kronenräuber in einer Person, der Vater des berühmten Rinalda Rinaldini; e. Gesch. d. 18ten Jahrhunderts. 8. Weißenfels. (Hinrichs in Leipz.) 811.

— d. wiederkehrende,. Schuldrama. 8. Königsb. Hartung. 762.

Sohn, der wiederkehrende; Schuldrama. 8. Königsb. 762. Unzer. 4 gr.

—— der, der Zeit. Von *.* 12. (6¾ B.) Berlin 845, Herbig. *

Sohn. Die nächste Zukunft Berlins. Eine Prophezeiung. Die Russen, das kannibalischste Volk Europas — Druck von F. Reichardt u. Co. 1 Bl. Fol.
Flugblatt. Berlin, 10. Juli 1848.

Sohn, Al.: Die deutsche Sprache als Unterrichtsgegenstand an Gymnasien. – Iglau, Progr. 1851.

Sohn, Alois, Hohen-Salzburg. Historisch-romant. Dichtung. gr. 16. (216 S.) Wien 874, Hölder. *

—— Staatspolizei und Selfgovernment. Eine Abhandlung über die Polizeifrage und den Polizeidienst der Gegenwart mit spezieller Berücksicht. Oesterreichs. gr. 8. (40 S.) Wien 869. (Linz, Haslinger.) *

Sohn's, Friedr. Ferd., Kunst auf dem ersten Anblick eines Menschen dessen Temperament, Eigenschaften, wie vergangenes, gegenwärtiges und zukünftiges Schicksal genau zu bestimmen, oder: die Physiognomik der Alten, durch eigene Erfahrungen vermehrt. Zur Selbstbelehrung für Jedermann. Mit Abbildungen. 8. (48 S.) Berlin 856, [Verlags-Büreau.] *

—— Kunst aus der Handhöhle, den Fingern, und den Nägeln: Leben und Tod, Gesundheit und Krankheit, Glück und Unglück, Temperament, rc. bestimmen zu können, oder: die Chiromantie der Alten, durch eigene Erfahrungen vermehrt. Zur Selbstbelehrung für Jedermann. 1. und 2. Aufl. 8. (44 S. mit 5 Abbild. in Holzschn.) Berlin 856, [Verlags-Büreau.] *

—— Wahrsagerkarten, nebst Verfahrungsweise und die Deutung des vollen Spiels von 52 Karten, wie die Anweisung einen Stern zu legen. 32. (16 S. mit 32 ill. Karten in Holzschn.) Berlin 856, [Verlags-Büreau.] *

— Wahrsagerkarten, nebst Verfahrungsweise und die Deutung des vollen Spiels von 52 Karten, wie die Anweisung einen Stern zu legen. Ebend. (856.) 64. (16 S. u. 32 color. Holzschnitttaf.) n. 7½ ngr.

Sohn, (H.,) Triers Alterthümer u. Umgebungen, in 22 (21) pittoresk. Ansichten, 1 Pl. v. Trier u. 2 Bog. Text. gr. Fol. Trier 824, Lintz.

Sohn, H., s.a. Triers Alterthümer u. Umgebungen.

Sohn, Joh. Paul. Genaue und ausführliche Beschreibung der in der Natur- und Rasenbleiche der Lein- und Hanfgarne und der hieraus verfertigten Leinwanden gemachten neuen Erfindung und Verbesserung, worauf dem . . . am 24. Oktober 1852 ein ausschließliches k. k. Privilegium ertheilt worden; zunächst für theoretisch nicht gebildete Bleicher bestimmt. Mit einer lithographirten Tafel. 8. (56 S.) Olmütz, Dr. von Fr. Slawik.

Sohn, Karl Bernhard, aus Oppenheim am Rhein: Untersuchungen über einige beiderseitig orthoständig substituirte Benzolderivate. *Bonn 1898: K. Drobnig.* (47 S.) 8°
Heidelberg, Naturw.-math. Diss. v. [19. Jan.] 1899

Sohn, M. B., Erläuterung zum Gesetz, betr. die Beaufsichtigung u. die Kosten der Vormundschaftsverwaltung. Vom 22. Octbr. 1873. gr. 8. (60 S.) Mannheim 874. Bensheimer. n. 1. —

— Erläuterungen zum Gesetz, betr. außergerichtl. Theilgn. u. gerichtl. Verkäufe v. Liegenschaften, vom 1. Dezbr. 1873. Lex.-8. (III, 95 S.) Ebend. 875. n. 1. 80

Sohn, W., über Wesen u. Verhütung der Cholera. Vortrag. (23 S.) kl. 8. Reval 905. F. Wassermann. n. — 60

Sohn, s.: Zeitschrift, juristische, f. das Reichsland Elsaß-Lothringen.

Sohn, Roman Über das chemische Element „Phosphor". 8 (S. 3 —33).
Progr. Staats-G. *Troppau* 1890.

Sohn, Wilh., die finstere Macht. Schauspiel in 1 Aufzuge. (31 S.) kl. 8. Reval 907. F. Wassermann. — 80

Sohncke, Leonhardus: De aequatione differentiali seriei hypergeometricae $X(1-x)\cdot\frac{d^2y}{dx^2}+(\gamma-(\alpha+\beta+1)x)\frac{dy}{dx}-\alpha\cdot\beta\cdot y=0$.
Halis (1866): Orphanotropheum. 20 S. 8° (4°)
Halle-Wittenberg, Phil. Diss. v. 2. Jan. 1866
Geb. Halle a. d. S. 22. 2. 1842. V.
Im Buchhandel Halis (Königsberg: Schubert & Seidel) 1866. 22 S. 4°

Sohncke, Leonh., de aequatione differentiali seriei hypergeometricae $x(1-x)\cdot\frac{d^2y}{dx^2}+(\gamma-[\alpha+\beta+1]x)\frac{dy}{dx}-\alpha.\beta.y=0$. Dissertatio inauguralis mathematica. 4. (22 S.) Halis 866. (Königsberg, Akademische Buchh. von Schubert und Seidel.) +

Sohncke, Leonh., üb. die Bedeutung wissenschaftlicher Ballonfahrten. Festrede, geh. in der öffentl. Sitzung der k. b. Akademie der Wissenschaften zu München am 15. Novbr. 1894. gr. 4. (24 S.) München 894. (G. Franz' Verl.) n. — 80

Sohncke, Leonh., Entwickelung einer Theorie der Krystallstruktur. Mit 55 Holzschn. im Text u. 5 lith. Taf. gr. 8. (VIII, 248 S.) Leipzig 879. Teubner. n. 8. —

— Gewitterstudien auf Grund v. Ballonfahrten. [Aus: „Abhandlgn. d. k. b. Akad. d. Wiss."] gr. 4. (60 S.) Ebd. 894. n. 1. 80

Sohncke, L., s.: Jahresbericht üb. die Ergebnisse der an den badischen meteorologischen Stationen in den J. 1870 u. 1871 angestellten Beobachtungen.

Sohncke, Leonh., die unbegrenzten regelmässigen Punktsysteme als Grundlage einer Theorie der Krystallstruktur. gr. 8. (83 S. mit 2 Stnt. in qu. gr. 4.) Karlsruhe 876, Braun'sche Hofbuchh. *
Aus: Verhandlungen des naturwissenschaftlichen Vereins in Karlsruhe, besonders abgedruckt.

Sohncke, L., über Stürme und Sturmwarnungen, s. a. Sammlung gemeinverständl. wissenschaftl. Vorträge.

Sohncke, L., Ueber Stürme und Sturmwarnungen. Vortrag, gehalten im Museum zu Karlsruhe am 2. Dezember 1874. Mit 2 lithogr. Tafeln und einem Holzschnitt. (Sammlung gemeinverständlicher, wissenschaftl. Vorträge, herausgegeben von Rud. Virchow und Fr. von Holtzendorff. Heft 233).
Berlin 1875.

Sohncke, Leonh., der Ursprung der Gewitter-Elektricität und der gewöhnlichen Elektricität der Atmosphäre. Eine meteorologisch-physikal. Untersuchung. gr. 8. (V, 74 S.) Jena 885, Fischer. *

Sohncke, Leonh. Gemeinverständliche Vorträge aus dem Gebiete der Physik. gr. 8. (V, 230 S. m. 27 Abbildgn.) Jena 892, Fischer. * 4 —

— über Wellenbewegung, s. a. Sammlung gemeinverständlicher wissenschaftlicher Vorträge.

Sohncke L. über Wellenbewegung. (Slg wissenschaftl. Vortr. 375) Berlin 1881

Sohncke: Ueber den Zusammenhang hypergeometrischer Reihen mit höheren Differentialquotienten und vielfachen Integralen. 30 S.–Koenigsberg Fr.C., Progr. 1867

—— über den Zusammenhang hypergeometrischer Reihen mit höheren Differentialquotienten und vielfachen Integralen. gr. 4. (30 S.) Königsberg 867. (Berlin, Calvary und Comp.) *

Sohncke, Ludwig Adolf

Sohncke, L. A., Bibliotheca mathematica, s. a. Bibliotheca mathematica.

Sohncke, L. A., bibliotheca mathematica. Verzeichniss der Bücher über die gesammten Zweige der Mathematik, als: Arithmetik, höhere Analysis, construirende u. analyt. Geometrie, Mechanik, Astronomie u. Geodäsie, welche in Deutschland und dem Auslande vom Jahre 1830 bis Mitte des Jahres 1854 erschienen sind. Mit einem vollständigen Materienregister. Leipzig 854. Engelmann. Lex.-8. (VII, 388 S.) n. 2 ₰. 10 ngr.

Sohncke, L. A., s. Chasles, Geschichte der Geometrie.

Sohncke, Ludw. Ad. Analytische Geometrie. Halle 1851.

Sohncke, L. A., Sammlung von Aufgaben aus der Differential- und Integralrechnung. Lex.-8. (VI und 338 S.) Halle 850, Schmidt. *

Sohncke's, L. A., Sammlung von Aufgaben aus der Differential- und Integralrechnung. 2., verb. und verm. Aufl. hrsg. von H. J. Schnitzler. 2 Thle. gr. 8. Halle 859, Schmidt's Verlagsh. *

Inhalt:
Thl. 1. Sammlung von Aufgaben aus der Differentialrechnung. (VI und 202 S.) * 1 Thlr. 6 Ngr.
» 2. Sammlung von Aufgaben aus der Integralrechnung. (134 S.) * 26 Ngr.

Sohncke's, L. A., Sammlung von Aufgaben aus der Differential- und Integralrechnung. 3., verb. und durch viele Zusätze verm. Aufl. hrsg. von Ed. Heis. 2 Thle. gr. 8. Halle 865, Schmidt's Verlag. *

Inhalt:
Thl. 1. Sammlung von Aufgaben aus der Differentialrechnung. (VIII und 212 S.) * 1 Thlr. 6 Ngr.
» 2. Sammlung von Aufgaben aus der Integralrechnung. (IV und 140 S.) * 26 Ngr.

Sohncke's, L. A., Sammlung von Aufgaben aus der Differential- und Integralrechnung. 4. verb. und verm. Aufl. 1. Thl.: Aufgaben aus der Differentialrechnung, hrsg. von Herm. Amstein. gr. 8. (VIII, 250 S.) Halle 875, Schmidt's Verlag. *

Sohncke's, L. A., Sammlung von Aufgaben aus der Differential- und Integralrechnung. 4. verb. und verm. Aufl., hrsg. von Herm. Amstein. 2. (Schluss-)Thl.: Aufgaben aus der Integralrechnung. gr. 8. (VII, 298 S.) Halle 877, Schmidt's Verlagsh. * ℳ 5.; geb. *

Sohncke's, L. A., Sammlung v. Aufgaben aus der Differential- u. Integralrechnung. 2 Thle. Hrsg. v. Herm. Amstein. 5. verb. Aufl. gr. 8. Halle 885. Schmidt. n. 9. —; geb. n. 11. —
1. Differentialrechnung. (VIII, 249 S.) n. 4. —; geb. n. 5. —
2. Integralrechnung. (VII, 298 S.) n. 5. —; geb. n. 6. —

—— dass. — Figurentafeln dazu. Hrsg. von Herm. Amstein. 2 Thle. gr. 8. Ebendas. 885. *

Inhalt:
Thl. 1. 13 lithogr. Fig.-Taf. zur Differentialrechnung. (2 S. Text.) * ℳ 1.20.
» 2. 19 lithogr. Fig.-Taf. zur Integralrechnung. (2 S. Text.) * ℳ 1.80.

Sohncke's, L. A., Sammlung v. Aufgaben aus der Differential- u. Integralrechnung. 2 Tle. gr. 8. Jena, H. W. Schmidt. n. 13. —; geb. n. 16. —
I. Differentialrechnung. Hrsg. v. Herm. Amstein. 6. verb. Aufl., bearb. v. Mart. Lindow. (XI, 304 S. m. 124 Fig.) Halle 903. n. 5. —; geb. n. 6. —
II. 1. Integralrechnung. I. 6. verb. Aufl. Bearb. u. hrsg. von Mart. Lindow. (XII, 221 S. m. 62 Fig.) 905. n. 4. —; geb. n. 5. —
2. Dasselbe II. (VI, 224 S. m. 151 Fig.) 906. n. 4. —; geb. n. 5. —

—— analytische Vorlesungen. I. Bd. I. Abthl.: A. u. d. T.: Analytische Geometrie. gr. 8. (VII und 256 S. mit 12 Kpfrt.) Halle 851, Schmidt. *

—— analytische Vorlesungen. 2. Bd.: Analytische Mechanik. 1. Abthl. A. u. d. T.: Analytische Theorie der Statik. gr. 8. (V und 169 S. mit 5 Kpfrt.) Halle 853, Schmidt. *

—— dass. — 2. Bd.: Analytische Mechanik. 2. Abthl. A. u. d. T.: Analytische Theorie der Dynamik nach den Vorlesungen des Hrn. Prof. Dr. Sohncke bearb. von Herm. Schwarz. gr. 8. (VII und 200 S. mit 2 Stnt.) Ebds. 854. *

Sohne. Meinem lieben S' Johann Heinrich Hottinger.... [Gedicht] s. [Hottinger, Johann Jacob II].

Söhne, Die guten. Schauspiel. Donauwörth 1783. V: *Mayr, Beda.* (ML) (Zeitschr. f. Büch. N. F. 15, 1923, S. 122)

Söhne, die guten; Schspl. in 4 Aufz., nach Weiße. 8. Münch. 784. J. Lindauer. 6 Kr.

Söhne, die, der Nacht ꝛc., Schauspiel, s. Blüthen, dramatische.

Söhne, Oesterreichs tapfere. Erinnerungen aus Italien und Ungarn von 1848 und 1849 eines Veteranen, Verfassers der Aphorismen und der aesthetischen Weltanschauung. O. O. u. J. [1857]. V: *Mayer, Ignatz,* Hauptmann des Inf.-Rgt. Prohaska Nr. 7. (Nach F. Z. M. Graf Beck handschr. Mitth. von Hofrat Dr. Arthur Goldmann, Wien)

Söhne, Oesterreichs tapfere. Erinnerungen aus Italien u. Ungarn von 1848 u. 1849 eines Veteranen, Verfassers der Aphorismen u. der ästhetischen Weltanschauung. Klgft., Leon, 1857. 352 S. (Verf.: J. Ignaz Mayer.)

Söhne, Reichs, oder: Die vier Fakultäten, ein Roman. Görlitz 1805 V: *Gersdorf, Chn Adolph E. von.* (Erman & Horn, Bibliogr. d. dtsch. Universitäten. I. Leipz. u. Berl. 1904.)

Söhne, Die, des Thales; ein dramatisches Gedicht . . . Berlin 1803—4. 2. . . . Ausg. 1807. V: *Werner, Friedrich Ludwig Zacharias.* (MGT) (Grisebach, Weltliteraturkat. Berl. 1898—1900. II, 89.)

— d., d. Thales; Ein dramatisch. Gedicht, v. F. L. Z. Werner. 2 Thle. m. K. 8. Berl. Sander. 803. (I. die Templer auf Cypern. II. d. Kreuzbrüder.)
Velinp.

— — dess. Werks 1r Thl. neue Aufl. d. Templer auf Cypern. 8. Ebend. 807.
Schreibp.

Söhne, Die undankbaren ... 1776. (IV, 2862.) V: *Piron, Alexis* (L'école des pères«. Paris 1729). Vgl. Joerdens 5 (1810), S. 716, 7. (DARP)

— die undankbaren, oder d. Schule d. Väter. Lstspl. (von Jh. André). 8. Offenb. 776. Brede. 8 gr

Söhne, verlorene. Autor. Uebersetzg. von H. v. R. 12. (II, 92 S.) Berlin 897. Deutsche Evang. Buch- u. Tractat-Gesellschaft. n. — 50

Söhne, Verlorene. Autorisierte Übersetzung. Berlin [1898?] Ü: *Redern, Hedwig v.* (Berl)

Söhne, verlorene. Autoris. Uebersetzg. von H. v. R. (Neue Aufl.) 12. (II, 92 S. m. 3 Abbildgn.) Berlin (901). Deutsche ev. Buch- u. Tractat-Gesellschaft. n. — 50

Söhne, verlorene. Autoris. Übersetzg. von H. v. R. 3. Aufl. (143 S. m. 3 Abbildgn.) kl. 8. Berlin (908). Deutsche ev. Buch- u. Traktat-Gesellschaft. — 60

— d. verlohrnen. Schsp. v. Pröpper. 8. Offenbach, Weiß. 788.

Sohnek J.: Rhombenkörper. 29 u. Netze. Leitmeritz R. 81. Progr.

Beiträge zur Geschichte der evangel. Stadtpfarrkirche zur hl. Katharina in Raudten, Kr. Steinau. Von Hermann **Söhnel**, Pastor. H. 1. Liegnitz 1905: O. Heinze. 8° [Ö.] [illegible] 2

Söhnel, Herm., die Rundwälle der Niederlausitz nach dem gegenwärtigen Stande der Forschung. Ein Beitrag zu den prähistor. Untersuchgn. der Landschaft. gr. 8. (VII, 60 S.) Guben 886. Koenig. n. 1. 20

Söhnelandt, Halfdan, Atmen, aber mit Verstand? Lungen-Übgn. f. Gesunde u. alle, die gesund werden u. bleiben wollen. Mit 10 Abbildgn. und 2 Zeichngn. im Text. (50 S.) gr. 8. Berlin 909. Priber & Lammers. 1. 20

Söhner, A., aktuelles Welt-Notiz-Rechenbuch „Summablitz", s.: Raabe, E.

Söhner, Adrian Gottlieb (Danzig) A. S. 1314/49

Dissertatio philosophica prior de stupendo naturae mysterio anima humana sibi ipsi ignota.
Präs. Samuel Christian Hollmann. Auct. et emend.
Wittenberg (Gerdes) 1724. 24 S.

Diss. Greifswald 29. X. 1722. 32774

Söhner, Adrian Gottlieb (Danzig) A. S. 1350/14

Dissertatio philosophica prior de stupendo naturae mysterio anima humana sibi ipsi ignota.
Präs. Samuel Christian Hollmann. Auct. et emend. rec.
Göttingen (Bossigel) 1750. 24 S.

Diss. 29. X. 1722. 32775

Söhner, Ferd., Anna Früh die Hausfrau auf dem Lande. Ein Buch für Jung u. Alt. Mit einem Vorwort von Joh. Metzger. 8. (X u. 124 S. m. Holzschn.) Frankfurt a. M. 851, Brönner. n. 8 ngr

Söhner, Ferd., Anna Früh die Hausfrau auf dem Lande. Ein Buch für Jung und Alt. Mit e. Vorw. von Joh. Metzger. 2. Aufl. Frankfurt a. M. 858. Brönner. 16. (X, 124 S. mit Holzschn. im Text u. 1 Holzschnitttaf.) n. 7 ngr.

Söhner, Ferd., Anna Früh, die Hausfrau auf dem Lande. Mit einem Vorwort von Joh. Metzger. 8. Aufl. gr. 16. (136 S. mit eingedr. Holzschn. und 1 Holzschntaf.) Frankfurt a. M. 870, Winter. cart. *

Söhner, Paul Arthur: Begriff und Wesen der privaten Volksversicherung. Tübingen 1910: Laupp. VII, 47 S. 8° ¶ (Ersch. vollst. u. d. T.: Die private Volksversicherung. Ihr Wesen u. ihr Wert u. d. wichtigeren Reformbestrebungen, als: Archiv f. Sozialwiss. u. Sozialpolitik. Erg.H. 2.)
Heidelberg, Phil. Diss. v. 23. Juli 1910, Ref. A. Weber
[Geb. 19. März 81 Schwetzingen; Wohnort: Karlshorst b. Berlin; Staatsangeh.: Baden; Vorbildung: Kölln. Gymn. Berlin Reife M. 02; Studium: Berlin 12 S.; Rig. 26. Juli 09.] [U 10. 2174

**Söhner*, A.* Die private Volksversicherung, ihr Wesen und ihr Wert und die wichtigeren Reformbestrebungen. (Heidelb. D. 1910.) Tübingen 1910.

Söhner, Paul Arthur, Die private Volksversicherung, ihr Wesen und ihr Wert und die wichtigeren Reformbestrebungen. 8°. Tübingen, J. C. B. Mohr, 1911. (Archiv f. Socialwissensch. u. Socialpol., Erg.-Heft 2.)

Soehngen, Alexander, Gerichtsref., geb. zu Warendorf i. Westf.: **Beiträge zur** Lehre von der Gefahrsnormierung beim Kauf. *Breslau 1901: H. Fleischmann.* (VIII, 155 S.) 8°
Freiburg i. B., Rechts- u. staatswiss. Diss. v. 1901

Söhngen, August, appob. Arzt aus Darmstadt: Ueber Prostatitis acuta mit Absceßbildung nach Furunkulose. Leipzig 1903: J. B. Hirschfeld. (14 S.) 8°
Heidelberg, Med. Diss. v. 1903

Söhngen, Ernst, moderne Arbeiter. Soziales Zeitgemälde aus der Gegenwart. (358 S.) 8. Leipzig (907). R. Sattler. 3.75; auch in 12 Lfgn. à — 30

– Zum neuen Jahr, s. Weihnachts- u. Neujahrs- Gedichte.

— eine Märznacht. Episode aus schwerer Zeit in 1 Akt. (12 S.) 8. Berlin (905). A. Hoffmann. n. 1. —

— Rebellenkinder. Schwank in 1 Akt. (2 Bildern.) (24 S.) 8. Ebd. (905). n. 1. —

— Reserve hat Ruh. 4 Akte aus e. Kasernenstube. (76 S.) 8. Ebd. (906). n. 2. —

– Des armen Mannes Weihnachten, s. Weihnachts- u. Neujahrs- Gedichte.

Söhngen, Ernst: Des Kindes Weihnachtsgedanken, s. Weihnachts- u. Neujahrs- Gedichte.

Söhnholz, H., u. H. Martens. Offener Brief an die Kreuzgemeinde zu Hermannsburg. Ueber ihre vergangene u. gegenwärt. Lage in geschichtl. u. sachl. Hinsicht. gr. 8. (66 S.) Celle 891, (André). * * — 50

Sohnke, s. Sohncke

Sohnle, Hugo

Sohnle H, hippologische, veterinärmedizinische und biologische Beiträge zur württembergischen Pferdezucht. (104 S) Plieningen 1906

Sohnle (Hugo), hippologische, veterinärmedizinische u. biolog. Beiträge zur Pferdezucht m. besond. Berücksicht. der einschlägigen württemberg. Verhältnisse. (105 S.) gr. 8. Stuttgart 907. E. Ulmer. 2.—

[Lied]. Der ger.·. u.·. vollk.·. Johannis-Loge Carl zum Aufgehenden Licht im Or.·. Frankfurt a. M. zur Jahresschlussfeier am 30. Dez. 1899 gewidmet von Franz **Söhnlein.** [Frankfurt a. M. 1899: Knauer.] 2 Bl. 8° [Umschlagtit.]
Ohne Noten: „Ihr Brüder, die Ihr an der Jahreswende ...“

Sohnrey, Heinrich. Zu Verbindg. mit L. Bartels, Marie Luise Bartz, Busch u. a. Hrsg. von Eduard Kück. (Zum 50. Geburtstage des Dichters u. Vorkämpfers für ländl. Wohlfahrts- und Heimatpflege mit Freunden seiner Bestrebgn. hrsg.) Mit 2 Bildern des Jubilars u. e. Umschlagzeichng. v. F. Müller-Münster. 1.—3. Tauf. (VII, 129 S. m. Abbildgn.) 8. Dresden 909. [W. Baensch.] Berlin, Deutsche Landbuchh. Kart. 1.50; erh. Pr. 2.—

Sohnrey, Heinr., s.: Archiv für innere Kolonisation.

Sohnrey, Heinrich (Hrsg.), s.a. Bauernland.

Sohnrey, Heinr., Bauernland. Ein Gespräch mit Vater Brinkhöfer über das Ansiedelungswesen in den Provinzen Posen und Westpreussen. gr. 8°. Berlin, Trowitzsch u. Sohn, 1896.

Sohnrey, Heinr., Bauernland. E. Gespräch m. Vater Brinkhöfer üb. d. Ansiedelungswesen in den Provinzen Posen u. Westpreußen. gr. 8. (48 S.) Berlin 897. Trowitzsch & Sohn. n. —50

[F.] Die Bedeutung der Landbevölkerung im Staate und unsere besonderen Aufgaben auf dem Lande. Vortr., geh. im Klub d. Landwirte z. Begründg e. Centralstelle f. Wohlfahrtspflege auf d. Lande v. Heinrich **Sohnrey,** Hrsg. d. Zeitschr. 'Das Land'. *Berlin: Trowitzsch & Sohn 1896.* (39 S.) 1 Bd 8.
(Ausschuss f. Wohlfahrtspflege auf d. Lande.) [97. 276

— die **Bedeutung** d. Landbevölkerung im Staate u. uns. besond. Aufgaben auf d. Lande. Vortrag, geh. im Klub d. Landwirte z. Begründung e. Centralstelle f. Wohlfahrtspflege auf dem Lande. Hrsg. v. Ausschuß f. Wohlfahrtspflege auf d. Lande. 2., durchgeseh. Aufl. gr. 8. (39 S.) Ebd. 897. n. —50

Der Bruderhof. Eine bäuerliche Liebes- u. Leidensgeschichte aus d. Hildesheimischen von Heinrich **Sohnrey**. 1. bis 3. Taus. *Leipzig: G. H. Meyer 1898.* (186 S.) 8° [F.] [03. 849

Sohnrey, Heinr., der **Bruderhof.** Eine bäuerl. Liebes- u. Leidens-Geschichte. 4.—8. Tauf. (279 S.) 8. Berlin 905. M. Warneck. n. 3.—; geb. in Leinw. n. 4.—

Der Bruderhof. Eine bäuerliche Liebes- u. Leidens-Geschichte von Heinrich **Sohnrey.** Berlin: Deutsche Landbuchh. [um 1910]. 280 S. 8° [11. 10133

Sohnrey, Heinr.: Der Bruderhof. Jetzt: Dresden. W. Baensch.

— s. Bücherschatz des deutschen Dorfboten.

Sohnrey, Heinr., Die hinter den **Bergen.** Dorfgestalten aus Hannoverland. 8. (XI, 205 S.) Leipzig 894. R. Werther. n. 2.—; geb. n. 2.50

— die hinter den **Bergen.** Dorfgestalten aus Hannoverland. 2., unveränd. (Titel-)Ausg. 8. (XI, 205 S.) Ebd. (894) 896. n. 2.—; geb. n. 2.50

Sohnrey, Heinr., die hinter den **Bergen.** Gestalten und Gewalten im hannov. Berglande. 3., verm. Aufl. Einbandzeichnung v. Frz. Hecker. 8. (VIII, 229 S.) Göttingen 900. Vandenhoeck & Ruprecht. n. 2.40; geb. in Leinw. n. 3.—

(B) — Die hinter den Bergen. 900. Jetzt: Berlin, Deutsche Landbuchhandlung.

Die hinter den Bergen. Gestalten u. Geschichten aus d. hannov. Berglande. Von Heinrich **Sohnrey.** Mit Buchschmuck von Dan. Krencker. 9. Aufl. Dresden: Baensch; [Berlin: Deutsche Landbuchh.] 1910. 347 S. 8° [11. 1733

— **Dorfbote.** Mit der monatl. Beilage: Neues Bauerland, amtl. Anzeiger der königl. Ansiedelungskommission. Red.: H. Sohnrey. Jahrg. 1904. 52 Nrn. (à ca. 8 S.) Fol. Berlin. Osterwieck, A. W. Zickfeldt. n. 2.40
Fortsetzg., s.: Dorfbote, deutscher.

— **Dorfgeschichten.** 1. Reihe. D. Leute aus d. Lindenhütte. Niedersächs. Walddorfgeschichten. 1. Bd. Friedesinchens Lebenslauf. 3. Aufl. Mit Buchschmuck v. O. Ewel. 8. (439 S.) Ebd. 899. n. 3.50; geb. in Leinw. n. 4.50
Erschien auch in 7 Lfgn. à n. —50.

— **Dorf-Kalender** f. 1903. Im Auftrage des Ausschusses f. Wohlfahrtspflege auf dem Lande hrsg. 4. (99 S. m. Abbildgn., 1 Farbdr. u. Wandkalender.) Berlin, Trowitzsch & Sohn. n. —60
In Ausgaben f. das östliche u. f. das westliche Nord- u. Mitteldeutschland u. f. Süddeutschland erschienen.

— **Dorf-Kalender** für 1907. Hrsg. im Auftrage des deutschen Vereins f. ländl. Wohlfahrts- u. Heimatpflege. Mit Bildern v. Müller-Münster u. a. (96 S. m. 1 Farbdruck u. Wandkalender.) gr. 8. Berlin, Trowitzsch & Sohn. n. —60
In Ausgaben f. das östliche u. f. das westliche Nord- u. Mitteldeutschland u. f. Süddeutschland.

— **Dorf-Kalender** für 1911. 10. Jahrg. Hrsg. im Auftrage des deutschen Vereins für ländl. Wohlfahrts- u. Heimatpflege. Mit Bildern von Müller-Münster u. a. (112 S. m. 1 Farbdr. u. Wandkalender.) gr. 8. Berlin, Trowitzsch & Sohn. —50
In Ausgaben f. das östliche u. f. d. westliche Nord- u. Mitteldeutschland u. für Süddeutschland.

— die **Dorfmusikanten.** Volksstück m. Gesang, Spiel u. Tanz in 8 Aufzügen. Mit Benutzg. v. Heinr. Schaumbergers Musikantengeschichten. 8. (109 S.) Berlin 902. G. H. Meyer. n. 2.—; geb. in Leinw. n. 3.—

(B) — Die Dorfmusikanten. 902. Jetzt: Berlin, Deutsche Landbuchhandlung.

Heinrich **Sohnrey.** Die Dorfmusikanten. Volksstück m. Gesang, Spiel u. Tanz in 3 Aufz. Mit Benutzung von Heinrich Schaumbergers Musikantengeschichten. 5. verb. Aufl. (4. Aufl.) (Bühnenausg. m. d. szen. Einrichtung d. Hoftheaters in Weimar.) Dresden: Baensch; [Berlin: Deutsche Landbuchh. um 1910]. 93 S. 8°

— s.: **Dorf-Zeitung, deutsche.**

— **Düwels.** Ein Stück aus d. Dorfleben in 4 Aufzügen. (92 S.) 8. Dresden 910. [W. Baensch.] Berlin, Deutsche Landbuchh. 2.—

— Feste u. Spiele des deutschen Landvolks, s.: Kück, Eduard

Sohnrey, Heinrich: Genossenschaftswesen. 2.Aufl. Berlin 1901.

— u. Ernst **Löber**, das Glück auf dem Lande, s.a. **Bücherschatz** des deutschen Dorfboten. 1.

Das Glück auf dem Lande. Ein Wegweiser, wie der kleine Mann auf e. grünen Zweig kommt. Von Heinrich **Sohnrey**, Berlin, u. Ernst Löber, Pfarrer. Berlin: Deutsche Landbuchh. 1906. (172 S.) 8° [F.]
— **Bücherschatz** d. Deutschen Dorfboten. Bd 1. (07. 7845

— der kleine Heinrich, s.a. **Blätter**, grüne, f. Kunst und Volkstum 4. Hft.

Der kleine Heinrich. Ein Waisenknabe aus d. Westen u. e. Ansiedlergestalt aus d. deutschen Ostmark. Zur Erläuterung e. sozial-pädag. u. nationalen Aufgabe d. deutschen Volkes. Von Heinrich **Sohnrey**. 1. Zehntaus. *Leipzig & Berlin: G. H. Meyer 1901.* (29 S.) 8° [F.]
— **Blätter**, Grüne. H. 4. (01. 16880

– Der Hunnenkönig. Wie die Woldhäuser Kaisers Geburtstag feiern, s. Volksbücher, Wiesbadener. Nr. 39.

Hütte und Schloss von Heinrich **Sohnrey**. 4. Aufl. Mit Zeichn. von L. Burger. *Berlin: M. Warneck 1903.* (VII, 416 S.) 8° [F.]
— **Sohnrey**: Die Leute aus d. Lindenhütte. Bd 2.

Hütte und Schloß von Heinrich **Sohnrey**. 12. (auf d. Umschl.: 11.) Aufl. Mit Zeichn. von L. Burger. Berlin: M. Warneck 1905. (VII, 416 S.) 8° [F.]
— **Sohnrey**: Die Leute aus d. Lindenhütte. Bd 2. (05. 15616 II

Hütte und Schloß. Von Heinrich **Sohnrey**. Mit Zeichn. von L. Burger. 17. Aufl. Dresden: Baensch; [Berlin: Deutsche Landbuchh.] 1910. VII, 416 S. 8°
(Sohnrey: Die Leute aus d. Lindenhütte. Bd 2.)

Sohnrey, Heinrich (Hrsg.), s. Jugendbuch f. Stadt u. Land.

– Die Jungfernauktion. Als die Großmutter sterben wollte, s.a. Meyer's, Ulr., Bücherei. Nr. 6.

Die Jungfernauktion. Als d. Großmutter sterben wollte. 2 Dorfgeschichten von Heinrich **Sohnrey**. Berlin: U. Meyer [1903]. (77 S.) 8°
(Bücherei, Ulrich Meyer's. 6.)

— im grünen Klee — im weißen Schnee. Dorfgeschichten aus Hannoverland. Mit Buchschmuck von J. v. Kulas. 1.—5. Tauf. (III, 314 S.) 8. Berlin 903. M. Warneck.
n. 3. —; geb. n. 4. —

(B) — Im grünen Klee — im weißen Schnee. 903. Jetzt: Berlin, Deutsche Landbuchhandlung.

Im grünen Klee, im weißen Schnee. Dorfgeschichten aus Hannoverland von Heinrich **Sohnrey**. Mit Buchschmuck von J. v. Kulas. 6. Aufl. Berlin: M. Warneck 1905. (314 S.) 8° [F.] (05. 15614 II

Im grünen Klee, im weißen Schnee. Dorfgeschichten aus Hannoverland von Heinrich **Sohnrey**. Mit Buchschmuck von J. v. Kulas. 7. Aufl. Berlin: Deutsche Landbuchh. [um 1910]. 314 S. 8° (11. 16130

Sohnrey, Heinr.: Im grünen Klee, im weißen Schnee. Jetzt: Dresden, W. Baensch.

— s.a. Kunst auf dem Lande.

Sohnrey H. die Kunst auf dem Lande. (235 S 10 T) Bielefeld 1905

— s.: **Land, das.**

— s.: **Landjugend, die.**

Friedesinchens Lebenslauf von Heinrich **Sohnrey**. 7. Aufl. Mit Zeichn. von L. Burger. Berlin: M. Warneck 1902. (415 S.) 8°
= Sohnrey: Die Leute aus d. Lindenhütte. Bd. 1.

Friedesinchens Lebenslauf von Heinrich **Sohnrey**. 21. Aufl. Mit Zeichn. von L. Burger. Berlin: M. Warneck 1905. (415 S.) 8° [F.]
— **Sohnrey**: Die Leute aus d. Lindenhütte. Bd 1. (05. 15615 II

Friedesinchens Lebenslauf. Von Heinrich **Sohnrey**. Mit Zeichn. von L. Burger. 31. Aufl. Dresden: Baensch; [Berlin: Deutsche Landbuchh.] 1910. 415 S. 8°
(Sohnrey: Die Leute aus d. Lindenhütte. Bd 1.) (11. 17333

SOHNREY, Heinrich. Grete Lenz. Leben und Erlebniſſe eines Großſtadtkindes. Dresden 1909.
Vgl. Geſchlecht und Geſellſchaft V, Beibl. 27.

— Grete Lenz. Leben u. Erlebnisse e. Großstadtkindes. 2.—4. Aufl. (III, 439 S.) 8. Dresden 909. [W. Baensch.] Berlin, Deutsche Landbuchh. 4.—; geb. in Leinw. 5.—

Sohnrey, Heinr., die Leute aus der Lindenhütte. Niedersächsische Walddorfgeschichten. Für große u. kleine Leute erzählt. Hütte u. Schloß. 8. (232 S.) Bernburg 886. Bacmeister. n. 2. —

Sohnrey, Heinr., die Leute aus der Lindenhütte. Niedersächsische Walddorfgeschichten. Für große und kleine Leute erzählt. (1. und 2. Bd.) 8. [Bernburg 887.] Eisenach, Bacmeister.
à Bd. *M 2.—. *
geb. à Bd. *M 2.75. *

Inhalt:
Bd. 1. Friedesinchens Lebenslauf. 1. und 2. Aufl. (269 S.)
" 2. Hütte und Schloß. 2. Aufl. (232 S.)

— die Leute aus der Lindenhütte. Niedersächsische Walddorfgeschichten. Für große u. kleine Leute erzählt. 2 Bde. 8. Berlin, M. Warneck. à n. 3. —; geb. à n. 4. —
1. Friedesinchens Lebenslauf. 7. Aufl. Mit Zeichngn. v. L. Burger. (415 S.) 902.
2. Hütte u. Schloß. 4. Aufl. Mit Zeichngn. v. L. Burger. (VII, 416 S.) 903.

— die Leute aus der Lindenhütte. Niedersächsische Walddorfgeschichten. Für große u. kleine Leute erzählt. 2 Bde. 8. Berlin, M. Warneck. à n. 3. —;
geb. in Leinw. à n. 4. —
1. Friedesinchens Lebenslauf. 19. Aufl. Mit Zeichngn. von L. Burger. (415 S.) 905. n. 3. —; geb. n. 4. —
2. Hütte u. Schloß. 13. Aufl. Mit Zeichngn. v. L. Burger. (VII, 416 S.) 905. n. 3. —; geb. n. 4. —

(B) — Die Leute aus der Lindenhütte. 905. Jetzt: Berlin, Deutsche Landbuchhandlung.

Die Leute aus der Lindenhütte. Niedersächs. Walddorfgeschichten. Für große u. kl. Leute erzählt von Heinrich **Sohnrey** (Mit Zeichn. von L. Burger.) Bd 1. 2. Dresden: Baensch; [Berlin: Deutsche Landbuchh.] 1910. 8°
1. Friedesinchens Lebenslauf. 31. Aufl.
2. Hütte u. Schloß. 17. Aufl.

— der Meineid im deutschen Volksbewußtsein. Ein volkstüml. Vortrag, nebst weiteren Mitteilgn. üb. die Eidesnot unseres Volkes. gr. 8. (56 S.) Ebd. 894. n. — 90

Robinson in der Lindenhütte. Geschichten aus d. Jugendzeit. Von Heinrich **Sohnrey**. Mit Zeichn. von F. Müller-Münster. Berlin: Warneck; [Berlin: Deutsche Landbuchh.] 1908. VI, 311 S. 8° (11.17[illegible]

— Rosmarin u. Häckerling. Bäuerliche Liebesgeschichten aus Niedersachsen. 8. (III, 181 S.) Berlin 900. [G. H. Meyer.] M. Warneck. n. 2. —; geb. n. 3. —

— deutscher Sagenschatz, s.a. Kassebeer, F.

— u. Kassebeer's deutscher Sagenschatz. 2., völlig umgearb. u. erweit. Aufl. Von A. Tecklenburg. Mit e. Geleitswort von Heinr. Sohnrey u. m. 5 Vollbildern v. Hans Volkert. (XX, 276 S.) gr. 8. Wiesbaden 909. E. Behrend. 2.80; geb. in Leinw. 3.50

— der Schäferknabe aus der Lüneburger Heide, s.a. Schneeflocken. 28. Hft.

Der Schäferknabe aus der Lüneburger Heide. Erzählung von Heinrich Sohnrey. *Berlin: M. Warneck [1901].* (16 S.) 8° [Umschlagt. J.]
= Schneeflocken. 28. [03. 3840]

— d. alte Schuhmacher v. Hübichsdorf, s.: Verein f. Verbreitg. guter Schriften, Bern.

— Aus d. sozialen Tätigkeit d. preuß. Kreisverwaltgn. Auf Grund von 472 Verwaltungsberichten bearb. auf d. Geschäftsstelle d. deutschen Vereins f. ländl. Wohlfahrts- u. Heimatpflege u. in dessen Auftrage hrsg. Mit e. Geleitwort von Frdr. v. Schwerin. (8, 321 S.) gr. 8. Berlin 907. Deutsche Landbuchh. 5.—; geb. 6.—

— ein Vaterherz, s.: Hausfreund, neuer, Nr. 1.

Sohnrey, Heinrich
Verschworen - verloren. Volkserzählung. Aus dem südhannoverschen Berglande.
Leipzig: Werther 1894. 219 S. 8°

— verschworen — verloren. E. Erzählg. aus d. südhannov. Berglande. 2., unveränderte (Titel-) Ausg. 8. (III, 219 S.) Göttingen (894) 896. Vandenhoeck & Ruprecht. n. 2.—; geb. n. 2.60

Verschworen-verloren. Eine Dorfgeschichte aus d. hannov. Berglande. Von Heinrich Sohnrey. Mit Zeichn. von F. Müller-Münster. 3. Taus. Berlin: M. Warneck 1906. (280 S.) 8° [J.] [06. 13190]

— Verschworen — verloren. Eine Dorfgeschichte aus dem hannov. Berglande. Mit Zeichngn. v. F. Müller-Münster. 4. Taus. (273 S.) 8. Ebd. 906. n. 3.—; geb. in Leinw. n. 4.—

Verschworen – verloren. Eine Dorfgeschichte aus d. hannov. Berglande von Heinrich Sohnrey. Mit Zeichn. von F. Müller-Münster. Berlin: Warneck; [Berlin: Deutsche Landbuchh.] 1908. 280 S. 8° [11. 17337]

Sohnrey, Heinr.: Verschworen -verloren. Jetzt: Dresden, W. Baensch.

[J.] Eine Wanderfahrt durch die deutschen Ansiedelungsgebiete in Posen und Westpreussen. Von Heinrich Sohnrey. M. Photographien, Bauplänen u. Kt. *Berlin: Th. Schoenfeldt 1897.* (VII, 208 S., 2 Kt.) 1 Bd 8.
(Ausschuss f. Wohlfahrtspflege auf dem Lande.) [97. 7328]

– (Hrsg.), s. Wartburg-Bote, Der.

Wegweiser für Ländliche Wohlfahrts- und Heimatpflege. Im Auftr. d. Ausschusses f. Wohlfahrtspflege auf d. Lande bearb. von Heinrich Sohnrey. Berlin: Deutscher Dorfschriftenverl. 1900. (343 S.) 8°
= Schriften d. Ausschusses f. Wohlfahrtspflege auf d. Lande. [2.]

— Wegweiser f. ländliche Wohlfahrts- u. Heimatpflege. Im Auftrage u. unter Mitwirkg. des Ausschusses für Wohlfahrtspflege auf dem Lande bearb. u. hrsg. (Schriften des Ausschusses für Wohlfahrtspflege auf dem Lande.) 2., vielfach verb. u. verm. Aufl. 3.—5. Taus. (458 S.) gr. 8. Berlin 901. Deutsche Landbuchh. n. 5.—; geb. n. 6.—

— Wegweiser f. ländliche Wohlfahrts- u. Heimatpflege. Bearb. auf der Geschäftsstelle des deutschen Vereins für ländl. Wohlfahrts- u. Heimatpflege u. in dessen Auftrage hrsg. 3., vielfach verb. u. verm. Aufl. 6. Taus. (494 S.) 8. Berlin 908. Deutsche Landbuchh. nn 5.—; geb. in Leinw. nn 6.—

Sohnrey, Heinr., das Weihnachtsgeschenk, s.: Hausfreund, neuer. 5.

— wie die Dreieichenleute um den Dreieichenhof kamen. [Aus: „S., Die hinter den Bergen".] 8. (42 S.) Ebd. 894. n. — 25

— wie d. Dreieichenleute um d. Dreieichenhof kamen. [Aus: „S., Die hinter den Bergen".] 2., unveränd. (Titel-) Ausg. 8. (42 S.) Göttingen (894) 896. Vandenhoeck & Ruprecht. n. — 50

— das Wirtshaus auf dem Lande. Vortrag auf der 22. Jahresversammlung, am 18. X. 1905 zu Münster i. W. Hrsg. vom deutschen Verein gegen den Mißbrauch geist. Getränke. (35 S.) 8. Berlin 906. Mäßigkeits-Verlag. n. — 40

— d. Wohlfahrtspflege auf dem Lande, s.a. Schriften d. Centralstelle f. Arbeiter-Wohlfahrtseinrichtgn, Nr. 9.

[J.] Die Wohlfahrtspflege auf dem Lande. In Beisp. aus d. prakt. Leben dargest. Von Heinrich Sohnrey in Steglitz ... [Th.] 1. *Berlin: C. Heymanns 1896.* 8.
= Schriften d. Centralstelle f. Arbeiter-Wohlfahrtseinrichtungen. No 9. [96. 3285]

Die Wohlfahrtspflege auf dem Lande. In Beispielen aus d. prakt. Leben dargest. Von Heinrich Sohnrey. Hebung d. sozialen u. wirtschaftl. Zustände. Neue, unveränd. Ausg. Berlin: Heymann 1902. VIII, 224 S. 8°
(Schriften d. Ausschusses f. Wohlfahrtspflege auf d. Lande.) [10. 10269] 5

— der Zug vom Lande u. die soziale Revolution. gr. 8. (XVI, 138 S.) Ebd. 894. n. 3.—

— Der Zug der Landmädchen nach der Großstadt. Vortrag. Anh.: Diskussion u. Stimmen aus der Landbevölkerg. (71 S.) 8. Ebd. 910. 1.—
Sonderabdruck aus: „Verhandlgn. d. 14. Hauptversl. d. Deutschen Vereins f. ländl. Wohlfahrts- u. Heimatpflege".

— s. Zukunft, die, d. Landbevölkerg.

Söhns, *Franz* [Dr.]: Der Gang nach Kanossa. (Dichtg.) Gandersheim, Druck v. C. F. Hertel, 1896; 14—17 S. 4.
Gandersheim, RPG, OP 1896 (710)

Söhns, Frz., das Handschriftenverhältniss in Rudolfs von *Ems* Barlaam. gr. 8. (86 S.) Erlangen 878. Deichert. n. 1. 80

Söhns, Frz. Die Parias unserer Sprache. Eine Sammlg. v. Volksausdrücken. 8. (VIII, 126 S.) Lpz. 888, Reisland. 2 —

Söhns, Frz., unsere Pflanzen hinsichtl. ihrer Namenserklärg. u. ihrer Stellg. in d. Mythologie u. im Volksaberglauben. [Aus: „Ztschr. f. den deut. Unterricht".] gr. 8. (III, 92 S.) Leipzig 897. B. G. Teubner. Geb. in Leinw. n. 1. 60

Söhns, Frz., unsere Pflanzen. Ihre Namenserklärg. und ihre Stellg. in der Mythologie u. im Volksaberglauben. 2. Aufl. 8. (IV, 134 S.) Leipzig 899. B. G. Teubner. Geb. in Leinw. n. 2. 40

Söhns, Frz., unsere Pflanzen. Ihre Namenserklärg. u. ihre Stellung in der Mythologie u. im Volksaberglauben. 3. Aufl. m. Buchschmuck v. J. V. Cissarz. (VI, 178 S.) 8. Leipzig 904. B. G. Teubner. Geb. in Leinw. n. 2. 60

Söhns, Frz., unsere Pflanzen. Ihre Namenserklärung u. ihre Stellg. in der Mythologie u. im Volksaberglauben. 4. Aufl. m. Buchschmuck v. J. V. Cissarz. (VII, 192 S.) 8. Leipzig 907. B. G. Teubner. Geb. in Leinw. 3.—

Sohnsdom, Guido von, 4 Theile, mit 1 Kupf. 8. Freyberg, 791/96. Craz. 3 Rthl. 8 gl.

Sohnsdom, Guido von, (v. Gustav Schilling.) 4 Thle. 8. Freyberg, Craz u. G. 802.

Söhnstorff, Alfred

(F) **Söhnstorff, A.**, Von der Grenze. Nordöstliches. Gr.-8°. (110 S.) K 2 —
Wien: Seidel 1909.

Söhnstorff, Alfr. (Arth. Luzatto), von der Grenze. Nordöstliches. (V, 104 S.) 8. Wien 910. L. W. Seidel & Sohn. 2. —

Söhnstorff, Alfr., Halali u. andere Reitergeschichten aus Österreich-Ungarn. 8. (V, 202 S.) Dresden 901. E. Pierson. n. 2. —; geb. n. 3. —

(B) — Halali. 901. — Im bunten Rock. 899. — Allerlei Soldatisches. 903 Jetzt: Berlin, Verlag Berlin-Wien.

Söhnstorff, Alfr. (Arth. Luzatto), Kantonierungsbilder, (= Bibliothek, militär-belletristische. 4. Bdchn.

Söhnstorff, A., Kantonierungsbilder. Gereimtes und Ungereimtes. [Militärbelletristische Bibliothek. Bd. 4.] 8° (ill. 88 S.) K 2.
Wien: Seidel 1903.

— Reiterbriefe aus Oesterreich. (109 S.) 8. Wien 905. L. W. Seidel & Sohn. n. 2. —

— im bunten Rock. Novellen aus österr.-ungar. Garnisonen. 8. (VII, 232 S.) Ebd. 899. n. 3. —

— allerlei Soldatisches u. Menschliches. (195 S.) gr. 8. Linz (903). Dresden, E. Pierson. n. 4. —; geb. n. 4. 60

— Im Vorüberreiten. Stimmungen e. fahr. Gesellen. (111 S.) 8. Wien 907. L. W. Seidel & Sohn. 2. 50

v. Sohr, siehe: Denkmal der Erinnerung.

Sohr I., General-Lieutenant von. Erinnerungen und Gedanken eines alten Husaren-Offiziers. Berlin 1848. V: *Schwanenfeld, Frz von.* (Ky)

v. Sohr I., General-Lieutenant. Erinnerungen eines alten Husaren-Offiziers. — Denkmal der Erinnerung an den General-Lieutenant v. Sohr I. (22) 4. Berlin 1847. 3,00.

Sohr, Amélie

— Vide: Frau (Die) im gemeinnützigen Leben.

Sohr, Amélie, Frauenanteil an der Volksbildung. Ein Wort zum Verständnis d. Pestalozzi-Fröbel-Hauses in Berlin. gr. 8. (35 S.) Gotha 883. F. A. Perthes. n. — 60

—— Frauenarbeit in der Armen- und Krankenpflege, daheim und im Auslande. Geschichtliches und Kritisches. gr. 8. (VIII, 107 S.) Berlin 882, Springer. *

Sohr, Amélie, und Alex. Reifferscheid, Heinrich Rückert in seinem Leben und seinen kleineren Schriften dargestellt. 3 Bde. gr. 8. Weimar, Böhlau. *
Inhalt:
Bd. 1. 2. Heinrich Rückerts kleinere Schriften, ausgewählt und hrsg. 2 Thle. (IX, 370; V, 430 S.) 877. *M 13.
3. Sohr, Amélie, Heinrich Rückert in seinem Leben und Wirken dargestellt. (XIV, 318 S.) 880. *M 5.

Sohr, Carl, s. Sohr, Karl

Sohr, Friedrich Samuel (Görlitz) A. S. 164/14

De servitutis per pactum constitutione.
Präs. Ferdinand August Hommel.
Leipzig (Langenheim) 12. IV. 1736. 40 S.

W. v.: Präs. 32786

Sohr, Israel: Chronologische Tabellen für Evidenzstellung der jüdischen und christlichen Daten vom Jahre 1780 bis inclusive 1852 nebst einem Anhange: Die ewige Zeitrechnung in Tabellen und einer leichtfaßlichen Erklärung 8. (88 S. 2 Tab.) Gr. Kanischa, J. Markbreiter 1853.

Sohr, Hans: Aus d. Kgl. Med. Klinik zu Breslau: Die in der medizinischen Klinik zu Breslau seit 1892 beobachteten Fälle von chronischer Bleiintoxikation. Breslau 1903: Bresl. Genoss.-Buchdr. (57 S.) 8°
Breslau, Med. Diss. v. 23. Dez. 1903

Sohr, Johann August (Görlitz) A. S. 153/16

De sollemnibus venditionum.
Präs. Ferdinand August Hommel.
Leipzig (Langenheim) 29. VIII. 1737. 33 S.

W. v.: (Präs.) 32787

Sohr, Karl

Sohr, C., Atlas des preußischen Staats, z. Schul- u. Handgebr. (10 lith. u. ill. Bl.) qu. gr. 4. Glogau 842, Flemming. *

—— Atlas über alle Theile der Erde. 20 Lfgn. Fol. (80 lith. u. ill. Bl.) Glogau 842, 44, Flemming. à * 10 Ngr. *

Sohr's, K., vollständiger Atlas von Deutschland zum Schul- u. Handgebrauch, in 28 (lithogr.) Blättern. 1e Lfg. (7 ill. Karten.) qu. gr. 4. Glogau 840. Flemming. n. 1/6 ₰

Sohr's, K., vollständiger Atlas von Deutschland zum Schul- u. Hausgebrauch in 28 (lith. u. illum.) Blättern. qu. gr. 4. Glogau 841, Flemming. n. 2/3 ₰

Sohr, K., Eisenbahn- und Dampfschiffrouten-Karte von Europa. Nach den zuverlässigsten Quellen bearb. Ausg. für 1869—1875. Fol. Glogau, Flemming.
aufgez. in Carton M 4,80.; mit Stäben

Sohr, K., Eisenbahn- und Dampfschiffsrouten-Karte von Europa. 1 : 5,000.000. Ausg. 1877—1879. 2 Bl. Chromolithogr. Imp.-Fol. Glogau, Flemming.
Auf Leinw. in Carton *

Sohr, K., Eisenbahn- und Dampfschiffsrouten-Karte von Europa. 1 : 5,000,000. Ausg. 1884. 2 Bl. Chromolithogr. Imp.-Fol. Glogau 883, Flemming. M 2,40.; auf Leinw. in Carton *

Sohr, K., Eisenbahn- und Dampfschiffsrouten-Karte von Europa. 1 : 5,000,000. Ausg. 1885. 2 Bl. Chromolithogr. Imp.-Fol. Glogau, Flemming.
Auf Leinw. in Carton *
—— dass. — Ausg. 1886, 1887 und 1888. à 2 Bl. Chromolithogr. Imp.-Fol. Ebendas. 886—88. à Ausg.
Auf Leinw. in Carton à Ausg. *
Mit Stäben à Ausg. *

Sohr, K. Eisenbahn- u. Dampfschiffroutenkarte v. Europa. 1:5,000,000. 22.—25. Aufl. 2 Bl. Farbendr. 78×91 cm. Glogau 889—92, Flemming. 2 40; auf Leinw. in Leinw.-Carton * 4 80

Eisenbahn- und Dampfschiffrouten-Karte von Europa. Entw. u. gez. von Dr. K[arl] Sohr. (34. Aufl.) Neueste rev. Ausg. *Glogau: C. Flemming (1901).* (1 Kartenbl. 71×89 cm). 8° [Umschlagt.] [farbig] [o1. 4780

Sohr, K., General-Karte der Balkanhalbinsel. Nach den neuesten Materialien entworfen und gezeichnet. (Grosse Ausg.) 1 : 1,700,000. Chromolithogr. Imp.-Fol. Glogau 884, Flemming.

Sohr, K. General-Karte der Balkanhalbinsel. 1 : 1,700,000. 3. Aufl. Nach den neuesten Materialien revid. u. ergänzt im kartograph. Institut der Verlagshandlg. Chromolithogr. Imp.-Fol. Glogau 889, Flemming. * 1 —

—— vollständ. Hand-Atlas d. neueren Erdbeschreibung üb. alle Theile d. Erde in 80 Bl. 1—7. Lfg. (à 4 lith. u. ill. Karten.) qu. Fol. Glogau 841, 42, Flemming. à L. *

—— Hand-Atlas der neueren Erdbeschreibung über alle Theile der Erde, in 82 Bl., 4., durch Heinr. Berghaus verb. und verm. Aufl. 22 Lfgn. Fol. (82 lithogr. und ill. Bl., lithogr. Titel und Handtke's Post- und Reisekarte von Deutschland: 6 lithogr. und ill. Bl.) Ebds. 848.
Ohne Handtke's Reisekarte

Sohr, C., vollständiger Hand-Atlas der neueren Erdbeschreibung über alle Theile der Erde. 5., durch Heinr. Berghaus verb. und verm. Aufl. (60 Lfgn.) (à Lfg. 2 lithogr. und ill. Bl.) gr. Fol. Glogau 851—52, Flemming's Verlag. (à Lfg. * 5 Ngr.) *

Sohr, K., vollständiger Hand-Atlas der neuern Erdbeschreibung über alle Theile der Erde in 120 Blättern. 5. durch Heinr. Berghaus verb. u. verm. Aufl. 58—60. (letzte) Liefg. Glogau 853. Flemming. gr. Fol. Jede Liefg. von 2 (lith. u. color.) Bl. n. 5 ngr.

Sohr, C., vollständiger Handatlas der neueren Erdbeschreibung über alle Theile der Erde in 82 Blättern. 5., durch Heinr. Berghaus verb. und verm. Aufl. 41 Lfgn. (à Lfg. 2 chromolithogr. Bl.) qu. gr. Fol. Glogau 857—58, Flemming's Verlag. à Lfg. * 5 Ngr. *
in Halbfranz geb. *

Sohr-Berghaus. Hand-Atlas der neueren Erdbeschreibung über alle Theile der Erde in 100 (lith. u. color.) Blättern. Ausgeführt unter Leitung von F. Handtke. 6. Aufl. [Vollständig neue u. verb. Ausg.] 1—32. Liefg. Glogau, Flemming. gr. Fol. Jede Liefg. (4 Blatt.) 7½ ngr.

Sohr-Berghaus. Hand-Atlas der neueren Erdbeschreibung üb. alle Theile der Erde in 100 (lith. u. color.) Blättern. Ausgeführt unter Leitg. v. F. Handtke. 6. Aufl. [Vollständig neue u. verb. Ausg.] 33—50. Lfg. gr. Fol. (à 2 Bl.) Glogau 871. 72. Flemming. — 75; cplt. geb. n. 42. 75

—— dasselbe. Ausg. in 25 (lith. u. color.) Bl. (in qu. gr. Fol.) Fol. Ebend. 871. n. 12. —

—— dasselbe. Ausg. in 65 (lith. u. color.) Blättern. gr. Fol. Ebend. 872. geb. n. 30. —

— dasselbe. 6. vollst. neue u. verb. Aufl. Ausgabe f. Oesterreich. 35 color. Karten in Kpfrst. Fol. Ebend. 873. geb. n. 16. 50

Sohr-Berghaus, Hand-Atlas über alle Theile der Erde in 100 Blättern. Lith. u. color. 7. Aufl. qu. gr. Fol. Glogau 878. Flemming. geb. n. 45. —; in Fol. geb. n. 45. —; in Halbjuchten geb. n. 50. ; 7. Ausg. in 25 Blättern. n. 12. —; in 35 Blättern. geb. n. 16. 50; in 65 Blättern. geb. n. 31. 60

Sohr-Berghaus, Hand-Atlas über alle Theile der Erde. Ausgeführt unter Leitung von F. Handtke in dem kartograph. Institut der Verlagshandlung. 8. verm. und verb. Aufl. in 100 Bl. Chromolithogr. qu. gr. Fol. Glogau 888, Flemming. geb. in Fol. *
Auch in 50 Lfgn. à 60 Pf.

Sohr-Berghaus. Hand-Atlas üb. alle Teile der Erde. Neu bearb. v. F. Handtke. 8. verm. u. verb. Aufl. Ortsweiser dazu. Alphabet. Verzeichnis aller Länder, Meere, Buchten, Häfen, Seen, Flüsse, Inseln, Gebirge, Staaten, Städte, Flecken, Dörfer, Weiler, Bäder, Bergwerke, Kanäle etc., nebst Angabe der Quadrate, in denen sie liegen. Fol. (74 S.) Glogau 891, Flemming. * 2 50

—— Handatlas der neueren Erdbeschreibung. 1—4. Supplement-Hft. Fol. (8 ill. Bl.) Glogau 845, 46, Flemming. à * 10 Ngr. *

Sohr, C., Hand-Atlas der neueren Erdbeschreibung. Suppl. (zur 1—3. Aufl.) 5—9. (letztes) Heft. Fol. (à Heft 4 lithogr. und ill. Bl.) Glogau 849, Flemming's Verlag. à Heft * 10 Ngr. *

—— dass. — 4. Aufl. 1. und 2. Suppl.-Heft. Fol. (8 lithogr. und ill. Bl.) Ebds. 848—49. *

—— dass. — Extra-Supplementheft zu allen Ausgaben. Vorderindien nebst Burman, Assam etc., nach Arrowsmith bearb. 4 lithogr. und ill. Bl. gr. Fol. Ebendas. 858. Subscr.-Pr. *
Ladenpr.

Sohr, H., Karte von Afghanistan, Turkestan und Persien. 1 : 800,000. Chromolithogr. qu. Fol. Glogau 885, Flemming.

Sohr-Berghaus, Karte von Deutschland mit den neuen Grenzen. Fol. Glogau 871, Flemming.

Sohr-Berghaus, Karte von Frankreich mit den neuen Grenzen. Fol. Glogau 871, Flemming.

Sohr-Berghaus, Karte vom Königr. Sachsen. 1 : 600,000. Fol. Glogau 872, Flemming.

Sohr-Berghaus, Karte vom Kronland Tirol mit Vorarlberg und Fürstenthum Liechtenstein. 1 : 750,000. Fol. Glogau 873, Flemming.

Sohr, K., Schulwandkarte des Deutschen Reichs. 1 : 600,000. 16 Bl. 2. Aufl., revid. von Th. Schade. Chromolithogr. qu. gr. Fol. Glogau 884, Flemming.
Auf Leinw. in Mappe * ℳ 14,40.; mit rohen Stäben *
Mit polirten Stäben *

Sohr, Karl. Schul-Wandkarte d. Deutschen Reichs, rev. von Th. Schade. 1 : 600,000. 16 Blatt. 3. Aufl. Farbendr. 42,5×47,5 cm. Glogau 891, Flemming. 7 50; auf Leinw. in Mappe * 14 40
Mit rohen Holzrollen * 16 20; m. polirten Holzrollen * 18 —

Sohr, K., Wandkarte des deutschen Reiches in 16 Bl. Nach den neuesten und besten Quellen bearb. Fol. Glogau 873, Flemming.
aufgez. in Mappe *
Mit rohen Holzrollen * ℳ 16,20.; mit polirten Holzrollen *

Sohr, K., Wandkarte des preuss. Staates in 12 Bl. Nach den neuesten und besten Quellen bearb. Fol. Glogau 872, Flemming. ℳ 4,50.; aufgez. in Mappe *
mit Holzrollen * ℳ 11.; mit polirten Holzrollen *

Sohr, Maximilian: Trendelenburg und die dialectische Methode Hegels. Ein kritischer Versuch. Halle a. d. S. (1874): Starcke in Berlin. 62 S. 8°
Halle-Wittenberg, Phil. Diss. v. 23. Dez. 1874
Geb. Neisse 18. 10. 1845. V.

Sohr, Oscar, prakt. Arzt aus Marienburg W.-Pr.: Aus d. Königl. chirurg. Klinik zu Breslau. (Direktor: Geh. Medizinalrat Prof. Dr. Garrè.) Zur Technik der Schädelplastik. Tübingen 1907: H. Laupp jr. (19 S., 2 Taf.) 8°
¶ (Aus: Beiträge zur klin. Chirurgie Bd 55 S. 465—483.)
Breslau, Med. Fak., Ref. Garrè, Diss. v. 16. Sept. 1907
[Geb. 23. April 81 Königsberg i. Pr.; Wohnort: Marienburg; Staatsangeh.: Preußen; Vorbildung: Kneiphöf. Stadtgymn. Königsberg i. Pr. Reife O. 99; Studium: Königsberg Jura 2, Med. 2, Berlin 1, Königsberg 6 S.; Coll. 18. März 07; Approb. 29. Nov. 06.]

Sohr, Sam. Aug., daß die freigekauften Unterthanen in der Oberlausitz sich wieder unterthänig machen müssen. 4. Lpz. 773.

— üb. die Erziehung des Landvolkes in d. Oberlausitz; e. Preisschrift. 8. Dessau u. Görlitz 781.

Sohr, Samuel August (Görlitz) A. S. 603/3

De iuribus singularibus militum circa rem opificiariam in Saxonia electorali.
Präs. August Friedrich Schott.
Leipzig (Langenheim) 23. II. 1774. 19 S.

W. v.: Präs. 32788

Sohr, Wilhelm

—— und H. Steffens, Darstellung der durch d. Anschwellen d. Ströme, Flüsse u. Bäche d. Provinz Schlesien im Juni 1829 entstand. Verwüstungen. 8. ... Breslau, W. G. Korn.

Sohr, Wilh., das Landgestüte in d. Kgl. Preuß. Provinz Schlesien, mit Hinsicht auf dess. innere Einricht. u. die dabei stattfind. Verwaltungs-Verhältnisse, so wie üb. d. Ergebnisse seiner 10jähr. Würksamkeit; nebst allgem. Betrachtungen üb. d. Pferdezucht, besond. in Schlesien. 8. (3½ B.) Breslau 829, W. G. Korn.

Sohr, W. (Hrsg.), s. Provinzialblatt, Schlesisches.

Sohr, Wilh., schlesische Provinzial-Blätter, s. Provinzial-Blätter.

—— schlesische Provinzialblätter, s. Streit, C. C.

—— de titulo mensae. Vom Tischtitel als Erforderniß zur Weihe d. kathol. Priester, nach canon. Rechten u. mit Berücksichtig. der in d. Kgl. Preuß. Provinz Schlesien diesfalls stattfind. Verfassung. 8. (3½ B.) Berlin 829, W. G. Korn.

Sohr-Berghaus, s. Sohr, Karl

Sohra, Arth., die Werbung u. andere Geschichten. 8. (III, 123 S.) Ebd. 899. n. 2. —

Sohrauer, Max, kleine Beiträge zur altenglischen Grammatik. gr. 8. (58 S.) Berlin 886. (Mayer & Müller.) n. 1. 20

Sohren [Schlagwort]

Sohren, s.: Geologische Karten. Preussen. 79.

Sohren, s.: Preussen. Messtischblätter.

Söhren, Das Auersche Gasglühlicht. Vortrag. Bonn, [1896]. 26 S.

Söhren: Das neue Wasser- und Elektrizitätswerk der Stadt Solingen, s. Klose

Söhren, H., Die internationale elektrische Ausstellung in München. Bericht an die Gemeindeverwaltung der Stadt Bonn. Bonn, P. Neusser. 1883.

Soehring, Otto: [Ansprache bei der Trauerfeier für Fräulein Emilie Kaufmann.] S. 38—40. 4.
Progr. Deutsche und Schweizer Schulgemeinde *Constantinopel* 1910.

Söhring, Otto, Dr.: David Humes „Skeptizismus" ein Weg zur Philosophie. Schöneberg 1907: W. Sommer. (35 S.) 4° [F.]
Schöneberg, Hohenzollern-S OP 1907 (96)

Söhring, Otto, aus Berlin: Werke bildender Kunst in altfranzösischen Epen. T. 1. Erlangen 1900: F. Junge. (VIII, 52 S.) 8°
(Erscheint vollst. in: Romanische Forschungen, Bd 12, H. 3.)
Berlin, Phil. Diss. v. 10. Febr. 1900

Söhring, Otto, Werke bildender Kunst in altfranzös. Epen. gr. 8. (VIII, 148 S.) Erlangen 900. F. Junge. n. 2. —

Sohrmann, Johannes

Sohrmann H. die altindische Säule (79 S) Dresden 1896

Sohrmann, Johannes: Die altindische Säule. Ein Beitrag zur Säulenkunde. Dresden: Kühtmann 1906. VII, 79 S. 4° ¶ Auch als Buch.
Dresden, Dr.-Ing.-Diss. v. 26. 7. 1905

Sohrt, August

Sohrt, A., pharmaco-therapeutische Studien üb. das Hyoscin. Inaug.-Diss. gr. 8. (79 S. m. 1 Taf.) Dorpat 886. (Karow.) n. 1. 20

Sohst, Otto [aus Steinfeld bei Rostock]: Ueber krystallisirte Zuckersäure (Zuckerlactonsäure) ihre Eigenschaften und ihre Zersetzungsproducte mit Salzsäure . . . Göttingen: Druck d. Univ.-Buchdr. v. W. Fr. Kästner 1887. 2 Bl., 34 S., 1 Bl. u. 1 Taf. 8°
Göttingen, Phil. Fak., Inaug.-Diss. v. 29. Jun. 1887

Sohst, Otto, **über krystallisirte Zuckersäure [Zuckerlactonsäure], ihre Eigenschaften und ihre Zersetzungsproducte mit Salzsäure. Inaugural-Dissertation. gr. 8. (84 S. mit 1 Taf.) Göttingen 887, (Vandenhoeck und Ruprecht's Verlag.)** *

Sojecki, Bernhard, a. Berent-Westpreußen: Ein Fall von geplatztem Aneurysma der Leberarterie. Würzburg 1904: J. Seelmeyr. (36 S.) 8°
Würzburg, Med. Fak., Ref. v. Rindfleisch, Diss. v. 10. Okt. 1904
[Geb. 19. Juli 78 Berent; Staatsangeh.: Preußen; Vorbildung: Gymn. Culm Reife O. 99; Studium: Berlin 2, Greifswald 2, München 2, Würzburg 2 S.; Coll. 13. Juli 04; Approb. 25. Mai 04.]

Sojecki, Jos. Arth. v., im Banne des Buchstabens. Drama in 5 Acten. 8. (V, 98 S.) Dresden 898. E. Pierson. n. 1. 50; geb. n. 2. 50

— s.: Erlenfels, Arth. v.

Sojek, Ernst Einiges zur Achtheit platon. Dialoge. 24 S. 8. G. *Linz* 1876.
Progr.

Sojek, E.: Sophokleisches. - Vinkovce, Progr. 1871.

Sojka, Berthe, modèles de broderies du peuple slave en Moravie. D'après les ouvrages originaux publiés par S. 1—3. livr. gr. 4. (M. je 4 S. böhm. u. französ. Text) Olmütz (R. Promberger). n.n. 6. 20
1. (10 farb. Taf.) 889. n.n. 2. —
2. (12 farb. Taf.) 890. n.n. 2. —
3. (10 farb. Taf.) 895. n.n. 2. 20

Sojky, Jan Eraz., starý věk. Obraz dějin od nejstarší doby až do ukončení velek s Cimbry a Teutony. Prag 862. Kuranda. 8. (192 S.) n. 7 ngr.

Soins faciles, pour la propreté de la bouche et. pour la conversation des dents etc. 8. Berne. Soc. Typ. •

Soip, F., Abhdl. v. d. Steinschnitt, a. d. Lat. 8. Wien, Kurzböck. (Camesina.) 777. •

Soirée, die letzte, der Gräfin Tolfa, od. der Nemesis Walten. Roman v. der Verfasserin der Gräfin Löwenmark. 2 Thle. 8. (34 B.) Gera 842, Heinsius'sche Vrlgsh.

Soirées

— amusantes; récueil choisi de fables à la portée des enfans, avec des explications morales. Tirés des meilleurs auteurs, savoir. Esope, Desbillons, la Fontaine etc. Ornés de 13 planches colorées. Leipz. 821. (W. Nauck). 21 gl.

Soirées amusantes de la jeunesse. Collection de contes moraux et de nouvelles. 8. Wien 827, Sollinger.

Soirées de l'Ermitage, recits et nouvelles dans l'ile déserte, traduits de l'Allemand. 8. Freiburg ...(Waizenegger.) 5/6 rf

Soirées, les, de famille, siehe: Bibliothèque, petite, Française. Vol. 6.

Soirées, les, d'hiver, s. Bibliothèque, petite française.

Soirées, les, de quelques religieuses. gr. 8. Gotha, Ettinger. 786.

Soiron, v., Entwurf einer Anwalts-Ordnung, s. Entwurf.

Soissons, Graf S. C. v., Giovanni Segantini. (S. 45—60 m. Abbild. u. 6 Taf.) 36×27 cm. München (889). F. Hanfstaengl. 4.—
Sonderabdr. aus: „Die Kunst unserer Zeit".

Soissons, S C Graf von. Giovanni Segantini. [Mit Illustrationen und 6 Tafeln.] fol. (München 1900.)
(*In:* Die Kunst unserer Zeit.... Jahrgang 11. Lfg. 4.)

de Soist, Herm. (Henr.) (geb. Thal bei Ehrenbreitstein 15. 6. 1828): De aconito. Berolini (1854). (63 S.) 8°
Berlin, Med. Diss. v. 22. Aug. 1854

Dolorosa. Drama in 4 Aufz. von Eduard Sokal. Hannover: Gebr. Jänecke 1901. (79 S.) 8°

Sokal, Jak. Bronislaus, Meningitis cerebrospinalis epidemica u. deren Bekämpfung. (12 S.) 8. Leipzig 906. B. Konegen. n. 1.—

— eine Scharlachepidemie in Lysiec (Galizien) im J. 1905. (8 S) 8. Ebd. 906. n. 1.—
Sonderabdruck aus: „Reichs-Medizinal-Anzeiger".

Sokal, Marzell, Repetitorium a. Wechselrecht, Börsengeschäfte, Gesellschaften m. b. H. u. Scheckgesetz, in Frage u. Antwort verf. (73 S.) 8. Wien 907. K. Stetter. 1.50

Sokalsky: Weinbau-Ausstellung in Odessa. St. Petersburg 1884. -- [Zit. nach Simon: Bibliotheca vinaria]

Sökeland's Code for dried fruits, Apricot kernels, Cascara Sagrada with 100,000 pronounceable words, representing the ciphers from 0 to 999,999. 1906 ed. Compiled by Sökeland Gebr. (67 S.) gr. 8. Wandsbek. (Hamburg, L. Friederichsen & Co.)
Geb. in Leinw. 25.—

Sökeland, Bernhard, s.a. Söckeland, Bernhard

Soekeland, (B.,) de antiquis Guestfalicae cultoribus. 8. Monasterii 824, Regensberg.

Sökeland, B. Gesch. d. M. Gymn. von dem Uebergange dess. an die Jesuiten im J. 1588 bis zum J. 1630. 120 S. 8. . . . .
Progr. Münster 1826

— Geschichte des Münsterschen Gymnasiums von d. Uebergange desselben an die Jesuiten im J. 1588 bis 1630. 8. Münster 827, Coppenrath.

Sökeland, B. Rede zur Feier des Doppelfestes der Erbhuldigung und des hohen Geburtstages Sr. Maj. 15. Oct. 5 S. . . . . .
Coesfeld, Progr. 1840

Sökeland, B. Tacitus veter. Germanorum laudator. 6 S. . . .
Coesfeld, Progr. 1829

Sökeland, B. Umgestaltung des M. Gymn. durch d. Minister Franz v. Fürstenberg, nebst Nachrichten üb. Fürstenberg. 108 S. Verordnung, die Lehrart in den unteren Schulen des Hochstifts Münster betreffend. 51 S. 8. . . . .
Progr. Münster 1828

Sökeland, B. Ueber den Unterricht in der Naturbeschr. an Gymn. (Mit bes. Rücksicht auf den Unterr. in d. Pflanzenkunde.) 10 S.
Progr. Coesfeld 1832

Sökeland, Bernh., Ueber die Verhältnisse u. Wohnsitze d. deutschen Völker zwischen dem Rhein und der Weser zur Zeit der Römerkriege in Deutschland. Eine polemische Schrift gegen den Herrn v. Ledebur „Land und Volk d. Brukterer". Münster 1835. 8. . . . . (D.)

Sökeland, B. Über die Zeitfolge der Horazischen Gedichte. Erstes Bruchstück. 17 S.
Coesfeld, Progr. 1842

Sökeland, C. P., Handbüchlein zum Unterrichte in der Geographie für Elementarschulen. 8. (39 S. mit 4 chromolithogr. Karten in qu. 4.) Münster 872, Russell's Verlag. *

—— Handbüchlein zum Unterrichte in der Kirchengeschichte für kathol. Elementarschulen. Mit einem (lithogr.) Kärtchen von Palästina. 1. Aufl. 1871, und 2. verb. Aufl. 8. (53 S.) Ebendas. 872. *

Sökeland, Goswin: Aufgabenbuch zum Tafelrechnen, Vorbereitg., s. Forck, W., Rechenfibel.

Sökeland, Goswin, Aufgabenbuch zum Tafelrechnen in Elementarschulen. Mit Zugrundelegung des neuen Münz- und Gewichtssystems. 5 Hefte. Warendorf 858. (Leipzig, Müller.) 12. n. 17½ ngr.
1. Heft: Die 4 Species in gleichbenannten Zahlen, Uebergänge zu Weiterem. (48 S.) n. 2½ ngr.
2. Heft: Die 4 Species in ungleichbenannten Zahlen, und in Verbindung damit die am häufigsten vorkommenden Brüche, nämlich Halbe, Viertel und Achtel. (48 S.) n. 2½ ngr.
3. Heft: Die Brüche und die Regel Detri. (72 S.) n. 3 ngr.
4. Heft: Gesellschaftsrechnung, Regel Quinque, Kettenregel, Mischungsregel rc. (84 S.) n. 3 ngr.
5. Heft: Beantwortungen der Aufgaben und Winke über die Methode des Unterrichts. (94 S.) n. 6¼ ngr.

Sökeland's, Goswin, Aufgabenbuch zum Tafelrechnen in Elementarschulen. Neue Orthographie und amtlich vorgeschriebene Abkürzungen. 4 Hefte. 8. Warendorf, (Schnell'sche Buchh.) [1. Heft. (47 S.) 882. * 25 Pf.; 2. Heft. (47 S.) 883. * 25 Pf.; 3. Heft. (79 S.) 882. * 30 Pf.; 4. Heft. (88 S.) 885. * 30 Pf.] *

Sökeland, Goswin, d. Bürgerfreund, od. Realien in Form eines Lesebuches, zum Gebrauch f. d. Oberklasse in Volksschulen. 12. (25⅝ B.) Münster 846, (Deiters.) *

Sökeland, Goswin, Handbuch beim Unterr. im Kopfrechnen in Elementarschulen. 8. (22⅞ B.) Warendorf 840. (Münster, Deiters.)

Sökeland, Goswin, Handbuch beim Unterricht im Kopfrechnen in Elementarschulen. 2., mit Zugrundelegung des neuen Münz- u. Gewichtssystemes umgearb. Aufl. Warendorf 859. Schnell. 12. (VIII, 240 S.) n. 10 ngr.

—— Handbuch beim Unterricht im Kopfrechnen in Elementarschulen. Ein Hand- und Hülfsbuch für Lehrer. 4. Aufl., umgearb. von H. Feldhaar. 8. (208 S.) Ebendas. 874. *

— praktisches Rechenbuch für Elementarschulen. 1s Hft. Die vier Species in gleichbenannten Zahlen. 2e unveränd. Aufl. 8. Warendorf 837. (Münster, Deiters.) n. 2½ gl

— dass. 2s Hft. Rechnen mit ungleichbenannten Zahlen u. Brüchen. 2e unveränd. Aufl. 8. Ebd. 837. n. ⅛ ß

— dass. 3s Hft. Regel Detri, Gesellschaftsregel, Regel Quinque, Kettenregel, Mischungsregel, praktische Meßkunst. 2e unveränderte Aufl. 8. Ebd. 837. n. ⅛ ß

— dass. 4s Hft. Auflösungen, u. Winke über die Methode des Unterrichtes. 2e unveränd. Aufl. 8. Ebd. 837. n. ⅛ ß

— praktisches Rechenbuch für Elementarschulen. 4 Hefte. Neueste Aufl. Warendorf 856. (Münster, Deiters in Comm.) 8. (48; 64; 80; 87 S.) n. 20 ngr.

—— Rechenfibel für Elementarschulen. Bearb. von U. Forck. 8. (36 S.) (Ebendas.) 883. *

Soekeland, P., s. Museum des Rheinisch-westfäl. Schulmänner-Vereins.

Söcland, Paula, Hermanna od. Blumen deutscher Frauenwürde, gesammelt auf dem Felde der Geschichte unseres deutschen Vaterlandes. 8. (115 S. m. 12 Steintaf.) Münster 874. Russell. n. 1. —

Soeken, *Diedrich Gerhard Berthold:* Untersuchungen über den Lichtwechsel von U Coronae nach den Mannheimer Beobachtungen von Professor Schönfeld in den Jahren 1869—76. . . . Bonn, Univ.-Buchdr. v. C. Georgi, 1891; 37 S., 1 Bl. 8°
Bonn, Phil. Fak., Inaug.-Diss. v. 7. Febr. 1891

Sokol, Jos., Schule der böhmischen Sprache für Deutsche. 1. Thl. 1. Aufl. 1861 und 2. Aufl. 8. (104 S.) (Leitomischl.) Prag 862, Kober.

Sokol, Jos., Schule der böhmischen Sprache für Deutsche. 2 Thle. Prag, Kober. 8. [1. Thl. 4. Aufl. 1865. u. 5—7. verm. u. verb. Aufl. (Neuer Abdr.) (111 S.) 867. n. 8 *ngr.*, 2. Thl. 2., verm. u. verb. Aufl. (176 S.) 866. n. 15 *ngr.*] n. 23 *ngr.*

Sokol, Jos., Schule der böhmischen Sprache für Deutsche. 1. Thl. 7. Aufl. 1870, und 8. verm. und verb. Aufl. 8. (111 S.) Prag 873, Kober. *

Sokol, Jos., Schule der böhmischen Sprache für Deutsche. 2 Thle. gr. 8. Prag, Kober. [1. Thl. 9. Aufl. (111 S.) 877. * 80 Pf.; 2. Thl. 3. und 4. verm. und verb. Aufl. (175 S.) 868,76. * *M* 1,60.] *

Sokol, Jos. Schule der böhmischen Sprache f. Deutsche. 2 Thle. 8. Prag, Kober. [1. Thl. 10. Aufl. (111 u. Wörterverzeichnis 76 S.) 880. * 1 80; 2. Thl. 5. Aufl. (176 S.) 891. * 1 60.] geb. * 3 40

—— dass. — Böhmisch-deutsches u. deutsch-böhmisches Wörterverzeichnis zum 1. u. 2. Thle. Zusammengestellt v. Fr. A. Urbánek. 3. Aufl. 8. (IV, 76 S.) Ebd. 892. * — 80

Sokol, Wenzel, k. und k. Hauptmann im Feldjäger-Bataillone Nr. 13. Geschichte des k. und k. Feldjäger-Bataillons Nr. 13. Mit 1 Titelbilde, 1 Denkmalabbildung, 4 Schlachten- (Gefechts-) Skizzen, 1 Marsch- (Garnisonen-) Karte und 3 Autographe-Tafeln.
8. Bochnia 1899.

Sokoll, Eduard

Sokoll, Ed., u. Robert Bittner: K a t a l o g der Lehrerbibliothek. 39 S.
Marburg, St. R., Progr. 1898

Sokoll, Ed., u. Em. Gugel: K a t a l o g der Lehrerbibliothek. 42 S.
Marburg, St. R., Progr. 1899

Sokoll, Ed., Lehrbuch der altenglischen (angelsächsischen) Sprache, s. a. Kunst, die, der Polyglottie.

SOKOLL, Eduard
Lehrbuch der altenglischen (angelsächsischen) Sprache. Mit Berücksichtigung der geschichtlichen Entwickelung dargestellt von Eduard Sokoll. Wien. Pest. Leipzig. [1901.] Hartleben. 8°. VIII, 183 S. Geb. K 2.20

Sokoll, Eduard, u. Ludw. **Wyplel,** Lehrbuch der französischen Sprache f. österreichische Realschulen. I. Tl. (1. u. 2. Schulj.) (VIII, 204 S.) gr. 8. Wien 905. F. Deuticke. Geb. in Leinw. n. 2. 20

Sokoll Eduard und **Wyplel Ludwig,** Lehrbuch der französischen Sprache für Realschulen und verwandte Anstalten. I. Teil (1. und 2. Schuljahr.) 2., inhaltlich unveränderte, sonach gemäß Min.-Erl. vom 4. August 1904, Z. 25671, allgemein zulässige Auflage. Wien 1909. Franz Deuticke. Geh. K 2.—, geb. K 2.50.

Sokoll, Eduard, u. Ludw. **Wyplel,** Lehrbuch der französ. Sprache f. Realschulen u. verwandte Lehranstalten. II.—IV. u. V. Tl. Ausg. A u. B. gr. 8. Wien, F. Deuticke. Geb. 14. 80
II. (3. Schulj.) (VI, 187 S.) 907. Geb. 2. 40
III. (4. Schulj.) (V, 169 S.) 908. Geb. 2. 40
IV. (5.—7. Schulj.) (IX, 221 S.) 910. Geb. 3. —
V. A. Französische Sprachlehre. Ausg. A: Ungekürzte Fassung. (3.—7. Schulj.) (XI, 358 S.) 910. Geb. 4. —
V. B. Dasselbe. Gekürzte Fassg. (IX, 206 S.) 910. Geb. 3. —

— — dasselbe. Ausg. f. Realgymnasien, bearb. v. Rich. Weinert. 1. u. 2. Tl. (IV, 92 S.) gr. 8. Ebd. Geb. 3.25
1. (IV, 92 S.) 909. Geb. 1. 25
2. (IV, 151 S.) 910. Geb. 2. —

— — dasselbe. Sprachliches Beiheft zum II. u. III. Tle. f. das 3. u. 4. Schulj. (III, 128 S.) gr. 8. Ebd. 910. Geb. 1. 50

Sokoll Eduard: Zum angelsächsischen Physiologus. (20). Marburg R. 97. **Progr.**

Sokolnicki, Michel, élève diplomé de l'École des sciences politiques: Les origines de l'émigration polonaise en France 1831—1832. Paris, Félix Alcan. 1910. X, 240 p. 8°. [18. VII. 08.]
Bern. Phil. Diss. 1910 11.

Sokoloff, A., et S. Lébédeff, Observations faites à la grande lunette méridienne, s.: Publications de l'observatoire central Nicolas. IX. 1.

Sokoloff, Alexis

Sokoloff, N. A.: Üb. das L i p o m a , resp. Fibroma arborescens der Gelenke, s. S a m m l u n g klinischer Vorträge.

Sokoloff, Alexis. Experimentelle Untersuchungen üb. die Veränderungen der Gefässwand bei doppelter Unterbindg. der Arterien. Ein Beitrag zur Frage nach den Bedinggn. f. die Neubildung v. Bindegewebe in der Arterienintima. Diss. gr. 8. (40 S. m. 1 farb. Taf.) Dorpat 892, (Karow). * 1 —

Sokoloff, Marie, aus Warschau: Ueber das Gedächtnisproblem in der modernen Psychologie. Bernau, E. Grüner, [1911.] 144 S. 8°. [22. II. 08.]
Bern. Phil. Diss. 1910 11.

Sokoloff, Marie. Über das Gedächtnisproblem in der modernen Psychologie. Diss. Phil. Bern. 144 S. 8. Bernau, E. Grüner, [1910].

Sokoloff, N., die soziale Revolution. gr. 8. (IV, 104 S.) Bern 868, Jenni.

Sokoloff, N., Die sociale Revolution. gr.-8°. Bern, Jenni, 1869.

Sokoloff. N. A., s. S o k o l o f f , Alexis

Sokoloff, N. W., der Abtrünnige. (in russischer Sprache.) 8. Winterthur, Bleuler-Hausheer & Co., Sort. 1874 2. 50

Sokolovsky, B. v., die Musik d. griechischen Alterthums u. d. Orients, s.: Ambros', A. W., Geschichte der Musik.

Sokolow, D. N., über **Aucellen** aus dem Norden u. Osten v. Sibirien. (18 S. m. Abb., 3 Taf. u. 3 Bl. Erklärgn.) 33,5×25,5 cm. St.-Pétersbourg 908. (Leipzig, Voss' Sort.) 1.15
Sonderabdr. a.: „Mémoires de l'acad. imp. des sciences de St.-Pétersb."

— Die **Mollusken-Fauna** v. Mandrikowka. I. Pelecypoda. Prionodesmacea. Nuculidae, Ledidae, Limopsidae, Arcidae, Vulsellidae, Ostreidae, Pectinidae, Spondylidae, Dimyidae, Limidae, Anomiidae. (Russisch-Deutsch.) (IV, 82 S. m. Abbild., 13 phototyp. Taf. u. 13 Bl. Erklärungen.) 34×25,5 cm. St.-Pétersbourg 905. (Leipzig, M. Weg.) nn 6.04
Sonderabdr. aus: „Mémoires du comité géol."

Sokolow, Dimitrij, Darstellung d. Gottesdienstes der orthodox-katholischen Kirche d. Morgenlandes. Ins Deutsche übers. v. Georgij **Morosow.** gr. 8. (IV, 171 S. m. Abbildgn.) Berlin 893. K. Siegismund. n. 3.—

Sokolow, Nahum (Red.), s. Hā-ʿŌlām.

Sokolow, Nikolai Alexiwitsch

Sokolow, N. A., die untertertiären **Ablagerungen** Südrusslands. [Mémoires du comité géologique. Vol. IX. Nr. 2.] (In deutscher u. russ. Sprache.) gr. 4. (X, 328 S. m. 2 Karten.) St. Petersburg 893. (Eggers & Co.) n. 13.50

— die **Dünen.** Bildung, Entwickelg. u. innerer Bau. Deutsche vom Verf. ergänzte Ausg. v. Andr. **Arzruni.** gr. 8. (X, 298 S. m. 15 Fig. u. 1 lith. Taf.) Berlin 894. J. Springer. n. 8.—

Sokolow, N., üb. d. Entstehg. d. **Limane Südrusslands.** [Mémoires du comité géologique, vol. X, Nr. 4.] (Russisch u. deutsch.) gr. 4. (V, 102 S. m. 1 Karte.) St. Petersburg 895. (Eggers & Co.) n. 6.—

— die **unteroligocäne Fauna** d. Glaukonitsande bei d. Eisenbahnbrücke v. Jekaterinoslaw. (Mit geolog. Profil u. 4 palaeontolog. Taf.) [Mémoires du comité géologique, vol. IX, Nr. 3.] (Russisch u. deutsch.) Imp.-4. (VII, 138 S. m. 4 Bl. Erklärgn.) Ebd. 895. n. 11.25

Sokolow, N., die **Manganerzlager** in den tertiären Ablagerungen des Gouvernements Jekaterinoslaw. (In deutscher u. russ. Sprache.) gr. 4. (VII, 79 S. m. 1 Karte, 1 Taf. u. 1 Bl. Erklärgn.) St. Petersburg 901. (Leipzig, M. Weg.) n.n. 4.—

— die **Schichten** m. Venus konkensis am Flusse Konka. (In deutscher u. russ. Sprache.) gr. 4. (S. 57—96 m. 5 Taf. u. 1 Karte.) Ebd. 899. n.n. 6.—
Sonderabdruck aus: „Mémoires du comité géologique".

— **hydrogeologische Untersuchungen** im Gouvernement Cherson. Mit e. Beilage v. W. Toporow „Wasseranalysen aus d. Gouvernement Cherson" u. m. e. geolog. Karte. [Mémoires du comité géologique, vol. XIV, Nr. 2.] (Russisch u. deutsch.) gr. 4. (III, VIII, 295 S.) Ebd. 896. n. 14.10

Sokolow, Paul, aus Russland: Der **Canalis** cranio-pharyngeus. Mit 4 Abbildungen auf Tafel IX. Leipzig 1904. 31 S. 8°. S.-A. a. d. Archiv f. Anatomie und Physiologie 1904. Anatom. Abteilung.
Basel. Med. Diss. 1904/1905

Sokolow, Paul. Der Canalis cranio-pharyngeus. Diss. Med. Basel. Mit 4 Abbildungen auf Tafel IX. (Sonderabdruck aus dem Archiv für Anatomie und Physiologie. 1904. Anatomische Abtheilung.) 31 S. 8. Leipzig, Veit & Comp., 1904.

Sokolowski, neue Geschosse f. Feld- u. Fuß-Artillerie, nebst e. Fig.-Taf. Lex.-8. (36 S.) Straßburg 888. Heinrich. n. 8.60

Sokolowski A.: Über die Akrylsäure u. ihre Homologen von der allgemeinen Formel $C_n H_{2n-2} O_2$. 18. Stryj R. 80.
Proor.

Sokolowski, Alfred

—— s. **Arbeiten** aus dem pharmacolog. Laboratorium zu Moskau.

Sokolowski, Alfr. v., Beiträge zur Lehre von der chronischen Lungenschwindsucht. gr. 8. (VIII, 122 S.) Berlin 877, Enslin. *

Sokolowski, A. v., Diagnose u. Therapie d. beginnend. Lungentuberkulose m. Hilfe moderner diagnostischer u. therapeutischer Methoden, vom klin. Standpunkte aus dargestellt. (30 S.) 8. Berlin 909. A. Hirschwald. —60
Sonderabdr. aus: „Berl. klin. Wochenschr."

Sokolowski, Alfr., üb. die larvirten Formen der Lungentuberkulose, s.: **Zeit- u. Streitfragen,** klinische.

Sokolowski, Alfr. v., Klinik der Brustkrankheiten. 2 Bde. (XIV, 667 u. IX, 660 S.) Lex.-8. Berlin 906. A. Hirschwald. n. 32.—

Sokolowski, Prof. Dr. August, Illustrirte Geschichte Polens. Nach neuesten historischen Forschungen bearbeitet, unter Mitwirkung von Jan Matejko, Val. Elias, Julius Kossak und Heinrich Rauchinger. Mit zahlreichen Illustrationen. Tom. I. (310 S.) In Prachtbd. geb. 3.60, Einbanddecke hierzu —.55
Wien: Perles 1895.

Sokolowski, Aug., s. Polens Könige u. Herrscher.

— s. Scriptores rerum polonicarum.

Sokolowski, E., die Kindererziehung in den ersten Lebensjahren. Pädagogische u. prophylakt. Betrachtgn. gr. 8. (25 S.) Riga (Packhausstr. 1) 901. Baronesse Engelhardt. n.n. 1.—
Sonderabdruck aus: „Balt. Monatsschrift".

Die Begriffe Geist und Leben bei Paulus in ihren Beziehungen zu einander. Eine exeget.-religionsgesch. Untersuchung von **Emil Sokolowski,** Mag. d. Theol. *Göttingen: Vandenhoeck & Ruprecht 1903.* (XII, 284 S.) 8° [03. 8138

Sokolowski, Eugen v., a. Warschau: Krakau im XIV. Jahrhundert. Ein Beitr. z. Geschichte d. Magdeburger Rechts in Polen. Marburg 1910: Koch. 80 S. 8°
Marburg, Phil. Diss. v. 29. Juli 1910, Ref. v. der Ropp
[Geb. 24. Juli 85 Krakau; Wohnort: Marburg; Staatsangeh.: Preußen; Vorbildung: Matthias-Gymn. Breslau Reife O. 05; Studium: Lemberg 1, Göttingen 2, Freiburg i. B. 4, Göttingen 1, Marburg 2 S.; Rig. 22. Juni 10.]
[U 10. 3393

Sokolowski, Eug. v., Krakau im 14. Jahrh. Ein Beitrag zur Geschichte des Magdeburger Rechts in Polen. (Diss.) (IV, 81 S.) gr. 8. Marburg 910. A. Ebel. 2.—

Sokolowski, Franz Carl, Tierarzt aus Mylussen (Kr. Lyck): Beitrag zur Lehre von der Eiweisssynthese im Organismus des Hundes. (Aus dem physiologischen Institut der Königl. Tierärztlichen Hochschule zu Berlin. Professor Abderhalden.) Berlin 1908. 19 S. 8°. [13. XI. 08.]
Bern. Vet.-med. Diss. 1909/10.

Sokolowski, Franz Carl. Beitrag zur Lehre von der Eiweisssynthese im Organismus des Hundes. Aus dem physiologischen Institut der Königl. Tierärztlichen Hochschule zu Berlin... . Diss. Vet.-Med. Bern ... von Fr' K' S'... . 19 S. 8. Berlin, Bartholdy & Klein, 1908.

Sokolowski, John, Kammerger.-Refer.: Willenserklärungen mittels Fernsprechers und Ferndruckers. Berlin 1908: Günther. 46 S. 8°
Rostock, Jur. Diss. v. 15. Dez. 1908, Ref. Bernhöft
[Geb. 30. Nov. 87 Wreschen; Wohnort: Berlin; Staatsangeh.: Preußen; Vorbildung: Friedrich-Wilhelms-Gymn. Posen Reife O. 05; Studium: Freiburg i. B. 1, München 1, Berlin 4 S.; Rig. 23. Okt. 08.] [U 09. 3097

Sokolowski, M., s. Scriptores rerum polonicarum.

Sokolowski, Mich., d. Weltbau m. bes. Berücksicht. d. Erdgeschichte. Nach d. besten Quellen kurz u. faßlich bearb. gr. 8. (IV, 108 S. m. 2 Abb.) Königsberg 896. Braun & Weber. n. — 85

Der Besitz im klassischen Recht und dem deutschen bürgerlichen Gesetz. Von Dr. Paul **Sokolowski**, Prof. Halle a. S.: M. Niemeyer 1907. (XIV, 469 S.) 8°
= **Sokolowski**: Die Philosophie im Privatrecht. Bd 2. [08. 6104

Der Besitz im klassischen Recht und dem Deutschen Bürgerlichen Gesetz. Von Dr. Paul **Sokolowski**, Prof. Halle a. S.: M. Niemeyer 1907. (XV, 616 S.) 8°
= **Sokolowski**: Die Philosophie im Privatrecht. Bd 2. [08. 4704 4

Sokolowski, Paul. Die Mandatsbürgschaft nach römischem u. gemeinem Recht unter Berücksicht. d. Entwurfes e. bürgerlichen Gesetzbuches f. das deutsche Reich. gr. 8. (VIII, 140 S.) Halle a. S. 891, Niemeyer. 2 80

Sokolowski, Paul, die Philosophie im Privatrecht. Sachbegriff u. Körper in der klass. Jurisprudenz u. der modernen Gesetzgebg. gr. 8. (XV, 616 S.) Halle 902. M. Niemeyer. n. 16. —

Sokolowski, Paul, die Philosophie im Privatrecht. II. Bd. Der Besitz im klass. Recht u. dem deutschen bürgerl. Gesetz. (XIV, 469 S.) gr. 8. Halle 907. M. Niemeyer. 12. —

Sachbegriff und Körper in der klassischen Jurisprudenz und der modernen Gesetzgebung. Von Dr. Paul **Sokolowski**, Prof., Moskau. Halle a. S.: M. Niemeyer 1902. (XV, 616 S.) 8°
= Sokolowski: Die Philosophie im Privatrecht. [1.]

Sokolowski, Paul, System des röm. Rechts, s.: Dernburg, Heinr.

***Sokolowski*, Paul Konr. Mart., Progr.** De mathesi quoque discenda a philologis et theologis futuris. 8. Dorpat 824. (16 S.)

— Theorie d. Parallellinien, zuerst geometrisch begründet. Mit 1 Kpst. 4. Dorpat 830.

Sokolowski, Salomon, s. Sokolowsky, Salomon

Sokolowski, Siegfried, Gerichtsrefer. a. D.: Die Veräußerung des Handelsgeschäftes einer aufgelösten offenen Handelsgesellschaft mit Aktiven und Passiven. Borna-Leipzig 1909: Noske. VIII, 76 S. 8°
Rostock, Jur. Diss. v. 10. März 1910, Ref. Lehmann
[Geb. 25. Febr. 84 Wreschen; Wohnort: Charlottenburg; Staatsangeh.: Preußen; Vorbildung: Friedrich-Wilhelms-Gymn. Posen Reife O. 02; Studium: Berlin 5, München 1 S.; Rig. 31. März 09.]

Sokolowsky, A.: Fundamente d. allgem. u. spec. Pharmacologie 1878.

Sokolowsky, Alex., Affe u. Mensch in ihrer biologischen Eigenart. (147 S. m. 8 Vollbildern.) 8. Leipzig (910). Th. Thomas Verl. 2.—; geb. 2.80; f. Mitglieder der deutsch. naturwissenschaftl. Gesellschaft 1.50; geb. 2. 10

— Gesammelte Aufsätze zoolog. Inhalts. Für Zoologen, Landwirte, Tierzüchter u. Kolonialfreunde. (280 S.) gr. 8. Leipzig 909. Th. O. Weigel. 3. —

Sokolowsky, Alexander [aus Hamburg]: Über die äussere Bedeckung bei Lacertilien. Ein Beitrag zur Phylogenie der Lacertilien. Zürich 1900. 56 S. 1 Taf. 8°.
Zürich. Phil. Diss. II. 8. 1900/1901.

Sokolowsky, Alex., über die äussere Bedeckung bei Lacertilien. Ein Beitrag zur Phylogenie der Lacertilien. Mit 1 Taf. in Lichtdr. gr. 8. (56 S.) Zürich 899. E. Speidel. n. 2. —

— Beobachtungen üb. die Psyche der Menschenaffen. Mit e. Vorwort v. Ernst Haeckel. (78 S. m. Abbildgn. u. 9 Taf.) gr. 8. Frankfurt a/M. 908. Neuer Frankfurter Verlag. 1.50

Sokolowsky, Alex., üb. d. Beziehgn. zwischen Lebensweise u. Zeichnung bei Säugetieren. gr. 8. (54 S.) Zürich 895. E. Speidel. n. 1. 20

— Genossenschaftsleben der Säugetiere. Eine psycho-biolog. Studie üb. die Beziehgn. der Säugetiere zu ihren Artgenossen. Mit 6 farb. Taf. nach Orig.-Gemälden d. Verf. (VIII, 148 S.) gr. 8. Leipzig 910. Th. O. Weigel. Geb. in Leinw. 4.80

— Menschenkunde. Eine Naturgeschichte sämtl. Völkerrassen der Erde. Ein Handbuch f. jedermann. 2. Aufl. gr. 8. (XII, 316 S. m. 41 Taf.) Stuttgart (901). Union. Geb. in Leinw. n. 6. —

— Aus dem Seelenleben höh. Tiere. Mit 10 Kunstbeilagen v. W. Heubach. (74 S.) 8. Leipzig 910. Th. Thomas. 1.—; geb. 1.60

— Tieracclimatisation. Eine biolog.-tierzüchter. Studie. (70 S.) gr. 8. Hannover 909. M. & H. Schaper. 1. 80

Sokolowsky, Leo, neues Taschenwörterbuch der russischen u. deutschen Sprache. Nach der vom k. k. Ministerium f. Kultus u. Unterricht einerseits u. dem Mitgliede d. St. Petersburger Akad. der Wissenschaften J. Grott andererseits festgesetzten neuen Rechtschreibg. bearb. (2 Tle. in 1 Bde.) (V, XI S., 568 u. 700 Sp.) 16. Trebitsch 910. J. Lorenz. Geb. in Leinw. 2.50

Sokolowsky, Naum

Sokolowsky, N. Über das m-Dibromchinon und Mononitrochinon. In-8°. 38 S. Basel, (Georg & Co.). These. 1894

Sokolowsky, P. L. M., Gründe für und wider das Branntweintrinken, zur Unterhaltung u. Belehrung der Gönner u. Gegner desselben auf der Waage d. Gerechtigkeit gegeneinander gehalten. gr. 8. Dorpat 845. (Gläser.) n. 1/3 ₰

Sokolowsky, R(alph), pract. Arzt: Aus d. kgl. pathol. Institut zu Königsberg i. Pr. Beitrag zur pathologischen Anatomie der Lepra. Berlin 1900. G. Reimer. (24 S.) 8°
[Aus: Archiv f. pathol. Anat. u. Physiol., Bd 159.]
Königsberg, Med. Diss. v. 28. März 1900

Sokolowsky, R., Larynxtuberkulose u. Gravidität, s. a. Sammlung zwangloser Abhandlgn. aus dem Gebiete der Nasen- usw. Krankheiten. IX, 6.

Larynxtuberkulose und Gravidität. Von Dr. R[alph] **Sokolowsky**, Königsberg. Halle a. S.: C. Marhold 1908. (28 S.) 8°
= **Sammlung** zwangloser Abhandlungen aus d. Geb. d. Nasen-, Ohren-, Mund- u. Halskrankh. Bd 9, H. 6. [08. 11949 3

Sokolowsky, Rudolf [aus Hamburg]: Das Aufleben des altdeutschen Minnesangs in der neueren deutschen Litteratur. Erstes Kapitel.... Jena, Frommannsche Buchdr., 1891; 3 Bl., 43 S. 8°
Jena, Phil. Fak., Inaug.-Diss. v. 1891

Sokolowsky, Rud., die Berechtigungsfrage der höheren Mädchenschule u. die Leitsätze des Herrn Direktor Dr. Lohmann. Vortrag, geh. auf der 32. Hauptversammlg. des schlesw.-holstein. Zweigvereins f. das Mädchenschulwesen zu Neumünster am 4. IX. 1909. (16 S.) gr. 8. Altona 910. J. Harder Verl. —50

Der altdeutsche Minnesang im Zeitalter der deutschen Klassiker und Romantiker. Von Dr. Rudolf **Sokolowsky.** Dortmund: F. W. Ruhfus 1906. (IV, 169 S.) 8° [ab. 1636 3

Sokolowsky, Salomon [aus Kiew, Russland]: Ueber Abkömmlinge des Diphenylmethanamidins. Freiburg (Schweiz). 50, 2 S. 8°
Freiburg i. Schw. Math.-naturw. Diss. 1902/1903.

Sokolowski, Salomon. Über Abkömmlinge des Diphenylmethanamidins. Diss. Math.-Naturw. Freiburg in der Schweiz. 52 S. 8. Freiburg (Schweiz), St.-Paulus-Druckerei, 1903.

Sokrates, s.a. Socrates

— eine moral. Wochenschrift. 10 Stck. 8. Berlin. 748.

Socrates unter den Christen in der Person eines Dorfpfarrers. Wien 1783. 3 Thle. V: *Stangl, Joh. Leopold.* (KY 5/307) (BiblPort)

Socrates unter den Christen, in der Person eines Dorfpfarrers. Wien 1784. V: *Gall, Jos. Ant.* (Th)

Sokrates, der christliche. Scenen aus dem Leben eines Menschenfreundes. Eine Volksschrift von M. F. W. 3 Thle. 8. (383 S.) Zwickau 854. 55, Verlagsbuchhandlung des Volksschriften-Vereins.

Socrates, Der Teutsche, d. i. aufrichtige Anzeige verschiedener ... Hauptwahrheiten. Dresden 1738. H: *Zinzendorf und Pottendorf, Nicolaus Ludw. Graf v.* (ML)

Socrates, der deutsche, od. aufricht. Anzeige verschied. nicht sowohl bekannter als vielmehr in Abfall gerathener Hauptwahrheiten. 8. Leipz. 752.

Socrates, Der deutsche, oder Original-Ideen über die Schicksale der Menschen. Leipzig 1799. V: *Wötzel (Wezel), Joh. Carl.* (Ky)

— der deutsche, od. Original-Ideen üb. die Schicksale der Menschen, (von J. K. Wötzel). gr. 8. Leipz. 799. (Brockhaus). 1 ₰ 4 ℊ

— d. deutsche, od. Original-Ideen üb. die Schicksale der Menschen. gr. 8. Leipz. Junius. (Gleditsch.) 799.

Socrates, Der teutsche. Das ist: Aufrichtige Anzeige verschiedener nicht so wohl unbekannter als vielmehr in Abfall gerathener Haupt-Wahrheiten. In d. J. 1725 u. 26 ... ausgefertigt, nunmehr auch mit verschl. Erl., die sich in d. 1. Aufl. nicht befinden u. e. Anh. vers. Leipzig u. Görlitz [1732]. Anastat. Neudr. [Leipzig 1902.] V: *Zinzendorf u. Pottendorf, Nicolaus Ludwig Graf.* (Berlzu 1918, I, 952)

Socrates, Der deutsche, aus dem Voigtlande, in einzelnen Mittheilungen ... Plauen 1822—26. V: *Heynig, Joh. Glieb.* (MGT) »1822—32« (Ky)

Socrates, der deutsche, aus d. Voigtlande; in einzelnen Mittheill. an Alle, denen es um Wahrheit u. Recht, u. daraus einzig u. allein kommendes Menschenwohl zu thun ist, (v. J. G. Heynig). 1r—3r Bd. à 6 Hfte, u. 4r Bd. 16—34 Hft. gr. 8. Plauen 822—32. (Schmidt). (à 6 ℊ) 5 ₰ 6 ℊ

Socrates, Der Dresdnische, (eine Wochenschrift). Dresden 1725. 2. Aufl. Leipzig 1732. H: *Zinzendorf und Pottendorf, Nicolaus Ludwig Graf von.* (ML)

SOCRATES, Dressdnischer. 9 Stücke. (c. 1728.) Sehr rar!
Citirt in: Hamburgische Auszüge aus neuen Büchern .... Th. 2. Hamb. 1728. 8°. S. 142.

Socrates, Der geduldige, In einem Musicalischen Lustspiel ... 1721. Hamb. V: *König, Johann Ulrich von.* (Schr)

— Geist, s. Geist des Socrates.

— bei den Kindern, s. a. Schulbesuche.

Socrates bei Kindern. Für Aeltern aus gebildeten Ständen, die Zeit und guten Willen haben, für die geistige Pflege ihrer Zöglinge selbst etwas zu thun. Darmstadt 1821. V: *Hofmann, Johann Philipp.* (HS) (Ky) (MGT)

Socrates --- , Leipziger // SOCRATES, // Welcher // auff eine Satyrische doch bescheidene Art // Die allgemeinen // Vorurtheile und Laster // derer Menschen // jeden Warheit=liebenden // wöchentlich // vor Augen geleget. // Erstes biß Zwey= und Funffzigstes Stück, // Samt einer // Vorrede und Register. // LEIPZIG 1728. // Verlegts Johann Samuel Heinsius. - 2 Blatt (nicht paginiert) Titelblatt und Vorrede. - 105 Blatt (nicht paginiert; jede Nr. hat 2, Nr. V und XIX je 4 Blatt) und 2 Blatt Register.
Auf dem Titelblatt steht mit sehr verblichener Tinte:
Leipzig — Der deutschen Gesellschafft
den 9. April 1734 — übergiebet dieses
J. P. Lamprecht
B. S. T. 4°.132.

Die Loge Sokrates im Or. Pressburg 1874—1899. Eine Festschrift zur Jubelfeier am 15. Okt. 1899. Im Auftr. d. Loge bearb. von einem Comité. Wien: Selbstverl. d. Loge 1899. 48 S. 8°
Gesch., Wirksamkeit der Loge, Verzeichn. der gehaltenen Arbeiten, Mitgl.verzeichn. von 1874—1899.
[L. 23 (1900) S. 64.]

Die Loge Sokrates zur Standhaftigkeit im Or. zu Frankfurt a. M. in den ersten fünfzig Jahren ihrer Werkthätigkeit. Eine Festgabe zur fünfzigjährigen Jubelfeier derselben. Frankfurt a. M. 1851: [Naumann]. VII, 127 S. 8°

Σωκράτης Μαινόμενος. s. Wieland, C. M. U. A.

Sokrates, Sohn des Sophroniskus; ein dram. Gemälde, v. W. F. Heller, mit Kpf. 2 Thle. 8. Frankf. Eßlinger. 795.
Schreibpap.

Sokrates. d. sterbende,. Trsp. 4. Berl. Haude. 741.

— d. sterbende,. Trsp. v. R. Baumgarten. 4. Berlin, Lange. 746.

Socrates u. seine Zeit, s. Engelmann, J. B., deutsche Bibliothek. 1r Bd.

[Russ. u. Ant.] N[ikolaj] V[asil'evič] Aref'ev. Chudožestvennyja **sokroviščа** Berlina. ⟨Russkij illjustrirovannyj putevoditel' po berlinskim chudožestvennym muzejam i kartinnym galerejam⟩. G[od] 1. izdanija. N. W. Arefjew's Russ. Illustr. Führer durch d. Berliner Kunstschätze. Jg. 1. Berlin: Deutsch-Russ. Verlagsgesellsch. 1906/7. 8° [illegible]

Sol ex eclipsi. . . . Die Sonne aus der Finsterniss. Sigmund König in Ungarn. O. O. 1768. V: *Trötscher, Anton.* (Jes)

Sol ab occasu illustrior sive Fortunae variis in orbem orbibus in Occasum orbibus actae . . . Hildesii 1725. V: *Siverdes, Caspar.* (Jes)

Sol in Virgine, Virgo in Sole . . . Bresl. 1738. V: *Ilgner, Franz.* (Kat. d. Druckschr. üb. Breslau. Bresl. 1903. S. 262.)

Šola, Národna. družbe sv. Cirila in Metoda v St. Rupertu pri Velikovcu. V Celovcu, St. Hermagoras-Druck., 1896. 64 S.

Sola vesela lepega petja za pridno šolsko mladino. Klagenfurt 853. Leon. gr. 8. (VII, 55 S. u. 21 lith. Musikbeilagen.) 15 ngr.

Sola, di, s. Laura.

Sola, Franc. Henri, französ. Geschäftsbriefe (**Lettres de commerce franç.**). Aus dess. literar. Nachlasse gesammelt, mit Anmerkn. versehen u. mit Abhandln. üb. Buchführung, Wechsel 2c. u. erklär. Verzeichnissen verm. v. Chr. Fr. Ludw. Reinhardt. gr. 8. (33 B.) Gotha 837, Gläser.

Sola, Franç. Henri, französ. Handelsbriefe. (Lettres de commerce françaises.) Aus dessen literar. Nachlasse gesammelt u. mit Abhandlungen über Buchführung u. Wechsel so wie mit erklär. Verzeichnissen verm. v. Chr. Fr. Ludw. Reinhardt. 2., umgearb. u. mit Formularen versehene Aufl. gr. 8. (36¼ B.) Gotha 846, Gläser.

Sola, Mathilde, Wissenschaft u. Sittlichkeit. Erfahrungen u. Untersuchgn. e. deutschen Aerztin. (108 S.) gr. 8. Hamburg 905. [Hamburger Verlagsanstalt.] Stargard, Prange's Verl. n. 2. —

The old Jewish-Aramaic prayer the Kaddish by Dr. David de **Sola** Pool. Leipzig: Haupt 1909. XIII, 119 S. 8°

Solana, Ezequil, **El comerciante**, s.: Dernehl, Carl.

Soland, die Erde besteht aus 4 Grundstoffen u. der **Stickstoff in Weltall. gr. 8. (124 S.) Leipzig 898. (Zürich, C. Schmidt.) n. 2. —**

Soland, Erklärung der Vorgänge bei den wichtigsten Naturerscheinungen. I. gr. 8. Leipzig 895. (Arw. Strauch.) n. 1. —
Ebbe u. Fluth. Die Wolken. Der Regen. Die Schneeflocke. Der Hagel. Der Tau. Die Graupel. Die Trombe. Reif od. Rauchfrost. Der Herauch. Das Gewitter. (48 S.)

— **unser Sonnensystem. gr. 8. (59 S. m. 2 Taf.) Ebd. 897. n. 2. —**

— **unser Sonnensystem. Neue verm. Aufl. gr. 8. (86 S. m. 2 Taf.) Zürich 898. (C. Schmidt.) n. 2. —**

Solander, E., Ueber den Einfluss der Fadentorsion bei magnetischen Ablenkungsversuchen. Upsala 1889.

Solander, E., Die magnetische Inklination in Upsala und Stockholm. Upsala 1889.

— Konstanten-Bestimmung mit einem Lamont'schen Theodolith. Upsala 1891

Vergleichung der Bestimmungen der Horizontalintensität an verschiedenen magnetischen Observatorien von E. **Solander**. Upsala 1893: E. Berling. (53 S.) 4°
in: Acta, Nova, Reg. Societatis Scient. Upsaliensis. Ser. 3. Vol. 15, Fasc. 2.

Solander, E., Modificirte Lloydsche Wage. (Separat-Abdruck.) Upsala 1890

Solander, Lps., d. Wagenanker, eine Anstalt b. Fuhrwerke gegen Unglücksfälle von flücht. Pferden, m. K. 4. Lemgo, Meyer. 746.

Solandini, Marie, od. die Geistererscheinung am See. 8. Hamb. 805. (Herold jun.) 1 ₰ 8 ß

SOLANDINI, Maria, oder die Geistererscheinung am See. Mit Titelkpfr. Hamburg u. Mainz, bey G. Vollmer. 1805. 8°. (1 Mk. 50 Pfg. Franz Teubner, Bonn, c. 1885.)
Tit. gestoch. u. 336 S. Hier u. da etwas frei.

Solanges, d. Marquis v., Begebenheiten, ist der Landbibliothek z. angen. u. lehrr. Zeitvertr. 12r.

Der Geheimbund der Börse. Von Arw. **Solano**. (3. Aufl.) Leipzig: Beyer 1893. 48 S. 8°

Solano, Arw., Kontorrock u. Konsulatsmütze. Eine Erzählg. aus dem überseeischen Leben. 8. (VII, 402 S.) Hamburg 886. Grädener's Sort. n. 4. —

Solano, Arwed, **Kontorrock** u. Konsulatsmütze. Eine Erzählg. aus dem überseeischen Leben. 2. (Titel-)Ausg. 8. (IV, 402 S.) Hamburg 890. O. Meißner's Verl. n. 4. —

Die O r g a n i s a t i o n der Terminbörsen und deren notwendige Aufhebung. Von Arw. Solano. (3. Aufl.) Leipzig: Beyer 1893. 40 S. 8^{0}

— **Überseer daheim.** Eine Erzählg. aus der Gegenwart. Fortsetzg. v. „Kontorrock u. Konsulatsmütze". 8. (394 S.) Berlin 888. F. Luckhardt. n. 4. —

Solano Asta-Buruaga y Cienfuegos, Francisco, s. A s t a - B u r u a g a y Cienfuegos, Francisco Solano

D i c c i o n a r i o geografico de la república de Chile. Por Francisco **Solano** Asta-Buruaga y Cienfuegos. 2. ed. corry. y aum. Santiago de Chile 1899: F. A. Brockhaus in Leipzig. (903 S.) 4^{0} (8^{0})

Solanus, Frz., der practische Bruchարzt, oder gemeinfaßliche Anleitung zur Erkennung, Unterscheidung und Behandlung aller Formen der Unterleibsbrüche und Vorfälle bei beiden Geschlechtern und zur Auswahl, sowie zum Anlegen und weitern Behandeln aller Arten von Bruchbandagen, Pessarien ꝛc. Nebst warnenden Aufschlüssen über den Unfug des Charlatanismus durch Schrift und That in der Behandlung und Heilung der Unterleibsbrüche. Mit steter Berücksichtigung der wichtigsten Erfahrungen und Verbesserungen der Neuzeit, für Bruchkranke, angehende Chirurgen, Hebammen und Bandagisten ꝛc. Nach Simoneau und mehren Andern bearb. u. herausg. Weimar 854. Voigt. 12. (XV, 173 S.) 12½ ngr.

Solar, J.: Die Tempora und Modi im Slovenischen mit Rücksicht auf das deutsche und die klassischen Sprachen. 23 S. 8^{0}.– Görz, Progr. 1858.

S o l a ř i k, Rud. Die Grundsteuerabschreibung wegen Elementarschäden an ökonomischen Culturen nach den Gesetzen vom 6. Juni 1888 u. vom 3. Octbr. 1891, f. den prakt. Gebrauch erläutert u. übersichtlich dargestellt. 8. (32 S. m. 1 Formular.) Brünn 892, (Winkler). — 60

Solat, Franz Anton (Offenburg) A. S. 799/7

Disputatio inauguralis de emphyteusi.
Strassburg (Staedel) 21. IV. 1708. 24 S.

Gew.: Stadt Strassburg.
W. v.: Abraham Staedel, Joseph Anton Schuilgue, Ignaz Jungling, L. J. Jaeger. 32790

Solat, Franz Anton (Offenburg) A. S. 810/52

Excerpta controversiarum illustrium, de cambiis, vulgo Denen Wechseln. Präs. Johann Heinrich Feltz.
Strassburg (Staedel) 23. VII. 1707. 20 S.

Gew.: Johann Baptist von Klinglin. 32789

S o l a y r é s de Renhac, Fr. Ludw. Jos., Abhandlung üb. die durch d. mütterl. Kräfte vollendete Geburt. A. d. Latein. v. Werthheim. gr. 8. (7 B.) Frankfurt a. M. 835. [Leipzig, Kersten.]

Solayrés de Renhac, Fr. Ldw. Jos., Abhandlung über die durch die mütterlichen Kräfte vollendete Geburt. Aus d. Latein. von Dr. Werthheim. gr. 8. Frankfurt 835. Schmerber. ½ ₰

S o l a y r é s de Renhac, F. L., Commentatio de partu viribus maternis absoluto. Quam denuo edid. nec non praefatione et annotationibus instr. Ed. Casp. Jac. de Siebold. 8 maj. (8½ B.) Berolini 831, Th. Enslin. Thlr.

[F.] Geistliche Lehren und Grundsätze der hl. Maria Magdalena von Pazzis über alle Pflichten und Tugenden des klösterlichen Lebens. Von J o h. A n t. **Solazzi.** Aus d. Französ. übs. 3. Aufl. . . . *Saarlouis: Hausen & C. 1895.* (127 S.) 1 Bd 8. [98. 4306

Solbach, Wilhelm *Hubert* [aus Bassenheim]: Aus d. Klinik f. Hautkrankheiten u. Syphilis. Ueber Syphilis maligna … Bonn, Buchdr. J. Bach Wwe., 1892; 46 S., 1 Bl. 8.
Bonn, Med. Fak., Inaug.-Diss. v. [6. Aug.] 1892

Solberg, Erik: Die Bedeutung der Wagnerschen Methode der Vegetationsversuche für die Lösung von Düngungsfragen. *Leipzig 1898: Sellmann & Henne.* (55 S.) 8°
Leipzig, Phil. Diss. v. [25. März] 1898

Solberg, O[le]: Beiträge zur Vorgeschichte der Ost-Eskimo. Steinerne Schneidegeräte und Waffenschärfen aus Grönland. Mit 12 Lichtdrucktafeln, einer Kartenskizze und 55 Illustrationen im Text. Udgivet for Fridtjof Nansens Fond. Christiania: J. Dybwad i. Comm. 1907. (95 S.) (8°)4° ¶ (Aus: Videnskabs-Selskabets Skrifter. II. Hist.-filos. Klasse 1907 No. 2.)
Leipzig, Phil. Fak., Ref. Weule-Sievers, Diss. v. 28. Febr. 1907
[Geb. 17. Febr. 79 Vestre Aker b. Christiania; Wohnort: Christiania; Staatsangeh.: Norwegen; Vorbildung: Kathedralsch. Christiania Reife Juli 98; Studium: Christiania 6, Berlin 2, Leipzig 1 S.; Rig. 27. Febr. 06.]

— E i s e n z e i t f u n d e aus Ostfinmarken. Lappländ. Studien. (Videnskabs-selskabets skrifter. II. Hist.-filos. Klasse. 1909. Nr. 7.) Udgivet for Fridtjof Nansens Fond. (V, 145 S. m. 1 Taf., 2 Karten u. 206 Illustrat. im Text.) Lex. 8. Ebd. 909. nn 6. —

Solbisky, R., De Codicibus Propertianis. S.-A. 1882. 57 S. 2.—

S o l b i s k y, *Richard* Über die Schlacht bei Cannae. Ein Quellenbeitrag zu Livius. (Umschlagtitel: Die Schlacht bei Cannae.) 4 (16 S.). **Progr.** Rg. *Weimar* 1888 (637).

Solbisky, [Richard], Prof. Dr.: Das Verkehrswesen bei den Römern und der Cursus publicus. Weimar 1905: Hof-Buchdruckerei. (S. 3—18.) 4°
Weimar, großh. RG OP 1905 (817)

Solbrig, d. hygienischen Anforderungen an ländliche Schulen. Nebst e. Anh. üb. d. hygien. Verhältnisse d. ländl. Schulen aus 4 Kreisen d. Reg.-Bez. Liegnitz. gr. 8. (III, 103 S.) Frankfurt a/M. 895. J. Alt. n. 3. —

S o l b r i g, A., Verbrechen und Wahnsinn. Ein Beitrag zur Diagnostik zweifelhafter Seelenstörungen für Aerzte, Psychologen und Richter. gr. 8. (65 S.) München 867. [Stuttgart, Cotta'sche Buchh.] *

Solbrig, August, Rechtsprakt.: Bergrecht des Fürstentums Bayreuth unter Berücksichtigung der allgemeinen bergrechtlichen Entwickelung in Deutschland. Bayreuth 1909: Mühl. IX, 119 S. 8°
Erlangen, Jur. Diss. v. 11. Juni 1909, Ref. Sehling
[Geb. 21. Juli 85 Regensburg; Wohnort: Bayreuth; Staatsangeh.: Bayern; Vorbildung: Gymn. Bayreuth Reife 03; Studium: München 5, Erlangen 3 S.; Rig. 29. April 09.] [U 10. 765

SOLBRIG, August (Fürth): De medicaminum doctrinae fundamento.- Campoduni 1833. 27 S.
27.8.1831 - Urk; F 60
Diss. Ingolst.-Landsh.-Mchn.

S o l b r i g, Aug., die Gegensätze in d. Medicin, erört. mit besond. Rücksicht auf d. System d. Dr. v. Ringseis u. seine Gegner. Ein Beitr. z. Gesch. medicin. Wissenschaft. gr. 8. (5¾ B.) Nürnberg 841, (Korn'sche Buchh.) *

Solbrig, dem Jüngern, Aug., Sendschreiben an den lieben Himmel, als Kritik des homöopath. Sendschreibens des Dr. Reuter an den Dr. Wahrhold, nebst einer allöopathischen Nachrede für Jung u. Alt. 8. Nürnberg 835. Korn. ¼ ₰

SOLBRIG, August (München): Ueber die feinere Structur der Nervenelemente bei den Gasteropoden. Mit 7 photolithogr. Taf.- Leipzig: Engelmann 1872. VI S., 1 Bl., 54 S., Taf.
29.7.1871 - Urk (Titel: De gasteropodum systematis nervosi structura penitiori.); F 73;
Chr 1871/72,19
Diss. Ingolst.-Landsh.-Mchn.

Solbrig, Carl Friedrich, s. S o l b r i g, Karl Friedrich

S o l b r i g, D., harmonia ss. evv. ὀρθότονος. Lips. 1716. 4.

S o l b r i g, Dav., allgemeine Schrift, oder Art d. Ziffern zu schreiben. 8. Coburg. 736.

Solbrig, E[rnestus] Fr[idericus] Gul[ielmus]: (Observationes in quosdam rhapsodiae Iliad. Hom. XXII. locos, in quosdam Theocriti locos, in Jacobi moribundi ad filios duodecim orationem (Genes. 49, 1—27).) 26 S. 8° (4°)
Halle-Wittenberg, Phil. Diss. v. 10. Apr. 1819
Geb. [Wustrow (Kr. Westprignitz) 6. 5. 1796]

Solbrig, F. W. Notae ad Livii libr. VI. 1—5. quibus pauca de privata discipulorum legendi ratione instituenda et adiuvanda praemissa sunt. 34 S. . . . .
Salzwedel, Progr. 1826

Solbrig, F. W. De privata discipulorum legendi ratione instituenda. (Vor Notae ad Liv. VI. 1—5. v. Liv.) 34 S. . .
Progr. Salzwedel 1826

Solbrig, Johann Gottlob (Leipzig) A. S. 166/26

De damnata memoria dissertatio prima.
Präs. Christoph Friedrich Wolle.
Leipzig (Langenheim) 20. VI. 1776. 39 S. 32791

Solbrig, Karl Friedrich

Solbrig, Karl Fr. I., Almanach aller Almanache, od. Auswahl von Dichtungen ernsten u. launigten Inhalts auf d. J. 1819. 8. Leipz. 819.

— u. G. G. Röller, Almanach der Parodien f. 1816 u. 17. (1r u. 2r Jahrg.) Mit 1 Kpf. 16. Leipz. 816 u. 817. 2e Ausg. 825. Taubert. (à 1 ℛ 8 gr) 2 ℛ 16 gr

Solbrig, Carl Friedrich (Hrsg.), s. Almanach der Parodieen und Travestien.

— humorist. Anekdoten-Kranz; enthalt. eine Auswahl poet. Anekdoten; Erzählungen u. Epigramme, nach den Regeln d. Redekunst bearbeitet. 8. Sondersh. 822. Voigt.

– Anthologie f. Deklamation, s. Auswahl beliebter Gedichte . . .

Solbrig, C. F., Auswahl beliebt. Gedichte, s. Auswahl.

– Auswahl von Grübels Gedichten, s. Grübel.

— Bellona u. Komus. Ein Taschenbuch z. Unterhaltung für Deutschlands Krieger insbesond., so wie f. Freunde d. Poesie u. Declamation überhaupt. gr. 12. Leipz. 826, Taubert.

Solbrig, C. F. Beschreibung des 50jährigen Jubiläums des Probstes Dr. G. S. Rötger. 34 S. 8. . . . .
Progr. Magdeburg P. 1830

Solbrig, (Carl Friedr.,) poet. Blumenlese zur nützl. u. angeneh. Unterhalt., aus d. beliebtesten Dichtern gesammelt. Nebst e. Composition v. Pohlenz. gr. 12. (12 B.) Leipzig 828, [Krappe.]

— poet. Blumenlese zur nützl. u. angenehmen Unterhaltung, aus d. beliebtesten Dichtern gesammelt. gr. 12. Leipz. 828. Taubert. 21 gr

Solbrig, C. F., Declamations-Uebungen für die Jugend. 1r Thl. 2te verm. u. verb. Aufl. 8. Magdeburg, v. Schütz. 817.

— Deklamationsübungen f. Knaben u. Mädchen. 1r u. 2r Bd. 8. Magdeburg, v. Schütz. 815 u. 16. (à 18 gr.)

— Declamationsübungen f. Knaben u. Mädchen. 2 Thle. 3e Aufl. 8. Magdeb. 822, Lauffer in Lpz.

—— Declamations-Uebungen f. Knaben u. Mädchen, Jünglinge u. Jungfrauen. Nebst d. orator. Tonleiter, u. einigen Worten üb. d. Gebr. dieses Buchs. 3 Thle. 8. Leipzig, Lauffer. [1. u. 2. 4., verm. u. verb. Aufl. (30 B. u. 1 Tab.) 828. 1 Thlr. 12 Gr., 3. (14 B.) 832. 18 Gr.]

Solbrig, Carl Friedr., der Declamator in heitern u. ernsten Kreisen. Enth. e. Auswahl relig., ernster, humorist. u. burlesker Dichtungen, Anecdoten, Epigrammen u. dramat. Scenen; nach d. Regeln d. Redekunst bearb. (Neue Ausg.) 8. (32 B.) Leipzig 835, [Gebhardt u. Reisland.]

— lustiger Declamator, eine Auswahl launiger Dichtungen und Travestien. 8. Leipzig, Baumgärtner. 819.

Solbrig, Karl Fr. I., lustiger Declamator, e. Auswahl launiger Dichtungen u. Travestien. 8. Leipz. 820. Baumgärtner. 1 ℛ 8 gr

—— neuestes Deklamirbuch f. Schule u. Haus, z. Lehren u. Lernen hrsg. Eine Auswahl deutscher Gedichte, Monologen, Dialogen, Reden, Erzähln. u. Anekdoten, relig., ernsten u. launigen Inhalts. Mit Erläutern. üb. d. Vortrag ders. z. Behuf d. Unterr. auf Schulen u. d. Uebungen d. Declamation. gr. 12. (15½ B.) Leipzig 835, [Krappe.]

— neuestes Deklamirbuch für Schule u. Haus, zum Lehren u. Lernen herausgegeben. Eine Auswahl deutscher Gedichte, Monologen, Dialogen, Reden, Erzählungen u. Anekdoten, religiösen, ernsten u. launigen Inhalts. Mit Erläuterungen über d. Vortrag derselben zum Behuf des Unterrichts auf Schulen u. der Uebungen der Declamation. gr. 12. Leipzig 835, Taubert. (Fritzsche.) 1 ℛ

Solbrig's neuestes Declamir-Buch für Schulen u. Haus. Eine Auswahl von Gedichten, Monologen, Dialogen, Reden, Erzählungen u. Anekdoten, religiösen, ernsten u. launigen Inhalts aus klass. Werken. Mit Erläuterungen über deren Vortrag. 2. vielfach verm. u. verb. Aufl., von W. Hoffmann 8. (X u. 336 S.) Leipzig 850, C. L. Fritzsche. 18 ngr

Solbrig's neuestes Deklamir-Buch für Schule, Haus u. gesellige Kreise. Eine Auswahl von Gedichten, Monologen, Dialogen, Reden, Erzählungen u. Anecdoten religiösen, ernsten u. launigen Inhalts, aus klass. Werken. Mit Erläuterungen über deren Vortrag. 3., verm. u. verb. (Titel-)Aufl. Leipzig (850)866. C. F. Schmidt. 8. (VIII, 336 S.) 15 ngr

— Declamirbuch f. Schulen, s.unten Lyra.

Solbrig, C. F., Declamirbuch für Schulen. Eine Auswahl deutscher Gedichte, Monologen, Dialogen, Reden rc. (hatte früher d. Titel: Lyra. Eine Auswahl rc.) 1r Thl. 8. Leipzig, Franz. 818. Rthlr.

— Declamir-Buch f. Schulen. Mit Erläut. üb. d. Vortrag. 1r u. 2r Thl. 8. Leipz. 826, Taubert.

—— Deklamir-Buch f. Schulen. Eine Auswahl deutscher Gedichte, Monologen, Dialogen, Reden, Erzähln. u. Anekdoten, religiös., ernsten u. launig. Inhalts mit Erläutern. üb. d. Vortrag ders. zum Behuf d. Unterr. auf Schulen u. d. Uebung in d. Deklamation. 2 Thle. 2., verb. u. verm. Aufl. gr. 12. Leipzig, [Krappe.] [1. (22½ B. u. S's. Bildn.) 828. 1 Thlr., 2. (12½ B.) 833. 18 Gr.]

Solbrig, (Carl Friedr.), Declamir-Buch f. Schulen. Eine Auswahl deutscher Gedichte, Monologen, Dialogen, Reden, Erzählungen u. Anekdoten, religiösen, ernsten u. launigen Inhalts, m. Erläuterungen über d. Vortrag derselben. Nach d. Tode des Verf. hrsg. v. H. A. Kerndörffer. 1. Thl. 3., nach einer strengen Auswahl verb. Aufl. gr. 12. (16 B. u. S's. Portr.) Leipzig 842, Krappe.

Solbrig, C. F., die Dorfschule, s.a. Körner's Vortragsbibliothek.

Solbrig, C. F.: Die Dorfschule, s.a. Sessa, K. B. A.

Solbrig, C. F., die Dorfschule. Dramatische Posse. 16. (16 S.) Erfurt 875. Körner. — 10

— gegebene Favoritdeclamationsstücke mit Bemerkk. üb. den Vortrag derselben; nebst dramat. Possen: die Judenschaft in der Klemme u. die Dorfschule. gr. 8. Magdeb. 818. (Lauffer in Leipz.) 1 ₰ 8 gr

— — gegebene Favoritdeclamationsstücke mit Bemerk. über den Vortrag derselben; nebst dramat. Possen: die Judenschaft in der Klemme und die Dorfschule. gr. 8. Magdeburg, Schütz. 818.

Solbrig's, K. F., Fortsetzung des neuen Jahrbuchs des Pädagogiums zu Lieben-Frauen in Magdeburg. Eb. 821. Stück I. 8. Vergl. Rötger.

Solbrig, Karl Fr. U., Fortsetzung des (früher v. Dr. G. S. Rötger hrsgg.) neuen Jahrb. d. Pädagogiums zu U. Lieben Frauen in Magdeburg. 1s—3s Stck. gr. 8. Magdeb. 822—824. Heinrichshofen. 1 ₰ 4 gr (Vergl. G. S. Rötger.)

— Frauenspiegel, s. Frauenspiegel.

— Gedichte, Lieder-, Fabel- u. Erzählungsbuch für die Jugend, zur Declamationsübung, mit genauer Accentuation der Wörter. 8. Leipz. 818. Wohlf. Ausg. 819. Müller. 16 gr

— der neue Gratulant für alle Stände, e. Auswahl von Glückswünschen bei jeder frohen Gelegenheit im menschl. Leben. 8. Magdeb. 818. (Lauffer in Leipz.) 16 gr

— — der neue Gratulant für alle Stände, eine Auswahl von Glückswünschen bey jeder frohen Gelegenheit im menschlichen Leben. 8. Magdeburg, v. Schütz. 818.

— Tharands heil. Hallen, s. Rich. Roos.

— — der Haus-Poet, eine Auswahl launiger Gedichte, kurzer Erzählungen u. Epigramme, zur Unterhaltung freundschaftlicher Zirkel. 2 Bändchen. 8. Leipzig. Baumgärtner. 817.

— der Haus-Poet, eine Auswahl launiger Gedichte, kurzer Erzähll. u. Epigramme, zur Unterhaltung freundschaftl. Zirkel. 2 Bdchen. 8. Leipz. 818. Baumgärtner. 2 ₰

Solbrig, C. F.: Die Judenschaft in der Klemme, s. Sessa, K. B. A.

—— declamator. Lesebuch. (Gedichte.) — Ein Lehr-, Lern- u. Sittenbuch f. Schulen u. z. Selbst-Unterr.; mit Erläutern. üb. d. Vortrag. 8. (20 B.) Zwickau 832, Gebr. Schumann.

Solbrig, Carl Friedr., declamator. Lesebuch. Ein Lehr-, Lern- u. Sittenbuch f. Schulen u. z. Selbst-Unterr.; mit Erläutern. üb. d. Vortrag. 2. Ausg. 8. (20 B.) Zwickau 835, [Leipzig,] Gebr. Schumann. Thlr.

——, Dr. Mart. Luther als Sohn, Gatte u. Reformator. Ein Poesien-Kranz z. 300jähr. Feier d. Augsburg. Confession gewunden. gr. 12. (3 B.) Leipzig 830, (Frohberger.)

— die Lyra. Auswahl deutscher Gedichte, Reden, Erzähll. ꝛc. zur Uebung in d. Declamation. 8. Leipz. 816. Neue Aufl. unt. d. T.: Declamirbuch f. Schulen. Eine Auswahl deutscher Gedichte, Reden, Erzähll. ꝛc. 1r Bd. 8. Leipz. 818. 2e A. 828. u. 2r Bd. 826. Taubert. 1 ₰ 18 gr

— Monologen, Reden u. Erzähll., zum Behuf der Declamation, nebst Regeln üb. den Vortrag derselben. 8. Leipz. 817. Baumgärtner. 1 ₰ 8 gr

— Museum f. Deklamation, s. Museum.

— Museum der Declamation. 3 Bde. 8. Leipz. 813—15. (1r u. 2r Bd. 2e A. 817, 21. 3e Aufl. 830.) Baumgärtner. (à 1 ₰ 8 gr) 4 ₰ (3r Bd. A. u. d. T.: Samml. d. neuesten Dichtungen zum Behuf der Declamation.)

Solbrig, C. F. Nachrichten üb. d. Beerdigung dess. mit 2 Beilagen. 25 S. 8.
Progr. Magdeburg P. 1831

Solbrig, C. F. Oratio die Regis nostri augustiss. natali, ipsis idibus Octobr. MDCCCXL. hab. Acced. Stemma Zolleranae gentis. 12 S. . . . .
Magdeburg, P., Progr. 1841

Solbrig, K. F. Oratio ad memor. religionis formulae in August. imperii consessu a. d. VII. Cal. Jul. 1530 recitatae recolendam habita. 23 S. 8. . . . .
Magdeburg, P., Progr. 1830

Solbrig, C. F. Oratio, qua duos discipulos, cum Academiae adeundae maturi essent declarati, a. d. VIII. Cal. Oct. 1828 rite dimisit. (Allg. Ermahn. in sittl. Hinsicht, und in Beziehung auf d. Studien.) 18 S. 8. . . . . .
Magdeburg, P., Progr. 1828

Ders. Oratio, quam, cum quatuor, qui se accademicis scholis maturos esse, rite probaverant, dimitteret, a. d. IX. Cal. Oct. 1829 habuit Paedagogii Rector. 16 S. 8.
Magdeburg, P., Progr. 1829

Solbrig, C. F., dramat. Possen. (1s Bdchen: 1) Die Dorfschule. 2) Die Judenschaft in d. Klemme. gr. 8. Magdeb. 818. 2e verm. u. verb. Aufl. 8. Leipz. 825. Lauffer. 12 gr 2s Bdchen: Die Stadtschule. — Die Braunschweiger Wurst. 8. Lpz. 826. Lauffer. 12 gr

— poet. Sagen der Vorzeit: Legenden, Volkssagen, Mährchen u. Schwänke ernsten u. launigen Inhalts. gr. 8. Magdeb. 817. (Lauffer in Leipz.) 2 ₰

— — Poetische Sagen der Vorzeit: Legenden, Volkssagen, Mährchen und Schwänke ernsten und launigen Inhalts. gr. 8. Magdeburg, v. Schütz. 817.

—— Sammlung ausgewählter Dichtungen z. Behuf d. Declamation. Enth. e. strenge Auswahl von d. beliebtesten Gedichten, Dialogen, Monologen u. Erzähln., ernsten u. launigen Inhalts, nebst Erläutern. üb. d. Vortrag ders. 2. Aufl. gr. 8. (17½ B.) Leipzig 839, Baumgärtners Buchh.

— Samml. der neuest. Dichtungen, s. unten: Museum, 3r Bd.

– s. Schiller, Götter Griechenlands.

— Taschenbuch f. Freunde d. Deklamation. Enthält eine Auswahl von Gedichten ernsten u. launigen Inhalts, nach den Regeln d. Redekunst. 3 Bdch. 16. Leipz. Franz. 813—15. (à 1 Rthlr.)

— Taschenbuch f. Freunde der Declamation. Enthalt. eine Auswahl von Gedichten ernsten u. launigen Inhalts, nach den Regeln d. Redekunst. 4 Bdchen. 16. Leipz. 813—817. (Taubert). 4 ₰

— — Taschenbuch für Freunde der Declamation. Enthält eine Auswahl von Gedichten ernsten u. launigen Inhalts, nach den Regeln der Redekunst bearbeitet. 1stes Bdchen. 2te Aufl. mit Solbrigs Portrait. 12. Leipzig, Franz, 818.

— Tisch-Reden. Eine Auswahl launiger Dichtungen, Anekdoten u. Epigramme. 3 Bde. 8. Leipz. 825 u. 26, Lauffer. à 16 gr.

—— Tisch-Reden. Eine Auswahl launig. Dichtungen, Anekdoten u. Epigramme. Zur Unterhalt. f. gesellschaftl. Cirkel. 4. u. 5. Thl. 8. (à 10 B.) Leipzig 830, 32, Lauffer. à
1—3. Thl. Ebendas. 1825, 26. à 16 Gr.

—— Jugend-Schule, e. Declamir- u. Sittenbuch f. Schulen. Eine Auswahl religiös. Dichtungen, Monologen, Dialogen, Romanzen, Balladen u. a. Dichtungen, mit Erläuter. üb. d. Vortrag ders. f. Schulen u. d. Selbst-Unterr. 8. (10¼ B.) Leipzig 831, Baumgärtner.

— Vademecum für Declamation; eine Auswahl religiöser, ernster, humorist. Dichtungen. 8. Leipz., Weygand.

— Vaterliebe, oder die Engländer in Amerika. Trspl. in 3 A. 8. Magdeb. 811. (Lauffer in Leipz.) 9 ℋ

Solbrig, K. F. De vi et usu nonnullar. ling. lat. particularum, quae rem cum simili re comparando illustrant. 40 S. Magdeburg, P., Progr. 1828

Solbrig, K. F. Worte Luthers üb. Schulen, Erziehung u. Unterricht. 18 S. Progr. Magdeburg P. 1830

Solbrig, C. F., die Braunschweiger Wurst oder böse Beispiele verderben gute Sitten. Schwank. [1826.] Neuer Abdr. gr. 16. (16 S.) Erfurt 879. Körner. — 10

Solbrig, O., die Granulose im Reg.-Bez. Allenstein, im besonderen v. J. 1899—1908. Mit 2 Karten u. 9 Übersichten nebst 11 Kurven im Text. (128 S.) gr. 8. Jena 908. G. Fischer. 7.—
Sonderabdr. aus: „Klin. Jahrb."

Solbrig, O., Lehrgang für den Unterricht in ein- und zweiklassigen Elementarschulen, nebst einer Tabelle zu den Morgenandachten rc. (in Fol.) Mit strenger Bezugnahme auf das preuß. Regulativ für die evangel. Elementarschule vom 3. Octbr. 1854 hrsg. zunächst für die Altmark. 8. (23 S.) Salzwedel 855, Schmidt.

Solbrig, Otto [aus Calbe a. Saale]: Ueber nervöse Störungen nach Diphtherie .... Berlin, Buchdr. v. Georg Klemm (1886); 29 [-3 S. 8°.
Berlin, Med. Fak., Inaug.-Diss. v. 8. März 1886.

Solbrig, Otto, über nervöse Störungen nach Diphtherie. Berlin 1886, Mayer & Müller. 8°. 29 S.

SOLBRIG, Veit (München): Angina diphtheritica. Eine Selbstbeobachtung.- München: Weiss 1867. 24 S. 15.6.1866 - Urk (Titel: De angina diphtheritica.); F 71
Diss. Ingolst.-Landsh.-Mchn.

Sölch, Jakob, Aetiologie und Therapie der traumatischen Gelenkmäuse. Diss. München 1886, A. Buchholz. 8°. 25 S.

Sölch, Jakob [appr. Arzt aus Riedenburg]: Aetiologie und Therapie der traumatischen Gelenkmäuse .... München, K. Hof- u. Univ.-Buchdr. Dr. C. Wolf & Sohn, 1886; 25 S. 8°.
München, Med. Fak., Inaug.-Diss. v. 1886.

Sölch, Joh., Studien üb. Gebirgspässe, m. besond. Berücksicht. der Ostalpen, s. Forschungen zur deutschen Landes- u. Volkskunde. XVII. 2.

Sölch, Johann. Studien über Gebirgspässe, mit besonderer Berücksichtigung der Ostalpen. Versuch einer Klassifikation. Mit sechs Tafeln und vier Abbildungen im Text. S. 119—273 (155 S.). 8. Stuttgart, J. Engelhorn, 1908. (M. 8. —)
(Forschungen zur deutschen Landes- und Volkskunde, ... hrg. von... Dr. Fr[iedrich] G Hahn.... Band 17. Heft 2.)

Solche Anbeter sucht der Vater. Betrachtungen und Gebete im Geiste des heiligen Augustin. Mit einem vollständigen Gebetbuche aus den Schriften des heiligen Augustin und einiger anderen Heiligen. 2., revid. Aufl. Einsiedeln 862. Gebr. Benziger. 24. (VI, 382 S. u. 4 Stahlst.) 12 ngr

Soldan, A: Fabrik für Tageslicht-Reflektoren. München (1892?)

Soldan, A. Die projektierte Succession Philipps II. auf dem Kaiserthrone. 2 Teile. 34, 28 SS. Progr. Rg. Crefeld 1876. 1879.

Soldan, (A. F.,) de origine, causis et primo tribunorum plebis numero. Commentatio. 8. Hanau 824, Edler.

Soldan, A. F., De origine, causis et primo tribunorum plebis numero. Diss. 1825. 48 S. 1.2(

— De reipublicae Romanae legatis provincialibus et de legationibus libris quaestiones Pr. 1854. 47 S. 4°. 1.2(

Soldan, A. F., Quaestionum de aliquot partibus proconsulum et propraetorum, qui liberae reipublicae tempore erant, capita sex. 8 maj. (7 B.) Hanoviae 831, König.

Soldan, August Ferd.

Soldan, Aug. Fd., s. Cicero oratio pro Deiotaro. — Cicero oratio pro Q. Ligario.

Soldan, Aug. Ferd., praktischer Gebrauch der lateinischen Sprache. Nach seiner früheren und jetzigen Beschaffenheit und Bedeutung beleuchtet. Nebst einer Methodik für höhere Lehranstalten und Selbstunterricht. gr. 8. (XII und 148 S.) Marburg 867, Elwert'sche Universitäts-Buchh.

Soldan, Carl, s. Soldan, Karl

Soldan, Chr. Hnr. Cph., prakt. Anweis. für Volksschullehrer, welche ihre Lehrlinge im Rechtschreiben u. in der Abfassung der im gemeinen Leben vorkomm. schriftl. Aufsätze üben wollen. 8. Nürnb. 802. Bauer u. M. 12 ℋ

— s. Hezel, W. F.: Kürzere griech. Sprachlehre.

— d. Lehrer in Bürger u. Landschulen, was er ist und was er leisten soll. 8. Marb. Krieger. 801.

— neues allgem. deutsches Lesebuch f. den Bürger u. Landmann. 8. Weißenf. 801. Böse. (Baumgärtner in Leipz.). 8 ℋ Hbg. Pr. 4 ℋ

Soldan, Christian Moritz 4°Thl.I.209/3

Disputatio III. ... sive sceptrum Jehudae, ex Genes. XLIX, 10. Präs. Johann Konrad Dannhauer.
In: Dannhauer: Disputationes theologicae ... Pars prior continet exegeticas... Leipzig (Reinhold) 1707. S. 26 - 40.

Diss. Strassburg 3.V.1663. 32792

Soldan, Frank Louis. Amerikanisches drittes Lesebuch für Schule und Haus. 5th ed. StL. 1876.

Soldan, F(riedrich) [Prof.]: Beiträge zur Geschichte der Stadt Worms. Worms, Buchdr. v. E. Kranzbühler, 1896; 1 Bl., 89 S. 8°
Worms, großh. G u. R, O P 1896 (619)

Soldan, Fr., Geschichte d. Großherzogt. Hessen. gr. 8. (VIII, 220 S. m. 1 Bildn.) Gießen 896. E. Roth. n. 3. —; geb. in Leinw. n. 4. —

Soldan, Friedrich: Geschichte der Hexenprozesse, s. Soldan, Wilhelm Gottlieb

VEREINSGABE DES WORMSER ALTERTUMSVEREINS, (auch des Altertumsvereins zu Worms.) — F. SOLDAN, Das römische Gräberfeld von Maria-Münster bei Worms. Ein Bericht über die Ausgrabung des Wormser Altertumsvereins im Sommer 1882. (Sep.-Abdr. aus: Westdeutsche Zeitschrift für Geschichte und Kunst. Jahrg. II. Trier 1883. Fr. Lintz-sche Buchhandlung. S. 27—40.) (Ohne bes. Titelbl.) 8°.

— Heinrich der Eiserne u. sein Sohn Otto d. Schütz, s.a. Flemming's, Carl, vaterländ. Jugendschriften.

[F.] Heinrich der Eiserne und sein Sohn Otto der Schütz. Nach hess. Chroniken erz. v. F[riedrich] Soldan. M. 4 Ill. Glogau: C. Flemming [1896]. (145 S., 4 Taf.) 1 Bd 8.
— Jugendschriften, C. Flemmings Vaterländische. Bd 44². [97. 7619]

—— deutsche Heldensagen auf dem Boden der alten Stadt Worms. 8. (VIII, 163 S. mit 4 Holzschntaf.) Gütersloh 881, Bertelsmann. *ℳ 2.; geb. *

— Großherzogt. Hessen, s.: Landes- u. Provinzial-geschichten, Hft. 20.

– s. Künzel's, Heinr.: Großherzogt. Hessen.

– Die Landgrafen u. Grossherzöge v. Hessen-Darmstadt, s. Halm, Pet.

—— der Reichstag zu Worms 1521. Den Wormsern gewidmet zur Lutherfeier 1883. 8. (120 S.) Worms 883, Kräuter'sche Buchh. *

⊙ Der Reichstags zu Worms 1521. Den Wormsern gewidmet zur Lutherfeier 1883 v. Friedrich **Soldan.** 2. Aufl. Worms. 1883. 8°.

Soldan, F., Sagen u. Geschichten der Langobarden. 8. (XI, 218 S.) Halle 888. Buchhandlg. d. Waisenhauses. n. 1. 80; geb. in Leinw. n. 2. 40

– Treue u. Untreue od. König Heinrich VII. u. die Stadt Worms, s.a. Flemming's, Carl: Vaterländ. Jugendschriften.

Treue und Untreue oder König Heinrich VII. u. d. Stadt Worms. Erzählung aus d. vaterl. Gesch. von Friedrich **Soldan**. Mit 4 Abb. Glogau: C. Flemming [1899]. (VIII, 151 S.) 8°
= Jugendschriften, C. Flemmings Vaterländische. Bd 63.

Soldan, F. Worms, s. Städtebilder u. Landschaften aus aller Welt.

– Die Zerstörung v. Worms, s.a. Flemming's, Carl: Vaterländ. Jugendschriften.

Die Zerstörung von Worms. Erzählung f. d. deutsche Jugend von Friedrich **Soldan**. Glogau: C. Flemming [1900]. (VI, 139 S.) 8°
= Jugendschriften, C. Flemmings Vaterländische. Bd 81.

— die Zerstörung der Stadt Worms im J. 1689. Im Auftrage der Stadt Worms dargestellt. Mit 12 Lichtdr.-Taf. 4. (V, 68 S.) Worms 889. (Kräuter.) cart. n. 4. —

Soldan, Fritz, Quellentafeln moderner Ornamentik, s.: Brösel, Max.

Soldan, G. Remarques sur la formation de la conjugaison française. Festschrift. Basel, G., 1889. 7 S. Progr.

Soldan, George

Soldan, die strateg. Bedeutg. der Schlacht bei Dresden, s.a Beiträge zur Kriegsgeschichte. 4.

Die strategische Bedeutung der Schlacht bei Dresden. Eine Entgegnung auf d. gleichnam. Schrift d. Dr. phil. F. Lüdtke. Gleichzeit. e. Beitrag z. Klärung d. Absichten d. grossen Hauptquartiers. Von [George] **Soldan**, Lt. im Inf.Regt. Nr. 116. Mit 1 Kt. Berlin: Bath 1908. 65 S. 8°
(Beiträge z. Kriegsgeschichte. H. 4.)

Soldan, Hans, Beiträge zur Geschichte d. Stadt Worms. Im Auftr. d. Hrn. Frhrn. C. W. Heyl zu Herrnsheim, II. Mitglied d. Ersten Kammer d. Stände, Mitglied d. Reichstags f. Worms-Heppenheim-Wimpfen, hrsg. gr. 8. (228 S. m. farb. Titel.) Worms 896. (H. Kräuter.) Geb. in Leinw. n.n. 2. 60

Soldan, Hans, pr. Arzt: Über ein retroperitoneales Lympho-Sarkom. Berlin 1909: G. Schade. 30 S. 8°
Berlin, Med. Diss. v. 14. Mai 1909, Ref. Bumm.
[Geb. 13. Jan. 81 Bremerhaven; Wohnort: Weißer Hirsch b. Dresden; Staatsangeh.: Preußen; Vorbildung: Gymn. Bremerhaven Reife M. 01; Studium: Berlin 10 S.; Coll. 24. April 09; Approb. 2. u. 29. Mai 09.] [U 09.112

Soldan, Hans: Neue Ziele, neue Wege. Ein Vorschlag zur Hebung des deutschen Anwaltstandes. Mainz 1909.

Soldan, Jh. Fr., († d. 22. Nov. 1799.) zwey Fragen, denen, welche keine unaufhörl. Hölle zugeben, zur Beantwort. vorgelegt. 8. Halle 753. Trampe. 3 gr.

— moral. Gedanken v. d. Andächteley. 8. Halle, Gebauer. (Hahn in Hannover.) 757.

Soldan, Karl

Soldan, Carl, theoretisch-praktische Anleitung zum perspectivischen Zeichnen f. angehende Künstler, Gymnasien, Realschulen u. techn. Bildungsanstalten. gr. Lex.-8. (17 B. u. 1 Atlas in Fol. m. 30 Taf.) Giessen 843, Heyer's Verl. Thlr.

Soldan, Carl (Friedberg)
Ueber den Einfluß der Schule auf das Leben des Volkes. Darmstadt 1845.
[Zur Promotion eingereicht.]
Dr. phil. Giessen 11.11.1846.

—— über den Einfluß der Schule auf das Leben des Volks. Kritik der Gegenwart u. Vorschläge f. die Zukunft vom protestantischen Standpunkte aus. gr. 8. (30 B.) Darmstadt 845, Leske.

Soldan, Carl: Die Gesamtarbeitsleistung der Hefen Saaz, Frohberg und Logos in Saccharose-, Dextrose- und Maltose-Lösung unter verschiedenen Versuchs- und Ernährungsbedingungen. *Nürnberg (1897): W. Tümmel.* (36 S.) 8° [N.]
Erlangen, Phil. Diss. v. 14. Juli 1897

—— die Giftpflanzen, s. Prestele, J.

Soldan, Carl († d. 17. Aug. 1847), Lehrgang des elementaren Rechnens. Nach einem v. Demselben hinterlassenen Manuscr. bearb. u. hrsg. von J. Wahl u. G. H. Blickhahn. gr. 8. (VIII u. 135 S.) Darmstadt 852, Diehl. n. 1/3 ₰

Soldan, C., Vorlegeblätter zu ein. stufengemässen Elementarunterr. im Zeichnen. (30 lith. Bl. gr. 4.) Mit d. Beil.: Ueber d. Zweck u. d. Gebr. d. Vorlegeblätter ꝛc. gr. 12. (4 B.) Darmstadt 836, Pabst. *

Soldan, C., Vorlegeblätter zu einem stufenmässigen Elementarunterrichte im Zeichnen. 2. Ausg. Darmstadt 852. Pabst. (Giessen, Ferber.) qu. 4. (30 lith. Bl. u. Beilage: Ueber den Zweck und den Gebrauch der Vorlegeblätter zu einem stufenmäßigen Elementarunterrichte im Zeichnen. 2. unveränd. (Titel-)Ausg. 96 S. in 8.) 25 ngr.

—— (30 lithogr.) Vorlegeblätter zu einem stufenmäßigen Elementarunterricht im Zeichnen. qu. 4. Nebst: Ueber den Zweck und den Gebrauch derselben. 2. (Titel-)Ausg. 12. (96 S.) Darmstadt 853, Pabst.

Soldan, Karl Ldw., Religionsvorträge nach Grundsätzen der reinen Sittenlehre. 8. Gießen 795. Heyer. 6 gr.

Soldan, Richard *Leo* [pr. Arzt, aus Posen]: Casuistischer Beitrag zur Lehre von der histogenetischen Einheit der Neuromata, fibromata mollusca und der Elephantiasis congenita neuromatodes ... Berlin, C. Vogts Buchdr., *1896;* 47 S. 8.
Berlin, Med. Fak., Inaug.-Diss. v. 11. Aug. 1896

Soldan, S., Handels-Adreßbuch von Nürnberg, s. Handels-Adreßbuch.

Soldan, W. G., Ueber die Karer u. Leleger. S-A. 1885. 89 S.

Soldan, Wilh. Gottlieb., Geschichte der Hexenprocesse. Aus den Quellen dargest. gr. 8. (33 B.) Stuttgart 843, Cotta'sche Bh.

§ * — — Dasselbe, tit.: *Soldan's* Geschichte der Hexenprozesse. Neu bearb. von Dr. Heinr. Heppe. 2 Bde. Ibid. 1880. Gr. 8°. (Mk. 13—.) (8 Mk., eleg. Hfzbd., Völcker, 1906.) (Auch in Rostock, Landesbibl.)

— — Dasselbe. Neu bearb. u. hrsg. von Max Bauer. 2 Bde. Mit zahlreichen Illustrationen im Text und auf Tafeln. München, Georg Müller's Verlag (c. 1910). 8°. (Br. Mk. 20—, Hprgt. 25—, Luxusausgabe in Ganzprgt. 50—.)

Soldan, Wilh. Glieb., Geschichte des Protestantismus in Frankreich bis zum Tode Karl's IX. 2 Bde. gr. 8. (XVIII und 1239 S.) Leipzig 855, Brockhaus. *

—— Dreißig Jahre d. Proselytismus in Sachsen u. Braunschweig. Mit einer Einleitung. gr. 8. (19 B.) Leipzig 845, Brockhaus.

Soldan, Wilh. Glieb., die Klosterfrage in der 2. Kammer der Stände des Großherzogthums Hessen. Antwort auf die „Offene Epistel an die klosterfeindlichen Herren Abgeordneten der 2. Kammer in Darmstadt, von einem Priester der Diöcese Mainz." Darmstadt 863. Diehl. 8. (52 S.) n. 6 ngr.

Soldan, Wilhelm Gottlieb (Alsfeld)
Rerum Milesiarum commentatio I.
Darmstadt 1829. III, 46 S.
[In: Programm des Gymnasiums zu Darmstadt.]
Diss. phil. Giessen 20.9.1829.

Soldan, Wlh., rerum Milesiarum commentatio prima, quam auctoritate amplissimi philosophorum ordinis in Acad. Ludoviciana defendit. A. u. d. T.: de Mileto et locis, quae circumiacent, disquisitio geographica. Mit 1 Karte. 4maj. Darmst. 829. Göbel. (46 S.)

Soldani, P. A., die Subventionsfrage der Gotthardbahngesellschaft u. die schweizerische Eidgenossenschaft. gr. 8. (III, 48 S.) Chur 878. Hitz in Comm. n. — 80

Soldat [Sachliches OW]

Soldat, der, s. compendiöse Bibliothek.

Le soldat, ou le métier de la guerre considere comme le métier d'honneur. (Mit 1 Kpf.) Francfort s. l. M. 1743. 310 S.

— le, ou le métier d'honneur avec un essai de Bibliothèque militaire. 8. Francf. 743.

Soldat, Der. Lustspiel. Jena 1778. V: *Brenner, Anton Jacob.* (GGr)

Soldat, der; Singspl. in 1 A. 8. Jena 778. Gabler. (Cnobloch in Leipz.) 2 gr.

— der, eine wöchentl. Unterhaltung. Mit Kpf. 3 Thle u. 4r Bd. 1s u. 2s Hft. 8. Hamb. 779—85. Möller. 4 ß 6 gr.

Der Soldat. Eine wöchentl. Unterhaltung. Bd 2.3. Mit Kpf. Hamburg 1780. 1782.

Soldat, der. Ein Bilderbuch für muntere Knaben. 8. (16 S. m. eingedr. color. Holzschn.) Leipzig 850. (H. Fritzsche.) baar n. 4 ngr.

Der Soldat. Kulturbilder aus d. Simplicissimus. München: Langen 1909. 50 Bl. 8°
(Kulturbilder aus d. Simplicissimus. Bd 10.)

Soldat, der, im Allgemeinen und seine Pflichten. Mit: Namentliches Verzeichniß der Generale und Stabs-Offiziere des Garde-Corps. Berlin (856.) Bernhardt u. Co. (1 Bgn. in gr. Fol.) 1½ ngr.

— der alte, s. Bibliothek, amerikanische.

Soldat, der alte. Lieder u. Gedichte für die preuß. Landwehr, Linien-Truppen u. Bundes-Armee zu Kriegs- u. Friedenszeit. Hrsg. v. e. Veteran der Kavallerie. 1. Aufl. 2¼ B. u. 2., verm. u. verb. Aufl. 16. (3 B.) Neuwied 846, Häuser. à *

Soldat, Der, in der kaiserlichen österreichischen Armee und seine Pflichten, sowie Rechte und Vorzüge dargestellt zur Belehrung der Mannschaft. Pesth 1856. V: *Schopf, Franz Joseph.* (KU)

Soldat, der — in der kaiserl. österreichischen Armee und seine Pflichten, so wie Rechte und Vorzüge, dargestellt zur Belehrung der Mannschaft, (Unteroffiziere und Gemeine) aller Land- und See-Truppen von F. J. S. Pesth, 1856. Druck von Landerer und Heckenast. Verlag von Gustav Heckenast. (202 S. 8.)

Soldat, der bayerische, im Felde. 3 Bde. 2. verm. Aufl. Im Auftrage des k. Kriegsministeriums bearb. vom Kriegsarchiv. Als Mannschaftslesebuch hrsg. vom Kriegsministerium. 12. München (J. Lindauer.) Geb. n. 6. 05
1. 1793—1798. 1799—1801. 1805. 1806—1807. 1809. 1812—1813. 1813. 1813—1814. 1815. (IX, 16, 528 u. XXXVI S.) 898. n. 2.—
2. 1849. 1866. (6, 244 u. XX S.) 898. n. 1. 35
3. 1870. 1871. (IV, 18, 612 u. XXXIX S.) 899. n. 2. 70

Der Soldat als Beistand der Polizei. Von einem kgl. preuß. Offizier. Weimar 1802. 245 S.

Soldat, Der, als Beistand der Polizei oder Anleitung zur Kenntniss der Garnisonpolizei . . . Weimar 1802. 2. Aufl. 1807. V: *Meinert, Frdr.* (Ky)

— der, als Beystand der Polizey, oder Anleit. zur Kenntniß d. Garnisonpolizey von der Bestimmung d. Militairs in Friedenszeiten. 8. Weimar. (Gädicke in Berlin.) 807.

— der, als Beistand der Polizei, oder Anleit. zur Kenntniß der Garnisonpolizei von der Bestimmung des Militärs in Friedenszeiten, (v. F. Meinert). 8. Weimar ... 2e A. 807. (Henning in Greiz.) 1 ß

Soldat, der, u. der Branntwein. Eine kurze u. gründl. Belehr. f. den deutschen Kriegsmann. 8. (2 B.) Berlin 837, (J. A. Wohlgemuth.)

Soldat, der brave, oder Peter Lohbeck's Lebens-Geschichte. 3. Aufl. (Ster.-Ausg.) Barmen 864. (Berlin, E. Beck.) 8. (16 S.) ¾ ngr.

Soldat, der brave, oder Peter Lohbeck's Lebens-Geschichte. 7. Aufl. gr. 16. (16 S.) Barmen 870, (Klein.) *

Soldat, der brave, od. Peter Lohbeck's Lebensgeschichte. 8. (16 S.) Barmen 883. (Wiemann.) n. — 8

— d., v. Cherson. Lstsp. in 3 Aufz. v. Hensler. 8. Wien, Wallishäuser. 790.

— d. christliche, od. Betracht. z. Bildung der Kriegsleute. 2 Thle. 8. Berlin, Realschulbuchhdl. 761-62.

— der christl., od. Betrachtt. zur Bildung der Kriegsleute. 2 Thle. 8. Berl. 761, 62. (Reimer). 12 gr.

Soldat, der christliche. Ein Büchlein zu geistlichem Schutz und Trutz für Krieg und Fried. Kernsprüche, Gebete und Lieder auf allerlei Lagen enthaltend. Reutlingen 859. Kurtz. 32. (123 S.) n. 3 ngr.

Soldat, der christliche. Dargestellt in 5 Vorträgen, welche zu Dillingen im J. 1860 gehalten wurden. 8. (47 S.) Augsburg 868, Schmid's Verlag.

— der christliche. Ein Büchlein zu geistl. Schutz u. Trutz f. Krieg u. Frieden. Kernsprüche, Gebete u. Lieder auf allerlei Lagen enth. 32. (123 S.) Reutlingen 871. Fleischhauer & Spohn. — 40

—— der deutsche, in Frankreich. Ein Hülfsbuch, sich ohne Sprachkenntniß mit jedem Franzosen zu verständigen. 1. und 2. Aufl. 16. (20 S.) Berlin 870, Klönne.

—— dass. — 3. verm. und verb. Aufl. 16. (24 S.) Ebendas. 870. **

— der deutsche, im Kantonnement in Frankreich. Sammlung der gebräuchlichsten Redensarten. 32. (36 S.) Berlin 871. Klönne. — 25

— d. edelmuthige,. Schip. 8. Lpz.

— der gefallene, v. Bomarsund. 8. (4 S.) Barmen 873. Wiemann. — 75

Soldat, der gefallene, von Bomarsund. 8. (4 S.) Barmen 881. Wiemann. — 3

SOLDAT, Der glücklich gewordene, oder Begebenheiten des Herrn A. v. M., wegen seiner ganz besonderen Merkwürdigkeiten aus d. Engl. übers. Frankf. 1750. 8°. 10½ Bog.
Cat. Meissner II. — Rarl

— der glücklich gewordene, od. Gesch. Herrn A. v. M. 8. Nürnberg. 750.

Soldat, Der glücklich gewordene, oder Begebenheiten des Herrn von Verval, Bellerose genannt. Aus dem Französischen des Herrn von M*** übersetzt. Dresden 1753. V: *Mauvillon, Eleazar de.* (BGE VII³, 340)

Soldat, der glücklich gewordene, od. Begebenheiten des Hrn. Verval de Bellerose. 2 Thle. 8. Dresd. 753. Walther. 16 gr

Soldat, der jüdische, im deutschen Heere. gr. 8. (24 S.) Hamburg 890. Goldschmidt. n. — 60

— der junge, oder: Arthur in Indien. Fortsetzung der Erzählung: Die Geschwister. Nach dem Engl. 3. Aufl. [Abgedr. aus der Jugend-Bibliothek von Gust. Nieritz.] 8. (134 S.) Berlin 850, Simion (jetzt: Leipzig, Voigt & Günther). ⅓ ♂

Soldat, der kleine, militair. ABC- u. Bilderbuch f. fleiß. u. gute Knaben. 8. (1½ B. u. 6 ill. Kpfr.) Zürich 833, Trachsler. (?)

Soldat, der kleine, militairisches ABC- u. Bilderbuch f. fleißige u. gute Knaben. Mit 6 ill. Kpfrtaf. 8. Zürich 833. Trachsler. (Leipzig, Schumann.) ⅜ ♂

—— der kleine. Ein ABC- u. Lesebuch mit nützlichen u. lehrr. Leseübungen u. 24 ill. milit. Vorstellungen. 8. (2 B.) Nürnberg 838, Renner u. Comp.

—— der kleine, militair. Bilderbuch f. fleiß. u. gute Knaben. gr. 16. (3¼ B. u. 6 ill. Taf.) Zürich 839, Meyer u. Zeller.

Soldat, der, des Königs, oder die traurigen Folgen des Vorurtheils, aus dem Franz. des Hrn. Arnaud, 8. Salzburg, 783. Mayrs. 5 ggl.

SOLDAT, Der lustige und liebens-würdige, oder Lebens-Beschreibung eines Italiänischen Frauenzimmers, so ihre Liebe auf das Soldaten-Leben geworffen und in selbigem ihr Leben geendet. Leipzig, b. den Cörnerischen Erben. 12°.
O. M. V. 1719. G 4 a. — Noch kein Expl. nachgewiesen.

—— ein, Oesterreichs an Oesterreichs Heer und Volk. (Zur ungar. Krönungsfeier.) Von J. M. v. G. gr. 8. (16 S.) Wien 867, Sartori.

— d. ostreichische, in Kehl. Vorsp. in 1 Aufz. v. Hensler. 8. Wien, Wallishausser. 797.

Soldat, Le, parvenu ou memoires et aventures De Mr. de Verval dit Bellerose ... Dresde 1753. V: *Mauvillon, Éléazar de.* (Milchs) (BrMm)

— le, parvenu, ou Mémoires et Aventures de Verval dit Bellerose, p. M. de Mauvillon. II Vol. av. fig. 8. Dresd. Walther. 758.

Soldat, Der, und seine Pflichten. Eine Erzählung. . . . Leipzig 1848. V: *Pönitz, Carl Eduard.* (ABJP) (ErGr) (Ky)

—— der, und seine Pflichten. Eine Erzählung von P(önit)z. Als Lesebuch in Regimentsschulen zu gebrauchen. 12. (X und 263 S.) Leipzig 848, Volckmar.

—— dass. — 2., verb. Aufl. 8. (X und 201 S.) Leipzig 852, Teubner.

Soldat, Der philosophirende, oder Lebensbeschreibung des Herzogs von **. Ins Deutsche übersetzt. Dantzig 1745. V: *Jourdan, Jean Baptiste.* (BGE VII³, 341)

Der mit einem Sächs. Bauer von jetzigem Kriege redende Französische Soldat. 1757 No. 1—20. 1758 No. 1—47. 1759 No. 1—18. 1762 No. 1—39. 4.

SOLDAT, Der, nach dem Sprichwort das Lustige Elend, in einem Sendschreiben geschildert. Mit Titelkupfer u. Schlussvign. gest. von Joh. Doroth. Philipp, geb. Sysang. Cleve, bey J. G. Baerstecher, 1773. Selten! (5 Mk., br., unbeschn., Dieterich, Göttingen, 1911.)
Noptisch, 2. Aufl., S. 67. — Die von obiger Kupferstecherin gestochenen 2 Kupfer sind nicht bei Nagler erwähnt.

— der, nach d. Sprüchworte: das lustige Elend. 8. Cleve 773. Bärstecher. (Coppenrath in Münst.) 9 gr

—— der, im Terrain. Leitfaden zum Selbstunterricht im Karten-Lesen und Zeichnen. qu. gr. 8. (32 S. mit 4 Stnt. in 4. und qu. Fol.) Bamberg 872, Buchner'sche Buchh. *

— der, im Terrain. Leitfaden zum Selbstunterricht im Karten-Lesen u. Karten-Zeichnen. 2., verb. Aufl. Mit 53 (eingedr. Holzschn.-)Abbildungen. 8. (39 S.) München 879. Oldenburg. n. — 36

— der, u. das Neue Testament. 8. (16 S.) Gernsbach 883. Christl. Kolportage-Verein. n. — 4

—— der, auf dem Turnplatze. Anleitung für den method. Unterricht im Wehrturnen. Zum Gebrauche für die bei den Unterabtheilungen der k. k. österreich. Armee mit dem Turnunterrichte betrauten Officiere und Unterofficiere aller Waffengattungen zusammengestellt vom k. k. Oberlieut. G. E. 8. (55 S. mit 2 lithogr. Fig.-Taf. in qu. gr. 4.) Wien 868, Tendler und Comp. (Seidel und Sohn.) *

Soldat, der in der alten u. allerneusten Kriegswissenschaft gründlich unterrichtete. 8. Leipzig 1765.

— der, in d. alten u. neuen Kriegswissenschaft gründlich unterrichtete. 8. Leipz. Heinsius, (Gleditsch.) 765.

Soldat, Der verirrte, oder Des Glücks Probirstein. Ein deutsches Drama des XVII. Jhdtes aus einer Hdschr. der kk. Studienbibliothek in Laibach. Hgbn. von P. von Radics. Agram 1865. V: *Höndler, Martin & Melchior Harrer.* (EB) V: *Dönner, Leonhard Andreas.* (BGE VII², 341)

— d. vollkommene, od. Abschilderung eines wahrhaftigen Helden. 4. Altenb. Richter. 744.

Der vollkommene preuß. Soldat im Kriege und im Frieden. Berlin 1834. 683 S.

—— der vollkomm. preuß., im Kriege u. im Frieden. Ein Taschenb. f. Offiziere u. d. Mannschaft aller Waffen. 2. Ausg. 12. (29 B.) Leipzig 830, (Nauck.)

— der wackere, od. über die Mittel, den Sieg zu erringen, von e. kön. Preuß. Officier. 8. Berl. 810. Mittler. 3 gr.

Soldat, Der, als Weltbürger. Hadersleben 1775. H: *Schaumburg, Leopold Heinrich von.* (MGT) (Kordes, Schlesw.-holst. u. eutin. Schriftst. Schleswig 1797.)

SOLDAT, Der, in den Winterquartieren. Eine Operette von einem Aufzuge.
Der Dachs im Loche beist den Hund,
Soldaten macht der Degen kund. Honall.
Quirlequitsch 1759. 4⁰. 44 S.

— — Dasselbe. 8⁰. 48 S.
Baumgart, Litt. über Friedrich d. Gr., S. 165.

Soldat, Der, als Zauberer; eine Operette. Mannheim 1772. V: *Schwan, Christian Friedrich.* (Ky) (MGT)

— der, als Zauberer; Operette (von Chr. Fr. Schwan). 8. Manh. 772. Schwan u. G. 3 gr.

Soldat [Verfasser]

Soldat, Hans, Angermünde u. sein Bataillon. Zur 50-Jahrfeier des 3. Bataillons des Infanterie-Regts. Generalfeldmarschall Prinz Friedrich Karl v. Preußen (8. brdbg.) Nr. 64. (42 S. m. 2 Bildn.) 8. Angermünde (910). C. Windolff. — 50

Soldat, J. F., Sarela. Ein Heldengedicht in 12 Gesängen. 8. (XII, 199 S.) Königsberg i/Pr. 891. (Akadem. Buchhandlg. v. Schubert & Seidel.) n. 3. —; geb. in Leinw. n. 4. —

Soldare, les femmes, Vaud. en 1 Act. 8. Brunsv. Pluchart. 810.

Soldaten, Die. Eine Komödie. Leipz. 1776. V: *Lenz, Jacob Mich. Reinh.* (GGr) (Arch. f. Litt. II, 245—57) (Haydinger) (Mn) (R-N) V: *Klinger, Friedr. Maxim. von.* (Arch. f. Litt. I, 312—14)

Soldaten, die, Comödie (von J. M. R. Lenz). 8. Leipz. 776. Weidmann. 6 gr.

— die, Schsp. in 5 A. v. Arresto. 8. Hamb. Kratzsch. 804.

— die, ein militairisches Bilderbuch f. Kinder, m. illum. K. Taschenform. Pirna, Friese. 809.

KRIEGS- und Siegs-Romane. 2 Thle. Erfurt, Hennings'sche Buchhandlung, 1806. Kl. 8⁰. Pikant u. rar! (1½ Rthl. Scheible; jetzt theurer!)
I: Tit. u. 318 S. Das seltne Nachtquartier im Nonnenkloster. II: Tit. u. 178 S. (incl. S. 1—10 Avant Apropos" in 33 humorist. vierzeil. Strophen). Der verliebte Offizier.

— — Dasselbe, titulo: Die Soldaten, oder der Teufel ist los im Nonnenkloster! 2 Bdchn. Ibid. 1810. Kl. 8⁰.
318 u. 178 Seiten. — Beide Theile für sich selbständig.

Soldaten, allerlei, s. Soldaten-Freund, der.

Soldaten, allerlei. Ein unzerreissbares Bilderbuch. qu. gr. 8. (12 Farbdr.-Taf. auf Pappe.) Stuttg. 891, F. Loewe. cart. 1 80

Soldaten, eines alten, [S. P. N.] Römerstudien nach der Natur. I—III. 12. Wien 882, (Seidel und Sohn.) * 4 40
Inhalt:
I. Teurnia. (III, 113 S.) *ℳ 1,60.
II. Die Strasse Teurnia — Juvavum von Teurnia bis zur Vereinigung mit der Strasse Virunum — Juvavum. (III, 120 S.) *ℳ 1,60.
III. Santicum. (III, 78 S.) *ℳ 1,20.

Soldaten der ruhmvollen preußischen Armee. Mannszucht ist ein nothwendiges Erforderniß aller guten Heere. — Druck von J. G. Brüschke. 1 Bl. Fol.
Flugblatt. Berlin, 16. Sept. 1848.

Die armen Soldaten! Müssen uns jetzt doch auch mal nach unseren Brüdern im bunten Rock umsehen — Der Volks-Klub. Gedruckt bei W. Fähndrich. 1 Bl. Fol.
Flugblatt. Berlin, 29. Sept. 1848.

Soldaten, üb. die berittenen, des 19n Jahrhund. 8. Königsb. 803. (W. Härtel in Leipz.) 2 gr.

Soldaten, üb. d. berittenen, d. 19n Jahrh. 8. Königsberg, Nicolovius. 803.

Soldaten, Ueber die berittenen, des neunzehnten Jahrhunderts. kl. 8. Im Norden 1803.

Soldaten, deutsche. Ein unzerreißbares Bilderbuch f. die kleinen Krieger. gr. 4. (12 lackirte Farbdr.-Bilder auf Pappe.) Stuttgart 889. Loewe. geb. 3. —

Soldaten, deutsche. 15 Chromodr. nach Originalen v. Carl Röchling u. A. Fol. Berlin 897. Militär-Verlagsanstalt. In Mappe n. 8. —

Wir deutsche Soldaten. Berlin 1886. 52 S.

—— wir deutsche. Ein aufricht. Wort an seine Kameraden v. e. Dreijährigen. Durchgesehen u. verm. v. Scheibert. 16.—25. Taus. 16. (60 S.) Berl. 892. v. Decker. — 15

—— d. deutschen, Liederbuch. Lieder der deutschen Reichs-Armee. 16. (167 S.) Berl. 889. Habel. cart. * — 40
2. Aufl. s. Hausburg. Des deutschen Soldaten Liederbuch.

Von einem deutschen Soldaten. 3. Aufl. 12. (X, 328 S.) 1.50
Wien: Seidel 1891.

Soldaten! Die Demokraten quälen sich aufs Aeußerste ab, — Der patriotische Verein. Druck von J. F. Starcke. 1 Bl. 8.
Flugblatt. Berlin, 15. Sept. 1848.

Soldaten! Die Demokraten wollen das Militair unterdrücken! — Der Demokraten-Verein der Königstadt. Druck von J. Pleßner. 1 Bl. Fol.
Flugblatt. Berlin, 11. Sept. 1848.

Soldaten! Ein schwerer Kampf steht uns bevor. — Der democratische Clubb. Druck von E. Litfaß. 1 Bl. Fol.
Flugblatt. Berlin, 11. Sept. 1848.

Soldaten! Ein Theil Euerer Offiziere — Der demokratische Club. Der Demokraten-Verein der Königsstadt. Druck von F. Reichardt u. Co. 1 Bl. Fol.
Flugblatt. Berlin, 10. Nov. 1848.

Soldaten! Es ist in diesen Tagen manches warme Wort zu Euch gesprochen worden — Ein Landwehrmann. Gedruckt bei J. Sittenfeld. 1 Bl. Fol.
Flugblatt. Berlin, 15. Sept. 1848.

— für, im Felde, zu ihrer Erbauung. 8. Halle, Kümmel. 814.

Soldaten, die, (französische, östreich., baiersche, preuß., sächs., westphäl. u. würtembergische) mit ihren Waffen u. Kriegsgeräthen, in 44 color. Figuren u. color. Abbild. von Waffen-, Kriegs- u. Feldgeräthen. 12. Pirna, Friese. 811. illum. schwarz

Soldaten, Französ., Russische, Österreich., Bairische, Preussische, Sächsische, Westphälische und Württembergische, mit ihren Waffen und Kriegsgeräthen. (47 kolor. Bll.) 4. Pirna 1811.

Soldaten, die, des Jesukindes. Neue Folge. Eine Sammlung der f. das Werk der hl. Kindheit in der Diözese Seckau vom J. 1886 bis 1905 veröffentlichten Kindergeschichten. Im Auftrage des Diözesanrates hrsg. v. Frz. Puchas. (195 S.) kl. 8. Graz 906. U. Moser. Geb. n.n. 1. —

Soldaten, die kleinen. — Het Soldatenspel. — Les petits soldats. — The little Soldiers. qu. 8. (7 color. Stnt.) Stuttgart 873, Risch. [Eger und Distler.] (45 Pf.)

Soldaten, des, Kochbüchlein von Hanna. Prämiirt mit der broncenen Medaille auf der I. Internationalen Ausstellung für Volksernährung und Kochkunst zu Leipzig 1887. 1. und 2. Aufl. 16. (67 S.) Hildburghausen 887, Kesselring'sche Hofbuchh. *

Soldaten aller Länder. Ein Bilderbuch f. muntere Knaben. gr. 8. (6 farb. Bl.) Eßlingen (885). J. F. Schreiber. Kart. n. — 25

Soldaten des, Leiden und Freuden, der Anschauung übergeben durch 8 fein illum. Scenen aus den Wirkungskreise des Krieges. 4. Nürnberg ... Renner u. Comp. 1/6 Rthlr.

Soldaten! Man hat es in Berlin gewagt. — Lange, Schultze u. a. Wehrmänner. Druck von E. Litfaß. 1 Bl. Fol.
Flugblatt. Berlin, 16. Sept. 1848.

— meine. qu. 12. (8 S. m. z. Tl. farb. Bildern.) Stuttgart 894. R. Loewe. — 20

— od. Menschen? Ein Wort üb. militär. Erziehg. u. Soldatenmißhandlg. gr. 8. (31 S.) Hamburg 893. Pontt & v. Döhren. n. — 50

Die Soldaten Potsdams an ihre Feinde, die Demokraten Berlins. Potsdam, gedruckt bei C. Krämer. 1 Bl. Fol.
Flugblatt. Berlin, 20. Sept. 1848.

— üb. die russischen, u. wie man es anzufangen hat, daß man mit ihnen gut auskomme. gr. 8. Leipzig, Joachim. 813.

— aller Staaten Europas. Leporello-Album. 15 farb. Taf. qu. gr. 8. Berl. 889, Hochsprung. In Leinw.-Decke 3 —

— des, Tagebuch für Frieden und Krieg. 12. (222 S.) Leipzig 888, Rauert und Rocco. cart. *

— unsere. Relief-Bilderbuch für Kinder zum Selbstanfertigen. gr. 4. (16 S. mit Illustr. und Reliefbildchen in Mappe.) Dresden 886, Schwager. geb. *

Unsere Soldaten. Ein Weckruf z. Mitarbeit in d. Soldatenfürsorge. Berlin: Ostdeutscher Jünglingsbund (1910). 40 S. 8°
(Jahrbuch d. Ostdeutschen Jünglingsbundes. 1910.)

Soldaten, unsere, im letzten Kriege, s. Volksbücher, preußische.

Soldaten. Unsern Soldaten. [Zum] Truppenzusammenzug 1901. (Dargereicht von den deutsch-schweizerischen Christlichen Jünglings- und Männervereinen.) II + 23 S. 8. Bern, K. J. Wyss.

Die Soldaten an das Volk. O! welche Freude, o! welcher Jubel herrscht jetzt unter uns Soldaten — Mehrere Kanoniere in Magdeburg. Druck von W. Fähndrich. 1 Bl. Fol.
Flugblatt. Berlin, 25. Sept. 1848.

— König Wilhelm's. Ein Bilderwerk für Deutschland's Knaben. 2. Aufl. gr. 4. (9 color. Stnt. mit 26 S. Text.) Berlin 869, Gerstmann'sche Buchh. geb. *

Soldaten-Anekdoten. 12. Schmalkalden 824. (Keyßner in Meinungen). 10 Gr.

Soldaten-Anekdoten. 12. Schmalkalden 824, Varnhagen.

Soldaten-Bibliothek. (1. Jahrg.) 1. Bdchn. Erzählungen in der Wachtstube (von C. Mücke). 8. (172 S. m. 1 Stahlst.) Berlin 847, Norddeutsche Volksbuchhandlung. pro Jahrgang n. 1⅓ Rthlr.

Soldaten-Bibliothek. (1. Jahrg.) 1. Bdchn. Erzählungen in der Wachtstube. (Von C. Mücke.) 8. (172 S. und 1 Stahlst.) Berlin 848, Norddeutsche Volksbuchhandlung. Preis des Jahrg. *

Soldatenbibliothek. H. [1–]5. Rathenow: M. Babenzien [1889–]94. 5 Bde 8° [F.]
[1] = Vogt, Hermann: Kaiser Wilhelm II. [1889.]
[2] = Vogt, Hermann: Albert, König von Sachsen. [1889.]
[3] = Tanera, Karl: König Karl von Württemberg. [1889.]
4 = Biesendahl, Karl: König Wilhelm II. von Württemberg. [1893.]
5 = Dittrich, Max: Prinz Friedrich August, Herzog zu Sachsen. 1894 [05. 10307]

Soldaten-Bibliothek. 1.—3. Hft. 12. Rathenow 889. Babenzien. à — 30
1. Kaiser Wilhelm II. Ein Fürstenbild. Dem deutschen Heere in treuer Anhänglichkeit gewidmet v. H. Vogt. 1.—3. Aufl. (42 S. m. 1 Bild.)
2. Albert, König v. Sachsen. Ein Fürsten- u. Heldenbild. Dem Volke u. Heere zugeeignet v. H. Vogt. (40 S. m. 1 Bild.)
3. König Karl v. Württemberg. Ein Fürstenbild v. K. Tanera. (40 S.)

Soldatenbibliothek. 4. u. 5. Hft. 12. Rathenow, M. Babenzien. à n. — 30
4. König Wilhelm II. v. Württemberg. Ein Fürstenbild. Dem deutschen Volke u. Heere zugeeignet v. Karl Biesendahl. (46 S. mit Bildnis.) 893.
5. Prinz Friedrich August. Herzog zu Sachsen. Ein Lebensbild v. Max Dittrich. (64 S. m. Bildnis.) 894.

— dasselbe. Nr. 11. 8. Regensburg 890. Verlagsanstalt. 1. —
Zwischen Paris u. Moskau, od. Etienne u. Adelaide. Eine Geschichte aus der Zeit Napoleon's I. v. dem Verfasser der „Ildwina". 2. Aufl., durchges. u. verb. v. J. Baierlein. (176 S. m. 1 Bild.)

Soldaten-Bibliothek, deutsche. Militär-patriot. Handbuch für die Unteroffizier- u. Mannschafts-Lektüre. Redact.: Alex. Zgoba. 1. Jahrg. April 1892 — März 1893. 12 Hefte. 12. (à Heft 72 S. m. Bildern.) Oberhausen, Kühne. à Heft * — 20

Soldaten-Bibliothek, illustrirte, für Krieg und Frieden. Hrsg. von H. Tietzen. br. 8. (286 S. mit eingedr. Holzschn.) Leipzig 855, E. H. Mayer. *

— kleine. Hrsg. v. Jürgen Roor. Nr. 1—5, 8—10, 12 u. 13. 12. Berlin 894. Evangel. Vereins-Buchh. à n. — 30; kart. à n. — 40
1. Humor im Kriege. Von Jürgen Roor. (80 S.)
2. In der Garnison. Von Jürgen Roor. (80 S.)
3. Gott m. uns! Feldzugs-Erinnergn. v. 1870. Von Jürgen Roor. (80 S.)
4. Kaiser Wilhelm II. 25 Jahre Soldat. Von F. v. Stenglin. (94 S. m. Bildnis.)
5. Allerlei aus dem Soldatenleben. Von Jürgen Roor. (80 S.)
8. Auf fernen Meeren. Von Rhold. Werner. (77 S. m. 1 Abbildg.)
9. Der Große Kurfürst u. die Brandenburgische Marine. Von Rhold. Werner. (79 S. m. 1 Abbildg.)
10. Hanna. Erzählg. aus den Befreiungskriegen von C. v. Hellen. (70 S. m. 7 Abbildgn.)
12. Eine Wacht am Rhein. Ein Sang v. den Ahnen d. hess. Füsilier-Regiments vor 200 Jahren. — Kleine Geschichten aus verschiedenen Zeiten v. Jürgen Roor. (78 S.)
13. Friedrich, Großherzog v. Baden. Lebensbild von F. v. Stenglin. (86 S. m. 8 Abbildgn.)

Soldaten-Bibliothek, kleine. Hrsg. v. Jürgen Roor. 6., 7., 11. u. 14. — 17. Bdchn. 12. Berlin, Schriftenvertriebsanstalt. à n. — 30; kart. à n. — 40
6. Kaiserin Auguste Victoria. Züge e. fürstl. Lebensbildes, gezeichnet v. J. Bornhak. (100 S. m. 6 Abb.) 894.
7. Seegeschichten. Von Rhold. Werner. (86 S. m. Titelbild.) 894.
11. Prinz Heinrich v. Preußen. Von Rhold. Werner. (87 S. m. 5 Abb.) 894.
14. Gustav Adolf, König v. Schweden. Zum 300jähr. Geburtstage d. Königs von F. v. Stenglin. (120 S. m. 9 Abb.) 894.
15. Fürst v. Bismarck. Lebensbeschreibg. von F. v. d. Trenck. (120 S. m. 16 Abb.) 895.
16. Der chinesisch-japanische Krieg 1894/95. Von v. Mülmann. (80 S. m. 17 Abb.) 895.
17. Sedan-Büchlein. Zur 25jähr. Jubelfeier der großen Siege uns. Volkes im J. 1870/71. Von R. v. Nestorff. (164 S. m. 24 Abb.) 895.

Soldaten-Bibliothek im Tornister. 1. Bdchn.: Das Militär-Strafgesetzbuch. Die Kriegs-Artikel. 32. (78 S.) Cöln 872, Berger. cart. *

Soldatenbibliothek im Tornister. 2.—7. Bdchen. 16. [Berlin, Berger.] Metz, Deutsche Buchh. * 2 90
Inhalt:
Bdchn. 2. Geschichte des 2. oberschlesischen Infanterie-Regiments Nr. 23 von seiner Stiftung im J. 1813 bis jetzt in kurzgefaßter Darstellung. Nach der Geschichte des 23. Regiments vom Gen.-Lieut. a. D. v. Busse und nach den vorhandenen Acten und Tagebüchern bearb. von Knispel. (70 S.) 874. * 50 Pf.
„ 3. Allerhöchste Verordnung über die Disziplinar-Strafordnung für das Heer. Vom 31. Oktbr. 1872. — Verordnung über die Ehrengerichte der Offiziere im preußischen Heere. Vom 2. Mai 1874. (87 S.) 874. * 50 Pf.
„ 4. Koeppel, deutsche Regimentsschule. Leitfaden für Lehrer und Schüler deutscher Regiments- und Unteroffizierschulen, sowie zum Selbstunterricht für alle Unteroffiziere der deutschen Armee. 1. Thl.: Deutsche Sprache. Militair-Briefstyl. (91 S.) 874. * 40 Pf.
„ 5. —— dass. — 2. Thl.: Vaterländische Geschichte. Geographie. (99 S.) 874. * 50 Pf.
„ 6. —— dass. — 3. Thl.: Rechnen. Feldbefestigung. (70 S. mit 9 eingedr. Holzschn.) 875. * 50 Pf.
„ 7. —— dass. — 4. Thl.: Terrainlehre und Planzeichnen. (56 S. mit 7 eingedr. Holzschn. und 1 Taf.) 877. * 50 Pf.
1. Bdchn. Ebendas. 1872. cart. * 15 Pf.
Nicht weiter erschienen.

Soldaten-Bibliothek im Tornister. 1—6. Bdchn. 32. Köln 872—76. Berger. n. 2. 90
1. Das Militär-Strafgesetzbuch. Die Kriegs-Artikel. (78 S.) n. — 40
2. Geschichte d. 2. oberschlesischen Infanterie-Regiments Nr. 23 von seiner Stiftung im J. 1813 bis jetzt in kurzgefaßter Darstellg. Nach der Geschichte d. 23. Regiments von a. D. v. Busse u. nach den vorhandenen Acten u. Tagebüchern bearb. v. Knispel. (70 S.) n. — 50
3. Allerhöchste Verordnung üb. die Disziplinar-Strafordnung f. das Heer. Vom 31. Oktbr. 1872. — Verordnung üb. die Ehrengerichte der Offiziere im preußischen Heere. Vom 2. Mai 1874. (87 S.) n. — 50
4. Deutsche Regimentsschule. Leitfaden f. Lehrer u. Schüler deutscher Regiments- u. Unteroffiziersschulen, sowie zum Selbstunterricht f. alle Unteroffiziere der deutschen Armee. Von Koeppel. 1. Thl. Deutsche Sprache. Militair-Briefstyl. (91 S.) n. — 50
5. Dasselbe. 2. Thl. Vaterländische Geschichte. Geographie. (99 S.) n. — 50
6. Dasselbe. 3. Thl. Rechnen. Feldbefestigung. Mit 9 (eingedr.) Holzschn. (70 S.) n. — 50

Soldatenbibliothek im Tornister. 1. u. 4. Bdchn. 2. Aufl. 16. Metz 881. G. Lang. n. — 55
1. Die Kriegsartikel. (15 S.) — 15
4. Deutsche Regimentsschule. Leitfaden für Lehrer u. Schüler deutscher Regiments- u. Unteroffizierschulen, sowie zum Selbstunterricht für alle Unteroffiziere der deutschen Armee. Von Koeppel. 1. Thl.: Deutsche Sprache. Militär-Briefstyl. (77 S.) n. — 40

Soldatenbilder. —

—— Unzerreißbares Bilderbuch. kl. 4. (12 lackirte Farbdr.-Bilder auf Pappe.) Stuttgart 889. Loewe. geb. 1. 20

Soldaten-Bilder. kl. 4. (7 farb. Taf.) Stuttgart 890. G. Weise. n. — 30

—— desgl. — 24 Bilder in Farbendr. Leporello-Ausg. 8. Ebd. 890. Auf Pappdeckel 2 —

Soldatenbilder zum Ausmalen. 2 Hfte. 4. (à 8 z. Tl. farb. Bl. m. eingedr. Text.) Ebd. (900). Kart. à n. — 60

Lustige Soldatenbilder. Berlin, Eduard Bloch [um 1860]. 2 Hefte. 8°.
2. Garnison und Felddienst. Von Herrmann Fröhlich.
8. Der siebentägige Krieg im Jahre 1866.
Umschlagtit. mit kol. Titelbild.

Soldatenbilder, lustige. Berlin 859—64. Lassar. 8. Jede Nr. n. 2½ ngr.
Nr. 1.: Das Rekrutenjahr. Von Herrm. Fröhlich. (15 S.)
Nr. 2.: Garnison- u. Felddienst. Von Herrm. Fröhlich. (15 S.)
Nr. 3.: Ausmarsch und Einquartirung. Von Herrm. Fröhlich. (15 S.)
Nr. 4.: Kriegs-Abenteuer. Von Herrm. Fröhlich. (15 S.)
Nr. 5.: Die Fahnen-Weihe. Von Herrm. Fröhlich. (14 S. m. Holzschn.)
Nr. 6.: Deutsche Flotte und preußische Marine. (14 S. m. Holzschn.)
Nr. 7.: Preußen und Oesterreicher in Schleswig. (15 S.)

Soldatenbilder, lustige. Nr. 8. Der siebentägige Krieg im J. 1866. Berlin 867. Lassar's Buchh. br. 8. (14 S.) n. 2½ ngr.

Soldaten-Bilder, neue. 8. (4 farb. Bl. m. eingedr. Text.) Berlin 893. Friedrichs & Co. — 10

— dasselbe. qu. 4. (6 farb. Bl. m. eingedr. Text.) Ebd. 893. — 25

— neue. Fol. (10 z. Tl. farb. S.) Ebd. (900). Kart. n. 1. —

Soldaten-Bilderbuch. Stuttgart 863. Chelius. qu. 4. (8 color. Lithogr.) 15 ngr.

— dasselbe. Unzerreißbare Bildertafeln f. deutsche Knaben. Mit 12 feinen Farbdr.-Bildern v. R. Schmidt. qu. kl. 4. Stuttgart 887. Loewe. geb. 1. 20

Soldaten-Bilderbuch. qu. 4. (8 Farbendr.-Taf.) Reutlingen 889. Ensslin & Laiblin. cart. n. 1. —; auf Pappe 1. 80

— dasselbe m. Text. qu. 4. (8 Farbendr.-Taf. nebst 8 S. Text m. Bildern.) Ebd. 889. cart. n. 1. 20; auf Pappe 2. —

— dasselbe. qu. 4. (12 Farbendr. m. Verschen.) Ebd. 890. n. 1. 20; auf Pappe, geb. 2. —; Leporello-Album 2. —

— dasselbe. qu. 4. (12 Farbendr. m. Verschen u. 8 S. Text m. Abbildgn.) Ebd. 890. n. 1. 40; auf Pappe, geb. 2. 20

Soldatenbilderbuch. qu. Lex.-8. (8 S. m. Abbildgn. u. 8 farb. Taf. m. eingedr. Text.) Reutlingen (899). Enßlin & Laiblin. — 75; auf Pappe (12 S. m. farb. Abbildgn. u. eingedr. Text), kart. 1. —

Soldatenbilderbuch. Fol. (12 z. Tl. farb. S.) Ebd. (900). Kart. n. 1. 20

— für Knaben zum Nachcoloriren. Dresden 861. Meinhold & Söhne. qu. 4. (16 lith. Taf., wovon 8 color.) 7½ ngr

— neues. qu. gr. 8. (8 farb. Bl. m. eingedr. Text.) Stuttgart (900). Loewe. Geb. n. 1. —

— dasselbe. Unzerreißbare Ausg. Mit 8 Buntbildern auf Pappe. qu. gr. 8. (8 S. m. eingedr. Text.) Ebd. (900). Geb. 1. 50

— dasselbe. Leporello-Ausg. m. 8 Buntbildern. qu. gr. 8. (8 Bl. m. eingedr. Text.) Ebd. (900). Auf Pappe n. 2. —

Soldatenbilderbuch, Oesterreichisches. Quer-8. In Farbendruck, auf Carton aufgezogen 2.—
Wien: Dirnböck 1890.

Soldaten-Blatt für Jung und Alt. Herausg. von mehreren Offizieren. Jahrg. 1862. April—Decbr. 39 Nrn. (à 1 Bgn.) Berlin, Schlesier. n. 1 ℛ 7½ ngr

Soldatenbrief aus Jütland, von einem Berliner beim Garde-Schützen-Bataillon. Fridericia, den 10. Mai 1848. Druck bei Brandes und Schultze. 1 Bl. Fol.
Flugblatt. Berlin, 10. Mai 1848.

Soldaten-Briefsteller. Enthaltend alle möglichen Briefe, welche im Soldatenleben vorkommen können. Von e. alten Militär. gr. 8. (46 S.) München 874. Hoepfner & Grammer. n. — 25

— neuester deutscher, enth. Briefe f. alle nur denkbaren Verhältnisse aus dem Soldaten-Leben worunter e. reiche Auswahl v. Liebesbriefen. Ein Hülfsbüchlein f. die Soldaten d. deutschen Heers. gr. 8. (80 S.) Elberfeld 873. Büttmann. — 50

Soldaten-Briefsteller, vollständiger. Musterbriefe f. alle vorkomm. privaten Angelegenheiten, Berichte, Glückwünsche, Bittschreiben, Danksaggn., Mahngn., Liebesbriefe u. s. w., wie sie Soldaten u Unteroffizieren währ. ihrer Dienstzeit oft u. viel vorkommen. Ster.-Ausg. 12. (96 S.) Reutlingen 896. Enßlin & Laiblin. — 40

Soldatenbuch, das. Ein Geschenk für muntere Knaben. gr. 8. (24 lith. Bl.) Chur 850, Grubenmann. ⅔ ℛ

Soldatenbuch, das. Ein Geschenk für muntere Knaben. Chur (854.) Grubenmann. 8. (4 S. u. 24 Lithogr. in Farbendr.) 15 ngr

Soldaten-Buch. Ein wohlmeinender Rathgeber. Von L. v. der Oelsnitz. Berlin 864. (Beck.) 16. (252 S.) n. 10 ngr

Soldaten-Buch für deutsche Knaben. 4. (12 Chromolithogr. mit Text.) Wesel 869, Düms. cart.

Soldatenbuch f. deutsche Knaben. qu. gr. 4. (8 Chromolith. m. Text auf der Rückseite.) Wesel 885. Düms. n. — 50

— neuestes. Wien (857.) Waldheim. Lex.-8. (2 Bl. m. color. Holzschn. im Text.) 15 ngr

Soldatenbuch, neuestes. hoch 4. (24 S. mit eingedr. ill. Holzschn.) Wien 858, v. Waldheim's xylographische Anstalt.

Soldatenbuch, Oesterr.-ungarisches. Vaterländische Denkwürdigkeiten für Unteroffiziere und Mannschaften des k. k. Heeres. 3. berichtigte Auflage. (Mit 16 Porträts auf 8 Tafeln.) (Donation Liechtenstein.) kl. 8. Teschen 1876.

Soldatenbuch, Oesterr.-ungar. Vaterländische Denkwürdigkeiten für Unterofficiere und Mannschaften des k. u. k. Heeres. Mit 16 Bildnissen. 12. (177 S) * —.20
Teschen: Prochaska 1894.

Soldatenbüchlein. Eine geistl. Mitgabe für Soldaten in Friedens- und Kriegszeiten. 1.—3., sehr verm. Aufl. 32. (IV und 96 S.) Ansbach 866, Junge.

Soldatenbüchlein. Eine geistliche Mitgabe für Soldaten in Friedens- und Kriegszeiten. 4.—6. Aufl. 32. (IV, 96 S.) Ansbach 870,71, Junge. *

Soldatenbüchlein. Eine geistl. Mitgabe f. Soldaten in Friedens- u. Kriegszeiten. 7., verm. Aufl. 16. (IV, 101 S.) Ansbach 887. Junge. cart. — 25

Soldatenbüchlein. Ueber die Pflichten und Tugenden des Soldaten. Mit kriegsgeschichtl. Beispielen und einem Lebensbilde Sr. Maj. des Kaisers und Königs Wilhelm I. 1.—3. Aufl. 16. (60 S.) Potsdam 875—78, Döring. * — 20

Soldatenbüchlein. Ueber die Pflichten u. Tugenden des Soldaten. Mit kriegsgeschichtlichen Beispielen u. einem Lebensbilde Sr. Maj. des Kaisers u. Königs Wilhelm I. 4. Aufl. 16. (60 S.) Potsdam 879. Döring. n. — 20

Soldatenbüchlein. Ueber die Pflichten und Tugenden des Soldaten. Mit kriegsgeschichtl. Beispielen und der Lebensgeschichte Sr. Maj. des Kaisers und Königs Wilhelm I. 5.—7. Aufl. 16. (71 S.) Potsdam 880—83, Döring. * — 25

—— Ueber die Pflichten und Tugenden des Soldaten. Mit kriegsgeschichtl. Beispielen und der Lebensgeschichte Sr. Maj. des Kaisers und Königs Wilhelm I. 8. Aufl. 16. (71 S.) Potsdam 885, Döring. *

— zur Belebung der vaterländischen Gesinnung, d. Pflichtgefühls u. d. militairischen Geistes. 10., erweit. Aufl. 8. (71 S. m. Bild.) Potsdam 890. Döring. n. — 40

Soldatenfreund, Der. Von einem Königl. Preussischen Schützen-Offizier. Breslau 1818. V: *Hülsen, von.* (Pr)

Soldatenfreund, der, oder kurze Darstellung derjenigen Mittel, die den Soldaten zu einer sittlichen Ausbildung, wie zu der genauen Erfüllung aller Pflichten führen können. 8. Breslau, W. G. Korn. 818.

Soldatenfreund, Der. Zeitschrift für fassliche Belehrung ... der Preussischen Soldaten. Berlin 1833 ff. H: *Schneider, Louis.* (BrMm)

Soldaten-Freund, der, Zeitschrift für faßliche Belehrung und Unterhaltung der Preußischen Soldaten. Herausg. vom Unteroffizier 2c. L. Schneider. 1r—7r Jahrg. 1833. Juli bis dahin 1840. à 52 Numm. Mit vielen lith. Beilagen u. Titelvignette. gr. 4. Berlin Hayn. (I. n. 3 ℛ II—VII. à n. 4 ℛ) 27 ℛ

Soldaten-Freund, der. Zeitschrift für faßliche Belehrung und Unterhaltung des preuß. Soldaten. Redakt., Hrsgbr. und Verleger: L. Schneider. Nr. 731—782. (Bog. mit Stnt.) 15. Jahrg. (Juli 1847 — Juni 1848.) gr. 4. Berlin, (Hayn.) *

1—14. Jahrg. Ebendas. à Jahrg. * 4 Thlr.

— ders. Zeitschrift für faßliche Belehrung u. Unterhaltung des deutschen Soldaten, red. u. hrsg. von L. Schneider. 16. Jahrg. 12 Hfte. Aug. 1848—Juni 1849. br. gr. 8. 1. Abendliches Plauderstübchen im Quartier. Der Krieg in Schleswig. Thaten u. Meinungen Deutscher Soldaten im Feldzug gegen die Dänen. Nach offiziellen Quellen u. eigner Anschauung, von L. Schneider. (59 S. m. 1 col. Lith.) 2. Abendliches Plauderstübchen im Quartier. Ein Soldaten-Club. Lebensbilder aus der Gegenwart, wiedererzählt von L. Schneider. (64 S. m. 1 col. Lith.) 3. Preußischer Ehrensaal. Das Leib-Infanterie-Regiment. Von v. Goreczkowsky. (87 S. m. 1 col. Lith.) 4. Leyer u. Schwert. Militairische Gedichtsammlung. Eine Auswahl patriot. Dichtungen rc. aus den Werken deutscher Dichter. (63 S. m. 1 col. Lith.) 5. Vortrag. — Die Feld- u. Garnisonküche der Soldaten. Bearbeitet von L. F. Jungius. (71 S. m. 1 col. Lith.) 6. Vortrag. — Die constitutionellen Rechte u. Pflichten des Preuß. Soldaten. Ein Gespräch mit den Kameraden in Linie u. Landwehr von L. Schneider. (64 S. m. 1 col. Lith.) 7. Vortrag. — Zur Geschichte des Preuß. Heeres im J. 1848 von L. Schneider. (68 S. m. 1 col. Lith.) 8. Preußischer Ehrensaal. — Graf Kleist v. Nollendorf, K. Preuß. General-Feld-Marschall u. Bausteine für das einstige Ehrendenkmal der Ritter des eisernen Kreuzes. Von v. Goreczkowsky. (64 S. m. 1 color. Lith.) 9. Abendliches Plauderstübchen im Quartier. — Die Sternschanze der Festung Magdeburg u. Lebensgeschichte des Barons v. Trenck. Nacherzählt von Mühlbach. (62 S. m. 1 col. Lith.) 10. Vortrag. — Die Instruktionsstunde. Von L. Schneider. (63 S. m. 1 col. Lith.) 11. Kreuzen an der Afrikan. Küste auf Seeräuber u. Sklavenhändler. Aus dem Engl. übers. von L. Schneider. (63 S. m. 1 col. Lith.) 12. Die großen Potsdamer. Ein Bruchstück aus der Geschichte des Preußischen Heeres von L. Schneider. Geschichte der ehemaligen 6pfündigen Fuß-Batterie Nr. 11. jetzigen 10. Fuß-Compagnie der 8. Artillerie-Brigade. Von Coster. (71 S. m. 1 color. Lith.) Berlin 850, Hayn in Comm. n. 4 ℛ einzelne Hfte. à n. 1/3 ℛ

Soldaten-Freund, der. Zeitschrift f. faßl. Belehrung u. Unterhaltung d. deutschen Soldaten, red. u. hrsg. v. L. Schneider. 17. Jahrg. 12 Hfte. Juli 1849—Juni 1850. br. gr. 8. 1. Die Preußischen Kriegs-Artikel v. 27. Juni 1844. In einer Instructionsstunde erläut. v. L. Schneider. (63 S. m. 1 color. Lith.) 2. Das Regiment Alexander in Dresden v. 5. bis 9. Mai 1849. Von L. Schneider. (64 S. m. 1 color. Lith.) 3. Merkwürdige Lebens-Erfahrungen und Schicksale in den Kriegs-Jahren v. 1808 bis 1815. Erzählung eines Invaliden. — Bleibe im Lande u. exerciere redlich! Briefe aus Algier v. e. reuigen Deserteur. Für die Kameraden in's Verständliche übers. v. L. Schneider. (68 S. m. 1 color. Lith.) 4. Die Instructionsstunde v. L. Schneider. (67 S. m. 1 color. Lith.) 5. Aus den Rastatter Casematten. Erzählt von C. v. Reinhard. (62 S. m. 1 color. Lith.) 6. Nach dreiunddreißig Jahren! Berichte, Erzählungen, Auszüge aus Tagebüchern rc., von dem, was Deutsche Soldaten seit dem Monat März 1848 gethan. Zusammengestellt v. L. Schneider. (68 S. m. 1 color. Lith.) 7. Zur Geschichte d. Preuß. Heeres im J. 1849 v. L. Schneider. (64 S. m. 1 color. Lith.) 8. Die Preußen in Baden. Auszeichnungen Preuß. Soldaten während d. Feldzuges gegen die Insurgenten in der Pfalz u. Baden 1849, nach offiziellen Berichten, zur Nacheiferung f. d. Kameraden zusammengetragen v. L. Schneider. (66 S. m. 1 color. Lith.) 9. So war es sonst! Ein Schubfach aus dem Militairischen Erinnerungskasten, mitgetheilt v. L. Schneider. — Die 6pfünd. Fuß-Batterie Nr. 37, in dem Feldzuge 1849, in der Rheinpfalz u. Baden, zusammengestellt von einigen Unteroffizieren dieser Batterie. (57 S. m. 1 color. Lith.) 10. Was die Andern sagen! Allerlei Rede u. Gegenrede über das, was in den letzten 2 Jahren geschehen. (60 S. m. 1 color. Lith.) 11. Das 1. Garde-Regiment zu Fuß während der Märztage des J. 1848. [Theils aus dem Tagebuch e. jungen Oeconomen, zu jener Zeit während seines Dienstjahres Unteroffizier bei diesem Regimente, theils nach Mittheilgn. v. Kameraden.] (64 S. m. 1. color. Lith.) 12. Erinnerungen eines Märkischen Garde-Landwehr-Mannes aus dem J. 1849 in Westphalen, der Pfalz u. Baden v. A. Bausde. Und Auszeichnungen Preuß. Soldaten, während des Feldzuges 1849 in Baden. Nach officiellen Berichten. (71 S. m. 1 color. Lith.) Ebd. in Comm. n. 4 ℛ; einz. Hefte à n. 1/3 ℛ

— ders. 18. Jahrg. 12 Hefte. Juli 1850—Juni 1851. br. gr. 8. 1. Ein Preuße in Venedig. Erinnerungen e. Soldaten der Schweizer-Compagnie aus den J. 1848 u. 1849. (64 S. m. 1 col. Lith.) 2. Kurzgefaßte Geschichte d. Regimentes Garde du Corps. Zusammengestellt von v. Goreczkowsky. (72 S. m. 1 color. Lith.) 3. Was die Andern sagen: Allerlei Rede u. Gegenrede üb. das was in den letzten Jahren geschehen. Die Rede von den Andern, die Gegenrede vom Soldatenfreunde. (80 S. m. 1 color. Lith.) 4. Die Preuß. Kriegsartikel v. 27. Juni 1844. In e. Instructionsstunde erläutert v. L. Schneider. (52 S. m. 1 color. Lith.) 5. Wie es unter den Engl. Soldaten zugeht. Geschichten a. England u. Indien, nach e. engl. Buche bearb. v. L. Schneider. (68 S. m. 1 color. Lith.) 6. Die Preuß. Landwehr. Unter u. mit den Kameraden besprochen vom Soldatenfreunde. (68 S. m. 1 color. Lith.) 7. u. 8. Wie die Alten sungen, so zwitschern hoffentlich die Jungen. 1. u. 2. Griff in den alten Vorrathskasten d. Soldatenfreundes aufgetischt v. e. alten Kameraden f. die Jungen. (132 S. m. 2 color. Lith.) 9. Kurzgefaßte Geschichte d. Kaiser Franz Grenadier-Regiments. [1. Hft.] Das Pommersche u. Westpreußische Grenadier-Bataillon nach Vorarbeiten d. Major v. Natzmer zusammengestellt von v. Goreczkowski. (80 S. m. 1 color. Lith.) 10. Bruder Lustig, als Compagnie-Vorrathskasten f. Soldatenstückchen. (51 S. m. 1 col. Lith.) 11. Kurzgefaßte Geschichte d. Kaiser Franz-Grenadier-Regiments. [2. Hft.] Das Schlesische Grenadier-Bataillon u. das Regiment von seiner Formation bis auf die neueste Zeit, nach der vom Hrn. v. Rosenberg-Grusczynski entworfenen Regiments-Chronik, zusammengestellt von v. Goreczkowski. (65 S. m. 1 color. Lith.) 12. Militairische Gedichtsammlung. Eine Auswahl patriot. Dichtungen, Erzählungen v. Heldenthaten rc. aus den Werken deutscher Dichter. [2. Hft.] (70 S. m. 1 color. Lith.) Berlin, Hayn in Comm. n. 4 ℛ; einzelne Hefte à n. 1/3 ℛ

Soldaten-Freund, der. Zeitschrift f. faßl. Belehrung u. Unterhaltung d. deutschen Soldaten, red. u. hrsg. v. L. Schneider. 19. Jahrg. 12 Hefte. Juli 1851—Juni 1852. br. gr. 8. 1. u. 3. Kurzgefaßte Geschichte des Kaiser Franz-Grenadier-Regiments, [3. u. 4. Hft.] von seiner Formation bis auf die neueste Zeit, zusammengestellt von v. Goreczkowski. (128 S. m. 2 color. Lith.) 2. u. 4. Die Berliner Bürgerwehr. 1. u. 2. Hft. (152 S. m. 2 color. Lith.) 5. Geschichte d. Preuß. Seemacht. Von C. v. Reinhard. (68 S. m. 1 color. Lith.) 6. Das Jäger-Detachement d. 3. Dragoner-Regiments [Neumärkisches] in den Feldzügen von 1813—1814, bis zu seiner Auflösung. Tagebuch e. See-Kameraden v. dem K. Preuß. Kriegsschiff: Merkur. (63 S. m. 1 color. Lith.) 7. Kurzgefaßte Geschichte des Kaiser Franz-Grenadier-Regiments, [5. Hft.) von seiner Formation bis auf die neueste Zeit, zusammengestellt von v. Goreczkowski. (57 S. m. 1 color. Lith.) 8. Im Gefängniß! Freundes-Worte f. die gestraften Kameraden v. Giese. (87 S. m. 1 color. Lith.) 9. Der alte Dessauer, Königl. Preuß. General-Feld-Marschall. (64 S. m. 1 color. Lith.) 10. Die Berliner Bürgerwehr. [3. Hft.] (64 S. m. 1 color. Lith.) 11. Geschichte d. Königl. Hannoverschen Garde-Husaren-Regiments von A. v. Dachenhausen. (68 S. m. 1 color. Lith.) 12. Die Schlacht bei Fehrbellin von C. v. Reinhard. (56 S. m. 1 color. Lith.) Ebd. in Comm. n. 4 ℛ; einz. Hefte à n. 1/3 ℛ.

— ders. 20. Jahrg. 12 Hefte. Juli 1852—Juni 1853. br. gr. 8. 1. Das Lehr-Infanterie-Bataillon in Potsdam. (68 S. m. 1 color. Lith.) 2. Erinnerungen a. d. Jahr 1849 f. d. Königl. Preuß. 17. Infanterie-Regiment. Auf Befehl des Regiments zusammengestellt ꝛc. von G. v. Ziegler. Berliner Bürgerwehr-Geschichten. Von e. Berliner Bürgerwehrmann gegenwärtig a. D. (64 S. m. 1 color. Lith.) 3. Das Preuß. Denkmal in Carlsruhe. Der 25. März 1852 in Moers. Und allerlei curiose Geschichten v. der alten Preuß. Armee. (66 S. m. 1 color. Lith.) 4. Schill u. seine Schaar. Das Denkmal der in Wesel erschossenen eilf Schill'schen Offiziere u. d. Tagebuch des Lieut. v. Brünnow. Potsdamer Rekrutenbriefe. (64 S. m. 1 color. Lith.) 5. Das Bataillon Anhalt in Spanien 1810 u. in Schleswig 1849. Erzählt v. zwei Dessauischen Soldaten am Bivouakfeuer auf der Düppeler Höhe. (72 S. m. 1 color. Lith.) 6. Soldaten-Geschichten die weit her sind, nämlich aus Jamaika, Irland, Kaffrarien, Frankreich u. dem Kaukasus. (68 S. m. 1 color. Lith.) 7. Der alte Derfflinger, Kurbrandenb. General-Feldmarschall. Eine Lebensgeschichte, den Soldaten erzählt v. F. Holtze. (56 S. m. 1 color. Lith.) 8. Geschichte d. 12. Königl. Preuß. Infanterie-Regiments, nach den vorhandenen Materialien bearb. v. R. Sperling. (92 S. m. 1 color. Lith.) 9. Die Berliner Bürgerwehr. 4. Hft. (48 S. m. 1 color. Lith.) 10. Neue Preuß. Soldaten-Lieder von v. Bosse, Hausdorf, Plieth ꝛc. Die Generalin v. Riedesel. Erzählt v. M. v. E. (60 S. m. 1 color. Lith.) 11. Der Belagerungskrieg. Erzählt v. R. Schück. Nebst 1 (lith.) Angriffsplan (in qu. gr. 4.) Die Vereinigung der Hohenzollernschen Lande m. d. Krone Preußen u. die Erbhuldigung derselben am 23. Aug. 1851. Aus eigener Anschauung u. zuverlässigen Nachrichten zusammengestellt v. Coster. (67 S. m. 1 color. Lith.) 12. Arthur Wellesley, Herzog v. Wellington. Eine Lebens- u. Kriegs-Geschichte, den Kameraden erzählt von v. Steinäcker. (67 S. m. 1 color. Lith.) Berlin, Hayn in Comm. n. 4 ℛ; einz. Hefte à n. 1/3 ℛ

—— dass. — redig. und hrsg. von L. Schneider. 21. Jahrg. 12 Hefte. (Juli bis Decbr. 1853 und Jan. bis Juni 1854.) br. gr. 8. Berlin, (Hayn.) Thlr. *
einzelne Hefte à *

Inhalt:
Heft 1. Die rothhaarigen Barbaren im himml. Reiche der Mitte. D. h.: Der Krieg der Engländer in China in den J. 1839—1842. (60 S. mit 1 ill. Stnt.)
" 2. Kanonen. (64 S. mit 1 ill. Stnt.)
" 3. Gedenk-Blätter für preuß. Soldaten. (63 S. mit 1 ill. Stnt.)
" 4. Graf Bogislaw v. Tauenzien v. Wittenberg, General der Infanterie ꝛc. Von v. Gorszkowski. (52 S. mit 1 ill. Stnt.)
" 5. Wie es 1848 in Wien zugegangen! (79 S. mit 1 ill. Stnt.)
" 6. Die Brandenburger in Ungarn. (72 S. mit 1 ill. Stnt.)
" 7. Alte Geschichten aus allerhand Volk und Zeit. (64 S mit 1 ill. Stnt.)
" 8. Wie ein preußischer Soldat ein brasilianischer Drechslermeister wird. (64 S. mit 1 ill. Stnt.)
" 9. Kamerad Hechel. Ein Lebensbild aus den Befreiungskriegen. Ans Licht gestellt von Gust. Jahn. (75 S. mit 1 ill. Stnt.)
" 10. Wie es 1848 in Wien zugegangen. 2. Heft. (72 S. mit 1 ill. Stnt.)
" 11. Friedrich Wilhelm, Herzog von Braunschweig-Lüneburg-Oels und seine schwarze Helden-Schaar. (72 S. mit 1 ill. Stnt.)
12. Heft: Aus dem siebenjährigen Kriege. I. Tagebuch eines Gardisten vom 1. Bat. Garde. Vom Ausmarsch bis nach der Schlacht bei Lowositz. II. Das Bataillon Garde in Potsdam unter der Regierung Friedrichs des Großen. III. Der Ueberfall bei Hochkirch, von Küster. IV. Die Ulanen im siebenjährigen Kriege. (62 S.)

—— dass. — redig. und hrsg. von Dems. 22. Jahrg. 12 Hefte. (Juli—Decbr. 1854 und Jan.—Juni 1855.) br. gr. 8. Ebds. *
einzelne Hefte à *

Inhalt:
Heft 1. Die Janitscharen, ihre Entstehung, Geschichte, Eigenthümlichkeiten, Thaten und Untergang. (60 S. mit 1 ill. Stnt.)
" 2. In Rastatt 1849! (72 S. mit 1 ill. Stnt.)
" 3. Militairische Erinnerungen. Erzählungen für lange Herbst-Abende. (59 S. mit 1 ill. Stnt.)
" 4. Karl Friedrich v. dem Knesebeck, k. preuß. General-Feldmarschall. Von v. Gorczkowski. (78 S. mit 1 ill. Stnt.)
" 5. Die berliner Bürgerwehr. 5. Heft. (60 S. mit 1 ill. Stnt.)
" 6. Die Denksäule im Invaliden-Park zu Berlin. (107 S. mit 1 Stnt. in gr. 4.)
" 7. Bruder Lustig. 2. Heft. (59 S. mit 1 ill. Stnt.)
" 8. In russischer Kriegs-Gefangenschaft! Erzählt von englischen Offizieren des Kriegsschiffes „Tiger." (64 S. mit 1 ill. Stnt.)
" 9. Kaiser Nikolaus I., Chef des 6. Kürassier-Regiments (gen. Kaiser von Rußland.) (72 S. mit 1 Stnt.)
" 10. Berlin zweimal in Feindes Händen. (68 S. mit 1 ill. Stnt.)
" 11. Allerlei Soldaten. (56 S. mit 1 ill. Stnt.)
" 12. Die Zerstörung Jerusalems. (64 S. mit 1 ill. Stnt.)

—— dass. — redig. und hrsg. von Dems. 23. Jahrg. 12 Hefte. (Juli — Dec. 1855 und Jan. — Juni 1856.) qu. gr. 8. Ebds. *
einzelne Hefte à *

Inhalt:
Heft 1. Erinnerungen aus dem Leben eines Veteranen von Ferd. Pflug. (63 S. mit 1 ill. Stnt.)
" 2. Das 7. Infanterie-Regiment. Bearb. von C. Lange II. 1. Heft. (64 S. mit 1 ill. Stnt.)
" 3. Allerlei Soldaten. 2. Heft. (60 S. mit 1 ill. Stnt.)
" 4. Die Feier des 50jähr. Militair-Dienstes Sr. Maj. des Königs. La Tour d'Auvergne, der erste Grenadier von Frankreich. (64 S. mit 1 ill. Stnt.)
" 5. Das 7. Infanterie-Regiment. (Chef: Prinz von Preußen.) Bearb. von C. Lange II. (2. Heft.) (64 S. mit ill. Stnt.)
" 6. Allerlei Soldaten. (3. Heft.) (52 S. mit 1 ill. Stnt.)
" 7., 9. Die preußischen Jäger und Schützen. 2 Hefte. (145 S. mit 2 ill. Stnt.)
" 8. Geschichte der 2. 12pfünd. Batterie des königl. preuß. 3. Artillerie-Regiments, von ihrer im J. 1797 als 45. Artillerie-Compagnie bewerkstelligten Formation bis in die neueste Zeit, und: Der Verräther schläft nicht. (52 S. mit 1 ill. Stnt.)
" 10. Leyer und Schwert. Militairische Gedichtsammlung. Eine Auswahl patriot. Dichtungen, Erzählungen von Heldenthaten ꝛc. in poet. Gewande aus den Werken deutscher Dichter. (3. Heft.) (84 S. mit 1 ill. Stnt.)
" 11. Lieutenant Löwentödter. (64 S. mit 1 ill. Stnt.)
" 12. Die preußischen Jäger und Schützen. (3. Heft.) (64 S. mit 1 ill. Stnt.)

—— dass. — redig. und hrsg. von Dems. 24. Jahrg. 1—4. Heft. (Juli — Octbr. 1856.) gr. 8. Ebds. à Heft * 10 Ngr. *

Inhalt:
Heft 1. Was sich die französische Fremden-Legion erzählt. (79 S. mit 1 ill. Stnt.)
Heft 2. Meine Erlebnisse in den Kriegsjahren 1806 bis 1815. Von v. Mechow. (64 S. mit 1 ill. Stnt.)
" 3. Die preußischen Jäger und Schützen. (4. Heft.) (62 S. mit 1 ill. Stnt.)
" 4. Fahrten und Abenteuer eines preußischen Pioniers. 1844—1855. Von ihm selbst erzählt. (59 S. mit 1 ill. Stnt.)

Soldaten-Freund, der. Zeitschrift für faßl. Belehrung und Unterhaltung des deutschen Soldaten, redig. und hrsg. von L. Schneider. 24. Jahrg. 5—12. Heft. November und December 1856. Januar bis Juni 1857. gr. 8. Berlin 857, (Hayn.) à Heft * 10 Ngr. *

Inhalt:
Heft 5. Fahrten und Abenteuer eines preußischen Pioniers. 1844—1855. Von ihm selbst erzählt. (64 S. mit 1 ill. Stnt.)
" 6. Der Prinz von Preußen. Zum 1. Jan. 1857. (136 S. mit lithogr. Portr.)
" 7. Hans David Ludwig v. York, Graf v. Wartenburg. Von v. Gorczkowsky. (44 S. mit 1 ill. Stnt.)
" 8. Was man sich auf Transport-Schiffen erzählt. (67 S. mit 1 ill. Stnt.)
" 9. Fahrten und Abenteuer eines preußischen Pioniers. 1844—1855. Von ihm selbst erzählt. (2. Heft.) (52 S. mit 1 ill. Stnt.)
" 10. Oberförster Carl Gölling. Ein militairischer Lebenslauf. Vom ihm selbst erzählt. (82 S. mit 1 ill. Stnt.)
" 11. —— dass. — 2. Heft. (64 S. mit 1 ill. Stnt.)
" 12. Was sich 1757 in der Welt zugetragen. Von Ferd. Pflug. (84 S. mit 1 ill. Stnt.)
24. Jahrg. 1—4. Heft. (Ebendas.) 1856. * 1 Thlr. 10 Ngr.

Soldaten-Freund, der. Zeitschrift für faßl. Belehrung und Unterhaltung des deutschen Soldaten, redig. und hrsg. von L. Schneider. 25. Jahrg. 12 Hefte. Juli bis December 1857, und Januar bis Juni 1858. gr. 8. Berlin, (Hayn.) à Heft * 10 Ngr. Thlr. *

Inhalt:
Heft 1., 3. Stamm-Liste der brandenburgisch-preußischen Infanterie. Von R. de l'Homme de Courbiere. 1. Thl. 1. und 2. Heft. (148 S. mit 2 ill. Stnt.)
" 2. Oberförster Carl Götting. Ein militairischer Lebenslauf. Von ihm selbst erzählt. 3. Heft. (68 S. mit 1 ill. Stnt.)
" 4. Allerlei Soldaten. 4. Heft. (51 S. mit 1 ill. Stnt.)
" 5. Oberförster Carl Götting. Ein militairischer Lebenslauf. Von ihm selbst erzählt. 4. Heft. (55 S. mit 1 ill. Stnt.)
" 6. Stamm-Liste der brandenburgisch-preußischen Infanterie. Von R. de l'Homme de Courbiere. 1. Thl. 3. Heft. (68 S. mit 1 ill. Stnt.)
" 7. Das militairische Potsdam. (64 S. mit 1 ill. Stnt.)
" 8. Der Feldzug in der Krimm. Von W. v. Trützichler. (1. Heft.) (61 S. mit 1 ill. Stnt.)
" 9. Stamm-Liste der brandenburgisch-preußischen Infanterie. Von R. de l'Homme de Courbiere. 1. Thl. 4. Heft. (45 S. mit 1 ill. Stnt.)
" 10. Feldmarschall v. Wrangel. (60 S. mit 1 lithogr. Portr.)
" 11. Der Feldzug in der Krimm. Von W. v. Trützichler. und die Luft-Kriegs-Maschinen. (64 S. mit 1 ill. Stnt.)
" 12. Stamm-Liste des 10. königl. preußischen Infanterie-Regiments von R. de l'Homme de Courbiere. Fortsetzung des 1. Thls. der Stamm-Liste der brandenburgisch-preußischen Infanterie. — Der Militairdienst der Prinzen des königl. Hauses. — Die Bewachung des königl. Schlosses Sanssouci. (64 S. mit 1 ill. Stnt.)

Soldaten-Freund, der. Zeitschrift für faßliche Belehrung u. Unterhaltung des Deutschen Soldaten, redig. u. herausg. von L. Schneider. 26. Jahrg. Juli 1858 bis Juni 1859. 12 Hefte (à 4—5 Bgn. u. 1 Lithogr.) Berlin, Hayn in Comm. gr. 8. n. 3 ℛ.

Soldaten-Freund, der. Zeitschrift für faßliche Belehrung u. Unterhaltung der Preuß. Soldaten. Red. u. herausg. von L. Schneider. 27–29. Jahrg. Juli 1859–Juni 1862. à 12 Hefte (à 4–6 Bgn. u. 1 color. Bild.). Berlin, Hayn in Comm. Jeder Jahrg. n. 3 ℳ

Soldaten-Freund, der. Zeitschrift für faßl. Belehrung und Unterhaltung des preuß. Soldaten. Redig. und hrsg. von L. Schneider. 30.—35. Jahrg. Juli 1862 bis Juni 1868. à Jahrg. 12 Hefte. gr. 8. (à Heft ca. 92 S. mit Holzschntaf.) Berlin, (Hayn's Erben.) à Jahrg. *

Soldaten-Freund, der. Zeitschrift für faßl. Belehrung und Unterhaltung des preuß. Soldaten. Redig. und hrsg. von L. Schneider. 36.—42. Jahrg. Juli 1868—Juni 1875. à Jahrg. 12 Hefte. gr. 8. (à Heft 64—96 S., mit eingedr. Holzschn. und color. Stnt.) Berlin, (Hayn's Erben.) à Jahrg. *

Soldaten-Freund, der. Zeitschrift für faßl. Belehrung und Unterhaltung des preuß. Soldaten. Redig. und hrsg. von L. Schneider. 43.—46. Jahrg. Juli 1875—Juni 1879. à Jahrg. 12 Hefte. (à 4 Bog.) gr. 8. Berlin, (Hayn's Erben.) à Jahrg. * 9 —

—— dass. — Begründet von L. Schneider. 47. Jahrg. Juli 1879—Juni 1880. 12 Hefte. (à 4 Bog.) gr. 8. Berlin, Mittler und Sohn. * 9 —

Soldaten-Freund, der. Zeitschrift für faßl. Belehrung und Unterhaltung des preuß. Soldaten. Begründet von L. Schneider. 48. Jahrg. Juli 1880—Juni 1881. 12 Hefte. gr. 8. (à Heft 72 S.) Berlin, Mittler und Sohn. * 9 —

—— dass. — Redact.: Heinr. Wagener. 49.—52. Jahrg. Juli 1881—Juni 1885. à Jahrg. 12 Hefte. gr. 8. (à Heft 72 S. mit 1 Chromolithogr.) Ebendas. à Jahrg. * 9 —

—— der. Zeitschrift für faßl. Belehrung und Unterhaltung der preußischen Soldaten. Begründet von L. Schneider. Redakt.: Heinr. Wagener. 53.—54. Jahrg. Juli 1885—Juni 1887. à Jahrg. 12 Hefte. (à Heft 4½ Bog. mit 1 Taf.) gr. 8. Berlin, Mittler und Sohn. à Jahrg. *

— der. Zeitschrift f. faßl. Belehrg. u. Unterhaltg. der preuß. Soldaten. Begründet v. L. Schneider. Red.: v. Leszczynski. 55. u. 56. Jahrg. Juli 1887—Juni 1889. à 12 Hfte. (4½ B.) gr. 8. Berlin, Mittler & Sohn. à Jahrg. n. 9. —

— der. Zeitschrift f. faßl. Belehrg. u. Unterhaltg. d. deutschen Soldaten. Begründet v. L. Schneider. Redact.: v. Leszczynski. 57.—60. Jahrg. Juli 1889—Juni 1893. à Jahrg. 12 Hefte. gr. 8. (à Heft ca. 4½ Bog. m. Abbildgn.) Berl., Mittler u. Sohn. à Jahrg. * 9 —

Soldaten-Freund, der. Illustr. Zeitschrift f. faßl. Belehrg. u. Unterhaltg. d. deutschen Soldaten. Begründet v. L. Schneider. Red.: v. Leszczynski. 59.—62. Jahrg. Juli 1891—Juni 1895. à 12 Hfte. (à ca. 4 Bog.) gr. 8. Berlin. E. S. Mittler & Sohn. à Jahrg. n. 9. —

— der. Illustr. Zeitschrift f. faßl. Belehrg. u. Unterhaltg. des deutschen Soldaten. Begründet v. L. Schneider. Red.: v. Leszczynski. 63. u. 64. Jahrg. Juli 1895—Juni 1897. à 12 Hfte. (à ca. 5 Bog. m. Abb.) gr. 8. Berlin, E. S. Mittler & Sohn. à Jahrg. n. 8. —

— dasselbe. Red.: G. Lange. 65. u. 66. Jahrg. Juli 1897—Juni 1899. à 12 Hfte. (à ca. 4 Bog.) gr. 8. Ebd. à Jahrg. n. 7. —; einz. Hfte. n. — 80

— der. Illustrirte Zeitschrift f. faßl. Belehrg. u. Unterhaltg. des deutschen Soldaten. Begründet v. L. Schneider. Red.: G. Lange. 67.—70. Jahrg. Juli 1899—Juni 1903. à 12 Hfte. gr. 8. (à ca. 64 S.) Berlin, E. S. Mittler & Sohn. à Jahrg. n. 7. —

— der. Illustrierte Zeitschrift f. faßl. Belehrg. u. Unterhaltg. des deutschen Soldaten. Begründet v. L. Schneider. Red.: G. Lange. 71.—74. Jahrg. Juli 1903—Juni 1907. à 12 Hefte. (IV, IV, 772; IV, IV, 796; IV, IV, 816 u. IV, IV, 792 S.) 8. Berlin, E. S. Mittler & Sohn. à Jhrg. n. 7. —

— der. Illustr. Zeitschrift f. faßl. Belehrg. u. Unterhaltg. des deutschen Soldaten. Begründet v. L. Schneider. Red.: G. Lange u. seit 1910: v. Leszczynski. 75.—78. Jahrg. Juli 1907—Juni 1911. à 12 Hefte. (à ca. 64 S.) 8. Berlin, E. S. Mittler & Sohn. à Jahrg. 7. —

Soldaten Freund : 1863—? Allentown, PA
Published by Samuel Kistler Brobst; for soldiers in the Civil War.

Soldatenfreund, der. Kalender für katholische Soldaten. Von Herm. Koneberg. 1886—1889. 1.—4. Jahrg. 16. (à Jahrg. ca. 96 S. mit Bildern.) Donauwörth, Auer. à Jahrg. *

— der. Kalender f. kathol. Soldaten. Von Herm. Koneberg. 1891. 6. Jahrg. 16. (96 S. m. Abbildgn.) Donauwörth, Auer. n. — 20

—— der. Kalender f. kathol. Soldaten. Von Frz. Xav. Zschornack. 1893. 8. Jahrg. 16. (96 S. m. Bildern u. 1 Bildnis.) Donauwörth, Auer. * — 20
5.—7. Jahrg., hrsg. v. Herm. Koneberg. Ebd. à * — 20.

— der. Kalender f. kathol. Soldaten. Von Frz. Xav. Zschornack. 1895. 10. Jahrg. 16. (96 S. m. Titelbild.) Donauwörth, L. Auer. n. — 20

— der. Kalender f. kathol. Soldaten. Von Frz. Xav. Zschornack. 1899. 14. Jahrg. 16. (96 S. m. Abb. u. Titelbild.) Donauwörth, L. Auer. n. — 20

— der. Kalender f. Soldaten u. Veteranen. Von Jos. Schärfl. 1903. 18. Jahrg. gr. 16. (96 S. m. Bildnissen.) Donauwörth, L. Auer. n. — 20

Soldatenfreund, der. Kalender f. Soldaten u. Veteranen. Von Jos. Schärfl. 1905. 20. Jahrg. (96 S. m. Bildnissen.) 16. Donauwörth, L. Auer. n. — 20
Erscheint nicht mehr.

Soldatenfreund. Nothwendiges Nachschlagebuch f. den Soldaten d. XVI. Armee-Corps f. 1890/91, u. 1892. 16. (à Jahrg. 15 S. m. 1 Bildnis.) Metz, Deutsche Buchh. cart. à Jahrg. * — 10

— Notwendiges Nachschlagebuch f. den deutschen Soldaten auf d. J. 1894. 16. (61 S. m. Bildnissen.) Ebd. 894. Kart. n. — 20

— nothwendiges Nachschlagebuch f. d. Soldaten d. XVI. Armee-Korps f. 1896/97. 16. (15 S. m. 1 Bildn. u. Karte.) Metz, Deutsche Buchh. Kart. n. — 20

Soldatenfreund, Der, auf das Schaltjahr 1892. 4. (128 S.) —.45, cart. —.50
Winterberg: J.Steinbrener.

Soldatenfreund, Der, auf das Jahr 1893. 4. (128 S.)
Winterberg: J.Steinbrener.

Soldatenfreund, Der, auf das Jahr 1894. 4. (128 S.) —.45, cart. Ebda. —.50

Soldatenfreund, Der, auf das Jahr 1895. 4. (128 S.) Ebda. —.45, cart. —.50

Soldatenfreund, der. Kalender auf d. J. 1896. Für alle Angehörigen d. bewaffn. Macht, als: Active, Reservisten, Landwehrmänner, Landsturmmänner, sow. f. Veteranen u. alle Freunde d. Soldatenstandes. 4. (128, XX u. XVI S. m. Abb. u. 3 Taf.) Winterberg, J. Steinbrener. n. — 90; kart. n. 1. —

Soldatenfreund, Der, auf das Jahr 1897. 4. (128 S.) Ebda. —.45, cart. —.50

Soldatenfreund, Der, auf das Jahr 1898. 4. (128 S.) Ebda. —.45, cart. —.50

Soldatenfreund, Der, auf das Jahr 1899. 4. (128 u. XVI S.) Ebda. —.45, cart. —.50

(F) Der Soldatenfreund. Kalender für das Jahr 1900. Für alle Angehörigen der bewaffneten Macht, als Active, Reservisten, Landwehrmänner, Landsturmmänner, sowie für Veteranen und alle Freunde des Soldatenstandes. Winterberg. Steinbrener. Gr.-8°. 186 S. mit 2 Tafeln. K —.90, cart K 1.—, geb. 1.30

(F) **Der Soldatenfreund.** Kalender für das Jahr 1905. Gr.-8°. (142 S.) Ebda. K —.90, geb. K 1.—

(F) **Der Soldatenfreund. 1906. Kalender für alle Angehörigen der bewaffneten Macht. Gr.-8°. (148 S.)** Ebda.

— der. Kalender f. d. J. 1907. Für alle Angehörigen der bewaffneten Macht, als: Aktive, Reservisten, nichtaktive Landwehrsoldaten, Landsturmmänner, sowie f. Veteranen u. alle Freunde des Soldatenstandes. (144, IV u. XVI S. m. Abbildgn. u. 4 Taf.) gr. 8. Winterberg, J. Steinbrener. — 60; geb. — 80

— dasselbe. [Ausg. m. Dislokation u. Rangsliste.] (152 S. m. Abbildgn. u. 3 Taf.) gr. 8. Ebd. Geb. 1. 05

(F) **Der Soldatenfreund.** Kalender für 1908. Gr.-8°. Ebda. K 1.—, geb. K 1.30

Soldatenfreund, der. Kalender f. d. J. 1911. Für alle Angehörigen der bewaffn. Macht, als: Aktive, Reservisten, nichtaktive Landwehrsoldaten, Landsturmmänner, sowie f. Veteranen u. alle Freunde des Soldatenstandes. 20. Jahrg. (2. Aufl.) (144 u. XVI S. m. Abbild. u. z. Tl. farb. Taf.) gr. 8. Winterberg, F. Steinbrener. —70

Soldatenfreund, der. Illustrierte Blätter f. das k. u. k. Heer. Unter Mitarbeiterschaft v. B. Kuderna u. A. Lux u. mehrerer Fachschriftsteller hrsg. von Carl Graeser. 1. Jahrg. Novbr. 1898—Oktbr. 1899. 16 Hfte. 8. (à ca. 32 S. m. Farbdr.) Wien, C. Graeser & Co. à Hft. — 24

Soldaten-Freund, deutscher. Ein Kalender auf das J. 1876 ausgestattet mit schönem Oelbruckbild und einer größeren Anzahl von Holzschn. Mit Beiträgen von Emil Frommel, Stöcker und G. Weitbrecht. gr. 16. (64 S.) Stuttgart, Buchh. der evangel. Gesellschaft. * — 20

—— dass. — Kalender für die J. 1877—1880. gr. 16. (à Jahrg. 64 S. mit eingedr. Holzschn.) Ebendas. à Jahrg. * — 20

—— deutscher. Kalender für die J. 1881—1885. gr. 16. (à Jahrg. 64 S. mit eingedr. Holzschn.) Stuttgart, Buchh. der Evangel. Gesellschaft. à Jahrg. * — 20

Soldatenfreund, deutscher. Kalender für die J. 1886—1889. 11.—14. Jahrg. 12. (à Jahrg. 64 S. mit Illustr.) Stuttgart, Buchhandlung der Evangel. Gesellschaft. à Jahrg. *

—— deutscher. Kalender f. d. J. 1890—1893. 15.—18. Jahrg. gr. 16. (à Jahrg. 64 80 S. m. Illustr.) Stuttg., Buchh. d. Evang. Gesellschaft. cart. à Jahrg. * — 20

— deutscher. Kalender f. d. J. 1895. 20. Jahrg. gr. 16. (80 S. m. Bildern.) Stuttgart, Buchh. der Evangel. Gesellschaft. n. — 20

— deutscher. Kalender f. d. J. 1899. 24. Jahrg. 12. (96 S. m. Abb.) Stuttgart, Buchh. d. Evang. Gesellschaft. n. — 20

— deutscher. Kalender f. das deutsche Heer u. die Marine auf d. J. 1903. 28. Jahrg. gr. 16. (96 S. m. Abb.) Stuttgart, Buchh. der ev. Gesellschaft. n. — 20

— deutscher. Kalender f. das deutsche Heer u. die Marine f. d. J. 1907. Unter Mitarbeit v. Goebel u. C. Th. Müller hrsg. v. Ernst Kalb. 32. Jahrg. (64 S. m. Abbildgn.) gr. 8. Stuttgart, Buchh. der ev. Gesellschaft. n. — 20

Soldatenfreund, deutscher. Kalender f. d. deutsche Heer u. d. Marine f. d. J. 1911. Unter Mitarbeit v. Goebel u. Ch. Th. Müller hrsg. v. A. Hinderer. (64 S. m. Abb.) gr. 8. Stuttgart, Verl. der ev. Gesellschaft. — 20

— evangelisch-lutherischer. Hrsg. v. Friedrichsen u. F. W. Brepohl. April—Dezbr. 1910. 24 Nrn. (à ca. 4 S.) 8. Wiesbaden. (Falkenhagen-Seegefeld, Verlag „Das Havelland".) — 90

— der neue. Kalender f. Soldaten auf das Dienstj. 1907. Von Jos. Schärfl. (96 S. m. Bildnissen.) 16. Augsburg (Kranzfelder). n. — 20

— der neue. Kalender f. Soldaten auf das Dienstj. 1911. Von Jos. Schärfl. (96 S. m. Titelbild.) 16. Augsburg, (Kranzfelder). — 20

(F) **Neuer Soldatenfreund** für das Jahr 1907. Gr.-8°. (111 S.) K —.60
Wien. Hassenberger.

(F) **Neuer Soldatenfreund für das Jahr 1910. Gr.-8°.** (112 S.) K —.60, geb. K —.80
Wien. Hassenberger.

— neuer, (f. alle Angehörigen der bewaffneten Macht) f. d. J. 1911. 6. Jahrg. Red. v. Eduard Hassenberger. (112 S. m. Abb.) gr. 8. Wien, E. Hassenberger & Co. — 60; geb. n — 80

Soldaten-Freund, Oesterreichischer. Zeitschrift für militärische Interessen. Red.: J. Hirtenfeld u. H. Meynert. 1. Jahrg. 1848. Juli — December. 52 Nrn. 2 — 5. Jahrg. 1849—1852. à 156 Nrn. Imp. 4. (½ Bog.) Wien, Gerold. 1848: n. 2 ₰ 1849: n. 5½ ₰ 1850—1852: à n. 5 ₰

—— österreichischer. Zeitschrift für militär. Interessen. Redakt.: J. Hirtenfeld. 6. Jahrg. 1853. 104 Nrn. (Bog.) Imp.-4. Wien, Gerold's Sohn. Thlr. *

—— dass. — Redig. von Demf. 7. Jahrg. 1854. 104 Nrn. (Bog.) Imp.-4. Ebds. *
1—5. Jahrg. 1848—52. Ebendas. * 24 Thlr.

Soldatenfreund, Oesterreichischer. Zeitschrift für militärische Interessen. Redigirt und herausgegeben von Dr. J. Hirtenfeld. Jahrg. 1—7. (7 Bde.) 1848—1854. Fortgesetzt als: Militär-Zeitung. Jahrg. 8—21. 1855—1868. (14 Bde.) Fortgesetzt als: Neue Militär-Zeitung. Jahrg. 22—26, 1869—1873. (5 Bde.) Vom Jahre 1874 an: Militär-Zeitung. Jahrg. 27—50, 1874—1895. (22 Bde.) 4. Wien 1848—1895.

— der österreichisch-ungarische. Blätter für die Mannschaften aller Waffengattungen der Heere Sr. apostol. Maj. des Kaisers u. Königs Franz Josef I. Hrsg. unter Mitwirkung bewährter Fachkräfte von Ed. Schröder. Mit Illustr. von H. Kilian u. Gayrsperg. 1. Jahrg. April 1878 — März 1879. 24 Hfte. (2 B.) gr. 8. Teschen, Schroeder. n. 6. —

—— schlesischer. Offizielles Organ des Oberschlesischen Krieger-Verbandes. (Vorort Ratibor.) Organ für die Kriegervereine Schlesiens und der angrenzenden Provinzen. Redakt.: Albert Tholuck. 1.—3. Jahrg. 1886—1888. à Jahrg. 52 Nrn. (à Nr. ca. 6—8 S.) gr. 4. Liegnitz, Niegisch. à Jahrg. *

—— schlesischer. Organ f. die Kriegervereine Schlesiens u. der angrenz. Provinzen. Redact.: Alb. Tholuck. 4. u. 5. Jahrg. 1889 u. 1890. à Jahrg. 52 Nrn. (à Nr. 1—2 Bog.) Fol. Liegnitz, Seyffarth. à Jahrg. * 2 40
Nicht weiter erschienen.

— desgl. — f. den Soldaten d. Garde-Korps f. 1893. 16. (15 S. m. 1 Bildnis.) Lpz., Lang. cart. — 15
Auch f. das 1.–15., 17., sowie 1. u. 2. bayer. Armeekorps erschienen. — Weniger als 50 Exemplare werden nicht geliefert.

Soldatengefängniß, das; od. d. drey Gefangenen. Lstsp. n. d. Frz. v. Dupaty bearbeitet v. F. L. Mayer. 8. Hamb. Campe. 805.

Soldatengeschichten, Anecdoten rc. aus dem Schleswig-Holstein'schen Kriege. 1. Heft. 32. (48 S.) Nordhausen 864, Büchting. *

Soldaten-Geschichten, christliche, aus alter und neuer Zeit. 16. (160 S.) (Philadelphia 868, Schäfer und Koradi.) geb. *

— die weit her sind, f. Soldaten-Freund. Jg.20.H.6.

— illustrirte. Ein Jahrbuch für das Militär und seine Freunde. 1853. Von F. W. Hackländer. Stuttgart, Ed. Hallberger. gr. 8. (176 S. m. Holzschn. im Text.) n. 15 ngr.

— nicht illustrirte. Ein Jahrbuch für das Militär und seine Freunde. 1854. Von F. W. Hackländer. gr. 8. (109 S.) Stuttgart 853, Ed. Hallberger. *

Soldatengeschichten, illustrirte. (Auswahl von 9 Heften militair. Inhalts aus den neuen Volksbüchern mit Holzschn.) Leipzig (856.) Schlicke. 16. (40; 72; 80; 64; 64 S.) 10 ngr.

Soldatengeschichten aller Culturvölker, f.: Eckstein's Reisebibliothek.

— für das Militär und seine Freunde. Von F. W. Hackländer. 1. und 2. Bd. 2., unveränd. Aufl. gr. 8. (176 und 109 S. mit eingedr. Holzschn.) Stuttgart 854, Ed. Hallberger. à Bd. * 15 Ngr. *

— dass. 3. Bd. gr. 8. (207 S.) Ebdf. 855. *

Soldaten-Geschichten für das Militär und seine Freunde. Von F. W. Hackländer. 4. Bd. gr. 8. (154 S.) Stuttgart 857, Ed. Hallberger.
1–3. Bd. Ebendas. 1854,55. * 1 Thlr. 5 Ngr.

Soldatengeschichten, russische. Ins Deutsche übers. v. J. Brendel. 1. u. 2. Bd. 8. (90 S.) Berlin 890. Schorß. n. 4. —
I. (90 S.) n. 1. —
II. 1. „Erlebnisse d. Kriegsfreiwilligen Iwanoff im Russisch-Türkischen Kriege 1877/78" v. W. Garschin. 2. „Vier Tage" v. W. Garschin. (206 S. m. 2 Kpfr.-Ätzgn.) n. 3. —

Soldatengeschichten, zwei, f. Schillings-Bücher.

Soldaten-Gespräche. Ein Beitrag zur Belehrung für den Wehrstand. Deutschland 1848. 54 S.

Soldatengespräche, zur Fortpflanzung der Gottseligkeit unt. den Soldaten rc. 8. Tübingen, Fues.

Soldatenglück, Schauspiel mit Gesang in zwei Akten ... Koblenz 1819. V: *Cölln, Frdr. Wilhelm von.* (GGr) »Hadamar 1820« (Ky)

Soldatenglück, Schauspiel mit Gesang in 2 Akten zur Gedächtnißfeyer der Schlacht bey Belle Alliance von W. v. (Cölln.) 8. Coblenz, Hölscher. 819.

Soldatenglück; Schspl. mit Gesang in 2 A. v. W. v. C. (Cölln). 8. Hadamar 820. (Hölscher in Coblenz). 10 gGr.

Soldatengruppen, zum Nachzeichnen u. Illuminiren für Kinder, m. 6 color. Vorlegeblättern u. 12 Blatt zum Illuminiren. 4. Pirna, Friese.

Soldaten-G'sangln. München [1848]. V: *Zipperer, P.* (Bücher-Samml. d. hist. Ver. v. u. f. Oberbayern. München 1867.)

Soldatenhort, deutscher. Illustrirte Zeitschrift f. alle Waffengattgn. d. deutschen Heeres. Hrsg. v. H. Hacke. 1. Jahrg. April 1890—März 1891. 36 Hfte. (2 B. m. Abbildgn.) gr. 4. Berlin, Siegismund. n. 9. —

Soldatenhort, deutscher. Illustrirte Zeitschrift f. d. deutsche Heer. 1.—3. Jahrg. 1890—92., hrsg. v. Heinr. Hacke, u. 4. Jahrg. Oktbr. 1892—Septbr. 1893, hrsg. von H. v. Below. à Jahrg. 36 Hefte. (à Heft 2—2½ Bog. m. Abbildgn.) gr. 4. Berl., Siegismund.
1. Jahrg. * 9 —; 2.—4. à * 7 20

Soldatenhort, deutscher. Illustrirte Zeitschrift f. das deutsche Heer. Red.: Heinr. Hacke. 3. Jahrg. Oktbr. 1891—Septbr. 1892. 36 Hfte. (à ca. 2 Bog.) gr. 4. Berlin, K. Siegismund. n. 7. 20

— dasselbe. Illustr. Zeitschrift f. das deutsche Heer u. die Marine. Red.: H. v. Below. 4.—6. Jahrg. Oktbr. 1892—Septbr. 1895. à 36 Hfte. (à ca. 2 Bog.) gr. 4. Ebd. à Jahrg. n. 7. 20

Soldatenhort, deutscher. Illustr. Zeitschrift f. d. deutsche Heer u. Volk. Red.: H. v. Below. 7.—10. Jahrg. Oktbr. 1895—Septbr. 1899. à 36 Nr. (à ca. 2 Bog.) gr. 4. Berlin, K. Siegismund. à Jahrg. n. 7. 20
Kann auch vierteljährlich u. in je 12 Hftn. à — 60 bezogen werden.

Soldatenhort, deutscher. Illustrirte Zeitschrift f. das deutsche Heer u. Volk. Red.: H. v. Below. 11.—14. Jahrg. Oktbr. 1899—Septbr. 1903. 36 Nrn. gr. 4. (à ca. 16 S.) Berlin, K. Siegismund. à Jahrg. n. 7. 20

Soldatenhort, deutscher. Illustrierte Zeitschrift f. das deutsche Heer u. Volk. Red.: v. Below. 15.—18. Jahrg. Oktbr. 1903—Septbr. 1907. à 36 Nrn. (à ca. 16 S.) gr. 4. Berlin, K. Siegismund. à Jhrg. n. 7. 20

Soldatenhort, deutscher. Illustr. Zeitschrift f. das deutsche Heer u. Volk. Red.: v. Below. 19.—22. Jahrg. Oktbr. 1907—Septbr. 1911. à 36 Nrn. (à Jahrg. IV, 720 S. m. Abbildgn.) 32,5×23,5 cm. Berlin, K. Siegismund. à Jahrg. 7.20; geb. 8. —

Soldaten-Jubiläumskalender f. Oesterreich-Ungarn, hrsg. v. S. Waitz. 1899. 16. (96 S. m. Abb.) Brixen, Buchh. d. kath.-polit. Preßvereins. n.n. — 32

Soldaten-Kalender f. d. J. 1850 u. 1851 v. Joh. N. Vogl. gr. 8. (1850: XXX u. 96 S. m. eingedr. Holzschn. 1851: XXXII u. 99 S. m. eingedr. Holzschn.) Wien, Sollinger's Wwe. à ½ ₰

— für die J. 1850 und 1851 von Joh. N. Vogl. gr. 8. (XXX und 96 S. und XXXII und 99 S. mit eingedr. Holzschn.) Wien, [Zamarski.] à Jahrg.

Soldaten-Kalender für das Jahr 1853 u. 54. Von Joh. N. Vogl. Wien, Sollinger. (Typogr.-lit.-artist. Anstalt.) gr. 8. (XXXII, 112 S.; XXXII, 96 S. m. Holzschn. im Text.) Jeder Jahrg. 15 ngr.

Soldaten-Kalender für das J. 1854. Von Joh. N. Vogl. gr. 8. (XXXII und 96 S. mit eingedr. Holzschn.) Wien 853, [Zamarski.]

Soldaten-Kalender, f. 1875. Hrsg. v. der Red. der „Unteroffizier-Zeitg." Mit vielen (eingedr.) Holzschn. 16. (144 S.) Berlin, Militaria. n. — 50

Soldaten-Kalender f. d. J. 1908. (176 u. 40 S. m. Abb. u. 7 Taf.) gr. 8. Budweis, Verlagsanstalt „Moldavia". Kart. 1. —
Erschien früher u. d. T.: Soldaten-Kalender, österreichischer.

— allgem., f. active Militairs u. Veteranen. Mit vielen Illustr. gr. 16. (174 S., mit 2 Tab. in Fol. u. 1 color. Lith.) Adorf 848, Müller. n. 1/6 ₰

Soldaten-Kalender, badischer, auf das J. 1858. 64. (76 S.) Lahr 857, Geiger. *

—— bayerischer, für die J. 1874 und 1875. Hrsg. von J. Heyberger. 16. (89; 38 S.) Sulzbach, v. Seidel. à Jahrg.

Soldaten-Kalender, bayerischer, für die J. 1876 und 1877. Hrsg. von J. Heyberger. 16. (à Jahrg. 40 S.) Sulzbach, v. Seidel'sche Buchh. à Jahrg. — 12
—— dass. — für die J. 1878—1880. 16. (à Jahrg. 40 S. mit Holzschn.) Ebendas. à Jahrg. — 12

Soldaten-Kalender, bayerischer, für die J. 1881—1885. 16. (à Jahrg. ca. VIII, 40 S.) Sulzbach, v. Seidel'sche Buchh. Jahrg. 1881—1883 à — 12
Jahrg. 1884 und 1885 à — 15

Soldaten-Kalender, bayerischer, für die J. 1886—1889. 16. (à Jahrg. ca. 50 S. mit Illustr.) Sulzbach, v. Seidel. à Jahrg.

Soldaten-Kalender, bayerischer, f. d. J. 1890—1893. 16. (à Jahrg. 50—75 S. m. Illustr.) Sulzbach, v. Seidel. à Jahrg. — 15

Soldaten-Kalender, bayerischer, f. d. J. 1895. 16. (52 S. m. Illustr. u. 1 Taf.) Sulzbach, J. E. v. Seidel. — 15

Soldaten-Kalender, bayerischer, f. d. J. 1899. 16. (52 S. m. Abb.) Sulzbach, J. E. v. Seidel. — 15

Soldaten-Kalender, bayerischer, f. d. J. 1903. 16. (61 S. m. Abbildgn.) Sulzbach, J. E. v. Seidel. — 15

Soldaten-Kalender, bayerischer, f. d. J. 1907. (64 S. m. Abbildgn.) 16. Sulzbach, J. E. v. Seidel. — 20

— bayerischer, f. d. J. 1910/11. (65 S. m. Abb.) 16. Sulzbach, J. E. v. Seidel. — 20

— bayerischer, f. d. J. 1907. Hrsg. v. Zentralkomitee (Abteilg. VI) des bayer. Frauenvereins vom Roten Kreuz. (188 S. m. Abbildgn., 1 Karte u. 1 Bildnis.) 8. München, Seitz & Schauer. — 40
Vgl. Soldaten-Taschen-Kalender.

— bayerischer f. d. J. 1910. Hrsg. vom Zentralkomitee (Abteilg. VI) des bayer. Frauenvereins v. Roten Kreuz. (187 S. m. Abbild. u. 1 Bildnis.) 8. Augsburg, Gebr. Reichel. nnn — 25
Nicht durch den Buchhandel zu beziehen.

— deutscher. 32. (64 S.) Würzburg, Gebr. Scheiner. pro Dutzd. 1. 80

— deutscher. Kalender f. d. J. 1877. gr. 16. (64 S. m. eingedr. Holzschn.) Stuttgart, Buchh. der evangel. Gesellschaft. n. — 20

Soldaten-Kalender, österreichischer, für das Jahr 1862. Mit Beiträgen von Friedrich Fürsten Schwarzenberg [Landsknecht], Hackländer rc. Wien, Dirnböck. 8. (106 S.) 10 ngr.

—— österreichischer, für die J. 1876—1878. Zusammengestellt von Friedr. Geitler v. Armingen. 1.—3. Jahrg. gr. 16. (à Jahrg. ca. 108 S.) Wien, Perles. à Jahrg. * — 60
durchschossen à Jahrg. * — 80
—— dass. — für die J. 1879 und 1880. 4. und 5. Jahrg. gr. 16. (à Jahrg. ca. 108 S.) Ebendas. à Jahrg. * — 50
durchschossen à Jahrg. * — 80

—— österreichischer, für 1881—1885. 6.—10. Jahrg. 16. (à Jahrg. 213 S.) Wien, Perles. Jahrg. 1881 ** — 50
Jahrg. 1882—1885 à * 1 —

—— österreichischer, für 1886—1889. 11.—14. Jahrg. 16. (à Jahrg. ca. 100 S.) Wien, Perles. à Jahrg. *

Soldaten-Kalender, Oesterreichischer, für 1890. Für Officiere und Mannschaften. XV. Jahrg. 12. (112 S. und Notizblätter) —.50
Wien: Perles.

Soldaten-Kalender, Oesterreichischer, pro 1891, für Officiere und Mannschaften (mit kleinem Militär-Schematismus). XVI. Jahrgang. 16. (106 S. mit Notizblättern) Ebda. —.50

Soldaten-Kalender Oesterreichischer, für 1892. XVII. Jahrg. 16. (110 S. mit Notizblättern) Wien: Perles. —.50

Soldatenkalender. Oesterreichischer, für 1893. XVIII. Jahrg. 16. (112 S. mit Notizblättern Wien: Perles. —.50

Soldatenkalender, Oesterreichischer, für 1894. XIX. Jahrg. 12. (116 S. mit Notizblättern) Wien: Perles.

Soldaten-Kalender, Oesterreichischer, f. 1895, für Officiere und Mannschaft [mit kleinem Militär-Schematismus]. XX. Jahrgang. 16. (116 S., mit Notizblättern) Ebda. —.50

Soldaten-Kalender, Oesterreichischer, für 1896, für Officiere und Mannschaft [mit kleinem Militär-Schematismus]. XXI. Jahrgang. 16. (112 S., mit Notizblättern) Ebda. —.50

Soldaten-Kalender, Oesterreichischer, für 1897. XXII. Jahrgang. 16. (115 S., mit Notizblättern) Ebda. —.50

Soldaten-Kalender, Oesterreichischer, für 1898. XXIII. Jahrg. 24. (120 S. mit Notizblättern) Ebda. —.50

Soldaten-Kalender, Oesterreichischer, für 1899. XXIV. Jahrgang. 24. (120 S. mit Notizblättern) Ebda. —.50

Oesterreichischer Soldaten-Kalender für 1900. XXV. Jahrgang. Wien. Perles. 8°. 120 S. fl. —.50

Oesterreichischer Soldaten-Kalender für 1901. XXVI. Jahrgang. Wien. Perles. 16°. 128 S. K 1.—

— österreichischer, f. 1903. 28. Jahrg. 16. (138 S.) Wien, M. Perles. n. 1.—

Österreichischer Soldatenkalender für 1904. 29. Jahrg. 16°. (144 S.) Ebda. K 1.—

Österr. Soldatenkalender für 1905. 30. Jahrg. 16°. (140 S.) Ebda. K 1.—

Soldaten-Kalender, österreichischer, für 1906. 31. Jahrg. (137 S.) 16. Wien, M. Perles. n. 1.—
Erscheint nicht mehr.

— österreichischer, f. d. J. 1904. (166 u. XXXI S. m. Abbildgn. u. 2 Taf.) gr. 8. Budweis, Verlagsanstalt „Moldavia". n. 1.—
Forts.s.:Soldatenkalender.

Soldaten-Kalender, Oesterr.-ungar., für 1898. XXIII. Jahrgang. 16. (120 S. mit Notizblättern) Wien: M.Perles 1897. —.50

Soldatenkatechismus, kleiner, f. Infanteristen. 16. (55 S.) Berlin 892. E. S. Mittler & Sohn. n. —20

Soldaten-Katechismus zum Unterricht f. die gemeine Mannschaft. 8. Leipzig, Joachim. 817.

Soldatenkind, das, u. sein Vater. Mittheilungen aus e. ind. Lazareth. 16. (24 S.) Elberfeld 870. (Barmen, Klein.) n. — 30

Soldaten-Küche, die. Kurzgefaßte Anleitung zum Kochen für Offiziers- u. Cadetten-Menagen. Kochregeln für Jedermann, der, auch ohne geschulter Koch zu sein, mit geringen Kosten gesunde, kräftige u. schmackhafte Speisen bereiten will. Nebst einem Anh. mit prakt. Speiszetteln. Verfaßt von einer Offiziersfrau. 1. u. 2. Aufl. Wien 866. Dirnböck's Buchh. 8. (52 S.) 6 ngr.

Soldaten-Küche, die. Kurzgefaßte Anleitung zum Kochen für Offiziers- und Cadetten-Menagen. Kochregeln für Jedermann, der auch ohne geschulter Koch zu sein, mit geringen Kosten gesunde, kräftige und schmackhafte Speisen bereiten will. Nebst einem Anhange mit praktischen Speisezetteln. Verfaßt von einer Offiziersfrau. 2. Aufl. 1867. 8. (49 S.) Wien, Dirnböck's B. (G. Draudt.) 30 kr.

Soldaten-Küche, Die. Kurzgefaßte Anleitung zum Kochen für Offiziers- und Cadetten-Menagen, Kochregeln für Jedermann, der, auch ohne geschulter Koch zu sein, mit geringer Kosten gesunde, kräftige und schmackhafte Speisen bereiten will. Nebst einem Anhange mit praktischen Speiszetteln. Verfaßt von einer Offiziersfrau. 3. Auflage. Wien: Dirnböck's B. (G. Draudt.) 1869. (49 S.) 8°

SOLDATENLAUNEN. Von einem österreichischen Reiter (*Friedr. Prosper Rouph* [!] Baron *Varicourt*). Darmstadt 1854. 8°.

Soldatenlaunen. Von einem österreichischen Reiter. (Gedichte.) Darmstadt 854. (Würzburg, Kellner.) 16. (VIII, 216 S.) n. 25 ngr.

— — Dasselbe. 2. Auflage. Wien 1879.
Anon.-Lex. V. p. 272. (Eigenbericht.)

SOLDATENLEBEN oder Abentheuer und Liebschaften im Kriege. Ein Roman. Leipziger Ostermesse. In Kommiss. bei Paul Gotthelf Kummer, 1809. 8°. (3 Mk. Max Harrwitz, 1891.)
246 S. incl. Tit. u. 1 Bl. „Vorspiel" in Versen. — Einiges etwas frei.

Soldatenleben, od. Abentheuer u. Liebschaften im Kriege. 8. Marb. 809. Krieger. 1 ₰

Soldatenleben. Lauter schöne neue Lieder für Schützen und Musketiere ... Berlin 1852. H: *Hoffmann gen. von Fallersleben, August Heinrich.* (GGr)

Soldatenleben. Lauter schöne neue Lieder für Schützen u. Musketiere, f. Jäger u. Canoniere, f. Husaren, Ulanen, Dragoner u. Cürassiere, f. den ganzen Wehrmannsstand in unserm lieben Vaterland. Mit Singweisen. gr. 16. (34 S. m. lith. Titel.) Berlin 852, K. W. Krüger. 3 ngr.

Soldaten-Leben, ein. Erinnerungen aus den napoleon., südamerikan., griech., poln., span. und algerischen Feldzügen. Hrsg. von Jul. v. Wickede. 3 Thle. 1. und 2. (Titel-)Aufl. gr. 8. Stuttgart 854, Ed. Hallberger. à Bd. 1 Thlr.
Inhalt:
Bd. 1. Feldzüge in Spanien, Rußland und Frankreich. (X und 242 S.)
„ 2. Feldzüge in den Niederlanden, Belgien und Süd-Amerika, und Niederlassung in Central-Amerika. (IV und 201 S.)
„ 3. Feldzüge in Griechenland, Polen, Algerien und Spanien. (IV und 244 S.)

Soldaten-Leben, ein, s. Wickede.

Soldatenleben. Ein Bilderbuch für Kinder. qu. 4. (12 ill. Stnt. mit lithogr. und ill. Titel.) Berlin 865, Winckelmann und Söhne. cart.

Soldatenleben. Ein Bilderbuch für Knaben. 1. Aufl. 1871. *M.* 2,50., und 2. Aufl. qu. 4. (11 chromolithogr. Taf. und 22 S. Text.) Langensalza 872, Beyer und Söhne. geb. *

Soldatenleben. Ein Bilderbuch f. Knaben. 2. Aufl. 4. (11 Chromolith. m. eingedr. Text.) Langensalza 875. Beyer & Söhne. n. 1. 75

Soldatenleben. Ein Bilderbuch für Knaben. 3. Aufl. 4. (11 Chromolithogr. mit Text.) Langensalza 881, Beyer und Söhne. cart. 1 25

Soldatenleben. Ein Bilderbuch f. Deutschlands Jugend. (Ausgestanzt.) gr. 8. (12 S. m. farb. Abbildgn.) Stuttgart 892. Gebert & Weigel. Kart. 1.—

Soldatenleben in Bildern. 4. (8 S. m. farb. Abbildgn. u. eingedr. Text.) Eßlingen (900). J. F. Schreiber. Kart. n. —50

Soldatenleben, französisches, vor Ausbruch u. währ. d. Krieges 1870/71. Aufzeichngn. e. Elsässers (Ed. Vonderhalde). gr. 8. (III, 81 S.) Leipzig 895. F. Luckhardt. n. 1.—

— in Indien, s.: Bibliothek, Europäische. 363 u. 364. Bd.

Soldatenleben, das lustige, im Felde, oder so geht's im Kriege zu. Oper. 8. Offenb. 778. Brede. 3 gr.

Soldatenleben, d. lustige, im Felde; oder so gehts im Lager zu. Oper. 8. Offenbach, Weiß 778.

Soldatenleben, römisches. Erlebnisse eines Deutschen in päpstlichen Diensten. Freysing 861. Datterer. 32. (66 S.) 6 ngr.

Soldatenliebe, Die, Lustspiel in drei Akten. [Nach Goldoni.] Wien 1770. V: *Müller (Schröter), Johann Heinrich Friedrich.* (GGr)

Soldatenliebe, Die. Lustspiel in drei Akten. Wien 1770. V (nicht): *Müller-Schröter, J. H. F.* (Zeitschr. f. Büch. 1923, S. 78)

Soldatenliebe, die; Lstspl. in 3 A. 8. Wien 770. Trattner. 4 K

Soldatenliebe in Krieg u. Frieden. Heitere Episoden aus dem Feld- u. Garnisonsleben unseres Militärs. 1. Bd. 8. Dresden, Niedersedlitz, H. G. Münchmeyer. 1. —
Sergeant Lehmanns Abenteuer im Reiche der Mitte. Erlebnisse e. Berliner Freiwilligen. Nacherzählt von Jovs. Seldlitz. (200 S.) (901.)

Soldatenlied, Geistliches. Basel 1754. V: *Annone, Hier. d'.* (Cat. d. Stadtbibl. Zürich. Zürich 1864—97.)

Soldaten-Lieder, s. E. Reiniger.

— ein- u. mehrstimmig gesetzt u. hrsg. v. Frdr. Erk. 1. (Hft.) 16. (30 S.) Düsseldorf 849, Buddeus'sche B. [Schulte.] n. 3 ngr.

Soldatenlieder von H. v. F. Mainz 1856. V: *Hoffmann gen. v. Fallersleben, August Heinrich.* (GGr)

—— gesammelt von Herm. v. Scharff-Scharffenstein. 3. Aufl. 24. (VIII und 120 S.) Leipzig 858, [Gräbner.]

— Den tapfern österreichischen und deutschen Kriegern aller Waffengattungen gewidmet. Wien 859. Wenedikt. 32. (94 S.) 4 ngr.

Soldatenlieder. 32. (VI und 152 S.) Trier 861, Lintz' Verlag.

Soldaten-Lieder. 16. (94 S.) Wien 870, Wenedikt. *

Soldaten-Lieder. Festgabe zur 20jähr. Erinnerungsfeier an den Feldzug 1870/71. Mannheim, den 3. Aug. 1890, hrsg. im Auftrage d. Festausschusses. gr. 8. (55 S.) Mannheim 890. (Nemnich.) n. — 80

Soldatenlieder. Zusammengestellt v. H. H. 2. Aufl. 12. (V, 76 S.) Tübingen 902. G. Schnürlen. — 25

Soldatenlieder. Zusammengestellt v. H. H. 3. Aufl. (VIII, 105 S.) kl. 8. Tübingen 905. G. Schnürlen. — 30

Soldaten-Lieder, alte u. neue, mit Bildern u. Singweisen. Hrsg. v. F. Pocci u. A. Jürgens. gr. 16. (3 B.) Leipzig 842, [Mayer.] *

Soldatenlieder, Bayerische, gesammelt v. Herrm. Scharff v. Scharffenstein. 18. (VIII u. 112 S.) Augsburg 852, Kollmann. ⅙ ℛ

—— aus der Campagne 1870—1871. Gesammelt von einem Fünfundvierziger. 32. (48 S.) Marienburg 871, Bretschneider. cart.

Deutsche Soldatenlieder in Bildern von Hermann Bek-Gran. *Berlin: Fischer & Franke [1900].* (24 Bl.) 8° [Umschlagt. J.]
— Jungbrunnen. [6.]

Soldatenlieder f. deutsche Krieger. Hersfeld, Ind.-Compt. 4 ℛ 100 Expl. mit 5 Melodie-Heften. 18 ℊ

— neue Preußische, siehe: Soldaten-Freund, 20. Jahrg. 10. Heft.

Neue Soldatenlieder für die preußischen Regimenter mit Bildern und Singweisen. Erfurt (1848). 27 S. 8.

— neueste. Eine Sammlg. der beliebtesten Soldaten-, Marsch-, Wander- u. Volkslieder f. Soldaten aller Waffen u. Krieger- & Militärvereine. Mit Angabe der Melodien. (95 S.) 16. Reutlingen (906). R. Bardtenschlager. — 25; in Leinw. kart. — 30

Soldatenlieder von zwei deutschen Offizieren. (Von Carl Wolb. v. Neumann und Heinr. Reder.) Frankfurt a. M. 854. Meidinger. 16. (4 Bl., 88 S.) 3 ngr.

— — Mit Anhang: Vermischte Gedichte. Ebend. 854. 16. (VIII, 181 S.) 27 ngr.

Soldatenlieder, Preussische, in den Jahren von 1778—90. Berlin 1790. V: *Gleim, Joh. Wilhelm Ludw.* (MGT)

— Preußische, u. einige andere Volkslieder u. Zeitgedichte aus dem siebenjähr. Kriege u. d. Campagne in Holland v. 1787 aus gleichzeit. Einzel-Drucken und Fliegenden Blättern hrsg. v. C. G. Kühn. Lex.-8. (60 S.) Berlin 852, A. Duncker. n. 12 ngr.

— Schweizerische. 8. (32 S.) St. Gallen 850, Scheitlin & Zollikofer. 4½ ngr.

Vier Soldatenlieder. Für ein- oder zweistimmigen Chor mit Begleitung von Militär-Musik oder Signal-Instrumenten. München 1854. 29 S. 4°

Soldaten- und Wehrmanns-Lieder mit ihren beliebtesten Singweisen. 16. (64 S.) Heilbronn 848, Drechsler. *

— zwei: König Wilhelm saß ganz heiter ꝛc. u. Jubelnd sei's der Welt verkündet ꝛc. 3. Aufl. gr. 8. (4 S.) Bremen 871. Tannen. — 15

— zwei lustige. Illustrirt v. Ludw. Löffler. [Aus „Ueber Land u. Meer" u. „Vom Kriegsschauplatz."] gr. Fol. (3 S. m. eingedr. Holzschn.) Stuttgart 871. Hallberger. — 30

— 12 der schönsten alten und neuen. Speyer 860. Lang. 32. (16 S.) 1¼ ngr.

Soldaten-Liederbuch, s.: Lieder, deutsche.

Soldaten-Liederbuch, s.: Universal-Bibliothek.

Soldatenliederbuch. Ausg. vom königl. preuß. Kriegsministerium. Partitur. qu. gr. 16. (XIV, 484 S.) Berlin 881. Mittler & Sohn. n. 1. 50; 4 Stimmen (à XIV, 240 S.) à n. — 80

— dasselbe. Einstimmige Gesänge. qu. 16. (XX, 304 S.) Ebend. 881. n. 1. —

— dasselbe. Mit einem Anh.: Lieder für Seeleute. qu. 16. (XXII, 304 u. 47 S.) Ebend. 882. n. 1. 25

—— Eine Sammlung der schönsten und beliebtesten Soldaten-, Vaterlands-, Freiheits-, Schlachten- und Volkslieder, namentlich auch für Kriegervereine. 16. (128 S.) Mülheim 882, Bagel's Verlagsh. — 30

Soldatenliederbuch. Ausg. vom königl. preuß. Kriegsministerium. Einstimmige Gesänge. Ausg. f. die kaiserl. Marine. Verm. durch e. 3. Thl.: Lieder f. Seeleute. qu. gr. 16. (XX, 382 S.) Berl. 892, Mittler u. Sohn. * 1 —; cart. * 1 25

Soldaten-Liederbuch für die schweiz. Armee. Vom schweiz. Militärdepartement hrg. 1. Aufl. [3 Hefte.] VIII. 1902.

[Heft 1: Text und Melodien.] 80 Lieder für einstimmigen Chor mit Begleitung von Blechinstrumenten ‹in besonderm Bändchen›. 61 S. 8. [Bern,] St[alder] & S[ieber]. In Partien von mindestens 10 Exemplaren ... beim eidg. Oberkriegskommissariat in Bern, ‹ohne Begleitungsmusik› fr. —. 15 per Ex.

[Hefte 2 u. 3] *u. d. T.:* Begleitungsmusik zum S'-L'.... *2 Ausgaben: A.* Ausgabe für Infanterie u. *B.* A' für Kavallerie und Artillerie. IV + 72 u. IV + 27 S. quer-8. B[ern], A[rmbruster] & S[öhne]. [*je* geb. fr. —. 80]

Soldaten-Liederbuch, deutsches. Enthaltend: Soldaten-, Volks-, Trink-, Liebes- und lustige Lieder. 16. (128 S.) Chemnitz 886, Hager.

Soldaten-Liederbuch, deutsches. Enth. 200 d. schönsten u. beliebtesten Soldatenlieder ernsten u. heiteren Inhaltes. 16. (VIII, 171 S.) Stuttgart 895. Zeller & Schmidt. — 40

Soldaten-, Jagd-, Turn- und Volksliederbuch, deutsches. Eine Sammlung von 300 auserlesenen Liedern älterer und neuester Zeit. 4. Aufl. 32. (XII und 244 S.) Reutlingen 856, Fleischhauer und Spohn.

Soldaten-, Jagd-, Turn- und Volks-Liederbuch, deutsches. Eine Sammlung von 300 auserlesenen Liedern älterer und neuester Zeit. 5. Aufl. 32. (XII und 244 S.) Reutlingen 858, Fleischhauer und Spohn.

Soldaten-, Jagd-, Turn- und Volksliederbuch, deutsches. Eine Sammlung von 300 auserlesenen Liedern älterer und neuester Zeit. 6. Aufl. Reutlingen 863. Fleischhauer & Spohn. 32. (XII, 244 S.) 6 ngr.

Soldaten-, Jagd-, Turn- u. Volks-Liederbuch, deutsches. Eine Sammlung von 300 auserles. Liedern älterer u. neuester Zeit. 7. Aufl. Reutlingen 866. Fleischhauer & Spohn. 32. (244 S.) cart. 6 ngr.

Soldaten-, Jagd-, Turn- u. Volks-Liederbuch, deutsches. Eine Sammlung v. 300 auserlesenen Liedern älterer u. neuester Zeit. 8. Aufl. 32. (XII, 244 S.) Reutlingen 873. Fleischhauer & Spohn. — 60

Soldaten-, Jagd-, Turn- u. Volksliederbuch, deutsches. Eine Sammlung der bekanntesten u. beliebtesten Lieder. 9. Aufl. 24. (XII, 244 S.) Reutlingen 890. Fleischhauer & Spohn. cart. — 60

Soldaten-, Jagd-, Turn- u. Volksliederbuch, deutsches. Eine Sammlg. d. bekanntesten u. beliebtesten Lieder. 9. Aufl. 32. (XII, 244 S.) Reutlingen 895. Fleischhauer & Spohn. Kart. — 60

Soldaten-Liederbuch, neues. Eine Sammlg. der beliebtesten u. schönsten Soldaten-, Kriegs-, Vaterlands- u. Volkslieder. Neue Ster.-Ausg. 16. (128 S.) Reutlingen 890. Enßlin & Laiblin. n. — 40

— **neues.** Sammlung der beliebtesten Lieder f. Soldaten u. Krieger-Vereine. 16. (48 S.) Styrum 891. A. Spaarmann. — 20

— neues. E. Sammlg. d. beliebtesten u. schönsten Soldaten-, Kriegs-, Vaterlands- u. Volkslieder. Neue Ster.-Ausg. 16. (128 S.) Reutlingen 895. Enßlin & Laiblin. Kart. — 50

Soldaten-Liederbuch, neues, für Cavalleristen. Eine Sammlung der schönsten bis auf die neueste Zeit fortgeführten Lieder. Große Ausg. 7. Aufl. 16. (416 S.) Harburg 876, Elkan. cart. 1 —
Kleine Ausg. (VIII, 207 S.) — 50

— neuestes. Sammlung der schönsten u. beliebtesten Soldatenlieder. 16. (128 S.) Wien 892. (Leipzig, Literar. Anstalt A. Schulze.) n. — 80

Soldatenliederbuch, neuestes, für die königlich preußische Armee. Eine ausgewählte Sammlung der beliebtesten und bekanntesten militairisch-, patriotisch- und gesellschaftl. Gesänge. 32. (128 S.) Potsdam 865, Stechert's Selbstverlag.

Soldatenliederbuch, neuestes, für die norddeutsche Bundes-Armee. Eine ausgewählte Sammlung der beliebtesten u. bekanntesten militairisch-, patriotisch- u. gesellschaftl. Gesänge. Potsdam 869. Ernst Stechert. 32. (128 S.) 5 ngr.

— neuestes deutsches. Eine ausgewählte Sammlung der neuesten, beliebtesten und schönsten Kriegs-, Sieges- und Marschlieder für alle Waffengattungen des deutschen Heeres. 1.—20. Aufl. 32. (176 S.) Elberfeld 870—75, Büttmann. — 40

Soldaten-, Wander- u. Turner-Liederbuch. Eine reichhalt. Sammlg. der beliebtesten u. bekanntesten deutschen Volkslieder. Neue Aufl. 16. (96 S.) Hainichen 893. G. E. Hoffmann. — 25

Soldaten- u. Wehrmänner-Liederbuch. 32. (48 S.) Potsdam 848, (Berlin) Janke. 1 ngr.

Soldaten-Mal-Buch. (20 S. m. z. Tl. farb. Abbildgn.) Lex.-8. Nürnberg (904). Th. Stroefer. n. 1. 20

Soldaten-Malbuch m. 12 europ. Militär-Postkarten. (12 [6 farb.] perforierte Bl.) 14×19,5 cm. Nürnberg (908). Th. Stroefer. — 50

Soldaten-Misshandlungen? Von Humanus, s.: Broschüren-Folge „Continent". No 13.

Soldatenmisshandlungen (Die) vor dem bayrischen Landtag. Reden der Abgeordneten v. Vollmar und Grillenberger und des Kriegsministers Freiherrn v. Asch in den Sitzungen der Abgeordnetenkammer vom 7. u. 9. Oct. 1893. (Nach dem amtl. stenogr. Bericht.) 8°. Nürnberg, Wörlein u. Co., 1893.

Soldatenmißhandlungen, die, vor dem deutschen Reichstag. Stenographischer Bericht üb. die Sitzg. vom Freitag, den 13. März 1891. 8. (23 S.) Berl. 891, Verlag d. „Vorwärts", Berliner Volksblatt. * — 15

Soldatenmisshandlungen (Die) vor dem deutschen Reichstag. Aus den Verhandlungen des Reichstages vom 10. und 21. März 1893. (Wörtlicher Abdruck des amtl. stenogr. Berichtes.) 8°. Nürnberg, Wörlein u. Co., 1893.

Soldaten-Pflichten und militairische Gesinnung, im Anschluß an die preuß. Kriegsartikel besprochen und durch kriegsgeschichtl. Beispiele erläutert. 8. (30 S.) Berlin 866, Schlesier.

Soldaten-Post, illustrirte. Ein militär. Sonntags-Blatt. 1. Jahrg. 1850. 52 Nrn. (½ Bog. mit Stahlst.) gr. 8. Stuttgart, Scheible.

Soldatenpredigt vorgetragen am Schlusse der geistlichen Übungen vor dem ersten Regiment der königl. neapolitanischen Schweizergarde . . . Wien 1832. V: *Schwoy, Frdr.* (Th) (Schmal) (Ky)

Soldaten-Predigt, vorgetr. am Schlusse d. geistl. Uebungen vor d. ersten Regiment d. kgl. Neapolitan. Schweizergarde am Palmsonntag 1829. Von e. damals in Neapel wohn. Regular-Priester d. Wiener Erz-Diöcese (Schwoy). gr. 8. (1½ B.) Wien 832, Wimmer.
Aus „Neue theol. Zeitschr., hrsg. v. J. Pletz" besond. abgedruckt.

Soldatenschatz, deutscher. Illustrirte Zeitschrift f. alle Waffengattungen der deutschen Armee u. Marine. Red. v. M. Bach. 2. Jahrg. Juni 1892–Mai 1893. ca. 24 Hfte. (à ca. 2½ Bog. m. Taf.) gr. 8. Berlin. A. Gramsch.

Soldatenschicksal. Meistererzählungen deutscher u. fremder Dichter. Hrsg. v. Johs. Hennigsen. Mit (z. Tl. farb.) Illustr. v. Otto Meyer-Wegner. (235 S.) 8. Leipzig (909). F. Moeser Nachf. 3.—; geb. 4.—

Soldaten-Schule, die. Lehrbuch für Diejenigen, welche sich im Rechnen, Schönschreiben, in der deutschen Sprache, im Brief-, Geschäfts- und Bureau-Styl ohne Beihülfe eines Lehrers vollständig ausbilden wollen, sowie auch zum Gebrauch als Leitfaden beim Unterricht in den Bataillonsschulen. Hrsg. von Ed. Kühn, unter Mitwirkung von H. Bohm und F. Siebmann. 1., 3. und 5. Lfg. gr. 8. und qu. 4. Berlin 854, (Bieler und Comp.) à Lfg. * 1 Ngr. Thlr.

Inhalt:
Lfg. 1. Rechenbuch. 1. Lfg. (S. 1–16.)
" 3. Deutsche Sprache. 1. Lfg. (S. 1–16.)
" 5. Anleitung zum Schönschreiben. 1. Lfg. (S. 1–8, lithogr. in qu. 4.)

Soldaten-Schule, die. Lehrbuch für Diejenigen, welche sich im Rechnen, Schönschreiben, in der deutschen Sprache, im Brief-, Geschäfts- und Bureau-Styl ohne Beihülfe eines Lehrers vollständig ausbilden wollen, sowie auch zum Gebrauch als Leitfaden beim Unterricht in den Bataillonsschulen. Herausg. von Ed. Kühn, unter Mitwirkung von H. Bohm und F. Siebmann. 1–27. Liefg. Berlin (Bieler u. Co.) gr. 8. u. 4. Jede Liefg. n. 1 ngr.
Inhalt: Rechenbuch. (S. 1–160.) — Deutsche Sprache. (S. 1–144.) — Anleitung zum Schönschreiben. (lith. S. 1–64.)

Soldatenschule mit dem kurzen Gewehr. (Vom schweizerischen Bundesrate genehmigt den 15. Juni) 1901. 1. Aufl. II + 10 S. 8. [Bern,] C. St[ur]z[enegger], VI. 1901.

Soldatenschule f. die Infanterie nach d. französ. Reglement 8. Braunschw. 808. Vieweg. 20 gr.

Soldaten- und Plotons-Schule für die Infanterie. A. d. franz. Reglement vom 1. Aug. 1791 übs. Mit Kpf. Basel 1799.

Soldaten- u. Peloton-Schule f. die französ. Infanterie, aus d. Reglement vom 1. Aug. 1791; aus d. Französ. von Chr. v. Mechel. gr. 8. Basel 799. Levrault u. Straßb. 1 f 16 gr. — Dass. e. and. Uebersetzung. Mit Kpf. gr. 8. Berl. 802. Decker. 1 f 16 gr.

Soldatensinn d. neuesten Zeit. (Gedicht.) 1 Bl. in gr. 8. Leipzig 848, Naumburg. n. 1 ngr.

Soldatenspiegel. Ein Lesebuch für Unteroffiziers und Gemeine ... O. O. [18??]. V: *Aurbacher, Ludwig.* (Lindner)

Soldatenspiegel. Ein Lesebuch für Unterofficiers u. Gemeine, wie auch zum Gebrauche in Garnisonsschulen. 8. München, Lindauer. 820.

Soldatenspiegel. Ein Lesebuch f. Unteroffiziers u. Gemeine, wie auch z. Gebrauch in Garnisonschulen. 2e verm. Aufl. gr. 12. München, 826, Lindauer.

Soldatenspiegel, Neuvermehrter und verbesserter, ... zusamt dem heutigen Musquetier- und Granatierer-Exercitio ... Zürich 1703. V: *Hardmeyer, Chph.* (Cat. d. Stadtbibl. Zürich. Zürich 1864–97.)

Soldaten- u. Kanonen-Spiel. (Mit 5 lith. Tafeln auf Pappe u. 8 Würfeln von Holz.) qu. 16. Magdeburg 834. Robrahn u. Comp. In Futteral ¼ f

Soldatenspiel für kleine Kinder. Leipzig 1790. V: *Schönemann, Friedrich Lebrecht.* (Ky)

Soldatenspiel für kleine Kinder, m. 66 K. 8. Leipzig, Beer. (Graff. in Weißenf.) 790.

Soldatenspiele. Eine neue Bilderlust für muntere Knaben. Mit 12 ill. Kpfrn. qu. 8. Nürnberg 844, [Lotzbeck.]

Soldatenspiele. Eine neue Bilderlust für muntere Knaben. Mit 12 fein ill. Kpfrn. qu. 8. Nürnberg 844, Zeh'sche B. geb. ½ f

Soldatenspiele oder Ritter Georg und seine muthige Schaar. Ein Bilderbuch für artige Kinder. Frankfurt a. M. 856. Krebs-Schmitt. qu. 8. (12 S. u. 12 color. Lithogr.) n. 10 ngr.

Soldatenspiele für heitere Knaben. qu. 8. (8 ill. Stnt. mit Text und ill. Titel.) Stuttgart 866, Nitzschke. cart.

Soldaten-Taschen-Kalender f. d. J. 1906. Hrsg. vom Zentralkomitee (Abteilg. VI) des bayer. Frauenvereins vom Roten Kreuz unter dem Protektorate Ihrer königl. Hoh. der Frau Prinzessin Ludwig v. Bayern. (119 S. m. Abbildgn.) kl. 8. München, Seitz & Schauer. —20

Soldaten-Taschen-Kalender, Fortsetzg., s.: Soldaten-Kalender, bayerischer.

Soldatenthum, das preuß., französ. Ansicht. Von e. Reisenden. gr. 12. (3¼ B.) Leipzig 841, (Fest'sche Vrlsbuchh.)

Das preußische Soldatentum. Französische Ansicht. Leipzig 1841. 76 S.

Soldatenunterricht. Enthaltend: Die Regeln der Stellung, des Schrittes u. s. w., den innern Dienst, den Wacht- und Felddienst, die Zusammensetzung und Zerlegung des Gewehrs, Zubereitung der Pfeifenerde, Bepackung des Tornisters. Nach den besteh. Reglements bearb. Nebst Anhang über die Bedingungen der Verhaftung von Bürgern durch Militärpersonen. 2. Aufl. 8. (32 S.) Zürich 849, Beyel. Thlr.

Soldaten-Vaterunser von e. Militärpfarrer. 16. (24 S.) Dülmen 898. A. Laumann. —05

Soldatenwelt, Aus der. Erlebtes und Erlauschtes von einem müssigen Kriegsknechte. In 3 Bänden. 1. Band. Aus der Oesterreichischen Soldatenwelt. — 2. Band. Aus der Ungarischen Soldatenwelt. — (3. Bd. fehlt.) 8. Stuttgart 1852.

Aus der ungar. Soldatenwelt. Erlebtes und Erlauschtes v. e. müssigen Kriegsknechte. (414) 16. Stuttgart 1852. 2,75.

Aus der Soldatenwelt. Erlebtes u. Erlauschtes von e. müssigen Kriegsknechte. I. Aus der österreich. Soldatenwelt. II. Aus der ungar. Soldatenwelt. 2 Bde. (787) 16. Stuttgart 1857. 5,00.

Soldaten-Witze. 1–4. Lfg. gr. 8. (2½ B.) Leipzig 843, Schmaltz. à *

Soldati per Soldati. Ricordo delle manovre dell' autunno 1902. (Offerto dal Comitato Nazionale Svizzero delle associazioni cristiane per giovani.) [Illustrato.] 23 p. 8. Basilea, Emil Birkhäuser, 1902.

SOLDATICH, Bonaventura Maria: De doctrina Jansenii. — (1856) 58 S. 8° (Handschr.) Diss. 198
Diss. Wien, Univ.

Soldätle, der, v. M., od. Wenig gesucht u. viel gefunden. 8. (8 S.) Basel 873. Spittler. pro 100 Ex. n. 1. 60

Soldats peints, les. Types françaises par eux mêmes. 1. et 2. partie. qu. 4. (à 8 Steintaf.) Berlin 871. R. Lesser. à n. — 80

Soldbuch (Formular). München 1872.
Reglement ü. Natural-Verpflegung d. Armee i. Kriege. München 1873.
— — 1875. 1887: Desgl. i. Frieden.

Solden, Franz, Gustav Emmerich; Geschichte eines helvet. Landmanns. 8. Penig 803. Dienemann. (Leipz., Leich). 1 ₰ Velinp. 1 ₰ 8 gr

Sölden-Rawald, s.: Oetzthal.

Sölder, Frdr. v., der Regierungsentwurf e. Entmündigungsgesetzes. (32 S.) gr. 8. Wien 909. F. Deuticke. 1. —
Sonderabdruck aus: „Jahrb. f. Psychiatr. u. Neurol."

Anonym: „Ueber die Solderhöhung der preussischen Armee. Nebst einer Uebersicht der sämmtlichen Abgaben preussischer Unterthanen", Leipzig 1799. — Vorh.: Preuß. Staatsbibl. Berlin.

Solderhöhung, üb. d., d. preuß. Armee rc. 8. Leipzig, Sommer. 799. Rthlr.

Soldern s.: Schubert v. Soldern.

Soldin [Schlagwort]

Soldin, s.: Geologische Karten. Preussen. 102.

Soldin, Kreis. Baron, Paul, Handkarte des Kreises Soldin. 1 : 150,000. 30×39,5 cm. Farbdr. Soldin 899. C. Schulz. n. 1. —

Soldin [Verfasser]

Soldin, L. A., Grundzüge einer rationellen Therapie. Stockholm 854. Bonnier. 8. (95 S.) 18 ngr.

Soldin, Max [app. Arzt]: Zur Diagnose und Behandlung der Fremdkörper im Oesophagus ... Berlin, Druck v. H. S. Hermann, 1897; 26 S., 1 Bl. 8.
Leipzig, Med. Fak., Inaug.-Diss. v. 24. Juni 1897

Soldner, Johann

Soldner, Joh. Ueber die Ablenkung eines Lichtstrahls durch die Attraction eines Weltkörpers. Berlin 1801.

Soldner, J., astronom. Beobachtungen, angestellt auf d. K. Sternwarte zu Bogenhausen (bei München). I. u. II. Thl. gr. 4. (40½ B.) München, (Franz.) à
Thl. I. Beobachtungen mit d. Meridian-Kreise im J. 1820. (Nebst d. letzten Tagen d. J. 1819.) (o J.)
- II. Beobachtn. etc. während d. J. 1821 u. 22. 835.
Der III—VII. Thl. werden noch erwartet. Hieran schliessen sich: Lamont, J., Observationes astronom. etc. als VIII. Thl., vgl. dieses.

— astronom. Beobacht. mit d. Meridiankreise, 1e Abthl, gr. 4. Münch. 821, (Franz). 2 ₰

Soldner, J., astronom. Beobachtungen, angestellt auf d. k. Sternwarte zu Bogenhausen. III—V. Thl. gr. 4. München, (Franz.) à *
Thl. III. Beobachtungen mit d. Meridian-Kreise in d. Jahren 1823 u. 24. (20½ B.) 836.
- IV. Beobachtungen etc. in d. Jahren 1825 u. 26. (.. B.) 837.
- V. Beobachtungen etc. in d. Jahre 1827 u. Beobachtungen mit d. Mittagsrohre in d. Jahren 1819—22. (24 B.) 838.
I. u. II. Thl. Ebendas. ... u. 1835. à * 1 Thlr. 16 Gr. — VI. u. VII. sind (1842) noch nicht erschienen. — Fortsetz. vgl. Lamont, J., Observationes astronom.

Soldner, Joh. v., und Joh. Lamont, meteorologische Beobachtungen, s. Beobachtungen.

Soldner, Jh., Bestimmung des Azimuths v. Altomünster, u dadurch die Lage des Meridans auf d. nördl. Frauenthurme zu München. gr. 8. Münch. 813. (Fleischmann). 9 gr

Soldner, Ueber das allgemeine Gesetz für die Expansivkraft des Wasserdampfes durch Wärme nach Dalton's Versuchen. (Aus Annalen der Physik. Bd. 17, St. 1, Jahrg. 1804, St. 5.)

— neue Methode, beobachtete Azimuthe zu reduciren. gr. 4. Münch. 814. (Franz). 2 gr

Soldner, Methode, beobachtete Sternpositionen auf eine mittlere zu reduciren. (Astronom. Abhandl., herausgeg. von Schumacher.) Altona 1823. (S. 5127)

Soldner, I. théorie et tables d'une nouvelle fonction transcendante. gr. 4. München, Lindauer. 1809.

Soeldner

Fegfeuer [Fegefeuer] der Chymisten, worinnen für Augen gestellt die wahren Besitzer der Kunst; wie auch die Ketzer, Betrieger, Sophisten und Herren gern-Grosse. Eröffnet von einem Feinde des Vitzliputzli... [Verf.: Soeldner.] Amsterdam 1702. 24 Bl. 8°

Söldner, Felix, appr. Arzt a. Regensburg: Aus d. Prosektur d. Krankenhauses r. d. Isar (Prosektor Dr. E. Albrecht.) Missbildungen der Vorhofscheidewand des Herzens. Ostium primum persistens. Mit e. Taf. München 1904: C. Wolf & Sohn. (84 S.) 8°
München, Med. Fak., Ref. v. Bollinger, Diss. v. 15. Dez. 1904
[Geb. 9. Nov. 80 Schloß Chotieschau in Böhmen; Wohnort: Regensburg; Staatsangeh.: Bayern; Vorbildung: Altes Gymn. Regensburg Reife Juli 99; Studium: Würzburg 4, Breslau 2, München 4 S.; Coll. 11. Nov. 04; Approb. 13. Juli 04.]

Söldner, Friedrich [aus Nördlingen]: Die Salze der Milch und ihre Beziehungen zu dem Verhalten des Kaseïns. . . . Langensalza, Druck v. Hermann Beyer & Söhne, 1888; 88 S. 8°
Erlangen, Phil. Fak., Inaug.-Diss. v. 1888

Söldner, Julius: Casuistischer Beitrag zu den Veränderungen der Retina bei Lues celebralis [sic!] ... München: k. Hof- u. Univ.-Buchdr. v. Dr. C. Wolf & Sohn 1889. 21 S. u. 1 Taf. 8°
München, Med. Fak., Inaug.-Diss. v. 1890

Söldner, Karl, 50 Lieder f. Stenographen. (Gabelsberger.) Im Auftrage d. Gabelsberger Stenographen-Vereins in Augsburg zusammengest. u. autogr. 8. (47 S.) Augsburg 898. (Lampart & Co.) Kart. n.n. — 50

Soldo (prof.) La Germania da Tacito a noi. — Commemorazione di Giuseppe Parini. Discorsi, letti nell' Aula massima del R. Liceo Volta. Gr. in-8°. 47 p. Zürich e Como, Meyer & Zeller. 1893.

J. N. Ueber Soldtruppen. Vortrag, dem Officierscorps gehalten den 18. März 1881. Beihft. z. „Milit.-Wochenblatt". Berlin 1884.

Solé Rodriguez, O[riol] : Eine große Nation auf kleinem Gebiet. Ihr internat. Handel. Industrien. Öffentl. Unterrichtswesen. Fortschritte im allgemeinen. Gegenwart u. Zukunft. Vorträge geh. 1906 zu Hamburg. Ins Deutsche übertr. von E. Kunow. Hamburg 1907: (Fremdenbl.-Dr.) 160 S. 8°

Soleicht, M. E., linguae apostolorum dissectae redintegratae. Guelferb. 1725. 4.

Soleilhet, D., epistola ad Roux circa annot. novae pulsuum doctr. utiles, quas nuper publici juris fecit de Haen. 8. Vien. Gräffer. 770.

Sölemann, Jh. Fr., († ...) Einleit. in die Pharmaceutik u. pharmaceut. Benennungen. 8. Lemgo. 761. Meyer. 3 gr

v. Solemel, Ryphelius, (Jos. Ullheimer,) auch ein Entschädigungsplan an d. Friedenscongreß zu Rastadt. 8. ... 798.

Solemnia, Academiae Christianae Albertinae Kiliensis in sacris saecularibus tertiis . . . celebrandis acta, collecta atque edita. Altonae et Lipsiae 1818. H: *Heinrich, Carl Friedrich.* (LS)

Solemnités qui se sont passées à Stockholm 1771—72 in 19 Fol. Kupf. Lüneburg, Herold u. W.

Solenow, Nikolai: Die Bodenacidität und ihre Bedeutung für den Kulturboden. Jena 1909: Vopelius. 66 S. 8°
Jena, Phil. Diss. v. 9. Nov. 1909, Ref. Edler
[Geb. 23. April 79 Smolensk; Wohnort: Smolensk; Staatsangeh.: Rußland; Vorbildung: Gymn. Moskau Reife O. 00; Studium: Moskau 4, Jena 1, Berlin 6, Jena 4 S.; Rig. 16. Juli 09.] [U 10. 3376

Solèr, Leonh., Stern des Heiles. Vollst. Gebetbüchlein f. die kathol. Jugend. (192 S. m. Titelbild.) 10,5×7 cm. Einsiedeln (908). Eberle, Kälin & Co. Geb. i. Leinw. — 40

Solereder, Hans, systematische Anatomie d. Dicotyledonen. E. Handbuch f. Laboratorien d. wissenschaftl. u. angew. Botanik. Hrsg. m. Unterstützg. d. k. bayer. Akademie d. Wissenschaften. (In 4 Lfgn.) 1. u. 2. Lfg. gr. 8. (IV u. S. 1—480 m. Abb.) Stuttgart 898. F. Enke. à n. 9. —

Solereder, Hans, systematische Anatomie der Dicotyledonen. Ein Handbuch f. Laboratorien der wissenschaftl. u. angewandten Botanik. Hrsg. m Unterstützg. der k. bayer. Akademie der Wissenschaften. Mit 189 Abbildgn. in 741 Einzelbildern. 3. u. 4. (Schluss-) Lfg. gr. 8. (XII u. S. 481—984.) Stuttgart 899. F. Enke. à n. 9. —

Solereder, Hans, systematische Anatomie d. Dicotyledonen. Ein Handbuch f. Laboratorien der wissensch. u. angewandten Botanik. Ergänzungsbd. (VIII, 422 S.) Lex. 8. Stuttgart 908. F. Enke. 16. —
Hauptwerk. Ebd. 899. 36. —

Solereder, H. Aristolochiaceae, s. Engler, A., u. K. Prantl. Die natürlichen Pflanzenfamilien.

Solereder, H[ans]. Ueber Artocarpus laciniata Hort. und ihre Zugehörigkeit zu Ficus Cannonii N. E. Brown. ⟨Avec planche III [et légende].⟩ Extrait du Bulletin de l'Herbier Boissier. 2de série (Tome 3) ⟨1903⟩. No 6. II p. + p. 515—521 ⟨7 p.⟩. 8. (Genève, Impr. Romet.)

Solereder, H. [Dr.]: Beiträge zur vergleichenden Anatomie der Aristolochiaceen nebst Bemerkungen über den systematischen Wert der Secretzellen bei den Piperaceen und über die Structur der Blattspreite bei den Gyrocarpeen. . . . (Aus Engler's bot. Jahrb. 10. Bd. 4. Hft.) Leipzig. Wilh. Engelmann, 1889; S. 409—521 u. Taf. XII—XIV. 8°
München. Phil. Fak., Hab.-Schr. v. 1889

Solereder, H[ans]. Zwei Berichtigungen ([betr.] die Beobachtung von Cystolithen in der Familie der Bixineen und die Konstatierung von intraxylärem Phloëm bei einer Rubiacee). Extrait du Bulletin de l'Herbier Boissier. 2de série [Tome 3] ⟨1903⟩. No 4. p. 318—325 ⟨8 p.⟩. 8. [Genève, Impr. Romet.]

Solereder, H[ans]. Zur näheren Kenntnis von Polycarpæa filifolia Webb ed. Christ und anderen kanarischen Polycarpæa-Arten. Extrait du Bulletin de l'Herbier Boissier, 2me série. Tome 4 ⟨1904⟩. No 5. p. 435—442 ⟨8 p.⟩. 8. [Genève, Impr. Romet.]

— Loganiaceae, s.: Engler, A., u. K. Prantl, die natürl. Pflanzenfamilien, IV, 2.

Solereder, Hans, Ueber den systematischen Wert der Holzstructur bei den Dicotyledonen. (Inaugural-Dissertation.) Lex.-8. (264 S.) München 885, (Druck von R. Oldenbourg.)
Nicht im Handel.

Solereder, Ludwig

Solereder, Ludw., das Buch der Anschauung. Des 1. Buches Fortsetzung 1. Abthl. gr. 8. (IX und 101 S. mit eingedr. Holzschn.) München 862, (J. A. Finsterlin.)

Solereder, Ludw., das Buch der Anschauung. Des 1. Buches Fortsetzung. 1. Abth. München 863. (J. A. Finsterlin.) gr. 8. (IX, 101 S. m. Holzschn.) n. 8 ngr.

—— dass. — 2. Abthl. gr. 8. (VIII und 184 S. mit eingedr. Holzschn.) Ebendas. 863.

Solereder, Ludw., das Buch der Anschauung. Der Sprech-, Schreib- und Lese-Fibel Fortsetzung. 2 Abthlgn. 12. München 877, Expedition des k. Central-Schulbücher-Verlags. ** — 90
geb. ** 1 12
Inhalt:
Abthl. 1. Mit einem Anhange zu schriftlichen Aufgaben. 20. Aufl. (IV, 144 S. mit 25 eingedr. Holzschn.) ** 35 Pf.; geb. ** 45 Pf.
„ 2. Mit einem Anhange: Briefe aus dem Kinderleben. 13. Aufl. (IV, 210 S. mit 99 eingedr. Holzschn.) ** 55 Pf.; geb. ** 67 Pf.

Solereder, Ludw., das Buch der Anschauung. Der Sprech-Schreib-Lese-Fibel Fortsetzung. 1. u. 2. Abtlg. 8. München 880. Exped. d. k. Zentral-Schulbücherverl. n.n. 1. —; geb. n.n. 1. 22
1. 25., durchgesehene u. der amtlich eingeführten Rechtschreibung angepaßte Aufl. (132 S.) n.n. — 40; geb. n.n. — 50
2. Mit einem Anhang: Briefe aus dem Kinderleben. 16., durchgesehene u. der amtlich eingeführten Rechtschreibung angepaßte Aufl. (IV, 212 S. mit eingedr. Holzschn.) n.n. — 60; geb. n.n. — 72

Solereder, Ludw., das Buch der Anschauung. Der Sprech-Schreib-Lese-Fibel Fortsetzung. 2 Abtlgn. 8. München 880—85, Expedition des k. Zentral-Schulbücherverlags. ** 1 —
geb. ** 1 22
Inhalt:
Abtl. 1. 21.—38. durchges. und der amtlich eingeführten Rechtschreibung angepaßte Aufl. (132 S.) ** 40 Pf.; geb. ** 50 Pf.
2. Mit einem Anhang: Briefe aus dem Kinderleben. 14.—27. durchges. und der amtlich eingeführten Rechtschreibung angepaßte Aufl. (IV, 212 S. mit eingedr. Holzschn.) ** 60 Pf.; geb. ** 72 Pf.

—— Das Buch der Anschauung. Der Sprech-Schreib-Lese-Fibel Fortsetzg. 2 Abtlgn. 8. (Mit Bildern.) Ebd. 892. ** 1 —
cart. ** 1 27; in 1 Bd. cart. ** 1 20; geb. ** 1 35
1. 52. Aufl. (132 S.) ** — 40; cart. ** — 52.
2. Mit e. Anh.: Briefe aus dem Kinderleben. 40. Aufl. (IV, 212 S.) ** — 60; cart. ** — 75.

Solereder, Ludw., das Buch der Anschauung. Der Sprech-Schreib-Lese-Fibel Fortsetzg. 2 Abtlgn. 8. (Mit Bildern.) München 894. R. Oldenbourg, Abteilg. f. Schulbücher. n.n. 1. —; kart. n.n. 1. 27; geb. in Leinw. n.n. 1. 60; in 1 Bd. kart. n.n. 1. 20; geb. in Leinw. n.n. 1. 35
1. 55. Aufl. (132 S.) n.n. — 40; kart. n.n. — 52; geb. in Leinw. n.n. — 70
2. Mit e. Anh.: Briefe aus dem Kinderleben. 45. Aufl. (IV, 212 S.) n.n. — 60; kart. n.n. — 75; geb. in Leinw. n.n. — 90

Solereder, Ludw., d. Buch der Anschauung. D. Sprech-Schreib-Lese-Fibel Fortsetzg. 1. Abtlg. 55. u. 56. Aufl. (132 S. m. Bild.) München 895. R. Oldenbourg, Abteilg. f. Schulbücher. n.n. — 40; kart. n.n. — 52

—— Fibel für den Sprech- Schreib- Leseunterricht, nebst einem Anh. für den Aufbau des ersten Zehners. 1. Abthl. 12. (64 S. mit eingedr. Holzschn.) München 865, Central-Schulbücher-Verlag. cart. **

—— dass. — 2. Abthl. 12. (144 S. mit eingedr. Holzschn.) Ebendas. 865. cart. **
Erläuterungen dazu. (24 S.)

—— Fibel für den Sprech-Schreib-Leseunterricht, nebst einem Anhang für das Rechnen. 2 Abthlgn. 8. Ebendas. 877. [1. Abthl. 40.—55. durchges. Aufl. (64 S. mit 33 eingedr. Holzschn.) ** 20 Pf., geb. ** 27 Pf.; 2. Abthl. Neu bearb. Ausg. 31.—36. Aufl. (120 S. mit 18 eingedr. Holzschn.) ** 35 Pf., geb. ** 45 Pf.] ** 55 Pf.; geb. ** — 72

—— Fibel für den Sprech-Schreib-Leseunterricht. 2 Abtlgn. Durchgesehen und der amtlich eingeführten Rechtschreibung angepaßt. (Mit eingedr. Holzschn.) 8. Ebendas. 880—85. ** — 65 geb. ** — 83

Inhalt:
Abtl. 1. Nebst einem Anhang für den Aufbau des ersten Zehners. 56.—88. Aufl. (64 S.) ** 25 Pf.; geb. ** 33 Pf.
„ 2. Nebst einem Anhang für den Aufbau des Zehnersystems. 37.—72. Aufl. (120 S.) ** 40 Pf.; geb. ** 50 Pf.

Solereder, Ludw., Fibel für den Sprech-, Schreib-, Leseunterricht, nebst einem Anhang für den Aufbau des ersten Zehners. 1. Abtl. Sep.-Ausg. für die Münchener Schulen. 8. (64 S. mit Illustr.) München 885, Oldenbourg. Abtl. für Schulbücher. ** geb. **

Solereder, Ludw. Fibel f. den Sprech-Schreib-Leseunterricht. 1. u. 2. Abtl. 8. (Mit Bildern.) Münch. 892, Oldenbourg. ** — 65; cart. ** — 87
1. Nebst e. Anh. f. den Aufbau d. 1. Zehners. 112. Aufl. (64 S.) ** — 25; cart. ** — 33.
2. Nebst e. Anh. f. den Aufbau d. Zehnersystems. 97. Aufl. (120 S.) ** — 40; cart. ** — 52.

—— dass. — 1. Abtl. Sep.-Ausg. f. Münchener Schulen. 10. u. 11. Aufl. 8. (64 S. m. Bildern.) Ebd. 892. ** — 25; cart. ** — 35

— dasselbe. 1. Abtlg. Sep.-Ausg. f. Münchener Schulen. 14. Aufl. 8. (64 S. m. Bildern.) Ebd. 898. n.n. — 25; kart. n.n. — 35

— Fibel f. den Sprech-Schreib-Leseunterricht. 2 Abtlgn. 8. (Mit Bildern.) Ebd. 894. n.n. — 65; kart. n.n. — 87
1. Nebst e. Anh. f. den Aufbau d. 1. Zehnersystems. 117. Aufl. (64 S.) n.n. — 25; kart. n.n. — 35
2. Nebst e. Anh. f. den Aufbau d. Zehnersystems. 103. Aufl. (120 S.) n.n. — 40; kart. n.n. — 52

— Fibel f. d. Sprech-Schreib-Leseunterricht. 2 Abtlgn. 8. (M. Abbildgn.) Ebd. 898. n. — 65; kart. n.n. — 87
1. Nebst e. Anh. f. d. Aufbau d. ersten Zehners. Ster.-Dr. d. 111. Aufl. 128. Aufl. (64 S.) n. — 25; kart. n.n. — 35
2. Nebst e. Anh. f. den Aufbau d. Zehnersystems. Ster.-Dr. d. 96. Aufl. 119. Aufl. (120 S.) n. — 40; kart. n.n. — 52

— dasselbe, nebst e. Anh. f. d. Aufbau d. ersten Zehners. 1. Abtlg. Sep.-Ausg. f. d. Münchener Schüler. Ster.-Dr. der 12. Aufl. 25. Aufl. 8. (64 S. m. Abb.) Ebd. 898. n.n. — 25; kart. n.n. — 35

Solereder, Ludw., Fibel f. den Sprech-Schreib-Leseunterricht. 2 Abtlgn. 8. (Mit Abbildgn.) München (902). R. Oldenbourg. n.n. — 65; kart. n.n. — 87
1. Nebst e. Anh. f. den Aufbau des ersten Zehners. Ster.-Dr. der 111. Aufl. 139. Aufl. (64 S.) n.n. — 25; kart. n.n. — 35
2. Nebst e. Anh. f. den Aufbau des Zehnersystems. Ster.-Dr. der 96. Aufl. 132. Aufl. (120 S.) n.n. — 40; kart. n.n. — 52

— dasselbe, nebst e. Anh. f. den Aufbau des ersten Zehners. 1. Abtlg. Sep.-Ausg. f. die Münchener Schulen. Ster.-Dr. der 12. Aufl. 34. Aufl. 8. (64 S. m. Abb.) Ebd. (902). n.n. — 25; kart. n.n. — 35

Solereder, Ludw., Fibel f. den Sprech-Schreib-Leseunterricht. 2 Abtlgn. (Mit Abbildgn.) 8. München, R. Oldenbourg. n.n. — 65; kart. n.n. — 87
I. Nebst e. Anh. f. den Aufbau des ersten Zehners. Ster.-Dr. der 111. Aufl. 146. Aufl. (64 S.) n.n. — 25; kart. n.n. — 35; Sep.-Ausg. f. die Münchener Schulen. Ster.-Dr. der 12. Aufl. 44. Aufl. (64 S. m. Abbildgn.) (905.) n.n. — 25; kart. n.n. — 35
II. Nebst e. Anh. f. den Aufbau des Zehnersystems. Ster.-Dr. der 96. Aufl. 143. Aufl. (120 S. m. Abbildgn.) (906.) n.n. — 40; kart. n.n. — 52

Solereder, Ludw., Erläuterungen zur Fibel für den Sprech-Schreib-Leseunterricht u. den Lesebüchern. gr. 8. (IV, 124 S.) München 878. Exped. d. k. Zentral-Schulbücherverl. n.n. 1. 50; geb. n.n. 1. 70

Solereder, Ludw., Erläuterungen zur Fibel für den Sprech-Schreib-Leseunterricht und den Lesebüchern. 2. durchges. und verm. Aufl. gr. 8. (VIII, 166 S.) München 883, Expedition des k. Zentral-Schulbücherverlags. geb. **

— vaterländisches Lesebuch für die obern Klassen in den Volksschulen Bayerns. 1. Abth. [Des Buches der Anschauung Fortsetzung.] München 863. (L. Finsterlin.) gr. 8. (VII, 247 S. m. Holzschn.) n. 12 ngr.

—— vaterländisches Lesebuch für die obern Klassen in den Volksschulen Bayerns. 2 Abthlgn. Des Buches der Anschauung Fortsetzung. 8. (IV und 236 S. mit eingedr. Holzschn., IV und 212 S. mit eingedr. Holzschn.) München 866, Central-Schulbücher-Verlag. cart. à Abthl. ** 8 Ngr. **

—— vaterländisches Lesebuch für die oberen Klassen in den Volksschulen Bayerns. Des „Buches der Anschauung" Fortsetzung. 2 Abthlgn. 12. Ebendas. 877. [1. Abthl. 9. Aufl. (216 S. mit 37 eingedr. Holzschn.); 2. Abthl. 7. Aufl. (252 S. mit 21 eingedr. Holzschn.) à Abthl. * 60 Pf. ** 1 20 geb. à Abthl. ** 72 Pf. ** 1 44

—— dass. — Kleine Ausg. 8. (456 S. mit eingedr. Holzschn.) Ebendas. 879. ** *M* 1,40.; geb. ** 1 60

—— dass. — 2. nach der neuen Rechtschreibung umgearb. Aufl. 8. (556 S. mit eingedr. Holzschn.) Ebendas. 879. ** 1 50 geb. ** 1 70

—— vaterländisches Lesebuch für die oberen Klassen der Volksschulen, sowie für die unteren Kurse von Präparanden-, Real- und Fortbildungsschulen Bayerns. Große Ausg. 2 Abthlgn. 8. Ebendas. [1. Abthl. 10.—13. Aufl. (VIII, 256 S. mit eingedr. Holzschn.) 880—84. ** 75 Pf.; geb. ** 90 Pf.; 2. Abthl. 18. Aufl. (396 S. mit eingedr. Holzschn.) 884. ***M* 1,40.; geb. **M* 1,70.] geb. *

—— dass. — Kleine Ausg. 3.—9. Aufl. 8. (456 S.) Ebendas. 880—84. geb.

—— Vaterländisches Lesebuch f. die oberen Klassen gehobener Volksschulen, sowie f. Präparanden- u. Fortbildungsschulen Bayerns. Große Ausg. 2. Abtl. 9. Aufl. 8. (IV, 396 S. m. Bildern.) Ebd. 891. ** 1 40; geb. ** 1 75

—— Vaterländisches Lesebuch f. die oberen Klassen der Volksschulen Bayerns. Kleine Ausg. 17. Aufl. 8. (456 S. m. Bildern.) Ebd. 892. ** 1 50; geb. in Leinw. ** 1 85; in Halbleinw. ** 1 72

— vaterländisches Lesebuch f. die oberen Klassen der Volksschulen Bayerns. Kleine Ausg. 19. Aufl. 8. (456 S. m. Bildern.) Ebd. 894. n.n. 1. 50; geb. in Halbleinw. n.n. 1. 72; in Leinw. n.n. 1. 85

— vaterländisches Lesebuch f. die oberen Klassen d. Volksschulen Bayerns. Kleine Ausg. Ster.-Druck der genehmigten 17. Aufl. 21. Aufl. gr. 8. (456 S. m. Abbildgn.) Ebd. 902. Geb. in Leinw., ermäß. Pr. n.n. — 75

Solereder, L., Wort- u. Sacherklärungen zum Vaterländischen Lesebuch. 8. (77 S.) München 886. Oldenbourg. n.n. — 80

Soleysel, v. Solleysel.

Solf, C. M., der Mönch v. Ringelheim. Eine Historie aus d. Tagen d. Schlacht bei Lutter am Barenberge. (317 S.) 8. Braunschweig 910. B. Goeritz. 4.—; geb. in Leinw. 5.—

Solf, W. [aus Berlin]: Die Kaçmîr-Recension der Pañcâçikâ.... Halle, *Univ.-Buchdr. v. C. Georgi, Bonn*, 1886; XXVI + 34 + 2 S. 8°. Halle, Phil. Fak., Inaug.-Diss. v. 28. Jan. 1886.

Solf, W., die Kaçmîr-Recension d. Pañcâçikâ. gr. 8. (XXVI, 34 S.) Kiel 886. Berlin, Gose & Tetzlaff. n. 2. —

Solf, W., die Kaçmîr-Recension der Pañcâçikâ. Ein Beitrag zur ind. Text-Kritik. gr. 8. (XXVI, 34 S.) Kiel 886. Haeseler. n. 2. —

⑧ Solf, W., d. Kaçemir-Recension d. Pañcâçikâ. 886. (KBL 32.) Jetzt: Berlin-Rixdorf, M. Umlauf.

Solff, F., u. G. Mitscher, die in Elsaß-Lothringen geltenden Forst- u. Jagdgesetze im Auftrage d. kaiserl. Ober-Präsidiums übers. u. erläutert. 8. (XI, 288 S.) Straßburg 876. Schultz & Co. n. 3. —

Solff, Karl

Solff, K., Bilder u. Sagen aus Breisach's Vergangenheit, s.: Lorenz' badische Bücherei. II.

Solff, K., schwere Bombe. Eine Lebensflugbahn in 9 Abschnitten. 1.—3. Taus. (117 S. m. Abb.) gr. 8. Leipzig (908). F. Rothbarth. Kart. 3. —

— Der Kampf ums Luftmeer. Ein modernis. Mythen-Zyklus. Illustrationen v. Fritz Koch. (124 S.) gr. 8. Berlin (909). Hesperus-Verlag. 2.—; geb. 2. 80

— Martin Walterer. Ein Sang aus dem Breisgau. 12. (102 S.) Freiburg i/B. (900). F. P. Lorenz. n. 1.—; geb. n. 1.50

Motorluftschiffe und Flugmaschinen. Von Oberlt. a. D. K. Solff, Ing. Mit 37 Abb. Berlin, Leipzig: Hillger [1910]. 95 S. 8°
(Bücher d. Wissens. Bd 137.) [10. 4994

— Motorluftschiffe u. Flugmaschinen, s. a. Bücher des Wissens.

Solger, die Lehre von der asiatischen Cholera, ihrer Entstehung und ersten Behandlung. Nach den neuesten Forschungen und eigenen Beobachtungen allgemein verständlich dargestellt. 8. (23 S.) Nürnberg 866, Stein's Buchh.

Solger, Dr. Schlacht zwischen Polen und Preußen. Die Russen nehmen Posen. Revolution in London. Selbstverlag. 1 Bl. Fol.
Flugblatt. Berlin, 27. April 1848.

Solger, Adam Rudolf

Solger, Adm. Rud., († d. 23. Nov. 1770.) bibliotheca sive suppellex librorum impressorum in omni genere scientiarum, maximam partem rarissimorum etc. III Tmi. 8maj. Nürnb. 760—62. Endter. 1 *ℳ* 8 *g*.

Solger, Adam Rudolph (Velden) Altd. Thl. 19/34

Schedia parallelographica juxta seriem periocharum Evangelicarum dominic. IX, X, XI, XII, XIII et XIV. SS. trinitatis congesta (Schedion (XXXV) ad dom. IX. Trinit. Evangel. Luc. XVI, 1-9. Präs. Christoph Sonntag. Altdorf (Kohles) 1. XI. 1714. S. 133-156.

W. v.: Präs., Konrad Friedrich Feuerlin (Opp.), Johann Konrad Beck (Opp.), Ambrosius Scheumaeder (Opp.). 32796

Solger, Bernhard

Solger, Bernh., üb. die Architektur der Stützsubstanzen. gr. 8. (36 S. m. 6 Holzschn.) Leipzig 892. O. Thieme. n. 1. 00

Solger, B., üb. d. feineren Bau d. Glandula submaxillaris d. Menschen m. bes. Berücksicht. d. Drüsengranula, s.: Festschrift zum 70. Geburtstage v. Carl Gegenbaur.

Solger, Bernhard: Beiträge zur Kenntniss der Nasenwandung, und besonders der Nasenmuscheln der Reptilien. Leipzig: W. Engelmann 1875. (28 S., 1 Taf.) 8° *(Aus: Morphol. Jahrbuch. Bd 1. [1876.])*
Breslau, Med. Fak., Hab.-Schr. v. 1. [vielmehr 4.] Nov. 1875

Solger, B., über das noch nicht beschriebene Chiasma nerv. optic. von Engraulis. gr. 4. (1 S.) Halle 877, Schmidt's Verlagsh. * — 30
Aus: Sitzungsberichte der naturforschenden Gesellschaft zu Halle, besonders abgedruckt.

— zur Kenntnis der postembryonalen Entwicklung des Skeletts der Säugetiere. [Aus: „Abhandlgn. d. naturforsch. Gesellsch. zu Halle".] gr. 8. (20 S. m. 2 Taf. u. 2 Bl. Erklärgn.) Halle 894. M. Niemeyer. n. 1.60

Solger, Bernh.: (Aus d. anat. Inst. zu Greifswald) Zur Kenntnis des Schenkelsporns (Merkel) und des Wardschen Dreiecks. Mit 6 Fig. Wiesbaden: J. F. Bergmann 1900. (S. 216–227.) 8°
Aus: Anat. Hefte, Abt. 1, H. 48.

Solger, Bernh., die Wirkung des Alcohols auf den hyalinen Knorpel. gr. 4. (25 S. mit 2 Taf.) Leipzig 887, Engelmann. *
Aus: Festschrift für A. v. Kölliker, besonders abgedruckt.

— Zelle und Zellkern. (Vorträge für Tierärzte.) Mit Tafeln. (61 S.) Leipzig 92. A. Felix. M. 3.–

— Zelle u. Zellkern, s. a. Vorträge, thiermedizinische. III.

Solger, E., der Landsknechtsobrist Konrat v. Bemelberg der kleine Hess. Grossentheils nach archival. Quellen und alten Drucken geschildert. gr. 8. (X, 129 S. mit 1 Tab. in qu. 4.) Nördlingen 870, Beck'sche Buchh. (*ℳ 2,50.) * 2 60

Solger, E., Klinschor. Ein Gedicht. Nürnberg 864. Stein. 16. (165 S.) n. 25 *ngr.*

Solger, Eduardus (Fridericus Ernestus) *(geb. Düsseldorf 28.5. 1834)*: De musculi calore. Vratislaviae (1862). (34 S.) 8°
Breslau, Med. Diss. v. 19. Dez. 1862

Solger, Ernst, Geschichte der Stadt u. d. Amtes Königsberg in Franken. 8. (87 S. m. 3 Abbildgn.) Coburg 894. E. Riemann jr. n. 1. 50

Solger, Ernst. Das Urevangelium. Studien zur Entwicklungsgeschichte der christl. Lehre u. Kirche. gr. 8. (IV, 129 S.) Jena 890, Mauke. * 3 60

Solger, Franz Bernhard: Über Melanose der Dickdarmscheimhaut. Hierbei 1 Taf. Greifswald 1898: J. Abel. (40 S.) 8°
Greifswald, Med. Diss. v. 30. Sept. 1898

Solger, Friedrich, aus Berlin: Die Ammonitenfauna der Mungokalke in Kamerun und das geologische Alter der letzteren. *Giessen 1902: Brühl.* (62 S.) 8° ¶ (Erscheint vollst. in dem von Dr. Esch hrsg. Berichte üb. seine Reisen in Kamerun.)
Berlin, Phil. Diss. v. [übergeklebt: 1. März] 1902

Solger, F., Beiträge zur Geologie v. Kamerun, s.: Esch, Ernst.

Solger, Frdr., s.: Dünenbuch.

— Der nationale Geist als Naturerscheinung, s.: Wertung.

— s.: Kunstdenkmäler, die, der Prov. Brandenburg.

Die deutschen Seeküsten in ihrem Werden und Vergehen. Von Dr. Fr[iedrich] Solger. Berlin: E. S. Mittler & Sohn 1907. (38 S.) 8° [Umschlagt.]
— Meereskunde. Jg. 1, H. 8. [07. 15107

Studien über nordostdeutsche Inlanddünen. Von Prof. Dr. Friedrich Solger. Mit 4 Taf. u. 11 Textabb. Stuttgart: Engelhorn 1910. 89 S. 8°

— Stud. üb. nordostdeutsche Inlanddünen, s. a. Forschungen zur deutschen Landes- u. Volkskunde. XIX, I.

Solger, H., die Zuständigkeit der preußischen Verwaltungsgerichtsbehörden nach den Vorschriften d. Gesetzes vom 26. Juli 1876 u. sonstiger gesetzlichen Bestimmungen in übersichtlicher Zusammenstellung. gr. 8. (XVI, 64 S.) Merseburg 876. Stollberg. n. 1. —

Solger, Heinrich

Solger, Heinr., Ergebnisse d. Geschichtsunterrichts in der Volksschule. Ein Schülerbuch f. die Oberklassen der Volksschulen u. f. Fortbildungsschulen. 8. (IV, 108 S.) Nürnberg 877. Korn. n. — 75

Solger, Heinr., die Fibel oder Schreib-Lese-Schule. 8. (76 und 16 lithogr. S.) Würzburg 866, Staudinger'sche Buchh. *

Solger, Heinr., Fibel oder Schreib-Lese-Schule. Für das erste Schuljahr. 2., verb. Aufl. gr. 8. (IV, 56 S., wovon 4 lithogr.) Würzburg 869, Staudinger. * — 25

—— allgemeine Geschichte in ausgewählten Erzählungen für die allgemeine Volksschule. Zugleich ein Lesebuch der Geschichte für Jung und Alt. 1. und 2. Thl. 8. Würzburg, Stuber. * 1 40

Inhalt:

Thl. 1. Die alte und mittlere Geschichte. A. Die alte Geschichte. (96 S.) 873. * 80 Pf.

" 2. Das Mittelalter. (102 S.) 874. * 60 Pf.

—— allgemeine Geschichte in ausgewählten Erzählungen für die allgemeine Volksschule. Zugleich ein Lesebuch der Geschichte für Jung und Alt. 3. Thl.: Die neue Zeit. 8. (IV, 174 S.) Würzburg 876, Stuber. *

1. und 2. Thl. Ebendas. 1873,74. *M 1,40.

Solger, Heinr., drei Helden des deutschen Ruhmes im Staatswesen, in der Dichtung u. Forschung, Friedrich der Große, Schiller u. Alexander v. Humboldt in ihrem Leben u. Wirken volksthümlich geschildert. 8. (71 S.) Nürnberg 879. Korn. n. — 50

Solger, Heinr., Hilfsbuch für den deutschen Sprachunterricht in den unteren Klassen von Realschulen und verwandten Lehranstalten. gr. 8. (VII, 99 S.) Würzburg 881, Stahel'sche Universitäts-Buchh. * 90 Pf.; geb. *

— für deutsche Kolonisation. Ein Vortrag. gr. 8. (24 S.) Leipzig 882. Findel. n. — 50

— ausgewählte Lebensbeschreibungen berühmter Personen. Der deutschen Jugend gewidmet. 1. Bd. 8. (74 S.) Ebend. 874. n. 1. —

—— Lesebuch für die Unterklassen der Volksschulen, oder Lesestoffe im Dienste des Anschauungsunterrichts. 2 Thle. 8. Würzburg 867, Staudinger'sche Buchh. à Thl. * 2½ Ngr. *

Inhalt:

Thl. 1. Das Nähere. Für das 2. Schuljahr. (IV und 50 S.)

" 2. Das Entferntere. Für das 3. Schuljahr. (IV und 55 S.)

— Schubart, der Gefangene auf Hohenasperg. Ein Bild seines Lebens u. Wirkens. gr. 8. (56 S. m. Bildnis.) Bamberg 894. Handels-Druckerei. n. — 60

Solger, Heinr., im Tempel der Weltlitteratur. Eine Sammlung von wertvollen Geisteserzeugnissen aller hervorragenden Völker und Zeiten. Als allgemeines Volkslesebuch bearb. und mit litterar.-histor. Bemerkungen versehen. gr. 8. (VIII, 508 S.) Langensalza 888, Schulbuchhandlung. M 5.50.; geb.

[F.] Vom alten deutschen Reich zum neuen. D. deutschen Einheitsbestrebgn im 19. Jh. volkstüml. geschildert v. Heinrich Solger. München: C. Mehrlich 1893. (VIII, 342 S., 1 Bl.) 1 Bd 8. [98. 4586

— was ist zur Verbesserung unserer Rasse zu thun? s.: Conrad, M. G., zur Wiedergeburt der Kulturmenschheit.

Solger, Hugo, der Kreis Beuthen in Oberschlesien mit besonderer Berücksichtigung der durch Bergbau und Hüttenbetrieb in ihm hervorgerufenen eigenthümlichen Arbeiter- u. Gemeinde-Verhältnisse mit Benutzung amtlicher Quellen geschildert. Breslau 860. Korn. gr. 8. (XII, 392 S.) n. 1 ℛ 10 ngr.

Solger, J. G., Unterredung üb. d. Schönheit der Natur u. normal. Betrachtungen. Brl. 8°. 1779.

JOHANN MATTHÄUS SOLGER, Denkmal der Freundschaft dem verewigten Herrn Joseph Heinrich Ferdinand Diehl Apotheker zum heil. Geist in Nürnberg errichtet im Namen des Pegnesischen Blumenordens. Nürnberg, 1817. 4o.

Solger, Joh. Matth., Etwas üb. d. Zucht u. Pflege d. Aprikosen-, Pfirsich- u. Reineclaudebäume. 8. Nürnberg, 1813. 2. Aufl. 1821. (Felssecker.) — 10

Solger, (J. M.,) über das mögl. Leisten der Volkschulen die erforderl. Bildung ihrer Lehrer u. das Verhältniß beider zu dem geistl. Stande. 8. Nürnberg 824, Bauer u. Raspe.

— üb. den Vorschlag, die Volksschule u. ihre Lehrer von d. geistl. Stande unabhängig u. selbstständig zu machen. 8. Nürnb. 820. Felssecker. 10 ℛ

— Vorträge bei Schullehrer-Conferenzen, größtentheils in Beziehung auf Religionsunterricht. 8. Nürnb. 826, Bauer u. R.

Solger, Karl Wilhelm Ferdinand

Solger's Philosophie dargestellt v. Reinhold Schmidt. gr. 8. (6½ B.) Berlin 841, [Dümmler's Buchh., Berl.]

Solger, K. W. F., Erwin; vier Gespräche üb. das Schöne u. die Kunst. 2r Bd. gr. 8. Berl. Realschulbuchh. 815. engl. Druckp. Velinp.

— Erwin; vier Gespräche üb. das Schöne u. die Kunst. 2 Bde. gr. 8. Berl. 815. (Reimer).

K(arl) W(ilhelm) F(erdinand) Solger. Erwin. 4 Gespräche über d. Schöne u. d. Kunst. (Hrsg. u. eingel. von Rudolf Kurtz.) Berlin: Wiegandt & Grieben 1907. (XXX, 390 S.) 8° [08. 1150]

Solger, K. W. F., Erwin. Jetzt: Leipzig, G. K. Sarasin.

Solger, K. W. F., philosophische Gespräche. 1ste Samml. gr. 8. Berlin, Maurersche Buchh. 817.

Oratio natalitiis quadragesimis sextis Friderici Guilelmi III. ... auctoritate univ. litt. Berolinensis a Car. Guil. Ferd. Solger, ... d. 3. Aug. 1815 habita [de virtutibus et gloria regis et rebus a populo Borussico felicissime hoc auspice gestis]. Berolini (1815). (14 S.) 4°

Solger, (Carl Wilh. Ferd.) nachgelassene Schriften u. Briefwechsel. Herausgeg. v. L. Tieck u. Fr. v. Raumer. 2 Bde. gr. 8. Leipz. 826, Brockhaus.

Solger, Karl Wilhelm Ferdinand, s. Sophocles: Oedipus.– Tragödien.

Solger, Karl Wilh. Ferd., Vorlesungen üb. Aesthetik. Hrsg. v. K. W. L. Heyse. gr. 8. (31 B.) Leipzig 829, Brockhaus.

Solger, Konrad Christoph (Velden bei Hersbruck) A. S. 94/3

Dissertatio iuridica de eo quod iustum est circa rem duobus vel pluribus seorsim venditam. Präs. Philipp Ludwig Beck. Altdorf (Meyer) 25. IX. 1747. 20 S. 32797

Solger, Reinhold

Solger, Rhold., Anton in Amerika. Seitenstück zu Freytag's „Soll und Haben." Aus dem deutsch-amerikanischen Leben. 2 Bde. Bromberg 862. Roskowski. 8. (516 S.) 1 ℛ 20 ngr.

Solger, Reinhold. Anton in Amerika: Novelle aus dem deutsch-amerikanischen Leben. New York: Steiger, 1872. GSP

Solger, Reinhold. Anton in A; Novellen aus d dt-anischen Leben. 2v. NY, 1872; see also: Dt-Anische Bibliothek. v1 and 2; and Kapp, F. Aus und über Amerika. V1.

Solger, S. C., neuester u. vollständigster Briefsteller, welcher alle Hauptgegenstände d. Familien- u. Geschäftslebens umfaßt, nebst e. genauen Anleit. f. d. Bürger, Kaufmann u. Beamten z. richtigen Verhalten in seinen Privat- u. öffentl. Angelegenheiten. (2. Aufl. v. dess. prakt. Rathgeber rc.) gr. 8. (34½ B.) Berlin 836, C. F. Amelang.

Solger, S. C., pract. Rathgeber f. d. Geschäftsleben in Privat- u. öffentl. Verhältnissen. Ein vollständ. Handb. f. d. Bürger, Kaufmann u. Beamten. gr. 8. (34½ B.) Berlin 831, Amelang.

Solger, S. C., prakt. Rathgeber f. d. Geschäftsleben in Privat- u. öffentl. Verhältnissen. gr. 8. Berl. 831. Oehmigke. 1 ₰ 8 g℥

Solgne, s.: Deutschland. Uebersichtskarte.

Soli Deo Gloria, s.a.Buddenbrock, Julie v.

Soli Deo gloria. Spruch u. Lied im Schmucke deutscher Kunst. Zwölf Blätter in Tondr. nach Aquarellen von J(ulie) v. B(uddenbrock). Fol. Gütersloh 879. Bertelsmann. In Mappe. 15. —; in Leinw. geb. 20. —

Solidarität: 1901—1955 ⊢. Brooklyn, NY

Solidarität: Jahrgang 1--35, no. 9, Apr. 1906 --Dec. 1954 ⊢.

Monthly. Published in English and German [chiefly, German]. Apr. 1906—Sept. 1940; in two separate editions, beginning with Jahrgang 35, no. 10, Oct. 1940. Sub-title: 1) Officielles Organ der Arbeiter-, Kranken- und Sterbe-Kasse der Vereinigten Staaten von Amerika, Apr. 1906--Dec. 1931; 2) Official Organ of the Workmen's Sick & Death Benefit Fund of the United States of America, Jan. 1832--Dec. 1854. Title varies: SOLIDARITÄT (SOLIDARITY), May 1909--Dec. 1931; 2) SOLIDARITY (SOLIDARITÄT), Jan. 1932--June 1936; 3) SOLIDARITÄT, July 1936--Dec. 1954. Place of publication varies: Brooklyn; Stapleton, N.Y., Apr. 1906—Apr. 1909; New York, May 1909--Dec. 1954.
Large quarto, each issue 24—32 pages; illustrated; title-page [usually bi-lingual] and contents published. Circulation: 1939, 47,500; 1950, 20,000; 1954, 23,643. Edited by O. Sattler, 1948—51; by S. Schrocken, 1952—54. Published by Workmen's Benefit Fund, 1906--54.
New York, NY

Solidarité horlogère
① Organe officiel de la Fédération ouvrière horlogère - Offizielles Organ des Uhrenarbeiter-Verbandes ③ L'Ouvrier horloger (en rapport avec le Journal «Solidarité») ⑤ 1893—1915—? ⑥ in-2° ⑦ hebdomadaire ⑧ Bienne: Imprimerie de «Solidarité horlogère». Société typographique de Bienne (1893—1896—?); Berne: Unionsdruckerei (?—1908—1915—?) ⑩ Fédération des Ouvriers de l'industrie horlogère, La Chaux-de-Fonds ⑪ G. Reimann (1893—1896—?), E.-P. Graber (?—1908—1915—?) ⑫ socialiste ⑭ Be: L (14. 10. 1893, 10. 3. 1894, 8. 8. 1896, 25. 4. 1914).

Solignac, Ritter v., Staatssecretairs Stanislai, Königs von Polen etc. Allgemeine Geschichte von Polen. Genau durchgesehen, bis auf gegenwärtige Zeiten fortgesetzt etc. Von Dr. Carl Friedrich Pauli, des Staatsrechts und der Geschichte öffentlicher Lehrer. (2 Bde.) 4. Halle 1763.

Solignac, v., allgem. Geschichte von Polen b. auf jetzige Zeiten. 2 Thle. gr. 8. Halle. (Graffé in Weißenfels.) 763-65.

v. Solignac, Ritter, allgem. Geschichte von Polen, durchgesehen u. bis auf jetzige Zeiten fortgesetzt u. mit e. Vorrede begleitet v. K. F. Pauli u. Jh. Fr. Joachim. 2 Thle. gr. 8. Halle 764, 65. 5 ₰

Soliloquien, die pseudo-augustinischen, in der Uebersetzung des Bischofs Johannes v. Neumarkt. Hrsg. v. Ant. Sattler. (XIV, 102 S.) gr. 8. Graz 904. Styria. n. 2. 40

Soliloquium, h. e. quo consilio genitus sit homo delaboratio. S. l. 1765. V: *Spalding, Joh. Joach.* Ü: *Heinze, Joh. Mich.* (Barbier)

Soliloquium v. der wahr. Eigensch. e. Schriftstellers u. wie einer solches werden könne, a. d. Engl. 8. Magdeb. Scheidhauer. 746.

Soliman und Almena, Muster der Wohlthätigkeit. . . . A. d. Engl. . . . Littau u. Leipzig 1788. V: *Langhorne, John.* (BrMm)

Solyman und Almena, Muster der Wohlthätigkeit, eine orientalische Geschichte, aus dem Engl. 8. Zittau, 788. Schöps. 10 sgl.

Solimann vor Wien. Trsp. in 5 Akten v. Weidmann. 8. Wien, Wallishäußer. Rthlr.

— — dasselb. Sgsp. in 3 Akten. 8. Ebend.

Soliman vor Wien. Ein Originaltrauerspiel von fünf Aufzügen. Wien 1775. V: *Weidmann, Paul.* (BrMm) (Jahrb. d. Grillp.-Ges. XIII.)

Solimann d. Zweite; Lstspl. 8. Leipz., (Nauck). 4 gr. (s. auch Favart).

Solimann, d. zweyte; od. d. drey Sultaninnen. Lstsp. v. Favart. 8. Munster, Perrenon. (Coppenrath, auch Stage in Augsb.) 778.

Soliman II. oder die drei Sultanninen. Singsp. in zwei A. nach Favart. Wien 1801. V: *Huber, Franz Xaver.* (GGr)

Soliman des Grossen, Sultan, Divan, in e. Auswahl m. sachl. u. grammat. Einleitgn. u. Erläutergn. sowie e. vollständ. Glossar hrsg. v. Geo. Jacob. (VIII, 108 S.) gr. 8. Berlin 903. Mayer & Müller. n. 4. —

Solin, Jos. M., ueber graphische Integration. Ein Beitrag zur Aritmographie. gr. 4. (10 S. mit 1 Stnt. in qu. Fol.) Prag 872, Rziwnatz. 1 —

Solin, Jos., über Curven 3. Ordnung, welche eine unendlich ferne Rückkehrtangente haben, u. deren Auftreten in der geometrischen Statik. [Mit 1 lith. Taf.] [Aus: „Abhandlgn. d. k. böhm. Gesellsch. d. Wiss."] gr. 4. (32 S.) Prag 877. (Rziwnatz.) n. 1. 60

—— über die Normalenfläche zum dreiaxigen Ellipsoide längs einer Ellipse eines Hauptsystemes. 4. (60 S. mit 3 Stnt.) Prag 868, (Calve'sche Universitäts-Buchh.) * 2 —
Aus: Abhandlungen der k. böhm. Gesellschaft der Wissenschaften, besonders abgedruckt.

Solina, Maria, s.: Novellenbuch.

Solina, Maria, der Roman e. Träumerin. 8. (314 S.) Dresden 895. E. Pierson. n. 4. –; geb. in Celluloid u. Leinw. n. 5. 50

Solingen [Sachliches OW]

Solingen und seine Umgebung. Kleiner Führer. Hrsg. v. Verkehrs-Verein Solingen. (Solingen [1909]: Rabitz.) 13 S. 8°
[Umschlagt.:] Führer durch Solingen u. s. Umgebung. 109. 18503

Solingen, Veit von,. Lstsp. v. Gotter. 8. Wien, Kurzbock. 785.

Solingen [Schlagwort]

Solingen, s.: Deutschland. Karte. (Abt. Preussen.) — Umgebungskarten.

Solingen. Plan des Stadtkreises Solingen. 29,5×21,5 cm. Autogr. Mit e. Strassenverzeichnis auf der Rückseite. Solingen (909). (E. Rauh). nn — 80

Solingen [Verfasser]

van Solingen, C., d. Mechanische d. Geburt; aus d. Holländ. v. Gtl. Salomon. 8. Hannov. 801. (Hahn). 1 ₰ 4 gl.

Solingen, C. v., d. Mechanische der Geburt, a. d. Holl. v. G. Salomon. 8. Hannov. Ritscher. (Hahn.) 801.

Solingen, Cornelis: Hand-Griffe der Wund-Artzney, nebst dem Ampt und Pflicht der Weh-Mütter wie auch sonderbare Anmerckungen von Frauens und Kindern. (Manuale Operatien der chirurgie... Dt.) Alles aus den Holländischen...übers....von (Tobias Peucer). Andere Aufl. 800 S., gbd., Abb.

Wittenberg: Zimmermann 1712
beigedr.: Solingen, C.: Embryulcia oder Herausziehung einer Todten-Frucht... (Embryulcia, ofte afhalinge eens doden vruchts... Dt.) ...übers.(von T.Peucer). 1712

Cornelii Solingen [van Solingen:Manuale Operatien der chirurgie. Deutsch:] Hand- Griffe der Wund-Artzney nebst dem Ampt und Pflicht der Weh- Mütter ... denen ist beygefüget desselben Autoris Embryulcia... Alles aus d. Holl. in das Hoch- Teutsche übers. ... von Einem Liebhaber der Wund- Artzney [d.i. Tobias Peucer]. Wittenberg: Zimmermann 1712. 776, 175 S. 8°

[Sondert.:] Solingen: Embryulcia [Deutsch] Oder Herausziehung e. Todten- Frucht.

Solinus, Gaius Julius

Solini, C. Julii, collectanea rerum memorabilium. Recognovit Th. Mommsen. Berlin 864. Nicolai'sche Verlhdlg. gr. 8. (XCV, 287 S.) n. 3 ₰

Solini, C. Iulii, collectanea rerum memorabilium. Iterum recensuit Th. Mommsen. gr. 8. (CV, 276 S.) Berlin 895. Weidmann. n. 14. —

Solinus, C.Jul., Polyhistor, ex edit. Claud. Salmasii accurante Andr. Goezio. 8. Leipz. 777. (Bauer u. W. in Nürnb.) 1 ₰

— Polyhistor. 8. Bipont. 794. (Treuttel u. W. in Strassb.)

[Ant. u. F.] Plan der Stadt Düren. Nach amtl. Quellen bearb. v. Heinrich **Solinus**. Massst. 1:50,000. *Düren: W. Solinus [1898?].* 1 Ktnbl. quer-gr. 2. (C). [98. 4307

Plan der Stadt Gelsenkirchen. Im Auftr. d. Stadtverwalt. hrsg. durch **Solinus**, Landmesser. Maßst. 1:10,000. *Gelsenkirchen: Th. Dahl jr. [1904]; Lith. Anst. B. Giserius, Berlin.* (1 Kartenbl. 101 × 85 cm mit Legende.) quer-gr.2° [kol.] [04. 1678

Solinville, Augustus, Oerlieonensis: Anatomica disquisitio et descriptio nervi pneumogastrici in corpore humano. Tur. ex offic. Zürch. et Furr. 1838. 28 S., 1 Bl., 1 Taf., 1 Bl. 4°.
Zürich, Med. Diss. v. 17. Nov. 1838.

Solis, Antonio de

de Solis, Ant., Eroberung von Mexico, s. Pajeken, C. A., Uebungen zum Uebersetzen.

v. Solis, Ant., Geschichte der Eroberung v. Mexico, od. die Einnahme des nördl. Amerika, sonst Neuspanien genannt. 2 Thle. 8. Kopenh. 750—53. Proft. 1 ₰

v. Solis, Ant. Geschichte der Eroberung von Mexico. A. d. Span. 2 Bde. 8. Copenhagen 1750—53. 3,00. — Deutsch von G. L. Förster. 2 Bd. (VIII. 321; 314.) 8. Quedlinburg 1838. 8,00.

Solis, Don Anton. de, Gesch. d. Eroberung v. Mexiko, s. a. Geschichte d. außereurop. Staaten rc., 3. u. 4. Bd.

Solis, Virgil, s.: Bücherzeichen (Ex libris) des XV. u. XVI. Jahrh.

— heraldische Kunstblätter, s.: Warnecke, Frdr., heraldische Meister.

Solis, Virgil, Wappenbüchlein, s. Liebhaber-Bibliothek alter Illustratoren.

Soliscus, Janus Ireneus

— Medicamenti παγχρήστου ab Jano Irenaeo Solisco nuper revelati Apologia (a Jh. Fr. Clossius). 8. Utrecht 783.

Soliscus, Janus Jreneus, Medicamentum non πολύχρηστον sed πάγχρηστον, alias universale dictum revelat. elegisque latinis decantat. s. l. et A. (a Jh. Fr. Clossius). 8. (Utrecht 1783), — ejusd. Carmen de invidia, vitio Medicis proprio s. l. a (Jh. Fr. Clossius). 8. (Utrecht 783), — ejusd. Carmen de Medico, ignorata morbi causa, male curante, (Jh. Fr. Clossius). 8. Tübing. 784.

Solitaire [Pseud.], s. a. Nürnberger, Woldemar

Solitaire, M., 1848. Was erlebten wir in diesem welterschütternden Jahre schon Alles, und was können und werden wir noch Alles erleben? Reflexionen über Revolutionen, Worte der Versöhnung und Beruhigung und Hoffnungen auf die Zukunft. 8. (39 S.) Landsberg 848, Volger und Klein. *

Solitaire, M., (Wold. Nürnberger), alte Bilder in neuen Rahmen. Phantasie und Objekt im Reisebilde. Aus meinem Wanderbuche. Landsberg 855. Volger u. Klein. 16. (85 S.) n. 6 ngr.

Solitaire, M., [Woldemar Nürnberger,] Bilder der Nacht. (Gedichte.) 8. (VIII u. 104 S.) Landsberg 852, Volger & Klein. n. 16 ngr.

— das braune Buch. Novellen, Phantasiestücke und Historien. Leipzig 858. Hübner. 8. (3 Bl., 395 S.) n. 1 ₰.

Solitaire, M., [Woldem. Nürnberger], Diana-Diaphana oder die Geschichte des Alchymisten Imbecill Kätzlein. Phantastischer Roman nach alter Chronika. 3 Bde. Nordhausen 863. Büchting. 8. (850 S.) 4 ₰

Solitar, M., die Erben v. Sternenhorst, s. Nürnberger, W.

— Erzählungen bei Licht. Novellen. Leipzig 860. Hübner in Comm. 8. (2 Bl., 380 S.) n. 1 ₰ 10 ngr.

Solitaire, M., (Woldem. Nürnberger), Erzählungen bei Mondenschein. Neue Novellen. Leipzig 865. Matthes. 8. (IV, 383 S.) n. 1 ₰ 10 ngr.

—— Erzählungen bei Nacht. Novellen. (Die Hungermühle. Großmutter Schlangenbraut. Die neue Brücke. Das Waldteufelchen.) 8. (359 S.) Leipzig 858, Matthes. *

— die Fahrt zur Königin von Britania. Theophrastus Paracelsus ab Hohenheim fragmentarisch dargestellt. Novelle. Landsberg 854. Volger u. Klein. 24. (IV, 92 S.) n. 6 ngr.

—— die beiden Finkenstein. Lustspiel in 1 Akt nach der Idee einer Chronik. (Als Mscr. für Bühnen.) gr. 8. (44 S.) Landsberg 851, Volger und Klein. *

— trauter Herd und fremde Woge. Seenovellen. Leipzig 856. Matthes. 8. (360 S.) n. 1 ₰.

— Celestens Hochzeitsnacht. Ein ländliches Gemälde. Leipzig 854. Hinze. (Matthes.) 16. (108 S.) n. 15 ngr.

— Koralla. Eine humoristische Stadtgeschichte. Leipzig 856. Matthes. 16. (78 S.) n. 8 ngr.

— die Tragödie auf der Klippe. Novelle. Landsberg 853. Volger u. Klein. 12. (84 S.) n. 5 ngr.

—— dunkler Wald und gelbe Düne. Zwei Novellen. 12. (III und 216 S.) Leipzig 855(56,) Matthes. *

Solitaires, les deux, des Alpes. 12. Berne, Soc. Typ.

Solitaire, les deux, des Alpes, ou histoire des malheurs du Comte et du Chevalier de Malmore. II Part. 12. Berne, Haller. 791. — 20

Solitärspieler, der prakt., od. Anweis., das bekannte Kreuz- od. Kapuzinerspiel durch aufgestellte Muster zu erlernen. Mit 18 Fig. auf Spieltabellen. 8. Münch. 808, Lentner. 6 gr.

Solitro, Giuseppe, der Gardasee, s.: Kunstland, das, Italien, I.

Solitüden, für, 16 Stück. 8. Leipz. Schneider. 784.

Solitudo, Venantii Pacati, seu querela de tempore. Hamb. 1704. V: *Pechlin, Johann Nicolaus.* (EB)

Solium Archiducatus Carinthiae. Klgft., Kleinmayr, (ca. 1720). Quart. 160 S.

Solium, Episcopale, Imperialis Ecclesiae Bambergensis . . . Bambergae 1729. V: *Zinck, Ldw.* (JES)

Solkwer, Benjamin-Note (geb. Plungjan in Russl. 15. 8. 1853): Ueber die Anwendung der Galvanocaustik bei chronischen Rachen- und Nasenkatarrhen. Berlin (1878). (29 S.) 8°
Berlin, Med. Diss. v. 16. Juli 1878

Soll d. Verfahren nach d. IV. Edikte v. 31. Dec. 1818 in seinen wesentl. Theilen wieder aufgehoben werden? Einige Worte üb. d. fünften Nachtrag d. ständ. Commission wegen Herstell. d. Verhandl.-Maxime, v. 13. Juni 1820. *Stuttgart*, Steinkopf. 821. gr. 8. (9 Gr.)

Soll denn wirklich der Zank zwischen Protestanten u. Katholiken losgehn? Ein Wort treuer Ermahnung an alle christlichgesinnten Katholiken u. Protestanten. gr. 8. (1 B.) Straßburg 843. (Heidelberg, C. F. Winter.)

Soll der Deutsche Bundesstaat seine höchste Behörde in Oesterreich, Preußen oder unter seinen andern Fürsten suchen? Cassel, H. Hotop, im April 1848. 16 S. 8°.

Soll der Mann keusch in die Ehe treten? Ein offenes Wort an die Vertreter der Svava-Bewegg. Björnsons. *.* gr. 8. (15 S) Leipzig 895. M. Spohr. n. — 60

Soll der Prinz von Preußen zurückkommen? Eine Frage an das Volk. — Druck von E. Litfaß. 1 Bl. Fol.
Flugblatt. Berlin, 12. Mai 1848.

Soll die badische Eisenbahn bis an den Bodensee fortgeführt werden? Auf vielseitiges Verlangen aus der Freiburger Zeitung besonders abgedruckt. Freiburg im Br. 852. Wangler. 16. (19 S.) 2 ngr.

— die deutsche Volksvertretung Adelskammern haben? gr. 4. Aarau, Sauerländer. 818.

Soll die Militairkraft in Preußen nicht erhöht werden? Berlin 860. Wagner. 8. (19 S.) ½ ngr.

—— die Militairlast in Preußen erhöht werden? 8. (16 S.) Berlin 860, Haude und Spener'sche Buchh.

— die Ostbahn von Küstrin nach Berlin direkt, oder über Frankfurt geführt werden? Berlin 853. Dümmler's Buchhdlg. gr. 8. (8 S.) n. 2½ ngr.

Soll die Plattdeutsche Sprache gepflegt oder ausgerottet werden? . . . Hamb. 1834. V: *Wienbarg, Ludolf Christian.* (A)

Soll die Scheidewand unter Katholiken und Protestanten noch länger fortbestehen? . . . Regensburg 1818. 2. A. 1819. 4. A. 1839. V: *Hille, Augustin Barthol.* (Th) (Schmal) (ADB) (Gla I, 2, 774)

— die Scheidewand unter Katholiken u. Protestanten noch länger fortbestehen? 3te Aufl. 8. Augsburg, Doll. (Landshut, Krüll.) 820.

—— die Scheidewand unt. Katholiken u. Protestanten noch länger fortbestehen? Oder: Ueber d. Beweggründe d. Reformation u. d. Rückkehr z. kathol. Kirche. Ein Wort d. Liebe an Alle, welche d. kathol. Kirche nicht kennen od. gar mißkennen. 4., ganz umgearb. Ausg. v. Sim. Buchfelner. 8. (21 B.) Regensburg 839, Manz.

Soll die sozialistische Arbeiterpartei türkisch werden?
s.a. Arbeiterpartei

Soll die socialistische Arbeiterpartei türkisch werden? . . . Zürich 1878. V: *Levy, H.* (Stams)

Soll die weltliche Regierung des römischen Papstes beschränkt werden oder nicht . . . Pesth 1860. V: *Soltész, Alois.* (KU) (Pk)

—Frankreich Elsaß u. Lothringen verlieren? Und wer soll's denn bekommen? 8. Münch. 816. (Weber). 3 gr.

Soll und Haben. Praktische Lektionen für Geschäftsleute. Wien 1867. 9. Aufl. [1884]. V: *Jacobsen, Heinrich.* (EB)

—— und Haben. Praktische Lektionen für kleine Geschäftsleute. 4. Aufl. gr. 8. (VI und 391 S.) Wien 867, v. Waldheim. cart. *
Dass. 6. Aufl. Ebda. 1870. (512 S.)

Soll und Haben. Praktische Lectionen für Geschäftsleute. 8. Aufl. In 16 Heften. gr. 8. (514 S.) Wien 874, v. Waldheim. à Heft 40 Pf. 6 40
geb. 7 20

Soll und Haben. Prakt. Lectionen für Geschäftsleute. 9. verm. Aufl. 18 Hefte. gr. 8. (584 S.) Wien 884, v. Waldheim. à Heft 40 Pf.

— u. Haben. Monatsschrift f. Buchführung, Handelsrecht u. kaufmänn. Rechnen. Red.: W. H. Bakker. 1. Jahrg. April—Septbr. 1902. 6 Nrn. gr. 4. (à ca. 20 S.) Hamburg, G. Delwel & Co. 3. —
Mehr nicht erschienen.

Soll und Haben. Monatsschrift f. Buchführung, Handelsrecht u. kaufmänn. Rechnen Red. Bakker. I. Jahrg. April 1902 - März 1903. 12 Nos. gr. 4. Hamburg, Delwel & Co. 6. —

— ich den freien christlichen Gemeinden beitreten oder nicht?" Ein Wort üb. Wesen, Zweck u. Geschichte der freien christlichen Gemeinden. Von e. Verehrer Jesu. gr. 8. (40 S.) Dessau 850, Katz. 1/4 ₰

Soll ich heiraten? Phantasien e. Ehemannes, v. Retius. (39 S.) gr. 8. Halle 905. C. Marhold. n. — 80

Soll ich nach Posen auswandern oder soll ich in Galizien bleiben? Eine Lebensfrage für d. dt. ev. Kolonisten Galiziens. (Biala '03.) 2 Bl. 4°

Soll in Berlin eine Universität sein? ꝛc. 8. Berl., Amelang.

Soll man aus der Kirche austreten, in welcher wir geboren sind u. das Glaubensbekenntnis abgelegt haben u. in e. andere Gemeinschaft eintreten? Kurze Beleuchtg. e. Artikels in Nr. 40 u. 41 des Elberfelder Reformirten Wochenblattes v. 1869 v. e. Mitgliede der Freien Kirche. gr. 8. (20 S.) Bonn 889. (Schergens.) n. — 30

Soll man der Kirche einen Einfluß auf d. öffent. Unterr. gestatten? 8. (3½ B.) Straubing 831, (Schorner.)

Soll man die Bischöffe nicht anhalten, dass sie gewisse Titel der Mutter Gottes abwürdigen? Basel 1787. V: *Weissenbach, Joseph Anton.* (Petzek S. 171)(Biblport)

Soll man ein Barometer kaufen? Werth und Kennzeichen eines brauchbaren Barometers, besprochen von H. Göttingen 1885

Soll man e. Barometer kaufen? Wert u. Kennzeichen e. zuverläss. Barometers, besprochen v. Hygrotinos. 2. Aufl. gr. 8. (15 S. m. 2 Abbildgn.) Göttingen 899. W. Lambrecht. n. — 25

Soll man heirathen, oder nicht? Allerlei Stimmen üb. e. Lebensfrage. (74 S.) Berl. 891, Cenitzer. * 1 —

SOLL man junge Leute über die eigentliche Art der Erzeugung des Menschen belehren? (Motto:) Non quis? sed quid? Stendal 1784. 8°. 64 S.
Hayn VI, 344, ungenau. [Verfasser: W. H. F. Seehase.]

— man junge Leute üb. die eigentl. Erzeugung des Menschen belehren? (v. W. H. F. Seehase). 8. Stendal. 2e A. 784. Franzen u. Gr. 3 gr.

SOLL man junge Leute über die eigentliche Art der Erzeugung des Menschen belehren? (Von *Wilh. Heinr. Frdr. Seehase*). Ein Beytrag zur Entscheidung dieser Frage. Neue Aufl. Stendal, bey Franzen u. Grosse, 1786. 8°. 66 S. (1 Mk. 50 Pfg. R. Bertling, Dresden, 1907.)
Zuerst erschienen ebd. in demselben Jahre. — Anon.-Lex. IV. p. 95 (nach Meusel u. Kayser).

— Oesterreich in den Zollverein eintreten oder nicht? Geschrieben, anläßlich der Versammlung des Vereins der österreichischen Industriellen, am 30. Juni 1862. Wien 862. (Gerold.) gr. 8. (15 S.) n. 4 ngr.

— Oesterreich — Venedig verkaufen? Eine Tagesfrage. 1. u. 2. Aufl. Leipzig 861. Kollmann. 8. (16 S.) 1½ ngr.

Soll Preußen noch ferner eine Großmacht sein, oder was bleibt Preußen jetzt allein noch übrig? Eine politische Erörterung. Braunschweig, J. H. Meyer, 1851. 15 S. 8°.

Soll Rastatt Bundesfestung werden? 8. (1 B.) Freiburg 840, (Emmerling.)

Soll Rastatt Bundesfestung werden? Freiburg i Br. 1840. 16 S

— u. kann die ungarische Sprache zur einzigen Geschäftssprache im Königreich Ungarn u. d. m. demselben vereinigten Ländern gemacht werden? 8. Presburg, Weber. 810.

Soll u. wird das Publikum sich von d. Ankaufe der neuen Badischen 50 Fl.-Loose abschrecken lassen? Durch die erschien. Abhandlung über die Frage: „Welche Wahrscheinlichkeit auf e. Gewinn haben die Theilnehmer an den neuen großh. Badischen Anlehen nach d. genehmigten Plane im R. B. vom 3. Aug. 1840. No. 22?" Beantwortet v. A. gr. 8. Karlsruhe 841, Groos. 1/3 ₰

Soll Ungarn zu Deutschland oder zu Russland stehen? Zeitgemässe Betrachtungen eines Ungarn. Angeregt durch Schönerer's bekannte Aussage im österr. Reichstage. gr. 8. (24 S.) Leipzig 879. Friedrich in Comm. n. — 60

Soll unsere in Gott freie Kirche e. unter Menschen geknechtete werden? An meine Mitchristen der Kirche augsburg. Confession im Elsaß. gr. 8. (12 S.) Straßburg 871. Bomhoff. n. — 40

—— **Venetien östreichisch bleiben oder nicht?** Unter besond. Berücksicht. der Schrift: „Der Besitz Venetiens und die Bedeutung des neu-italien. Reiches" beantwortet von einem preuß. und deutschen Patrioten. gr. 8. (32 S.) Berlin 861, C. Heymann's Verlag. *

v. Söll, Aloys (Augustin v. Trisfeck) Abhandl. von der Unschuld, od. Beschreibung, wie vortreffl. u. glücklich der Stand d. Unschuld ist. Vorzügl. f. Kinder u. junge Leute auf d. Lande. Sammt einem kurzen Gebetbuche. Mit 1 Kpf. 12. Augsb. 805. N. A. 825. Veith u. Rieger. 8 gr.

Söll, Aloys v., Abhandlung v. der Unschuld ꝛc. 12. Insbruck, Fischer. 805.

Söll, Aloys v., **Abhandlung von d. Unschuld,** od. **Beschreib.,** wie vortreffl. u. glückselig d. Stand d. Unschuld ist. Vorzügl. f. Kinder u. junge Leute auf d. Lande. Sammt e. kurzen Gebethbuche. Neueste, verb. Orig.-Aufl. 12. (12 B. u. Titlkpfr.) Augsburg 833, M. Rieger. Thlr.

Söll, Aloys v., Abhandlung v. der Unschuld od.: Beschreibung wie vortrefflich u. glückselig der Stand der Unschuld sei. Vorzüglich f. die Jugend. Sammt e. kurzen Gebetbuche. Verb. u. verm. v. S. Buchfelner. 12. Orig.-Aufl. 12. (11 B.) Augsburg 846, Rieger'sche Buchh.

Söll's, Aloys v., Abhandlung von der Unschuld oder: Beschreibung wie vortrefflich und glückselig der Stand der Unschuld sey. Vorzüglich für die Jugend. Sammt einem kurzen Gebetbuche. Verb. und verm. von S. Buchfelner. 13. Orig.-Aufl. 12. (262 S. mit 1 Holzschntaf.) Augsburg 866, Rieger'sche Buchh.

— Auszug des Lebens der frommen Dienstmagd Armelle v. Nikolas. 8. Brixen 814.

Söll, Alois von —. Das kostbare Kleinod der Jugend die Unschuld. Eine Abhandlung von dem großen Werthe der Taufunschuld und von den Mitteln, sie zu bewahren. Die bekannte vortreffliche Jugendschrift des — —. Nebst einem Gebetbuche. Neu bearbeitet von einem Priester des Franziskaner-Ordens. II. Auflage. Gratz. 1855. Verlag von Josef Sirolla. (304 S. 8.)

Söll, Alois v., Sorge für die Bewahrung der Unschuld, an sich und andern. Nebst Sammlung der gewöhnlichsten Gebete. Neu bearb. von K. Moser. Innsbruck 863. F. Rauch. 16. (291 S. u. 1 Lithogr.) 9 ngr.

Söll, Anton, tractatus de legibus. fol. Augsburg. (Weidmann, Leipz.) 742.

— — id. lib. VI Vol. fol. Augsb. Wolf. 742.

— scientia legum quaestionib. ad legem positiv. naturalem pertin. 4. Ingolstadt, Krüll. 724.

Söll, Julius: Ueber die Gewinnung von Morpholchinon aus Phenanthren. 1908. 54 S. 8⁰ ¶ Vgl. Berichte d. Deutschen Chem. Gesellschaft. Jg. 41.
Stuttgart, Dr.-Ing.-Diss. v. 4. 11. 1908

Solla, Rüdiger

Solla, R., Elementi di botanica, s.: Burgerstein, Alfr.

Solla Dr. Rüdiger: Die Pflanze und ihre Umgebung. 89. Triest R.896. Progr.

— Pflanzenkrankheiten. 96. ibd. 97. Progr.

— Pflanzenschäden, durch Thiere verursacht. 99. ibd. 00. Progr.

Sollas, Hertha, aus Cambridge: Goldsmiths Einfluß in Deutschland im 18. Jahrhundert. *Heidelberg 1903: K. Rößler.* (44 S.) 8°
Heidelberg, Phil. Diss. v. 1903

Solle, Friedr., Liederbuch für Schule und Haus, nebst den nöthigsten Vorkenntnissen zum Singen und einem Anhange kirchl. Chorgesänge. 8. (48 S.) Zeulenroda 851. (Gera, Kanitz.) **

Das Land des Glücks. Betrachtungen von R. W. **Solle,** Pfarrer. Düsseldorf: C. Schaffnit 1906. (125 S.) 8° [F.] 07. 7332

[F.] Reformation und Revolution. D. deutsche Bauernkrieg u. Luthers Stellg in demselben. Von R. W. **Solle.** *Halle a. S.: Ver. f. Reformationsgesch.; (Comm.-V. v. M. Niemeyer) 1897.* (82 S.) 1 Bd 8.
— Schriften f. d. deutsche Volk hrsg. v. Ver. f. Reformationsgesch. [No] 31. 32. 98. 2788

Sollen die Akademischen Gerichte noch ferner in der jetzigen Verfassung gelassen werden? Leipzig 1799. V: *Seckendorf, Christian Adolph Freih. v.* (MGT)

Sollen die Bischöfe allein die Kirche sein? Eine Gegenfrage an den Herrn Wilhelm Emanuel v. Ketteler, Bischof von Mainz, auf dessen Frage: »Soll die Kirche allein rechtslos sein?« Ein Wort an ihre Mitbürger von den Unterzeichneten der Petition gegen die bischöflich-ministerielle Convention. Wiesbaden 1861. V: *Hieronymi, Hch. Aug. Wilhelm.* (Hessische Biographien. Hgbn. von Herman Haupt. Darmstadt. II/3 (1924), S. 251)

Sollen die Bischöfe allein die Kirche sein? Eine Gegenfrage an den Herrn Wilh. Emanuel v. Ketteler, Bischof von Mainz, auf dessen Frage: „Soll die Kirche allein rechtlos sein?" Ein Wort an ihre Mitbürger von Unterzeichnern der Petition gegen die bischöflich-ministerielle Convention. 1. u. 2. Aufl. Wiesbaden 861. Limbarth. gr. 8. (48 S.) n. 4 ngr.

Sollen die Gemeinden od. die Patrone die Prediger wählen? Beantwortet durch die Erfahrung von einen Prediger. gr. 8. Hannover 825, Hahn.

Sollen die Prediger in den Herzogthümern Schleswig und Holstein auf die Zollfreiheit unbedingt verzichten? ... Altona 1832. V: *Peters, Hartwig.* (A) (NN)

Sollen die produzierenden deutschen Berufsstände oder die Beherrscher des Weltmarkts Deutschlands Zukunft bestimmen? *Hattingen: C. Hundt sel. Wwe 1895.* (28 S.) 8° [Kopft. F.]
= Arbeiter-Bibliothek, Rheinisch-Westfälische. H. 5. 02. 5558

— die Verhandlungen der Ständeversamml. öffentlich seyn od. nicht? 2c. 8. Schwabach 824, Weber.

Sollen die zwei italienischen Kreisbezirke Trento und Rovereto fernerhin beim Deutschen Bunde verbleiben? Frankfurt a. M. 1848. V: *Festi & Andere.* (Hauptkat. d. Univ.-Bibl. Tübingen. F. S. 226.)

Sollen in Österreich Schwurgerichte eingeführt werden. Die Antwort widmet den österreichischen Landtagen ein praktischer Justizmann. Wien 1861. V: *Lienbacher, Georg.* (Mitth. Dr. Ign. Schwarz-Wien.)

— in Oesterreich Schwurgerichte eingeführt werden? Die Antwort widmet den österreichischen Landtagen und den Geschwornen der Jahre 1850 und 1851 ein praktischer Justizmann. Wien 861. F. Manz. gr. 8. (38 S.) n. 8 ngr.

Sollen Kinder geistige Getränke als Genussmittel erhalten? Gutachten von Aerzten des Kantons Basel-Stadt und Professoren der medizinischen Fakultät der Universität Basel. Hrg. vom Alkoholgegnerbund Basel. 23 S. 8. (Basel,) Schriftstelle des Alkoholgegnerbundes (Friedrich Reinhardt, [1904]).

Sollen Pest, Cholera, od. andere epidemische Krankheits-Erscheinungen uns Furcht u. Schrecken einflößen od. nicht? Oder: Die Cholera u. ihr Wesen, nebst Angaben zu ihrer Verhütg. u. Beseitigg. u. einigen andern wicht. Mittheilgn. 8. (18 S.) Tübingen 884. Lindenmaier. n. — 30

Sollen sich die Christen beschneiden oder die Juden taufen lassen? Ein Versuch mit Berücksichtigung des Sendschreibens **jüdischer Hausväter an Teller. Berlin 1800. V: *Vollbeding, Johann Christoph*. (KGBerlin II, 2617)**

Sollen die Christen sich beschneiden od. d. Juden taufen lassen? 8. **Berlin, Braun.** 800.

Sollen sie wiederkommen?, s.: Flugschrift d. sächsischen Landesvereins d. Evang. Bundes.

Sollen unsere Schulen christlich bleiben? Ein Mahnwort an die christlichen Einwohner Preußens. [Aus: „Trier. Landeszeitung" resp. „St. Paulinus-Blatt".] gr. 8. (III, 99 S.) Trier 879. St. Paulinus-Druckerei. n. 1. —

Sollen wir Deutsch-Südwest-Afrika behalten? Ein offenes Wort an d. reichsdeutsche Publikum von e. südafrik. Deutschen. *Berlin-Charlottenburg: Continent [1904].* (31 S.) 8°
= Continent, Broschüren-Folge. No 2.

Sollen wir Deutsch-Südwest-Afrika behalten? Ein offenes Wort an d. reichsdeutsche Publikum von e. südafrik. Deutschen. 2. Taus. Berlin-Charlottenburg: Continent [1904]. (31 S.) 8°
= Continent, Broschüren-Folge. No 2. 1-5. Bygl. 11

Sollen wir Deutsch-Südwest-Afrika behalten? s. a. **Broschüren-Folge „Continent". Nr. 2.**

Sollen wir eine freie Kirche gründen? Referat... [Basel] 1903. V: *Sarasin-Thurneysen, Hans.* (BBullSch 4, 1904)

Sollen wir in der Schweiz die mitteleuropäische Zeit adoptieren? [Zürich] 1892. V (II): *Billwiller, Rob.* (Cat. d. Stadtbibl. Zürich. Zürich 1864—97.)

Sollen wir katholisch werden? Stuttgart 1822. V: *Steudel, Johann Christian Friedrich.* (ADB)

— wir katholisch werden? In Beziehung auf neuere Aufforderungen, beantwortet von einem Wahrheitsfreunde u. herausgegeg. durch C. F. Klaiber. 8. Stuttg. 822. Steinkopf.

Sollen wir Magyaren werden? Sechs Briefe geschrieben aus Pest. Karlstadt 1832. V: *Vakanović*. (Tkalač, Jugenderinnerungen Leipzig 1894. S. XIII)

Sollen wir Magyaren werden? Sechs Briefe, geschrieben aus Pesth an einen Freund an der Theis. Von Dr. H. 3e verm. u. verb. Ausg. gr. 8. Karlsstadt 833. (Wien, Wenedict.) 3/4 ₰

Sollen wir Magyaren werden? Fünf Briefe ... Karlstadt 1833. V: *Horvátovich, Domoljub.* (KU)

Sollen wir Reformirte bleiben oder nicht? Ein Wort an die Reformirten in Anhalt. 8. (41 S.) **Leipzig** 875, **Opetz.** *

Sollen wir uns an das Königreich Sachsen anschließen? Eine neue Beantwortung dieser Tagesfrage von einem Altenburger. Ronneburg, E. Hofmeister, 1849. 31 S. 8°.

SOLLEN wir unser Geschlecht fortpflanzen? Eine Frage an meine proletarischen Leidens-Genossen und Genossinnen. Separat-Abdruck a. d. „Londoner Arbeiter-Zeitung". 1897. Offizin der „Londoner Arbeiter-Zeitung" 67, Star Street, Paddington, London, W. 8°. 16 Seiten. (6 Mk. E. Frensdorff, Berlin, 1909.)
Sehr seltener Separatdruck!

— wir unsern Kindern die Schutzpocken einimpfen lassen? (von G. F. Cph. Greiner). 8. Eisenb. 802. Schöne. 6 ₰

Sollen wir unsern Kindern die Schutzpocken einimpfen lassen? ... Eisenberg 1803. V: *Greiner, Georg Friedrich Caspar.* (MGT) »1802« (Ky)

— wir uns. Kindern die Schutzpocken einimpfen lassen? 8. Eisenberg, Schöne. 803.

Soller, Ernst, der kleine Wundermann od. d. glücklichmachende Lebensgeist. Er lehrt wahre Heiterkeit im ganzen Leben, sichere Heilung körperlicher Gebrechen, schnelle Hilfe in Gefahr, dauernde Gesundheit d. Leibes, richtige Deutung der Träume, die Kunst zu Prophezeihen, u. giebt die Kraft zu wahren Wunderthaten. Ein Glücksschatz f. d. gesammte Volk. Aus alten aufgefundenen Handschriften sorgsam zusammengetragen, u. m. Abbildgn. versehen. 2. Aufl. br. 8. (X u. 132 S. m. 8 lith. Taf.) Löbau 851, Breyer. 12 ₰

Soller, Herbert, der höhere Lehrerstand in Preußen. Culturhistorische Skizzen. gr. 8. (34 S.) Berlin 875. Oppenheim. — 75

Soller. Max. dipl. Chemiker, von Basel: Die Rolle des Bleisuperoxyds als Anode, besonders bei der elektrolytischen Regeneration der Chromsäure. Halle a. S. 1905. VI + 100 S. 8°. [9. X. 05.]
Zürich Phil. Diss. II. S. 1905/1906

Soller, Max. Die Rolle des Bleisuperoxyds als Anode, besonders bei der elektrolytischen Regeneration der Chromsäure. Diss. Phil. [II.] Univ. Zürich. [Mit Figuren.] VI + 100 S. 8. **Halle a. S.,** Wilhelm Knapp, 1905.

Söller, Frz. Ed., Kommentar zu Johann Ladislav Pyrker's Werken, in der Form einer Blumenlese aus denselben. gr. 8. Augsburg 840. Kollmann. 1 1/2 ₰

Sollert, Raphael: Die Sprichwörter bei Synesios von Kyrene. T. 1. Augsburg 1909: Pfeiffer. 35 S. 8°
Augsburg, k. G St. Stephan P 1909* [S 09. 448

Sollert, Raphael: Sprichwörter und sprichwörtliche Redensarten bei Synesios von Kyrene. T. 2. Augsburg 1910: Pfeiffer. 30 S. 8° ¶ (Forts. d. P-Beil. 1909.)
Augsburg, k. G St. Stephan P 1910* [S 10. 418

Solleysel, Jacques de

Solleysel, de, le parfait Maréchal etc. II. Vol. gr. 4. Francf. Varrentrapp et W. 775.

— vollkomm. Stallmeister. 2 Thle. 4. Genf. 702.

Solleysel, [Jacques] de: Der vollkommene Stall-Meister, welcher lehret, die Schönheit, die Güte und die Mängel der Pferde zu erkennen ... in Frantzösisch beschrieben. Letstere Teutsche Edition wider durch sehen u. verb. ... verm. Thl. 1. 2. Genf 1706.

— Der wahrhaftig-vollkommene Stallmeister. Fol. mit Kpfrn. (417 S.) 4to. (III.) Genf 706.

Söllichau, s.: Preussen, Messtischblätter.

Sollicitanten, Die, ein dramatisirtes Familienstück in drei Aufzügen. Leipzig 1800. V: *Bertuch, Heinrich Friedrich Christian.* (MGT) (GGr) (Ky)

Sollicitanten, die, Ein dramat. Familienstück in 3 A. 8. Lpz. Schäfer. (Kühn.) 800.

Der Sollicitator od. kurzgefasster theoret.-prakt. Unterricht für alle Kanzleipersonen u. angehende Praktikanten b. Advokaten u. s. w. *Wien*, Täubel. 803. 8.

Sollicitator, der. Darstellung seiner Obliegenheiten in- u. außerhalb der Advokaten-Kanzlei m. e. Anleitg. bei Vertretgn., nebst e. Anh., enth.: Das Bagatell-Verfahren — das Mahn-Verfahren — Auszug aus dem Stempel-Tarife, dann Tabellen betr.: Gebühren zum Wiener Krankenhausfonde — Gebühren f. Grundbuchs-Eingaben u. f. Verlassenschaften — Gebühren f. gerichtl. Eingaben, Urtheile, Rekurse, Appellations- u. Revisions-Anmeldgn. in den verschiedenen Verfahrungsarten. 8. (XII, 84 S. m. 4 Tab. in qu. 4.) Wien 875. Manz. n. 1. 20

Sollier, Paul. Der Idiot u. der Imbecille. Eine psycholog. Studie. Ins Deutsche übers. v. Paul Brie. Mit e. Vorwort v. C. Pelman. gr. 8. (XII, 226 S. m. 12 Schrifttaf.) Hamb. 891, Voss. * 5 —

Sollin, Friedrich

Sollin, Fr., neue moral. Erzählungen f. d. Jugend, zur Beförderung d. Guten. (Nebst e. Anh. v. Liedern.) gr. 12. (8 B. u. 3 ill. Kpfr.) München 833, [Jaquet.]

Sollin, Friedr., neue moral. Erzählungen f. d. Jugend, z. Beförderung d. Guten. 2. Aufl. gr. 12. (8 B. u. Ttlbild.) München 838. [Augsburg, Jaquet's Verl.]

Solling, Gust., l'Alsace et la Lorraine. Esquisse historique. gr. 8. (IV, 71 S.) Berlin 871. Kortkampf n. 1. 50

Solling, Gust., Passages from the works of Shakespeare selected and translated into German (including the English text). — Ausgewählte Stellen aus Shakespeare's Werken übers. (mit gegenübergedr. Orig.). br. 8. (X und 155 S.) Leipzig 866, Brockhaus. * 24 Ngr.; geb. mit Goldschn. *

Solling, G., s. Renan, Monsieur, et l'Allemagne.

Solling, Heiko: Berechnung und Construction der wichtigsten Maschinenelemente auf Grund der neueren Festigkeitsversuche u. Festigkeitslehre an praktischen Beispielen erörtert. (Vollständig in 3 Thln.) I. Thl. 4°. (78 S. nebst autogr. Skizzenbl. u. einem Atlas mit photolithogr. Constructionsblättern.) Wien: Spielhagen & Schurich. 1886.

Sölling, Christian Heinrich (Essen) A. S. 1118/31

Dissertatio inauguralis physico-medica de meteororum actione in corpus humanum. Präs. Jo. Adolph Wedel. Jena (Ritter) 14. IX. 1746. 62 S.

Gew.: Johann Heinrich Kopstadt (Onkel).
W. v.: Präs., Basil. Christian Bernhard Wiedeburg, Heinrich Christian Zopf, J. S. Lakarriere (Opp.), Johann Heinrich Bernhard Nolden (Opp.), Johann Andreas Muthwill (Opp.). 32777

Heinrich Wilhelm Friedrich Soelling

Henr[ici] Guil[elmi] Frid[erici] Sölling Commentatio medica de febre carcerum. Marburgi 1790: Typograph. academ. 147 S. 8°

Soelling, H. W. F. Commentatio medica de febre carcerum. 8. *Marburgi, Krieger.* 1790

Sölling, Julius: 1. Beiträge zur Kenntnis des Methylisoxazolons. 2. Reduktion der Orthonitrobenzoesäure und der Orthonitromandelsäure. Weida i. Th. 1909: Thomas & Hubert. 60 S. 8°

Leipzig, Phil. Diss. v. 5. Mai 1909, Ref. Beckmann, Hantzsch
[Geb. 11. Dez. 78 Essen a. R.; Wohnort: Essen; Staatsangeh.: Preußen; Vorbildung: Gymn. Duisburg bis O. 96; Studium: Leipzig 7 S.; Rig. 25. Febr. 09.] [U 09. 3004

Sollinger Wald [Schlagwort]

Sollinger Wald. Karte vom Sollinger Wald. 1:200,000. 21 × 26,5 cm. Farbdr. Hannover 897. Schmorl & v. Seefeld Nachf. n. — 50

Sollinger Wald. Karte v. Sollinger Wald u. vom oberen Weser- u. Leine-Gebiet. 1:200,000. 21,5 × 26,5 cm. Lith. Hannover (901). Schmorl & v. Seefeld Nachf. n. — 50

— **Winkelvos, W.,** der Solling. Uebersichtskarte. 1:75,000. Zusammengest. nach d. Forstkarten, den Papenschen u. a. Karten, als Touristenkarte für den Solling-Verein im J. 1893. 47,5 × 54 cm. Farbendr. Holzminden 895. C. C. Müller. n.n. 1. 35

Söllmann, Aug., Anleitung zum Bestimmen der vorzüglichsten eßbaren Schwämme Deutschlands für Haus und Schule. Mit mehr als 150 Abbildgn. (auf 48 lith. Taf.) Hildburghausen 862. Kesselring. 8. (VIII, 84 S.) n. 20 ngr.

——— Anleitung zum Bestimmen der vorzueglichsten essbaren Schwaemme Deutschlands . . . [Ed. 7?] Hildburghausen, 1862. 8°. Ed. 8. Breslau, 1863.

Sollmann, Aug., Handbuch für die Geistlichen und Kirchenbeamten des Herzogth. Coburg. Eine Sammlung der auf das Kirchenwesen und die Amtsthätigkeit der Geistlichen und Kirchenbeamten bezügl. Gesetze, Verordnungen, Bekanntmachungen, Decrete, Rescripte rc. gr. 8. (VIII, 128 S.) Coburg 873, (Sendelbach.) * — 30

Sollmann, A., Handbuch f. die Geistlichen u. Kirchenbeamten d. Herzogth. Coburg. Eine Sammlg. der auf das evangel. Kirchenwesen u. die Amtsthätigkeit der Pfarrer u. Kirchenbeamten bezügl. u. gült. Gesetze, Verordngn., Bekanntmachgn., Decrete, Rescripte u. s. w. 2., gänzlich umgearb. Aufl. gr. 8. (X, 146 S.) Coburg 890. (Sendelbach's Verl.) n. 4. —

Sollmann, H[ugo], Apotheker: Über Darstellung von Piperylhydrazinen auf elektrolytischem Wege. Rostock 1904: C. Hinstorff. (65 S.) 8°

Rostock, Phil. Fak., Ref. Michaelis, Diss. v. 20. Mai 1905
[Geb. 31. März 72 Königshütte, Oberschl.; Wohnort: Rostock i. M.; Staatsangeh.: Preußen; Vorbildung: Gymn. Königshütte Reife f. Obersekunda O. 00; Studium: München, Breslau, Rostock; Rig. 29. Sept. 04.]

Sollmichs, Franz, Leben u. Schicksale. Eine unterhalt., belehr. u. z. Guten ermunt. Erzähl. f. Kinder u. Erwachsene, besond. aber auch f. studir. Jünglinge, v. Verf. d. Werkes: „Fritz auf d. Wanderschaft." gr. 12. (4½ B.) Augsburg 839, Kollmann'sche Buchh.

Söllner's, B., Farbenkunde f. Kunstmaler in Ölfarben, Aquarell, Tempera u. Pastell. gr. 8. (74 S.) Stuttg. 892, Nitzschke. cart. * 1 20

Söllner's, B., Farbenkunde f. Kunstmaler in Ölfarben, Aquarell, Tempera u. Pastell. Mit Beschreibg. aller in d. Preislisten der Fabrikanten aufgeführten Farben nach ihrem chem. Wert, Angabe ihrer Haltbarkeit nach vieljähr. Erfahrgn., der Ursachen eintret. Verändergn. u. des Verfahrens, wie dem Verderben vorgebeugt werden kann. 2. Aufl. gr. 8. (74 S.) Leipzig (899). Seemann & Co. Kart. n. 1. 20

Soellner, B., praktischer Führer zur Erlernung der Perspektive für Zeichner und Maler. Leichtfaßlicher und gründl. Leitfaden für höhere Schulen und zum Selbstunterricht. Vorbereitung zu akademischen Studien. Mit einem Anhang: Gründliche Unterweisung zur Aquarell- und Oelmalerei, nebst Angaben über das geeignetste Material dazu und einiger Bezugsquellen. Register mit fachgemäßer Terminologie. gr. 8. (190 S. mit 26 Vorlageblättern in Stein- und Lichtdr., cart.) Leipzig 886, O. Wigand. cart. *

—— dass. — Auszug. Leichtfaßlicher Unterricht der nothwendigsten perspektivischen Elemente für Schulen und zum Selbststudium. gr. 8. (50 S. mit 5 lithogr. Vorlageblättern.) Ebendas. 886. cart. *

—— Malschule. Sorgfält. Unterricht in allen Hauptfächern der Malerei in Aquarell- u. Ölfarben nach älterer u. neuester Art, Unterweisgn. f. Gouache, Tempera, Pastell etc. Mit 46 Vorlagen etc. gr. 8. (VIII, 336 S.) Ebd. 892. geb. * 14 —

—— Perspektive f. Maler, Architekten u. andere Künstler. Mit 34 Vorlageblättern (allein geb., qu. Fol.). Neu bearb. Aufl. Nebst illustr. technolog. Wörterbuch. 1. Tl.: Deutsch-Französisch-Englisch 2c. gr. 8. (163, 223 S.) Ebd. 891. * 20 —

—— dass. — Auszug. Neu bearb. Aufl. Mit 5 lithogr. Vorlageblättern. gr. 8. (69 S.) Ebd. 891. geb. * 2 50

—— illustriertes technologisches Wörterbuch f. Architekten, Künstler u. Kunstfreunde. 3 Tle. in 1 Bd. gr. 8. (223; 122; IV, 113 S. m. 4 Taf.) Ebd. 892. geb. * 10

1. Deutsch-Französisch-Englisch, u. einige italienische Beigaben.
2. Französisch-Deutsch.
3. Englisch-Deutsch.

Söllner, Fritz: Zur Kenntnis des Dimethylol α Pikolins. 1909. 34 S. 8°
München, Dr.-Ing.-Diss. v. 14. 12. 1908

Söllner, J., Statistik des Grossfürstenth. Siebenbürgen. 1—3. Lfg. gr. 8. (1. Bd. VII und 408 S.) Hermannstadt 856, Steinhaussen.

Söllner, J., Vortrag gehalten in der Versammlung des Vereins für siebenbürg. Landeskunde, am 28. Mai 1847 in Groß-Schenk. 8. (26 S.) Kronstadt 848, (Németh.) *

Soellner, Julius, aus Ettenheim i. Baden: Geognostische Beschreibung der Schwarzen Berge in der südlichen Rhön. Mit 1 Karte, 1 Taf. Profile u. 2 Taf. Mikrophotographien. *Berlin 1901: A. W. Schade.* (77 S.) 4°(8°) ¶(Aus: Jahrb. d. Kgl. preuss. geol. Landesanst. u. Bergakad. f. 1901.)
Strassburg, Math.-naturw. Diss. v. 1901

Soellner, Julius, a. Ettenheim in Baden: Ueber Rhönit, ein neues änigmatitähnliches Mineral und über das Vorkommen und die Verbreitung desselben in basaltischen Gesteinen. Stuttgart: E. Schweizerbart 1907. (78 S., 3 Taf.) 8° ¶(Aus: Neues Jahrbuch für Mineralogie usw. Beil.-Bd 24.)
Gießen, Phil. Fak., Hab.-Schr. v. 1907

Soellner, Ottilie, s. a. Vollbrecht, C.

[F.] Ein Schatten. Roman. Vom Regiment 'Rechten'. Erzählg. Von C. Vollbrecht [d. i. Ottilie Söllner]. *Berlin: A. Goldschmidt 1897.* (1 Bl., 110 S.) 1 Bd 8.
= Bibliothek, Goldschmidts, f. Haus u. Reise. Bd 52. [98. 946c

[F.] Schicksal. Roman v. C. Vollbrecht [d. i. Ottilie Söllner]. *Breslau: S. Schottlaender 1898.* (253 S.) 1 Bd 8. [98. 8900

SOLLOGUB, Fjodor, Das Buch der Märchen. Autorisierte Übersetzung aus dem Russischen von Hans von Guenther. Gedruckt in der Offizin von Poeschel & Trepte, Leipzig. Mit Umschlagzeichnung, Titel, Frontispice usw. von Otto zu Gutenegg. München, Hans v. Weber's Verlag, 1907. 8°. (Br. in Büttenumschlag Mk. 2—; auf Velin gedruckt, Ledereinband mit reicher Goldpressung, Mk. 5—; 50 numerierte Exemplare auf Kaiserl. Japan in goldgepreßtem Einbande aus Leder in Purpur und Dunkelblau, in Kapsel, Mk. 15—.)

Aus dem Prospekt: „Hier wird den Kennern und Liebhabern der graziösen Kunst ein Buch geschenkt, das einen neuen Märchenstil trägt. Obgleich einige Märchen den leisen verträumten Ton der deutschen Märchen haben, sind doch die meisten von einem originellen ironischen Humor erfüllt, der unaufdringlich und unbeschreiblich liebenswürdig ist. Nicht umsonst hat dieses kleine Buch in Rußland einen großen Erfolg gehabt: Sollogub ist ein Dichter und ein Spötter, dem nichts und doch alles heilig ist. Das Buch ist von Otto zu Gutenegg in reizender und pretiöser Art reich geschmückt und in der kostbaren Ausstattung, im Druck und im Formate entspricht es völlig den französischen Editionen des prachtliebenden achtzehnten Jahrhunderts."

Sollogub, Fjodor, das Buch der Märchen. (Autoris. Übersetzg. v. Hans v. Guenther.) (63 S.) kl. 8. München 908. H. v. Weber. 2.—; geb. in Ldr. 5.—; Luxusausg., m. Goldschn. 10. —

— Der kleine Dämon. Roman. Autoris. Übertragg. aus dem Russ. von Rhold v. Walter. (461 S.) kl. 8. München 909. G. Müller. 5.—; geb. 6. 50

Sollogub, Wladimir Alexandrowitsch

Sollogub, der Beamte, s. Collection de comédies etc.

Sollohub, Graf W. A., Erinnerungen an Gogol, Puschkin und Lermontow. Autoris. deutsche Ausg. gr. 8. (48 S.) Dorpat 883, Schnakenburg's Verlag. *

Sologhub, W. A., bitteres Glück. Roman. Mit Autoris. d. Verf. aus dem Russ. ins Deutsche übertr. v. Walfriede Stein. 8. (356 S.) Breslau 888. [Schottländer.] Schlesische Verlags-Anstalt. n. 5. —; geb. n. 6. —

Sollogub, W., russisches Leben und Dichten, s. Leben.

— die Pflegetochter, s.: Taschen-Bibliothek, russische.

—— Tarantas, s. a. Novellenbuch.

..Tarantas. Th. 1.2.
Leipzig: Weber 1847. 8°
(Nordisches Novellenbuch. Bd 3.)

— große Welt. Eine Novelle in 2 Tänzen. Aus dem Russ. 8. (203 S.) Dresden 889. Pierson. n. 2. —

— vornehme Welt, s.: Taschen-Bibliothek, russische.

Harpyen, Die, von Madrit oder die Postkutsche. Aus dem Spanischen des Verfassers der Donna Rufina (d. i. des *Alonso Castillo Sollórzano*). Mit Kpfr. Wien, Ign. Alberti, 1791. (Auch tit.: Angenehme Bibliothek.) 8°. 174 S. Rar! (In München: P. o. hisp. 36 b.) (6 Mk., mit 2 Beibdn., H. Hugendubel, München, 1904.)

Vgl. Allg. Lit.-Ztg. 1793. Nr. 349. Sp. 570. — Goedeke VII, 647, 227, 2.

Orig.: Las harpias en Madrid, y coche de las estafas. Barcelona 1631. 8°. Rariss. (In Stuttgart.) — Siehe Nic. Antonio, Bibl. hisp. I. 15. 1788.

Söllscher, Carl F. G., aus Uddevalla '(Schweden)': Ueber einige Homologe des Desoxybenzoins & Benzophenons. Hottingen-Zür. H. Zürcher Dr. 1882. 36 S. 8°.
Zürich, Phil. Diss. [v. 21. Dec. 1882].

Sollte denn Schriftstellerey kein Erwerbmittel seyn dürfen? O. O. [ca. 1800]. V: *Pahl, Johann Gottfried.* (MGT)

Sollte der Teufel wirklich ein Unding seyn? Eine Frage und Bitte an die Theologen unserer Zeit. 776. 8.

Sollte der Teufel wohl aus Giessen relegirt seyn? V: *Hegelmaier, Tobias Gottfried.* (Nova Eccl. Friburgensis Bibliotheca 1775—1783. Bd. V, S. 338) (BiblPort)

Sollte die Einführ. einer allgem. Beichthandl. bei den luther. Gemeinden nicht rathsam u. möglich sein? rc. 8. Hamb. 799. (Aue in Altona). 3 gl

Sollte die Einführung einer allgemeinen Beichthandlung bey den lutherischen Gemeinden nicht rathsam und möglich seyn? rc. 8. Hamburg, Gundermann. 799.

Sollte die Religion wohl weiter nichts, als ein Zaum für den Pöbel seyn? ... Berl. u. Leipzig 1786. V: *Schmidt, Johann Ernst.* (MGT) »1785« (Ky)

— die Religion wohl weiter nichts, als ein Zaum f. den Pöbel sein? eine Nachlese zu d. Schrift: „der unbekannte Gott." (v. Jh. Er. Schmidt). gr. 8. Berl. 785. Rottmann. 20 gl

— die Stallfütterung wirklich so allgemein u. unbedingt empfohlen zu werden verdienen? 8. Celle 802. Schulze.

— die Stallfütterung, s. a. Stallfutterung.

Sollte die vorgeschlagene Verbindung der alten Freimaurerei mit dem Jesuitenorden im Stande sein, das Revolutionswesen zu dämpfen? Nebst Betrachtungen über die Mittel zur Beförderung der Wohlfahrt und Ruhe der Staaten. Wien: Pazowsky 1794. 102 S. 8°
Kl. 3465.
[Heinsius: Allgem. Bücher-Lexikon. 3 (1812) Sp. 764.]

Sollte die vorgeschlagene Vereinigung der alten Freimåurerei mit dem Jesuitenorden im Stande seyn das Revolutionswesen zu dåmpfen? Nebst Betrachtungen über die Mittel zur Beförderung der Wohlfarth und Ruhe der Staaten. Wien: Patzowsky 1794. 102 S. 8°
Kl. 3465. 193. 232.

Anonym: „Sollte es nicht möglich seyn, der übergrossen Theuerung und dem schädlichen Wucher zu steuern, ohne gewaltsame Mittel und strenge Gesetze eintreten zu lassen?" Anspach 1819 (Gassert)

Sollte Gott auch wohl verdienen, dass ein Mensch Achtung und Ehrerbietung für ihn hätte ...? Hannover 1750—64. V: *Jacobi, Johann Fidr.* (Ky)

— man d. Vernichtung d. deutschen Reichsverfassung wünschen? 8. Frankf. Heerbrand in Tübing. 798.

— man die Vernicht. der deutschen Reichsverfassung wünschen? 8. Frankf. a. M. 798. (Osiander in Tübing.) 12 gl

Sollte man wohl sein Lehramt in der lutherischen Kirche beybehalt. können rc. gr. 8. Bützow, Bödner. 777.

Sollte nicht jede Dorfschule eine praktische Schule der Landwirthschaft ... seyn? [Alt. 1794.] V: *Rixen, Claus.* (NN)

Sollte wol der Soldatenstand vor dem Gelehrten keinen Vorzug verdienen? ... Hof 1755. V: *Tiller, Johann Georg.* (ML) (Fiker)

Sollten die adelichen Gutsbesitzer in Baiern nicht Creditvereine errichten? (Von H. von der Tann.) gr. 8. (Meiningen, Keyßner.) 818.

Sollten die adlichen Gutsbesitzer in Baiern nicht Creditvereine errichten? [Meiningen] 1819. V: *Tann, H. Freih. von der.* (Wa) »1818« (Ky)

Sollten die moralischen Kräfte im Staat wohl eben die Aufmerksamkeit verdienen, als die man den physischen widmet? [Halle 1793.] V: *Streithorst, Johann Werner.* (ML)

Sollten Hurerey und Concubinat auch in unsern Zeiten noch ... Laster seyn? Frankf. u. Leipz. 1777. V: *Müller, Johann Daniel.* (Stri) (ML)

Sollten nicht in allen Pfarreyen Kirchenkonvente eingeführt werden? 8. Augsb. Doll. 811.

Sollten nicht mehrere Ausländer unsere Litteratur auf ähnliche Art studiren? [Leipzig 1800.] V: *Wolffram von Wolfframitz, Carl Joh. Glieb.* (MGT)

Solly, Edward

Solly, Ed., Agrikulturchemie. Aus dem Engl. übersetzt u. hrsg. v. der Redaction der Allgem. Gartenzeitung in Berlin. gr. 8. (10 B.) Berlin 844, Naucksche Buchh.

Solly, Ed., Betrachtungen üb. die Staatswirthschaft, englisch u. deutsch. gr. 4. Berl. Realschulbuchh. 814.

— Betrachtungen über Staatswirthschaft. Berlin. 814. Ist jetzt Berl. v. Duncker u. Humblot.

— üb. die Grundlage d. Nationalwohlstandes. gr. 4. Berl. 816. Duncker u. H. 6 gl

Solly, Edward, s. H a n d e l. – Über den englischen Handel.

Solly, Eduard, Versuch einer Berichtigung d. Urtheile üb. Englands äußere u. innere Verhältnisse. 8. Berlin, Duncker u. Humblot. 816.

Solly, Thom., a coronal of English verse or a selection from English and American poets. 8. (XII und 312 S.) Berlin 864, Haude und Spener'sche Buchh.
geb. mit Goldschn.

Solly, Thom., Grundsätze des englischen Rechtes über Grundbesitz, Erbfolge und Güterrecht der Ehegatten. Berlin 853. Th. Enslin. gr. 8. (4 Bl., 71 S.) n. 10 ngr.

Solm, J. v., Ulf Bancze. Lieder aus Schloß Banz. (XII, 114 S. m. Titelbild.) kl. 8. Staffelstein (905). (Bamberg, Buchner's Sort.) Geb. in Leinw. n. 2. —

— umweht v. deinen Schwingen! Schutzengellieder. (IX, 161 S. m. Titelbild.) kl. 8. Ebd. (906).
Geb. in Leinw. n. 1. 25

Solmersitz, Felix, Arzt: Aus d. Kgl. pathol.-anat. Universitäts-Institut zu Königsberg i. Pr. Zur pathologischen **Anatomie** der Huntington'schen Chorea. (Chorea chronica progressiva, hereditaria. Degenerative Chorea.) *Königsberg i. Pr. 1903: R. Leupold.* (57 S.) 8°
Königsberg, Med. Diss. v. 2. Okt. 1903

Leonardo da Vinci. Von Edm[ondo] **Solmi**. Mit 9 Vollbild. Vom Verf. genehm. Übers. aus d. Ital. von Emmi Hirschberg. Berlin: E. Hofmann & Co. 1908. (XII, 291 S.) 8° [F.]
— Geisteshelden. Bd 57. lol. 7384

Solms, Ernst, appr. Arzt a. Stettin: Aus der Prosektur des **Krankenhauses** r/Isar in München. Ueber Volvulus der Flexura sigmoidea. München 1903: Kastner & Callwey. (58 S.) 8°
München, Med. Fak., Ref. v. Bollinger, Diss. v. 28. Mai 1903
[Geb. 12. April 78 Stettin; Wohnort: Stettin; Staatsangeh.: Preußen; Vorbildung: Friedr.-Wilh.-Schule Stettin Reife M. 97; Erg.-Prüf. Friedr.-Wilh.-Gymn. Greifenberg i. Pommern O. 98; Studium: Freiburg i. B. 1, München 4, Berlin 3, München 2 S.; Coll. 28. Mai 03; Approb. 4. März 03.]

Solms, Eugen, appr. Arzt a. Stettin: Ueber einen Fall von **Grawitz'schem** Tumor der rechten Niere mit multiplen Metastasen. München 1904: Kastner & Callwey. (27 S.) 8°
München, Med. Fak., Ref. v. Bollinger, Diss. v. 28. Nov. 1904
[Geb. 11. Juli 80 Stettin; Wohnort: Stettin; Staatsangeh.: Preußen; Vorbildung: Stadtgymn. Stettin Reife O. 99; Studium: Freiburg i. B. 1, München 4, Berlin 2, München 2 S.; Coll. 11. Nov. 04; Approb. 29. Juli 04.]

Solms, Jean (Soest)
Methodicum perspicuum et accuratum juris civilis breviarium ex regulis diversi juris antiqui erutum.
Giessae Juli 1709: Joh. Reinh. Vulpius. 16 S. 4°
pro licentia summos in utroque jure honores et privilegia doctoralia rite capessendi.

Solms, Ludwig Fürst zu, s. Solms - Lich und Hohensolms, Ludwig Fürst zu.

Solms, Princessin Maria v. Vide: Welzhofer, M. M.: Ueber die Organisation der Arbeit.

Solms, Wilhelm Ludwig

SOLMS: Forstdiebstahls-Gesetz vom 15. April 1878 und Forst- und Feldpolizei-Gesetz vom 1. April 1880. Nebst Ausführungs-Verordnungen. Für den praktischen Gebrauch bearbeitet. - Berlin (1882) 133 S.

Solms, W. L., **Militär-Strafgesetzbuch** f. das Deutsche Reich, s. a. Guttentag's Sammlung deutscher Reichsgesetze.

— Militär-Strafgesetzbuch für das Deutsche Reich. Text-Ausg. 3. verb. Aufl. Berlin 1893. 436 S.

Solms, Strafgesetzbuch für das Deutsche Reich vom 15. Mai 1871 u. 26. Febr. 1876. Mit dem Gesetz, betr. den Wucher vom 24. Mai 1880, sowie den sonstigen Abänderungen. Unter besonderer Berücksichtigung des Militär-Strafgesetzbuchs, sowie der preußischen Gesetze über Forstdiebstahl u. Forst- u. Feld-Polizei für den praktischen Gebrauch bearb. 21. Gesammt-Aufl. 8. (VI, 190 S.) Berlin 882. Kortkampf. geb. n. 1. 80

Solms, Strafrecht u. Strafproceß f. Heer u. Marine d. deutschen Reiches. Sammlung aller bezügl. Gesetze, Verordngn. zc. zc. d. deutschen Reiches u. der Einzelnstaaten. 2 Thle. 1. Thl.: Militärische Gesetze. 2. Thl.: Bürgerliche Gesetze. 8. (XIV, 478 u. 144 S.) Berlin 873. Kortkampf. n. 9. —

Solms, W. L., Strafrecht und Strafprozeß für Heer und Marine des Deutschen Reichs. 2. verm. und verb. Aufl. 8. (XII, 569, 341 S.) Berlin 883, H. W. Müller.
geb. in Leinw. *
geb. in Halbfrz. *

— Strafrecht u. Strafprozeß f. Heer u. Marine d. Deutschen Reichs. 3., verb. Aufl. 8. (XII, 937 S.) Berlin 892. H. W. Müller. Geb. in Leinw. n. 10. —

— Verordnungen u. Ehrengerichte u. Bestrafung der Offiziere wegen Zweikampfs f. Heer u. Marine d. deutschen Reiches. Mit Bezugnahme auf die Strafgesetzbücher vom 15. Mai 1871 u. 20. Juni 1872 u. alle abänd. zc. Bestimmgn. erläut., sowie m. Formularien versehen. 8. (VIII, 99 S.) Ebend. 872. n. 1. 50

— Verordnung üb. die Ehrengerichte der Offiziere im preußischen Heere. Vom 2. Mai 1874. Mit Benutzg. der neueren Bestimmungn. f. den prakt. Gebrauch bearb. 8. (IV, 65 S.) Berlin 883. H. W. Müller. cart. n. 1. 60

—— Verordnung üb. die Ehrengerichte der Offiziere im preußischen (deutschen) Heere. Vom 2. Mai 1874. Mit Benutzg. der neueren Bestimmgn. f. den prakt. Gebrauch bearb. 2. verb. Aufl. 8. (IV, 67 S.) Ebd. 892. cart. * 1 60

Solms, W. L., die deutsche Wehr-Ordnung, Heer-Ordnung u. Marine-Ordnung. Nach amtl. Quellen bearb. u. m. Anmerkgn. u. Sachregister versehen. gr. 8. (VII, 430 S.) Berlin 885. Guttentag. n. 8. —

Solms-Baruth, Johann Chr. Graf zu

v. Solms-Baruth, Graf Jh. Chr., u. J. H. G. v. Justi, Abhandl. von den Eisenhämmern u. hohen Oefen in Deutschland. Mit Kpf. gr. 4. Frankf. a. M. 764. Hermann. 16 gr.

Solms-Baruth, u. v. Justi Abhandl. von Eisenhämmern, s. Abhandlung.

Solms-Baruth, J.C.Graf zu (Mitarb.), s. a. Abhandlungen von Eisenhämmern u. hohen Oefen in Teutschland.

Katalog ausgewählter Kunstsachen und Antiquitäten aus dem Nachlasse Sr. Durchl. des Prinzen A[lbrecht] zu Solms-Braunfels, sowie kleinerer Beiträge aus Privatbesitz... Versteig. zu Köln d. 12.–14. März 1902 durch J. M. Heberle (H. Lempertz' Söhne). *Köln 1902: M. DuMont Schauberg.* (51 S.) 4°

Solms-Laubach, Hermann Graf zu

Solms-Laubach, H. Graf zu, Botanik, s.: Bary, A. de.

— **Caricaceae**, s.: Engler, A. u. K. Prantl, die natürlichen Pflanzenfamilien.

SOLMS-LAUBACH, H. Graf zu: Die Coniferenformen des deutschen Kupferschiefers und Zechsteins. - Berlin 1884. 38 S. - (Palaeonthol. Abh. Bd. 2, H. 2)

Solms-Laubach, H. Graf zu, die Coniferenformen d. deutschen Kupferschiefers u. Zechsteins, s. a. Abhandlungen, palaeontologische.

—— **Corallina**, s. Fauna und Flora des Golfes von Neapel und der angrenzenden Meeres-Abschnitte.

Solms-Laubach, H. Graf zu, Einleitung in die Paläophytologie vom botanischen Standpunkt aus. Mit 49 (eingedr.) Holzschn. gr. 8. (VIII, 416 S.) Leipzig 887. Felix. n. 17. —

—— s. Engler und Prantl, die natürlichen Pflanzenfamilien.

Solms-Laubach, Herm. Graf zu, die Familie der Lennoaceen. gr. 4. (60 S. mit 3 lithogr. Taf.) Halle 870, Schmidt's Verlag. * 5 —
Aus: Abhandlungen der naturforschenden Gesellschaft zu Halle, besonders abgedruckt.

Solms-Laubach (H., Graf zu). Zur Geschichte der Scolecopteris. (Nachr. v. d. Kgl. Gesellsch. d. Wissenschaft. u. d. Georg-Augusts-Universität zu Göttingen 1883 Nr. 2.) kl. 8.

Die leitenden Gesichtspunkte einer allgemeinen Pflanzengeographie in kurzer Darstellung. Von H[ermann] Grafen zu Solms-Laubach. *Leipzig: A. Felix* 1905. (IX, 243 S.) 8°

Solms-Laubach, H. Graf zu, das Haustorium der Loranthaceen u. der Thallus der Rafflesiaceen u. Balanophoreen. [Aus: „Abhandlgn. der naturforsch. Ges. zu Halle."] gr. 4. (40 S. m. 4 lith. u. chromolith. Taf.) Halle 875. Schmidt. n. 6. —

Solms-Laubach, H. Graf zu, die Herkunft, Domestication u. Verbreitung des gewöhnlichen Feigenbaums [Ficus Carica L.]. [Aus: „Abhandlungen d. k. Gesellschaft d. Wiss. zu Göttingen".] gr. 4. (106 S.) Göttingen 882. Dieterich's Verl. n. 4. —

Solms, H. Graf zu. Pandanaceae; Rafflesiaceae, Hydnoraceae, s. Engler, A., u. K. Prantl. Die natürlichen Pflanzenfamilien.

Die strukturbietenden Pflanzengesteine von Franz JosefsLand von H[ermann] Grafen zu Solms-Laubach. Mit 2 Taf. *Stockholm 1904: P. A. Norstedt & söner.* (16 S.) 4°
= Handlingar, K. Svenska Vetenskaps-Akademiens. Bd 37, No 7.
[04. 5774

Ueber die seinerzeit von Unger beschriebenen strukturbietenden Pflanzenreste des Unterculm von Saalfeld in Thüringen. Von H[erm.] Grafen zu Solms-Laubach. M. 5 Taf. Hrsg. v. d. Kgl. Preuss. geol. Landesanstalt. *Berlin: S. Schropp 1896.* (2 Bl., 100 S., 5 Taf. m. je 1 Erl.-Bl.) 1 Bd 4. (8.)
— Abhandlungen d. Kgl. Preuss. geol. Landesanstalt. N. F. H. 23.
[96. 1716

in Solms-Laubach, [illegible]
Berlin, Phil. [illegible]

Solms-Laubach, Herm. Comes in, de Lathraeae generis positione systematica. Dissertatio inauguralis botanica. gr. 8. (44 S.) Berlin 865, (Calvary und Comp.) *

Rafflesiaceae u. Hydnoraceae mit 35 Einzelbild. in 18 Fig. von H[ermann] Graf zu Solms-Laubach. *Leipzig: W. Engelmann 1901.* (18, 8 S.) 8°
= Pflanzenreich. H. 5. (IV. 75. 76.)
[01. 8841

— über Stigmariopsis Grand' Eury, s.: Abhandlungen, paläontologische.

Solms-Laubach, H[ermann] comes de: Tentamen Bryo-geographiae Algarviae regni Lusitani provinciae. Halis (1868): Orphanotropheum. 43 S. 8°
Halle-Wittenberg. Phil. Hab.-Schr. v. 16. Mai 1868

Weizen und Tulpe und deren Geschichte v. H[ermann] Grafen zu Solms-Laubach, Prof. ... an d. Univ. Strassburg i. E. M. 1 Taf. in Handcolorit. *Leipzig: A. Felix 1899.* (3 Bl., 116 S., 1 Taf.) 1 Bd 8.
[98. 12355

Solms-Laubach, Herrm. Graf zu, s.: Zeitschrift f. Botanik.

— s.: Zeitung, botanische.

Solms-Laubach, Rud. Graf zu, Geschichte des Grafen- und Fürstenhauses Solms. gr. 8. (XVI und 629 S. mit 18 Stammtaf. in qu. Fol. und Tab. 1. und 2., Wappenzeichnungen, nebst 1 Wappen als Titelvignette in Holzschn.) Frankfurt a. M. 865, (Abelmann.) *

Solms-Lich u. Hohensolms, Ludwig Fürst zu

Solms, L. Fürst, Geschichtliche Anmerkungen. Berlin, Gropius, 1848. II, 32 S. 8°.

Zweite Auflage. Berlin, K. Reimarus, 1849. II, 33 S. 8°.

(Solms-Lich und Hohensolms, Ludwig Fürst zu): „Deutschland und die Repräsentativ-Verfassungen", Giessen 1838. — Vorh.: Preuß. Staatsbibl. Berlin und Com. Bibl. Hamburg.

(Solms-Lich, Fürst,) Deutschland u. d. Repräsentativ-Verfassung, s. Deutschland.

—— zehn Gespräche über Philosophie und Religion. gr. 8. (VI und 306 S.) Hamburg und Gotha 850, F. A. Perthes.

—— dass. — 2. Aufl. 8. (33 S.) Ebds. 849.

Solms, Ludw. Fürst zu, Uebersicht theologischer Spekulation nach Rich. Rothe. gr. 8. (IV, 89 S.) Wittenberg 872. Koelling. n. 1. —

Solms-Roedelheim, Ernst Graf zu, aus Assenheim: Die Nationalgüter-Verkäufe im Distrikt Straßburg 1791—1811. *Straßburg i. E. 1904: C. Mah & Co.* (164 S.) 8°
Straßburg, Rechts- u. staatswiss. Diss. v. 1903

Solms-Rödelheim, Mathilde Gräfin Friedrich zu (geb. Prinzessin zu Salm-Horstmar). Glockenlaute. Lieder. 16. (VIII, 223 S.) Stuttg. 892, Greiner u. Pfeiffer. Mit Goldschn. * 3 —

Solms-Rödelheim, Otto Graf zu, Friedrich, Graf zu Solms-Laubach, erster regierender Graf zu Rödelheim [1574—1635]. Ein Zeit- und Lebensbild aus der Periode der deutschen Religionskämpfe. Seiner Familie geschildert. 1. Bd. Lex.-8. (VIII, 517 S. mit Bild.) Berlin 888, F. Luckhardt. *

Solms zu Sachsenfeld, Friedrich Ludw. Graf von. Lebensgeschichte; von ihm selbst aufgesetzt. Leipzig 1795. H: *Reussmann, Joh. Gfr.* (ML)

Rede, von dem Vergnügen der Freymaurer, in der Loge zu d. 3 Rosen [in Sachsenfeld], am St. Johannistage, von dem Mstr. v. St. [Friedr. Ludw. Grafen v. Solms]. Annaberg: Friese [1776]. 4 Bl. 8°
Auszug in: Almanach od. Taschen-Buch f. Frmr. 2 (1777) Bl. 70; Taschen-Buch f. Frmr. 2 (1777) Bl. 60.
Sehr selten. 23.

Solms-Wildenfels u. Tecklenburg, Fr. Ludwig Graf zu, s. a. Fragmente z. Solmsischen Geschichte.

Fragmente zur Solmsischen Geschichte (von F. L. Graf zu Solms). 9 Stücke. Leipzig 1785. 4.

Solms-Wildenfels u. Tecklenburg, Fr. Ludwig Graf zu, s. Horatius: Oden, Lat. u. dt.

Solmsen, Albert [aus Schneidemühl]: Ueber eine Missbildung der unteren Extremitäten ... Würzburg, Becker's Univ.-Buchdr., 1894; 30 S., 1 Bl. 8.
Würzburg, Med. Fak., Inaug.-Diss. v. 1894

Beiträge zur Griechischen Wortforschung. Von Felix Solmsen. T. 1. Strassburg: K. J. Trübner 1909. 8° (X, 270 S.)
[08. 17731 b

Inscriptiones Graecae ad inlustrandas dialectos selectae. Scholarum in usum ed. Felix Solmsen. *Lipsiae: B. G. Teubner 1903.* (VIII, 96 S.) 8°
(Bibliotheca script. graec. et rom. Teubneriana.)
[03. 8888

Solmsen, Felix: Inscriptiones graecae ad inlustrandas dialecteos selectae. Scholarum in usum iterum ed Felix Solmsen. Lipsiae: B. G. Teubner 1905. (VIII, 96 S.) 8°
(Bibliotheca script. graec. et rom. **Teubneriana.**)

Inscriptiones Graecae ad inlustrandas dialectos selectae. Scholarum in usum tertium ed. Felix **Solmsen.** Lipsiae: Teubner 1910. VIII, 98 S. 8°
(Bibliotheca scriptorum Graec. et Rom. Teubneriana.) [10. 9547

Solmsen, Fel., s. Inscriptiones graecae ad inlustrandas dialectos selectae.

Solmsen, Felix [aus Schneidemühl]: **Sigma in Verbindung mit Nasalen und Liquiden im Griechischen ....** **Gütersloh, Druck v.** C. Bertelsmann, 1886; 34 S. + 1 Bl. 8°.
Leipzig. Phil Fak., Inaug.-Diss. v. 11. Apr. 1887.

Solmsen, Felix, Sigma in Verbindung mit Nasalen und Liquiden im Griechischen. Diss. Leipzig 1886, Gustav Fock. 8°. 34 S.

Solmsen, Fel., Studien zur lateinischen Lautgeschichte. gr. 8. (VII, 208 S.) Strassburg 894. K. J. Trübner, Verl. n. 5. 50

Solmsen, Felix, Untersuchungen zur griechischen Laut- u. Verslehre. gr. 8. (IX, 322 S.) Strassburg 901. K. J. Trübner. n. 8.—

Solo, Karl, der Glockenspieler v. Nürnberg, s.: Enslin's interessante Bibliothek.

Sologhub, Wladimir Alexandrowitsch, s. Sollogub, Wladimir Alexandrowitsch.

Solo-Lied zur Fest-Loge. o. O. u. J. 1 Bl. 8°. [Kopftit.]
„Wir fühlen Dich, Allewiger" ... **21.**

Solomé, (J. A.,) Auswahl moral. Erzählungen. Ein französisches Lesebuch f. Schulen. gr. 8. Frankf. a. M. 826, Hermann.

— Lehrbuch d. französ. Sprache. 1r Thl. 1e Abthlg. A. u. d. T.: vollst. Lehrbuch d. franz. Sprache, unterer Cursus. gr. 8. Stuttg. 823, v. Cotta.

Salomé, J. A., Lehr- u. Uebungsbuch d. französ. Sprache, f. d. Unterricht in Classen. 1r Thl. in 2 Abtheill. gr. 12. Frkf. Ebd. 1 ℛ

—Lehr- u. Uebungsbuch d. französ. Sprache f. d. Unterricht in Klassen. 2 Thle. à 2 Abtheill. 2e verm. u. verb. Aufl. gr. 12. Frankf. 1832. Sauerländer. à Theil 21 gℛ. Auch u. d. Tit.: Der Selbstlehrer. Ein Lehr- u. Uebungsbuch f. d. Privat- u. Selbstunterricht in d. französ. Sprache. 2 Thle. gr. 12. Ebd. 829—32. 2 ℛ 8 gℛ (Der erste Thl. enthält den deutschen, der 2e den französ. Text).

Solomé, J. A., Lehr- u. Uebungsbuch d. franz. Sprache f. d. Unterr. in Classen. 2 Thle. (à 2 Abthln.) 2., verm. u. verb. Aufl. gr. 12. (48½ B.) Frankfurt a. M. 832, Sauerländer. à Thl. 21 Gr.
Vgl. dess. „Selbstlehrer."

Solomé, J. A., Lehr- u. Uebungsbuch d. französ. Sprache f. d. Unterr. in Classen. 1. Thl. 2 Abthln. (Deutscher Text. — Französ. Text.) 3., verm. u. verb. Aufl. gr. 12. (30 B.) Frankfurt a. M. 838, [Sauerländer's Vrlsbuchh.]
2. Thl. 2 Abthln. Ebendas. 1832. 21 Gr.

(——) Sammlung franz. Wörterfamilien, s. Sammlung 2c.

— Samml. französ. Wörterfamilien zum Gebr. f. Schulen. 8. Frankf. a. M., Jäger. 12 gℛ N.-A. 830. Hbg. Pr. 6 gℛ

Salomé, J. A., der Selbstlehrer. Ein Lehr- u. Uebungsbuch f. d. Privat- u. Selbst-Unterricht in der französ. Sprache. 1r Thl. (Deutsch u. französ.) gr. 12. Frankf. 829. Sauerländer. 1 ℛ 8 gℛ

—— der Selbstlehrer. Ein Lehr- u. Uebungsb. f. d. Privat- u. Selbst-Unterr. in d. franz. Sprache. 2 Thle. gr. 12. (51½ B.) Frankfurt a. M. 832, Sauerländer.
Hat mit dess. „Lehr- u. Uebungsbuch" 2c., das abgeänderte Vorwort ausgenommen, gleichen Inhalt.

— tables. — Contes pour servir de première lecture en français, avec un vocabulaire. 8. 1837. (Leipzig, Fr. Fleischer.) ½ ℛ

— Theorie der Lautbildung, mit Anwendung auf die deutsche u. französische Sprache, nebst einer Aufstellung der französ. Laut- u. Leselehre. Mit 1 lithograph. Tafel. gr. 8. Stuttg. 822, v. Cotta.

—— franz.-deutsches Wörterbuch, mit besond. Hinsicht auf d. Inhalt d. Wörter u. d. Bildung d. Redensarten üb. d. Wörterbücher Schwan's, Mozin's u. d. Akademie bearb. 2 Thle. gr. 8. (66 B.) Stuttgart 828, Cotta.

Solomko, Eugenie, von Jaroslaw '(Russland)': Die Jura- und Kreidekorallen der Krim. (S. A. aus: Verhandlungen der Russischen Kaiserl. Mineralogischen Gesellsch. zu St. Petersburg, 2. Serie, Bd XXIV [S. 67—231]). St.-Petersbg A. Jacobson Dr. 1887. 1 Bl., 165 S., 8 Taf. 8°.
Zürich, Phil. Diss. [v. 26. Juli 1887].

Solon [Sachliches OW]

Solon. Schauspiel m. Chören. 8. (III, 99 S.) Hamburg 873. Grüning. n. 3. —

— dasselbe. 2. Aufl. 8. (99 S.) Ebend. 874. n. 1. 50

Solon, d. deutsche, welcher an d. großen Straße nach d. Reiche der Todten den Ausgang der Menschen beschauet. 8. Frankf. 729.

Solon, der würtembergische, Wahlspruch desselben: Respice finem. 8. Frankf. 764. (Steinkopf in Stuttg) 8 gℛ

Solon, Der würtenbergische. O. O. 1765. V: *Paulus, Glob Chph.* (Heyd)

— d. wirtembergische. 8. Stuttg. Steinkopf. 765.

— der wirtembergische, Wahlspruch desselben: Respice finem. 8. Frankf. Fleischer. 766.

Solon [Verfasser] (Vgl. Gnomici.)

— *Carminum fragmenta.* Graece c. varior. lectt. notisque ed. Fortlage. Lips. 776. 8. 9 gr.

Solonis, Athen, Carminum quae supersunt. Praemissa commentat. de Solone poeta dispos. emend. atque annotat. instrux. N. Bachius. 8 maj. Bonn 825, Weber.

Solon. Fragmentum editum. [Berlin 1818.] H: *Wolf, Frdr. August.* (MGT)

— wie Zeus die Welt regiert. Ein Fragment Solons. Griech. u. deutsch, mit Anmerkk. v. G. R. Leppentin. gr. 8. Hamb. 789. ... 3 gℛ

Solon, Friedrich, Referendar in Berlin: Zur Lehre von den Veräußerungsverboten der §§ 135, 136 B.G.B. Borna-Leipzig 1908: R. Noske. (X, 71 S.) 8°
Leipzig, Jur. Fak., Diss. v. 5. Febr. 1908
[Geb. 17. Juli 82 Berlin; Wohnort: Berlin; Staatsangeh.: Preußen; Vorbildung: Luisenstädt. Gymn. Berlin Reife M. 00; Studium: München 1, Lausanne 1, Berlin 5 S.; Rig. 13. Mai 05.]

†Solona, Fr. v., (F. F. v. Bülow,) drei Tage am Bord d. deutschen Najade. 2 Thle. 8. (53⅛ B.) Leipzig 828, Brockhaus.

Solonowicz, Bronislawa. Ein Fall von Autochthoner Hirnsinusthrombose im Kindesalter. Diss. Med. Univ. Zürich. 39 S. 8. Zürich-Oberstrass, Hans Fischer, 1902.

Solo-Quartette für 4 Männerstimmen. 1. Heft: 5 Compositionen von Frz. Abt. qu. 8. (47 S.) Schleusingen 849, Glaser.

—— dass. — 2. und 3. Heft: 9 Compositionen von Otto Claudius. Op. 25. Partitur (36 S.) und 4 Stimmhefte (à 24 S.) qu. 8. Ebds. 850.
Die Partitur allein
Jedes Stimmheft allein à

—— dass. — 4. Heft: 5 Compositionen von Frz. Abt. Op. 75. Partitur (19 S.) und 4 Stimmhefte (à 10 S.) qu. 8. Ebds. 850.
Die Partitur allein
Jedes Stimmheft allein à

Solo-Quartette für 4 Männerstimmen. 5. Heft: 5 Compositionen, auch im Chore zu singen von W. E. Becker. Op. 19. Partitur (24 S.) und 4 Stimmhefte (à 16 S.) qu. 8. Schleusingen 851, Glaser. Thlr.
Die Partitur allein
Jedes Stimmheft allein à

—— dass. — 6. Heft. Von Otto Claudius. Op. 28. Partitur (26 S.) und 4 Stimmhefte (à 16 S.) qu. 8. Ebds. 851.
Die Partitur allein
Jedes Stimmheft allein à

Solórzano, Ramón, a. San Marcos in Guatemala: Die Uterusmyome und ihre operative Behandlung per vaginam. Berlin (1905): G. Schade. (39 S.) 8°
Berlin, Med. Fak., Ref. Bumm, Diss. v. 6. März 1905
[Geb. 11. Febr. 80 S. Marcos, Guatemala; Heimatsort: S. Marcos; Staatsangeh. Guatemala; Vorbildung: Staatsgymn. Guatemala-City Reife 97; Studium: Berlin 9 S.; Rig. 28. Juli 03.]

Solo- und l'Hombrespiel, das, mit steter Berücksichtigung d. Wahrscheinlichkeiten. Ein nützl. Rathgeber f. diejen., welche d. Solo- u. l'Hombrespiel fein u. möglichst vortheilhaft spielen wollen, v. J. H. 8. (5½ B.) Quedlinburg 837, Ernst'sche Buchh. Thlr.

Solo-Spiel, das, sowohl zu 4 als zu 3 Personen nach den Regeln der gewöhnl. Spielarten beschrieben. 8. (2 B.) Dresden 843, Bromme's Vrlgsh.

Solo-Scenen. Nr. 1—12. 8. Berlin, E. Bloch. à n. 1.—
1. Ein kleines Reiseabenteuer v. Olga Steiner. (12 S.) 890.
2. Doktor Schnell. Solo-Scene m. Gesang nach e. Anno'schen Figur v. F. Noack. (11 S.) 890.
3. Ich bin nicht eifersüchtig. Von E. Ebeling. (10 S.) 890.
4. Melodie-Verfolgungswahn. Tragikomisches Geschehnis m. beigedr. Musik v. Frdr. Wohlbrück. (9 S.) 891.
5. Rittmeisters Fränzchen. Solo-Lustspiel v. Elisabeth Sieber. (12 S.) 891.
6. Vor Kasseneröffnung d. Theaters. Solo-Scherz f. 1 Herrn v. O. Mylius. (10 S.) 891.
7. Eine alte Schachtel. Solo-Scene v. M. Bauermeister. (13 S.) 893.
8. Zukunftstraum e. Jünglings. Solo-Scene f. 1 Herrn v. Rob. Wild-Queisner. (18 S.) 893.
9. Wen heirathen? od.: Wer die Wahl, hat die Qual! Solo-Scherz (f. 1 Dame) v. Rob. Lindner. 3. Aufl. (12 S.) 894.
10. Ein Stündchen Vorgesetzter. Humoristisch-militär. Solo-Scene f. 1 Herrn v. Rob. Wild-Queisner. (13 S.) 894.
11. Die letzte Puppe. Solo-Scene (f. 1 Dame) v. Alb. Traeger. 2. Aufl. (18 S.) 894.
12. Vor der Pfändung. Humoristische Solo-Scene f. 1 Herrn v. Otto Schlüter. (11 S.) 894.

Solo-Scenen. Nr. 13—20. 8. Berlin, E. Bloch. à n. 1.—
13. Was d. Ballblumen erzählen. Solo-Scene v. Fel. Franzotti. (14 S.) 895.
14. Eine verkannte Größe. Humorist. Solospiel v. Otto Schlüter. (11 S.) 896.
15. Jettchen am Fenster, od.: Man soll v. s. Nächsten nur d. Beste reden! Soloscherz. Von C. A. Görner. (17 S.) Braunschweig. 857.
16. Liebesglut im Kaufmannsladen. Humorist. Solospiel von Otto Schlüter. (11 S.) 896.
17. Durchgegangen. Von Olga Steiner. (13 S.) 896.
18. Auf d. Kasernenhofe. Solo-Scene. M. Benutzg. v. Scherzen, welche in d. „Münchener Fliegenden Blättern" erschienen sind. Von Herm. Schönrock. (11 S.) 897.
19. Lottchens Zimmerarrest. Solospiel. Von Mathilde Möller. (15 S.) 898.
20. Dienstmann Nr. 111. Kom. Solo-Scene f. 1 Herrn. Von Herm. Schönrock. (14 S.) 898.

Solo-Szenen. Nr. 21—23. kl. 8. Berlin, E. Bloch. à n. 1.—
21. Seine erste Liebe. Soloscene f. e. Dame. Von Olga Steiner. (11 S.) (900.)
22. Weihnachtsbekehrung. Humoristisches Solospiel f. 1 Herrn. Von R. Keßler. (16 S.) (905.)
23. Die Putzmacherin. Soloscene f. e. Dame. Von Lionie v. Bodenhausen-Satory. (15 S.) (903.)

Solo-Szenen. Nr. 25. kl. 8. Berlin, E. Bloch. 1.—
Die gestörte Nachbarin. Komische Szene f. e. Dame. Von Olga Steiner. (6 S.) (907.)

Soloscenen, komische, und Deklamationen, s. Theater, kleines.

Solo-Scenen, komische, für Herren und Damen. In Poesie und Prosa. Mit und ohne Gesang. 1. Bd. Mit (lith.) Titelbild. Berlin 862. Lassar. 8. (73 S.) n. 28 ngr.

Solotarew, A. M. Die Bevölkerung Russlands als Augmentierungsquelle seiner Armee nach Daten f. das erste Jahrzehnt seit Einführung der allgemeinen Wehrpflicht [1874—1883]. Studie. Mit Ermächtigg. d. Autors auszugsweise übers. u. bis auf die Gegenwart ergänzt durch Alex. Hubrich. gr. 8. (57 S.) Wien 891, L. W. Seidel u. Sohn. * 1 60

Solothurn [Sachliches OW]

Solothurn. Aus dem alten Solothurn. 26 Blätter aus den St. Ursenkalendern von 1889—1893. In-fol. Solothurn, Buch- u. Kunstdruckerei Union. 1892. 9 —

Solothurn. Aus dem alten Solothurn. 26 Blätter aus den Ursenkalendern von 1889—1893. Fol. Solothurn 893. Buch- u. Kunstdruckerei Union. n. 9.—
Vergriffen.

Solothurn und seine Umgebung. Hrsg. vom Gewerbeverein der Stadt Solothurn. Unter Mitwirkung Mehrerer redig. von Alfr. Hartmann. 8. (57 S. mit 25 Illustr., wovon 17 von H. Jenny gezeichnet.) Solothurn 885, Jent. * — 60

Solothurn [Schlagwort]

Solothurn, s.: Europa. Spezialkarte.

Solothurn. Karte d. Kantons Solothurn. M. Bewilligg. des eidgenöss. topograph. Bureaus nach dessen Dufourkarte, bearb. u. gestochen v. E. Wagner. Rev. v. J. Spielmann. 1:100,000. 60 × 56 cm. Farbendr. Solothurn 896. Th. Petri. Auf Leinw. n. 2.40

Solothurn — Canton — sive Pagus Helvetiae Solodurensis cum confinibus recenter delineatus per Gabrielem Walserum V. D. M, edentibus Homann. Heredib. Norimbergae 1766. 1: 110,000. 1 Bl.

Solothurner: Der freie Solothurner
④ Allgemeiner Anzeiger für den Leberberg ⑤ 1. 10. 1884—31. 12. 1887 ⑥ 2° ⑦ wöchentlich 2× ⑧ Grenchen. Josef Burri ⑨ Frohe Stunden (1886); Beiblatt »Uhrenindustrie« (1887) ⑩ der Drucker ⑪ J. Enderli ⑫ liberal-demokratisch ⑬ BGSZ: 1562; Strub W.: Heimatbuch Grenchen (Solothurn 1949) p. 542; WyG: Politische Presse Solothurn (1955) ⑭ So: Z, St; O: S ⑮ »Der freie Solothurner« war das Organ der neugebildeten liberal-demokratischen Partei, die eine unabhängige, gegen die Regierungspartei gerichtete, verfassungsrevisionsfreundliche Politik vertrat. »Der freie Solothurner« wurde 1888 mit dem »Allgemeinen Anzeiger für den Leberberg« verschmolzen.

Solotnitzky, N. Th., das Aquarium. Ausführliche Beschreibg. der Flora u. Fauna der Süßwasser-Aquarien, Anlage u. Pflege derselben, Biologie der Wasserthiere u. Pflanzen u. s. w. Vom Verf. autoris. vor der Drucklegg. durch den „Triton", Verein f. Aquarien- u. Terrarienkunde zu Berlin, rev. Uebersetzg. 1. u. 2. Lfg. gr. 8. (114 S. m. Abbildgn.) Hagen 893. 894. H. Risel & Co. à n. 2. 50

Solovieff, s. Solowjew.

A. Heidelmann's **Solovorträge**. H. 1. Bonn: A. Heidelmann [1907]. 8° [F] [os. 17330]

Solovorträge. 10.—12. Heft. 8. Bonn, A. Heidelmann. à — 50
Schulze, Kurt, Eckensteher Nantes Ansichten üb. Zeppelin. — Eine Weltreise m. Zeppelin: Orig.-Vorträge. (8 S.) (910.) (Heft 10.)
— Der Fluch des Durschtes. Sächsische Ballade aus der 4. Dimension. — Die 7 Wochentage. Eine amerikan. Heiratsgeschichte. Orig.-Vorträge. (7 S.) (910.) (Heft 11.)
— Kosmopolitisches Handicap. Eine internationale Cabaret vorstellg., vorgetragen v. e. Herrn. Orig.-Vortrag. (8 S.) (910.) (Heft 12.)
Vergl.: Heidelmann's, A., Solovorträge.

Soloweiczik, Rafail, aus Kowno: **Kants Bestimmung** der Moralität. *Berlin & Potsdam 1901: A. W. Hayn's Erben.* (43 S.) 8° ¶(Aus: Kantstudien, Bd 5, H. 4.)
Erlangen, Phil. Diss. v. 29. Mai 1900

Soloweiczyk (Soloweyczyk), Elias

Soloweyczyk, Elias, die Bibel, der Talmud u. das Evangelium. Aus dem Französischen ins Deutsche übertragen von Mor. Grünwald. 8. (XX, 351 S.) Leipzig 877. Brockhaus in Comm. n. 6. —

Soloweiczyk, El., s. Maimonides, Mos., Jad hachasakah.

Soloweitschyk, J., neuestes Taschen-Wörterbuch der russischen und deutschen Sprache mit Aussprache des Russischen, enthaltend alle im tägl. Verkehre, im Hause und auf Reisen vorkommenden Wörter, nebst einer Sammlung von Gesprächen und einem Verzeichniss der gebräuchlichsten geographischen Namen. 2 Thle. 16. Berlin 888, Steinitz' Verlag.
In Leinw. cart. à Thl. *M 1.50.; geb. in 1 Bd. * 3 —
Inhalt:
Bd. 1. Russisch-deutscher Thl. (432 S.)
» 2. Deutsch-russischer Thl. (348 S.)

Soloweitschyk, Julius [aus Oseri (Gouvern. Grodno in Russland)]: Beitrag zur operativen Behandlung des Prolapses der weiblichen Genitalien .... Berlin, P. Stankiewicz' Buchdr. (1887); 31 S. + 1 Bl. 8°
Berlin, Med. Fak., Inaug.-Diss. v. 19. Nov. 1887

Solowjew, Wladimir

Solojew's „kurze Erzählung üb. den Antichristen", s.: Melnikow, Nicol., der russisch-japanische Krieg.

Solowieff, Wladim., die relig. Grundlagen d. Lebens. Autoris. Übersetzg. aus dem Russ. m. e. Vorwort d. Hrsgs. v. N. Hoffmann. (XXXIV, 167 S. m. Bildnis.) 8. Leipzig 907. O. Mutze. 3.—; geb. n 4. —

— Tragoedie e. Zarenbraut, s.: Otto, E. v.

Solowjew, Wssewolod

Solowieff, Wsevolod, der kleine Czar. Russisch-historische Roman-Chronik aus dem 18. Jahrh. Frei in's Deutsche übers. von Angelika Grikuroff. 3 Thle. in 1 Bd. 8. (181, 189 u. 164 S.) St. Petersburg 881. (Leipzig, Lpcs.) n. 5. 50

Solpke, s.: Preussen. Messtischblätter.

Solt, Ichthyol beim Typhus. 8. (8 S.) Berlin 901. Vogel & Kreienbrink. n. — 50
Sonderabdruck aus: „Die ärztl. Praxis".

Soltau [Sachliches OW]

Soltau, die Familie, ein Gegenstück zu Lafontaine's Familie v. Halden. 8. Linz, Ak.-B. Wbbl. 803. — 12

Soltau [Schlagwort]

Soltau, s.: Deutschland. Karte. (Abt. Preussen.)

Soltau, s.: Europa. Spezialkarte.

Soltau, s.: Preussen. Messtischblätter.

Soltau, des Mühlenmeisters Petition, s. Petition.

Soltau, Dietrich Wilhelm

Soltau, Dietr. Wilh., Beyträge zur Berichtigung des Adelungschen grammatisch-kritischen Wörterbuchs. Nebst einem alphabetischen Verzeichniss derjenigen russischen und altslavonischen Wörter, welche mit der deutschen Sprache und mit ihren verschwisterten Mundarten verwandt sind. Leipzig und L. 1806. 4. (4Rth.; D.)

Soltau, Dietr. Wlh., Beitrr. zur Berichtig. des Adelungischen grammat.-krit. Wörterbuchs. gr. 8. Lüneb. 806. Herold u. W. 20 gr

Soltau, Dietrich Wilhelm, s. Bibliothek klass. Romane des Auslandes.

— s. Boccacio: Dekameron.

Soltau, Briefe üb. Rußland u. dessen Bewohner. Mit Kupfern, Holzschnitten u. einem Grundrisse d. Stadt Petersburg. gr. 8. Berl. Achenwall u. Comp. 810.

Soltau, Briefe über Rußland u. dessen Bewohner. M. K. gr. 8. Berlin. 810. Jetzt Verl. v. Rücker. Rthlr.

Soltau, D. W. Briefe über Russland und dessen Bewohner. Mit Kupfern etc. 8. Berlin 1811.

Soltau, Dietrich Wilhelm, s. Butler, Sam.: Hudibras.

— s. Cervantes: Don Quixote u. dess. Erzählungen.

— s. Fox, Charles James: Geschichte d. früh. Regierungszeit Karl Jakob's

— Geschichte d. Entdeckungen u. Eroberungen der Portugiesen im Orient v. Jahr 1415 bis 1539 nach Anleitung der Asia des Joao de Barros. 5 Thle. gr. 8. Braunschw. Vieweg. 821.
Schreibrav.

— s. Landon, Miß, Adele Churchill.

SOLTAU, D. W., Lebensweisheit für alle Stände. Nach dem Engl. Braunschweig, o. J. (1802). 8°. 7 Bl. u. 195 S. (3 Mk., Orig.-Cart., E. Frensdorff, 1909.)
Reichhaltige, auch über das Weib handelnde moralische Schrift.

Soltau, (D. W.,) Lebensweisheit 2c., s. Lebensweisheit.

— Pfauenfedern. (Gedichte.) Hamburg, bey Friedrich Perthes, 1800. 8°. 78 S. (4 Mk. 50 Pfg., reizenden Hlbklbrbd. d. Zeit mit orig. Vorsatzpap., M. Hauptvogel, Gotha, 1909; 6 Mk. 50 Pfg., schönes Expl. auf starkem Groß-Papier, wie vorhin, F. Waldau, Fürstenwalde, 1907:)
Enth. u. a.: Anakreontische Lieder. Aus dem Spanischen des Don *Juan Melendes Voldés*.

— Reinecke Fuchs, s. Wittmar.

Soltau, D. W., s. a. Reincke der Fuchs.

Soltau, Dietr. Wilh., Reineke der Fuchs. In 4 Büchern und 12 Gesängen. Neue wohlfeile Ausg. 16. (181 S.) Leipzig 868, Dyk'sche Buchh. * — 30

– s. Reisen durch Schottland ...

– s. Tarif d. Land- u. Seezölle d. franz. Reichs.

— die Hamburgische Zuckersiederey, in Hinsicht auf ihre Concurrenz mit den Zuckersiedereyen im Norden und im Innern von Deutschland. gr. 8. Hamburg, Hoffmann und Campe. 820.

Soltau, E., Lehrbuch der schwedischen Sprache mit eingelegten Uebersetzungsaufgaben u. Lesestücken, nebst einem Anhang speciell für Kaufleute. Eine praktisch-theoretische Anleitung, die schwedische Sprache in kurzer Zeit auch ohne Lehrer zu erlernen. gr. 8. (IV, 224 S.) Rostock 878. Werther. n. 4. —

Soltau, E., Lehrbuch der schwedischen Sprache. Schlüssel. Sämmtliche Uebersetzungen vom Deutschen ins Schwedische mit vielfachen Hinweisungen auf die Regeln. gr. 8. (40 S.) Rostock 880, Werther's Verlag. cart.
Hauptwerk. Ebendas. 1878. • ℳ 4.

Soltau, E., Lehrbuch der schwedischen Sprache, nebst einem Anhang speciell für Kaufleute. 2. verm. Aufl. Durchges. von Rud. Ehrenberg. gr. 8. (IV, 255 S.) Rostock 888, Werther's Verlag. geb. * 4 20

v. Soltau, Fr. Leonard, s. Volkslieder, 100 deutsche, histor.

Soltau, Fr. Leon. v., Ein hundert deutsche historische Volkslieder, gesammelt u. in urkundl. Texten chronologisch geordnet herausg. Leipzig 1836. gr. 8. . . . (D.)
——, —— Deutsche historische Volkslieder, zweites Hundert. Aus Soltau's und Leyser's Nachlass u. a. Quellen herausg. mit Anmerkungen von H. R. Hildebrand. Leipzig 1836. 8. . . . . (D.)

Soltau's, Fr. L., deutsche historische Volkslieder, Zweites Hundert. Aus Soltau's und Leyser's Nachlaß und anderen Quellen herausg. von H. R. Hildebrand. Leipzig 856. G. Mayer. 8. (XLVI, 514 S.) n. 2 ₰. 20 ngr.
1. Bd. Leipzig 836. Schrey. Herabges. Pr. n. 1 ₰. 15 ngr.

Soltau, Friedrich

Zur Erklärung der in Punischer Sprache gehaltenen Reden des Karthaginensers Hanno im 5. Akt d. Komödie Poenulus von Plautus. Ein Beitrag z. scythisch-phöniz.-pun. Sprachkunde von Friederich **Soltau**. Berlin: S. Calvary & Co. 1889. (27 S.) 8°
→ **Studien**, Berliner, f. classische Philologie u. Archaeologie. Bd 10, H. 3. [ℳ 7.75]

— zur Erklärung der Sprache des Volkes der Scythen in Anhalt an die üb. die Sitten u. die Sprache dieses Volkes im Geschichtswerke des Herodot gegebenen Mittheilungen, zugleich als offener Brief an Hrn. Johs. Freßl in München bezüglich der v. demselben verfaßten Schrift, betitelt die Scythen-Saken, die Urväter der Germanen [München 886. J. Lindauer], zur Zurückweisg. solcher in dieser Schrift dem europ. Germanenthum aufgedrungenen Vaterschaft. gr. 8. (54 S.) Berlin 887. Stargardt. n. 1. —

—— die Mythen- und Sagen-Kreise im Homerischen Schiffer-Epos, genannt Odyssee, desgleichen der Ilias, wie auch der Argonauten-Sage, zeitgeschichtlich, naturwissenschaftlich und sprachlich beurtheilt und erläutert. gr. 8. (XX, 135 S.) Ebendas. 887. * 4 —

Soltau, Frdr., unser Recht der Abgeordneten-Wahl u. dessen Garantie. Politisches Glaubensbekenntniß. [Aus dem Landtagsboten abgedr.] gr. 8. (12 S.) Schwerin 848, Kürschner (jetzt: Hildebrand). n. 1/12 ₰

Soltau, Friedr., über den ersten Theil von Göthe's Faust. Ein Vortrag gehalten im wissenschaftl.-geselligen Vereine zu Wismar. (Noch ein Glaubensbekenntniß und mehr als ein politisches.) gr. 8. (53 S.) Schwerin 848, [Hildebrand.]

—— neueste Zustände und Ereignisse in Mecklenburg. Politisch-ökonomisch und sozial-geschichtlich nach den autent. Quellen bearb. und dargestellt. 1. Thl.: Die Zeit der revolutionären Bewegung und ihre Vorgeschichte, 1843—1850. gr. 8. (156 S.) Schwerin 851, [Hildebrand.] *

Soltau, H., A. B. C. für Kunst und Gewerk. 4. (25 Stnt. mit lithogr. Titel.) Hamburg 859, O. Meissner. *

Soltau, H., illustrirte Kinderlieder, s. Eckelmann.

Soltau, H. W., Variationen über deutsche Gedichte. In Radirungen ausgeführt und mit Erklärungen in Briefen begleitet. (1. Heft.) gr. Fol. (3 Stahlst. und 3 S. Tert.) Carlsruhe 847, Veith. *

Soltau, Hans, ein Liebesfrühling auf Schloß Moritzburg. Historischer Roman. 8. (181 S.) Dresden 888, Pierson's Verlag. * 2 50

Soltau, J. A. F., prakt. Rechenbuch nach d. mecklenburg-schwerin. Münz-, Maß- u. Gewicht-Verhältnissen. 3 Thle. 8. 1. u. 3. Thl. Wismar, Schmidt u. v. Cossels Rathsbuchh.; 2. Thl. Güstrow, [Opitz u. Comp.] [1. (11 1/2 B.) 835. * 3/8 Thlr., 2. (12 3/4 B.) 837. * 2/3 Thlr., 3. (21 1/8 B.) 840. * 3/4 Thlr.) *
Der 3. Thl. — A. u. d. T.: Wechsel- u. Waarenrechnung nach d. hamburger Geld- u. Wechselcours, d. hamb. Waaren-Preis-Courant, d. Wechselcoursen d. vorzügl. Handelsplätze u. ihren Münz-, Maß- u. Gewicht-Verhältnissen, mit Reduzirung auf d. mecklenb.-schwerin. Münz-, Maß- u. Gewicht-Verhältnisse.

Soltau, J. A. F., praktisches Rechenbuch nach den Mecklenburg. Münz-, Maaß- u. Gewichts-Verhältnissen. Umgearb. u. erweitert von J. F. F. Moltmann. 1. Thl. 2 Abthlgn. 2. Aufl. 8. (188 S.) Schwerin 851, Kürschner (jetzt: Hildebrand). (à 1/4 ₰) 1/2 ₰ — 1. Thl. 1. Abth. 3. vielfach verm. u. verb. Aufl. 8. (140 S.) Schwerin 852, Hildebrand. 1/4 ₰ — 2. Thl. Neue (Titel-)Ausg. 8. (IV u. 203 S.) Ebd. (837) 851. 1/2 ₰ — 3. Thl. Neue (Titel-)Ausg. A. u. d. T.: Wechsel- u. Waarenrechnung nach dem Hamburger Geld- u. Wechselcours, dem Hamburger Waaren-Preis-Courant, den Wechselcoursen d. vorzüglichsten Handelsplätze 2c. Neue (Titel-)Ausg. 8. (X u. 324 S.) Ebd. (840) 851. 3/4 ₰ (3 Thle. 1 3/4 ₰)

— — 1. Thl. 2. Abth. 3., vielfach verb. 2c. Aufl. Ebend. 854. 8. (126 S.) n. 7 1/2 ngr.

Soltau's, J. A. F., praktisches Rechenbuch nach den Mecklenburgischen Münz-, Maaß- und Gewichts-Verhältnissen. Umgearbeitet und erweitert von J. F. F. Moltmann. 1. Thl. 1. Abth. 4. verb. Aufl. Schwerin 858. Hildebrand. 8. (138 S.) n. 7 1/2 ngr.

Soltau's, J. A. F., praktisches Rechenbuch nach den mecklenburgischen Münz-, Maaß- u. Gewichts-Verhältnissen. Umgearb. u. erweitert von J. F. F. Moltmann. 1. Thl. 1. Abthl. 5., verb. Aufl. Schwerin 865. Hildebrand's Verlag. 8. (138 S.) n. 6 1/4 ngr.

— Antworten dazu. Umgearb. u. erweitert v. J. F. F. Moltmann. 1. Thl. 2 Abthlgn. 2. Aufl. 8. (56 S.) Ebd. 851. (à n. 1/12 ₰) n. 1/6 ₰ — 1. Thl. 1. Abth. 3. vielfach verm. u. verb. Aufl. 8. (44 S.) Schwerin 852, Hildebrand. 1/8 ₰

— — Antworten dazu. 1. Thl. 2. Abth. 3., vielfach verb. 2c. Aufl. Ebend. 854. 8. (60 S.) 3 3/4 ngr.

Soltau, J. A. F., calligraph. Vorlegeblätter. Halb qu. gr. 8. (12 lith. Bl.) Rostock (834). (Wismar, Schmidt u. v. Cossel.)

—— calligraphische Vorlegeblätter. (12 lith. Bl.) qu. 1/2 4. Güstrow 837, [Opitz u. Comp.]

—— calligraphische Vorlegeblätter. qu. 8. (12 lithogr. Bl.) Schwerin 851, [Hildebrand.]

Soltau, Johann Peter (Hamburg) A. S. 603/27a

Dissertatio inauguralis de eo quod iustum est circa havariam particularem secundum statutum Hamburgense part. II. tit. XVII. et XIX.
Präs. Friedrich Gottlieb Zoller.
Leipzig (Langenheim) 19. V. 1774. 29 S.

Gew.: Stadt Hamburg. 32801

Soltau, Otto: Blacatz, ein Dichter und Dichterfreund der Pravence. Biogr. Studie. Berlin: E. Ebering 1898. [S. 1–36 erschien als Berliner Diss. 1898.] (64 S., 1 Bl.)
= Beiträge, Berliner, z. germanischen u. roman. Philologie. [No] 18. Roman. Abt. No 10.

Soltau, Otto, Referendar a. Straßburg i. E.: Die französischen Kolonialbanken. Schiltigkeim i. E. 1907: Bartl & Reimann. (76 S.) 8° ¶(Erscheint vollst. b. K. J. Trübner, Straßburg i. E.)
Straßburg, Rechts- u. staatsw. Fak., Ref. Sartorius v. Waltershausen, Diss. v. 14. Juni 1907
[Geb. 7. Juli 84 Valparaiso (Chile); Wohnort: Straßburg i. E.; Staatsangeh.: Preußen; Vorbildung: Gymn. Lüneburg Reife 03; Studium: Würzburg 2, Berlin 2, Straßburg 2 S.]

Die französischen Kolonialbanken von Dr. Otto **Soltau**, Ref. Strassburg: K. J. Trübner 1907. (XIII, 100 S.) 8°
= **Abhandlungen** aus d. staatswiss. Seminar zu Strassburg. H. 23. [08. 340

Soltau, Otto: Das Leben und die erhaltenen Werke des Trobadors und Dichterfreundes Blacatz. *Berlin (1898): E. Ebering.* (36 S.) 8° ¶(Erscheint vollständig als Nr 10 von: Berliner Beiträge zur germanischen und romanischen Philologie, Romanische Abteilung; und in d. Zeitschrift für romanische Philologie.)
Berlin, Phil. Diss. v. 27. Juli 1898

Soltau, Robert, Referendar in Hamburg: Der ususfructus omnium bonorum und der Nießbrauch an einem Vermögen nach B.G.B. Eine vergleichende Betrachtung. Borna-Leipzig 1905: R. Noske. (VII, 144 S.) 8°
Rostock, Jur. Fak., Ref. Matthiass, Diss. v. 25. Mai 1905
[Geb. 23. Sept. 80 Lübeck; Wohnort: Hamburg; Staatsangeh.: Hamburg; Vorbildung: Katharineum Lübeck Reife O. 99; Studium: Freiburg i. B. 1, München 2, Berlin 3 S.; Rig. 22. Sept. 04.]

Soltau, Wilhelm

Soltau, Wilh., Albert von Hohenberg als Chronist. Eine Entgegnung, s. Studien, Strassburger, Bd. 2.

Soltau, Wilh. Die römischen Amtsjahre, auf ihren natürlichen Zeitwerth reducirt. gr. 8. (VI, 64 S.) Freib. i. Br. 888, J. C. B. Mohr. ** 2 —

Soltau, Wilh., die Anfänge der römischen Geschichtsschreibung. (VI, 273 S.) 8. Leipzig 909. H. Haessel Verl. 6. —

Soltau, Wilh., die ursprüngliche Bedeutung und Competenz der aediles plebis. gr. 8. (50 S.) Bonn 882, Strauss. *
Aus: Historische Untersuchungen, besonders abgedruckt.

Soltau, Wilh., Appians Bürgerkriege. gr. 8. (42 S.) Leipzig 899. Dieterich. n. 1. —
Sonderabdruck aus: „Philologus", 7. Suppl.-Bd.

— Cato und Polybius. S.-A. 1888. 17 S.

— urspüngliches Christentum in seiner Bedeutung f. die Gegenwart. gr. 8. (X, 143 S.) Ebd. 902. n. 2. 80; geb. n. 3. 60

— römische Chronologie. Mit e. (chromolith.) Taf. (in 4.) u. Abbildgn. im Text (in Holzschn.). Lex.-8. (XXIV, 499 S.) Ebd. 889. n. 12. —

Soltau, W., Coelius u. Polybius im 21. Buche des Livius. S.-A. s. a. 26 S.

—— über Entstehung und Zusammensetzung der altrömischen Volksversammlungen. gr. 8. (XXIII, 695 S.) Berlin 880, Weidmann'sche Buchh. *

Unsere Evangelien, ihre Quellen u. ihr Quellenwert vom Standpunkt d. Historikers aus betrachtet von Wilhelm **Soltau**. *Leipzig: Dieterich 1901.* (VI, 149 S.) 8° [01. 5039

Soltav, Gvilelmvs (geb. am 17 Aug. 1846 in Hamburg): De fontibvs Plvtarchi in secvndo bello Pvnico enarrando ... Bonnae, form. C. Georgi (1870). 2 Bl. 8. ¶ Nur Titelbl. u. Thesen.
Bonn, Phil. Fak., Thes. v. 28 Juli 1870

Soltav, Gvilelmvs (geb. am 17 Aug. 1846 in Hamburg): De fontibvs Plvtarchi in secvndo bello Pvnico enarrando ... Bonnae, form. C. Georgi (1870). 2 Bl., 106 S., 1 Bl. 8. ¶ In Komm. bei Weber in Bonn.
Bonn, Phil. Fak., Diss. v. 28 Juli 1870

Das Fortleben des Heidentums in der altchristlichen Kirche von Wilhelm **Soltau**. Berlin: G. Reimer 1906. (XVI, 307 S.) 8° [06. 8477

— die Geburtsgeschichte Jesu Christi. gr. 8. (48 S.) Lpz.: Dieterich 1902. — 75

Livius' Geschichtswerk, seine Komposition und seine Quellen. E. Hilfsbuch f. Geschichtsforscher u. Liviusleser v. Wilhelm **Soltau**. *Leipzig: Dieterich 1897.* (VIII, 224 S.) 1 Bd 8. [97. 6749

Evangelischer Glaube oder Bekenntnisglaube? Beantw. von Wilhelm **Soltau**, Prof. *Leipzig: Dieterich 1903.* (35 S.) 8° [F.] [03. 8033

Soltau, Wilh., die Gültigkeit der Plebiscite. gr. 8. (XII, 175 S.) Berlin 884, Calvary und Comp. *

Die Gültigkeit der Plebiscite. Von Wilhelm **Soltau**. (Berlin: S. Calvary & Co. 1885.) (XII, 175 S.) 8°
= **Studien**, Berliner, f. classische Philologie u. Archaeologie. Bd 2, [1.] [06. 7706

Hat Jesus Wunder getan? Eine bibl. Widerlegung kirchl. Aberglaubens von Dr. Wilhelm **Soltau**, Prof. *Leipzig: Dieterich 1903.* (VIII, 104 S.) 8° [F.] [03. 5550

Himmelfahrt und Pfingsten im Lichte wahren evangelischen Christentums von Wilhelm **Soltau**. Leipzig: Dieterich 1905. (16 S.) 8° [F.] [05. 6471

— Himmelfahrt u. Pfingsten im Lichte wahren evangel. Christentums. (16 S.) 8. Ebd. 906. n. — 40

Soltau, Wilh., s.: Homer. Die Homer. Odyssee.

(Soltau, Wilhelm). Jacob von Mainz. Matthias von Neuenburg oder Albertus Argentinensis? [SA.] 8. *o. O. u. J.* [1882 90].

—— Jacob von Mainz. Matthias von Neuenburg oder Albertus Agentinensis, s. Studien, Strassburger, Bd. 1.

Soltau, Wilh. Curculionis Plauti actus III interpretationem scripsit W. S. 31 S. Progr. *Zabern* 1882.

Soltau, W., Kulturgeschichte d. klassischen Altertums, s.: Holm, Ad.

Soltau, Wilhelm: Eine Lücke der synoptischen Forschung. Leipzig: Dieterich 1899. (1 Bl., 46 S., 1 Bl.) 8°

Petrus in Rom und der päpstliche Primat. Von Prof. W[ilhelm] **Soltau**, Oberl. zu Zabern. *Hamburg: Verlagsanst. u. Dr. 1900.* (41 S.) 8° [F.]
= **Sammlung** gemeinverständl. wiss. Vorträge. N. F. Ser. 15. H. 349. [00. 1047]

— Präparation zu Titus Livius, s.: Krafft u. Ranke's Präparationen f. die Schullektüre.

— Präparation zu Titi Livi ab urbe condita libri, s.: Präparationen f. die Schullektüre.

Soltau, Wilhelm. Prolegomena zu einer römischen Chronologie. Aus: „Histor. Untersuchungen" herausgegeben von J. Jastrow. 3. Heft. 8. Berlin 1886.

—— Prolegomena zu einer römischen Chronologie, s. Untersuchungen, historische.

Soltau, Wilhelm [Prof. Dr.]: Die Quellen des Livius im 21. und 22. Buch. *Zabern, Buchdr. Gilliot, 1894;* 3—23 S. 4.
Zabern, G, MP 1894 (525)

Soltau, Wilhelm [Prof. Dr.]: Die Quellen des Livius im 21. und 22. Buch. II. Tl: Livius' 22. Buch und Plutarch. (Forts. d. P-Beil. 1894.) *Zabern, Buchdr. Gilliot, 1896;* 3—20 S. 4.
Zabern, G, MP 1896 (533)

— Livius' Quellen in der III. Dekade. gr. 8. (IX, 148 S.) Berlin 894. Mayer & Müller. n. 8. —

Soltau, Wilhelm: Die Quellen Plutarchs in der Biographie des Valerius Poplicola. 22 S. 4. **Progr.** Gymn. *Zabern* 1905 (628).
I. Einleitende Uebersicht über die Ergebnisse früherer Forschungen auf diesem Gebiet. II. Eine fehlerhafte Voraussetzung früherer Forschungen. III. Die vermeintlichen Hinweise auf Antias. IV. Dionysius als eine der Hauptquellen Plutarchs. V. Eine lateinische Nebenquelle Plutarchs. VI. Die zweite griechische Hauptquelle. VII. Das Verhältnis der bisherigen Ergebnisse zu den Quellenforschungen bei den andern Biographien Plutarchs.

Soltau, Wilh. Der Verfasser der Chronik des Matthias von Neuenburg. 24 S. **Progr.** *Zabern* 1877.

Soltau, W., Die römisch-karthagischen Verträge. 2 Tle. S. A. s. a. 11 u. 9 S.

Soltau, Willy, Referendar: Der armenpolizeiliche Arbeitszwang im öffentlichen Armenwesen. Freiburg i. B. 1910: Schillinger. VII, 78 S. 8°
Rostock, Jur. Diss. v. 20. April 1910, Ref. Hübner, Wachenfeld
[Geb. 14. März 83 Ochsenwärder; Wohnort: Hamburg; Staatsangeh.: Hamburg; Vorbildung: Realgymn. d. Johanneums Hamburg Reife M. 00, Erg. Gymn. Konstanz O. 04; Studium: Freiburg i. B. 9 S.; Rig. 3. Dez. 09.] [U. 10 3883

Soltau, Willy, der armenpolizeiliche Arbeitszwang im öffentlichen Armenwesen. (VII, 78 S.) 8. Freiburg i/B. 910. (Hamburg. O. Meissner's Verl.) 1. 20

SÖLTEN, Amalie v., ein schaudervolles Opfer mütterlichen Eigennutzes und der Tyranney eines ehrsüchtigen Großen. Altenburg u. Erfurt, Rink u. Schnuphase, 1800. 8°. 214 S.
Einiges etwas frei. — Selten!

— — Dasselbe. Neue Aufl. Ebd. 1809. 8. (Citirt Kayser.)

Sölten, Amalie v., ein schaudervolles Opfer mütterl. Eigennutzes. 8. Altenb. Rink. (Hinrichs in Lpz.) 809.

Sölten, s. Amalie.

Soelter, petites histoires, pour la jeunesse, s.: Bibliothèque française.

Soelter, Friedrich [aus Gardelegen]: Ueber Benzaldehydsulfosäuren und Derivate ... Rostock, C. Boldt'sche Hof-Buchdr., 1894; 48 S. 8.
Rostock, Phil. Fak., Inaug.-Diss. v. [15. Juni] 1894

Sölter, H. A. F., Schul-Gesanglehre f. die deutsche Jugend. (IV, 56 S.) Braunschweig 872. H. Bruhn. n. — 30

Sölter, H. A. F., Volksschulliederbuch für die deutsche Jugend. Unter Mitwirkung mehrerer Schulmänner zusammengestellt u. hrsg. 1. u. 2. Hft. Braunschweig 869. Bruhn. 8. n. 6½ ngr.
1. Zweistimmige Lieder. 2. Aufl. [1. Ster.-Abdr.] (47 S.) n. 3 ngr.
2. Dreistimmige Lieder. (64 S.) n. 3½ ngr.

Sölter, H. A. F., Volksschulliederbuch für die deutsche Jugend. Unter Mitwirkung mehrerer Schulmänner zusammengestellt und hrsg. 2 Hefte. 8. Braunschweig 884, Bruhn's Verlag. à Heft * 40 Pf. *
Inhalt:
Heft 1. Zweistimmige Lieder. 13. und 14. Aufl. [12. und 13. Ster.-Druck.] (59 S.)
„ 2. 5. Aufl. [4. Ster.-Druck.] (72 S.)

Sölter, H. A. F., Volksschulliederbuch für die deutsche Jugend. Unter Mitwirkung mehrer Schulmänner zusammengestellt und hrsg. 1. Heft: Zweistimmige Lieder. 15.—18. Aufl. [14.—17. Ster.-Druck.] 8. (59 S.) Braunschweig 885—88, Bruhn's Verlag. * — 40

Sölter, H. A. F., Volksschulliederbuch f. die deutsche Jugend. Unter Mitwirkg. mehr. Schulmänner zusammengestellt u. hrsg. 2 Hfte. 8. Braunschweig 889. Bruhn's Verl. à n. — 40
1. Zweistimmige Lieder. 19. Aufl. [18. Ster.-Druck.] (59 S.)
2. Dreistimmige Lieder. 6. Aufl. [6. Ster.-Druck.] (72 S.)

Sölter, H. A. F. Volksschulliederbuch f. die deutsche Jugend. 2 Hefte. 8. Braunschw., Bruhn's Verlag. à Heft * — 40; * — 80
1. Zweistimmige Lieder. 21. Aufl. (59 S.) 891.
2. Dreistimmige Lieder. 7. Aufl. (72 S.) 892.

Sölter, H. A. F., Volksschulliederbuch f. d. deutsche Jugend. Unt. Mitwirkg. mehr. Schulmänner zusammengestellt u. hrsg. 1. Hft. 8. Braunschweig 895. E. Appelhans & Co. n. — 40
Zweistimm. Lieder. 24 Aufl. (23 Ster.-Dr.) (59 S.)

Sölter, Karl, grammatische u. lexikologische Studien über Jean Rotrou. Inaugural-Dissertation. gr. 8. (68 S.) Altona 882. (Jena, Deistung.) n. 1. —

Soelter, Otto, aus Gardelegen: **Beiträge** zur Überlieferung der 'Quinze Joyes de Mariage' mit besonderer Berücksichtigung der Handschrift von St. Petersburg. *Greifswald 1902: J. Abel.* (80 S.) 8°
Greifswald, Phil. Diss. v. 2. Aug. 1902

SOLTÉSZ, ALOYS: Andacht zum heiligen Geiste, dem göttlichen Erleuchter, Ermuthiger, Lenker, Helfer und Beschützer der studierenden Jugend. Pest 1862. Druck Gustav Emich. 35 S. - 170 mm

Soltesz, A., Andacht zum heiligen Geiste, dem göttlichen Erleuchter, Ermuthiger, Lenker, Helfer und Beschützer der studierenden Jugend. 8. (35 S.) Pest 862, Ráth. *

SOLTÉSZ, ALOYS: Zeitgemäße Beleuchtung und Einschärfung kindlicher Pflichten in Worten, Beispielen und Gebeten. Pest 1862. Druck v. Emerich Bartalits. 50 S. - 170 mm

SOLTÉSZ, ALOIS: Gesangs-, Gebet- und Litaneienbuch zum Gebrauche der Religionslehrer und Schüler katholischer Gymnasien. Preßburg 1851: Schnellpressendr. Alois Schreiber. 136, CLXXXVI S. - 170 mm
- Dass. Preßburg 1857: Schreiber. (4), 188, 134 (2) - 170 mm

Soltész, Alois — Gebet-, Gesang- und Litaneienbuch zum Gebrauche der Religionslehrer und Schüler katholischer Gymnasien. Verfaßt und gesammelt von — —. Mit Approbation und Erlaubniß des hochw. Graner Ordinariats. Preßburg, 1857. Schnellpressendruck von Alois Schreiber.

SOLTÉSZ, ALOYSIUS: Schlussrede an die Schüler des katholischen k. k. Staatsobergymnasium zu Preßburg gehalten zu Preßburg . . . am 7. Sonntage nach Pfingsten, vor dem Schlusse des Schuljahres 1851. Preßburg 1851. Druck von Carl Friedrich Wigand. 11 S. - 220 mm

SOLTÉSZ, ALOYS: Soll die weltliche Regierung des römischen Papstes beschränkt werden oder nicht? Zur Beachtung für Jeden, welcher immer Religion oder Nation er sei. Pesth 1860. Druck v. Jos. Beimel u. Bas. Kozma. VIII, 42 S. - 200 mm

Soll die weltliche Regierung des römischen Papstes beschränkt werden oder nicht? Zur Beachtung für einen Jeden, welcher immer Religion oder Nation er sei. 8. (42 S.) Pest 860, (Eggenberger.)

Soltész, M., Memoranda der allgemeinen Botanik und die Medicinalpflanzen der österreich. Pharmacopoe. Für Mediciner und Pharmaceuten. 12. (IV und 106 S. mit 1 Tab. in Fol. und 2 lithogr. Figurentaf. in qu. 4.) Wien 854, Sallmayer und Comp. *

SÖLTL, Friedrich (München): Formula und Beweis-Interlokut.- München: Weiss 1857. 2 Bl., 69 S., 1 Bl.
5.8.1857 - Urk (Titel: De formula et de interlocutorio probaterio.); F 49
Diss. Ingolst.-Landsh.-Mchn.

Söltl, Friedr., Formula und Beweis-Interlokut. Eine Inaugural-Abhandlung. München 857. (Kaiser.) gr. 8. (2 Bl., 72 S.) n. 10 ngr.

SOELTL, Johann Georg (Winden; Wolfsgrub): Nonnulla de inflammatione et sanguinis evacuationibus in ea curanda.- Bambergae: Humann 1833. 15 S.
2.8.1833 - Urk; F 61
Diss. Ingolst.-Landsh.-Mchn.

Söltl, Johann Michael

Söltl, Aesthetik in Mitteilungen an eine deutsche Frau. (Frauenwelt 9) Wien 1872

Söltl, J. M., Aesthetik, s. a. Frauenwelt, deutsche.

Söltl, J. M., Attila. Trauerspiel in 5 Aufzügen. (Handschrift den Bühnen gegenüber.) Freiburg im Br. 865. Wagner'sche Buchh. 8. (III, 82 S.) n. 14 ngr

Söltl, (Joh. Mich.,) der Bodensee mit seinen Umgebungen, beschrieben. 12. (3 B.) Nürnberg 828, Stein.

Söltl, Joh. Mich., der Bodensee mit seinen Umgebungen, beschrieben. 2., wohlf. Ausg. gr. 12. (7 3/4 B.) Nürnberg 836, [Geiger.]

Söltl, Jh. Mich., der Bodensee mit seinen Umgebungen, beschrieben. 2e wohlfeil. Ausg. gr. 12. Nürnberg 836. Otto. (Stein.) 1/2 ℛ

Söltl, (Dr.,) (das Leben des) Cajus Julius Cäsar. Aus den Quellen. 8. Berlin 825, Rücker.

Soeltl, Joh. Mich. C. Julius Caesar. 8. Berlin 1826. 3,00.

Söltl, (J. M.), Demosthenes der Staatsmann u. Redner. gr. 8. (VIII u. 212 S.) Wien 852. Braumüller. n. 1 ℛ 6 ngr

—— Dichtungen. 16. (IV und 116 S.) Nürnberg 855, v. Ebner'sche Buchh., Verlags-Conto. *

Soeltl, J. M. v., Echo-Töne. Nachgelass. Gedichte. 8. (VII, 59 S.) Freiburg i/B. 897. F. Wagner. n. 1. 50; geb. n. 2. —

Söltl, J. M., Baierns Friedenstage, in drey Gesängen. 4. München, (Fleischmann.) 819.

— Baierns Friedenstage, in drei Gesängen. Münch. 819. Weber.

Söltl, J. M., der christliche Fürst nach den Lehren Maximilians I., Kurfürsten von Bayern, an seinen Sohn und Kurprinzen Ferdinand Maria. Aus dem königl. geheimen Haus-Archive zu München herausg. München 862. Weiß. gr. 8. (45 S.) 6 ngr

—— Fürsten-Ideal der Jesuiten in einem treuen Spiegelbilde dargestellt. br. 8. (VIII, 191 S.) Stuttgart 870, Vogler und Beinhauer. [Werther.] 1 80

—— Gedichte. gr. 12. (5 B.) Berlin 837, G. Reimer.

— Geistes- und Herzenstöne (Gedichte). gr. 12. München (Landshut, Weber.) 820.

Söltl, (Joh. Mich.), Geschichte Bayerns in tabellar. Uebersicht: die alten Herzogthümer Bayern, Franken u. Schwaben, die 8 Fürstbisthümer, die ehemaligen großen Reichsstädte, die Fürstabtei u. Reichsstadt Kempten u. das Fürstenthum Berchtesgaden, das Geschlecht der Hohenzollern in Ansbach u. Baireut, das Geschlecht der Wittelsbacher in Bayern u. in den Pfalzen. gr. 4. (4 1/2 B. u. 2 Tab.) München 842, Franz.

—— Geschichte der Deutschen. gr. 8. (116 1/4 B.) Freiburg 835, 36, Wagner'sche Buchh. *

— Gregor VII. gr. 8. (VI u. 268 S.) Leipzig 847, Fr. Fleischer. 1 ℛ 12 ngr

—— Grundlagen zur teutschen Geschichte. Quellenforschung. gr. 8. (2 B.) München 831, [Bayer.]

— Grundlagen zur teutschen Geschichte. Quellenforschung. gr. 8. München 831. Weber. 1/4 ℛ

Söltl, Joh. Mich. v., Gustav Adolf. 12. (IV, 205 S.) München 883, Franz'sche Buchh. *

— Haine. (Gedichte.) Mit 1 Kpf. u. 1 Vign. 8. Augsb. 823, v. Jenisch u. St.

— Heinrich IV., Kaiser u. König d. Deutschen. gr. 8. München 823, Finsterlin.

—— Heldensagen. [Das Nibelungen-Lied. — Rostem und Suhrab. — Gudrun.] Für Jung und Alt bearb. insbesondere den deutschen Jungfrauen und Frauen gewidmet. 8. (VI, 238 S.) Wien 873, Hartleben's Verlag. 3 —

——, Klio. Fragmente üb. Geschichte u. geschichtl. Darstellung. 8. (4 B.) Nürnberg 828, Stein.

— die Könige d. Deutschen, aus d. Quellen dargestellt. 1r. Bd. 8. Münch. 821. Lentner. 16 gr

Söltl, (J. M.,) die Könige d. Deutschen, aus den Quellen dargestellt. 1r Bd. 8. Münch. 822, Lentner.

Söltl, Konradin. (Gedicht.) gr. 16. (XVI u. 144 S. m. 3 Holzschnitt.) Sulzbach 848, v. Seidel (jetzt: Regensburg, Pustet). 1/3 ℛ

Söltl, Jh. (S.) Mich., die bildende Kunst in München. gr. 12. München 842, Lentner'sche Buchh. (W. Keck.) 2 ℛ

Söltl, Prof. Dr. (Joh. Mich., 1797–18**), die bildende Kunst in München, (Geschichte derselben u. Beschreib. d. Sammlungen.) München. 1842. 8°. Eleg. blau Hlwbd.
XIV - 565 S.

——, Titus Livius in seiner Geschichte. gr. 4. (2 1/4 B.) München 832, (Fleischmann.)

Söltl, J. M. v., Ludwig I. König von Bayern und Graf von Armansperg. Ein Beitrag zur Feier des Centenariums der Geburt des Königs Ludwigs I. von Bayern. gr. 8. (III, 72 S.) [Nördlingen 886.] München, Beck'sche Verlagsh. 1 80

—— Ludwig der Strenge, Herzog von Bayern. Pfalzgraf bei Rhein. Ein Beitrag zur Aufhellung der inneren Verhältnisse Deutschlands im 13. Jahrh. Lex.-8. (VIII und 119 S.) Nürnberg 857, v. Ebner'sche Buchh. Verlags-Conto.

Söltl, Prof. Dr., Max der Erste, König von Bayern. Sein Leben u. Wirken. 2. verbess. Aufl. München, J. Rösl, o. J. (Vorr. dat. 1849). 8°. Eleg. blauer Srsb. m. Goldtit. auf Deckel.
VI–198 S. — Zuerst gedr. 1836.

— Max der Erste, König von Bayern. Sein Leben und Wirken. 3., ganz umgearb. Aufl. Augsburg 864. Schlosser. gr. 8. (VI, 209 S.) 24 ngr

— Max der Zweite, König von Bayern. Ein Bild des Unvergeßlichen. Mit 1 Titelbild (in Holzschn.). Ebend. 865. gr. 8. (IV, 204 S.) 27 ngr

— Max der Zweite König von Bayern. Ein Bild des Unvergeßlichen. 1. Aufl. 1865. u. 2., verb. u. verm. Aufl. Augsburg 867. Schlosser's Buchh. gr. 8. (VII, 218 S. mit 1 Titelbild in Holzschn.) 27 ngr

Söltl, Dr. J. M. (Prof. in München), Maximilian Joseph, König von Bayern. Sein Leben u. Wirken. Stuttgart, J. Scheible, 1837. 8°. (Nebst Kpftit.) Ppb.
2 Bll., XII–220 S. Mit Titelkpf.

— Maximilian Joseph, König von Bayern. Sein Leben und Wirken. Mit 2 Stahlstich. gr. 8. Stuttgart 837. (Gaul u. Tonger in Cöln.) 1 1/2 ℛ

Söltl, J. M., München. Erinnerung an die Sommer-Monate des J. 1854. (Abdr. aus dessen Dichtungen.) Nürnberg 855. v. Ebner. 16. (26 S.) 2 ngr.

— **München** mit seinen Umgebungen vorzüglich in geschichtlicher Beziehung. Mit Grundrißen von 1300, 1613, 1667 und 1837 (auf 1 Kpfrtaf.). München 854. Franz. gr. 8. (VI, 295 S.) n. 1 rß. 5 ngr; mit 14 Stahlst. n. 2 rß. 10 ngr.

—— **München** mit seinen Umgebungen histor., topograph., statist. dargest. (6 Lfgn.) 1. Aufl. 837., 2., verb. u. verm. Aufl. gr. 8. (30 B., 10 Stahlst., 4 Stnt., 2 Kpfrt. u. 1 Plan.) München 838, Franz. à *
Ohne Stahlstiche, Lithographien rc. *

—— **Muster-Sammlung** aus teutschen Dichtern, mit dem Nibelungen-Liede im vollständ. Auszuge. gr. 8. (17½ B.) München 830, Lindauer.

Söltl, Prof. Dr. (Joh. Mich., geb. 19. April 1797 zu Neunburg v. W. in d. Oberpfalz, 1849 o. Prof. in München, 1868 geh. Staatsarchivar, pens. als Geh. Hofrath), der Religionskrieg in Deutschland. 3 Thle. Hamburg, J. A. Meissner, 1840—42. 8°. Ppbde.
1: X—371 S. 2: VIII—404 S. (1—2 auch m. d. Titel: Elisabeth Stuart, Gemahlin Friedrich's V. v. d. Pfalz.) 3: VIII—447 S. (Auch m. d. Tit.: Denkwürdigkeiten aus den Zeiten d. Religionskrieges in Deutschland.)

—— der **Religionskrieg** in Deutschland. 3 Thle. Neue wohlf. (Titel-)Ausg. 8. (XXVI und 1282 S.) Hamburg 850, Meißner. *

— die frommen und milden **Stiftungen** der Wittelsbacher über einen großen Theil von Deutschland aus archival. und anderen Quellen geschöpft. Landshut 858. Krüll. gr. 8. (VIII, 251 S.) 27 ngr.

—— der **Untersberg.** Deutsche Bilder im Spiegel der Sage und Geschichte. 2 Thle. 8. (VIII und 765 S.) Augsburg 862, Schlosser's Buchh.

Söltl, Joh. Mich. v., das deutsche Volk und Reich in fortschreitender Entwickelung von den frühesten Zeiten bis auf die Gegenwart. 3 Bde. gr. 8. Elberfeld, Loll's Nachf. [1. und 2. Bd. (VII, 290; VII, 301 S.) 877. à Bd. * ℳ 3,60.; 3. Bd. (IV, 322 S.) 878. * ℳ 2,80.]
geb. in 1 Bd. *

—— das deutsche **Volk** und Reich in fortschreitender Entwickelung von den frühesten Zeiten bis auf die Gegenwart. In 3 Bdn. dargestellt. 2. (Titel-)Ausg. 20 Hefte. gr. 8. (VII, 290; VII, 301; IV, 322 S.) [Elberfeld 881, Loll's Nachf.] Berlin, Friedberg und Mode's Sep.-Cto.
à Heft 30 Pf.

— **Vorträge** über Beredsamkeit. München 869. Lentner. gr. 8. (VI, 209 S.) 21 ngr.

—— **Vorträge** über Beredsamkeit. gr. 8. (VI, 209 S.) München 869, Stahl. (ℳ 2,10.) 2 40

— **Widukind.** Schauspiel in 5 Aufzügen. München 869. Lentner. 8. (109 S.) 16 ngr.

— die **Wittelsbacher** mit ihren Zeitgenossen im Königr. Bayern. gr. 8. (434 S.) Sulzbach 850, v. Seidel (jetzt: Regensburg, Pustet). 1⅔ rß.

Soltmann, Amalie, neues Kochbuch, enth.: 494 der besten, nach vieljähriger praktischer Erfahrung erprobten Anweisungen zum Kochen, Braten, Backen und Einmachen, ein unentbehrliches Handbuch für Hausfrauen und Köchinnen. Stade 859. Steudel. 8. (X, 120 S.) 5 ngr.

Soltmann, F., zur **Beurtheilung** des Militair-Regiments in Schleswig-Holstein unter dem General Bonin. 8. (27 S.) Hamburg 850, Meißner.

Soltmann, F., zur Beurtheilung des Militair-Regiments in Schleswig-Holstein unter dem General Bonin. 8. (27 S.) Hamburg 850, Volksbuchhandlung in St. Pauli. 3 ngr.

Soltmann, G. H., offenherzige Bemerkungen über die Brenneke'sche Schrift: Biblischer Beweis, daß Jesus u. s. w. 8. Hannover, Helwing. 820.

Soltmann, H., u. H. Dittmers. Rechenbuch f. höhere Mädchenschulen. 6 Hefte. 8. Bremen 890, [Rößler.] Kühtmann's Buchh. [1. Heft. (III, 72 S.) * — 80; 2. Heft, 3. Stufe. (III, 75 S.) * — 85; 3. Heft, 4. Stufe. (III, 72 S.) * — 90; 4. Heft, 5. Stufe. (III, 88 S.) * 1 —; 5. Heft, 7. u. 8. Stufe. (III, 100 S.) * 1 10; 6. Heft, 9. u. 10. Stufe. (III, 132 S.) * 1 40.]
geb. * 6 05

—— dass. — Antworten z. 1.—6. Heft. 5 Hefte. 8. Ebd. 890. [1. u. 2. Heft. (38 S.); 3. Heft. (27 S.); 4. Heft. (31 S.); 5. Heft. (28 S.); 6. Heft. (37 S.)] à Heft * — 60

— u. **H. Dittmers,** Rechenbuch f. höh. Mädchenschulen. 6 Hfte. 2. Aufl. gr. 8. Ebd. 895.
Geb. in Halbldr. n. 6. 05
1. (III, 72 S.) n. — 80. — 2. (III, 75 S.) n. — 85.
3. (III, 72 S.) n. — 90. — 4. (III, 88 S.) n. 1. —.
5. (III, 100 S.) n. 1. 10. — 6. (III, 132 S.) n. 1. 40.

Soltmann, Hermann (C.)

Das propädeutische Halbjahr des französischen Unterrichts in der höheren Mädchenschule. Von Dr. Hermann C. Soltmann. Bremen: Nößler 1893. 92 S. 8° (II. 136

Soltmann, Herm. C., das **propädeutische Halbjahr** d. französischen Unterrichts in der höheren Mädchenschule. gr. 8. (VIII, 92 S.) Bremen 893. [J. Kühtmann.] G. Winter. n. 1. 50

Soltmann, H. Der Infinitiv mit der Präposition *à* im Altfranzösischen. Diss. Erlangen 1881. 48 S.

Soltmann, Herm., der Infinitiv mit der Präposition à im Altfranzösischen. Inaugural-Dissertation. gr. 8. (48 S.) Heilbronn 881, Gebr. Henninger. *
Aus: Französische Studien, besonders abgedruckt.

— **Lehrbuch** der französischen Sprache. gr. 8. (VIII, 178 S.) Ebd. 895. Geb. in Leinw. n. 2. 50;
Begleitschrift dazu. (16 S.) — 80

Soltmann, Herm., die **Syntax** des französ. Zeitworts u. ihre method. Behandlung im Unterricht. 1. Tl. D. Zeiten. gr. 8. (74 S.) Bremen 897. G. Winter. n. 1. 50

Soltmann, Herm. (C.) Der fremdsprachliche [französische] Unterricht an d. höh. Mädchenschule. gr. 8. (68 S.) Lpz. 889, Fock. * 1 —

Soltmann, Herm., s.: **Verhandlungen** der 45. Versammlung deutscher Philologen u. Schulmänner.

Soltmann, Car. Augustus (geb. Berlin 1. 8. 1818): De febri puerperali. Berolini (1847). (30 S.) 8°
Berlin, Med. Diss. v. 15. Febr. 1847

Soltmann, Otto, über die Behandlung der wichtigsten Magen-Darmkrankheiten des Säuglings. Für den Praktiker. gr. 8. (37 S.) Tübingen 881, Laupp'sche Buchh. *

Soltmann, Otto, über die Behandlung der wichtigsten Magen-Darmkrankheiten des Säuglings. Für Aerzte und Studirende. 2. verm. Aufl. gr. 8. (V, 57 S.) Tübingen 886, Laupp'sche Buchh. * 1 50

Soltmann, Otto, d. Beziehgn. d. physiolog. Eigenthümlichkeiten d. **kindlichen Organismus** zur Pathologie u. Therapie. Akadem. Antrittsvorlesg. gr. 8. (32 S.) Leipzig 895. Veit & Co. n. — 80

Soltmann, Otto: Ueber einige physiologische Eigenthümlichkeiten der Muskeln und Nerven des Neugebornen. Leipzig 1877. (20 S., 1 Taf.) 8° *[Aus: Jahrbuch f. Kinderheilkunde. N. F. Bd 11. 1877]*

Breslau, Med. Fak., Hab.-Schr. v. 10. Nov. 1877

— über d. Erfolge m. Diphtherie-Heilserum. Vortrag, geh. auf der 67. Versammlg. deutscher Naturforscher u. Ärzte in Lübeck am 17. Septbr. 1895. M. zahlr. Tab. gr. 8. (39 S.) Ebd. 896. n. 1. 40

Soltmann, Otto (geb. Berlin 17. 12. 1844): Zur Lepra nervosa (anästhetica). Berlin (1869). (32 S.) 8°

Berlin, Med. Diss. v. 8. Mai 1869

Soltmann, Otto, **Masern, Keuchhusten, Scharlach, Diphtherie. Bild u. Behandlg. „Merkworte" f. Studierende u. Praktiker. (20 S.) gr. 8. Leipzig 904. G. Thieme. n. — 75**
Sonderabdruck aus: „Festgabe d. deut. medizin. Wochenschrift f. d. Kongress f. inn. Medizin".

Soltmann, Rudolf

Soltmann, R. Beiträge zur Kenntnis des chemischen Verhaltens einiger natürlicher Titanverbindungen. In-8°. 31 S. Bern. Diss. 1893.

Soltner, K. Aug.: Johann B o c h e l e n der letzte elsässische Märtyrer der großen Revolution erschossen zu Colmar, am 24. Juli 1798. Ein Beitrag z. Centenarfeier 1798–1898. Rixheim 1897: Sutter. IV, 307 S. 8°

Soltsien, A., bewährte Mittel geg. Pflanzenschädlinge. (34 S.) 8. Berlin 907. A. L. Herrmann. — 80
Sonderabdruck aus: „Der Drogenhändler".

Soltsien, Alexius (Theodor)

Ueber die **Betheiligung** der Frauen-Vereine vom Rothen Kreuz an der Lungenheilstätten-Bewegung. Vortrag geh. in d. Deleg. Vers. d. Vaterl. Frauen-Vereins in Berlin am 30. März 1898 von Dr. med. [A. Th.] Soltsien, Vorstandsmitglied. *(Altona [1899]: H. W. Kahner & Co.)* (16 S.) 8° [Ant. u. F.] (vo. 12730

Soltsien, A., über Krankentransport in Grossstädten. Vortrag, geh. auf dem 7. deutschen Samaritertag in Kiel am 1. VII. 1905. (19 S.) gr. 8. München (905). Seitz & Schauer. n. — 50

Ⓑ **Soltsien, A.,** Krankentransport. 905. — Rettungsvorkehrungen. 905. (KBL 34). — Über d. Transport Verletzter. 901. (KBL 32.) Jetzt: Heidelberg, J. Hörning.

Soltsien, Alexius Theod. (geb. Caterbow in d. Mark 2. 9. 1850): Ueber die Ophthalmia militaris granulosa s. aegyptiaca. Berlin (1875). (40 S.) 8°

Berlin, Med. Diss. v. 14. Aug. 1875

— Rettungsvorkehrungen bei Schiffsunfällen auf Binnenwässern. (15 S.) gr. 8. Ebd. 905. n. — 50

Soltsien-Altona, uber den Transport Verletzter u. Erkrankter auf Räderbahren. gr. 8. (19 S.) München 901. Seitz & Schauer. n. — 50

Soltsien, Alfred, aus Hoyerswerda i. Schl.: **Studien über Bestockung, Variabilität und Vitalität des Getreides unter dem Einfluß verschiedenartigen Schröpfens.** *Halle a. S. 1903: C. A. Kaemmerer & Co.* (190 S.) 8°
Rostock, Phil. Diss. v. [24. März] 1903

Soltsien, Car. (Augustus Ludov.) (geb. Berlin 3. 2. 1814): De tela ossea aegra et integra. Berolini (1838). (48 S.) 4°

Berlin, Med. Diss. v. 7. Febr. 1838

Soltsien, Karl, de tela ossea aegra et integra. Exercitatio medica. (Cum tabulis III lithogr.) 4maj. Berolini 838. (Burmeister et Stange.) n. 2/3 ₰

Soltsien, Car., de tela ossea aegra et integra. Exercitat. med. 4maj. (6 B. u. 3 Stnt.) Berolini 838, (Burmeister. ?) *

GV136
6

† Soltwedel, Alex., s. Saß, F.

Soltwedel, Alex., die Eroberung Mexico's durch Cortez, s. Volksbibliothek, wohlfeilste, 20. Bdchn.

Soltwedel, Friedr. Formen u. Farben. v. Saccharum officinarum L. (Zuckerrohr) u. v. verwandten Arten. 21 chromolithogr. Taf. gr. Fol. Hrsg. m. begleit. Text (in holländ., deutscher, engl. u. französ. Sprache) v. Frz. Benecke. [Mittheilungen der Versuchsstation f. Zuckerrohr „Midden-Java" zu Semarang auf Java.] gr. 8. (29 S.) Berl. 892, Parey. In Leinw.-Mappe ** 65 —

Soltyk, Graf Roman

— Napoleon im Jahre 1812, oder hist. milit. Darstellung des Feldzugs in Rußland. A. d. Franz. übs. v. L. Bischoff. Mit 1 Krt. Wesel 1837. 561 S.

Soltyk, Graf Roman, Napoleon im Jahre 1812, od. histor.-militär. Darstellung d. Feldzugs in Rußland. A. d. Franz. übers. u. mit histor. u. krit. Anmerkn. versehen v. Ludw. Bischoff. 1. Aufl. (7 Lfgn.) (35¾ B. u. 1 Karte.) 837. 2⅓ Thlr., 2. Ausg. gr. 8. (36 B. u. 1 Karte.) Wesel 838, 39, Klönne.

— Polen, geographisch und historisch geschildert. (Geschichte des polnischen Freiheitskampfes 1830 u. 1831.) 2 Thle. in 1 Bde. Mit 8 Portraits u. 7 histor. Abbildd. gr. 8. Hamburg 834. Berendsohn. 1¾ ₰

Soltyk, Roman. Polen, geographisch und historisch geschildert, mit einer vollständigen Geschichte der Jahre 1830 und 1831. Mit Abbildungen. Stuttgart, Scheible 1834. 328, 344 S. 8.

—— Polen u. seine Helden im letzten Freiheitskampfe. Nebst e. kurzen Abriß d. poln. Gesch. seit ihrem Beginn bis z. J. 1830. A. d. Franz. übers. u. mit kurzen geograph.-statist. Notizen üb. Land u. Volk nach d. besten Quellen begleit. v. Heinr. Elsner. 2 Thle. (7 Lfgn.) 8. (45 B., 8 Portr. u. 7 histor. Abbild.) Stuttgart 834, [Scheible, Rieger u. Sattler.]

Soltyk, Roman. Relation des opérations de l'Armée, aux ordres du Prince Joseph P o n i a t o w s k i, pendant la campagne de 1809 en P o l o g n e, contre les Autrichiens. (Mit 1 Portrait und 1 Karte.) 8. Paris et Leipsic **1841.**

Soltyk-Romansky, Erwiderung auf die Sturmglocke der Revolutionäre. Aus dem Russischen. 2 Bl. 8°. Lemberg 1886.

Solution définitive d'un problème fort compliqué ou moyen d'affranchir le travail de l'exploitation du capital individuel. Suivi de reflexions sur quelques questions importantes du domaine de l'économie politique. 8. (123 S.) Leipsic 849, Twietmeyer. n. 12 ngr.

Solution de l'énigme du sphinx tricéphale en Pologne par Oedipée qui n'est pas Boeotien. Leipzig 863. Gerhard. gr. 8. (48 S.) n. 12 ngr.

Solution du problème . . . ayant pour object les moyens de retablir la valeur des immeublés maisons . . . S. l. 1777. V: *Führer, Friedrich Wilhelm.* (ML)

Solution du problème deliaque. Dresden 1790. V: *Casanova, Giovanni Jacopo.* (Victor Ottmann: Jakob Casanova. Stuttgart 1900. S. 124, Nr. 36) (KY 1/419) (WBL 2/300) (BIBLPORT)

Solution de la q u e s t i o n d'Orient au point de vue politique et géographique, s. C h a l i k i a n, S.

Note sur des formules d'introduction à l'energétique physio- et psycho-sociologique. Par Ernest Solvay. Bruxelles & Leipzig: Misch & Thron 1906. 26 S. 4°
(Inst Solvay. Travaux de l'Institut de sociologie. 1. Notes et mémoires. Fasc. 1.) (10. 18338

Solvo de la problemo de lingvo internacia. Die Lösung d. Weltsprachen-Problems. Esperantotext von $_{+}^{*}{}_{+}$. Mit deutscher Uebers. von Prof. [P.] Christaller. Berlin: Möller & Borel [1907]. 125 S. 8°
(Kolekto Esperanta.) {09. 13394 11

Soly, des Prinzen, od. Pecnapp, u. der Prinzessin Fesles Liebesgesch. a. d. Franz. 8. Copenhag. Proft. 748. — 5

Solyman, s. Soliman.

Solymosi, Esther, der Prozeß von Tißa-Eßlar. Nebst den Portr. sämmtl. Angeklagten, sowie der Esther Solymosi und des Mor. Scharf und den Abbild. der Synagoge und Wohnung des Tempeldieners. 1.—3. Aufl. 8. (84 S.) Berlin 883, M. Schulze. *

Soma und Psyche, oder die Verbindung des Leibes und der Seele . . . O. O. [17??]. V: *Müller, Joh. Gg.* (Cat. d. Stadtbibl. Zürich. Zürich 1864—97.)

Bunte Geschichten vom Himalaja. Novellen, Schwänke u. Märchen von Somadewa aus Kaschmir [**Somadeva**: Kathāsaritsāgara, Ausz.], deutsch von Johannes Hertel. *München: F. Bruckmann 1903.* (XXI, 186 S.) 8° [F.] {03. 13047

Soma Deva, s. Gründung d. Stadt Pataliputra.

Somadeva, Kathâ sarit sâgara, s. Abhandlungen für die Kunde des Morgenlandes.]

Somadeva Bhatta, Mährchensammlung, s. Bibliothek der Classiker des Auslandes 27. u. 28. Bd.

Somarinsky, der Brudermörder; Geschichte aus den Zeiten der Polnischen Revolution . . . Hamburg 1812. V: *Müller, Heinrich August.* (Ky) (MGT)

Somarinsky, der Brudermörder, (von H. Müller.) 8. Hamb. 812. (Herold jun.) 1 ℳ 16 ß

Somarinsky, der Brudermörder, Geschichte aus den Zeiten der polnischen Revolution, v. Verf. des Florenza, mit 1 K. 8. Hamb. Vollmer. 812.

Somary, Fel., die Aktiengesellschaften in Oesterreich. [Aus: „Statist. Monatsschr.", m. e. Anh., enth. die besteh. Aktiengesellschaften, deren Aktienkapital, Maximal- u. Durchschnittsdividenden.] (IV, 59 S.) gr. 8. Wien 902. Manz. n. 1. 60

Somary, S., die Personalsteuern. Gesetz v. 25. X. 1896, R.G.Bl. Nr. 220, betr. d. directen Personalsteuern m. e. d. wesentlichsten Grundsätze u. Bestimmgn. d. Gesetzes zusammenfass. Einleitg., m. erläut. Anmerkgn. auf Grund d. Motive d. Regierg., d. Ausschussarbeiten u. d. stenograph. Protokolle, nebst e. Anh., enth. die Grundsätze der Instruction u. d. im Gesetze citirten, weiter in Kraft bleib. Vorschriften. 8. (VIII, 264 S.) Wien 897. A. Hölder. n. 2. 20; geb. in Leinw. n. 3. 20

Somazzi, D., der deutsche Kaufmann im Verkehre mit Italien. Theoretisch-prakt. Handbuch der italienischen Handelssprache für den Schul- und Selbstunterricht. 8. (VI, 180 S.) Bern 885, [Fiala.] Wyß. ℳ 3.—; geb. 3 40

SOMBART: Der Holz-Zoll. - Berlin 1883. 16 S.

Sombart, Anton Ludwig

Sombart-Ermsleben, die landwirthschaftliche Enquête im Königreich Preussen. Probe-Erhebung für einen Gutsbezirk. — Aufnahme über die allgemeine Lage der ländl. Grundbesitzer. Von F. Frank. gr. 8. (78 S.) Berlin 885, Parey. * 2 —
Aus: Landwirthschaftliche Jahrbücher, besonders abgedruckt.

Sombart-Ermsleben, die Fehler im Parzellirungs-Verfahren der preußischen Staatsdomänen. gr. 8. (41 S.) Berlin 876, [Wiegandt, Hempel und Parey.] Parey. *

Zur Frage der innern Kolonisation. Die Berechnung d. Renten auf Rentengüter nach d. preuß. Gesetz v. 7. Juli 1891. Von [Anton Ludwig] Sombart-Ermsleben. Leipzig: Duncker & Humblot 1897. (VIII, 47 S.) 8° [F.] {06. 11036

Sombart-Ermsleben, s. Gesetze des norddeutschen Bundes.

Sombart, Jh. Isaak, Nachr. von d. Behandlungsart d. angor. Kaninchen od. Seidenhasen. 8. Magdeb. 792.

Sombart, Karl Max

Sombart, C. M., Ueber den Einfluss des gewerblichen Schulwesens auf die wirtschaftlichen, socialen und sittlichen Verhältnisse eines Volkes. 8°. Magdeburg 1901.

Sombart C M, zur Eröffnung des Kaiser Friedrich-Museums der Stadt Magdeburg. Seine Vorgeschichte. (45 S 1 T) Magdeburg 1906

Sombart, C. M., des Erfinders Fragen beantwortet. gr. 8. (III, 12 S.) Magdeburg 878, (Klotz.) *

Sombart, C. M., des Erfinders Freund. 8. (54 S.) Berlin 879, C. Heymann's Verlag. *

[F.] Streiflichter über sociale Fragen. Von C[arl] M[ax] Sombart. *Magdeburg: C. E. Klotz 1895.* (45 S., 1 Bl.) 1 Bd 8. {96. 1807

Sombart C M, Streiflichter über soziale Fragen. 2. Aufl. (47 S) Magdeburg 1895

[F.] Ueber die Zukunft des Kleingewerbes. E. Studie m. Organisationsvorschlägen f. Preussen. Von C[arl] M[ax] Sombart, Magdeburg . . . *Magdeburg: C. E. Klotz 1898.* (36 S.) 1 Bd 8. {98. 1682

Sombart, Werner. Die gewerbliche Arbeiterfrage. 144 S. 8. Leipzig, G. J. Göschen, 1904. (geb. M. —. 80)
Sammlung Göschen. (Nr. 209.)

Sombart, Werner, die gewerbliche Arbeiterfrage, s. Sammlung Göschen.

Sombart, Wern., s.: Archiv f. Sozialwissenschaft u. Sozialpolitik.

Sombart W, die römische Campagna, eine sozialökonomische Studie. (Forschungen, Staats- und sozialwissenschaftliche VIII, 3) Leipzig 1888

Sombart, W., die römische Campagna, s. a. Forschungen, staats- und socialwissenschaftliche.

Sombart, Werner, „Dennoch!" Aus Theorie u. Geschichte der gewerkschaftl. Arbeiterbewegg. gr. 8. (VI, 121 S. m. 1 Abbildg.) Jena 900. G. Fischer. n. — 80

Sombart, Werner, Friedrich Engels (1820—1895). E. Blatt zur Entwicklungsgeschichte d. Sozialismus. [Aus: „Die Zukunft".] gr. 8. (35 S.) Berlin 895. O. Häring. n. — 50

— Gewerbewesen. 2 Tle. 8°. Leipzig, G. J. Göschen, 1904. (Samml. Göschen, Bdchen. 203 u. 204.)

— Gewerbewesen, s. Sammlung Göschen.

Sombart, Werner. Der moderne Kapitalismus. 2 Bände. Leipzig, Duncker & Humblot, 1902. [br. M. 20. —, geb. M. 24. —]
Band 1: Die Genesis des Kapitalismus. XXXIV + 670 S.
Band 2: Die Theorie der kapitalistischen Entwicklung. Mit Registern über Band 1 und 2. VIII + 646 S.

Kunstgewerbe und Kultur von Werner **Sombart**. Berlin: Marquardt & Co. (1908). (131 S.) 8°
= **Kultur**, Die. Bd 26 u. 27. (08. 7907

– Das Lebenswerk v. Karl Marx. (59 S.) gr. 8. Jena 909. G. Fischer. — 80

— s.: Morgen.

Sombart, Werner: Über Pacht- und Lohn verhältnisse in der Römischen Campagna . . . (Aus: Staats- u. socialwiss. Forsch. hrsg. v. G. Schmoller. Bd. 8 Hf. 3) Altenburg: Pierer'sche Hofbuchdr. Stephan Geibel & Co. (1888). 42 S., 1 Bl. 8°
Berlin, Phil. Fak., Inaug.-Diss. v. 17. Nov. 1888

Das Proletariat. Bilder u. Studien von Werner **Sombart**. Frankfurt a. M.: Rütten & Loening (1906). (XIII, 87 S.) 8°
= **Gesellschaft**, Die. Bd 1. (06. 15016

[F.] Sozialismus und soziale Bewegung im 19. Jh. Von Werner **Sombart**, Prof. an d. Univ. Breslau. Nebst e. Anh.: Chronik d. soz. Bewegg v. 1750—1896 . . . *Jena: G. Fischer 1896.* (2 Bl., 143 S.) 1 Bd 8. 96. 9015

— dasselbe. 8.—12. Taus. (Volksausg.) gr. 8. (IV, 89 S.) Ebd. 897. n. — 50

[F.] Socialismus und sociale Bewegung im 19. Jahrhundert. Von Werner **Sombart**, Prof. a. d. Univ. Breslau. *Bern: Steiger & C. 1897.* (86 S.) 1 Bd 8.
= Vortragskurse, Ethisch-Socialwissenschaftliche. Bd IV. (97. 1716

Sombart, W., Sozialismus u. soziale Bewegung im 19. Jahrh. Nebst 2 Anh.: 1. Chronik der sozialen Bewegg. von 1750—1899. 2. Führer durch die sozialist. Litteratur. 3. Aufl. (13. bis 17. Taus.) gr. 8. (VII, 130 S.) Jena, G. Fischer. 1900. —. 75.

— **Sozialismus** u. soziale Bewegung im 19. Jahrh. Nebst 2 Anh.: 1. Chronik der sozialen Bewegung von 1750—1900. 2. Führer durch die sozialist. Litteratur. 4. Aufl. (18.—23. Taus.) gr. 8. (VII, 130 S.) Jena 901. G. Fischer. n. — 75

— **Sozialismus** u. soziale Bewegung. 5. neugearb. Aufl 24.—39. Taus. (VI, 329 S.) 8. Jena 905. G. Fischer. n. 2. —; geb. n. 2. 60

— **Sozialismus** u. soziale Bewegung. 6. verm. u. bis in die Gegenwart fortgeführte Aufl. 34.—43. Taus. (XI, 395 S.) gr. 8. Jena 908. G. Fischer. 2.50; geb. n. 3. 20

Technik und Wirtschaft. Vortrag geh. 1901 von Werner **Sombart**. *Dresden: v. Zahn & Jaensch 1901.* (24 S.) 8° [F.]
= Jahrbuch d. Gehe-Stiftung zu Dresden. Bd 7, (a.). 03 14140

— **Technik** u. Wirtschaft. Vortrag, geh. in der Gehe-Stiftung zu Dresden am 16. II. 1901. gr. 8. (24 S.) Dresden 901. v. Zahn & Jaensch. n. 1. —
Sonderabdruck aus: „Jahrbuch der Gehe-Stiftung".

Die deutsche Volkswirtschaft im Neunzehnten Jahrhundert von Werner **Sombart**, (Prof., Breslau). 1. bis 5. Taus. *Berlin: G. Bondi 1903.* (XVIII, 647 S.) 8° [F.]
— **Jahrhundert**, Das Neunzehnte, in Deutschlands Entwicklung Bd 7.

Sombart, W., Die deutsche Volkswirtschaft im 19. Jahrh. 2., durchgeseh. Aufl. 6., 7. u. 8. Taus. (XVI, 609 S. m. 1 Tab.) gr. 8. Berlin. G. Bondi. 1909. 10. —; geb. in Halbfrz. 12. 50.
Jahrhundert, das neunzehnte, in Deutschlands Entwicklung. Hrsg. v. P. Schlenther. Bd. VII.

Werner **Sombart**. Warum gibt es in den Vereinigten Staaten keinen Sozialismus? Tübingen: J. C. B. Mohr 1906. (142 S.) 8° [F.]
Durchges. Abdr. aus: Archiv f. Sozialwiss. u. Sozialpolitik. Bd 21.

— Warum interessiert sich heute jedermann für Fragen der Volkswirtschaft und Sozialpolitik? gr. 8°. Leipzig, F. Dietrich, 1904. (Soz. Fortschritt, Heft 1.)

— **warum interessiert sich heute jedermann f. Fragen der Volkswirtschaft u. Sozialpolitik**, s.a. **Fortschritt, sozialer. Nr. 1.**

Sombart, Werner. Wirthschaft und Mode. Ein Beitrag zur Theorie der modernen Bedarfsgestaltung. Wiesbaden, Verlag von J. F. Bergmann 1902.
Haupttit., Tit., 1 Bl., 23 S. 4°.
(Grenzfragen des Nerven- und Seelenlebens. Heft 12.)

Sombart-Ermsleben, s. Sombart, Anton Ludwig.

Somborn, Alfred, stud. phil. aus Frankfurt a. M.: Die **Elfenbein- und Beinschnitzerei unter besonderer Berücksichtigung ihrer Lage in Erbach i. O. und in Geislingen a. Steig.** *Heidelberg 1899: J. Hörning.* (98 S.) 8°
Heidelberg, Phil. Diss. v. [28. Juli] 1898.

Somborn, Carl, die Flammen. In 3 Akten. (64 S.) 8. Berlin (909). Harmonie. 1. —

Philenor. Oper in 1 Aufz. von Carl **Somborn**. [Text.] *Berlin, Köln, Leipzig: A. Ahn [1903].* (28 S.) 8°
= **Operntext-Bibliothek**, Ahns. No 89.

Somborn, Carl, das venezianische Volkslied: Die Villotta. gr. 8. (172 S.) Heidelberg 901. C. Winter. n. 3. 60

Somburg, Robert: Die Ehrentage des Füsilier-Regiments Generalfeldmarschall Graf Blumenthal (Magdeburgisches) Nr 36 aus d. Feldzügen 1866 u. 1870/71 u. Anderes. Halle: Selbstverl. 1909. 48 S. 8°

Somburg, Rob., die Ehrentage des Füsilier-Regiments Generalfeldmarschall Graf Blumenthal (Magdeburg.) Nr. 36 aus den Feldzügen 1866 u. 1870/71 u. Anderes. (48 S.) 8. Halle (909). J. E. Mueller. — 50

Sömer, Peter, Altar und Tabernakel. Ein Lehrgedicht. 16. (47 S.) Paderb. 890, Bonifacius-Druckerei.

Sömer, P., religiöse Gedichte. 16. (IV, 156 S.) Werl 874. Stein. n. 1. 20; geb. m. Goldschn. n. 2. —

Sömer, Pet., Hageröschen aus dem Herzogt. Westfalen, d. i. Legenden, Sagen u. Geschichten, auch Schwänke, wo der Schelm drin lacht, Gebrauch u. Sitten, nebst Gesichten der Birkenbäumer Völkerschlacht, in Alltagsworten u. Gedichten geschildert u. ans Licht gebracht. 12. (IV, 204 S.) Paderborn 892. Bonifacius-Druckerei. 1. 20

Sömer, Pet., Hageröschen aus dem Herzogt. Westfalen. 2. Aufl. (255 S.) kl. 8. Paderborn 909. Bonifacius-Druckerei. 1. 20

Sömer, Pet., Legenden. Gedichte. 12. (283 S.) Paderborn 896. Junfermann. n. 1. 80; geb. in Leinw. n. 3. —

Sömer, P., Lieder, Romanzen und Sprüche. 16. (IV und 99 S.) Arnsberg 867, v. Schilgen. * 10 Ngr.; geb. *

Someren, Jo. a: Tractatus de jure novercarum. Ed. postr. Coloniae Agripp. 1713.

Someren, Jo. a: Tractatus de repraesentatione. Coloniae Agripp. 1713.

Someren-Brand, J. E. van, Kulturpflanzen der Weltwirtschaft, s.: Warburg, Otto.

Somerhausen, H., Epigrammata hebraica, **partim composita, partim e variis linguis versa. (Fasc. I. — Epigr. Satyrica.) 12maj. (5⅔ B.) Bruxellae 840, Muquardt.** *

Sömering, Heinr., die allgemeinen und örtlichen, sowie die russischen Dampfbäder. Ein sicherer Rathgeber für Alle, die an hartnäckigen katarrhal., rheumat. rc. und Unterleibskrankheiten leiden, und Dampfbäder mit Erfolg gegen Hautausschläge rc. anwenden wollen. Nebst Anweisung zur Einrichtung wohlfeiler Dampfbäder im Hause. 16. (96 S.) Grimma 851. [Wurzen,] Verlags-Comptoir. Thlr.

Somerset, der Miß Meliora, Leiden, aus dem Engl. in 2 Theilen, 8. Leipzig, 780. Feind. 15 sgl.

Somerset, Marquis Edw., eine Centurie von Erfindungen, geschrieben im J. 1655. Ins Deutsche übertragen nach dem Text der ersten Ausg. [London 1663] uud hrsg. von Henry Dircks. 8. (67 S. mit 1 Holzschntaf.) Leipzig 869, (Brockhaus' Sortiment und Antiq.) * 1 —

Der Somerset Bote: 1891?—1909?

Independent weekly. Circulation: 1900, 1000; 1905, 750. Edited & published by Walter Reiss.
Bound Brook, NJ

Somerset und Middlesex County Bote: 1910?—1912?

Independent weekly. Circulation: 1910, 1500. Edited & published by Noah Guter & Adolph Timm, 1910--12.
New Brunswick, NJ

Somerset Gazette: 1806—1807?

Weekly. Edited & published by George Maurer. All that is known about this paper is derived from bills for printing presented by one George Maurer, and from an order of the County Commissioner's that certain advertisements be published.
Somerset, PA

Der Somerset Republikaner: 1854—? Somerset, PA

Weekly. Edited & published by Germanus Voegtley.

Somerset Unabhängiger Republikaner: 1848?—? Somerset, PA

Native-Whig weekly. Edited & published by George Maurer.

Somerville, Alex. R., Ansprache an Juden. Vortrag, gehalten im Saale der Reichshallen zu Berlin am 26. April 1881. 16. (16 S.) Berlin 881, Deutsche evangel. Buch- und Tractat-Gesellschaft. *

Somerville, aus dem Munde der jungen Kinder hast Du e. Macht zubereitet. (Ps. 8, 1—3.) Ansprache an Kinder, geh. im Saale der Reichshallen zu Berlin am 3. Febr. 1881. 6. Aufl. 12. (16 S.) Berlin 894. Deutsche evangel. Buch- u. Tractat-Gesellschaft. n.n. — 5

—— Fliehe zu Jesu! Vortrag, gehalten im Saale des Evangel. Vereinshauses zu Berlin am 24. April 1881. 16. (16 S.) Ebendas. 881. *

—— Glaube und Liebe. Vortrag, gehalten im Saale der Reichshallen zu Berlin am 25. April 1881. 16. (16 S.) Ebendas. 881. *

—— Judentum und Christentum. Ein Vortrag. In revid. deutschem Texte hrsg. von Frz. Delitzsch. gr. 8. (25 S.) Erlangen 882, Deichert.

—— Berliner Reden. 8. (XV, 163 S.) Berlin 881, Deutsche evangel. Buch- und Tractat-Gesellschaft. *
geb. *

All on the Irish shore. Irish sketches. By E. Œ. Somerville and Martin Ross. Copyright ed. Leipzig: Tauchnitz 1903. 295 S. 8°
(Collection of British authors. Tauchnitz Ed. Vol. 3672.) [11. 10445

Somerville, E. Œ., and Mart. Ross, All on the Irish shore, s.: Collection of British authors.

Somerville, E. Oe., and Mart. Ross. Naboth's vineyard, s. Collection of British authors.

Somerville, Mary

Sommerville, Mary, de la connexion des sciences physiques, ou exposé simple et rapide de tous les principaux phénomènes astronomiques, physiques, chimiques, géologiques et météorologiques. Trad. de l'Anglais sous les auspices de M. Arago par Mme T. Meulien. gr. in-12. Paris et Strasbourg 837 Levrault. 2 2/3 rf

Somerville, Mary, physische Geographie. Aus dem Engl. von Adph. Barth. 1. und 2. Bd. 8. Leipzig 851, Weber. [1. (XX und 503 S.) 2. (XII und 578 S.) à Bd. * 1 Thlr. 15 Ngr.] *

—— Kosmos für gebildete Frauen. Nach der 3. Aufl. des engl. Werks unter Bezugnahme auf den Berghaus'schen physikal. Atlas bearb. von Carl Hartmann. 2 Thle. gr. 16. (XIV und 681 S.) Grimma 851. [Wurzen,] Verlags-Comptoir. *

—— Ueberblick d. physikal. Wissenschaften in ihrem Zusammenhange. Uebers. n. d. 2. Aufl. d. engl. Orig. Mit e. Vorr. v. K. F. Klöden. gr. 8. (31 1/2 B. u. 2 Stnt.) Berlin 835, [C. G. Lüderitzsche Brlsb.]

Somerville, Robert

Sommerville v. Hadingston, Rob., vollständ. Uebersicht d. gewöhnlichsten u. mehrerer bisher minder bekannter Düngemittel u. deren Wirksamkeit. Aus d. Engl. v. C. A. Wichmann u. mit e. Vorrede v. A. N. Scherer. 8. Leipzig, 1800. Breitkopf u. Härtel. 2. —

Somerville R.: Vollständige Uebersicht d. gewöhnlichen u. mehrerer bisher minder bekannten Dünge-Mittel u. deren Würksamkeit ... Aus d. Engl., m. einigen Anmerk. übers. v. C. A. Wichmann u. m. e. Vorr. v. A. N. Scherer. Leipz. 1800. 694 S.

SOMERVILLE, William: The Scottish Land-Question with more particular reference to the Crofters.- 17.6.1889 - Chr 1888/89,17; Jv 1888/89,209
Diss. Ingolst.-Landsh.-Mchn.

Somin, Edward, ein Novize der Jesuiten. Eine Studie. gr. 8. (III, 147 S.) Leipzig 869, Kollmann. * 2 50

Somló, Felix

Somló, F., Zur Gründung e. beschreibenden Soziologie. (V, 50 S.) gr. 8. Berlin(-Wilmersdorf), Dr. W. Rothschild. 1909 2. —

Der Güterverkehr in der Urgesellschaft. Von Felix Somló. Bruxelles & Leipzig: Misch & Thron 1909. VI, 186 S. 4°
(Inst. Solvay. Travaux de l'Institut de sociologie. 1. Notes et mémoires. Fasc. 8.) [10. 18344

Somló, Fel., der Ursprung des Totemismus, s.: Pikler, Jul.

Somm, Michael (Elbing) A. S. 1172/30

Dissertatio inauguralis medica, de spirandi difficultate. Präs. Michael Alberti.
Halle (Hendel) XI. 1726. 40 S. 32808

Somma, Antonio, Amelia, s.: Verdi, Gius.

Sommaire des mots les plus usités à l'usage des François et des Allemands, od. d. geschwinde Franzos ꝛc. 8. Salzburg, Oberer. 809.

Sommalius, P., s. Albertus Magnus. Paradies der Seele.

Sommaruga Erwin Freiherr von: Analyse des Minerals Szajbelyit. S. 48. II. 548 . . . „ —.10
Separatabdruck

Sommaruga, Erwin v., über die Aquivalente von Kobalt und Nickel. Lex.-8. (11 S.) Wien 866, (Gerold's Sohn.) *
Aus: Sitzungsberichte der k. Akademie der Wissenschaften, besonders abgedruckt.

Sommaruga, Erwin v., über die Einwirkung des Ammoniaks auf Isatin. 1. u. 2. Abhandlg. [Aus: „Sitzungsber. d. k. Akad. d. Wiss."] Lex.-8. (16 u. 22 S.) Wien 877. 78. (Gerold's Sohn.) n.n. — 70

— Über die Einwirkung des Ammoniaks auf Isatin. 3. Abhandlung. S. 82. II. 307 . vgr.
Separatabdruck

Sommaruga, Erwin v., über die Kresylpurpursäure. Lex.-8. (6 S.) Wien 869, (Gerold's Sohn.) * — 20

— Über die Kresylpurpursäure. S. 60. II. 140 . . . . „ —.20
Separatabdruck

— über die Molekulargrösse des Indigos. [Mit 1 (lith.) Taf.] [Aus: „Sitzungsber. d. k. Akad. d. Wiss."] Lex.-8. (11 S.) Ebend. 878. n.n. — 50

Sommaruga, Erwin v., üb. Naphthylpurpursäure u. ihre Derivate. [Aus: Sitzungsber. d. k. Akad. d. Wiss."] Lex.-8. (19 S.) Wien 871. (Gerold's Sohn.) — 30

— Über das Verhalten des Phenanthrenchinons gegen Ammoniak. S. 81. II. 1874 . . vgr. **Separatabdruck**

Sommaruga, Franz Frh. von

Sommaruga, Frz. Frhr. v., die Besteuerung der österreichischen Eisenbahnen. gr. 8. (41 S.) Wien 875. Lehmann & Wentzel. n. 1. 60

Sommaruga, Frz. v., die neue Wiener Börse-Ordnung zunächst aus juristischem Standpunkte dargestellt u. erläutert. Wien 855. Manz. gr. 8. (IV, 104 S.) 20 ngr.

—— **über die Errichtung von Handelsgerichten in Oesterreich. Eine Denkschrift, dem k. k. österreich. Justiz-Ministerium übergeben. gr. 8. (44 S.) Wien 849, Gerold, Verlag.** *

v. Sommaruga, Frz. Frhr., die Grundzüge der Gerichtsverfassung f. die Länder der österreich. Monarchie beurtheilt. gr. 8. (67 S.) Wien 849, Gerold. n. n. 1/3 ₰

Sommaruga, Franz v., der heutige Stand der Bankfrage, s. Flugblätter vom Verein für volkswirthschaftl. Fortschritt.

Sommaruga, Frz. Frhr. von. Oesterreichs Zukunft und dessen Stellung zu Deutschland. Ein Beitrag zur Lösung der österreichischen Frage. (Sonderabdruck aus der deutschen Vierteljahresschrift, geschrieben im November 1848. (Stuttgart, Cotta) 1849. 39 S. 8.

Sommaruga, Hugo Frhr von: Die Städtereinigungs-Systeme in ihrer land- und volkswirthschaftlichen Bedeutung. Halle 1873: Waisenhaus. 93 S. 8°
Halle-Wittenberg, Phil. Diss. v. 7. Aug. 1873
Geb. Wien 30. 1. 1851. V.
Im Buchhandel vollst. Halle: Waisenhaus 1874. X, 180 S. 8°

Il diritto italiano commerciale, cambiario, fallimentare e marittimo. Das Handels-, Wechsel-, Konkurs- und Seerecht Italiens. Mit Einl. u. Anm. von Dr. Angelo Sraffa, Prof., bearb. u. übers. von Graf Luigi **Sommati** di Mombello u. Oskar Vormbaum, Amtsrichter. Berlin: R. v. Decker 1906. 4°(8°) 188, 188 S.
= **Handelsgesetze,** Die, d. Erdballs. Ausg. D. Italien. [06. 15431

Sommelius, Gust., († d. 19. Juni 1800.) Regiae academiae Gustavo-Carolinae s. Dorpato-Pernaviensis historiae academicis, quae in unum collectae sunt, disputationibus editae. Vol. I. Lund 790.

Sommer [Sachliches OW]

Sommer, der. Eine Sammlung von Liedern zum vorzugsweisen Gebrauch auf Landpartien. Berlin 859. Gonrich. 32. (64 S.) 2½ ngr.

Sommer, Emilie; eine Geschichte in Briefen. Leipzig 1780. V: *Thilo, Friedrich Theophilus.* (MGT) (Ky) (GGr)

Sommer, Emilie, (v. Fr. Th. Thilo). 4 Thle. 8. Leipz. 780. 2e A. 785. Linke. 2 ₰ 16 gr

Sommer, Emilie, e. Gesch. in Briefen. 4 Thle. 8. Leipzig, Schneider. (Linke.) 783—85. Nitblr.

Sommer, Emilie, eine Geschichte in Briefen, 4 Theile, zweyte Original-Ausgabe, 8. Daselbst, 783: 86. Lincke. 2 Rthl. 20 sgl.

Sommer — Herbst. 2 Genrebilder, Gegenstücke nach den Originalen v. Friedländer. Oehlfarbendruck. Zweite Auflage. Olmütz, Eduard Hölzel pr. Bl. 1864 à 1 fl.

Sommer, ein, in Rußland. Kaiser Nikolaus Hof- u. Feldlager. Eine Skizze vom Verf. von „Eothen." Aus dem Engl. v. A. Kretzschmar. gr. 8. (7¼ B.) Grimma 846, Verlags-Comptoir. —

Sommer, Ein, in Schleswig. Skizzen und Bilder von Dr. H... Aus dem Dän. von Heinr. Helms (= Conversations- u. Reisebibl. 5. Bd.) Leipzig 1855. V: *Tolderlund, Hother Hakon Viggo.* Vgl. Kat. d. Schlesw.-H. Landesbibl. 1. Nachtr. 1907, S. 1632. (DARP)

Sommer, ein, in Schleswig, s. a. Conversations- und Reisebibliothek.

Sommer, der verhängnißvolle, 1870. Aus der poet. Erinnerung eines Naturforschers. 16. (23 S.) Freiberg 870, Engelhardt. *

Sommer [Verfasser]

Sommer, ..., Account of the Siege, Bombardement and Capitulation of Copenhagen in the year 1807. 8. Kopenh., Bonnier. 6 gr

Sommer, Dr. ..., von d. geistl. Angelegenheiten in Deutschland. 8. Münch. 818. Lentner. 3 gr

Sommer. de doctrina quam de harmonia rerum praestabilita Leibnitzius proposuit. Gottingae. 34 p 1864
Schul-/Univ.-Schrift

Sommer. Grundriss der Stadt **Eisleben.** 1861. 1 Bl. c. Hz.

Sommer's Haushaltungsbuch f. den täglichen Gebrauch. schmal Fol. (28 S.) Bad Ems 890. Sommer. cart. n. — 75

Sommer, Collektiv-Recension mehrerer Schriften über die Apothekerfrage mit rechtlichen Bedeutungen. 8. (1½ B.) Arnsberg 845, Ritter.

— Khryštof Kolumbuš abo Namakanje Ameriki, serbskemu ludej powedane. Bautzen 853. (Schmaler.) 12. (95 S.)

Sommer, moderne Malereien, s.: Harder.

Sommer, e. Sturm wider d. hohen Berg. Kurze Antwort auf die lange Rede des Hrn. Professor Lehmann-Hohenberg auf d. Hamburger Lehrertage Pfingsten 1896. gr. 8. (11 S.) Flensburg 896. G. Soltau. n. — 40

Sommer (Prediger), was wird die Zukunft bringen? Vortrag (religiösen Inhalts). Nürnberg 1878. 8°. 11 S. Cart.

Sommer, A. (Bearb.), s. Ablaßbuch, kleines römisches...

Sommer, A., das Alexanderbad, die Luisenburg u. d. Umgebungen ders., besond. das Interessanteste v. Fichtelgebirge. Ein Taschenb. f. Reisende u. Naturfreunde. 8. (14 B.) Wunsiedel 833, Baumann.
Vgl. Sommerer, A.

Sommer, A., im Himmelmoos. Oberbair. Charakterstück in 5 Acten, nach Herm. v. Schmid's gleichnam. Erzählg. f. d. Bühne bearb. gr. 8. (67 S.) München (898). Rubinverlag. n. 1. —

Sommer, A., neueste Schriftformen. Für Schulen und Selbstübung. Deutsch, Latein und Rundschrift. 2. Aufl. qu. gr. 8. (6 Stnt.) Bregenz 880, Wagner'sche Buchh. *

Sommer, A. R.: De transf. integrationeque aequat. aequilibrii elastici. Diss. Greifswald 1886. 8°

Sommer, Adolf

Sommer, Adf., General-Karte der Markgrafschaft Mähren und des Herzogth. Schlesien, mit Benutzung der neuesten und besten Aufnahmen und Messungen entworfen. Revid. von Carl Kořistka. 1 : 432,000. Chromolithogr. und color. Imp.-Fol. Wien 877, Hölzel. 4 —
Auf Leinw. in Decke * 6 —

Fünfundzwanzig Jahre in der Diaspora. Kurzgefasste Geschichte des Freimaurerkränzchens zu den vereinigten drei Flüssen in Passau. Demselben zum Andenken gewidmet von seinem ununterbrochen die ganzen Jahre vorsitzenden Mstr. [d. i. Adolf Sommer]. Nürnberg 1904: Stich. 21 S. 8⁰ 358.

Sommer, Alb., üb. Macrotoma plumbea. Beiträge zur Anatomie der Poduriden. gr. 8. (45 S.) Göttingen 884. (Vandenhoeck & Ruprecht.) n. 1. 20

Sommer, Albert: Über die Einwirkung von Aminen auf Derivate des Trinitro-p-toluidins. 1903. 59 S. 8⁰ ¶ Mit unwesentl. Kürzungen in: Journal f. prakt. Chemie. Bd 175. N. F. Bd 67.
Dresden, Dr.-Ing.-Diss. v. 19. 1. 1903

Sommer, Albert, Dr.: Zur Frage der Einführung und Organisation des biologischen Unterrichtes in der Prima der höheren Lehranstalten. *Bonn 1903: K. Georgi.* (20 S.) 4⁰
Bonn, st. G m. OR, OP 1903 (493)

Sommer, Albin

Sommer, Alb.: Ueber die Beziehung der Ansicht Schillers vom Wesen und der geistigen Bedeutung der Kunst zur Kantischen Philosophie. 19 S. – Halle, R., Progr. 1869.

Sommer, *Albin* Rede zur Schulfeier des Geburtstages Sr. Maj. des Kaisers Wilhelm II. 4 (10 S.).
Progr. Rg. der Franckesch. Stift. *Halle a. S.* 1889 (250)

Sommer, Albin Die Theorie der Lichtbrechung an ebenen und sphärischen Flächen mit Aufgabenanhängen nach der Methode von Gauss für die Schule bearbeitet. 46 S. u. 6 Taf. Rg. *Halle* 1881.
Progr.

Sommer, Alexander, a. Bramhar (Prov. Hannover): Der Versuch des Grafen Anton von Oldenburg zur Reorganisation des Lehnswesens in seinen Landen 1565—1568. T. 1. Hildesheim 1907: A. Lax. (66 S.) 8⁰ [J.] ¶ (Erscheint vollst. als: Beiträge f. die Gesch. Niedersachsens u. Westfalens H. 13.)
Münster, Phil. Fak., Ref. Erler, Diss. v. 31. Jan. 1908
[Geb. 3. April 81 Bramhar; Wohnort: Bramhar; Staatsangeh.: Preußen; Vorbildung: Gymn. Meppen Reife O. 02; Studium: Tübingen 1, Münster 1, Greifswald 1, Münster 4 S.; Rig. 26. Juli 07.]

Sommer, A., Der Versuch des Grafen Anton v. Oldenburg zur Reorganisation des Lehnswesens in seinen Landen 1565—1568. (VI, 115 S.) gr. 8. Hildesheim, A. Lax. 1909. 2. 60.
Beiträge f. die Geschichte Niedersachsens u. Westfalens, Heft 16.

Sommer, Alfred Die Ereignisse des Jahres 238 n. Chr. und ihre Chronologie. 4 (32 S.). **Progr.** G. u. Rg. *Görlitz* 1888 (175).

Sommer, Alfred: Über Indicationen zur Operation der Perityphlitis. Greifswald 1899: H. Adler. (41 S.) 8⁰
Greifswald, Med. Diss. v. 28. März 1899

Sommer, Alfr., zur Methodik der quantitativen Blutanalyse. gr. 8. (24 S.) Dorpat 883. (Karow.) n. 1. —

Sommer, Alfred, Dr. med., Prosektor am Institut f. vergl. Anatomie, Histol. u. Embryol. in Würzburg: Das Muskelsystem des Gorilla. Mit 4 Taf. Jena: G. Fischer 1906. (128 S.) 8⁰
Würzburg, Med. Fak., Hab.-Schr. v. 1906

—— der Rinne-Kalns und seine Bedeutung für die Anthropologie Livlands. gr. 8. (57 S. mit 2 Tab. und 1 Stnt.) Dorpat 884. (Leipzig, K. F. Köhler.) *
Aus: Archiv für die Naturkunde Liv-, Est- und Kurlands, besonders abgedruckt.

Sommer, Alfr., guter Ton u. feines Benehmen. Ein Ratgeber im familiären u. gesell. Verkehr jeder Art f. Damen u. Herren. 8. (98 S.) Köln 892. J. Püttmann. — 50

Sommer, Alfr., guter Ton u. feines Benehmen. Ein Ratgeber im familiären u. gesell. Verkehr jeder Art f. Damen u. Herren. 12. (95 S.) Köln 902. J. Püttmann. — 50

Sommer, Alfr., guter Ton u. feines Benehmen. Ein Ratgeber im familiären u. gesell. Verkehr jeder Art f. Damen u. Herren. (95 S.) 8. Köln (904). Leipzig, J. Püttmann. — 50; geb. 1. —

Sommer, Alfredus: De usu participii futuri activi apud aevi Augustei poetas. Halis Saxonum 1881: (Mitzlaff in Rudolstadt). 58 S. 8⁰
Halle-Wittenberg. Phil. Diss. v. [12. März] 1881
Geb. Rudolstadt 3. 4. 1857. V.

Sommer, Andreas (empfiehlt seine Barrikadenlieder). Die Berliner Barrikaden. — Druck v. J. Starke. 1 Bl. 4.
Flugblatt. Berlin, 29. März 1848.

Sommer, Andreas Berliner Barrikadenlieder. Berlin, W. Logier 1848. 16 S. 8.

Sommer, Andreas. Festgesang am Geburtstag Seiner Majestät des Königs. Druck von J. F. Starcke. 1 Bl. 4.
Flugblatt. Berlin, 1848/49.

Sommer, Andr., Gedenkbuch, enthaltend die Geschichte u. Beschreibung des Friedrichs-Denkmals in Berlin, so wie die Darstellung der Grundsteinlegung am 1. Juni 1840 u. der Enthüllung desselben am 31. Mai 1851. Hrsg. von dem Comité der Veteranen in Berlin u. im Auftrage desselben, unter Mitwirkung des Gen.-Secr. Schiller, nach amtl. Quellen verfaßt. Lex. 8 (VIII u. 160 S. m. 1 Stahlst.) Berlin 852, C. Schultze's Buchdruckerei. n. ½ ℳ

Sommer, Andr., Gedenkbuch, enthltd.: die Geschichte und Beschreibung des Friedrichs-Denkmals in Berlin, so wie die Darstellung der Grundsteinlegung am 1. Juni 1840 und der Enthüllung desselben am 31. Mai 1851. Herausg. von dem Comité der Veteranen in Berlin und im Auftrage desselben, unter Mitwirkung des Generalsekretair Schiller, nach amtlichen Quellen verfaßt. 5. Aufl., durchges. mit besonderer Rücksicht auf die Schul-Jugend. Berlin 853. C. Schultze's Buchdr. 8. (VIII, 216 S. u. 1 Stahlst.) nn. 7½ ngr.

Sommer, Andr., deutscher Jugend-Almanach, s. Jugend-Almanach.

Sommer, Andreas. Unsere Revolution. Druck von J. F. Starcke. 2 Bl. 8.
Flugblatt. Berlin, 4. Nov. 1848.

Sommer, Andreas. Mein Scherflein. Auswahl publicistischer Aufsätze aus den acht verhängnißvollsten Monaten d. J. 1848. Berlin 1849. 141 S. 8.

Sommer, Andreas, Sollen und Wollen der Zeit. Ein politisches Gespräch zwischen einem Vater, welcher der Zeit nicht huldigt, und seinem Sohne, welcher in der Zeit aufgegangen ist. Zweite von einer Gesellschaft patriotischer Frauen gekrönte Preisschrift. Berlin, J. A. Wohlgemuth, 1849. 27 S. 8⁰.

Sommer, Andreas, s. Tröthan, V.: Naturgeschichte der Säugethiere.

Sommer, Andreas, s. Wochenschau, Politische, ...

Sommer, Andr., worauf es im Gesange ankommt. Eine Würdigung Moriani's u. der in der Vossischen Zeitung über ihn ergangenen Kritiken. gr. 8. (4 B.) Berlin 844, Logier. Thlr. *

Sommer, Anna (Frau Anna Funck), Heidekraut. Roman aus dem Frankenlande. (106 S.) 8. Würzburg 910. Memminger. 1.50; geb. in Leinw. 2. –

Sommer, Anna, Heimweh. Roman. 2 Bde. (230 u. 218 S.) 8. Berlin 906. Gebr. Paetel. n. 7. —; geb. in Leinw. n. 9. —

— Klärchen. Roman. 1. u. 2 Aufl. (253 S.) 8. Stuttgart 908. Deutsche Verlags-Anstalt. 3.—; geb. 4.—

Auf der Schattenseite. Eine Familiengeschichte von Anna Sommer. Bielefeld & Leipzig: Velhagen & Klasing 1905. (342 S.) 8° [F.] 05. 10,6

— auf der Schattenseite. Eine Familiengeschichte. 2. Aufl. (342 S.) kl. 8. Bielefeld 905. Velhagen & Klasing. Geb. in Leinw. n. 5. —

Sommer, Anna: Lisa Steinfeld. Erzählungen aus Franken. Würzburg: Memminger 1909. 51 S. 8°
(Fränkische Bibliothek. Bd 4.)

Lisa Steinfeld, s. a. Bibliothek, fränkische. 4. Bd.

Sommer, Anton

Sommer, A., Bilder und Klänge aus Rudolstadt, s. a. Bilder und Klänge.

Sommer, Ant., Bilder und Klänge aus Rudolstadt in Volksmundart. I—V. 4.—7. Aufl. gr. 16. (96; 96; 128; 111; 112 S.) Rudolstadt 868—74, Fröbel. (Leipzig, Opetz.) à Bdchn. * 1.—4. Bdchn. cart. *ℳ 4,40.; 1.—5. Bdchn. geb. * geb. mit Goldschn. *

—— dass. — 6. Heft. gr. 16. (90 S.) Ebendas. 876. *

Sommer, Ant., Bilder und Klänge aus Rudolstadt in Volksmundart. 1.—6. Heft. 16. Rudolstadt 876, [Fröbel.] Hofbuchdruckerei von Mitzlaff. [1.—5. Heft. 8. Aufl. (128; 96; 96; 111; 112 S.); 6. Heft. 2.—8. Aufl. (94 S.)] à Heft *ℳ 1. *

—— dass. — Gesammt-Ausg. 9. Aufl. 16. (III, 672 S. mit Portr. in Lichtdr.) Ebendas. 877. geb. *

—— dass. — 1.—3., 6.—9. Heft. 16. Ebendas. [1.—3. und 6. Heft. 10. Aufl. (128; 96; 96 S.) 878,79; 7. Heft. (112 S.) 876; 8. Heft. (IV, 92 S.) 878; 9. Heft. (IV, 92 S.) 880.)] à Heft *ℳ 1. * 1.—9. Heft geb. in 2 Bde. *

Sommer, Ant., Bilder u. Klänge aus Rudolstadt in Volksmundart. 1. Bdchn. (10. Aufl.), 7. Bdchn. (2. Aufl.). 8. u. 9. Bdchn. gr. 16. (128, 112; IV, 92 u. IV, 92 S.) Rudolstadt 876. Hofbuchdruckerei. à n. 1. —

Sommer, Ant., Bilder und Klänge aus Rudolstadt in Volksmundart. Gesammt-Ausg. 2 Bde. 11. Aufl. 12. (VIII, 436; 410 S. mit Portr. in Lichtdr.) Rudolstadt 881, Hofbuchdruckerei. geb. *

Sommer, Ant., Bilder und Klänge aus Rudolstadt in Volksmundart. 1. und 9. Heft. gr. 16. Rudolstadt 885, Hofbuchdruckerei. [1. Heft. 11. Aufl. (128 S.); 9. Heft. 3. Aufl. (96 S.)] à Heft *ℳ 1.—. * 2 —

Sommer, A., Bilder u. Klänge aus Rudolstadt in Volksmundart. Gesammt-Ausg. 2 Bde. 11. Aufl. 12. (VII, 436 u. 410 S. m. Portr. u. Facsm.) Rudolstadt 886. Hofbuchdruckerei. geb. n. 7. 50

Sommer, Ant., Bilder u. Klänge aus Rudolstadt in Volksmundart. Volks-Ausg. 10 Hfte. 12. (128, 95, 94, 111, 112, 94, 112, 96, 96 u. 120 S. m. 2 Bildn.) Rudolstadt 897. Hofbuchdruckerei. à n. — 50

Sommer, Ant., Bilder u. Klänge aus Rudolstadt in Volksmundart. Gesammt-Ausg. 2 Bde. 17. Aufl. (VIII, 432 u. 410 S. m. Bildnis.) 16. Rudolstadt 906. Fürstl. priv. Hofbuchdruckerei. Geb. in Leinw. 7. 50

Sommer, Ant. Die Diphtherie u. ihre Heilung. Für Aerzte u. Eltern. 8. (XVI, 73 S.) Wien 892. Breitenstein. * 1 80

Sommer, August

Sommer, Aug., Bericht über Messungen der Mineral-Quellen in Franzensbad, s. Über Ergiebigkeits-Schwankungen der Quellen.

Sommer, Aug., court exposé des eaux et bains de Franzensbad. Suivi d'un plan de la ville et de ses environs. 8 (IV, 92 S.) Karlsbad 884. Feller. n. 2. —

Sommer, Aug., kurzer Leitfaden f. den Curgast in Franzensbad. Mit e. (lith.) Situationsplane v. Franzensbad (in qu. gr. 4.) 8. (IV, 68 S. m. 1 Tab. in qu. 4.) Wien 875. Gerold's Sohn in Comm. n. 1. 60

—— kurzer Leitfaden zur Trink- und Badekur in Franzensbad. 2. verb. und verm. Aufl. Mit 1 (lithogr.) Situationsplane von Franzensbad. 8. (IV, 107 S.) Ebendas. 884. * 2 — geb. * 3 —

— Die Stadt Egerer Mineral-Wässer und der Eisenmineral-Moor in Franzensbad. Eger 1882

Sommer, B., die Winkelcoordinaten. Ein neues Coordinatensystem. Mathematische Abhandlung. 4. (IV u. 95 S. m. 3 lith. Taf. in qu. Fol.) Coblenz 848, Blum. 1 1/2 ß

SOMMER, Bernhard (Frankenthal): De cholera.- Monaci: Jaquet 1852. VI,21 S. 16.1.1852 - Urk; F 60
Diss.Ingolst.-Landsh.-Mchn.

Sommer, B., Erfahrr. u. Ansichten üb. die Cholera, gesammelt während ärztl. Thätigkeit in Warschau. gr. 8. Münch., Jaquet. 4 K

Sommer, Bruno, s. a. Säuberlich, Balduin.

Biblische Geschichtslügen. Ein Beitrag z. Babel-Bibel-Frage u. e. volksverständl. Anleitung z. Bibel-Beurteilung. Von Bruno Sommer. *Bamberg: Handels-Dr. (1903).* (63 S.) 8° 03. 7119

Sommer, Bruno, Hausschatz der Gesundheit, s.: Schmidt, Paul.

Eckart, C. P.: [Rede] Am Grabe meines unvergesslichen Jugendfreundes und Br. C. P. Eckart, den 20sten Jan. 1825. [Unterz.] C. P. J. Sommer. o. O. [1825]. 2 Bl. 4° [Kopftit.]
Üb Todesbereitschaft u. Worte des Trostes am Grabe. 155.

Sommer, Carl, s. Sommer, Karl.

Sommer, Caspar, s. Sommer, Kaspar.

Sommer, Chr.

— Abhandlung das Jagdwesen einzurichten rc. 8. Cöln, Fabricius. 797.

— Abhandl. das Priesterthum einzuschränken. 8. Cöln 797. Fabricius. 4 K

Sommer, Chr.: Abhandlung von d. Verjährung, d. Vergleich., der Bürgschaft, dem persönlichen Arrest, d. Pfandkontrakte, Privilegien u. Hypotheken u. s. w. *Köln*, J. G. Schmitz. gr. 8. (11 Gr.)

Sommer, Chr.: Appellation an das Publicum über das von der herzoglichen Regierung in Düsseldorf erlassene Censur-Verboth seines pract. Commentars über die Jülich-Bergsche Rechtsordnung. Germanien 1804.

Sommer, Chr., Elementargesetzbuch f. alle Menschen. (A. u. d. T.: Gott ist Gesetzgeber rc.) gr. 8. Cöln 802. Fabricius. 6 ℊ

Sommer, der Fürstenbund zum ewigen Frieden und Constitution für Frankreich. 8. Cölln, Rommerskirchen. 818.

— Grundlage z. ein. vollkommenen Staat. gr. 8. Cöln, Odenkoven. (Fabricius.) 802.

— Grundlage zu e. vollkomm. Stadt. gr. 8. Cöln 803. Odenkoven. (Fabricius). 1 ℛ

Sommer, Chr.: Practischer Commentar über die Jülich-Bergsche Rechtsordnung. Mit Verbesserungs-Vorschlägen. Th. 1. [einz.] Köln 1804.

Sommer, Chr.: Commentar üb. die Jülich-Bergische Rechtsordnung. *Köln*, Fabricius. 804. gr. 8. (1 Thl. 12 Gr.)

Sommer, Chr., Rede über den Einfluss der Gesetzgebung auf das Wohl einzelner Familien und ganzer Staaten. 8°. Cöln, J. G. Schmitz, 1806.

— System des Code Napoleon in Fragen u. Antworten. 2 Thle gr. 8. Cöln 805. (Wienbrack in Leipz.) 3 ℛ 2e Aufl. (nur neues Titelbl.) 807. J. G. Schmitz in Cöln. 3 ℛ 8 ℊ (Daraus einzeln: 1) Abhandl. von d. Verkündung u. Anwendung d. Gesetze im Allgemeinen, d. Genusse u. Verluste d. Civilrechts, d. Akten d. Civilstandes, dem Domicil u. d. Abwesenden. In Fragen u. Antworten, nach d. Civilgesetzbuche d. Franzosen 805. 9 ℊ 2) Abhandl. von d. Ehe. 18 ℊ 3) von d. Minderjährigkeit u. Vormundschaft. 9 ℊ 4) von der Intestaterbfolge. 9 ℊ 5) von Schenkungen unter Lebenden u. von Testamenten. 7½ ℊ 6) von Gütern od. Sachen, d. Eigenthum, d. Eintheilung d. Güter u. d. verschied. Einschränkk. des Eigenthums, d. Nießbrauch, d. Gebrauch u. d. Wohnung, d. Servituten od. auf Grund u. Boden haftenden Dienstbarkeiten. 7½ ℊ 7) von Kontrakten, od. von Rechten u. Verbindlichkeiten die aus Verträgen entstehen, im Allgemeinen u. von Verpflichtungen, die ohne Vertrag entstehen. 801. 10 ℊ 8) von d. Verkauf, d. Tausch u. d. Miethkontrakt. 7½ ℊ 9) von d. Societätskontrakt, d. Leih- u. Darlehn-Kontrakt, d. Hinterlegungskontrakt u. der Sequestration, den gewagten Geschäften, Glücks- u. Spielvertr. u. dem Vollmachtskontrakte.

Sommer, Chr. Lor., s. 1) *Apollodorus*, bibliothecae l. III. 2) *Plutonis* Convivium.

Sommer, Ch. L., De Euripidis Hecuba. Comment. I–IV. Pr. 1838, 1840, 1842, 1844. 14, 24, 26 u. 28 S. 4°.

Die Ehe nach der Lehre des römischen Katechismus dargest. u. beurteilt von Christian **Sommer**, cand. min. *Gütersloh: C. Bertelsmann 1900.* (S. 99–147.) 8°
= Beiträge z. Förderung christl. Theologie. Jg 4, H. 6, [1] [01. 767

— deutsche Frömmigkeit im 13. Jahrh. Nach d. Quellen in Prosa, Predigt u. Poesie dargestellt u. beurteilt. gr. 8. (XII, 292 S.) Schleswig 901. J. Bergas Verl. n. 4.—

— das Recht der Agende in seiner geschichtlichen Entwicklung. gr. 8. (62 S.) Ebd. 899. n. 1.20

Sommer, Chr., Sternschnuppen. Aphorismen des frühvollendeten S. Mit e. Geleitswort v. Thdr. Schäfer. (76 S. m. Bildnis.) 8. Hamburg 906. G. Schloeßmann. n. 1.20

Sommer, Chrn., Walther v. der Vogelweide in seiner Stellung zu Christentum u. Kirche. Progr. gr. 8. (66 S.) Kropp 899. Buchh. „Eben-Ezer". n. 1.—

Sommer, Clara, s. Sommer, Klara.

Sommer, E., Kraft durch Ruhe. Wie man nach Belieben einschläft u. die Schlaflosigkeit bemeistert. Mit 14 photograph. Aufnahmen. (51 S.) gr. 8. Oranienburg (910). Orania Verlag. 1.20

Sommer, Dr. Ed., Johanna Gray. Trspl. in 5 Akten. Mit 1 Steindr. gr. 12. Dresd. 833. (832.) Grimmer. 21 ℊ

Sommer, Ed., die Merkwürdigkeiten Dresdens, s. Panorama der K. Sächs. Residenzstadt Dresden.

Sommer, Ed., der Oybin, s. Oybin.

(**Sommer,** Ed.,) Saxonia, s. Saxonia.

Sommer, Ed., s. Seneca: Tragödien.

Sommer, Ed. Siegfried. (Gedicht). 8. (III, 295 S.) Danzig 890, Kafemann. * 3 —; geb. * 4 —

Sommer, Eduard [Referendar]: Der Kauf des Theaterbillets Göttingen, Druck d. Dieterich'schen Univ.-Buchdr., 1896; S. 8.
Göttingen, Jur. Fak., Inaug.-Diss. v. [15. Okt.] 1896

Sommer, Elise, Gedichte. Marb. Krieger. (in Comm.) (Frankf. Hermann in Comm.) 812.

Sommer, Elise, geb. Brandenburg, Gedichte. 8. Frankf. a. M. 813. (Hentze in Bresl.) 1 ℛ 8 ℊ

Sommer's, geb. Brandenburg, Elise, (neuere) Gedichte u. prosaische Aufsätze. (Mit e. kleinen Anhange von Gedichten rc. ihrer in London lebenden Tochter, Friederike Götze, geb. Sommer. — Mit e. Vorworte von K. W. Justi.) 8. Züllichau 833. (Darnmann.) ⅚ ℛ

Sommer, geb. Brandenburg, Elise, (neuere) Gedichte u. pros. Aufsätze. (Mit e. kl. Anh. v. Gedichten rc. ihrer in London lebenden Tochter, Frieder. Götze, geb. Sommer. Mit e. Vorw. v. K. W. Justi.) 8. (15½ B.) Züllichau 833, (Eyssenhardt.)

— poet. Versuche. 8. Marb. 806. Krieger.

Sommer, Emil

— s. Bibliothek d. gesammt. deutsch. National-Literatur, 12. Bd.

Sommer, Emil *August Adolph* [aus Hamburg]: Über die Einwirkung von salpetriger Säure auf Styrol ... Hamburg, Druck v. F. Schlotke, *1897;* 65 S., 1 Bl. 8.
Kiel, Phil. Fak., Inaug.-Diss. v. [13. Febr.] 1897

Sommer, Aemilius Fridericus: De Theophili cum diabolo foedere. (Berolini 1844: Starck). 48 S. 8°
Halle-Wittenberg, Phil. Hab.-Schr. v. 11. Sept. 1844
Im Buchhandel Berlin: Besser 1844.

Emil Sommer

De Haemorrhoidibus coecis. Berolini (1821:) Starck. 53 S. 8°
Berlin, Med. Diss. v. 6. Febr. 1821

Sommer, Emil, a. Kehl: Die nicht auf den Meeresspiegel reduzierten Jahres-, Januar-, April-, Juli- und Oktober-Isothermen Deutschlands. Mannheim: M. Hahn & Co. 1906. (83 S.) 8°
Freiburg i. B., Phil. Fak., Ref. Neumann, Diss. v. 1906
[Geb. 26. April 82 Kehl; Wohnort: Freiburg i. B.; Staatsangeh.: Baden; Vorbildung: Oberrealsch. Mannheim Reife Juni 01; Studium: Karlsruhe T.H. 2, Heidelberg 3, Freiburg i. B. 3 S.; Rig. 28. Juli 05.]

Sommer, Emil, Sagen, Märchen u. Gebräuche aus Sachsen u. Thüringen. 1. Hft. 12. (7¹/₂ B.) Halle 846, Anton. •

Sommer, Emil. Die wirkliche Temperaturverteilung in Mitteleuropa. Mit fünf Karten. S. 125—166 (42 S.). 8. Stuttgart, J. Engelhorn, 1906. (M. 5. —)
(Forschungen zur deutschen Landes- und Volkskunde, ... hrg. von Dr. Alfred Kirchhoff.... Band 16. Heft 2.)

Sommer, Emil Friedrich Julius:
1. diu guote vrouwe; carmen saeculi tredecimi.
2. De Germanorum fabula heroica, qualis fuerit circiter annum saeculi XII octogesimum, teste carmine „diu klage" inscripto.
Halle-Wittenberg, Phil. Diss. v. 18. Juni 1842
Geb. [Oppeln 25. 2. 1819]
Mss. fehlen. Vom Verf. ersch. deutsch: Die gute Frau. Gedicht des 13. Jh. Hrsg. v. Emil Sommer. In: Zeitschrift f. deutsches Altertum. Bd 2. Leipzig 1842. S. 385—481 u. Bd 4, 1844. S. 399 f. und: Die Sage von den Nibelungen, wie sie in der Klage erscheint, nebst den Abweichungen der Nibelunge Noth und des Biterolf; ebda Bd 3, 1845. S. 193—218.

Sommer, Erich, Gerichtsref. aus Halle a. S.: **Wird eine Schuld getilgt, wenn ein Dritter zahlte, der sich irrtümlich für den wahren Schuldner hielt? Nach d. Quellen d. gemeinen Rechts.** *Halle a. S. 1899: Waisenhaus.* (33 S.) 8°
Erlangen, Jur. Diss. v. 20. Okt. 1898

Sommer, Ernst. Über die Anwendung der Röntgenstrahlen in der Zahnheilkunde. ⟨Sonderabdruck⟩ [aus:] Röntgenkalender 1908.... II + IV + 12 S. 8. Leipzig, Otto Nemnich, 1908.

Sommer, Ernst. Eine neue Art der physikalischen Nachbehandlung von Verletzungen auf Grund einer röntgenologischen Studie über die Kallusbildung. Von Professor Dr. med. E' S', ... Zürich. (Mit 7 Abbildungen im Text und 5 Tafeln [nebst Tafel-Erklärungen].) 39 S. 8. Leipzig, Otto Nemnich, 1907. (M. 4. —, geb. 5. —)

Sommer, Ernst, anatomischer Atlas in stereoskopischen Röntgenbildern. I. Normale Anatomie. 1. Abtlg.: Knochen u. Gelenke. (20 Taf. m. XII S. Text.) Lex.-8. Würzburg 906. C. Kabitzsch. In Kasten n. 10. —

Sommer, Ernst. Anatomischer Atlas in stereoskopischen Röntgenbildern. [Teil] 1. Normale Anatomie. Abteilung 1: Knochen und Gelenke. Von Dr. E' S', ... Winterthur ⟨Schweiz⟩. Mit 20 Tafeln. II + XII S. + 20 Tafeln, *in Schachtel*, gr.-8. Würzburg, A. Stuber, 1906. [M. 10. —]

Beitrag zur physikalischen Therapie der Unfallfolgen. Von Prof. Dr. Ernst **Sommer**, Zürich. Berlin: Fischer 1908. (17 S.) 8°
— **Klinik**, Berliner. H. 239. 08. 11930

Sommer, Ernst. Beiträge zur Kenntnis der Radioaktivität und ihrer therapeutischen Wirkungen, mit besonderer Berücksichtigung der schweiz. Heilquellen. Separatabdruck aus Heft 4 der «Annalen der Schweizer. balneolog. Gesellschaft». I S. + S. 36—71. 8. [Aarau, H. R. Sauerländer & Co., 1908.]

Sommer, Ernst. Bericht über den ersten [internationalen] Röntgenkongress in Berlin, 30. April bis 3. Mai 1905, erstattet von Dr. med. E' S', Winterthur ⟨Schweiz⟩. (Nach eigenem Stenogramm.) Separatabdruck aus «Archiv für physikalische Medizin u. medizinische Technik». Bd 1. Heft 1-4. II + 44 S. gr.-8. ([Leipzig, Verlag O. Nemnich;] Neuwied, Heusersche Verlags-Dr., [1906].)

Sommer, Ernst. Über Blenden und Schutzvorrichtungen im Röntgenverfahren. ⟨Sonderabdruck⟩ [aus:] Röntgenkalender 1908.... II + IV + 10 S. 8. Leipzig, Otto Nemnich, 1908.

Sommer, Ernst. Ueber den Einfluss verschieden temperirter Bäder und der Abreibung auf die Athemcurve. Von Dr. E' S' in Winterthur ⟨Schweiz⟩. ⟨Mit 3 Curven im Text.⟩ Aus der hydrotherapeutischen Anstalt der Universität Berlin. Sonder-Abdruck aus der Zeitschrift f. exp. Pathologie u. Therapie. Bd. 1. 5 S. 8. (Berlin, L. Schumacher, [1905].)

Sommer, Ernst. Ueber Emanation und Emanationstherapie. 70 S. 8. München, Verlag der Aerztlichen Rundschau ⟨Otto Gmelin⟩, 1908. [M. 2. 50]

Sommer, Ernst. Ueber elektrische Entladungen im luftverdünnten Raum. Geisslerlicht, Kathoden- und Kanalstrahlen. Experimentalvortrag, gehalten in der Naturwissenschaftlichen Gesellschaft der Stadt Winterthur. [Mit 1 Vignette.] 18 S. 8. München, Verlag der Aerztlichen Rundschau, ⟨Otto Gmelin⟩, (1907). (M. —. 75)

Sommer, Ernst. Fango und Fangobehandlung. ⟨Sonderabdruck⟩ [aus:] Jahrbuch über Leistungen und Fortschritte auf dem Gebiete der physikalischen Medizin.... Jahrg. 1. II S. + S. 58—69. 8. Leipzig, Otto Nemnich, 1908.

Als Ms. gedr. 1882 : 1907. Zur Feier des 25jährigen Bestehens der □ An.·. Erwins.·. Dom Or.·. Strassburg i. Els. gewidmet von Ernst Sommer. Strassburg 1907: Schultz & Co. 51 S. 1 Taf. 8° [Umschlagtit.]
[Nebentit.:] Geschichte d. □ An.·. Erwins.·. Dom Or.·. Strassburg i. Els. für die Zeit vom 12. Febr. 1882 bis 12. Febr. 1907.
Nebst Verzeichn. der Mitgl. u. Beamten u. sonstigen statistischen Zsstellungen.

Sommer, Ernst. Gedanken über die Grundlagen der physikalischen Therapie. 28 S. 8. Zürich, Albert Müller, 1907. [fr. —. 60]

Sommer, Ernst, Gesundheit, Muskelkraft, Formenschönheit durch klassische Leibesübung. Neue Wege zu ob. Leibesidealen. gr. 8. (59 S. m. Abbildgn.) Elberfeld 902. (Baedeker.) n. 1.—

Sommer, Ernst. Ueber Glühlichtbäder mit regulirbarer Licht- und Wärmestrahlung. Von Dr. med. E' S', Winterthur ⟨Schweiz⟩. (Mit 9 Figuren im Text) Sonder-Abdruck (aus der) Zeitschrift für experimentelle Pathologie und Therapie.... (Band 2.) II + 11 S. gr.-8. Berlin, August Hirschwald, 1905.

Sommer, Ernst. Über Homogenbestrahlungen. ⟨Sonderabdruck⟩ [aus:] Röntgenkalender 1908.... II + IV + 4 S. 8. Leipzig, Otto Nemnich, 1908.

Sommer, Ernst. Familiäre Hydrotherapie. ⟨Sonderabdruck⟩ [aus:] Jahrbuch über Leistungen und Fortschritte auf dem Gebiete der physikalischen Medizin.... Jahrg. 1. II S. + S. 103—125. 8. Leipzig, Otto Nemnich, 1908.

— s.: Jahrbuch über Leistungen u. Fortschritte auf dem Gebiete der physikalischen Medizin.

Sommer, Ernst. Über Ischias, von Dr. E' S', Winterthur. II S. + S. 89—122 ⟨34 S.⟩. gr.-8. Würzburg, A. Stuber, 1906. M. —. 75
Würzburger Abhandlungen aus dem Gesamtgebiet der praktischen Medizin .... Band 6. Heft 4. Ausgegeben am 18. Januar 1906.

Sommer, Ernst. Über Ischiasbehandlung mittelst physikalisch-therapeutischer Heilmethoden. Aus der hydrotherapeutischen Anstalt der Universität Berlin.... Von Dr. med. E' S', Winterthur ⟨Schweiz⟩. Sonderabdruck aus der «Zeitschrift für diätetische und physikalische Therapie» [Jahrg.] 1905/1906. Band 9.... II + 10 S. 8. Leipzig, Georg Thieme, [1905].

Sommer, Ernst. Über Kalkaneusfrakturen. Aus dem Institut für Mechanotherapie in Wien.... [Mit Figuren.] Separatabdruck aus Nr. 25, 1906 [der] Wiener Medizinische[n] Presse.... 16 S. 8. Berlin, Wien, Urban & Schwarzenberg, 1906.

Sommer, Ernst (Rich. Herm.) (geb. Bartenstein in Ostpr. 25. 9. 1851): Zur Casuistik der Gehirnverletzungen. Berlin (1874). (29 S.) 8°
Berlin, Med. Diss. v. 11. Aug. 1874

Sommer, Ernst. Licht und Strahlungen im Dienste der Heilkunde. Akademischer Rathausvortrag. 32 S. 8. Zürich-Selnau, Gebr. Leemann & Cie., 1909. [fr. —. 80]

Sommer, Ernst, National-Oekonomie und Social-Politik in ihrer Beziehung und Wirkung auf die socialen Fragen der Gegenwart. gr. 8. (96 S.) Dresden 872, Jaenicke. *

—— dass. — 2. und 3. verm. Aufl. gr. 8. (99 S.) Dresden 873. (Chemnitz, Ernesti.) *

Sommer, Ernst. a. Über Ozetbäder; b. Über Therapie mittelst Radium-Emanation; c. Über Radioaktive Messmethoden. Separatabdruck aus den Annalen der Schweizerischen balneologischen Gesellschaft. [Heft 5, 1909.] I S. + S. 66—84. 8. Aarau, H. R. Sauerländer & Co.

Sommer, Ernst (Friedrich), prakt. Arzt von Winterthur (Kt. Zürich): Aus dem pathologisch-anatomischen Institut der Universität Zürich. Ueber multiple Phlebectasien. Zür. H. Fischer Dr. 1896. 45 S., 1 Bl. 8°.
Zürich, Med. Diss. [v. 9. Jan. 1897].

Sommer, Ernst. Über das Problem der homogenen Tiefenbestrahlung in der Röntgentherapie. (Sonder-Abdruck aus der Zeitschrift für neuere physikalische Medizin. Jahrg. 2, Nr. 8.) 21 S. 8. [Leipzig, M. Prager, 1908.]

Sommer, Ernst: Ueber die Radioaktivitätsverhältnisse der natürlichen Heilquellen des deutschen Sprachgebietes. München: Gmelin [1909]. 64 S. 8°

Sommer, Ernst. Ueber die Radioaktivitätsverhältnisse der natürlichen Heilquellen des deutschen Sprachgebietes. 64 S. kl.-4. München, Otto Gmelin, [1910]. [M. 2. —]

Sommer, Ernst. Radium und Radioaktivität. Von Dr. med. E' S', ... Winterthur ⟨Schweiz⟩. Mit einer Abbildung im Text [und 1 Vignette]. (Nach einem in ... Winterthur gehaltenen Vortrag.) 52 S. 8. München, Verlag der Aerztlichen Rundschau, 1906 [M. 1. 20]

Sommer, Ernst. Über Radium und die Radioaktivität schweizerischer Heilquellen. ⟨Sonderabdruck⟩ [aus:] Jahrbuch über Leistungen und Fortschritte auf dem Gebiete der physikalischen Medizin.... Jahrg. 1. II S. + S. 150—183. 8. Leipzig, Otto Nemnich, 1908.

Sommer, Ernst. Radium, Radioaktivität und Radiumtherapie. Separatabdruck aus dem Correspondenz-Blatt für Schweizer Aerzte, [Jahrg. 38,] 1908, Nr. 16. 5 S. 8. [Basel, Schweighauserische Buchdr.]

Sommer, Ernst. Über Regenerierung von Röntgenröhren, von Dr. med. E' S', Winterthur ⟨Schweiz⟩. [Mit Figuren.] Sonderabdruck aus «Physikalisch-Medizinische Monatshefte». [Jahrg 1.] Heft 12, März 1905.... II + 11 S. 4. Berlin und Potsdam, A. W. Hayn's Erben, 1905.

s.: Röntgenkalender.

Sommer, Ernst. 13 Jahre Röntgenologie, ein Rückblick und Ausblick. ⟨Sonderabdruck⟩ [aus:] Röntgenkalender 1908.... II + IV + 7 S. 8. Leipzig, Otto Nemnich, 1908.

Sommer, E[rnst]. 13 Jahre Röntgenologie, ein Rück- und Ausblick. (Sonder-Abdruck aus der Zeitschrift für neuere physikalische Medizin. Jahrg. 2, Nr. 6.) 12 S. 8. [Leipzig, M. Prager, 1908.]

Sommer, Ernst. Ueber Röntgenstrahlen. Die technischen Hilfsmittel zu ihrer Erzeugung und die Indikationen ihrer therapeutischen Verwendung ⟨in elementar-wissenschaftlicher Darstellung⟩. Nach einem in der Aerzteversammlung in Winterthur gehaltenen Vortrag. [Mit Vignette.] Separatabdruck aus: Monatsschrift für prakt. Wasserheilkunde und physikalische Heilmethoden. 1904. [Nr.] 11/12. 24 S. 8. München, Verlag der «Aerztl. Rundschau», 1905.

Sommer, Ernst. Die Röntgenstrahlen auf dem 1. Berliner Kongress. 30. April bis 3. Mai 1905. Von Dr. med. E' S', Winterthur. Sonderabdruck aus der «Wiener klinischen Rundschau» [Jahrg. 19,] Nr. 35, 37 und 38, 1905. II + 19 S. 8. (Wien, Buchdr. Max Werthner.)

— s.: Röntgen-Taschenbuch.

Sommer, Ernst. Schwangerschaft, Geburt und Wochenbett. ⟨Separatabdruck [aus:]⟩ Schweizerische Hebammen-Zeitung [Jahrg. 10, 1903, No. 10 12 u. 11, 1904, No. 2 6]. 56 S. 8. Elgg, Verlag der Schweiz. Hebammen-Zeitung, 1904. [fr. 1. —]

Sommer, Ernst. Über die Therapie mittelst Röntgenstrahlen. [Mit Figuren.] ⟨Sonderabdruck⟩ [aus:] Jahrbuch über Leistungen und Fortschritte auf dem Gebiete der physikalischen Medizin.... Jahrg. 1. II S. + S. 209—279. 8. Leipzig, Otto Nemnich, 1908.

Sommer, Ernst. Thermopalpatorische Untersuchungen über die Temperatur im äusseren Gehörgang. Von Dr. med. E' S', Winterthur ⟨Schweiz⟩. Aus der hydrotherapeutischen Anstalt der Universität Berlin.... [Mit 1 Figur.] ⟨Sonderabdruck aus der Berliner klin[ischen] Wochenschr[ift], 1904, No. 39.⟩ II + 6 S. 8. (Berlin, L. Schumacher.)

Sommer, Ernst. Ueber das Wesen der Röntgenstrahlen und die Radioaktivität. Separatabdruck aus dem Correspondenz-Blatt für Schweizer Aerzte 1904, Nr. 20. II + 3 S. gr.-8. Basel, Schweighauser, 1904.

Sommer, Ernst. Winke für die Anschaffung einer Röntgeneinrichtung. ⟨Sonderabdruck⟩ [aus:] Röntgenkalender 1908.... II + IV + 5 S. 8. Leipzig, Otto Nemnich, 1908.

Sommer, Ernst. Röntgenphotographische Winke. ⟨Sonderabdruck⟩ [aus:] Röntgenkalender 1908.... II + IV + 6 S. 8. Leipzig, Otto Nemnich, 1908.

Sommer, Ernst. Über die unmittelbare und Dauerwirkung thermischer Applicationen auf die Hauttemperatur. Von Dr. med. E' S' in Winterthur ⟨Schweiz⟩. Aus der hydrotherapeutischen Anstalt der Universität Berlin.... Separatabdruck aus Nr. 51, 1903 [der] Wiener Medizinische[n] Presse.... 14 S. 8. Berlin und Wien, Urban & Schwarzenberg, 1903.

Sommer, Ernst. Ueber die unmittelbare und Dauerwirkung der Licht- und Wärmestrahlung auf die Hauttemperatur. Von Dr. med. E' S', Winterthur ⟨Schweiz⟩. Aus der hydrotherapeutischen Anstalt der Universität Berlin.... ⟨Sonderabdruck aus der Berliner klin[ischen] Wochenschr[ift], 1903, No. 40.⟩ [Mit Figuren.] II + 12 S. 8. (Berlin, L. Schumacher.)

Sommer, F., Petersburg bei Tag und Nacht, oder Russische Zustände. 8°. Selbstverl. d. Verf., Druck von Eugen Lilienfeld in Breslau, s. a.

Sommer, F., die Roßdecke oder Verstoßen am Weihnachtsfeste, s. Heidelmann's, A., Theaterbibliothek.

Sommer, F., üb. die äusseren Standes-Verhältnisse der Militair-Aerzte insbesondere in Bayern. gr. 8. (VI u. 106 S.) Erlangen 848, Enke. n. 16 ngl.

Sommer, F. J: Brauerei- und Mälzerei-Einrichtungen usw. Landshut (Bayern) (1896)

Sommer, Fedor

Sommer, Fed., am Abend. Roman. 1.—5. Tausend. (304 S.) 8. Leipzig 907. [A. Cavael.] Halle, R. Mühlmann's Verl. n. 3. —; geb. n. 4. —

Sommer, Fed., am Abend. Roman. 2. [Titel-]Aufl. (304 S.) 8. Halle [906] 907. R. Mühlmann's Verl. 3. —; geb. 4.—

— Die Fremden. Roman. (392 S.) 8. Dresden 910. M. Seyfert. 5. —; geb. 6.—

Sommer, Fedor. Der Friede am Berge. Ein Sang aus Schlesiens alter Zeit. 8. (VII, 193 S.) Graudenz 890, Gaebel. geb. * 4 50

Die Geschichte Schlesiens. Als Grundlage f. den Unterricht ... zsgest. von Fedor **Sommer**. Mit 4 Kartenskizzen. Breslau: Priebatsch 1908. (VIII, 137 S.) 8° [F.] [08. 12711 2

Hussitenjahre. Eine Erzählung von Fedor **Sommer**. Buchschmuck von Reinhold Pfeiffer. Breslau: Priebatsch 1908. (139 S.) 8° [F.] [08. 2545

Sommer, Fed., der Kreis Münsterberg. Eine Heimatskunde f. Schule u. Haus. gr. 8. (30 S.) Münsterberg 898. F. Blühm. n. — 25

Sommer, Fed., im Nebel. Schwank in 1 Aufzuge. gr. 8. (26 S.) Liegnitz 895. C. Seyffarth. n. — 60

Pestalozzi in Stanz. Charakterbild in 3 Aufz. von Fedor **Sommer**. Mit e. Vorw. vom Pastor prim. (L. W[ilhelm]) Seyffarth, (Liegnitz). Liegnitz: C. Seyffarth 1894. (51 S.) 8° [F.] [06. 10504

Sommer, Fedor, Pestalozzi in Stanz. Charakterbild in 3 Aufzgn. M. e. Vorworte von Seyffarth. 7., durchgeseh. Aufl. gr. 8. (55 S.) Liegnitz 896. C. Seyffarth. n. — 75

Ernst Reiland. Roman in 3 Büchern von Fedor **Sommer**. Mit e. Bilde d. Verf. Leipzig: Cavael 1904. 421 S. 8° A 12. 9150 2

— Ernst Reiland. Roman. 3. [Titel-]Aufl. (421 S. m. Bildnis.) 8. Halle [904] 907. R. Mühlmann's Verl. 4.—; geb. 5.—

[F.] Schlesien. E. Landeskunde als Grundlage f. d. Unterricht. Hrsg. v. Fedor **Sommer**, Seminarl. M. 40 Abb. u. Ktnsk., sowie 1 farb. Kt. d. ganzen Prov. *Breslau: F. Hirt 1897.* (111 S.) 1 Bd 8. [97. 146

Schlesien. Eine Landeskunde als Grundlage f. d. Unterr. von Fedor **Sommer**, Präpar.-Anst.-Vorst. 2., verm. u. verb. Aufl. Mit 50 Abb. u. Kartenskizzen, sowie 1 Karte. *Breslau: F. Hirt 1902.* (180 S.) 8° [F.] [03. 4867

— Schlesien. Eine Landeskunde als Grundlage f. den Unterricht. 3., verm. u. verb. Aufl. Mit 59 Abbildgn. u. Kartenskizzen in Schwarzdr., sowie einer farb. Karte der Provinz. (184 S.) 8. Breslau 906. F. Hirt. Kart. n. 2. —

Hans Ulrich. Der Narr zum Briege. 2 Novellen von Fedor **Sommer**. Halle: R. Mühlmann 1908. (232 S.) 8° [F.] [08. 3282 3

In der Waldmühle. Roman von Fedor **Sommer**. 1. Taus. *Leipzig: R. Friese in Komm. 1902.* (207 S.) 8° [F.] [04. 4636

— in der Waldmühle. Roman. 3.—4. Tausd. (246 S. m. Bildnis.) 8. Leipzig (904). [A. Cavael.] Halle, R. Mühlmann's Verl. n. 2. —; geb. n.n. 2. 75

— In der Waldmühle. Roman. 3. [Titel-]Aufl. (246 S. m. Bildnis.) 8. Ebd. [904] 907. 2.—; geb. 3.—

— auf der Wanderschaft. Gedichte. 8. (56 S.) Berlin 890. Th. Thiele. n. 1. —; geb. m. Goldschn. n. 2. —

Sommer, Ferdinand

Sommer, Ferd., die Anatomie des Leberegels, Distomum hepaticum L. [Beiträge zur Anatomie der Plattwürmer. 3. Heft.] gr. 8. (104 S. mit 6 lithogr. und chromolithogr. Taf.) Leipzig 880, Engelmann. * 6 —
Aus: Zeitschrift für wissenschaftliche Zoologie, besonders abgedruckt.

Sommer, Ferd., über den Bau und die Entwickelung der Geschlechtsorgane von Taenia mediocanellata [Küchenmeister] und Taenia solium [Linné]. Beiträge zur Anatomie der Plattwürmer. 2. Heft. gr. 8. (65 S. mit 5 chromolithogr. Taf. in qu. 4.) Leipzig 874, Engelmann. *
Aus: Zeitschrift für wissenschaftliche Zoologie, besonders abgedruckt.

— rein wissenschaftl. Begründ. der wichtigsten arithmet. Theoreme. gr. 8. Braunschw. 823. Meyer. 6 gr.

Sommer, F., u. L. Landois, Beiträge zur Anatomie der Plattwürmer. 1. u. 2. Hft. gr. 8. Leipzig 872. 74. Engelmann. n. 6. 40
1. Ueber den Bau der geschlechtl. Glieder v. Bothriocephalus latus Bremser. Mit 5 (lith.) Taf. (in qu. gr. 4.) z. Th. in Farbendr. (62 S.) 2. 40
2. Ueber den Bau u. die Entwickelung der Geschlechtsorgane v. Taenia mediocanellata [Küchenmeister] u. Taenia solium [Linné]. Beiträge zur Anatomie der Plattwürmer. Mit 5 (chromolith.) Taf. (in qu. 4.) (65 S.) n. 4. —

Sommer, Ferdinand [aus Coblenz]: Beiträge zur Kenntniss der Baryum-Vergiftung. . . . Aus d. pharmakolog. Institut d. Univ. Würzburg. Würzburg, Paul Scheiner's Buchdr., 1890; 19 S. 8°
Würzburg, Med. Fak., Inaug.-Diss. v. 1890

Sommer, Ferd. v., poetische Bilder der Vergangenheit u. Gegenwart. 1. Bilderreihe. gr. 8. (8½ B.) Berlin 843, Hayn.

Sommer, F., s.: Festschrift, Whitley Stokes gewidmet.

v. **Sommer**, (Ferd.,) Grundriß d. Astronomie, in Form eines Cursus u. nach leicht faßl. Begriffen entworfen. Mit 3 Kpfrtaf. 8. Hamb. 825, Hoffmann u. C.

Sommer, F. v., Grundriss d. gesammten reinen Mathematik. 1. Thl.: Die Elementarlehre. 1. u. 2. Abthl. gr. 8. Berlin 837, Nicolai'sche Buchh. à 1⅓ Thlr. Thlr.
A. u. d. Ttln.:
Abthl. 1. Die Elementarlehre d. Arithmetik u. Geometrie, mit besond. Rücksicht auf d. vorschriftsmäss. Umfang d. Prüfung z. Portepeefähnrich in d. k. preuss. Armee. (19¼ B. u. 6 Figtaf.)
2. Die Elementarlehre d. Algebra, Aehnlichkeit u. Trigonometrie, mit besond. Rücksicht auf d. vorschriftsmäss. Umfang d. Prüfung z. Officier in d. k. preuss. Armee. (21¼ B.)

Handbuch der lateinischen Laut- und Formenlehre. Eine Einführung in d. sprachwiss. Studium d. Lateins von Dr. Ferdinand **Sommer**, Privatd., Leipzig. *Heidelberg: C. Winter 1902.* (XXIII, 693 S.) 8°
— Sammlung indogermanischer Lehrbücher. Reihe 1, Bd 3. [02. 11004

— Karl II., König von England. Ein histor. Roman nach Quellen bearb. 2 Thle. gr. 12. Berlin 843, Morin. 2½ ℞

— Karl II., König von England. Ein histor. Roman nach Quellen bearb. 2 Thle. gr. 12. (28 B.) Berlin 843. [Leipzig, Kößling'sche Buchh.]

Sommer, Ferdinand: Die Komparationssuffixe im Lateinischen. Strassburg: K. J. Trübner 1899. (98 S.) 8°
(Aus: Indogerman. Forschungen, Bd 11, H. 1 u. 2.)
Leipzig, Phil. Hab.-Schr. v. 19. Juli 1899

— Konrad von Wallenrode, Hochmeister des deutschen Ordens. Ein histor. Roman nach Quellen bearb. 3 Bde. 12. (34¼ B.) Berlin 844, Hayn.

— die Laterne, oder vermischte Schriften eines wandernden Privat-Docenten. In zwanglosen Heften. 1. Hft. gr. 8. (6 B. u. Ttlbild.) Berlin 842, (Morin.) *

Griechische Lautstudien von Ferdinand **Sommer**. Straßburg: K. J. Trübner 1905. (172 S.) 8° [05. 2450

Sommer, Ferdinand [aus Trier]: Zur Lehre vom Pronomen personale infixum in altirischen Glossen ... [Aus: Zeitschr. f. celt. Philol., Bd 1.] Halle a. S., Druck v. E. Karras, 1896; 2 Bl., 55 S. 8.
Freiburg i. B., Phil. Fak., Inaug.-Diss. v. 1896

(**Sommer, Ferd. v.**,) Naturgeschichte d. menschl. Geistes, s. Naturgeschichte.

(Fd. v. **Sommer's**) Naturgeschichte d. menschl. Geistes. 1r Th.: d. Lehre v. d. Formen d. Denkens u. der Rede. *Braunschw.*, Verlags-Compt. 832. gr8° 1 ₰ 16 gl

— Naturgeschichte d. menschl. Geistes. 1r Thl. Die Lehre von d. Formen des Denkens u. der Rede. gr. 8. Braunschw. 832. Horneyer. 1 ₰ 16 gl

— Naturgeschichte des menschl. Geistes. 1r Thl. gr. 8. Braunschweig 832. Fischer in Cassel. $1^2/_3$ ₰

—— Naturgeschichte des menschl. Geistes, oder Philosophie des gesunden Verstandes. 2., veränd. u. vollständ. Aufl. gr. 8. (31¾ B.) Berlin 843, Hayn.

Sommer, Ferdinand. Zum inschriftlichen ΝΥ ΕΦΕΛΚΥΣΤΙΚΟΝ. Aus der Festschrift zur 49. Versammlung Deutscher Philologen und Schulmänner. Basel 1907. II + 39 S. 8. [Basel, Buchdr. Emil Birkhäuser;] — *Aufdruck:* Leipzig, Carl Beck, Verlag —, [1907]. [M. 1. 50]

—— Hegels Philosophie, widerlegt aus dem Standpunkte des Systems selbst, dem anderer Philosophen, u. dem der gesunden Vernunft. gr. 8. (6⅛ B.) Berlin 842, Hayn.

— System der topisch-arithm. Combinationslehre u. d. allgem. Auflösung aller Gleichungen. Eine Preisaufgabe. gr. 8. Braunschweig 822. Meyer. 10 gl

System der topisch-arithmetischen Combinations-Lehre und der allgemeinen Auflösung aller Gleichungen. Eine durch die geschichtliche Entfaltung der Mathematik von selbst entsprungene Preisaufgabe, beantwortet durch Ferdinand von Sommer. Braunschweig: G.C.E.Meyer 1823. 60 S. 8°

Sommer, Ferd. Bernh. Guil., de graviditate extrauterina. Accedit descriptio memorandae cujusdam graviditatis tubae Fallopianae sinistrae. Cum tab. aenea. Gryphiae 856. Koch. gr. 4. (1 Bl., 33 S.) 22½ ngr

Sommer, Franz

Sommer, Frz., Leitfaden beim ersten Unterricht in der Algebra enth. die sieben Rechenoperationen systematisch geordnet u. methodisch behandelt. gr. 8. (36 S.) Leipzig 874. Teubner. — 60

Sommer, Fr.: Ueber den ersten Unterricht in der Algebra. 29 S. – Münstereifel, Progr. 1871.

Sommer, Franz: Über den Unterricht in der bildenden Kunst am Gymnasium. III. Malerei. S. 3—31. 8.
Progr. Kaiser Franz Josef-Staatsgymn. *Freistadt i. Oberösterr.* 1905.
Siehe auch: Friedrich Falbrecht.

Sommer, Frz., die Völkerschlacht bei Leipzig im J. 1813. Nach den besten Quellen bearb. hoch 4. (VII und 152 S. mit 31 Holzschn. nach Zeichnungen von J. Kirchhoff u. A., geschnitten von E. Kretzschmar. Nebst 1 Karte des Schlachtfeldes in Kpfrst. und 1 Plane der Stadt Leipzig im J. 1813 in Holzschn.) Leipzig 847, [Hunger.] *

Sommer, Frz., die Völkerschlacht bei Leipzig im Jahre 1813. Nach den besten Quellen bearb.. 2. revid. u. verb. Aufl. Eine Erinnerungsgabe zur Jubelfeier im Jahre 1863. Mit einem Führer durch das Schlachtfeld u. einem Plane desselben (in Holzschn. in 4.). Leipzig 863. Dürr'sche Buchhdlg. 16. (VI, 206 S.) 15 ngr

Sommer, Franz Christian (Cauböckelheim)
Beiträge zur Lehre der Infractionen und Flexionen der Gebärmutter.
Giessen: W. Keller 1850. 90 S.
Diss. med. 26.1.1850. • vorh. 26. 11.Δ.

Sommer, F. C., Beiträge zur Lehre der Infractionen u. Flexionen der Gebärmutter. Eine der medicin. Facultät der Universität Gießen z. Erlangung der Doctorwürde vorgelegte Inauguralabhandlung. gr. 8. (90 S.) Gießen 850, Ricker. n. 12 ngr

Sommer, Franz Xaver

Sommer, Frz. Xav., der wahre Diener Mariens in seiner gewöhnl. Andacht u. in der Feier d. Maimonates. Ein vollständ. Gebet- u. Erbauungsbuch. 2. verb. Aufl. gr. 16. (XII, 420 S.) Passau 874. Bucher. — 90

Sommer, F. X., die Feier der Mai-Andacht, in Gebeten dargestellt. 9., verb. Aufl. 16. (16 S.) Passau 892. R. Abt's Verl. n. — 10

Sommer, F. X., Maiandacht f. wahre Diener Mariens. 16. (160 S.) Passau 895. R. Abt. Geb. in Leinw. n. — 50

Sommer, Friedrich

Sommer, F., s.: Chronicon Islebiense.

Sommer, Frdr., der Tonplattenschnitt in Zelluloid. (Anleitung zur gründl. Erlerng. des Tonplattenschnittes nach praktisch erprobtem Verfahren.) (15 S. m. Abbildgn. u. 1 Beilage.) 8. Leipzig (904). S. Schnurpfeil. n. 1. —
Sonderabdruck aus: „Graph. Beobachter".

Sommer, Friedrich Ludwig: Die Taufnamen u. ihre Bedeutung, s. Sommer, Friedrich Wilhelm.

Sommer, Friedrich Wilhelm

Sommer, F. W. De M. Agrippa. 4. Lipsiae 1717.

Sommer, Fr. Wilh., Ausplaudereien zu Jedermanns Erheiterung. Der mächtigsten u. berühmtesten Dame uns. Jahrh. ehrfurchtsvoll zugeeignet. 1. Bdchn. 8. (7 B.) Potsdam 832, Vogler.

Friderici Wilhelmi Sommeri Vratislaviensis ... Regnum Vannianum Antiquam Silesiam complectens: accedunt ejusdem Lemmata historica ad Ducatum et Urbem Vratislaviensem ... Et Osteni Bregensis Descriptio Silesiae imprimis Vratislaviae sub initium Saeculi XVI. confecta nunc primum ... edita ... Vratislaviae, Apud Michaelem Hubertum, 1722.

— regnum vannianum antiquam Silesiam complectens. 4. Breslau: Meyer 1722.

Sommer, Friedrich Wilhelm, Das // Glückseelige Schlesien: // Oder: // Die unvergleichlichen // Helden-Thaten // Des Allerdurchlauchtigsten, Großmächtigsten // und Unüberwindlichsten Heldens // und Käysers // Carls des VI. // In gegenwärtigem // Teutschen Heroischen Gedichte // nach Art der alten Lateinischen Poeten // vorgetragen // von // F. W. S. // LEIPZIG, // Bey M. G. Weidmann, Sr. Kön. Maj. in Pohlen und // Churfl. Durchl. zu Sachsen Buchhändlern, 1719. - Mit einigen Vignetten. - 4 Blatt (nicht paginiert) Titelblatt und Vorbericht. - 104 S.

Friderici Wilhelmi Sommeri Vratislaviensis, Silesia Ante Piastum: Carmen Epicum: Elaboratorum Antea, Jam Recognitum Et Auctum. Vratislaviae, Apud Michaelem Hubertum, 1720.

—— goldene Sprüche zur Bildung d. Herzens. Breit 12. (8 B.) Berlin 831, (Bechtold u. Hartje.)

Sommer, Frider(icus) Guilelm(us): De syphilide congenita. Halae (1839): Ploetz. 27 S. 8°
Halle-Wittenberg, Med. Diss. v. 27. Nov. 1839
Geb. Leipnitz bei Torgau 7. [bs. V.: 6.] 11. 1817. V.

Friderici Wilhelmi Sommeri Wratislaviensis ... Tabulae Genealogicae Ducum Superioris Et Inferioris Silesiae Ab Initio Saeculi XII. Ad Praesens usque XVIII ... Accedunt Diplomata Ad Silesiam Pertinentia Adhuc Inedita. Wratislaviae 1724. Apud Michaelem Hubertum.

Sommer, Fr. Wilh., tabulae genealogicae ducum superioris et inferioris Silesiae ab initio saeculi XII. usque ab XVIII. acced. diplomata ad Silesiam pertin. adhuc inedita. 4. Breslau, Meyer. 724.

Sommer, Friedrich Wilhelm, pr. Tierarzt: Aus d. physiol. Inst. zu Giessen. Rhythmische Tätigkeit des Herzmuskels. München 1910: Kastner & Callwey. 38 S. 8°
Gießen, Veterinär-Med. Diss. v. 19. Juli 1910, Ref. Frank
[Geb. 12. Dez. 83 Kehl a. Rh.; Wohnort: Mannheim; Staatsangeh.: Baden; Vorbildung: Oberrealsch. Mannheim Reife M. 03; Studium: Gießen 7 S.; Rig. 15. Mai 08.] [U 10. 1257

Sommer, Friedr. Wilh. u. Friedr. Ludw., die Taufnamen u. ihre Bedeutung. Ein nützliches Geschenk f. Jedermann. gr. 8. (4 B.) Berlin u. Potsdam 844. (Potsdam, Stuhr'sche Buchh.) *

Sommer, Fritz, Apotheker: Aus d. chemischen Institut d. Universität Breslau. Ueber **m-Xylylamin** und m-Methylphenyläthylamin. *Breslau 1900: R. Galle.* (47 S.) 8°
Breslau, Phil. Diss. v. 23. Mai 1900

Sommer, Fritz, a. Berlin: **Ueber 2-Menthatriëne und ihre Umwandlung in p-Cymole. Heidelberg 1907: K. Rössler.** (62 S.) 8°
Heidelberg, Naturw.-math. Fak., Ref. Curtius, Diss. v. 5. Juli 1907
[Geb. 17. Apr. 84 Berlin; Wohnort: Heidelberg; Staatsangeh.: Preußen; Vorbildung: Falk-Realgymn. Berlin Reife M. 03; Studium: Berlin 3, Heidelberg 4 S.; Rig. 27. Febr. 07.]

Sommer, G. Grundriss der Stadt Langensalza. 1834. 1 Bl. f.

Sommer, G., die Prinzipien der Säuglingsernährung, s.: **Abhandlungen,** Würzburger, aus dem Gesamtgebiet der prakt. Medizin. I. 6.

Sommer, G. J. (Resp.): Diss. de hemiplegia, s. Alberti, M. (Praes.)

Sommer, G. M., s. Gerschel, üb. d. Bau d. Himmels.

Sommer, Georgius *Otto Reinhold* **[Posnaniensis]:** Essai sur La Phonétique Forcalquérienne ... **Gryphiswaldiae,** typ. I. Abel, 1895; VI S., 1 Bl., 90 S. 8.
Greifswald, Phil. Fak., Inaug.-Diss. v. 28. Sept. 1895

Sommer, Georg: Ein Fall von Hodentuberkulose ... Würzburg, k. Universitätsdr. v. H. Stürtz, 1888. 20 S. u. 2 Taf. 8°
Würzburg, Med. Fak., Inaug.-Diss. v. 1888

Sommer, Georg, Dr. phil. et med.: **Die Verwertung des** Milchzuckers **im tierischen Organismus.** *Würzburg 1899: H. Stürtz.* (55 S.) 8°
Würzburg, Med. Hab.-Schr. v. 1899

Sommer, Geo. Lorenz, Kaiser Franzensbad bei Eger u. seine Umgebungen. Ein Handbuch für Curgäste. gr. 8. (16½ B.) Eger 842, Kobrtsch u. Gschihay.

Sommer, Georg Philipp (Lehrer am Pädagog in Gießen)
Explanatio oraculi Thren. Jerem. III, 39.
Giessae 17. Febr. 1752. 16 S. 4°
Pro licentia collegia aperiendi et publice praesidendi.

Sommer, Gottfr. Chr., specimen theologiae soharicae cum christiana amice convenientis. 4. Gotha, Mevius. (Dieterich, Göttingen.) 734.

Sommer, Gregor. Abecednica za slovenske učence na deželi. V Celovcu. Leon. 1849.

Sommer, Gregor. Mali računar za 1. razred ali oddelek ljudskih šol. V Celovci, St. Hermagoras-Druck., 1874. 144 S.

Sommer, Guido, appr. Arzt a. Warschau (Rußland): **Über den Einfluß der Fibromyome auf die Generations-Vorgänge. Würzburg 1907: F. Staudenraus.** (36 S.) 8°
Würzburg, Med. Fak., Ref. Hofmeier, Diss. v. 7. Mai 1907
[Geb. 2. Jan. 81 Warschau; Wohnort: Würzburg; Staatsangeh.: Preußen; Vorbildung: Gymn. Pleß Reife O. 00; Studium: Marburg 4, Kiel 1, Berlin 1, Breslau 1, Würzburg 3 S.; Coll. 6. März 07; Approb. 17. Febr. 05.]

Sommer, Gustav

Sommer, Gust., Bau- u. Kunstdenkmäler d. Mansfelder Seekreises, s.: Grössler, Herm.

Sommer, Gust. die Bäume und Sträucher der grossherzogl. Schlossgartenanlagen zu Karlsruhe. 8. (VIII, 126 S.) Karlsruhe 886, Macklot. geb. * 1 20

Sommer, Gust. Die Bonbonfabrikation. Praktisches Handbuch für Bonbonkocher u. Conditoren. Mit vielen Abbildgn. 8. (60 S.) Bernburg 889, Mehrhardt. * 2 50

Sommer, Gust., die Bonbonfabrikation. Praktisches Handbuch f. Bonbonkocher u. Conditoren. Anh.: Recepte üb. Likör-, Fondants-, Gelée- u. Schaum-Artikel. 2., bedeutend verm. Aufl. 12. (96 S. m. Abbildgn.) Bernburg 895. A. Mehrhardt. n. 2. 80

Sommer, Gust., die Bonbon-Fabrikation. Theoretisch-praktisches Handbuch f. Bonbonfabrikanten u. Konditoren, enth. Anleitgn. u. Rezepte zur Bereitg. von Bonbons, Dragee-, Likör-, Fondants-, Geleo-, Schaum-Schokolade-Artikeln. 3., erweit. Aufl. (III, 180 S. m. Abbildgn.) 8. Bernburg (904). (A. Schmelzer.) n. 5. —

Sommer, Gust., s. **Darstellung, beschreibende, der älteren Bau- und Kunstdenkmäler der Prov. Sachsen und angrenzender Gebiete.**

— beschreibende Darstellung der älteren Bau- u. Kunstdenkmäler des Kreises Zeitz, s.: Otto, H.

Sommer, Gustav [Arzt aus Odenkirchen]: Aus d. Univ.-Frauenklinik zu Marburg. Fieber in der Geburt ... Marburg. Buchdr. F. Sömmering, 1897; 29 S. 8.
Marburg, Med. Fak., Inaug.-Diss. v. 26. Juni 1897

—— Führer durch den grossherzogl. botanischen Garten zu Karlsruhe. 8. (72 S. mit 1 Plane.) Karlsruhe 888, Reiff. * — 80

— Kreis Gardelegen, s.: **Parisius, A.**

Sommer, Gust., der Mansfelder Gebirgskreis, s.: Grössler, Herm.

Sommer G.: Über das Morgen- und Abendroth, insbes. die in letzterer Zeit beobachteten merkwürdigen Dämmerungserscheinungen. 41. St. Pölten 884.
Progr.

— neue Muster v. Tortenverzierungen f. Conditoren u. Feinbäcker, m. Anleitg. zum Garnieren u. Recepten zur Herstellg. v. den verschiedensten Torten u. anderen beliebten Conditorwaaren. Mit 12 lith. Taf. gr. 8. (24 S.) Ebd. 893. n. 2. —

Sommer Gust.: Theorie der Capillarität. 58. St.-Pölten 874.
Progr.

Sommer, Gustav Michael

Sommer, G. M., Erstkommunion-Glöcklein. Erwäggn., Belehrgn. u. Andachtsübgn. für fromme Erstkommunionkinder. 2. Aufl. 16. (XV, 325 S.) Mainz 898. F. Kirchheim. Geb. in Leinw. n. 1. —

Sommer, G. M., Erstkommunion-Glöcklein. Erwägungen, Belehrgn. u. Andachtsübgn. f. fromme Erstkommunionkinder. 3. Aufl. (XVI, 343 S. m. farb. Titelbild.) 16. Mainz 904. Kirchheim & Co. Geb. in Leinw. n. 1. —

— Raphael. Andachtsübungen u. Belehrgn. f. Jünglinge u. Jungfrauen. 16. (720 S. m. farb. Titel u. 1 Stahlst.) Einsiedeln 895. Verlagsanstalt Benziger & Co. Geb. in Leinw. n. 1. 70

Sommer, G[ustav] M[ichael]. Raphael. Andachtsübungen und Belehrungen für Jünglinge und Jungfrauen. Neu durchgesehen von Professor J[acob] May.... [Mit Vignetten und 3 Tafeln.] 630 S. 8. Einsiedeln..., Benziger & Co. A.G., 1910. [geb. fr. 1. 75 *bis* 3. 10]

Sommer, H., Rechtsphilosophie etc., s.: Salis, L. R. v.

Sommer, H., der christliche Unsterblichkeitsglaube im Gesichts- u. Interessenkreise der modernen Bildung. gr. 8. (21 S.) Braunschweig 890. Schwetschke & Sohn. n. — 40

Sommer, H., der christliche Unsterblichkeitsglaube im Gesichts- u. Interessenkreise der modernen Bildung. 2. Aufl. gr. 8. (26 S.) Braunschweig 890. Schwetschke & Sohn. n. — 40

Sommer, H., vollständ., alphabet. geordn. Waaren-Verzeichnisse mit d. Abgaben- u. Tharasätzen z. k. preuß. Erhebungsrolle d. Ein-, Aus- u. Durchgangs-Abgaben, wie solche seit d. 1. Jan. 1834 z. Anwend. gekommen sind u. im J. 1835 fortbestehen, nach d. amtl. vorgeschrieb. Classifikation bearb. 2., mit e. Nachtr. verm., Ausg. gr. 8. (13¾ B.) Magdeburg 835, [Berlin,] Rubach.

Sommer, H., s. Waarenverzeichnisse.

Sommer, H. H., geistliche Gedichte. Gesammelt v. H. C. Schmidt. 12. (31 S.) Breklum 886. Christl. Buchh. — 15

Sommer, H. Oskarus, Thomas Robinson's Life and Death of Mary Magdalene. Legendengedicht in zwei Theilen (a. D. 1621) nach den beiden allein bekannten Handschriften im Britischen Museum (Harl. 6211) und in der Bibliotheca Bodleiana, Oxford (Rawl. 52). Diss. Marburg 1887, N. G. Elwertsche Univ.-Buchh. 8°. 29 S.

Messire Robert de Borron und der Verfasser des Didot-Perceval. Ein Beitrag z. Kritik d. Graal-Romane von H. Oskar **Sommer**. Halle a. S.: M. Niemeyer 1908. (53 S.) 8°
= Zeitschrift f. roman. Philologie. Beil. 17. [08. 11,49 2

Sommer, H. Osc., erster Versuch über die englische Hirtendichtung. gr. 8. (131 S.) Marburg 888, Ehrhardt's Universitäts-Buchh. * 3 —

Sommer, H. Otto, M. D., licensed physician a. surgeon aus Washington, Columbia, U.S.A.: Über neuere Operationsmethoden zur Exstirpation von Mastdarmkrebsen. *Freiburg i. B. 1900: Ch. Lehmann's Nachf.* (42 S.) 8°
Freiburg i. B., Med. Diss. v. 1900

Sommer, Hans, s.: Matrikel, die, der hohen Schule u. des Pädagogiums zu Herborn.

Sommer, Heinrich Johannes, Assistenzarzt an der chirurg. Universitätspoliklinik im Krankenhaus St. Jacob: Aus der chirurgischen Universitäts-Klinik zu Leipzig. Zentrale Luxation des Schenkelkopfes. Leipzig 1907: B. Georgi. (45 S.) 8°
Leipzig, Med. Fak., Ref. Trendelenburg, Diss. v. 23. März 1907
[Geb. 30. Dez. 78 Zwickau i. S.; Wohnort: Leipzig; Staatsangeh.: Sachsen; Vorbildung: Gymn. Zwickau Reife O. 98; Studium: Leipzig 9 S.; Coll. 28. März 07; Approb. 28. Juli 03.]

Sommer, Helene, Anleitg. z. Selbstanfertigg. v. Kinderkleidung u. Leibwäsche aller Art. Nach e. leichtfaßl. in langer Praxis bewährten Zuschneidemethode. Mit 36 Fig. auf 14 Taf. gr. 8. (19 S.) Dresden 895. A. Köhler. Geb. n. 2. —

Sommer, Helene, geb. Nitzsche, Lehrbuch des Schnittzeichnens nach e. neuen praktischen System. Für Frauenarbeitsschulen u. zum Selbstunterricht hrsg. u. gezeichnet. Mit 51 Fig. auf 23 Taf. 2., umgearb., bedeutend verm. u. verb. Aufl. gr. 8. (39 S.) Dresden 894. A. Köhler. Kart. n. 3. —

Sommer, Helene, geb. Nitzsche, Lehrbuch des Schnittzeichnens nach e. neuen praktischen System. Für Frauenarbeitsschulen u. zum Selbstunterricht hrsg. u. gezeichnet. Mit 51 Fig. auf 23 Taf. 4., umgearb., bedeutend verm. u. verb. Aufl. gr. 8. (39 S.) Dresden 900. A. Köhler. Kart. n. 3. —

Sommer, Henriette, Vorschriften z. Bereitung sowohl auserles. als einfacher Speisen u. Getränke. Ein Beitr. z. Kochkunst. 1. Aufl. 831. 16 Gr., 2., unveränd. A. unt. d. T.: Kochbuch. (à 20 B.) 8. Baireuth 835, Grau.

Sommer, Hermann, Referendar an dem Königlichen Amtsgericht Neu-Ruppin: Die Ersatzpflicht des Gläubigers bei Pfändung und Versteigerung dem Schuldner nicht gehöriger Sachen. Greifswald 1906: J. Abel. (46 S.) 8°
Greifswald, Jur. Fak., Ref. Stampe, Diss. v. 10. Aug. 1906
[Geb. 3. Nov. 81 Berlin; Wohnort: Berlin; Staatsangeh.: Preußen; Vorbildung: Prinz Heinr.-Gymn. Berlin Reife M. 01; Studium: Gen 1, Heidelberg 1, Straßburg 4, Greifswald 2 S.; Rig. 20. Jan. 06.]

Sommer, Hermann, aus Plauen i. V.: Aus d. chirurg. Klinik zu Kiel. Zur Frage der Resection bei malignen Knochengeschwülsten der unteren Extremität. *Kiel 1904: H. H. Peters.* (20 S.) 8°
Kiel, Med. Diss. v. [5. Aug.] 1904

Sammlung von Polizei-Verordnungen und Ortsstatuten für die Stadt Rathenow sowie d. gebräuchlichsten landespolizeilichen Verordnungen f. d. Reg.-Bez. Potsdam u. d. Prov. Brandenburg. Unter Benutzung von amtl. Quellen zsgest. im Auftr. d. Magistrats von H[ermann] **Sommer**, Polizeisekr. Rathenow: Wenckebach 1910. VIII, 256 S. 8° 10. 1,870

Sommer, H[ermann]. Sihlverlegung und Personenbahnhöfe von Zürich. Technische und wirtschaftliche Betrachtungen. [Mit Titelvignette, 1 Ansicht und 2 Tafeln.] 39 S. gr.-8. Bern, Buchdr. Stämpfli & Cie. (*Umschlag mit Aufdruck:* Ed. Rascher's Erben, Buchh., Zürich), 1902. [fr. 3. 50]

Sommer, H[ermann]. Sihlverlegung und Personenbahnhöfe von Zürich. Nachtrag enthaltend den Generellen Voranschlag, mit einem Übersichtsplan 1 : 7500 [und Titel-Vignette]. Aufgestellt auf Grund des Projektes von 1902. 31 S. 4. Zürich, Ed. Raschers Erben, 1903. [fr. 1. 50]

Sommer, Hermann, Referendar in Leipzig: Das bedingte Verbrechen. Eine Studie auf dem Gebiete des deutschen Strafrechts. Leipzig: Veit & Co. 1908. (VII, 106 S.) 8°
Leipzig, Jur. Fak., Diss. v. 3. Juli 1908
[Geb. 7. Febr. 84 Leipzig; Wohnort: Leipzig; Staatsangeh.: Sachsen; Vorbildung: König-Albert-Gymn. Leipzig Reife O. 04; Studium: Leipzig 6 S.; Rig. 3. Juli 07.]

Sommer, Hugo, zum 50jährigen Bestehen der Posener Mittelschulen Nr. 1 u. 2, 11. X. 1908. (28 S. m. Abb. u. Titelbild.) 8. Lissa (908). O. Eulitz. — 25

— Diktatstoffe zur Einübung der deutschen Rechtschreibung. Für mehrklass. Volks- u. Mittelschulen zusammengestellt u. systematisch geordnet. (55 S.) gr. 8. Lissa (908). [O. Eulitz]. Breslau, F. Goerlich. — 80

Führer durch Posen und seine Umgebung m. e. Pl. d. Stadt. Aufgrund amtl. u. geschichtl. Materials bearb. von Hugo Sommer. Posen: Reissmüller 1910. 136 S. 8°
(Reissmüller's Städteführer. Bd 1.) [10. 13..]

— Führer durch Posen und seine Umgebung, s.a. Reissmüller's Städteführer.

Sommer, Hugo, Gewissen und moderne Kultur. gr. 8. (IV, 143 S.) Berlin 884, G. Reimer. * 3 —

[S.] Das brandenburgisch-preussische Heer in seiner Entwickelg seit d. Anf. d. 17. Jhs bis auf d. neueste Zeit v. Hugo Sommer. *Berlin: K. Siegismund 1898.* (136 S.) 1 Bd 8. [98. 4..]

Sommer, Hugo, Individualismus oder Evolutionismus? Zugleich eine Entgegnung auf die Streitschrift des Herrn Prof. Wilh. Wundt. gr. 8. (VII, 131 S.) Berlin 887, G. Reimer. * 3 —
Vgl.: Schneidewin, Max, die Wundt-Sommersche wissenschaftliche Fehde.

— die kulturgeschichtliche Mission d. Evangelischen Bundes. Vortrag. gr. 8. (28 S.) Wolfenbüttel 889. Zwißler. n. — 50

Sommer, Hugo, die Neugestaltung unserer Weltansicht durch die Erkenntniß der Idealität des Raumes u. der Zeit. Eine allgemeinverständl. Darstellung. gr. 8. (VIII, 186 S.) Berlin 882. G. Reimer. n. 3. —

—— der Pessimismus und die Sittenlehre. gr. 8. (170 S.) Haarlem 882. (Leipzig, Harrassowitz.) * 3 50
—— dass. — Gekrönte Preisschrift der Teyler'schen Theolog. Gesellschaft zu Haarlem. 2. Aufl. gr. 8. (VII, 171 S.) Berlin 883, G. Reimer. * 3 60

Sommer H. die positive Philosophie August Comte's. (Sammlung gemeinverständlicher wissenschaftlicher Vorträge 480) Berlin 1886

—— die positive Philosophie August Comte's, s.a. Sammlung gemeinverständlicher wissenschaftlicher Vorträge.

— Posen, s.: Miniatur-Bibliothek.

Sommer H. die Religion des Pessimismus. (Zeit- u Streitfragen 199) Berlin 1884

—— die Religion des Pessimismus, s.a. Zeit- und Streitfragen, deutsche.

— über das Wesen u. die Bedeutung der menschlichen Freiheit u. deren moderne Widersacher. gr. 8. (VIII, 100 S.) Berlin 882. G. Reimer. n. 2. —

—— über das Wesen und die Bedeutung der menschlichen Freiheit und deren moderne Widersacher. 2. vervollständ. und umgearb. Aufl. gr. 8. (X, 150 S.) Berlin 885, G. Reimer. * 4 —

Sommer, J., Ehe od. freie Liebe?, s.: Lehr u. Wehr für's deutsche Volk. 17. Hft.

Sommer, J., über die Fortpflanzungsgeschwindigkeit v. Explosionsschallwellen, s.: Mach, E.

(Sommer, J.) Kursparitäten von Franken für 100 Mark und Mark für 100 Franken, nebst Umrechnungen. — Rapport des cours entre francs pour 100 Marks, avec les réductions. In-8°, 18 p. Zurich, Cäsar Schmidt. 1885. 1 —

Sommer, J. W., Obssjrný žiwotopis mistra Jana z Husince, wůbec Hus nazwaného. Kniha pro každého, genž se swětla a prawdy o muži tomto dowěděti chce. Die Aug. Zitte wydal. 8. (VI u. 310 S. m. 1 Holzschn.) Prag 850. (Calve.) n. 1/3 ₰

Sommer, Jakob: Westfälisches Gildenwesen mit Ausschluß der geistlichen Brüderschaften und Gewerbsgilden. Berlin: Duncker 1909. 38 S. 8° ¶(Ersch. vollst. in: Archiv f. Kulturgesch. Bd 7.)
Münster, Phil. Diss. v. 16. Nov. 1909, Ref. Erler
[Geb. 22. Juni 85 Eschweiler b. Aachen; Wohnort: Eschweiler; Staatsangeh.: Preußen; Vorbildung: Gymn. Eschweiler Reife O. 05; Studium: Bonn 4, München 1, Münster 6 S.; Rig. 26. Juli 09.] [U 10. 3803

Sommer, J., Westfälisches Gildewesen mit Ausschluss der geistlichen Brüderschaften und Gewerbsgilden. Diss. 8°. Münster 1910.

Sommer, Im. Gph., der Unterschied zwischen d. jüd. u. christl. Religion in d. Glaubensbekenntn. e. Proselyten (Jh. Ant. Meyer). 8. Braunschw. 784.

Sommer, Johann

Sommer, Jan, Arithmetica pro nižší gymnasium. Prag u. Wien 1894. F. Tempsky. (Min.-Erl. v. 3. Juni 1894, Z. 6343) 1.—, geb. 1.25

Sommer, Johann, Arithmetika pro I., II. a III. třídu škol realných. Prag u. Wien 1896. F. Tempsky. (Min.-Erl. v. 16. März 1896, Z. 4480) 1.05, geb. 1.30

Sommer, Johann, Arithmetika pro III. a IV. třídu škol gymnasijních. 2. Auflage. Prag 1904. Verlag der böhmischen graphischen Gesellschaft „Unie“. Preis, geheftet 1 K 90 h, gebunden 2 K 40 h.

Leben des früh vollendeten Pastor Christian Sommer zu Lägerdorf. (Verf.: Johannes Sommer.) Als Ms. gedr. — Bordesholm 1905: Nölke. 32 S. 8°

Sommer, Johann Christian

(Sommer, Joh. Chr.,) s.a. Franke, Fr. Aug.

Sommer, Jh. Chr., (M. u. Buchhändler,) († ...) s. 1) Anweis. allerlei Flächen rc. 2) Bestimmung, üb. die innere u. äußere, des Jünglings rc. 4) F. W. Franke. 5) Theod. Gutmann. 6) J. J. Machet, Conditor. 7) Fr. Müller. 8) Karoline Schmidt. 9) J. G. Schreiber. 10) Vergnügen u. Weltgenuß.

Sommer, Jh. Chr., s. Pizarro.

Sommer, Jh. Chr., s. Miß Robinson, die Wittwe.

Ueber innere und äußere Bestimmung des Jünglings zum künftigen nützlichen Mitgliede der menschlichen Gesellschaft. Nebst einer Abhandlung über die Bestimmung des Mädchens. (Vf.: *Joh. Chrn. Sommer.*) Halberstadt 1794.
Ehestandsalmanach I. p. 303; Anon.-Lex. IV. p. 237 (nach Meusel u. Kayser).

Sommer, Johann Christian (Dresden)

Dissertatio iuridica de locatione iurisdictionis Von Verpachtung derer Gerichte.
Präs. Jakob August Franckenstein.
Leipzig (Titius) 30. I. 1728. 30 S.

Gew.: Heinrich von Bünau.
W. v.: Präs. 32818

Johann Christoph Sommer

Die Axe des weiblichen Beckens beschrieben von Johann Christoph Sommer. Braunschweig 1791. 32 S. 8°

Sommer, Jh. Cph., († d. 22. Febr. 1802.) die Axe d. weibl Beckens. Mit 1 Kpf. gr. 8. Weißenf. 791. Mit n. Tit. 797 (Weygand in Leipz.) 4 gr

Sommer, J. Ch., d. Axe d. weibl. Beckens, m. K. gr. 8. Weißenfels, Severin. (Böse.) 797.

Beobachtungen und Anmerkungen über die in der Gebärmutter zurückgebliebene und in einem Sacke eingeschlossene Nachgeburt. Wobey zugleich der Anfang der Uebungen in der Geburtshülfe in dem neuen Hospitale bekannt gemacht wird. Von Johann Christoph Sommer. Braunschweig 1768: Meyer. 38 S. 8°

— Beobachtt. u. Anmerkk. üb. die in d. Gebärmutter zurückgebliebene u. in e. Sack eingeschlossene Nachgeburt. 4. Braunschweig 769. (Götting., Vandenhöck u. R.) 2 gr

Geschichte einer Zwillings- Kaysergeburt. Von Johann Christoph Sommer. Leipzig: Crusius 1788. 64 S. 8°

Sommer, Jh. Cph., Geschichte einer Zwillingskaisergeburt. gr. 8. Leipz. 788. (W. Vogel). 4 gr

— Praenotiones obstetriciae. Pens. I. et II. Helmstädt, Fleckeisen. 8maj. Rthlr.

Sommer, Johann Christoph, s. Samml. auserl. Abhandlungen f. Wundärzte.

Sommer, Johann Christoph Fr. Karl

Sommer, J. Chr. Fr. Carl, Schott's A. L. und S. A. Krafft's jurist.-prakt. Wörterbuch ꝛc. s. Schott, Aug. Ludw.,

Sebastian Adam Kraffts juristisch-pracktisches Wörterbuch. Ganz umgearbeitet und bedeutend vermehrt nebst angehängtem Wörterbuche über die rothwelsche sogenannte Jauner- oder Zigeuner- und Spitzbuben-Sprache von J. Chr. F. C. Sommer. Erlangen 1821. 8°.

Johann Friedrich Sommer

De Affectibus pruriginosis senum. Altorfii Noricorum (1727:) D. Meyer. 32 S. 8°

Altdorf, Med. Disp. v. Okt. 1727

Sommer, Johann Friedrich Josef

Sommer, Jh. Fr. Jos., rechtswissenschaftl. Abhandll. 1r Bd. 8. Gießen 818. (Heyer). 1 Rthlr 4 gr

Sommer, Joh. Friedr. Jos., Archiv f. preuß. Recht, s. Archiv.

Sommer, J. F. J., neues Archiv für preuß. Recht, s. Archiv.

Sommer, J. F. Jos., Geschichtliche und dogmatische Entwickelung der bäuerlichen Rechtsverhältnisse in Deutschland. Hamm 1823—30. 8. . . . . (886.)
Bd. 1. a. u. d. T.:
— Darstellung der Rechtsverhältnisse der Bauerngüter im Hzgth. Westphalen. Hamm 1823.
Bd. 2. a. u. d. T.:
— Handbuch über die ältern und neuern bäuerlichen Rechtsverhältnisse in den ehem. Ghzgl.-Bergischen, K. Westphälischen und Französ.-Hanseat. Preuss. Provinzen in Rheinland-Westphalen. Th. 1. Bd. 1. 2. Hamm 1830.

Sommer, Joh. Friedr. Jos., geschichtl. u. dogmat. Entwickelung d. bäuerl. Verhältnisse in Deutschland. 2. Bd. — A. u. d. T.: Handbuch üb. d. ältern u. neuern bäuerl. Rechtsverhältnisse in den ehemals Großh.-Bergischen, Kgl.-Westphälischen u. Franz.-Hanseatischen Preuß. Provinzen in Rheinland-Westphalen. 1. Thl. 1. u. 2. Bd. gr. 8. Hamm 830, Schulz. [1. (28½ B.) 2 Thlr. 12 Gr., 2. (18 B.) 1 Thlr. 4 Gr.]
1. Bd. Rechtsverhältnisse d. Bauern im Hrzgth. Westphalen: Ebendas. 1823. 1 Thlr. 16 Gr.

— von der Kirche in dieser Zeit. Betrachtt. v. Westphalus Eremita. 8. Münst. 819. Aschendorf. 12 gr

Westphalus Eremita (Justizrat Sommer in Arnsberg). Von der Kirche in dieser Zeit. Münster, Aschendorff, 1846, 8°, 2. Aufl., 1 Mk.

(Sommer, Joh. Friedr. Jos.): Commentar zu den Gesetzen über die gutsherrlichen u. bäuerlichen Verhältnisse in denjenigen Theilen der Preuß. Monarchie zwischen der Elbe u. dem Rhein, welche vormals zum Königreich Westfalen, zum Großherzogthum Berg, u. zum französ. Reiche gehöret haben, desgl. im Herzogthum Westfalen. Hamm u. Münster 1823.
Th. 1. (Herzogthum Westfalen.) [Nebentit.:] Sommer: Darstellung der Rechtsverhältnisse der Bauerngüter im Herzogthum Westfalen nach älteren u. neueren Gesetzen u. Rechten. Mit Beil.
2. 3. [u. d. Tit.:] Sommer: Geschichtliche u. dogmatische Entwickelung der bäuerlichen Rechtsverhältnisse in Deutschland. Hamm 1830.
[Nebentit.:] Handbuch über die ältern u. neuern bäuerlichen Rechtsverhältnisse in den ehemals Großherz. Bergischen, Königl. Westphälischen u. Französisch-Hanseatischen Preußischen Provinzen in Rheinland-Westphalen. Th. 1, Bd 1. 2.

— Commentar zu d. Gesetzen üb. die gutsherrl. u. bäuerl. Verhältnisse in denjen. Theilen d. preuß. Monarchie, welche vormals z. Königr. Westphalen, Großherzogth. Berg u. d. franzôs. Reiche gehört haben ꝛc. 1r Thl. (A. u. d. T.: Darstell. d. Rechtsverhälthisse d. Bauern im Herzogth. Westphalen). gr. 8. Hamm 823. Schulz. 1 Rthlr 16 gr 2r u. 3r Bd. oder: geschichtl. u. dogmat. Entwickelung der bäuerl. Verhältnisse in Deutschland. A. u. d. T.: Handbuch üb. die ält. u. neuern bäuerl. Rechtsverhältnisse in den ehemals Großherzogl.-Bergischen, Königl. Westphäl. u. Französ. Hanseat. Preuß. Provinzen in Rheinland-Westphalen. 1r Thl. 1r u. 2r Bd. gr. 8. Ebd. 830. 3 Rthlr 16 gr

—— crit. u. pract. Commentar üb. d. Hauptbestimmungen d. bäuerl. Erbfolgegesetzes f. d. Provinz Westphalen v. 13. Juli 1836. Nebst e. Abdr. d. Gesetzes selbst. gr. 8. (3¾ B.) Arnsberg 837, Ritter.
Aus: Archiv f. preuß. Recht ꝛc., besond. abgedruckt.

— Recht, Richtsteig, Rechtsgelehrte u. Adel der Preußischen Rheinlande in der Gegenwart u. Zukunft. 12 Abhandlungen. 8. Dortmund. (Schulz u. Wundermann in Hamm.) 817.

Sommer, [Joh. Friedr. Jos.]: Rechtsfälle. (Arnsberg.)
1. Beiträge zur Lehre von Fideikommissen nach gem. u. Preuß. Rechte, insbes. vom fideicommissum de residuo (oder Erörterung des Wintersbach-Hanckroth'schen Rechtsfalls). 1829.
2. Fortsetzung von Nr 1. 1832.

Sommer, s. Rechtsfälle mit Entscheidungen der französ. u. belgischen Gerichtshöfe.

— von deutscher Verfassung im germanischen Preußen u. im Herzogth. Westphalen, mit Urkunden. 8. Münst. 819. Aschendorf. 18 gr

Sommer, J. Fr. Jos.: Von deutscher Verfassung im german. Preussen u. im Herzogth. Westphalen, mit Urkunden. *Münster*, Aschendorf. 828. 8. (18 Gr.)

Sommer, Johann Georg

Sommer, Joh. Geo., biblische Abhandlungen. 1. Bd. gr. 8. (23¼ B.) Bonn 846, König. *

Sommer, Joh. Geo. Das Aposteldekret, s. Studien u. Skizzen, theologische, aus Ostpreussen.

—— synoptische Tafeln f. die Kritik u. Exegese der 3 ersten Evangelien. gr. Lex.-8. (1½ B. u. 11 Tab.) Bonn 842, König. *

Sommer, Ioannes Georgius (geb. am 23 Okt. 1810 in Thierenberg bei Königsberg in Pr.): Theses theologicae controversae ... ad obtinendum licentiati S. theologiae gradum ... Bonnae, typ. C. Georgii 1836. VII S. 4.
Bonn, Ev.-theol. Fak., Thes. v. 9 Nov. 1836

Sommer, Johann Gottfried

Sommer, J. G., vollständige und deutliche Anleitung zur teutschen Briefschreibekunst. Ein Handbuch für angehende Geschäftsmänner. 2 Abthl. gr. 8. Prag, Calve. 815-17.

Sommer, Jh. Gottfr., neueste Beiträge zu dem Gemälde von Asien in 4 Bänden, s. Jos. B. Schütz, Erdkunde.

Physikalische Beschreibung des Dunstkreises der Erdkugel. Von Johann Gottfried Sommer. Prag: Calve 1823. IV, 417 S. 8°
(= Sommer: Gemälde der physischen Welt. Bd 4.)

Physikalische Beschreibung der festen Oberfläche des Erdkörpers. Von Johann Gottfried Sommer. 8. 8. 10-11. Prag: Tempsky & Calve 1820-21. 8°
(= Sommer: Gemälde der physischen Welt. Bd 2.)

8.8: 1820.

8.10-11: 1821.

Sommer, Joh. Gtfr., das Königr. Böhmen; statist.-topograph. dargest. 1. Bd. — A. u. d. T.: Böhmen, Leitmeritzer Kreis. gr. 8. (28¼ B. u. Ttlvign.) Prag 833, Calve.

— das Königreich Böhmen; statistisch-topographisch dargestellt. 1r Bd. A. u. d. T.: Leitmeritzer Kreis. Mit Titelvign. gr. 8. Prag 833. Ehrlich. n. 2⅙ ℛ — In Leinw. cart. n.

Sommer, Joh. Gtfr., das Königr. Böhmen rc. 2. Bd. — A. u. d. T.: Böhmen, Bunzlauer Kreis. gr. 8. (28½ B. u. Ttlvign.) Prag 834, Calve. Thlr.

— dass. 2r Bd. A. u. d. T.: Bunzlauer Kreis. Mit Titelvign.: Münchengrätz. gr. 8. Prag 834. Ehrlich. n. 2⅙ ℛ — In Leinwand cart. n. 2⅓ ℛ

—— dass. 3. Bd. — A. u. d. T.: Böhmen, Bidschower Kreis. gr. 8. (22¾ B. u. Ttlvign.) Ebds. 835.

Sommer, Joh. Gtfr., das Königreich Böhmen; statist.-topograph. dargestellt. 4—10. Bd. gr. 8. Prag, Ehrlich. *
A. u. d. Ttln.:
Bd. 4. Königgrätzer Kreis. (27 B. u. Ttlvign.) 836. * 2 Thlr. 4 Gr.
„ 5. Chrudimer Kreis. (20¼ B. u. Ttlvign.) 837. 1 Thlr. 12 Gr.
„ 6. Pilsner Kreis. (26¼ B. u. Ttlvign.) 838. 2 Thlr.
„ 7. Klattauer Kreis. (20¼ B. u. Ttlvign.) 839. 1 Thlr. 12 Gr.
„ 8. Prachiner Kreis. (31 B. u. Ttlvign.) 840. 2 Thlr. 8 Gr.
„ 9. Budweiser Kreis. (21¾ B. u. Ttlvign.) 841. 1 Thlr. 16 Gr.
„ 10. Taborer Kreis. (21¾ B. u. Ttlvign.) 842. 1 Thlr. 17 Gr.
1—3. Bd. Ebendas. 1833—35. 6 Thlr. 4 Gr.

Sommer, Joh. Gtfr., das Königreich Böhmen; statistisch-topographisch dargestellt. 11—15. Bd. gr. 8. Prag, Ehrlich.
A. u. d. Ttln.:
Bd. 11. Caslauer Kreis. (28¼ B. u. gest. Ttl.) 843. 2 Thlr. 5 Ngr.
„ 12. Kaurimer Kreis. (26¾ B. u. gest. Ttl.) 844. 2 Thlr.
„ 13. Rakonitzer Kreis. (21⅞ B. u. gest. Ttl.) 845. 1 Thlr. 25 Ngr.
„ 14. Saazer Kreis. (22¾ B. u. gest. Ttl.) 846. 1 Thlr. 25 Ngr.
„ 15. Elbogner Kreis. (27¼ B. u. gest. Ttl.) 847. 2 Thlr. 5 Ngr.
1—10. Bd. Ebendas. 1833—42. 19 Thlr. 1¼ Ngr.

Sommer, Joh. Gottfr., das Königreich Böhmen; statistisch-topographisch dargestellt. 16. Bd.: Berauner Kreis. gr. 8. (VI und 346 S. mit gest. Titel.) Prag 849, Ehrlich's Buchh.
1—15. Bd. Ebendas. 1833—47. 29 Thlr.

—— neuestes Gemälde v. Amerika, s. Schütz, J. B., allgem. Erdkunde, 7—10. Bd.

—— neuestes Gemälde v. Asien, s. Schütz, J. B., allgem. Erdkunde, 3—6. Bd.

— Gemälde der physischen Welt, oder unterhalt. Darstellung d. Himmels- u. Erdkunde. Mit Kpfr. u. Charten. 1r—3r Bd. à 4 Hefte. gr. 8. Ebend. 818—21. à Band von 4 Heften 1 Thlr. 16 Gr.

Sommer, (J. G.,) Gemälde der physischen Welt od. unterhaltende Darstellung d. Himmels- u. Erdkunde. 4r—6r Bd. od. 136—24s Heft mit Kpfr. gr. 8. Prag 822—26, Calve. 4r, 5r Bd. à 1 Rthl. 16 gr. 6r 2 Rthl. Rthlr.

— Gemälde der phys. Welt, od. unterhaltende Darstell. der Himmels- u. Erdkunde rc. 6 Bde. Mit 45 Kpf. u. Steintaf. gr. 8. Prag, Calve. Hbg. Pr. compl. 9 ℛ Einzeln unt. folg. Tit.: 1r Bd. Das Weltgebäude, ein nützl. u. unterhalt. Lesebuch. 819. 2e Aufl. 827. Mit 12 Kpf. u. Steindr. 2 ℛ — 2r Bd. Physikal. Beschreib. der festen Oberfläche d. Erdkörpers. Mit 14 Kpf. u. Kart. 821. 2e A. 828. 2 ℛ — 3r Bd. Physikal. Beschreib. der flüssigen Oberfläche des Erdkörpers. Mit 11 Kpf. u. Kart. 823. 2e A. mit 7 Kpf.: u Steintaf. 829. 2 ℛ

— 4r Bd. Physikal. Beschreib. des Dunstkreises d. Erdkugel. Mit 6 Kpf.: u. Steintaf. 823. 2e A. Mit 4 Kpf. 830. 1 ℛ 16 gℛ — 5r Bd. Geschichte d. Erdoberfläche. Mit 5 Kpf. 825. 2e Aufl. Mit 7 Kpf. u. 2 Steindr. 830. 1 ℛ 16 gℛ — 6r Bd. Gemälde der organ. Welt. Mit 1 Kpf. 826. 2e A. 831. 2 ℛ

—— dass. 2. Bd. — A. u. d. T.: Physikal. Beschreibung d. festen Oberfläche d. Erdkörpers. 2., verb. u. verm. Aufl. gr. 8. (36 B., 14 Kpfr.- u. Stnt. u. Ttlvign.) Ebds. 828.

—— dass. 3. Bd. — A. u. d. T.: Physikal. Beschreib. d. flüssigen Oberfläche d. Erdkörpers. 2., verb. u. verm. Aufl. gr. 8. (37 B., 7 Kpfr.- u. Stnt. u. Ttlvign.) Ebds. 829.

—— dass. 4. Bd. — A. u. d. T.: Physikal. Beschreib. d. Dunstkreises d. Erdkugel. 2., verb. u. verm. Aufl. gr. 8. (31 B., 6 Kpfr.- u. Stnt. u. Ttlvign.) Ebds. 830.

—— dass. 5. Bd. — A. u. d. T.: Geschichte d. Erd-Oberfläche. 2., verb. u. verm. Aufl. gr. 8. (30 B., 9 Kpfr.- u. Stnt. u. Ttlvign.) Ebds. 831.

—— dass. 6. Bd. — A. u. d. T.: Gemälde d. organ. Welt. 2., verb. u. verm. Aufl. gr. 8. (39¼ B. u. Ttlvign.) Ebds. 831.
Alle 6 Bde. zusamm. genomm., 8 Thlr.

—— Gemälde d. phys. Welt, od. unterhalt. Darstellung d. Himmels- u. Erdkunde. Nach d. besten Quellen u. mit beständ. Rücksicht auf d. neuesten Entdeckungen. 1. Bd. — A. u. d. T.: Das Weltgebäude. Ein nützl. u. unterhalt. Lesebuch. 3., verb. u. verm. Aufl. gr. 8. (34¼ B., 12 Stnt. auf 10 Bl. qu. gr. Fol. u. Ttlvign.) Prag 834, Calve.

—— Gemälde d. phys. Welt, od. unterhalt. Darstell. d. Himmels- u. Erdkunde. Nach d. besten Quellen u. mit beständ. Rücksicht auf d. neuesten Entdeckn. bearb. 2. Bd. — A. u. d. T.: Physikal. Beschreib. d. festen Oberfläche d. Erdkörpers. 3., verb. u. verm. Aufl. gr. 8. (35 B. u. Ttlvign. in Stahlst.) Prag 839, [Calve'sche Brlsbuchh.]
6 Bde. vollständig, ungetrennt * 8 Thlr.

—— Gemälde der physischen Welt, oder unterhaltende Darstellung der Himmels- u. Erdkunde. 3. Bd. Physikal. Beschreibung der flüssigen Oberfläche des Erdkörpers. 3., verb. u. verm. Aufl. gr. 8. ($34\frac{7}{8}$ B. u. 2 Stnt.) Prag 843, Calve'sche Vrlgsh.

Geschichte der Erdoberfläche. Von Johann Gottfried Sommer. Prag: Calve 1825. X,440 S. 8°

(= Sommer: Gemälde der physischen Welt. Bd 5.)

Sommer, Johann Gottfried, s. H a u s b u c h d. geogr. Wissens.

— neueste Jugendbibliothek oder die vorzüglichsten Gegenstände des Jugendunterrichts von der Elementarbildung an bis zum reifern Alter. 5 Bände mit illum. Kpfrn. Taschenf. Prag, Enders. 816. à Bd. 1 Thlr. 12 Gr.
(1r Bd. enth. neuestes ABC- u. Lesebuch. Eine Anleitung, Kinder auf die natürlichste und unterhaltendste Weise mit den Anfangsgründen der Lesekunst bekannt zu machen.

— 2r Bd. enth. Wie Vater Grünwald seine Kinder lesen lehrt, oder wie liest man richtig u. schön? Eine Auswahl unterhaltender und belehrender Aufsätze zur Bildung des guten Ausdrucks und zur Uebung der Denkkraft sechs- bis zehnjähriger Kinder. — 3r Bd. enth. 72 wirklich, und erst seit kurzer Zeit sich zugetragene Unglücksgeschichten. Ein Buch f. Kinder u. junge Leute, wodurch sie mit den mannichfaltigen Gefahren des Lebens und der Gesundheit bekannt gemacht ꝛc. werden können. — 4r Bd. enth. Die kleinen Deutschverderber. Ein Buch zur Bildung des kindlichen Sprachvermögens, worin durch passende Erzählungen und Gespräche verschiedene Ausdrücke erklärt werden ꝛc. — 5r Bd. enth. Wie Herr Salzmann seine Kinder in den Nebenstunden beschäftigt. Ein Hülfsbuch für Eltern und Lehrer, die über die Pflege des kindlichen Geistes die Bildung des Körpers nicht versäumen wollen.)

— neueste Jugendbibliothek, od. die vorzügl. Gegenstände des Jugendunterrichts, von d. Elementarbildung an bis zum reifern Alter. 5 Bde. Mit ill. Kpf. Taschenform. Prag 816, 17. Enders. (à Bd, 1 ß 12 ggr) 7 ß 12 ggr Hbg. Pr. 5 ß (1r Bd. enth.: Neuestes ABC- u. Lesebuch. Eine Anleit., Kinder auf die natürlichste u. unterhaltendste Weise mit d. Anfangsgründen der Lesekunst bekannt zu machen. — 2r Bd. enth.: Wie Vater Grünwald seine Kinder lesen lehrt, od. wie liest man richtig u. schön? Eine Auswahl unterhalt. u. belehr. Aufsätze z. Bildung des guten Ausdrucks u. z. Uebung der Denkkraft sechs- bis zehnjähr. Kinder. — 3r Bd. enth.: 72 wirklich u. erst seit kurzer Zeit sich zugetragene Unglücksgeschichten. Ein Buch f. Kinder u. junge Leute, wodurch sie mit den mannichfaltigen Gefahren des Lebens u. der Gesundheit bekannt gemacht ꝛc. werden können. — 4r Bd. enth: Die kleinen Deutschverderber. Ein Buch z. Bildung d. kindl. Sprachvermögens, worin durch passende Erzähll. u. Gespräche verschiedene Ausdrücke erklärt werden ꝛc. — 5r Bd. enth.: Wie Herr Salzmann seine Kinder in d. Nebenstunden beschäftigt. Ein Hülfsbuch f. Eltern u. Lehrer, die üb. der Pflege des kindl. Geistes die Bildung d. Körpers nicht versäumen wollen).

—— Lehrbuch d. Erd- u. Staatenkunde. 3 Bde. (od. 5 Abthln.) gr. 8. Prag, [Calve'sche Vrlsb.] [1. ($33\frac{3}{4}$ B.) 835. $1\frac{5}{8}$ Thlr., 2. 1. (12 B.) $\frac{3}{4}$ Thlr., 2. ($15\frac{1}{2}$ B.) 837. $\frac{7}{8}$ Thlr., 3. ($20\frac{1}{2}$ B.) 839. $1\frac{1}{8}$ Thlr., 3. ($40\frac{1}{2}$ B.) 842. 2 Thlr.]
ungetrennt nur

Des 2. Bds. 3. Abthl. a. u. d. Ttl.:
Das Kaiserthum Oesterreich, geograph.-statist. dargest.

— Lehrbuch der Erd- u. Staatenkunde. (In 3 Bden.) — 1r Bd. gr. 8. Prag 835. Ehrlich. $1\frac{5}{8}$ ß — 2r Bd. 1e—3e Abthl. gr. 8. Ebd. 837. u. 839. $2\frac{3}{4}$ ß

— Lehrbuch der Erd- u. Staatenkunde. 3. Bd. Griechenland, Europäische Türkei. — Asien. — Afrika. — Amerika. — Australien. gr. 8. Ebend. 842. $2\frac{1}{8}$ ß compl. cart. $5\frac{1}{2}$ ß

— das Kaiserthum Oesterreich, geographisch-statistisch dargestellt. Prag 839. Ehrlich. $1\frac{1}{8}$ ß (Ist: Lehrbuch d. Erd- u. Staatenkunde. 2r Bd. 3e Abthl.)

Taschenbuch zur Verbreitung geographischer Kenntnisse. Eine Uebersicht des Neuesten und Wissenswürdigsten im Gebiete der gesammten Länder- und Völkerkunde. Zugleich als fortlaufende Ergänzung zu Zimmermanns Taschenbuch der Reisen hrsg. v. Johann Gottfried Sommer. ([Mit Kupf. v.] G[eorg] Döbler.)
Prag: J. G. Calve 1826—1848. 16° (später 12°)
Jg. 5—6 [Rückent.]: Geograph[isches] Taschenbuch von J. G. Sommer.

4: 1826. XXXVI, 405 S., 1 Bl., 6 Kupfertaf.
5: 1827. LVI, 451 S., 1 Bl., 5 Kupfertaf. davon 1 kol., 1 Kt.
6: 1828. L, 437 S., 2 Bl., 7 Taf.
10/1832: 1832. 2 Bl., CIII, 322 S., 1 Bl., 6 Taf.
11/1833: 1833. LXXXIV, 353 S., 1 Bl., 6 Taf., 1 Tab.
13/1835: 1835. 4 Bl., CLII, 293 S., 1 Bl., 5 Taf. [*Davon fehlt 1 Taf.*]
14/1836: 1836. 4 Bl., CLXVIII, 292 S., 7 Taf.
15/1837: 1837. 1 Bl., CLIX, 289 S., 7 Taf.
16/1838: 1838. 4 Bl., CXXXI, 311 S., 6 Taf.
17/1839: 1839. 3 Bl., CLIX, 322 S., 2 Bl., 6 Taf.
18/1840: 1840. 2 Bl., CLXIV, 321 S., 1 Bl., 6 Taf.
19/1841: 1841. 2 Bl., CXXXII, 303 S., 2 Bl., 6 Taf.
20/1842: 1842. 2 Bl., CVII, 360 S., 3 Bl., 6 Taf.
21/1843: 1843. 4 Bl., CXI, 400 S., 2 Bl., 6 Taf.
22/1844: 1844. 2 Bl., CXII, 440 S., 4 Bl., 6 Taf.
23/1845: 1845. 3 Bl., XCVIII, 393 S., 1 Bl., 5 Taf., 1 Kt.
24/1846: 1846. 3 Bl., XCII, 305 S., 6 Taf.
25/1847: 1847. 2 Bl., CIV, 328 S., 1 Bl., 6 Taf.
NF 1/1848: 1848. 3 Bl., LXXIX, 279 S., 1 Taf.

— Taschenbuch z. Verbreitung geograph. Kenntnisse. 1r—11r Jahrg. 1823—33. Mit Kpf. 12. Prag 822—32. Calve. (à 2 ß) 22 ß

—— T a s c h e n b u c h zur Verbreitung geograph. Kenntnisse. Eine Uebersicht d. Neuesten u. Wissenswürdigsten im Gebiete d. gesammt. Länder- u. Völkerkunde. Für 1829—35. (7—13. Jahrg.) (J. 829—31. gr. 12., 32—35. gr. 16.) Prag, Calve. [829. ($19\frac{1}{2}$ B., 4 Kpfr.- u. 3 Stnt.), 30. ($20\frac{1}{2}$ B. u. 7 Kpfr.- u. Stahlst.), 31. ($20\frac{1}{4}$ B. u. 6 Kpfr.- u. Stahlst.), 32. ($26\frac{3}{4}$ B. u. 6 Kpfr.- u. Stahlst.), 33. ($27\frac{1}{2}$ B., 6 Kpfr.- u. Stahlst. u. 1 Tab. 4.), 34. ($26\frac{1}{2}$ B. u. 6 Stahlst.), 35. ($28\frac{1}{2}$ B., 5 Stahlst. u. 1 Stnt.) à 2 Thlr.]
1—6. Jahrg. 1823—28. Ebendas. à 1 Thlr. 12 Gr.

— T a s c h e n b u c h zur Verbreitung geographischer Kenntnisse. Eine Uebersicht des Neuesten und Wissenswürdigsten im Gebiete der gesammten Länder- u. Völkerkunde. Für 1841—1847. (19.—25. Jahrg.) Jeder mit 6 Stahlstichen. gr. 12. Ebend. 841—46. à n. 2 ß

—— Taschenbuch zur Verbreitung geograph. Kenntnisse. Eine Uebersicht des Neuesten und Wissenswürdigsten im Gebiete der gesammten Länder- und Völkerkunde. Für 1848. (Neue Folge I. Jahrg.) 8. (LXXIX und 279 S. mit 1 Stahlst.) Prag 847, Calve'sche Vrlgsh.

Sommer, Jh. Gttfr., T e p l i t z u. seine Umgebungen, f. Fremde u. Einheimische geschildert. Mit 4 Stahlst. 16. Darmstadt u. Wiesbaden 842, Lange. n. $\frac{2}{3}$ ß

— tabellar. Uebersicht aller jetzt lebenden Glieder d. europ. Regenten-Familie, f. 1827. qu. 8. Prag 827. Calve. 21 ggr

— kleines Verdeutschungswörterbuch, oder Anleitung, die im Deutschen am häufigsten vorkommenden Wörter aus fremden Sprachen richtig aussprechen, verstehen u. schreiben zu lernen. Ein Auszug aus des Verfassers größeren Verdeutschungswörterbuche. 8. Prag 823. Calve. Wohlf. Ausg.

— neuestes wort- u. sacherklärendes Verdeutschungswörterbuch aller jener aus fremdem Sprachen entlehnten Wörter, Ausdrücke u. Redensarten, welche die Deutschen bis jetzt, in Schriften u. Büchern sowohl als in der Umgangssprache, noch immer f. unentbehrl. u. unersetzlich gehalten haben. gr. 8. Prag 813. Calve.

— neuestes wort- u. sacherklärendes V e r d e u t s c h u n g s - w ö r t e r b u c h aller jener aus fremden Sprachen entlehnten Wörter, Ausdrücke u. Redensarten ꝛc. Ein höchst nützliches Handbuch f. Geschäftsmänner, Zeitungsleser ꝛc. gr. 8. Ebend. 814.

Sommer, J. G., neuestes wort- u. sacherklärendes Verdeutschungswörterbuch aller jener aus fremden Sprachen entlehnten Wörter, Ausdrücke u. Redensarten, welche die Teutschen bis jetzt, in Schriften u. Büchern sowohl als in der Umgangssprache, noch immer für unentbehrlich und unersetzlich gehalten haben. 2te umgearb. verb. u. verm. Aufl. gr. 8. Prag, Calve. 818. Rthlr.

— neuestes, wort- u. sacherklärendes Verdeutschungs-Wörterbuch aller jener aus fremden Sprachen entlehnten Wörter, Ausdrücke u. Redensarten, welche die Deutschen noch immer für unentbehrlich u. unersetzlich gehalten haben. 3e verb. Aufl. gr. 8. Prag 825, Calve.

—— neuestes wort- u. sacherklär. Verteutschungs-Wörterbuch aller jener aus fremden Sprachen entlehnt. Wörter, Ausdrücke u. Redensarten, welche d. Teutschen bis jetzt, in Schriften u. Büchern sowohl als in d. Umgangssprache, noch immer f. unentbehrl. u. unersetzlich gehalten haben. Ein Handb. f. Geschäftsmänner, Zeitungsleser u. alle gebild. Menschen überh. 4., verb. u. verm. Aufl. gr. 8. (32½ B.) Prag 833, Calve.

—— neuestes wort- u. sacherklär. Verteutschungs-Wörterbuch aller jener aus fremden Sprachen entlehnten Wörter, Ausdrücke u. Redensarten, welche die Teutschen bis jetzt, in Schriften u. Büchern sowohl als in d. Umgangssprache, noch immer f. unentbehrl. u. unersetzl. gehalten haben. 5., verb. u. verm. Aufl. gr. 8. (28¾ B.) Prag 839, [Calve'sche Vrlsbuchh.]

— das Weltgebäude, ein nützliches u. unterhaltendes Lesebuch. Mit 11 Kpfrt. (Aus dessen Gemälde der physischen Welt besonders abgedr.) gr. 8. Ebend. 819.

Sommer, Johann Heinrich (Coburg) F, o/7

Disputatio philosophica de celeritate inprimis cogitandi.
Präs. Johann Martin Chladenius.
Erlangen (Becker) 20. III. 1750. 34 S.

W. v.: Präs. 32822

Sommer, Johann Heinrich: „Kurtzer Entwurff der heutigen Verfassung Des Müntz-Wesens Im Heiligen Römischen Reiche Teutscher Nation. Aus denen Reichs-Gesetzen und Actis publicis zusammengetragen . . .", Rudolstadt 1737 (gedruckt bei Johann Heinrich Löwen). — Vorh.: StB Nürnberg.

Sommer, Johann Heinrich [Praes.], s. Sommer, Johann Jakob: De obligatione hominis colendi Deum culpa ab ipso praescripto.

Sommer, Johann Heinrich (Coburg) A. S. 322/17

Vindiciae libertatis corporis nobilium S. R. I. immediatorum adversus superioritatis territorialis extensionem. Präs. Georg Heinrich Ayrer.
Göttingen (Schultz) 8. IV. 1754. 253 S.

Gew.: Karl Friedrich Fhr. von Frankenstein, Marquard Anton Fhr. von Rietheim, Karl Anton Fhr. von Poellnitz.
W. v.: Johann Martin Chladenius, Fhr. von Demidoff, Theobald Fhr. von Vrintz, Lüder Heinrich Busse, I. N. Haltermann (Opp.). 32823

Sommer, Johann Jakob (Liegnitz) A. S. 1421/16

Dissertatio philosophica de obligatione hominis colendi Deum cultu ab ipso praescripto.
Präs. Johann Heinrich Sommer.
Leipzig (Goez) 6. IV. 1701. 16 Bl. 32824

Sommer, Johann Kaspar

Sommer, Joh. Casp., v. grauen Staare u. Glaucoma. 8. Berlin. 743.

Sommer, Johann Lambert

Sommer, J. L., das Evangelium Matthäi practisch ausgelegt. gr. 8. (X, 678 S.) Erlangen 877. Deichert. n. 8. —

Sommer, J. L., die epistolischen Perikopen des Kirchenjahres, exegetisch und homiletisch behandelt. Im homilet. Theil mit Beiträgen von mehreren Geistlichen. 2 Hälften. gr. 8. Erlangen 871, Deichert. [1. Hälfte. (VI, S. 1—336.) *M 4.; 2. Hälfte. (S. 337—624.) *M 3,60.] *

—— dass. — 2. verm. und verb. Aufl. gr. 8. (V, 686 S.) Ebendas. 874. *

Sommer, J. L., die epistolischen Perikopen des Kirchenjahres, exegetisch und homiletisch behandelt. Im homilet. Tl. mit Beiträgen von mehreren Geistlichen. 3. verb. Aufl. gr. 8. (VIII, 688 S.) Erlangen 885, Deichert'sche Verlagsh. Nachf. * 8 40

Sommer, J. L., die epistolischen Perikopen des Kirchenjahres, exegetisch u. homiletisch behandelt. Im homilet. Teil m. Beiträgen v. mehreren Geistlichen. 4., verb. Aufl. 7 Lfgn. gr. 8. (VIII, 696 S.) Leipzig 895. A. Deichert Nachf. à n. 1. 20

Sommer, J. L., die epistolischen Perikopen des Kirchenjahres, exegetisch u. homiletisch behandelt. 6. Aufl. Mit Berücksicht. der durch die Eisenacher Konferenz veranlaßten Ändergn. u. Beiträgen von K. Kröber. 8 Lfgn. gr. 8. (VIII, 815 S.) Leipzig 902. A. Deichert Nachf. n. 9.60

—— die evangelischen Perikopen des Kirchenjahres, exegetisch und homiletisch behandelt. Im homilet. Theil mit Beiträgen von mehreren Geistlichen. gr. 8. (IV, 682 S.) Ebendas. 873. *

Sommer, J. L., die evangelischen Perikopen des Kirchenjahres, exegetisch und homiletisch behandelt. Im homilet. Theil mit Beiträgen von mehreren Geistlichen. 2. verb. Aufl. gr. 8. (IV, 680 S.) Erlangen 880, Deichert. * 8 40

Sommer, J. L. Die evangelischen Perikopen d. Kirchenjahres, exegetisch u. homiletisch behandelt. Im homilet. Tl. m. Beiträgen v. mehreren Geistlichen. 3. verb. Aufl. gr. 8. (VI, 679 S.) Lpz. 892, Deichert Nachf. * 8 40

Sommer, J. L., die evangelischen Perikopen des Kirchenjahres, exegetisch u. homiletisch behandelt. Im homilet. Teil m. Beiträgen v. mehr. Geistlichen. 4., verb. Aufl. 7 Lfgn. gr. 8. (VI, 691 S.) Leipzig 898. A. Deichert Nachf. à Lfg. n. 1. 20

Sommer, J. L., die evangel. Perikopen des Kirchenjahres, exegetisch u. homiletisch behandelt. Im homilet. Teil m. Beiträgen v. mehreren Geistlichen. 5., erweit. Aufl. Mit Berücksicht. der durch die Eisenacher Konferenz veranlaßten Aendergn. u. 5 Beiträgen v. Kurt Kröber, neu hrsg. v Max Sommer. (VII, 778 S.) gr. 8. Leipzig 905. 906. A. Deichert Nachf. n. 9. 60; geb. n.n. 11. —

—— Predigtstudien über die von Prof. Dr. Thomasius für das Kirchenjahr aufgestellten evangelischen Texte. 3 Hefte. gr. 8. Ebendas. 868,69. [1. Heft. (S. 1—112.) *M 1.; 2. Heft. (S. 113—308.) *M 2.; 3. Heft. (VIII, S. 309—527.) *M 2.] *

Sommer, J. L., die evangelischen Perikopen nach der Auswahl v. Thomasius, exegetisch u. homiletisch bearb. 2., umgearb. Aufl. gr. 8. (VIII, 546 S.) Leipzig 889. Deichert Nachf. n. 7. —

—— Rede bei der Beerdigung des Hrn. Dr. Rudolf Raumer, f. Professors der deutschen Sprache und Literatur an der Universität zu Erlangen, in der Neustädter Gottesackerkirche daselbst gehalten am 1. Septbr. 1876. gr. 8. (14 S.) Ebendas. 876. *

Rede bei der Beerdigung des Herrn Dr. Wilhelm Vogel, K. a. o. Prof. d. Rechte an d. Univ. Erlangen, ... geh. am 21. Nov. 1891 v. Lic. theol. J. L. Sommer, K. Pfarrer u. Senior in Erlangen ... Erlangen, Druck d. Univ.-Buchdr. v. E. Th. Jacob, 1891; 8 S. 4.
[Folgt:] Wissenschaftlicher Nachruf, gesprochen bei d. Beerdigg d. Herrn Dr. Wilhelm Vogel, K. a. o. Prof. d. Rechte ..., am 21. Nov. 1891 v. Dr. Emil Sehling, K. o. Prof. d. Kirchenrechts in Erlangen ... Erlangen, Druck d. Univ.-Buchdr. v. E. Th. Jacob, 1891; 4 S. 4.

Sommer, Rede am Sarge der in Folge tödtlicher Mißhandlung ihres Ehemannes gestorbenen Bäckermeistersehefrau Anna Kunigunde Haller zu Erlangen, geh. in der Neustädter Gottesackerkirche daselbst den 13. Febr. 1877. gr. 8. (8 S.) Erlangen 877. Deichert. —15

Sommer, Johann Martin

— miscellaneae observationes in loca novi foederis etc. 8. Kopenh. 758. Pelt. 4 gr.

Sommer, Jh. Mart., querelae de injusto solidioris eruditionis contemtu. Kopenh. 758. Pelt. 3 gr.

Sommer, Johann Michael: Anleitung Ausländische Weinstöke in Wirtemberg und andern Gegenden Teutschlands vortheilhaft zu pflanzen, und ganze Weinberge davon mit Nuzen anzulegen. Samt einem Verzeichnis auserlesener fremden Sorten von Weinstöcken, welche derselbe in seinem eigenen Weinberge gepflanzet hat. Nebst einer Tabelle derjenigen Reben und Stöcke, die bey ihme um beygesetzten Preis zu haben sind. Stuttgart: Verf. 1786. 79 S. -- 17.21*.23.24.25.37*
--- Dass. 2. Aufl. Stuttgart 1789. -- [Zit. nach Dochnahl]
--- Dass. 3., sehr verm. Aufl. Stuttgart: Erhard & Löflund in Comm. 1791. 102 S. -- 21*.24
Heinsius: Stuttgart: Steinkopf 1785. -- Kayser: Manheim. Löffler: Stuttgart: Steinkopf 1786. -- Weber: Sommers, J. M. Stuttgart: Ertulus 1789 (kein Hinweis auf 2. Aufl.)

— — dass. 8. Stuttgart, Metzler. (a. Löffler in Mannh.) 791.

Sommer, J[ohann] R[udolf]. Referat, gehalten an der Hauptversammlung [des Vereins Schweizerischer Käsehändler] vom 20. Juli 1901 [in Langenthal] 8 S. 8. o. O. u. J.

Sommer, Johann Th. Hubert

Sommer, Joh. Th. Hub., 9 Predigten üb. den christlichen Ehestand. Gehalten zum Nutzen u. Frommen f. christl. Brautleute, nebst e. Anh.: Predigt üb. die Civilehe. 8. (88 S.) Paderborn 875. F. Schöningh. n. — 80

Sommer, Josef

Sommer, Jos., kurzer Brautunterricht. Ein Kompaß zum Glück im Brautstand u. in der Ehe. Mit e. Einführg. v. Aug. Lehmkuhl, S. J. 1.—20. Taus. (16 S. m. Titelbild.) kl. 8. Köln (909). J. P. Bachem. —15

Sommer, Jos., der practische Fasanenjäger. gr. 12. (128 S.) Prag 851, Calve. 1/2 ℛ

Sommer, (Edm. Rud. Franc.) Joseph. (geb. Aldenhoven bei Aachen 23. 8. 1837): De ulcere ventriculi rotundo. Berolini (1862). (32 S.) 8°
Berlin, Med. Diss. v. 29. Juli 1862

Sommer, Jul., Villa Goldlack, s.: Bloch's, E., Theater-Correspondenz.

Sommer, Jul. Madeleine. Schauspiel in 3 Akten aus dem deutsch-französ. Krieg 1870/71. Mit dem vollständ. Scenarium und Regiebemerkgn. versehen. 1. u. 2. Aufl. gr. 8. (161 S.) Freib. i. Br. 890,91, Elchlepp. * 2 —

Sommer, Jul., Madeleine. Schausp. in 3 Akten aus d. deutsch-französ. Krieg 1870/71. Mit dem vollständ. Scenarium u. Regiebemerkgn. vers. 3. Aufl. gr. 8. (161 S.) Freiburg i/B. (892). J. Elchlepp. n. 2. —

Sommer, J., ein Strafrapport, s. Bloch's, E., Theater-Correspondenz.

Sommer, Julius: Ueber die Bestimmung ausgezeichneter Punktgruppen auf Kurven vom Geschlecht *p*.
Tübingen, Naturw. Diss. v. 1898

Vorlesungen über Zahlentheorie. Einführung in d. Theorie d. algebraischen Zahlkörper. Von Dr. J[ulius] **Sommer**, Prof. in Danzig. Mit 4 Fig. Leipzig & Berlin: B. G. Teubner 1907. (VI, 361 S.) 8° [07. 10076 8

[F.] Annemarie. Novelle v. K. Sommer. *Berlin: A. Goldschmidt 1897.* (1 Bl., 199 S.) 1 Bd 8.
= **Bibliothek,** Goldschmidts, f. Haus u. Reise. Bd 47. [97 4096

Sommer, K., Annemarie, } s. a. Goldschmidt's Bibliothek f. Haus u. Reise.

Sommer, K. In Haß erstarrt. Novelle. 12. (106 S.) Berl. 889, Alb. Goldschmidt. * — 50)

Sommer, K., die Schwestern, s.: Goldschmidt's Bibliothek f. Haus u. Reise.

Sommer, Karl [aus Langenkandel]: Über geschwefelte Arsenmolybdänate ... Leipzig, Metzger & Wittig, 1897; 27 S. 8.
München, Phil. Fak., Inaug.-Diss. v. 1897

Sommer, C.: Die Behandlungsart der idiopathischen Fallsucht und vorzüglich über die Anwendung eines bis jetzt sehr wenig versuchten Mittels, des Sedum acre, gegen diese Krankheit. 104 S., gbd.

Quedlinburg u.Leipzig: Basse 1819

Sommer, C. v., Bericht über meine Reise nach Texas im J. 1846. Die Verhältnisse und den Zustand dieses Landes betreff. 12. (VI und 83 S. mit 1 Stnt.) Bremen 847, Heyse. *

—— Nachtrag zu dem Berichte über meine Reise nach Texas im J. 1846. Nebst einigen Bemerkungen über die nördlichen Staaten von America. 8. (IV und 51 S.) Braunschweig 847, G. C. E. Meyer sen.

Sommer, Karl, Blüthen aus d. akadem. Leben. Mit Titelkpf. 8. Leipz. 818. Kollmann.

Sommer, Karl: Die Fauna des Culms von Königsberg bei Giessen. Marburg a. L. 1909: Bauer. 56 S. 8° ¶ (Ersch. vollst. in: Neues Jahrbuch f. Mineral., Geol. u. Paläont. Beil.-Bd 28.)
Marburg, Phil. Diss. v. 27. Aug. 1909, Ref. Kayser
[Geb. 11. Juni 83 Borken, Kr. Homberg; Wohnort: Marburg; Staatsangeh.: Preußen; Vorbildung: Gymn. Limburg Reife O. 08; Studium: Zahnheilk. Marburg 6 S.; Rig. 28. Juli 09.] [U 10. 3393

Sommer, Karl, Reise-Bericht an d. hohe k. k. Ackerbau-Ministerium üb. d. in Schweden gemachten Erfahrgn. m. bes. Berücksicht. d. landwirtschaftl. Versuchswesens u. s. Einflusses auf d. Züchtg. u. Veredlg. landwirtschaftl. Culturpflanzen. gr. 8. (82 S. m. 3 Abb.) Wien 897. F. Deuticke. n. 2. —

Sommer, Karl, a. Kirchlinde i. W.: Die Wahl des Herzogs Clemens August von Bayern zum Bischof von Münster und Paderborn ⟨1719⟩, zum Coadjutor mit dem Rechte der Nachfolge im Erzstift Cöln ⟨1722⟩, zum Bischof von Hildesheim und Osnabrück ⟨1724 u. 1728⟩. Hildesheim 1908: A. Lax. (80 S.) 8° [J.]
Münster, Phil. Fak., Ref. Erler, Diss. v. 22. Mai 1908
[Geb. 9. Juli 81 Kirchlinde; Wohnort: Kirchlinde; Staatsangeh.: Preußen; Vorbildung: Gymn. Attendorn Reife O. 01; Studium: Münster 1, Marburg 1, Münster 6 S.; Rig. 19. Dez. 07.]

Sommer, Karl Benjamin

Sommer, Karl Benj., (†. d. 26. Jan. 1815.) observationes miscellaneae medico-chirurgicae. 4. Riga 796. (18 S.)

– – de virtute et vi medica Gratiolae officinalis Linn. in curandis morbis tum internis tum externis. Pro summis in medicina honoribus capessendis. 4. Riga 796. (26 S.)

Sommer, Karl Eduard, Heinrich II., Herzog v. Montmorency. gr. 8. Wien 817. Gerold. 1 ℔

—— Kritik der Albaneserin von Müllner. 8. Wien, Gerold. 820.

Sommer, Karl Eduard, s. M i s c e l l e n , Dramatische.

SOMMER, CASPAR. Curiöser Tractat, Der Schlesische Esel-Fresser genannt, Aus dem Lateinischen übersetzet durch M. M. Dresden & Leipzig, J. Chr. Mieth, 1701. Kl. 8°. 46 S. Phd. d. Z.

Sommer, Clara, praktisches Kochbuch für die bürgerliche Küche, s.: Volksbücher, Münchener.

Sommer, L., Klage und Trost. Eine Vorlesung. gr. 8. Liegnitz, Kuhlmey.

Sommer, L. H., Deutschlands Schmach und Deutschlands Sieg. Zur 50jährigen Jubelfeier der Schlacht bei Leipzig. Verden 863. Tressan. 8. (14 S.) n. 2½ ngr.

Sommer, L. H., von Elba nach Waterloo. Eine Jubelgabe zur 50jähr. Feier der Schlacht bei Waterloo, am 18. Juni 1865. Hannover 865. Leipzig, Minde. gr. 8. (16 S.) 3 ngr.

v. **Sommer**, (L. J. G.,) systematischer Abriß d. ebenen u. sphärischen Trigonometrie z. Selbsterlernung. Mit 2 Steint. 4. Braunschw. 826, Lucius.

Sommer, Leo, Isenacensis: De prosthesi et aphaeresi e glossariis Latinis illustrandis. *Ienae 1900: G. Neuenhahn.* (37 S.) 8°
Jena, Phil. Diss. v. (2. März) 1900

Sommer, Leon: Aus dem hygienischen Institut Würzburg. Beiträge zur Kenntnis des Labferments und seiner Wirkung. *München 1897: R. Oldenbourg.* (21 S.) 8°
Würzburg, Med. Diss. v. 1897

Verlags-Katalog von Leopold **Sommer** in Wien. November 1855. Druck und Papier von Leopold Sommer in Wien. (23 S. 8.)

Sommer, Lina, n e m m m i c h m i t , es reut dich nit! Gedichte u. Prosa in Pfälzer Mundart. (Die Illustr. sind v. Otto Dill.) (112 S.) 8. Neustadt a. d. H. (910). W. Marnet. 2.25; geb. 2.75

— S c h t i l l v e r g n i e g t. Gedichte u. Erzählgn. in pfälzer Mundart. (IV, 151 S.) 16. Kaiserslautern 905. H. Kayser. 2.—; geb. 2.50

Sommer, M., im Arrest, s.: Dilettanten-Theater. 6.

Sommer, M. König Ludwig I. von Bayern. Eine Volksschrift zur Feier seines 100. Geburtstages. 1.—3. Aufl. 8. (XVI, 75 S. mit 9 Illustr. und dem offiziellen Münchener Festprogramm.) München 888, Merhoff. * — 50
cart. * — 60

Sommer, M. Unser Prinz-Regent Luitpold, d. Königr. Bayern Verweser. Eine Volksschrift zur Feier seines 70. Geburtstages. 8. (84 S. m. 8 Illustr.) Münch. 891, Merhoff. * — 50; cart. * — 60

Sommer, M., stillgestanden! Instruktionsbüchlein f. die militärpflicht. christl. Jugend. Aus der Erfahrg. herausgeborene Winke. 2. Aufl. (3.—4. Taus.) (32 S.) 8. Barmen-U. 908. Westdeutscher Jünglingsbund. — 30

Sommer, M. J. [Rekt. Dr.]: Über das sog. ontologische Argument. Opladen, Druck v. J. Beck, 1890; S. 3–22; 4°
Opladen, h. S u. erzbischöfl. Aloysianum, OP 1890

Sommer, M. L., populaires Lehrbuch der Vernunftmoral, zunächst f. Schullehrer. 8. Gießen, Heyer. 804.

Sommer, Margarete, Kornblume und Veilchen. gr. 16. (26 S.) Berlin 888, Verlag der Deutschen Presse (A. Burmester). * — 50

Sommer, Margarete, si j'étais Roi! Neue Parabeln u. Skizzen. gr. 8. (III, 112 S. m. Bildnis.) Straßburg 894. G. L. Kattentidt. n. 2.—; geb. n. 3.20

Sommer, Margarethe. Skizzen. In-8°, 64 S. Zürich, Schröter & Meyer. 1889. 1 25

Sommer, Martha, prakt. Arzt in [u. von] Winterthur [Kt. Zürich]: Über Vorkommen, Ursachen und Behandlung der Pseudarthrosen in der Züricher Klinik aus den Jahren 1881—1888. (S. A. aus: Beiträge zur klin. Chirurgie [— Bruns], Bd VI [S. 363–404]). Tüb. H. Laupp 1890. 46 S. 8°.
Zürich, Med. Diss. [v. 17. April 1890].

Sommer, Mt., Compendium d. Mnemonik, s. Schenkel, Lamy.

Sommer, Max: Die Brown-Séquard'sche Meerschweinchen-epilepsie und ihre erbliche Uebertragung auf die Nachkommen. Aus d. psychiatr. Klinik d. Universität Jena. ⟨Prof. Binswanger.⟩ *Jena: G. Fischer 1900.* (46 S.) 8°
Jena, Med. Diss. v. (25. Jan.) 1900

Sommer, Max. Karl Moor Schauspiel. N. p., c. 1885.

Sommer, O., A b r i ß der Geschichte des preußischen Staates. Zugleich als Anh. zu Sommers Leitfaden der Weltgeschichte bearb. Braunschweig 869. Bruhn. 8. (16 S.) n. 1⅓ ngr.

Sommer, O., kleine Erdkunde f. Volks- u. Bürgerschulen u. f. d. mittl. Klassen v. Mittel- u. höh. Schulen. gr. 8. (IV, 70 S. m. 6 Holzschn. u. 5 Taf.) Braunschweig 897. E. Appelhans & Co. Kart. n. — 60; f. braunschweig. Schulen m. e. Heimatskunde als Anh. (S. 71—80.) n. — 60

Sommer, O., kleine Erdkunde f. Volks- u. Bürgerschulen u. f. die mittleren Klassen v. Mittel- u. höh. Schulen. 3., verb. Aufl. gr. 8. (IV, 77 S. m. 6 Holzschn. u. 5 Taf.) Braunschweig 901. E. Appelhans & Co. Kart. n. — 60;
m. Anh. f. braunschweig. Schulen. (88 S.) Kart. n. — 60

—— und G. Schaarschmidt, deutsche Grammatik. Leitfaden für den Unterricht in der deutschen Sprache. 1. Aufl. 1866. und 2., verb. Aufl. 8. (39 S.) Braunschweig 868, Bruhn. *

— Leitfaden der Geographie. Für die beiden obersten Klassen von Bürgerschulen in zwei Kursen bearb. Mit 3 in den Text gedr. Holzschn. 1. u. 2. verb. Aufl. Ebend. 868,69. 8. (70 S.) n. 5 ngr.

Sommer, O., Leitfaden der Geographie. Für die beiden obersten Klassen v. Bürgerschulen in 2 Kursen. Mit 3 in den Text eingedr. Holzschn. 3. verb. u. m. Rücksicht auf die neuesten Ereignisse umgearb. Aufl. 8. (63 S.) Braunschweig 872. H. Bruhn. n. — 50

—— Leitfaden der Geographie. In 2 Kursen bearb. 6. verb. Aufl. 8. (72 S. mit 3 in den Text gedr. Holzschn.) Ebendas. 877. *

Sommer, O., Leitfaden der Geographie. In 2 Kursen bearb. 7. verb. Aufl., nach der neuen preuß. Orthographie bearb. 8. (73 S. mit 3 in den Text eingedr. Holzschn.) Braunschweig 880, H. Bruhn's Verlag. * — 60

Sommer, O., Leitfaden der Erdkunde. In 2 Stufengängen bearb. 9. umgearb. Aufl. 8. (99 S. mit 6 in den Text eingedr. Holzschn.) Braunschweig 886, Bruhn's Verlag. * — 65

Sommer, O., Leitfaden der Erdkunde. In 2 Stufengängen bearb. Mit 6 in den Text eingedr. Holzschn. u. 2 Taf. 10. Aufl. 8. (101 S.) Braunschweig 887. Bruhn's Verl. n. — 65

Sommer, O. Leitfaden der Erdkunde. In 2 Stufengängen bearb. Mit 6 Holzschn. u. 2 Taf. 12. Aufl. gr. 8. (IV, 101 S.) Braunschw. 890, Appelhans u. Pfenningstorff. * — 65
Ausg. f. Bremen. (IV, 101, 16 S.) geb. * — 90; für Schleswig-Holstein. (IV, 90, 28 S.) geb. * — 90.

— Leitfaden der Erdkunde. In 2 Stufengängen bearb. 14., verb. Aufl. gr. 8. (101 S. m. 6. Holzschn. u. 2 Taf.) Braunschweig 894. Appelhans & Pfenningstorff. Kart. n.n. — 65

Sommer, O., Leitfaden der Weltgeschichte. Für die oberen Klassen von Bürgerschulen in zwei Kursen bearb. 1. Aufl. 1867. und 2. Aufl. 8. (68 S.) Braunschweig 868, Bruhn. *

—— Leitfaden der Weltgeschichte. Für die oberen Klassen von Bürgerschulen in 2 Kursen bearb. 3. verb. Aufl., durch 4 (eingedr.) xylograph. Karten verm. 8. (16 S.) Ebendas. 869. *

—— Leitfaden der Weltgeschichte. In 2 Kursen bearb. 7. verb. Aufl. 8. (70 S. mit 4 xylogr. Karten.) Ebendas. 877. *

— Leitfaden der Weltgeschichte. In 2 Kursen bearb. Mit 4 xylogr. Karten. 8., verb. Aufl., nach der neuen preuß. Orthographie bearb 8. (74 S.) Ebend. 880. n. — 60

—— Leitfaden der Weltgeschichte. In 2 Kursen bearb. 10. verb. Aufl. 8. (84 S. mit 4 xylograph. Karten.) Ebendas. 885. * — 60

Sommer, O., Leitfaden der Erdkunde. In 2 Stufengängen bearb. Mit 6 Holzschn. 9. Aufl. 8. (99 S.) Braunschweig 886. Bruhn's Verl. n. — 65

—— Leitfaden der Weltgeschichte. In 2 Stufen bearb. 12. Aufl. 8. (IV, 78 S. m. 4 Holzschn.) Ebd. 890. cart. * — 80

— Leitfaden der Weltgeschichte. In 2 Stufen bearb. 13., verb. Aufl. 8. (84 S. m. 4 Holzschn.) Ebd. 893. Kart. n. — 80

— Leitfaden der Weltgeschichte. In 2 Stufen bearb. 14., verb. Aufl. gr. 8. (88 S.) Ebd. 895. Kart. n. — 80; geb. n. 1. —

Sommer, Oskar

Sommer, Osk. Der Dombau in Berlin u. der protestantische Kirchenbau überhaupt. gr. 8. (54 S. m. Textabbildgn.) Braunschw. 890, Westermann. * 1 80
Aus: Westermann's illustr. deutsche Monatshefte, besonders abgedruckt.

—— Die bauliche Entwicklung der Stadt Frankfurt a. M. Festvortrag, geh. bei Gelegenheit d. Gedenktages d. 25jährigen Bestehens d. Frankfurter Architekten- u. Ingenieurvereins am 9. Jan. 1892. gr. 8. (32 S.) Frankf. a. M. 892, (Mahlau u. Waldschmidt). * 1 —

Sommer, Osc., Gottfried Semper. Vortrag, gehalten in den Versammlungen des Architekten- und Ingenieur-Verein in Frankfurt a. M. am 23./XI. und 24./XII. 1885. Lex.-8. (45 S. mit Fig.) Berlin 886, Ernst und Korn. *
Aus: Zeitschrift für Bauwesen, besonders abgedruckt.

Sommer, Otto

Sommer, O., Einrichtungs- u. Lehrplan der städtischen höhern Mädchenschule zu Braunschweig. Im Namen des Lehrer-Kollegiums hrsg. gr. 8. (78 S.) Braunschweig 878. Bruhn's Verl. n. 1. 20

Sommer, O[tto]: Zur Frauenbewegung in Deutschland. — Wolfenbüttel: Zwißler (1894). 72 S. 8°

Sommer, O[tto]: Die öffentliche höhere Mädchenschule und ihre Gegnerinnen. Ein Wort d. Abwehr wider die in d. Schrift „Die höhere Mädchenschule u. ihre Bestimmung" [von Helene Lange] gegen dieselbe erhobenen Anklagen. — Braunschweig: Bruhn 1888. 55 S. 8°

Die Provinz Pommern bearb. von O[tto] Sommer, (Rektor in Stettin). Mit 17 Abb. (Ausg. A.) *Berlin & Stuttgart: W. Spemann 1901.* (VI, 120 S.) 8° [J.]
= Landeskunde Preussens. H. 10. [01. 5430

Sommer, Paul De P. Vergilii Maronis Catalepton carminibus quaestionum capita tria. Halis Sax. 1910: Wischan & Burkhardt. 118 S. 8°
Halle, Phil. Diss. v. 4. Aug. 1910, Ref. Wissowa
[Geb. 14. Dez. 85 Dessau; Wohnort: Dessau; Staatsangeh.: Anhalt; Vorbildung: Gymn. Dessau Reife O. 03; Studium: Freiburg i. B. 3, Berlin 1, Marburg 1, Halle 6 S.; Rig. 24. Jan. 10.] [U 10. 1800

Sommer, Paul, Erläuterungen zu Friedrich Halm, der Fechter v. Ravenna u. Gedichte, s.: König's, Wilh., Erläuterungen zu den Klassikern.

Sommer, Paul, Erläuterungen zu deutschen Schriftstellern, s.: König's, Wilh., Erläuterungen zu den Klassikern.

Sommer, Paul, die Forschungen zur Psychologie der Aussage, s.: Grenzfragen, juristisch-psychiatrische. H. 6.

Sommer, Paul [app. Arzt aus Wehlau i. Pr.]: Aus d. medicin. Poliklinik in Kiel. Ueber Ikterus catarrhalis im Kindesalter ... Kiel, Druck v. P. Peters, 1896; 13 S., 1 Bl. 8.
Kiel, Med. Fak., Inaug.-Diss. v. [19. Aug.] 1896

Die Notwendigkeit einer Revision der Allgemeinen Bestimmungen für Volks- und Mittelschulen vom 15. Okt. 1872. Vortrag, geh. zu Naumburg 1902. Von Paul Sommer. *Bielefeld: A. Helmich [1903].* (19 S.) 8° [F.]
= Abhandlungen, Pädagogische. H. 75. [1.] [04. 7648

Sommer, Paul, Gerichtsreferendar in Borbeck bei Essen: Recht des Kreditbriefs. Eine Studie aus dem deutschen bürgerlichen Recht. (o. O. u. J.) (25 S.) 8° [F.]
Heidelberg, Jur. Fak., Ref. Bekker, Diss. v. 27. Dez. 1906
[Geb. 14. März 85 Essen; Wohnort: Essen; Staatsangeh.: Preußen; Vorbildung: Gymn. Essen Reife O. 03; Studium: Bonn, München, Berlin, Bonn; Rig. 7. Dez. 06.]

Sommer, Paul [aus Bernburg i/A.]: Aus d. pharmakolog. Institut zu Würzburg. Über das Verhalten von Tieren, welche plötzlich in irrespirable Gase versetzt werden ... Würzburg, P. Scheiner's Buchdr., 1894; 26 S., 1 Bl. 8.
Würzburg, Med. Fak., Inaug.-Diss. v. 1894.

Sommer, Paul Johann Friedrich A. S. 48/29

Dissertatio inauguralis iuridica de iudice philosopho.
Präs. Johann Justinus Schierschmid.
Erlangen (Tetzschner) 25. V. 1754. 16 S.

Gew.: Stadt Coburg.
W. v.: Präs., Christoph Daniel Praetorius.
32830

Sommer, Peter Theod., Das kathol. u. protest. Abendmahl. Zu Nutz u. Frommen der Gläubigen beider christlichen Konfessionen. Paderborn, Schöningh, 1859. 12°. VI, 101 S., 50 Pf.
(Wiener) Kath. Littztg 1859, S. 225. Kath. Littblätt. zur Sion 1859, S. 157–8.

Sommer, Philipp

Sommer, P., das Amt des Waisenrats. Anweisung für Waisenräte in Angelegenheiten d. Vormundschaft, Fürsorgeerziehg. u. bedingten Begnadigg. (VI, 76 S.) kl. 8. Coblenz 909. Rechhardt. p 1.—

Sommer, Reinhold (Königsberg/Pr.) A. S. 203/37

Disputatio inauguralis iuridica de furtis impropriis
Von Diebstählen so eigentlich keine seyn.
Präs. Christian Wildvogel.
Jena (Müller) 31. X. 1714. 50 S.

W. v.: Präs., Johann Heinrich Kreuschner, Christ. Friedrich Willamovius. 32831

Sommer, Reinhold [Praes.], s. G r e t s c h, Theodor: De fidejussoribus beneficio ordinis non gaudentibus. Von Bürgen, so vor dem Haupt=Schuldner können belanget werden.

Die ounschöllichen Kinder. Volksstück in 5 Aufz. von Reinhold **Sommer**. Wien: Manz 1908. (61 S.) 8° [F.] [08. 4765

S o m m e r, R., de officio sepeliendi mortuos. Regiom. 1717. 4.

Sommer, Richard, aus München: [I.] Ueber Condensationen von p.-Amidophenolen mit Ketonen und [II.] über Abkömmlinge des Anhydroformaldehydanisidins. *München 1900: J. Fuller.* (46 S.) 8°
Erlangen, Phil. Diss. v. 20. Juli 1899

Sommer, Rich., chemische Schülerübungen f. die Elementarstufe z. Erarbeitung chemischer Grundbegriffe u. Grundgesetze sowie zur Einführung in Gewerbechemie. Zusammengestellt u. bearb. v. S., m. e. Vorwort von Kerschensteiner. (VII, 35 S. m. Fig.) 8. München 910. M. Kellerer. — 50

Sommer, Rob., die Ausstellung v. experimental-psychologischen Apparaten u. Methoden bei dem Kongress für experimentelle Psychologie, Giessen 18—21. IV. 1904. (78 S. m. Abb.) 8. Leipzig 904. J. A. Barth. n. 2. 40

Sommer, Robert, Referendar in Nordhausen: Begriff und rechtliche Natur der Grundschuld des Bürgerlichen Gesetzbuches. Nordhausen 1907: E. Strecker. (XI, 75 S.) 8° [F.]
Leipzig, Jur. Fak., Diss. v. 16. Juli 1907
[Geb. 26. Apr. 83 Volkmarit; Wohnort: Nordhausen; Staatsangeh.: Preußen; Vorbildung: Friedrichs-Gymn. Dessau Reife O. 01; Studium: Freiburg i. B. 3, Berlin 1, Halle 3 S.; Rig. 6. Dez. 04.]

S o m m e r, Rob. Das Begriffscentrum. gr. 8. (12 S.) Würzb. 892, Stahel. — 50
Aus: Sitzungsber. d. Würzb. phys.-med. Gesellsch., besonders abgedruckt.

Sommer, Robert (Hrsg.), s. B e i t r ä g e zur psychiatrischen Klinik.

— s.: B e r i c h t der oberhessischen Gesellschaft f. Natur- u. Heilkunde zu Giessen.

Die Beziehungen zwischen Psychologie, Psychopathologie u. Kriminalpsychologie vom Standpunkt der Vererbungslehre. (Vortrag geh. 1909 in Berlin, nebst Diskussion.) Von Prof. Dr. med. [Robert] **Sommer** Gießen. Berlin: Allg. Med. Verlagsanst. 1910. 30 S. 8°
(Bibliothek f. Soz. Medizin, Hygiene u. Medizinalstatistik. Nr 3.) [09. 16677

Sommer, die Beziehungen zwischen Psychologie, Psychopathologie und Kriminalpsychologie vom Standpunkt der Vererbungslehre, s. a. B i b l i o t h e k f. soziale Medizin usw. Nr. 3.

— **Diagnostik der Geisteskrankheiten f. praktische Ärzte u. Studirende. gr. 8. (VIII, 302 S. m. 24 Illustr.) Wien 894. Urban & Schwarzenberg.** r ?. —

D i a g n o s t i k der G e i s t e s k r a n k h e i t e n für praktische Aerzte und Studierende von Robert S o m m e r. 2., umgearbeitete und vermehrte Auflage. Mit 39 Illustrationen. W i e n. B e r l i n. 1901. Urban & Schwarzenberg. Gr.-8°. VIII, 408 S. K 12.–, geb. K 14.—

—— Die E n t s t e h u n g der mechanischen Schule in der Heilkunde am Ausgang d. 17. Jahrh. Nach e. Vortrag dargestellt. gr. 8. (23 S.) Lpz. 889, F. C. W. Vogel. — 80

Sommer, Robert [Dr. med. et phil. Assistenzarzt a. d. psychiatr. Klinik d. Univ. Würzburg]: Ein seltener Fall von Sprachstörung ... Würzburg, Druck d. Stahel'schen k. Hof-Buchdr., 1891; 1 Bl., 36 S. 8.
Würzburg, Med. Fak., Hab.-Schr. v. 1891

Familienforschung und Vererbungslehre von Robert **Sommer**, Prof. Mit 16 Abb. u. 2 Tab. Leipzig: J. A. Barth 1907. (VI, 232 S.) 8° [07. 4313

Goethe im Lichte der Vererbungslehre. Von (Dr. med. et phil.) Robert **Sommer**, Prof. Mit 4 Abb. Leipzig: J. A. Barth 1908. (124 S.) 8°

— G r u n d z ü g e e. Geschichte der deutschen Psychologie u. Aesthetik von Wolff-Baumgarten bis Kant-Schiller. Nach e. v. der königl. preuss. Akademie der Wissenschaften in Berlin preisgekrönten Schrift d. Verf. dargestellt. gr. 8. (XIX, 444 S.) Würzburg 892. Stahel. n. 10. —; geb. in Leinw. n.n. 11. 50

— s.: K l i n i k f. psychische u. nervöse Krankheiten.

— K r i m i n a l psychologie u. strafrechtliche Psychopathologie auf naturwissenschaftlicher Grundlage. (XII, 388 S. m. 18 Abbildgn.) Lex.-8. Leipzig 904. J. A. Barth. n. 10. —; geb. in Leinw. n. 11. 50

Lehrbuch der p s y c h o - p a t h o l o g i s c h e n U n t e r s u c h u n g s - M e t h o d e n von Prof. Dr. R. S o m m e r. Mit 86 Abbildungen. B e r l i n. W i e n. 1899. Urban & Schwarzenberg. Gr.-8° VI, 339 S. mit 1 Tafel und 4 Stereoskopbildern. fl. 6.—, geb. fl. 7.20

Sommer, Robert [aus Grottkau]: Soemmering's Lehre vom Sitz der Seele ... Würzburg, Druck d. Stahel'schen k. Hof-Buchdr., 1891; 20 S. 8.
Würzburg, Med. Fak., Inaug.-Diss. v. 1891

— das Problem des Gehens auf dem Wasser. Eine mechanisch-physiolog. Studie. (Zugleich Erläuterg. zu D. R. P. Nr. 130174.) gr. 8. (42 S. m. 4 Fig.) Leipzig 902. J. A. Barth. n. 1. —

– Die Tätigkeit des medizinischen, im besonderen des psychiatrischen Sachverständigen vor Gericht, s.: G r e n z f r a g e n, juristisch-psychiatrische. (Mittermaier, W.)

S o m m e r, Rob., Locke's Verhältnis zu Descartes. Eine von der philosoph. Fakultät der Berliner Universität gekrönte Preisschrift. gr. 8. (IV, 63 S.) Berlin 887, Mayer und Müller. *

Goethes Wetzlarer Verwandtschaft. Von Robert **Sommer**, Prof., Gießen. Mit 8 Abb. Leipzig: J. A. Barth 1908. (47 S.) 8° [07. 18237

Sommer, Rudolf [aus Wien]: I. Ueber die quantitative **Bestimmung des Quecksilbers auf elektrolytischem Wege für Zwecke der gerichtlichen Analyse. II.** Beiträge zur Friedel-Crafts'schen Reaktion ... Heidelberg, Univ.-Buchdr. v. J. Hörning, 1896; 44 S., 1 Bl., 2 Taf. 8.
Heidelberg, Naturw.-math. Fak., Inaug.-Diss. v. [19. Dez.] 1896

Sommer Rudolf: Die mündlichen und schriftlichen Mitteilungen des Kaisers Tiberius in Tacitus Annalen. II. 1896 PN 988 **Diss.** Wien, Un.

Ueber den Unterschied zwischen natürlicher und geoffenbarter Religion. Eine dogmatische Abhandlung, von Samuel Sommer, P. der Dogmatik und hebr. Spr. — 1830. Amberg, mit Biechele'schen Schriften. — S. 3—10.
Progr. Amberg

Sommer, Sebast. Adam Carl, Abendblätter, e. Taschenbuch f. Freunde d. christl. Gedanken- u. Gefühls-Welt. Den geistig Gebildeten beider Geschlechter gewid. 8. (14 B.) Erlangen 832, Palm u. Enke.

—— Aehrenlese höherer Wahrheiten, aus Werken vieler christl. Schriftsteller zu Weihnachts- u. Geburtstagsgeschenken f. denkende Christen. 16. (11 B. u. Titkpfr.) Nürnberg 833, Campe.

—— Aphorismen üb. d. Zusammenhang d. histor. Wahrheit u. d. histor. Glaubens mit d. bibl. Lehre v. Reiche Gottes u. mit d. Abfassung e. bibl. Geschichte f. d. Volk. Ein, nach Anleit. e. Synodalfrage niedergeschrieb., Versuch mit einigen Zugaben. 8. (8 B.) Nürnberg 830, Stein.

Sommer, S. A. C., die wichtigen u. ernsten Gründe, die uns überhaupt u. besonders in unsern Tagen, so dringend in das Gewissen rufen: gedenke der Mission. Predigt am 2. Pfingstfeiertage 1843 geh. gr. 8. Nürnb. 843, Raw'sche B. 1/12 ₰

Sommer, Sigmund [aus Crainfeld]: Über die Wirkung des Thermodin als Antipyreticum ... Würzburg, Graph. Anst. J. Soolmeyr, 1894; 25 S., 1 Bl. 8.
Würzburg, Med. Fak., Inaug.-Diss. v. 1894

Sommer, Sophie, Recueil de mots à l'usage des enfants etc. — Französ. Wörterbuch f. Kinder eingerichtet, um ihnen d. Unterscheidung d. Artikels zu erleichtern u. sie dadurch in d. Stand zu setzen bald französ. zu sprechen. gr. 8. (8 B.) Erlangen 835, Heyder. Thlr.

Sommer, Th., Plan der Stadt Quedlinburg. Imp. Fol. Lith. Quedlinburg 852, Huch. 1 ₰

Sommer, Thom., die geistliche Glücksscheibe der löblichen Bruderschaft zum hl. Martyrer Sebastianus, enth. die Satzungen, Gottesdienste u. geistl. Gutthaten besagter Bruderschaft in Waldsee, sowie verschiedene für Jedermann nothwend. u. heilsame Andachtsübungen. Erstmals gedr. 1757, jetzt umgearb. u. verm. 24. (XII, 369 S. m. 1 Stahlst.) Waldsee 877. Liebel. geb. n. 1. 70 bis 6. —

Sommer, Ulrich s. Viehzucht. 68 Heilmittel aus der alten Zeit... Delsberg ... 1907.

Sommer, Valentin, heitere Bilder. 8. (VIII, 364 S.) Regensburg 896. Verlagsanstalt vorm. G. J. Manz. n. 1. 50

— Gedichte. Aus dessen Nachlass hrsg. von Eug. Sommer. 12. (XV, 374 S.) Frankfurt a/M. 894. (P. Kreuer.) Geb. in Leinw. m. Goldschn. n. 4. —

Sommer, Valent. Humoresken und Novellen. 8. (VIII, 364 S.) Regensb. 892, Verlags-Anstalt. * 1 50

Sommer, V., Idealismus u. Realismus in ihrer Versöhnung. Philosophisch-ästhet. Abhandlgn. über das Schöne, Wahre u. Gute in ihrer Erscheinung. Mit 1 Portr. d. Verf. gr. 8. (X, 274 S.) Darmstadt 889. Aigner. n. 4. —

Sommer, Victor Joseph: **Aus der gynaekologischen Klinik in Bonn. Die Aetiologie und Therapie der puerperalen Eklampsie.** *Bonn 1898: J. Bach Wwe.* (66 S.) 8°
Bonn, Med. Diss. v. [4. März] 1898

Sommer, W. s. Album-Collection, Sommer's neue.

Sommer, W., elsaß-lothring. Armenrecht. Das Reichsgesetz üb. den Unterstützungswohnsitz vom 30. V. 1908 u. das elsaß-lothring. Ausführungsgesetz vom 8. XI. 1909 nebst den Vollzugsbestimmgn. des kaiserl. Ministeriums vom 7. XII. 1909. (XX, 348 S.) 8. Straßburg 910. W. Heinrich. Geb. in Leinw. 6. —

Drei Grönländerschädel von (Dir.) Dr. W. **Sommer**, (Allenberg, Ostpr.). Mit Taf. 4. *Stuttgart: E. Nägele 1897.* (S. 84—100.) 4°
= Ergebnisse, Zoologische, der ... Grönlandexpedition. 7.
= Bibliotheca zoologica. H. 20, Lfg 3, [3.] [03. 10635

Sommer, W., das kurische Haff, s.: Städte u. Landschaften, nordostdeutsche.

Sommer, Walter: Inhalt, Tendenz und kirchenrechtlicher Erfolg der Pseudo-Isidorischen Dekretalen-Sammlung. Halle a. S.: E. Strien [1904]. (63 S.) 8°
Jena, Theol. Diss. v. (13. Dez.) 1902

Sommer, Wilhelm

Sommer, W., praktische Aufsatzschule für Elementarschüler. Planmäßig fortschreitende Uebungen. 4 Thle. 8. Paderborn 866, Schöningh. [1. Thl. (24 S.) * 1 Ngr., 2. Thl. (46 S.) * 2 Ngr., 3. Thl. (50 S.) * 2 Ngr., 4. Thl. (95 S.) * 4 Ngr.] *

Sommer, Wilh., praktische Aufsatzschule für Elementarschüler. Planmäß. fortschreit. Uebungen in 4 Thln. oder Jahrg. 8. Paderborn 868—74, Schöningh. [1. Thl. 2.—6. Aufl. (40 S.) * 20 Pf.; 2. Thl. 2.—6. Aufl. (48 S.) * 20 Pf.; 3. Thl. 2. und 3. Aufl. * 25 Pf., und 4. Aufl. (68 S.) * 30 Pf.; 4. Thl. 2. und 3. Aufl. * 40 Pf., und 4. verm. Aufl. (112 S.) * 45 Pf.] *

Sommer, Wilh., praktische Aufsatzschule für Elementarschüler. Planmäßig fortschreitende Uebungen in 4 Thln. oder Jahrg. 8. Paderborn 875—880, F. Schöningh. [1. Thl. 7.—10. Aufl. (40 S.) * 20 Pf.; 2. Thl. 7. Aufl. (48 S.) * 20 Pf.; 3. Thl. 5. und 6. Aufl. (64 S.) * 30 Pf.; 4. Thl. 5. und 6. Aufl. (112 S.) * 45 Pf.] * 1 15

Sommer, Wilh., praktische Aufsatzschule für Elementarschüler. Planmäßig fortschreitende Übungen in 4 Thln. oder Jahrgn. 1., 2. und 4. Thl. Nach der vorgeschriebenen deutschen Rechtschreibung verb. 8. Paderborn, F. Schöningh. [1. Thl. 11. Aufl. (39 S.) 884. * 20 Pf.; 2. Thl. 8. Aufl. (48 S.) 883. * 20 Pf.; 4. Thl. 7. Aufl. (122 S.) 882. * 45 Pf.] * — 85
3. Thl. Ebendas. 1880. * 30 Pf.

Sommer, W., praktische Aufsatzschule f. Elementarschüler. Planmäßig fortschreit. Übgn. in 4 Tln. od. Jahrgängen. 1., 3. u. 4. Tl. 12. Paderborn 890. F. Schöningh. n. — 95
1. 12. Aufl. (39 S.) n. — 20. — 3. 7. Aufl. (63 S.) n. — 30. — 4. 8. Aufl. (122 S.) n. — 45.

Sommer, W., praktische Aufsatzschule f. Elementarschüler. Planmäßig fortschreit. Übgn. in 4 Tln. 1. Tl. 18. Aufl. 12. (40 S.) Paderborn 894. F. Schöningh. n. — 20

Sommer, W., prakt. Aufsatzschule f. Elementarschüler. Planmäß. fortschreit. Uebgn. in 4 Tln. od. Jahrgängen. II. u. IV. Tl. 9., verb. Aufl. 12. Paderborn, F. Schöningh. n. — 65
II. (48 S.) 896. n. — 20. — IV. (122 S.) 898. n. — 45.

Sommer, Wilh., praktische Aufsatzschule f. Elementarschüler. Planmäßig fortschreit. Uebgn. in 4 Tln. od. Jahrgängen. III. Tl. 8. Aufl. 8. (63 S.) Paderborn 901. F. Schöningh. n. — 30

-- aus dem Berufe. Pädagogische Dichtgn. 12. (78 S.) Ebd. 894. n. 1. 60; geb. m. Goldschn. n. 2. 60

Sommer, Wilh. Erzählungen. 1. u. 2. Bd. Elsässische Geschichten. 2 Bde. 8. (XII, 626; 512 S.) Basel 892, Schwabe. * 8 —; geb. * 10 80

Sommer, W. Erzählungen. 3. Bd. Geschichten aus dem Kleinleben. V. 543 S. Basel, B. Schwabe. 1894. 5 —; geb. 6 75

Sommer, Wilh., Erzählungen. 1. u. 2. Bd. Elsäss. Geschichten. 2 Bde. 2. Aufl. 8. (XII, 626 u. 512 S.) Basel 895. B. Schwabe. n. 8. —; geb. n. 10. 80

Sommer, W[ilhelm]: Festschrift zur Feier des fünfzigjährigen Bestehens des Königl. Kath. Lehrerinnen-Seminars zu Paderborn am 24. Okt. 1882. — Paderborn: Schöningh 1882. 50 S. 8°

Sommer, Wilhelm: Fusion zweier Aktiengesellschaften ⟨§§ 305, 306 HGB.⟩. Borna-Leipzig 1910: Noske. IX, 70 S. 8°
Heidelberg, Jur. Diss. v. 3. Aug. 1910, Ref. Schröder
[Geb. 1. Juni 84 Dransfeld; Wohnort: Berlin; Staatsangeb.: Preußen; Vorbildung: Gymn. Hann.-Münden Reife O. 04; Studium: Göttingen 6, Rostock 1 S.; Rig. 23. Juni 10.] [U 10. 2021

—— Grundzüge der Poetik. Für höhere Lehranstalten, insbesondere für Seminarien, Präparanden-Anstalten, höhere Töchterschulen, wie zum Selbstunterricht bearb. 8. (VI, 70 S.) Ebendas. 879. * — 75

— Grundzüge der Poetik. Für höhere Lehranstalten, insbesondere für Seminarien, Präparanden-Anstalten, höhere Töchterschulen, wie zum Selbstunterricht bearb. 2., nach der neuen Rechtschreibung verb. Aufl. 8. (VI, 74 S.) Ebend. 882. n. — 75

Sommer, Wilh. Grundzüge der Poetik. Für höhere Lehranstalten, insbesondere für Seminarien, Präparanden-Anstalten, höhere Töchterschulen, wie zum Selbstunterricht bearb. 3. verb. und verm. Aufl. 8. (VI, 74 S.) Paderborn 886, F. Schöningh. *

—— Grundzüge der Poetik. Für höhere Lehranstalten, insbesondere f. Seminarien, Präparanden-Anstalten, höhere Töchterschulen, wie zum Selbstunterricht bearb. 4. verb. u. verm. Aufl. 8. (VI, 76 S.) Ebd. 889. * — 75

— Grundzüge der Poetik. Für höhere Lehranstalten u. zum Selbstunterricht. 5., verb. Aufl. 8. (VI, 80 S.) Ebd. 893. n. — 75

— Grundzüge d. Poetik. Für höh. Lehranst. u. zum Selbstunterricht. 6., verb. Aufl. 8. (VI, 80 S.) Ebd. 895. n. — 75

Grundzüge der Poetik. Für höhere Lehranstalten und zum Selbstunterricht von Schulr. Dr. W[ilhelm] Sommer. 7. verb. Aufl. *Paderborn: F. Schöningh 1899.* (VI, 80 S.) 8° [F.] [00. 5916 6

Grundzüge der Poetik. Für höh. Lehranst. u. z. Selbstunterr. von Schulrat Dr. W[ilhelm] Sommer. 8., verb. Aufl. *Paderborn: F. Schöningh 1902.* (VI, 80 S.) 8° [F.]

Grundzüge der Poetik. Für höh. Lehranstalten u. z. Selbstunterr. Von Schulrat Dr. W[ilhelm] Sommer, Sem.Dir. a. D. 9., verb. Aufl. *Paderborn: F. Schöningh 1903.* (VI, 80 S.) 8° [F.] [04. 3328

Grundzüge der Poetik. Für höh. Lehranstalt. u. z. Selbstunterr. von Schulrat Dr. W[ilhelm] Sommer. 10., verb. Aufl. Paderborn: F. Schöningh 1905. (VI, 80 S.) 8° [F.] [07. 1113*

Grundzüge der Poetik. Für höh. Lehranst. u. z. Selbstunterr. von Schulrat Dr. W[ilhelm] Sommer. 11. Aufl. Paderborn: F. Schöningh 1907. (VI, 80 S.) 8° [F.] [08. 8333

Sommer, Wilh., Grundzüge der Poetik. Für höh. Lehranstalten u. zum Selbstunterricht. 12. Aufl. (VI, 80 S.) 8. Paderborn 909. F. Schöningh. — 80; geb. n 1. 05

—— Hand- und Hülfsbuch für den Unterricht im deutschen Aufsatze in Unter- und Mittelklassen höherer Lehranstalten, wie zum Selbstunterricht, enth. über 1000 Aufgaben in stufenmäß. Anordnung, welche größtentheils disponirt und durch Musterarbeiten erläutert wurden, nebst einem ausführl. Unterricht im Stil überhaupt. gr. 8. (XXIV und 307 S.) Köln 864, DuMont-Schauberg'sche Buchh. *

—— Hand- und Hülfsbuch für den Unterricht im deutschen Aufsatze in Unter- und Mittelklassen höherer Lehranstalten, wie zum Selbstunterricht, enth. über 1000 Aufgaben in stufenmäß. Anordnung, welche größtentheils disponirt und durch Musterarbeiten erläutert wurden, nebst einem ausführl. Unterricht im Stil überhaupt. 3.—5. verm. Aufl. gr. 8. (XXIV, 312 S.) Köln 869—74, DuMont-Schauberg'sche Buchh. *

—— Hand- und Hülfsbuch für den Unterricht im deutschen Aufsatze in Unter- und Mittelklassen höherer Lehranstalten, wie zum Selbstunterricht, enth. über 1000 Aufgaben in stufenmäßiger Anordnung, welche größtentheils disponirt und durch Musterarbeiten erläutert wurden, nebst einem ausführl. Unterricht im Stil überhaupt. 6. verm. Aufl. (XXVI, 328 S.) 876; 7. verm. und verb. Aufl. gr. 8. (XVI, 352 S.) Köln 878, DuMont-Schauberg'sche Buchh. * 2 80

— Hand- u. Hülfsbuch für den Unterricht im deutschen Aufsatze in Unter- u. Mittelklassen höherer Lehranstalten, wie zum Selbstunterricht, enth. über 1000 Aufgaben in stufenmäß. Anordnung, welche größtentheils disponiert u. durch Musterarbeiten erläutert wurden, nebst einem ausführl. Unterricht im Stil überhaupt. 8., nach der vorgeschriebenen deutschen Rechtschreibung verb. Aufl. gr. 8. (XXVI, 352 S.) Köln 881. Du Mont-Schauberg. n. 2. 80

— Hand- u. Hülfsbuch f. den Unterricht im deutschen Aufsatze in Unter- u. Mittelklassen höherer Lehranstalten, wie zum Selbstunterricht, enth. üb. 1000 Aufgaben in stufenmäß. Anordng., welche größtentheils disponiert u. durch Musterarbeiten erläutert wurden, nebst e. ausführl. Unterricht im Stil überhaupt. 9., nach der vorgeschriebenen deutschen Rechtschreibg. verb. Aufl. gr. 8. (XXVI, 352 S.) Köln 883. Du Mont-Schauberg. n. 2. 80

—— Hand- und Hülfsbuch für den Unterricht im deutschen Aufsatze in Unter- und Mittelklassen höherer Lehranstalten, wie zum Selbstunterricht, enthaltend über 1000 Aufgaben in stufenmäßiger Anordnung, welche größtenteils disponiert und durch Musterarbeiten erläutert wurden, nebst einem ausführlichen Unterricht im Stil überhaupt. 10. Aufl. gr. 8. (XXVI, 352 S.) Köln 887, Du Mont-Schauberg'sche Buchh. *

Sommer, Wilh. Hand- u. Hülfsbuch f. den Unterricht im deutschen Aufsatze in Unter- u. Mittelklassen höherer Lehranstalten, wie zum Selbstunterricht, enth. üb. 1000 Aufgaben in stufenmäß. Anordnung, welche größtenteils disponiert u. durch Musterarbeiten erläutert wurden, nebst e. ausführl. Unterricht im Stil überhaupt. 11. Aufl. gr. 8. (XXVI, 352 S.) Köln 890, Du Mont-Schauberg. * 2 80

— Hand- u. Hilfsbuch f. den Unterricht im deutschen Aufsatze in den Unter- u. Mittelklassen höherer Lehranstalten, wie auch zum Selbstunterricht, üb. 1000 Aufgaben in stufenmäß. Anordng. enth., nebst e. ausführl. Unterricht im Stil überhaupt. 12. Aufl. gr. 8. (XXIV, 354 S.) Köln 892. M. Du Mont-Schauberg. n. 2. 80

— Hand- u. Hilfsbuch f. den Unterricht im deutschen Aufsatze in den Unter- u. Mittelklassen höherer Lehranstalten, wie auch zum Selbstunterricht, üb. 1000 Aufgaben in stufenmäß. Anordng. enth., nebst e. ausführl. Unterricht im Stil überhaupt. 12. Aufl. gr. 8. (XXIV, 354 S.) Köln 892. M. Du Mont-Schauberg. n. 2. 80

— Hand- u. Hilfsbuch für den Unterricht im deutschen Aufsatze in d. Unter- u. Mittelklassen höh. Lehranstalten, wie auch zum Selbstunterricht, nebst e. ausführl. Unterricht im Stil überhaupt. 14. verb. Aufl. gr. 8. (XXIV, 354 S.) Köln 899. M. Du Mont-Schauberg. n. 2. 80

Hand- und Hilfsbuch für den Unterricht im deutschen Aufsatze in d. Unter- u. Mittelklassen höherer Lehranstalten, wie auch z. Selbstunterr., nebst e. ausführl. Unterricht im Stil überhaupt. Von Dr. W[ilhelm] Sommer, Kgl. Schulrat. 15., verb. Aufl. *Cöln: M. DuMont-Schauberg 1903.* (XXIV, 356 S.) 8° [F.] [4. 203

— Hand- u. Hilfsbuch f. den Unterricht im deutschen Aufsatze in den Unter- u. Mittelklassen höh. Lehranstalten, wie auch zum Selbstunterricht, nebst e. ausführl. Unterricht im Stil überhaupt. 15., verb. Aufl. (XXIV, 356 S.) gr. 8. Cöln 906. M. Du Mont-Schauberg. n. 2. 80

— Hand- u. Hilfsbuch f. den Unterricht im deutschen Aufsatze in den Unter- u. Mittelklassen höherer Lehranstalten, wie auch zum Selbstunterricht, nebst e. ausführl. Unterricht im Stil überhaupt. 16., verb. Aufl. (XXIV, 356 S.) gr. 8. Cöln 907. M. DuMont-Schauberg. 2. 80

Sommer, Wilhelm. Auf der Ferme Jacquot. Eine elsässische Geschichte. Abgedruckt aus W' Sommers «Elsässische Geschichten.» mit gütiger Erlaubnis der Verlagsbuchhandlung Benno Schwabe in Basel. 79 S. 8. Basel, Emil Birkhäuser, Juli 1906. fr. —. 15
Verein für Verbreitung guter Schriften. Basel, No. 70.

—— Leitfaden für den elementaren Unterricht in der deutschen Sprachlehre. gr. 8. (IV, 64 S.) Paderborn 879, F. Schöningh. * — 50

—— Leitfaden für den elementaren Unterricht in der deutschen Sprachlehre. 2. nach der neuen Orthographie bericht. und verb. Aufl. gr. 8. (IV, 64 S.) Paderborn 882, F. Schöningh. * — 50

— Leitfaden f. den elementaren Unterricht in der deutschen Sprachlehre. 3., verb. Aufl. gr. 8. (IV, 60 S.) Paderborn 889. F. Schöningh. n. — 50

— Leitfaden f. den elementaren Unterricht in der deutschen Sprachlehre. 4. Aufl. gr. 8. (IV, 60 S.) Paderborn 898. F. Schöningh. n. — 50

Leitfaden für den elementaren Unterricht in der deutschen Sprachlehre von Schulrat Dr. Wilhelm Sommer, Sem. Dir. a. D. 6. verb. Aufl. *Paderborn: F. Schöningh 1902.* (66 S.) 8° [F.] [03. 3038

Leitfaden für den elementaren Unterricht in der deutschen Sprachlehre von Schulrat Dr. Wilhelm Sommer. 7., verb. Aufl. Paderborn: F. Schöningh 1904. (66 S.) 8° [F.] [07. 11131 6

Leitfaden für den elementaren Unterricht in der deutschen Sprachlehre von Schulrat Dr. Wilhelm Sommer. 8. Aufl. Paderborn: F. Schöningh 1907 (66 S.) 8° [F.] [08. 8336

— Leitfaden f. den elementaren Unterricht in der deutschen Sprachlehre. 9. Aufl. (66 S.) 8. Paderborn 909. F. Schöningh. — 60; geb. n — 90

— deutsches Lesebuch für höhere Lehranstalten. Mit besonderer Rücksicht auf den Aufsatz u. die Vortrags-Uebgn. der Schüler nebst e. Abriß der Poetik u. Literaturgeschichte. Ebend. 869. gr. 8. (XVII, 624 S.) n. 1 ℛ 15 ngr

— deutsches Lesebuch f. höhere Lehranstalten. Mit besond. Rücksicht auf den Aufsatz u. die Vortrags-Uebgn. der Schüler nebst e. Abriß der Poetik u. Literaturgeschichte. 2. verb. u. verm. Aufl. gr. 8. (XX, 697 S.) Ebend. 874. n. 5. —

Sommer, Wilh., deutsches Lesebuch für höhere Lehranstalten, nebst einem Abriß der Poetik u. Litteraturgeschichte. 3., gänzlich umgearb. u. nach der neuen Rechtschreibung verb. Aufl. gr. 8. (XX, 919 S.) Köln 881. Du Mont-Schauberg. n. 7. —

— deutsches Lesebuch f. höhere Lehranstalten, nebst e. Abriß der Poetik u. Litteraturgeschichte. 4. Aufl. gr. 8. (XVIII, 704 S.) Ebend. 885. n. 5. 50

— deutsches Lesebuch f. höhere Lehranstalten, nebst e. Abriß der Poetik u. Litteraturgeschichte. 5. Aufl. gr. 8. (XVI, 708 S.) Köln 898. M. Du Mont-Schauberg. n. 5. 50

Sommer, Wilh., die Weltparabel „Der Mann im Brunnen" u. ihre Verwertung für Schule u. Leben. In monographisch-method. Darstellg. gr. 8. (52 S.) Reichenbach 901. (E. Müller.) n. — 50

—— Materialien zu pädagogischen und didaktischen Aufsätzen. Ein Hülfsbüchlein für Lehrende und Lernende. (112 S.) 1882; 2. verm. und verb. Aufl. gr. 8. (121 S.) [Münster 884, Nasse'sche Verlagsh.] Paderborn, F. Schöningh. * 1 85

—— Materialien zu pädagogischen und didaktischen Aufsätzen. Ein Hilfsbüchlein für Lehrende und Lernende. 1. und 2. Tl. gr. 8. Paderborn, F. Schöningh. [1. Tl. 3. Aufl. (122 S.) 886. * ℳ 1.35.; 2. Tl. (IV, 123 S.) 885. * ℳ 1.50.] *

—— Materialien zu pädagog. u. didaktischen Aufsätzen. Ein Hilfsbüchlein f. Lehrende u. Lernende. 2. Tl. 2. verm. u. verb. Aufl. gr. 8. (IV, 132 S.) Paderb. 889, F. Schöningh. * 1 50
1. Tl. Ebd. 1896. * 1 35.

— Materialien zu pädagog. u. didakt. Aufsätzen. Ein Hilfsbüchlein f. Lehrende u. Lernende. 1. u. 2. Tl. gr. 8. Paderborn 895. F. Schöningh. n. 2. 85
1. 4. Aufl. (122 S.) n. 1. 35. — 2. 3. Aufl. (123 S.) n. 1. 50

— Materialien zu pädagogischen u. didaktischen Aufsätzen. Ein Hilfsbüchlein f. Lehrende u. Lernende. I. u. II. Tl. gr. 8. Ebd. n. 2. 85
I. 5. verb. Aufl. (122 S.) 902. n. 1. 35
II. 4. verb. Aufl. (IV, 133 S.) 901. n. 1. 50

— Materialien zu pädagogischen u. didaktischen Aufsätzen. Ein Hilfsbüchlein f. Lehrende u. Lernende. I. u. II. Tl. 8. Ebd. 3. 30
I. 6. Aufl. (122 S.) 909. 1. 50
II. 5., verb. Aufl., bearb. v. J. Weicken. (IV, 140 S.) 910. 1. 80

Sommer, W. Zur Methodik des litteraturkundlichen Unterrichts an Volks-, Mittel- u. höheren Mädchenschulen. Beitrag zur Förderg. e. nationalen Jugenderziehg. gr. 8. (V, 94 S.) Prenzlau 892, Biller. * 1 20

Sommer, Wilh., der Plan des Notars, s.: Verein f. Verbreitung guter Schriften, Basel. Nr. 47.

— kleine deutsche Sprachlehre. Ein Leitfaden für den Unterricht in der Muttersprache mit vielfachen Aufgaben zu mündl. u. schriftl. Uebung zunächst für untere Klassen höherer Lehranstalten wie zum Selbstunterricht. Paderborn 866. Schöningh. gr. 8. (VIII, 130 S.) n. 10 ngr

—— kleine deutsche Sprachlehre. Ein Leitfaden für den Unterricht in der Muttersprache mit vielfachen Aufgaben zu mündl. und schriftl. Uebungen zunächst für Unter- und Mittelklassen höherer Lehranstalten wie zum Selbstunterricht. 2. Aufl. 1871. * M. 1,20. und 3. verb. Aufl. gr. 8. (VIII, 204 S.) Paderborn 873, Schoeningh. *

—— kleine deutsche Sprachlehre. Ein Leitfaden für den Unterricht in der Muttersprache, mit vielfachen Aufgaben zu mündl. und schriftl. Uebung zunächst für Unter- und Mittelklassen höherer Lehranstalten, wie zum Selbstunterricht. 4. und 5. verm. und verb. Aufl. (VIII, 210 S.) 875; 6. Aufl. gr. 8. (228 S.) Ebendas. 878. * 1 35

— kleine deutsche Sprachlehre. Ein Leitfaden für den Unterricht in der Muttersprache m. vielfachen Aufgaben zu mündl. u. schriftl. Uebung, zunächst für Unter- u. Mittelklassen höherer Lehranstalten, wie zum Selbstunterricht. 6., nach der neuen Rechtschreibung verm. u. verb. Aufl. gr. 8. (VIII, 216 S.) Paderborn 880. F. Schöningh. n. 1. 35

— kleine deutsche Sprachlehre. Ein Leitfaden f. den Unterricht in der Muttersprache m. vielfachen Aufgaben zu mündl. u. schriftl. Uebgn. zunächst f. Unter- u. Mittelklassen höherer Lehranstalten, wie zum Selbstunterricht. 7. Aufl. gr. 8. (VIII, 215 S.) Ebend. 884. n. 1. 35

—— kleine deutsche Sprachlehre. Ein Leitfaden für den Unterricht in der Muttersprache mit vielfachen Aufgaben zu mündl. und schriftl. Übung, zunächst für Unter- und Mittelklassen höherer Lehranstalten wie zum Selbstunterricht. 8. Aufl. gr. 8. (VIII, 215 S.) Ebendas. 887. *

— deutsche Sprachlehre. Ein Leitfaden f. den Unterricht in der Muttersprache m. vielfachen Aufgaben zu mündl. u. schriftl. Übg., zunächst f. Unter- u. Mittelklassen höherer Lehranstalten wie zum Selbstunterricht. 9. Aufl. gr. 8. (VIII, 215 S.) Ebd. 890. n. 1. 35

— deutsche Sprachlehre. Ein Leitfaden f. den Unterricht in der Muttersprache m. vielfachen Aufgaben zu mündl. u. schriftl. Übg. 10. Aufl. gr. 8. (VIII, 208 S.) Paderborn 893. F. Schöningh. n. 1. 35

[S.] Deutsche Sprachlehre. E. Leitfaden f. d. Unterricht in d. Muttersprache m. vielfachen Aufgaben zu mündl. u. schriftl. Übg v. Schulr. Dr. W[ilh.] Sommer ... zu Paderborn. 11. Aufl. Paderborn: F. Schöningh 1897. (VIII, 212 S.) 1 Bd 8. [97. 4713

— deutsche Sprachlehre. Ein Leitfaden f. den Unterricht in der Muttersprache m. vielfachen Aufgaben zu mündl. u. schriftl. Übung. 12. Aufl. gr. 8. (VII, 212 S.) Ebd. 901. n. 1. 35

Deutsche Sprachlehre. Ein Leitfaden f. d. Unterr. in d. Muttersprache mit vielfachen Aufgaben z. mündl. u. schriftl. Übung [!] von Schulrat Dr. W[ilhelm] Sommer. 13. Aufl. Paderborn: F. Schöningh 1904. (VIII, 212 S.) 8° [07. 10659 B

Deutsche Sprachlehre. Ein Leitfaden f. d. Unterr. in d. Muttersprache mit vielfachen Aufgaben ... von Schulrat Dr. W[ilhelm] Sommer. 14. Aufl. Paderborn: F. Schöningh 1907. (VIII, 212 S.) 8° [S.] [08. 8337

— Deutsche Sprachlehre. Ein Leitfaden f. den Unterricht in der Muttersprache mit vielfachen Aufgaben zu mündl. u. schriftl. Übg. 15. Aufl. (VIII, 213 S.) 8. Ebd. 909. 1.35; geb. n 1.85

— deutsche Stilübungen (früher praktische Aufsatzschule) f. Volksschüler. Planmäßig fortschreit. Uebgn. in 4 Tln. kl. 8. Ebd. n. 1. 15
I. 14., verb. Aufl. (42 S.) 903. n. — 20
II. 10., verb. Aufl. (IV, 51 S.) 904. n. — 20
III. 9. Aufl. (X, 54 S.) 905. n. — 30
IV. 10., verb. Aufl. (117 S.) 905. n. — 45

— Deutsche Stilübungen f. Volksschüler. Planmäßig fortschreit. Übgn. in 4 Tln. I. Tl. 15., verb. Aufl. (44 S.) kl. 8. Ebd. 908. — 24

— sujets et modèles de leçons pour l'enseignement intuitif. 8. (IV, 97 S.) Freiburg i/B. 874. Herder. n. — 80

Sommer, Wilh. [Dr. med.]: Ueber Trunksucht und deren schädliche Folgen für das Gehirn und das Nervensystem. Königsberg i. Pr., A. Kiewning's Buchdr. (G. Kemsies), 1888; 50 S. 8°
Würzburg, Med. Fak., Inaug.-Diss. v. 1888

Sommer, Wilh. über Trunksucht und deren schädliche Folgen für das Gehirn und das Nervensystem. gr. 8. (50 S.) Königsberg 888. (Leipzig, Fock.) *

Sommer, Willi, Referendar: Die Rechtsstellung des Boten. Neu-Ruppin 1909: Buchbinder. VI, 35 S. 8°
Heidelberg, Jur. Diss. v. 28. Febr. 1910, Ref. Gradenwitz
[Geb. 5. Sept. 84 Wusterhausen a. D.; Wohnort: Neu-Ruppin; Staatsangeh.: Preußen; Vorbildung: Gymn. Wittstock Reife O. 03; Studium: Freiburg i. B. 1, München 1, Berlin 1, Kiel 7 S.; Rig. 21. Jan. 10.] [U 10. 2022

Sommer, Willy, prakt. Arzt in Muggendorf: Ueber Osteomalacie. Unter Mitteilung eines Falles aus meiner Landpraxis in d. fränkischen Schweiz. *Erlangen 1903: E. Th. Jacob.* (46 S.) 8°
Erlangen, Med. Diss. v. 21. Nov. 1902

Sommer-Geiser: Neuere Berichte über die schweizerischen Ackerbau-Colonien in Uruguay unternommen von dem Bankhaus Siegrist & Fender in Basel. — (Basel 1861: Krüsi). 62 S.

Sommer-Geiser, Lebensbilder aus dem Staate Uruguay in Süd-Amerika u. seine Verhältnisse in agricoler, commerzieller und industrieller Beziehung für schweizerische Ansiedlungen. Basel 861. Krüsi in Comm. gr. 8. (72 S. m. 1 Holzschntaf. u. 2 Karten in Holzschn. in 4.) 9 ngr.

Sommer v. Sommersberg, Fr. W., s. Sommersberg.

Sommerabend, der, in drei Spaziergängen. 8. Halle 756. Schwetschke u. S. 2 gl.

Sommerabend, Der, in drey Spatziergängen. Halle 1758. V: *Hausknecht, Balthasar.* (MGT)

Sommerabende, die fröhlichen auf dem Lande, oder Schwänke, Launen und Schnurren, erzählt von Fritz Grillengroll, einem fröhlichen Mitgenossen, mit 1 Kupfer, 8. Hamburg, 797. Hoffmann. 1 Rthl. 5 sgl.

Sommerabende, die fröhlichen, auf d. Lande, od. Schwänke, Launen u. Schnurren v. Fritz Grillengroll. 8. Hamb. 797. (Campe). 1 ₰ 4 gl

Sommeralmanach f. 1826, s. Döring's Alpenrosen

Sommerau, Th., († 1770.) s: Kern aus Mosheim's Sittenlehren d. heil. Schrift.

Sommerau-Beckh (Sommerau-Beeck), Maximilian (Josef) Frhrr. von

v. Sommerau-Beeck, Frhr. Max. Jos., Fastenreden über die besondern Ursachen d. Mangels an christl. Vollkommenheit in unsern Tagen, u. geistl. Uebungen üb. die Wege, das aus d. Gesichte verlorne Ziel christl. Vollkommenheit wieder zu erreichen. 8. Wien 807. N. A. 817. Geistinger. (Gerold).

— geistliche Reden und Uebungen für die Fastenzeit. gr. 8. Wien, Geisting. 807.

Sommerau-Beckh, Maximilian Freiherr v. 3 Reden bei Gelegenheit der von Sr. k. k. Hoheit und Eminenz, dem Durchlauchtigsten, Hochwürdigsten H. H. Rudolph, Erzherzog von Oesterreich etc. verrichteten feierlichen Fahnenweihe für das löbliche k. k. L.-Inft.-Reg. Kaunitz Nr. 20. 8. Olmütz 1825.

Sommer-Aufenthaltsorte, Kärntens. Klgft., Bertschinger, 1884—. (Red. Beil. d. Gem. Bl.)

Kärntens Sommeraufenthaltsorte nach dem Stande vom Frühjahre 1889. 6. Auflage. Herausgegeben vom Kärntner Vereine. Eigenthümer des „Kärntnerischen Gemeindeblattes" in Klagenfurt. Burg. 8. (48 S.) * —.30
Klagenfurt: In Komm.Ferd.v.Kleinmayr.

Sommeraufenthalts-Orte Kärntens nach dem Stande vom Frühjahr 1891. VIII. Jahrg. 8. (53 S.) Ebda.

Kärntens Sommer-Aufenthaltsorte nach dem Stande vom Frühjahr 1892. IX. Jahrg. Herausgegeben vom Kärntner-Vereine. 8. (60 S.)Ebda.

Kärntens Sommer-Aufenthaltsorte nach dem Stande vom Frühjahre 1894. Mit Illustrationen. XI. Jahrgang. Herausgegeben vom Kärntner Vereine. 8. (64 S.) In Comm. Heyn, Kleinmayr, Raunecker. —.30

Sommeraufenthalts-Orte Kärntens. Nach dem Stande vom Frühjahre 1895. Mit Ansichten von Kärnten. XII. Jahrgang. Herausgegeben vom Kärntner-Vereine, Burg. 8. (84 S.) In Comm. Heyn, Kleinmayr, Raunecker.

Kärntens Sommer-Aufenthaltsorte nach dem Stande vom Frühjahr 1896. XIII. Jahrg. Herausgegeben vom Kärntner-Vereine in Klagenfurt. 8. (71 S.) In Comm. Ebda. * —.30 mit 10%.

Sommeraufenthalts-Orte Kärntens. Nach dem Stande vom Frühjahre 1897. Mit Ansichten von Kärnten. XIV. Jahrgang. Herausgegeben vom Kärntner Vereine in Klagenfurt. 8. (115 S.) In Comm. Ebda. * —.30

Kärntens Sommer-Aufenthalts-Orte nach dem Stande vom Frühjahre 1898. Mit Ansichten von Kärnten. XV. Jahrgang. Herausgegeben vom Kärntner Vereine in Klagenfurt. Gr.-8. (92 S.) * —.30
Verlag des Kärntner Vereines in Klagenfurt.
(Auslieferung durch J. Heyn, F. von Kleinmayr und A. Raunecker in Klagenfurt.)

(F) **Kärntens Sommer-Aufenthaltsorte** nach dem Stande vom Frühjahr 1899. Mit Ansichten von Kärnten. XVI. Jahrgang. Herausgegeben vom Kärntner Vereine in Klagenfurt, Burg. Redactionelle Beilage des Kärnt. Gemeindeblattes 1899. Mit 1 Karte von Kärnten. Klagenfurt. [1899.] Verlag des Kärntner Vereines. [In Comm. Heyn, Kleinmayr, Raunecker.] 8°. 96 S. * fl. —.30
Von dieser Schrift erschien auch eine „unentgeltliche Ausgabe", bei welcher die Karte fehlt.

(F) Kärntens Sommer-Aufenthaltsorte nach dem Stande vom Frühjahr 1900. Mit Ansichten von Kärnten. XVII. Jahrgang. Herausgegeben vom Kärntner Vereine in Klagenfurt, Burg. Redactionelle Beilage des Kärnt. Gemeindeblattes 1900. Mit 1 Karte von Kärnten. Klagenfurt. [1900.] Verlag des Kärntner Vereines. [In Comm. Heyn, Kleinmayr, Raunecker.] 8°. 100 S. * K —.60

(F) Kärntens Sommer-Aufenthaltsorte nach dem Stande vom Frühjahr 1901. Mit Ansichten von Kärnten. XVIII. Jahrgang. Herausgegeben vom Kärntner Vereine in Klagenfurt, Burg. Redactionelle Beilage des Kärnt. Gemeindeblattes 1901. Mit 1 Karte von Kärnten. Klagenfurt. [1901.] Verlag des Kärntner Vereines. [In Comm. Heyn, Kleinmayr, Raunecker.] 8°. 101 S. * K —.60

Kärntens Sommeraufenthaltsorte. 1903. 8°. (ill. 97 S. mit 1 Karte.) † K —.60
Klagenfurt: Hanel, Heyn, Kleinmayr.

Kärntens Sommeraufenthaltsorte. 1904. 8°. (91 S. mit 1 Karte.) K —.60
Klagenfurt: Heyn & Kleinmayr.

Kärntens Sommeraufenthaltsorte. 1905. 8°. (ill. 89 S. mit 1 Karte) Ebda. K —.60

(F) **Kärntens Sommeraufenthaltsorte.** 1906. Gr.-8°. (66 S.) Ebda. K —.60

(F) **Kärntens Sommeraufenthaltsorte.** 1907. 8°. (ill. 67 S. mit 1 Karte) Ebda. * K —.60

Kärntens Sommeraufenthaltsorte. 24. Jahrg. 1909. 8°. (70 S.) Ebda.

Sommerausflug des Vereins für Hamburgische Geschichte nach Meldorf und Heide Sonntag, 13. Juni 1909. Mit dem Wappen von Meldorf und Heide und einer Karte des Gebietes [auf der 1. und letzten Seite des Umschlags] und 1 Siegeltaf. (Hamburg. 1909.) 8°.

Sommerausflüge. S'-Ausf' eines Schweizerischen Alpenclubisten der Section „Uto". 1869 *s.* (Z[uppinger-]Z[ollinger]. H[einrich]).

Sommerbesuch, Der. Schilderung weiblicher Reize und männlicher Schwäche ... nach dem englischen Original. Leipzig 1789. V: *Blower, Elisa.* (Zeitschr. f. Büch. N. F. 15, 1923, S. 122)

SOMMERBESUCH, Der. Schilderungen weiblicher Reize u. männlicher Schwäche, in einer zusammenhängenden (zahmen) Geschichte. 2 Thle. (in 1 Bde.). Nach dem englischen Originale. Mit 1 (netten) Titelvignette. Leipzig 1789. in der Weygandschen Buchhdlg. 8°. (In Dresden: Lit. Angl. C. 583.) (5 Mk., unbeschn., Max Harrwitz, Berlin, 1891.)
302 fortlaufend gez. S. (Th. 2 beginnt mit S. 161). —

SOMMERBIBLIOTHEK, Wienerische. 11 Theile. mit Kupf. Wien. Ludwig. 1791. 92. 8°.
Sehr selten, besonders cplt.! — So in Korn's Geschichts- u. Romanen-Litt. (Cat.) Breslau 1798.

Sommerblumen; Gemälde des menschl. Lebens, von K. Lang. 1 Bd. m. K. 8. Leipz. Lauchnitz. 805.

Sommerblumen, unsere, s.: Schmidt's, J. C., Garten-Bibliothek.

Sommerbriefe, Pariser, aus aufgeregter Zeit. Von e. Nichtgehetzten. 12. (83 S.) Guben 889. Sallis. n. 1. —

Sommerbrodt, Ernst Afrika auf der Ebstorfer Weltkarte. 25 S. u. Karte. **Progr.** K. Wi. G. *Hannover* 1885.

Sommerbrodt, E., Afrika auf der Ebstorfer Weltkarte. Festschrift zum fünfzigjährigen Jubiläum des Histor. Vereins für Niedersachsen. gr. 4. (25 S. mit 1 Kartenskizze in Steindr.) Hannover 885, (Hahn'sche Buchh.) *

Sommerbrodt, Ernestus (*geb. Liegnitz 30. 3. 1851*): De phlyacographis Graecis. Vratislaviae (1875). (56 S.) 8°
Breslau, Phil. Diss. v. 10. Aug. 1875

Sommerbrodt, *Ernst* [Dir. Dr.]: Rede bei der Einweihung des neuen Gymnasialgebäudes am 12. October 1893. (Dazu 2 Taf. in Lichtdr.) Lauban, Druck v. M. Baumeister, 1894; 1—7 S., 1 Taf., 1 Pl. 4.
Lauban, k. G, P 1894 (193)

Sommerbrodt, Ernst. Die Ebstorfer Weltkarte, im Auftrage des histor. Vereins f. Niedersachsen m. Unterstützg. d. königl. preuss. Ministeriums der geistl., Unterrichts- u. Medizinal-Angelegenheiten u. der Wedekind'schen Preisstiftg. zu Göttingen hrsg. gr. 4. (XII, 88 S.) Mit 1 Atlas v. 25 Taf. in Lichtdr. Imp.-Fol. Hannov. 891, Hahn. In Mappe * 32 —

Sommerbrodt, Joh. Fr., Epigramme u. vermischte Gedichte. 16. Berlin, Sommerbrodt. 816. Schreibp. Velinpap.

Sommerbrodt, Julius (Henricus) (geb. Schweidnitz 28. 2. 1839): De cordis aneurysmate partiali, adjunctis observationibus exquisitorum trium aneurysmatum, quae in corde ipso et aorta intra saccum pericardialem inveniebantur. Vratislaviae (1861). (35 S., 1 Taf.) 8°
Breslau, Med. Diss. v. 20. März 1861

Sommerbrodt, Jul., die reflectorischen Beziehungen zwischen Lunge, Herz und Gefässen. Lex.-8. (55 S. mit eingedr. Holzschn.) Berlin 881, Hirschwald. * 3 —
Aus: Zeitschrift für klinische Medicin, besonders abgedruckt.

Sommerbrodt, Iulius Guil. (geb. Liegnitz 6. 12. 1813): Rerum scenicarum capita selecta. Berolini (1835). (44 S.) 8°
Berlin, Phil. Diss. v. 27. Apr. 1835

Sommerbrodt, J. Disputationes scenicae. I. De thymele. II. De triplici pantomimorum genere. 26 S.
Liegnitz, R., Progr. 1843

— über eine bisher nicht gekannte wichtige Einrichtung des menschlichen Organismus. Mit 2 (eingedr.) Holzschn. gr. 8. (26 S.) Tübingen 882. Laupp. n. — 80

Sommerbrodt, Jul. Die Heilung der Tuberkulose durch Kreosot. 1.—3. Aufl. gr. 8. (70 S.) Bresl. 892,93, Trewendt. * 1 —

— Ueb. den Lucian-Codex der Marcusbibliothek zu Venedig 436 Φ. S.-A. 1898. 6 S. —.50

Sommerbrodt, Jul., Lucianea. I. Handschriftliches II. Beiträge zur Kritik. gr. 8. (VII, 164 S.) Leipzig 872. Teubner. n. 3. 60

Sommerbrodt, Julius: Die ulcerösen Processe der Kehlkopfschleimhaut in Folge von Syphilis. Breslau (1870). (56 S.) 8° [Im Buchhandel 1870 bei Maruschke & Berendt in Breslau]
Breslau, Med. Fak., Hab.-Schr. v. 28. Apr. 1870

Sommerbrodt, J. De Aeschyli re scenica. Pars I. 43 S.
Liegnitz, R., Progr. 1848

Sommerbrodt, Jul.: De Aeschyli re scenica. P. II. 31 S. – Liegnitz R.A., Progr. 1851.

Sommerbrodt, Jul., de Aeschyli re scenica. II partes. Cum tabula lapide incisa. gr. 4. (LXXX S.) Lignicii 848. 51, Reisner. (I: n. 18 ngr II: n. 12 ngr) n. 1 ₰

Sommerbrodt: De Aeschyli re scenica. P.III. 26 S.—Anclam, Progr. 1858

Sommerbrodt, Jul., de Aeschyli re scenica. Pars III. gr. 4. (S. LXXXI—CIX.) Anclam 858, Dietze. *
Pars 1 und 2. Liegnitz 1848—51, Reisner'sche Buchh. * 1 Thlr.

Sommerbrodt, Jul. Scaenica. Collecta edidit. gr. 8. (VIII, 311 S. mit 1 Stnt.) Berlin 876, Weidmann'sche Buchh. * 8 —

Sommerbrodt, Jul.: Luciani somnium sive vita Luciani. Ex codd. Marcanis recognovit. 11 S.— Anclam, Progr. 1859.

Sommerbrodt, Jul. ein neuer Sphygmograph und neue Beobachtungen an den Pulscurven der Radialarterie. gr. 8. (III, 34 S. mit 1 lithogr. Taf. in qu. 4. und 35 eingedr. Holzschn.) [Breslau 876, Gosohorsky's Buchh.] Freiburg i. Br., Kiepert. * 2 40

Sommerbrodt, J., das altgriechische Theater, s. Sammlung griechischer und römischer Classiker.

Sommerbrodt, J., Das altgriechische Theater. 1865. 77 S. m. Abb.

— Ueb. den Wert der Vatican. Lucianhandschrift 87 A. S.-A. 1892. 12 S. —.80

Sommerbrodt, M., Mittheilungen über die Pest-Epidemie im Winter 1878—1879 im russischen Gouvernement Astrachan, s. Hirsch, A.

Sommerbrodt, Max Ludw. (geb. Liegnitz 15. 4. 1847): Historisch-ätiologische Studien über den Kriegstyphus. Berlin (1869). (32 S.) 8°
Berlin, Med. Diss. v. 1. Mai 1869

Sommerbrodt, Max Ludw., historisch-ätiologische Studien über den Kriegstyphus. Inaugural-Dissertation. 8. (32 S.) Berlin 869. (Preuss. Stargardt, Klenitz.) *

Sommerbrodt, Walter, Referendar: Beiträge zur Geschichte der Wegnahmerechte im römischen Recht und im deutschen Recht des Mittelalters. Breslau 1905: Breslauer Genoss.-Buchdr. (74 S.) 8°
Breslau, Jur. Fak., Ref. Beyerle, Diss. v. 11. Dez. 1905
[Geb. 6. Juni 80 Breslau; Wohnort: Breslau; Staatsangeh.: Preußen; Vorbildung: Elisabeth-Gymn. Breslau O. 01; Studium: Heidelberg 1, Breslau 6 S.; Rig. 7. Dez. 05.]

Sommerbrodt, Walt., Beiträge zur Geschichte der Wegnahmerechte im römischen Recht u. im deutschen Recht des Mittelalters. (V, 74 S.) gr. 8. Breslau 905. (Leipzig, G. Fock.) n. 1. 50

Sömmerda, s.: Deutschland. Grundkarte. Karte (Abt. Preussen).

Sömmerda, s.: Preussen. Messtischblätter.

Sommerer, A., das Alexandersbad, die Luisenburg und die Umgebungen derselben, besonders das Interessanteste vom Fichtelgebirge. Ein Taschenbuch für Reisende u. Naturfreunde. Mit 1 Grundrisse. 8. Wunsiedel 833. Baumann. 1 ₰
Vgl. Sommer, A.

Sommerfahrordnung der Kronstadt-Hoszufalver Straßenbahn und der k. u. k. Staatsbahn. 1. Mai 1904. 16°. K —.06
Kronstadt: Zeidner 1904.

Sommerfahrordnung der Kronstadt-Hoszufaluer Straßenbahn und der k. u. k. Staatsbahn. 16°. Ebda. 1905. K —.06

Sommer-Fahrordnung der Kronstadt-Hoszufaluer Straßenbahn u. der k. ung. Staatsbahn. Giltig vom 1. V. 1906. (Deutsch u. ungarisch.) (7 S.) 16. Kronstadt, H. Zeidner. — 06

Sommerfahrordnung der Kronstadt-Hoszufaluer Straßenbahn und der k. ungar. Staatsbahn. 16°. Ebda. 1908.

Sommer-Fahrordnung der Kronstadt-Hosszufaluer Straßenbahn u. der k. u. Staatsbahn. Giltig vom 1. V. 1909. — Telephonanschluß-Verzeichnis v. Kronstadt (Stadt u. Komitat) übersichtlich geordnet. Mai 1909. (Deutsch u. ungarisch.) (23 S.) kl. 8. Kronstadt, H. Zeidner. —18; Straßenbahn allein — 04

Sommerfahrplan. Sommer-Fahrplan 1901 [hrg. von der] Basler Caoutchouc- und Asbest-Manufaktur Fritz Brunner, Basel.... IV + 16 S. 8. Basel, Kreis.

Sommerfahrplan. Sommer-Fahrplan. Gültig vom 1. Juni 1901 an. Beilage zum «Werdenberger und Obertoggenburger». IV + 16 S. 8.

Sommer-Fahrplan. Gültig vom 1. Mai bis 30. Sept. 1902. Beilage zum «Werdenberger und Obertoggenburger». 20 S. 8.

Sommer-Fahrplan. Gültig vom 1. Mai bis 30 Sept. 1903. Beilage zum «Werdenberger und Obertoggenburger». 20 S. 8.

Sommer-Fahrplan Gültig vom 1. Mai 1903 an. Gratis-Beilage zum St. Galler Volksblatt.... II + 16 S. 8. Uznach, K. Oberholzer.

Sommerfahrplan, Leipziger, 1885 üb. den Leipziger Eisenbahn-Verkehr, nebst den besten Verbindgn. nach Hauptstädten, Bädern etc. 12. (II, 21 S.) Leipzig 885. F. Duncker. n. — 25

Sommer-Fahrpläne aus Goldschmidt's Coursbuch f. die Provinzen Preussen u. Posen m. Berücksicht. der Anschluss-Bahnen u. der Strecke Danzig-Stettin-Berlin. Mit e. (lith.) Routen-Karte (in qu. gr. 4.) 8. (15 S.) Berlin 874. Goldschmidt. n. — 25

Sommerfahrt ins Ahrthal. Humorist. Skizze v. R. vom Niederrhein. 12. (60 S. m. 1 Ansicht.) Mainz 897. (H. Quasthoff.) n. 1. —

Sommerfahrt mit Schwestern des Vereins „Rat und Tat" in Hamburg].
1907. nach Kopenhagen. 18 S. 8°.
1909. nach Norwegen. 6 Bl. Quer-8°.
1910. nach München-Oberammergau. 47 S. 8°.
1911. nach Rügen. 15 S. 8°. 1. 430.

Sommerfahrten, Die, der böhmischen Dampfschiffe und der malerische Charakter des Elbethales von Obristwi bis Meissen von D. J. K. H....r. Prag 1847. V: *Hoser, Jos. Carl Eduard.* (BIBlPORT) (WBL)

Sommerfeld [Schlagwort]

Sommerfeld, s.: Deutschland. Karte (Abt. Preussen).

Sommerfeld, s.: Preussen. Messtischblätter.

Sommerfeld [Verfasser]

Sommerfeld, v., die St. Peter- u. Paulskirche zu Görlitz. Kurzer Abriß ihrer Geschichte u. künstler. Bedeutung. (16 S.) 8. Görlitz 904. R. Dülfer. n. — 20
Sonderabdruck aus: „Ev. Kirchenblatt f. Schlesien".

Sommerfeld, A.

—— Leidenschaften. Realistische Geschichten aus der Gegenwart. 8. (VI, 89 S.) Lpz. 890, Claußner. * 1 —

— Mensur, Duell u. Verruf in Beziehung zu den studentischen Korporationen, s.: Cyklus academischer Broschüren.

— Tagebuchblätter e. Cadetten, s.: Eckstein's 50 Pfennig-Bibliothek.

Sommerfeld, Alb., wie gestalten wir unsere Zukunft? Eine brenn. Zeit- u. Streitfrage. (46 S.) gr. 8. Diez 907. (Ph. H. Meckel.) — 50

Sommerfeld, Arnold, über Ausbreitung der Wellen in der drahtlosen Telegraphie, s.a. Sitzungsberichte der kgl. bayer. Akademie der Wissenschaften. Mathem.-phys. Kl. 1909. II.

Über die Ausbreitung der Wellen in der drahtlosen Telegraphie von Arnold Sommerfeld. München: Akad. d. Wiss. 1909. 10 S. 8° (Sitzungsberichte d. Kgl. Bayer. Akad. d. Wissensch. Math.-phys. Kl. Jg. 1909, Abh. 2.) [09. 7731]

— Über die Bewegung der Elektronen. (S. 155—171.) gr. 8. München 907. G. Franz' Verl. — 40
Sonderabdr. a.: „Sitzungsber. d. bayer. Akad. d. Wiss."

Sommerfeld, A., s.: Encyklopädie der mathem. Wissenschaften. V.

Sommerfeld, Arnold: Die Willkürlichen Functionen in der Mathematischen Physik ... Königsberg i. Pr., Druck v. R. Leupold, 1891; 2 Bl., 75 S., 2 Bl. 8.
Königsberg, Phil. Fak., Inaug.-Diss. v. 24. Okt. 1891

Sommerfeld, Arnold, die willkürlichen Functionen in der mathematischen Physik. Diss. gr. 8. (75 S.) Königsberg i/Pr. 891. (W. Koch.) n. 1. 20

Sommerfeld, Arnold: Generalregister, s. Annalen, Mathematische.

Sommerfeld, Arnold. Ueber e. neue Integriermaschine. gr. 4. (6 S. m. 2 Textfig. u. 1 Taf.) Königsb. i. Pr. 892, (Koch). * — 60
Aus: Schriften d. physikal.-ökonom. Gesellsch., besonders abgedruckt.

Über die Theorie des Kreisels, s.: Klein, Fel.

Sommerfeld, August von

Sommerfeld, A. v., blond u. schwarz. Ein Gedichtbuch. 8. (VIII, 104 S.) Zürich 896. Verlags-Magazin. n. 2. —

Sommerfeld, A. von. Das neue Heil. Grundzüge einer natürlichen Weltanschauung. In-8°. 56 S. Zürich, Verlags-Magazin (J. Schabelitz), 1891. 1 —

Sommerfeld, August v., Modernes Trio, s. Arent, Wilhelm, Trio.

Sommerfeld, A. von. Entgötterte Welt. Philosophische Plaudereien. In-8°. IV, 46 S. Zürich, Verlags-Magazin (J. Schabelitz). 1890. 1 —

Wetterleuchten. Moderne Gedichte von A[ugust] v. Sommerfeld... Zürich: Verl.-Magazin 1892. (110 S.) 8° [J.] [07. 8779]

Sommerfeld, Christian. Geographie zum Gebrauch für die Jugend. A. d. Dän. ... Flensburg u. Leipz. 1784. Ü: *Oest, Nicolaus.* (ML) (Ky)

Sommerfeld, C., Geographie z. Gebr. f. d. Jugend, n. e. Anh. von d. mathemat. Geographie. 8. Flensb. Korte. (Christiani in Sch.) 784.

Sommerfeld, C., Geographie. 8. Flensburg. 784. Jetzt Hammerich in Altona.

Sommerfeld, Gustav

Sommerfeld, G., s.: Aus dem Leben des alten Klingsiek.

Johann Georg Hamann der 'Magus im Norden' von G. Sommerfeld, Pastor. *Elberfeld: Luth. Bücherverein 1895.* (24 S.) 8° [F.]
= Saatkörner aus d. Evang.-Luth. Kirche. No 4. [oo. 6..3 5

Recht muss doch Recht bleiben. Letztes Wort an Herrn Pfarrer Gronemeyer in Sachen der ev.-luth. Kirche von G[ustav] Sommerfeld, Pastor zu Witten. *Elberfeld: Luther. Bücherverein 1897.* (31 S.) 8° [F.] [oo. 1897] 5

Sommerfeld, Herm., biblische Erzählungen mit Nutzanweisungen u. Sprüchen. Für israelit. Schulen. 8. (10¾ B.) Elbing 842, Neumann-Hartmann. *

Sommerfeld, Herm., das Leben der Patriarchen. Erbauungsschrift f. gebild. Israeliten. (Festgabe.) gr. 8. (16½ B.) Elbing 840, Neumann-Hartmann.

—— Leitfaden beim Unterrichte in der israelit. Religion. Für Volksschulen. 12. (4 B.) Elbing 844, Rahnke. (Berlin, Nicolaische Buchh.) *

—— Predigt z. Gedächtnisse Königs Friedrich Wilhelm III. Bei d. Trauergottesdienste in d. Synagoge zu Elbing am 19. Juli 1840 gehalten. gr. 8. (1¼ B.) Elbing, Neumann-Hartmann. 1840.

—— Rechtsansprüche der Juden in Preußen. gr. 8. (3 B.) Elbing 845, (Neumann-Hartmann.) *

— s. Sabbath-Blatt.

Sommerfeld, Kurt, Tierarzt: Ueber Säuglingsmilch mit besonderer Berücksichtigung des Much- und Römerschen Verfahrens. Berlin 1907: G. Bernstein. (41 S.) 8°
Gießen, Veterinär-Med. Koll., Ref. Kossel, Diss. v. 20. Juli 1907
[Geb. 23. März 81 Berlin; Wohnort: Berlin; Staatsangeh.: Preußen; Vorbildung: Realgymn. Königsberg i. Pr. Reife M. 05; Studium: Tierärztl. Hochsch. Berlin 7, Univ. Berlin 2, Königsberg 2 S.; Rig. 5. Juni 07.]

Sommerfeld, Leopold, approb. Arzt zu Schöneberg: Ueber perniciöse Anaemie. *Leipzig 1902: B. Georgi.* (26 S.) 8°
Leipzig, Med. Diss. v. (18. Dez.) 1902

Sommerfeld, Marie, s.: Hellmuth, M.

Sommerfeld, Frau Marie, s.: Schebe, Marie v.

Sommerfeld, O. R., ausführliches Handbuch der Zinnober- u. Mennia-Fabrikation, nach allen vorhandenen Methoden u. m. Benutzung der neuesten Erfindungen u. Verbesserungen. Enthaltend alle Geheimnisse bei Bereitung dieser Artikel 2c. Mit 3 (lith.) Taf. Abbildgn. (in qu. 4.) 8. (112 S.) Quedlinburg 849, Basse. ⅔ ℳ

Sommerfeld, Otto Die psychischen Elementarprocesse zwischen den Vorstellungen und die Sprache. S. 65—85. Kath. G. *Glogau* 1876.
Progr.

Sommerfeld, Otto [Dr., Oberl.]: Hülfsbuch zur Lektüre der Ilias. Gross-Glogau, Druck v. Glogauer Druckerei-Ver., *1891;* 1 Bl., 42 S. 8°
Gross-Glogau. k. Kath. G, OP 1891 (179 statt 182)

Sommerfeld, Otto Die Psychologie von Aristoteles und Beneke. 12 S. Progr. Kath. G. *Glogau* 1879

Sommerfeld, Paul [aus Berlin]: Ein Beitrag zur Kenntniss der Imidazole. . . . Berlin, Buchdr. v. G. Schade, *1891;* 59 S. 8°
Berlin, Phil. Fak., Inaug.-Diss. v. 12. März 1891

Sommerfeld, Paul, s.: Handbuch der Milchkunde.

Sommerfeld, Paul, die Methoden der Milchuntersuchung, für Aerzte, Chemiker u. Hygieniker zusammengest. M. e. Vorwort v. Adf. Baginsky. gr. 8. (VI, 57 S. m. 7 Fig.) Berlin 896. A. Hirschwald. n. 1.20

Sommerfeld, Paul: Milch und Molkereiprodukte, ihre Eigenschaften, Zusammensetzung u. Gewinnung. Mit zahlr. Abb. Leipzig: Quelle & Meyer 1910. 140 S. 8°
(Wissenschaft u. Bildung. 73.)

— Milch u. Molkereiprodukte, s. Wissenschaft u. Bildung.

Sommerfeld, Paul, Säuglingskrankenpflege u. Säuglingskrankheiten, s.: Baginsky, Adf.

— s.: Zentralblatt, hygienisches.

Sommerfeld, Paul, die chemische u. kalorimetrische Zusammensetzung der Säuglingsnahrung. Zusammengestellt u. berechnet. gr. 8. (26 S.) Stuttgart 902. F. Enke. n. 1.20

Sommerfeld, Sally (geb. Usch in Posen 18. 6. 1852): Ueber den Krebs der Brustdrüse und seine Metastasen. Berlin (1878). (33 S.) 8°
Berlin, Med. Diss. v. 10. Apr. 1878

Sommerfeld, Theodor

Sommerfeld, Th. Die Berufskrankheit der Steinmetzen, Steinbildhauer u. der verwandten Berufsgenossen. 8. (38 S.) Berl. 892, Skrzeczek. * — 50

Entwurf einer Liste der gewerblichen Gifte. Im Auftr. d. Internat. Vereinigung f. gesetzl. Arbeiterschutz unter Mitw. von Prof. Dr. Thomas Oliver, London, u. Prof. Dr. Felix Putzeys verf. von Prof. Dr. Th[eodor] Sommerfeld. Jena: G. Fischer 1908. (26 S.) 8° [08. 17334

Sommerfeld, Th., die Frauenkrankheiten u. die Entwickelungsperioden d. weiblichen Geschlechtes. Ein treuer Ratgeber f. gesunde u. kranke Frauen. gr. 8. (VIII, 114 S.) Wiesbaden 890. Sadowsky. n. 1.50

Sommerfeld, Th, die Frauenkrankheiten u. die Entwickelungsperioden des weiblichen Geschlechts, 2. Aufl., s.: Schröder, O., Ratgeber f. gesunde u. kranke Frauen.

Zur Geschichte der Lungenheilstättenfrage in den letzten drei Jahren. Dem Kongress z. Bekämpfung d. Tuberkulose als Volkskrankheit gewidmet von Th[eodor] Sommerfeld, Berlin. *Berlin: 'Allgem. medicin. Central-Zeitung' 1899.* (96 S.) 8°
Aus: Allgem. medicin. Central-Zeitung. [99. 8595 11

— zur Geschichte der Lungenheilstättenfrage in den letzten 3 Jahren. Dem Kongress zur Bekämpfg. der Tuberkulose als Volkskrankheit gewidmet. gr. 8. (96 S.) Berlin 899. O. Coblentz. n. 1.—
Sonderabdruck aus: „Allg. med. Central-Zeitung".

Der Gewerbearzt. Von Prof. Dr. Th[eodor] Sommerfeld, Arzt in Berlin. *Jena: G. Fischer 1905.* (VIII, 194 S.) 4°(8°)
= Handbuch d. Sozialen Medizin. Bd 6. [05. 9161

— die Haarkrankheiten, s.: Hausbibliothek, medicinische.

Sommerfeld, Th., s.: Handbuch d. prakt. Gewerbehygiene.

— Handbuch d. Gewerbekrankheiten. M. statist. Uebersichten u. d. Bekanntmachgn. d. Bundesrates. F. Medizinalbeamte, Krankenkassenärzte, Verwaltungsbeamte, Beamte d. Krankenkassen, Berufsgenossenschaften u. Alters- u. Invaliditäts-Versicherungsanst., Fabrikbesitzer, Fabrikinspektoren, Nationalökonomen u. Techniker. 1. Bd. gr. 8. (VIII, 536 S. m. 3 Tab.) Berlin 898. O. Coblentz. n. 10.—

— die Heilung der Lungenschwindsucht u. der tuberkulösen Erkrankungen, vom Standpunkte des neuen Koch'schen Heilverfahrens volkstümlich dargestellt. gr. 8. (37 S.) Wiesbaden 890. Sadowsky. n. — 50

— die Heilung der Lungenschwindsucht u. der tuberkulösen Erkrankungen nach Liebreich u. Koch, volkstümlich dargestellt. gr. 8. (43 S.) Wiesbaden 891. H. Sadowsky. 1.—

Sommerfeld, Th., Hygiene d. keram. Industrie etc., s.: Sonne, Wilh.

— Hygiene der ansteckenden Krankheiten. Gemeinverständliche Belehrg. üb. ihre Ursachen u. die Mittel zur Verhütg. ihrer Entstehg. u. Verbreitg. gr. 8. (VIII, 116 S.) Wiesb. 890, Sadowsky. * 2 40

— die ansteckenden Krankheiten u. die Schule. gr. 8. (15 S.) Ebd. 890. n. — 20

— die Schwindsucht der Arbeiter, ihre Ursachen, Häufigkeit u. Verhütg. M. Tabellen u. e. graph. Darstellg. [Erweit. Sonder-Abdr. aus: „Zeitschr. d. Centralstelle f. Arbeiter-Wohlfahrtseinrichtgn."] gr. 8. (58 S.) Berlin 895. C. Heymann's Verl. n. 1.60

Die Tuberkulose und ihre Bekämpfung. Von Prof. Dr. Th[eodor] **Sommerfeld**-Berlin. *Berlin: Vogel & Kreienbrink 1902.* (14 S.) 8° [F.]
— **Volksschriften**, Hygienische. No 6. [illegible]

Sommerfeld, Theodor von (Schlesien) A. S. 174/22

Dissertatio iuris feudalis. Vasallum epichaerecacum, Den Lehn=Mann als einen Schadenfroh ... submittit ... Präs. Samuel Friedrich Willenberg. Rec.
Jena (Heller) 1737. 74 S.

Diss. Frankfurt/O. 21. VIII. 1700.
W. v.: Präs., Georg Matthiasch, Johann Eberhard Meyer. 32833

— s.: Volksschriften, hygienische.

Sommerfeld, Th[eodor], Edgar Jaffé u. Joh[annes] Sauer: Wegweiser für die Berufswahl. Im Auftr. des Freiw. Erziehungsbeirates f. schulentlassene Waisen bearb. — Hamburg: Agentur d. Rauhen Hauses 1902. 160 S. 8° (Schriften des Freiw. Erziehungsbeirats f. schulentlass. Waisen. Bd 1.)

Wegweiser für die Berufswahl. Im Auftr. d. Freiwill. Erziehungsbeirates f. schulentlassene Waisen zu Berlin bearb. von Prof. Dr. med. Th[eodor] **Sommerfeld**, Dr. phil. Edgar Jaffé u. Joh(annes) Sauer. 2. durchges. u. stark verm. Aufl. Hamburg: Rauhes Haus 1904. (224 S.) 8° [F.]
— **Schriften** d. Freiwilligen Erziehungsbeirats f. schulentlassene Waisen. Bd 1. [05.10.16

— wie schütze ich mich gegen Tuberkulose? gr. 8. (44 S.) Berlin 900. O. Coblentz. n. — 60

Wie schütze ich mich gegen Tuberkulose? von Dr. med. Th[eodor] **Sommerfeld**, Berlin. 2. Taus. *Berlin: O. Coblentz 1900.* (44 S.) 8° [F.] [illegible]

— wie schützen wir uns u. unsere Kinder vor Masern, Scharlach, Diphtherie u. den übrigen ansteckenden Krankheiten? Nebst den polizeil. Vorschriften üb. Desinfection. Gemeinverständlich dargestellt. gr. 8. (VIII, 116 S.) Ebd. 891. n. 1.50

Sommerfeld, Wilhelm von

Sommerfeld, W. v., Beiträge zur Verfassungs- u. Ständegeschichte der Mark Brandenburg im Mittelalter. (Veröffentlichungen des Vereins f. Geschichte der Mark Brandenburg.) 1. Tl. (XII, 168 S.) gr. 8. Leipzig 904. Duncker & Humblot. n. 4. —

von Sommerfeld, Wilhelm [aus Stettin]: Die Beziehungen zwischen den Deutschen und den pommerschen Slaven bis zur Mitte des 12. Jahrhunderts ... Leipzig, Duncker & Humblot, 1894; 43 S., 1 Bl. 8.
Berlin, Phil. Fak., Inaug.-Diss. v. 28. Nov. 1894

Geschichte der Germanisierung des Herzogtums Pommern oder Slavien bis z. Ablauf d. 13. Jhs. Von W[ilhelm] v. **Sommerfeld**. *Leipzig: Duncker & Humblot 1896.* (VIII, 234 S.) 8.
— **Forschungen**, Staats- u. socialwissenschaftliche. Bd 13. H. 5. [illegible]

Sommerfeld, Wilh. Salzmonopol und Salzsteuer. Ein wirthschaftliches Uebel und ein sociales Vergehen. Heft 7 der Flugblätter, hrsg. v. Verein für volkswirthschaftlichen Fortschritt in Wien, 1869.

Sommerfeld, W., Salzmonopol, —— über Steuern und Vermögenssteuern, } s. Flugblätter, hrsg. vom Verein für volkswirthsch. Fortschritt.

Sommerfeld und Falckenhain, Christoph Ernst von (Schlesien) A. S. 746/18

Dissertatio juris publici, de turbatis S. R. imperii circulis. Präs. Immanuel Weber.
Giessen (Müller) II. 1703. 48 S.

Gew.: Georg Rudolph Fhr. von Schweinitz.
W. v.: Johann Christoph Bielefeld, Rudolph Friedrich Schultt, Präs., Matthias Nikolaus Kortholt. 32835

Sommerfeld und Falckenhain, Christoph Ernst von (Schlesien) A. S. 195/17

Dissertatio juris publici, de turbatis S. R. imperii circulis. Präs. Immanuel Weber.
Giessen 1717. 44 S.

Diss. II. 1703. 32836

Weber, Imm [Präs.] u. Chrph. Ernst de Sommerfeld u. Falckenhain (Eques Silesius) [Auct. et Resp.]
Dissertatio juris publici de turbatis S. R. Imperii circulis. [Diss. v. Febr. 1703.] Accedit praesidis epistola de statu rei diplomaticae in Germania.
Giessae 1744: Eberh. Henr. Lammers. 56 S. 4°

Sommerfeld und Falckenhain, Christoph Ernst von (Schles.) A. S. 820/2

De lege naturali meditationes academicae, ad illustris Pufendorfii de officiis libros annotationum specimen. Präs. Immanuel Weber.
Giessen (Müller) XII. 1702. 32 S.

Gew.: Rudolph Friedrich Schultt.
W. v.: Matthias Nikolaus Kortholt. 32834

Sommerfeldsche Familiengesch., od. die Erziehung mit ihren Früchten. 2 Bde. 8. Berlin, Kunze. 788.

Sommerfeldsche Familiengeschichte, oder Erziehung mit ihren Früchten, 2 Theile, 8. Frankfurt an der Oder, 788. Akademie. 1 Rthl. 20 sgl.

Sommerfeldt, Eduard

Sommerfeldt, Edu. Dr. Julius Bahnsen. Eine Charakterskizze. 10 S. Progr. *Lauenburg Po.* 1882.

Sommerfeldt, E., ein Beitrag zur Realschulfrage. hoch 4. (26 S.) Anclam 871, Dietze's Buchh. *

Sommerfeldt, E., ein Beitrag zur Realschule. hoch 4. (26 S.) Anclam 871. Boettcke. n. — 50

Sommerfeldt, E. Bemerkungen zum lateinischen und griechischen Unterricht in der Gymnasialsekunda. 18 S. *Lauenburg Po.* 1885. **Progr.**

Sommerfeldt, Ernst, Dr.: **Beiträge** zur Kenntnis wasserhaltiger Mineralien. *Tübingen 1902: (O. Riecker).* (40 S.) 8° Tübingen, Naturw. Hab.-Schr. v. 1902

Sommerfeldt. Die Grundzüge der Festigkeitslehre in ihrer besond. Anwendung auf d. Berechnung provisorischer Eisenbahn-Brücken. gr. 8. (VIII, 258 S. m. Abbildgn.) Berl. 892, Mittler u. Sohn.
* 4 50; geb. ** 5 25

Sommerfeldt, die Grundzüge der Festigkeitslehre in ihrer besonderen Anwendung auf die Berechnung feldmäßiger Eisenbahn-Brücken. 2., verm. u. verb. Aufl. (VIII, 385 S. m. 330 Abbildgn.) gr. 8. Berlin 903. E. S. Mittler & Sohn. n. 6. —

Geometrische Kristallographie von Ernst **Sommerfeldt**, Privatd. Mit 31 Taf. u. 69 Abb. Leipzig: W. Engelmann 1906. (139 S.) 4°(8°) [04. 3400

Sommerfeldt, Ernst, physikalische Kristallographie vom Standpunkt der Strukturtheorie. Mit 122 Abb. im Text u. auf eingehefteten Taf. (VII, 132 S.) gr. 8. Leipzig 907. Ch. H. Tauchnitz. Geb. in Leinw. 6. —

Sommerfeldt, Ernst, aus Königsberg i. Pr.: Thermochemische und thermodynamische **Methoden,** angewandt auf den Vorgang der Bildung von Mischkrystallen. Mit 7 Fig. im Text. *Stuttgart: E. Schweizerbart 1900.* (37 S.) 8° (Aus: Neues Jahrbuch f. Mineral. etc. 1900, Bd 2.) Göttingen, Phil. Diss. v. [18. Okt.] 1900

Sommerfeldt. Die Howe'schen Träger. Berlin 1900. 8°.

Sommerfeldt, Gustav

Sommerfeldt, Gust., Fin-de-Siècle. — Geschichtsschreibg., Politik, Pamphletomanie. Authent. Enthüllgn. üb. d. Caligula-Unfug u. d. wirkl. Gründe desselben, zugl. e. Beitrag zur Zeitgeschichte. gr. 8. (32 S.) Berlin 895. Cassirer & Danziger. n. — 60

Sommerfeldt, Gustav: G e h l w e i d e n und Gross-Rominten in Urkunden und Akten des 16. bis 19. Jahrhunderts. Braunsberg 1902: Ermländ. Zeitungs- u. Verlagsdr. (44 S.) 8°

Sommerfeldt, Dr. G. Preußisch-polnische Grenzbesatzung in den Jahren 1676—1706. Königsberg 1896. 4 S.
(Sond.-Abdr. a. „Sitzungsber. d. Altertumsges. Prussia zu Königsberg".)

— **Nationalstaat od. Demokratie? Ueber d. Woher u. Wohin d. Reichspolitik am Ende d. 19. Jahrh. gr. 8. (24 S.) Königsberg 895. B. Teichert.** n. — 50

—— Preußen und das „Reich" zur **Zeit** des siebenjährigen Krieges. Der Kriegszug **nach** Franken 1758. Leipzig 1899. 4°. (Aus: **Leipziger** Ztg. Wissensch. Beil.)

— **d. Reichsnationalkurs in Vergangenheit u. Gegenwart. Ueb. Bethätiggn. v. Nationalitätsgefühl u. Stammespartikularismus der Deutschen im Mittelalter. gr. 8. (30 S.) Königsberg i/Pr. (3, Fließstr. 12) 896. Selbstverlag. (Leipzig, C. F. Tiefenbach.)** n. 1. —

Sommerfeldt, Gust., die Romfahrt Kaiser Heinrichs VII. [1310—1313]. 1. Tl. Mit Exkurs: Die beiden Speierer Reichstage der J. 1309—1310. gr. 8. (57 S.) Königsberg 888, Gräfe und Unzer. Diss. *

Sommerfeldt, Jo. Gottl., praes. Jo. Ad. **Wedel,** De deliriis in genere. 24 pp. Jen. 4°. 1744

Der Portugiesisch-Spanische und Italiänische Sommerfeldzug dieses 1705. Jahres. Coelln 1705.

Sommerfeldzug, Der, des Revolutionskrieges in Siebenbürgen im Jahre 1849. Leipzig 1863. V: *Ramming-Riedkirchen, Wilh. Freih. v.* (Auctions-Kat. Gilhofer & Ranschburg-Wien XI.)

Der Sommer-Feldzug des Revolutionskrieges in Siebenbürgen im Jahre 1849. Von einem österreichischen Veteranen. Mit 2 Schlacht-Plänen. Leipzig, J. L. Schrag (A. G. Hoffmann) 1863. VIII 107 S. 8. (A. m. d. T.: Der Revolutionskrieg in Siebenbürgen in den Jahren 1848 und 1849. Von einem österreichischen Veteranen. Abth. 2. Der Sommerfeldzug.)

Sommer-Feldzug, der, des Revolutionskrieges in Siebenbürgen im Jahre 1849 von einem Veteranen. Vollständige Ausgabe. Prag 864. Credner. gr. 8. (XXIII, 165 S.) 24 ngr

—— der, des Revolutionskrieges in Siebenbürgen im J. 1849, s. a. Revolutionskrieg.

Sommerfels, J., lehrreiches Alltagsbuch z. Unterricht u. Vergnügen u. Nachdenken. 8. Wien 800. v. Mösle. 6 gr

Sommerfelt, S. Chr., Plantarum cryptogamarum Norvegicarum Cent. I. Fol. Christianiae 826. (Leipz., Barth). 6 ß 20 gr Cent. II. Fol. ibid. 830. (Lpz., Kummer). 6 ß 16 gr

— Supplementum Florae Lapponicae, quam edid. G. Wahlenberg. Cum tabb. color. III. 8maj. Christianiae 826. (Leipz., Barth). 3 ß

Sommerfelt, Wilh., Francesco Spiera, e. Unglücklicher. Aus d. Norweg. v. H. G. W. Hansen. 8. (V, 68 S.) Leipzig 896. A. Deichert Nachf. n. 1. —

Sommerfest. Ein moderner Musen-Almanach. Mit Originalbeiträgen v. Herm. Bahr, Otto Jul. Bierbaum, Jul. Brand u. A. 1. Reihe. 16. (VII, 61 S.) Münch. 891, (Münchener Kunst- u. Verlags-Anstalt, E. Albert u. Comp.). 1 —

SOMMER-FLUGBLATT ZU DEN NACHRICHTEN VOM BERLINER HYGIEINISCHEN VEREINE, der ganzen Folge Nr. 11, ausgegeben Ende Juli 1885. (Ohne bes. Titelblatt. — ib. —)

II. SOMMER FLUGBLATT ZU DEN NACHRICHTEN VOM BERLINER HYGIEINISCHEN VEREINE, der ganzen Folge Nr. 12, ausgegeben Ende August 1885. (Ohne bes. Titelblatt. — ib. —)

Sommerfreuden. Im Sinne der academischen Corona in Gloggnitz. Neunkirchen 1889. V: *Krticzka Freih. v. Jaden, Johann Nepomuk.* (EB)

Sommerfreuden, zur Unterhalt. u. Belustigung f. d. Jugend jedes Alters. Als Fortsetz. d. „Winterfreuden v. J. G. Ziehnert." 2., v. R. Seifert verm. Aufl. 12. (7 B. u. 1 ill. Stnt.) Pirna 832, [Leipzig,] Friese.
J. G. Ziehnert, Winterfreuden. 8. Aufl. Ebendas. ... 12 Gr.

Sommerfrische des Partikularisten Bliemchen aus Dresden o. J. V: *Schumann, Gust.* (EB)

Sommerfrische des Partikularisten Bliemchen aus Dresden. Mit Federzeichnungen von Adph. Reinheimer u. A. 1.—8. Aufl. gr. 8. (80 S.) Leipzig 882—84, Reißner. * 1 —

Sommerfrische Kyllburg (Eifel). 8. (7 S. mit 1 Karte.) Aachen, R. Barth. **

Sommerfrischen,

— **Bade- u. Kurorte** in der Eifel, s.: Verzeichnis der Sommerfrischen usw. in der **Eifel**.

Die beliebtesten **Sommerfrischen** in Deutschland und Österreich. 2., neu bearb. Aufl. Berlin: A. Goldschmidt 1904–05. (III, 200 S.) 8° [Ant. u. J.]
= **Reiseführer**, Griebens. Bd 54.

EMPFEHLENSWERTHE MÄRKISCHE SOMMERFRISCHEN. Auf Grund amtlicher Auskünfte zusammengestellt und herausgegeben vom Touristen-Klub für die Mark Brandenburg. Berlin 1900. Druck: Richard Münch, Charlottenburg. 8°. Dasselbe. Neue erweiterte Ausgabe. Berlin 1901. Druck: Carl Marschner.

Empfehlenswerte Märkische **Sommerfrischen**. Auf Grund amtl. Auskünfte zsgest. u. hrsg. vom Touristen-Klub f. d. Mark Brandenburg. Neue erw. Ausg. *Berlin 1901: C. Marschner.* (38 S.) 8° [J.]

EMPFEHLENSWERT(H)E MÄRKISCHE SOMMERFRISCHEN. Auf Grund amtlicher Auskünfte sowie eigener Erfahrungen zusammengestellt und herausgegeben vom Touristen-Klub für die Mark Brandenburg. Mit 2 Uebersichtskarten. 3. erweiterte Auflage. ib. 1902. Carl Marschner, Buchdruckerei. (40 S.) Dasselbe. Mit 1 Uebersichtskarte. 4. erweiterte Auflage. ib. 1904. —

Empfehlenswerte Pommersche **Sommerfrischen**. Auf Grund amtl. Auskünfte, sowie eigener Erfahrungen zsgest. u. hrsg. v. Stettiner Touristen-Klub. Stettin 1906: Herrcke & Lebeling. (25 S.) 8° [J.]

(F) **Niederösterreichische Sommerfrischen**, Kurorte und Höhenstationen. Herausg. vom Landesverband für Fremdenverkehr in Niederösterreich. 3. Aufl. 8°. (ill. XVI, 336 S.)
Wien: Lechner 1908.

Sommerfrischen der Prov. Posen u. Nachbarschaft. Hrsg. v. der Ortsgruppe Posen des Riesen-Gebirgs-Vereins. gr. 8. (28 S.) Posen (902). (J. Jolowicz) — 30

Sommerfrischen in Schlesien und Nordmähren . . . 2. Ausg. Wien [1904.] V: *Köhler, Adolph.* (Bücherverz. d. Zentral-bibl. d. D. u. Ö. A. V. München 1906.)

Sommerfrischen, steirische. Hrsg. v. steir. Gebirgsvereine. I. 8. Graz 896. Leuschner & Lubensky. n. — 60
Krakau bei Murau. Von Joh. Frischauf. (48 S. m. 2 Abb. u. 1 Karte.)

— vogtländische, empfohlen v. Verband vogtländ. Gebirgsvereine, im Mai 1898. Bearb. v. E. Schuster. 8. (44 S. m. Abb.) Plauen 898. (Hohmann.) n. — 30

Die Sommerfrischen des bayerischen Waldes. (Nürnberg [um 1907]: Nordbayer. Verkehrs- u. Touristen-Zeitung.) 36 S. 8° [Umschlagt.]

Sommerfrischen, die, des bayerischen Waldes. (48 S. m. Abb.) 8. Nürnberg (910). (Passau, G. Kleiter.) — 15

SOMMERFRISCHENBUCH. Zusammenstellung der hauptsächlichsten Bäder, Luftcurorte und Sommerfrischen in der sächsisch-böhmischen Schweiz und den angrenzenden Gebieten nebst Angabe der Reiseverbindungen, Hôtels, Restaurationen ... Herausgegeben von den Mitgliedern der Section Dresden des Gebirgsvereins für die sächsisch-böhmische Schweiz O. LEHMANN ED. GEUCKE H. COLDITZ und bearbeitet von A. LINGKE. Dresden. s. a. Verlag der Arnoldischen Buchhandlung. 8°.

Sommerfrischenbuch. Zusammenstellung der hauptsächlichsten Bäder, Luftcurorte u. Sommerfrischen in der sächsisch-böhm. Schweiz u. den angrenz. Gebieten, nebst Angabe der Reiseverbindgn., Hotels, Restaurationen, Privatwohngn., Badeeinrichtgn., Aerzte, Apotheken etc., sowie e. kurzen Uebersicht der Spaziergänge u. Ausflüge, welche v. den betr. Orten aus gemacht werden können. Hrsg. v. den Mitgliedern der Section Dresden d. Gebirgsvereins f. die sächsisch-böhm. Schweiz u. bearb. v. A. Lingke. 8. (IV, 88 S.) Dresden 884. Arnoldische Buchh. n. 1. —

Sommerfrisch- und Fremdenstationen, Nordtirols. Herausgegeben vom Verein zur Hebung des Fremdenverkehrs in Nordtirol. [Innsbruck 1891.] V: *Platter, Josef Calasanz.* (Margr)

Sommerfrüchte, gesammelt von C. N. Leipzig 1823. V: *Neumann, Carl.* (GGr X, 493) (Zeitschr. f. Büch. N. F. 15, 1923, S. 122)

Sommerfrüchte, gesammelt v. C. N., mit Vorwort v. *r. 8. Leipz. 823. Kollmann. 1 ₰ 8 gl

Sommerfrüchte, gesammelt v. C. N., mit e. Vorwort v. G. W. Becker. 8. Leipz. 823.

Sommer- u. Ferienhäuser aus dem Wettbewerb der Woche. 10. Sonderheft der Woche. (XVI, 127 S. m. Abbildgn.) 30,5×22,5 cm. Berlin 907. A. Scherl. 2. —

— — dasselbe. 11. Sonderheft der Woche. Neue Folge. (XII, 128 S. m. Abb.) 30,5×22,5 cm. Ebd. 907. Kart. 2. —

Sommerhoff, Erich O[tto]. Ueber die gefärbten Molekularverbindungen des symmetrischen Trinitrobenzols und seiner Derivate mit Aminen. Diss. Phil. [II.] Univ. Zürich. 110 S. 8. Zürich, Jean Frank, 1904.

Johann Christoph Sommerhoff

Lexicon pharmaceutico-chymicum Latino-Germanicum & Germanico-Latinum. Continens terminorum pharmaceuticorum & chymicorum. ...Cui acc. Vocabularium Germanico-Latinum locupletissimum, vegetabilium, animalium & mineralium...(Vollkommenes teutsches Wörterbuch aller Kräuter, Thiere u. Ertz, so wol derer, welche in vorhergehenden lat. Lexico begriffen, als auch anderer, die in Apothecken, Material-Kammern... vorkommen. Adjuncti sunt sub finem Characteres metallorum, mineralium, planetarum, ponderum, aliarumque rerum chymicarum. Authore Johan[ne] Christoph[oro] Sommerhoff. Norimbergae: Zieger & Lehmann 1701. 411, 114 S. 4°

Sommerhof, Joh. Chr., lexicon pharmaceutico-chymicum. fol. Nürnb. 713.

Sommer-Idylle. Wandkalender in Chromolithographie pro 1888. Gr.-Qu.-Fol. Wien: Zoeller 1887.

Sommering, E. Fr. a, introductio in universum jus. 4. Stiriae. 729.

Soemmering, Samuel Thomas

s.: Soemmerring, Samuel Thomas von

Sommer-Johannisfest 1851. [Zürich 1851.] 7 S. 4° [Kopftit.]
Übersicht üb. Leben u. Wirken der Loge Modestia c. libertate während der letzten 7 Jahre (1843—1859), Bruchstücke aus einer Joh.-Festrede 1849 üb. die Bibelstelle. „Es ist die Stimme eines Predigers in der Wüste . . ." usw. Bericht (ohne diese Rede) auch abgedr. in: FZ. 5 (1851) S. 409 bis 411. 3.

Sommerjohannifest [!] 16. Juli 1876 [der Loge „Modestia cum Libertate" in Zürich]. [Zürich 1876:] Schiller. 1 Bl. 8°. [Kopftit.] 21.

Die Vorteile der Invalidenversicherung für Versicherungspflichtige und Versicherungsberechtigte nebst Berechnung e. Invaliden- u. Berechnung e. Altersrente. Mit e. Anh.: Wochen- u. Markenzähler. Zsgest. von Hermann **Sommerkamp**. Münster: J. Bredt 1904. (40 S.) 8° [F.] [Umschlagt.:] Die Vorteile der Invalidenversicherung.

Die Vorteile der Invalidenversicherung für Versicherungspflichtige und Versicherungsberechtigte nebst Berechnung e. Invaliden- u. Berechnung e. Altersrente. Mit e. Anh.: Wochen- u. Markenzähler. Zsgest. von Hermann **Sommerkamp**. 3. Aufl. Münster i. W.: J. Bredt 1906. (37 S.) 8° [F.] [06. 5388 6

Sommerkind, Das, oder der Grund der Völkerwanderung. Ein episches Gedicht. Paderborn 1858. V: *Reinkens, Joseph Hubert.* (Kn)

Sommerkind, das, oder der Grund der Völkerwanderung. Ein episches Gedicht. Paderborn 858. Schöningh. 16. (79 S.) 12 ngr.

Sommerlad, F. Wilhelm

Sommerlad, F. W., zum Abschied. 25 Ansprachen zur Schulentlassg. gr. 8. (VII, 89 S.) Frankfurt a/M. 894. M. Diesterweg. n. — 60

Sommerlad, F. W., naturgeschichtlicher Anschauungs-Unterricht, s.: Curtmann, W. J. G.

— landwirthschaftliche Charakterbilder für Schule und Haus. Die Wirthschaftsthiere. Frankfurt a. M. 859. Verlag für Kunst und Wissenschaft. gr. 8. (XI, 467 S.) n. 1 ₰ 10 ngr.

Sommerlad, Wilh., s.: Diesterweg, Adf., pädagog. Kernsprüche.

Sommerlad, über die Erzählung für die Jugend. Offenbach a. M. 4. 22 p.
Schul-/Univ.-Schrift 1867.

— Feuer, Verbrennungen u. Aberglauben, s.: Sammlung gemeinnütziger Vorträge.

Sommerlad, F. W., Freud und Leid. Märchen und Erzählungen für die Jugend und ihre Freunde. Darmstadt 855. Diehl. gr. 8. (77 S.) 6 ngr.

Sommerlad, F. W., Paul Gerhardt. Ein Lebensbild für die reifere Jugend bearb. Mit 1 Titelbild (in Holzschn.). Leipzig 859. Schlicke. gr. 8. (IV, 107 S.) n. 16 ngr.

Sommerlad, F. W., Paul Gerhardt. Ein Lebensbild für die reifere Jugend bearb. gr. 8. (V und 107 S. mit 1 Titelbild in Holzschn.) Leipzig 860, Schlicke. *

Sommerlad, F. W. Geschichte d. öffentlichen Schulwesens zu Offenbach a. M. Mit vorausgeh. Überblick üb. die Geschichte Offenbachs im allgemeinen. gr. 8. (XIII, 202 S.) Offenbach 892, Th. Steinmetz. * 3 25; geb. * 4 —

Sommerlad, F. W., ausgewählte Gleichnisse Jesu. Für den Schulgebrauch bearb. gr. 8. (VII, 184 S.) Gießen 887. Roth. n. 2. —

— Johann Heinrich Jung's, genannt Stilling, Lebensgeschichte, oder dessen Jugend, Jünglingsjahre, Wanderschaft, Lehrjahre, häusliches Leben und Alter. Für die Jugend bearb. Leipzig 858. Schlicke. 8. (VIII, 151 S. u. 1 Holzschn.) n. 20 ngr.

— kleine Malereien oder Bilder aus dem Natur- und Menschenleben für die Jugend und ihre Freunde. Mit 6 (lith. u.) color. Bildern nach Zeichnungen von Leop. Bode. Frankfurt a. M. 856. Krebs-Schmitt. 16. (VI, 105 S.) 17 ngr.

Sommerlad, F. Wilhelm: Die t ü c h t i g e Persönlichkeit des Erziehers ist u. bleibt die zuverlässigste Garantie für das Gelingen pädagogischer Bemühungen. Offenbach. 1865.
Schul-/Univ.-Schrift

Sommerlad, F. W., u. K. W. L. **Hardt,** Worte des Lebens aus der Bibel. Für Schule u. Haus zusammengestellt. 8. (VI, 202 S.) Leipzig 877. Schlicke. n. 2. —; geb. u. 3. —

— u. K. W. L. **Hardt,** Worte des Lebens aus der Bibel. Für Schule u. Haus zusammengestellt. Neue (Titel-)Ausg. gr. 8. (VI, 202 S.) Offenbach 894. A. Heß. Geb. in Leinw. n. 2. —

Sommerlad, Fritz [aus Offenbach a. M.]: Darstellung und Kritik der ästhetischen Grundanschauungen Schopenhauers . . . Offenbach a. M., Druckerei C. Bröning, 1895; 40 S., 1 Bl. 8.
Giessen, Phil. Fak., Inaug.-Diss. v. 1895

Sommerlad, Fritz, Streik. Ein Zeitstück in 5 Aufzügen. 8. (III, 179 S.) Dresden 902. E. Pierson. n. 2. 50

Sommerlad, Hermann (Offenbach a.M.)
Ueber Hornblendeführende Basaltgesteine.
Stuttgart: E. Schweizerbart'sche Verlagsh. 1882. 51 S. u. 1 Taf.
Diss. phil. Giessen 22.7.1882. vorh. 7. la.

Sommerlad, Karl, appr. Arzt a. Heringhausen in Waldeck: Über Streptokokkenallgemeininfektion. Berlin (1904): G. Schade. (29 S.) 8°
Berlin, Med. Fak., Ref. v. Bergmann, Diss. v. 22. Okt. 1904
[Geb. 4. Okt. 77 Heringhausen, Waldeck; Heimatsort: Gießen; Staatsangeh.: Großh. Hessen; Vorbildung: Gymn. Laubach Reife M. 97; Studium: Berlin, K. Wilh.-Akad. 9 S.; Coll. 20. Okt. 04; Approb. 16. März 03.]

Sommerlad, Ludwig (Wieseck)
Ueber die Straflosigkeit der durch das Anbringen von Vorsichtsmassregeln, wie Selbstschüssen, Fussangeln u.s.w. verursachten Rechtsgüterverletzungen.
Giessen: Wenzel 1883. 27 S.
Diss. jur. 1.3.1883. vorh. 26. la. 11.

Sommerlad, Theo., Deutschtum u. Weltpolitik, s. a. Hochschul-Vorträge f. Jedermann.

Sommerlad, Th., Deutschtum u. Weltpolitik. Ein Vortrag. (48 S.) gr. 8. Leipzig, Dr. Seele & Co. 1907. —. 60.
„Hochul-Vorträge f. Jedermann". Heft 39. 40.

Theo **Sommerlad**. Die Lebensbeschreibung Severins als kulturgeschichtliche Quelle. *Leipzig: J. J. Weber 1903.* (V, 73 S.) 8°
— **Sommerlad**: Wirtschaftl. Untersuchungen. H. 2. [04. 15545

Sommerlad, Theodor [aus Frankfurt a. M.]: Matthaeus von Krakau. . . . Halle a. S., Hofbuchdr. v. C. A. Kaemmerer & Co., 1891; 101 S., 1 Bl. 8°
Halle, Phil. Fak., Inaug.-Diss. v. 2. Mai 1891

Sommerlad, Theo [Dr. phil.]: Die Rheinzölle im Mittelalter . . . [Erschien vollst. 1894 im gl. Verl.] Halle a. S., Hofbuchdr. v. C. A. Kaemmerer & C., 1893; 2 Bl., 49 S. 8.
Halle, Phil. Fak., Hab.-Schr. v. [2. Nov.] 1893

Sommerlad, Theo., die Rheinzölle im Mittelalter. gr. 8. (VIII, 175 S.) Halle 894. C. A. Kaemmerer & Co. n. 3. 60

Sommerlad, Theo., die wirtschaftliche Thätigkeit der Kirche in Deutschland 1. Bd. Naturalwirtschaftliche Zeit bis auf Karl den Großen. hoch 4. (X, 366 S.) Leipzig 900. J. J. Weber. Geb. in Pergament n. 20. —

Sommerlad, Theo., die wirtschaftliche Tätigkeit der Kirche in Deutschland. 2. Bd. Die wirtschaftl. Tätigkeit der deutschen Kirche in der Zeit des erwach. Staatsgedankens bis zum Aufkommen der Geldwirtschaft. (XIII, 315 S.) Lex.-8. Leipzig 905. J. J. Weber. n. 6.—
Bd. 1. Ebd. 900. Erm. Pr. n. 6.—

— wirtschaftsgeschichtliche Untersuchungen. 1. Hft. Zur Würdigg. neuester rechtsgeschichtl. Kritik. Abwehr u. Antwort an Hrn. Ulrich Stutz in Freiburg i. Br. gr. 8. (IV, 83 S.) Ebd. 900. n. 1.—

— wirtschaftsgeschichtl. Untersuchungen. II. Heft: Die Lebensbeschreibg. Severins als kulturgeschichtl. Quelle. (V, 74 S.) gr. 8. Ebd. 903. n. 2.—

— über Wesen u. Aufgaben der Wirtschaftsgeschichte. Antrittsvorlesung, geh. in der Aula der Universität am 11. Juli 1893. gr. 8. (31 S.) Ebd. 893. n. —60

Sommerlad, Theo, Die sociale Wirksamkeit der Hohenzollern. gr. 8°. Leipzig, J. J. Weber, 1899. (120 S.)

— das Wirtschaftsprogramm der Kirche des Mittelalters. Ein Beitrag zur Geschichte d. Nationalökonomie u. zur Wirtschaftsgeschichte des ausgeh. Altertums. (XV, 223 S.) gr. 8. Ebd. 903. n. 6.—

Theo Sommerlad. Zur Würdigung neuester rechtsgeschichtlicher Kritik. Abwehr u. Antwort an Herrn Ulrich Stutz in Freiburg i. Br. *Leipzig: J. J. Weber 1900.* (83 S.) 8°
= Sommerlad: Wirtschaftl. Untersuchungen. H. 1.

Karte der preußisch- und anhaltischen Kreise Quedlinburg, Aschersleben und Ballenstedt, (zugleich Touristenkarte f. d. nördl. Unterharz), von F[ranz] Sommerlade u. G[ustav] Peyer, Lehrer in Quedlinburg. Maßst. 1:120,000. *Quedlinburg: P. Deter [1904].* (1 Kartenbl. 39×29 cm.) 8° [kol.]

SOMMERLAT, Norbert (Frankfurt a.M.): Der Typhus abdominalis auf der I. medizinischen Abteilung in den Jahren 1899–1903.- München: Wolf 1904. 24 S.
14.7.1904 - Chr 1904/05,12; Jv 1903/04,333
Diss. Ingolst.-Landsh.-Mchn.

Sommerlatt, Christian Vollrath von

Sommerlatt, C. (V.) v., Adressenbuch d. Republik Bern, f. Wissenschaft, Kunst, Handel u. Gewerbe, sammt Beschreib. d. Merkwürdigkeiten, öffentl. Anstalten u. sonstigen nützl. Einrichtungen. 2 Abthln. (Nebst Ergänz.-Hft.) gr. 8. (34 B., 2 Ansichten, 1 Plan u. 1 Karte.) Bern u. Thun 836, 39. (Thun u. Aarau, Christen.)

Sommerlatt, Christian Vollrath von: Kleiner A t l a s der Schweiz. Bern 1838. fol.

Sommerlatt, C[hristian] V[ollrath] v[on]. Beschreibung der XXII. Schweizer-Kantone, von C. V. v. S., zu dessen in dreizehn Karten ... erschienenen kleinen Atlas der Schweiz. Mit einer Titel-Vignette [Tafel, und 1 Tabelle]. 8. Basel 1838.

Sommerlatt, C. v.: Beschreibung des polnisch-russischen Krieges 1830—1831 mit Rücks. auf d. früh. Verhältnisse d. unglückl. Polens. Nach offiz. Quellen bearb. u. hrsg. Freiburg 1832. 8°

Sommerlatt, C[hristian] V[ollrath] von. Description des XXII Cantons de la Suisse, par C. V. de S. Accompagnant le petit atlas... publié par le même auteur. Orné d'une Vignette [hors texte, d'un frontispice et d'un tableau]. Traduit de l'Allemand par C[arl] Hebler.... 8. Berne 1840 (°*Frontispice:* 1841).

Sommerlatt, Christian Vollrath von, s. E h r e n k r e u z , v.: Beschreibung d. letzten Russ.-Türk. Krieges.

Sommerlatt, Christian Vollrath von: E r i n n e r u n g e n an die Schlacht bei Wimpfen und den Tod der 400 Pforzheimer. 8. M. Krt. Freiburg i/Br. 1824.

Sommerlat, C. V., Züge teutschen Muthes u. Hochsinns in Gemälden aus der Wirklichkeit, nebst gehaltreichen Gelegenheitsgedichten. 2 Bde. Mit Kupf. 8. Basel, Schweighäuser. 820.

Züge teutschen Muthes und Hochsinns nebst einigen Gedichten verschiedenen Inhalts. Gesammelt und zur Ausführung eines wohlthätigen Zweckes hrsg. von C.V. Sommerlatt. Th. 2. Neueste Aufl.
Basel: (Wagner) 1825. 231 S. 8°

Sommerlat, C. V., Züge teutschen Muthes u. Hochsinns in Gemälden aus der Wirklichkeit, nebst gehaltreichen Gelegenheitsgedichten. 2 Bde. Mit Kpf. 8°. Freiburg 826. Wagner.

Sommerlatt, Fr., Karte von Deutschland in 12 (lithogr.) Blättern. Carlsruhe, Braun. 1826. qu.-Fol. (1¼ Rthl. — Nach den politischen Grenzen color. 1⅓ Rthl.)

Sommerlatt, Kurt: Hans Thoma, ein deutscher Mann und Meister. Ansprache. Frankfurt a. M. 1910: Voigt & Gleiber. S. 1—10. 4°
Frankfurt a. M., Elisabethen-S, HM P 1910 [89] [S 10. 419

Sommerlatt, R. v., s.: Archiv, sächs., f. bürgerl. Recht.

— ist d. Entwurf d. deutschen bürgerlichen Gesetzbuchs en bloc annehmbar? E. Wort zur Verständigg. in letzter Stunde. [Aus: „Sächs. Archiv f. bürgerl. Recht u. Prozeß".] Lex.-8. (20 S.) Leipzig 896. Roßberg. n. —60

Sommerlatte, Johann Friedrich [Praes.], s. E y s l e i n , Jo. Gottfried: De eruditis singularis cujusdam libri amatoribus.

Sommerlatte, Johann Friedrich [Praes.], s. S c h m i d , Christian: De polyhistore.

Sommerlatte, Guil. (geb. Wittenberg 25. 12. 1826): De thypho [!] enterico. Berolini (1850). (44 S.) 8°
Berlin, Med. Diss. v. 19. März 1850

Sommer- und Winterlektüre, Angenehme. Erstes, zweites und drittes Bändchen. Wien 1790. Im Verlag Christoph Peter Rehms. 106 + 107 + 92 S. 8°. V: *Richter, Joseph.* (Hans Viktor Pisk: Josef Richter. Diss. Wien 1927. S. 125—126) (BiblPort)

Sommer-Lokalauer, allgemeiner, der Buchknechte Deutschlands. Humoristisch ergreif., weit ausschweif., in keinen Grenzen sich halt., den Ernst schnell erkalt., Curiosa berühr., Kalauer vorführ., Standes-Interessen erört., Verdaug. beförd. Unterhaltungsblatt. Red.: P. Schikowsky. Jahrg. 1891. 12 Nrn. (Bog. m. Abbildgn.) gr. 4. Breslau, Verl. d. „Sommerlokalauer" (W. Schnock). à Nr. n.n.n. —50

Sommerloth, S.: „Erprobtes ökonomisches Manual, oder gründlich abgefasste Anweisung für Gutsbesitzer, Landwirthe, Bäcker, Bier- und Essigbrauer, Branntweinbrenner usw. . . , zur vortheilhaftesten Verbesserung ihrer Anlagen", Minden 1805 (Leipzig, Köhler).

Sommer-Luft. 4. (12 S. m. farb. Bildern.) Stuttgart 894. J. Loewe. n. —40

SOMMER-MÄHRCHEN, Launigte, bei langen Sommer-Tagen zu erzählen. (Vignette.) O. O. (Basel, Serini) 1783. Gr. 8°. 23 S. Vorrede u. 344 S. (15 Mk., hübsch. Ldrbd. d. Zeit mit reizend. Vorsatzpapier, Max Perl's Berliner Octob.-Auct. 1907; 50 [!] Mk. C. G. Boerner, Lpz. 1907.)
Enthält 32 Erzählungen — worunter 27 in V e r s e n — im Geschmack Lafontaine's, Grécourt's, Boufiers', der Königin Margarethe von Navarra etc., darunter: Die Spiele der Unschuld. — Die Grossmütige Schöne. — Die seidnen Schuhe. — Die obern und untern Seelenkräfte. — Die Wassercur. — Die misslungene Weiberlist. — etc.

Sommermährchen, launige, bei langen Sommertagen zu erzählen. gr. 8. Basel 783. Serini. (Leipz., Rein). 1 ℔

Sommermeier, Hermann, a. Magdeburg: Die Klage in der Handschrift J des Nibelungenliedes. Marburg a. L. 1905. (137 S.) 8°
Marburg, Phil. Fak., Ref. Vogt, Diss. v. 15. März 1906
[Geb. 5. Jan. 82 Magdeburg; Wohnort: Soltau; Staatsangeh.: Preußen; Vorbildung: Realgymn. Magdeburg Reife M. 00; Studium: Marburg 4, Berlin 1, Marburg 4 S.; Rig. 1. März 05.]

Sommermeier, Leopold: C e p h a l o p o d e n des tieferen Gault in Peru ‹Placenticeras und Knemiceras›. Stuttgart: Schweizerbart 1910. 35 S. 8° (Vollst. in: Neues Jahrbuch f. Mineral. Beil. Bd 30, u. d. T.: Die Fauna d. Aptien und Albien im nördl. Peru. I. Cephalopoden.)
Bonn, Phil. Diss. v. 15. Okt. 1910, Ref. Steinmann

S o m m e r m e y e r, A., an essay on the life and writings of Henry Kirk White, in connexion with the contemporary poets of Great Britain. Progr. der Realschule Barmen 1847. 4°.

Über Gleichungen der Form $x^n + y^n = z^n$ in ganzen Zahlen und den grossen Fermatschen Satz. Von Ernst **Sommermeyer,** Ing. Berlin: Pormetter 1909. 20 S. 8° [09. 17575

Sommermeyer, Julius, a. Zwingenberg in Hessen: Preußen und die Campagne von 1794 gegen Frankreich. [Reinickendorf] (1905: Th. F. Schemmel.) (85 S.) 8°
Berlin, Phil. Fak., Ref. Delbrück, Hintze, Diss. v. 8. Juli 1905
[Geb. 20. Dez. 79 Zwingenberg b. Darmstadt; Heimatsort: Pankow bei Berlin; Staatsangeh.: Preußen; Vorbildung: Kaiser Wilhelm-Realgymn. Berlin Reife M. 01; Studium: Berlin 8 S.; Rig. 2. Febr. 05.]

Sommermeyer, Richard [wiss. Hülfsl.]: Die drei ersten Hauptstücke nach Luthers grossem Katechismus. Meiningen, Druck d. Keyssnerschen Hofbuchdr., *1895*; 1—14 S. 4.
Schleusingen, k. Hennebergisches G, OP 1895 (254)

Sommermeyer, Rich., d. 3 ersten Hauptstücke nach Luthers grossem Katechismus. Progr. 4. (14 S.) Schleusingen 895. R. Sommermeyer, Selbstverlag. n. 1. —

Sommermeyer, Richard: Verzeichnis der Abiturienten des Gymnasiums aus dem Zeitraum von 1877 bis 1902, zusammengestellt von R. S. S. 3—17. 4.
Progr. Kgl. Preuß. Henneberg. Gymn. *Schleusingen* 1904 (296).

Sommermorgen, von K. L. M. Müller. 8. Leipzig, Hinrichs. 810.

Sommernächte philosophischen und moralischen Inhalts ... Erfurt 1778. V: *Knoll, Heinrich Christoph Friedrich.* (ML) (Ky) (Euph I, 182)

— : Nächte philosophischen und moralischen Inhalts in Dialogen und Erzählungen, 8. Erfurt, 778. Keyser. 8 gl.

Sommernachtstraum, ein. Erzählt von einem älteren Infanteristen. 8. (82 S.) Berlin 888. Mittler & Sohn. n. 1. 50

Berliner Verein f. Ferien-Kolonien ‹E.V.›. 25 Jahre **Sommerpflege.** (Berlin 1905: M. Lichtwitz.) (82 S.) 8° [Umschlagt.]
[Vort.:] Bericht über d. Berliner Ferien-Kolonien seit ihrem Entstehen nebst Jahres-Bericht f. 1904. [06. 6363

Sommerreise, eine. 16. (129 S.) Berlin 852, A. Duncker. 1/2 ℔; in Engl. Einb. m. Goldschn. 27 Sgr

Sommerreise, e., nach dem bayerischen Hochgebirge. Harmlose Plaudereien in Tagebuchform v. e. alten Nassauer (C. Goedecke). (103 S. m. Bildnis.) 8. Wiesbaden 906. (H. Staadt.) n. 2. —

Sommerreise, Eine, ins Pinsgau und Tirol. Salzburg 1869. V: *Englmayr, Matthias.* (Hr)

Sömmerring, Detmold Wilhelm, s. S ö m m e r r i n g, Wilhelm.

Samuel Thomas von Soemmerring

Samuel Thomas [von] Soemmerring. Abbildungen und Beschreibungen einiger Misgeburten die sich ehemals auf dem anatomischen Theater zu Cassel befanden. Mit 12 Kupfertaf. Mainz: Universitätsbuchh. 1791. 38 S. 4°

— Abbild. u. Beschreib. einiger Mißgeburten, die sich auf d. anatom. Theater zu Cassel, dermalen zu Marburg befinden. Mit 12 Kpf. Fol. Mainz 791. (Andreä in Frankf. a. M.) 1 ℔ 4 Gr

Samuel Thomas [von] Soemmerring. Abbildungen des menschlichen Hoerorganes. Frankfurt a.M.: Varrentrapp & Wenner 1806. X, 36 S. 2°

Samuel Thomas [von] Soemmerring. Abbildungen der menschlichen Organe des Geruches. Frankfurt a.M.: Varrentrapp & Wenner 1809. IX, 24 S. 2°

— Abbild. der Sinnorgane. 1e Lieferg. das menschl. Auge. Mit 14 schwarz. u. 2 ill. Kpf. Fol. Frankf. a. M. 801. Boselli. 19 ℔ 2e Lieferg. Abbild. der menschl. Hörorgane. Mit 9 Kpft. Fol. Ebd. 806. (Ebd.) 7 ℔ 22 Gr 3e Liefer. Abbild. d. menschl. Organe d. Geschmacks u. d. Stimme. Mit 4 Kpf. Fol. Ebd. 806. (Ebd.) 4 ℔ 18 Gr 4e Lieferg. Abbild. der menschl. Organe d. Geruchs. Fol. Ebd. 809. (Ebd.) 7 ℔ 22 Gr Dass. mit latein. Text: icones oculi humani in latin. transt. B. N. G. Schreger. 14 tab. aen. nigrae et 2 pictae c. 140 Pl. descript. Fol. Frankf. 804, Boselli. 19 ℔ — Icones organi auditus humani. 9 tab. aen. c. 42 Pl. descript. Fol, ibid, 806. ibid. 7 ℔ 22 Gr — Icones organorum humanorum gustus et vocis. 4 tab. aen. c. 20 Pl. descript. Fol. ibid. 808. ibid. 4 ℔ 18 Gr — Icones organorum humanorum olfactus. 8 tab. aen. c. 42 Pl. descript. Fol. ibid. 810. ibid. 7 ℔ 22 Gr

— Abbild. der S i n n o r g a n e, 1ste Liefer. d. menschl. Auge, m. 14 schwarz. u. 2 ill. K. Fol. Frankf. Varrentrapp u. W. 801.

— — 2te Liefer. d. menschl. Hörorgane, m. 9 K. Fol. Ebendas. 805.

—, De acervulo cerebri, novisque observationibus aucta. Mag. 4°. *Ludwig*, III, 322. 338. 1785

— Academicae annotationes de cerebri administrationibus anatomicis vasorumque ejus habitu. 4maj. Münch. 809. (Franz). 12 Gr

Soemmerring, Samuel Thomas von: Ueber eine neue Art Wein zu veredlen. München 1814. 14 S. -- 21°
Bibliotheca oeconomica: 1817. -- Bibliotheca oenologica: 1817. -- Kayser: 1817. -

— üb. eine neue Art, Wein zu veredeln. gr. 4. Münch. 817. (Franz). 6 Gr

Sömmerring, S(amuel) Th(omas von) (Übers.u. Hrsg.):

s.: Baillie, Matthew: Anatomie des krankhaften Baues von einigen der wichtigsten Theile im menschlichen Körper. (The morbid Anatomy of some of the most important parts of the human body. Dt.) Berlin: 1794

Soemmerring, Sam(uel) Thom(as von) (Übers.):

s.: Baillie, Matthew: Anatomie des krankhaften Baues von einigen der wichtigsten Theile im menschlichen Körper. (The morbid Anatomy of some of the most important parts of the human body. Dt.) Wien: 1805

S[amuel] Th[omas von] Soemmerring, Bänderlehre. Frankfurt a.M.: Varrentrapp & Wenner 1791. XIV, 86 S. 8°

Soemmerring, Sam(uel) Thom(as von): De basi encephali et originibus nervorum cranio egredientium libri quinque. 184 S., gbd., 3 Taf.

Goettingae: Vandenhoeck 1778

— de basi encephali et originibus nervorum cranio egredientium lib. V. c. IV tab. aen. 4maj. Götting. 778. Vandenhöck. u. R. 20 ℊ

Sömmerring, S[amuel] Th[omas] v.: Vom Baue des menschlichen Körpers. Thl 1—5. Frankfurt a. M. 1791—92.
1. Knochenlehre. 1791.
2. Bänderlehre. 1791.
3. Muskellehre. 1791.
4. Gefässlehre. 1792.
5. Hirn- u. Nervenlehre. 1791.

Sömmerring, S(amuel) Th(omas von): Vom Baue des menschlichen Körpers. Th.1 - 5, gbd.

Frankfurt am Main: Varrentrapp & Wenner 1791 - 1796

Th.1: Knochenlehre.
Th.2: Bänderlehre.
Th.3: Muskellehre.
Th.4: Gefässlehre.
Th.5/Abth.1: Hirn- und Nervenlehre.
Th.5/Abth.2: Eingeweidlehre.

Sömmerring, S(amuel) Th(omas von): Vom Baue des menschlichen Körpers. Th.1 - 5/1: 2.umgearb.Aufl. Th.1, 3, 5/1 - 2, gbd.

Frankfurt am Main: Varrentrapp & Wenner 1796 - 1800

Th.1: Knochenlehre.
Th.3: Muskellehre.
Th.5/Abth.1: Hirn- und Nervenlehre.
Th.5/Abth.2: Eingeweidlehre.

— vom Baue d. menschlichen Körpers, 1r Th. v. Knochen u. Knorpeln. gr. 8. Frankf. Varrentrapp u. W. 801.

— — 2r Bd. Bänderlehre. gr. 8. Ebend. 801.

— — 3r Bd. Muskellehre. gr. 8. Ebend. 801.

— — 4r Bd. Saugaderlehre. gr. 8. Ebend. 801.

— — 5r Bd. 1r Th. Hirn- u. Nervenlehre. gr. 8. Ebend. 800.

v. Sömmerring, Sam. Thom., vom Baue des menschl. Körpers. Neue umgearb. u. vervollständ. Original-Ausg. besorgt von W. Th. Bischoff, J. Henle, E. Huschke, F. W. Theile, G. Valentin, J. Vogel u. R. Wagner. 1. Bd. in 2 Abtheil. — A. u. d. T.: Sam. Thom. v. Sömmerring's Leben u. Verkehr m. seinen Zeitgenossen. Von Rud. Wagner. 1. Abthl. Briefe berühmter Zeitgenossen an Sömmerring. 2. Abthl. Leben Sömmerring's nebst einem Anhang v. Briefen u. Aufsätzen, so wie einem Portrait Sömmerring's. gr. 8. Leipzig 844, Voß. n. 3 ℛ 18 nℊ

Sömmerring, Sam. Thom. v., vom Baue d. menschl. Körpers. Neue umgearb. u. vervollständ. Orig.-Ausg., besorgt v. W. Th. Bischoff, J. Henle, E. Huschke, F. W. Theile, G. Valentin, J. Vogel u. R. Wagner. (In 9 Bdn.) gr. 8. Leipzig, Voß. * 25

A. u. d. Tiln.:

Bd. 1. Sam. Thom. v. Sömmerring's Leben u. Verkehr mit seinen Zeitgenossen. Von Rud. Wagner. 2 Abthln. (44 B. u. S's. Portr.) 845. * 3 Thlr. $14^1/_4$ Gr.

Abthl. 1. Briefe berühmter Zeitgenossen an Sömmerring.
" 2. Leben Sömmerring's nebst ein. Anhang v. Briefen u. Aufsätzen.

v. Sömmerring, Sam. Thomas, vom Baue des menschl. Körpers. Neue umgearb. u. vervollst. Original-Ausgabe, besorgt von W. Th. Bischoff, J. Henle, E. Huschke, F. W. Theile, G. Valentin, J. Vogel und R. Wagner. (In 9 Bänden.) — 2r Bd. A. u. d. T.: Lehre von den Knochen und Bändern des menschl. Körpers. Nach der 2n Aufl. und nach den Handexemplaren des Verfass. mit den nöthigen Ergänzungen u. Zusätzen, auch dem Katalog der v. Sömmering hinterlass. Sammlung von anatomischen Präparaten herausg. von Rud. Wagner. gr. 8. Leipzig 839. Voß. n. $1^2/_3$ ℛ

— dass. 3. Bd. 1. Abthl. — A. u. d. T.: Lehre von d. Muskeln u. Gefäßen des menschlichen Körpers. Umgearbeitet von Fr. Wlh. Theile. 1. Abthl. (Muskeln.) gr. 8. Ebend. 841. n. $1^2/_3$ ℛ — 3. Bd. 2. Abthl. — A. u. d. T.: Lehre von den Muskeln u. Gefäßen des menschlichen Körpers. Umgearbeitet von Fr. Wlh. Theile. 2. Abthl. (Gefäße.) gr. 8. Ebend. 841. n. $1^1/_2$ ℛ

— dass. 4. Bd. — A. u. d. T.: Hirn- u. Nervenlehre. Umgearb. von G. Valentin. Mit 1 Kupfertaf. gr. 8. Ebend. 841. n. $3^1/_3$ ℛ

— dass. 5. Bd. — A. u. d. T.: Lehre von den Eingeweiden u. Sinnesorganen des menschl. Körpers. Umgearb. u. beendigt v. E. Huschke. Mit 2 Kupfertaf. gr. 8. Ebend. 844. n. 5 ℛ 6 nℊ

— dass. 6. Bd. — A. u. d. T.: Allgemeine Anatomie. Lehre von den Mischungs- und Formenbestandtheilen des menschl. Körpers, von J. Henle. Mit 5 Taf. Abbild. in Stahlst. u. 32 in den Text eingedr. Holzschn. gr. 8. Ebend. 841. n. $5^2/_3$ ℛ

— dass. 7. Bd. — A. u. d. T.: Entwickelungsgeschichte der Säugethiere und des Menschen. Von Th. L. W. Bischoff. gr. 8. Ebend. 842. n. 3 ℛ

Sömmering, Sam. Thom. v., vom Baue des menschl. Körpers Neue umgearb. u. vervollständ. Original-Ausg. besorgt v. W. Th. Bischoff, J. Henle, E. Huschke, F. W. Theile, G. Valentin, J. Vogel u. R. Wagner. 8. Bd. 1. Abthl. A. u. d. Ttl.: Pathol. Anatomie des menschl. Körpers. Von Jul. Vogel. 1. Abthl. (Allgem. Theil.) gr. 8. ($33^1/_2$ B.) Leipzig 845, Voß. Thlr. *

1—7. Bd. Ebendas. 1839—45. * 25 Thlr. 19 Ngr.

— Bemerkk. üb. d. Magen d. Menschen. Mit Kpf. gr. 4. Münch. 813. (Franz).

— Bemerkk. üb. Verrenkung u. Bruch d. Rückgrats. Mit 1 Kpf. gr. 8. Berl. 793. Voß. 6 ℊ

— — Bemerkungen über einige in der Naturaliensammlung d. K. Akad. d. W. befindl. fossile Zähne von Elephanten, Mastodonten, Rhinoceros'n u. einem Tapire. (Denkschr. d. K. Akad. d. Wissensch. zu München, Band 7.) 4. Mit 2 Tafeln.

Sommering, S. Th. v. Bemerkungen über einige in der Naturaliensammlung der k. Akademie der Wissensch. befindliche fossile Zähne von Elephanten, Mastodonten, Rhinoceros und einem Tapire. (Aus den Schriften d. kgl. bayr. Akad.) München. 1818. 4.

— Bemerkk. üb. einige fossile Zähne v. Elephanten, Mastodonten, Rhinoceros u. e. Tapir. Mit 2 Kpf. gr. 4. Münch. 821. (Franz). 12 ℊ

Sömmerring, Samuel Thomas von, s. Camper, Petrus: Abhandl. v. Unterschied d. Gesichtszüge.

Soemmerring, Sam(uel) Thom(as von) (Ed.):

s.: Camper, Petrus: Icones herniarum. Francofurti ad Moenum: 1801

Soemmerring, S(amuel) Th(omas von): De concrementis biliaris corporis humani. 68 S., gbd.

Traiecti ad Moenum: Varrentrapp & Wenner 1795

— de concrementis biliariis corporis humani. 8. Frankf. a. M. 795. (Boselli). 8 gl Schrbp. 9 gl Velinp. 18 gl.

Samuel Thomas von Soemmerring

Ueber den Crocodilus priscus oder über ein in Baiern versteint gefundenes schmalkieferiges Krokodil, Gavial der Vorwelt. 8°

Aus: Denkschriften der kgl. Akademie der Wissenschaften zu München. Bd 5. 1814.

— üb. den Crocodilus priscus, od. ein in Baiern versteinert gefundenes Gavial. Mit 1 Kpf. gr. 4. Münch. 817. (Franz). 1 rthl 2 gl

Sömmerring, (Samuel Thomas von) (Comm.):

s.: Danz, Ferdinand Georg: Grundriß der Zergliederungskunde des ungebohrnen Kindes in den verschiedenen Zeiten der Schwangerschaft. Bd 1 - 2. Frankfurt, Leipzig u. Giessen: 1792 - 1793

JB 630

Soemmerring, S. Th., resp. Nic. **Noethig**, De decussatione nervorum opticorum. C. tab. 48 pp. Mogunt. 1786. 8°. A. L. Z. 1786, IV, 616. Frkf. Wchbl. 1787, XI, 176. Gött. Anz. 1786, n. 155, p. 1588. *Ludwig* 1, n. 6, p. 127—141.

S[amuel] Th[omas von] Soemmerring. [Vom Baue des menschlichen Körpers. Lat.:] De corporis humani Fabrica. Lat. donata, ab ipso auctore aucta et em. ([Übers.] C[arl] F[riedrich] C[loss; 5: Karl Friedrich Theodor Schreger].) T.1-5. Traiecti a.M.: Varrentrappius & Wennerus 1794-1800. 4 Bde 8°

T.1: De ossibus. 1794.
T.2: De ligamentis ossium. 1794.
T.3: De musculis tendinibus et bursis mucosis. 1796.
T.4: De cerebro et de nervis. 1798.
T.5: De angiologia. 1800.

— de corporis humani fabrica, latio donata ab ipso auctore aucta et emendata. VI Tom. (T. V. et VI. ed. C. H. T. Schreger). 8maj. Frankf. a. M. 794—801. (Boselli). 7 rthl 14 gl Schrbp. 9 rthl 4 gl Velinp. 18 rthl — Deutsch unt. d. T.: vom Baue d. menschl. Körpers. (1r — 4r übers. von K. Fr. Clossius. 5r Thl. 1e u. 2e Abtheil. übers. v. Chr. Th. Schreger). 5 Thle. gr. 8. Frankf. a. M. 791—96. 2e Aufl. 801. (Boselli). 8 rthl 22 gl (Einzeln unt. folg. Titeln: I. Lehre v. d. Knochen u. Knorpeln. 2e Aufl. gr. 8. Ebd. 800. 2 rthl — II. Lehre von d. Bändern d. Knochen. 2e Aufl. gr. 8. Ebd. 800. 9 gl — III. Muskellehre, od. v. d. Muskeln, Sehnen u. Schleimsäcken. 2e Aufl. gr. 8. Ebd. 800. 1 rthl 12 gl — IV. Gefäßlehre, od. v. Herzen, von d. Arterien, Venen u. Saugadern. 2e Aufl. gr. 8. Ebd. 801. 2 rthl 5 gl — V. 1. Lehre v. Hirne u. von d. Nerven. 2e Aufl. gr. 8. Ebd. 800. 1 rthl 8 gl — V. 2. Lehre v. d. Eingeweiden. gr. 8. Ebd. 796. 1 rthl 12 gl)

— — T. II. de Ligamentis. 8 maj. ibid. 795. Schreibp.

Soemmerring, S(amuel) Th(omas von): De corporis humani fabrica. (Vom Baue des menschlichen Körpers. Lat.) Latio donata ab ipso auctore et emendata. Tom.1 - 6, gbd.

Traiecti ad Moenum: Varrentrapp & Wenner 1794 - 1801

Tom.1: De ossibus.
Tom.2: De ligamentis ossium.
Tom.3: De musculis, tendinibus et bursis mucosis.
Tom.4: De cerebro et de nervis.
Tom.5: De angiologia.
Tom.6: De splanchnologia.

v. Sömmerring, Sam. Thomas, de corporis humani fabrica. VI Tomi. 8maj. Frankfurt 794—801. (Leipz., Voss.) 9 1/6 rthl

— üb. das feinste Gefäßnetz d. Aderhaut im Augapfel. Mit Kpf. gr. 4. Münch. 821. (Franz). 6 gl

Sömmerring, (Samuel Thomas von) (Übers. u. Comm.):

s.: Haller, Albrecht von: Grundriß der Physiologie für Vorlesungen. (Primae lineae physiologiae. Dt.) Nach der 4. lateinischen... verm. Ausg. Mit einigen Anmerkungen begleitet und besorgt von P(hilipp) F(riedrich Theodor) Meckel. Berlin: 1788

Sömmerring, (Samuel Thomas von) (Übers. u. Comm.):

s.: Haller, Albrecht von: Grundriß der Physiologie für Vorlesungen (Primae lineae physiologiae. Dt.) mit den Verbesserungen von (Heinrich August) Wrisberg und (Philipp Friedrich Theodor) Meckel umgearb. von Heinrich Maria von Leveling jun. Th.1 - 2. Erlangen: 1795 - 1796

— s. Heberden, W.: Commentarii de morborum ...

S[amuel] Th[omas von] Soemmerring, Vom Hirn und Rückenmark. Mainz: Winkopp 1788. XIV, 115 S. 8°

— vom Hirn- u. Rückenmark. 8. Mainz 788. (W. Vogel in Lpz.) 8 gl. 8. Leipz. 792. (Wienbrack). 8 gl.

Soemmerring, S. Th., Vom Hirn u. Rückenmark. 115 S. Mainz. 8°. 2. Aufl. 1792.

Sömmerring, Samuel Thomas von: Hirn- und Nervenlehre. Umgearb. von G(abriel Gustav) Valentin. 772 S., gbd., Abb.

Leipzig: Voß 1841
(S.Th. von Sömmerring: Vom Baue des menschlichen Körpers. Neue umgearb. und vervollst. Original-Ausg. Bd 4)

JB 707/4

Soemmerring, Samuel Thomas (von): Icones embryonum humanorum. 10 S., gbd., Abb.

Francofurti ad Moenum: Varrentrapp & Wenner 1799

JB 6.305

— icones embryonum humanorum, c. 2 tab. aen. inc. et 2 Vign. junct. descript. Fol. maj. Frankf. a. M. 799. (Boselli). 6 rthl

Soemmerring, Samuel Thomas (von): Icones oculi humani. 94 S., gbd., 8 Taf.

Francofurti ad Moenum: Varrentrapp & Wenner 1804

Soemmerring, Samuel Thomas (von): Icones organi auditus humani. 33 S., gbd., 4 Taf.

Francofurti ad Moenum: Varrentrapp & Wenner 1806

Sömmering, S. Th., icones organi auditus 9 Tabulae c descriptione. fol. Francf. Varrentrapp et W. 807. Rthlr

— icones organi gustus et vocis, 4 tab. c. descriptione. fol. maj. ibid. 807.

Soemmerring, Samuel Thomas (von): Icones organorum humanorum gustus et vocis. 6 S., gbd., 4 Taf.

Francofurti ad Moenum: Varrentrapp & Wenner 1808

Soemmerring, Samuel Thomas (von): Icones organorum humanorum olfactus. 23 S., gbd., 5 Taf.

Francofurti ad Moenum: Varrentrapp & Wenner 1810

S[amuel] Th[omas von] Soemmerring, Knochenlehre. Frankfurt a.M.: Varrentrapp & Wenner 1791. XLVI, 455 S. 8°

Sömmerring, Samuel Thomas (von): Abhandlung über die schnell und langsam tödtlichen Krankheiten der Harnblase und Harnröhre bey Männern im hohen Alter. Gekrönte Beantwortung einer von der k.k.medicinisch-chirurgischen Josephinischen Academie zu Wien in den Jahren 1806 und 1807 aufgestellten Preisfrage. 146 S., gbd.

Frankfurt am Mayn: Varrentrapp & Wenner 1809

JB 4.133

Soemmerring, Samuel Thomas (von): Abhandlung über die schnell und langsam tödtlichen Krankheiten der Harnblase und Harnröhre bey Männern im hohen Alter. Gekrönte Beantwortung einer von der K.K.Medicinisch-Chirurgischen Josephinischen Academie zu Wien in den Jahren 1806 und 1807 aufgestellten Preisfrage. 183 S., gbd.

Wien: Doll 1810

JB 3.760

v. Sömmering, (S. T.,) üb. die tödtlichen Krankheiten d. Harnblase u. Harnröhre alter Männer. 2e verb. u. verm. Ausgabe. gr. 8. Frankf. 822, Boselli.

Soemmerring, S. Th. [Praes.], s. Külsheimer, Chr.: De perturbatione critica et crisi.

Soemmering, S. Th. v. Ueber die Lacerta gigantea der Vorwelt. (Aus den Denkschr. d. k. Akad.) München. 4.

—üb. die Lacerta gigantea der Vorwelt. gr. 4. Münch. 820. (Franz). 12 gl

—, resp. N. Lisignolo, De lapillis vel prope vel intra glandulam pinealem sitis sive de acervulo cerebri. 35 pp. Magunt. 8°. (Er erklärt den Hirnsand für e. normales Product.) *Blumenbach*, Bibl. II, p. 740. A. L. Z. 86. I, p. 151. *Ludwig*, Sit. nevrol. min. III u. XVII, p. 322—378. 1785

Sömmerring, Samuel Thomas von: Lehre von den Eingeweiden und Sinnesorganen des menschlichen Körpers. Umgearb.und beendigt von E(mil) Huschke. 949 S., gbd., Abb., Tab.

Leipzig: Voß 1844
(S.Th.von Sömmerring: Vom Baue des menschlichen Körpers. Neue umgearb.und vervollst. Original-Ausg. Bd 5)

JB 707/5

Sömmerring, Samuel Thomas von: Lehre von den Knochen und Bändern des menschlichen Körpers. Nach der 2.Aufl.und nach den Handexemplaren des Verfassers mit...Ergänzungen und Zusätzen, auch dem Katalog der von Sömmerring hinterlassenen Sammlung von anatomischen Präparaten hrsg.von Rudolph Wagner. 296 S., gbd., Tab.

Leipzig: Voß 1839
(S.Th.von Sömmerring: Vom Baue des menschlichen Körpers. Neue umgearb.und vervollst. Original-Ausg. Bd 2)

JB 707/2

Sömmerring, Samuel Thomas von: Lehre von den Muskeln und Gefäßen des menschlichen Körpers. Umgearb.von Friedrich Wilhelm Theile. Abth. 1 - 2, gbd.

Leipzig: Voß 1841
(S.Th.von Sömmerring: Vom Baue des menschlichen Körpers. Neue umgearb.und vervollst. Original-Ausg. Bd 3)

JB 707/3

– s. Michaelis, Ph.: Über d. Durchkreuzung ...

– s. Monro: Bemerkungen ...

Soemmerring, S(amuel) Th(omas) von: De morbis vasorum absorbentium corporis humani... Pars pathologica. 223 S., gbd.

Traiecti ad Moenum: Varrentrapp & Wenner 1795

JB 1.169

—de morbis vasorum absorbentium corporis humani etc. 8maj. Frankf. a. M. 795. (Boselli).

S[amuel] Th[omas von] Soemmerring. Muskellehre oder Von den Muskeln, Sehnen und Schleimsäcken. Frankfurt a.M.: Varrentrapp & Wenner 1791. XXIV, 332 S. 8°

Soemmerring, S(amuel) Th(omas von): Über das Organ der Seele. 87 S., gbd., 2 Taf.

Königsberg: Nicolovius 1796

JB 764

—üb. das Organ d. Seele, nebst e. Schreiben von J. Kant Mit Kpf. gr. 4. Königsb. 796. (Leipz., Kummer). 1 ℔

Sömmering, S. Th. Ueber einen Ornithocephalus, oder über das unbekannte Thier der Vorwelt, dessen fossiles Gerippe C. Collini beschrieb, und welches Gerippe sich gegenwärtig in der Naturaliensammlung der k. Akad. zu München befindet. (Aus d. Denkschr. d. k. Akad.) München. 1810. 4.

— — Ueber einen Ornithocephalus brevirostris der Vorwelt. (Aus d. Denkschr. d. k. Akad. 3. Vol.) München. 1813. 4.

—üb. e. Ornithocephalus. Mit 3 Kpf. gr. 4. Münch. 813. (Franz). 14 gl

Samuel Thomas von Soemmerring

Ueber einen Ornithocephalus brevirostris der Vorwelt. 4°
Aus: Denkschriften der Kgl. Academie der Wissenschaften zu München. Bd 6. 1820.

— üb. e. ornithocephalus brevirostris der Vorwelt. Mit 2 Kpf. gr. 4. Münch. 820. (Franz). 12 gr

– s. Osiander, Frdr. Benj.: Abhandl. üb. d. ... Aufbewahren thier. Körper ...

— Diss. de perturbatione critica et crisi. 8. Mainz 786.

Sömmerring, S(amuel) Th(omas von) (Comm. u. Hrsg.):

s.: Pflichten, Über einige wichtige, gegen die Augen von (George) Adams (An essay on vision, briefly explaining the fabric of the eye. Ausz. Dt.), (J.G.) Büsch und (Georg Christoph) Lichtenberg. 3. Aufl. Frankfurt am Main: 1797
Vgl. Adams, George.

— — dass. 8. Leipz. Grdff. 792.

— über e. wicht. Pflichten gegen die Augen. gr. 8. Frankf. Varrentrapp u. W. 803.

Sömmering, S. Th., über einige wichtige Pflichten geg. d. Augen. 5te Aufl. gr. 8. Frankf. a. M., Boselli. 819.

Soemmerring, Sam. Thom. v., über einige wichtige Pflichten gegen die Augen. 6., unveränd. (Titel-)Aufl. gr. 8. (56 S.) Frankfurt a. M. (819)860, Boselli'sche Buchh. *

— u. Fr. A. Lehr, Prüfung d. Schutz- u. Kuhblattern, durch Gegenimpfung mit Kinderblattern. 8. Frankf. a. M. 801. Guilhaumann. 3 gr

Sömmering u. Lehr: Prüfung d. Schutz- od. Kuhblattern durch Gegenimpfung mit Kinderblattern. Frankf. a. M. 1801. 38 S. P.

— — Ueber die fossilen Reste einer grossen Fledermausgattung [Ornithocephalus], welche sich zu Karlsruhe in der grossherzoglichen Sammlung befinden. (Aus d. Denkschr. d. k. Akad.) München. 1817. 4.

Samuel Thomas von Soemmerring

Ueber die fossilen Reste einer großen Fledermausgattung, welche sich zu Karlsruhe in der Großherzoglichen Sammlung befinden. 4°
Aus: Denkschriften der Kgl. Academie der Wissenschaften zu München. Bd 6. 1820.

— üb. die fossilen Reste einer großen Fledermausgattung. Mit Kpf. gr. 4. Münch. 820. (Franz). 6 gr

— üb. den Saft, welcher aus den Nerven wieder eingesaugt wird. gr. 8. Landshut, Krüll. 811.

– s. Schaarschmidt, A.: Anatom. Tabellen.

Sömmering, Dr. Sam. Thom. (1755—1830), Ueber die Schädlichkeit der Schnürbrüste, Zwey Preisschriften, durch eine von der Erziehungsanstalt zu Schnepfenthal aufgegebene Preisfrage veranlasst. (Hrsg. von Chrn. Gotthelf Salzmann, mit dessen Vorrede.) Leipzig, bei Crusius, 1788. 8°. (2 Mk. in albis, A. Bielefeld, vor 1885.) Titel, 7 Bll., 1 Bl., 192 S. (Die Seiten 145—148 in der Zählung ausgelassen.)

— üb. die Schädlichkeit d. Schnürbrüste, nebst noch e. Abhandl. darüber v. ein. Ungenannt. u. ein. Vorrede v. Salzmann. 8. Leipz. Crusius. (F. C. W. Vogel) 788.

— — Dasselbe, tit.: Ueber die Wirkungen der Schnürbrüste. Neue Aufl. Mit 1 Kpftaf. Berlin 1793. Gr. 8°. 84 S. (Auch in Marburg, Univ.-Bibl.: XI d C 542 f.)

— üb. die Wirkungen d. Schnürbrüste, m. 1 Kpf. gr. 8. Berlin, Voß. 793.

– s. Schröter, Joh. Fr.: Das menschl. Auge u. Ohr.

Sömmerring, [Samuel Thomas v.] u. [Franz Daniel] Reisseisen: Über die Structur, die Verrichtung und den Gebrauch der Lungen. 2 gekr. Preisschr. Berlin 1808. IV, 126 S.

— u. Fr. Reißeisen, 2 Preisschriften: üb. die Struktur, die Verrichtung u. d. Gebr. d. Lungen. gr. 8. Berl. 808. Voß. 18 gr

— sur le Supplice de Guillotine. 8. Leipz. 796.

Samuelis Thomae [von] Soemmerring, Tabula baseos encephali. Francofurti a. M.: Verf. 1799. 16 S. 2°

— tabula baseos encephali, c. fig. Fol. maj. Frankf. a. M. 800. (Boselli). 3 rthl 16 gr

Samuel Thomas [von] Soemmerring. Tabula sceleti feminini iuncta descriptione. Traiecti ad Moenum Varrentrapp et Wenner 1797. 3 Bl. gr. 2°

— tabula sceleti feminini juncta descriptione. Fol. maj. Frkf. a. M. 797. (Boselli). 1 rthl 8 gr

— üb. e. elektr. Telegraphen. gr. 4. Münch. 811. (Franz). 6 gr

Sömmering, S. Th., üb. die Ursache, Erkenntniß und Behandlung d. Brüche am Bauche u. Becken außer d. Nabel u. Leistengegend. Eine zu Amsterdam gekrönte Preisschrift. gr. 8. Frankf. Boselli. 811.

— üb. die Ursache, Erkenntniß u. Behandl. d. Nabelbrüche. Eine zu Amsterdam gekrönte Preisschrift. gr. 8. Frankf. a. M. 811. (Boselli). 12 gr

Soemmerring, S(amuel) Th(omas von): Über Ursache und Verhütung der Nabel- und Leistenbrüche. Eine von der königlichen Societät der Wissenschaften zu Göttingen gekrönte Preißschrift. 80 S., gbd.
Frankfurt am Main: Varrentrapp & Wenner 1797

— üb. die Ursache u. Verhütung d. Nabel- u. Leistenbrüche. gr. 8. Frankf. a. M. 797. (Boselli). 5 gr

—— Über die geheilte Verletzung eines fossilen Hyänen-Schädels. [Bonn 1828]. 44 S. 3 Tvl. (Særtr.). 4°.

—— Ueber die geheilte Verletzung eines fossilen Hyänen-Schädels. (Aus d. Act. Acad. Nat. Cur.) Bonn. 1828. 4.

— üb. die körperl. Verschiedenheit d. Mohren (Neger) vom Europäer. Mit Kpf. 8. Mainz 784. N. Aufl. 8. Frankf. a. M. 785. (Boselle). 9 gr

S[amuel] Th[omas von] Soemmerring, Ueber die körperliche Verschiedenheit des Negers vom Europäer. Frankfurt & Mainz: Varrentrapp & Wenner 1785. XXIV, 80 S. 8°

— **Versuche u. Betrachtt. üb. die Verschiedenheit d. Verdünstungen d. Weingeistes durch Häute von Thieren rc. 3 Abhandll.** gr. 4. Münch. 813—25. (Franz). 20 kr

v. **Sömmerring**, Sm. Thom., Wahrnehmung, daß Alcohol bei Destillation nicht zuerst sondern zuletzt seine specifisch-leichteste Portion abgiebt. gr. 8. Münch. 825. (Franz). 2 kr

Sömmerring, Samuel Thomas von: Über d. Wirkungen der Schnürbrüste, s. Sömmerring: Über d. Schädlichkeit d. Schnurbrüste. Neue Aufl.

Soemmerring, Sophie

Soemmering, Sophie, e. Dieb. Volksdrama in 4 Akten. 8. (67 S.) Frankfurt a/M. 892. Gebr. Knauer. n. 1. —

Soemmerring, Sophie, Kämpfe. Schausp. in 5 Akten. gr. 8. (83 S.) Frankfurt a/M. 895. Gebr. Knauer. n. 1. —

— kurzsichtig. Lustspiel in 3 Akten. 8. (65 S.) Ebd. 893. n. 1. —

— der Professor auf der Sommerfrische. Ein Lustspiel in 4 Akten. 8. (69 S.) Ebd. 892. n. 1. —

— was ist Glück? Lebensbild in 5 Akten. 8. (74 S.) Ebd. 892. n. 1. —

Soemmerring, W., Beobachtungen über Wechsel und Wachsthum des Geweihes des Edelhirsches. Nebst einem Anh.: über Geweihbildung von Max Schmidt. gr. 8. (22 S. mit 3 chromolithogr. Taf. Abbild. in gr. 4.) Frankfurt a. M. 866, Sauerländer's Verlag.
Aus: Der Zoologische Garten, besonders abgedruckt.

—— der elektrische Telegraph als deutsche Erfindung Samuel Thomas v. Soemmerring's aus dessen Tagebüchern nachgewiesen. gr. 8. (23 S. mit eingedr. Holzschn.) Frankfurt a. M. 863, Boselli'sche Buchh.

Soemmerring, Wilhelm: Beobachtungen über die organischen Veränderungen im Auge nach Staaroperationen. Mit 3 Steindrucktaf. Frankfurt a. M. 1828. 84 S.

Soemmerring, Wilh., Beobachtungen üb. d. organ. Veränderungen im Auge nach Staaroperationen. gr. 8. (5¼ B. u. 3 Stnt.) Frankfurt a. M. 828, [Wesché'sche Vrlsbuchh.] Thlr.

Soemmering D. W.: De oculorum hominis animaliumque sectione horizontali commentatio. (Diss.). Goetting. 1818. 78 S. 4. Tvl. Fol.

Sömmering, Wilh., de Oculorum hominis animaliumque sectione horizontali. (Commentatio academica,) cum 4 tab. aen. fol. maj. Göttingae, Vandenhök. 819.

Sommerrosen. Sammlung der auserlesensten Erzählungen. Ein Geschenk für gebildete Leser.
Wien: Gerold 1812. 203 S. 8°

Sommers, Elwin, Gedichte. 8. (IV, 224 S.) Hamburg 871. Richter. n. 3. —

Sommers, Will., die Seherin der Hochlande, s. Museum. Bibliothek d. rc. Romane d. Auslandes. 4. u. 5. Bd.

SOMMERSBERG, Franz: Ueber Urolithiasis und einen seltenen Fall von Blasensteinbildung. Mit 2 Abb.- München: Kastner & Lossen 1898. 19 S. mit Taf.
14.7.1898 - Chr 1898/99,12: Jv 1897/98,220
Diss. Ingolst.-Landsh.-Mchn.

v. Sommersberg, Sommer, Fr. Wlh., († 1756.) Schlesien, ein Königreich; eine noch zur Zeit ungedr. Abhandl. aus den Schriften des Verf. zusammengetragen u. mit e. Zusätzen vermehrt. gr. 8. Bresl. 784. W. G. Korn. 4 kr

Sommersberg, Fr. Wilh. v., Schlesien, s. a. Schlesien.

— Silesiacarum rerum scriptores adhuc inediti c. accessionib. III Tmi. fol. Breslau, Meyer. 729–32.

Sommerschilderungen, d. Deutsch., Engl. u. Franzosen, vorzügl. d. von Gleim u. Thomson, z. angenehm. Vergleich. f. Freunde d. Schönen, übers. m. Anmerk. von W. Jul. Wiedemann. 8. Quedlinb. Ernst. 805. 1 —

Sommerschilderungen der Deutschen, Engländer und Franzosen, vorzüglich von Gleim u. Thomson rc. gesammelt v. W. J. Wiedemann. Neue Aufl. 8. Quedlinburg, Ernst. 819.

Sommerschu, K., Berichte üb. Cholera morbus, s. Hergt, F. J.

Sommerschuh, K., Berichte üb. die Cholera morbus, s. F. J. Hergt.

Sommer-Sintfluth, die, v. 1897 od. d. Schreckenstage in d. Thälern Sachsens, Preußens u. Oesterreichs. Nach Berichten v. Augenzeugen, Zeitungsnachrichten u. authent. Quellen bearb. M. bildl. Darstellgn. 4. (24 S.) Dresden 897. A. Wolf. — 20

Sommersprossen od. Gesichtspunkte v. ? 12. (VIII, 140 S. m. 1 Lichtdr.) Leipzig 881. Barth. geb. n. 2. 60

Sommerstationen in Steiermark. Hrsg. vom Landesverband f. Fremdenverkehr. 8. (84 S. m. Abbildgn.) Graz 902. (P. Cieslar.) — 60

Sommerstationen in Vorarlberg und Liechtenstein. Hrsg. vom Verband f. Fremdenverkehr in Vorarlberg u. Liechtenstein. 7. Aufl. Bregenz: Selbstverl. 1900. 68 S. 8° [10. 6368

Sommerstedt, s.: Deutschland. Kürschner-Peip.

Sommerstein, Aug., heil. Bilder a. d. Leben Jesu Christi. Ein Hausbüchl. f. christl. Familien, welche mehr, als d. Bibel lehrt, v. uns. Heiland lesen wollen. 12. (3⅛ B. u. Titkpfr.) Leipzig 835, Friese.

Sommerstorff, Otto, aus meinem Reimstübel. Neue Scherzgedichte. (V, 105 S.) 8. Berlin 908. A. Hofmann & Co. Geb. in Leinw. 2. 50

Scherzgedichte von Otto **Sommerstorff**. *Berlin: A. Hofmann & Co. 1900.* (100 S.) 8° [F.] [08. 1951

Sommerstorff, Otto, Scherzgedichte. 2. verm. u. 3. Aufl. 8. (à V, 125 S.) Berlin 900. 902. A. Hofmann & Co. Kart. n. 2. 50; in Liebhaberbd. 3. 75
1. Aufl. (IV, 100 S.) 900, zu gleichem Preise.

Sommerstorff, Otto, Scherzgedichte. 4. Aufl. (V, 125 S.) 8. Berlin 905. A. Hofmann & Co. n. 2. 50; geb. n. 3. 75

— Scherzgedichte. 5. Aufl. (V, 125 S.) 8. Ebd. 909. Geb. in Leinw. 2. 50

[F.] Wo ich war und was ich sah. Erinnergn v. Otto **Sommerstorff**. *Berlin: H. Steinitz [1896?].* (X, 236 S.) 1 Bd 8. [96. 7616

Sommerstübchen, das, auf dem Lande. 8. Leipz. 803. Joachim. 16 kr

Sommerstunden. Zürich 1795. V: *Berlepsch, Emilie von geb. von Oppel.* (Ky) (MGT) (BrMm)

Sommerstunden, (von Emilie v. Berlepsch). 1r Bd. 8. Zürich, Orell, Füßli u. C. 811.

Sommerstunden, (v. Emilie v. Berlepsch). 1r Bd. 8. Zürich ... N. A. 812. Orell. 1 ß

Sommert, Hans [Wirkl. Name], s.a. Freimut, Ernst [Pseud.]

Sommert, Hans, Grundzüge der deutschen Poetik für den Schul- u. Selbst-Unterricht. gr.8. (III, 68 S.) Wien 880. Bermann & Altmann. n. 1. 44

Sommert, Hans, Grundzüge der deutschen Poetik für den Schul- und Selbst-Unterricht. 2. Aufl. gr. 8. (IV, 88 S.) Wien 885, Bermann und Altmann. *

Sommert, Hans. Grundzüge der deutschen Poetik f. den Schul- und Selbstunterricht. 3. verb. Aufl. gr. 8. (IV, 100 S.) Wien 890, Bermann u. Altmann. * 1 50

Sommert, Hans, Grundzüge der deutschen Poetik für den Schul- und Selbstunterricht. 4. durchgesehene Auflage. 8. (103 S.) —.90
Wien: Bermann & Altmann 1892.

Sommert, Hans, Grundzüge der deutschen Poetik für den Schul- und Selbstunterricht. 5. Auflage. Gr.-8. (103 S.)
Wien: Bermann & Altmann 1895.

Sommert, Hans, Grundzüge d. deutschen Poetik f. d. Schul- u. Selbstunterr. 6. Aufl. gr. 8. (IV, 111 S.) Wien 898. A. Pichler's Wwe. & Sohn. n. 1. 70; geb. n. 2. —

— **Grundzüge** der deutschen Poetik für den Schul- u. Selbstunterricht. 7. Aufl. gr. 8. (IV, 116 S.) Wien 902. A. Pichler's Wwe. & Sohn. Geb. in Leinw. n. 1. 40

— Grundzüge der deutschen Poetik f. den Schul- u. Selbstunterricht. 8. Aufl. (IV, 116 S.) 8. Wien 904. A. Pichler's Wwe. & Sohn. Geb. in Leinw. n. 1. 40

(F) **Sommert**, H., Grundzüge der deutschen Poetik für den Schul- und Selbstunterricht. 9. Aufl. 8°. (VII, 130 S.) geb. K 1.80
Wien: Pichler 1907.

— Grundzüge der deutschen Poetik f. den Schul- u. Selbstunterricht. 10. Aufl. (VI, 146 S.) 8. Wien 909. A. Pichler's Wwe. & Sohn. Geb. 1. 80

— s.: Im Zeichen der Myrte.

— **Methodik des deutschen Sprachunterrichts**, s. **Handbuch der speciellen Methodik.** II.

(F) **Sommert**, H., Methodik des deutschen Sprachunterrichtes. 5. Aufl. (Handbuch der speziellen Methodik. 2. Teil.) 8°. (246 S.) K 3.—
Wien: Pichler 1904.

(F) **Sommert**, H., Methodik des deutschen Sprachunterrichts. 6. Aufl. (Handbuch der speziellen Methodik. II. Teil.) 8°. (276 S.) K 3.60
Ebda.1907.

[**Sommert**, Hans, Pseud.:] Freimut, Ernst: Der Tillenberg. Ein Sagenschatz aus d. Egerlande. Mit e. Anh. Wien & Lpz. '04. 208 S.

Sommertage, fröhliche, und Winternächte. Vom Ausland gebracht durch Demokritos. 1. und 2. Thl. 16. Stuttgart 856, Scheible. à Thl. 21 Ngr.

Inhalt:
Thl. 1. Pariser Heirathen. Von E. About. (565 S.)
„ 2. Der polnische Demokrit als Hofmann, oder die schwankhaften Unterhaltungen der lustigen Cavaliere am poln. Königshofe unter Sigismund August. Von Lucas Gornicki. Aus dem Poln. übers. (556 S.)

Sommertage, fröhliche, und Winternächte. Vom Ausland gebracht durch Demokritos. 3—5. Theil. 16. Stuttgart 857, Scheible.

Inhalt:
Thl. 3. Mirecourt, Eugen v., sieben Erwählte: Heinrich Heine, Elisabeth Rachel, Alexander Dumas, Eugen Sue, George Sand, A. v. Lamartine, Victor Hugo, beim Lichte betrachtet. (444 S.) 18 Ngr.
„ 4. — sieben Erwählte (Fortsetzung): Rothschild, Mademoiselle Georges, Paul de Kock, Alexander Dumas Sohn, Doktor Veron, Thiers, Meyerbeer, beim Lichte betrachtet. (372 S.) 14 Ngr.
„ 5. Reybaud, L., der letzte Commis-Voyageur, und Abenteuer eines Pfeifers. Ergötzliche Historien, Streiche und Fahrten. (306 S.) 12 Ngr.
1. und 2. Thl. Ebendas. 1856. 1 Thlr. 12 Ngr.

Sommertage in St. Moriz. Briefe und Bilder von der Perle des Engadins. Mit einem Führer. St. Moritz 1910. V: *Behrmann, H.* (Berlzu 1919, I, 193)

Sommertags- Nachts- und abentheuerliche Romane. Erfurt 1788. V: *Vulpius, Christian August.* (EE) (Ky)

Sommertags-, Nachts- u. abentheuerl. Romane, (v. Chr. A. Vulpius). 2 Thle. 8. Erfurt 788. Keyser. 16 gl

— Tags- Nachts und abentheuerliche Romane, 2 Theile, 8. Daselbst, 788-89. Derselbe. 20 sgl.

Sommertheater in Mitau. [Mitau 1808.] V: *Lampe, Friedrich.* (R-N)

Sommertraum, ein, von A. v. H., eine Kurländerin. 8. (88 S.) Mitau 883, Lucas' Sortiment. * 1 20

SOMMER-Vergnüglinge. 14 Bll. color. Lithographien in Folio (nach Motiven von *Honoré Daumier*). Berlin, Druck und Verlag von Ferdinand Reinhardt & Co., Schloßfreiheit Nr. 8°. O. J. (ca. 1850?). (6 Mk. 75 Pfg. G. Priewe, Heringsdorf, ca. 1902; 15 Mk. E. Frensdorff, Berlin, 1908.)

Sommer-Versammlung, Die, des Vereins für Landeskunde in N.-Ö. am 9. Oktober 1892 in Korneuburg. Wien 1893. V: *Mayer, Anton.* (EB)

Sommerville,

— der Miß, Geschichte in 2 Theilen, aus dem Engl. 8. Nürnberg, 771. Monath. 20 sgl.

Sommerville, Honorie. A. d. Engl. Leipzig. 1791. V: *Liebeskind, Dorothea Margarethe geb. Wedekind vorm. Forkel.* (schl) (GGr)

Sommerville, Honorie, aus dem Engl. 4 Theile, 8. Leipzig, 791. Weidmanns. 2 Rthl. 8. sgl.

Sommerville, Allgemeine Handelskorrespondenz s. Bibliothek d. gesamten Handelswissenschaften

Sommerville, s.a. Handelskorrespondenz, allgemeine, in fünfzehn Sprachen.

Sommerville, James, Darstellung des neuen Systems der Ausrottung aller geheimen Krankheiten von Dr. C. Rosenberg. Mit Benutzung von dessen Schrift: „Androgynik". Nebst Betrachtungen über die Verhütung und Heilung jener Uebel ohne Merkur und Jod auf Grund des Rosenberg'schen Heilsystems. 2. Aufl. Durchgesehen von einem Mitgliede der medic. Academie in Paris. 16. (15 S.) Nottingham 853. (London, Rosenberg's Selbstverlag.)

Sommerville, Mary, s. Somerville, Mary.

Sommerville, Robert, s. Somerville, Robert.

Sommerville-Story, A., English literature, s.: Berlitz, M. D.

Sommervogel, Carlos, S. J., Jacques Balde, s.: **Mury. P.**

SOMMERVÖGEL. Görlitz, b. Hermsdorf u. Anton, 1795. 8⁰. (⅓ Rthlr.)
Anzeige der Verlagsfirma.

Sommerwerck, Wilh., gen. Jacobi, der heilige Bernward v. Hildesheim als Bischof, Fürst u. Künstler. Mit 1 Lichtdr. der Bernwardsthüren. gr. 8. (50 S.) Hildesheim 885. (Borgmeyer.) n. 1. —

Sommerwerck, gen. Jacobi, Wilh., der heilige Bernward von Hildesheim als Bischof, Fürst und Künstler. 2. Aufl. gr. 8. (48 S. mit 1 Lichtdr. der Bernwardsthüren.) Hildesheim 885, (Borgmeyer.) * 80 Pf.: geb. *

Sommerwerck, Wilh., genannt Jakobi, Hirtenbriefe von 1871 bis 1905. (IV, 656 S.) gr. 8. Hildesheim 906. F. Borgmeyer. n. 4. —; geb. n. 4. 50

SOMMERWERCK, Wilhelm (Bergen a/Rügen): Die Krankheiten des Harnsystems der Jahre 1890-1895 incl. in der II. med. Abteilung des Krankenhauses l.d.I. zu München.- Aachen: Jacobi 1897. 25 S. 28.6.1897 - Chr 1897/98,16; Jv 1896/97,239
Diss. Ingolst.-Landsh.-Mchn.

Sommerwerk, gen. Jacobi, Wilh., das Kreuz d. hl. Bernward. Hirtenbrief, erlassen beim Beginn der hl. Fastenzeit d. J. 1893. gr. 8. (31 S. m. Abbildgn.) Hildesheim 893. L. Steffen. n. — 50

Sommer-Wohnungs-Jeremiade, e. Wieners, od. e. Saison in der Sommerfrische v. M. K. gr. 8. (32 S.) Wien 876. Hartleben. — 60

Sommer-Wohnungs-Jeremiade, eines Wieners, oder eine Saison in der Sommerfrische von M. K. gr. 8. (32 S.) Wien 877, Hartleben's Verlag. — 60

SOMMERZEITVERTREIB, Angenehmer. Eine Wochenschrift. Stück 1—15: Vom 1. Juni—7. Sept. 1770. (Alles Erschienene.) Leipzig, Fr. G. Jacobäer, 1770. 8⁰. Rar!
Bibl. Kürschner. Leipziger Mai-Auction 1904, no. 172.

SOMMFELS. Neuester Briefsteller auf alle Fälle, nebst einem Anhange von einem deutsch-latein und französischen Titularbuche . . . von –. 5. Aufl. Mössle, Wien-Leipzig 1787. 1 vol. 232 S.

Sommière, V. de, Reise nach Montenegro. A. d. Franz. (Aus d. ethnograph. Archiv besond. abgedr.) gr. 8. Jena, Bran. 821.

Somnambüle, die, eigener Art; oder die Seherin von Großglattbach in ihrer wahren Gestalt. Ein psychisch-tragisches Gemälde unserer Tage. gr. 8. Stuttgart 837. Friz. ⅛ Thlr.

Somnambüle, die, eigener Art; od. d. Seherin v. Großglattbach in ihrer wahren Gestalt. Ein psych.-trag. Gemälde uns. Tage. gr. 8. (2 B.) Stuttgart 837, [Gärtner.]

— die in Dresden sich aufhaltende, Johanne Christiane Höhne, ihr Zustand und ihre Kräfte. Herausg. von R. F. gr. 12. Neustadt-Dresden 840. (Leipzig, Arnold; Friese.) n. 1/12 Thlr.

Ueb. Somnambulismus (Magnetismus) u. dessen Wahrscheinlichkeit. Philadel. 8⁰. 1781

Somnambulismus, über, u. dessen Wahrscheinlichkeit, n. d. Franz. 8. Philadelphia. 787.

Somnambulismus, über, und dessen Wahrscheinlichkeit. 8. Philadelphia. 787. Jetzt Verl. v. Treuttel u. Würtz in Strasburg.

Somnambulus, Magnetisörius. (Albert Hopf.) Mystisch-demokratischer Traumdeuter und Rathgeber, in die rechte Westentasche zu stecken. Ein nützliches Handbuch für rothe Wähler und royalistische Taschenspieler. Berlin, S. Löwenherz 1849. 24 S. 8.

Somnia, Vigilantis, Musae ex Apolline cortina praesentata. Carmen. Viennae 1712. V: *Jentschiz, Siegm.* (Jes)

Somnitz, F. v., Hauptverhältnisse d. mathemat Geographie. Als Leitfaden zum geograph. Unterr., sowohl in Gymnasien als Militair-Schulen, besond. f. den Gebr. d. Kgl. Preuß. Divisions-Schulen bearb. gr. 8. (11½ B. u. 3 Stnt. 4.) Trier 830, Troschel.

Somnium Apollineum, laudes Ill. Comitis Sigismundi ab Hohenwarth complectens . . . S. l. 1794. V: *Hödel, Joachim.* (Jes)

Somnium de Gallo fores coeli pulsante. Sanct Petrus u. der Franzose. Eine Romanze v. Gaudentius Jocosus. 8. Nürnb. 815. Geyer. 4 gr.

Somnium, in quo . . . Genius saeculi cum Moribus eruditorum vapulat. Altenb. 1761. V: *Klotz, Christian Adolph.* (ADB) V: *Scheller, Immanuel Johann Gerhard.* (MGT) (Ky)

Somnium, in quo praeter caetera Genius saeculi c. morib. erud. vapulat. (a J. J. G. Scheller). 8. Altenb. 761. Richter. 8 gr.

Somnium super Vienna nuper munita . . . Viennae Austriae 1743. V: *Lechner, Franz.* (Jes) (So)

Somoff, Const., das Lesebuch der Marquise, s.: Blei, Frz.

Somoff, J., sur l'équation algébrique à l'aide de laquelle on détermine des oscillations très petites d'un système de points matériels, s. **Mémoires** de l'acad. imp. des sciences de St.-Pétersbourg.

Somoff, J., theoretische Mechanik. Aus dem Russischen übers. von Alex. Ziwet. 2 Thle. gr. 8. Leipzig, Teubner. à Thl. * ℳ 6,80. * 13 60

Inhalt:
Thl. 1. Kinematik. (XVI, 412 S.) 878.
» 2. Einleitung in die Statik und Dynamik. (VIII, 407 S. mit eingedr. Holzschn.) 879.

Somoff, J., Mémoire sur les accélérations de divers ordres, s. Mémoires de l'acad. impér. des sciences de St.-Pétersbourg. 7. Série, Tome VIII. Nr. 5.

—— Mémoire sur un cas particulier de l'homographie plane, s. Mémoires de l'acad. impér. des sciences de St.-Pétersbourg. 7. Série, Tome V. Nr. 9.

—— Mémoire sur les forces qui ne changent pas d'intensité et de direction, quand leurs points d'application formant un système invariable, reçoivent un déplacement fini quelconque, s. Mémoires de l'Académie impériale des sciences de St.-Pétersbourg.

—— Moyen d'exprimer directement les paramètres différentiels du premier et du second ordres, s. Mémoires de l'acad. impér. des sciences de St.-Pétersbourg. 7. Série, Tome VIII. Nr. 16.

SOMOGY, LEOP(OLD): Lob- und Trauerrede dem hochseligen Andenken des Hochwürdigsten Cardinals der heil. Römischen Kirche Josephs aus dem Hause der Grafen von Batthány Erb-Herrn zu Güssing, Primatens des Königreiches Ungarn Erzbischoffs zu Gran . . . gewidmet und bey Gelegenheit der in der königlichen freyen Krönungs-Stadt Preßburg abgehaltenen dreytägigen feyerlichen Exequien am 12ten Christmonats 1799 als am letzten Tag des Trauerdienstes vorgetragen von Leop(old) Somogy, Raaber Domherrn, und Stadt-Pfarrer. Raab o. J. (1799). Gedr. bey Joseph Streibig. 40 S. - 210 mm

SOMOGY, LEOPOLD: Rede über den wundervollen Blutschweiss des gnadenreichen Marien-Bildes, welches in der Raaber Domkirche verehret wird. Bey der besonderen Feyerlichkeit, womit am 19ten März 1797. desselben hundertjährigen Andenken begangen worden. Vorgetragen von Leopold Somogy von Palak, Domherr u. Pfarrer zu Raab. Raab 1797. Gedr. bey Leopold Streibig. 36 S. - 8°

Somogyi, Eduard, Ludwig Kossuth. Sein Leben und Wirken. 8. (IV, 214 S.)
Leipzig: Wigand 1894.

Somogyi, Ed., prakt. Lehrbuch d. ungar. Sprache, s.: Glück, Frdr.

— Wörterbuch d. deutschen, englischen, französ., italien. u. ungar. Sprache in 1 Alphabet. 2 Bde. gr. 8. (VII, 1580 S.) Budapest 895. S. Robicsek.
Geb. in Halbfrz. n. 25. —

SOMOGYI, EMERICUS: Jesus Christus, unser Herr Erlöser und Gott. Stuhlweissenburg 1864: Számmer. 12 S. - 190 mm

Somogyi, Heinr., Werth-Umrechnungs-Tabellen zur Umrechng. v. Frank, Mark, Rubel u. Goldgulden auf Kronenwährg. u. umgekehrt. M. Berücksicht. d. wechselnden Curse. qu. gr. 8. (III S. u. 108 Doppels.) Budapest 898. Franklin-Verein. Kart. n. 4. —

Somorjai, Arth.. aus den Märchen des „Kater Hiddigeigei". Mit Buchschmuck v. Enrico Castellaneta. klein 4. (148 S.) Budapest 901. S. Deutsch & Co. n. 2. 50

SOMREK, Joseph: De Charismatibus Spiritus Sancti. — 1901. 240 S. Diss. Graz, Univ.

v. Somssich, Pál, Magyarországnak és királyának törvényes joga. (Forditottà Rudnyánszky Kálmár.) gr. 8. (XII u. 136 S.) Wien 850. (Jasper, Hugel &) Manz. 1 ℳ

—— das legitime Recht Ungarns und seines Königs. 1. und 2., unveränd. Aufl. gr. 8. (XI und 159 S.) Wien 850, [Manz.]

Somya, Richard [pr. Arzt]: Aus d. patholog. Institut zu Bonn. Ueber die Regeneration des Epithels der Cornea. . . . Bonn, Univ.-Buchdr. v. Carl Georgi, 1889; 30 S. 8°
Bonn, Med. Fak., Inaug.-Diss. v. 4. Jul. 1889

Son, the thankful., 8. Lpz. Sommer. 801.

Son, the thankful. A country-comedy in 1 Act. übersetzt von Engel. 8. Coblenz, Lassaulx et H. 807.

Son, A(drianus) F(rançois) P(eter) van: Beiträge zur Kenntniss des Tropins und der mydriatisch wirkenden Basen. *Marburg 1897: J. Hamel.* (87 S.) 8°
Marburg, Phil. Diss. v. [12. Jan.] 1898

Sonanini, Friedrich Adolf [Gerichtsref. aus Jülich]: Die Teilnahme von Civilisten an militärischen Verbrechen und Vergehen ... Düren, Actienges. f. Zeitungsverl. u. Druckerei, 1897; 49 S. 8.
Erlangen, Jur. Fak., Inaug.-Diss. v. [11. Febr.] 1897

Sonanini, Petr. C. Dominicus (geb. Düren 27. 9. 1826): De febri puerperarum. Berolini (1855). (29 S.) 8°
Berlin, Med. Diss. v. 31. März 1855

Söncksen, Hans: Wohlinformirter Handlungs-Anfänger, Unter dem Nahmen, Liebhold Hertzberg von Flensburg. Vorstellend 1. Eine kurtze Anleitung zu fruchtbahrer Einrichtung dieser Handlung . . . Flensburg. 1742. 8°

Sondag, Carolus Theodorus, Rhenanus: De nominibus apud Alciphronem propriis. Bonnae 1905: C. Georgi. (103 S.) 8°
Bonn, Phil. Fak., Ref. Brinkmann, Diss. v. 25. Jan. 1905
[Geb. 16. Jan. 81 Barmen; Heimatsort: Bonn; Staatsangeh.: Preußen; Vorbildung: Kgl. Gymn. Bonn Reife O. 99; Studium: Bonn 3, Berlin 1, Bonn 6 S.; Rig. 20. Juli 04.]

Sondag, Walther, a. Bonn: Beiträge zur Kenntnis des Natriumhydrosulfits und der Methionsäure. Bonn 1907: A. Broch. (85 S.) 8°
Bonn, Phil. Fak., Ref. Anschütz, Diss. v. 18. Dez. 1907
[Geb. 1. März 84 Niederstein; Wohnort: Bonn; Staatsangeh.: Preußen; Vorbildung: Königl. Gymn. Bonn Reife O. 02; Studium: Techn. Hochsch. Darmstadt 8, Univ. Bonn 2 S.; Rig. 13. Nov. 07.]

Sondage der Zugerbucht. 1901. Bericht und Karte. (Bericht über die Vermessungsarbeiten in der Zuger-Bucht v. 1901, [vorgenommen] durch das eidg. topogr. Bureau. [Mit 2 Plänen. Erstattet von Jacob] Hörnlimann, Ingr. Bern, den 1. Februar 1902.) *Maschinenschrift.* II + 11 S. fol.

Nordslesvigsk **Søndagsblad.** Folkelig Del. 2. Række, udg. af Chr. F. Monrad og A. C. C. Holdt i Flensborg. 4.–5. Aarg. Flensborg. 1882–83. 4°
– Red. af Chr. F. Monrad. 6.–10. Aarg. ebd. 1884–88. 4°
– red. af R. P. Rossen. 11. Aarg. ebd. 1889. 4°

Sonde, die. Monatsschrift f. pädagog. Kritik. Hrsg. v. Fel. Heuler, Paul Bang u. Raim. Heuler. 1. u. 2. Jahrg. 1909 u. 1910. à 12 Hefte. (VI, 582 u. VI, 610 S.) Lex. 8. Leipzig, F. Kortkamp. à Jahrg. 6. —

Sonder, Christoph [aus Oldesloe]: Die Characeen der Provinz Schleswig-Holstein und Lauenburg nebst eingeschlossenen fremden Gebietstheilen. . . . Kiel, Druck v. Carl Böckel. 1890. 63 + 1 S. u. 1 Tab. 8°
Rostock, Phil. Fak., Inaug.-Diss. v. 18. Jan. 1890

Sonder, Hermann

— — Ueb. das Begnadigungsrecht d. Stadt Feldkirch u. d. hinteren Bregenzer Waldes. (Sonder-Abdruck.) gr. 8. (72 S.) Ebds. 60 kr. 1883.

Sonder, Hermann. Die Feldkircher-Unruhen von 1763. Mit Bildn. 8. (IX u. 134 S.) Innsbruck, Wagner'sche U.-B. 80 kr. 1883.

SONDER, Otto (Hamburg): Die Kinderverluste in der Königl. Universitäts-Frauenklinik in München. a) Vor der Geburt abgestorben. b) Unter der Geburt abgestorben. c) In Folge der Geburt abgestorben. d) In Folge einer Erkrankung nach der Geburt gestorben.- München: Ernst 1887. 92 S. 7.7.1887 - Chr 1887/38,17; Jv 1887/88,216
Diss. Ingolst.-Landsh.-Mchn.

Sonder, (Otto) Wilhelm

Sonder, W., die Algen des tropischen Australiens, s. Abhandlungen aus dem Gebiete der Naturwissenschaften.

Sonder, W., s.: Botanik v. Ost-Afrika.

Sonder, O. W., Flora Hamburgensis. Beschreibung der phanerogam. Gewächse, welche in der Umgegend von Hamburg wild wachsen und häufig cultivirt werden. gr. 12. (IV und 601 S.) Hamburg 851, Kittler. *

Sonderabdruck

— der Anlagen 1, 2 u. 12 zur Kriegs-Verpflegungsvorschrift. (28 S.) 16. Ebd. 910. —15

Sonderabdruck aus Bd. II der Sammlung der Polizei-Verordnungen v. Berlin, enth. Stellen- u. Gesindevermittlungs-Gesetz. (31 S.) 8. Berlin, A. W. Hayn's Erben. 1910. Geb. in Halbleinw. 1. 20.

Sonderabdruck aus dem Exerzir-Reglement u. der Schießvorschrift f. die Infanterie. Ausgaben v. 1889. Für Mannschaften bestimmt. 16. (IV, 83 S.) Berlin 890. Mittler & Sohn. n.n. — 25

Sonderabdruck aus dem Exerzir-Reglement u. der Schießvorschrift f. die Infanterie. Neuabdr., unter Berücksicht. der Schießvorschrift f. die Infanterie v. 16. XI. 1899. Für die Mannschaften bestimmt. gr. 16. (IV, 85 S. m. Abbildgn.) Berlin 900. E. S. Mittler & Sohn. n.n. — 25

Sonderabdruck aus dem Exerzir-Reglement und der Schießvorschrift für die Infanterie. Neue bericht. Ausg. Für Mannschaften bestimmt. *Berlin: E. S. Mittler & Sohn 1903.* (IV, 94 S.) 8° [F.] 1 4. 1613?

Sonderabdruck aus dem Exerzier-Reglement u. der Schießvorschrift für die Infanterie. Neue bericht. Ausg. Für die Mannschaften bestimmt. (118 S. m. Abbildgn.) 16. Berlin 906. E. S. Mittler & Sohn. n. — 30

Sonderabdruck aus dem Exerzier-Reglement u. der Schießvorschrift f. die Infanterie. Für Mannschaften bestimmt. Neue Ausg. 17.—26. Taus. (123 S. m. Abb.) 16. Berlin 910. E. S. Mittler & Sohn. p — 30

— der Protokolle der hessischen evangelischen Landessynode (m. 2 Anlagen) betr. den „Fall Korell". (109, 26 u. 8 S.) 8. Darmstadt 906. (J. Weiß.) n.n. — 90

Sonderabdrücke der deutschen Medicinal-Zeitung. 1—61. 63. 65—72. Hft. gr. 8. Berlin, Grosser. n. 30. —

1. Über pathogene pflanzliche Mikroorganismen. Von Baumgarten. I. Die pathogenen Hyphomyceten. (27 S. m. eingedr. Holzschn.) 884. n. — 60
2. Die Magenentzündung. Von Jul. Glax. (8 S.) 884. n. — 20
3. Über die Geburt, Anästhesie bei der Geburt, Expression, Extraktion, Wendung, Zange, Kraniotomie u. Embryotomie. Von C. v. Rokitansky. (19 S.) 884. n. — 40
4. Die Untersuchung d. Ohres. Von Alfr. Krakauer. (20 S.) 884. n. — 50
5. Typhus abdominalis. Von Dippe. (24 S.) 884. n. — 50
6. Der Hornhautspiegel [Keratoskop] u. seine praktische Anwendung. Von E. Berger. (14 S.) 884. — 30
7. Über Struma. Von O. Pinner. (20 S.) 884. — 30
8. Hallucinationen u. Illusionen [Sinnestäuschungen.] Von J. I. Hoppe. 2. Aufl. (28 S.) 884. n. — 60
9. Die Verletzungen d. Sehorgans. Von A. Vossius. (32 S.) 884. n. — 60
10. Über Ohrensausen. Von J. Michael. (6 S.) 884. n. — 20
11. Beiträge zur Lehre v. der Conjunctivitis granulosa. Von J. Jacobson. (17 S.) 884. — 30
12. Das Ekzem im Kindesalter. Von P. G. Unna. (44 S.) 884. n. — 60
13. Die Neurasthenie u. Hysterie. Von Frdr. Richter. (34 S.) 884. n. — 60
14. Die puerperale Eklampsie nach den neueren Publikationen. Von Alfr. Gönner. (12 S.) 884. — 30
15. Ueber Lungenschwindsucht u. deren Behandlung. Von Meissen-Falkenstein. (35 S.) 884. n. — 60
16. Die Leukämie. Von Ludw. v. Hoffer. (8 S.) 884. n. — 20
17. Ueber Amputationen u. Exartikulationen. Von Ottomar Angerer. (16 S.) 884. — 30
18. Über Netzhautablösung. Von E. Berger. (11 S.) 884. n. — 20
19. Die Untersuchung der Nase u. d. Nasenrachenraums. Von Paul Heymann. (24 S.) 884. n. — 60
20. Nasenpolyp. Von Ottokar Chiari. (21 S.) 884. — 30
21. Die entzündlichen Affektionen der Orbita. Von Vossius. (7 S.) 884. n. — 20
22. Ueber die Gründung v. Volkssanatorien f. Phthisiker. Von Aug. Ladendorff. (6 S.) 884. n. — 20
23. Tuberkelbacillen u. klimatische Kuren. Vortrag v. Haupt [Soden]. (12 S.) 884. n. — 20
24. Bauchverletzungen. Von v. Nussbaum. (26 S.) 884. n. — 60
25. Über Fettleibigkeit. Von E. Heinr. Kisch. (12 S.) 884. n. — 20
26. Über die Entstehung u. die Behandlung d. Bronchialasthma. Von Brügelmann. (15 S.) 884. — 30
27. Ueber pathogene pflanzliche Mikroorganismen. Von Baumgarten. II. Die pathogenen Schizomyceten. (57 S. m. eingedr. Fig.) 884. n. — 80
28. Zur Lehre v. der chronischen Obstipation u. deren Behandlung. Von Fr. Pelizaeus. (8 S.) 884. n. — 20
29. Fortschreitende Paralyse der Irren. Dementia paralytica. Manie. Melancholie. Cirkuläre Psychosen. Von L. Wille. (65 S.) 884. n. — 60
30. Gynäkologischer Spezialismus. Von Leop. Landau. (17 S.) 884. n. — 20
31. Der graue Star u. seine Behandlung. Von H. Schäfer. (51 S.) 885. n. — 80
32. Das Typhoid [Abdominal-Typhus] im Kindesalter. Von J. H. Rehn. (20 S.) 884. n. — 2.
33. Zur Diagnostik u. Therapie d. Ileus. Von Paul Reichel. (28 S.) 884. n. — 40
34. Einfache Methoden zur Trinkwasser-Untersuchung f. hygienische Zwecke. Zum Gebrauch f. prakt. Aerzte v. Breslauer. (9 S.) 884. n. — 20
35. Tubage d. Kehlkopfes. Von Ottokar Chiari. (20 S.) 885. n. — 40
36. Über den Nystagmus. Von Herm. Wilbrand. (13 S.) 884. n. — 20
37. Bleikrankheiten. Von H. Schulz. (12 S.) 885. n. — 20
38. Die Reinkulturen im Reichs-Gesundheitsamt u. der Cholerabacillus. Von Ph. Biedert. (24 S.) 885. n. — 50
39. Die Stauungsdermatosen d. Unterschenkels u. ihre Behandlung. Von P. G. Unna. (27 S.) 885. n. — 60
40. Skarlatina. Von E. Schwechten. (12 S.) 885. — 30
41. Die Darmparasiten d. Menschen. Von Otto Seifert. (24 S.) 885. n. — 50
42. Die Blindheit u. ihre Verhütung. Mit besond. Berücksicht. der Bedürfnisse d. prakt. Arztes. Von Hugo Magnus. (28 S.) 885. n. — 60
43. Die Morphologie d. Cholerabacillus u. die Schutz-Cholera-Impfung. Nach Dr. Ferrán. Mit Illustr. Von Max Breitung. (8 S.) 885. n. — 20
44. Der Anus praeternaturalis u. seine Behandlung. Von Paul Reichel. (23 S.) 885. n. — 40
45. Ueber das Verhältnis der Fixa d. Harns zum Körpergewicht. Aus dem Institut v. Zuelzer zu Berlin. Von H. Lohnstein. (11 S.) 885. n. — 20
46. Der Jodoform-Torfmoos-Verband. Von Leisrink. (9 S.) 885. n. — 20

47. Die bisherige Wirkung der antiseptischen Behandlung in der königl. preussischen Armee u. dem XIII. [königl. württemberg.] Armeekorps. Eine statist. Studie v. Villaret. (24 S.) 885. n. — 40
48. Die Morphiumsucht u. die Physiologie der Heilungsvorgänge. Auf Grund neuester Beobachtgn. dargestellt v. Wallo. (33 S.) 885. n. — 60
49. Die Sublimat-Antisepsis in der Geburtshilfe. Von K. Jaffé. (11 S.) 885. — 30
50. Ueber die Riviera u. das Klima v. Nervi. Vortrag v. H. J. Thomas-Badenweiler. (24 S.) 885. n. — 40
51. Ueber künstliche Beleuchtung. Vortrag v. Mehlhausen. (23 S.) 885. n. — 60
52. Ueber tötliche Hirnverletzungen in forensischer Hinsicht. Von Max Breitung. (20 S.) 885. n. — 40
53. Die Kachexia strumipriva. Von D. G. Zesas. (14 S.) 885. — 30
54. Das sogenannte Ekzem d. Naseneinganges. Von W. Lublinski. (5 S.) 885. n. — 20
55. Zur Behandlung d. Diabetes. Von Vocke. (11 S.) 885. n. — 20
56. Die Behandlung der eitrigen Mittelohraffektion. Von Alfr. Krakauer. (15 S.) 885. — 30
57. Chemische Untersuchung der Luft f. hygienische Zwecke. Von Breslauer. (41 S.) 885. n. — 80
58. Die Blutungen intra graviditatem, intra partum, post partum. Von Eichholz. (15 S.) 885. n. — 50
59. Zur Kenntnis der menschlichen Phthise. Von Meissen. (56 S.) 885. n. 1. —
60. Ueber die Einwirkung warmer Bäder bei Erkrankungen d. Rückenmarkes. Vortrag v. Schuster-Aachen. (13 S.) 886. n. — 50
61. Ueber Totalexstirpation des karzinomatösen Uterus. Im Anschluss an den Bericht üb. 3 abdominale u. 9 vaginale Totalexstirpationen. Von B. S. Schultze. (19 S.) 886. n. — 50
63. Diphtherie. Von Noeldechen. (45 S.) 886. n. 1. —
65. Geschichte der Massage. Von Geo. Hünerfauth. (52 S.) 886. n. 1. —
66. Über pathologische Zustände, die v. der Nase ihre Entstehung finden können. Vortrag v. P. Heymann. (26 S.) 886. n. — 35
67. Brillen u. Brillenbestimmung. Von F. Plehn. (28 S.) 886. n. — 60
68. Über die habituelle Hyperhidrosis pedum. Eine hygien. Skizze v. J. V. Brandau. (20 S.) 886. n. — 50
69. Über Pathogenese u. Therapie d. Keuchhustens. Von Deichler. (10 S.) 886. n. — 50
70. Der klimatische Kurort Gardone-Riviera am Gardasee. Von Koeniger. (7 S.) 886. n. — 50
71. Beiträge zur Behandlung der Chlorose. [Mit besond. Berücksicht. der Heilfactoren d. Inselbades.] Von W. Brügelmann. (8 S.) 886. n. — 50
72. Aerztliche Briefe üb. Diabetes mellitus. Von Wewer. (80 S.) 886. n. 1. —

Sonderabdrücke der deutschen Medizinal-Zeitung. 62., 64., 73.—80. Hft. gr. 8. Berlin 886. 887. Grosser. n. 8. 10

62. Die akute Neurasthenie, die plötzliche Erschöpfung der nervösen Energie. Ein ärztl. Kulturbild. Von Averbeck. (57 S.) n. 1. —
64. Neuere Leichenanstalten. Hygienische Studie. Von H. Breitung. n. 1. —
73. Über subdiaphragmatische Echinokokken u. deren Behandlung. Vortrag, nebst Demonstration v. 3 geheilten Fällen, geh. im Verein f. innere Medizin am 1. Novbr. 1886 v. L. Landau. (23 S.) n. — 50
74. Magensonde u. Magenpumpe. Von G. Sticker. (III, 74 S.) n. 1. —
75. Die Morphiumsucht. Die akute Neurasthenie bei der plötzl. Entziehg. d. Morphiums u. deren allgemeine Bedeutung f. die Beurteilg. der Wirkg. v. Reiz- u. Genussmitteln. Von H. Averbeck. (42 S.) n. 1. —
76. Die Kehlkopfschwindsucht. Von W. Lublinski. (23 S.) n. — 50
77. Die Behandlung der chronischen Herzkrankheiten. Vortrag, von Thdr. Schott. (64 S.) n. 1. —
78. Zur Lehre v. der Skrofulose. Von Noeldechen. (60 S.) • n. 1. —
79. Über Nasenkrankheiten, welche m. Schnupfen verbunden sind, unter besond. Berücksicht. ihrer Behandlung. Von R. Wehmer. (24 S.) n. — 50
80. Erfahrungen e. Lungenkranken. Von L. Friedmann. (32 S.) n. — 60

Sonderabdrücke aus d. dtsch. Medizinal-Zeitung Nr. 81—104, s. u. folg. Einzeltiteln:

Averbeck, Heinr. Die Kehlkopfmassage (Nr. 82.) 888. * — 50. — Averbeck, Heinr. Die Morphiumsucht u. ihre Behandlung. Von Albr. Erlenmeyer. (Nr. 81.) 888. * 1 —. — Baginsky, A. Ueber Rückgratsverkrümmung d. Schulkinder. (Nr. 83.) 888. * — 50. — Biedert, Ph. Die Behandlung d. Tuberkulose nach R. Koch. (Nr. 100.) 891. * 1 —. — Biedert, Ph. Die Cholera. (Nr. 86.) 888. * — 60. — Birnbaum, M. Die Lebensdauer d. Aerzte. (Nr. 93.) 890. * 1 —. — Breitung, Max. Krit. Studie zur Pathologie u. Therapie v. Sonnenstich u. Hitzschlag. I. (Nr. 90.) 889. * — 40. — Friedrich, Edm. Die deutschen Insel- u. Küstenbäder der Nordsee. (Nr. 85.) 888. * — 30. — Friedrich, Edm. Die holländ. und belg. Seebäder u. Seehospize. (Nr. 89.) 889. * — 80. — Friedrich, Edm. Ueber den Salzgehalt d. Seeluft, d. Fortführung d. Salztheile a. d. Meere etc. (Nr. 96.) 890. * — 40. — Haupt, Aug. Die Bedeutung d. Erblichkeit d. Tuberkulose im Vergleich zu ihrer Verbreitung durch d. Sputum. (Nr. 94.) 890. * — 60. — Haupt, Aug. Neue Beiträge z. Bedeutg. d. Erblichkeit d. Tuberkulose. (Nr. 102.) 891. * — 30. — Herrmann, E. Jahresbericht d. medizin. Klinik zu Breslau a. d. J. 1888. Anh.: Beobachtgn. üb. d. Wirkungn. und d. Anwendungsweise d. Antifebrins. (Nr. 97.) 890. * 1 —. — Kalischer, A. Die Verbreitung v. Diphtherie u. Kroup in Preussen in d. J. 1875—87. (Nr. 98.) 890. * — 40. — Ladendorf, Aug. Das Höhenklima in meteorolog., physiolog. u. therapeut. Beziehung. 1. Tl.: Das solare Klima. (Nr. 87.) 889. * 1 —. — Lindner, G. Beiträge z. Kenntniss parasitischer Protozoen. (Nr. 104.) 892. * — 30. — Schott, Thdr. Die Behandlung d. chron. Herzkrankheiten. (Nr. 95.) 890. * — 40. — Schott, Thdr. Zur Pathologie u. Therapie d. Angina pectoris (Herzkrampf). (Nr. 84.) 888. * 1 —. — Schott, Th. Neurasthenie u. Herzkrankheiten. (Nr. 34.) 890. * — 40. — Schwalbe, Karl. Die radicale Heilung der Unterleibsbrüche. (Nr. 99.) 891. * — 60. — Sticker, Geo. Die Bedeutung d. Mundspeichels in physiolog. und patholog. Zuständen. (Nr. 88.) 889. * 2 —. — Ueber die Selbsteinschätzung d. Aerzte in Preussen. (Nr. 103.) 892. * — 30. — Wichmann, Ralf. Die Tetanie. (Nr. 91.) 889. * — 50.
(Abonnement auf eine Serie von 20 Nrn. * 6 —.)

Erste Sonderausstellung des Museums schlesischer Altertümer zu Breslau. — Erzeugnisse der Textilkünste: Webereien. Ostern 1888. (Ohne bes. Titelblatt. — Breslau. Druck von Robert Nischkowsky.) 8°.

Zweite Sonderausstellung des Museums schlesischer Alterthümer. — Erzeugnisse der Textilkünste II: Stickereien, Häkel- und Knüpfarbeiten. Pfingsten 1888. (Ohne bes. Titelblatt. — Breslau. Druck von Grass, Barth und Comp.) 8°.

12. Sonder-Ausstellung in der Königl. National-Galerie. Werke von Christian Morgenstern, Franz Krüger, Antonie Biel und Ernst Willers. Berlin 1881. 8°.

14. Sonder-Ausstellung in der Königl. National-Galerie. Werke von Marie von Parmentier, Karl Blechen, Adolf Schrödter und August Bromeis. Berlin 1881. 8°.

23. Sonder-Ausstellung in der Königl. National-Galerie. Werke von Carl von Piloty, Carl Spitzweg und Friedrich Voltz. Berlin 1886. 8°.

24. Sonder-Ausstellung der National-Galerie. Werke des Historienmalers Eduard von Steinle. Berlin 1887. 8°.

25. Sonder-Ausstellung in der Königl. National-Galerie. Werke von G. Meyer von Bremen, R. Schick, K. Hausmann und A. Behrendsen. Berlin 1887. 8°.

Königl. National-Galerie. Sonder-Ausstellung der Werke von Gustav Spangenberg. März 1892. *Berlin: E. S. Mittler & Sohn (1892).* (19 S.) 8° [Umschlagt. ꝛc.] [ca. 1502] 10

Sonder-Ausstellung der Werke von Gustav Spangenberg. März 1892. Berlin 1892. V: *Jordan, Max.* (StadtBiblBerlin XIII, S. 31)

Sonderbericht der Landes-Versicherungsanstalt Hannover über die Förderung des Baues von Arbeiterwohnungen, mit besonderer Berücksichtigung des Zuwachses in den beiden letzten Jahren. Jg. 1900—1902 u. 1903—1905. Hannover, 1903—1907.

Sonderbericht der Lehr- und Versuchsanstalt für Photographie usw. zu München. Abteilung für Gerichtsphotographie. 1908/09. 4° München 1909

Sonderberichte der Handelskammer zu Magdeburg üb. einzelne Geschäftszweige. 1. u. 2. Heft. gr. 8. Magdeburg (Heinrichshofen's Sort.) n. 3. —
1. Entwickelung, die, des Versicherungswesens in Magdeburg. Der Handelskammer zu Magdeburg auf Wunsch zur Veröffentlichg. überreicht v. der Magdeburger Feuerversicherungs-Gesellschaft. (Beilage zum Jahresbericht der Handelskammer zu Magdeburg.) (24 S.) 902. n. 1. —
2. Magdeburgs Kohlenhandel einst u. jetzt. Eine Studie. Von Herm. Voss. (112 S. m. z. Tl. farb. Fig. u. 1 farb. Karte.) 901. n. 2. -

Sonderbundiens. Les S' fribourgeois en 1850. Projet d'assemblée populaire. Pétition à l'assemblée fédérale. Tentative de révolte du 4 octobre. (Par un membre du Grand Conseil et du Conseil national.) 8. Fribourg 1850.

Sonderbunds-Krieg, Der, im Jahre 1847 mit Alt- und Neu-Helvetia ... Rapperschwil 1858. V: *Schieber*. (Cat d. Stadtbibl. Zürich. Zürich 1864—97.)

Sonderburg [Sachliches OW]

Sonderburg 1862. (Ansicht und Plan der Stadt.) Autograph. 1864 Beckershaus. 1 Bl. Fol., 57,2/43 cm.

Ostseebad **Sonderburg** auf Alsen. Führer den Fremden gewidmet vom Verein zur Hebung des Fremdenverkehrs. Kiel. 1903. 8°

Sonderburg [Schlagwort]

Sonderburg, s.: Europa. Liebenow.

Sonderburg [Verfasser]

Sonderburg, Hans: Abhandlungen und Kritiken zum 6. Schleswig-Holsteinischen Musik-Fest am 15. u. 16. Juni 1902 in Kiel. (Kiel:) Kieler Neueste Nachrichten 1902. (21 S.) 8°

Sonderdrucke des „Pfälzerwaldes". Hrsg. im Auftrag des Pfälzerwald-Vereines v. Alb. Becker. I. 8. Zweibrücken, F. Lehmann. — 40
Der Billigheimer Purzelmarkt. Von F. Gundelwein. Mit 5 Bildern. (30 S.) 909.

Sonderegger. Dr. S' als Arzt. SA. 1896 s. [Haffter, Elias].

Sonderegger, Dr. J. J., Der Arzt und Menschenfreund. O. O. [1896.] V. *Niedermann, Wilhelm.* (Cat. d. Stadtbibl. Zürich. Zürich 1864—97.)

Sonderegger (Dr.). Das eidgenössische Epidemieengesetz. Eine Humanitätsfrage. Kl. in-8°, 54 S. Zürich, Cäsar Schmidt. 1881.

Sonderegger, die erste Hülfe bei Unglücksfällen. Vortrag. gr. 8. (31 S.) St. Gallen 884. Scheitlin & Zollikofer. n. — 40

Sonderegger, Naturwissenschaft und Volksleben. (Vortr. Öff. IX, 4) Basel 1887

Sonderegger, Naturwissenschaft und Volksleben, s. Vorträge, öffentliche, gehalten in der Schweiz.

Sonderegger, die Spitalfrage im Kanton St. Gallen. Ein Wort an alle Gebildeten u. Barmherzigen im Auftrage des kantonalen ärztl. Vereins. Altstätten 865. (St. Gallen, Scheitlin & Zollikofer.) gr. 8. (III, 59 S. mit 1 Tab. in qu. Fol.) n. 8 ngr.

Sonderegger: Die Versetzung in Trinkerheilstätten. 8°. 6 S. Bern. 1891.

Sonderegger, Emil. Anlage u. Leitung von Kriegsspiel-Übungen. Mit zahlr., teilweise farbigen Abbild. im Text u. 5 Kartenbeilagen. Gr. in-8°. 106 S. Frauenfeld, J. Hubers Verlag. 1897.

Sonderegger, Emil. L'attaque non-enrayée de l'Infanterie! par Emile S'..., traduit par Victor de Graffenried.... 94 p. 8. Zurich, Arnold Bopp, 1907 (* *Umschlag:* 1908). [fr. 2.—]

Sonderegger, Emil. Die Cadres-Ausbildung in unserer künftigen Militär-Organisation. [Mit 2 Figuren.] 63 S. 8. Zürich, Arnold Bopp, Komm. Ed. Rascher's Erben, [1905]. (fr. 1. —)
(Militärische Einzelschriften über Tagesfragen der Schweiz. Armee.... Heft 5.)

Sonderegger, Emil. Der ungebremste Infanterie-Angriff. (1.-3. Tausend.) 80 S. 8. Zürich, Arnold Bopp, 1905. (fr. 1.80)

Die Organisation des fakultativen und obligatorischen Militärischen Vorunterrichts. Von Emil **Sonderegger**, Hauptm. Frauenfeld: (J. Huber) 1900. (64 S.) 8°
= Monatschrift, Schweizerische, f. Offiziere aller Waffen. Jg. 12, Beil. [1.]
= **Blätter**, Schweizerische Militärische. 1900, [Abt. 2], Beil. [2.]

Studien über die taktischen Folgen der Einführung des kleinkalibrigen Gewehres und des rauchlosen Pulvers. Von Emil **Sonderegger**, Artillerielt. Vom Verf. teilweise umgearb. u. vervollst. Frauenfeld: (J. Huber) 1893. (112 S.) 8°
—**Monatschrift**, Schweizerische, f. Offiz. aller Waffen. Jg. 5, No 1, 2. Beil.

— e. Wendepunkt in uns. militär. Entwicklg.? Briefe an e. Kameraden. M. 1 lith. Beilage. gr. 8. (57 S.) Ebd. 898. n. 1. —

Sonderegger, H. Über den Tod durch Chloroform und Aether vom Standpunkte des Gerichtsarztes. In-8°. 76 S. Basel, Dissert. 1894.

Sonderegger, C[onrad]. L'achèvement du canal de Panama. [Avec 88 figures et 3 cartes.] IV + IV + 200 p. gr.-8. Zurich, Albert Raustein, 1902. [fr. 9. —]

Sonderegger, C., üb. Auswanderung. Vortrag, geh. an der Jahresversammlg. der appenzell. gemeinnütz. Gesellschaft in Appenzell. gr. 8. (20 S.) Trogen 892. (St. Gallen, Huber & Co.) n. — 40

Sonderegger, [Laurenz]. Fideris. Federzeichnung eines Arztes. 1866. 8. Altstätten 1867.

Sonderegger, [Laurenz]. Fideris. Esquisse d'un médecin, 1866. Traduit de l'allemand par le prof. [Louis] Grangier. 8. Fribourg 1867.

Sonderegger, Freiheit, Patent und Schwindel im Medicinalwesen. Versuch zur Besprechung einer sozialen Frage. gr. 8. (III, 58 S.) St. Gallen 871, Scheitlin und Zollikofer.

Sonderegger, L. Der Geheimmittelmarkt, ein Segen für das Volk und eine Ehre für seine Behörden. Betrachtungen im Lichte des alltäglichen Lebens. In-8°, 104 S. St. Gallen, A. J. Köppel. 1880.

Sonderegger, L(aurenz). Dr. L. S' (1825-1896). Ein Lebensbild von ihm selbst geschrieben und seinen Freunden gewidmet. Nach dem Tode des Verfassers hrg. von G(ustav) Wiget-Sonderegger. Als Manuskript gedruckt. [Mit Porträt-Tafel.] 8. St. Gallen 1896.

[S.] Dr. L(aurenz) Sonderegger in seiner Selbstbiographie und seinen Briefen. Hrsg. v. Dr. Elias Haffter. M. d. Portr. Sondereggers. *Frauenfeld: J. Huber 1898.* (VIII, 498 S., 1 Portr.) 1 Bd 8.

Sonderegger, L., Tuberkulose u. Heilstätten f. Brustkranke in der Schweiz. Versuch zur Besprechg. e. socialen Frage; im Auftrage der schweizer. gemeinnütz. Gesellschaft. gr. 8. (III, 41 S. m. e. farb. Karte.) St. Gallen 894. (Scheitlin.) n. — 75

— Vorposten der Gesundheitspflege im Kampf um's Dasein der Einzelnen u. ganzer Völker. gr. 8. (430 S.) Berlin 873. Peters. n. 5. —

Sonderegger L, Vorposten d. Gesundheitspflege. 1. u 3. A. Berlin 1874, St. Gallen 1890

— dasselbe. 2. verm. Aufl. gr. 8. (XII, 468 S.) Ebend. 874. n. 6. —

Sonderegger, L. Vorposten der Gesundheitspflege. 3. Aufl. gr. 8. (VII, 582 S.) St. Gallen 890, Huber u. Comp. * 7 —; geb. ** 8 50
—— dass. — 4. Aufl. gr. 8. (V, 545 S.) Berl. 892, Springer. * 6 —; geb. * 7 —

Vorposten der Gesundheitspflege. Von Dr. L[aurenz] Sonderegger. 5. Aufl. Nach d. Tode d. Verf. durchges. u. erg. von Dr. E(lias) Haffter. *Berlin: J. Springer 1901.* (576 S.) 8° [F.] (01. 99)

[Sonderegger, Otto.] Die evangel. Kirche Wallenstadt. (Eingeweiht am) 11. März 1906. [Illustriert.] 46 S. 8. (Ragaz, A. Hagmann, 1908.)

Sonderegger, Philipp. Der Hausdoktor. Ein nützlicher Ratgeber für Gesunde und Kranke. 8. St. Gallen, Buchdr. A. Loehrer.
1. Aufl., Ende 1904 erschienen.
2. (verbesserte) Aufl. II + 32 [+ *Anzeigen* 8] S. (Juli 1905.) fr. 1. —
3. Aufl. IV + 32 [+ *Anz'* 8] S. (Dezember 1905.) fr. 1. —. — *Text (32 S.) unverändert.*

Sonderegger, Philipp. Der Hausdoktor. Ein nützlicher Ratgeber für Gesunde und Kranke. Hygienische Winke für Alpclubisten u. Samariter. 4. verbess. Aufl. [Illustriert.] IV + 36 [+ 8] S. 8. St. Gallen, Verlag Ph. Sonderegger, (Juni 1906). fr. 1. —

(9. Internationaler Schiffahrts-Congress Düsseldorf 1902.) (Ausflug nach dem Kaiser Wilhelm-Kanal und den Hansestädten.) **Sonderführer** 3 für Kiel u. den Kieler Hafen. (Kiel. 1902.) 8°

Neues systematisches Melkverfahren bei gesundem und krankem Euter. Von Chr. **Søndergaard.** Nach d. 2. dän. Aufl. übers. (von Bruun v. Neergaard). Mit 13 Textabb. Berlin: P. Parey 1908. (VI, 42 S.) 8° [F.] (08. 3671

SONDER-GUTACHTEN ÜBER DAS PROGRAMM DES CENTRALAUSSCHUSSES DES VEREINS SCHLESISCHER AERZTE UND WUNDÄRZTE für volksthümliche Reform des Medizinalwesens zu der am 1. und 2. April in Breslau abzuhaltenden zweiten General-Versammlung Schlesischer Aerzte und Wundärzte. Von DAVIDSOHN. EBERS. GÖPPERT. GRÄTZER. KROCKER jun. REMER jun. (Als Manuskript gedruckt.) Breslau, 1849. Druck von Grass, Barth und Comp. 8°.

Sonderhof, A., ein Beitrag zur höheren Geodäsie. gr. 8. (VIII, 95 S.) Leipzig 872, Teubner. **
Aus: Zeitschrift für Mathematik und Physik, besonders abgedruckt.

Sonderhoff, Hermann, Referendar zu Hamburg: Welche Bedeutung hat es nach gemeinem Recht und nach dem B.G.B., wenn der Erblasser letztwillig bestimmt, daß eine ihm obliegende Verbindlichkeit von einem Erben allein getragen werden soll? *Rostock 1903: Adler's Erben.* (IV, 65 S.) 8°
Rostock, Jur. Diss. v. [18. Mai] 1903

Sonder-Katalog der buchgewerblichen Abteilung der III. deutschen Kunstgewerbe-Ausstellung Dresden 1906, veranstaltet u. durchgeführt v. dem deutschen Buchgewerbe-Verein, Sitz Leipzig. (102 S. m. 28 Taf.) 8. Dresden 906. W. Baensch. Kart. n. — 60

Expos. Internat. à Paris 1900. **Sonder-Katalog** der Ausstellung Deutscher Weine. Catalogue spéc. de l'Expos. des Vins Allemands. Spec. catalogue of the German Wine-Exhibition. III, 125 S. (Mainz: v.Zabern 1900)

Sonder-Katalog d. Abt. Hyg. Weltausst. z. Paris 1900. Dtsch. Reich. Berl. 1900.

Weltausstellung in St. Louis 1904. Deutsches Reich. **Sonderkatalog** der Hygieneausstellung. Verz. d. auf d. Geb. d. Hygiene u. d. sonst unter Leitg u. Beteiligg d. Ks. Gesundheitsamts zu Berlin vorbereiteten Vorführgn. XXXVI, 244 S. Berlin: Springer 1904.

Weltausstellung in Paris 1900, Gruppe 3, Klasse 15. **Sonderkatalog** der Deutschen Kollektivausstellung für Mechanik und Optik. *Berlin 1900: Reichsdr.* (VIII, 245 S.) 8° [Umschlagt. F.] (01. 4381

Sonder-Katalog für die Sammel-Ausstellung deutscher Nahrungsmittel und Weine, St. Louis, 1904. Berlin (1904): R. Mosse. (165 S.) 8°
[Nebent.:] Special catalogue of the German Food and Wine Exhibition, St. Louis, 1904. (05. 1186

Sonderkatalog der Kgl. Sächs. Staatseisenbahnen. Hauptkatalog No 1243. Gruppe XIX. Dresden (1889?)

Sonder-Kataloge des Museums für Bergbau und Hüttenwesen. Hrsg. von der Königlichen Geologischen Landesanstalt und Bergakademie zu Berlin. Bd 1 u. 2. Berlin, 1905. [Jo 171
Bd 1. Abteilung für Bergbau nebst Aufbereitungs- und Salinenwesen. Erläutert von G. Franke und G. Baum mit Beiträgen von H. Potonié und B. Dammer. 1905. 126 S. mit 1 Plan.
Bd 2. Abteilung für Eisenhüttenwesen. Erläutert von H. Wedding. 1905. 57 S. mit 1 Plan.

Sonderkurs, 3., üb. Fragen des Acker- u. Pflanzenbaues, s.: Arbeiten der Landwirtschaftskammer f. die Prov. Sachsen. 18. Heft.

Sonderkursus über Fragen der Tierzucht. 2. Halle a. S.: Landwirtschaftskammer 1910. 8°
[Als 1 gilt: Neuere Forschungsergebnisse u. Erfahrungen auf d. Geb. d. landwirtschaftl. Tierzucht. 1907.]
(Arbeiten d. Landwirtschaftskammer f. d. Prov. Sachsen. H. 17.) (10. 7107 3

— 2., üb. Fragen der Tierzucht, s. Arbeiten der Landwirtschaftskammer f. die Prov. Sachsen. 17. Heft.

Sonderkursus über landwirtschaftliches Maschinen- und Bauwesen. 1. Halle a. S.: Landwirtschaftskammer 1908. 8° [F.]
= **Arbeiten** d. Landwirtschaftskammer f. d. Prov. Sachsen. H. 14. (08. 16541 3

Sonderland, Franz Math. Suitbertus (geb. Kaiserswerth a. Rh.): De resectione maxillae inferioris, adjectis hujus operationis casibus novis. Berolini (1839). (43 S.) 8°
Berlin, Med. Diss. v. 26. Sept. 1839

Sonderland, J. S., s. G. E. F. Seidel, Krankenbüchlein.

Sonderland, Johann Baptist

Sonderland, J. B., Aufgepaßt, s. Beumer, J. B., und J. B. Sonderland.

Sonderland, J. B., Bilder aus dem Leben. gr. 4. (8 color. Steintaf.) Wesel 877. Düms. cart. — 75

Sonderland, J. B., Bilder und Randzeichnungen zu deutschen Dichtungen; erfunden und radirt. 1e Lfrg. (4 Bl. u. Text.) Fol. Düsseldorf 838. Arnz u. Comp. n. 2 ₰ — 2e Heft. (4 Kpfrtaf. u. Text.) Ebd. 839. 2 ₰ — 3e Hft. (4 Kpfrtaf. u. Text.) 1/2 gr. Fol. Ebd. 839. n. 2 ₰ — 4e u. 5e Lfrg. à 4 Bl. u. Text. Ebd. 840. à n. 3 ₰ — Compl. u. geb. n. 11 ₰

—— dass. 6. Lfg. (od.) der neuen Folge 1. Hft. 1/2 Roy.-Fol. (4 Stahlst.) Düsseldorf 842, Buddeus. *

Sonderland, J. B., Bilder u. Randzeichnungen zu deutschen Dichtungen. 7—10. Hft. der neuen Folge 2—5. (letztes) Hft. Roy.-Fol. (17 Kpfrt. u. 8 Bl. Text.) Düsseldorf 843, 44, Buddeus. *
6. Hft. Ebendas. 1842. * 2 Thlr.

—— dass. 2. Aufl. 1—5. Lfg. Fol. (20 Kpfrt. u. 10 Bl. Text.) Ebds. 846, 47. *
Inhalt:
Hans u. Grete, von Uhland. — Der Handschuh, von Schiller. — Der Rattenfänger, von Göthe. — Der wilde Jäger, von Bürger. — Der Zauberer Virgilius, von Immermann. — Der Blumen Rache, von Freiligrath. — Der Freier, von Voß. — Die Klage der Nonne, von Chamisso. — Das Abenteuer des Pfarrers Schmolke u. des Schulmeisters Bakel, von Langbein. — Der Wirthin Töchterlein, von Uhland. — Das gestörte Glück, von Körner. — Die Theilung der Erde, von Schiller. — Der Schmied, von Uhland. — Lenore, von Bürger. — Die drei Röslein, Volkslied. — Die Heinzelmännchen, von A. Kopisch. — Abendbilder, von v. Salis. — Der Mohrenfürst, von Freiligrath. — Der Zauberlehrling, von Göthe. — Der geplagte Bräutigam, von Körner.

Sonderland, J. B., Bilder und Randzeichnungen zu deutschen Dichtungen. Neue Ausg. (8 Liefgn.) Düsseldorf (856, 57.) J. Buddeus. Imp.-4. (40 radirte Bl. mit Text.) n. 8 ℳ.

Sonderland, J. B., Bilder und Randzeichnungen zu deutschen Dichtungen. Neue Ausg. 4—8. (Schluß-)Lfg. Imp.-4. (25 rad. Bl. mit Text und rad. Titel.) Düsseldorf 857. 58, Buddeus' Verlag. à Lfg. * 1 Thlr. *
1—3. Lfg. Ebendas. 1856. * 3 Thlr.

Sonderland, J. B., die drei Freunde. Zwölf allerliebste Bilder aus dem Kindesleben. Originalzeichnung. Text von Frz. Wiedemann. gr. 4. (26 S. mit 13 Chromolithogr.) Leipzig 873, Oehmigke's Verlag. geb.

—— Goldspiegel. Bilder aus dem Jugendleben. Verse von W. Herchenbach. gr. 4. (11 ill. Stnt. in Tondr. mit Text.) Stuttgart 852, Ed. Hallberger. *

Sonderland, J. B., das Jahr und was es den Kindern bringt! Düsseldorf 861. Eltan, Bäumer & Co. (Breidenbach & Co.) 4. (12 lith. Bl. in Farbendr.) n. 24 ngr.

—— goldene Regeln in Bild und Wort. 4. (12 Chromolithogr.) Düsseldorf 861, Eltan und Comp. *

Sonderland, J. B., Scenen aus Immermanns Münchhausen. gr. 4. (12 Holzschnt. und 2 Bl. Text.) Leipzig 848, Weber. *

—— Thier- und Jagdbilder. Mit naturgeschichtl. Erzählungen von G. Hartmann. qu. 8. (16 S. mit 8 Chromolithogr.) Leipzig [Wesel] 873, Düms. geb.

Sonderland, J. B., Thier- und Jagdbilder. Mit naturgeschichtl. Erzählungen von G. Hartmann. 2. Aufl. 1879. * 50 Pf.; 3. Aufl. qu. 12. (16 S. mit 8 Chromolithogr.) Wesel 880, Düms. cart.

Sonderland, V. P.: Die Geschichte von Barmen im Wupperthale, nach der Zeitfolge der merkwürdigsten Ereignisse, welche sich in Barmen von den frühern Zeiten bis zum J. 1821 zugetragen haben. Elberfeld 1821.

Sonderland, V. P., die Geschichte von Barmen im Wupperthale, nach d. Zeitfolge der merkwürd. Ereignisse. 8. Elberf. 822. Schönian. 12 gr

Sonderling [Sachliches OW]

Sonderling, der, s.a. Lynar, Rochus Fridr. 1761.

Sonderling, der, (v. Graf. Rochus Fr. zu Lynar). 8. Hannov. 764. Richter. 8 gr Französ. 8. Kopenh. 771.

Sonderling, Der, oder besser schielend als blind. Ein Originallustspiel in fünf Aufzügen. Wien 1785. V: *Weidmann, Josef.* (Wiener Blättchen 1785: 4/7, 5/7, 6/7, 9/7 und 26/7) (BIBLPORT)

Sonderling, Der, oder besser schielend als blind. Ein Originallustspiel in fünf Aufzügen . . . Wien 1785. V: *Weidmann, Paul.* (Jahrb. d. Grillp.-Ges. XIII.)

Sonderling, d., als Ehestands-Kandidat. Lstsp. in 4 Akten v. G. Schiller. 8. Berl. Litfas. 808.

Sonderling, der von Miltenberg, (A. Lafontaine) 2 Theile, 8. Halle, 793/94. Ruff. 2 Rtl. 15 sgl.

Sonderling, der,. 3 Bde. s. a. Gemälde d. menschl. Herzens v. A. Lafontaine 2r 3r 4r.

Sonderling, Der philosophische, oder die Ordnung der Natur. Wien [Prag] 1784. V: *Lozek.* (Mitth. Fr. Müller-Kiel.)

— der philosophische, oder die Ordnung der Natur, eine Geschichte, 8. Prag, 784. Schönfeld. 15 sgl.

— der, und seine Söhne; v. Langbein. 8. Berl. Schüppel. 809.

Sonderling, Der weibliche, eine Erzählung. O. O. [1823]. V: *Ahlefeld, Charl. Soph. Louise Wilh. von geb. von Seebach.* (schl)

Sonderling [Verfasser]

Sonderling, Jakob, aus Lipine O.-S.: Die Beziehungen der Kant-Jäscheschen Logik zu George Friedrich Meiers 'Auszug aus der Vernunftlehre'. (T. 1.) *Berlin [1904], A. Scholem.* (32 S.) 8°
Tübingen, Phil. Diss. v. 1904

Sonderlinge, theils dem Willen, theils d. Körper nach; v. Wagner. 2 Bde. 8. Leipz. Joachim. 805.

Sondermann, A., 10.—12. Jahresbericht des Münchener Thierschutz-Vereins für d. Jahre 1877, 78, 79. 8°. Cart.
148 S. (m. Holzsch. Frontisp.) u. XL S. Mitgl.-Verz., nebst 3 S. Gedenktaf.

Sondermann, Albert ⟨St. Adalbert-Hospital zu Oppeln⟩ a. Essinghausen: Über die Gefahren der Infektionskrankheiten für die Gravidität. Halle a. S. 1908: C. A. Kaemmerer & Co. (31 S.) 8°
Halle, Med. Fak., Ref. Veit, Diss. v. 6. Aug. 1908
[Geb. 4. Juli 81 Essinghausen (Westfalen); Wohnort: Oppeln; Staatsangeh.: Preußen; Vorbildung: Gymn. Attendorn (Westf.) Reife O. 02; Studium: Tübingen 1, Kiel 4, München 1, Halle 4 S.; Coll. 27. Dez. 07; Approb. 16. Juli 08.]

Sondermann, F. W. S., s. Ansichten über Unterrichtswesen.

Sondermann, F. G. S., Dissertatio de Societatum vulgo Biblicarum Consiliis. 8. Wien 818. (Gerold). 4 gr

S(ondermann), F. W. S., unser Sonnensystem. Zusammengest. 1836. 1 lith. Blatt in gr. Imp.-Fol. u. ½ Bog. Text, Fol. (Innsbruck 839, Wagner'sche Buchh.) *

Handbuch für Erfinder. Hrsg. von Fr. **Sondermann**, Ing. u. Patent-Anw., Berlin. *Elberfeld: Brockhaus & Co. [1901].* (104 S.) 8° [F.] (01. 9837 5

Sondermann, Fr., Handbuch f. Erfinder. gr. 8. (104 S.) Elberfeld (901). (F. Faßbender.) Kart. 1.—

Sondermann, Franz, Oberlehrer: Geschichte der Eisenindustrie im Kreise Olpe. Ein Beitrag zur Wirtschaftsgeschichte des Sauerlandes. Münster i. W. 1906: Westf. Vereinsdruckerei. (XII, 56 S.) 8° ¶(Erscheint vollst. als: „Münstersche Beiträge zur Geschichtsforschung" H. 11 b. C. Coppenrath, Münster i. W.)
Münster, Phil. Fak., Ref. Meister, Diss. v. 31. Nov. 1906
[Geb. 5. Apr. 74 Niederstenhammer, Kr. Olpe; Wohnort: Cöln a. Rh.; Staatsangeh.: Preußen; Vorbildung: Gymn. Attendorn Reife O. 94; Studium: Freiburg i. B. 1, Münster 6 S.; Rig. 14. Juli 06.]

Geschichte der Eisenindustrie im Kreise Olpe. Ein Beitrag z. Wirtschaftsgeschichte d. Sauerlandes. Von Dr. Franz **Sondermann**. Münster ⟨Westf.⟩: F. Coppenrath 1907. (VIII, 172 S.) 8°
= **Beiträge**, Münstersche, z. Geschichtsforschung. N. F. 10. [07. 10133 6

Sondermann, Fritz, Adolph Menzel. Monographie. 1. u. 2. Aufl. Lex.-8. (55 S.) Magdeburg 895. A. Rathke. n. 2. —

Sondermann, Gust. Adph., An Gottes Segen ist Alles gelegen. Evangelisches Gebetbuch für alle Morgen und Abende der Woche in siebenfacher Abwechslung für die Fest- und Feiertage, für Beichte und Communion, für Betrübte, Kranke u. Sterbende, sowie für besondere Zeiten und Lagen. Mit 1 Stahlst. Regensburg 863. Bößenecker. gr. 8. (IV, 394 S.) 27 ngr.;
Ausg. in 16. (2 Bl., 379 S.) 18 ngr.

— das Bekenntniß des Herzens. 25 Predigten. 861. n. 26 ngr.
— 2. Aufl. Ebend. 863. gr. 8. (VIII, 255 S.) 24 ngr.

Anleitung zur einfachen und doppelt ⟨italienischen⟩ Buchführung. Auch z. Wiederholung geeignet. Hermann **Sondermann**. 5. Aufl. *Berlin: Hilfsver. deutscher Lehrer [um 1900].* (16 S.) 8° [03. 1104

Sondermann, Herm., **Anleitung zur einfachen und doppelten (italienischen) Buchführung.** Auch zur Wiederholg. geeignet. 7. Aufl. gr. 8. (16 S.) Berlin (901). Hilfsverein deutscher Lehrer. — 30

— **Buchführung** (einfach u. doppelt). Geschäftsvorfälle in e. Baugeschäft. (2 Monate umfassend.) 8. (20 S.) Ebd. (901). n. — 50

Vollständige Durchbuchung der Geschäftsvorfälle in einem Baugeschäft ⟨2 Monate umfassend.⟩ Hermann **Sondermann**, Lehrer an d. Baugewerkschule zu Berlin. *Berlin: Hilfsver. deutscher Lehrer in Komm. [1902].* (21 S.) 8°

Sondermann, Herm., praktischer Lehrgang der einfachen u. doppelt-italien. Buchführung f. das Warengeschäft. Vollständige Durchbuchg. der Geschäftsvorfälle e. 2 Monatstextes, nebst Anleitg. zur amerikan. Buchführg. Vorzüglich f. den Selbstunterricht geeignet. (III, 92 S. m. 1 Formular.) 8. Berlin (908). Hilfsverein deutscher Lehrer. — 75

Sondermann, Herm., kaufmännisches Rechnen. Praktische Anleitg. zur schnellen u. sicheren Lösg. der im Waren- u. Bankgeschäft vorkomm. Rechngn. Zum Gebrauch f. Handels-, kaufmänn. u. gewerbl. Fortbildungsschulen u. zum Selbstunterricht bearb. 2., verm. Aufl. 8. (IV, 111 S.) Berlin 893. C. Le Coutre. n. 1. 20

Sondermann, Herm., kaufmännisches Rechnen. Prakt. Anleitg. zur schnellen u. sicheren Lösg. d. im Waren- u. Bankgeschäft vorkomm. Rechngn. Zum Gebr. f. Handels-, kaufmänn. u. gewerbl. Fortbildungsschulen sow. z. Selbstunterr. bearb. 3., vollst. umgearb. Aufl. gr. 8. (IV, 148 S.) Berlin 896. Hilfsverein deutscher Lehrer.
n. 1. —; kart. n. 1. 25

Kaufmännisches **Rechnen**. Prakt. Anleitung z. schnellen u. sicheren Lösung der im Waren- u. Bankgeschäft vorkommenden Rechnungen u. e. Sammlung geometr. Aufgaben ... Bearb. von Hermann **Sondermann**, Lehrer in Berlin. 4. vollst. umgearb. Aufl. *Berlin: Hilfsver. deutscher Lehrer [1900].* (178 S.) 8° [Ant. u. F.] [03. 1068

— **kaufmännisches Rechnen.** Praktische Anleitg. zur schnellen u. sicheren Lösg. der im Waren- u. Bankgeschäft vorkomm. Rechngn. u. e. Sammlg. geometr. Aufgaben. Zum Gebrauch f. Handels-, kaufmänn. u. gewerbl. Fortbildungsschulen sowie zum Selbstunterricht bearb. 4. vollständig umgearb. Aufl. gr. 8. (VI, 178 S.) Ebd. 902. Kart. n. 2. —

— Uebungsstoff f. einfache u. doppelte (italienische) Buchführung im Colonialwaren-Geschäft. Verbunden m. Commissions-, Participations- u. Conto a meta Geschäften unter Berücksicht. d. Societätsverhältnisses. (Stoff f. 2 Monate.) Nach prakt. Erfahrgn. f. den Gebrauch in Handels-, Handwerker- u. Fortbildungsschulen bearb. 10. Aufl. gr. 8. (8 S.) Berlin 898. C. Le Coutre. — 80

Uebungsstoff für einfache und doppelte ⟨italienische⟩ Buchführung im Colonialwaren-Geschäft. Verbunden mit Commissions- u. Participations-Geschäften ... ⟨Stoff f. 2 Monate.⟩ Ausg. A. Nach prakt. Erfahrungen bearb. von Hermann **Sondermann**. Berlin. 12. Aufl. *Berlin: Hilfsver. deutscher Lehrer [1901].* (12 S.) 8° [Umschlagt. F.] [02. 1106

Uebungsstoff für einfache und doppelte ⟨italienische⟩ Buchführung im Manufacturwaren-Geschäft. Verbunden mit Commissions- u. Participations-Geschäften ... ⟨Stoff f. 3 Monate.⟩ Ausg. B. Nach prakt. Erfahrungen bearb. von Hermann **Sondermann**. Berlin. 9. Aufl. *Berlin: Hilfsver. deutscher Lehrer [1901].* (12 S.) 8° [Umschlagt. F.] [02. 1107

Uebungsstoff für einfache und doppelte ⟨italienische⟩ Buchführung im Wäschegeschäft verbunden mit Commissions- u. Participationsgeschäften ... ⟨Stoff f. 2 Monate.⟩ Ausgabe C. Nach prakt. Erfahrungen bearb. von Hermann **Sondermann**, Berlin. 13. Aufl. *Berlin: Hilfsver. deutscher Lehrer [1901].* (8 S.) 8° [Umschlagt. F.] [02. 1108

Uebungsstoff für einfache und doppelte ⟨italienische⟩ Buchführung im Colonialwaren-Geschäft. Verbunden mit Commissions- u. Participations-Geschäften ... ⟨Stoff 1 u. 2 Monate.⟩ Ausg. D. Nach prakt. Erfahrungen bearb. von Hermann **Sondermann**, Berlin. *Berlin: Hilfsver. deutscher Lehrer [1901].* (16 S.) 8° [F.] [02. 1109

Sondermann, J. B., tabellarische Uebersicht über die protestant. Missionsgesellschaften, Missionsstationen u. Missionare der Gegenwart. Mit mehrfachen literar. Nachweisgn. auf die Missionsgeschichte u. einer Uebersicht über die kathol. Missionen. gr. 4. (17 B. u. 3 Missionskarten.) Nürnberg 846, Korn'sche Buchh. •

Sondermann, Jo. Gttfr., Diss. de hydrope cerebri, casu rariori illustrato. Jen. 4°. 1798.

JOHANN SAMUEL SONDERMANN, Denkmal der Verehrung und Liebe dem selig vollendeten Herrn Dr. Carl Christian Christoph Fikenscher k. b. Kirchenrath, ... in Nürnberg im Namen des pegnesischen Blumenordens errichtet. Nürnberg, 1857. Druck von Fr. Campe & Sohn. 4°.

Sondermann, Joh. Sam., christlicher Haussegen, s. Haussegen, christlicher.

Sondermann, Joh. Sam., christl. Haussegen in ausgewählten Morgen- u. Abendgebeten auf die Wochentage u. kirchl. Feste nebst Gebeten f. besond. Zeiten u. Lagen zu Trost u. Erbauung f. evang. Christen. Prachtausg. in 1 Bde. 4. (48 B., 4 Stahlst. u. Ttlbld.) Nürnberg 844, [Lotzbeck.]

Sondermann, Jh. Sam., christl. Haussegen in ausgewählten Morgen- u. Abendgebeten auf die Wochentage u. kirchl. Feste nebst Gebeten für besond. Zeiten und Lagen zu Trost und Erbauung für evang. Christen. Prachtausg. in 1 Bde. mit 4 Original-Stahlst. und allegor. Titelbilde. In 4 Liefgn. 4. (Mit 4 Stahlst.) Nürnberg 844, 45, Zeh'sche Buchh. Subscript.-Pr. (à 5/12 Thlr.) 1 2/3 Thlr.

Sondermann, Joh. Sam., christlicher Haussegen in ausgewählten Morgen- und Abendgebeten auf die Wochentage und kirchlichen Feste nebst Gebeten für besondere Zeiten und Lagen. Zu Trost und Erbauung für evangelische Christen herausg. Prachtausg. mit 7 Orig.-Stahlst. u. allegor. Titelbilde. 4. Aufl. 853. 1 Thlr. 20 ngr. — 5. Aufl. Nürnberg (856.) Lotzbeck. 4. (XX, 400 S.) 1 Thlr. 22 ngr.

—— die Mission der kirchl. Missionsgesellschaft in England unter den heidnischen Indianern des nordwestl. America. Ein Beitrag zur neuesten evangel. Missionsgeschichte. gr. 8. (XII und 139 S. mit 1 Stnt.) Nürnberg 847, Korn.

—— Sonette an Nürnberg mit beigefügten Erläuterungen. Eine Festgabe zur Feier der 50jähr. Vereinigung Nürnbergs mit dem Königr. Bayern am 15. Septbr. 1856. br. 8. (63 S.) Nürnberg 856, Lotzbeck. *

—— christliche Sonntagsweihe, s. Sonntagsweihe, christliche.

—— über den gegenwärtigen Stand der teutschen Schulen Nürnbergs, mit vergleich. Rückblicken in die Vergangenheit u. einigen Wünschen f. die Zukunft. Rede. gr. 8. (1 B.) Nürnberg 842, v. Ebner'sche Buchh. *

Über Technik u. Nutzen der Saugbehandlung bei Nasenerkrankungen. Von Dr. R[ichard] **Sondermann**, Dieringhausen. Berlin: Fischer 1908. (26 S.) 8° [Umschlagt.]
— **Klinik**, Berliner. H. 238. 08. 17587

Sondermann, Richard [aus Niederseessmar]: Aus d. Laboratorium d. med. Klinik zu Bonn. Untersuchungen zur Biologie der Cholerabakterien ... Bonn, Buchdr. J. Bach Wwe, 1893; 33 S. 8.
Bonn, Med. Fak., Inaug.-Diss. v. [1. Juli] 1893

Sondermann & Stier: Preis-Courant der deutschen Werkzeugmaschinenfabrik. 21. Aufl. Chemnitz (1878?)

Söndermann, A., der Freiknecht Johannes Böhme oder die Geheimnisse der Wiener Spiel- und Gaunerhöhlen. Historischer Roman. 80 Hefte. gr. 8. (1200 S. mit Chromolithogr.) Dresden 874, Lohse und Kadler. à Heft 30 Pf.

SÖNDERMANN, A., Der Freiknecht Johannes Böhme oder die Geheimnisse der Wiener Spiel- u. Gaunerhöhlen. 8. Aufl. 3 Thle. Mit color. Bildern. Dresden, o. J. 8°. (1 Mk. 75 Pfg. Kirchhoff & Wigand, Lpz., 1898; 5 Kr. Gilhofer & Ranschburg. 1912.)

Söndermann, A., das schöne Burgfräulein. Romantische Erzählung. 75 Hfte. gr. 8. (1440 S.) Berlin 882. Grosse. à — 10

— der Freischütz od. die Geheimnisse der Wolfsschlucht. Volksroman. 30 Hfte. gr. 8. (1195 S. m. 30 Chromolith.) Berlin 874. Grosse. à — 30

Söndermann, A., der Freischütz oder die Geheimnisse der Wolfsschlucht. Volksroman. 30 Hefte. gr. 8. (1195 S. mit color. Stnt.) Berlin 874,75, Große. à Heft 30 Pf. 9 —

—— die Hexe von Olmütz und ihre Opfer oder die Geheimnisse der berüchtigtsten Giftmischerin Oesterreichs. Historischer Roman. 30 Lfgn. gr. 8. (1156 S. mit color. Stnt.) Dresden 874, Lohse und Kadler. à Lfg. 30 Pf. 9 —

— die Hexe v. Olmütz u. ihre Opfer od. die Geheimnisse der berüchtigtsten Giftmischerin Oesterreichs. Historischer Roman. 30 Lfgn. gr. 8. (1156 S. m. je 1 color. Steintaf.) Dresden 874. 75. Lohse. à — 30

— Kaspar, der Brandstifter. Eine schles. Dorfgeschichte. 8. (62 S.) Ebend. 875. — 40

Söndermann, A., Klostergeheimnisse, oder die lebendig begrabene Barbara Ubryk. Eine histor. Erzählung nach authent. Quellen frei bearb. Dresden 869,70. A. Wolf. 8. (1. Bd. III, 320 S., 2. Bd. III, 341 S. mit 17 Chromolith.) 1 *ℳ* 22½ ngr.

—— Klostergeheimnisse, oder die lebendig begrabene Barbara Ubrik. Eine histor. Erzählung. 2 Bde. in 21 Heften. gr. 8. (III, 320 S. mit 10 color. Stnt.; III, 341 S. mit 7 color. Stnt.) Dresden 870, A. Wolf. à Heft 25 Pf. 5 25

—— Mazeppa oder der Todesritt durch die Wildniß. Romantische Erzählung. 100 Hefte. gr. 8. (2395 S.) Berlin 882, W. Grosse. à Heft 10 Pf.

— der Mensch denkt, Gott lenkt od. gebrochener Starrsinn. Eine wahre Dorfgeschichte. 8. (62 S.) Ebend. 875. — 40

— die Meuchelmörder, s.: Fackel, die rothe.

—— der Raubritter und sein Kind oder die Morgenröthe einer neuen Zeit. Volksroman. 100 Hefte. gr. 8. (3200 S.) Ebendas. 880,81. à Heft 10 Pf.

— Rinalda die Banditen-Braut. Historischer Roman. 16 Hfte. gr. 8. (S. 629 m. 16 Chromolith.) Dresden 873. 74. A. Wolf. à — 30

—— der geheimnißvolle Schleichhändler oder der Mord in der Waldschänke. Romantische Erzählung. 98 Hefte. gr. 8. (2352 S.) Ebendas. 881,82. à Heft 10 Pf.

Söndermann, A., der Sonnenwirth oder die Herberge im Walde. Volksroman. 100 Hfte. gr. 8. (2400 S. m. je 1 Chromolith.) Berlin 881. 82. Grosse. à — 20

—— der Wildbieb, Schmuggler und Falschmünzer Ignaz Diedrich, sein und seiner Gefährten Leben, Kampf und traur. Ende oder die Geheimnisse des Böhmer Waldes und des sächs. Erzgebirges. Historischer Roman. 30 Hefte. gr. 8. (1217 S. mit 30 Chromolithogr.) Dresden 871—73, Lohse und Kadler. 8 90

Söndermann, Adolf

Söndermann, Adph., das Document eines Arztes oder das Kind der Wahnsinnigen. Roman. 36 Hefte. gr. 8. (1716 S.) Dresden 879—81, A. Wolf. à Heft 25 Pf. 9 —

Söndermann, Ad., Doris, die Tochter des Magnaten, oder die wilden Jäger des Bakonier-Waldes. Roman. 80 Lfgn. gr. 8. (1916 S. mit 80 color. Stnt.) Dresden 884, A. Wolf. à Lfg. 10 Pf. 8 —

Söndermann, Ad., Doris, die Tochter d. Magnaten, od. die wilden Jäger d. Bakonier-Waldes. Roman. 1. Lfg. gr. 8. (24 S. m. 1 color. Steintaf.) Dresden 886. A. Wolf. — 10

Söndermann, Ad., Doris, die Tochter d. Magnaten, od. die wilden Jäger d. Bakonier-Waldes. Roman. 80 Lfgn. gr. 8. (1916 S. m. 80 kolor. Steintaf.) Dresden 886. A. Wolf. à — 10

—— die falsche Erbin oder die Macht des Reichthums. 54 Hefte. gr. 8. (1442 S.) Berlin 878—80, v. Kamptz und Comp. à Heft 20 Pf. 10 80

Söndermann, Adph., s.: Erzählungen, wohlfeile, interessante.

— der Irre u. die Braut im Kerker, oder die Sonne bringt es an den Tag. Volksroman. 36 Lfgn. gr. 8. (1440 S.) Berlin 877. 78. Grosse. à — 30

Söndermann, Adph., das Karten-Orakel. Novelle. 8. (62 S.) Dresden 875, [Lohse und Kadler.] C. G. Lohse. — 40

—— der wahnsinnige Kindesmörder oder Lohn der Tugend. Roman aus der Neuzeit. 42 Hefte. 8. (1440 S.) Dresden 879,80, G. Wolf. à Heft 20 Pf.; compl. 8 —

—— die Macht der Liebe. Eine Erzählung. 8. (64 S.) Dresden 875, [Lohse und Kadler.] C. G. Lohse. — 40

— Preciosa, das Zigeunermädchen, od.: Kindesraub u. Mutterliebe. Volks-Roman. 30 Lfgn. gr. 8. (1440 S.) Berlin 875. Grosse. à — 30

—— Preciosa, das Zigeunermädchen, oder Kindesraub und Mutterliebe. Volksroman. 30 Lfgn. gr. 8. (1440 S.) Berlin 875,76, Grosse. à Lfg. 30 Pf. 9 —

Söndermann, A., der Prophet. Volks-Roman aus der neuesten Zeit. 30 Hfte. gr. 8. (1435 S.) Dresden 875. Verl. der Chronik. à — 30

—— der Prophet. Volksroman aus der neuesten Zeit. 30 Lfgn. gr. 8. (1435 S.) Dresden 875,76, Verlag der Chronik. à Lfg. 30 Pf. 9 —

—— die Räuber frei nach Schiller oder die Geheimnisse des Hungerthurms. Volksroman. 50 Lfgn. gr. 8. (2400 S.) Berlin 877, Grosse. à Lfg. 20 Pfg. 10 —

[Umschlagt.:] Die Räuber. Roman f. d. Volk v. A(dolf) Söndermann. (In 100 Heften.) *Berlin: Verlagshaus f. Volkslitt. u. Kunst [1894].* (2400 S., 100 Taf.) 1 Bd 8. [96. 4078

—— Robert der Teufel od. das Gespenst einer Millionenstadt. Roman. 80 Lfgn. gr. 8. (1916 S. mit 80 color. Taf.) Ebendas. 883. à Lfg. 10 Pf. 8 —

— Robert der Teufel od. das Gespenst e. Millionenstadt. Roman. 1. Lfg. gr. 8. (24 S. m. 1 color. Taf.) Ebend. 885. — 10

—— Unschuldig gerichtet. Erzählung aus der Zeit Ludwig XIV. 8. (62 S.) Ebendas. 875. — 40

—— vom Tode errettet oder erkämpftes Glück. 8. (64 S.) Dresden 876, [Lohse und Kadler.] C. G. Lohse. — 40

— vom Tode errettet oder erkämpftes Glück. 8. (64 S.) Reutlingen 882. Bardtenschlager. — 30

Söndermann, Albert

SÖNDERMANN, A., Rinaldo Rinaldini, der größte Räuberhauptmann des 18. Jahrhunderts und seiner Gefährten Leben und Treiben. Volksroman. Berlin o. J. (ca. 1890). Gr. 8°, 1423 S.

Söndermann, Alb., Rinaldo Rinaldini. Illustr. Ausg. 75 Hfte. gr. 8. (1800 S. m. 75 Bild.) Berlin (892). Verlagshaus f. Volkslitteratur u. Kunst. à Hft. — 10

— d. Scharfrichter v. Wien. 100 Hfte. gr. 8. (2400 S.) Ebd. (884.) à Hft. — 10

— der Sträfling od. unschuldig verurtheilt. Eine Erzählg. 1. Hft. gr. 8. (48 S.) Berlin 885. W. Grosse. — 10

[Umschlagt.:] [F. u. Ant.] Der Sträfling oder Die Leiden eines unschuldig Verurtheilten. (Vf.: Albert Söndermann.) (In 100 Hftn.) *Berlin: Verlagshaus f. Volkslitt. u. Kunst [1895].* (2456 S., 100 Taf.) 1 Bd 8. [97. 3761

— d. Sträfling od. d. Leiden e. unschuldig Verurtheilten od. d. Liebe Wunderkraft. Roman. 100 Hfte. gr. 8. (2456 S. m. 100 Bild.) Ebd. 895. à Hft. — 10; in Bdn. à — 50

— verrathen u. verkauft. Romantische Erzählg. 1.—20. Hft. gr. 8. (S. 1—480.) Dresden 893. A. Güntzel. à — 10

— verrathen u. verkauft. Romant. Erzählg. 21.—100. (Schluß-)Hft. gr. 8. (S. 481—2396.) Dresden 894. A. Güntzel. à Hft. — 10

Soendermann, Willi, Ahasver, der ewige Jude. Tragödie in 5 Akten. 8. (184 S.) Dresden 902. E. Pierson. n. 2. —

Sondermühlen, M. v., Aliso und die Gegend der Hermannsschlacht. Mit 1 (lithogr.) Karte der Römerstraßen im Weser- und Emsgebiete (in gr. Fol.) und 1 Abbild. des Hermannsdenkmals (Holzschntaf.). gr. 8. (117 S.) Leipzig 875, Gülker und Comp. * 1 50

Sondermühlen, M. v., Aliso u. die Gegend der Hermannsschlacht. Mit e. (lith.) Karte der Römerstraßen im Weser- u. Emsgebiete (in gr. Fol.) u. e Abbildg. d. Hermannsdenkmals (Holzschntaf.) gr. 8. (117 S.) Berlin 875. Weile. n. 1. 50

Sondermühlen, M. v., Spuren der Varusschlacht. gr. 8. (III, 123 S.) Berlin 888, Issleib. 2 —

Sondermühlen, M. v., Spuren der Varusschlacht. Mit drei Briefen Moltkes als Vorrede. 2. u. 3. (Titel-)Aufl. gr. 8. (123 S.) Leipzig 892. 894. G. Uhl. n. 2. —

Söhnderop, (Fr.,) Hauptregeln der deutschen Sprachlehre. 2e verm. Aufl. gr. 8. Stendal 825, Franzen u. Gr.

Söhnderop, Fr., Hauptregeln d. deutschen Sprachlehre. 3., verm. Aufl. gr. 8. (4 B.) Stendal 830, Franzen u. Grosse.

Vgl. Sönderup, Fr.

Soenderop, Fritz, aus Stargard in Pommern: Ueber die Einwirkung von Quecksilbersalzen auf Kobaltidcyanalkalien. *Berlin 1899: A. Wolff.* (37 S.) 8° Berlin, Phil. Diss. v. 15. März 1899

Sonderpublikation, 1. u. 2., der Zierform: Monatsblätter f. ornamentale Kunst. 38×26 cm. Elberfeld, Schöpp & Vorsteher. In Mappe à 12.—; f. Abonnenten der „Zierform“ à 10. —
1. Teppiche u. Stickereien, orientalische. (15 Taf.) (909.)
2. Blumenornamentik. Eine Auswahl französ. Tapeten, Gobelins, Seidenstoffe v. Müller, Chabal-Dussurgey u. anderen, sowie moderne Entwürfe. (15 S.) (909.)

Sonderrechte, die, im Kurfürstenthume Hessen. Sammlung der Verordnungen, Ausschreiben und allgem. Verfügungen, welche in dem ehemals Fuldaischen, Hanauischen (einschließlich des Solmsischen Rechts), Mainzischen und Schaumburgischen, sowie in den jetzt standesherrlich Isenburgischen Gebietstheilen des jetzigen Kurfürstenthums Hessen, insbesondere vor dem Anfalle an letzteres, ergangen sind. Mit Anmerkungen herausg. von Herm. Kersting. 1. Abth., bis zum J. 1770. Fulda 855—57. (Müller.) gr. 4. (CVII, 1324 Sp. u. 1 lith. u. color. Karte in Fol.) n. 6 ₰. 18 ngr.

Sonderrechte, die, im Kurfürstenth. Hessen. Sammlung der Verordnungen, Ausschreiben und allgem. Verfügungen, welche in den ehemals fuldaischen, hanauischen (einschließl. des solmsischen Rechts), mainzischen und schaumburg., sowie in den jetzt standesherrl. isenburg. Gebietstheilen des jetzigen Kurfürstenth. Hessen rc. ergangen sind. Mit Anmerkungen hrsg. von Herm. Kersting. 9—11. Heft. gr. 4. (CVII und S. 1321—1324 mit 1 lithogr. und ill. Karte in qu. gr. Fol.) Fulda 856—58, (Müller'sche Buchh.) *
1—8. Heft. (Ebendas.) 1855. 56. * 4 Thlr. 12 Ngr.

Sondersatzungen der Johannis-Loge Friedrich zum goldenen Zepter im Or. zu Breslau. Breslau 1906: [Korn]. 34 S. 8°
25 a.

Sondersatzungen der Johannisloge zu den drei Degen im Oriente von Halle a. d. Saale. Nach d. Feststellung i. J. 1904. Von d. Bundesbehörde genehmigt am 1. Febr. 1905. Halle a. S. 1905: Gebauer-Schwetschke. (19 S.) 8° [F.] [07. 15193 2

Sondersatzungen der Matthäi-Loge „zum ewigen Bund" Frankfurt a. M. 6. Oktober 1900. 4 S. 8⁰. [Kopftit.] 21.

Sondersatzungen der Landesloge „Pforte zum Lichte" in Köln. [Köln o. J.: Greven.] 4 S. 8⁰. [Kopftit.] 21.

Freimaurerbund Zur Aufgehenden Sonne (Sitz Nürnberg). **Sondersatzungen** der Provinzialloge für Hessen-Nassau „Freies Licht" zu Frankfurt a. M. o. O. u. J. 4 Bl. 8⁰. [Umschlagtit.] 21.

Sonderschriften des österreichischen archäologischen Institutes in Wien. I.—III. Bd. gr. 4. Wien, A. Hölder. Kart. u. geb. n. 96. —
I. Kleinasiatische Münzen. Von F. Imhoof-Blumer. 1. Bd. Mit 9 Taf. (IV, 302 S.) 901. Kart. u. 36. —
II. Ara pacis Augustae. Von Eug. Petersen. Mit Zeichngn. v. Geo. Niemann. 2 Bde. (VII, 204 S. m. 60 Abbildgn. u. 8 Lichtdr.-Taf.) 902. Geb. n. 24. —
III. Kleinasiatische Münzen. Von F. Imhoof-Blumer. II. Bd. Mit 11 Taf. (S. 303—378.) 902. Geb. n. 36. —

—— d. österreichischen archäologischen Institutes in Wien. IV.—VI. Bd. gr. 4. Wien, A. Hölder. n. 60. —
IV. Codex Escurialensis. Ein Skizzenbuch aus der Werkstatt Domenico Ghirlandaios. Unter Mitwirkg. v. Christian Hülsen u. Adf. Michaelis hrsg. v. Herm. Egger. 2 Bde. (174 S. m. 70 Autotyp. u. 3 Lichtdr.-Taf. u. Tafelbd. 113 S. m. 137 Autotyp.) 905. 906. Geb. n. 38. —
V. Römische Militärgrabsteine der Donauländer. Von Harald Hofmann. Mit 64 Abbildgn. im Texte. (91 S.) 905. Kart. n. 6. —
VI. Urkunden dramatischer Aufführungen in Athen. Mit e. Beitrage v. Geo. Kaibel hrsg. v. Adf. Wilhelm. Mit 65 Abbildgn. im Texte. (279 S.) 906. Geb. n. 16. —
Bd. I - III Ebd. 901. 902. Kart. u. geb. n. 96. —

Sonderschriften des österreich. archäologischen Institutes in Wien. VII. Bd. Lex. 8. Wien, A. Hölder. Geb. 35. —
VII. Beiträge zur griech. Inschriftenkunde. Mit e. Anh. üb. die öffentl. Aufzeichng. v. Urkunden. Von Adf. Wilhelm. Mit 89 Abb. im Texte. (VI, 379 S.) 909.
I.—VI. Bd. 901—06. 156.—.

Sondershaus, Paul, Ehre sei Gott! 7 schlichte Lieder, komp. v. S. (8 S.) gr. 8. Neumünster (908). Vereinsbuchh. G. Ihloff & Co. — 15

— Singet dem HErrn! 6 schlichte Lieder, komp. u. f. gemischten Chor bearb. (8 S.) 8. Ebd. (907). — 15

Sondershausen [Schlagwort]

Sondershausen, s.: Deutschland. Generalkarte. Karte (Abt. Preussen).

Sondershausen, s.: Preussen. Messtischblätter.

Sondershausen, s.: Thüringen. Gräf.

Sondershausen [Verfasser]

Sondershausen, Johann Martin (Frankfurt/M.)
A. S. 607/34

Dissertatio inauguralis, sistens XXV. selectas ex jure publico conclusiones.
Präs. Heinrich Ernst Kestner.
Rinteln (Enax) 9. X. 1721. 38 S. 32839

W. v.: Johann Christian Floto.

Sondershausen, (Ph.) Karl (Chr), Aëdon, — der Hindu, — der neue Orpheus. 3 dramat. Gedichte. 8. Altenb. 822. Litt.-Compt. 16 gr.

Sondershausen, (K.,) Aëdon, die Hindu, d. neue Orpheus, 3 dram. Gedichte. 8. Altenb. 823, Litt.-Cptr.

— die Befreiung Griechenlands, zwei dramat. Gedicht. 8. Altenb. 821. Literat.-Compt. 15 gr. Beide auch unt. d. T.: dramat. Gedichte. 2 Bde.

— Bernhard von Weimar. Romant. Trsp. in 5 Aufz. gr. 12. Merseb. 825. Sonntag.

Sondershausen, (K.,) Euterpe. Dramatische Gedichte; die zehen Jungfrauen. — Rübezahl. gr. 12. Merseburg 825, Sonntag.

— Euterpe, dramat. Gedichte. 8. Merseb., Weidemann. 15 gr.

Sondershausen, (Ph.) Karl (Chr.), dramat. Gedichte. 1s Bdch. Die Befreiung Griechenlands. 8. Altenb. 821. Hahn. 1 rthl. 6 gr. 2s Bdchen. Aedon. — Der Hindu. — Der neue Orpheus. 8. Altenb. 822. Liter.-Compt. 1 rthl. 4 gr.

Sondershausen, Karl, der Letzte aus Altweimar. Erinnerungen und Dichtungen. 3 Thle. in 1 Bde. Weimar 859. (Böhlau.) 8. (X, 600 S.) n. 1 rthl. 20 ngr.

— Proben aus meinem Tagebuche. Erstlingsversuche. 8. Weim. 817. (Knobloch in Leipz.) 6 gr.

Sondershausen, Carl, Schirin. Dramatisches Gedicht. 16. (5¼ B.) Leipzig 845, (Gust. Pönicke.) *

Sondershausen, Carl, Stunden im Weinberge d. Herrn. Candidatenversuche in 8 Predigten, gehalten in Weimar. gr. 8. Leipzig, Knobloch. 817.

Sondersheim, Sophie v., Begebenheiten, od. nichts ist so fein gesponnen, es kommt doch endlich an die Sonnen. 8. Berlin, Hesse. 783.

Sondersheim, Sophie von, Begebenheiten, ein Gemählde aus der wahren Welt (von H. Crantz) 8. Berlin, 783. Nauck. 4 sgl.

Sonderstellung, die, Galiziens als Zufluchtsort der Polenidee. gr. 8. (20 S.) Teschen 886. Foitzinger. n. — 50

Sonderstellung Ungarns, die, vom Standpunkte der Einheit Deutschlands. Leipzig 860. Brockhaus. gr. 8. (V, 98 S.) n. 15 ngr.

Sönderup, Fr., Hauptregeln der deutschen Sprachlehre. 2e verm. A. gr. 8. Stendal 825. 3e A. 830. Franzen u. Gr. 3 gr.
Vgl. Sönderop, Fr.

Sönderup, F., Seneca's Tod. Trspl. in 4 A. 8. Halle 820. (Kümmel). 14 gr.

Sonder-Veröffentlichungen der geschichtlichen Abteilung des naturwissenschaftl. Vereins f. das Fürstent. Lippe. I. gr. 8. Detmold, H. Hinrichs. n. 5. 50
Die auswärtige Politik der Grafsch. Lippe vom Ausbruch der französischen Revolution bis zum Tilsiter Frieden. Von Hans Kiewning. (X, 370 S.) 903.

SONDER-VERÖFFENTLICHUNGEN DER HISTORISCHEN GESELLSCHAFT FÜR DIE PROVINZ POSEN.
I. Posen, 1892. Eigenthum der Gesellschaft. Vertrieb durch Joseph Jolowicz. — A. u. d. T.: Stadtbuch von Posen. Bd. 1.: Die mittelalterliche Magistratsliste. Die ältesten Protokollbücher und Rechnungen. Mit einem Plane der Stadt Posen im XV. Jahrhundert. Herausgegeben von ADOLF WARSCHAUER. ib. 1892. — — 8°. (198,529 S.)
II. ib. 1893. Eigenthum der Gesellschaft. — A. u. d. T.: Sagen und Erzählungen aus der Provinz Posen. Gesammelt von OTTO KNOOP. ib. 1893(363 S.)
III. ib. 1895. — A. u. d. T.: Das Jahr 1793. Urkunden und Aktenstücke zur Geschichte der Organisation Südpreussens. Mit 4 Portraits. Herausgegeben unter der Redaktion von RODGERO PRÜMERS. ib. 1895. — (X,840 S.)
IV. ib. 1907. Eigentum der Gesellschaft. In Kommission: Friedrich Ebbeckes Verlag Lissa i. P. — A. u. d. T.: Der Polenaufstand 1806/7. Urkunden und Aktenstücke aus der Zeit zwischen Jena und Tilsit. Herausgegeben von KURT SCHOTTMÜLLER. ib. 1907. — — (VIII,210 S.)
V. Studien zur Geschichte der Provinz Posen in der ersten Hälfte des neunzehnten Jahrhunderts. Von MANFRED LAUBERT. 1. Zur Geschichte der Provinz während der Freiheitskriege. 2. Die Berichte des Majors von Royer-Luehnes über Posen und Polen 1816/17. 3. Das Posener Theater 1815/47. 4. Presse und Zensur in neupreussischer Zeit 1815/47. ib. 1908. Eigentum der Gesellschaft. In Kommission: Oskar Eulitz Verlag (vorm. Friedrich Ebbecke) G. m. b. H. Lissa i. P. (VII,351 S.)

Sonderverzeichnis, enthaltend: A. Hauptprüfung. B. Vorprüfung neuer Geräte. C. Preisausschreiben für Abdeckerei. D. Gruppenausstellung. E. Sonderausstellung. Berlin 1907

Sonderverzeichnis, enthaltend: A. Hauptprüfung. B. Neuheiten. C. Gruppen- und D. Sonderausstellung von Geräten. Berlin 1908

Sonderverzeichnis, enthaltend: A. Hauptprüfungen. B. Neuheiten von Geräten für die Vorprüfung. Berlin 1910

Sondervorschriften f. die Ausführung u. den Vertrieb v. elektrischen Anlagen in Theatern u. diesen gleichzustellenden Versammlungsräumen. Hrsg. vom elektrotechn. Verein in Wien. Beraten vom Arbeitsausschusse des Regulativkomitees des ob. Vereines. Red. v. Carl Hochenegg u. Frdr. Wunderer. (12 S.) 8. Wien 908. (Spielhagen & Schurich.) nn 1. 60

Sonder-Vorschriften für die dienenden Brüder der Loge „Friedrich zum Goldenen Zepter". [Dat.:] Breslau, den 22. Sept. 1908. 2 Bl. 8° [Kopftit.] 74.

Sonder-Vorschriften f. die Fuß-Artillerie. A. Geschützrohre. 8. (III, 165 S. m. Textbildern u. 3 Taf.) Berl. 892, Mittler u. Sohn. * 1 60; cart. * 2 —

Sonder-Vorschriften für die Fuß-Artillerie. Berlin
A. Geschützrohre. 1892
Nachtrag. 1893

Sonder-Vorschriften f. d. Fuß-Art. A. Geschützrohre.
(Mehr nicht vorhanden) München 1893.

Sonder-Vorschriften f. die Fußartillerie. A. Geschützrohre. 8. (IV, 216 S. m. Abbildgn. u. 3 Taf.) Berlin 898. E. S. Mittler & Sohn. n. 2. —; kart. n. 2. 20

Sondervorschriften f. die Fußartillerie. A. Geschützrohre. (D. V. E. No. 197.) (IV, 200 S. m. Abbildgn.) 8. Berlin 903. E. S. Mittler & Sohn. n. 2. —; kart. n. 2. 20

— **dasselbe. B. Laffeten, Protzen u. Fahrzeuge. Hierzu e. Beiheft m. Zeichngn. 8. (V, 345 S. m. Abbildgn. u. Beiheft IV S. m. 40 Taf.) Ebd. 898.** n. 5. —; **kart. n. 5. 70**

— **dasselbe.** B. Laffeten, **Protzen u. Fahrzeuge. Berlin 1893.** D. V. E. Nr. 316. **Blatt 41 bis 47 zum Beiheft. 8.** (7 Bl.) Ebd. 898. — 30

Sondervorschriften f. die Fußartillerie. B. Laffeten, **Protzen** u. Fahrzeuge. Berlin 1893. D. V. E. Nr. 316. **Deckblätter** Nr. 1—13 nebst Nachtrag 1. 8. (4 Bl. u. S. 347—366 m. Abb.) Berlin 894. E. S. Mittler & Sohn. n. — 50

— **dasselbe. 2. Nachtrag. 8. (S. 370—413.) Ebd. 898.** n. — 50 (**Kplt.** m. 1. u. 2. Nachtrag, **Deckblättern** 1—142 u. **Beiheft: n. 6. —; kart.** n. 6. 70)

— **dasselbe.** B. Lafetten, Protzen u. Fahrzeuge. Vom 1. VII. 1904. (D. V. E. Nr. 197.) (424 S. m. Abbildgn.) 8. Ebd. 904. n. 4. —; kart. n. 4. 30

— **dasselbe. Beiheft zu B. Lafetten,** Protzen u. Fahrzeuge. **Vom 3. IV. 1905.** (D. V. E. Nr. 197.) (55 Bl. Abbildgn. m. 4 S. Text.) 8. Ebd. 905. n. 1. 60; kart. n. 1. 80

— **dasselbe.** C. **Artilleristische Geräthe u. Geschirre.** 8. (VII, 175 S. m. 181 Fig.) Ebd. 895. n. 1. 75; kart. n. 2. —

Sondervorschriften f. **die Fußartillerie.** C. **Artilleristische Geräte. D. V. E. Nr. 197. C. (23, 198, 38, 17, 11, 60 u. 16 S. m. Abb. u. Taf.) 8. Berlin 906. E. S. Mittler & Sohn.** 2.90; in Leinw.-Decke 3. 60

Sondervorschriften für die Fußartillerie. (Nr) C T. 1. Berlin 1909. 8°.

· dasselbe, f.: **Bedienung u. Behandlung** der schweren Feldhaubitze 02 usw.

Sondervorschriften f. d. Fußart. Bd A—D.
Berlin 1892—1904.
Bd A.: Geschützrohre 1892—1903.
Bd B.: Lafetten, Protzen u. Fahrzeuge. 1893—1901.
Bd C.: Art.-Gerathe u. Geschirre. 1895.
Bd D.: Munition 1897.

— **dasselbe.** G. **Reitpferde u. schwere Zugpferde. Gültig** auch f. **das Luftschiffer-Bataillon u. f. alle m. schweren Zugpferden bespannten Formationen. Vom 23. IX. 1908.** (D. V. E. Nr. 197.) (137 u. VI S. m. Abb.) 8. **Ebd.** 908. — 80; **kart.** 1. —

— **dasselbe. L. Zelte. 1. u. 2. Tl. 8. Ebd.** 1. —
1. Das Einheitszelt. **Vom 10. VII. 1909.** (D. V. E. Nr. 197.) (61 S. m. Abb. u. 5 Taf.) 909. — 70; in Leinw.-Mappe 1. 50
2. Das Zelt 94. Vom 16. VII. 1910. (D. V. E. Nr. 197. L.) (27 S. m. Abbildgn. u. 3 Taf.) 910. — 30

Sondhaus, Carolus: De Solonis legibus. Jena 1909: Neuenhahn. 89 S. 8°
Jena, Phil. Diss. v. 15. Dez. 1909, Ref. Judeich
[Geb. 13. Okt. 84 Jena; Wohnort: Jena; Staatsangeh.: Sachsen-Weimar; Vorbildung: Gymn. Jena Reife O. 04; Studium: Jena 4, München 1, Jena 6 S.; Rig. 26. Juli 09.] [U 10. 2377

Sondhauss, Karl Ableitung der Sätze über das ebene Dreieck aus den Sätzen der sphärischen Trigonometrie. 11 S. Rg. *Neisse* 1879
Progr.

Sondhauß Über den Brummkreisel und das Schwingungsgesetz der kubischen Pfeifen. 27 S. . . . .
Breslau, kath., Progr. 1850

— Ueber die chemische Harmonika. (Programm-Abhandlung.) Neisse 1859.

Sondhauss, Karl Über die Spannung flüssiger Lamellen. 16 S.
Progr. Rg. *Neisse* 1876.

Sondhauss, C., Dr., Ueber die beim Ausströmen der Luft entstehenden Töne. (Abhandlung des Programms der Realschule zu Neisse im Jahre 1853.)

— Ueber die durch die Temperatur-Verschiedenheit sich berührender Körper verursachten Töne. (Programm-Abhandlung.) Neisse 1861.

— Ueber die Töne, welche beim Ausströmen des Wassers entstehen. (Programm-Abhandlung.) Neisse 1864.

— Ueber das Tönen erhitzter Röhren und die Schwingungen der Luft in Pfeifen von verschiedener Gestalt. (Programm der Realschule erster Ordnung zu Neisse, 1869.) Neisse 1869.

Sondhauss, Car.(Frid. Jul.) *(geb. Breslau 12. 7. 1815)*: De vi quam calor habet in fluidorum capillaritatem. Vratislaviae (1841). (41 S., 1 Taf.) 8°
Breslau, Phil. Diss. v. 4. Febr. 1841

Sondheim [Schlagwort]

Sondheim, s.: Preussen. Messtischblätter.

Sondheim [Verfasser]

Neunundneunzig schöne weise Sprichwörter und Klugreden f. d. Gesellschaft d. Bibliophilen z. Generalversammlung in Frankfurt a. M. 1906 gesammelt von Joseph Baer & Co. [Sammler: Moritz **Sondheim**.] (Frankfurt a. M.: J. Baer & Co. 1906.) (16 S.) 4° [F.]

Sondheimer, Albert, aus Frankfurt a. M.: Ueber: I. Indazole und Isindazole. II. Die Bildung eines achtgliedrigen Ringes. *Heidelberg 1899: J. Hörning.* (48 S.) 8°
Heidelberg, Naturw.-math. Diss. v. [2. Febr.] 1899

Sondheimer, Hillel: • De linguae hebraeae nominibus nec non quaedam ad ejus indolem pertinentia. 94 S. 4°
Halle-Wittenberg, Phil. Diss. v. 8. Aug. 1861
Geb. Eppingen (Baden) 10. 10. 1840. V.

Sondheimer, H., der Pentateuch für den Schulgebrauch. Urtext, Übersetzung neben dem einzelnen Worte oder Satze, Erklärung und Präparation. Nebst einem Anhang: Das Wichtigste aus der hebr. Elementar- und Formenlehre. gr. 8. (IV, 343 S.) Frankfurt a. M. 886, Kauffmann. geb. * 3 —

Sondheimer, H., der Pentateuch f. den Schulgebrauch. Urtext, Übersetzg. neben dem einzelnen Worte od. Satze, Erklärg. u. Präparation. Nebst Anh.: Das Wichtigste aus d. hebr. Elementar- u. Formenlehre. 2. Aufl. gr. 8. (IV, 343 S.) Frankfurt a/M. 902. J. Kauffmann. Geb. n. 3. —; m. hebr. Pentateuch. (IV, 343 u. 306 S.) Geb. n. 4. —

Sondheimer, H., geschichtlicher Religionsunterricht. 2 Abthlgn. 8. Lahr 881, Schauenburg. geb. à Abthl. *
geb. in 1 Bd. *
Inhalt:
Abthl. 1. Biblisch-geschichtlicher Religionsunterricht. (X, 118 S. mit eingedr. Holzschn.)
" 2. Jüdisch-geschichtlicher Religionsunterricht. (VI, 92 S.)

—— geschichtlicher Religionsunterricht. 1. Abtl.: Biblisch-geschichtl. Religionsunterricht. 4. Aufl. 8. (X, 120 S. mit eingedr. Holzschn.) Lahr 885, Schauenburg. geb. * — 60

Sondheimer, Dr. H., Geschichtlicher Religionsunterricht. I. Abtheilung: Biblischgeschichtlicher Religionsunterricht. 7. Auflage. Lahr. Druck und Verlag von Moriz Schauenburg. 1888. —.35.

Sondheimer, H. Geschichtlicher Religionsunterricht. 2 Abtlgn. 8. Lahr, Schauenburg. geb. à Abtl. ** — 65; ** 1 30
1. Biblisch-geschichtl. Religionsunterricht. 10. Aufl. (X, 120 S. m. Abbildgn. und 1 Karte.) 892.
2. Jüdisch-geschichtl. Religionsunterricht. 5. Aufl. (VI, 92 S.) 890.

Sondheimer, H., geschichtlicher Religionsunterricht. 2 Abteilungen. 8. Lahr, M. Schauenburg. Geb. à n.n. — 65; in 1 Bd. geb. n.n. 1. 80
1. Biblisch-geschichtlicher Religionsunterricht. 12. Aufl. (X, 120 S. m. Abbildgn. u. 1 Karte.) 894.
2. Jüdisch-geschichtlicher Religionsunterricht. 6. Aufl. (VI, 94 S. m. 2 Karten im Text.) 893.

Sondheimer, H., geschichtlicher Religionsunterricht. 2 Bde. 8. Lahr, M. Schauenburg. à n.n. — 65
1. Biblisch-geschichtl. Religionsunterricht. 16. Aufl. (X, 120 S. m. Abb., Titelbild u. 1 Karte.) 898.
2. Jüdisch-geschichtl. Religionsunterricht. 8. Aufl. (VI, 94 S. m. 1 eingedr. Karte.) 897.

— geschichtlicher Religionsunterricht. 1. u. 2. Abtlg. 8. Lahr 899. M. Schauenburg. Geb. à n.n. — 65
1. Biblisch-geschichtlicher Religionsunterricht. 17. Aufl. (X, 120 S. m. Abbildgn. u. 1 Karte.)
2. Jüdisch-geschichtlicher Religionsunterricht. 9. Aufl. (VI, 95 S. m. 1 eingedr. Karte.)

Sondheimer, H., geschichtlicher Religionsunterricht. 1. Abtlg.: Biblisch-geschichtl. Religionsunterricht. 22. Aufl. (X, 124 S. m. Abbildgn.) 8. Lahr 904. M. Schauenburg. Geb. n.n. — 65

Sondheimer, H., geschichtl. Religionsunterricht. 1. Abtlg.: Biblisch-geschichtl. Religionsunterricht. 24. Aufl. (X, 124 S. m. Abbildgn.) 8. Lahr 907. M. Schauenburg. Geb. nn — 65

Sondheimer, Joël [app. Arzt aus Heidelberg]: Über das Verhalten des linken Ventrikels bei Stenose des Ostium venosum sinistrum ... Lahr, Druck v. M. Schauenburg, 1893; 58 S. 8.
Heidelberg, Med. Fak., Inaug.-Diss. v. [22. Febr.] 1893

Sondinger, Heinrich (Forchheim) A. S. 101/21

Dissertatio inauguralis publica de nobili immediato cum persona rustica nuptias contrahente, nobilitate sua et feudis ante jam habitis, secundum jura Germanica, in perpetuum privato.
Bamberg (Klietsch) 1755. 116 S. 32841

Sondinger, Heinrich (Forchheim) A. S. 129/33

Vindiciae juridicae dissertationis inauguralis suae de nobili immediato cum persona rustica nuprias contrahente, nobilitate sua et feudis ante jam babitis in perpetuum privato.
Bamberg (Klietsch) 1763. 66 S.

Diss. 26. VI. 1755. 32842

Sone von Nausay. Hrsg. v. Moritz Goldschmidt. Tübingen: Litt. Ver. in Stuttgart 1899. (V, 656 S.) 8°
= Bibliothek d. litterarischen Vereins in Stuttgart. 216.

Sonett als Joach. Wolters, zu seiner Ruh-Stätte gebracht wurde. O. O. [1719]. V: *Ritter, Nic.* (Bruun, Bibl. Danica III, 1578.)

Sonett. Ueber die . . . Huldigung . . . entworfen. O. O. u. J. [1741]. V: *Böhm, Martin Gottlieb.* (Kat. d. Druckschr. üb. Breslau. Breslau 1903. S. 15.)

Sonette, die; e. Lstspl., s. A. v. Kotzebue, Almanach. 29r J.

Sonette. Halle 1801. V: *Thilo, Johann Ludwig Christoph.* (MGT) (GGr)

— von baierischen Dichtern. Gesammelt (u. mit biograph. u. literar. Notizen versehen) v. Fr. Aug. Greger. 2 Bdchn. Mit 2 Titelkpf. 16. Regensb. 831, 32. (Sulzb., v. Seidel).

Sonette bayrischer Dichter. Gesammelt (u. mit biograph. u. literar. Notizen vers.) v. Johannes u. Fr. Aug. Greger. 4 Bdchn. 16. (96 B., 4 Bildn., Kpfr.= u. Stndr.) Nürnberg 831—34. (Sulzbach, v. Seidel.) à 20 Gr.

Sonette bayerischer Dichter. Gesammelt (und mit biograph. u. literar. Notizen versehen) von Johannes u. Friedr. Aug. Greger. 3s u. 4s oder letztes Bdchen. Mit 2 Bildn. in Kpfr. und Steindruck. 16. Regensburg u. München 833, 34. Sulzbach, (v. Seidel'sche Buchh.) 1⅔ ꝑ (1s u. 2s B. auch 1⅔ ꝑ)

Sonette von verschiedenen italienischen Dichtern. Hamb. 1806. H: *Heise, Carl Christian.* (schr)

Sonette und Elegien . . . Eisleben 1833. V: *Genthe, Frdr. Wilh.* (ADB) (Ky) (EE)

— u. Elegien vom Verfasser des Don Enrique. (F. W. Genthe.) Als Manuscript für Freunde gedruckt. 1833. 8. Eisleben 833. (Reichardt.) ⅓ ꝑ

Sonette, elsässische. 1871. 1.—3. Aufl. gr. 8. (16 S.) Basel 871, Schweighauser'sche Buchh. — 30

Sonette, Fünfzig, eines Fünfzigjährigen. Berlin 1874. V: *Bossart, Gustav F.* Vgl. Brü 1877, Nachtr., S. 24. (DARP)

Sonette, fünfzig, eines Fünfzigjährigen. 16. (50 S.) Berlin 874. van Muyden. n. 2. —

Sonette, geharnischte. Dem deutschen Volke dargeboten von einem Volksfreunde. 8. (IV, 32 S.) Tübingen 886, Osiander'sche Buchh. * — 75

Sonette, Geharnischte, aus Norddeutschland. Hamburg 1866. V: *Woermann, Karl.* (Brü VIII, 42) (Zeitschr. f. Büch. N. F. 15, 1923, S. 122)

Sonette, geharnischte, aus Norddeutschland. 1. und 2. Cyklus. gr. 16. (28 S.) Hamburg 866, O. Meißner. à Cyklus * 2½ Ngr.

— geharnischte, wider die Civil-Ehe. Für Deutschlands Volk v. e. deutschen Frau. 2. unveränd. Aufl. 8. (42 S.) Berlin 874. Beck. n. 1. —

Sonette, Hundert, von Eugen Bar. v. V. und zwei Freunden. Breslau 1825. V: *Vaerst, Friedrich Christian Eugen Baron von & Andere.* (Nowack, Schles. Schriftst.-Lex. Bresl. 1836—43. II, 153.)

Sonette, katholische, von Johannes Eremita. gr. 16. (142 S.) Regensburg 879, Manz. * 1 60

Sonette, ständische. gr. 8. (14 S.) Berlin 847, Herm. Schultze. ⅙ ꝑ

Sonetten, baierische. 12. Münch. 819. (Fleischmann). 3 ꝑ

Sonetten, neie geharnischte, in meeglichster Gemiethlichkeet gedichtet vom jetzigen Rendjeh Meisgen in Dräsen. 2. Aufl. 8. (III, 93 S.) Leipzig 887, Reißner. * 1 —
1 Thl. Ebendas. 1884. *,ℳ 5.—.

Sonettenkranz, Ein. Berlin, den 28. März 1854. Berlin. V: *Türcke, Alb.* (Ky)

Sonety, Nadgoplańskie napisał J. B. S. Posen 868. Leitgeber. gr. 8. (35 S.) n. 7½ ngr.

Songe de Louis XIV., du 22 août 1706, jour de la prise de Menin. Paris s. a. — 12. Cologne 1706.

Sorngen, Ludw., S. J., Blüten des Glaubens. Gebet- u. Andachtsbuch. 2. Aufl. 16. (516 S. m. Titelbild.) Kevelaer 900. Butzon & Bercker. Geb. in Leinw. m. Goldschn. 1.50

Sorngen, Ludw., S. J., der hl. Geist, Lehrer u. Tröster der Seelen. Ein Andachtsbüchlein zur Verehrg. des hl. Geistes. gr. 16. (242 S. m. Abbildgn. u. farb. Titelbild.) M. Gladbach 900. B. Kühlen. Geb. — 50; m. Goldpressg. — 80; m Goldschn. 1. 20

Sorngen, Ludw., S. J., der Gottesdienst der Karwoche u. d. Osterfestes. [Aus: „Das kathol. Kirchenjahr".] 2. Aufl. (240 S. m. Titelbild.) 16. Kevelaer (907). Butzon & Bercker. Geb. 1. —

Sorngen, Ludw., S. J., Heilsquellen. Belehrgn. u. Gebete f. d. Empfang d. hl. Sakramente. 16. (VII, 384 S. m. farb. Titel u. Titelbild.) M.-Gladbach 898. A. Riffarth. Geb. in Leinw. n. 1. 50

— Der hl. Joseph, der erhabene Beschützer der Kirche; in seiner Größe u. Verehrungswürdigkeit dem christl. Volke dargestellt. (VIII, 296 S. m. 17 Abbildgn. u. farb. Titelbild.) gr. 8. Regensburg 910. Verlagsanstalt vorm. G. J. Manz. 2.40; geb. in Leinw. 3. —

— das katholische Kirchenjahr. Meß- u. Andachtsbuch in 3 Tln.: Weihnachts-, Oster-, Pfingstkreis. 1. u. 2. Tl. gr. 16. Kevelaer 898. Butzon & Bercker. Geb. in Halbfrz. à 3. 75
1. Der Weihnachtsfestkreis im Geiste d. Kirche. Belehrgn. u. Gebete f. d. Zeit v. Advent bis z. Sonntag Septuagesima. (XXXII, 8, 5?7 S.)
2. D. Osterfestkreis im Geiste d. Kirche. Belehrgn. u. Gebete f. d. Zeit v. Sonntag Septuagesima bis Pfingsten. (XXXII, 700 S.)

— das katholische Kirchenjahr. Meß- u. Andachtsbuch in 3 Tln.: Weihnachts-, Oster-, Pfingstkreis. 3. Tl. Der Pfingstfestkreis im Geiste der Kirche. Belehrungen und Gebete f. die Zeit von Pfingsten bis Advent. gr. 16 (XXX, 736 S. m. Titelbild.) Kevelaer 899. Butzon & Bercker. Geb. in Halbfrz. 3. 75

— Das katholische Kirchenjahr. Meß- u. Vesperbuch nebst Belehrgn. üb. die Liturgie u. die kirchl. Zeiten. 2., verm. Aufl. (1120 u. 128 S. m. Titelbild.) 16. Kevelaer (908). Butzon & Bercker. Geb. in Leinw. 3. 50

Sorngen, Ludw., S. J., christliche Krankenhilfe. Ein Handbüchlein f. das geistl. u. leibl. Wohl der Kranken. Nebst Meßandacht u. Gebeten. (156 S. m. 10 Abbildgn. u. farb. Titelbild.) 16. M.-Gladbach 904. B. Kühlen. n. — 40; geb. in Leinw. n. — 60

— Das Liebesmahl des Herrn. Unterweisungen u. Gebete f. den Empfang des Buß- u. Altarssakramentes nebst 40 ausführl. Kommunion-Andachten f. Welt- u. Ordensleute. 4. Aufl. (764 S. m. Titelbild.) 16. Kevelaer 910. Butzon & Bercker. Geb. in Leinw. 1. 80

— dasselbe nebst 42 ausführl. Kommunion-Andachten f. Welt- u. Ordensleute. 7. Aufl. (704 S. m. Abbildgn. u. Titelbild.) 16. Ebd. 911. Geb. in Leinw. 1. 80

Maria Immaculata. Andachtsbüchlein z. Verehrung d. Unbefleckten Empfängnis Mariä … Hrsg. von Ludwig **Soengen** S. J. 4. Aufl. Mit 11 Ill. M.Gladbach: B. Kühlen 1907. (160 S.) 8° [F.] 07. 13321 6

— Maria Maienkönigin! 31 Erwäggn. üb. d. Leben d. hehren Gottesmutter. Zur frommen Feier des Maimonats. 16. (143 S. m. Abb. u. 1 Farbdr.) M.-Gladbach 898. B. Kühlen. — 30; geb. — 50

— Officium ecclesiasticum. Meß- u. Vesperbuch. Verkürzte Ausg. v. „Das kathol. Kirchenjahr". (XVI, 800 S. m. Titelbild.) 16. Kevelaer (908). Butzon & Bercker. Geb. in Leinw. 1. 35

[S.] Rosenkranzbüchlein mit Bildern. Anleitg z. andächtigen, betrachtenden Gebet d. Rosenkranzes nebst e. Verz. d. Ablässe, welche mit demselben verbunden sind. Von Ludwig **Soengen** S. J. … *M. Gladbach: B. Kühlen 1898.* (96 S., 1 Taf.) 1 Bd 8. 98. 11347

— s.: Tauet, Himmel, den Gerechten!

— die Waffe des Christen. Auszug aus dem Gebetbuche: Blüten des Glaubens. 16. (400 S. m. Titelbild.) Ebd. 900. Geb. in Kalblbr. m. Goldschn. 1. 20

Songes Hanswurstiques. Wien 1790. V: *Hafner, Philipp.* (KY 7/38) (GGr IV²/657, Nr. 13/11) (WBL VII/190) (BiblPort)

Songes hanswurstiques, od. es könnte einer nicht wunderlicher träumen, von Hafner. 8. Wien, Camesina. 790.

Songes, les, physiques ou diverses questions problematiques avec les différentes réponses etc. gr. 8. Frkf. a. M. 781. Kessler. 1 ℳ 20 ₰

Songs and Ballads, ancient et modern. 8. Götting. 767. Vandenhöck u. R. 3 gl

Songster, The German, or a collection of favourite airs . . . Berlin 1798. V: *Beresford, Benjamin.* (R-N) H: *Beresford, James.* (MGT)

Souin, N., sur l'intégrale $\int_a^b \Phi(x)\,\frac{dx}{z-x}$, **s.: Mémoires de l'académie impériale des sciences de St.-Pétersbourg.**

Soenke, Hans: Lässt sich ein Rückschluss auf die Provenienz von Englisch Raygras und Knaulgras aus der Anzahl der Spaltöffnungen auf der Flächeneinheit dieser Gräser ableiten? Königsberg i. P. 1910: Karg & Manneck. 43 S., 7 Tab. 8°
Königsberg, Phil. Diss. v. 2. Sept. 1910, Ref. Mitscherlich
[Geb. 11. März 86 Stadienhof; Wohnort: Waldgarten; Staatsangeh.: Preußen; Vorbildung: Friedrichs-Koll. Königsberg Reife O. 04; Studium: Königsberg 8 S.; Rig. 1. Juni 10.] [U 11. 2775

Sonklar von Innstädten, Karl (Albrecht)

Sonklar v. Innstädten, Carl A., Abhandlung über die Heeresverwaltung der alten Römer im Frieden und Krieg, in der besond. Beziehung auf die beiden Hauptzweige der Heerversorgung: Besoldung und Verpflegung. gr. 8. (XVI und 175 S.) Innsbruck 847, Wagner'sche Buchh. -

Sonklar, Karl, Edler von Innstädten: Von den Alpen. Abth. 1. 2. ([S.-A.] Oesterreichische Revue. Bd. 3. 1864.) Wien 1864. 1 Bd. 13; 25 S., 1 Krt. 8°. [E 1261

Sonklar, Carl, Edler von Innstädten: Die Zillerthaler Alpen. Mit besonderer Rücksicht auf Orographie, Gletscherkunde und Geologie, nach eigenen Untersuchungen dargestellt. Mit 3 Originalkarten. Gotha 1872. IV, 62 S.
= Ergänzungsheft zu Petermann's Geographischen Mittheilungen. No. 32. 8°. [Z 25

— **die Zillerthaler Alpen, s.a. Mittheilungen aus Just. Perthes' geogr. Anstalt.**

von Sonklar, Karl: Ueber die Aenderungen der Temperatur mit der Höhe. Auszug aus einer am 16. Februar 1860 überreichten, und für die Denkschriften [der kaiserlichen Akademie der Wissenschaften] bestimmten Abhandlung. ([S.-A.] Sitzungsberichte der mathem.-naturw. Classe der kais. Akademie der Wissenschaften. Bd. 40. Jahrg. 1860.) (Wien 1860.) 7 S. 8°. [B 4172

Sonklar v. Innstädten, Karl(Alb.) v., der neuerliche Ausbruch des Suldnergletschers in Tirol. Mit (lith. u. color.) Karte (in Fol.). (Aus den Sitzungsberichten d. k. Akad. d. W.) Wien 857. Gerold in Comm. gr. 8. (19 S.) n. 10 ngr.

Sonklar, Karl, Edler von Innstädten: Einige Aussichtspunkte in den Alpen. ([S.-A.] Jahrbuch des Oesterreichischen Alpenvereins. Bd 3. 1867.) Wien 1867. 23 S. 8°. [E 1263

Sonklar, Carl, [Edler von Innstädten]: Die höchsten Berge in den Zillerthaler Alpen. ([S.-A.] Jahrbuch des Oesterreichischen Alpen-Vereines. Jahrg. 2. 1866.) Wien 1866. 11 S. 8°. [E 7746

— Besteigung des Grossglockners am 5. Septbr. 1854. (Aus den Sitzungsberichten der k. Akad. d. W.) Wien 855. (Gerold.) gr. 8. (27 S. mit Holzschn. im Text.) n. 8 ngr.

— graphische Darstellung der Geschichte der Malerei, von Giunta Pisano und Guido da Siena bis auf Louis Jacques David und Jacob Asmund Carstens, bestehend aus zehn Tableaux (in Imp.-Fol.) sammt kurzgefasster kunstgeschichtlicher Erläuterung. Wien 853. (Braumüller.) 4. (CXIII, 31 S.) n. 4 ₰

Sonklar v. Innstädten, Carl(Albr.), graphische Darstellung der Geschichte der Malerei, von Giunta Pisano und Guido da Siena bis auf Louis Jacques David und Jac. Asmund Carstens, bestehend aus 10 Tableaux (in Imp.-Fol.) sammt kurzgefasster kunstgeschichtlicher Erläuterung. hoch 4. (145 S.) Wien 853, (Gerold's Sohn.) **

Sonklar, Carl v[on]. Die Eintheilung der Schweizer und der Deutschen Alpen. ⟨Nebst Karte….⟩ [A.] 4. (Gotha 1870.)

Sonklar, Karl, [Edler von Innstädten]: Das Eisgebiet der Hohen-Tauern. ([S.-A.] Mittheilungen der k. k. Geographischen Gesellschaft in Wien. Jahrg. 8. 1864.) Wien 1864. 21 S. 8°. [E 7515

Sonklar, Karl, Edler von Innstädten: Das Oetzthaler Eisgebiet. ([S.-A.] Mittheilungen der k. k. Geographischen Gesellschaft in Wien. Bd. 1. Heft 1.) Wien 1857. 15 S. 8°. [E 7723

— die Gebirgsgruppe der Hochschwab in der Steiermark. Mit 2 (lith.) Taf. (in Fol.) (Aus den Sitzungsber. d. k. Akad. d. Wiss.) Wien 859. Gerold in Comm. gr. 8. (27 S.) n. 12 ngr.

Sonklar Edler v. Innstädten, Karl, die Gebirgsgruppe der Hohen-Tauern mit besonderer Rücksicht auf Orographie, Gletscherkunde, Geologie u. Meteorologie, nach eigenen Untersuchungen dargestellt. Wien 866. Beck'sche Universitäts-Buchh. gr. 8. (XXII, 408 S. mit eingedr. Holzschn. u. 3 Steintaff., wovon 2 in Buntdr., in Imp.-Fol.) Subscr.-Pr. n. 5 ₰ 10 ngr.; Ladenpr. 6 ₰

—— die ötzthaler Gebirgsgruppe mit besond. Rücksicht auf Orographie und Gletscherkunde, nach eigenen Untersuchungen dargestellt. Mit einem Atlas (18 lithogr. Karten, wovon 10 in Buntdr., in gr. Fol. und Imp.-Fol.) gr. 8. (XVI und 292 S. mit eingedr. Holzschn. und 1 Chromolithogr.) Gotha 860, J. Perthes. *

Sonklar Edler v. Innstädten, Karl, k. k. Oberstlieut. etc. Die Oetzthaler Gebirgsgruppe, mit besonderer Rücksicht auf Orographie und Gletscherkunde, nach eigenen Untersuchungen dargestellt. (1 Bd. Text 8. und 1 Atlas mit 13 Taf. Fol.)
Gotha 1860—1861.

von Sonklar, Karl: Von den Gletschern der Diluvialzeit. Mitgetheilt in der Versammlung der k. k. Geographischen Gesellschaft am 22. October 1861. ([S.-A.] Mittheilungen der k. k. Geographischen Gesellschaft. Jahrg. 6. 1862.) Wien 1862. 8 S. 8⁰. [B 7609

von Sonklar, Carl: Grundzüge einer Hyetographie des österreichischen Kaiserstaates. ([S.-A.] Mittheilungen der k. k. Geographischen Gesellschaft in Wien. Jahrg. 4. 1860.) Wien 1860. 34 S., 6 Tf., 1 Krt. 8⁰. [E 6718

Sonklar, K. A. v. Ueber einige Höhenmessungen der Gebrüder A. und H. Schlagintweit. (Aus d. Mitth. d. k. k. geogr. Gesellsch.) Wien. 1859. 8.

(von Sonklar, Carl): Die Hypsothermen im Alpengebiete. ([S.-A.] Sonklar: „Die Gebirgsgruppe der Hohen-Tauer".) Wien 1866. 34 S. 8⁰. [E 931

v. Sonklar, C. Edler. Karte der Hohen Tauern. 1:144000. Wien 1867. 1 Bl. c. L. NC. u. Sch.

Sonklar, Carl Edler v., Karte der Hohen Tauern. 1 : 144,000. 2. Aufl. Chromolithogr. Imp.-Fol. Wien 875, Hölder.
In Carton * ℳ 4.; in Leinw.-Mappe * 6 40

— ein Condensations-Hygrometer. Mit 1(lith.) Taf. (Aus den Sitzungsberichten d. k. Akad. d. W.) Wien 856. (Gerold.) gr. 8. (19 S.) n. 6 ngr.

—— ein Condensations-Hygrometer. Lex.-8. (19 S. mit 1 Stnt.) Wien 857, (Gerold's Sohn.) * *

Sonklar Edler v. Innstädten, Carl, Lehrbuch der Geographie für die k. k. Militär-Real- und Kadetenschulen. 2 Thle. gr. 8. Wien 877, Seidel und Sohn. * 9 40
Inhalt:
Thl. 1. Für die Militär-Unterreal- und den 1. Jahrg. der Kadetenschulen. Mit 31 Fig. erläutert. (XXIV, 335 S.) * ℳ 4.40.
" 2. Für die Militär-Oberreal- und den 2., 3. und 4. Jahrg. der Kadetenschulen. 3. umgearb. Aufl. (XX, 366 S. mit 11 Tab.) * ℳ 5.

Sonklar Edler v. Innstädten, Carl, Lehrbuch der Geographie für die k. k. Militär-Real- und Kadetenschulen. 2 Thle. gr. 8. Wien, Seidel und Sohn. à Thl. * ℳ 5. *
Inhalt:
Thl. 1. Für die Militär-Unterreal- und den 1. Jahrg. der Kadetenschulen. Mit 31 Fig. erläutert. 2. verb. Aufl. (XXII, 362 S.) 880; 3. verb. Aufl. (XXIV, 364 S.) 884.
" 2. Für die Militär-Oberreal- und den 2., 3. und 4. Jahrg. der Kadetenschulen. 4. verb. Aufl. (XXIV, 363 S. mit 14 Tab.) 880.

Sonklar Edler v. Innstädten, Carl, Lehrbuch der Geographie für die k. k. Militär-Real- und Cadetenschulen. Im Auftrage des k. k. Reichs-Kriegs-Ministeriums bearb. 2. Thl. 5. neu bearb. Aufl. gr. 8. (X, 301 S.) Wien 888, Seidel und Sohn. * ℳ 5.—; geb. * 5 50
1. Thl. Ebendas. 1884. * ℳ 5.—.

(F) Sonklar's Lehrbuch der Geographie für die k. u. k. Militär-Oberrealschule und die k. u. k. Cadettenschulen. Bearbeitet von Major Emil Letoschek und Hauptmann Karl Ladek. I. Theil. Allgemeine physische und politische Geographie. Geographie von Asien, Afrika, Amerika und Australien. 4. Auflage. Wien. 1901. Seidel & Sohn. Gr.-8⁰. IX, 255 S. Geb. K 4.—

(F) Sonklar's Lehrbuch der Geographie für die k. u. k. Militär-Oberrealschule und die k. u. k. Cadettenschulen. Bearbeitet von Major Emil Letoschek und Hauptmann Karl Ladek. II. Theil. Wiederholung und Erweiterung einiger Vorbegriffe aus der allgemeinen physischen und politischen Geographie. Geographie von Europa. 6. Auflage. Wien. 1901. Seidel & Sohn. Gr.-8⁰. XII, 274 S. Geb. K 4.20

Sonklar's Lehrbuch der Geographie für die k. u. k. Militär-Oberrealschule und die k. u. k. Cadettenschulen. Bearbeitet von Major Emil Letoschek und Hauptmann Karl Ladek. 1. Theil. Allgemeine physische und politische Geographie von Asien, Afrika, Amerika und Australien. 4. Auflage. — 2. Theil. Wiederholung und Erweiterung einiger Vorbegriffe aus der allgemeinen physischen und politischen Geographie. Geographie von Europa. 6. Auflage. — (3. Theil. Fortgesetzt unter dem Titel:) Lehrbuch der Geographie für die k. u. k. Militär-Oberrealschule und die Cadettenschulen. Verfasst im Auftrage des k. u. k. Reichs-Kriegs-Ministeriums von Emil Letoschek, Major. 3. Theil. Geographie von Österreich-Ungarn. Grundlehren der Astronomie und mathematischen Geographie. Mit 2 Tafeln. (3 Bde.) 8. Wien 1900—1902.

Sonklar, Carl, Edler von Innstädten: Leitfaden der Geographie von Europa für die k. k. Militär-Akademien. Abschnitt 1, 2. Wien 1867. 1 Bd. VI, 178; 210 S. 8⁰. [E 23

Sonklar Edler v. Innstädten, Carl, Leitfaden der Geographie v. Europa f. höhere Lehranstalten. 2. umgearb. Aufl. gr. 8. (XVI. 342 S. m. 4 Tab. in gr. 4.) Wien 876. Seidel & Sohn. n. 5. —

— Leitfaden für den Unterricht in der physikalischen Geographie im 2. und 3. Jahrgange der k. k. Militär-Akademie zu Wiener-Neustadt. 8. Wien 1869.

Sonklar, Carl Edler v. Innstädten, allgemeine Orographie. Die Lehre von den Relief-Formen der Erdoberfläche. gr. 8. (XII, 254 S. mit 57 eingedr. Holzschn.) Wien 873, Braumüller. * 6 —

—— Orographie und Topographie, Hydrographie, Gletscherwesen, s. Anleitung zu wissenschaftlichen Beobachtungen auf Alpenreisen.

Sonklar, Karl, [Edler von Innstädten]: Das Rainthal bei Taufers in Tirol und das Ruthnerhorn. ([S.-A.] Mittheilungen des Oesterreichischen Alpen-Vereines. Jahrg. 2. 1864.) Wien 1864. 20 S. 8⁰. [E 7736

Sonklar Edl. v. Innstädten, Karl A. — Reiseskizzen aus den Alpen und Karpathen. Von — —. Wien, 1857. Druck von M. Auer. Verlag von L. W. Seidel. (VI. 350 S. 8.)

Sonklar, Karl, Edler von Innstädten: Der grosse Schuttkegel von Wiener-Neustadt. Mit einer Karte und einem Durchschnitte. ([S.-A.] Sitzungsberichte der kaiserl. Akademie der Wissenschaften in Wien. Bd. 43. 1861. S. 233—246.) Wien 1861. 14 S. 8⁰. [E 6965

von Sonklar, Carl: Ueber die Struktur der Gletscher. ([S.-A.] Deutsche Vierteljahrsschrift. Nro. 131. Juli-September 1870. S. 280—337.) (Stuttgart 1870.) 58 S. 8⁰. [B 7382

Sonklar, Carl, [Edler von Innstädten]: Die Südseite der Zillerthaler-Alpen. ([S.-A.] Jahrbuch des Oesterreichischen Alpen-Vereines. Jahrg. 1 (3). 1865.) Wien 1865. 17 S. 8⁰. [F. 7738

— Von d. Überschwemmungen. Enth.: Die Überschwemmgn. im Allgemeinen, Chronik der Überschwemmgn. u. Mittel der Abwehr. gr. 8. (VIII, 151 S.) Wien 883. Hartleben. 3. —

Sonklar, Carl, [Edler von Innstädten]: Die Val Rendena und Val Genova in Süd-Tirol. Mit einer Karte des Bedole- und des Matterotgletschers. ([S.-A.] Mittheilungen des Oesterreichischen Alpen-Vereines. Jahrg. 2. 1864.) Wien 1864. 55 S. 8⁰.

Sonklar von Innstädten, Karl: Über die Veränderungen der Temperatur mit der Höhe.
Separatabdruck aus: Denkschriften d. Kais. Akad. d. Wiss. in Wien Bd. 21. II. S. 57.

Sonklar, Carl, [Edler von Innstädten]: Von Kaprun nach Stubach. ([S.-A.] Jahrbuch des österreichischen Alpenvereins. Bd 3. 1867.) Wien 1867. 22 S. 8⁰. [E 7977

—— über den Zusammenhang der Gletscherschwankungen mit den meteorologischen Verhältnissen. Lex.-8. (40 S. mit 2 Stnt. in qu. Fol.) Wien 858, (Gerold's Sohn.) *
Aus: Sitzungsberichte der k. Akademie der Wissenschaften, Jahrg. 1858, besonders abgedruckt.

Sönksen, Andreas Peter

Sönksen, A. P., Geografie af Hertugdömmerne Slesvig-Holsteen. Med särdeles Hensyn paa de indre Forhold. En Haandbog for Disciplerne. 8. (47 S.) Schleswig 865, Schulbuchh. cart. * -

Sönksen, A. P., kleine Geographie der Herzogthümer Schleswig-Holstein. Für die Hand der Schüler. Kiel 865. Schröder & Co. 8. (40 S.) n. 3½ ngr.

—— Geographie der Herzogthümer Schleswig-Holstein. Mit besond. Berücksichtigung der innern Verhältnisse bearb. Für die Hand der Schüler. 8. (48 S.) Schleswig 865, Schulbuchh. cart. * -

Sönksen, A. P., s. Neumann, Gust., kleine Erdbeschreibung.

Sönksen, A. P., Schulstatistik für das Herzogthum Holstein, s. Fick, C. F.

Soenlein, Gottlieb (Wolffenbüttel) A. S. 177/7

De lite inter serenissimas domus Bavaricam et Palatinam super exercitio S. R. I. vicariatus Rhenani inter utramque domum amice composita.
Präs. Franz Dominicus Haeberlin.
Helmstedt (Schnorr) 14. X. 1748. 94 S.

W. v.: Präs. 32780

Sönlein, Johann Konrad (Wolfenbüttel) A. S. 262/15

Dissertatio juridica inauguralis de jure convenandi Germ. Koppel=Jagten. Präs. Andreas Homborg.
Helmstedt (Hamm) 18. IX. 1710. 45 S. 32782

Sonn, Adolf, a. Gr.-Rüde (Schleswig-Holstein): Zur Kenntnis der Pyrazine. (Berlin 1907: G. Schade.) (57 S.) 8°
Berlin, Phil. Fak., Ref. Fischer, Diss. v. 13. Juli 1907
[Geb. 17. Febr. 82 Groß-Rüde (Prov. Schleswig-Holstein); Wohnort: Berlin; Staatsangeh.: Preußen; Vorbildung: Oberrealsch. Flensburg Reife O. 04; Studium: München 2, Wien 1, Berlin 3 S.; Rig. 20. Juni 07.]

Sonnabend, der, eine Nahrung f. die Einbildungskraft u. das Herz der Jugend, in Erzähll., v. Jh. Konrad (J. K. W. Petiscus). 8. Leipz. 804. Barth. 1 ℳ 6 ℊ

Sonnabend: 1886–1895.
Independent weekly. Absorbed Das Journal. United with Der Herold, to form Herold und Sonnabend-Journal. Circulation: 1890, 600. Edited & published by Hermann Graebner, 1886–92; by Graebner & Diederich, 1893–95.
Scranton, PA

Sonnabend, Gust., das verlorne Manuscript. Theatralisch-literarisch-criminalist. deutscher Originalroman in drei Büchern. Ein Scherz. (Volks-Ausg.) gr. 8. (32 S.) Leipzig 865, Briber.

Sonnabend, J. W. L., stufenweis geordnete Aufgaben-Sammlung fürs Tafelrechnen, s. Peschko, W.

Sonnabend, J. W. L., Begleitstellen zu den biblischen Geschichten von Mich. Morgenbesser. Ein Nachtrag für die Hand der Schüler. 8. (38 S.) Breslau 852, Graß, Barth & Co. Verlag. 1½ ngr

—— stufenweis geordnetes Material für's freie Handzeichnen nach Maaßverhältnissen entworfen u. zusammengestellt. 8. (32 Figurentaf.) Breslau 842. (G. P. Aderholz.) *

—— kalligraph. Vorlegeblätter. 2 Abthln. à 4 lith. Bog. Fol. Breslau 835, Pelz. [Leipzig, Hunger.] *

—— der Zeichner in der Elementarschule. Lehrgang Heft I—V. Früher u. d. Ttl.: Material fürs freie Handzeichnen. qu. 8. (à 8 lith. Bl.) Breslau 846, (G. P. Aderholz.) à * .

— der Zeichner in der Elementarschule. Lehrgang Heft II—V. 3. Aufl. qu. 8 (à 5 lith. Blätter.) Breslau 847, G. P. Aderholz in Comm. à n. ¹⁄₁₂ ℛ (1—5: n. ⁵⁄₁₂ ℛ)

Sonnabend, J. W. L., der Zeichner in der Elementarschule. Lehrgang. 1. und 2. Heft. 3. Aufl. qu. 8. (à 8 lithogr. Bl.) Breslau 849, (Kern.) à Heft * 2½ Ngr. *
Erschien früher u. d. T.: Material für's freie Handzeichnen.

—— dass. — Lehrgang. 3—5. Heft. qu. 8. (à 8 lithogr. Bl.) (Ebds.) 849. à Heft * 2½ Ngr. *

Sonnabend, J. W. L., der Zeichner in der Elementarschule. Lehrgang Heft 1. u. 2. 4. Aufl. Breslau 859. Kern. qu. 8. Jedes Heft (à 8 lith. Bl.) n. 2½ ngr.

— der Zeichner in der Elementarschule. 1. Hft. 16 Blatt. Ergänzungen zu seinem stufenweis geordneten Material fürs freie Handzeichnen. qu. 8. Breslau 845, G. P. Aderholz Verlagsb. ¼ ℛ

—— dass. — (Ergänzungen zu meinem stufenweis geordneten Material für's freie Handzeichnen.) 1. Heft. (16 lithogr. Bl.) qu. 8. (Ebds.) 849. *

Sonnabend, Tobias [Pseud.], s. a. L e w a l d, Johann Karl August

Sonnabend, Tob., die Prima Donna in Hamburg, s. Prima Donna, die.

Sonnblick, s.: Alpen. Freytag, Gust.

Sonndorfer, Rudolf

— Über die Bahn der Concordia. S. 43. II. 301 30
Separatabdruck

(Sonndorfer, R.) Ueber den Bau u. die Einrichtung von Bierbrauereien. Nach einem Vortrage von Karl Tietz. Wien 1868. 4

—— Ueber die Behandlung der analytischen Geometrie in Mittelschulen. 11 S.–Wien OR.Sch., Progr. 1863

— Darstellung des Laufes der Asteroiden im Jahre 1861 (mit 1 Taf.). S. 42. . . . — 30
Separatabdruck

Sonndorfer Rudolf Ephemeriden für die Helligkeiten der Asteroiden im Jahre 1860. Anhang zu K. Hornstein: „Über die Helligkeitsmessungen bei kleineren Fixsternen". S. 41. 271 . . . . . . ver
Separatabdruck

Sonndorfer, Rud., Ephemeriden für die Helligkeiten der Asteroiden im Jahre 1860, s. a. Hornstein, über Helligkeitsmessungen bei kleinen Fixsternen.

— die Geometrie der Künste und Gewerbe, s. Vorträge, populäre.

Sonndorfer, Rud., Handel und Verkehr mit Niederländisch-Indien. Eine handelspolit. Studie mit Rücksicht auf den österreich. Handel und die Triestiner Schiffahrt. Mit einem Anhang: Die Exportartikel Niederländisch-Indiens. gr. 8. (125 S.) Wien 884, Hölder. *

— Helligkeitsephemeriden und Darstellung des Laufes der Asteroiden im Jahre 1862 (mit 2 Taf.). S. 45. II. 589 . . . . . . Ngr.
Separatabdruck

Sonndorfer, Rud., s.: Ingenieur- u. Architekten-Kalender, österreichischer.

—— Lehrbuch der Geometrie für die oberen Klassen der Mittelschulen. 2 Thle. gr. 8. Wien, Braumüller. *

Inhalt:

Thl. 1. Die Geometrie der Ebene. (XV und 342 S. mit 109 in den Text eingedr. Holzschn.) 864. * 1 Thlr. 26 Ngr.

» 2. Die Geometrie des Raumes. (XI und 215 S. mit 114 in den Text eingedr. Holzschn.) 867. * 1 Thlr. 6 Ngr.

— Lehrbuch der Geometrie für die oberen Klassen der Mittelschulen. 1. Thl.: Die Geometrie der Ebene. Mit 190 in den Text eingedr. Holzschn. Wien 865. Braumüller. gr. 8. (XV, 342 S.) n. 1 ₰ 26 ngr.

Sonndorfer, Rud., Lehrbuch der Geometrie für die oberen Klassen der Mittelschulen. 1. Thl.: Die Geometrie der Ebene. 2. Aufl. gr. 8. (XI, 362 S. mit 195 in den Text eingedr. Holzschn.) Wien 873, Braumüller. * 6 —

2. Thl. Ebendas. 1867. *fl. 3.

Sonndorfer, Rud., Lehrbuch der Geometrie, für die oberen Klassen der Mittelschulen. 2. Thl.: Die Geometrie des Raumes. 2. Aufl. gr. 8. (VII, 204 S. mit 113 eingedr. Holzschn.) Wien 877, Braumüller. * 3 60

1. Thl. Ebendas. 1873. *ℳ 6.

—— und Herm. Anton, Lehrbuch der Geometrie für die oberen Classen der Mittelschulen. 1. Thl.: Die Geometrie der Ebene. 2 Abthlgn. 3. verb. Aufl. gr. 8. Wien, Braumüller. *

Inhalt:

Abthl. 1. Planimetrie. (VII, 285 S. mit 320 eingedr. Holzschn.) 882. *ℳ 4,80.

» 2. Ebene Trigonometrie. (VI, 84 S. mit 28 eingedr. Holzschn.) 883. *ℳ 1,20.

Sonndorfer, Rud., und Herm. Anton, Lehrbuch der Geometrie für die oberen Classen der Mittelschulen. 1. Thl.: Die Geometrie der Ebene. 3. Abthl.: Analytische Geometrie der Ebene. 3. verb. Aufl. gr. 8. (VII, 136 S. mit 54 Holzschn.) Wien 885, Braumüller. * 2 —

Lehrbuch der internationalen Handelskunde für Handels-Akademien und höhere Handelslehranstalten. Von Dr. Rudolf Sonndorfer und Adrian Schuster. Mit Erlass des hohen k. k. Ministeriums für Cultus und Unterricht vom 10. Jänner 1900, Z. 32272 ex 1899, zum Unterrichtsgebrauche an höheren Handelsschulen (Handelsakademien) allgemein zugelassen. Wien und Leipzig. 1900. Hölder. Gr.-8°. IV, 252 S. mit 8 Tafeln. Geb. K 5.—

— Lehrbuch der internat. Handelskunde f. Handelsakademien u.höh.Handelslehranstalten. 2.,vollständig neubearb. Aufl. (Für Schulen bearb. Auszug aus dem Werke: „Die Technik des Welthandels".) (VIII, IV, 277 S. m. 8 Formularen.) gr. 8. Wien 907. A. Hölder. Geb. 5. —

Sonndorfer, R.: Über Sonnenuhren. S. 29 - 57. 8°.– Wien OR. Jos. Progr. 1865.

Sonndorfer, Dr. Rudolf, Die Technik des Welthandels. Ein Handbuch der internationalen Handelskunde für Kaufleute, Ex- und Importeure, Spediteure, Banquiers, Industrielle, Landwirthe, für Consulate, für Eisenbahn- und Schiffahrts-Gesellschaften, für Studierende an Handels-Akademien 2c. Gr.-8. (VI, 406 S. mit 15 Formularien) 5.50, geb. 5.80
Wien: Hölder 1889.

SONNDORFER, Rudolf
Die Technik des Welthandels. Ein Handbuch der internationalen Handelskunde für Kaufleute, Ex- und Importeure, Spediteure, Banquiers, Industrielle, Landwirte, für Consulate, für Eisenbahn- und Schifffahrts-Gesellschaften, für Studierende an Consular-, Export- und Handels-Akademien u. a. von Dr. Rudolf Sonndorfer. 2., vollständig umgearbeitete und vermehrte Auflage. Wien und Leipzig. 1900. Hölder. Lex-8°. IV, 495 S. fl. 7.20, geb. 7.80

— die Technik des Welthandels. Ein Handbuch der internationalen Handelskunde f. Kaufleute, Ex- u. Importeure, Spediteure u. a. 3., vollst. neu bearb. Aufl. 2 Bde. (XVI, IV, 332 u. VI, 300 S. m. 14 Formularen.) gr. 8. Wien 905. A. Hölder. n. 16. —; geb. in Leinw. n. 18. —

Sonndorfer, R., Die Technik des Welthandels. Ein Handbuch der internationalen Handelskunde f. Kaufleute, Ex- u. Importeure, Spediteure u. a. 3., vollständig neu bearb. Aufl. Suppl. zum II. Bd. Der internationale Eierhandel. (III, 79 S.) gr. 8. Wien '09, A. Hölder. 2. 60.

— dasselbe. Suppl. zum II. Bd. Der internat. Kohlenhandel. (VI, 101 S. m. 4 Formularen.) gr. 8. Ebd. 910. 3. 40
Hauptwerk. Ebd. 905. 16.—; geb. 18.—.

—— Theorie und Construction der Sonnen-Uhren auf Ebenen, Kegel-, Cylinder- und Kugel-Flächen nebst einer histor. Skizze über die Gnomonik. gr. 8. (V und 92 S. mit 7 in den Text eingedr. Holzschn.) Wien 864, Braumüller. *

—— Usancen und Paritäten des Getreidehandels im Weltverkehre. Ausg. für Deutschland. (VI, 122 S.) 1880; 2. verm. und verb. Aufl. schmal gr. 8. (VIII, 158 S.) Berlin 882, Springer. cart. *

—— Usancen und Paritäten des Spiritushandels im Weltverkehre. Ausg. für Deutschland und Oesterreich-Ungarn. (VI, 136 S.) 1882; 2. verm. und verb. Aufl. gr. 8. (VIII, 144 S.) Ebendas. 882. cart. *

Die Waarenbörsen, deren Einrichtung und Bedeutung für den internationalen Handel. Von Dr. Rudolf Sonndorfer. (Separat-Abdruck aus des Autors Werk: „Die Technik des Welthandels". 2., total umgearbeitete und vermehrte Auflage. Wien. 1899. Alfred Hölder.) Wien. 1899. Hölder. Gr.-8°. 56 S. mit 1 Tafel. fl. —.90

—— Ueber die vorzüglichsten Zeitrechnungen. 41 S.–Wien OR.Sch., Progr. 1862

Sonne [Sachliches OW]

Sonne, die. Hrsg. von G. Müller und H. Grahl, unter Mitwirkung von C. Th. Jäkel. Neue Folge. 1. Jahrg. 1848. April — Decbr. 39 Nrn. (Bog.) hoch 4. Schneeberg, Goedsche'sche Buchh. *

—— dass. Zugleich Organ der erzgebirg. Vaterlandsvereine und Centralanzeiger für Schneeberg, Schwarzenberg und Umgegend. Hrsg. von G. Müller und H. Grahl. Neue Folge. Jahrg. 1849. 104 Nrn. (½ Bog.) gr. 4. Ebds. *

Sonne (Die), Organ der württembergischen Arbeiter-Vereine, von F. Mühlecker, früher von G. Rau. Stuttgart. 18. Mai 1848— 30. Juni 1849, täglich.

Die Sonne: 1850–? New Albany, IN
Weekly. Bockstahler reports that this weekly was established 1850.

Die Sonne: Apr. 17, 1879—1941?
Daily, evening except Sunday, 1879—1923; semi-weekly, 1924—26; weekly, 1927—41. Independent, 1879—99; Republican, 1900—30; Independent, 1931—41. Title varies: Der Volksfreund: 1933—36. For weekly edition, see Peoria Sonne. For Sunday edition, see Die Sonntags-Glocke. Circulation: 1880, 1570; 1890, 2000; 1900, 1500; 1910, 1750. Edited & published by L. Ph. Wolf, William J. Brus & Joseph Wolfram, 1879—85; by L. Ph. Wolf, 1885—94; edited by L. Ph. Wolf, 1895—1910?; by George J. Kerner, 1922?—1924; by Hermann Goldberger, 1925—30; by Louis G. Hermann, 1931—41; published by Peoria Sonne Printing Co., 1895—1932; by Peoria Publishing & Printing Co., 1933—41.
Peoria, IL

Die Sonne: 1888—? Evansville, IL

Sonne, die. Haupt-Fachblatt f. die Interessen der graph. Künste. Organ der photograph. Genossenschaft zu Essen u. den benachbarten Städten. Unter Mitwirkg. hervorrag. Fachmänner hrsg. von O. Schwaben. 3. Jahrg. 1890. 24 Nrn. gr. 8. (Nr. 1: 20 S. m. Illustr.) Deutz, Expedition. n. 10. —

Sonne. Illustrierte Unterhaltungsschrift f. Liebhaber-Photographie. Hrsg. u. Red.: Martin Kiesling. Jahrg. 1905 u. 1906. à 26 Nrn. (à Jahrg. II, 288 S.) Lex-8. Berlin-Wilmersdorf, Verlag der Sonne. à Jahrg. n. 6. —

Sonne. Illustrierte Unterhaltungsschrift f. Liebhaber-Photographie. Hrsg. u. Red.: Mart. Kiesling. 3.—6. Jahrg. 1907—1910. à 24 Nrn. (IV, 300; IV, 344; IV, 768 u. IV, 684 S.) Lex. 8. Gelsenkirchen. Berlin, Union, Zweigniederlassg. à Jahrg. 6. —

— die. Dresdener Monatshefte. Hrsg. u. Red.: Herm. Schlichting. Juli—Dezbr. 1906. 6 Nrn. (à ca. 32 S.) 8. Dresden, Verlag „Die Sonne". n. 1.20

Die Sonne von Alt Berks: 1845–1848.
Weekly. Follows ALT BERKS, DER STERN IM OSTEN. Followed by POTTSVILLE ADLER (Pottsville, Pa.). Edited & published by Charles W. Günther, 1845—48.
Reading, PA

Sonne, die aufgehende, od. Licht u. Wahrheit. Ein Lehr- u. Andachtsbuch f. alle Nationen, Confessionen u. Stände. 16. (16 B. u. 2 Stndr.) Erfurt 850, (Andreä.)

Sonne, die neu aufgeh. chymische. 8. Frankf. Fleischer. (Sommer in Leipz.) 750.

— die, bewegt sich! Folgerungen aus dieser Lehre in Bezug auf Fixsterne u. Planeten v. C. R(ohrbach). gr. 8. (14 S. m. 1 lith. Taf. in gr. Fol.) Berlin 852. (J. Rocca.) n. 1/3 ℛℳ

Die zum Niedergang eilende Frantzösische Sonne, In ausführl. Nachricht, was in verflossener Winter-Campagne mit den Belagerungen v. Gibraltar u. Verrua, Wie auch sonst vorgefallen. (64.) 4. M. 2 K. Leipzig 1705.

— die, v. Jena. Eine Würdigung Ernst Haeckels als Künstler u. Patriot. Buchschmuck v. Lina Burger. (Umschlag: Denkschrift. 3. u. 4. Aufl.) (à 32 S. m. Abbildgn. u. 1 Bildnis.) gr. 8. Gera-Untermhaus 905. W. Koehler. n. 1. —

Sonne, Die, und ihr Licht. Lemberg 1897. V: *Gablenz, Rud.* (Berl)

— Mond u. Sterne. Ein unterhalt. Gesellschaftsspiel. Mit 15 Karten u. 5 Würfeln. In Futteral mit Kapsel. Nürnb. 823. Bauer u. R. 10 gℓ

— die v. Osten, od. philos. Ausleg. d. Kette d. gold. Vließes. 8. Altona, Bechtold. 783.

—.— dasselbe. 8. Wien, Alo. Doll. 790.

Sonne, die, vom Osten, oder die tiefen Geheimnisse der Kette des goldenen Vließes, des Kreuzes der Ritterorden der Tempelherren, Johanniter und Deutschherren, mit den dazu gehör. kabbalist. Figuren. Sammt einem Spiegel der hermet. Wissenschaft für die Söhne verborg. Weisheit und Freunde der egypt. Mysterien. Getreu nach der Ausg. von 1783 erneuert. 8. (172 S.) Stuttgart 865, Scheible.

Sonne von Osten, die, od. die tiefen Geheimnisse der Kette des goldenen Vliesses, des Kreuzes der Ritterorden der Tempelherren, Johanniter und Deutschherren, mit den dazu gehörigen kabbalist. Figuren. Sammt e. Spiegel der hermetischen Wissenschaft für die Söhne verborgener Weisheit u. Freunde der Egypt. Mysterien. *Getreu nach der Ausgabe von 1783 erneuert.* Stuttgart, J. Scheible, 1866. 12°. Cart.*)
176 S. in Einf. (incl. roth u. schwarz gedr. Titel, dann S. 173—175 Scheible'sche Verlags-Anzeigen).

Sonne, Die, scheint; ein Lustspiel. O. O. 1777. V: *Kellner, Johann Martin.* (Ky)

Lingke, Gotthold Friedr.: Die Sonne im Sternbilde der Zwillinge; und die Freimaurerbrüder Lingke und Seidel am Abende ihres silbernen Maurerjubelfestes. 12. Aug. 5841. Altenburg [1841]: Hofbuchdr. 2 Bl. 8° [Umschlagtit.]
Lied ohne Noten: „Am Himmel hoch steht heut im Bundeszeichen ..."

— die strahlende, der Gerechtigkeit, in den durch sie gerecht erfundenen Menschen, in 56 Ermunterungen vorgestellt. gr. 8. Halle 764. (Hahn in Hannov.) 18 gℓ

Sonne [Verfasser]

Sonne, Analyse des Friedrich-Wilhelm-Sprudels, Quelle Nr. XII in Nauheim, s.: Credner, F., die Kurmittel in Bad Nauheim.

Sonne, s. Bürgerzeitung, Frankfurter.

Sonne, über einheitliches deutsches Mass. Vorschläge zu zeitgemässen und den deutschen Verhältnissen entsprech. Abänderungen des metr. Massystems. gr. 8. (III und 48 S.) Hannover 865, Schmorl und v. Seefeld.

SONNE, Mittheilungen über die Baugeschichte und Wiederherstellung der Marienburg. Vortrag, gehalten in der Alterthums-Gesellschaft zu Insterburg am 19. Februar 1886. ib. 1886. — 4°.

Sonne, Detl. Die beiden ersten Jahrhunderte der lateinischen Domschule zu Verden von 1578—1778. — Verzeichnis der Abiturienten des kön. Domgymnasiums zu Verden von 1816—1878. 80 S. Progr. * *Verden* 1878.

Sonne, Detl.: Biogr. Skizzen d. Lehrer d. hies. Gymn. v. 1764–1832. Verden. 1863. Schul-/Univ.-Schrift

Sonne, Eduard

Sonne, Ed., Aquadukt- und Kanalbrücken, } s. Handbuch der Ingenieurwissenschaften.

— dasselbe. s.: Schäffer, Th.

Sonne, E., Atlas zu M. M. Frhr. v. Weber's Telegraphen- und Signalwesen der Eisenbahnen. Gezeichnet von Studirenden der Ingenieurschule des k. Polytechnicums in Stuttgart, mit Text und Quellenangaben zum Selbststudium versehen. 25 lith. Taf. in Imp.-4. und fol. u 4 B. Text. Stuttgart, Metzler's Verlag. 1868. M 6.—

Sonne, E., Atlas zu M. M. Frhr. v. Weber's Telegraphen- und Signalwesen der Eisenbahnen. Gezeichnet von Studirenden der Ingenieurschule des k. Polytechnikum in Stuttgart mit Text und Quellenangaben zum Selbststudium versehen. 25 lithogr. Taf. (in Imp.-4. und Fol.) und 4 B. Text. Fol. Sfuttgart 869, Metzler's Verlag. In Manne * 6 —

Sonne, Ed., Bilder vom Rhein. 8. (VIII, 132 S. m. 16 Abb.) Leipzig 898. W. Engelmann. n. 2.50; geb. n. 3.50

Binnenschiffahrt, Schiffahrtskanäle, Flusskanalisierung. Bearb. von Ed[uard] **Sonne** u. W(ilhelm) Becker, (Baurat in Mainz), hrsg. von Ed. Sonne, Prof. in Darmstadt. 4., verm. Aufl. Mit 145 Textabb., vollst. Sachreg. u. 10 Taf. Leipzig: W. Engelmann 1906. (VIII, 303 S.) 4°(8°)
— **Handbuch** d. Ingenieurwissenschaften. T. 3, Bd 5. [illegible]

Sonne, Eduard: Die Brücken im Allgemeinen, s. Handbuch d. Ingenieurwissenschaften.

Sonne, Ed., s.: Brückenbau, der.

Sonne, Ed., der Brückenbau, s.a.Handbuch der Ingenieurwissenschaften.

Chronik der Familie Sonne ... von Eduard Sonne d. j. Als Ms. gedr. (Berlin) 1908: (Sittenfeld). 202 S. 8°

— u. Karl Esselborn, Elemente des Wasserbaues f. Studierende höh. Lehranstalten u. jüngere Techniker. (IX, 337 S. m. 226 Abbildgn.) Lex.-8. Leipzig 904. W. Engelmann. n. 9. — ; geb. in Leinw. n. 10. —

Sonne, Ed., der Flussbau, s.: Kreuter, Fr.

Sonne u. Simons, Zur Frage der Wassergewinnung für die Stadt Darmstadt und für Orte mit verwandten Bodenverhältnissen. Rohrbrunnen mit beweglichen Filterkörben, ein Mittel zur Bewältigung der durch feinen Sand für Wassergewinnung entstehenden Schwierigkeiten. (Abdruck der an die Behörden der Stadt am 5/3 1879 übergebenen Denkschrift.) Darmstadt 1879. 8°. brosch. (43 S.)

Sonne, Eduard, s.: Handbuch der Ingenieurwissensch.

Sonne, Ed. Über Hochwasser-Vorausberechnungen. Berlin 1884.

— s.: Lehrbuch des Tiefbaues.

Sonne, Ed., Mörtelmaschinen; Maschinen für den Bau und die Unterhaltung der Strassen, s. Handbuch der Ingenieurwissenschaften.

— Programm der Vorschläge über Strassen- u. Eisenbahnbau, s. Programm.

—— über den Schiffswiderstand bei Fluss- und Kanalkähnen, s. Festschrift zu der Jubelfeier des 50jährigen Bestehens der Grossherzogl. Techn. Hochschule zu Darmstadt.

Sonne, Ed. Der Wasserbau, s.a.Franzius, L.

Sonne, Ed., Wasserbau, s.a.Handbuch der Ingenieurwissenschaften.

Sonne, Ed., s.a.Wasserbau, der.

— die Wasserstrassen im Allgemeinen. Flösserei u. Binnenschiffahrt, Schiffahrtsanlagen, s.: Handbuch d. Ingenieurwissenschaften, III, II, 1.

Sonne, Ericus [Vismariensis]: De arbitris externis, quos Graeci adhibuerunt ad lites et intestinas et peregrinas componendas, quaestiones epigraphicae. . . . Gottingae, *Druck v. C. Schaidt, Kiel*, 1888; 127 + 1 S. 8°
Göttingen, Phil. Fak., Inaug.-Diss. v. 22. Febr. 1888

Sonne, Erich, de arbitris externis, quos Graeci adhibuerunt ad lites et intestinas et peregrinas componendas, quaestiones epigraphicae. gr. 8. (126 S.) Gottingae 888. (Leipzig, Fock.) * 2 —

Sonne, H., s.: Handbuch f. die evang. Kirche des Großherzgt. Hessen.

Sonne, Heinrich Daniel Andreas

Sonne, Hnr. Dn. Andr., Beschreib. des Königr. Hannover. 1s Buch. A. u. d. T.: Einleit. zu e. gründl. Kenntniß des Königr. Hannover. 828. 1 ℛ 12 gℊ 2s u. 3s Buch. A. u. d. T.: allgem. Beschreib. des Hannövr. Landes u. Staates. 829. 2 ℛ 4s Buch. A. u. d. T.: besondere Beschreib. des Hannövr. Landes u. Staates. 1e Abtheil. Chorographie. 830. 2 ℛ (3 Bde.) gr. 8. Münch., v. Cotta.

Sonne, Heinr. Dan. Andr., Beschreibung d. Königr. Hannover. 1. Buch. — A. u. d. T.: Einleitung zu e. gründl. Kenntniß d. Königr. Hannover. gr. 8. (17 B.) München 829, Literar.-Artist. Anstalt.

—— dass. 2. u. 3. Buch. — A. u. d. T.: Allgem. Beschreib. d. Hannover'schen Landes u. Staates. gr. 8. (27¼ B.) Ebds. 829.

—— dass. 4. Buch. — A. u. d. T.: Besond. Beschreib. d. Hannover. Landes u. Staates. Chorographie. gr. 8. (29¾ B.) Ebds. 830.

—— dass. 5. Buch — A. u. d. T.: Topographie d. Königr. Hannover alphabet. geordnet. gr. 8. (55½ B.) Ebds. 834.

Sonne, Heinrich Daniel Andreas, s. Cicero: Tuskulan. Untersuchungen.

— Erdbeschreib. des Königr. Hannover, mit e. histor.-statistisch. Einleit. 8. Sonderšh. 817. Voigt in Ilmenau. 1 ℛ

— der Gott Abrahams, die erste Epoche der Universal-Kulturgeschichte. gr. 8. Halle 806. (Hahn in Hannov.) 6 gℊ

—— hebräisches Lesebuch f. d. Gymnasial-Unterr., mit Hinweisn. auf d. Sprachlehren d. Prof. Ewald u. einigen Anmerkn. dess. gr. 8. (11½ B.) Leipzig 830, Hahn.

Sonne, Hermann

Sonne, Herm. Die Bibliothek des Andreanums. 10 S. Andr. *Hildesheim* 1876
Progr.

Sonne, Hermann: Die Primaner-Arbeiten auf dem Andreanum im Anfange des vorigen Jahrhunderts. Hildesheim 1865. 21 S. 4°
Schul-/Univ.-Schrift

Sonne, Julius

Sonne, Jul., prakt. Lehrgang der Arithmetik. Ein Hilfsbuch in ausführl. Darstellg. f. Lehrende u. Lernende. (IV, 232 S. m. Fig.) gr. 8. Berlin 910. O. Salle. 2. 40

Sonne, J., u. Th. Sänger. Mathematische Repetitionshefte im Anschluss an die neuen Lehrpläne höherer Unterrichtsanstalten. I. u. II. Heft. (Doppelheft). gr. 8. (III, 27; 33 S.) Marb. i. H. 892, Ehrhardt. * 1 20

Sonne, J., u. Th. Sänger, mathematische Wiederholungshefte, im Anschluss an die neuen Lehrpläne höherer Unterrichtsanstalten hrsg. 1.—4. Hft. gr. 8. Marburg, O. Ehrhardt. n. 2. 20
1. 2. (Doppelhft.) (III, 27 u. 33 S.) 892. n. 1. 20. — 3. (IV, 30 Bl. u. S.) 893. n. — 50. — 4. Abschlussprüfung. (26 S. u. Bl.) 893. n. — 50.

Sonne, W., Epilegomena zu Th. Benfey's griechischem Wurzellexikon. Schulprogramm. Wismar 1847. (645)

Sonne, Wilhelm. Erinnerungen an Johannes Wislicenus aus den Jahren 1876—1881. Mit einem Vorworte von Dr. Max Conrad.... Mit einem Lichtbilde von J. Wisl' [Porträt-Tafel]. 36 S. 8. Leipzig, Wilhelm Engelmann, 1907. [M. 1.20]

SONNE, WILHELM. Ueber Gamma-Oxybuttersäure. Würzburg, 1881.

Hygiene der keramischen Industrie, der Steinmetzen, Maurer, Glasarbeiter und Spiegelbeleger. Bearb. v. Dr. Wilhelm Sonne, Privatd. ... in Darmstadt, Dr. T[heodor] Sommerfeld, Arzt in Berlin, [&] Dr. H[ermann] Schaefer, Stadtphys. in Danzig. M. 9 Abb. im Text. *Jena: G. Fischer 1896.* 8.
— Handbuch d. Hygiene. Bd 8. Lfg 5.

Sonne, W., hydrologische Untersuchungen v. Trink- u. Grundwasser, s.: **Steuer, A.**

Sonneberg [Schlagwort]

— s. a.: **Preussen.** Messtischblätter.

Sonneberg, s.a. **Thüringen.**

Sonneberg u. Umgebung, s.: **Woerl's Reisehandbücher.**

Sonneberg. Karte v. Sonneberg u. Umgebung. Nach den Katasterplänen, Forstkarten u. eigenen Aufnahmen im Auftrage d. Thüringerwald-Vereins (Zweigverein Sonneberg) gezeichnet v. Clem. Major. 1 : 40,000. 8. Aufl. Farbendr. 22×28,5 cm. Würzburg 892. L. Woerl. n. — 50

Sonneberg. Major, Clem., Karte des herzogl. S. Meiningenschen Kreises Sonneberg u. seiner Nachbargebiete. 1 : 100,000. (8. Aufl.) 38 × 35 cm. Farbendr. Sonneberg 895. Th. Brand (durch Albrecht'sche Buchh.) n. 1. 25

Sonneberg. Major, Clem., der herzogl. S. Meiningensche Kreis Sonneberg u. seine Nachbargebiete. 1 : 100,000. Neu bearb. 1887 u. 88. Nachträge 1894, 1899, 1901, 1905. 38×35 cm. Farbdr. Sonneberg, H. Glaser. In Tasche n. — 75

Sonneberg [Verfasser]

Sonneberg, Ernst, appr. Arzt: Aus d. Prosektur d. städt. Krankenh. r. d. I. ⟨Prosektor: Oberndorfer.⟩ Ein Fall von Versprengung von Nebennierengewebe in die Papillenspitzen der Niere. München 1910: Wolf. 22 S. 8°
München, Med. Diss. v. 10. Sept. 1910, Ref. v. Bollinger
[Geb. 5. Aug. 81 Frankfurt a. M.: Wohnort Frankfurt; Staatsangeh.: Preußen; Vorbildung: Lessing-Gymn. Frankfurt Reife O. 01; Studium: Freiburg i. B. 1, Berlin 1, Freiburg i. B. 2, München 5 S.; Coll. 10. Sept. 10; Approb. 30. April 07.] [U 11. 3738

Sonneborn, Ferdinand. Zur Kenntnis der Vinylessigsäure. Diss. Phil. Basel. 41 S. 8. Basel, Kreis, 1902.

Sonneborn, Hermann, aus Göttingen: Ueber einige Oxydationsproducte der Pulegensäure. *Göttingen 1899: Dieterich.* (63 S.) 8°
Rostock, Phil. Diss. v. [22. Dez.] 1898

Sonneborn, Wilhelm [pr. Arzt aus Schameder '(Kr. Wittgenstein)']: Ueber Schleimbeutel-Erkrankungen ... Marburg, Univ.-Buchdr. '(R. Friedrich)', 1894; 1 Bl., 54 S., 1 Bl. 8.
Marburg, Med. Fak., Inaug.-Diss. v. 8. Mai 1894

Sonneburg, Karoline v., od. die Maskerade im Königssaal. Ein dramat. Gemälde von Andr. Moser. 8. Wien. Rehm. 797.

Sonneck, Dr. Heinrich und Friedrich Czulik, Methodisches Handbuch der Heimatskunde von Brünn. Mit 11 lithographirten Tafeln u. einem Anhange „Ueber den Gebrauch der Reliefkarten" von Friedrich Czulik. 8. (VIII, 175 S.) 1.50
Brünn: Winiker 1890.

Sonneck, O. G., early concertlife in America (1731—1800). (VII, 338 S.) Lex. 8. Leipzig 907. Breitkopf & Härtel. 12.—; geb. in Halbfrz. n 14. —

Sonneck, O. G., ein kritisch-polemisches Referat üb. d. musik-ästhet. Streitfragen u. s. w. v. Friedrich Rösch als Protest gegen d. Symbolismus in d. Musik. gr. 8. (III, 95 S.) Frankfurt a/M. 897. Gebr. Knauer. n. 1.60

— Seufzer. 8. (VII S. u. 40 Bl.) Ebd. 896. n. 3. —

— e. Totenmesse. qu. 8. (47 S.) Ebd. 898. n. 1.50

Soennecken, Alfred: Der Wärmeübergang von Rohrwänden an strömendes Wasser. 1910. 106 S. 4° ¶ Auch in: Mitteilungen über Forschungsarbeiten auf d. Gebiete d. Ingenieurwesens. H. 108/109. 1911.
München, Dr.-Ing.-Diss. v. 16. 5. 1910

Soennecken, F. Anleitung zum Ordnen der Geschäftspapiere. 4. (18 S.) Bonn 889, Soennecken. — 10

Soennecken, F: Neuer alphabetischer Bücher-Katalog für Bibliotheken. Bonn 1908

Soennecken, F., l'écriture ronde. Méthode d'instruction à l'usage des écoles et pouvent s'apprendre sans maître, précédée d'une préface du Prof. Reuleaux. Accompagnée d'un sortiment de plumes métalliques simples et doubles [25 pièces] pour écrire la „Ronde". qu. gr. 4. (22 S. mit 24 Stnt.) Bonn 877, Soennecken's Verlag. * 4 —

—— a methodical Guide-Book to Round-Writing. For self-instruction and use in schools. With a preface by Prof. F. Reuleaux. Including an assortment of 25 single and double Round-Writing pens. qu. 4. (20 S. mit 24 Stnt.) Ebendas. 877. * 4 —

F. **Soennecken,** Schreibwarenfabrik, Berlin-Bonn-Leipzig. Depot: Kaiser & C°, Papeterie ... Bern.... [Illustrierter Katalog.] IV + 64 S. 8. (Genève, W. Kündig & Fils, [1901].)

Soennecken's Kranken-Buch. 4. (200 Bl. m. Register u. Klemmer.) Bonn 898. F. Soennecken. Geb. in Halbfrz., Einlageblätter in Karton. n. 6. 50

—— Lehrplan für Massen-Unterricht in der Rundschrift unter Zugrundelegung der Schul-Ausg. 1.—3. Aufl. 8. (11 S.) Ebendas. 876—78. * — 30

Soennecken, F., Lehrplan für Massen-Unterricht in der Rundschrift unter Zugrundelegung der Schulhefte. 4. verb. und verm. Aufl. 8. (11 S.) Bonn 876, Soennecken's Verlag.

—— die Rundschrift. Methodische Anleitung zum Selbst-Unterricht und zum Gebrauche in Schulen, mit einem Vorwort von F. Reuleaux. Nebst einem Sortiment [25 Stück] einfacher und doppelter Rundschriftfedern. 1.—3. Aufl. qu. 4. (XVIII S. und 20 Stnt.) Remscheid 875,76, Soennecken's Rundschrift-Verlag. *

— die Rundschrift. Methodische Anleitg. zum Selbst-Unterricht u. zum Gebrauche in Schulen, m. e. Vorworte v. F. Reuleaux. Nebst 1 Sortiment [25 Stück] einfacher u. doppelter Rundschriftfedern. 6. Aufl. qu. 4. (22 S. m. 24 Steintaf.) Ebend. 876. n. 4. —

— die Rundschrift. Methodische Anleitung zum Selbst-Unterricht u. zum Gebrauche in Schulen, mit einem Vorworte von F. Reuleaux. Nebst 1 Sortiment [25 Stück] einfacher u. doppelter Rundschriftfedern. 24. Aufl. qu. 4. (22 S. mit 24 Steintaf.) Ebend. 878. n. 4. —

— dasselbe. Zum Selbst-Unterricht u. f. Lehrer. Mit Vorwort zur 100., gänzlich umgearb. Aufl. v. F. Reuleaux. 5 Hfte. qu. 4. (à 20 S.) Ebend. 880. n.n. 4. —
1 4. à n. — 75. — 5. n.n. 1. —

—— dass. — Zum Selbst-Unterricht und für Lehrer. Mit Vorwort zur 1. und 100. Aufl. von F. Reuleaux. 5 Hefte. qu. 4. Ebendas. 880—86. [1. Heft. (XVII, 20 S. nebst 1 Sortiment, 25 Stück, einfacher und doppelter Rundschriftfedern.) *M 1,75.; 2.—4. Heft. (à 20 S.) à * 75 Pf.; 5. Heft. (20 S.) *M 1.] *

Soennecken, F., die Rundschrift. Zum Selbstunterricht u. f. Lehrer m. Vorwort zur 1. u. 100. Aufl. v. F. Reuleaux in 3 Tln. hrsg. 1. Tl. 101. Aufl. Mit 1 Sortiment, 25 Stück, einfacher u. doppelter Rundschriftfedern. qu. 4. (XXVIII, 32 S.) Bonn 886. Soennecken. n. 2. 50

Soennecken, F., die **Rundschrift** zum Selbstunterricht u. f. Lehrer. Mit Vorwort zur 1. u. 100. Aufl. v. F. Reuleaux. In 3 Tln. hrsg. 2. Tl. 101. Aufl. qu. 4. (VIII, 32 S.) Bonn 887. Soennecken. n. 1. 50

—— dass. — Schul-Ausg. qu. 4. (8 Stnt.) Ebendas. 876. *

—— dass. — Schul-Ausg. A. Nebst 25 Rundschriftfedern und 2 Linienblättern. 5.—38. Aufl. qu. 4. (24 Stnt.) Ebendas. 876—78. *

—— dass. — Schul-Ausg. B. Nebst 6 Federn. 5.—27. Aufl. qu. 4. (24 Stnt.) Ebendas. 876—78. **

— Dasselbe. Schulausgabe C. Heft 1. (16 S) Bonn 1883

— dasselbe. Schul-Ausg. m. Vorwort zur 100., gänzlich umgearb. Aufl. von F. Reuleaux in 5 Hftn. hrsg. 1—4. Hft. qu. 4. (à 20 S.) Bonn 880. Soennecken. à n. — 50; mit einem Sort. von 25 Rundschriftfedern à n. 1 50

Soennecken, F., die **Rundschrift.** Schul-Ausg. Mit Vorwort zur 1. und 100. Aufl. von F. Reuleaux. 5 Hefte. qu. 4. (à Heft 16 S.) Bonn 880—86, Soennecken's Verlag. [1.—3. Heft à * 25 Pf.; 4. Heft * 50 Pf.; 5. Heft * M 1.] *

Soennecken, F: Schreibwaaren. Berlin 1890

Soennecken, F., das deutsche Schriftwesen u. die Notwendigkeit seiner Reform. Mit (eingedr.) Abbildgn. 4. (VI, 69 S.) Bonn 881. Soennecken. n. 4. —

— la scrittura rotonda. Trattato teorico-pratico ad uso delle famiglie e delle scuole, con prefazione del Reuleaux. Aggiuntovi un' assortimento di 25 penne per le scritture rotonde semplici e doppie. qu. 4. (20 S. mit 24 Steintaf.) Ebend. 877. n. 4. —

—— methodical Text-Book of Round-Writing. For self-instruction and use in schools. With a preface by F. Reuleaux. With an assortment of 25 single and double round-writing pens. qu. 4. (20 S. mit 32 Stnt.) Ebendas. 879. *

—— Wie wählt man seine Schreibfeder? Zur Beachtung für Käufer und Verkäufer hrsg. 8. (16 S. mit eingedr. Holzschn.) Ebendas. 879. *

[F.] Volkswirtschaftliche Hülfsmittel. Vortr. v. F[riedr.]Soennecken. *Bonn, Berlin, Leipzig: F. Soennecken [1898].* (17 S.) 1 Bd 8. [98. 2061

Wohlfahrtseinrichtungen für Arbeiter. Vortrag, geh. zu Bonn v. F[riedrich] Soennecken. *Bonn, Berlin, Leipzig: F. Soennecken (1898).* (28 S.) 1 Bd 8. [98. 5683

Sönnecken, Karl, aus Literaturgeschichte u. Sprachwissenschaft. Ein Lesebuch f. Seminare. (VI, 122 S.) gr. 8. Leipzig 907. Dürr'sche Buchh. Geb. n. 1. 60

Sonnefeld [Schlagwort]

Sonnefeld, s.: Preussen. Messtischblätter.

Sonnefeld [Verfasser]

SONNEFELD, FRANZ V. *Volksgeschichten aus dem Schwarzbuben-Land.* Basel, Schweighauser, 1858. 2 Bll. 256 S. Kl.-8°. Roter Pappbd. d. Z. m. handgeschr. Rsch. 12.—
Erzählungen aus Basels Umgebung, u. a. die Geschichte eines Wiedertäufers, einer Wallfahrt nach Mariastein, etc.

Sonnefeld, Gottfried [aus Eisfeld in Thür.]: Stilistisches und Wortschatz im Beówulf, e. Beitr. z. Kritik d. Epos ... Würzburg, Etlinger's Buchdr., 1892; 98 S., 2 Bl. 8.
Strassburg, Phil. Fak., Inaug.-Diss. v. 1892

Sonnefeld, Gfr., Stilistisches u. Wortschatz im Beówulf, e. Beitrag zur Kritik des Epos. Diss. gr. 8. (98 S.) Würzburg 893. (Leipzig, G. Fock.) n. 1. 60

Sonnek, H.

Sonnek: Gesandschaft und Tod des M. Atilius Regulus. 8 S.–Iglau, Progr. 1868

Sonnek, H.: Qua ratione et quo consilio Livius res gestas Romanorum tractaverit. 10 S. 4°.– Iglau OG., Progr. 1872.

Sonnek, Johannes: Die Beibehaltung katholischer Formen in der Reformation Joachims II. von Brandenburg und ihre allmähliche Beseitigung. *Berlin 1903.* (31 S.) 8°
Rostock, Phil. Diss. v. [18. März] 1903

Sonnekalb, Karl: Eine sprachliche Untersuchung der „Chanson des Saxons". S. 3—29. 4. Städt. Realschule *Ilmenau* 1908 (885)
Progr.

Sonnekalb, Paul, sie irrt sich nie, s.: Wachsmuth, Ernst.

Sonnekalb, Paul, wie spielt man Theater? Eine Anleitg. zu dramat. Aufführgn. f. Liebhaberbühnen. 8. (IV, 109 S.) Leipzig (901). Ernst. 1. 50

Sonnekes, Hermann, über das Cancroid der Vulva. Diss. Würzburg 1887, Stahelsche Univ.-Buchh. 8°. 12 S.

Sonnemann, Herr. Zwei Leitartikel der Staatsbürger-Zeitg. Den Frankfurter Reichstagswählern gewidmet. Lex.-8. (7 S.) Berlin 876. (Mahlo.) n. — 5

— und seine Eidhelfer. Zwei Artikel der Staatsbürger-Ztg. Lex.-8. (12 S.) Ebend. 876. n. — 10

Sonnemann, A., Ueberrascht, s. a. Bloch's, Ed., Theater-Korrespondenz.

[F.] Ueberrascht! Lustsp. in 1 Akt v. A. Sonnemann. *Berlin: E. Bloch (1893).* (32 S.) 1 Bd 8.
= Theater-Korrespondenz, Eduard Blochs. No 256. [96. 1145

Sonnemann, Ant. Dan.: Usus modernus Novellarum Constitutionum divi Justiniani. Ed. nova. Francofurti ad V. 1725.

Sonnemann, Ant. Dan., usus modernus novellarum constit. Iustin. Francof. Straus. 725.

Eine Reise nach Island und den Westmännerinseln. Reisebriefe u. Tagebuchblätter von E[mil]Sonnemann (Jürgen Brand) mit zahlr. Abb. Berlin: Vorwärts [1909]. 111 S. 8° [10. 1007

Sonnemann, E. (Jürgen Brand), eine Reise nach Island u. den Westmännerinseln. Reisebriefe u. Tagebuchblätter u. zahlr. Abb. nach Aufnahmen des Verf. (112 S.) gr. 8. Berlin (909). Buchh. Vorwärts. Geb. in Leinw. 2. 50

Sonnemann, I. Th., legitima defensio s. inculpata jurium capituli St. A. Hildesiensis. fol. Hannov. Helwing. 703.

Sonnemann, Kurt, Ringe, Träume u. Leben. Gedichte. (58 S.) 8. Neustadt a/H. (909). D. Meininger. 1.—; geb. 1. 50

Sonnemann, L., Ueber Altersversorgungsvereine für die arbeitenden Klassen. Bericht für den 2. Vereinstag der deutschen Arbeitervereine. 4⁰. Frankfurt a. M., 1864.

Sonnemann, Leopold [pr. Arzt in Berlin] : 2 Fälle von Hämatomyelie. . . . Berlin, gedr. bei F. Cynamon, 1890; 15 S. 8⁰
Berlin, Med. Fak., Inaug.-Diss. v. 14. März 1890.

Sonnemann, Leop., 12 Jahre im Reichstage. Reichstagsreden 1871—1876 u. 1878—1884. Festgabe zu seinem 70. Geburtstage. Im Auftrage des engeren Ausschusses der deutschen Volkspartei hrsg. v. Alex. Giesen. gr. 8. (X, 389 S. m. Bildnis.) Frankfurt a/M. 901. Neuer Frankfurter Verlag. n. 6. —

Sonnemann, Leop., Reichsbank od. Notensteuer? Bemerkungen zu dem Gesetz-Entwurfe d. Reichskanzler-Amtes üb. die Regelg. der Noten-Ausgabe. [Aus: „Frankfurter Zeitg."] gr. 8. (44 S.) Frankfurt a/M. 874. Baer & Co. n. 1. —

Sonnemann, Leop., die Straßburger Tabaksmanufaktur u. das Tabaksmonopol. gr. 8. (19 S.) Mannheim 880. Bensheimer. n. — 30

Sonnemann, Max, humoristisches Skat-Allerlei. Gesammelt und hrsg. 8. (56 S.) Leipzig 887, Selbstverlag, Königsplatz 5, III. — 75

Sonnemann, Max, das Leipziger Universitäts-Carcer. Eine Sammlung der originellsten Inschriften. 2. Aufl. 8. (62 S.) Leipzig 884. A. Duncker. 1. —

Sonnen, H., Raphael Bandello, s. a. Theater, kleines.

Raphael Bandello. Schauspiel in 4 Akten von H. Sonnen. ⟨Musik von B. Sengelhoff.⟩ *Paderborn: B. Kleine [1901].* (40 S.) 8° [F.]
— Theater, Kleines. H. 291.

Sonnen, Karl, vom Dichter zum Philosophen. I. Des Dingos Wesen ist Seele. 8. (XI, 136 S.) Leipzig 894. Literar. Anstalt A. Schulze. n. 2. —

Sonnenau, Julius, oder Geschichte eines Jünglings im buntscheckigten Gewande, 8. Augsburg, 795. Bürglen. 5 sgl.

SONNENAU, Julius, oder Geschichte eines Jünglings im Buntscheckkichten (sic!) Gewande. Augsburg, C. F. Bürglen, 1801. 8⁰. 83 S.
Liederlicher Roman in Briefen. Selten! — Zuerst gedr. 1795. (Korn's in Breslau Romanen-Cat. 1798.) Fehlt Kayser unter Romanen, 1827 u. 36.

Sonnenau, Julius, od. Gesch. eines Jünglings im buntschäckigten Gewande. 8. Augsburg, Braun. (a. Bürglen.) 802.

Sonnenaufgang. 39 Geschichten aus dem alten Testament für liebe Kinder. Von der Verf. von „Licht in den Wohnungen" und „Morgenröthe". Aus dem Engl. von A. Stern. Bevorwortet von J. D. Prochnow. 8. (VIII, 180 S. mit eingedr. Holzschn. und 1 Holzschntaf.) Barmen 872, Wiemann. cart. 1 50
cart. mit Goldschn. ℳ 2.; geb. 2 50

—— dass. — 40 Geschichten. 2. Thl. Von der Verf. von „Licht in den Wohnungen" und „Morgenröthe". Aus dem Engl. von A. Stern. Bevorwortet von J. D. Prochnow. 8. (VIII, 182 S.) Ebendas. 873. cart. 1 50
cart. mit Goldschn. ℳ 2.; geb. 2 50

Sonnenaufgang. Ein Gespräch über die Friedens-Conferenz im Haag. [München 1899.] V: *Kats, Hans Otto.* (Berl)

Sonnen-Aufgang. Mitteilungen aus dem Orient. Schriftleitung: Lohmann. 8. u. 9. Jahrg. Oktbr. 1905—Sept. 1907. à 12 Hefte. (à ca. 16 S. m. Abbildgn.) Lex.-8. Frankfurt a/M., Verlag Orient. à Jahrg. n. 1. 50
Vergl.: Mitteilungen aus dem Orient.

Sonnen-Aufgang. Mitteilungen des deutschen Hülfsbundes f. christl. Liebeswerk im Orient, e. V. Schriftleitung: Ernst Lohmann. 10. Jahrg. Oktbr. 1907—Septbr. 1908. 12 Hefte. (à ca. 16 S. m. Abb.) Lex. 8. Frankfurt a/M., Verlag Orient. 1. 50

Sonnenaufgang: Der Sonnenaufgang am Morgarten
① Ein Volksblättchen zur Aufklärung über Staat und Kirche, über häusliches und öffentliches Leben ⑤ März 1839 ⑧ Zug (?) ⑩ Bürger von Ägeri ⑫ gegen den Waldstätterboten (Sz) ⑬ Hs. Koch in »Heimat-Klänge« (Beilage zu den Zuger Nachrichten) 1954. Nr. 11 ⑭ Zg: S ⑮ Die einzig bekannte Nr. (einseitig bedruckt) erschien ohne Angabe von Druckort und Drucker.

Sonnenberg. Hotel und Kurhaus S' oberhalb Gütsch bei Luzern .... [Mit Illustrationen und 1 Tafel.] 8. Luzern *o. J.* [1896/98].

Sonnenberg. Hotel und Kurhaus S' auf Seelisberg, Canton Uri .... Mit Panorama und Hotel-Ansicht [Tafel]. 8. Seelisberg *o. J.* [1875/90].
[1. Aufl.] — 2. verbesserte Aufl.

Sonnenberg auf Seelisberg, Hotel u. Kurhaus, Canton Uri in der Schweiz. Mit Panorama u. Hotel-Ansicht (in Stahlst.). 2., verb. Aufl. gr. 8. (32 S.) Seelisberg 879. (Luzern, Prell.) n. 1. 20

Sonnenberg. Hôtel und Kurhaus S' auf Seelisberg. Kanton Uri .... Mit Hôtel-Ansicht [Tafel] und Panorama. 4. ganz neu bearb. Aufl. 8. Seelisberg *o. J.* [1880/99].

Sonnenberg. Hôtel et Pension S' à Seelisberg ⟨Canton d'Uri, Suisse⟩.... Avec une vue [hors texte] de l'hôtel et un panorama. 8. Seelisberg 1897.

Sonnenberg, Karoline von,. gr. 8. Wien, Camesina. 797.

Sonnenberg. Der Kurort S' bei Luzern. 8. Luzern 1870.

Sonnenberg-Seelisberg. Ein Eldorado am Vierwaldstättersee. Mit 2 Panoramen, Vogelperspectiven, 66 Illustr. u. 1 Karte. Zürich, J. A. Preuss. 1895. 3 50

Sonnenberg auf Seelisberg, Cant. Uri. 32 Stn. gr. 8. m. Ans. und Panorama. Selisberg, beim Hôtel-Besitzer M. Truttmann. 1876.

Sonnenberg auf Seelisberg, Canton Uri in der Schweiz. 2. verbess. Aufl. In-8⁰, 32 S. Mit Panorama u. Hôtel-Ansicht. Luzern, C. F. Prell. 1879. 1 50

Sonnenberg, Der, bei Zürich. [Zürich 18??]. V: *Esslinger, Chph.* (Zuwachsverz. d. Bibliotheken Zürich 1898 ff.)

Sonnenberg, s.: Liebermann v. Sonnenberg.

Sonnenberg, Eduard, u. Rich. **Mühsam,** Compendium der Verbands- u. Operationslehre, s.: Bibliothek v. Coler-v. Schierning. 16. Bd.

Sonnenberg, Frau Else verw., wie es am Waterberg zuging. Ein Beitrag zur Geschichte des Herero-Aufstandes. 2. Aufl. (V, 122 S. m. 9 Abbildgn.) gr. 8. Braunschweig 906. H. Wollermann. Geb. n. 2.50

SONNENBERG, Emilie. Alma oder die drei verhängnisvollen Träume. Nürnberg und Leipzig 1827. Mit Titelkupfer nach C. Geißler von Wunder.

Sonnenberg, Emilie, Alma od. die drei verhängnißvollen Träume. Mit 1 Kpf. 8. Nürnb. 827. Geh. 1 ℛ

Sonnenberg, Ferd., Lehrer-Adreßbuch für die Provinz Hannover. Zusammenstellung der Lehrer an Volks- und Mittelschulen mit Einschluß der seminaristisch gebildeten Lehrer an den höheren Schulen, nebst Übersicht über sämtliche Elementarschulen in der Provinz Hannover. Nach amtlichen Quellen hrsg. gr. 8. (152 S.) Hannover 885, Meyer. cart. ** 3 60

—— dass. — 1. Nachtrag. gr. 8. (8 S.) Ebendas. 886. ** — 25

Sonnenberg, Frz. v., s. Sonnenberg, Frz. Ant. von

v. Sonnenberg, Frhrr. Frz. Ant., († d. 22. Novbr. 1805.) Deutschlands Auferstehungstag. 4. Götting. 804. 2r Abdr. 806. Schneider. 6 gr

v. Sonnenberg, Frhrr. Frz. Ant., Donatoa. 2 Thle in 4 Bden. 12. Rudolst. 806, 7. Hofbuchhandl. 3 ℛ 18 gr

— Frankreich u. Deutschland, e. Basrelief an der Wiege des 19. Jahrh. 4. Hannov. 803. Helwing. 7 gr

— Gedichte, nach seinem Tode herausgg. von J. G. Gruber. gr. 8. Rudolst. 808. Hofbuchhandl. 1 ℛ 12 gr

— d. Welt-Ende. 1r Thl. gr. 8. Wien, Camesina. 801. Schreibp.

— das Welt-Ende. Erstlinge. 1r Thl. gr. 8. Wien 801. (Heubner). 1 ℛ Schrbp. 1 ℛ 4 gr.

Georg August Sonnenberg

Georgius Augustus Sonnenberg: De gastricae methodi Necessitate et usu. Ienae (1795): Goepferdt. 44 S. 8°
Jena, Med. Diss. v. 2. Mai 1795

Sonnenberg, Jo. Friedrich, s.a. Sonnenburg

Sonnenberg, Jo. Friedrich (Pirna) A.S.47/2

Dissertatio iuridica de eo quod iustum est circa formam exheredationis. Präs. Johann Gottfried Bauer. Leipzig (Langenheim) 6.IV. 1731. 32 S.

Gew.: Jakob Friedrich Schilling, Stadt Pirna.

32848

Sonnenberg, Jos., Nemesis Romano-catholica sive nova methodus, qua per praesumptiones iuridicas ipsorumque Protestantium sententias vera Christi ecclesia liquidissime probatur. Frankfurt a. M. 1701, 8°. 137 S.

v. Sonnenberg, Jul., Bemerkk. üb. Wielands dankbaren Protestanten gegen seinen duldenden Kaiser. 8. Wien. 782.

Sonnenberg, Liebermann v., die Waidmannssprache. Ein Vademecum für Jäger u. Jagdliebhaber. Köln 869. (Breslau, Jacobsohn & Co.) gr. 16. (51 S.) n. 7½ ngr.

— Dass., s.a. Sonnenburg

(Sonnenberg, Ludwig von.) Bericht über die Gefechte [mit den Freischaaren in der Umgebung von Luzern] am 31. März und 1. April 1845. [Mit 1 Karte.] 8. [Luzern 1845.]

Sonnenberg, Paul, a. Blankenburg a. H.: Zwei Fälle Raynaudscher Krankheit. Göttingen 1908: W. F. Kaestner. (47 S.) 8°
Göttingen, Med. Fak., Ref. His, Diss. v. 10. April 1908
[Geb. 22. Okt. 82 Blankenburg a. H.; Wohnort: Blankenburg a. H.; Staatsangeh.: Braunschweig; Vorbildung: Gymn. Blankenburg a. H. Reife M. 01; Studium: Göttingen 5, Halle 2, Heidelberg 1, Göttingen 2 S.; Coll. 16. Mai 07; Approb. 27. Febr. 08.]

Sonnenberg, Wilhelm, appr. Arzt a. Köln a. Rh.: Aus d. chirurg. poliklin. Institut d. Univ. Leipzig (Dir. Prof. Perthes): Ueber Ostitis deformans (Paget's Krankheit der Knochen) unter Mitteilung von drei neuen Fällen. Leipzig 1904: B. Georgi. (37 S.) 8°
Leipzig, Med. Fak., Ref. Trendelenburg, Diss. v. 17. Okt. 1904
[Geb. 12. Juni 81 Cöln a. Rh.; Wohnort: Dresden; Staatsangeh.: Preußen; Vorbildung: Marienstiftgymn. Stettin Reife M. 99; Studium: Marburg 4, Leipzig 1, München 1, Leipzig 4 S.; Coll. 28. Okt. 04; Approb. 2. Juli 04.]

Sonnenberger, Beiträge zur Frage des Übergangs v. Arzneistoffen in die Milch. gr. 8. (11 S.) Leipzig 902. B. Konegen. n. 1. —
Sonderabdruck aus: „Der Kinder-Arzt".

Sonnenberger. Einwirkung von Bier und Wein auf unsere Kinder. Hildesheim 1891.

Sonnenberger, s.: Kalender f. Frauen- u. Kinderärzte.

— s.: Kinder-Arzt, der.

— d. Nosophen u. s. Verbindgn. [Aus: „Der Kinder-Arzt".] gr. 8. (3 S.) Leipzig 896. Benno Konegen, Verl. n. 1. —

— Der gegenwärtige Stand der Lehre v. der Tuberkulose des Kindesalters. Nach e. am 29. VI. 1910 in der Versammlg. rheinhess. Ärzte zu Worms geh. Vortrag. (19 S.) gr. 8. Leipzig 910. B. Konegen. 1. —

— Volksheilstätten-Verein vom Roten Kreuz u. seine Tätigkeit auf dem Gebiete der Tuberkulosebekämpfung im Kindesalter. (8 S.) gr. 8. Ebd. 908. 1. —
2 Sonderabdrucke aus: „Der Kinderarzt".

Sonnenberger, Max, Tabelle zur Berechnung des Kubikinhalts v. Bauhölzern, s.: Schubert, Carl.

— Tabelle zur Berechnung nordischer Tannen- sowie Pitch-pine-Holzdielen, s.: Schubert, Carl.

Sonnenberger, Moritz (Bechtheim)
Ueber die traumatischen Rupturen des Darmkanals.
Giessen: W. Keller 1878. 32 S.
Diss. med. 6.5.1878. vorh. 26. 7. 1a.

SONNEN-BLUM, GEISTLICHE, Das ist: Kurtze tägliche Besuchungen Zu dem Allerheiligisten Sacrament Des Altars, Samt unterschiedlichen anderen Andachts-Übungen, So wohl für Geist- als Weltlichen Stands-Persohnen zu gebrauchen, eingericht ... in dieser vierdten Auflag hervorgegeben. Lucern u. Freyburg im Üchtland, Hautt, 1741. 12°. 3 Bl., 405 gez. S., 7 ungez. S. Bereibener roter Maroquinband mit breiter Goldbordüre auf den Deckeln und Rücken. Vorderdeckel m. Monogramm: M. S. Z. 1745. Gold-schnitt, Titel rot und schwarz.

SONNENBLUME: Christlich-religiöse Zeitschrift für Freunde wahrer Menschenbildung. Redakteur: Johann Ludwig Folnesics. Ofen 1819. 212 S. - 220 mm
- Vgl. Zeitblätter J. 1818. T. 1282.

Sonnenblume

— geistliche ꝛc. 12. Bamberg, Göbhard.

— geistliche, od. Gebetbuch. 8. Ingolst. Krüll. 766.

— geistliche, od. Gebetbuch. 12. Münch. 767. Lindauer. 6 kr

Sonnenblume, geistl., d. i., tägl. Besuch d. allerheil. Sacram. des Altars nebst Andachtsübungen ꝛc. 12. Augsb. 802. N. Aufl. 820. N. Aufl. 830. (Kranzfelder). 8 kr 8. Weschó in Frankf. 6 kr

Sonnenblume, geistliche, d. i. tägl. Besuch d. allerheil. Sacram. d. Altars nebst Andachtsübung. 12. Augsb. Wolf. 802. — 5
grober Druck. — 9

Sonnenblume, geistliche, das ist: kurze tägliche Besuchungen des allerheiligsten Sakraments des Altars. Neue verb. Aufl. 12. Augsburg, Wolffsche Buchh. 820.

— geistl., e. Gebetbuch, worin Morgen-, Abend-, Meß-, Beicht- u. Kommunionübungen, auch Andachten zur heil. Dreifaltigkeit ꝛc. enthalten sind. Mit 1 Steindr. 18. Einsiedeln 827. (Kollmann in Augsb.) 6 kr

— geistl., d. i.: kurze tägl. Besuchungen zu d. allerheil. Sakramente d. Altars, sammt unterschiedl. andern Andachtsübungen, als Morgen-, Abend-, Meß-, Vesper-, Beicht- u. Kommunion-Gebeten. Neue verb. Aufl. Mit 1 Kpf. 12. St. Gallen 829. (Kranzfelder in Augsb.); (a. Orell in Zürich). 8 kr

Sonnenblume, geistl., darin nebst vielen and. Andachtsübungen auch tägl. Besuchung d. allerheil. Altarsakramentes enthalten sind. Neueste, verm. u. verb. Aufl. gr. 12. (14 B. u. 1 Stnt.) Einsiedeln 830. (Augsburg, Kollmann.)

— geistl., darin nebst vielen andern Andachtsübungen auch tägl. Besuchung des allerheil. Altarsakraments enthalten sind. Neue verm. Aufl. Mit 1 Steindr. gr. 12. Einsiedeln 830. (Kollmann in Augsb.) 8 kr (a. Orell in Zürich). 5 kr

Sonnenblume, geistliche, das ist: Tägliche Besuchungen des allerheiligsten Altarsakraments, nebst andern einem Christen nöthigen Andachten. 12. Einsiedeln 841, Gebr. Benziger. 1/8 Thlr

Sonnen-Blume, geistliche. Kurze tägliche Besuche des allerheil. Sakrament's des Altars, sammt verschiedenen andern Andachtsübungen. Neue verm. Ausg. Mit 2 Stahlst. u. 15 (eingedr.) Bildern u. 1 Titelblatt in Farbendr. gr. 8. (376 S.) Augsburg 847, Fahrmbacher. 24 ngr

Sonnenblume, geistliche. Ein Gebet- und Betrachtungsbuch, enthaltend kurze tägliche Besuchungen des allerheiligsten Altars-Sakraments, sammt Morgen-, Abend-, Meß-Gebeten ꝛc. für Personen des geistlichen und weltlichen Standes. 7., verb. Aufl. 12. (IV und 487 S. mit 1 Kpfrst.) Augsburg 852. (München, Finsterlin.)

—— dass. — Ein kathol. Gebetbuch mit täglichen Besuchungen des allerheiligsten Altarsakramentes. 8., neu bearb. und verm. Ausg. gr. 12. (360 S. mit 2 Stnt.) Einsiedeln 854, Gebr. Benziger.

Sonnenblume, geistliche. Ein katholisches Gebetbuch mit täglichen Besuchungen des allerh. Altarsakramentes. 8. Ausg. 854. (360 S. u. 2 Lithogr.) — 10., neu bearb. ꝛc. Ausg. Einsiedeln 858. Benziger. 12. (322 S., 1 Lithogr. u. lith. Titel.) 7½ ngr

Sonnenblume, geistliche, das ist: kurze tägliche Besuchgn. zu dem allerheil. Sakramente des Altars, sammt unterschiedl. anderen Andachtsübungen, als Morgen-, Abend-, Meß- ꝛc. Gebete. Neue verb. Aufl. Bozen 862. Promperger's Buchh. 12. (358 S. mit 2 Steintaff.) 11 ngr

—— geistliche. Ein Gebetbuch enth. kurze tägl. Besuchungen des allerheil. Altars-Sakramentes, sammt Morgen-, Abend-, Meß- ꝛc. Gebeten ꝛc. für Personen des geistl. und weltl. Standes. 8. Aufl. gr. 16. (VIII und 461 S.) Augsburg 863, Wolffische Buchh. *

—— geistliche. Gebetbuch mit tägl. Besuchungen des heil. Altarsakramentes. 11. Aufl. 12. (324 S. mit 2 Abbild.) Einsiedeln 863, Gebr. Benziger.

Sonnenblume, geistliche. Ein kathol. Gebetbuch m. tägl. Besuchgn. d. allerheiligsten Altarsakramentes. gr. 16. (322 S. m. 2 Steintaf.) Einsiedeln 874. Eberle, Kälin & Co. — 60

Sonnenblume, geistliche. Ein Gebetbuch, enthaltend kurze, tägl. Besuchungen des allerheiligsten Altars-Sakramentes, sammt Morgen-, Abend-, Meß-, Beicht- und Kommunion-Gebeten, Litaneien, Kreuzweg- und vielen anderen Andachtsübungen für Personen des geistl. und weltl. Standes. 2. Aufl. 12. (478 S.) Kempten 884, Kösel'sche Buchh. *

Sonnenblume, geistliche. Ein Gebetbuch, enth. kurze tägl. Besuchgn. des allerheil. Altarsakramentes samt Morgen-, Abend-, Meß-, Beicht- u. Kommunion-Gebeten, Litaneien, Kreuzweg- u. vielen and. Andachtsübgn. f. Personen des geistl. u. weltl. Standes. 3. Aufl. (262 S.) kl. 8. Kempten 906. J. Kösel. n. 1. 80

Sonnenblumen. Almanach historischer und moderner Novellen für 1842. Von Friedrich Adami.
Berlin: B. Behr [1841]. 8°
3/1842: [1841.] 5 Bl., 333 S.

Sonnenblumen. Von M. W. Bern 868. Mann & Bäschlin. 16. (IV, 68 S.) 7½ ngr;
cart. mit Goldschn. 9 ngr

Sonnenblumen. Hrsg. v. Karl Henckell. 1.—4. Jahrg. Oktbr. 1895—Septbr. 1899. à 24 Nrn. (à ca. 4 S. m. 2 Abb.) 8. Zürich, K. Henckell & Co. à Jahrg. 2.25, einz. Nrn. 10

Sonnenblumen, geistliche, das ist: kurze tägliche Besuchungen zu dem allerheil. Sakramente des Altars, sammt verschiedenen Andachtsübungen. Neue verb. Aufl. 12. (15 B. u. 1 lith. Ttlk.) Bozen 846, Promperger'sche Bh. (Insbruck, Wagner'sche Bh.)

Sonnenbrieder-Gespräche. Rausjejeben von August Rippenknacker, abgeprobirter Eckensteher mit pollenzeilicher Erlaubniß und Jewerbschein. gr. 12. Berlin 839. Gropius. 1/6 Thlr (Zum Vortheil vor verwahrloste Sonnenbrieder und efalite Dichter.)

Sonnenbrodt, Albert, Prosektor am anatom. Institut d. Kgl. Tierärztl. Hochschule zu Berlin: Aus d. anatom. Institut d. Kgl. Tierärztl. Hochschule zu Berlin. Die Wachstumsperiode der Oocyte des Huhnes. Bonn: Fr. Cohen 1908. (S. 415—480 u. 4 Taf.) 8° ¶ (Aus: Archiv f. mikroskopische Anatomie u. Entwicklungsgeschichte Bd 72, 1908.)
Gießen, Veterinär-Med. Koll., Ref. Martin, Diss. v. 7. Juli 1908
[Geb. 9. Sept. 78 Linden b. Hannover; Wohnort: Berlin; Staatsangeh.: Preußen; Vorbildung: Friedrich-Wilhelms-Gymn. Berlin Reife O. 00; Studium: Tierärztl. Hochsch. Berlin 3, München 2, Berlin 2 S.; Rig. 24. Jan. 08.]

Sonnenbrodt, Ernst, Kammergerichtsref. aus Linden b. Hann.: **Paragraph 381 Absatz 2 des Handelsgesetzbuchs für das Deutsche Reich.** *Berlin (1901): R. Sieble.* (VI, 57 S.) 8° [Ant. u. J.]
Erlangen, Jur. Diss. v. 14. Febr. 1901

Sonnenburg [Sachliches OW]

Sonnenburg, Das Benedictinerinnenstift, im Pusterthale. [Brünn 1888.] V: *Gasser, Vinzenz.* (margr)

Sonnenburg, Friedr. v., s.: Dichter, ältere tirolische.

SONNENBURG, Caroline v., oder die Maskerade im Königssaal. Wien, Rehm. 1797. Gr. 8°. (1/2 Rthl.) Rar!

SONNENBURG, Das gräfliche Schloss —, ein Seitenstück zu Friedrich Schlegel's (vielmehr *Dorothea Schlegel's*) Florentin. Arnstadt, Müller, 1807. 8°. (1 1/2 Rthl.)

Sonnenburg [Schlagwort]

Sonnenburg, s.: Geologische Karten. Preussen. 122.

Sonnenburg [Verfasser]

Sonnenburg, Dr. med., Arzt. Wie bleiben wir gesund? Vortrag mit Bezug auf die Mässigkeitsfrage. Bremen 1892. 10 S. 8°.

Sonnenburg, A., Lehrbuch der gesammten Elementar-Geometrie für Gymnasien, Real- u. höhere Bürger-Schulen etc. 1. Thl.: Ebene Geometrie. 2. völlig umgearb. Aufl. Mit 331 in den Text eingedr. Figg. (in Holzschn.) Bremen 868. Geisler. gr. 8. (X, 250 S.) 1 *ℛ* 12 *ngr.*

Sonnenburg, A., Lehrbuch der gesammten Elementar-Geometrie für Gymnasien, Real- und höhere Bürger- und Militair-Schulen. 3 Thle. 2. völlig umgearb. Aufl. gr. 8. Bremen [Halle], Gesenius. * 7 90

Inhalt:

Thl. 1. Ebene Geometrie. (X, 250 S. mit 331 in den Text eingedr. Fig. in Holzschn.) 868. (ℳ 4,20.) *ℳ 4.
» 2. Ebene Trigonometrie. (IV, 60 S. mit 19 in den Text eingedr. Fig.) 871. *ℳ 1,20.
» 3. Stereometrie. (VII, 136 S. mit 129 in den Text eingedr. Fig.) 871. (*ℳ 2,50.) *ℳ 2,70.

Sonnenburg, A., Leitfaden der gesammten Elementar-Geometrie f. höhern Schulunterricht. gr. 8. (14 B. u. 5 Figurentaf.) Bremen 844, Geisler.

— Tellus oder die vorzüglichsten Thatsachen u. Theorien aus der Schöpfungsgeschichte der Erde. Für Freunde der Naturwissenschaft allgemein fassl. dargestellt. gr. 8. (29 3/4 B. u. 2 Stnt.) Bremen 845, Geisler. *

Sonnenburg, A. Falkner v. Anhaltspunkte für die Kritik taktischer Maßnahmen. München 1887. 64 S.

Sonnenburg, A. Falkner von. Über Operationen im Gebirgsland illustriert durch die Kämpfe der Österreicher bei der Okkupation Bosniens 1878. Mit Skz. u. 1 Krt. München 1885. 37 S.

Sonnenburg, Alb., Arithmonomia naturalis seu de numeris in rerum natura tentamen e Mineralogia, Botanica et Zoologia illustratum. gr. Lex.-8. (16 1/2 B. u. 1 Kpfrt.) Dresdae et Lipsiae 838, libr. Arnold.

Sonnenburg, C. F., s. Sonnenburg, Karl Friedrich

Sonnenburg, E., Verbrennungen u. Erfrierungen, s.a. Chirurgie, deutsche.

Sonnenburg, E.: Verbrennungen und Erfrierungen. Mit 6 Holzschn. u. 1 Taf. in Farbendr. Stuttgart 1879. XVI, 116 S.
(Deutsche Chirurgie. Lfg 14.)

Sonnenburg, (C. F.,) tabell. Berechnung d. Zeitraums, in welchem die Niederkunft d. Geschwächten nach d. Bestimmung d. allgem. Preuß. Landesrechts erfolgen muß. qu. gr. 4. Berlin 826, Enslin.

Sonnenburg, Ed. Erfahrungen üb. die operative Behandlung der Perityphlitis, s. Sammlung klinischer Vorträge.

Sonnenburg, Ed., e. durch Operation geheilter Fall v. innerer Einklemmung (Hernia retroperitonealis Treitzii). [Aus: „Festschrift f. Fr. v. Esmarch".] gr. 8. (18 S.) Kiel 893. Lipsius & Tischer. — 50

Sonnenburg, Eduard, s.: Chirurgie des Unterleibes.

— u. Rich. Mühsam, Compendium der Operations- u. Verbandstechnik, s.a. Bibliothek v. Coler. 15. u. 16. Bd.

Compendium der Operations- und Verbandstechnik. Von Dr. Eduard Sonnenburg, Prof., u. Dr. Richard Mühsam, emer. I. Assistenzarzt in Berlin. Mit Abb. T. 1. 2. *Berlin: A. Hirschwald 1903.* 2 Bde 8°
1. Allgem. Operationstechnik, Verbandstechnik. 2. Spec. Operationstechnik.
— Coler, Bibliothek v. Bd 15. 16. [03. 14850

— u. Rich. Mühsam: Compendium der Verbandlehre, s.a. Bibliothek v. Coler-Schjerning. XV.

Compendium der Verband- und Operationslehre. Von Prof. Dr. Eduard Sonnenburg u. Dr. Richard Mühsam. 2. Aufl. T. 1. Berlin: A. Hirschwald 1908. 8°
= Coler, v., -Schjerning, Bibliothek. Bd 15. [08. 1249^

— **Pathologie u. Therapie der Perityphlitis (Appendicitis simplex u. Appendicitis perforativa). [Aus: „Deutsche Zeitschr. f. Chirurgie".] gr. 8. (147 S. m. 7 Abbildgn.) Leipzig 894. F. C. W. Vogel. n. 2. —**

— Pathologie u. Therapie d. Perityphlitis (Appendicitis simplex u. Appendicitis perforativa). 2., sehr erweit. Aufl. gr. 8. (VIII, 240 S. m. 34 Abb.) Leipzig 895. F. C. W. Vogel. n. 5. —

— dasselbe. 3., umgearb. u. sehr erweit. Aufl. gr. 8. (XII, 383 S. m. 41 Abb. u. 6 Taf.) Ebd. 897. n. 10. —

— Pathologie u. Therapie der Perityphlitis (Appendicitis simplex, perforativa, gangraenosa). Ein Lehrbuch f. Ärzte u. Studirende. 4. umgearb. u. sehr erweit. Aufl. gr. 8. (X, 408 S. m. 46 Abbildgn. u. 6 Taf.) Leipzig 900. F. C. W. Vogel. n. 12. —

— Pathologie u. Therapie der Perityphlitis (Appendictis). 5., umgearb. Aufl. (XII, 255 S. m. 36 Abbildgn.) gr. 8. Leipzig 905. F. C. W. Vogel. n. 6. —; geb. n. 7. 25

Sonnenburg, Eduard, Pathologie u. Therapie der Perityphlitis (Appendicitis). 6. umgearb. Aufl. Mit 38 Abb. u. farb. Kurven. (IX, 282 S.) gr. 8. Leipzig 908. F. C. W. Vogel. 6.—; geb. 7. 25

— s.: Verhandlungen der freien Vereinigung der Chirurgen Berlins.

Sonnenburg, Emil. Kurzer Führer durch die Stadt Trier u. Umgegend. Billige Volksausg. 16. (68 S. m. 1 Plan.) Trier 891, Sonnenburg. * — 20

Sonnenburg, Ernest Friedrich: Beiträge zur Anwendung der Sulfitreaktion. 1908. 85 S. 8° ¶ Vgl. Journal f. prakt. Chemie. Bd 189. N. F. Bd 81. 1910.
Dresden, Dr.-Ing.-Diss. v. 25. 11. 1908

Sonnenburg, Ernst Gotthilf

— Abriß einer medicin.-griech. Sprachlehre. 1e Abtheil. 8. Berl. 800. Schöne. 6 gl

— Anfangsgründe einer systemat. Physiologie. gr. 8. Berl. 806. Schöne. 1 ₰ 4 ℊ

Sonnenburg, Fr. Gtthlf., compendium syndesmo-osteologicum für angehende Wundärzte z. Gebr. fr. Vorlesungen. gr. 8. Berl. 797. Mit n. T. 800 u. 806. Schöne. 1 ₰

— Grundriß der medicin.-latein. Sprachlehre f. die Unterwundärzte bei Armeen. 2 Thle. 8. Berl. 785—787. Maurers B. 18 ℊ

Sonnenburg, Ernst Gotthilf: Grundriß einer medizinisch-lateinischen Sprachlehre für Unterwundärzte bei Armeen, welche keine Schulstudien haben. Abth.1 - 2, 308 S., gbd.

Berlin: Maurer 1786 - 1787

JB 478

— kurzer Versuch d. Vernunftlehre z. Gebr. f. angehende Wundärzte. 8. Berl. 800. Schöne. 6 ℊ

Sonnenburg, Ferdinand

Sonnenburg, Ferd., Herzog Anton Ulrich v. Braunschweig als Dichter. gr. 8. (XI, 95 S.) Berlin 896. L. Simion. n. 2. —

Sonnenburg, Ferd., der Bannerherr v. Danzig. Eine deutsche Städtegeschichte. Mit 8 Holzschn.(-Taf.) gr. 16. (268 S.) Bielefeld 877. Velhagen & Klasing. geb. n. 4. —

Sonnenburg, Ferd., der Bannerherr v. Danzig. Ein deutsches Heldenbild. 2. Aufl. Mit 5 Illustr. nach Originalen v. Mart. Raenike. gr. 8. (III, 196 S.) Berlin 893. H. J. Meidinger. Geb. in Leinw. n. 3. —

Sonnenburg, Ferd., der Bannerherr v. Danzig. Ein deutsches Heldenbild. 3. Aufl. Mit 5 Illustr. nach Originalen v. Mart. Känike. (199 S.) gr. 8. Berlin (903). H. J. Meidinger. Geb. in Leinw. n. 4. —

Sonnenburg, F., Burg Bentheim, s.a. Volks-Erzählungen, kleine.

Sonnenburg, Ferd., Burg Bentheim. Nach alten Sagen erzählt. 1. Novelle. gr. 8. (39 S.) Burgsteinfurt 870, Falkenberg's Verlag. * — 60

—— dass. — s.a. Bibliothek interessanter Erzählungen.

— König Berthari, s.: Flemming's, Carl, vaterländ. Jugendschriften.

— Fürst Bismarck. Ein Lebensbild. gr. 8. (III, 185 S. m. 6 Abbildgn.) Berlin 894. H. J. Meidinger. Geb. in Leinw. n. 3. —

—— Charakterbilder aus der Geschichte der Menschheit. 1. Bd. A. u. d. T.: Der Kapuziner von Mailand. Zum Theil frei nach „I promessi sposi" von Aless. Manzoni. 8. (228 S.) Braunschweig 878, Bruhn. *

— Eberstein. Romant. Erzählg. f. d. gereifte Jugend. Mit 5 Autotypien nach Aquarellen v. G. Adj. Closs. gr. 8. (IV, 164 S.) Berlin 895. H. J. Meidinger. Geb. in Leinw. n. 3. —

— Ellermoor. Roman aus der Haide. 3 Bde. 8. (244, 251 u. 260 S.) Berlin 888. Janke. n. 10. —

— König Ethelbert u. der Sänger, s. Bibliothek interessanter Erzählungen.

— in der Flut. Roman. 8. (332 S.) Ebd. 887. n. 5. —

— Geschichte d. deutsch-französischen Krieges 1870 u. 1871. gr. 8. (III, 299 S.) Berlin 871. Springer's Verl. 2. 25

—— der Goldschmied von Elbing. Erzählung aus der Zeit des deutschen Ordens. Mit 8 (Holzschn.-)Bildern von C. Röhling. gr. 16. (272 S.) Bielefeld 878, Velhagen und Klasing. geb. *

— der Goldschmied v. Elbing. Erzählung aus der Zeit des deutschen Ordens. 2. Aufl. Mit 5 Bildern v. Mart. Raenike. gr. 8. (III, 196 S.) Ebd. 893. Geb. in Leinw. n. 3. —

Sonnenburg, Ferd., Gottfried v. Straßburg, s.a. Flemming's, Carl, vaterländische Jugendschriften.

Gottfried von Strassburg. Eine lebensgeschichtl. Erzählung aus d. 13. Jh. von Ferdinand Sonnenburg. Mit 1 Portr. Glogau: C. Flemming [1899]. (160 S.) 8°
(Jugendschriften, C. Flemmings Vaterländische. Bd 68.)

Sonnenburg, Ferd., auf der Grenzwacht. Roman aus der balt. Geschichte d. 16. Jahrh. 3 Bde. 8. (238, 220 u. 226 S.) Berlin 886. Janke. n. 10. —

—— Grundriß der Geschichte der deutschen Literatur. Mit Proben und Tabellen. Zum Gebrauch in höheren Lehranstalten. gr. 8. (VII, 190 S.) Braunschweig 878, Bruhn. *

— aus der Heimat. Erzählungen. 1. Bd. Merret v. der Düne. 8. (V, 176 S.) Gotha 890. F. A. Perthes. geb. n. 3. —

— die Heroen der deutschen Literatur. In lebensgeschichtl. Form. Zum Gebrauche auf Gymnasien, Real- u. höheren Töchterschulen, sowie zum Privatstudium. In 3 Bdn. gr. 8. (VII, 326; 583 u. V, 728 S.) Braunschweig 872—74. Vieweg & Sohn. n. 17. 50

— dasselbe. 2. Ausg. 3 Bde. in 14 Lfgn. gr 8. (VII, 326; 583 u. 729 S.) Ebend. 874. à Lfg. n. 1. 50

— der schwarze Herzog, s.: Flemming's, Carl, vaterländische Jugendschriften.

Sonnenburg, Ferd., der schwarze Herzog, s.: Jugendschriften, vaterländische.

—— Hilfsbuch für den deutschen Unterricht. Sprachlehre und Aufsatzlehre nebst Uebungsstücken und einer Sammlung von Aufgaben. gr. 8. (IV, 60 S.) Berlin 877, Springer. *

– Der Hirtenknabe vom Spessart, s.a. Flemming's, Carl, vaterländ. Jugendschriften.

[F.] Der Hirtenknabe vom Spessart. E. Erzählg f. d. deutsche Jugend v. Ferdinand Sonnenburg. M. 4 Ill. *Glogau: C. Flemming [1895].* (159 S., 4 Taf.) 1 Bd 8.
= Jugendschriften, C. Flemmings Vaterländische. Bd 41. [96. 1521]

—— Für Kaiser u. Reich. Kulturgeschichtliche Erzählgn. aus der Zeit Kaiser Heinrichs IV. Der erwachsenen evangel. Jugend gewidmet. Mit Abbildgn. v. Joh. Gehrts. 2 Bde. gr. 8. Lpz., F. Hirt u. Sohn. à Bd. 4 50; 9 —; geb. 6 —; 12 —
1. Berthold der Getreue. Die Mär v. d. Königs wehrhaftem Vogt. (240 S.) 892.
2. Irnfried u. Erwin od. wie d. Kaiser die Treuen dienten in den Harzbergen u. am Rheinstrom. (239 S.) 893.

— Der Kapitän von Westerland, s.a. Flemming's, Carl, vaterländ. Jugendschriften.

[J.] Der Kapitän von Westerland. E. Erzählg f. d. deutsche Jugend v. Ferdinand **Sonnenburg.** M. 4 Orig.-Ill. v. Jul. Schlattmann. *Glogau: C. Flemming [1897].* (157 S., 4 Taf.) 1 Bd 8.
— **Jugendschriften,** C. Flemmings Vaterländische. Bd 55. [98. 1173

(Vaterländische Jugendschriften. Bd. 9.)
Der Kapitän von Westerland. Eine Erzählung für die deutsche Jugend v. Ferdinand **Sonnenburg.** Berlin. [1910.] 8°

— **Admiral Karpfanger, der Hamburger Seeheld,** } **s.: Flemming's, Carl, vaterländische Jugendschriften.**

—— **Leitfaden für den Unterricht in der Geometrie. Nach den Bestimmungen des königl. preuß. Ministers vom 15. Oktbr. 1872 für Volks- und Mittelschulen. gr. 8. (50 S. mit 60 Fig. in eingedr. Holzschn.) Ebendas. 877.** *

Das Lied der Berge. Roman von Ferdinand **Sonnenburg.** Berlin: Janke 1910. 306 S. 8° [10. 14871

—— Madonna Sixtina. Roman. 3 Bde. 8. (III, 230; III, 236; III, 251 S.) Leipzig 869, Kollmann. 9 —

— **Pfade der Liebe. Roman. 2 Tle. in 1 Bde. 8. (171 u. 192 S.) Berlin (900). O. Janke. n. 5. —; erm. Pr. n. 2. —**

— des Löwen Rache,
— der Ritter u. das Fischermädchen, } s.: Bibliotek interessan: Erzählungen.

— **Sängerruhm. 3 Erzählgn. aus der Zeit der Hohenstaufen: Wolfram v. Eschenbach, Gottfried v. Straßburg, Walther v. der Vogelweide. Für die reifere Jugend und Erwachsene. gr. 8. (VII, 352 S. m. 3 Abbildgn.) Glogau (899). C. Flemming. n. 2. 40; geb. in Leinw. n. 3. —**

—— Graf Heinrich v. Schwerin. — Unter dem Schwerte d. Weißmäntel, s. Flemming's, Carl, vaterländische Jugendschriften.

– Die Söhne der roten Erde, s.a. Flemming's, Carl, vaterländ. Jugendschriften.

[J.] Die Söhne der roten Erde. E. Erzählg. a. d. Zeit d. Siebenjähr. Krieges v. Ferdinand **Sonnenburg.** M. 4 Ill. *Glogau: C. Flemming [1896].* (159 S., 4 Taf.) 1 Bd 8.
— **Jugendschriften,** C. Flemmings Vaterländische. Bd 50. [97. 7613

Sonnenburg, Ferd., erloschene Sterne. Roman. 2 Bde. gr. 16. (392 S.) Leipzig 868, Kollmann.

– Das Türkenmal, s. Flemming's, Carl, vaterländ. Jugendschriften.

— **am Waldstrom. Roman aus dem norddeutschen Gebirge. 3 Bde. 8. (261, 237 u. 226 S.) Ebend. 885. n. 10. —**

— Am Waldstrom. Roman aus d. Harzbergen. 2. Aufl. (410 S.) kl. 8. Braunschweig (907). A. Graff. 3.50; geb. in Leinw. 4.50

– Walther v. der Vogelweide, s.a. Flemming's, Carl, vaterländ. Jugendschriften.

Walther von der Vogelweide. Eine Erzählung von Ferdinand **Sonnenburg.** Mit 1 Portr. Glogau: C. Flemming [1899]. 146 S. 8°
(Jugendschriften, C. Flemmings Vaterländische. Bd 69.)

– Wolfram v. Eschenbach, s.a. Flemming's, Carl, vaterländ. Jugendschriften.

Wolfram von Eschenbach. Eine Erzählung aus d. 13. Jh. von Ferdinand **Sonnenburg.** Mit 1 Portr. Glogau: C. Flemming [1899]. (167 S.) 8°
(Jugendschriften, C. Flemmings Vaterländische. Bd 67.)

Sonnenburg, Jo. Friedrich, s.a. Sonnenberg

Sonnenburg, Jo. Friedrich: De Eo, quod justum est circa formam exheredationis, s. Bauer, Johann Gottfried [Praes.]

***Sonnenburg*, Jh. Cph. Ant., carmen Macrobioticon, cui adjecta sunt aliquot aenigmata in usum juventutis scholasticae ad Latinum sermonem ducendae. 8maj. Helmst. 804. Fleckeisen. 12 gl**

Sonnenburg, Karl Friedrich

Sonnenburg, Carl Friedr., tabellarische Berechnung des Goldes in Courant, zu 13⅓ Procent Agio, oder den Friedrichsd'or zu 5 Thlr. 20 Sgr. gerechnet, von 2½ Thlr., 5 Thlr., 7½ Thlr. u. s. w. auf ganze u. halbe Friedrichsd'or bis 1000 Thlr. Gold, resp. von ½ bis 200 Stück Friedrichsd'or; ferner von 2000 Thlr. u. s. w. bis 10000 Thlr. u. 20000 Thlr. Gold. Schönebeck (854.) Berger. (1 Tab. in gr. Fol.) 7½ ngr.

—— das non plus ultra der Zins- und Procent-Berechnung oder Anweisung, alle Tages- und Jahres-Zinsen und andere Procente von jedem, auch mit Silbergroschen und Pfennigen zusammengesetzten, Capitale, auf einen Tag bis 360 Tage oder ein Jahr, durch bloße Division mit einer gegebenen Zahl, zu jedem beliebigen, selbst in Bruchtheilen bestehenden Procentsatze schnell und sicher zu berechnen. Zum prakt. Gebrauch für Rechnungsbeamte, Geschäftsmänner und Capitalisten. gr. 4. (7 S.) Magdeburg 856, Heinrichshofen'sche Buchh.

Sonnenburg, C. Fr., unentbehrl. Zins- u. Prozent-Berechnungen zum prakt. Gebr. beim Bank- u. sonstigen Deposital-Verkehr f. Deposital-Rendanten, Calculatoren u. a. mit d. Depositalwesen beschäft. Justizbeamtete, sowohl bei d. Landesjustiz-Collegien als bei d. sämmtl. Untergerichten in d. Kgl. Preuß. Staaten. Nebst d. Grundsätzen der Bank üb. d. Ein- u. Ausbringen d. zu belegenden Kapitalien, u. e. Formulare zu e. vollständ., auf alle Fälle anwendbar. Transferirungsgesuche u. darauf zu erlassenden Deposital-Mandate. gr. Fol. (19 B.) Magdeburg 830, Rubach.

—— unentbehrliche Zins- und Procent-Berechnungen zum prakt. Gebrauch beim Bank- und sonstigen Deposital-Verkehr für Deposital-Rendanten, Calculatoren und andere mit dem Depositalwesen beschäftigte Justiz-Beamte, sowohl bei den Landes-Justiz-Collegien als bei den sämmtlichen Untergerichten in den königl. preuß. Staaten. Enthaltend auch im Anhang: 1. einen in systemat. Ordnung zusammengetragenen Auszug der allerh. Verordnungen vom 18. Juli 1849; nebst den Grundsätzen der Bank etc. wegen Belegung und Verzinsung der Depositalgelder etc.; 2. ein ausgefülltes und abgeschlossenes Formular zum Manual A nebst Banko-Zins-Tabelle. 2., verm. und verb. Aufl. gr. Fol. (59 S.) Magdeburg [und Leipzig] 855(56,) Gebr. Baensch. *

Sonnenburg, C. F., alphabetische Zusammenstellung aller über die Cassation u. den Verkauf unbrauchbarer Acten, bei den Gerichten, und über die Vernichtung unbrauchbarer Rechnungen und Cassenbücher, bei allen königlichen Cassen, ergangenen gesetzlichen und ministeriellen Bestimmungen. Schönebeck 864. Berger. gr. 8. (39 S.) n. 5 ngr.

Sonnenburg, L.

Sonnenburg: Zoologisch-kritische Bemerkungen zu Aristoteles Thiergeschichte. 27 S. – Progr. Bonn 1857.

Sonnenburg, L.: Analytische Untersuchungen über ein Problem der Dynamik. 1884. 8°
Diss. Bonn.

Sonnenburg, Liebermann v., die Waidmannssprache. Ein Vademecum für Jäger und Jagdliebhaber. gr. 16. (51 S.) Köln 869. Breslau, Jacobsohn und Comp. — 75

– Dass., s.a. Sonnenberg

Sonnenburg, Ludw. Der goldene Schnitt. Ein Beitrag zur Geschichte der Mathematik und ihrer Anwendung. 22 S. G. *Bonn* 1881 **Progr.**

Sonnenburg, Otto [aus Trier (Rheinprovinz)]: Beiträge zur Radicaloperation der Netzbrüche. . . . Berlin, Buchdr. v. Gustav Schade (Otto Francke) (1890); 30 S. + 1 Bl. 8°
Berlin, Med. Fak., Inaug.-Diss. v. 7. März 1890.

Sonnenburg, *Peter* Bemerkungen zu Notkers Bearbeitung des Boethius. 4 (S. 3—12). **Progr.** G. *Bonn* 1887 (395).

Alexandrinerzeit und Gegenwart. Nationalfeste in alter u. neuer Zeit. 2 akad. Reden von Prof. Dr. P[eter] E. Sonnenburg. *Münster, Westf. 1902: (Der Westfale).* (37 S.) 8° [illegible]

Sonnenburg, P(etrus) E(rnestus) ⟨geb. am 23 Aug. 1859 in Bonn⟩: De Menaechmis Plavtina retractata libellvs . . . Bonnae, ex C. Georgi typogr. (1882). 2 Bl., 45 S., 1 Bl. 8. ¶ In Komm. bei Behrendt in Bonn.
Bonn, Phil. Fak., Diss. v. 28 Jan. 1882

Sonnenburg, P. E., de Menaechmis Plautina retractata libellus. gr. 8. (45 S.) Bonn 882, (Behrendt.) * 1 20

Sonnenburg, Rudolf

Sonnenburg, R., Abstract of English Grammar with questions. Formed on the plan of Grammatik der engl. Sprache and based upon, and partly compiled from, the works of Angus, Allen and Cornwell, Latham, Murray, Smart and others. gr. 8. (IV, 89 S.) Berlin 870, Springer's Verlag. 1 —

Sonnenburg, Rud., an abstract of english grammar with questions. Partly compiled from Angus, Allen a. Cornwell, Latham, Murray, Smart a. others. 2. ed. gr. 8. (89 S.) Berlin 876. Springer's Verl. n. 1. —

Sonnenburg, Rud., an Abstract of English Grammar with Questions. Partly compiled from Angus, Allen and Cornwell, Latham, Murray, Smart and others. 2d edit. gr. 8. (89 S.) Berlin 879, Springer. *

Sonnenburg, **Rud., an** Abstract of English Grammar with **examination-questions. Partly compiled from Adams, Angus, Allen and Cornwell, Latham, Morris, Murray, Smart, Webster and others. 3d edit. revised and enlarged. gr. 8. (IV, 106 S.) Berlin 880, Springer.** * 1 20

Sonnenburg, R., An abstract of English grammar **with examination-questions.** Partly compiled from **Adams, Angus, Allen and Cornwell,** and others. **5. ed. revised. (IV, 112 S.)** gr. 8. Berlin 903. J. Springer. n. 1. 20

— die englische Aussprache, Formenlehre u. Syntax übersichtlich u. methodisch dargestellt. (Aus „Grammatik der englischen Sprache. 1. Thl.") 2. verb. Aufl. gr. 8. (X, 96 S.) Ebend. 872. n. 1. —

Sonnenburg, *Rudolf* [Dr., Dir.]: Bericht über die Feier des 25jährigen Bestehens der Schule. (Darin: Verzeichnis d. Programm-Abhandlgn v. Ostern 1875 bis Ostern 1893. — Verzeichnis d. Abiturienten v. Ostern 1875 bis Ostern 1893.) Ludwigslust, Buchdr. v. C. Kober, 1894; 1—11 S. 4.
Ludwigslust, grossh. RG, OP 1894 (659)

— and Mich. **Schoelch,** a new practical German grammar and exercise-book. For learning German without a master and for the use of schools, colleges, etc. 2. ed. 8. (XI, 308 S.) St. Louis, Mo. 897. Freiburg i/B., Herder. Geb. in Leinw. n. 4. —

Sonnenburg, Rud., Grammatik der englischen Sprache. Für den Gebrauch in Schulen, wie auch besonders für den Selbstunterricht. Methodische Anleitung zur Erlernung und Einübung der Aussprache, der Formenlehre und der Hauptregeln der Syntax. gr. 8. (VIII und 342 S.) Berlin 865, Springer's Verlag. *

—— Grammatik der englischen Sprache nebst methodischem Uebungsbuche. Naturgemäße Anleitung zur Erlernung und Einübung der Aussprache, der Formenlehre und der Hauptregeln der Syntax. Für den Gebrauch in Schulen, wie auch für den Selbstunterricht. 2. vollständig umgearb. und verb. Aufl. (VIII, 336 S.) 1872. *ℳ 2,70., und 3. und 4. Aufl. gr. 8. (XII, 332 S.) Ebendas. 874,75. * 2 80

Sonnenburg, Rud., Grammatik der englischen Sprache nebst methodischem Uebungsbuche. Naturgemäße Anleitung zur Erlernung und Einübung der Aussprache, der Formenlehre und der Syntax. Für den Gebrauch in Schulen, wie auch für den Selbstunterricht. 5. und 6. Aufl. gr. 8. (XIII, 332 S.) Berlin 876,78, Springer. *

—— Grammatik der englischen Sprache, nebst method. Uebungsbuche. Naturgemäße Anleitung zur Erlernung und Einübung der Aussprache, der Formenlehre und der Syntax. Für den Gebrauch in Schulen, wie auch für den Selbstunterricht. 7. Aufl. (XIII, 332 S.) 1880; 8. verb. Aufl. (XIII, 354 S.) 1880; 9. verb. Aufl. (VII, 359 S.) 1882; 10. Aufl. gr. 8. (VIII, 360 S.) Ebendas. 884. * 2 80

Sonnenburg, Rud., Grammatik der Englischen Sprache nebst methodischem Übungsbuche. Naturgemäße Anleitung zur Erlernung und Einübung der Aussprache, der Formenlehre und der Syntax. Für den Gebrauch in Schulen, wie auch für den Selbstunterricht. 11. Aufl. gr. 8. (VIII, 360 S.) Berlin 887, Springer. * 2 80
Der für Lehrer bestimmte Schlüssel, die Übersetzung der Übungsstücke enthaltend, ist nicht im Buchhandel, sondern nur mit ausdrücklicher Bewilligung des Verfassers direct von der Verlagshandlung zu erhalten.

Sonnenburg, Rud. Grammatik d. englischen Sprache, nebst method. Uebungsbuche. Naturgemäße Anleitg. zur Erlerng. und Einübg. der Aussprache, der Formenlehre u. der Syntax. 12. u. 13. Aufl. gr. 8. (VII, 312 S.) Berl. 889,91, Springer. * 2 40; geb. ** 2 80

—— dass. — Für den Gebrauch der österreich. Schulen hrsg. u. bearb. v. Rud. Sonnenburg u. Jul. Baudisch. gr. 8. (VIII, 304 S.) Ebd. 889. * 2 70

Sonnenburg, Rud., Grammatik d. englischen Sprache, nebst method. Uebungsbuche. Naturgem. Anleitg. zur Erlerng. u. Einübg. d. Aussprache, d. Formenlehre u. d. Syntax. Für d. Gebrauch in Schulen, wie auch f. d. Selbstunterr. 14. Aufl. gr. 8. (XI, 312 S.) Berlin 894. J. Springer. n. 2. 40; Einbd. n.n.n. — 35

— dasselbe. Für österr. Schulen bearb. v. Jul. Baudisch u. Leon Kellner. 2., umgearb. Aufl. gr. 8. (VI, 226 S.) Ebd. 895. — Wien, Gerold & Co. n. 2. 40; geb. in Leinw. n. 2. 80

Sonnenburg, Rud., Grammatik der englischen Sprache nebst methodischem Lese- u. Übungsbuche. Mit besond. Berücksicht. der Konversation üb. lehrreiche Gegenstände. Für den Gebrauch in Schulen, wie auch f. den Selbstunterricht. 15. Aufl. (XI, 305 S.) gr. 8. Berlin 901. J. Springer. 2. 40

Sonnenburg's, R., Grammatik der englischen Sprache nebst methodischem Übungsbuche. Für österreich. Schulen bearb. v. Leon Kellner. 3., gänzlich umgearb. Aufl. gr. 8. (VI, 218 S.) Berlin 901. J. Springer. — Wien, Gerold & Co. n. 2. —

[Rudolf] Sonnenburgs Grammatik der englischen Sprache nebst methodischem Übungsbuche. Für österreich. Schulen bearb. von Dr. Leon Kellner, Prof. in Czernowitz. 4. Aufl. Mit Erlaß d. k.k. Minist. . . . Berlin: J. Springer 1906. (VIII, 214 S.) 8°

—— die französische Konjugation. Anleitung zu einer method. Erlernung der französ. Verben, besonders der unregelmäß., mit Berücksichtigung des Lateinischen. Nebst methodisch geordneten Uebungs-Aufgaben. Für den Gebrauch auf Gymnasien, Realschulen und anderen höheren Lehranstalten. 16. (64 S.) Danzig 866, Ziemssen. * 5 Ngr.; cart. *

— die französische Konjugation. Anleitung zu e. method. Erlerng. der französ. Verben. Nebst methodisch geordneten Uebungs-Aufgaben. 2. verb. Aufl. gr. 8. (52 S.) Danzig 876. Ziemssen. n. -- 60

—— die Lehrbarkeit und formalbildende Kraft der Aussprache des Englischen. gr. 4. (15 S.) Berlin 865, Springer's Verlag.

—— englisches Uebungsbuch. Methodische Anleitung zum Uebersetzen aus dem Deutschen in das Englische. Mit deutsch-engl. Mustersätzen und einem vollständ. Wörterbuche. 2 Abthlgn. gr. 8. Berlin, Springer. à Abthl. * ℳ 2. *

Inhalt:

Abthl. 1. Zur Einübung der Aussprache und der Formenlehre. Mit einer kurzen Uebersicht über die Aussprache und Formenlehre und mit einem vollständ. Wörterbuch. (VIII, 196 S.) 880.

„ 2. Zur Einübung der syntaktischen Regeln. (VIII, 216 S.) 879.

—— englisches Uebungsbuch. Methodische Anleitung zum Uebersetzen aus dem Deutschen in das Englische. 2 Abthlgn. 2. Aufl. gr. 8. Ebendas. * 3 20

Inhalt:

Abthl. 1. Zur Einübung der Aussprache und der Formenlehre. Mit vollständ. Wörterverzeichnisse. (VI, 120 S.) 885. * ℳ 1,20.

„ 2. Zur Einübung der syntaktischen Regeln. (VI, 234 S.) 882. * ℳ 2.

—— englisches Uebungsbuch. Method. Anleitung zum Uebersetzen aus dem Deutschen in das Englische. 2. Abthl. Zur Einübung der syntakt. Regeln. Mit deutsch-engl. Musteraufsätzen und einem vollständ. Wörterbuche. 3. Aufl. gr. 8. (VI, 234 S.) Ebendas. 887. * 2 —

1. Abthl. Ebendas. 1885. * ℳ 1.20.

— englisches Übungsbuch. Methodische Anleitung zum Übersetzen aus dem Deutschen in das Englische. Mit deutsch-englischen Mustersätzen u. e. vollständ. Wörterbuche. 2. Abtlg.: Zur Einübg. der syntakt. Regeln. 4. Aufl. gr. 8. (VI, 234 S.) Berlin 896. J. Springer. n. 2. —

— englisches Uebungsbuch. Methodische Anleitg. zum Uebersetzen aus dem Deutschen in das Englische. Mit deutsch-engl. Mustersätzen u. e. vollständ. Wörterbuche. 2. Abtlg.: Zur Einübg. der syntakt. Regeln. 5. Aufl. (VI, 233 S.) gr. 8. Ebd. 903. n. 2. —

— grammatisches Übungsbuch der französischen Sprache. Methodische Anleitg. zur Einübg. der syntakt. Regeln. Mit deutsch-französ. Mustersätzen u. e. vollständ. Wörterbuche. gr. 8. (X, 223 S.) Ebend. 884. n. 2. —

— wie sind die französischen Verse zu lesen? gr. 8. (26 S.) Ebend. 885. n. — 80

Sonnen-Cirkel od. verbesserter Haus-Kalender auf d. J. 1907, samt Verzeichnis der Jahrmärkte. (32 S.) 8. Bern, Stämpfli & Co. — 20

Sonnen-Cirkel od. verbesserter Haus-Kalender auf d. J. 1911, samt Verzeichnis d. Jahrmärkte. (32 S.) 8. Bern, Stämpfli & Co. — 20

Sonnenfeld, Herrmann, u. seiner Familie merkwürdige Abendteuer, m. K. 8. Ebend. 815.

v. Sonnenfeld, Herrmann, u. seine Familie. 8. Hamb. 815. Vollmer. 14 ℊ

Sonnenfeld, A., u. E. Mensch, dtsch. Aufsätze f. Schülerinnen v. Handels- u. Industrieschulen, sowie Volksschul-Seminaren. (VII, 175 S.) 8. Berlin (908). Schnetter & Dr. Lindemeyer. 2. —

Sonnenfeld, Frl. Amanda, s.: Sonnenfels, Amanda.

Sonnenfeld, Ernst, dipl. Chemiker aus Grosswardein [Ungarn]: Ueber die Umlagerung von Diazoamidokörpern in Amidoazokörper in alkoholischer Lösung. — Ueber Hydroxylaminessigsäure und α-Hydroxylamin-propionsäure. Uster-Zür. A. Gull Dr. 1894. 49 S., 1 Tab. 8°.
Zürich, Phil. Diss. [v. 20. Oct. 1894].

Sonnenfeld, Franz von [Pseud.], s.a. Gihr, Johann

Zwischen braunen und schwarzen Kutten. Roman aus der Zeitgeschichte von Franz v. Sonnenfeld [d. i.] J. Gihr. Stuttgart: Schober 1863. IV, 292 S. 8°
Enth. auch ein Kapitel „In der Frmrloge", das die Grundsätze der Frmrei darlegt u. ihre Symbolik erklärt.

Sonnenfeld, Frz. v. [J. Gihr], Aus den Schweizerbergen. Neue Geschichten. Glogau 861. Flemming. 8. (VII, 250 S.) 1 ℛ 7½ ngr.

Sonnenfeld, Frz. v., Volksgeschichten aus dem Schwarzbuben-Land. Basel 858. Schweighauser'sche Verlhdlg. 8. (2 Bl., 256 S.) 27 ngr.

Sonnenfeld, H., Drogistengesetze, s. Guttentag's Reichsgesetze.

Sonnenfeld, Hugo, Gesetzsammlung betr. den Handel m. Drogen u. Giften, s.a. Guttentag's Sammlung deutscher Reichsgesetze.

Gesetzsammlung betreffend den Handel mit Drogen und Giften. Reichsgesetzl. Bestimmungen u. Anh. mit den landesgesetzl. Verordnungen sämmtl. Bundesstaaten. Textausg. mit Erl. von Hugo Sonnenfeld, Rechtsanw. Berlin: J. Guttentag 1902. (XVI, 313 S.) 8°
(Sammlung, Guttentag'sche, Deutscher Reichsgesetze. No 64.)

Sonnenfeld, Hugo, sind d. Büreau-Hilfsarbeiter d. Magistrats zu Berlin lebenslänglich angestellte Gemeindebeamte m. Pensionsberechtigung? Beitrag zur Auslegg. d. § 56, No. 6 d. Städte-Ordng. f. d. östl. Provinzen. Vortrag, geh. im Verein d. Gemeindebeamten zu Berlin am 7. X. 1896. gr. 8. (11 S.) Berlin 897. (Coepenick, R. Schön.) n.n. — 15

Beitrag z. Auslegg d. § 56, No 6 d. Städte-Ordng f. die östl. Prov. Sind die Büreau-Hilfsarbeiter des Magistrats zu Berlin lebenslänglich angestellte Gemeindebeamte mit Pensionsberechtigung? Vortrag d. Rechtsanw. Hugo Sonnenfeld, geh. im Ver. d. Gemeindebeamten zu Berlin . . . *(Berlin:) Selbstv. d. Ortsver. d. Gemeindebeamten; Dr. v. Pakuscher [1897].* (11 S.) 1 Bd 8. [98. 3376

Sonnenfeld, Julius, approb. Arzt: Aus d. Kgl. Frauenklinik zu Breslau ⟨Prof. Küstner⟩. Uber die Frequenz und den Mechanismus der durch Ovarialtumoren hervorgerufenen Stieltorsionen und Achsendrehungen des Uterus an der Hand von 323 Ovariotomieen. *Breslau 1900: Bresl. Genossenschafts-Buchdr.* (27 S.) 8°
Breslau, Med. Diss. v. 30. März 1900

Sonnenfeld, Kurt, Referendar: Das Recht auf den Notweg. Breslau 1908: Breslauer Genossenschafts-Buchdruckerei. (39 S.) 8°
Breslau, Jur. Fak., Ref. Meyer-Schott, Diss. v. 28. Juli 1908
[Geb. 27. Nov. 85 Breslau; Wohnort: Breslau; Staatsangeh.: Preußen; Vorbildung: König-Wilhelms-Gymn. Breslau Reife O. 04; Studium: Breslau 2, Freiburg i. B. 1, Breslau 3 S.; Rig. 3. Juli 07.]

Sonnenfeldt, das Färben der Pelzwaaren, der Schmuckfedern, des Strohes zu den feinen Stroharbeiten u. der menschl. Haare f. die Arbeiten des Haarkünstlers u. andere technische Zwecke. 8. (7 B.) Quedlinburg 843, Basse.

Sonnenfels, Jos. u. Frz. v., s.: Kopetzky, F.

Sonnenfels, Jos. v., biographische Studie, s. Müller, Willib.

Sonnenfels, Aloys., († ...) controversiae c. Judaeis prodromi libri IV. cum praef. J. v. Sonnenfels. 8maj. Wien 758. Trattner. 9 𝒦

Sonnenfels, Aloys von, Ebon böchan Prüf-Stein oder Unterricht der hebräischen Sprache. [Lateinischer Titel: Lapis Lydius.] Wien 1757.

Sonnenfels, Perlin (Aloys Wiener), Lapis Lydius sive institutiones Hebraicae linguae methodo aetiologica propositae. (Deutsch und lateinisch.) Wien, 1756, 8°.

— lapis Lydius, sive institutiones hebraicae linguae methodo aetiologica propositae Lat. et Germ. 8maj. Wien 756. Trattner. 1 ₰

— lapis lydius s. inst. hebr. linguae. 8. maj. ibid. 757.

— lapis lydius c. opere germanico-ebraeo etc. 8. Ulm Wohler. 785.

Sonnenfels, Aloys. a, Judaica sanguinis nausea oder jüdischer Blutekel. Wien, 1753, 8°.

Sonnenfels, Aloysius v., Sendschreiben des Hochedelgebohrnen Herrn — —, K. K. der heiligen Schrift Auslegers rc. an den hochgelehrten P. Don Ferdinand Sterzinger rc. über zwey hebräische Wörter Chartumim und Belahatehem. Wien 768. 4.

— Sendschreiben an P. Dom. Fd. Sterzinger üb. zwei hebr. Wörter: Chartumim u. Bellehatahem. 4. Wien 768.

Sonnenfels, Amanda (Frl. A. Sonnenfeld), die Andere. (185 S.) 8. Dresden 903. E. Pierson. n. 2. —; geb. n. 3. —

— ein Beitrag zur Psychologie des Kindes. Vortrag, geh. in Breslau den 18. II. 1904. (31 S.) 8. Neu-Weißensee (904). H. W. Th. Dieter. 1. —

— ein Besuch Barbarossas in Rübezahls Reich. Patriotisches Festspiel. (Theater-Allerlei.) (16 S.) 8. Weißensee (906). E. Bartels. 1. —

— des Kaisers Bild. „Völker Europas, wahret Eure heiligsten Güter!" Patriotisches Festspiel. (Theater-Allerlei.) (12 S.) 8. Ebd. (906). 1. —

Sonnenfels, Amanda (Amanda Sonnenfeld), Dichterinnen u. Freundinnen unserer großen Dichter. (VII, 307 S. m. 5 Bildnis-Taf.) Lex. 8. Berlin (907). Dr. A. Tetzlaff. 5.—; geb. 6. —

Sonnenfels, Amanda (Amanda Sonnenfeld), hervorragende Frauen. Lebensbilder aus 2 Jahrhunderten. (VII, 282 S. m. 7 Bildnissen.) 8. Gotha (910). F. A. Perthes. 4.—; geb. 5. —

— Deutsche Frauengestalten. 10 Lebensbeschreibgn. hervorrag. Frauen f. die Mädchenwelt. Mit Porträts u. Illustr. (V, 219 S.) 8. Stuttgart (Loewe.) Geb. in Leinw. 4. —

— Königin Luise v. Preußen. Ein Lebensbild f. d. deutsche Jugend. [Sonderabdr. aus Deutsche Frauengestalten.] (44 S. m. Abb. u. 2 Bildnis-Taf.) 8. Ebd. (910). — 60

Sonnenfels, A., Märchen f. kleine u. große Leute. 8. (VII, 260 S.) Dresden 899. E. Pierson. n. 3. —; geb. n. 4. —

— Märchen f. kleine u. große Leute. 2., verm. u. verb. Aufl. (VII, 168 S. m. 8 Vollbildern.) gr. 8. Neuweißensee 903. H. W. Th. Dieter Geb. in Leinw. 2. —

— Märchen f. kleine u. große Leute. Für d. Jugend hrsg. Mit 8 (farb.) Duplex-Vollbildern v. Willy Planck. (X, 157 S.) 8. Ebd. (910). Geb. in Leinw. 3. —

— Gefrorene Scheiben. Neue Märchen. Orig.-Zeichngn. v. E. Wessel. (IV, 250 S.) 8. Kattowitz (908). Phönix-Verlag. Geb. in Leinw. 4. 50

Ein Thronerbe. Roman von A[manda] Sonnenfels. Dresden & Leipzig: Pierson 1900. 148 S. 8° (10. 18393 2

Sonnenfels, Falk v. 1908 [Pseud.], s.a. Renauld, Maximiliane v.

Sonnenfels, Falk v. (L. v. R.), Wanderlieder. (31 S.) 8. Leipzig 907. Modernes Verlagsbureau. 1. —

Sonnenfels, Joseph Freiherr von: Zu Herrn Hofraths von Kees Abhandlung: Ueber die Aufhebung der Wuchergesetze. Wien: Kurzbeck 1791. 8°

Sonnenfels, Joseph Freiherr von: „Abhandlung von der Theurung in Hauptstädten und dem Mittel, derselben abzuhelfen", herausgegeben von St., Leipzig 1769. — Vorh.: Com. Bibl. Hamburg.

— Abhandl. von d. Theuerung in großen Städten u. d. Mitteln ihr abzuhelfen. 8. Wien 770. (Heubner). 5 𝒦

Sonnenfels, Reichfreiherr Ritter Joseph von: „Abhandlung und Unterricht von Verwandlung der Kaiserlich-Königlichen Dumainen in Bauergüter", Wien 1773 (Kurzböck).

Sonnenfels, Joseph von.
Politische Abhandlungen. Wien 1777. H: *Luca, Ignaz de.* (Ky)

v. Sonnenfels, Reichsfrhrr. Ritter Jos., († d. 25.—26. April 1817.) polit. Abhandll., (hersgg. v. de Luca). 8. Wien 777. (Heubner). 16 𝒦

Sonnenfels, Jos. v., polit. Abhandlungen. 8. Wien Kurzböck. (Camesina) 777.

— zwei Abhandll. üb. Wucher u. Wuchergesetze u. die Mittel, dem Wucher Einhalt zu thun. 2 Stücke, gr. 8. Wien 789. (Heubner). 16 𝒦

Sonnenfels, Reichsfrhr. Ritter Jos. v., Zwei Abhandlungen über Wucher, Wuchergesetze und die Mittel, dem Wucher Einhalt zu thun. 8°. Wien 1790.

— üb. die Abschaffung der Tortur. 8. Zürich 775. 2e Aufl. 8. Nürnb. 782. Schneider u. W. 6 𝒦

v. Sonnenfels, Jos.: Ueb. d. Abschaffung der Tortur. *Zür.*, 775.) *Nürnberg*, Weigel. 782. 8. (6 Gr.)

— s. Adumbratio summaria institutionum politicar. excerpta.

— lehrr. Alltagsbuch z. Unterr., Vergnügen u. Nachdenken, v. A—Z. 8. Wien, Mösle. 800.

— Ankündigung von 9 Predigten üb. das Vater=Unser 8. Ebend. 781.

— üb. die Ankunft Pius VI. in Wien. 8. Wien 782. Kurzböck. (Heubner). 3 gr

– Antwortschreiben über die Fragen: Welcher Ursache ist die Verschlimmerung des Cursus zuzuschreiben, s. Sonnenfels: Über die am 8. September erlassenen zwei Patente.

— Ueber die Aufgabe: Was ist Wucher? und welches sind die besten Mittel, demselben ohne Strafgesetze Einhalt zu thun? gr. 4°. Wien (Heubner) 1789.

— Bemerkk. üb. die, f. die Hauptstadt Wien u. d. Umkreis derselben erlassene neue Gesinde=Ordnung. gr. 8. Wien 810. Geistinger. 1 rthl 12 gr

Sonnenfels, Reichsfreiherr Ritter Joseph von: „Bemerkungen über die für die Hauptstadt Wien und den Umkreis derselben innerhalb der Linien erlassene neue Gesinde-Ordnung", Wien 1811 (Geistinger).

— von d. Bescheidenheit im Vortrag seiner Meinung. 8. Wien 772. v. Mösle. 3 gr.

(v. Sonnenfels, J.) Betrachtungen über die Angelegenheiten von Europa. 8. Wien (Salzburg) 1778. 0,38.
2 St. 8. Offenbach 1778. 0,50.

— Betrachtt. üb. die neuen polit. Handlungsgrundsätze d. Engländer. 4. Wien 764.

Sonnenfels, Reichsfreiherr Ritter Joseph von: „Patriotische Betrachtungen über die Polizey", Prag 1771.

– s.a. Betrachtungen eines österreichischen Staatsbürgers.

— Betrachtungen eines österr. Staatsbürgers, 16 Stck. contra M. Sabbatier. gr. 8. Ebend. 793.

— das Bild d. Adels. 8. Wien, Kurzböck. (Camesina)

SONNENFELS Josef von. Das Bild des Adels, eine Rede von –. . . . o. V., Wien o. J. Kurtzböck, Wien 1767. 1 vol. 17 Bl.

— das Bild d. Adels. 8. Wien 768. (Heubner). 3 gr

Sonnenfels' Briefe. Als Beitrag zu seiner Biographie mit einer Anleitung und mit Anmerkungen. Hrsg. von Herm. Rollett. gr. 8. (XII, 44 S.) Wien 874, Braumüller. * 1 60

Sonnenfels, Jos. v., Briefe über die Wienerische Schaubühne, s. Neudrucke, Wiener.

— Briefe üb. die Wienerische Schaubühne. 4 Quart. 8. Wien 768. Kurzböck. 2 rthl 16 gr

— neuester Briefsteller auf alle Fälle, n. e. Titularbuche. 8. Wien, Mösle. 780.

— neuester Briefsteller auf alle Fälle, nebst einem Titularbuche. 8. Wien 786. 2e A. 790. v. Mösle. 12 gr (Löffler in Manh.) 14 gr

— Einleitungsrede in seine akadem. Vorlesungen. 4. Wien 763.

– (Hrsg.), s. Eleonora und Theresia.

Sonnenfels, Reichsfrhr. Ritter Jos. v. Tabellarischer Entwurf über die Grundsätze der Polizei, Handlung und Finanz. 8°. Brünn, Gastl, 1791.

SONNENFELS (Josef) von. Tabellarischer Entwurf über die Grundsätze der Polizey, Handlung und Finanz vom Hofrathe – . . . Nach der 5. verb. u. verm. Aufl. Gastl, Brünn 1791. 1 vol. 205 S.

— freimüthige Erinnerungen an die deutsche Schaubühne üb. die Vorstellung d. Brutus. 8. Wien 770.

— Ermunterung zur Lectüre an junge Künstler. gr. 8. Wien, Kurzböck. (Camesina.)

v. Sonnenfels, Joseph. Ermunterung zur Lektur an junge Künstler: Eine Rede bei der ersten feyerlichen Austheilung der Preise in der neuerrichteten k. k. Kupferstecher-Akademie, gelesen von Joseph von Sonnenfels. Wien 1768. 8°. 28 S.

— Ermunterung z. Lectüre an junge Künstler. gr. 8. Wien 768. Kurzböck. 3 gr

— Gedicht auf d. Tod Kaiser Franz I. 4. Wien 765.

SONNENFELS Josef von. 2 Gelegenheitsreden gehalten als . . . – abermal zum Rektor der Universität in Wien gewählet wurde. Hrsg. von Josef Regg J. Camesina & Co., Wien 1796. 1 vol. 32 S.

— üb. d. Geschäfsstyl, die erste Grundlage für angehehde österr. Kanzleibeamte rc. 8. Wien 784. 4e A. 820. Heubner. 1 rthl Anh., hrsgg. von e. sr. Zuhörer. 8. Ebd. 787.

Sonnenfels, Reichsfreiherr Ritter Joseph von: „Ueber den Geschäftsstyl; die erste Grundlage für angehende österreichische Canzleybeamte", Wien 1784 (Kurzböck); 4. Auflage ebenda 1820. — Anhang, herausgegeben von einem seiner Zuhörer, ebenda 1787.

v. Sonnenfels, Jos.: Ueb. den Geschäftsstyl, erste Grundlinien für angeh. Oesterreich. Canzleybeamte. *Wien*, v. Kurzbök. (784. 790. 802.) 4. Aufl. *Eb.* 820. 8. (1 Thl.)

Sonnenfels, Reichsfreiherr Ritter Joseph von: „Leopolds II. politische Gesetze und Verordnungen für die deutschen, böhmischen und galizischen Erbländer", 4 Bände, Wien 1790 bis 1792 (Kurzböck).

— das Gesicht des Sohns Sela Haschemesch, das er gesehen hat üb. Franzen I. 4. Wien 764.

Sonnenfels, Reichsfrhr. Jos. v. Grundsätze der Polizei, Handlung und Finanzwissenschaft. 2 Thle. 8°. Wien 1765—67. 3. Aufl. 3 Thle. 1770—76. 5. Aufl. 1787, verm. u. verb. 6. Aufl. 1798. 7. Aufl. 1804, 1805. 8. Aufl. 1819—22.

Sonnenfels, Reichfreiherr Ritter Joseph von: „Grundsätze der Polizey, Handlung und Finanzwissenschaft", 3 Teile in drei Bänden; 1. Teil: „Polizeywissenschaft", Wien 1765; 2. Teil: „Handlungswissenschaft", Wien 1769; 3. Teil: „Finanzwissenschaft", Wien 1776. — 8. (letzte) Auflage, nach dem Tode des Verfassers, Wien 1819—1822. — Vorh.: (1. Aufl.) Preuß. Staatsbibliothek Berlin; (3. Aufl.) UB Marburg und Göttingen.

— Grundsätze d. Polizei, Handlung u. Finanzwissenschaft. 2 Thle. 8. Wien 765—67. 3e Aufl. 3 Thle. 777. 6e A. 798. 7e A. 804. (Wolke). 4 ß

- . . . Grundsätze der Polizey, Handlung und Finanzwissenschaft. 3. Aufl. Trattner, Wien 1769-1770. Kurzböck, Wien . . . 1777-1776 (1. Band 1777, 2. Band 1771, 3. Band 1776). Kurzböck, Wien 1. Teil 1777, 2. Teil 1771, 2. Teil 1776). Strobel, München 1787. 5. Aufl. Kurzbeck, Wien 1787. 6. Aufl. Camesina u. Komp. Wien 1787. 7. Aufl. Camesina, Wien 1804-1805. 2. Aufl. Strobel, München 1801. 3 Tle. in 1 vol.

Sonnenfels, Jos. v. (k. k. wirkl. Regierungsrath etc., geb. 1733, † 1817), *Grundsätze der Polizey*, Handlung u. Finanzwissenschaft. 3 Thle. Mit TVignetten. Wien, gedr. bey Joh. Thom. Edlen v. Trattnern, k. k. Hofbuchdr. u. Buchhändlern. 1770 (3. Aufl.), 69, 76. (Th. 3 bey Jos. Kurzböck, k. k. illyr. Hofbuchdr. u. Buchhändlern.) 8⁰. Saub. Pandektenbde.
I. Polizei. 1770. (Vorr. dat. 1765.) 6 Bll., 410 S. Kaiser Joseph II. gewidm. II. Handlungswiss. 1769. 425 S. III. Finanzwiss. 1776. 1 Bl., 306 S.
Ueber den vielfach verdienten Vf. s. „Jüdisches Athenäum", Grimma u. Leipzig 1857. S. 224—226.

Sonnenfels, Reichsfrhr. Ritter Jos. v. Grundsätze der Polizei-, Handlungs- und Finanzwissenschaft. Im Auszuge von F. X. v. Moshamm in Tabellen gebracht und zu seinen Vorlesungen eingerichtet. 8⁰. München 1787. 2. Aufl. 1801. 3. Aufl. Tübingen (Osiander) 1820.

— — dasselbe im Auszug zu s. Vorles. eingerichtet v. Mosham. 8. München, Fleischmann. 801.

— Grundsätze der Polizey, Handlung u. Finanz, z. Leitf. d. polit. Studiums. 5 Thle. 8. Ebend. 804.

v. Sonnenfels, Grundsätze d. Polizei. 8e Aufl. 3 Thle. 8. Wien 819—22, Wolke.

– H a n d b u c h der inneren Staatsverwaltung mit Rücksicht auf die Umstände und Begriffe der Zeit. Von –. . . Camesina & Co., Wien 1798. XXIII + 518 S. + 18 Inh.

— Handbuch der innern Staatsverwaltung mit Rücksicht auf die Umstände u. Begriffe d. Zeit. 1r Thl. gr. 8. Wien 798. (Heubner). 1 ß 16 gr

Gegen das verabscheuungswürdige Institut der Freimaurer. An das Consejo de la suprema y general inquisition in Madrid. Von Jos. Torrubia. Nach d. span. Hs von [Jos. Reichsfrh. v.] S[onnenfel]s. Würzburg 1786. 47 S. 8⁰
Abgedr. in: WJ. 1, 2 (1784) S. 175—224; Sammlung aller aus Gelegenheit der k. k. Verordnung v. 16. Dez. 1785 zum Vorschein gekommenen Schriften d. Frmr betr. 7 (1786) S. 3—60; Frmr-Bibliothek. 8 (1803) S. 134 bis 176; Signatstern. 11 (1816) S. 145—190. Auszug in: FZ. (Neuwied) 1787 S. 490—493, 497—501.

— Leitfaden in d. Handlungswissensch. 8. Wien, Kurzböck. (Camesina.)

— Leitfaden in der Polizeiwissenschaft. 8. Wien 776. Kurzböck. (Heubner). 2 gr

— üb. die Liebe fürs Vaterland. 8. Wien 771. N. A. 785. Kurzböck. (Heubner). 5 gr

Jos. v. Sonnenfels üb. die Liebe d. Vaterlandes. *Wien*, **Kurzböck. (772.) 783. 8⁰ 5 gr**

– s.a. M a n n , Der, ohne Vorurtheil.

— der Mann ohne Vorurtheile. 3 Thle. 8. Ebend. 773.

— — Musen, Die, in Wien auf dem Salzgriess in Hanswurstischen Hause. Ein Heldengedicht. 1785. Manuscript. 6 Bl. 8⁰.
Karajan's Bibl. II. no. 4674: Bittere Satire auf Sonnenfels u. sein Wirken als Vorstand d. Akademie d. bild. Künste.

— — Dasselbe (gedruckt). O. O. (Wien) 1785. 8⁰.
l. c. no. 4675. — Sehr selten!

— Mythe auf die Vermählung Louisens mit Napoleon den Großen. 4. Wien 810.

– (Hrsg.), s. O r a k e l , Das weibliche.

– Über die am 8. Sept. erlassenen 2 P a t e n t e . Ein Antwortschreiben . . . Geistinger, Wien 1810. 1 vol. 42 S.

— üb. die am 8. Sept. erlass. zwei Patente. Ein Antwortschreiben üb. die Fragen: Welcher Ursache ist die Verschlimmerung d. Cursus zuzuschreiben? Wodurch kann derselben Einhalt geschehen? 8. Wien 811. Geistinger. 6 gr

— principia polit. commerc. et rei aerar. etc. latin. reddita a Wolfgango Beke. II Tom. 8. Pressb. 808. Pelnay. 2 ß 16 gr

Sonnenfels, Josef v. Rede bei der Enthüllung seiner Büste, s. Lustkandl, W.

— Rede auf Marien Theresien, K. K. 8. Wien 762.

— Rede von d. Nothwendigkeit, seine Muttersprache zu bearbeiten. 4. Wien 761.

– R e d e n bey dem feyerlichen Antritte des Rektorats an der Universität in Wien im Jahre 1794. Aus dem Lateinischen übersetzt. Patzowsky, Wien 1794. 1 vol. 78 S.

– S a e t z e aus der Polizey- Handlungs- und Finanz-Wissenschaft (von –). Trattner, Wien 1765.

Sonnenfels, Jos. v., üb. die Wienerische Schaubühne. 4 Quart. 8. Wien, Kurzböck. (Camesina) 768. Rthlr.

- Schreiben des Philosphen an den unparteyischen Mann (von –). Trattner, Wien 1767. 1 vol. 8 Bl.

— gesammelte Schriften. 10 Bde. 12. Wien 765.

SONNENFELS, Josef v., (der Reformator der Wiener Schaubühne in Wort und Schrift, geb. zu Nikolsburg 1732, † zu Wien 25. April 1817), G e s a m m e l t e S c h r i f t e n. 10 Bde. Mit dem Bildniß des Verfassers von Q. M a r k. Wien, mit von Baumeisterischen Schriften, 1783—87. 8⁰. (100 Mk., schöne alte Ldrbde. mit reicher Rückenvergoldung. Adolf Weigel, 1907:)
Goedeke IV, 184, 39.

— gesamm. kleine Schriften. 10 Bde. gr. 8. Wien, Baurmeister. 783.

— gesammelte kleine Schriften. 10 Bde. gr. 8. Wien 783—86. Schaumburg u. C. 6 ß Schrbp. 10 ß — Dies. 1r—6r Bd. 8. Leipz., (W. Rauck). 6 ß

— — — 6 Bde. 8. Leipzig, Sommer. 784.

S o n n e n f e l s , Joseph von: „Ueber öffentliche Sicherheit, oder von der Sorgfalt, die Privatkräfte gegen die Kraft des Staates in einem untergeordneten Verhältniss zu erhalten", Wien 1817. — Vorh.: Preuß. Staatsbibl. Berlin.

— üb. öffentl. Sicherheit od. von der Sorgfalt, die Privatkräfte d. Staats in einem untergeordneten Verhältnisse zu erhalten. gr. 8. Wien 817. Volke. 18 kr

v. Sonnenfels, Jos. Skizze des Feldmarschalls Grafen Moritz von Nostitz. 8. Wien 1796.

— Skizze des Feldmarschalls Grafen v. Nostiz. 8. Wien 796.

- Über die Stimmenmehrheit bey Kriminal-Urtheilen. Von –. . . . Camesina, Wien 1801. 2. Aufl. Camesina, Wien 1808. 1 vol. VIII + 112 S.

— üb. die Stimmenmehrheit bei Criminalurtheilen. gr. 8. Wien 801. 2e A. 809. Heubner. 1 fl 0 kr

– Von der Theuerung in grossen Städten und dem Mittel, derselben abzuhelfen. Kurzböck, Wien 1770. 1 vol. 136 S. 8°

— Therese u. Elenore. 8. Ebend. 773.

Sonnenfels: Die Todesstrafen sind d. Zwecke d. Staats entgegen. ***Wien.*** **764.**

v. Sonnenfels, Reichsfreiherr Ritter Joseph: „Von der Unzulänglichkeit der alleinigen Erfahrung in den Geschäften der Staatswirthschaft." Eine Rede beym Antritte seines Lehramts gehalten im November 1763, gedruckt Wien 1765 (Universitäts-Buchdruckerey Georg Ludwig Schulz). — Vorh.: UB Göttingen. — Pol. III Nr. 201.

— von d. Urbanität d. Künstler. 8. Wien, Kurzböck. (Camesina.) 771.

– Von der Urbanität der Künstler . . . gelesen den 5. März 1771 von –. Kurtzböck, Wien 1771. 1 vol. 45 S.

— von der Urbanität der Künstler. 8. Wien 771. Kurzböck. (Heubner). 2 kr

– Von dem Verdienste der Portraitmaler in einer Versammlung . . . am 23.IX.1768 gelesen von –. Kurzböck, Wien 1768. 1 vol. 68 S.

— vom Verdienste des Portraitmahlers. gr. 8. Wien 768. Kurzböck. 5 kr

— Versuch in polit. u. ökonom. Ausarbeitungen. Wien 176. .

Sonnenfels, Reichsfreiherr Ritter Joseph von: „Versuch über die Grundsätze des Styls in Privat- und öffentlichen Geschäften", 2 Bände, Wien 1781.

Sonnenfels, Reichsfreiherr Ritter Joseph von: „Versuche in politischen und ökonomischen Ausarbeitungen zum Nutzen und Vergnügen", Wien 1767.

— von der Verwandlung der Domainen in Bauergüter. 8. Wien 773. Kurzböck. 4 kr

– Des Herrn . . . – Vorlesung. Hrsg. von Josef Retzer mit denen allhier angeschlagenen Versen in Wien. o. V., Wien 1782. 1 vol. 94 S.

– Herrn Hofraths – 1. Vorlesung in diesem akadem. Jahrgange. Hrsg. von Josef von Retzer. Schönfeld, Prag u. Wien 1782. 1 vol. 30 S.

- Herrn Hofraths – erste Vorlesung in diesem akademischen Jahrgange hrsg. von Joseph von Retzer. Kurzboeck, Wien 1782. 1 vol. 34 S.

— erste Vorlesung in d. akadem. Jahrg. herausgg. von J. v. Retzer. 8. Wien 782. Kurzböck. 2 kr

– Die 1. Vorlesung, welche Hofrath – nach dem Tode Marien Theresiens hielt . . . Kurzböck, Wien 1780. 1 vol. 46 S.

— erste Vorlesung nach Marien Theresiens Tode. gr. 8. Wien 782. (Heubner). 4 kr

- Eine Vorlesung bey der feyerlichen Preisvertheilung an der k. k. Akademie der bildenden Künste im Jahre 1801 . . . von Hofrath –. Schmidt, Wien 1801. 1 vol. 29 S.

— Vorstellung an d. Hof, (daß öffentl. Ergötzungen den guten Sitten nicht zuwider laufen dürfen). 8. Wien 769.

v. Sonnenfels, Reichsfrhrr. Ritter Jos., was ist vom Bürger, jungen Kaufmann u. Künstler zu halten? 8. Manh. 783. Löffler. 4 kr

Sonnenfels, Reichsfreiherr Ritter Joseph von: „Was ist Wucher, und welches sind die besten Mittel, demselben ohne Strafgesetze Einhalt zu thun?" Wien 1789.

- Die Wirthschaft eines philosophischen Bauers (Von –). o. V. o. O. u. J. (ca. 1771). 1 vol. 120 S.

— Vom Wucher contra Kees. gr. 8°. Wien (Heubner) 1791.

- Über Wucher und Wuchergesetze. Eine Vorstellung von – . . . Kurzbeck, Wien 1789. 1 vol. 100 S.

— Ueber Wucher und Wuchergesetze. Eine Vorstellung. 8°. Wien, Kurzbeck, 1789.

— vom Zusammenflusse, eine Abhandl. gr. 8. Wien 764. Trattner. 4 kr

Sonnenfest, Das, der Braminen. Heroisch-komisches Original-Singspiel in zwei Aufz. Wien 1790. V: *Hensler (Henseler), Carl Friedrich.* (GGr)

Sonnenfest, das, der Braminen; Schspl. in 3 A. 8. Wien 790. Wallishausser. 6 kr

Augsburg. Die diesjährige totale Sonnenfinsterniss und ihre optischen Erscheinungen. (Ausschnitt aus der Zeitschrift: „Das Ausland", No. 39.) Augsburg 1860.

— die große, am 28. Juli 1851. gr. 8. (15 S.) Dessau 851, Fritsche. n. n. 1 1/2 Ngr

Sonnenfinsterniß, die, am 8. Juli 1842, central u. total, in ihren verschied. Umständen ausführl. beschrieben. Mit e. kurzen Erklärung der Sonnenfinsternisse überhaupt. Lex.-8. (1 1/4 B. u. 1 Karte.) Leipzig 842, Schreck. Thlr. *

Sonnenfinsterniß, die, am 28. Juli 1851 u. die Theologie unserer Zeit. 8. (31 S.) Leipzig 851, Kollmann. 4 Ngr

Sonnenfinsterniss, totale, am 19. Aug. 1887. gr. 4. (1 Bl. auf Carton m. verschiebbarer Scheibe.) Berlin 887. Stankiewicz. n. — 50

— die totale, welche am 28. Juli d. J. in den Nachmittagsstunden von 3 bis gegen 5 Uhr sichtbar ist. Nebst kurzer u. faßlicher Uebersicht über Sonnenfinsternisse u. Phänomene etc.; als auch eine besondere Anweisung, wie die Verfinsterung ohne Gefahr für das Auge beobachtet werden kann. 16. (15 S.) Dresden 851, Birr. 1 1/2 Ngr

Sonnenfinsterniß, die centrale, am 15. März 1858, eine der interessantesten dieses Jahrhunderts, und die höchst merkwürdigen und räthselhaften Erscheinungen, welche dabei zu beobachten sind. Mit besond. Rücksicht auf Wien und die österreich. Monarchie. Wien (858.) Wenedikt. 16. (60 S. mit Holzschn. im Text.) 6 ngr.

Sonnenhelden, Die, der Mythologie. Sophokleisches. [Basel 1889.] V: *Mähly, Jac.* (Zuwachsverz. d. Bibliotheken in Zürich 1898 ff.)

Sonnenhol, Hans, Referendar: Der wechselmäßige Anspruch des Trassanten gegen den Akzeptanten. Borna-Leipzig 1909: Noske. 42 S. 8°
Göttingen, Jur. Diss. v. 6. Mai 1909, Ref. Ehrenberg
[Geb. 13. Jan. 85 Burscheid; Wohnort: Kellinghusen; Staatsangeh.: Preußen; Vorbildung: Gymn. Solingen Reife O. 03; Studium: Jena 1, Heidelberg 1, Göttingen 4 S.; Rig. 24. Febr. 09.] [U 09. 1293

Sonnenjungfrau, die,. Schsp. v. Kotzebue. 8. Lpz. Kummer. 791.

Sonnenkalb, Anilin und Anilinfarben in toxikologischer und medicinal-polizeilicher Beziehung. gr. 8. (IV und 63 S.) Leipzig 864, O. Wigand. *

Sonnenkalb, F., Predigt, gehalten am 2. Pfingstfeiertage, den 16. Mai 1842, in der großen Michaeliskirche, mit Bezug auf die Feuersbrunst vom 5. bis 8. Mai. gr. 8. (1 B.) Hamburg 842, (Erie.) *

Einige Anmerkungen zu [Herm.] Gloedes „Die Ordenswissenschaft entwickelt an dem Lehrlingsteppich". Von [Fel.] Sonnenkalb. 8°
Aus: BZC. (NF.) 1 (1904) S. 42—84.

Ueber die Formalien des Eides bei den Aufnahmen in die alten Logen vor 1717. Von F[el.] **Sonnenkalb.** [Berlin 1902: Mittler & S.] 41 S. 8° [Kopftit.]
Aus: BZC. 81 (1902) S. 297—318, 343—361.

Verzeichnis der von der Provinzial-Loge von Niedersachsen zu Hamburg gesammelten Bücher. [Zsgest. von Fel. Sonnenkalb.] Mit einem Faks. der Anfangszeilen und der Lehrlingspflichten von David Ramseys Constitutionen in Originalgrösse. Hamburg 1909: Meyer. XII, 275 S. 8°

Sonnenkalb, Friedrich Wilhelm. Zwölf Predigten und Reden . . . Leipzig 1822. H: *Pinder, K. F.* (Ky)

Sonnenkalb, Fr. Wlh., († im Jan. 1821.) 12 Predigten u. Reden, darunter 6 bei Leichen gehalten, (herausgg. von K. F. Pinder). 8. Lpz. 822. Reclam. 8 gl

Sonnenkalb, H., Tafeln üb. die Todesursachen u. üb. Geborne, Verstorbene u. Eheschließungen im J. 1874, s.: Mittheilungen d. statist. Bureaus.

Sonnenkalb, Hans, Rechtsanw.: Die Geschichte und rechtliche Stellung des Korrespondentreeders (Schiffsdirektors, Schiffsdisponenten), §§ 492—499 HGB. Borna-Leipzig 1909: Noske. VIII, 94 S. 8°
Leipzig, Jur. Diss. v. 14. Juni 1909
[Geb. 13. Nov. 78 Hamburg; Wohnort: Hamburg; Staatsangeh.: Hamburg; Vorbildung: Wilhelm-Gymn. Hamburg Reife M. 97; Studium: Leipzig 1, München 1, Kiel 9 S.; Rig. 28. Sept. 04.] [U 09. 2693

Sonnenkalb, Hugo, die medicinische Facultät zu Paris. Ein Sendschreiben an die medicinische Facultät zu Leipzig. gr. 8. (3½ B.) Leipzig 844, Teubner.

Sonnenkalb, Hugo: Die Steuer im Fürstentum Lüneburg während des Mittelalters. Kiel 1908. IX, 63 S. 8°
Kiel, Phil. Diss. v. 14. Jan. 1909, Ref. Rodenberg
[Geb. 31. Jan. 85 Ülsen; Wohnort: Buxtehude; Staatsangeh.: Preußen; Vorbildung: Gymn. Stade Reife O. 04; Studium: Marburg 3, Berlin 2, Kiel 4 S.; Rig. 1. Aug. 08.] [U 09. 2341

— der Straßenstaub in Leipzig. Eine medizinal-polizeiliche Skizze. Leipzig 861. Förstner. (Felix.) gr. 8. (31 S.) 3 ngr.

Sonnenkalb, Johann Gottfried A. S. 1147/21

Disputatio medica inauguralis, de febribus mesentericis, acutis. Präs. Christian Martin Burchard. Rostock (Adler) 29. V. 1727. 34 S.

Gew.: Stadt Hamburg. 32850

Sonnenkalb, K. Th., das Staatsrecht d. Herzogth. Sachsen-Altenburg, s. Handbuch d. öffentlichen Rechts der Gegenwart.

Sonnenkalb, U. J. F., Antritts-Predigt, gehalten am Sonnt. Sexagesimae, den 3. Febr. 1850 in der Kirche zu St. Pauli. gr. 8. (16 S.) Hamburg 850, (Meißner.)

Sonnenkalb, U. J. F., Antritts-Predigt, gehalten am Sonnt. Sexagesimae, den 3. Februar 1850 in der Kirche zu St. Pauli, gr. 8. (16 S.) Hamburg 850, Volksbuchhandl. in St. Pauli. 3 ngr.

Sonnenkalb, V(ictor): Zur Pharmakologie der Kreislauf-coordination. Marburg 1910: Köster & Scheli. 54 S. 8°
¶ (Aus: Zeitschr. f. exper. Pathol. u. Therapie. Bd 5.)
Marburg, Med. Diss. v. 22. Febr. 1910, Ref. Brauer
[Geb. 29. März 81 Leising; Wohnort: Marburg; Staatsangeh.: Sachsen; Vorbildung: Realgymn. Döbeln Reife O. 03; Studium: Jena 2, Kiel 3, Freiburg i. B. 2, Marburg 2 S.; Coll. 7. Febr. 10; Approb. 7. Febr. 10.] [U 10. 3330

v. Sonnenleithner, H., Skizze über den österreichischen Reisenden Virgil v. Helmreichen. [Aus den Sitzungsberichten 1852 d. k. Akad. d. Wiss.] Lex. 8. (18 S.) Wien 852. (Braumüller.) n. 4 ngr.

Sonnenleithner, H. v., Skizze über den österreichischen Reisenden Virgil v. Helmreichen. Lex.-8. (18 S.) Wien 852, (Gerold's Sohn.) Thlr. *
Aus: Sitzungsberichte der k. Akademie der Wissenschaften J. 1852, besonders abgedruckt.

Sonnenleitner, Franz, s.a. Sonnleitner

Sonnenleitner, Bez.-Secr. Frz.: Neuestes alphabetisch verfasstes Nachschlagebuch f. d. P. T. Herren Verwaltungs- u. Gemeindebeamten, sowie löbl. Advocaturskanzleien, Notariats- u. Aichämter in Böhmen. Nach besten Quellen u. eigenen Aufzeichngn. verfasst. 14. Lieferung. Prag: Kytka 1886. (S. 521–560.) gr. 8°

Sonnenlicht, Das am nordischen Himmel prächtigst leuchtende dreyfache, an dem Gebuhrts-Tage . . . Friderich zu Dännemarck . . . Kiel [1726]. V: *Spielter, Joach.* (Bruun, Bibl. Danica III, 374.)

Sonnen-Lieder. Gedichte von Hellmut Prinz v. Sonnenschein. gr. 16. (154 S.) Kattowitz 901. Gebr. Böhm. Geb. in Leinw. m. Goldschn. n. 3. —

— v. Sturmfeder. 8. (145 S.) Warmbrunn 899. (M. Leipelt.) n. 3. —

Sonnenmajer, Johann Nikolaus, s.a. Sonnenmayer

Sonnenmajer, Johann Nikolaus (Weissenburg/B.)
Thl. XV, 291/1e

Disputatio V. et ultima quae cognatus cum praedestinatione doctrinas, de particularitate mortis Christi, gratiae irresistibilitate, ejusdemque inamissibilitate evolit. Präs. Gustav Philipp Moerl.
In: Moerl: Vindiciae doctrinae Lutheranorum de gratia praedestinationis ... Altdorf (Meyer) 1702. S. 295-332.
32851

Sonnenmayer, Georg Jakob Friedrich

Sonnenmayer, G. J. F., die Augenkrankheit d. Neugebornen nach allen ihren Beziehungen, histor., patholog.-diagnost., therapeut. u. als Gegenstand d. Staats- u. Sanitäts-Polizei dargest. gr. 8. (43½ B.) Leipzig 840, (Kollmann.)

Sonnenmayer, Geo. Jac. Friedr., die Augenkrankheiten des Carl Deisenroth, pensionirten Soldaten in Philippsthal. Patholog.-diagnost. u. therapeutisch dargestellt. gr. 8. (5⅝ B.) Gelnhausen 844, (Leipzig, Kollmann.)

Sonnenmayer, Jo. Guilph.: De vero ortu mali hypochondriaci et hysterici, s. Buechner, Andr. El. (Praes.)

Sonnenmayer, Johann Nikolaus, s.a. Sonnenmajer

Sonnenmayer, Johann Nikolaus (Weissenburg/B.)
Altd. Phs. 36/32

De valetudinis ac rei familiaris curatione ex lib. II. Offic. Cic. capp. penult. et ult. edit. Graev.
Präs. Magnus Daniel Omeis.
Altdorf (Meyer) 11. XII. 1700. 4 Bl.
32852

Sonnenmayer, Johann Nikolaus (Weissenburg/B.)
Altd. Phs. 46/32

Disputatio physica, qua providentia divina, ex proportionata corporum quantitate demonstranda.
Präs. Johann Christoph Sturm.
Altdorf (Meyer) 14. I. 1702. 28 S.

Gew.: Johann Jesaias Schnee, Georg Michael Nuding, Johann Alexander Döderlin. 32853

Sonnenmayer, Johann Nikolaus (Weissenburg/B.)
Altd. Phs. 42/4

Dissertatio historico-mathematica de fatis matheseos.
Präs. Bernhard Walther Marperger.
Altdorf (Meyer) 21. VIII. 1702. 42 S.

Gew.: Karl Gottlieb Harsdörffer, Karl Sigismund Grundherr, Jakob Willibald Haller, Christoph Fürer.
32854

Sonnenmayer, Johann Nikolaus (Weissenburg/B.)
Altd. Thl. 2/20

Peri tes apodeixeos pneumatos kai dynameos, sive de demonstratione spiritus et potentiae, quatenus ex I. Corinth. II. versiculo I. et seqq. aliisque Scripturae locis, definiri potest et vindicari debet.
Präs. Johann Michael Lange.
Altdorf (Kohles) 5. IX. 1702. 32 S.

Gew.: Wolfgang Hannibal Heberer, Michael Döderlin.
32855

Sonnenmayer, Wolfgang Daniel (Pappenheim)
Altd. Thl. 22/7

Dissertatio theologica de aurora fidei inter rationis tenebras emergente. Präs. Gustav Georg Zeltner.
Altdorf (Meyer) 4. III. 1723. 38 S.

W. v.: Präs., Johann Wilhelm Baier. 32856

Sonnenmüller, J. A., neueste Destillirkunst. 2 Thle. 8. Lpz. 795. (Danner in Mühlhausen). 8 gr.

Sonnenpinsel, Focus, s.: Photo-Komik.

Sonnenritter, Der. Leipzig 1781. V: *Bonin, Christian Frdr. von.* (Ky) (MGT)

Sonnenritter, Der. Leipzig 1781. V: *Orduñez, Diego.* B: *Bonin, Christian Frdr. von (& W. Ch. S. Mylius).* (Hitzig) (GGr II, 576, 6) (Zeitschr. f. Büch. N. F. 1923, S. 122)

Sonnenritter, der, (v. Chr. F. v. Bonin). 2 Thle. 8. Lpz. 781.

Sonnenschein, der. Ein humorist. Hausfreund, hrsg. u. illustrirt v. Lothar Meggendorfer. 6 Hfte. Fol. (74 S. m. eingedr. farb. Illustr.) Stuttgart 886. Spemann. cart. n. 6. 60

Der Sonnenschein: 1899 1900 St.Louis, MO
Edited by Otto König.

Sonnenschein. Geschichten für Kinder und ihre Freunde. Bändchen 1... u. Bändchen 2.... 8. Einsiedeln *etc.*, Benziger & Co. A. G., 1907. (*je* geb. M. 1. —)
Bändchen 1... s. Müller, Elisabeth. Der Geisshirt vom Gotthard....
Bändchen 2... s. Müller, Elisabeth. Jutta das Ritterkind....

Sonnenschein. Geschichten für Kinder und ihre Freunde. Bändchen 3 ... u. Bändchen 4.... 8. Einsiedeln *etc.*, Benziger & Co. A. G., 1908. (*je* geb. M. 1.—)
Bändchen 3 ... s. Müller, Elisabeth. Wir bitten um Arbeit....
Bändchen 4 ... s. Müller, Elisabeth. Die Krückenlinde....

Sonnenschein. Geschichten für Kinder und ihre Freunde. Bändchen 5.... 8. Einsiedeln..., Benziger & Co. A. G., 1909. (geb. M. 1. —)
s. Düker, Elsbeth.

Sonnenschein. Geschichten für Kinder und ihre Freunde. Bändchen 6.... 8. Einsiedeln..., Benziger & Co. A.G., 1910. (geb. M. 1. —)
s. Strecker, Georg.

Sonnenschein. Geschichten für Kinder und ihre Freunde. Bändchen 7 *u.* 8 .... 8. Einsiedeln ..., Benziger & Co. A.G., (1910).
Bändchen 7 *s.* Müller, Elisabeth — Bändchen 8 *s.* Haza-Radlitz, Hedwig von.

Sonnenschein. Geschichten für Kinder u. ihre Freunde. I. Bdchn. kl. 8. Einsiedeln, Verlagsanstalt Benziger & Co. Kart. 1. —
Der Geißhirt vom Gotthard. Erzählung. Von Elisab. Müller. Mit (2) farb. Bildern v. M. Annen. 2. Taus. (135 S.) 907.

Sonnenschein. Geschichten f. Kinder u. ihre Freunde. 2.—8. Bdchn. kl. 8. Einsiedeln, Verlagsanstalt Benziger & Co. Kart. à 1. —
Düler, Elsb., aus meinem Stübchen. Erzählungen. Mit (2) farb. Bildern v. M. Annen. (167 S.) 909. (5. Bdchn.)
Haza-Radlitz, Hedw. v., buntes Völkchen. Erzählungen. Mit (2) farb. (Voll-)Bildern v. M. Annen. (121 S.) 910. (8. Bdchn.)
Müller, Elisab., Elternsegen. Erzählung. Mit (2) farb. (Voll-) Bildern v. M. Annen. (130 S.) 910. (7. Bdchn.)
— Jutta das Ritterkind. Erzählung. Mit (2) farb. Bildern v. M. Annen. (148 S.) 907. (2. Bdchn.)
— Die Krückenlinde. Erzählung. Mit (2) farb. Bildern v. M. Annen. (136 S.) 908. (4. Bdchn.)
— Wir bitten um Arbeit u. andere Märchen. Mit (2) farb. Bildern v. M. Annen. (136 S.) 908. (3. Bdchn.)
Strecker, Geo., der Mutterstein u. and. Geschichten. Mit (2) farb. Bildern v. M. Annen. 1. Taus. (104 S.) 909. (6. Bdchn.)

Sonnenschein im Hause, s. a. Grüß Gott, Hft. 12.

— dasselbe u. andre Geschichten. Erzählgn. f. Jung u. Alt von M. v. O. Mit Titelbild: „D. Liebe höret nimmer auf!" v. Heinr. Hofmann. 8. (VI, 108 S.) Schwerin 898. F. Bahn. Kart. n. 1. 20

Sonnenschein im Hause u. andre Geschichten. Erzählungen f. Jung u. Alt von M. v. O. Mit Titelbild: „Die Liebe höret nimmer auf!" v. Heinr. Hofmann. 3. Aufl. 8. (112 S.) Schwerin 902. F. Bahn. n. 1. —; geb. n. 1. 20

— im Hause u. andere Geschichten. Erzählungen f. Jung u. Alt von M. v. O. Mit Titelbild: „Die Liebe höret nimmer auf!" v. Heinr. Hofmann u. 1 Illustr. 4. u. 5. Aufl. (112 S.) 8. Schwerin 908. F. Bahn. 1.—; geb. in Leinw. 1. 20

— in Schloss u. Haus. E. Jahrbuch. Imp.-4. (128 S. m. Illustr. in Photograv., Holzschn., Autotypie u. Farbendr.) Leipzig 896. Stuttgart, J. G. Cotta Nachf. Geb. n. 15. —

Sonnenschein, A., Lehr- u. Lesebuch f. berg- u. hüttenmännische Schulen, s.: Gehrig, Herm.

Sonnenschein, A., Der deutsche Unterricht an bergmännischen Schulen und ähnlichen Unterrichtsanstalten. 2. Aufl. Essen-Ruhr, 1902. 61 S.
Dasselbe. 4. Aufl. Hattingen a. R., 1908. 112 S.

Sonnenschein, C., aus dem letzten Jahrzehnt des italienischen Katholizismus, s.: Broschüren des Windthorst-Bundes.

Sonnenschein, C. F., la tradition de Tell d'après les recherches critiques des historiens contemporains. gr. 8. (43 S.) Dresden 871, Schöpff. [Demuth.] * — 50

Sonnenschein, Franz Josef [prakt. Arzt aus Brilon, Westfalen]: Zur Aetiologie der Orbitalphlegmone bei Neugeborenen .... Greifswald, Druck v. Julius Abel, 1888; 25 S. 8°
Greifswald, Med. Fak., Inaug.-Diss. v. 10. Aug. 1888

Sonnenschein, Franz Leopold

Sonnenschein, Franc. Leop. (geb. Cöln a. Rh. 13. 7. 1819): De molybdaeni acido eiusque vi in nonnulla corpora. Berolini (1851). (43 S.) 4°
Berlin, Phil. Diss. v. 25. Juli 1851

Sonnenschein (F. L.), Analyse der Bibraer Heilquellen. Nebst einigen Bemerkungen über die Geschichte des Bades von C. Rühlmann. (Naumburg 1875?) 8.

Sonnenschein, Fr. L., Analysen der Quellen v. Hornhausen. gr. 16. (8 S.) Oschersleben 874. Gebr. Köppel. — 50

Sonnenschein, F. L., Anleitung zur chemischen Analyse für Anfänger bearb. 1. Aufl. (96 S.) 1852. und 2., verm. Aufl. gr. 8. (136 S.) Berlin 855, [Moeser.]

Sonnenschein, F. L., Anleitung zur chemischen Analyse. 3., verm. Aufl. Lex.-8. (183 S.) Berlin 858, E. Kühn. *

Sonnenschein (Fr. L.), Anleitung zur chemischen Analyse. 2. Aufl. Berlin 1855. 8.
Desgl. 4. Aufl. Ebendas. 1861. 8.

Sonnenschein, F. L., Anleitung zur quantitaven chemischen Analyse. Berlin 864. E. Kühn. Lex.-8. (VII, 303 S. mit eingedr. Holzschn.) n. 2 ₰

— Handbuch der analytischen Chemie. Mit Benutzung der neuesten Erfahrungen herasg. Qualitative Analyse. Berlin 870. A. Hirschwald. gr. 8. (VIII, 246 S.) n. 1 ₰ 25 ngr.

— Handbuch der analytischen Chemie. Mit Benutzg. der neuesten Erfahrgn. Quantitative Analyse. Mit 16 (eingedr.) Holzschn. gr. 8. (XI, 321 S.) Berlin 871. Hirschwald. n. 7. —

— Handbuch der gerichtlichen Chemie. Nach eigenen Erfahrungen bearb. gr. 8. (XII, 564 S. mit 6 lithogr. Taf.) Ebendas. 869. * 12 —

Sonnenschein's, F. L., Handbuch der gerichtlichen Chemie. Neu bearb. von Alex. Classen. 2., gänzlich umgearb. Aufl. Mit 58 (eingedr.) Holzschn. u. 1 (lith. u. col.) Taf. gr. 8. (XII, 560 S.) Berlin 881. Hirschwald. n. 14. —

— über ein neues Reagens auf Stickstoff-Basen und Anwendung desselben zur Abscheidung von Alkaloiden. Lex.-8. (14 S.) Berlin 857, E. Kühn. *

Sonnenschein, Heinr., die Bankpraxis. (XII, 400 S.) gr. 8. Wien 910. A. Hölder. Geb. in Leinw. 10. 40

Sonnenschein, Heinr., die Bankprüfung. Fachbuch zur Vorbereitg. f. die Ablegung e. Bankprüfg. (262 S.) gr. 8. Wien 906. A. Hölder. Geb. in Leinw. n 8. 60

Sonnenschein, Heinr. (geb. Klein-Umstand im Rheinl. 9. 2. 1845): Ein Fall von multipler Exostosis cartilaginea. Berlin (1873). (31 S.) 8°
Berlin, Med. Diss. v. 25. Juli 1873

Sonnenschein, Heinrich: **Über Stirnlagen.** *Berlin (1898): G. Schade.* (35 S.) 8°
Berlin, Med. Diss. v. 17. Mai 1898

Sonnenschein, Hellmut Prinz v., s. a. Sonnen-Lieder.

Sonnen-Lieder. Gedichte von Hellmut Prinz v. Sonnenschein. *Kattowitz: Gebr. Böhm 1901.* (154 S.) 8° [F.] [illegible]

Sonnenschein, Hugo, ad solem. Eine grelle Jugend. (VIII, 60 S.) 8. Dresden (907), E. Pierson. 1.50; geb. n 2. 50

Sonnenschein, K. F., Entgegnung auf die Reden des Hrn. Finanzrath v. Stieglitz u. des Hrn. Oeconomierath Glaß in Bezug auf unsere unlängst erschien. Schrift: „Die Vermessung, Abschätzung u. Grundsteuerregulirung des Herzogth. Sachsen-Altenburg." gr. 8. (20 S.) Leipzig 852, Ph. Reclam jun. n. 1/12 ₰

— die Vermessung, Abschätzung und Grundsteuerregulirung des Herzogth. Sachsen-Altenburg. Ein Beitrag zur Geschichte des Katasters. Nach fünfjährigen Erfahrungen beleuchtet. Ein Wort zu seiner Zeit an alle Grundbesitzer des Herzogthums zur Wahrung ihrer Interessen. Mit allen über das altenburger Kataster ergangenen Gesetzen und Verordnungen. gr. 8. (IV und 175 S. mit 1 Stnt.) Leipzig 852, Ph. Reclam jun. *

Die sozialstudentische Bewegung. Von Dr. Carl Sonnenschein. Paderborn 1909: Schöningh. 24 S. 8°
Vermehrt aus: Theologie u. Glaube.

Die sozialstudentische Bewegung. Von Dr. Carl Sonnenschein. 2. Aufl. Paderborn: Schöningh 1909. 24 S. 8°

Sonnenschein, Carl: Die sozialstudentische Bewegung, s.a. Studentenbibliothek. 1. Heft.

Die sozialstudentische Bewegung. Von Dr. Carl **Sonnenschein.** 3. Aufl. M.Gladbach: Sekretariat soz. Studentenarbeit 1910. 30 S. 8°
(Studenten-Bibliothek. H. 1.) 10. 9328

— Kann d. moderne Student sozial arbeiten? 1.–3. Tausd. (45 S.) kl. 8. M. Gladbach 908. Volksvereins-Verl. — 50

Sonnenschein, Karl, appr. Arzt: Aus d. chirurg. Klinik d. Universität Bonn. Ueber Tumoren der Bauchdecken und Baucheingeweide. Bonn 1900: C. Georgi. (60 S.) 8°
Bonn, Med. Diss. v. [12. Juli] 1900.

Der sittliche Wert der gewerkschaftlichen Arbeit von Carl **Sonnenschein** (M.-Gladbach). 3. Aufl. Duisburg: Christl. Metallarbeiter-Verband [1909]. 16 S. 8° 10. 7566

Die studentische Wohnungsfrage. Von Dr. Karl **Sonnenschein.** Münster i. W. 1910: Westf. Vereinsdr. 15 S. 8° 11. 3200 2

Sonnenschein, Leo, appr. Arzt: Aus d. Prov.-Hebammen-Lehranst. zu Cöln. Dir. Frank. Über Nabelinfektion und eine neue Okklusions-Methode in der Nabelwundbehandlung zur Einleitung u. Sicherung einer schnellen aseptischen Abheilung. Ill. an e. Versuchs- u. Vergleichstab. Bonn (1910): Trapp. 45 S., 12 Bl. Tab. 8°
Bonn, Med. Diss. v. 23. Nov. 1910, Ref. Fritsch
[Geb. 19. März 75 Kupferdreh; Wohnort: Cöln; Staatsangeh.: Preußen; Vorbildung: Realgymn. Essen Reife O. 97; Studium: Bonn 7, Berlin 1, Bonn 2 S.; Coll. 23. Nov. 10; Approb. 1. Nov. 09.] [U 11. 438

Sonnenschein, S. Salzmonopol und Salzsteuer. 8°. Wien 1868.

Sonnenschein, S. Ueber Steuern und Vermögenssteuern. 8°. Wien 1848.

Sonnenschein, Sigm. Die Eisenbahn-Transportsteuer und ihre Stellung im Staatshaushalte. gr. 8°. Berlin, J. Springer, 1896.

Die Eisenbahn-Transportsteuer und ihre Stellung im Staatshaushalte. Von Sigmund **Sonnenschein,** Minist.-Vicesekr. im k. k. Eisenbahnminist. *Berlin: J. Springer 1897.* (VI S., 1 Bl., 107 S.) 1 Bd 8. 96. 8671

Sonnenschein, Sigm., das Localbahnwesen in Oesterreich. gr. 8. (V, 151 S.) Wien 886. Hartleben. n. 3. —

Sonnenschein, Sigm., über die Reform der Branntwein-Besteuerung in Oesterreich-Ungarn. gr. 8. (39 S.) Wien 881. Hölder. n. 1. 20

Sonnenschein, Sigm., die finanzielle Sicherstellung d. Localbahnbaues in Oesterreich. gr. 8. (VIII, 128 S.) Wien 893. A. Hartleben. n. 3. 60

Sonnenschein, Sigm., der Stand der Bodenrente in Oesterreich-Schlesien. 8. (32 S.) Wien 879, (Frick.) *

Sonnenschein, Theodor, a. Cöln: Bestimmung von Phasenverschiebung und Kapazität an umkehrbaren Elektroden mit Hilfe des Oszillographen. Rostock 1910. 46 S. 8°
Rostock, Phil. Diss. v. 1. März 1910, Ref. Heydweiller
[Geb. 17. Juni 80 Elberfeld; Wohnort: Rostock; Staatsangeh.: Preußen; Vorbildung: Gymn. Recklinghausen Reife O. 01; Studium: Bonn, Paris, München 1, Berlin 11, Rostock 2 S.; Rig. 23. Febr. 10.] [U 10. 3984

Sonnenschein, Wilhelm, aus Werden a. d. Ruhr, Gerichtsassessor a. D.: Das Zurückbehaltungsrecht des bürgerlichen Gesetzbuches und das kaufmännische Zurückbehaltungsrecht. Werden a. d. Ruhr (1905): W. Flügge. (56 S.) 8°
Erlangen, Jur. Fak., Diss. v. 17. Mai 1904
[Geb. Werden a. d. Ruhr; Wohnort: Werden; Staatsangeh.: Preußen; Rig. 17. Mai 04.]

Sonnenschmid, Ephr. Fr., († ...) s. Versuch e. Abbild. d. gelehrten Welt.

Sonnenschmidt, Fr. Traug.

— Bericht üb. die neue Entdeckung, das kupferhalt. salzsaure Natron zur Verbesser. d. Amalgamation anzuwenden. 4. Leipz 811. (Köhler). 6 gr.

Sonnenschmidt, Fr. Traug., Beschreib. der span. Amalgamation, od. Verquickung des in d. Erzen verborgenen Silbers bei d. Bergwerken v. Mexico, mit einer neuen Theorie. gr. 8. Gotha 810. Becker. 2 Thlr.

— mineralog. Beschreib. der vorzügl. Bergwerks-Reviere vor Mexiko od. Neuspanien. gr. 8. Greiz 804. Leipz. 814. Köhler. 1 Thlr. 12 gr.

— Commentar mit Beschreib. der span. Amalgamation. so wie sie bei d. Bergwerken in Mexiko gebräuchlich ist. 2 Stücke. 8 Leipz. 811—13. (Köhler). 14 gr.

Sonnenschmidt, Friedrich Hermann

Sonnenschmidt, F. H., einige Bemerkungen üb. d. Civil-Proceß-Verfahren in Neu-Vor-Pommern u. Rügen u. die, bei d. Redaction e. neuen preuß. Gerichts-Ordn. etwa zu berücksicht., Vorzüge desselb. vor d. jetzigen Proceß-Verfahren in d. älteren preuß. Provinzen. gr. 8. (6½ B.) Greifswald 839, [Koch's Vrlsbuchh.]

Sonnenschmidt, F. H., neue praktische Erörterungen aus den Gebieten des preußischen u. gemeinen Zivil- u. Prozeßrechtes. gr. 8. (VIII, 237 S.) Berlin 877. Vahlen. n. 6. —

Sonnenschmidt, F. H., praktische Erörterungen aus den Gebieten d. preußischen u. gemeinen Zivil- u. Prozeßrechtes. gr. 8. (X, 229 S.) Berlin 875. C. Heymann's Verl. n. 6. —

— Geschichte der Entscheidungen des königlichen Ober-Tribunals, nebst Plenarbeschlüssen u. Präjudicien. Veröffentlicht unter Mitwirkung der Redaktions-Kommission. gr. 8. (39 S.) Berlin 879. C. Heymann's Verl. n. 1. —

Sonnenschmidt, F. H.: Geschichte des Königlichen Ober-Tribunals zu Berlin. Berlin 1879.
Th. 1. Bis zur Reformation d. KG. v. 8. März 1540. 1890.
„ 2. Das KG. v. 1540—1688. 1891.
„ 3. Das KG. im 18. Jahrhundert. 1901.
„ 4. Das KG. im 19. Jahrhundert. 1904.
3. **Holtze,** Friedr.: Strafrechtspflege unter König Friedrich Wilhelm I. 1894.
4. **Holtze,** Friedr.: Lokalgeschichte des Königlichen Kammergerichts. 1896.

— Geschichte eines königlichen Ober-Tribunals zu Berlin. Mit 3 Portraits (in Lichtdr.), 1 Ansicht des Kammergerichtsgebäudes in Lichtdr. u. 4 Autographien. gr. 8. (XXXII, 490 S.) Ebend. 879. Subscr.-Pr. n. 12. —; Ladenpr. n. 15. —

Sonnenschmidt, Friedr. Herm., über die Redaction eines allgemeinen deutschen Gesetzbuches u. die in dieser Hinsicht dem Zoll-Vereine beizulegende Bedeutung. gr. 8. (2 B.) Greifswald 843, Koch's Vrlgsb.

—— Sammlung der für Neu-Vorpommern u. Rügen (Preußen) ergangenen Gesetze ꝛc., s. Sammlung.

Sonnenschmidt, Friedr. Herm.: Sammlung der für Neu-Vorpommern und Rügen in den Jahren 1802 bis Schluß 1817 ergangenen Gesetze, Königl. Schreiben, Regierungs-Patente [usw.]. Stralsund. 2 Bde

Bd 1. Die Jahre 1802 bis Schluß 1809 umf. 1844.
„ 2. Die Jahre 1810 bis Schluß 1817 umf. Nebst e. Anh. 1847.

Sonnenschmidt, Sammlg. d. f. Neu- u. Vorpommern u. Rügen v. 1802—17 ergang. Gesetze etc. 2 Bde. Stralsund 844—47.

Sonnenschmidt, Was ist von den Rechtsmitteln der Revision und der Oberrevision in dem Entwurfe einer deutschen Civilproceßordnung von 1872 zu halten? Eine Betrachtung. gr. 8. (86 S.) Berlin 874, C. Heymann's Verlag. * 1 50

[Sonnenschmidt, Friedr. Herm.]: Einige Worte zur Darlegung der Verwerflichkeit des Rechtsmittels der Nichtigkeits-Beschwerde im Preuß. Civil-Processe. Von e. prakt. Juristen. Berlin 1868.

Sonnenschmidt, Herm., Kosmologie. Geschichte u. Entwicklung des Weltbaues, unter Zugrundelegung der neuesten Forschungen der Wissenschaft, für Gebildete gemeinfaßlich dargestellt. gr. 8. (VIII, 450 S.) Köln 878. Mayer. n. 8. —

— dasselbe. 2., verm. Aufl. gr. 8. (XII, 476 S.) Ebend. 879. n. 9. —

Sonnensehnsucht (Randbemerkungen zu neuem Menschentum), von Antarktis, s.: Grenzfragen e. neuen Zeit. 1.

Sonnenstäubchen aus einer Schulstube. Von einem Schulmeister am Jura. Leipzig 859. Brandstetter. 8. (VIII, 208 S.) n. 20 ngr.

Sonnenstein; ein Seitenstück zu Florentin, v. Fr. Schlegel. 8. Gießen, Müller. 807.

Sonnenstich u. Hitzschlag, der, auf Märschen. gr. 8. (8 S.) Berlin 873. Mittler & Sohn. n. — 25

Sonnenstrahl, e., u. andere Erzählungen f. Jung u. Alt. Von M. v. O. 1.—3. Aufl. (96 S. m. 2 Abb.) 8. Schwerin, 909. F. Bahn. — 90; geb. in Leinw. 1. —

Sonnenstrahlen. Erzählungen f. die Jugend. 1.—4. Bdchn. 12. Witten, Buchh. der Stadtmission. Geb. 2. 25

1. Von Louise Himmelmann. (III, 32 S.) (897.) — 75
2. (III, 80 S. m. Abb.) (900.) — 50
3. 4. Von F. Fries. (à III, 80 S. m. Abb.) (901.) à — 50

— dasselbe. Sammlung neuer Lieder in Orig.-Kompositionen f. gemischten Chor. I. Hft. 2. Aufl. 8. (III, 64 S.) Langnau (900). (Bonn, A. Falkenroth.) n. 1. 10

Sonnenstrahlen. Bdch. 1. *Barmen: G. Wüster [1900].* 8° [F.] [c2. 9518

Sonnenstrahlen. Bundes-Organ des Freimaurerbundes zur aufgehenden Sonne [Schriftleit.: Karl Heinr. Löberich; von 1910—1922 Kurt Floericke; seit 1923: Seber.] Jg. 1ff. Nürnberg, 1900—08ff. 8°.

°1. 1907/08 [als Beilage zu den „Freien Glocken"]; 2. 1908/09 312 S.; 3. 1909/10 IV, 384 S.; 4. 1910/11 384 S.; 5. 1911/12 384 S.; 6. 1912/13 384 S.; 7. 1913/14 472 S.; 8. 1914/15 344 S.; °9. 1915/16; 10. 1916/17 288 S.

Sonnenstrahlen. Monatsschrift z. Unterhaltung u. Belehrung. Red.: F[elix] Weichbrodt, Friedrichshagen-Berlin. Jg. 1, No 1—7. [Mehr nicht erschienen.] (Friedrichshagen-Berlin; 7: Karlshorst-Berlin: F. Weichbrodt 1903.) (72 S.) 8° [Ant. u. F.] [o6. 1175

Sonnenstrahlen: 1905?—1921?

Quarterly for Sunday Schools. Organ of Die Vereinigte Lutherische Kirche in Amerika. Edited by the Rev. W. L. Hunton.

Philadelphia, PA

Sonnenstrahlen. Märchen. Text u. Illustr. v. Prinzessin N. S. Die Veröffentlichg. der Bilder geschieht m. Genehmigg. Ihrer kgl. Hoh. d. Kronprinzessin v. Rumänien. (80 S. m. 11 Taf.) gr. 8. Leipzig (909). J. J. Weber. Geb. in Leinw. 5. —

Sonnenstrahlen, Gedichte v. C. v. A. aus J. 12. Basel 842, F. Schneider. 3 ngl

Sonnenstrahlen in's menschliche Herz. Hamburg 870. (Barmen, Klein.) 8. (8 S.) 1½ ngr

— ins Krankenzimmer. Trostworte f. Kranke, gesammelt v. H. K. 12. (III, 48 S.) Hannover (901). H. Feesche. Kart. — 75

Sonnenstrahlen ins Krankenzimmer. Trostworte f. Kranke, gesammelt v. H. K. 2., verm. Aufl. (48 S.) 12. Hannover 903. H. Feesche. Geb. in Leinw. — 75

— u. Regentropfen f. die Jugend. 1.—4. Bd. 8. Bremen, Verlag des Tractathauses. à — 60; geb. à 1. —

1. Marthas Vergnügungsort. Von Silke. Autoris. Uebersetzg. v. Emmy v. Fellitzsch. (112 S.) (901.)
2. Katharinas Verbannung od. „Ich will dich nicht verlassen noch versäumen". Frei nach dem Engl. von St. v. B. (136 S.) (901.)
3. Friedli, der blödsinnige Maler. Aus dem Franz. v. M. Th. Keßler. (96 S. m. Abbildgn.) (901.)
4. Am Abgrund. Von A. Steen. Dem Engl. nacherzählt. (104 S.) (902.)

— u. Regentropfen f. die Jugend. 5.—8. Bd. 8. Bremen, Buchh. u. Verlag des Traktathauses. 3. 20

Bohr, St. v., wer ist d. Dieb? od.: Gottes Wege sind wunderbar? Frei nach dem Engl. (111 S.) (7. Bd.) 1. —
Cooper, Mrs., Katharina u. ich. Ins Deutsche übertr. v. A. Steen. (107 S.) (908.) (6. Bd.) — 60; geb. 1. —
Durch Kreuz zur Krone. Aus dem Franz. v. Maria Theresia. (128 S.) (8. Bd.) 1. —
Steen, A., Nemo od.: Die wundervolle Tür. (109 S.) (906.) (5. Bd.) — 60; geb. 1.

Sonnenstrahlen, od.: 12 Vorträge üb. die Bibel f. Kinder u. ihre Eltern. 16. (159 S.) Cleveland 871. (Philadelphia, Schäfer & Koradi.) geb. n. 1. 40

Sonnenstrahlen aus Gottes Wort für dunkle Stunden. 16. (15 S.) Basel 878. Spittler. n. — 10

Sonnenstuhl, Konrad, a. Braunsberg, Ostpr.: Über Bildung und Umlagerung der Acylderivate von Körpern mit gemischten Funktionen. Greifswald 1905: H. Adler. (48 S.) 8°

Greifswald, Phil. Fak., Ref. Auwers, Diss. v. 11. März 1905

[Geb. 6. Dez. 79 Braunsberg i. Ostpr.; Wohnort: Greifswald; Staatsangeh.: Preußen; Vorbildung: Gymn. Braunsberg Reife M. 98; Studium: Königsberg 5, Jena 1, Königsberg 4, Greifswald 3 S.; Rig. 3. März 05.]

Sonnensystem, Unser. Zusammengestellt 1836. [Innsbruck 1839.] V: *Sondermann, F. W. S.* (Ky)

Sonnenthal, Der Graf von, oder das Schicksal der Soldaten; ein Lustspiel in zwei Aufzügen. Salzburg 1777. V: *Bernhandtsky von Adlersberg, Joseph.* (ML) (Hr) »Augsburg« (Ky)

v. Sonnenthal, der Graf, oder d. Schicksal d. Soldaten; Lstspl. in 2 A. (v. J. Berhandtsky v. Adlersberg). 8. Augsb. 777. v. Jenisch u. St. (Mayr in Salzb.) 3 gr

Sonnenthal, Adolf von. 50 Jahre im Wiener Burgtheater. 1856 bis 1906. Als Ms. gedr. Wien zum 1. Juni 1906. V: *Schlenther, Paul.* (Berlzu 1908, I, 953)

v. Sonnenthal, Joseph; e. Geschichte des menschl. Herzens, (v. Fr. Th. Thilo). 8. Leipz. 784. Kummer. 1 rf

Sonnenthal, Hermine, die arme Lise u. and. Märchen. 8. (V, 186 S.) Wien 896. (Gerold & Co.) n. 2. —; Einbd. n.n.n. 1. —

SONNENTHAL, Hermine
Fräulein Pose. Ein Märchen von Hermine Sonnenthal. Wien. 1901. Selbstverlag. [In Comm. Gerold & Co.] Gr.-8°. 16 S. K 1.—

SONNENTHAL, Hermine
Puppen-Gesellschaft. Ein Märchen fin de siècle. Von Hermine Sonnenthal. Wien. [1899.] Selbstverlag. [In Comm. Gerold & Co.] 8°. 16 S. fl. —.50

Sonnenthal, J. B. v., Anwend. d. Fruchtringes, od. d. Kunst, d. Fruchtbarkeit d. Obstbäume u. Weinreben z. erzeugen, d. Früchte z. vergrössern, merkl. früher z. Reife z. bringen, u. letztere v. d. sog. Reissen od. Abfallen d. Beeren nach d. Blüthe z. bewahren. Nebst Angabe e. Methode d. Rebbau mit e. Ersparung v. 3/4 d. sonst nöthigen Rebpfähle z. besorgen. Mit 1 Steindr. 8. Wien. 1823. (Tendler u. C.) — 10

v. Sonnenthal, (J. B.,) Anwendung des Fruchtringes od. die Kunst die Fruchtbarkeit der Obstbäume u. Weinreben zu erzwingen rc. Mit 1 Steindr. gr. 8. Wien 823. (Tendler u. v. Manst.)

Sonnenthal, Oscar: Ist Besitz nothwendige Voraussetzung der actio Publiciana? *Dessau: H. S. Art'l 1898.* (29 S.) 8° Erlangen, Jur. Diss. v. 17. März 1898

Sonnenthal, S.: Über Dissoziation in verdünnten Tartratlösungen. S. 100. IIb. 570.
Separatabdruck

Sonnenuhr, Die, am Gerichtshaus. Ein Festgruss anlässlich der Eröffnung des neuen Amtsgebäude in Meran ... [Meran 1904.] V: *Mages, Heinrich von.* (Margr)

Sonnen-Uhr, telegraphische, oder Wenn hier (?) Uhr ist, wie viel ist dann in (? Ort). 1 Stnt. in 4. Berlin 853, Abelsdorff. *

Sonnenuhren-Freund, der, od.: einfachste, kürzeste u. leichteste aller bis jetzt bekannten Methoden, um die verschiedenart. Sonnenuhren zu verzeichnen, um mittelst einer solchen Uhr jede Stadt-, Wand-, Tisch- od. Taschenuhr sogleich auf d. Genaueste reguliren zu können. 12. (½ B. u. 1 Stnt.) Erfurt 841. (Leipzig, Jackowitz.)

Sonnenuhren-Kunst, praktische, oder Anleitung zur Verfertigung von genau richtig zeigenden Vertikal-Sonnenuhren an Gebäuden. Lex.-8. (3 B. mit Einfassung u. 1 Bign. nebst 8 Figurentaf.) Passau 842, (Pustet'sche Buchh.) *

Sonnenuntergang, e. schöner, od. Erinnerungen e. Mutter an die letzten Tage ihres in der Jugendblüte heimgegangenen Sohnes. Frei aus dem Engl. übertr. von L. W. gr. 8. (VII, 110 S.) Gotha 887. F. A. Perthes. n. 1. 60

Sonnenwend, Friedr., Unterhaltungen bei Ausflügen auf das Land während der Reisen in die Bäder und an langen Winter-Abenden. Eine Sammlung origineller Erzählungen, Sagen, Gedichte, Charaden, Räthsel, sammt einem aus dem Böhm. übers. Lustspiel. gr. 8. (156 S. mit 2 Stnt. in 8. und 4., 1 Musikbeilage in 4., 1 Rebus und 1 Schachaufgabe.) Prag 847, Medau. Thlr.

Sonnenwendblume, geistl., e. Gebetbuch, worin Morgen-, Abend-, Meß-, Beicht- u. Kommunion-Uebungen, auch Andachten zur heil. Dreifaltigkeit, zu Jesu Christo, zu Maria u. a. Heiligen enthalten sind. 18. (10 B. u. 1 Holzschn.) Einsiedeln 827. (Augsburg, Kollmann.)

Sonnenwendblume, geistliche. Ein Gebetbuch, worin nebst den gewöhnlichen Gebeten auch Andachten zu Jesu Christo, zu Maria u. and. Heiligen enthalten sind. Neue verb. Ausg. 18. Einsiedeln 841, Gebr. Benziger. 6½ ngr Velinp. ¼ rf

Sonnenwendblume, geistliche. Ein ausgewähltes Andachtsbuch für Alle, die christlich leben und gottselig sterben wollen. 13. Aufl. 1848. und 14. Aufl. 12. (332 S. und 1 Stnt.) Einsiedeln 851, Gebr. Benziger.

Sonnenwendblume, geistliche. Ein ausgewähltes Andachtsbuch für Alle die christlich leben und gottselig sterben wollen. 23. Aufl. Einsiedeln 862. Gebr. Benziger. 24. (332 S. u. 2 Lithogr.) 4½ ngr

Sonnenwendblume, geistliche. Ein ausgewähltes Andachtsbuch für Alle, die christlich leben u. gottselig sterben wollen. 24—28. Aufl. Einsiedeln 865—67. Gebr. Benziger. 32. (332 S. mit 2 Steintaf.) 3⅓ ngr; Mit Meßanhang. (428 S.) 5 ngr

Sonnenwendblume, geistliche. Katholisches Gebet- und Andachtsbuch für Alle, die christlich leben und gottselig sterben wollen. 16. (351 S. mit 1 Stnt. und 1 lithogr. Titelbl.) Einsiedeln 873, Wyß, Eberle und Comp.

Geistliches Sonnen-Wend Blümlein, Das ist: Andächtiges Hand-Büchlein Von auserlesensten Liebs-Seufftzern, Morgens- und Abends-Gebettern ... (etc.) Verfasset durch einen Inbrünstigen Liebhaber. Augsburg, M. Rieger, 1758. Kl.8°. 9 Bl. (inkl. *Frontispiz von And. Ehmann*), 318 S. 3 Bl. *und 8 Kupfer.*

Sonnenwendblümlein, marianisches. 18. Bamberg, Göbhardt. 801.

Sonnenwendblümlein, moralisches. 18. Bamb. 801. (Wesché in Frankf.) 4 gr

Sonnenwenden, v. S. Schier. 8. Erfurt, Müller. 815.

Sonnenwirth, der; Trspl. 8. Frankf. 794. Pech. 8 gr

Sonnenwirthle, Der, oder Leben und Thaten des berüchtigten Räubers und Mörders Jhs. Frdr. Schwan von Ebersbach. Tübingen 1852. V: *Wüst, Wilh. Frdr.* (Hauptkat. d. Univ.-Bibl. Tübingen K, S. 114.)

Sonnenwirthle, der, oder Leben u. Thaten des berüchtigten Räubers u. Mörders Johann Friedrich Schwan v. Ebersbach. Zur Lehre u. Warnung aufs Neue erzählt. 8. (35 S.) Tübingen 852. (Ulm, Gebr. Nübling.) 3 ngr

Sonnenzirkel, oder verbesserter Hauskalender auf das Jahr 1894, sammt Verzeichniss der Jahrmärkte. In-4°. Aarau, Emil Wirz. 1893. — 15

Sonnenzirkel. Sonnen-Cirkel, oder verbesserter Haus-Kalender auf das Jahr 1901, sammt Verzeichniss der Jahrmärkte. [32 S.] 4. Aarau, Emil Wirz. [fr. —. 15]

Sonnen-Cirkel oder verbesserter Haus-Kalender auf das Jahr 1901 u. 1902 u. 1903, samt Verzeichnis der Jahrmärkte. [Mit Vignetten.] *je* 32 S. 4. Bern, Karl Stämpfli. *je* fr. —. 20

Sonnenzirkel. Sonnen-Cirkel, oder verbesserter Haus-Kalender auf das Jahr 1902, sammt Verzeichniss der Jahrmärkte. [34 S.] 4. Aarau, Emil Wirz. [fr. —. 15]

Sonnenzirkel. Sonnen-Cirkel, oder verbesserter Haus-Kalender auf das Jahr 1903, sammt Verzeichniss der Jahrmärkte. [34 S.] 4. Aarau, Emil Wirz. [fr. —. 15]

Sonnen-Cirkel oder verbesserter Haus-Kalender auf das Jahr 1908, samt Verzeichnis der Jahrmärkte. [Mit Vignetten.] 32 S. 4. Bern, Karl Stämpfli. fr. —. 20

SONNER, Franz (Eichstätt): De onootonia.- Monachii: Roesl 1835. 15 S. 10.11.1835 - Urk: F 62
Diss. Ingolst.-Landsh.-Mchn.

Sonnerat, Reise nach Neu-Guinea, nebst einer Beschreib. der Philippinischen Inseln u. d. Molukken; aus dem Engl. mit Anmerkk. von J. D. P. C. Ebeling. Mit 30 Kpf. gr. 4. Leipz. 777. Weygand. 2 ₰ 12 gl

Sonnerat, Pierre. Reisen nach Ostindien und China . . . 1774—81. Zürich 1782—83. Ü: *Pezzl, Johann.* (MGT) (CBH) (Ky) (AarK)

Sonnerat, Pierre. Reise nach Ostindien und China auf Befehl des Königs unternommen vom Jahr 1774 bis 1781. Zürich 1783. H & Ü: *Pezzl, Johann.* (Gustav Gugitz: Joh. Pezzl, S. 179) (BiblPort)

— Reise nach Ostindien u. China in d. J. 1774—1781; aus d. Französ. (v. Jh. Pezzl). Mit 140 Originalkpf. 2 Bde. gr. 4. Zürich 783. Orell, 12 ₰

— Reise nach Ostindien u. China, im Auszuge a. d. Franz. gr. 8. Leipzig, Schwickert. 783.

— Dies. im Auszuge, s. a. Bibliothek d. neuen Reisebeschreibb. 6r Bd. Nürnb.

— — dieselbe im Auszuge m. 17 K. gr. 8. Nürnb. Schneider u. W. 784.

Sonnerer, Kasp., s. G. J. Lechleitner, von dem Ungrunde ꝛc. aller Dinge.

Sonneschein, S. H., Aufmunterungen. Predigt am 28. Juli 1866 gehalten. 8. (19 S.) Wien 866, Herzfeld und Bauer. *

—— Josef, ein Spiegelbild des israelitischen Volkscharakters. Predigt am 9. Dezbr. 1865 im Leopoldstädter Bethause der israelit. Cultusgemeinde zu Wien gehalten. gr. 8. (16 S.) Wien 866, Herzfeld und Bauer. *

— das freie Judenthum im freien Staat. Wissenschaft versöhnt! Zwei Gastpredigten an den Sabbaten Wajéra u. Chajé Sarah 5627 in der Neu-Synagoge zu Prag gehalten. Prag 867. (Leipzig, Leiner.) gr. 8. (24 S.) n. 6 *ngr.*

Sonneschmid, F. T., s. Sonnenschmidt, Fr. Traug.

Sonneschmidt, J. J., de jure divortii apud Hebraeos. Jen. 1718. 4.

Sonneschmid, J. J., vaticinium de Joanne B. Jes. 40, 3. Jen. 1720. 4.

Sonneschmid, Jo. Justus [Praes.], s. Ram, Jo. Paul: Ex antiquitate Ebraea de thymia terio sanctissimi occasione Ebr. IX. 4.

Sonneschmid, Johann Ernst (Weimar) A. S. 799/10

Dissertatio inauguralis juridica de clausula concernente. Präs. Christian Wildvogel.
Jena (Müller) 4. XI. 1716. 53 S.

W. v.: Präs. 32857

Sonneschmid, Wilhelm Ernst A. S. 155/31

Dissertatio inauguralis iuridica de traditione debitoris ad manus creditoris vulgo Von Gebung des Schuldners an des Glaubigers Hand und Halffter.
Präs. Johann Rudolph Engau.
Jena (Schill) 26. III. 1746. 38 S. 32858

Sonneschmidt, F. T., s. Sonnenschmidt, Fr. Traug.

Sonnet, Marie, neueste vollständige Schule der Damenschneiderei, s.: Klemm, Heinr.

Sonnet, Rich., deutsche Bergmannslieder für den Männerchor. Eine Sammlung von Bergreyhen u. Grubenklängen für berg- u. hüttenmännische Sängerchöre u. Freunde des bergmännischen Gesanges. 8. (XVI, 232 S.) Tarnowitz 879. Leoben, Protz in Comm. n. 5. —

Sonnets, trois, à sa Majesté le roi Louis I. de Bavière. gr. 4. (5 Bl.) Nuremberg 856, Lotzbeck.

Sonnette, elsässische. 1871. 3. Aufl. gr. 8. (16 S.) Basel 871. Schweighauser. — 30

Sonnetten, baiersche, 12. (München, Fleischmann in C.) 819. — 3

Sonnewend, Friedrich —. Die Belagerung Prags durch die Schweden, oder: Treue und Tapferkeit der Böhmen. Ein vaterländisches Orginal-Schauspiel in 5 Aufzügen, aus der böhmischen Schauspielsammlung des Herrn J. N. Stěpanek. Frei übersetzt von — —. 8. (84 S.) Böhmisch-Leipa. Druck von Philipp Geržabek. 1854.

Sonnewend, Friedr., Geschichte der kgl. Freistadt Aussig. 12. (11½ B., 2 Stnt. u. 1 Plan.) Prag u. Leitmeritz 844, Medau.

Feuerwehr-Liederbuch. Eine Sammlung der beliebtesten Feuerwehr-Lieder v. A. Sönnichsen. Elmshorn. 1884. 8°
—— 3. erw. Aufl. ebd. [1906.] 8°

Sönnichsen, A., Feuerwehr-Liederbuch. Eine Sammlg. der beliebtesten Feuerwehr-Lieder. 3. erweit. Aufl. (147 S.) kl. 8. Elmshorn (906). J. M. Groth. Kart. n.n. — 50

Sönnichsen, Hans, die Vereinigung der Elektrizitätsfirmen. Vorschläge f. die Fabrikanten u. Installateure der Starkstrombranche zwecks Zusammenschliessg. u. Wahrung der gemeinsamen Interessen. gr. 8. (62 S.) Karlsruhe 902. G. Braun'sche Hofbuchdr. n. — 90

Sönnichsen, K., der Kreis Husum. Kleine Heimatkunde f. Schule u. Haus. (III, 125 S. m. Abb.) 8. Husum 909. (H. Delf.) Kart. — 80; m. Karte 1. —

Der Kreis Husum. Kleine Heimatkunde f. Schule u. Haus von K. Sönnichsen, Lehrer. Husum: Petersen in Komm. 1909. 123 S. 8°

Sönnichsen, Richard [app. Arzt aus Heide in Holst.]: Aus d. patholog. Institut zu Kiel. Beitrag zur Statistik des Magenkrebses ... Kiel, Druck v. C. Böckel, 1892; 13 S. 8°
Kiel, Med. Fak., Inaug.-Diss. v. [1. Dez.] 1892.

Sonnin. Verzeichniss der vom verstorbenen Direktor der Königl. Akademie der Künste Herrn J. W. Meil hinterlassenen Sammlung von Kupferstichen der berühmtesten Meister aus allen Schulen, Handzeichnungen und Gemälden der besten Meister. Berlin 1805. 8°.

Sonnin. Verzeichniss der von des Wohlseel. General-Lieutenants und Kommandanten hies. Residenzien Herrn v. Goetze Excellenz hinterlassenen Sammlungen von Büchern, Kupferstichen, Handzeichnungen u. s. w. Berlin 1806. 8°.

Hortus Alefelto Jersbecensis in Holsatia. Ernst Georg Sonnin del. C. Fritzsch sculps. 1747. o. O. Kupferstich. 1 Bl. Fol., 54/67 cm (beschn.).

Sonnini, C. F., Reise nach Griechenland u. d. Türkei; aus d. Französ. mit Anmerkk. v. Ch. Weyland. gr. 8. Berl. 801. Voß. 1 Rthlr 20 gr (Vergl. Magazin d. Reisebeschreibb. 24r Bd.)

Sonnini, Charles Sigisbert.
Reisen in Ober- und Niederägypten ... A. d. Franz. Leipz. u. Gera 1800. Ü: *Bergk, Johann Adam.* (EngG) (NN) (Ky) (MGT)

(Sonnini, C. S.): C. S. Sonnini's Reisen in Ober- und Niederägypten, auf Befehl der ehemaligen Regierung in Frankreich unternommen. Nebst einem Auszuge aus des Bürger's Carl Norry Bemerkungen über Aegypten. Aus dem Französischen. Mit Anmerkungen und einem Sachregister. Th. 1. 2. Leipzig u. Gera 1800. 2 Bde. XXIV, 453 S., 5 Tf.; XXXVIII, 534 S., 7 Tf., 2 Tb. 8°.

— Reisen in Ober- u. Nieder-Aegypten; aus d. Französ. mit Anmerkk. (von J. A. Bergk). 2 Thle. Mit Kpf. gr. 8. Gera 800. Heinsius. 3 Rthlr 16 gr (Bildet auch d. 1n u. 2n Bd von „ausgewählte Reisen.")

Sonnius, Sidney, Sizilien im J. 1876, s.: Franchetti, Leopoldo.

SONNLEITHNER, Wahrheiten für die jetzige Welt. O. O. 1811. 8°.
Karajan's Bibl. II. Wien 1879, no. 4959. — Selten!

Sonnleithner, Cph., († d. 25. Dec. 1788.) rechtsgegründeter Beweis, daß weiland Joh. Wilhelm, Fürst v. Trautsohn, in seinem Testamente üb. die von weil. Paul Sixtus, Grafen v. Trautsohn, herrührenden Fideicommiß-Güter rechtsgültig testirt habe. Fol. Wien 777. Kurzböck 12 kr

Sonnleithner, Ch., rechtsgegründet. Beweis, daß weil. Fürst v. Trautson herrühr. Fideicommißgüter testirt habe. Fol. Wien, Kurzböck. (Camesina) 777.

— Diss. anti-febroniana de ecclesiae dispersae consensu. 8. Wien 773.

— de consensu ecclesiarum. 8. Wien 777.

Sonnleithner, Christoph., Dissertatio Anti-Febroniana de infallibili Ecclesiae dispersae consensu. Wien 1775, 8°.
Nova biblioth. Frib. tom. II., fasc. III. p. 169—71.

SONNLEITHNER, CHRISTOPHORUS: Das durch den Tod erhaltene Leben von dem Wunderthätigen Blut-Zeug Jesu Christi H. Johann von Nepomuck, Welcher Durch die Tugend der Verschwiegenheit Als der erste Blutzeug des Heil. Sacraments der Buß sich in dem HH. Martyrer Orden den glorreichen Sieges Crantz erworben hat. In einem Musikalischen Oratorio den 17. May 1759 Nachmittags um 3 Uhr in der Kirche der W.W. E.E. P.P. Carmeliten Discalceat. in der Leopoldstadt vorgestellet. Die Poesie verfaßt von Herrn Christoph Sonnleithner J. U. D. und Gerichtsadvocaten. Wien 1759. Gedruckt bey Joseph Kurzböck, Universitäts-Buchdruck. (18 f.) - 195 mm

SONNLEITHNER, Fr.: Theoret. prakt. Vorlesungg. üb. d. allgem. in d. k. k. Erblanden best. Criminalgerichtsordn. *Eb.*, Hörling. 789—90. 3 Thle. 8.

Sonnleithner, Franz Xaver

— Abhandl. von d. Titeln u. Wappen des röm. Kaisers. 8. Wien 781. Ghelen. 2 kr

SONNLEITHNER Franz [Xaver]. -s ... Anmerkungen zum neuen Josephinischen Kriminalgesetz. Hörling, Wien 1787.
1 vol. 355 S.

— Anmerkk. zum neuen Josephin. Kriminalgesetz. 8. Wien 787.

Sonnleithner, Frz. Xav., Beweis, daß die geistl. Freistätten nach ihrem Ursprunge d. Grundsätzen des allgem. Staatsrechts nicht entgegen rc. waren. 8. Wien 781. Kurzböck. 4 kr

– s. Erklärung der wichtigsten und nothwendigsten Materien ...

— neuestes vollständ. u. gemeinnütz. Handbuch der österr. Rechte, wie sie unter Joseph II. bestehen. 5 Thle. 8. Wien 785—94. (v. Mösle). 5 fl 8 kr

– s. Hupka, Cp.: Lehrbegriff des peinl. Rechts ...

– s. Martini, Karl Ant. von: Sechs akademische Übungen ...

— Praxis im Styl der öffentl. Geschäfte. 8. Wien 804. Gerold. 5 kr

— üb. Religion d. Vernunft, als Grundlage der geoffenbarten. 8. Wien 808. Gerold. 4 kr

– s. Schilderung der Klöster ...

– s. Sulzer, Jh. Geo.: Gedanken über den Ursprung und die verschiedenen Dienste der schönen Künste ...

Sonnleithner, H. von: Skizze über den österreichischen Reisenden Virgil von Helmreichen. S. 8. 474.
Separatabdruck

Sonnleithner, Ignaz Edler von

– s. Gedanken üb. Banknoten ...

v. SONNLEITHNER, J. E.: Handb. d. österreich. Rechte, wie sie unter Joseph II. bestehen. 5 Thle. *Wien.* 785. 8. (2 Thl.)

Sonnleithner, Ign. von: Das Oesterr. Handelsr. A.u.d.T.: Leitfaden üb. d. Oesterr. Handels- u. Wechselr. 4. neu umgearb. A. Wien (Gerold) [803.] 827. 8°

Sonnleithner, (J.,) das österr. Handelsrecht. A. u. d. T.: Leitfaden üb. das österr. Handels- u. Wechselrecht. gr. 8. Wien 827, Geißlinger.

— kleines Handwörterbuch für Kaufleute. 8. Wien 809, Sammer. 12 gr.

— geheimer Haussekretair, auch Briefsteller u. Geschäftsmann. gr. 8. Wien 809. Sammer. 16 gr.

— Kunst Menschen zu kennen und in ihre Herzen zu sehen. 8. Wien, Wallishäuser. (Haßlinger in Linz.) 800.

v. SONNLEITHNER, Ign.: Lehrbuch d. österr. Handels- u. Wechselrechts, verbund. mit d. gesetzl. Vorschriften üb. d. gewöhnl. Rechtsverhältnisse d. Handelsleute. 2. neu bearb. Aufl. *Wien*, Gerold. (820.) 832. gr. 8. (1 Thl. 8 Gr.)

Sonnleithner, Ign. v., Lehrbuch d. österreich. Handels- u. Wechselrechtes, verbund. mit d. gesetzl. Vorschriften üb. d. gewöhnl. Rechtsverhältnisse d. Handelsleute. 2., neu bearb. Aufl. gr. 8. (20½ B.) Wien 832, Gerold.

Sonnleithner, Ign. Edler von: „Lehrbuch der Handelswissenschaft, zum Gebrauch der Schüler des k. k. polytechnischen Instituts in Wien", Wien 1819 (Gerold). — Vorh.: Com. Bibl. Hamburg.

— Lehrbuch der Handlungswissenschaft. gr. 8. Wien 819. Gerold. 18 gr.

v. Sonnleithner, Edler Ign., Leitfaden üb. das österr. Handels- u. Wechselrecht. 8. Wien . . . 2e A. 808. 3e A. 815. Geistinger. (Gerold). 1 fl. Hbg. Pr. 12 gr.

— Statuten u. Reglement des mit der ersten österr. Sparkasse vereinigten allgem. Versorgungs-Anstalt, für die Unterthanen d. österr. Kaiserstaats, mit Erläuterr. 2e mit Zusätzen verm. Aufl. gr. 8. Wien 827. Wallishauser. 6 gr.

— — Taschenbuch f. die deutschen Schaubühnen u. Lieb-haber-Theater. 16. Wien, Wallishauser. 815.
(enthält: Der Gönner. — Teimers, Lustsp. — Die Zurechtweisungen. — Manuela Naxemba. —)

v. SONNLEITHNER, Ign.: Unterricht üb. d. Acceptat.-, Verfalls- u. Protestat.-Zeit d. Wechselbriefe u. Notirung ders. *Wien*, v. Mösle (u. Braumüller). 8. (6 Gr.)

Sonnleithner, Ignaz Edler von: „Versuch eines Leitfadens über das österreichische Handlungs- und Wechselrecht", Wien 1801 (Gassler). — 2. verm. und verb. Auflage, Wien 1808, vorh.:

SONNLEITHNER Ignaz. Versuch a. d. deutschen Staatsrecht über d. gegenwärtige Verhältnis - Elsaß z. d. deutschen Reiche. Wien 1794.

Sonnleithner, Ign. Ferd.

— der Botaniker; Lstspl. in 2 A. nach Dupaty. 8. Wien 805. Pichler. 8 gr.

— diesmal meint er's so; Lstspl. in 3 A. 8. Wien 805. Pichler. 8 gr.

— die 4 letzten Dinge. Oratorium in 3 A. 8. Wien 810. Wallishausser. 4 gr.

— dir wie mir. Dramat. Kleinigkeit in 1 A. 8. Wien ... 2e Aufl. 820. Wallishausser. 6 gr.

— s. Ehe, Die kurze.

— Emerike, oder d. Zurechtweisung. Oper in A. 8. Wien 808. Wallishausser. 6 gr.

— Faniska. Große Oper in 3 A., mit Musik v. Cherubini. Wien 806. Pichler. 6 gr.

Sonnleithner, Ign. Fd., Fidelio. Große Oper in 2 A., Musik v. Bethoven. 8. Wien 805. Pichler. 4 gr.

— die Gartenmauer; Lstspl. in 1 A. 8. Wien 805. Pichler. 4 gr.

— Liebe u. Geheimniß; Lstspl. in 1 Aufz., nach d. Französ. Wien 807. Wallishausser. 5 gr.

— die Pagen des Herzos v. Vendome. Operette in 1 Aufz., nach Dieux-la-Foi's dramatisirter Anekdote. Wien 808. Wallishausser. 5 gr.

Sonnleithner, Ign. Fd., Agnes Sorel. Oper in 2 A., nach d. Französ. 8. Wien, Wallishausser. 6 gr.

— Taschenbuch für deutsche Schaubühnen u. Liebhabertheater. (Enth.: Die Gönner. — Tenniers. — Die Zurechtweisungen. — Manuela Nazemba). 16. Wien 815. Wallishausser. 1 Rthl.

s. Theater-Almanach.

— die Wette; Lstspl. in 1 A. 8. Wien 805. Pichler. 4 gr.

SONNLEITHNER, JOSEPHUS: Die wegen sonderbarer Höhe/Göttlicher und Englischer Gegenwart Wunder-volle Himmels-Leiter, Nicht nur Einem Alt-Testamentischen Jacob, nach Untergang der Sonnen im Schlaf, sondern bey hell-strahlenden Sonnen-Liecht am ersten Sonntag nach Pfingsten der wachtbaren Andacht zahlreich anwesender Christen fürgestellt. Als ein Weeg etliche Vollkommenheiten zu erkennen in unerforschlicher Weesenheit der unzertrennten Drey-einigen GOttheit, und Sinnbild der drey-färbigen Scapuliers der Hochlöbl. Englischen Ertz-Bruderschaft unter dem glorreich-Schutzsichersten Ehren-Titul Der Allerheiligsten Dreyfaltigkeit Von Erlösung deren gefangenen Christen zu Klein-Maria Zell 1746 in einer mit Ehr-bietigsten Demuth gehaltenen Lob-Rede von dem höchsten und tieffesten Geheimnuß . . . durch Josephus Sonnleithner, Hungaro-Budensis, Mediae Classis Grammatices Studiosus. Ofen 1746: Veronica Nottensteinin, Wittib. (6 f.) - 4°

Sonnleithner Rudolf: Entwurf einer Ausgabe der Leiche und Lieder Rudolfs von Rotenburg.
H. 1888 PN 528 Diss. Wien, Univ. 40

Sonnleitner, Franz, s.a. Sonnenleitner

Sonnleitner, Frz., neuestes alphabetisch verfasstes Nachschlagebuch für die P. T. Herren Verwaltungs- und Gemeindebeamten, sowie löbl. Advokaturkanzleien, Notariats- und Aichämter in Böhmen. Nach besten Quellen und eigenen Aufzeichnungen verf. (In ca. 12 Lfgn.) 1.—6. Lfg. gr. 8. (S. 1—240.) Beneschau 884. (Prag, Kytka.)
à Lfg. ** M 1. ** 6 —

Sonnleitner, Frz., neuestes alphabetisch verfasstes Nachschlagebuch für die P. T. Herren Verwaltungs- und Gemeindebeamten, sowie löbl. Advokaturskanzleien, Notariats- und Aichämter in Böhmen. Nach besten Quellen und eigenen Aufzeichnungen verfasst. 7.—14. Lfg. gr. 8. (S. 241—560.) Beneschau 886. (Prag, Kytka.)
à Lfg. ** M 1.—. **

Sonntag: Der Sonntag, s.a. Der Freie Aargauer.

— s.a. Anzeiger von Uster.

— s.a. Winterthurer Arbeiterzeitung.

— s.a. Der Landschäftler (I).

— s.a. Burgdorfer Tagblatt (II).

Sonntag: Für den Sonntag
s.a. Neues Winterthurer Tagblatt.

– s.a. Volksrecht.

Sonntag, der. gr. 8. (Basel, Spittler u. Comp.) n. 1/8 ɥβ

Sonntag, der. gr. 8. (5¼ B.) Basel 840, (Bahnmaier's Buchh.) *

Sonntag, Der. Vom Verfasser des Naeman. Basel [1841]. V: *Passavant, Theophil.* (ZU)

Sonntag, der. Illustrierte Zeitschrift f. die kathol. Familie. Hrsg. u. Red.: Stephan. 1.—3. Jahrg. 1900—1902. à 52 Nrn. gr. 4. (à ca. 16 S.) Berlin, Verlag Leohospiz. à Jahrg. 5.20

Sonntag, der. Illustr. Zeitschrift f. die kathol. Familie. Red.: Rob. Liedig. 4. Jahrg. 1903. 52 Nrn. (à ca. 16 S.) gr. 4. Berlin, Verlag „Leohospiz". 5.20

— dasselbe. Red.: J. Korzeniewski. 5. Jahrg. Jan.—Septbr. 1904. 39 Nrn. (à ca. 16 S.) gr. 4. Ebd. 3.90
Erscheint nicht mehr.

Der **Sonntag**. Wochenblatt für Kulturfortschritt. [Jg. 1,] No 1. Chef-Red. Hugo v. Hagen. Berlin: Nec sinit 1908. 2° [F.] [08. 18443

Sonntag, der, u. seine soziale Bedeutung. Vortrag in der Jahresversammlg. d. Kopenhagener Sonntagsvereins. 8. (16 S.) Berl. 889, Deutsche evangel. Buch- u. Tractat-Gesellschaft. * — 10

— der blutige in St. Petersburg. 9./22. I. 1905. Skizzen, Meingn. der ausländ. Presse, v. e. Augenzeugen. (In russ. Sprache.) (40 S.) 8. Berlin 905. Stuhr. n. 1.—

Sonntag: Für deinen Sonntag
v. Das Vaterland (Lu).

— der, u. das Evangelium. 8. Basel 841, Spittler u. Comp. n. 4 ngl 4 ₰

Sonntag, der, als Grundlage von Gesundheit und Volkswohl. Im Auftrag der Gesellschaft für Sonntagsheiligung für das Volk bearb. von einem Arzte. 1.—3. Aufl. gr. 8. (16 S.) Basel 882, Spittler. * — 12

— der, als Grundlage v. Gesundheit u. Volkswohl. Im Auftrage der Gesellschaft f. Sonntagsheiligg. dem Volk ans Herz gelegt v. e. Arzte. 4. Aufl. 8. (16 S.) Basel 887. Spittler. n. — 12

Sonntag: Heiliger Sonntag
v. Rorschacher Zeitung (II).

Sonntag ist's
v. Bündner Tagblatt.

SONNTAG, Der, in Leipzig. Ein launiges (stellenw. anstößiges) Gedicht mit betrachtenden Betrachtungen (sic!), von — Gleichviel, wer sie hat gemacht, / Seid zufrieden, wenn ihr lacht. („Der Ertrag ist zum Besten des Verfassers bestimmt".) Leipzig, Seerig'sche Buchhdlg., 1832. Gr. 8⁰. 24 S.

Sonntag, Der, im Lichte der Gesundheits-Pflege für Leib und Seele. Volksschrift, herausgegeben von der Kommission des Thurgauischen Sonntagsvereins. Steckborn 1908. V: *Wälli, Johann Jacob.* (BBullschw 16, S. 282)

Sonntag, der, in London. Nach dem Engl. von Heinr. Beta. Mit Holzschnitten nach Zeichnungen von G. Cruikshank. 16. (9½ B.) Berlin 842, Vereins-Buchhandlung.

Sonntag nach der Messe: Band 1, 1876–? Chilton, WI
Sub-title: Beilage zum Wisconsin Demokrat. Large quarto, 4 pages.

Sonntag oder nicht? Auch mal eine Anfrage bei Deutschen und deren Presse. 8. (36 S.) Philadelphia 860, (Schäfer und Koradi.) *

Sonntag (Der), sein menschliches und göttliches Recht. 2. Aufl. 8⁰. Schaffhausen 1878.

Sonntag Rogate, der, in der Gemeinde Straupitz. Herausg. von Carl Gehling. Cottbus 863. Gehling. 8. (35 S.) n. 4 ngr.

— der, e. Genfer Schriftsetzers. Von ihm selbst erzählt. Von der französ. Gesellschaft f. Sonntagsruhe gekrönte Preisschrift. 3. Aufl. 12. (25 S.) Basel 895. (Missionsbuchh.) n. — 10

Sonntag, Der, eines Genfer Schriftsetzers. Gekrönte Preisschrift, neu aufgelegt . . . Steckborn 1903. V: *Triquet, Alex.* (BBullschw 3, 1903)

Sonntag, der, e. Genfer Schriftsetzers. Von ihm selbst erzählt. Von d. französ. Gesellschaft gekrönte Preisschrift. (Umschlag: 4. Aufl.) (24 S.) kl. 8. Basel 909. (Basler Missionsbuchh.) nn — 08

Sonntag, Der, in der Schweiz. Zürich 1791. V: *Köchli, Jac. Chph.* (Cat. der Stadtbibl. Zürich. Zürich 1864—97.)

—— Septuagesimä, der, eine Sammlung von Predigtentwürfen aus den Werken evangel. Kanzelredner neuerer u. neuester Zeit, über das Evangelium am Sonntage Septuagesimä Matth. 20, 1—16. gr. 8. (1 B.) Braunschweig 845. (Leipzig, Kollmann.) *

—— der, u. die Sonntagsfeier. Ein Synodalaufsatz in Aphorismen mit Randglossen. Von e. norddeutschen Geistlichen. 12. (1¾ B.) Hamburg 843, Schuberth u. Comp. *

Sonntag: Stiller Sonntag
v. St. Galler Tagblatt.

— der, der Tagelöhner. (Abgedr. aus der „Evangelischen Kirchenzeitung.") Berlin 863. (Beck.) 8. (64 S.) n. 4 ngr.

Sonntag, Der, und die Volksfeste. Herausgegeben von der Kommission des Thurgauischen Sonntagsvereins. Steckborn 1908. V: *Schüli, Michael.* (BBullschw 16, S. 281)

Sonntag, Der, der allerbeste Volksfreund. Bern 1879. V: *Schädeli.* (BSchwLk V, 8, 2)

Sonntag und Volkswohl. Von einem Basler Juristen. Nach der Publikation der Basler Gesellschaft für Sonntagsfeier neu herausgegeben mit Anhang von der Kommission des Thurgauischen Sonntagsvereins. Steckborn 1906. V: *Bieder, Adolf.* (BBullschw 16, S. 278)

Sonntag und Volkswohlfahrt. Basel 1894. V: *Bieder, Ad.* (BSchwLk V, 8, 2)

Sonntag u. Volkswohlfahrt. Von e. Juristen. 12. (15 S.) Basel 894. Kober. n. — 08

Sonntag und Volkswohlfahrt. Von einem Juristen. 12°. Basel, Jaeger u. Kober, 1895.

—— der weiße. Leichtverständliche Belehrungen und Gebete zur Vorbereitung auf die heil. Kommunion für Erstkommunikanten und die gesammte Jugend, welche würdig und mit Nutzen kommunizieren will. Von einem Priester der Erzdiöcese Freiburg. 16. (216 S. mit 1 Holzschntaf.) Donauwörth 882, [Buchh. des kathol. Erziehungsvereins.] Auer.
geb. in Halbleinw. * 80 Pf.; in Leinw. * 1 30

—— dass. — 2. durchges. und mit einem Anhang: Die Feier des weißen Sonntags in der Erzdiöcese Freiburg verm. Aufl. 16. (243 S. mit 1 Chromolithogr.) Ebendas. 883.
geb. in Halbleinw. * 80 Pf.; in Leinw. * 1 30
geb. mit Goldschn. * 2 —

— der weiße. Anleitung u. Gebete f. Erstkommunikanten. Von e. Priester der Erzdiözese Bamberg. 9. Aufl. (32 S. m. 1 Abb.) 16. Nürnberg 910. L. Koch. — 12

Sonntag, wie zwei Knaben, e. weißer u. e. schwarzer, Mission getrieben haben, s.: Missionsschriften f. Kinder. Nr. 45.

Sonntag, A.: Ueber die Bewegung eines materiellen Punktes auf der Fläche eines Rotationsparaboloids. 1879. 8°
Diss. Marburg

Sonntag, A. Die Brachystochrone auf dem Rotationsparaboloid. 9 S. Progr. *Bockenheim* 1881.

Sonntag, A(dolphus) A(enotheus) F(ridericus) E(rnestus): De aneurysmate arteriae tibialis posticae. Halis (1843): Ruff. 40 S. 8°
Halle-Wittenberg, Med. Diss. v. 2. Sept. 1843
Geb. Preussisch-Eylau 8. 10. 1819. V.

Sonntag, Albrecht [aus Uelzen]: Beitrag zur Statistik der Aetiologie der Nephritis ... Göttingen, Druck d. Dieterich'schen Univ.-Buchdr., 1892; 25 S. 3.
Göttingen, Med. Fak., Inaug.-Diss. v. [31. Juli] 1891

Sonntag, Albr. Beitrag zur Statistik d. Aetiologie der Nephritis. Diss. gr. 8. (25 S.) Gött. 892, (Vandenhoeck u. Ruprecht). * — 60

Sonntag, Arnulf, Gedichte. (104 S.) 8. München 906. G. Müller. n. 2. —

Sonntag, Arnulf: Hermann von Gilm. Darstellung seines dichterischen Werdeganges. München 1904: A. Bruckmann. (156 S.) 8° [F.] ¶[Erschien 1904 selbständig im Verlag von Lindauer, München.]
München, Phil. Fak., Ref. Muncker, Diss. v. 11. Okt. 1904
[Geb. 24. Aug. 79 Karlsruhe i. B.; Wohnort: München; Staatsangeh.: Bayern; Vorbildung: Gymn. München Reife Juli 99; Studium: München 9 S.; Rig. 22. Dez. 03.]

— Hermann v. Gilm. Darstellung seines dichter. Werdeganges. (VIII, 156 S.) gr. 8. München 904. J. Lindauer. n. 4. —

— Angelika v. Hörmann. Eine deutsche Dichterin in Tirol. (53 S.) 8. Ebd. 906. n. — 80

Sonntag, Arnulf, Hermann Lingg als Lyriker. (VIII, 135 S m. 1 Bildnis.) 8. München 908. J. Lindauer. 2. —

— Virginius. 5 Akte. (156 S.) 8. München 906. G. Müller. n. 2. —

Sonntag, Arthur [aus Berlin]: Über die infolge von Äther- und Chloroformnarkosen nach Laparotomien entstehenden Pneumonien ... Erlangen, k. b. Hofbuchdr. v. A. Vollrath, 1896; 50 S., 2 Bl. 8.
Erlangen, Med. Fak., Inaug.-Diss. v. [17. Dez.] 1895

Sonntag, Arthur, Dr. jur., Referendar aus Kretzschwitz: Das simulierte Rechtsgeschäft. Gera 1899: Geraer Verl. Anst. u. Druckerei. (VIII, 55 S.) 8°
Erlangen, Jur. Diss. v. 5. Febr. 1898

Sonntag, C. von, s.a. Sonntag, K. von

Sonntag, C.: De Asiarchis. – Altorf. 1712.

Sonntag, C., de chaeretismo. Altorf. 1709. 4.

Sonntag, C.: De χειμαζόμενοις s. hiemantibus. – Altorf. 1705.

Sonntag, C., feriae cereales Christianorum. Altorf. 1704. 4.

Sonntag, C., Katechismus d. Flachsbaues, s.a. Weber's, J. J., illustr. Katechismen.

Sonntag. Katechismus des Flachsbaues und der Flachsbereitung. (Aus: „J. J. Weber's Illustrierte Katechismen“ Nr. 72.) Leipzig 1872.

Sonntag, C., de falsis miraculis. Altorf. 1715. 4.

Sonntag, C., de resistentia auditorum Stephani adversus Spiritum S. Altorf. 1710. 4.

Sonntag, C., de Stoechariis. Altorf. 1704. 4.

— de uvis eucharisticis. Ibid. 1704. 4.

Sonntag, C. G., s. Sonntag, Karl Georg

Sonntag, Ch., de allegatis apocr. in cod. IV. evangelistarum. Altorf. 1715. 4.

Sonntag, Chr., concordantiarum synonymicarum Novi Testam. 4. Norinb. Monath. 716.

— decas decalogica s. X. comment. super moralitate legum ceremonialium et forens. 4. Altenb. 708.

Cyprian, E. S., (Helmst. 1699. 4.), Sonntag, Chr. (Altorf. 1710. 4.) de ecclesia subterranea.

— v. Schäflein Christi, üb. alle Evangelia. 4. Altenb. Richter. 714. 1 12

Sonntag, Chr., evangel. Sonn- u. Festtags-Postille. 4. Altenburg. 740. Rthlr. 1 16

Sonntag, Christian

Sonntag, Chrst., neuer deutscher Briefsteller nebst Sprachlehre u. Orthographie. Ein Hand- u. Lehrb. f. alle diejen., welche d. Deutsche richtig sprechen u. schreiben lernen wollen; mit e. Mustersamml. schriftl. Aufsätze. 1. Aufl. 8. (10¾ B.) 836., 2., verm. u. verb. Aufl. 12. (7½ B.) Leipzig 840. [Berlin, C. H. Schultze.] à

Sonntag, Chrstn., neuer deutscher Briefsteller nebst Sprachlehre u. Orthographie. 3., verm. u. verb. Aufl. gr. 16. (10¼ B.) Berlin 844, Klemann.

Sonntag, Chrstn., neuer deutscher Briefsteller nebst Sprachlehre und Orthographie. Ein Hand- und Lehrbuch für alle diejenigen, welche das Deutsche richtig sprechen und schreiben lernen wollen; mit einer Mustersammlung schriftl. Aufsätze wie sie im bürgerl. und Geschäfts-Leben am häufigsten vorkommen ꝛc. nebst Angabe der üblichsten Titulaturen. Im Anhange das allgem. deutsche Wechselrecht. 4., verb. und verm. Aufl. gr. 16. (VI und 172 S.) Berlin 851, C. Schultze's Buchdruckerei.*

Sonntag, Chrn., neuer deutscher Briefsteller nebst Sprachlehre und Orthographie. Ein Hand- und Lehrbuch für alle diejenigen, welche das Deutsche richtig sprechen und schreiben lernen wollen; mit einer Mustersammlung schriftlicher Aufsätze ꝛc. nebst Angabe der üblichsten Titulaturen. (Neue Ausg.) Im Anhange Briefsteller für Liebende. Berlin 855. C. Schultze's Buchdr. 16. (VI, 170 S.) 10 ngr.

— — 7., vielfach verb. u. verm. Aufl. Im Anhange das allgem. deutsche Wechselrecht. Ebend. 858. 8. (VI, 174 S.) 10 ngr.

Sonntag, Chrn., neuer deutscher Briefsteller nebst Sprachlehre und Orthographie. Ein Lehr- und Handbuch für alle diejenigen, welche das Deutsche richtig schreiben und sprechen lernen wollen. Mustersammlung schriftl. Aufsätze, wie sie im bürgerl. und Geschäftsleben am häufigsten vorkommen, als: Glückwünschungs-, Danksagungs-, Entschuldigungs-, Einladungs- und Empfehlungsschreiben, Bittschriften, Erinnerungs- und Mahnbriefe, Contracte, Vollmachten, Testamente, Quittungen, Wechsel, Anweisungen, Berichte, Atteste u. s. w., nebst Angabe der üblichsten Titulaturen. Im Anh.: Briefsteller für Liebende. 8. (VI, 170 S.) Berlin 868, Gaertner.

— — Im Anh. die allgemeine deutsche Wechselordnung. Ebend. 868. 8. (VI, 174 S.) 10 ngr.

Sonntag, Christoph [Praes.], s. Baumann, Johann Gumbert: Commentat. super moralitate legum ceremonialium et forensium.

Sonntag, Christoph [Praes.], s. Baur, Christoph: Commentat. super moralitate legum ceremonialium et forensium.

Sonntag, Christoph [Praes.], s. Geiger, Gottfried Engelhard: Commentationum super moralitate legum ceremonialium et forensium.

Sonntag, Christoph [Praes.], s. Grötsch, Joh. Wilhelm: De ecclesia subterranea.

Sonntag, Chrph., alphabetisches Handbuch über die Gemeindeverwaltung u. die Bürgerrechte, mit allen hierauf bezüglichen Gesetzen u. Verordnungen. Für badische Gemeindebeamte u. Bürger bearb. gr. 8. (IV u. 190 S.) Karlsruhe 847, Macklot. 24 ngr.

Sonntag, Christoph [Praes.], s. Heffner, Johann Georg: Ergodioctes alter, variis variorum separatistarum hypothesibus ac principiis, indies recrudescentibus oppositus.

Sonntag, Christoph [Praes.], s. Marstaller, Johann Jacob: Tenuia quaedam fila et prima quasi stamina commentationum super moralitate legum ceremonialium et forensium.

Sonntag, Christoph [Praes.], s. Pemsel, Georg: Elucubratio ex theol. morali de scandalo sui ipsius.

Sonntag, Christoph [Praes.], s. Richter, Georg Friedrich: De concursu Dei universali ad pravos hominum actus super quo veram et verbo divino convenientem sententiam.

Sonntag, Christoph [Praes.], s. Schäffler, Michael: Commentationum super moralitate legum ceremonialium et forensium deigma VIII.

Sonntag, Christoph [Praes.], s. Schäffler, Michael: Saltus ab extremo ad extremum geminus, sub vigiliam carnisprivii (quae vulgo vocatur Fastnacht) declinandus, disputatio publica, tractatui Teutonico cujusdam anomymi opposita.

Sonntag, Christoph [Praes.], s. Schaubert, Andreas: Miculae XX. authentiae Chaldaicae.

Sonntag, Christoph [Praes.], s. Scheumaeder, Ambrosius: Schedia parallelographica, iuxta seriem periocharum evangelicarum fer. I. Paschatos, dom. Quasimodogeniti, Misericordias Domini, ...

Sonntag, Christoph [Praes.], s. Schmidt, Friedrich Georg Wolfgang: De allegatis apocryphis circa textus nonnullos Actorum Apostolicorum, epistolae ad Romanos, et utriusque ad Corinthios.

Sonntag, Christoph [Praes.], s. Schmidt, Johann Andreas: Abrogatio librorum ecclesiae Lutheranae symbolicorum magistratibus diversarum confessionum de jure divino illicita est.

Sonntag, Christoph [Praes.], s. Schmidt, Johann Andreas: Commentationum super moralitate legum ceremonialium et forensium deigma X. idque ultimum.

Sonntag, Christoph [Praes.], s. Schmidt, Johann Andreas: Scrutinium biblicum, hoc est, investigatio proprietatis, in vocibus quibusdam biblicis deprehendae.

Sonntag, Christoph [Praes.], s. Schoepff, Johann Lorenz: Characteres boni principis, maxime imperantis, ad ductum Iesaiae cap. XXXII, 8.

Sonntag, Christoph [Praes.], s. Solger, Adam Rudolph: Schedia parallelographica juxta seriem periocharum Evangelicarum dominic. IX, X, XI, XII, XIII et XIV. SS. trinitatis congesta (Schedion (XXXV) ad dom. IX. Trinit. Evangel. Luc. XVI, 1–9.

Sonntag, Christoph [Praes.], s. Sonntag, Johann Christoph: Manuductionum Biblicarum de concurrentia officiorum Christi senarii duo.

Sonntag, Christoph [Praes.], s. Sonntag, Johann Friedrich: Commentationum super moralitate legum ceremonialium et forensium deigma secundum, in quo praeliminariter Noachidarum praecepta et nonnulla sacrificiorum ante-Mosaicorum moralia delibantur.

Sonntag, Christoph [Praes.], s. Sonntag, Michael Christoph: Commentationum super moralitate legum ceremonialium et forensium deigma septimum.

Sonntag, Christoph [Praes.], s. Spölin, Johann Michael: De regulis Calogerorum Basilianorum.

Sonntag, Christoph [Praes.], s. Staudt, Johann Michael: Candidi calculi.

Sonntag, Christoph [Praes.], s. Steber, Johann Sigismund: De ecclesia subterranea.

Sonntag, Christoph [Praes.], s. Stemler, Abraham: Spes meliorum temporum, eaque partim decollans, partim soli Deo reservata.

Sonntag, Christoph [Praes.], s. Stemler, David: De conflagratione Nadab et Abihu sacerdotum.

Sonntag, Christoph [Praes.], s. Stemler, Johann Christoph: De tropariis ecclesiae Graecae.

Sonntag, Christoph [Praes.], s. S t e t n e r, Andreas Adam: De ecclesia subterranea.

Sonntag, Christoph [Praes.], s. S t i e b e r, Georg Stephan: Christos ho tekton ek tou Markou kephal. hekt.

Sonntag, Christoph [Praes.], s. S t i e b e r, Georg Stephan: Commentationum super moralitate legum ceremonialium et forensium deigma quartum.

Sonntag, Christoph [Praes.], s. S t i e b e r, Georg Stephan: De pice et sulphure inferni, aliisque huc attinentibus materiis ...

Sonntag, Christoph [Praes.], s. S t o b a e u s, Johann Friedrich: Schedia parallelographica, juxta seriem periocharum evangelicarum, dom. III. et IV. post Epiphan.... congesta.

Sonntag, Christoph [Praes.], s. T i t i u s, Zacharias: Commentatiuncula de stoechariis.

Sonntag, Christoph [Praes.], s. T r e s e n r e u t h e r, Johann Adam: De supereminentia magistratus Christiani ex dicto Rom. XIII, 1–4.

Sonntag, Christoph [Praes.], s. T r o p p a n n e g e r, Wolfgang Kaspar: Triades novenae involvulorum philo-theologicorum, quibus Mosen evangelistam disputatione publica ... producere studebit ...

Sonntag, Christoph [Praes.], s. W e b e r, Andreas: Miculae XXX. ex Novo Testamento Syriaco.

Sonntag, Christoph [Praes.], s. W e b e r, Andreas: Vindemiola sacra de uvis eucharisticis, ad illustrandum canonem XXVIII. Trullanae synodi.

Sonntag, Christoph [Praes.], s. W e i s, Johann Lorenz: Commentationum super moralitate legum ceremonialium et forensium deigma IX.

Sonntag, Christoph [Praes.], s. W i n c k l e r, Johann Georg Christoph: Plerophoria falsi nominis seu convictio imaginaria in spiritualibus.

Sonntag, Christoph [Praes.], s. W i n g e r, Gottfried: De inverso decalogo ex 1. Joh. III, 4.

Sonntag, Curt, s. S o n n t a g, Kurt

Sonntag, Dn., s. Tanz, vom.

S o n n t a g, Ed., Entwürfe zu architektonischen Gartenverzierungen. 1. Lfg. Imp.-Fol. (8 chromolithogr. Bl.) Leipzig 857. [Glogau, Flemming's Verlag.] * *

Sonntag, Ed., Entwürfe z. architekton. G a r t e n v e r z i e r u n g e n. (Auch Französ.: Projets des décorations etc.) 1. Lief. 1857. gr. Fol. Leipzig. (Romberg.) à 2. 15

Sonntag, Ed., Entwürfe zu architektonischen Gartenverzierungen. 2. Aufl. 1. Liefg. Glogau 861. Flemming. Fol. (8 lith. Bl.) . 2 ₰ 15 ngr.

—— Projets de décorations architectoniques de jardins. 1. Livr. Imp.-Fol. (8 chromolithogr. Bl.) [Ebendas.] 857. * *

Sonntag, Erich, appr. Arzt a. Bonn: Aus d. Krankenhause d. Barmherzigen Brüder zu Bonn. Chirurg. Leitung: Herr Prof. Dr. Witzel u. Herr Oberarzt Dr. Liniger, Privatdoz. f. Unfallkunde. Unterschenkelbrüche mit Bezug auf das Unfallversicherungsgesetz. Bonn 1904: E. Eisele. (115 S.) 8°
Bonn, Med. Fak., Ref. Bier, Diss. v. 1. März 1905
[Geb. 15. März 81 Gotha; Heimatsort: Gotha; Staatsangeh.: Preußen; Vorbildung: Kgl. Gymn. Bonn Reife O. 99; Studium: Bonn 9 S.; Coll. 1. März 05: Approb. 25. Juli 04.]

Sonntag, Ernst, Die Gründung einer Industrie-Hypothekenbank. Ein Beitrag zum Problem der Organisation des langfristigen industriellen Kredits. 8⁰. Kattowitz, Gebr. Böhm, 1909.

S o n n t a g, Ernst. Das Hegar'sche Schwangerschaftszeichen, s. S a m m l u n g klinischer Vorträge.

Sonntag, F., e. Mißverständniß od. d. schwerhör. Peter, s. a. Esser's, J., Sammlg. leicht aufführbarer Theaterstücke.

Ein M i s s v e r s t ä n d n i s oder Der schwerhörige Peter. Schwank in 1 Akt. Nach F. Bonn's Humoreske 'Eine Million' bearb. v. F. **Sonntag**. Paderborn: J. Esser 1898. (24 S.) 1 Bd 8°
(Sammlung, J. Esser's, leicht aufführb. Theaterstücke. H. 56.)

Sonntag, Fr., der Dienstmann Nr. 112, s. a. E s s e r's J., Sammlung leicht aufführbarer Theaterstücke.

Sonntag, Fr., der Dienstmann Nr. 112. Lustspiel in 3 Aufzügen. 8. (36 S.) Paderborn 894. J. Esser. n. — 60

Sonntag, Fr. Aug., († d. 19. Juni 1821.) kleiner Nachlaß. gr. 8. Dresd. (823.)

Sonntag, Franz Paul, appr. Arzt: Ein F a l l von Verschlingung und Knotenbildung der Nabelschnüre bei Zwillingen im gemeinsamen Amnion. Leipzig 1905: B. Georgi. (23 S.) 8°
Leipzig, Med. Fak., Ref. Zweifel, Diss. v. 27. Jan. 1905.
[Geb. 16. Nov. 74 Dresden; Wohnort: Reudnitz, Reuß ä. L.; Staatsangeh.: Sachsen; Vorbildung: Kreuzgymn. Dresden (als Hospitant) Reife M. 99; Studium: Leipzig 9 S.; Coll. 11. Febr. 05; Approb. 27. Juni 04.]

Sonntag, Friedrich (Durlach) A. S. 195/6

Dissertatio iuridica exhibens observationes IV. selectas ad tot leges Codicis. Präs. Johann Tobias Hoffmann. Jena (Müller) V. 1728. 53 S.

W. v.: Präs. 32863

Sonntag, Friedrich Balthasar A. S. 566/10

Positiones inaugurales quinam sint immediati, nec ne? Präs. Gottfried Daniel Hoffmann.
Tübingen (Sigmund) 8. VI. 1771. 16 S. 32864

Sonntag, Georg [aus Uelzen]: Ueber einige neue Morphinderivate, '(Heptabromhomooxydimorphin, Dibromhomooxydimorphin, Monobenzoylmorphin.)' ... Göttingen, Druck d. Dieterich'schen Univ.-Buchdr., 1895; 38 S., 1 Bl. 8.
Erlangen, Phil. Fak., Inaug.-Diss. v. 19. Juni 1895

Sonntag, Gust. Fr. Nicol., doctrina inspirationis ejusque ratio, historia et usus popularis. 8maj. Heidelb. 809. Mohr. 20 ℊ

Sonntag, H., Diss. Sicilimontorum academicorum fasciculus de spectris etc. Altd. 4°.

1703

– – s.a. S o n n t a g, Jo. Michael

Sonntag, H. A., Eléments de la grammaire allemande, d'après les principes des grammairiens modernes. (Mit 1 Blatt Vorschriften.) gr. in-12. Strasbourg 840. Levrault. 3/8 ₰

Sonntag, H. A., Éléments de la grammaire allemande d'après les principes des meilleurs grammairiens allemands. 4. Édit. 12. (VII und 136 S. mit 1 Stnt. in qu. Fol.) Strassbourg 856, Veuve Berger-Levrault et fils.

Sonntag, H. A., Grammaire complète de la langue allemande, rédigée d'après les principes des meilleurs grammairiens allemands. 12. (19½ B. u. 1 Schreibvorschrift.) Strasbourg 846, libr. Levrault.

— Thèmes appliqués aux règles de la grammaire allemande; accomp. d'un vocabulaire qui indique les déclinaisons et les conjugaisons: à l'usage des colléges et des écoles superieures. gr. in-12. Paris et Strasbourg 840 Levrault. ⅔ ℳ

—— Thèmes appliqués aux règles de la grammaire allemande; accompagnés d'un vocabulaire qui indique les déclinaisons et les conjugaisons. 2. édit., revue et corrigée. 12. (9¾ B.) Strasbourg 844, libr. Levrault.

Sonntag, Hedw., Doktor Lauenstein. Roman. (472 S.) 8. Dresden 910. E. Pierson. 5.—; geb. n 6. —

Sonntag, Heinrich (Altdorf) A. S. 996/46

Adagia quaedam medicinalia doctrinae promiscuae discursibus illustrata. Präs. Johann Jakob Baier.
Altdorf (Kohles) 26. XI. 1712. 16 S. 32866

Sonntag, Heinrich (Altdorf) A. S. 921/18

Dissertatio academica in qua chirurgiae novae adumbratio sive delineatio sistitur.
Präs. Lorenz Heister.
Altdorf (Kohles) 27. X. 1714. 16 Bl. 32867

Sonntag, Heinrich (Altdorf) A. S. 1019/54

Disquisitionis corporis humani anatomico-pathologicae specimen XVII. Präs. Johann Moritz Hoffmann.
Altdorf (Meyer) I. 1712. S. 241-272. 32865

Sonntag, Henriette, Toilettenbüchlein. Ein Geschenk f. Damen u. Herren, die ihre Toilette geschmackvoll einrichten, u. in wenigen Stunden d. Kunst sich selbst zu frisiren erlernen wollen; nebst Schönheitsmitteln rc. 16. (13¼ B.) Stuttgart 830, Neff.

Sonntag, Hermann [Dr. aus Ülzen]: Ueber die Bedeutung des Ozons als Desinficiens. . . . (Aus: Zeitschr. f. Hygiene. Bd. VIII. H. 1.) Leipzig, Veit & Comp., 1890; 44 S. 8°
Göttingen, Med. Fak., Inaug.-Diss. v. 20. Dez. 1889

Sonntag, J.: M i t t h e i l u n g e n aus dem chemischen Laboratorium. – Laibach, OR., Progr. 1872. Znaim, OR., Progr. 1872.

Sonntag, Jo. Christian [Praes.], s. O s w a l d, Johann Heinrich: De duplicis prudentiae qua regnum administratur optimo necessarioque nexu.

***Sonntag,** Jo. Mich., scilimentorum academicorum fasciculus de spectris et ominibus morientium. Altorfii 703. 4.

– – s.a. S o n n t a g, H.

Sonntag, Johann Michael [Praes.], s. S c h u l z, Magnus Melchior: De fuga in periculis.

Sonntag, Johann Michael [Praes.], s. V o l l a n d, Christoph: De subsultu precantium in primitiva ecclesia.

Sonntag, Johann Christoph (Oppurg) Altd. Phs. 42/30

Dissertatio inauguralis de perennibus veterum lucernis. Präs. Daniel Wilhelm Moller.
Altdorf (Kohles) 21. IV. 1705. 20 S. 32869

Sonntag, Johann Christoph (Oppurg) Altd. Thl. 13/20

Manuductionum Biblicarum de concurrentia officiorum Christi senarii duo. Präs. Christoph Sonntag.
Altdorf (Kohles) 29. VIII. 1703. 60 S.

Gew.: Johann Albert Gf. von Ronov und Bieberstein.
W. v.: Anton Samuel Ludovicus, Johann Georg Poeschel. 32868

Sonntag, Johann Friedrich (Durlach) A. S. 288/34

Commentationum super moralitate legum ceremonialium et forensium deigma secundum, in quo praeliminariter Noachidarum praecepta et nonnulla sacrificiorum ante-Mosaicorum moralia delibantur.
Präs. Christoph Sonntag.
Altdorf (Kohles) 27. II. 1706. 42 S.

W. v.: Präs., D. G. Moller, Zacharias Titius, H. Etlinger, Adam Christoph Sonntag, Johann Gumbert Baumann. 32870

Sonntag, Joh. Matth., geheime Frauenzimmer- u. Kinderapotheke, nebst Anweis. zur Geburtshülfe. 8. Nürnberg, Raspe. 752.

Sonntag, Jh. Ph. Wlh.

Sonntag, J. P., Handbuch f. die Staatsschreiber, Theilungskommissarien u. Amtsrevisoratsscribenten im Herzogthum Baden. Nach dem Code Napoleon, als badische Landrecht u. d. übrigen badischen Gesetzgebung bearbeitet. gr. 8. Carlsruhe. (Frankf. Hermann in Comm.) 811.

Sonntag, Jh. Ph. Wlh., Handbuch für die Staatsschreiber, Theilungskommissarien u. Amtsrevisoratsscribenten im Herzogthum Baden. Nach d. Code Napoleon, als badisches Landrecht u. d. übrigen badischen Gesetzgebung bearbeitet. 2 Thle. gr. 8. Karlsr. 811. Müller. 1 ℳ 16 gr

Sonntag, Jh. Ph. Wlh. Die Staatswirthschaft und Rechtspolizei, nach den Forderungen der Zeit und Natur des Gegenstandes. 1. Betrachtung. gr. 8°. Heidelberg, Mohr, 1818.

Sonntag, Joh. Vinc., Alpenrosen. Eine Sammlung innerösterreich. Sagen u. Erzählungen. 2 Bde. 8. (26⅞ B.) Grätz 840, 42, (Dirnböck.) *

—— Knittelfeld in Obersteiermark. Ein Beitrag zur Vaterlandskunde. 8. (6 B.) Grätz 844, (Dirnböck.) * –

Sonntag, Johannes: *Commentatio, qua locus 2 Petr. III, 10 philologice, critice et practice illustratur. 20 Bl. 4°
Halle-Wittenberg, Phil. Diss. v. 21. Apr. 1827
Geb. [Treffurt (Thür.) 13. 7. 1801]

Sonntag Julius: Die Größe des Planspiegels im Verhältnis zur Gegenstandsgröße. 9. Znaim R. 98.
Progr.

Sonntag, Jul., erläuternder Katalog der keramischen Materialienmuster-Sammlung an der k. k. Fachschule für Thonindustrie und verwandte Gewerbe in Znaim. Zusammengestellt im Auftrag des k. k. Ministeriums für Cultus und Unterricht. gr. 8. (42 S. und 44 Bl.) Znaim 883, (Fournier und Haberler.) * 2.50

Sonntag Jul.: Die österr. Unterrichtsausstellung in Paris 1878. 13. Znaim. R. 79.
Progr.

Sonntag, Julius: Die Verwendung d. Oxalsäure zu Experimenten u. Reactionen. *Wien 1893.*
in: Xenia Austriaca. Bd 2. [97. 39⁶³]

Sonntag, K. v.

Sonntag, C. v., Anleitung zu dem Unterr. in d. Batteriebau, in Fragen u. Antworten. 8. (14½ B.) Ludwigsburg 830, Nast.

v. Sonntag, C., Anleitung zu dem Unterrichte im Batteriebau, in Fragen und Antworten. Ludwigsb. 830. jetzt Berendsohn in Hamburg. ¾ ß

—— Betrachtungen üb. d. Wesen d. Artillerie. 8. (12 B. incl. 3 Tab.) Ludwigsburg 828, Nast.

Sonntag, C. v., der Festungs-Krieg in dem Geiste d. neuesten Kriegsführung f. Offiziere jeder Waffe. gr. 8. (26⅛ B. u. 18 Pläne, gr. Fol.) Stuttgart 836, Schweizerbart'sche Bh. *

v. Sonntag, C., das Wesen der Artillerie. 8. Ludwigsburg 828, jetzt Berendsohn in Hamburg. 1 ß

Car. Aug. Sonntag diss. inaug. de helleboro veterum, cui epimetrum de veratro albo a recentioribus usitato accedit. Jenae 1822. 8.

Sonntag, Pfarrer Karl Chr., verbesserte Trespenmühle; ein Beitr. zur Verbesser. der Landwirthschaft. Mit Kpf. 4. Görlitz 803.

Sonntag, Karl Georg, s. Sonntag, Karl Gottlob

Sonntag, Karl Gottlob

Sonntag, Karl Glo., s. Adolph, oder d. edelmüthige Sohn.

(—) Alexander in Paris rc. vorläufige Nachr. 8. Riga 814. — Neueste Actenstücke. 8. Ebd. ...

(—) dem Andenken des evangel.-reformirten Predigers Dr. Georg Collins, von e. seiner Freunde. 8. Riga 814. (64 S.)

– (Hrsg.), s. Andreae, Johann Valentin: Dichtungen.

Sonntag, Karl Geo., († d. 17. Juli 1827.) sittl. Ansichten d. Welt u. d. Lebens. 2 Bde. 8. Riga 817, 19. Hartmann. (Hinrichs in Leipz.) 4 ß

K. Glo. Sonntag's sittl. Ansichten d. Welt u. d. Lebens f. d. weibl. Geschlecht; in Vorlesungen. *Riga*, Hartmann. 818-20. 2 Bde. 8⁰ 4 ß

— Aufsätze u. Nachrr. f. protestant. Prediger im russ. Reiche. 1r Bd. 1e Hälfte. 8. Riga 811.

— Beitrr. z. Geschichte u. Kenntniß d. rigischen Stadtbibliothek. 8. Riga 792. (21 S.) (Aus d. Monatsschrift z. Kenntniß d. Geographie abgedr.)

(—) das kleine Buch f. kleine Kinder in Riga, welche lesen lernen. 12. Riga 802.

– s. Contrast, Der, zwischen Prediger und Schauspieler.

Über die Ehe von V. Fr. Garve und Kath. (?) Klatzo. Ein aesthetisch-diätetisch-ökonomisch-moralischer Versuch (von *Carl Gottlob Sonntag*). Riga 1795.
So im Anon.-Lex. IV. p. 217 (nach Recke-Napiersky u. Goedeke). — Rar!

— Ermunt. z. Gemeingeist, e. Predigt. 8. Ebend.

— Feier der Freilassung der liefländ. Bauern d. 6. Jan. 1820. 8. Riga 820. Hartmann. 5 gr

Sonntag, K. G., Formulare, Reden u. Ansichten bey Amtshandlungen. 3 Thle. 8. Riga, Hartmann. 802-807. (1r 2r 1 Thlr. 12 gr. 3r 20 gr.)

— Formulare, Reden u. Ansichten bei Amtshandll. 3 Thle. 8. Riga 802—807. 2 ß 1r u. 2r Thl. 2e Aufl. 8. Ebd. 818. Hinrichs in Leipz. 1 ß 12 gr

— Gedächtnißfeier des verewigten Superint. Danckwart rc. 8. Riga 803. Hartmann. 6 gr

— üb. die Gefahren d. Zeitalters, e. Predigt. 8. Riga 793.

— Geschichte d. Belagerung v. Riga unter Al. Michaelowitsch; e. Progr. 4. Riga 791.

— Geschichte u. Gesichtspunkt der allgem. liturg. Verordnn. für die Lutheraner im russischen Reiche. gr. 8. Riga 805. Hartmann. 8 gr

GESCHICHTGEN, Ein, für Handwerkspursche und Dienstmädchen .... (von *Carl Gottlob Sonntag*). O. O. 1789. Rar!
Anon.-Lex. II. p. 213 (nach Goedeke u. Recke-Napiersky).

— Grundlage d. Confirmanden-Unterrichts. 8. Riga 804. (70 S.)

— die Hauptstücke der christl. Lehre in Bibelsprüchen. 8. Riga 807. (16 S.)

CAROLVS GOTTLOB SONNTAG, Historia poeseos graecae brevioris ab Anacreonte vsqve ad Meleagrvm ex Anthologia graeca advmbrata. Viro clarissimo Frederico Gvilielmo Stvrzio ... amicorvm qvorvndam nomine gratvlatvrvs. Lipsiae 1785. Litteris Sommeriis. 8⁰.

— üb. die Sr. Maj. d. Kaiser Paul I. in Riga geleistete Huldigung, e. Predigt. 8. Riga 796. (52 S.)

– s. Inhalts-Anzeige der Ukasen ...

— üb. die heranwachsende weibl. Jugend. Zwei Predigten. 8. Riga 800. (62 S.)

– s. Katechismus der christlichen Lehre.

Sonntag, Karl Geo., Lehrbuch der christl. Religion für die Schulen. 8. Riga 810. 2e Aufl. Mitau 811. 3e A. 823. Hartmann. 10 gr

— Leitfaden z. Unterrichte gebildeter junger Frauenzimmer, üb. die Pflichten der Menschen gegen sich u. Andere. 8. Riga 798. (Unvollendet).

— de Jesu Siracidae Ecclesiastico non libro, sed libri farragine, commentatio. 4. Riga (792.) (20 S.)

— über Menschenleben, Christenthum u. Umgang, eine Samml. Predigten a. ganze Jahr. 2 Thle. gr. 8. Riga. (Hartknoch in Lpz.) 794-805. (1r Bd. 1r 2r Thl. u. 2r Bd. 1r Thl. à 1 Thlr. 2r Bd. 2r. 1 Thlr. 12 gr.) 4 12

— das Nothwendigste u. Faßlichste aus d. christl. Glaubenslehre f. Confirmanden. 8. Riga 801. (40 S.)

— einige Predigten. 8. Riga 789. N. Aufl. 791. (Hartknoch in Leipz.) 10 gr

— zwei Predigten üb. die Düna. 8. Riga 798.

— in prooemium characterum Theophrasti. 4 Leipz. 787.

— Reden bey der Beerdigung Dankwarts. 8. Riga, Hartmann. 805.

— das russ. Reich, od. Merkwürdigkk. aus d. Geschichte, Geographie u. Naturkunde aller zur russ. Monarchie gehör. Länder. 2 Bde. 8. Riga 791, 92. Hartknoch in Leipz. 2 ♉

– s. Sammlung alter und neuer geistlicher Lieder.

— zwei Schulreden. 4. Riga. 789.

— die christl. Sittenlehre in Bibelsprüchen u. Liederversen f. Confirmanden. 8. Riga 800.

– s. Stadtblätter, Rigaische.

– s. Taschenbuch, Rigisches, für den Sommergenuß.

– s. Theophrast, Eres.: Sittengemälde.

— Riga's Umgebungen, Düna-Strom u. Jubiläum, in 3 Predigten. 8. Riga 811. Meinshausen. 16 gr

— zur Unterhaltung, f. Freunde der alten Literatur. 2 Hefte. 8. Riga 790, 91. Hartknoch in Leipz. 16 gr

— kurze, allgemein faßliche Unterweis. im Christenthum, f. Confirmanden. gr. 8. Riga 797.. (Hartknoch in Leipz.) 3 gr

— über das Vater-Unser, eine Predigt in der Erbauungsstunde für Dienstboten gehalten. 8. Riga 793. (Hartknoch in Leipz.) 4 gr

– s. Werth und Nothwendigkeit der christl. Religion.

— üb. d. Wittwenstand, auch lesbar f. Verehelichte u. Unverehelichte. Eine Predigt. 8. Riga 795.

– s.a. Wort, Ein, zu seiner Zeit.

— ein Wort zu seiner Zeit, s.a. Karol. Louise Bernhardi.

SONNTAG, Karl Glo. (1765—18**), Ein Wort zu seiner Zeit für verständige Mütter und erwachsene Töchter (über Ehe und Ehelosigkeit) in Briefen einer Mutter hrsg. (verfasst) von —. Freyberg, Craz 1798. 8⁰. (5/6 Rthl.)
Ersch. I. 2. 1822. Sp. 170.

Sonntag, Karl Ludw., alphabetisches Handbuch über die Gemeindeordnung und die Bürgerrechte nebst Gemeinderechnungswesen mit allen hierauf bezüglichen Gesetzen und Verordnungen in ihrer jetzigen Gültigkeit. Für badische Gemeindebeamte u. Bürger bearb. 2. Aufl. Donaueschingen 853. Schmidt. gr. 8. (3 Bl., 237 S.) n. 28 ngr

Sonntag, Carl Max. u. Thdr. Krauß, die häutige Bräune. Der Croup. Angina membranacea, s.: Volks- u. Gesundheitsbibliothek. 7. Bd.

Sonntag, Karl Rich., die Entlassung gegen Caution im deutschen Strafverfahren. Heidelberg 865. Weiß. gr. 8. (VIII, 211 S.) n. 1 ♉

Sonntag, Kurt

Sonntag, Curt, Gerichtsref. aus Bonn: Eigentümlichkeiten des Grundstücksverkaufes gegenüber dem Verkaufe beweglicher Sachen im Bürgerlichen Gesetzbuche. Bonn 1899: C. Georgi. (59 S.) 8⁰
Göttingen, Jur. Diss. v. [5. Juni] 1899.

Sonntag, Curt, Eigentümlichkeiten des Grundstücksverkaufes gegenüber dem Verkaufe beweglicher Sachen im neuen bürgerl. Gesetzbuche. Diss. gr. 8. (59 S.) Bonn 899. (Göttingen, Vandenhoeck & Ruprecht.) n. 1.60

Sonntag, L., das Börsensteuer-Gesetz. (Reichsstempelgesetz vom 27. Apr. 1894.) Für den prakt. Gebrauch erläutert. 8. (III, 100 S.) Breslau 894. J. U. Kern's Verl. Kart. n. 1. 80

— das Einkommen- u. Ergänzungssteuer-Gesetz, erläutert durch Beispiele, die Ausführungs-Bestimmgn. u. die einschläg. Rechtsprechg. Ein Führer f. Steuerzahler. gr. 8. (III, 112 S.) Breslau 895. W. Koebner. Kart. n. 1. 80

— das Kommunalabgaben-Gesetz vom 14. Juli 1893, erläutert durch die Ausführungsanweisg., die in Wirkg. gebliebenen einschläg. älteren Gesetzesvorschriften u. die darauf bezügl. Rechtsprechg. Ein Führer f. Private u. Kommunalbeamte. gr. 8. (III, 57 S.) Ebd. 895. Kart. n. 1. —

— letztwillige Verordnungen, Siegelungen, Taxen u. Inventuren. Formularbuch f. Dorfgerichts- u. Magistratspersonen, sowie f. Privatkreise im Geltungsbereiche des Allgemeinen Landrechts. 8. (IV, 79 S.) Breslau 894. J. U. Kern's Verl. In Leinw. kart. n. 1. 20

Sonntag, L., wie kann die Privatlektüre zur Unterstützung des Unterrichts herangezogen werden? gr. 8. (20 S.) Leipzig 902. A. Hahn. n. — 35
Sonderabdruck aus: „Leipziger Lehrerzeitung".

Sonntag, Leo, das Bicycle, s.a. Vereins-Bühne.

Sonntag, Leo. Das Bicycle. Lustspiel in 1 Akt. gr. 8. (24 S.) Lpz. 890, [L. Weber Sport-Verlag]. * 1 —

—— Um Rang u. Reichtum. Roman. gr. 8. (160 S.) Dresd. 892, Reuter. * 2 —

Sonntag, Louis, approb. Arzt aus Berlin: Aus d. Poliklinik f. Haut- u. Geschlechtskrankheiten von Dr. R. Isaac u. Dr. F. Pinkus zu Berlin. Beitrag zur Therapie der auf Ulcus molle folgenden Bubonen mit besonderer Berücksichtigung ihrer Behandlung mit Salzwedel'schen Spiritusverbänden. *Berlin 1902: S. Scholem.* (36 S.) 8⁰
Leipzig, Med. Diss. v. (8. Juli) 1902

Sonntag, M. J., die Erziehung u. Wartung d. Ranunkeln. gr. 4. Weimar 814. Ind.-Compt. 9 gr

Sonntag, M. Jos., d. Erziehung u. Wartung d. Ranunkeln. (Aus d. Garten-Magazin). gr. 4. Weimar, 1825. Landes-Ind.-Compt. — 11¼

Sonntag, Max

— Über die Appendix Vergiliana. 4 (26 S.).
Progr. Friedrichs-G. *Frankfurt a. d. O.* 1887 (72).
Dazu ein Nachtrag in: Berliner philologische Wochenschrift VII (1887) Sp. 986—987.

Sonntag, *Max* Beiträge zur Erklärung Vergilscher Eclogen [IV. X]. 4 (22 S.). Friedrichs-G. *Frankfurt a. d. O.* 1886 (72).
Progr.

Sonntag, *Max* [Oberl.]: Bemerkungen zu Caesar de b. G. IV, 17. Frankfurt a. O., k. Hofbuchdr. Trowitzsch & Sohn, 1890; 1 Bl., S. 1—9; 4⁰
Frankfurt an der Oder, k. Friedrichs-G, OP 1890

Sonntag, M., Bemerkungen zu Caesar de b. G. IV, 17. gr. 4. (9 S.) Frankfurt a/O. 890. (Leipzig, Fock.) n. — 60

Sonntag, M., Vergil als bukolischer Dichter. Vergilstudien. gr. 8. (IV, 249 S.) Leipzig 891. B. G. Teubner. n. 5. —

Sonntag, Max [Prof.]: Vergil, Ecl. IX, 46—50. Frankfurt a. O., kgl. Hofbuchdr. Trowitzsch & Sohn, 1894; 122—128 S. 8.
Frankfurt a. O., k. Friedrichs-G, Festschr. 1894

Sonntag, Michael Christoph (Oppurg) A. S. 288/39

Commentationum super moralitate legum ceremonialium et forensium deigma septimum.
Präs. Christoph Sonntag.
Altdorf (Kohles) 17. VIII. 1707. 16 S. 32874

Sonntag, Michael Christoph (Oppurg) Altd. Phs. 45/30

Theses morales de temperantia et speciatim de frugalitate in sumendo cibo. Präs. Magnus Daniel Omeis.
Altdorf (Meyer) 5. IX. 1705. 2 Bl. 32873

Sonntag, O. Die Cholera. Gemeinverständliche Belehrg. üb. ihr Wesen u. die Verhaltungsmaßregeln bei ausbrech. Epidemien. 8. (26 S.) Wiesb. 892, Sadowsky. * — 50

Sonntag, O., die Diätetik am Krankenbett. Praktische Ratschläge zur zweckmäß. Ernährg. Kranker u. Genesender. gr. 8. (III, 91 S.) Wiesbaden 892. H. Sadowsky. n. 1.50

— die Krankheiten der Lunge. Ihr Wesen u. ihre Behandlg. Gemeinverständlich dargestellt. 8. (64 S.) Ebd. 893. n. 1.20

— die Krankheiten d. Magens u. d. Darmes, ihre Ursachen u. Heilg. Nach langjähr. Erfahrungen am Krankenbett dargestellt. gr. 8. (82 S.) Ebd. 892. n. 1.50

— Leitfaden zur Ausbildung als Privat-Krankenpflegerin für Frauen u. Mädchen, die sich der Krankenpflege in der Familie widmen wollen. Nach der 3. Aufl. v. F. Kiesewetter's Krankenpflege bearb. Mit e. Anh.: Erste Hilfeleistung bei Unglücks- u. plötzl. Erkrankungsfällen bis zur Ankunft d. Arztes. gr. 8. (VIII, 162 S. m. 54 Abbildgn.) Ebd. 891. * 1 80

— die Migräne, der congestive u. der nervöse Kopfschmerz. Erprobte Rathschläge gegen diese Leiden. 8. (41 S. m. Abbildgn.) Ebd. 892. n. — 80

Sonntag, Oskar, Distriktsarzt in Lonsee: Ueber die Frakturen am oberen Ende der Tibia. Tübingen 1906: H. Laupp jr. (35 S., 4 Taf.) 8° ¶ (Aus: Beiträge z. klinischen Chirurgie Bd 50 H. 1.)
Tübingen, Med. Fak., Ref. v. Bruns, Diss. v. 6. Okt. 1906
[Geb. 30. Juni 66 Rottenburg a. N.; Wohnort: Lonsee; Staatsangeh.: Württemberg; Vorbildung: Gymn. Ulm Reife O. 87; Studium: Tübingen 1, München 3, Erlangen 5 S.; Coll. 29. Dez. 05.]

Sonntag, Otto, wie kommt man zum Theater? Ein prakt. Leitfaden u. Rathgeber f. Bühnenkünstler u. solche, die es werden wollen. gr. 8. (114 S. m. 1 Tab.) Berlin 891. H. Schmidt. n. 2. —

Sonntag, Paul [aus Neufahrwasser]: Ueber Dauer des Scheitelwachsthums und Entwickelungsgeschichte des Blattes .... Berlin, Buchdr. v. F. W. Meyer, 1886; 32 S. 8°.
Berlin, Phil. Fak., Inaug.-Diss. v. 6. Aug. 1886.

Praktisches Fortbildungsbuch der vereinfachten deutschen Stenographie ⟨Einigungssystem Stolze-Schrey⟩. Lehr-, Lese- u. Übungsbuch f. angehende Stenographen. Bearb. von P[aul] **Sonntag,** Rektor. 3., verm. u. verb. Aufl. Berlin: Gerdes & Hödel 1908. 48 S. 8° [10. 12746

Sonntag, P., prakt. Fortbildungsbuch der vereinfachten deutschen Stenopraphie (Einigungssystem Stolze-Schrey). Lehr-, Lese- u. Übungsbuch f. angeh. Stenographen. 4. Aufl. (48 S.) gr. 8. Berlin 909. Gerdes & Hödel. 1.—; Schlüssel (34 S.) — 80

Geologischer Führer durch die Danziger Gegend. Eine Einführung in d. Welt d. geol. Erscheinungen unserer Heimat von Dr. Paul **Sonntag,** Prof. Danzig: Kafemann 1910. VIII, 156 S. 8° [10. 9006

Praktisches Lehrbuch der Vereinfachten deutschen Stenographie ⟨System Stolze-Schrey⟩. Bearb. von P[aul] Sonntag, städt. Lehrer in Berlin. 6. Aufl. Berlin: F. Schultze [1899]. (IV, 36 S.) 8°

Schlüssel zum Praktischen Lehrbuch der Vereinfachten deutschen Stenographie ⟨System Stolze-Schrey⟩. Bearb. von P[aul] Sonntag, städt. Lehrer in Berlin. Berlin: F. Schulze [1899]. (8 S.) 8° [Umschlagt.] [Text lithogr.]

Praktisches Lehrbuch der Vereinfachten deutschen Stenographie ⟨System Stolze-Schrey⟩. Bearb. von P[aul] Sonntag, Lehrer in Berlin. 12. Aufl. Berlin: Stenogr.-Verl. F. Schulze [1902]. (IV, 36 S.) 8°

Sonntag, P., praktisches Lehrbuch der vereinfachten deutschen Stenographie (System Stolze-Schrey). 13. Aufl. 49. u. 50. Taus. gr. 8. (IV, 36 S.) Berlin (902). Frz. Schulze. Kart. n. 1. —

Praktisches Lehrbuch der Vereinfachten deutschen Stenographie ⟨System Stolze-Schrey⟩. Bearb. von P[aul] Sonntag, Lehrer in Berlin. 24. Aufl. Berlin: F. Schulze [1905]. (IV, 36 S.) 8°

Praktisches Lehrbuch der Vereinfachten deutschen Stenographie ⟨System Stolze-Schrey⟩. Bearb. von P[aul] **Sonntag.** 30. Aufl. Berlin: F. Schulze [1905]. (36 S.) 8° [06. 5797

Sonntag, P., praktisches Lehrbuch der vereinfachten deutschen Stenographie (System Stolze-Schrey). 35. Aufl. 93. u. 94. Taus. (IV, 36 S.) 8. Berlin (906). Frz. Schulze. Kart. 1. —

Praktisches Lehrbuch der Vereinfachten deutschen Stenographie ⟨System Stolze-Schrey⟩. Bearb. von P[aul] **Sonntag.** 44. Aufl. Berlin: F. Schulze 1907. (36 S.) 8° [08. 3817

Praktisches Lehrbuch der vereinfachten deutschen Stenographie ⟨System Stolze-Schrey⟩. Bearb. von P[aul] Sonntag. 49. Aufl. Berlin: Schulze 1908. 36 S. 8°

Praktisches Lehrbuch der vereinfachten deutschen Stenographie ⟨System Stolze-Schrey⟩. Bearb. von P[aul] Sonntag. 54. Aufl. Berlin: Schulze 1909. 36 S. 8°

— Praktisches Lehrbuch d. vereinfachten deutschen Stenographie (System Stolze-Schrey). 66. Aufl. 155. u. 156. Taus. (IV, 36 S.) 8. Berlin 910. Frz. Schulze. Geb. p 1. —

— stenographisches Lesebuch der vereinfachten deutschen Stenographie (System Stolze-Schrey). 2., durchgeseh. Aufl. gr. 8. (48 S.) Ebd. (898). n.n. — 60

— stenographisches Lesebuch der vereinfachten deutschen Stenographie (System Stolze-Schrey). 7., durchgeseh. u. verb. Aufl. (9. Taus.) (48 S.) gr. 8. Ebd. (904). n. — 60

— Stenographisches Lesebuch d. vereinfachten deutschen Stenographie (System Stolze-Schrey). 13. Aufl. 15. Taus. (48 S.) 8. Ebd. (910). — 60

— Postkarten-Lehrgang d. vereinfachten deutschen Stenographie, System-Stolze-Schrey. (8 dreiteil. Postkarten.) qu. 16. Ebd. (905). n. — 60

— Taschenbuch f. Stenographen nach dem Einigungssystem Stolze-Schrey. (136 S. m. 1 Bildnistaf. u. Nachtrag 16 S. m. Fig.) kl. 8. Ebd. (904. 905.) n. — 75; Nachtrag allein n. — 20

Taschenbuch für Stenographen nach d. Einigungssystem Stolze-Schrey. Bearb. von P[aul] Sonntag. 2. Aufl. Berlin: Schulze [1907]. 135 S. 8°

— **Taschenbuch f. Stenographen nach d. Einigungssystem Stolze-Schrey. II. Aufl. 5.—7. Taus.** (135 S. m. 4 Bildnistaf.) kl. 8. Ebd. (909). nn — 85

Sonntag, R., Biegung, Schub u. Scherung in Stäben v. zusammengesetzten u. mehrteiligen Querschnittsformen m. gleichen u. wechselnden Trägheitsmomenten auf Grund der Zerlegung in ihre Einzelteile m. rechnerischen Untersuchgn. an Beispielen u. zeichnerischen Darstellgn. (VIII, 222 S. m. 173 Abb. u. 11 Taf.) Lex. 8. Berlin 909. W. Ernst & Sohn. 8.—; geb. in Leinw. n 9.—

Sonntag, Richard [Oberl.]: Ueber die alttestamentlichen Ausdrücke: leviathan, tannin, rahab. Duisburg, Buchdr. v. J. Ewich, 1891; S. I–XXI; 4°
Duisburg, k. G u. VS, P 1891 (431)

Sonntag, Richard [Oberl.]: Der Richter Simson. (Umschl.-Tit.: ... Ein historisch-mythologischer Versuch.) Duisburg, Buchdr. v. J. Ewich, 1890; S. I–XXX; 4°
Duisburg, k. G u. VS, P 1890

Sonntag, Theodor

Sonntag, Th. Bericht üb. den Stand u. die Ausbreitung des Arbeitsunterrichts in Deutschland. Im Auftrage d. deutschen Vereins f. Knabenhandarbeit nach d. eingegangenen Berichten bearb. gr. 8. (IV, 132 S. m. 9 Tab.) Lpz. 889, (Hinrichs' Verlag). * 1 60

Sonntag, W., s.: **Glaubenslehren, christliche, im Lichte der liberalen Theologie.**

Sonntag, Waldemar, Anti-Funcke. gr. 8. (36 S.) Bremen 886, Roussell. *

—— **Bildung und Religion.** Vortrag, gehalten im Protestanten-Verein zu Bremen, Hamburg und Osnabrück. 1. und 2. Aufl. gr. 8. (20 S.) Ebendas. 886. *

Sonntag, Waldemar, praktisches Christenthum. Vier Vorträge über religiöse Fragen. 8. (VII, 169 S.) Halle 882. Hendel. n. 2. —

Sonntag, Waldemar: Aus dem pathol. Institut zu München. Ueber die Geschwülste der Brustdrüse. Ein Beitrag zur Statistik und Aetiologie der Mammatumoren. *München 1898: Kastner & Lossen.* (33 S.) 8°
München, Med. Diss. v. 1898

Sonntag, Waldem., Herr v. Hartmann und die Selbstzersetzung des Christenthums. Eine Kritik. gr. 8. (VI, 46 S.) Gera 875, Griesbach's Verlag. *

— **Kurz u. Erbaulich.** Religiöse Betrachtgn. f. Protestanten. 8. (VIII, 222 S.) Ebend. 886. geb. n. 3. —

—— **Laienpredigten.** Lose Blätter der Lebensweisheit. 1. und 2. Sammlung. 8. Halle, Hendel. [1. Sammlung. 2. durchges. Aufl. (VIII, 336 S.) 886; 2. Sammlung. (X, 306 S.) 885.] à Sammlung * *M* 3.—. *
geb. à Sammlung * *M* 4.—. *
Die 1. Aufl. der 1. Sammlung erschien anonym 1884.

Sonntag, Wald. Laienpredigten. Lose Blätter der Lebensweisheit. 3. Sammlg. 8. (VIII, 384 S.) Halle a. S. 889, Hendel. 3 —; geb. * 4 —
1. u. 2. Sammlg. Ebd. 1885,86. à Sammlg. * 3 —; geb. * 4 —.

— **der Reichthum d. protestantischen Geistes u. die Armuth der römischen Kirchenherrlichkeit. Protestantenvereins-Vortrag in erweiterter Gestalt.** gr. 8. (27 S.) Bremen 888. Schünemann. n. — 50

— die Todtenbestattung. Todtencultus alter u. neuer Zeit u. die Begräbnissfrage. Eine culturgeschichtliche Studie. gr. 8. (III, 292 S.) Halle 878. Schwetschke. n. 3. –

Sonntag . . . ., s. **Sonntags.**

Sonntag-Abend, der, Blätter f. gebild. Christen. Hrsg. v. Aug. Hausrath. 1. Jahrg. 1884. 1. u. 2. Semester. Lex.-8. Karlsruhe, Groos.

Sonntagabend, der. Ein Erbauungsblatt für evangelische Christen. Unter Mitwirkung von H. Eltester und Hase, herausg. und redig. von Karl Zittel. 1. u. 2. Jahrg. 1857 u. 58. à 52 Nrn. (à ½—¾ Bgn.) Berlin, G. Reimer. gr. 8. Jeder Jahrg. n. 1 *ℛ* 10 *ngr.*

—— dass. — **Blätter für christliche Erbauung und für kirchliches Leben.** Unter Mitwirkung von H. Eltester und Hase hrsg. und redig. von C. Zittel. 3—5. Jahrg. 1859—61. à Jahrg. 52 Nrn. (à ½—1 Bog.) gr. 8. Ebendas. à Jahrg. *

Sonntagabend, der. Blätter für christl. Erbauung und für kirchl. Leben. Unter Mitwirkung von H. Eltester und Hase hrsg. und redig. von K. Zittel. 6.—8. Jahrg. 1862—64. à Jahrg. 52 Nrn. (à ½—1 Bog.) gr. 8. Berlin, G. Reimer. à Jahrg. *

Sonntage, christliche, e. Mutter, ihren Töchtern zum Andenken. Von L..** 3. Aufl. gr. 16. (283 S.) Warnsdorf 900. A. Opitz. n. — 50

Sonn- u. Festtage, die, zur Freude u. Belehrung f. Kinder. 8. (⁵⁄₈ B. u. 8 ill. Bild.) Neu-Ruppin 845, Kühn. (Leipzig, Thomas.) *

Sonntage, die, des Kirchenjahres. IV. Des Pfingst-Zyklus 2. Hälfte, v. 13. bis zum letzten Sonntag nach Pfingsten, 6. Aufl. v. Joh. Bapt. Lampert, O. S. B., s.: **Bibliothek f. Prediger.**

Sonntage, die sechs, zu Ehren des heiligen Aloysius, vom Verfasser der Marienkrone. 16. (56 S. m. eingedr. Holzschn. u. 1 Stahlst.) Donauwörth 880. Buchh. d. kathol. Erziehungsvereins. n. — 25; geb. in Leinw. n.n. — 45; m. Goldschn. n.n — 65

Sonntage, die sechs, zu Ehren des heil. Aloysius vom Verf. der „Marienkrone". 3. Aufl. 16. (55 S. mit 1 Stahlst.) Donauwörth 886, Auer. geb. ** 45 Pf. und **

Sonntage, die sechs, z. Verehrung d. heil. Aloysius. 12. Münch. 820. 2e A. 832. Coppenrath. 3 *gr.*

Sonntage, die sechs, z. Verehrung d. heil. Aloysius. 12. Münster 826, Coppenrath.

Sonntage, Sechs, zur Verehrung des heil. Aloysius? 2. Aufl. 1833. V: *Wildt, Joseph.* (schmal)

Sonntage, die sechs, zur Verehrung d. heil. Aloysius. 2. Aufl. 12. (6 B.) Münster 833, Coppenrath.

Sonntage, die sechs, zur Verehrung d. heil. Aloisius. 2. Aufl. 12. (6 B.) Münster 840, Coppenrath'sche Buchh.

Sonntage, die sechs, zur Verehrung des heil. Aloysius. 4. unveränd. Aufl. 16. (112 S.) Münster 849, Coppenrath. ⅛ *ℛ*

Sonntage, die sechs, zur Verehrung des heiligen Aloysius. 5., ganz umgearb. u. sehr verm. Aufl. Mit 1 Stahlst. Münster 862. Coppenrath. 16. (104 S.) 3¾ *ngr.*

Sonntage, die sechs, zur Verehrung des heil. Aloysius. 5., ganz umgearb. und sehr verm. Aufl. 16. (104 S. mit 1 Stahlst.) Münster 863, Coppenrath'sche Buchh.

Sonntage, Die sieben. Freiberg 1803. V: *Silber, Benjamin.* (GGr)

Sonntage, die sieben, v. Carl Sebald. 8. Freyberg, Craz u. G. 803.

Sonntagmorgen, Der. Auswahl vorzüglicher Predigten und erbaulicher Betrachtungen der ausgezeichnetsten Kanzelredner. Stuttgart 1842. H: *Hoffmann, Friedrich.* (Zu) (Ky)

Sonntag-Morgen, der, Auswahl vorzügl. Predigten u. erbaulicher Betrachtungen der ausgezeichnetsten Kanzelredner, älterer u. neuerer Zeit. Anhang: Kurze Betrachtungen u. Gebete zu gemeinsamer Erbauung v. d. Hrsgbr. (Fr. Hoffmann). 2 Bde. Lex.-8. (93⅓ B.) Stuttgart 842, Hoffmann'sche Vrlgs.-Buchh.)

Sonntag-Morgen, der. Eine Auswahl von Predigten vorzügl. Kanzelredner älterer u. neuerer Zeit auf alle Sonntage des Jahres. Mit einem Vorworte von v. Mehring. 2 Bde. Neue (Titel-) Ausg. Lex. 8. (VIII u. 1490 S.) Schw. Hall 849, Haspel. 1 ß 18 ngr

—— Blätter für christl. Erbauung. Hrsg. von C. Zittel und C. Süskind. 1847. Juli — Decbr. 26 Nrn. und Jahrg. 1848. 52 Nrn. (½ Bog.) gr. 8. Heidelberg, C. F. Winter. à Halbjahr. * 12 Ngr. *

Sonntagmorgen, der. Religiöses Liederbuch für denkende Gottesverehrer. 2. Ausg. gr. 8. (XVI und 528 S.) Leipzig 855(56,) O. Wigand.

Sonntagmorgen, Der. Weekly. Ed: Jos. B. Jeup. 2v. Cinci, 1867-77.

Sonntag-Morgen : 1874—1894t Newark, NJ
Supplement to Der Brennnessel am Passaic.

Sonntag-Morgen : 1875t—1876t
Sunday edition of Das Terre Haute Banner. Title varies: Indiana Post. Circulation: 1875, 480.
Terre Haute, IN

Sonntagmorgen. Evangelisches Sonntagsblatt f. Berlin u. Umgegend: E. Barck, f. Berlin Torge. 1. Jahrg. 1909. 52 Nrn. (à ca. 8 S.) 31,5×23 cm. Heidelberg, Ev. Verl. 2. 80

Sonntag-Morgen Volksmann : 1870t—1872t Newark, NJ
Sunday edition of New Jersey Volksmann. Circulation: 1871, 1250; 1872, 2000.

Sonntags-Abend, der, religiös-politische Monatsschrift. Red.: Rob. Matzner. 1—3. Bd. à 12 Hefte (à 3 Bgn.). Neurode (855—57.) Fischer. 4. Jedes Heft 3 ngr.

Sonntags-Abend, der. Religiös-polit. Monatsschrift. Redig. von Rob. Matzner. 3. und 4. Bd. à Bd. 12 Hefte. 4. (à Heft ca. 24 S.) Neurode, Fischer. (Leipzig, R. Hoffmann.) à Heft 3 Ngr. à Bd. Thlr.
1. und 2. Bd. à 12 Hefte. (288 S.) Ebendas. 1854—56. à Heft 3 Ngr.; à Jahrg. 1 Thlr. 6 Ngr.

Sonntagsabend, der, zu Lindenthal, ein Wochenblatt für den Bürger u. Landm. 16—46 Quartal. 4. Halle, Gebauer. 808. (à 9 gr.)

Sonntags-Anzeiger
⑤ 1881—1883 ⑥ 2° ⑦ Wochenblatt ⑧ Bern: Hallersche Buchdruckerei ⑩ Hallersche Buchdruckerei ⑫ Anzeigeblatt ⑮ Das Blatt erscheint als Gratisbeilage zum «Intelligenzblatt für die Stadt Bern». Es enthält sämtliche Gemeindepublikationen der zweiten Hälfte der Woche.

Sonntagsanzeiger. Heilbronn: Expedition 1900. 8°

Plauenscher **Sonntagsanzeiger**. Plauen: Neuper 1880 bis (1900). 8°
Red.: A. Neuper.

Die **Sonntagsarbeit** an Sonn- und Fest tagen in den Handelsgewerben und der Industrie der Stadt Kiel. Bericht der Handelskammer zu Kiel. Kiel 1885. 4°

200 **Sonntags-Ausflüge** und Spaziergänge von Breslau mit Benutzung der vorhandenen Eisenbahn-Fahrpreis-Ermässigungen bei Sonderzügen u. Sonntagsfahrkarten. Mit 4 Wege-Karten. *Schweidnitz: G. Brieger 1901.* (31, 18 S.) 8° [Umschlagt.]

Sonntags-Beiblatt z. Augsburger Postzeitung. Blätter z. Belehrung u. religiös. Erbauung. Redact.: L. Schönchen. 6. Jahrg. 1840. 4 Hfte. od. 52 Numm. (½ Bog.) Roy.-4. Augsburg, Schmid'sche Buchh. 1 ß

Sonntags-Beiblatt zur Augsburger Postzeitung. Redact.: L. Schönchen. 7. Jahrg. 1847. 52 Nrn. Imp. 4. (½ B.) Augsburg, Schmid. n. 1 ß

Sonntagsbeilage: Illustrierte Sonntagsbeilage zu den Walliser Nachrichten
v. Briger Anzeiger.

Sonntags-Beilage, Politische, zur Wiener Vorstadt-Zeitung, s. Vorstadt-Zeitung, Wiener.

Sonntagsbeilage der Allgemeinen Schweizer Zeitung
v. Allgemeine Schweizer Zeitung.

Sonntags-Bibliothek. Lebensbeschreibungen christl.-frommer Männer zur Erweckung u. Erbauung der Gemeine. Hrsg. von Freunden des Reiches Gottes. Eingeleitet v. A. Tholuck. 1. Bd. 6 Hfte. 8. Bielefeld, Velhagen u. Klasing. à Hft. 3¾ Ngr. —
A. u. d. Tln.:
Hft. 1. Züge aus d. Leben des Joh. Heinr. Jung, genannt Stilling. Hrsg. v. Friedr. Wilh. Bodemann. (6¼ B.) 844.
" 2. Leben des Paulus Gerhardt v. Vict. Strauß. (6¾ B.) 844.
" 3. Carl Heinr. v. Bogatzky's Leben. Nach dessen eigener Lebensbeschreibung bearb. v. C. Steffann. (4¾ B.) 845.
" 4., 5. Leben des Dr. Phil. Jac. Spener, v. C. A. Wildenhahn. (10¼ B.) 845.
" 6. Das Leben Joh. Wessel's v. W. Bähring. (5¼ B.) 846.

—— dass. 2. Bd. 6 Hfte. 8. Ebds. à Hft. 4 Ngr.
Einzeln à Hft. 5 Ngr.
A. u. d. Tln.:
Hft. 1., 2. Leben Christ. Scriver's, v. Ferd. Brauns. (8⅞ B.) 846.
" 3. Leben Joh. Friedr. Oberlin's. Nach Hilpert, Stöber, Burckhardt u. besond. nach Schubert bearb. v. A. Rothert. (6¼ B.) 847.
" 4. Leben Joh. Gangolf Wilh. Forstmann's, eines Predigers der Gerechtigkeit, die vor Gott gilt. Dargestellt v. Carl Friedr. Ledderhose. (5 B.) 847.
" 5. Monica, die Mutter Augustin's, ein Muster christl. Weiblichkeit. Dargestellt v. Carl Barthel. — Leben des Petrus van der Velden, Predigers zu Lekkerland. Nach d. Holländ. v. Ad. Dammann. (5¾ B.) 847.
" 6. Leben Joh. Arnd's. Dargestellt v. Friedr. Wilh. Bodemann. (6 B.) 847.

Sonntags-Bibliothek. Lebensbeschreibungen christlich-frommer Männer. Eingeleitet von A. Tholuck. 3. Bd. 6 Hefte. 8. Bielefeld, Velhagen und Klasing. à Heft 4 Ngr. Einzeln à Heft
Inhalt:
Heft 1., 2. Leben Friedrich Wilhelm's III., von L. Overbeck. (180 S.) 848.
" 3. Leben John Newtons von J. J. Heim. (S. 181—259.) 848.
" 4. Leben David Zeisberger's von J. J. Heim. (S. 261—331.) 849.
" 5., 6. Leben des Grafen von Zinzendorf. Dargestellt von J. F. Brauns. (S. 333—571.) 850.

—— dass. — Eingeleitet von Dems. 4. Bd. 6 Hefte. 8. Ebds. à Heft 4 Ngr. Einzeln à Heft
Inhalt:
Heft 1. Casimir, regier. Graf zu Sayn-Wittgenstein-Berleburg, und das religiös-kirchl. Leben seiner Zeit. Dargestellt von Friedr. Wilh. Winckel. (112 S.) 850.
" 2. Leben Joseph Allein's, weil. Prediger zu Taunton in England. Dargestellt von Aug. Nische. (96 S.) 850.
" 3. Leben des Siegm. Aug. Posner, Pred. an der Strafanstalt zu Sagan. Dargestellt von Ed. Wilh. Posner. (74 S.) 850.
" 4. Züge aus dem Leben Wilh. Köllner's. Gesammelt von F. Ritsch. (80 S.) 851.
" 5., 6. Leben Valerius Herberger's, Predigers am Kripplein Christi zu Fraustadt in Polen. Von Carl Friedr. Ledderhose; und Leben Philipp Friedrich Rieger's. Von F. H. Eickhoff. (III und 138 S.) 851.

Sonntags-Bibliothek. Lebensbeschreibungen christlich-frommer Männer. Eingeleitet von A. Tholuck. 1. Bd. 2. Aufl. 8. (XX u. 503 S.) Bielefeld 850, Velhagen & Klasing. 24 ngr

—— dass. — Eingeleitet von Dems. 5. Bd. 1—5. Heft. 8. Ebds. à Heft 5 Ngr.

Einzeln à Heft

Inhalt:

Heft 1. Leben Heinrich Stäheli's, Pfarrer und Dekan. Von J. J. Helm. (84 S.) 851.
- " 2. Israel Hartmann, der Waisenschullehrer in Ludwigsburg. Versuch einer Lebensskizze meist nach Tagebüchern und Briefen. Von J. Volkening. (106 S.) 851.
- " 3. Züge aus dem Leben des Joh. Gustav Burgmann, weil. luther. Pastors in Essen, London und Mühlheim am Rhein. Gesammelt und hrsg. von Gust. W. Pieper. (80 S.) 851.
- " 4. Leben August Hermann Francke's. Dargestellt von G. Mühlmann. (83 S.) 852.
- " 5. Leben des Ansgarius, des Apostels des Nordens. Dargestellt von W. Volkening. (65 S.) 852.

Sonntags-Bibliothek. Lebensbeschreibungen christlich frommer Männer zur Erweckung und Erbauung der Gemeine. Hrsg. von A. Rische. Eingeleitet von A. Tholuck. 5. Bd. 6. Heft.: Leben Gerhard Tersteegen's. Dargestellt von Carl Barthel. 8. (109 S.) Bielefeld 852, Velhagen und Klasing.

1—4. Bd. und 5. Bd. 1—5. Heft. Ebendas. 1846—52. 3 Thlr. 26 Ngr.

—— dass. — Hrsg. von Dems. 6. Bd. 6 Hefte. 8. Ebds. 853—55.

Inhalt:

Heft 1. Leben Christian Gottfried Aßmann's Nach dessen Selbstbiographie dargestellt von A. Rische. (85 S.)
- " 2. Hans Egede, der Apostel der Grönländer. Nach seinem Leben und Wirken dargestellt von Friedr. Wilh. Bodemann. (84 S.)
- " 3. Leben Ernst Gottlieb Woltersdorf's. Von K. Besser. (92 S.)
- " 4. Martin Boos, ein Prediger der Gerechtigkeit, die vor Gott gilt. Nach seinem Leben, Wirken und Leiden dargestellt von Friedr. Wilh. Bodemann. (104 S.)

Heft 5. Leben Johann Gottfried Schöner's, Stadtpfarrer an der Haupt- und Pfarrkirche zu St. Lorenzen in Nürnberg. Von Carl Friedr. Ledderhose. — Leben Friedrich August Weihe's, vormals Prediger zu Gohfeld im Fürstenthum Minden. Von Friedr. Prött. (88 S.)
- " 6. Leben König Alfred des Großen von England. Von A. Rische. — Leben König Ludwig IX., des Heiligen, von Frankreich. Von A. Rische. (96 S.)

—— dass. — Hrsg. von Dems. 7. Bd. 1—3. Heft. 8. Bielefeld 855—56, Velhagen und Klasing. à Heft 4 Ngr. Thlr.

Inhalt:

Heft 1. Leben des Lazarus Spengler. Von Ed. Engelhardt. (76 S.)
- " 2. Johann Caspar Lavater. Von Friedr. Wilh. Bodemann. (72 S.)
- " 3. Leben Johann Michael Feneberg's. Von Friedr. Wilh. Bodemann. (77 S.)

Sonntags-Bibliothek. Lebensbeschreibungen christlich-frommer Männer zur Erweckung und Erbauung der Gemeine. Hrsg. von A. Rische. 7. Bd. 4—6. Heft und 8. Bd. 6 Hefte. 8. Bielefeld 857—61, Velhagen und Klasing. à Heft 4 Ngr.

Inhalt:

Bd. 7. Heft 4. Rische, A., Leben Johann Caspar Schade's. (84 S.)
- " 7. " 5. Hosäus, Wilh., Leben Adalbert's von Prag, des Apostels von Preußen. — Prött, Friedr., Leben des Johannes Brenz, des würtemberg. Reformators. (112 S.)
- " 7. " 6. Ledderhose, Carl Friedr., Leben des Dr. Joh. Reinhard Hedinger, weil. Consist.-R. und Hofprediger in Stuttgart. (68 S.)
- " 8. " 1. Tauscher, T. H., Leben des Johannes Chrysostomus, des Jüngers der Liebe. (103 S.)
- " 8. " 2. Besser, R., Leben Herzog Ernst's des Frommen zu Gotha. (96 S.)
- " 8. " 3. Engelhardt, Ed., Leben des Paul Speratus. (98 S.)
- " 8. " 4., 5. Schneider, C., Claus Harms, der evangelische Prediger, Priester und Pastor. Ein Lebensbild. (VII und 120 S.)
- " 8. " 6. Engelhardt, Ed., Leben des Matthias Devay des Reformators von Ungarn. (111 S.)

1—7. Bd. 1—3. Heft. Ebendas. 1846—56. 5 Thlr. 6 Ngr.

Sonntags-Bibliothek. Lebensbeschreibungen zur Erweckung und Erbauung der christlichen Gemeinde. Neue Folge. I. und II. 8. Bielefeld 863,64, Velhagen und Klasing.

Inhalt:

I. Schneider, K., Gotthilf Heinrich v. Schubert. Ein Lebensbild. (IV und 214 S.) 16½ Ngr.; cart. 20 Ngr.

II. Jacoby, Herm., zwei evangelische Lebensbilder aus der kathol. Kirche. (VII und 254 S.) 21 Ngr.

1.—8. Bd. Ebendas. 1846—61. 6 Thlr. 12 Ngr.

Sonntagsbibliothek. Nr. 1—12. 8. Stuttgart, D. Gundert. Geb. in Leinw. à n. 1. —

1. Der Pfarrer v. Andouse. E. histor. Erzählg. aus d. Zeit d. Dragonaden v. Heinr. Möwes. Neue Ausg. (160 S.) (895.)
2. Abdel Kader u. d. Christenknabe. E. Erzählg. f. Jung u. Alt v. R. Gerber. Neue Ausg. (160 S.) (895.)
3. Anemonen. Einfache Geschichten aus d. Leben v. Joh. Rudolph. (128 S.) (896.)
4. D. große Los. E. Erzählg. f. Jung u. Alt v. Luise Zehnder. (128 S.) (896.)
5. Joseph Schwarzmantel od. Was Gott thut, das ist wohlgethan. E. Erzählg. f. d. Jugend v. Chrn. Ghlf Salzmann. Neue Ausg. (156 S.) 888.
6. Heinrich Glaskopf. Ein Unterhaltungsbuch f. d. Jugend v. Chrn. Ghlf Salzmann. Neue Ausg. (131 S.) 888.
7. E. Winter auf Spitzbergen. E. Buch f. Jung u. Alt v. C. Hildebrandt. Neue Ausg. (157 S. m. Titelbild.) 897.
8. Himmelan! Christl. Erzählgn. v. Joh. Rudolph. (144 S.) 897.
9. D. Räuber auf d. Nußwiese. E. Erzählg. v. R. Gerber. Rolf u. Erika. E. Erzählg. aus Norwegen v. H. Martin. Neue Ausg. (157 S.) 897.
10. Fabiola od. die Kirche d. Katakomben. Neue Uebersetzg. f. evang. Leser v. N. Wiseman. (160 S.) 897.
11. Gesühnte Schuld. Erzählg. f. Jung u. Alt v. Helene Hübener. (136 S.) 898.
12. Callista. E. Geschichte aus d. 3. Jahrh. v. J. H. Newman. Neue Uebersetzg. f. evang. Leser. (152 S.) 898.

Sonntagsbibliothek. Nr. 13—24. 8. Stuttgart, D. Gundert. Geb. in Leinw. à n. 1. —

13. Warme Herzen. Geschichten f. große u. kleine Leute. Von Anna Schieber. (144 S.) (899.)
14. Der Zigeuner. Eine Erzählg. f. das Volk. Von O. Glaubrecht (R. Oeser). 7. Aufl. Mit e. Lebensskizze Rudolf Oesers v. Herm. Oeser. (144 S. m. Titelbild.) (899.)
15. Das Heidehaus. Erzählung f. das Volk. Von O. Glaubrecht. Neue [Titel-]Ausg. (208 S. m. Titelbild.) [893.] (899.)
16. Der Kalendermann vom Veitsberg. Eine Erzählg. für das Volk. Von O. Glaubrecht. Neue [Titel-]Ausg. (192 S. m. Titelbild.) [897.] (899.)
17. Zehn Vaterunser-Geschichten, nach wirkl. Erlebnissen erzählt. Von Philippine Irmischer. (175 S.) (900.)
18. „Was des anderen ist". Eine Kindergeschichte auch für die Großen. Von Anna Schieber. (127 S.) (900.)
19. Gestrandet u. gerettet. Erlebnisse e. Knaben. Von Elise Pollard. Autoris. Uebersetzg. (160 S. m. Titelbild.) (901.)
20. Der Welt Lohn. — Eins ist not. 2 Erzählgn. aus dem Leben. Von Ida Schröder. (151 S.) (901.)
21. Guckkastenbilder. Kindern u. Kinderfreunden gezeichnet. Von Anna Schieber. (136 S.) (901.)
22. Licht u. Schatten. Erzählung. Von Helene Hübener. (139 S.) (902.)
23. Tiroler Treue. Eine Erzählg. aus dem Jahr der Erhebung Tirols. Von L. P. Schwalbe. Neue Ausg. (136 S. m. Titelbild.) (902.)
24. „Bis ins dritte Glied". Ehestandsgeschichten aus drei Jahrhunderten. Von Tony Dorsch. (168 S.) (902.)

Sonntagsbibliothek. Nr. 25—37. 8. Stuttgart, D. Gundert. Geb. in Leinw. à n. 1. —

Giberne, Agnes, die kleine Handlangerin des Herrn. (147 S. m. Titelbild.) (905.) (Nr. 34.)

Glaubrecht, O., Anna, die Blutegelhändlerin. — Die Goldmühle. 2 Erzählgn. f. Jung u. Alt. Neue Ausg. (64 u. 59 S. m. farb. Titelbild.) (903.) (Nr. 25.)

— die Heimkehr od. Was fehlt uns? Eine Erzählg. f. das Volk. 10. Aufl. (159 S. m. Titelbild.) (903.) (Nr. 26.)

— ein böses Jahr, Erzählg. f. das Volk. 4. Aufl. (198 S. m. farb. Titelbild.) 900. (Nr. 28.)

— die Schreckensjahre v. Lindheim. Ein Beitrag zur Sittengeschichte des 17. Jahrh. — Ein Gottesgericht. — Der Weidenkaspar. Für das Volk erzählt. 8. Aufl. (144 S. m. Titelbild.) 903. (Nr. 27.)

Henning, Frieda, die Sturmflut. 6 Erzählgn. aus dem 30jähr. Krieg. (127 S. m. Titelbild.) (905.) (Nr. 33.)

Ronin, Max, der sibirische Zobeljäger u. andere Erzählungen. (144 S. m. 1 Farbdr.) (903.) (Nr. 29.)

Rudelli, W., Else Leonhard. Erzählg. (152 S.) (903.) (Nr. 30.) Eleg. geb. m. Goldschn. n. 2. —

Schaab, Anna, Heimgefunden. 5 Erzählgn. (143 S.) (901.) (Nr. 32.)

— schlichte Menschen. Erzählungen. (148 S.) 907. (Nr. 36.)

Schieber, Anna, Zugvögel u. andere Geschichten f. Kinder u. Kinderfreunde (131 S.) (905.) (Nr. 35.)

Schreiner, vom Alpenland u. Meeresstrand. Erzählungen. (158 S.) 907. (Nr. 37.)

Zimmermann, Wilh., der Glasmaler v. Urach u. die Geldmünzer. Eine wahre Geschichte zur Warnung u. zur Lehre. Neue erweit. Ausgabe. (143 S.) (904.) (Nr. 31.)

Sonntagsbibliothek. Nr. 38—44. kl. 8. Stuttgart, D. Gundert. Geb. in Leinw. à 1. —

Glaubrecht, O., neue Erzählungen aus d. Hessenland. Neue Ausg. (164 S.) (908.) (Nr. 42.)

Lützhöft, Hans, die Engel der Weihnacht. 5 Weihnachtsgeschichten. Autoris. Übersetzg. aus d. Dän. v. Pauline Klaiber. (124 S.) (907.) (Nr. 38.)

Ohler, Luise, Publ. Wie einer e. Maler wurde. 2 Erzählgn. aus dem Engl. (144 S.) 910. (Nr. 43.)

Rebenbacher, Wilh., d. Weltumsegler Cook. Cooks berühmte drei Reisen um die Welt. Neue Bearbeitg. m. Bildern. (192 S.) (908.) (Nr. 41.)

Schaab, Anna, die Sonne kommt. Erzählungen. (148 S.) (908.) (Nr. 40.)

-- Durch Stillesein u. Hoffen. Erzählungen. (125 S.) 910. (Nr. 44.)

Young, Egerton R., meine Hunde im Nordland. Autoris. Übersetzg. aus dem Engl. (132 S.) (907.) (Nr. 39.)

—— illustrirte Wiener. 20 Lfgn. 8. Wien 865, Geitler. à Lfg. * 3 Ngr. *

Inhalt:

Blanquet, Albert, der Hirschpark Ludwig's XV. Roman. Deutsch von Wolfram. (428 S. mit 6 Illustr.) — Ponson du Terrail, die Erbschaft des Komödianten. Deutsch von J. Kuhno. (131 S. mit 8 Illustr.) — Pfadsucher, Fritz, der Finanzwächter. Roman. (126 S. mit 6 Illustr.) — Haffner, Karl, die Vampyre der Residenz. Roman. (240 S. mit 7 Illustr.)

Sonntagsblatt. T. 1. 2. Nienburg 1759. 8°
Hrsg.: Ernst Ludw. Rathlef.
Vorher u. d. T.: Der Gottesgelehrte.

— das, ein Erbauungsbuch. 2 Thle. 8. Leipz. 784. Jacobäer. (Aus in Altona). 1 ℛ

Sonntagsblatt. Jg. 1. Chemnitz: Mauke 1801.
Hrsg.: Gotth. Fürchtegott Kerzig.

Sontagsblatt, Das. Frankfurt 1801. H: *Klebe, Friedrich Albert.* (GGr)

— das, od. Unterhaltt. von Thom. West (J. Schreyvogel). gr. 8. Wien 808. Camesina. 2 ℛ 12 𝔤𝔤

Sonntagsblatt, Das, eine Zeitschrift zur Belehrung und Unterhaltung. Eschwege 1812—13. H: *Hohenhausen und Hochhaus, Leop. Max. F. W. Sylv. A. Freiherr von.* (MGT)

Sonntagsblatt, das. Eine Zeitschrift zur Belehrung und Unterhaltung. Jahrg. 1817 bis 1821. 4. Lpzig. Central-Compt. à 1 Thlr. 12 Gr.

Sonntagsblatt, das, eine vaterländ. Zeitschrift z. Belehrung u. Unterhaltung aus dem Gebiete des Schönen u. Nützlichen. Herausgeg. v. N. Meyer. 6r — 11r Jahrgg. 1822 — 27. 8. Minden. (Hannov., Hahn.) à 2 Rthl. Rthlr.

Sonntagsblatt, das, e. vaterländ. Zeitschr. zur Belehr. u. Unterhalt. aus d. Gebiete d. Schönen u. Nützlichen. Hrsg. v. N. Meyer. 12—18. Jahrg. 1828 — 34. à 52 Nrn. (Bog.) Mit Beiln. u. Vign. 4. Minden, Eßmann. à J.
1—11. Jahrg. 1817—27. Ebendas. à J. 2 Thlr.

Sonntagsblatt, das. 19—21. Jahrg. 1835—37. Hrsg. v. N. Meyer. à 12 Hfte. gr. 4. Minden, Eßmann. à J. *

Sonntagsblatt, Das, oder Beiträge zur Beförderung christlicher Erbauung vom Jahre 1826. Basel. H: *Gessner, Gg.* (Ky)

Sonntagsblatt, das, oder Beitrr. z. Beförderung christl. Erbauung v. J. 1826, (herausgg. v. Prof. Geßner.) gr. 8. Basel, Spittler.

Sonntags-Blatt. Jg. 1826–34 (zu je 52, Jg. 1834 zu 26 Nrn.) München 1826–34. 8°
Hrsg.: Georg Frh. v. Arentin; Jg. 1830 ff.: Franz Negle u. K. A. G. Riedel; Jg. 1832: Moritz Gottlieb Saphir.
Von Jg. 1830, Nr 27 ab mit Untertitel: Wöchentliche Beilage des Bayerischen Volksfreundes. Vom 3. Juli 1831 mit Untertitel: Eine Erheiterung für das Gemüth.

—— Eine Erheiterung f. das Gemüth. Jahrg. 1831 u. 32. à 52 Nrn. (½ B.) gr. 4. München, Jaquet. à J.
Jahrg. 1831, hrsg. v. Fr. Negle, J. 1832 v. M. G. Saphir.

—— 1—5. Jahrg. 1831—35. à 52 Nrn. (½ B.) Mit Vign. 4. Nördlingen, Beck. à J.
Jahrg. 1831—33, hrsg. v. Rebenbacher, J. 1834 v. Ranke, u. J. 1835 v. Wucherer.

—— (Populär-relig. Inhalts.) Hrsg. v. Joh. Friedr. Wucherer. 6—12. Jahrg. 1836—42. à 52 Nrn. (½ Bog.) 4. Nördlingen, Beck'sche Buchh. à J.

Sonntags-Blatt. 13—17. Jahrg. 1843—1847. à 52 Nrn. (½ B.) Mit der Monatsbeilage: Des Sonntags-Schreibers Sammelkasten. (½ B.) 4. Nördlingen, Beck'sche Buchh. [13. u. 14. J. à 22½ Ngr., 15—17. J. à 24 Ngr.]
13. u. 14. Jahrg. v. Joh. Friedr. Wucherer, 15. u. 16. v. Bachmann u. Popp, 17. J. unter Mitwirkung der Letzteren v. Leydel.

—— Hrsg. von Leydel. (18—22. Jahrg.) 1848—52. à Jahrg. 52 Nrn. (½ Bog.) (18—20. Jahrg. Mit: des Sonntags-Schreibers Sammelkasten. 12 Nrn. [½ Bog.]) 4. Nördlingen, Beck'sche Buchh. à Jahrg.
Jahrg. 1848—50. redig. von Leydel, 1851 und 52. von Müller.

Sonntags-Blatt. Hrsg. von Müller. (23. und 24.) Jahrg. 1853 und 1854. à Jahrg. 52 Nrn. (½ Bog.) Mit: Des Sonntags-Schreibers Sammelkasten. Fach für Welthändel. Redakt.: Wucherer. Jahrg. 1853. 12 Nrn. (½ Bog.) 4. Nördlingen, Beck'sche Buchh. à Jahrg.

Sonntagsblatt, (v. C. G. Träber). 4. Zeitz 831. Webel. 12 𝔤𝔤

Sonntags-Blatt. Hrsg. von Uhlich. 1. Jahrg. Octbr. — Decbr. 1849. 13 Nrn. und 2. und 3. Jahrg. à 52 Nrn. (½ Bog.) 4. Magdeburg, (Creutz'sche Buchh.) [1. Jahrg. * 5 Ngr., 2. * 20 Ngr., 3. * 24 Ngr.] Thlr. *

—— dass. — Hrsg. von Dems. 3. Jahrg. 1852. 52 Nrn. (½ Bog.) gr. 4. Magdeburg, (Fabricius.)

—— Hrsg. von Uhlich. 4—6. Jahrg. 1853—55. à Jahrg. 52 Nrn. (½ Bog.) gr. 4. Magdeburg, (Fabricius.) à Jahrg. *
1—3. Jahrg. 1849—52. Ebendas. * 1 Thlr. 19 Ngr.

Sonntags-Blatt. Hrsg. von Uhlich. 7. und 8. Jahrg. 1856 und 1857. à Jahrg. 52 Nrn. (½ Bog.) gr. 4. Magdeburg, Fabricius. à Jahrg. *

—— dass. — 9—12. Jahrg. 1858—61. à Jahrg. 52 Nrn. (½ Bog.) gr. 4. Gotha, Stollberg'sche Verlagsbuchh. à Jahrg. *

—— Hrsg. von Uhlich. 13.—18. Jahrg. 1862—67. à Jahrg. 52 Nrn. (½ Bog.) gr. 4. Gotha, Stollberg'sche Verlagsh. à Jahrg. *

Sonntags-Blatt. Hrsg. von Uhlich. 19.—23. Jahrg. 1868—1872. à Jahrg. 52 Nrn. (à ½ Bog.) gr. 4. Gotha, Stollberg'sche Verlagsh. 19.—21. Jahrg. à *
22. und 23. Jahrg. à *

Sonntagsblatt. 1850- ' New York, NY

Das Sonntagsblatt: 1854.
Literary weekly. "zur Belehrung und Unterhaltung." Published by Brunck, Held & Co.
Buffalo, NY

Sonntagsblatt: Apr.–June 1858.
Interim edition of ONEIDA DEMOKRAT, during absence of Editor Schreiber in Syracuse.
Utica, NY

Sonntagsblatt. Red.: Schmalenbach. Jahrg. 1863. 52 Nrn. (à ¼ Bgn.) Minden, (Volkening.) gr. 8. un. 10 ngr.

—— Organ für die Freidenker Deutschlands. Hrsg. von Aug. Specht. Redact.: K. G. Stollberg. 1.—3. Jahrg. 1872—1874. à Jahrg. 52 Nrn. (à ½ Bog.) gr. 4. Ebendas.
1. und 2. Jahrg. à *
3. Jahrg. *

Sonntagsblatt. Organ für die Freidenker Deutschlands. Hrsg. von Aug. Specht. 4.—6. Jahrg. 1875—1877. à Jahrg. 52 Nrn. (à ½ Bog.) hoch 4. Gotha, Stollberg'sche Verlagsh.
à Jahrg.
Die Fortsetzung erschien u. d. T.: Menschenthum.

Sonntagsblatt : 1872- -1879? St. Charles, MO
Sunday supplement to St. Charles Zeitung.

Sonntags-Blatt : 1874? -1886?
Sunday edition of Michigan Staats-Zeitung. Circulation: 1880, 2400; 1885, 1900.
Grand Rapids, MI

Das Sonntagsblatt : May 1875- -?
Established as Independent Sunday paper. Founded by F. G. Kaufman and J. P. Penzer. Changed shortly to Die Freie Presse, semi-weekly. Bought out in summer 1876 by A. von Landberg, editor of the Union and merged with that paper.
Syracuse, NY

Sonntags-Blatt : 1877?- -1901?
Sunday edition of Rochester Abendpost. For Wednesday edition, see Wochenblatt. Circulation: 1880, 2500; 1890, 900; 1900, 900.
Rochester, NY

Sonntagsblatt : 1881? -1882? Fredericksburg, TX
Weekly.

Sonntagsblatt : 1883? -1903? Newark, NJ
Weekly. Edited & published by John Schroth.

Sonntagsblatt : 1885? -1905. Freeport, IL
Sunday edition of Freeport Banner. Circulation: 1890, 400; 1900, 1100.

Sonntagsblatt : 1886- -? Milwaukee, WI
Sub-title: Beilage zum Telephon, Milwaukee Telephon.

Sonntagsblatt. Illustrierte Unterhaltungsbeilage. 2.—5. Jahrg. 1889—1892. à Jahrg. 52 Nrn. (à Nr. ½ Bog.) gr. 4. Berl., G. E. Nagel.
à Jahrg. * 4 —

SONNTAGSBLATT. Gratis-Beilage der Wochenzeitung »Der Freimütige«. Temesvár 1889-1918. Druck der Südungarischen Buchdruckerei.

— (freireligiöses Familien-Blatt) f. d. Gesamtinteressen d. freien Gemeinden, hrsg. unt. Mitwirkg. v. Kramer u. a. v. G. Tschirn. 7. Jahrg. 1898. 2.—4. Quartal. 39 Nrn. (à ca. 4 S.) hoch 4. Breslau, Verlag des Neuen Freireligiösen Sonntagsblattes. 2. 10
Kann auch vierteljährlich bezogen werden.

— dasselbe, s. a.: Familienblatt, freireligiöses.

Sonntags-Blatt: Jahrgang 1, no. 1, Jan. 1, 1905- ?
Supplement to Koseritz' Deutsche Zeitung. Sub-title: Zur Unterhaltung und Geistesbildung.
Porto Alegre

— Aachener. Politisch-kirchliche Wochenschrift u. Unterhaltungsblatt. Redact.: Küpper. 1. Jahrg. 1866. 52 Nrn. (Bgn.) Aachen, Hensen. 4. n. 1 ₰ 10 ngr.

Sonntagsblatt, Aachener. Redact.: Alb. Jacobi. 2. u. 3. Jahrg. 1867 u. 68. à Jahrg. (52 Nrn.) (Bgn.) Aachen, Jacobi & Co. 4. Jeder Jahrg. n. 1 ₰ 10 ngr.

— — Redact.: F. A. Holzwarth. 4. Jahrg. 1869. 52 Nrn. (Bgn.) Ebend. Fol. n. 1 ₰ 10 ngr.

— — Redact.: A. Jacobi. 5. Jahrg. 1870. 52 Nrn. (Bgn.) Ebend. Fol. n. 1 ₰ 10 ngr.

Sonntagsblatt, Aachener. Redact.: M. W. Quadt. 6.—19. Jahrg. 1871—1884. à Jahrg. 52 Nrn. (Bog.) gr. 4. Aachen, Jacobi und Comp. à Jahrg. *

Sonntagsblatt, Aachener. Redact.: M. W. Quadt. 20.—23. Jahrg. 1885—1888. à Jahrg. 52 Nrn. (Bog.) gr. 4. Aachen, Jacobi und Comp. à Jahrg. *

— dasselbe. Red.: P. Höveler. 24. u. 25. Jahrg. 1889. 1890. à 52 Nrn. (B.) gr. 4. Ebd. à Jahrg. n. 2. —

Sonntagsblatt, Aachener. Red.: P. Höveler. 26.—29. Jahrg. 1891—1894. à 52 Nrn. (Bog.) gr. 4. Aachen, A. Jacobi & Co. à Jahrg. n. 2. —

Sonntagsblatt, Aachener. Red.: Höveler. Jahrg. 1895—1898. à 52 Nrn. (Bog.) gr. 4. Aachen, A. Jacobi & Co. à Jahrg. n. 2. —
Kann auch vierteljährlich bezogen werden.

Sonntagsblatt, Aachener. Red.: Höveler. 1899—1902. à 52 Nrn. gr. 4. (à ca. 8 S.) Aachen, A. Jacobi & Co. à Jahrg. n. 2. —

Sonntagsblatt, Aachener. Red.: Höveler. Jahrg. 1903 bis 1906. à 52 Nrn. (à Jahrg. 416 S.) gr. 4. Aachen, A. Jacobi & Co. à Jhrg. n. 2. —

Sonntagsblatt, Aachener. Red.: Höveler. Jahrg. 1907. 52 Nrn. (à ca. 8 S.) 30,5×22,5 cm. Aachen, A. Jacobi & Co. 2. —
Fortsetzg., s.: Pius-Blatt, Aachener.

—— allgemeines schlesisches. Hrsg. im Namen des Vereins für sittliche und polit. Volksbildung von Ludw. Hahn und Ambrosch. Januar — März 1850. 13 Nrn. (à ½—1 Bog.) 4. Breslau, Max und Comp. *

— Altenburger, f. Kunst, Gewerbe u. öffentliches Leben. Hrsg. v. Paul Herz. Jahrg. 1874/75. 52 Nrn. (½ B.) gr. 4. Altenburg, Schnuphase. n. 4. —

—— Altenburger, für Kunst, Gewerbe und öffentliches Leben. Hrsg. von Paul Herz. Jahrg. 1876. 52 Nrn. (à ½ Bog.) gr. 4. Altenburg, (Schnuphase'sche Buchh.) *
Nicht weiter erschienen.

Altmärkisches evangelisches **Sonntagsblatt**. Berlin: Christlicher Zeitschriften-Verein 1884–(1900). 8°

Sonntagsblatt der Amerika : 1872- -1924. St.Louis, MO
Sunday edition of Amerika. Circulation: 1876, 6500.

Sonntagsblatt des Anzeige-Blattes für Gais, Bühler und Umgebung
v. **Anzeige-Blatt** für Gais, Bühler und Umgebung.

Sonntagsblatt des Clevelander Anzeiger : 1878? -1893.
Sunday edition of Clevelander Anzeiger. Supplement issued for 1881—85. Circulation: 1880, 3100; 1890, 9340.
Cleveland, OH

Appenzeller Sonntagsblatt
⑤ 1862 (cont.) ⑥ 8° ⑦ Wochenblatt ⑧ Trogen: Johs. Schläpfer (1862—1873); Heiden: Robert Weber (1873—1895); Basel: Basler Berichthaus (ab 1895) ⑨ Illustrierter Hausfreund (seit 1884) ⑩ Gründer: Bankier Joh. Ulrich Zellweger, von Trogen, in Paris ⑪ Pfarrer Otto Zellweger, Basel, Pfarrer E. Zellweger, Basel (bis 1952), Elisabeth Zellweger, Basel (bis 1952), Pfarrer Eberhard Zellweger-Stückelberger, Buochs (NW) (ab 1953), Frau Elisabeth Gretler, Liestal (ab 1953) ⑫ religiöses Wochenblatt mit politischen Wochenbetrachtungen ⑬ BGSZ: 943, 944 ⑭ He: G (1862, 1864, 1865); Bs: U.

Aroser Sonntagsblatt
v. **Aroser Zeitung.**

Sonntags-Blatt, Augsburger. — Beiblatt zur Augsburger Postzeitung. Augsburg 1873—76.

Sonntagsblatt vom Bachtel
v. **Schweizerisches Volksblatt vom Bachtel.**

Badener Sonntagsblatt
v. Der Neue **Aargau**, Aargauische **Bauernzeitung**, Schweizer Freie Presse.

Sonntagsblatt des Banner und Volksfreund: 1844?—May 9, 1880.
Sunday edition of BANNER UND VOLKSFREUND. Sub-title: Gewidmet der Aufklärung, Unterhaltung und Belehrung. Contents identical with that of Sunday edition of MILWAUKEE SEEBOTE. It is likely that this paper was established 1876, and merely adopted numbering of daily edition.
Milwaukee, WI

—— **Barmer. Haus- und Kirchenfreund. Redact.: Kind. 26. Jahrg. 1884. 52 Nrn. (à Nr. 1/2 Bog.) gr. 4. Barmen, (Wiemann.)** * 2 —
Vgl.: Haus- und Kinderfreund, Barmer.

—— **Barmer. Haus- und Kinderfreund. Redact.: Kind. 27. Jahrg. 1885. 52 Nrn. (à Nr. 1/2 Bog.) gr. 4. Barmen, (Wiemann.)** *

—— **dass. — Redact.: Müller. 28.—30. Jahrg. 1886—1888. à Jahrg. 52 Nrn. (à Nr. 1/2 Bog.) gr. 4. (Ebendas.) à Jahrg.** *
Frühere Jahrgänge erschienen u. d. T.: Kinderfreund, Barmer.

—— Barmer. Haus- u. Kinderfreund. Unter Mitredact. v. Schreiner redig. v. Müller. 31.—34. Jahrg. 1889—1892. à Jahrg. 52 Nrn. (à Nr. 1/2 Bog.) gr. 4. Barmen, (Wiemann). à Jahrg. * 2 —

— Barmer. Haus- u. Kinderfreund. Unter Mitred. v. Schreiner red. v. Müller. 33.—36. Jahrg. 1891—1894. à 52 Nrn. (à ca. 1 Bog.) gr. 4. Barmen, (Wupperthaler Traktat-Gesellschaft). à Jahrg. n. 2. —

— Barmer. Haus- u. Kinderfreund. Unter Mitred. v. Schreiner red. v. Müller. 37.—40. Jahrg. 1895—1898. à 52 Nrn. (Bog.) gr. 4. Barmen (Wupperthaler Traktat-Gesellschaft.) à Jahrg. n. 1. 60

— **Barmer. Haus- u. Kinderfreund. Unter Mitred. von Schreiner, red. v. Müller. 41.—45. Jahrg. 1899—1902. à 52 Nrn. 4. (à ca. 8 S.) Barmen (Wupperthaler Traktat-Gesellschaft). à Jahrg. n. 1. 60**

— Barmer. Haus- u. Kinderfreund. Red. von Müller unter verantwortl. Mitred. v. Meinberg u. van den Bruck. 46.—49. Jahrg. 1904—1906. à 52 Nrn. (IV, 452; IV, 448; IV, 520 u. IV, 440 S.) 4. Barmen (Wuppertaler Traktat-Gesellschaft). à Jhrg. n. 1. 60

— Barmer. Haus- u. Kinderfreund. Red. v. Dick unter verantwortl. Mitred. v. Geest u. van den Bruck. 50.—53. Jahrg. 1907—1910. à 52 Nrn. (à ca. 16 S.) Lex. 8. Barmen, Wuppertaler Traktat-Gesellschaft. à Jahrg. 1.60

Sonntagsblatt: Baselbieter Sonntagsblatt
v. **Baselbieter** (I), Der Farnsburger-Bote.

Sonntagsblatt: Basellandschaftliches Sonntagsblatt für Schule und Haus
⑤ 23. 1. 1848—20. 2. 1848 (5 Nummern) ⑥ 4° ⑦ alle 14 Tage ⑧ Birsfelden: Johann Ulrich Walser ⑩ Johann Ulrich Walser ⑪ Lehrer Becker. Waldenburg ⑫ radikal ⑬ BGSZ: 1128 (p. 128) ⑭ Bc: L ⑮ Titelbild der 1. Nr.: Links ein Kirchen- und Klostergebäude, rechts ein Wegweiser mit der Aufschrift: Vorwärts. Dahinter ein Fabrikgebäude mit der aufgehenden Sonne, auf dem See ein Dampfschiff.

Sonntagsblatt des Schweizer Bauer
v. Bernische Blätter für Landwirthschaft, Wald- und Gartenbau.

Sonntagsblatt für das Schweizer Bauernhaus
v. **Wochenblatt** für Landwirthschaft und Gartenbau.

— **Bayreuther. Unter Mitwirkung mehrerer Geistlichen und unter Red. von Kraußold. 1. Jahrg. 1864. Juli —December. 26 Nrn. (à 1/2 Bgn.) Bayreuth, Giessel. gr. 8. n. 12 ngr.**

— für Beförderung vernünftigen Glaubens u. Lebens, siehe: Kirchenblatt, protestant., für die Pfalz.

Sonntags-Blatt zur Belehrung und Unterhaltung für die Jugend. 1r–4r Jahrg. 1834—1837. 4r J. Redig. von ... Binder. gr. 8. Ulm, Nübling. 1r u. 2r J. à 1/2 ₰ 3r u. 4r J. à 2/3 ₰

Sonntagsblatt: Belletristisches Sonntagsblatt
v. Neues Winterthurer Tagblatt.

Belleviller Sonntagsblatt: 1884—? Belleville, IL
Weekly. Edited by H. Schwarz.

— Berliner evangelisches. Hrsg. vom Evangelischen Verein für kirchliche Zwecke zur Förderung der Berliner Stadtmission. Red.: E. Hülle. 1. Jahrg. Juni 1879 bis Mai 1880. 52 Nrn. (B.) 4. Berlin. (Leipzig, Matthies.) n.n. 1. 60

— dasselbe. 2. Jahrg. 1880. 52 Nrn. (B.) 4. Ebend. n.n. 2. 20

— dasselbe. 3. u. 4. Jahrg. 1881 u. 1882. à 52 Nrn. (B.) 4. Ebend. à Jahrg. 3. —

—— **Berliner evangelisches. Hrsg. vom Evangel. Verein für kirchl. Zwecke. Redact.: E. Hülle. 7. Jahrg. 1885. 52 Nrn. (Bog.) 4. Berlin. (Leipzig, Matthies.)** *

— **Berliner evangelisches. Hrsg. vom Evangel. Verein f. kirchl. Zwecke. Zur Förderg. der Berliner Stadtmission. Red.: E. Hülle. 5—7. Jahrg. 1883—1885. à 52 Nrn. (B.) 4. Berlin. (Leipzig, Wallmann.) à Jahrg. 3. —**

— dasselbe. 8. Jahrg. 1886. 52 Nrn. (B.) 4. Ebend. n. 2. 20

— **Berliner, evangelisches. Hrsg. vom Evangel. Verein f. kirchl. Zwecke. Red.: E. Hülle. 9.—12. Jahrg. 1887—1890. à 52 Nrn. (B.) 4. Berlin. (Leipzig, Wallmann.) à Jahrg. n. 2. 20**

— **Berliner evangelisches. Hrsg. vom christl. Zeitschriftenverein. Red.: E. Hülle. 13.—16. Jahrg. 1891—1894. à 52 Nrn. (Bog.) gr. 4. Berlin. (Leipzig, H. G. Wallmann.) à Jahrg. n. 2. 20**

— **Berliner evangelisches. Hrsg. v. christl. Zeitschriftenverein. Red.: E. Hülle. 17.—20. Jahrg. 1895—1898. à 52 Nrn. (Bog.) gr. 4. Berlin. (Leipzig, H. G. Wallmann.) à Jahrg. n. 2. 20**
Kann auch vierteljährlich bezogen werden.

— **Berliner evangelisches. Hrsg. vom christl. Zeitschriftenverein. Red.: Th. Brandin. 21.—24. Jahrg. 1899—1902. à 52 Nrn. gr. 4. (à ca. 8 S.) Berlin. (Leipzig, H. G. Wallmann.) à Jahrg. n. 2. 20**
Die Jahrgge. 21—23 sind v. E. Hülle redigiert.

— Berliner evangelisches. Hrsg. vom christl. Zeitschriftenverein. Red.: Th. Brandin. 25.—28. Jahrg. 1903—1906. à 52 Nrn. (à ca. 8 S.) gr. 4. Berlin, Schriftenvertriebsanstalt. à Jhrg. n. 2. 20

— Berliner evangelisches. Hrsg. vom christl. Zeitschriftenverein. Red.: Th. Brandin. 29.—32. Jahrg. 1907—1910. à 52 Nrn. (à ca. 8 S.) Lex. 8. Berlin, Schriftenvertriebsanstalt. à Jahrg. 2. 20

Sonntagsblatt, Berlinisches, 16 Quart. 8. Berlin Realschulbuchh. 793.

— **Berlinisches. 16 Quart. 8. Berl. 793. (Reimer). 8 ℛ**

Sonntagsblatt der Berner-Zeitung
v. Berner Zeitung (V).

Sonntags- und Bettagsblatt, Ein. Von J. T. Zürich 1805. V: *Tobler, Johs.* (Cat. d. Stadtbibl. Zürich. Zürich 1864—97.)

Sonntagsblatt der Biene: Aug. 1873—1886?
Sunday edition of Die Biene. Sub-title: Ein Sonntagsblatt für Neuigkeiten, Unterhaltung und Belehrung.
Cleveland, OH

Sonntagsblatt vom Bodensee
v. Schweizerische **Bodenseezeitung.**

— Braunschweiger. Kirchl. Zeitg. f. d. evang. Gemeinden. Im Auftr. d. evangelisch-luther. Stadtgeistlichkeit hrsg. v. H. Lagershausen. 1. Jahrg. März 1898—Febr. 1899. 52 Nrn. (à ca. 12 S.) gr. 4. Braunschweig, J. Neumeyer. n.n. 2. —
Kann auch vierteljährlich bezogen werden.

— **Braunschweiger.** Kirchliche Zeitung f. die evangel. Gemeinden. Im Auftrage der evangelisch-luther. Stadtgeistlichkeit hrsg. v. H. Lagershausen. 2.—5. Jahrg. 1899—1902. à 52 Nrn. gr. 4. (à ca. 8 S.) Braunschweig, J. Neumeyer. à Jahrg. n. 2. —

— Braunschweiger. Kirchliche Zeitung f. die evangel. Gemeinden. Im Auftrage der evangelisch-luther. Stadtgeistlichkeit hrsg. v. R. Gerlich. 6.—9. Jahrg. 1903—1906. à 52 Nrn. (à ca. 8 S.) gr. 4. Braunschweig, J. Neumeyer. à Jhrg. n. 2. —

— Braunschweiger. Kirchliche Zeitg. f. die evangel. Gemeinden. Im Auftrage der evangel. Stadtgeistlichkeit hrsg. v. R. Gerlich. 10.—13. Jahrg. 1907—1910. à 52 Nrn. IV, 432; IV, 436; IV, 442 u. IV, 452 S.) 33×25 cm. Braunschweig, J. Neumeyer. 10. u. 11. Jahrg. 2.—; 13. u. 14. Jahrg. à 2. 40

— Bremer. Red.: F. Pletzer. 1. u. 2. Jahrg. 1853. u. 54. à 52 Nrn. (à 1 Bgn.) Bremen, Heyse. gr. 4. Jeder Jahrg. n. 2 Thlr. 15 ngr.

— — 3. u. 4. Jahrg. 1855 u. 56. à 52 Nrn. (à 1 Bgn.) Bremen, Strack. gr. 4. Jeder Jahrg. n. 2 Thlr. 15 ngr.

— — 5. u. 6. Jahrg. 1857 u. 58. à 52 Nrn. (à 1 Bgn.) Ebend. gr. 4. Jeder Jahrg. n. 3 Thlr.

— Bremer. Red.: F. Pletzer. 7—11. Jahrg. 1859—63. à 52 Nrn. (à 1 Bgn.) Bremen, Strack. gr. 4. Jeder Jahrg n. 3 Thlr.

Sonntagsblatt, Bremer. Red.: F. Pletzer. 12. Jahrg. 1864. 52 Nrn. (à 1 Bgn.) Bremen, Müller. gr. 4. 4 Thlr.

— **Bremer. Redact.: Alex. Meyer.** 13. Jahrg. 1865. 52 Nrn. (Bgn.) Mit Beilagen. Bremen, Müller. Imp.-4. 4 Thlr.

— — Organ des Künstlervereins. Redact.: Alex. Meyer. 14. Jahrg. 1866. 52 Nrn. (Bgn.) Ebend. Imp.-4. 4 Thlr.

— Breslauer. Illustrirte schles. Wochenschrift. Redact.: Osk. Wilda. 9.—12. Jahrg. Octbr. 1889—Septbr. 1893. à Jahrg. 52 Nrn. (à Nr. 2 Bog.) gr. 4. Bresl., Schlesische Verlags-Anstalt. à Jahrg. * 4 —

— **Breslauer.** Illustrirte schles. Wochenschrift. Red.: Osk. Wilda. 10. Jahrg. Oktbr. 1890—Septbr. 1891. 52 Nrn. (2 B.) gr. 4. Breslau, Schlesische Verlags-Anstalt n. 4. —

— **Breslauer.** Illustr. schles. Wochenschrift. Red.: Osk. Wilda 11.—13. Jahrg. Octbr. 1891—Septbr. 1894. à 52 Nrn. (2 Bog.) gr. 4. Breslau, Schles. Verlags-Anstalt à Jahrg. n. 4. —

— Breslauer. Illustr. schles. Wochenschrift. Red.: Osk. Wilda 13. Jahrg. Octbr. 1893—Decbr. 1894. 5. Quartal. 13 Nrn. (à ca. 2 Bog.) gr. 4. Breslau, Schles. Buchdruckerei 2c. n. 1. —

— dasselbe. 14. u. 15. Jahrg. 1895—1896. à 52 Nrn. (à ca. 2 Bog.) gr. 4. Ebd. à Jahrg. n. 4. —

— dasselbe. 16. Jahrg. Jan.—Septbr. 1897. 39 Nrn. (à ca. 2 Bog.) gr. 4. Ebd. n. 3. —

— dasselbe. 17. u. 18. Jahrg. Oktbr. 1897—Septbr. 1899. à 52 Nrn. (à ca. 2 Bog.) gr. 4. Ebd. à Jahrg. n. 4. —; einz. Nrn. n. — 10
Kann auch vierteljährlich bezogen werden.

— **Breslauer.** Illustrirte schles. Wochenschrift. Red.: Osk. Wilda. 19. u. 20. Jahrg. Oktbr. 1899—Septbr. 1901. à 52 Nrn. Nebst Beilagen à 13 Nrn.: 1. Der Kinderfreund. 2. Die Küche. 3. Die Mode. 4. Möbel. gr. 4. (à ca. 16 u. 4 S.) Breslau, Schles. Buchdruckerei 2c. à Jahrg. n. 4. —
Fortsetzung s.: Wochen-Zeitung, neue illustr.

Sonntagsblatt des Bund, s.a. Bund, Der.

— des Bund. Redact.: J. V. Widmann. Jahrg. 1892. 52 Nrn. (Bog.) (Feine Ausg.) gr. 4. Bern, Jent u. Reinert. * 6 —

— des Bund. Red.: J. V. Widmann. Jahrg. 1895. 52 Nrn. (Bog.) gr. 4. Bern, Jent & Co. n. 8. 30

— dasselbe. Jahrg. 1896—1898. à ca. 52 Nrn. (Bog.) gr. 4. Ebd, à Jahrg. excl. Porto n.n.n. 4. —

— f. den deutschen Bürger. Hrsg.: E. Süskind. 1. Jahrg Oktober—December 1851. 13 Nrn. Imp. 4. (1/2 B.) Reutlingen 851, Mäcken. 12 kr.

— für Bürger und Landmann. Redig. von Crome. Jahrg. 1850. 52 Nrn. (1/2 Bog.) gr. 4. Stade, Schaumburg. *

Sonntagsblatt des California Demokrat. San Francisco. CA
GyAIZ.: 13. IV. 1890; 9. VII. 1905.

— für kathol. Christen. Redacteur: Jh. Hast. 1. u. 2. Jahrg. 1842 u. 1843. Mit Titelvign. gr. 8. Münster, Hast u. Riese. à n. 1 1/3 Thlr.

— f. kathol. Christen. 2. Jahrg. 1843. Redig. v. Joh. Hast. 52 Nrn. (Bog.) gr. 8. Münster, [Theissingsche Buchh.] *

— dass. 3.—5. Jahrg. 1844—1846. Red. u. herausgeg. von C. Theissing. à 12 Hfte. oder 52 Numm. (Bog.) gr. 8. Münster, Theissing'sche Buchh. à n. 1 1/3 Thlr.

— für katholische Christen. Hrsg. u. red. v. Conr. Theissing. 6—11. Jahrg. 1847—1852. à 52 Nrn. gr. 8. (à 1—1 1/4 B.) Münster, Theissing. à Jahrg. n. 1 1/3 Thlr.

— für katholische Christen. Herausg. u. redig. von C. Theissing. 12—17. Jahrg. 1853—58. à 52 Nrn. (à 1 Bgn.) Münster, Theissing. gr. 8. Jeder Jahrg. n. 1 Thlr. 14 ngr.

— für katholische Christen. Herausg. und red. von C. Theissing. 18—23. Jahrg. 1859—64. à 52 Nrn. (à 1 Bgn.) Münster, Theissing. gr. 8. Jeder Jahrg. n. 1 Thlr. 10 ngr.

— für katholische Christen. Hersg. u. redig. von C. Theissing. 24—29. Jahrg. 1865—70. à Jahrg. 52 Nrn. (Bgn.) Münster, Theissing'sche Buchh. gr. 8. Jeder Jahrg. n. 1 Thlr. 10 ngr.

— für katholische Christen. 30—35. Jahrg. 1871—1876 à 52 Nrn. (B.) Mit Beilagen. gr. 8. Münster, Theissing. à Jahrg. n. 4. —

— für katholische Christen. Unter Mitwirkung eines Vereins von münster. Geistlichen hrsg. von H. Kömstedt u. Hub. Schumacher. 36—41. Jahrg. 1877—1882. à 52 Nrn. (B.) gr. 8. Münster, Theissing. à Jahrg. n. 4. —

— für katholische Christen. Red. v. Hub. Schumacher. 42—45. Jahrg. 1883—1886. à 52 Nrn. (à ½—1 B.) Lex.=8. Münster, Theissing. à Jahrg. n. 4. —

— für katholische Christen. Red. v. H. Schumacher. 46.—49. Jahrg. 1887—1890. à 52 Nrn. (à ½—1 B.) Lex.=8. Münster, Theissing. à Jahrg. n. 4. —

— f. katholische Christen. Red. v. Hub. Schumacher. 50. Jahrg. 1891. 52 Nrn. (à ½—1 Bog.) Lex.=8. Münster i/W., Theissing. n. 4. —
Nicht weiter erschienen.

Sonntagsblatt: Christliches Sonntagsblatt
① Eine Wochenschrift von Johann Kaspar Lavater (Untertitel der Halbjahrestitelblätter) ④ Christliche Monatsschrift für Ungelehrte ⑤ 1. 7. 1792—20. 12. 1793 ⑥ 8° ⑦ Wochenblatt (1. 7. 1792—30. 12. 1792); Jahresheft (für die Zeit vom 6. 7. 1793—20. 12. 1793) ⑧ Zürich: David Bürkli ⑩ Johann Kaspar Lavater ⑪ Johann Kaspar Lavater (Verfasser) ⑬ BGSZ: 99 (p. 78, Nr. 7) ⑭ Zh: Z; Be: L.

—— christliches, hrsg. v. Joh. Jak. Bernet. Mit Beitr. v. Scheitlin, Steiger u. A. 1—5. Jahrg. 1837—40. u. 42. gr. 8. 1., 2., 4. a. u. 5. J. St. Gallen, Scheitlin u. Zollikofer; 3. u. 4. J. 1. Sem. Zürich, Beyel. [1. u. 2. J. (78 Nrn.) à 1⅓ Thlr., hrbgs. Pr. zus. 1 Thlr., 3—5. J. (à 52 Nrn.) à 1⅓ Thlr.]
1841 erschien das Sonntags=Blatt nicht.

— christliches. Redaktion: Superint. Woltmann u. Archidiak. Löhrs. (1. Jahrg.) 1844. 52 Numm. (½ Bog.) 4. Clausthal, Schweiger'sche Buchh. n. 1 ₰

Sonntags-Blatt: Christliches Sonntags-Blatt nach dem Bedürfnis der Zeit
② Christliche Blätter nach dem Bedürfnis der Zeit. Gesammelt von dem Herausgeber des christlichen Sonntagsblattes (4. 9. 1801—13. 9. 1802) ⑤ 13. 5. 1798 — 19. 4. 1801 und 4. 9. 1801—13. 9. 1802 ⑥ 8° ⑦ Wochenblatt (bis 19. 4. 1801); unregelmäßig (seit 4. 9. 1801) ⑧ Basel: Johann Schweighauser ⑩ Pfr. Prof. Johann Rudolf Huber ⑪ Pfr. Prof. Johann Rudolf Huber; Mitarbeiter: Johann Kaspar Lavater ⑬ Paul Wernle: Der schweizerische Protestantismus in der Zeit der Helvetik 1798 — 1803 (Bd. 1 Zürich 1938 p. 452, 492, 571) ⑭ Bs: U; Be: L. ⑮ Das Blatt erscheint seit 19. 4. 1801 unregelmäßig, um die von der Helvetik angeordneten Gebühren für den Zeitungsstempel zu vermeiden.

Sonntagsblatt des Cincinnati Anzeiger: Nov. 1880—Oct. 1901.
Sunday edition of CINCINNATI ANZEIGER. Circulation: 1885, 4700; 1890, 6500; 1900, 6000.
Cincinnati, OH

Sonntagsblatt des Cincinnati Courier: Nov. 1869—Mar.? 1874.
Sunday edition of CINCINNATI COURIER. Circulation: 1873, 6000.
Cincinnati, OH

Cincinnatier Sonntagsblatt: 1886?—1887? Cincinnati, OH
Roman Catholic weekly. Circulation: 1887, 6700. Edited & published by Alvis F. Juettner.

Sonntagsblatt des Cincinnati Volksfreund, s. Cincinnati Volksfreund.

Sonntagsblatt der Cincinnati Zeitung, s. Cincinnati Zeitung.

Sonntagsblatt des Demokrat: Davenport, IA
Sunday edition of DER DEMOKRAT.

— für vernünftiges Denken und Leben. Herausg. von Fr. Th. Frantz. Jahrg. 1853. 52 Nrn. (à ½ Bgn.) Stuttgart, Göpel. gr. 4. nn. 1 ₰.

— deutsches. Red.: K. Stern. VII. Jahrg. 1895. 52 Nrn. (Bog.) gr. 4. Wachwitz=Dresden, M. Geißler. n. 3. 20

— dasselbe, s.: Freilicht.
Jahrg. I—VI kamen nicht in den Handel u. sind vergriffen.

—— deutschkatholisches. Hrsg. von Predigern und Vorstehern deutsch=kathol. Gemeinden. Jahrg. 1852—56. à Jahrg. 52 Nrn. (½ Bog.) gr. 4. Wiesbaden, Ritter. à Jahrg. *

—— deutsch=katholisches. Hrsg. von Predigern und Vorstehern deutsch=kathol. Gemeinden. 7—11. Jahrg. 1857—61. à Jahrg. 52 Nrn. (Bog.) gr. 4. Wiesbaden, Limbarth. à Jahrg. *

—— deutschkatholisches. Hrsg. von Predigern und Vorstehern deutschkathol. Gemeinden. 12.—17. Jahrg. 1862—67. à Jahrg. 52 Nrn. (à ½—1 Bog.) gr. 4. Wiesbaden, Limbarth. à Jahrg. *

—— deutschkatholisches [freireligiöses]. Hrsg. von den Predigern und Vorstehern deutsch=kathol. Gemeinden unter Mitwirkung von Fr. Albrecht, J. Czerski, Wilh. Flos rc. 18.—24. Jahrg. 1868—1874. à Jahrg. 52 Nrn. (à ½ Bog.) gr. 8. Wiesbaden, Limbarth. à Jahrg. *

Sonntagsblatt. – Düsseldorfer Sonntagsblatt. – 6.X.1867 – 1.VII.1871.
Fortges. u.d.T.: Düsseldorfer Volksblatt.

— Eisleber. Festnummer zur 400jähr. Lutherfeier in Eisleben. Fol. (8 S. m. Holzschn. u. 1 Taf.) Eisleben 883. (Mähnert.) — 50

Elsässisches **Sonntagsblatt**. Jg. 1–11. Mülhausen: Rißler 1856–66. 4°
Hrsg.: Friedr. Otte.

— elsässisches evangelisches. Red.: C. Fr. Bögner. 8—13. Jahrg. 1871—1876 à 52 Nrn. (B.) gr. 8. Straßburg (Schmidt.) à Jahrg. n. 4. —

— elsässisches evangelisches. Red.: C. Fr. Bögner. 15.—19. Jahrg. 1878—1882. à 52 Nrn. (B.) gr. 8. Straßburg, (Schmidt). à Jahrg. n. 4. —

— elsässisches evangelisches. Red.: C. Fr. Bögner. 20—23. Jahrg. 1883—1886. à 52 Nrn. (B.) gr. 8. Straßburg, (Schmidt). à Jahrg. n. 4. —

— elsässisches evangelisches. Red.: C. Fr. Bögner. 24. Jahrg. 1887. 52 Nrn. (B.) gr. 8. Straßburg, (Schmidt). n. 4. —

— dasselbe. Red.: E. Stern. 25. Jahrg. 1888. 52 Nrn. (B.) gr. 8. Ebd. n. 3. —

— dasselbe. 26. u. 27. Jahrg. 1889. 1890. à 52 Nrn. (B.) gr. 8. Ebd. à Jahrg. n. 4. —

— elsässisches evangelisches. Red.: Eug. Stern 28.—31. Jahrg. 1891—1894. à 52 Nrn. (Bog.) gr. 8. Straßburg i/E., Straßburger Druckerei u. Verlagsanstalt. à Jahrg. n. 3. —

— elsässisches evangelisches. Red.: Eug. Stern. 32. Jahrg. 1895. 52 Nrn. (½ Bog.) gr. 8. Straßburg, Buchhandlg. d. Evang. Gesellschaft. n. 3. 60

— dasselbe. M. Beilagen: Sonntagsgruß u. Tabea. 33. u. 34. Jahrg. 1896—1897. à 52 Nrn. (à ca. 8 S.) gr. 8. Ebd. à Jahrg. n. 3. —

— dasselbe. Red.: Grünberg. M. Beilage: Sonntagsgruß u. Tabea. 35. Jahrg. 1898. 52 Nrn. (à ca. 8 u. 8 S. in gr. 8.) gr. 4. Ebd. n. 3. —; ohne Sonntagsgruß n. 2. 20

— elsässisches evangelisches. Red.: Grünberg. Mit Beilagen: Sonntagsgruß u. Tabea. 36. u. 37. Jahrg. 1899 u. 1900. à 52 Nrn. gr. 8. (à 8 u. 8 S.) Straßburg, Buchh. der ev. Gesellschaft. Postfrei à Jahrg. n.n. 4. 60: ohne Sonntagsgruß n.n. 3. 60

— elsässisches evangelisches. Red.: Frdr. Federlin. 41. bis 43. Jahrg. 1904—1906. à 52 Nrn. (à ca. 8 S.) gr. 4. Straßburg, Buchh. der ev. Gesellschaft. à Jhrg. n. 2. —

Sonntagsblatt, elsässisches evangelisches. Red.: Frdr. Federlin. 44.—47. Jahrg. 1907—1910. à 52 Nrn. (II, 426; II, 428; II, 434 u. II, 430 S.) 30,5×23,5 cm. Straßburg, Buchh. der ev. Gesellschaft. à Jahrg. 2. —

—— zur Erbauung, Belehrung und Unterhaltung. Hrsg. von M. H. Jansen. 1. Jahrg. 1848. Juli — Decbr. 26 Nrn. und 2. Jahrg. 1849. 52 Nrn. (Bog.) gr. 8. Aachen, Hensen und Comp. [1. Jahrg. * 20 Ngr., 2. * 1 Thlr. 10 Ngr.] *

—— für häusl. Erbauung, hrsg. v. Petri u. Willkomm. 1. u. 2. Jahrg. 1829 u. 30. à 52 Nrn. (1/2 Bog.) Zittau. (Leipzig, Kollmann.) à ℛ.

—— für Erholungsstunden. Jahrg. 1888. 52 Nrn. (à Nr. 1/2 Bog. mit Illustr.) gr. 4. Berlin, G. E. Nagel. *

— Eutinsches. Betrachtungen u. Mittheilungen üb. Kirche, Schule u. damit zusammenhängende Vereine. Red.: Nielsen u. Müller. 1. Jahrg. März — Decbr. 1852. 43 Nrn. gr. 4. (1/2 B.) Eutin. (Völckers.) baar n. 1 1/3 rß

— evangelisches. Eine der Erbauung auf dem Grunde des göttlichen Worts dienende Wochenschrift. Herausgeg. von Prediger Schwarzschulz. (1. Jahrg.) 1845. Juli—Decbr. 26 Numm. (1/2 Bog.) Guben. (Berger.) n. 1/2 rß — 2. Jahrg. 1846. 1. Quartal. Ebend. 846. 6 ngr (Ist weiter nichts erschienen.)

—— evangelisches. Redakt.: M. Wolf. 1. Jahrg. 1855. 52 Nrn. (1/4 Bog.) 8. Meisenheim, Krull.

—— evangelisches. Redact.: C. Fr. Bögner. 5.—7. Jahrg. 1868—1870. à Jahrg. 52 Nrn. (Bog.) gr. 8. Straßburg, Schmidt. à Jahrg. *

— evangelisches, aus Bayern. Red.: A. Caselmann. 1—3. Jahrg. 1884—1886. à 12 Nrn. (B.) hoch 4. Rothenburg o/d. Tbr., Peter. à Jahrg. n. 1. 60

— evangelisches, aus Bayern. Red.: A. Caselmann. 4.—6. Jahrg. 1887—1889. à 52 Nrn. (B.) hoch 4. Rothenburg o/d. Tbr., Peter. à Jahrg. n. 1. 60

— dasselbe. Red.: Blendinger. Jahrg. 1890. 52 Nrn. (B.) hoch 4. Ebd. n. 1. 60

— evangelisches, aus Bayern. Red.: Blendinger. Jahrg. 1891—1894. à 52 Nrn. (Bog.) hoch 4. Rothenburg o./d. Tbr., Peter. à Jahrg. n. 1. 60

Sonntagsblatt, evangelisches, aus Bayern. Red.: Blendinger. Jahrg. 1895—1898. à 52 Nrn. (Bog.) hoch 4. Rothenburg o/d. T., J. P. Peter. à Jahrg. n. 1. 60
Kann auch vierteljährlich bezogen werden.

— evangelisches, aus Bayern. Red.: Karl Ostertag. Jahrg. 1899—1902. à 52 Nrn. hoch 4. (à ca. 8 S.) Rothenburg o/T., J. P. Peter. à Jahrg. n. 1. 60
Die Jahrgge. 1899 u. 1900 sind v. Blendinger redigiert.

Sonntagsblatt, evangelisches, aus Bayern. Red.: Karl Ostertag. Jahrg. 1903—1906. à 52 Nrn. (à ca. 8 S.) hoch 4. Rothenburg o/T., J. P. Peter. à Jhrg. n. 1. 60

— evangelisches, aus Bayern. Red.: Karl Ostertag. 23.—26. Jahrg. 1907—1910. à 52 Nrn. (536, 522, 534 u. 530 S. m. Abb.) Lex. 8. Rothenburg o/T., J. P. Peter. à Jahrg. 1. 60

Evangelisch-kirchliches **Sonntagsblatt** für Siegerland und Wittgenstein. Siegen: Vorländer 1897 ff. 8°
Hrsg.: Heider.

— evangelisch-lutherisches, der Immanuelsynode. Im Auftrag der ev.-luth. Immanuelsynode hrsg. von Arth. Weber. 4. Jahrg. 1900. 52 Nrn. gr. 4. (à ca. 16 S.) Mühlhausen i/Th. (Th. Pecena). n. 1. 20

Sonntagsblatt des Evansville Volksfreund: 1896(—1898.
Sunday edition of EVANSVILLE VOLKSFREUND, for a time as part of the semi-weekly edition. Circulation: 1897, 1100.
Evansville, IL

Sonntagsblatt des «Express»
v. Express.

— für die katholische Familie. Red.: L. Huber. 33.—36. Jahrg. 1907—1910. à 52 Nrn. (à ca. 12 S. m. Abbildgn.) 34×25,5 cm. München, Münchener Volksschriftenverlag. à Jahrg. 2. 40
Die Ausgaben mit Versicherung sind nicht im Buchhandel.

— Freiburger. Ein christlicher Freund f. Jedermann. (Sonder-Ausg. von „Komm heim“!) 4. u. 5. Jahrg. 1904 u. 1905. à 52 Nrn. (à 4 S.) gr. 4. Freiburg i/B., O. Kleiq. à Jhrg. n. — 80

— freireligiöses. Vereinigung der beiden Wochenschriften: Uhlichs Sonntags-Blatt u. Die freie Gemeinde. Red. v. Ludw. Schwennhagen u. unter Mitwirkg. v. Clara Uhlich. 36. Jahrg. 1885. 52 Nrn. (à 1—2 B.) gr. 4. Magdeburg, Demcker. n. 3. —
cf.: Uhlich's Sonntags-Blatt.

— freireligiöses. Begründet v. Leberecht Uhlich. Red.: Boelkel. 38. Jahrg. 1887. 52 Nrn. (1/2 B.) Lex.-8. Magdeburg, Demcker. n. 3. —

Sonntagsblatt für Freunde der Religion. Nürnberg 1783. 8°
Hrsg.: Samuel Gottl. Wald.

—— Gavlensografisch-Deutsches. Für die Verwirklichung der Idee einer allgem. Silben- und Lautsprache. Hrsg. und redig. von Heinr. Frhr. v. Gablenz. Jahrg. 1860. 52 Nrn. (Bog.) Fol. Dresden, Expedition. Berlin, Th. Grieben. *
Ist nicht fortgesetzt worden.

— für freien Geistesaustausch zur Förderung selbstständiger Wahrheitserkenntnis u. praktischer Nächstenliebe. Hrsg.: Thdr. v. Wächter. Jahrg. 1894. 52 Nrn. (Bog.) 4. Stuttgart, A. Jung. n. 2. 80
s.: Christ, der.

— für freien Geistesaustausch. Ein Kämpfer f. wahre Religion, Sitte u. Ordng. Hrsg.: Th. v. Wächter. Jahrg. 1895—1896. à 52 Nrn. (Bog.) 4. Stuttgart, A. Jung. à Jahrg. 2. 40
Wetter nicht erschienen.

Sonntagsblatt für die Evangelischen Gemeinden in Brasilien: 1887 1941? Novo Hamburgo
Weekly. Published by the Unterstutzungsverein Evangelischer Geistlicher.

— (Freireligiöses Familien-Blatt) f. freie Gemeinden u. deren Freunde. Red.: G. Tschirn. 8.—11. Jahrg. 1899—1902. à 52 Nrn. 4. (à ca. 8 S.) Breslau, Verlag d. Neuen Freireligiösen Sonntagsblattes. à Jahrg. n. 3. —

— (Freireligiöses Familien-Blatt) f. freie Gemeinden u. deren Freunde. Red.: G. Tschirn. 12. Jahrg. 1903. 52 Nrn. (à ca. 8 S.) 4. Breslau, Verlag des Neuen Freireligiösen Sonntagsblattes. n. 3. —

Sonntagsblatt für reformierte Gemeinden. Hannover: Volke 1892–(1900). 8°
Hrsg.: C. Volke.

Sonntagsblatt: Gemeinnütziges Luzernerisches Sonntagsblatt
v. Luzernerisches Wochenblatt (I).

Sonntagsblatt der Germania : 1888 - 1889

Sunday edition of GERMANIA.

Cleveland, OH

— der Germania. Red.: Phpp. Frick. Jahrg. 1890. 52 Nrn. (B.) gr. 4. Berlin, Germania. n. 8. —

— der Germania. Red.: Phpp. Frick. Jahrg. 1891. 52 Nrn. (Bog.) gr. 4. Berlin, Germania. n. 8. —

— dasselbe. Red.: Karl Küchler. Jahrg. 1892. 52 Nrn. (Bog.) gr. 4. Ebd. n. 8. —

Sonntagsblatt der Germania. Red.: C. H. Kley. Jahrg. 1893. 1894. à 52 Nrn. (Bog.) gr. 4. Berlin, Germania. à Jahrg. n. 8. —

— der Germania. Red.: J. Ritter. Jahrg. 1895—1896. à 52 Nrn. (Bog.) gr. 4. Berlin, Germania. à Jahrg. n. 8. —

— dasselbe. Jahrg. 1897. 52 Nrn. (Bog.) gr. 4. Ebd. n. 10. 80

— dasselbe. Jahrg. 1898. 52 Nrn. (Bog.) gr. 4. Ebd. n.n.n. 8. —
Erscheint nicht mehr.

Sonntagsblatt für die Gesamtinteressen der freien Gemeinden und deren Freunde. Jg. 7, Quartal 2–8. Breslau: Expedition 1898. 1899. 8⁰
Hrsg.: G. Tschirn.
Vorh. u. d. T.: Freireligiöses Familienblatt 1892–1898, Quartal 1.
Fortges. u. d. T.: Sonntagsblatt für freie Gemeinden und ihre Freunde.

Sonntags-Blatt für Gewerbe, Industrie, Handel und geselliges Leben.
Erscheint in **Iglau**, jeden Sonntag, 1 Bog. in 4°. 2-spalt. Pränum.-Pr.: jährl. 2 fl. 20 kr. — pr. Post 3 fl. 10 kr.

Sonntagsblatt für Gewerbe, Industrie, Handel und geselliges Leben. Redaktion und Druck des Joh. Rippl. 4. 2spaltig. 2 fl. und 2 fl. 52 kr. jährlich.
Iglau 1854.

Sonntags-Blatt für Gewerbe, Industrie, Handel und geselliges Leben. Verantwortl. Redakteur: Johann Rippl Nr. 1—24. Iglau, 1856. Druck aus Johann Rippl's artist. Anstalt. 4.

Sonntagsblatt für Gewerbe, Industrie, Handel und geselliges Leben. Verant Redakteur: Johann Rippl. Nr. 25—31. Iglau, 1856. Druck aus Joh. Rippl's artist. Anstalt. (4.)

Sonntagsblatt für Gewerbe, Industrie, Handel und geselliges Leben. Verantwortl. Redakteur: Joh. Rippl. Nr. 44—52. Iglau, 1856. Dr. aus Joh. Rippl's artist. Anstalt. (4.)

— für Gewerbe, Industrie, Handel u. geselliges Leben. 1862. Verantwortl. Redact.: Jos. Rippl. 52 Nrn. Iglau, Selbstverlag. 4. n. 1 ß 20 ngr.

Sonntags-Blatt f. Gewerbsleute herausgeg. v. böhm. Gewerbvereine. Redig. v. Prof. Dr. Köhler. (1. Jahrg.) 1846. 52 Numm. (Bog.) Fol. (Deutsch und Böhmisch gedruckt.) Prag 846, Haase Söhne Verlags-Expedition. n. 1 ß 18 ngl

Glarner Sonntagsblatt
v. Neue Glarner Zeitung

—— des land- und forstwirthschaftlichen Zweig-Vereins Goslar. Redact.: Carl Witt. 24.—27. Jahrg. 1876—1879. à Jahrg. 26 Nrn. (Bog.) gr. 8. Salzgitter, Witt. à Jahrg. * 3 —

Sonntagsblatt für ächtevangelische Gottes- und Christusverehrer. Nürnberg: Riegel 1816–22. 8⁰
Hrsg.: J. Christoph Ludwig Pflaum.

— Göttinger. Ein Blatt für die Gemeinde. Jahrg. 1863. 52 Nrn. (à ½ Bgn.) Göttingen, Vandenhoeck & Ruprecht. 4. n. 1 ß 2 ngr.

Sonntagsblatt: Gutenbergs illustrirtes Sonntagsblatt
v. Die Welt.

— Hamburger. Red.: E. Spreu. 1. Jahrg. Octbr.—Decbr. 1855. 13 Nrn. (à 1 Bgn.) Hamburg, O. Meißner. gr. 4. n. 15 ngr.

— — 2. Jahrg. 1856. 52 Nrn. (à 1 Bgn.) Ebend. gr. 4. n. 2 ß.

Hamburger **Sonntagsblatt.** Sonntag, den 3., 10., 17. u. 23. [?] Mai 1863. Hamburg. Fol.

— Hannoversches. HerSg. Freitag. Jahrg. 1868—70. à Jahrg. 52 Nrn. (½ Bgn.) Hannover, (Meyer.) Lex.-8. Jeder Jahrg. n.n. 15 ngr.

— hannoversches. Hrsg.: Freytag. Jahrg. 1871. 52 Nrn. (½ B.) Lex.-8. Hannover, Meyer in Comm. n.n. 1. 50

— dasselbe. Jahrg. 1872—1875 à 52 Nrn. (½ B.) gr. 8. Ebend. à Jahrg. n.n. 2. —

— dasselbe. Jahrg. 1876. 52 Nrn. (½ B.) hoch 4. Ebend. n.n. 2. 50

— hannoversches. Red. u. Hrsg.: Freitag. Jahrg. 1877—1882. à 52 Nrn. (à ¼—½ B.) hoch 4. Hannover, Meyer in Comm. à Jahrg. n.n. 2. 50

— hannoversches. Red. u. Hrsg.: Freytag. Jahrg. 1883—1886. à 52 Nrn. (à ½—1 B.) hoch 4. Hannover, (Meyer). à Jahrg. n.n. 2. 50

— hannoversches. Red. u. Hrsg.: Petri. Jahrg. 1887—1890. à 52 Nrn. (à ½—1 B.) hoch 4. Hannover, (C. Meyer). à Jahrg. n.n. 2. 50

— hannoversches. Red. u. Hrsg.: Petri. Jahrg. 1891. 52 Nrn. (à ½—1 Bog. m. Abbildgn.) hoch 4. Hannover, (C. Meyer). n.n. 2. 50

— dasselbe. Red. u. Hrsg.: Strecker. Jahrg. 1892—1894. à 52 Nrn. (à ½—1 Bog. m. Abbildgn.) hoch 4. Ebd. à Jahrg. n. 2. 50; einzelne Nummern — 15

— hannoversches. Red. u. Hrsg.: Strecker. Jahrg. 1895—1898. à 52 Nrn. (Bog. m. Abb.) hoch 4. Hannover (C. Meyer). à Jahrg. n.n. 2. 50
Kann auch halbjährlich bezogen werden.

— hannoversches. Volksblatt f. innere Mission. Red. u. Hrsg.: Strecker. 32.—35. Jahrg. 1899—1902. à 52 Nrn. hoch 4. (à ca. 8 S. m. Abbildgn.) Hannover (C. Meyer). à Jahrg. n.n. 2. 50

— hannoversches. Schriftleiter: Meyer. Jahrg. 1903 bis 1906. à 52 Nrn. (à ca. 8 S. m. Abbildgn.) hoch 4. Hannover (H. Feesche). à Jhrg. n.n. 2. 50

— hannoversches. Schriftleiter: Fleisch. Jahrg. 1907—1910. à 52 Nrn. (690, 666, 676 u. 696 S. m. Abb.) 30,5×21 cm. Hannover, (H. Feesche). à Jahrg. nn 2.50

— für's Haus. Red. u. Hrsg.: Chrn. Jensen. 12. u. 13. Jahrg. 1881 u. 1882. à 52 Nrn. (à ½—1 B.) Fol. Breklum, Christl. Buchh. à Jahrg. 1. 20; mit dem „Schleswig-Holstein. Missionsblatt". 26 Nrn. 2. —; Missionsblatt ap. n. — 80
cf.: Sonntagsblatt, schleswig-holsteinisches.

— für's Haus. Red. u. Hrsg.: Chrn. Jensen. 14. Jahrg. 1883. 52 Nrn. Nebst dem „Schleswig-Holstein. Missionsblatt". 8. Jahrg. 26 Nrn. (B.) Fol. Breklum 883. Christl. Buchh. 2. —

— für's Haus. Red. u. Hrsg.: Chr. Jensen. 19.—21. Jahrg. 1888—1890. à 52 Nrn. (B.) Nebst Beilagen: Sonntagsblatt d. Landes-Vereins f. innere Mission in Schleswig-Holstein (Red.: Schacht), 26 Nrn., u. Breklumer Missionsnachrichten, 26 Nrn. Fol. Breklum, Christliche Buchhandlg. à Jahrg. n. 3. 20; m. nur 1 Beilage 2. —

— für's Haus. Red. u. Hrsg.: Chr. Jensen. 23.—25. Jahrg. 1891—1893. à 52 Nrn. (Bog.) Nebst Beilagen: Rundschauer auf dem Gebiete der inneren Mission. 2.—4. Jahrg. à 26 Nrn. u. Breklumer Missionsnachrichten. 5.—7. Jahrg. à 26 Nrn. Fol. Breklum, Christliche Buchh. à Jahrg. n. 3. 20; m. nur 1 Beilage 2. —

— für's Haus. Red. u. Hrsg.: Chr. Jensen. 26.—29. Jahrg. 1895—1898. à 52 Nrn. (Bog.) Nebst Beilagen: Rundschauer auf d. Gebiete d. inneren Mission. 6.—9. Jahrg. à 26 Nrn. (Bog.) u. Breklumer Missionsnachrichten. 9.—12. Jahrg. à 26 Nrn. (Bog.) Fol. Breklum, Christliche Buchh. à Jahrg. n. 3. 20; m. nur 1 Beilage 2. —
Kann auch vierteljährlich bezogen werden.

— für's Haus. Red. u. Hrsg.: Chr. Jensen. 30. u. 31. Jahrg. 1899 u. 1900. à 52 Nrn. Fol. (à ca. 4 S.) Nebst Beilage: Rundschauer auf dem Gebiete der inneren Mission. 11. Jahrg. u. Breklumer Missionsnachrichten. 14. Jahrg. à 26 Nrn. (à 4 S.) Breklum, Christl. Buchh. à Jahrg. n. 3. 20

— dasselbe. Hrsg.: Bahnsen in Verbindg. m. Jungclaussen u. Bracker. 32. Jahrg. 1901. 52 Nrn. (à ca. 8 S.) Ebd. n. 3. 60

— dasselbe. 33. Jahrg. 1902. 52 Nrn. gr. 4. (à ca. 8 S.) Ebd. 4. —

— für's Haus. Hrsg.: Jensen in Verbindg. m. Jungclaussen u. Bracker. 34. u. 35. Jahrg. 1903 u. 1904. à 52 Nrn. (à ca. 8 S.) gr. 4. Breklum, Christl. Buchh. à Jhrg. n n. 3. 60

— für's Haus. Hrsg.: Jensen in Verbindg. m. Jungclaussen u. Bracker. 38. Jahrg. 1907. 52 Nrn. (à ca. 8 S.) 31,5×23 cm. Breklum, (Christl. Buchh.). nnn 2. 40
Nicht durch den Buchhandel zu beziehen.

— fürs deutsche Haus. Red.: H. Albrecht. Jahrg. 1897. 52 Nrn. (Bog. m. Abb.) gr. 4. Berlin, C. Heymann's Verl. 1. 20

— dasselbe, Fortsetzg., s.: Für's deutsche Haus.

— für das deutsche Heer. Red.: E. Hülle. Jahrg. 1894. 52 Nrn. (½ Bog.) gr. 4. Berlin. (Leipzig, H. G. Wallmann.) n. 1. 25

— für das deutsche Heer. Red.: E. Hülle. Jahrg. 1895—1898. à 52 Nrn. (à ca. 4 S.) gr. 4. Berlin. (Leipzig, H. G. Wallmann.) à Jahrg. n.n. 1. —
Kann auch vierteljährlich bezogen werden.

— für d. deutsche Heer. Red.: Th. Brandin. Jahrg. 1899—1902. à 52 Nrn. gr. 4. (à ca. 4 S.) Berlin. (Leipzig, H. G. Wallmann.) à Jahrg. n.n. 1.—
Die Jahrgänge 1899—1901 sind v. E. Hülle redigiert.

— f. das deutsche Heer. Red.: Th. Brandin. Jahrg. 1903 bis 1906. à 52 Nrn. (à ca. 4 S.) gr. 4. Berlin, Schriftenvertriebsanstalt. à Jhrg. n.n. 1. —

— für das deutsche Heer. Red.: Th. Brandin. Jahrg. 1907—1910. à 52 Nrn. (à ca. 4 S.) Lex. 8. Berlin, Schriftenvertriebsanstalt. à Jahrg. p 1. —

Sonntags-Blatt des Herold: 1862(-1906)
Sunday edition of Der Herold, later Herold und Seebote. Large quarto, each issue 8 pages, paged continuously; contents for volume printed, through, at least, 1869 - 77. Circulation: 1890, 12,000, 1905, 25,434. Literary.
Milwaukee, WI

— hessisches evangelisches. Red.: Römheld. 1.—3. Jahrg. 1888—1890. à 52 Nrn. (B. m. Abbildgn.) gr. 4. Darmstadt, Winter'sche Buchdr. à Jahrg. n. 1. 56

— hessisches evangelisches. Red.: Römheld. 4.—7. Jahrg. 1891—1894. à 52 Nrn. (Bog. m. Abbildgn.) gr. 4. Darmstadt, C. F. Winter'sche Buchdr. à Jahrg. n. 1. 56

— hessisches evangelisches. Red.: Römheld. 8.—11. Jahrg. 1895—1898. à 52 Nrn. (Bog. m. Abb.) gr. 4. Darmstadt, C. F. Winter'sche Buchdr. à Jahrg. n. 1. 56
Kann auch vierteljährlich bezogen werden.

— hessisches evangelisches. Schriftleitung: Widmann. 12.—15. Jahrg. 1899—1902. à 52 Nrn. 4. (à ca 8 S. m. Abbildgn.) Darmstadt, C. F. Winter'sche Buchdr. à Jahrg. n.n. 1. 56
Der 12. Jahrg. ist von Römheld redigiert.

— hessisches evangelisches. Schriftleitung: Widmann 16.—19. Jahrg. 1903—1906. à 52 Nrn. (à ca. 8 S. m. 1 Abbildg.) 4. Darmstadt, C. F. Winter'sche Buchdr. à Jhrg. n.n. 1. 56

— hessisches evangelisches. Schriftleitung: Widmann. 20.—23. Jahrg. 1907—1910. à 52 Nrn. (à ca. 10 S. m. Abb.) Lex. 8. Darmstadt, C. F. Winter'sche Buchdr. à Jahrg. 1. 56

Sonntags-Blatt für Jedermann aus dem Volke. Begründet von Otto Ruppius. Jahrgang 1869—1872(?). 1882—1886. Berlin, Expedition des Sonntags-Blattes (Duncker & Simion)
Mit Abb. 4°
1876: Druck und Verlag von Franz Duncker. — 1877 ff.: Druck und Verlag von Emil Schilke
1882 ff. Druck und Verlag der „Volks-Zeitung" Akt.-Ges.
1. Jg. 1863. Erschienen bis 1886? Jg. 1884 fehlt

—— für Jedermann aus dem Volke. Hrsg. von Otto Ruppius. Jahrg. 1863. Juli bis Decbr. (26 Nrn.) und Jahrg. 1864. (52 Nrn.) (Bog.) gr. 4. Berlin, F. Duncker. à Halbjahr

— für Jedermann aus dem Volke. Begründet von Otto Ruppius. Redact.: Otto Girndt. Jahrg. 1865. 52 Nrn. (Bgn.) Berlin, F. Duncker. gr. 4. 1 ₰ 6 ngr

—— dass. — Hrsg. von Friedr. Spielhagen. Jahrg. 1866 und 1867. à Jahrg. 52 Nrn. (Bog.) gr. 4. Ebendas. à Jahrg. 1863—67 zusammen, ermäßigter Preis *

—— für Jedermann aus dem Volke. Begründet von Otto Ruppius. Hrsg. von Ernst Dohm. Jahrg. 1868. 52 Nrn. (Bog.) gr. 4. Berlin, Expedition.

—— dass. — Hrsg. von Frz. Duncker. Jahrg. 1869—1871. à Jahrg. 52 Nrn. (Bog. mit eingedr. Holzschn.) gr. 4. Ebendas. à Jahrg.

— dasselbe. Red.: Ernst Raeb. Jahrg. 1872. 52 Nrn. (B. m. eingedr. Holzschn.) gr. 4. Ebend. 5. —

Sonntagsblatt für Jedermann aus dem Volke. Begründet von Otto Ruppius. Redact.: C. F. Liebetreu. Jahrg. 1873 und 1874. à Jahrg. 52 Nrn. (Bog. mit eingedr. Holzschn.) gr. 4. Berlin, Exped. à Jahrg.

—— für Jedermann aus dem Volke. Begründet von Otto Ruppius. Redact.: Ferd. Michels. Jahrg. 1875—1877. à Jahrg. 52 Nrn. (à 1½ Bog. mit eingedr. Holzschn.) gr. 4. Berlin, F. Duncker. à Jahrg. *
—— dass. — Jahrg. 1878 und 1879. à Jahrg. 52 Nrn. (à 1½ Bog. mit eingedr. Holzschn.) gr. 4. Berlin, Schilke. à Jahrg. *

—— für Jedermann aus dem Volke. Begründet von Otto Ruppius. Redact.: A. Philipps. Jahrg. 1880—1884. à Jahrg. 52 Nrn. (à Nr. 1½ Bog. mit eingedr. Holzschn.) gr. 4. Berlin, Volks-Zeitung. à Jahrg.

—— für Jedermann aus dem Volke. Begründet von Otto Ruppius. Redact.: A. Phillips. Jahrg. 1885 und 1886. à Jahrg. 52 Nrn. (à Nr. 1½ Bog. mit eingedr. Holzschn.) gr. 4. Berlin, Volks-Zeitung. à Jahrg.

— für Jedermann aus dem Volke. Begründet v. O. Ruppius. Red.: R. Elcho. Jahrg. 1887—1890. à 52 Nrn. (1½ B. m. eingedr. Holzschn.) gr. 4. Berlin, Volks-Zeitung. à Jahrg. n. 5. —

— für Jedermann aus dem Volke. Begründet v. Otto Ruppius. Red.: R. Elcho. Jahrg. 1891—1894. à 52 Nrn. (1½ Bog. m. Abbildgn.) gr. 4. Berlin, Volks-Zeitung. à Jahrg. n. 5. —

— für Jedermann aus dem Volke. Red.: R. Elcho. Jahrg. 1895 1896. à 52 Nrn. (à ca. 12 S. m. Abb.) gr. 4. Berlin, „Gutenberg". à Jahrg. 5. —

— dasselbe, Fortsetzg., s.: Sonntagsblatt, illustr.

— illustrirtes. Red.: A. Henze. 1. u. 2. Bd. (Jahrg. 1859 u. 60.) à 52 Nrn. (à 1 Bgn. m. Holzschn.) Neu-Schönfeld, Henze. 4. Jeder Jahrg. 2 ℛ

—— illustrirtes. Redig. von A. Henze. 1. und 2. Bd. (Jahrg. 1859 und 1860.) à Jahrg. 52 Nrn. (Bog. mit eingedr. Holzschn.) gr. 4. Neu-Schönfeld. [Leipzig, Zieger.] à Jahrg. * *

—— illustrirtes. 1. Bd. 52 Nrn. (à 2 Bog. mit eingedr. Holzschn.) gr. 4. Leipzig 865, Payne. *

Sonntagsblatt, illustr. Red.: Rud. Elcho. 44.—45. Jahrg. Oktbr. 1896—Septbr. 1898. à 52 Nrn. (à ca. 2 Bog.) gr. 4. Berlin, Verlag d. „Illustr. Sonntagsblattes". à Jahrg. 5. —
Kann auch vierteljährlich bezogen werden.

— illustriertes. Red.: Rud. Elcho. 46. Jahrg. Oktbr. 1898—Septbr. 1899. 52 Nrn. gr. 4. (à ca. 16 S.) Berlin, Verlag des „Illustr. Sonntagsblattes". 5.—
Fortsetzung s.: Gutenberg's illustr. Sonntagsblatt.

— illustrirtes, für katholische Familien. Unter Mitwirkung namhafter katholischer Gelehrten u. Geistlichen redig. von Adf. Henze. 1. u. 2. Jahrg. 1856 u. 57. à 52 Nrn. (à 1 Bgn. mit Holzschn. im Text.) Neu-Schönfeld (Leipzig), Henze. gr. 4. Jeder Jahrg. n. 2 ℛ.

—— illustrirtes, für katholische Familien. Unter Mitwirkung namhafter kathol. Gelehrten und Geistlichen redig. von Adf. Henze. 2. Jahrg. 1857. 52 Nrn. (Bog. mit eingedr. Holzschn.) gr. 4. Neu-Schönfeld. (Leipzig.) [Zieger.]

Sonntags-Blatt: Illustriertes Sonntags-Blatt für Unterhaltung
v. Berner Zeitung (V).

Sonntagsblatt: Illustriertes Sonntagsblatt zur Unterhaltung und Belehrung
v. Der Birsthaler.

Sonntagsblatt populär-religösen Inhalts, s. Sonntagsblatt. Nördlingen 1831.

Sonntagsblatt für die Jugend zur Belohnung und Ermunterung ihres Flesses, ihrer Wissbegierde und ihrer guten Aufführung. Bd 1-4. Pesth: Hartleben 1816. 8°
Hrsg.: Ludwig Herzmann.

— f. d. evangelische Jugend. Hrsg. v. G. A. Berchter. 1. u. 2. Jahrg. 1897—1898. à 52 Nrn. (à ca. 4 S. m. Abb.) 4. Mülheim a/R., Buchh. des ev. Vereinshauses. à Jahrg. 1.20

— f. die evangelische Jugend. Begründet von G. A. Berchter. Hrsg. v. e. Verein v. Kinderfreunden. Red.: Chrn. Bernhardt. 3.—6. Jahrg. 1899—1902. à 52 Nrn. 4. (à ca. 4 S. m. Abbildgn.) Mülheim a/R., Buchh. des ev. Vereinshauses. à Jahrg. 1.20

— f. die evangel. Jugend. Begründet v. G. A. Berchter. Hrsg. v. einem Verein v. Kinderfreunden. Schriftleitung: Christian Bernhardt. 7.—10. Jahrg. 1903—1906. à 52 Nrn. (à ca. 4 S. m. Abbildgn.) 4. Mülheim-Ruhr, Buchh. des ev. Vereinshauses. à Jhrg. n. 1.20

— für die evangelische Jugend. Begründet v. G. A. Berchter. Hrsg. v. e. Verein v. Kinderfreunden. Schriftleitung: Christian Bernhardt. 11.—14. Jahrg. 1907—1910. à 52 Nrn. (à Jahrg. 200 S. m. Abbildg.) Lex. 8. Mülheim-Ruhr, Buch- u. Kunsth. des ev. Vereinshauses. à Jahrg. 1.20; geb. 1.50

—— kasseler. Wochenschrift für Literatur, Kunst und Leben. Hrsg. von Otto Braun. 1. Jahrg. April bis Juni. 1857. 13 Nrn. (à ⅓—1 Bog.) 4. Cassel, Bertram. Vierteljährl. * –
Ist nicht fortgesetzt worden.

Kasseler **Sonntagsblatt**. Jg. 1 ff. Kassel: Thiele 1878 ff. 8°
Hrsg.: Fröbus; sp. Jakob Schwarz; sp. C. A. Thiele.

Katholisches Sonntagsblatt: 1850 ? St.Louis, MO

Katholisches Sonntagsblatt: Dec. 1, 1850—1852.
Roman Catholic weekly. Merged with DER HEROLD DES GLAUBENS. Published by E. Kessel
St. Louis, MO

— katholisches, vom Verf. des „Kalenders f. Zeit u. Ewigkeit" [M. Zugschwerdt]. Hrsg. unter Mitwirkung mehrerer Geistlichen. 1. Jahrg. April—Decbr. 1851. 9 Hfte. oder 39 Nrn. gr. 4. (B.) Villingen, Förderer. n. 1 ℛ — aus der Erzdiözese Freiburg. Unter Mitwirkung von Geistlichen genannter Erzdiözese, herausg. von M. Zugschwerdt. (2.) Jahrg. 1852. 52 Nrn. oder 12 Hfte. gr. 4. (B.) Ebd. n. 1 ℛ 12 ngl

Katholisches Sonntagsblatt: 1891–1909?
Roman Catholic weekly. An edition printed also for Indianapolis, Ind., 1891—92. Circulation: 1895, 8000; 1905, 12,000. Edited & published by William Kuhlmann, 1891—92; edited by Arthur Preuss, 1893—96?; by A. J. Weber, 1897—99; by C. Kuhlmann, 1900—08; by Hans Dexl, 1909; published by William Kuhlmann, 1893—1907; by Katholisches Sonntagsblatt Publishing Co., 1908—09.
Chicago, IL

Katholisches Sonntagsblatt: 1896?—1908. **Pittsburgh, PA**
Sunday edition of PITTSBURGER BEOBACHTER. Circulation: 1896, 9400; 1908, 11,773.

— katholisches. Zugleich „Wochenblatt f. das katholische Volk". Früher „Bopfinger Wochenblatt". Chef-Red.: K. Kümmel. 56. u. 57. Jahrg. 1905 u. 1906. à 52 Nrn. (580 u. 630 S. m. Abbildgn.) gr. 4. Stuttgart, Deutsches Volksblatt. à Jhrg. n.u. 2.08

— katholisches. Zugleich „Wochenblatt f. das kathol. Volk". Früher „Bopfinger Wochenblatt". Chef-Red.: K. Kümmel. 58.—61. Jahrg. 1907—1910. à 52 Nrn. (à ca. 12 S. m. Abbildgn.) 38,5×27,5 cm. Stuttgart, Deutsches Volksblatt. à Jahrg. nu 2.08

— katholisches bayerisches. Red: C. Walterbach. 29.—32. Jahrg. 1903—1906. à 52 Nrn. (à ca. 8 S.) 4. München, Münchener Volksschriften-Verlag. à Jhrg. n. 2.40

— katholisches bayerisches, Fortsetzg., s.: Sonntagsblatt f. die katholische Familie.

(Katholisches) Sonntagsblatt für das Königreich Bayern. Passau: Paradiesdruckerei 1883–(1900). 8°
Hrsg.: M. Koenig.

— katholisches, für religiöse Belehrung u. Unterhaltung. Red.: J. J. Loehr. 1. Jahrg. 1849. 52 Nrn. gr. 8. (B.) Crefeld, Schüller. n. 1½ ℛ

Sonntagsblatt, Katholisches, aus der Erzdiözese Freiburg, s. Sonntagsblatt, Katholisches. 1851.

Sonntags- und Missions-Blatt, katholisches. Redig. von Dr. v. Roschütz und Frz. v. Roschütz. 2. Jahrg. 1849. 104 Nrn. (Bog.) gr. 4. Breslau, Landsberger.
1. Jahrg. vgl. oben: „Katholisches Sonntagsblatt für Schlesien" und „Schlesisches Missions-Blatt".

— kathol., für Schlesien u. die Grafschaft Glaz. Eine Zeitschrift zur Belehrung u. Unterhaltung. Hrsg. von B. P. J. v. Roschütz. 1. Jahrg. 1848. 12 Hfte. 4. (à ca. 2 B.) Mit Schlesisches Missionsblatt. Eine kathol. Zeitschrift für alle Stände. Red. von Frz. v. Roschütz. 1. Jahrg. 1848. 12 Hfte. 4. (à ca. 2 B.) Breslau, F. Aderholz in Comm. (Sonntagsblatt: n. 1½ ℛ Missionsblatt: n. ½ ℛ) n. 2 ℛ (Fortsetzung siehe: Sonntags- u. Missionsblatt.

— an die Kinder. 1. Jahrg. Juli—Dezbr. 1890. 26 Nrn. (à 4 S.) gr. 8. Elberfeld, Buchh. des Erziehungs-Vereins. n.n. —25

— dasselbe. Red. vom Erziehungs-Verein in Elberfeld. 2.—6. Jahrg. 1891—1895. à 52 Nrn. (à ca. 8 S.) gr. 8. Ebd. à Jahrg. n.n. —50

Des Landmann's Sonntagsblatt. Allgemeine Zeitung für Landwirthschaft und Gartenbau. Jg. 1–10. Berlin, Neudamm: Neumann, ab Jg. 3: u. B. Grundmann 1891–1900. 4°
Red.: E. Kirstein.

—— für Land- und Forstwirthe. Hrsg. von Dünnwald und Comp. 1. Jahrg. 1856. 52 Nrn. (½ Bog.) 4. Berlin, (R. Kühn.) **

—— für Land- und Forstwirthe. Hrsg. von Dünnwald und Comp. 2. Jahrg. 1857. 52 Nrn. (Bog.) gr. 8. Berlin, (R. Kühn.) **

Sonntagsblatt der Deutschen La Plata Zeitung: Jahrgang 1, 1862? ?
Sunday edition of Deutsche La Plata Zeitung.
GyA17. May 7, 1905 32. Jg. no. 106; May 9, 1905 37. Jg. no. 107; May 14, 1905 37. Jg. no. 111; June 15, 1913 45. Jg. no. 140; May 11, 1930 62. Jg. no. 129; April 19, 1931 61. Jg. no. 8; Sept. 19, 1931 61. Jg. no. 169; March 22, 1932 61. Jg. no. 352; Oct. 7, 1934 64. Jg. no. 88; Oct. 10, 1934 64. jg. no. 191; Feb. 12, 1935 64. Jg. no. 314. March 8, 1936 65. Jg. no. 39.
GySIA. Jahrgang 46, no. 80, Apr. 5, 1914 and others bound with daily.
Buenos Aires

— s.: Lehrer-Zeitung, preußische.

— Leipziger. Zur Unterhaltung für alle Stände. Herausg. von Alb. Traeger. Jahrg. 1859. März—December. 43 Nrn. (à 1—1½ Bgn.) Leipzig, Polz. (C. F. Winter.) 4. 22½ ngr

—— das. — Jahrg. 1860 und 1861. gr. 4. Ebendas. à Jahrg.

—— Leipziger. Zur Unterhaltung für alle Stände. Hrsg. von Alb. Traeger. 4. und 5. Jahrg. 1862 und 1863. à Jahrg. 52 Nrn. (Bog.) gr. 4. Leipzig, Polz. à Jahrg.

— Leipziger. Leipziger Kirchenblatt. Hrsg. auf Veranlassg. der Diözesanversammlg. der Ephorie Leipzig I. Schriftleiter: Große. 6. u. 7. Jahrg. 1897–1898. à 52 Nrn. (Bog.) gr. 4. Leipzig, Expedition (Pöschel & Trepte). à Jahrg. 3.—
Kann auch vierteljährlich bezogen werden.

— Leipziger. Leipziger Kirchenblatt. Hrsg. auf Veranlassg. der Diözesanversammlung der Ephorie Leipzig I. Schriftleitung: Große. 8. u. 9. Jahrg. 1899 u. 1900. à 52 Nrn. gr. 4. (à ca. 8 S.) Leipzig, P. Eger. à Jahrg. 3.—

— dasselbe. 10. Jahrg. 1. Halbjahr Jan.—Juni 1901. 26 Nrn. gr. 4. (à ca. 8 S.) Ebd. 1.50
Mit dem „Pilger aus Sachsen" vereinigt.

— dasselbe, s. a.: Kirchenblatt, Leipziger.

Literarisches Sonntagsblatt: 1906?—1912? Terre Haute, IN
Sunday edition of Terre Haute Journal.

Sonntagsblatt für Literatur, Kunst und Industrie
v. Schweizerische Bundeszeitung.

— Lüneburger. Hrsg. von Volger. 1. Jahrg. Juli—December 1850. 26 Nrn. Imp. 4. (½ B.) Lüneburg, Engel. n. ½ ℛ

— mährisch-schlesisches. Für Unterhaltg., Belehrg. u. Erbaug. Beilage zum „Mährisch-schles. Volksfreund". Red.: Karl Bernhardt. Jahrg. 1893. 1894. à 24 Nrn. (Bog.) gr. 4. Freiwaldau, B. Titze. à Jahrg. n. 2.—

— mährisch-schlesisches. Für Unterhaltg., Belehrg. u. Erbaug. Beilage zum „Mährisch-schles. Volksfreund". Red.: Karl Bernhardt. Jahrg. 1895. 26 Nrn. (Bog.) gr. 4. Freiwaldau, B. Titze. n. 2.—

— dasselbe. Jahrg. 1896 u. 1897. à 26 Nrn. (Bog.) gr. 4. Ebd. à Jahrg. n. 2.25

— dasselbe. Jahrg. 1898. 26 Nrn. (Bog.) gr. 4. Ebd. n.n. 2.—

— mährisch-schlesisches. Für Unterhaltung, Belehrg. u. Erbaug. Beilage zum „Mährisch-schles. Volksfreund". Red.: Karl Bernhardt. Jahrg. 1899. 26 Nrn. gr. 4. (à ca. 8 S.) Freiwaldau, B. Titze. n.n. 2.—

Mannheimer Sonntagsblatt. Käferthal bei Mannheim: Expedition 1894–(1900). 8°

— für d. katholischen Mannschaften d. deutschen Heeres. Hrsg. v. kathol. Feldpropsteiamt. Red.: Otto Wahner. Jahrg. 1895—1898. à 52 Nrn. (½ Bog.) gr. 4. Berlin, Germania. à Jahrg. n. 1.—
Kann auch vierteljährlich bezogen werden.

— f. die katholischen Mannschaften des deutschen Heeres. Hrsg. vom kathol. Feldpropsteiamt. Red.: Otto Wahner. Jahrg. 1899—1902. à 52 Nrn. gr. 4. (à ca. 4 S.) Berlin, Germania. à Jahrg. 1.60
Wird nicht unter 5 Exemplaren abgegeben.

— f. die katholischen Mannschaften des deutschen Heeres. Hrsg. vom kathol. Feldpropsteiamt. Red.: Otto Wahner. Jahrg. 1903–1906. à 52 Nrn. (à ca. 4 S.) gr. 4. Berlin, Germania. à Jhrg. n.n. 1.20
Wird nicht unter 5 Exemplaren abgegeben.

— für die katholischen Mannschaften des deutschen Heeres. Hrsg. vom kathol. Feldpropsteiamt. Red.: Otto Wahner. Jahrg. 1907—1910. à 52 Nrn. (à ca. 4 S.) Lex. 8. Berlin, Germania. à Jahrg. nn 1.20
Wird nicht unter 5 Expl. abgegeben.

— mecklenburgisches. Red.: O. Weber. 13.—15. Jahrg. 1888—1890. à 52 Nrn. (1/2 B.) gr. 4. Stavenhagen, Beholtz. à Jahrg. n. 2.—

— mecklenburgisches. Red.: O. Weber. 16.—19. Jahrg. 1891—1894. à 52 Nrn. (Bog.) gr. 4. Stavenhagen, C. Beholtz. à Jahrg. n. 2.—

— mecklenburgisches. Red.: O. Weber. 20.—23. Jahrg. 1895—1898. à 52 Nrn. (Bog. m. Abb.) gr. 4. Stavenhagen, C. Beholtz. à Jahrg. n. 2.—

— mecklenburgisches. Red.: O. Weber. 24.—27. Jahrg. 1899—1902. à 52 Nrn. gr. 4. (à ca. 8 S. m. Abbildgn.) Stavenhagen, C. Beholtz. à Jahrg. n. 2.—

— mecklenburgisches. Red.: O. Weber. 28.—31. Jahrg. 1903—1906. à 52 Nrn. (IV, 412; IV, 422; IV, 442 u. IV, 430 S. m. Abbildgn.) gr. 4. Stavenhagen, C. Beholtz. à Jhrg. n. 2.—

— mecklenburgisches. Illustriertes Volksblatt zur Erbaug. u. Unterhaltg. f. beide Mecklenburg. In Verbindg. m. Freunden. Schriftleiter: Studemund. 32.—35. Jahrg. 1907—1910. à 52 Nrn. (à ca. 8 S. m. Abb.) Lex. 8. Stavenhagen, C. Beholtz. à Jahrg. 2.—

Meiringer Sonntagsblatt
Ⓢ Beilage mehrerer schweizerischer Blätter. Zum Teil unter anderem Titel. Für den Kanton Bern v. Der Oberhasler, Der Oberländer.

—— f. Minden u. das Wesergebiet. Hrsg. v. den evangel. Pastoren Mindens; Redact.: Winzer. 12.—15. Jahrg. 1889—1892. à Jahrg. 52 Nrn. (Bog.) gr. 4. Minden i. W., Köhler. à Jahrg. * 1 60

— für Minden u. das Wesergebiet. Hrsg. v. den evangel. Pastoren Mindens; Red.: Winzer. 14.—16. Jahrg. 1891—1893. à 52 Nrn. (Bog. m. Abbildgn.) gr. 4. Minden i/W., W. Köhler. à Jahrg. n. 1.60

— dasselbe. Red.: Wehmeier. 17. Jahrg. 1894. 52 Nrn. (Bog.) gr. 4. Ebd. n. 1.60

— für Minden u. d. Wesergebiet. Hrsg. v. den evang. Pastoren Mindens; Red.: Wehmeier. 18.—21. Jahrg. 1895—1898. à 52 Nrn. (à ca. 6 S.) gr. 4. Minden, W. Köhler. à Jahrg. n. 1.60
Kann auch vierteljährlich bezogen werden.

— für Minden u. das Wesergebiet. Hrsg. v. den evangel. Pastoren Mindens. Red.: Wehmeier. Jahrg. 1899—1902. à 52 Nrn. gr. 4. (à ca. 8 S.) Minden, W. Köhler. à Jahrg. 1.60

— für Minden u. das Wesergebiet. Hrsg. v. den evangel. Pastoren Mindens. Red.: Wehmeier. Jahrg. 1903—1906. à 52 Nrn. (à ca. 8 S.) gr. 4. Minden, W. Köhler. à Jhrg. n. 1.60

— für Minden u. das Wesergebiet. Hrsg. v. den evangel. Pastoren Mindens. Red.: Wehmeier. Jahrg. 1907—1910. à 52 Nrn. (à ca. 8 S.) 31×22,5 cm. Minden, W. Köhler. à Jahrg. nn 1.60

— das Mindener, eine vaterländ. Zeitschrift z. Belehr. u. Unterhaltung. 1r—16r Jahrg. 1817—1832. Herausgg. v. Dr. N. Meyer. 4. Minden, Eßmann. (à 2 ß) 32 ß (Mit d. Beilage: Mindensche Fama. à J. 2 ß 16 Sgr)

— — das Mindener, eine vaterländische Zeitschrift zur Belehrung und Unterhaltung. 1r bis 5r Jahrg. 1817—1821. Herausgeg. von D. N. Meyer. 4. Minden. (Hannover, Hahn.) à 2 Thlr.

— das Mindener. 17r—21r Jahrg. 1833—1837. Herausg. von N. Meyer. à 12 Hefte. Mit Titelvign. 4. Minden, Eßmann. à J. n. 2 ß

— für innere Mission im Rheinland u. Westphalen. Hrsg.: Engelbert u. Wortmann. 1—3. Jahrg. 1850—1852. à 52 Nrn. (1/2 B.) gr. 4. Duisburg, Ewich. à Jahrgang n. n. 1/3 ß

— für innere Mission für Rheinland und Westphalen. Herausgbr.: Engelbert und Wortmann. 4. u. 5. Jahrg. 1853 u. 54. à 52 Nrn. (à ½ Bgn.) Duisburg, Ewich. gr. 4. Jeder Jahrg. nn. 10 ngr.

— — 6. u. 7. Jahrg. 1855 u. 56. à 52 Nrn. (à ½ Bgn.) Ebend. gr. 4. Jeder Jahrg. n. 14 ngr.

Münchner **Sonntagsblatt**. Ein Unterhaltungsblatt. Nr. 1–22. München: Fleischmann 1835. 4°
Hrsg.: J. G. Fleischmann.
Vorh. u. d. T.: Der Hofnarr.

— Münchener, illustrirtes Volksblatt für Belehrung und Unterhaltung. Red.: L. Lang. Jahrg. 1860—64. à 52 Nrn. (à 1 Bgn. m. Holzschn.) München, Expedition. 4. Jeder Jahrg. 1 ß 6 ngr.

—— Münchener. Redact.: L. Lang. Jahrg. 1862. 52 Nrn. (à ca. 1 Bog.) 4. München, Weiß. *

— Münchener. Illustr. Volksblatt für Belehrung u. Unterhaltung. Redact.: L. Lang. Jahrg. 1865—68. à Jahrg. 52 Nrn. (à ca. 1 Bgn. mit eingedr. Holzschn.) München, Expedition. 4. Jeder Jahrg. 1 ß 6 ngr.

Münchener **Sonntagsblatt**. München: Sonntagsblatt 1900–? 8°

Münchner elegantes Sonntagsblatt für das Jahr 1809.
Mit kol. Modebildern in Lithogr. 4°.
Mehr nicht erschienen

Sonntags-Blatt. Münchener, als Erzähler. (Hrsg. von *Jos. Klob*, Officiant d. kgl. Hof- u. Staatsbibl.) 15 Nrn. (cplt. in 1 Bde.). 1849. 8°. Ppb.
2 Bll. u. 240 S. — Die Forts. sollte laut Vorber. mit dem Titel „Münchener Lesefrüchte" Anfangs Mai 1850 erscheinen.

Sonntagsblatt der Glarner Nachrichten
v. Glarner Nachrichten.

Sonntagsblatt. – Neisser Sonntagsblatt. – 1860 – ? .
Fortges. u.d.T.: Liberale Neisser Zeitung.

Sonntagsblatt, neues. Hrsg. vom Verein zur Verbreitung christlicher Zeitschriften in Berlin. 1.—13. Jahrgang. Berlin 1880—1892, Redaktion und Verlag des christlichen Zeitschriftenvereins (E. Hülle). Gr. 4°. à Jahrgang 52 No. à No. 4 S. à Jahrgang 1 M.
Das Blatt bildet einen Auszug aus: Berliner Evangelisches Sonntagsblatt.

— neues. Hrsg. v. christl. Zeitschriftenverein in Berlin. Red.: E. Hülle. 16.—19. Jahrg. 1895—1898. à 52 Nrn. (à ca. 4 S.) gr. 4. Berlin. (Leipzig, H. G. Wallmann.) à Jahrg. n.n. 1.—
Kann auch vierteljährlich bezogen werden, wird aber nur in wenigstens 5 Exemplaren geliefert!

— neues. Hrsg. vom christl. Zeitschriftenverein in Berlin. Red.: Th. Brandin. 20.—23. Jahrg. 1899—1902. à 52 Nrn. gr. 4. (à ca. 4 S.) Berlin. (Leipzig, H. G. Wallmann.) à Jahrg. n.n. 1.—
Die Jahrgänge 20—23 sind von E. Hülle redigiert.

— neues. Hrsg. vom christl. Zeitschriftenverein in Berlin. Red.: Th. Brandin. 24.—27. Jahrg. 1903—1906. à 52 Nrn. (à ca. 8 S.) gr. 4. Berlin, Schriftenvertriebsanstalt. à Jhrg. n.n. 1. —

— neues. Hrsg. vom christl. Zeitschriftenverein in Berlin. Red.: Th. Brandin. 28.—31. Jahrg. 1907—1910. à 52 Nrn. (à ca. 4 S.) Lex. 8. Berlin, Schriftenvertriebsanstalt. à Jahrg. n. 1. —
Wird nicht unter 5 Expl. abgegeben.

—— neues freireligiöses. Zentral-Organ der freireligiösen, deutsch-kathol. und freiprotestant. Gemeinden Deutschlands. Redact.: Voelkel. Jahrg. 1887/88. 52 Nrn. (à Nr. 1/2 Bog.) Lex.-8. Magdeburg, Verlag des neuen freireligiösen Sonntags-Blattes. *

—— neues freireligiöses. Zentral-Organ der freireligiösen, deutsch kathol. u. freiprotestant. Gemeinden Deutschlands. Redact.: Voelkel. 3.—5. Jahrg. 1889—1891. à Jahrg. 52 Nrn. (à Nr. 1/2 Bog.) Lex.-8. Magdeb., Verlag d. neuen freireligiösen Sonntags Blattes.
Nicht weiter erschienen. à Jahrg. * 3 —

Neues Preußisches Sonntagsblatt. (Wöchentliche Zugabe der neuen preuß. Zeitung.) Nr. 1—28. Dezember 1848 bis Juni 49. 4.

— neues Preußisches. Wöchentliche Zugabe der Neuen Preuß. Zeitung. Jahrg. 1849. 52 Nrn. 4. (1/2 B.) Berlin. (F. A. Wohlgemuth.) n. n. 3/4 ℛ

— neues Preußisches. 2—4. Jahrg. 1850—1852. à 52 Nrn. 4. (1/2 B.) Berlin. (Brandis.) 1850: n. 2/3 ℛ 1851 u. 1852 à n. 5/6 ℛ

Neues Wiesbadener **Sonntagsblatt**. Wiesbaden: Expedition 1889–? 8⁰

Niederbayerisches **Sonntagsblatt**. Passau: Paradiesdruckerei 1893–(1902). 8⁰
Hrsg.: M. Koenig.

Sonntagsblatt der Nord Texas Presse : 1891?–1913? **Dallas, TX**
Sunday edition of NORD TEXAS PRESSE. Circulation: 1910, 2094.

Oberländer Sonntagsblatt
v. Der **Werktag**.

Sonntags-Blatt, osnabrücker, für evangelische Christen. Hrsgbr.: C. Hirsche. 1. Jahrg. Juli — Decbr. 1851. 26 Nrn. (1/2 Bog.) gr. 8. (Osnabrück, Meinders.) Thlr. *

Pesther Sonntagsblatt. Wochenschrift für Poesie, Literatur, Kunst, Musik, Theater und Mode. Verantwortlicher Redakteur: Heinrich Ritter v. Levitschnigg. Druck und Verlag von Joh. Herz. 4. 2spaltig. Jeden Sonntag mit monatlichen Pariser Modebildern. 6 und 7 fl. jährlich.

Pester **Sonntagsblatt**. Wochenschrift für Poesie, Literatur, Kunst, Musik, Theater und Mode. Jg. 1. 2. Pest: Lucács 1854–55. 4⁰
Hrsg.: Heinr. Ritter v. Lewitschnigg.

Philadelphier Sonntagsblatt: 1864? 1866? **Philadelphia, PA**

Pittsburger Sonntags-Blatt : 1878–1890?
Weekly. Title varies: 1) PITTSBURGER SONNTAGSBLATT UND DIE REFORM, 1885–87, 2) SONNTAGS-BLATT UND REFORM, 1887–90. For weekly edition, see FAMILIEN-BLATT. Circulation: 1881, 4200; 1890, 11,200. Edited & published by Theodore C. Link, 1878–83; by H. G. Kimmich, 1884; by Kimmich & Schweizer, 1885–88, edited by C. H. Wilhelm, & published by Schweizer & Co., 1889; edited by Albert V. Gühlen, & published by Schweizer & Co., 1890. 1891 joined with SONNTAGSBOTE.
Pittsburgh, PA

—— Posener. Hrsg. von Kaskel u. Ernst Evers. 17. Jahrg. 1892. 52 Nrn. (Bog. m. Abbildgn.) 4. Berl., Buchh. der Berliner Stadtmission. * 1 60

— Posener. Hrsg. v. Kaskel u. Ernst Evers. 18. u. 19. Jahrg. 1893. 1894. à 52 Nrn. (Bog. m. Abbildgn.) 4. Berlin, Buchh. der Berliner Stadtmission. à Jahrg. n. 1. 60
s.: Sonntags-Bote, Posener.

— Posener. Hrsg. v. Ernst Evers u. Angermann. 20.—23. Jahrg. 1895—1898. à 52 Nrn. (Bog. m. Abb.) 4. Berlin, Buchh. d. Berliner Stadtmission. à Jahrg. n. 1. 60
Kann auch vierteljährlich bezogen werden.

Sonntagsblatt, Posener. Hrsg. v. Ernst Evers u. Angermann. Red.: E. Evers. 24.—27. Jahrg. 1899—1902. à 52 Nrn. gr. 4 (à ca 8 S. m. Abbildgn.) Berlin, vaterländ. Verlags- u. Kunstanstalt. à Jahrg. n. 1. 60

— Posener. Hrsg. von Curt Nicklas u. Angermann. Red.: Curt Nicklas. 28.—31. Jahrg. 1903—1906. à 52 Nrn. (à ca. 8 S. m. Abbildgn.) gr. 4. Berlin, Vaterländ. Verlags- u. Kunstanstalt. 1903—1905 à n. 1. 60; 1906 n.n. 2. —

— Posener. Hrsg. von der Berliner Stadtmission u. Tauber. Schriftleiter: Ernst Bunke. 32—35. Jahrg. 1907—1910. à 52 Nrn. (à ca. 8 S. m. Abb.) Lex. 8. Berlin, Vaterländ. Verlags- u. Kunstanstalt. à Jahrg. nn 2. —

Sonntagsblatt der Cincinnatier Freien Presse : Aug. 30, 1874—1941?
Sunday edition of CINCINNATIER FREIE PRESSE. Title varies slightly. For special edition, see UMSCHAU. Circulation: 1880, 8000; 1890, 15,000; 1900, 24,600; 1910, 37,808; 1917, 50,310; 1921, 22,281; 1930, 18,720; 1940, 14,849.
Cincinnati, OH

Sonntags-Blatt der Freien Presse : June 20, 1858–1885?
Sunday edition of PHILADELPHIA FREIE PRESSE. Title varies: 1) SONNTAGS-BLATT DER FREIEN PRESSE, June 20, 1858–June 10, 1860, 2) PHILADELPHIER SONNTAGS-BLATT, June 17, 1860–1868?; 3) SONNTAGS-BLATT UND FAMILIEN-JOURNAL, 1869–72. Sub-title: Novellen-Zeitung für die Vereinigten Staaten von Nord-Amerika; wird ganz der Unterhaltung und Belehrung gewidmet sein, July 4, 1858–? Large quarto, each issue 8–16 pages, paged continuously. Circulation: 1870, 5000; 1881, 6000.
Philadelphia, PA

Sonntagsblatt der Freien Presse : May 16, 1880?–Jan.? 1890?
Sunday edition of MILWAUKEE FREIE PRESSE, and bears Jahrgang numbering of the daily. Printed a Beilage, beginning with May? 1881. Title varies: SONNTAGSBLATT DER FREIEN PRESSE (FRÜHER BANNER UND VOLKSFREUND) [in 1881]. Followed by NORDWESTLICHE POST. Circulation: 1881, 1200; 1885, 4300; 1892, 5600.
Milwaukee, WI

— reformiertes, aus d. Fürstent. Lippe. Red.: Sturhahn. Jahrg. 1896—1898. à 52 Nrn. (Bog.) gr. 4. Lage (Lippe), H. Welchert. à Jahrg. n.n. 2. —
Kann auch vierteljährlich bezogen werden.

— Rheinisches. Zur Förderung vernunftmäß. Christenthums hrsg. von Hugo Krebs. (1.) Jahrg. 1852. 52 Nrn. gr. 4. (1/2 B.) Crefeld, Krebs Selbstverlag. (Funcke.) n. 1 1/3 ℛ

—— rheinisches. Zur Förderung vernunftmäßigen Christenthums hrsg. von Hugo Krebs. (1.) Jahrg. 1852. 52 Nrn. (1/2 Bog.) gr. 4. Crefeld, Krebs Selbstverlag. (Kühler.) *

Rheinisches **Sonntagsblatt**. Köln: Theissing 1879–(1917). 8⁰
Hrsg.: P. Höveler.

Sonntagsblatt am Rio de La Plata:
Jahrgang 1, no. 1, Dec. 10, 1876–Jg. 1, no. 37, Sept. 16, 1877?
Weekly. Published by W. Schwenke. Founded by „Verein hier ansässiger Deutsche." Starting April 1, Jg. 1, no. 17 (no year) sub-title of „Sonntagsblatt" is: „Beilage zur Heimath". July 1, 1877 full title Sonntagsblatt am Rio de La Plata returns with note: Herausgegeben von der „Heimath" Deutsche La Plata Zeitung. (Druckerei Germania at end of last page.) Will be concerned with: Leitartikel, Politische Rundschau, Wochenbericht von Buenos Aires and Montevideo, Sonntagsplaudereien, Feuilleton, Kirche, Schule, Theater, Literatur, Correspondenz, Rätsel, Wochenbericht der Börse, Avisos. Publishes original verse and translations, e.g. Gaucho Lieder, which run for many issues. Starting Jan. 21, 1877 the anonymous editorship is given up and Dr. Justus Willmes named editor. Fellow editors and owners are: E. Bachmann and G. Rohde. Publishes „Xtra Beilage".
Buenos Aires

Rio Grandenser Sonntagsblatt. Nebst amtl. Mitt. der Rio Grandenser Synode. Jg 1 ff. — Hamburgo Velho: Salle 1887 ff. 4⁰

Rio Grandenser Sonntagsblatt: 1887–? **Porto Alegre**

Sonntagsblatt für das Grossherzogthum Sachsen-Weimar von 1818. Weimar 1817. H: *Peucer, Heinrich Carl Friedrich.* (Ky)

—f. das Großherzogth. Sachsen-Weimar v. 1818, (herausgg. v. H. K. F. Peucer). 1r Jahrg. 8. Weimar 817. Hoffmann, 1 ₰ 8 gr

Sonntagsblatt f. das Großherz. Sachsen-Weimar v. J. 1818. 1r Jahrg. 8. Weimar, Hoffmann. 818.

Sonntagsblatt des San Francisco Tageblatt: 1896?—1903. San Francisco. CA
Sunday edition of SAN FRANCISCO TAGEBLATT. Circulation: 1896, 7200; 1900, 4384.

Sonntagsblatt des St. Louis Tageblatt: 1888?—1897?
Sunday edition of ABEND POST UND TAGEBLATT: Circulation: 1890, 4600; 1895, 7300.
St.Louis, MO

Sonntagsblatt der St. Louis Tribüne: Sept.? 1880—Dec. 1897?
Sunday edition of ST. LOUIS TRIBÜNE. Circulation: 1885, 8500; 1895, 12,000.
St.Louis, MO

Sonntagsblatt für die St. Anschar-Gemeinde und deren Freunde. Jg. 2 ff. Hamburg: St. Anschargemeinde 1897 ff. 8°

Sonntagsblatt: St. Galler Sonntagsblatt
v. Neues Tagblatt aus der östlichen Schweiz.

Sonntagsblatt des St. Joseph Volksblatt: 1880?—1890?
Sunday edition of ST. JOSEPH VOLKSBLATT. St. Joseph, MO

Das St. Petersburger Sonntagsblatt. 1895—1906

Das St. Petersburgische Evangelische Sonntagsblatt.
1858—1914 UBT, IfA

— St. Petersburgisches evangelisches. Red. u. Hrsg.: Bertoldy. 32. 33. Jahrg. 1889. 1890. à 52 Nrn. (B.) gr. 4. St. Petersburg, (Eggers & Co.). à Jahrg. n. 9. —

— St. Petersburgisches evangelisches. Red. u. Hrsg.: Bertoldy. 34.—36. Jahrg. 1891—1893. à 52 Nrn. (Bog.) gr. 4. St. Petersburg, (Eggers & Co.).
à Jahrg. n.n. 9. —; halbjährlich n.n. 6. —

— St. Petersburgisches evangelisches. Red. u. Hrsg.: Bertoldy. 38.—40. Jahrg. 1895—1897. à 52 Nrn. (Bog.) gr. 4. St. Petersburg (Eggers & Co.).
à Jahrg. n.n. 9. —

— dasselbe. 41. Jahrg. 1898. 52 Nrn. (Bog.) gr. 4. Ebd.
n.n. 10. —

Sonntagsblatt, St. Petersburger evangelisches. Red. u. Hrsg.: Bertoldy. 42. u. 43. Jahrg. 1899 u. 1900. à 52 Nrn. gr. 4. (à ca. 8 S.) St. Petersburg (Eggers & Co.).
Postfrei à Jahrg. n.n. 10. —
Nicht mehr im Buchhandel.

— für Schach-Freunde. 1. Jahrg. 1861. 52 Nrn. (à ½ Bgn.) Leipzig, Veit & Co. Lex.-8. 1 ₰ 18 ngr.

Schleswig-holsteinisches **Sonntags-Blatt.** Wochenschrift für heimische Belletristik, Literatur und Kunst. Redacteur: Adolf Kohut. Hrg.: Christian Jenssen. (Jg. 1, Nr. 15 ff. red. unter Verantwortlichkeit des Hrgs. Christian Jenssen.) Jg. 1. 2. Kiel. 1879—80. 4°

— schleswig-holsteinisches, für's Haus. Hrsg. v. Chrn. Jensen. 6. u. 7. Jahrg. 1875 u. 1876 à 52 Nrn. (½ B.) gr. 4. Bredstedt, christl. Buchh. à Jahrg. n. 1. 20

— schleswig-holsteinisches, für's Haus. Red. u. Hrsg.: Chrn. Jensen. 8. u. 9. Jahrg. 1877 u. 1878. à 52 Nrn. (à ½—1 B.) gr. 4. Breklum, Christl. Buchh.
à Jahrg. n. 2. —

— dasselbe. 10. u. 11. Jahrg. 1879 u. 1880. à 52 Nrn. (à ½—1 B.) gr. 4. Ebend. à Jahrg. 1. 20; mit den „Brecklumer Missionsblättern". 26 Nrn. 2. —; die Missionsblätter ap. n. — 80
cf.: Sonntagsblatt für's Haus.

Schleswig-holsteinisches **Sonntagsblatt** für's Haus. Hrgg v Christian Jensen. Breklum. Fol. u. 4°
Jg. 22, 1891. Jg. 25—35, 1894—1904. Jg. 37—39, 1906—08 Jg. 42—52, 1911—21.

Sonntagsblatt für Schule und Haus: 1899—1900.
Weekly.
Cincinnati, OH

Sonntagsblatt: Schweizerisches Sonntagsblatt
v. Basler Vorwärts (I).

Sonntagsblatt: Schweizerisches Sonntagsblatt
③ Der Freitagsbote ⑤ 1835 ⑦ Wochenblatt ⑧ Herisau: Friedrich Egli ⑪ Provisor J. Ulrich Schieß ⑫ Zeitschrift für Politik u. Unterhaltung ⑬ BGSZ: 944 ⑭ Tr: K.

Sonntagsblatt: Schweizerisches illustriertes Sonntagsblatt
v. Basler Protestantenblatt.

—— schweizerisches illustrirtes. Hrsgbr. und Redact.: Friedr. Meili. 1. und 2. Jahrg. Oktbr. 1887 bis Septbr. 1889. à Jahrg. 52 Nrn. (Bog.) gr. 4. Zürich, Jacques Vollmann.
à Jahrg. *

Sonntagsblatt: Schweizerisches Katholisches Sonntagsblatt
v. Schweizerisches Katholisches Sonntagsblatt zur Belehrung und Unterhaltung im häuslichen Kreise.

Sonntagsblatt: Schweizerisches Katholisches Sonntagsblatt zur Belehrung und Unterhaltung im häuslichen Kreise
② Schweizerisches Katholisches Sonntagsblatt ⑤ 21. 12. 1885 (cont.) ⑥ 4° ⑦ Wochenblatt ⑧ Wil: L. Gegenbauer (1885—1896). J. F. Gegenbauer (1896—23. 6. 1938). F. Gegenbauers Erben (seit 30. 6. 1938) ⑨ Ostschweizer Illustrierte ⑩ die Drucker ⑪ Pf. Robert Bürkler, später Bischof von St. Gallen ⑫ katholisch-konservativ ⑬ BGSZ: 1047; Jubiläumsnummer vom 28. 11. 1935 ⑭ SG: Va (unvollst.) ⑮ Devise: Für Gott und seine hl. Kirche. Zum Besten des Vaterlandes.

Sonntags-Blatt des Severinus-Vereines. Herausg. v. *Sev.-Ver.* Verantw. Red. *M. Poppenberger*. Druck v. *Lud. Mayer*.
Erscheint in **Wien**, jed. Sonnt. 1 Bog. in 4°. Pränu.-Pr. ¼-jähr. 45 kr. — pr. Post 1 fl.

Sonntagsblatt, Sittlich gemeinnütziches, für Jedermann vorzüglich für Eltern und Kinder. Wien 1795. H: *Schuhbauer, Thomas Joachim.* (KY 5/169) (wrztg 1795, S. 2862) (BiblPort)

Sonntagsblatt der New-Yorker Staats-Zeitung und Herold: Jahrgang 1—106, Jan. 3, 1848—1955 +.
Title varies: 1) DER FREISCHÜTZ, Jan. 3—Dec. 1848; 2) NEW-YORKER STAATS-ZEITUNG: SONNTAGSBLATT, 1849—1921; other slight variations. Has supplement: BEIBLATT DER SONNTAGS STAATS-ZEITUNG UND HEROLD. Largest of all Sunday editions: 8—12 pages in 1849—90; 16—28 pages, 1891—97; usually 40 pages, 1898—1954, but reduced in size to small folio. Circulation: 1870, 42,300 (est.); 1880, 48,000; 1890, 50,000; 1900, 78,000; 1910, 60,000; 1916, *100,959*; 1920, *137,671*; 1930, 111,341; 1940, 63,054; 1944, *43,446*; 1940, 45,857; 1954, *41,681*.
Edited by Johann Rittig, 1875—85.
New York, NY

Sonntagsblatt für Stadt und Land. Wochenausgabe der Hamburger Bürgerzeitung. Hamburg: Hamburger Bürgerzeitung 1886—1887. 2°
Hrsg.: Johannes Widde.

Sonntagsblatt f. Stadt u. Land. (Sonderausg. v. „Komm zu Jesu!") Red.: Peters. 4. Jahrg. 1904. 52 Nrn. (à ca. 4 S. m. Abbildgn.) gr. 4. Stettin, Christl. Buch- u. Kunsthandlung. n. — 60
Erschien früher u. d. T.:

—— für alle Stände, v. Carl Heinr. Bresler. 1. u. 2. Jahrg. 1841 u. 42. à 52 Nrn. (½ Bog.) gr. 4. Danzig, Gerhard'sche Buchh.] à J. *

— für alle Stände, von Karl Hnr. Bresler. Mit der Ueberschrift: Habt die Brüder lieb — fürchtet Gott — ehret den König! 2.—6. Jahrg. 1842—1846. à 52 Numm. (½ Bog.) gr. 4. Danzig, Gerhard. 2.—5. J. à n. 1⅓ ℛ 6. J. n. 1½ ℛ

— für alle Stände, von C. Heinr. Bresler. 7. Jahrg. 1847. 52 Nrn. (½ B.) gr. 4. Danzig, Gerhard'sche Buchhandlung. n. 1⅓ ℛ

Sonntags-Blatt für alle Stände. Jahrg. 1860 und 1861. Verantwortl. Redacteur: Alex. Ludw. Mayer. gr. 8. à Jahrg. 52 Nrn. (à 1 Bog.) Wien, Mayer und Comp. à Jahrg. Thlr.

—— für alle Stände. 1862. Eigenthümer u. verantw. Redakteur: Alex. Ludwig Mayer. 52 Nrn. gr. 8. (à 1 Bg.) Wien, Mayer's Verlags-Expedition. 3 fl.
Mit Postversendung 4 fl.

Steiner Sonntagblatt
v. Steiner Anzeiger.

— stenographisches. Red.: J. Fieweger. Jahrg. 1879—1882. à 52 Nrn. (¼ B.) 8. Breslau, Aderholz in Comm. à Jahrg. 4. —

— stenographisches. Red.: F. Fieweger. Jahrg. 1883 u. 1884. à 52 Nrn. (¼ lith. B.) 8. Breslau, (Aderholz). à Jahrg. n. 4. —

— für Stettin u. Umgegend. (Sonderausg. v. „Komm zu Jesu!") Red.: Peters. 1. u. 2. Jahrg. 1901 u. 1902. à 52 Nrn. gr. 4. (à ca. 4 S. m. Abbildgn.) Stettin (Christl. Buch- u. Kunsthandlg.) à Jahrg. — 60

— f. Stettin u. Umgegend. (Sonderausg. v. „Komm zu Jesu!") Red.: Peters. 3. Jahrg. 1903. 52 Nrn. (à ca. 4 S. m. Abbildgn.) gr. 4. Ebd. — 60

Sonntagsblatt für Stettin und Umgegend (3, No 32 ff: Sonntagsblatt f. Stadt u. Land). (Sonderausg. von 'Komm zu Jesu!') Für d. Red. verantwortl.: Pred. [Hans] Peters, Stettin. Jg. 1–6, No 25. [Mehr nicht erschienen.] Stettin: Peters & Herzog 1901–06. 6 Bde 4⁰

—— Stuttgarter evangelisches. Redact.: F. Held. 2.—8. Jahrg. 1868—1874. à Jahrg. 52 Nrn. (Bog.) gr. 4. Stuttgart, Belser's Verlag. à Jahrg. *

— Stuttgarter evangelisches. Red.: F. Held. 7—10. Jahrg. 1873—1876 à 52 Nrn. (B.) gr. 4. Stuttgart, Belser's Verl. à Jahrg. 2. 10

— Stuttgarter evangelisches. Red.: F. Held. 11—16. Jahrg. 1877—1882. à 52 Nrn. (B.) gr. 4. Stuttgart, Belser. à Jahrg. 2. 10

— Stuttgarter evangelisches. Red.: F. Held. 17—20. Jahrg. 1883—1886. à 52 Nrn. (B.) gr. 4. Stuttgart, Belser. à Jahrg. 2. 10

— Stuttgarter evangelisches. Red.: F. Held. 21.—24. Jahrg. 1887—1890. à 52 Nrn. (B.) gr. 4. Stuttgart, Belser. à Jahrg. 2. 10

— Stuttgarter evangelisches. Hrsg.: F. Held u. P. Dorsch. Red.: P. Dorsch. 25.—28. Jahrg. 1891—1894. à 52 Nrn. (Bog.) gr. 4. Stuttgart, Ch. Belser. à Jahrg. n. 2. 10

— Stuttgarter evangelisches. Hrsg.: F. Held u. P. Dorsch. Red.: P. Dorsch. 29.—32. Jahrg. 1895—1898. à 52 Nrn. (Bog.) gr. 4. Stuttgart, Ch. Belser. à Jahrg. 2. 10

— Stuttgarter evangelisches. Begründet v. F. Held, fortgeführt u. red. v. P. Dorsch. 33.—36. Jahrg. 1899—1902. à 52 Nrn. gr. 4. (à ca. 8 S.) Stuttgart, Ch. Belser. à Jahrg. 2. 10

— Stuttgarter evangelisches. Begründet v. F. Held, fortgeführt u. red. v. P. Dorsch. 37.—40. Jahrg. 1903—1906. à 52 Nrn. (IV, 472; IV, 492; II, 506 u. IV, 508 S.) gr. 4. Stuttgart, Ch. Belser. à Jhrg. n. 2. 10

— Stuttgarter evangelisches. Begründet v. F. Held, fortgesetzt v. Dorsch, dann v. S. Schmid. Schriftleitung: S. Schmid. 41.—44. Jahrg. 1907—1910. à 52 Nrn. (418, 420, 420 u. 420 S.) Lex. 8. Stuttgart, Ch. Belser. à Jahrg. 2. 10

— süddeutsches. Organ für deutsche Bildung und Literatur. Herausg. von Johs. Gihr. 1. Jahrg. 1862. April—Dezbr. 39 Nrn. (à 1 Bgn.) Stuttgart, (Koch.) 4. n. 1 ℛ 6 ngr.

— — 2. u. 3. Jahrg. 1863 u. 64. à 52 Nrn. (à 1 Bgn.) Ebend. 4. Jeder Jahrg. n. 1 ℛ 18 ngr.

— süddeutsches. Organ für deutsche Bildung u. Literatur Hersg. von Johs. Gihr. 4—9. Jahrg. 1865—70. à Jahrg. 52 Nrn. (Bgn.) Stuttgart, (Koch.) 4. Jeder Jahrg n. 1 ℛ 18 ngr.

— süddeutsches Organ f. deutsche Bildg. u. Literatur. Hrsg. v. Johs. Gihr. 10. Jahrg. 1871. 52 Nrn. (B.) hoch 4. Stuttgart, (Koch.) 5. 25

Sonntagsblatt der Riograndenser Synode: Jahrgang 1, 1886 – current.
Weekly, with some irregularities. Large quarto, each issue 8 pages; illustrated, including portraits. Printed in German and Portuguese. Title in Portuguese: Folha Dominical. Circulation, 4000. Title varies: 1) Sonntagsblatt für die Evangelischen Gemeinden in Brasilien (in 1913); 2) Riograndenser Sonntagsblatt, in 1921 (or earlier) through Dec. 1934. Sub title: Nebst amtlichen Mitteilungen der Rio Grandenser Synode (in 1921 and later years). Published several Beilage: 1) Bilderbeilage zum Riograndenser Sonntagsblatt; 2) Der Bote für die Evangelische Frauenwelt in Brasilien; 3) Evangelische Jugend; 4) Für unsere Jugend; 5) Unterhaltungs- und Kinder-Beilage zum Rio Grandenser Sonntagsblatt. Published by the Synodalvorstand, with variations (in Portuguese: Directoria do Senado). Edited by various pastors of the Synod, among others: the Rev. Pachmann (Hamburger Berg) 1913 through Feb. 1921; by the Rev. K. Gottschad, Jan. 1921; again by the Rev. Pachmann, Feb. 6, 1921 to early 1925; by the Rev. Kreutzer, May 22, 1925 - Sept. 1927; by the Rev. Th. Dietsch, Oct. 6, 1927 probably through Dec. 1937; by the Rev. Hermann Dohms, Jan. – 1939; the Rev. D.H. Dohms (in 1947 - 1963?). Printed by: 1) Verlag der Riograndenser Synode (Druck P. Sale) in 1913 through at least 1939, 2) by Rotermund & Co. 1947 - 1963 (probably first printer was Rotermund).
Sao Leopoldo

Sonntagsblatt der Tagespost
v. Berner Tagespost.

Sonntagsblatt der Berner Tagwacht
v. Berner Tagwacht.

— Thüringer evangelisches. Red.: A. Schollmeyer. 22.—24. Jahrg. 1900—1902. à 52 Nrn. gr. 4. (à ca. 8 u. 2 S. m. Abbildgn.) Dingelstedt. (Leipzig, H. G. Wallmann.) à Jahrg. n. 2. 20

— Thüringer evangelisches. Red.: A. Schollmeyer. 25. bis 28 Jahrg. 1903—1906. à 52 Nrn. (à ca. 8 u. 4 S. m. Abbildgn.) gr. 4. Dingelstedt. (Leipzig, G. H. Wallmann.) à Jhrg. n. 2. 20

— Thüringer evangelisches. Red.: E. Arnoldt. 30.—32. Jahrg. 1908—1910. à 52 Nrn. (à ca. 8 u. 4 S. m. Abbildg.) Lex. 8. Berlin. (Leipzig, H. G. Wallmann.) à Jahrg. 2. 20

Das Sonntagsblatt der Unterhaltung gewidmet. Eine Zugabe zum Kourier an der Donau. Jg. 1838 (Nr 1–48). Passau: Ambrosi 1838. 8⁰

Sonntagsblatt zur Unterhaltung und Belehrung
v. Nordschweiz, Solothurner Anzeiger (II).

Sonntagsblatt für Unterhaltung und Belehrung
v. Neue Thurgauer Zeitung (III).

Sonntagsblatt des Vaterland
v. Das Vaterland (Lu).

— für's christliche Volk. Redig. von Fl. Rieß. Jahrg. 1850—52. à Jahrg. 52 Nrn. (½ Bog.) gr. 8. Stuttgart, [Quack.] à Jahrg. * –

— fürs christliche Volk. Red.: Fl. Rieß. Jahrg. 1850—52. à 52 Nrn. gr. 8. (½ B. mit eingedr. Holzschn.) Stuttgart, Rümelin. à Jahrg. 18 ngr

Sonntagsblatt für das deutsche Volk. Berlin (Leipzig: Wallmann) 1894–(1900). 8°
Red.: E. Hülle.

Sonntagsblatt für das katholische Volk
① Herausgegeben von einem Verein katholischer Geistlicher (7. 1. 1849—25. 12. 1853). Herausgegeben vom Verein zur Verbreitung guter Bücher (1. 1. 1854—23. 12. 1866) ③ Erbauungsblatt für das katholische Volk ⑤ 7. 1. 1849—23. 12. 1866 ⑥ 4° (1849—1853); 8° (1854—1866) ⑦ Wochenblatt ⑧ Solothurn: Joseph Tschan (7. 1. 1849—25. 12. 1853), B. Schwendimann (1. 1. 1854—23. 12. 1866) ⑫ Das Blatt enthält seit 1854 eine politische »Wochenchronik« ⑭ Be: L.

— für das katholische Volk. Hrsg. v. der Aktiengesellschaft Passavia in Passau. Red.: Ed. Reitmeier. Octbr. 1890 — Septbr. 1891. 52 Nrn. (B. m. Abbildgn.) 4. Passau, (Abt). n. 2. —

Sonntagsblatt des Pittsburger Volksblatt : 1877? 1918.
Sunday edition of DAS VOLKSBLATT. Title varies with change of title of daily. Continued from ALLEGHENY BLÄTTER. Circulation: 1890, 9376; 1900, 9000.
Pittsburgh, PA

Sonntagsblatt für Wahrheitsfreunde. Flensburg 1797. H: *Greif, Georg Heinrich.* (MGT)

Sonntags-Blatt für Wahrheitsfreunde. (Jg. 1—2.) Flensburg. 1797—98. 8°.

Sonntagsblatt für das Großherzogthum Weimar. Nr. 1–13. Weimar: Hoffmann 1818–19.
Hrsg.: Heinr. Karl Friedr. Peucer.
Vorh. u. d. T.: Landsturmblatt.

— weimarer. Hrsg. von Jos. Rank. 1. und 2. Jahrg. 1855 und 1856. à Jahrg. 52 Nrn. (à ½ — 1 Bog.) gr. 4. Weimar, Böhlau. à Jahrg. *

— weimarer. Unter Mitwirkung von C. Biedermann, O. Roquette, J. Saupe, O. Schade, A. Schöll, Ch. Schuchardt hrsg. Redig. von Herrm. Böhlau. 3. Jahrg. 52 Nrn. (à ¼—1 Bog.) Lex.-8. Weimar 857, Böhlau. *
Ist nicht fortgesetzt worden.

— wetterauer, ein Beitrag zur Förderung des Reiches Gottes. 1845 u. 46. 1. u. 2. Jahrg. à 26 Nrn. (½ Bog.) 4. Friedberg, Bindernagel. à *

Sonntagsblatt der Thurgauer Zeitung
v. Thurgauer Zeitung.

Zwickauisches **Sonntagsblatt** für Freunde der Religion zur Vorbereitung auf jeden Sonntag. Zwickau 1782. 8°
Hrsg.: Moritz Wilhelm Schlesier.

Sonntags-Blättchen, Luxemburger, für Stadt u. Land. Hersg. unter Mitwirkung mehrerer Priester u. Laien. 1. Jahrg. 1870. 52 Nrn. (Bgn.) Luxemburg, Brück. gr. 8. 1 ₰ 10 ngr.

Sonntagsblättchen, Luxemburger, f. Stadt u. Land. Hrsg. unter Mitwirkg. mehrerer Priester u. Laien. 2. u. 3. Jahrg. 1871 u. 1872 à 52 Nrn. (B.) gr. 8. Luxemburg, Brück. à Jahrg. n. 3. 20

Sonntagsblätter, 1. Jahrg. 1850. 12 Hfte. (à 1½ B.) gr. 4. Schaffhausen, Schalch in Comm. n. ⅔ ₰

Sonntagsblätter. Herausg. von Eug. Eberts. 1. Jahrg. April—Decbr. 1856. 39 Nrn. (à 1 Bgn.) Worms. (Gießen, Ferber.) 8. n. 1 ₰. 6 ngr.

Badener Sonntagsblätter
v. Badener Wochenblatt, Badener Wochenblatt und Aargauer Bauernzeitung.

— zur Belehrung u. Erbauung für evangel. Christen. Hrsg. von O. Wolff. (6 u. 7. Jahrg.) 1847 u. 1848. à 52 Nrn. 4. (½ B.) Grünberg, Weiß. à Jahrg. n. ⅔ ₰
Vorh. u. d. T.: Sonntagsblatt zur Erbauung und Belehrung für evangel. Christen.

Sonntagsblätter, biblische, s. Fikenscher, C. C. C.

Sonntagsblätter, christliche, eines Landpredigers. s. a. C. A. Dann.

Sonntagsblätter, Christliche, eines Landpredigers **an** seine Gemeinde ... Stuttg. 1816—19. H: *Dann, Christian Adam.* (KY) (MGT) »1836« (KY)

Sonntagsblätter, christl., eines Landprediges, (C. A. Dann), an seine Gemeine. 1s u. 2s Bl. 8. Stuttg. 816. 19. Steinkopf. 10 gr

— christliche, eines Predigers an seine Gemeinde zu einem Zeugniß für Beide, 36 Blatt: Der Christen ältestes Gesetz, ältest. Glaubensbekenntniß, ältestes Gebet, od. Luthers Katechismus, meist nach Luthers eigenen Worten erläutert (v. K. A. Dann). 8. Stuttgart 836. Steinkopf. ⅛ ₰ (Vgl. Thl. V. S. 275.)

Sonntagsblätter, deutsche. Von Carl Weller. Neue Folge. 1. Bd. 1859. Juli bis Decbr. 26 Nrn. (Bog.) Imp.-4. Dresden, Meinhold und Söhne. Vierteljährlich Für Sachsen
Ist nicht fortgesetzt worden.

Sonntagsblätter, Dresdener, s.: Freilicht.

— zur Erbauung und Belehrung für evangel. Christen. Herausgeg. von O. Wolff. (1.—5. Jahrg.) 1842—1846. à 52 Numm. (½ Bog.) 4. Grünberg, Weiß. à n. 1 ₰

— dass. 6. Jahrg. 1847. 52 Nrn. (½ B.) 4. Ebds. *
1—5. Jahrg.??

– Fortsetzung u. d. T.: Sonntagsblatt zur Belehrung und Erbauung für evangelische Christen.

Sonntagsblätter für Christliche Familien : 1838 ? Philadelphia, PA
Edited & published by Ernst Ludwig Walz.

— freie, s.: Freidank.

— illustrirte, f. Stadt u. Land (zur Unterhaltung u. Belehrung). Red.: Osw. Wolf. Nebst: Für die Frauen u. die kleine Welt. Humor u. Witz. Praktische Mitteilgn. f. Handel u. Gewerbe, Haus u. Landwirtschaft. Jahrg. 1894. 52 Nrn. (à ca. 2 Bog.) gr. 4. Frauenstein i. S. (Dresden, Verlagsanstalt „Zum Merkator".) n. 5. —; einzelne Nrn. — 10

Sonntagsblätter, illustr., f. Stadt u. Land. (Zur Unterhaltung u. Belehrg. u. Humor u. Witz) Red.: Aug. Spiller. Jahrg. 1895—1898. à 52 Nrn. (à ca. 2 Bog. m. Ill.) gr. 4. Berlin-Tempelhof, Spiller & Co. à Jahrg. n. 5. —; einz. Nrn. — 10
Kann auch vierteljährlich bezogen werden.

Sonntags-Blätter für heimathliche Interessen. Redigirt u. herausgeg. von Ldw. Aug. Frankl. 1.—5. Jahrg. 1842—1846. à 52 Numm. Mit 12 ausgezeichn. Original-Compositionen (Kunstblättern). Lex.-8. Wien, Pfautsch u. Comp. (Leipzig, Kummer.) à n. 7 ₰

Sonntags-Blätter (für heimathliche Interessen). Redig. u. hrsg. v. Ludw. Aug. Frankl. 1—6. Jahrg. 1842—47. à 52 Nrn. (à 1½ Bog.) Mit der Beilage: Kunstblatt. gr. 8. Wien, 2—5. J. Pfautsch u. Voß. 6. J. Mörschner's Wtwe. u. Greß. à J. *

—— katholische, zur Belehrung u. Erbauung. Im Vereine mit der Geistlichkeit der Diöcesen Fulda, Limburg, Mainz u. Speier hrsg. von H. Himioben. 1. Jahrg. 1842. Juli — December. 26 Nrn. (Bog.) gr. 4. Mainz, Kirchheim, Schott u. Thielmann. * —

Sonntags-Blätter, katholische, z. Belehrung u. Erbauung 2c. Hrsg. v. H. Himioben. 2—6. Jahrg. 1843—47. à 52 Nrn. (1 B.) gr. 4. Mainz, Kirchheim, Schott u. Thielmann. à J. Thlr. *

—— katholische, zur Belehrung und Erbauung. Hrsg. von H. Himioben. 7—11. Jahrg. 1848—52. à Jahrg. 52 Nrn. (Bog.) gr. 4. Mainz, Kirchheim und Schott. à Jahrg. *

—— katholische, zur Belehrung und Erbauung. Redakt.: H. Himioben. (12—15.) Jahrg. 1853—56. à Jahrg. 52 Nrn. (Bog.) gr. 4. Mainz, Kirchheim. à Jahrg. *

—— katholische, zur Belehrung und Erbauung. Redig. von H. Himioben. (16—19.) Jahrg. 1857—60. à Jahrg. 52 Nrn. (Bog.) gr. 4. Mainz, Kirchheim. [1857 und 1860. à Jahrg. * 1 Thlr. 22½ Ngr., 1858. * 1 Thlr. 22 Ngr., 1859. * 1 Thlr. 20 Ngr.] *
Ist nicht fortgesetzt worden

New Yorker Sonntags-Blätter: 1854/- 1860
Weekly. Organ of Freie Gemeinde. Edited & published by Rudolf Dulon.
New York, NY

Sonntagsblätter, protestantische, zur Erbaug. u. Belehrg., s.: Wochenblatt, süddeutsches evangelisch-protestantisches.

Sonntags-Blätter, Schlesische — Red. Wenzel Schwarz, Verl. Otto Schuler, Druck A. Wache, in Jägerndorf, 4. 2splt. Ersch. wöchentlich 1mal. 56 kr. viertelj.
1853.

Sonntags-Blätter f. Stadt u. Land, od. Samml. d. interessantesten Erzähln., der merkwürd. histor. Begebenheiten u. Reisebeschreibn., sodann biograph. Skizzen u. Charakterzüge, Volkssagen, kleiner Gedichte, v. Karl Berger. 1. u. 2. Jahrg. od. 1. u. 2. Bd. à 52 Lfgn. (Bog.) u. 26 Bildertaf. gr. 4. Karlsruhe 839 u. 40, Artistisches Institut. (Leipzig, Hermann.) à J. *

Sonntags-Blätter für Stadt und Land, oder Sammlung der interessantesten Erzählungen, der merkwürd. histor. Begebenheiten und Reisebeschreibungen, sodann biograph. Skizzen und Charakterzüge, Volkssagen, kleiner Gedichte, statistischer Notizen über die bedeutendsten Länder der Erde, die merkwürdigsten Städte 2c., Anekdoten, Charaden 2c. v. Karl Berger. 1r Jahrg. oder 1r Bd. 52 Lfrgg. Mit 26 Bildertafeln. gr. 4. Karlsruhe 839. Artistisches Institut. Gutsch u. Rupp. n. 2⅚ Thlr — 2r Jg. oder 2r Bd. Mit 26 Bildertaf. gr. 4. Ebd. 840. n 2⅚ Thlr

— für Stadt u. Land. Eine Unterhaltungsschrift. (3.) Jahrg. 1841. 4 Hefte. Mit 28 lith. Abbild. 4. Karlsruhe, Artist. Institut. n. 2⅚ Thlr

— zu angenehmer Unterhaltung. Herausg. von Heinr. Elsner. (1. Jahrg.) 4 Hfte. 8. (716 S.) Ulm 847, Seitz. ⅚ Thlr

Sonntags-Blätter für Unterhaltung und Belehrung
v. Neue Thurgauer Zeitung.

— Wiener. Red.: Ludw. Aug. Frankl. 6 u. 7. Jahrgang. 1847 u. 1848. Mit den Beilagen: Wiener Bote. Kunstblatt. à 52 Nrn. gr. 8. (à 1½ B.) Wien, Mörschner's Witwe & Bianchi. à 7 Thlr

—— wiener. Redig. von Ludw. Aug. Frankl. 7. Jahrg. 1848. 52 Nrn. (à 1½ Bog.) Mit den Beilagen: Wienerbote, Kunstblatt und Literaturblatt. Lex.-8. Wien, [Greß.] *
1—6. Jahrg. 1842—47. Ebendas. à Jahrg. * 7 Thlr.

Sonntagsblumen
v. Schwyzer-Zeitung (II).

Sonntagsblumen. Blätter zur Erbaug., Unterhaltg. u. Belehrg. f. das kathol. Volk. Sonntags-Beilage zum „Central-Volksblatt" in Arnsberg, hrsg. v. Friedr. Schnettler. Redact.: P. Saget. 5.—8. Jahrg. 1889—1892. à Jahrg. 52 Nrn. (Bog.) gr. 4. Arnsberg, Stein. à Jahrg. * 2 —

Sonntagsblumen. Blätter zur Erbaug., Unterhaltg. u. Belehrg. f. das kathol. Volk. Sonntags-Beilage zum „Central-Volksblatt" in Arnsberg, hrsg. v. Frdr. Schnettler. 7.—9. Jahrg. 1891—1893. à 52 Nrn. (à ca. ½ Bog.) gr. 4. Arnsberg, A. Stein. à Jahrg. n. 2. —

Sonntagsblüten. Blätter zur Erbauung, Unterhaltg. u. Belehrg. f. das kathol. Volk, hrsg. v. F. Schnettler. 4. u. 5. Jahrg. 1888. 1889. à 52 Nrn. (B.) gr. 4. Arnsberg, Stein. à Jahrg. n. 2. —

Sonntagsbote
v. Basler Volksblatt.

Sonntagsbote, der, eine Quartalschrift polit., geograph. u. histor. Inhalts. 1s—3s Quartal. 8. Hamb. 803. Kratzsch. 1 Thlr 18 gr

Sonntagsbote, der. Zeitschrift für Kinder. Red. von Hr. Meyer. 1. Jahrg. 1849. 52 Nrn. 8. (½ B.) Schwerin, Kürschner in Comm. (jetzt: Hildebrand.) n. n. 1 Thlr

Sonntags-Bote. Ausgesandt v. Ernst Versmann. Jg. 1—22. Itzehoe. 1852—73. 4°

— Ausgesandt von E. Versmann. Jahrg. 1861—64. à 52 Nrn. (à ½—¾ Bgn.) Itzehoe. (Altona, Mentzel.) 4. Jeder Jahrg. n. 1 Thlr 18 ngr

Sonntags-Bote. Ausgesandt von E. Versmann. Jahrg. 1865—69. à Jahrg. 52 Nrn. (à ½—¾ Bgn.) Itzehoe. (Leipzig, Menzel.) gr. 4. Jeder Jahrg. n. n. 1 Thlr 18 ngr

Sonntags-Bote. Ausgesandt v. E. Versmann. Jahrg. 1870—1873 à 52 Nrn. (à ½—¾ B.) gr. 4. Itzehoe. (Leipzig, Mentzel.) à Jahrg. n. n. 4. 80

Sonntagsbote, der. Herausg.: Rocholl. 1—3. Jahrg. 1858—60. (à 26 Nrn.) à n. 10 ngr — 4. Jahrg. 1861. 52 Nrn. (à ¼ Bgn.) Arolsen, Speyer. gr. 8. n. 20 ngr

— — Herausg.: Heiner. 5—7. Jahrg. 1862—64. à 52 Nrn. (à ¼ Bgn.) Ebend. gr. 8. Jeder Jahrg. n. 20 ngr

— der. Hersgbr.: Heiner. 8. Jahrg. 1865. 52 Nrn. (¼ Bgn.) Mengeringhausen. (Arolsen, Speyer.) Lex.-8. n. 20 ngr

— — Redact.: Saul. 9. u. 10. Jahrg. 1866. u. 1867. à Jahrg. 52 Nrn. (½ Bgn.) Ebend. Jeder Jahrg. n. 20 ngr

— der. Evangelisches Gemeindeblatt für die Stadt und Mark Brandenburg. Herausg.: H. Krummacher. Jahrg. 1864. 52 Nrn. (à ½ Bgn.) Brandenburg, Wiesike. 4. n. 20 ngr

— der. Evangelisches Gemeindeblatt für die Stadt u. Mark Brandenburg. Hersgbr.: H. Krummacher. Jahrg. 1865. 52 Nrn. 1866. 26 Nrn. (½ Bgn.) Brandenburg, Wiesike. gr. 4. 1865. n. 20 ngr; 1866. n. 10 ngr

— der. Redact.: Florey. Jahrg. 1865—70. à Jahrg. 12 Nrn. (¼ Bgn.) Leipzig, Klinkhardt. gr. 8. Jeder Jahrg. n. 16 ngr

— der. Hrsg. f. christl. Häuser u. Herzen v. drei sächs. Geistlichen. Red.: Florey. Jahrg. 1871—1873 à 52 Nrn. (1/4 B.) gr. 8. Leipzig, Klinkhardt. à Jahrg. n. 1. 60

— dasselbe. Red.: Florey. Jahrg. 1874—1876 à 52 Nrn. (1/4 B.) gr. 8. Ebend. à Jahrg. n. 2. —

Sonntagsbote, der. Hrsg. für christliche Häuser u. Herzen von drei sächsischen Geistlichen. Red.: Florey u. Kaiser. Jahrg. 1877—1879. à 52 Nrn. (1/4 B.) gr. 8. Leipzig, Klinkhardt. à Jahrg. n. 2. —

Sonntagsbote, der. Hrsg. für christl. Häuser und Herzen von drei sächs. Geistlichen. Redact.: Kaiser. Jahrg. 1880. 52 Nrn. (à Nr. 1/4 Bog.) gr. 8. Leipzig, Klinkhardt. *
Nicht weiter erschienen.

Sonntagsbote: Der Sonntagsbote
① Nachläufer zum «Landboten». Erscheint während der Dauer des Krieges jeden Sonntag ⑤ 30. 10. 1870—5. 3. 1871 ⑥ 8° ⑦ Wochenblatt ⑧ Winterthur: Bleuler-Hausheer & Co. ⑩ der Drucker ⑫ Kriegsberichte ⑭ Be: L ⑮ Der Sonntagsbote ersetzt die Sonntagsbeilage der Zeitung «Der Landbote» (Zh).

Der Sonntagsbote : 1887?—1916?
Sunday edition of GERMANIA. Circulation: 1890, 1000; 1900, 2400; 1910, 2000.
Grand Rapids, MI

Der Sonntags-Bote : 1888?—1889? Port Huron
Sunday edition of PORT HURON HEROLD.

Der Sonntagsbote : Jahrgang 1—72, no. 41, Mar. 11, 1906—Nov. 29, 1924.
Sunday edition of MILWAUKEE SEEBOTE; later, of MILWAUKEE SEEBOTE, after merger. Assumed Jahrgang numbering of daily, hence "Jahrgang 72." Title varies: DER SONNTAGSBOTE UND DER SEEBOTE, as Sunday edition of DER SEEBOTE UND DER SONNTAGSBOTE, and could be subscribed for separately, or as part of semi-weekly. Circulation: 1915, 8317; 1920, 7600.
Milwaukee, WI

Sonntagsbote, Berliner. Unter Mitwirkg. v. Alberti, Arndt, Böhm u. A. hrsg. v. Stage. 1.—3. Jahrg. 1892—1894. à 52 Nrn. (Bog.) gr. 4. Berlin. (Heidelberg, J. Hörning.) à Jahrg. n. 2. 80

Sonntagsbote, Berliner. Unter Mitwirkg. v. Alberti, Arndt, Boehm u. A. hrsg. v. Stage. 4. Jahrg. 1895. 52 Nrn. (Bog.) gr. 4. Berlin. (Heidelberg, J. Hörning.) n. 2. 80

Sonntagsbote des evangelischen Bundes. Jg. 1–7. Hannover: Colemann 1897–1903. 8°

Chicagoer Sonntagsbote : 1871–1913?
Sunday edition of CHICAGOER FREIE PRESSE. Country edition also printed: 1884?–1913. Sub-title varies with title: Nachrichten aus Deutschland, Oesterreich, der Schweiz und Luxemburg. Title varies: DAHEIM, Jan. 1871–Sept. 1882; CHICAGOER DAHEIM, Oct. 1882–Oct. 20, 1889; DAHEIM, Oct. 27, 1889–July 24, 1898; CHICAGOER SONNTAGSBOTE, Aug. 1888–1913. Circulation: 1875, 6000 (est.); 1880, 7892; 1890, 9500; 1900, 56,000.
Chicago, IL

Sonntagsbote, der evangelische. Hrsg.: Frdr. Breitenbach. 1. Jahrg. Juli 1890—Juni 1891. 52 Nrn. (B.) gr. 4. Erlangen, Vereinsbuchhandlg. (K. Banf). n. 1. 60
Erscheint nicht mehr.

Sonntagsbote, der evangelische, aus Oesterreich. Hrsg. von Bohl und Czerwenka. Unter Mitwirkung mehrerer Herren aus dem geistl. Stande und der Gemeinde im In- und Auslande. 1. Jahrg. April bis Dezbr. 1865. 39 Nrn. und 2. und 3. Jahrg. 1866 und 1867. à Jahrg. 52 Nrn. (Bog.) gr. 4. Wien, Bartelmus und Comp. 1. Jahrg. *
2. und 3. Jahrg. à *

—— evangelischer. Wochenschrift für Kirche, Schule und Haus. Hrsgbr. und verantwortl. Redact.: Thdr. Ritz. 1. und 2. Jahrg. 1861 und 1862. à Jahrg. 52 Nrn. (Bog.) 4. Wien, Wallishausser's Hoftheater-Druckerei. à Jahrg. *

— evangelischer, für Kirche, Schule und Haus. Herausg. unter Mitwirkung mehrerer Geistlichen und Laien. Red.: Thdr. Ritz. 3. u. 4. Jahrg. 1863 u. 64. à 52 Nrn. (à 1 Bgn.) Wien, Draudt. 4. Jeder Jahrg. n. 3 ℛ 10 ngr.

— evangelischer, für Kirche, Schule u. Haus. Hersg. unter Mitwirkung mehrerer Geistlichen u. Laien. Redact.: Thdr. Ritz. 5. Jahrg. 1865. 52 Nrn. (Bgn.) Wien, Wachter. gr. 4. n. 3 ℛ 10 ngr.

—— hannoverscher. Volkstümliche Wochenschrift f. Stadt u. Land. Hrsg. v. Heinr. Sohnrey. 2. Jahrg. 1890. 52 Nrn. (à Nr. 1 1/4 Bog.) 4. Hannov.-Linden, Manz u. Lange. ** 2 40
Nur 1. Quartal erschienen.

—— Harzer. Wochenblatt zur Unterhaltg. u. Belehrg. Hrsg. v. K. Leimbach u. Ad. Crome. Mai 1892—April 1893. 52 Nrn. (à Nr. 1/2 Bog.) gr. 4. Goslar, Angerstein. 2 —

— der, f. Heilig Kreuz. Red.: W. Faber. 1. Jahrg. 1896. 52 Nrn. (Bog.) gr. 4. Leipzig. Berlin-Westend, Verlag d. Akadem. Buchh. W. Faber & Co. n. 1. 60

— dasselbe. 2. Jahrg. 1897. 52 Nrn. (Bog.) gr. 4. Berlin-Westend, Verlag d. Akadem. Buchh. W. Faber & Co. n. 2. —

— dasselbe. 3. Jahrg. Jan.—März 1898. 13 Nrn. (Bog. m. Abb.) gr. 4. Ebd. n. — 50
Weiter nicht erschienen.

— für die Jugend. Red.: Ulr. Meyer. 1. u. 2. Jahrg. 1893. 1894. à 52 Nrn. (à ca. 1/2 Bog. m. Bildern.) gr. 8. Berlin, Deutsche Sonntagsschul-Buchh. (L. Burmeister). à Jahrg. n. 3. —; à Nr. n. — 10

— für die Jugend. Eine illustr. Kinderzeitg. Eigentum d. „Komitees f. Förderg. d. Sonntagsschulsache in Deutschland". Hrsg. von Ulr. Meyer. Jahrg. 1895—1898. à 52 Nrn. (à ca. 4 S.) gr. 8. Berlin, Deutsche Sonntagsschul-Buchh. à Jahrg. 1. 20 (kplt. geb.: n. 3. —)

Sonntagsbote f. die Jugend. Red.: Ulr. Meyer. 6.—9. Jahrg. 1899—1902. à 52 Nrn. gr. 8. (à ca. 4 S. m. Abbildgn.) Berlin, Deutsche Sonntagsschul-Buchh. à Jahrg. 1. 20; geb. n. 3. —

Sonntagsbote, f. die Jugend. Red.: Ulr. Meyer. 10. bis 13. Jahrg. 1903—1906. à 52 Nrn. (à ca. 4 S. m. Abbildgn.) Lex.-8. Berlin, Deutsche Sonntagsschul-Buchh. à Jhrg. n. 1. 20; geb. n. 3. —

Sonntagsbote f. die Jugend. Red.: Ulr. Meyer. 14.—17. Jahrg. 1907—1910. à 52 Nrn. (à ca. 4 S. m. Abb.) Lex. 8. Berlin, Deutsche Sonntagsschul-Buchh. à Jahrg. 1.20; geb. 3. —
Auch u. d. T.: Sonntagsschule, die.

Sonntags-Bote, Kärntner. Illustrirtes Familienblatt. Klgft., Bertschinger, 1890. Quart.

Sonntagsbote, der, aus Kurhessen. Red.: C. Moutoux. 26. Jahrg. 1886. 52 Nrn. (B.) gr. 4. Cassel, (Röttger). n.n. 2. —

Sonntagsbote, der, aus Kurhessen. Red.: C. Moutoux. 27.—30. Jahrg. 1887—1890. à 52 Nrn. (B.) gr. 4. Cassel, Röttger. à Jahrg. n.n. 2. —

— der, aus Kurhessen. 31.—33. Jahrg. 1891—1893. à 52 Nrn. (Bog.) gr. 4. Kassel, E. Röttger. à Jahrg. n.n. 2. —

— dasselbe. Mit Beilage: Kirchl. Anzeiger f. die evangel. Gemeinden Kassels u. der Vororte. 34. Jahrg. 1894. 52 Nrn. gr. 4. (Nr. 1. 8 u. 2 S.) Ebd. n.n. 2. —

Sonntagsbote, der, aus Kurhessen. M. Beilage: D. hess. Landmann. Mittheilgn. u. Räthschläge f. Land- u. Hauswirthschaft, Obst- u. Gartenbau. Unter Mitwirkg. v. Ernst Wittekindt hrsg. 35.—38. Jahrg. 1895—1898. à 52 Nrn. (à ca. 12 S.) gr. 4. Kassel, Evang. Verein f. inn. Mission. à Jahrg. n.n. 2.—; m. d. Beilage: Kirchl. Anzeiger f. d. evang. Gemeinden Kassels u. d. Vororte. n.n. 2. 60

— **der, aus Kurhessen. Hrsg. v. evangel. Verein f. innere Mission in Kassel. Leitung: Francke. 39. u. 40. Jahrg. 1899 u. 1900. à 52 Nrn. gr. 4. (à ca. 8 S.) Kassel, Ev. Verein f. innere Mission. à Jahrg. n. 2.—; m. der Beilage: Kirchlicher Anzeiger f. die evangel. Gemeinden Kassels u. der Vororte** n.n. 2. 60
Auch in Ausgaben f. die Fürstenthümer Lippe u. Schaumburg u. f. Waldeck u. Pyrmont.

— ostfriesischer. Herausg.: Leiner. Jahrg. 1862—64. à 52 Nrn. (à ½ Bgn.) Aurich, Frerichs. gr. 8. Jeder Jahrg. n. 22½ ngr.

Sonntags-Bote, ostfriesischer. Hersgbr.: Leiner. 4—6. Jahrg. 1865—67. à Jahrg. 52 Nrn. (½ Bgn.) Aurich, Frerichs. gr. 8. Jeder Jahrg. n.n. 22½ ngr.

— **ostfriesischer. Red.: Schaaf. 27. Jahrg. 1888. 52 Nrn. (¼ B.) 8. Aurich, (Dunckmann).** n. 1. 50

— **Posener. Hrsg. v. Kaskel u. Ernst Evers. 17. Jahrg. 1892. 52 Nrn. (Bog. m. Abbildgn.) 4. Berlin, Buchh. der Berliner Stadtmission.** n. 1. 60
Fortsetzung s.: Sonntagsblatt, Posener.

— **für Sachsen, s.: Beiblatt zum Sonntagsboten.**

Schleswig-holsteinischer **Sonntagsbote.** Hrgg. vom Landesverein für Innere Mission. Ausg. für Kiel und Umgegend. (Bordesholm.) 4°
Jg. 1—11 [unvollst.]. Jg. 12—26, 1901—16.
Fortges. u. d. T.:
Kieler **Sonntagsblatt.** Sonderausg. des schleswig-holsteinischen Sonntagsboten. Jg. 27 ff. (Bordesholm.) 1917 ff. 4°

— **der, aus Sophien. Organ d. Parochialvereins f. die Sophiengemeinde. Red.: W. Faber. Jahrg. 1898. 52 Nrn. (Bog. m. Abb.) gr. 4. Berlin-Westend, Verlag d. Akadem. Buchh. W. Faber & Co.** n. 2.—
Kann auch vierteljährlich bezogen werden.

— **der, aus Sophien. Organ des Parochialvereins f. die Sophiengemeinde. Red.: W. Faber. Jahrg. 1899 u. 1900. à 52 Nrn. gr. 4. (à ca 8 S. m. Abbildgn.) Berlin-Westend, Verlag der akadem. Buchh. W. Faber & Co.** à Jahrg. n. 2.—
Erscheint nicht mehr.

— der, für Thüringen und Osterland. Ein Erbauungsblatt für evangelisch-luther. Christen hrsg. von dem Zechauer Pastoral-Verein. Redact.: Nunkwitz. 5. Jahrg. 1865. 52 Nrn. (½ Bog.) gr. 8. Altenburg, (Bonde.) *

— Waldeckscher. Evangelisches Gemeindeblatt f. Kirche, Schule u. Haus f. die Fürstentümer Waldeck u. Pyrmont. Hrsg.: R. Brandt. 4. u. 5. Jahrg. 1891. 1892. à 52 Nrn. (Bog.) gr. 4. Arolsen, Speyer. à Jahrg. n. 2.—
Früher u. d. T.: Kirchen-, Schul- u. Gemeindeblatt, evangelisches, f. die Fürstentümer Waldeck u. Pyrmont.

Sonntagsbote, weimarischer. Hrsgbr.: G. Thölden. 1. Jahrg. 1856. 52 Nrn. (½ Bog.) 4. Jena, Frommann. *

— weimarischer, für Thüringen. Hrsg. von H. Hunnius. 2—6. Jahrg. 1857—61. à Jahrg. 52 Nrn. (½ Bog.) 4. Jena, Frommann. à Jahrg. *
Der 2. Jahrg. 1857. wurde von G. Thölden herausgegeben.

— Weimarischer, für Thüringen. Hrsg. von H. Trebitz. 7.—9. Jahrg. 1862—64. à Jahrg. 52 Nrn. (½ Bog.) 4. Jena, Fr. Frommann. à Jahrg. *
Der 7. Jahrg. wurde von H. Hunnius herausgegeben.

Sonntagsbuch. Ein Beitrag zur Rechtfertigg. u. Wiederaufrichtg. der hl. Sonntagsfeier, in allerlei Betrachtgn., auch Erzählgn. u. Liedern, f. das deutsche Volk. 2. Aufl. 8. (IV, 325 S.) Eisleben 868. Christl. Verein im nördl. Deutschland. Geb. 1. 13

Sonntagsbuch f. Christen. 3 Thle. 8. Halle, Waisenhausbuchh. 814. (à 6 gr.)

Sonntagsbuch für Christen. 1r Thl. N. Aufl. 8. Halle, Waisenhausbuchh. 817.

Sonntagsbuch für unsere Kinder von einer Mutter. (Vorr.: G[eorg] C[hrist.] Dieffenbach.) *Gütersloh: C. Bertelsmann 1901.* (172 S.) 8° [F.]

Sonntagsbuch, neues, herausg. von d. christl. Verein im nördl. Deutschland. 8. Halle 835. Waisenhaus-Buchh. ⅓ ℛ

Sonn- u. Festtagsbüchlein, christl., od. kurze Erklär. des Kirchenkalenders. 8. Straßb., Heitz. 3 gr

Sonntagsbüchlein für kleine Knaben u. Mädchen. 8. Landshut 835. Thomann. $^{1}/_{12}$ ℛ

Sonntagsbummel, ein, auf die Waid b. Zürich. Bilder und Sprüche, von einem Philister. In-8°, 15 S. Zürich, J. Herzog. 1879.

Sonntag-Schul-Glocke. 1—5. Bd. (Jahrg.) Oktbr. 1856 bis Septbr. 1861. à Jahrg. 12 Nrn. (1861 jedoch 24 Nrn.) (Bog.) Fol. Cincinnati. (Philadelphia, Schäfer und Koradi.) à Jahrg. *

Sonntag-Schul-Glocke. 6. und 7. Bd. (Jahrg.) Octbr. 1861 bis Septbr. 1863. à Jahrg. 24 Nrn. (Bog. mit eingedr. Holzschn.) Fol. Cincinnati. (Philadelphia, Schäfer und Koradi.) à Jahrg. *

Sonntags-Demokrat: 1864?–1918?
Sunday edition of TÄGLICHER EVANSVILLE DEMOKRAT. Title varies slightly. Circulation: 1880, 1881: 1800; 1400; 1900, 1900; 1910, 5270.
Evansville, IL

Sonn- und Festtags-Episteln und Evangelien, Die, durch das ganze Jahr . . . für die evangelische Kirche in den Königl. Preussischen Landen. Görlitz 1832. 2. Aufl. 1836. H: *Mössler, Christoph Wilhelm.* (Ky) (ZU)

Sonn- u. Festtags-Episteln u. Evangelien, die, durch d. ganze Jahr, samt d. entsprech. Collecten-Gebeten u. Sprüchen zum Einlegen in d. Agende f. d. evangel. Kirche in d. Kgl. Preuß. Landen. 4. (76 Bl.) Görlitz 832. (Kittlitz, Zobel.)

Sonn- u. Festtags-Episteln und Evangelien, die, durch das ganze Jahr, sammt den entsprechenden Collecten-Gebeten und Sprüchen zum Einlegen in die Agende für die evangel. Kirche in den Königl. Preuß. Landen, (v. Super. Mößler). (76 Bl.) 4. Görlitz 832. (Zobel.) In Futteral ⅝ ℛ — 2e Aufl. 4. Ebd. 836. Grüson. (Köhler.) ¾ ℛ

Sonn- und Festtags-Episteln und Evangelien, die gewöhnlichen — auf das ganze Jahr nebst der Leidensgeschichte unsers Herrn Jesu Christi und einigen Schulgebeten. Neueste, verschönerte Auflage. Oedenburg. Druck von Karl Rommwalter. (152 S. 8. stf. geb.) 1856.

Sonntags-Erheiterungen für brave Soldaten in Geschichten und Erzählungen, welche auch alle jungen Leute mit Nutzen lesen werden. Nach dem Französ. der 3. Aufl.: „Le dimanche des Soldats etc." des Herrn A. de Ségur bearb. und mit einigen Anmerkungen begleitet von H. Im Anhange: Anekdoten ernsten und launigen Inhalts. Münster, Deiters. (Aschendorff.) 16. (VIII, 191 S. u. 1 Holzschn.) 5 ngr.

Sonntags-Erheiterungen für brave Soldaten in Geschichten und Erzählungen, welche auch alle jungen Leute mit Nutzen lesen werden. Nach dem Französ. der 3. Aufl.: „Le dimanche des Soldats etc." des Hrn. A. de Ségur bearb. und mit einigen Anmerkungen begleitet von H. Im Anhang: Anekdoten ernsten und launigen Inhalts. (1. Bdchn.) 16. (VI und 191 S. mit 1 Holzschn.) Münster 854, Deiters.

Sonn- u. Festtags-Evangelien, s. Evangelien.

Sonntagsfeier
v. Walliser Bote. Winterthurer Volkszeitung.

Sonntagsfeier, die, wöchentliche Blätter für Kanzelberedsamkeit und Erbauung, im Vereine mit protestant. Kanzelrednern herausg. von Karl Zimmermann. 1r Bd. 12 Hefte. Mit viel. Abbildd. gr. 8. Darmstadt 834. Leske. $1^2/_3$ ℛ — 2r Bd. 25 Numm. Mit Titelvign. gr. 8. Ebd. 836. $1^2/_3$ ℛ

Sonntagsfeier, die, wöchentl. Blätter f. Kanzelberedsamkeit u. Erbauung, im Vereine mit protestant. Kanzelrednern hrsg. v. Karl Zimmermann. 2—17. Bd. à 6 Hfte. gr. 8. Darmstadt 836—42, Leske. à Bd. Thlr.
14—17. Bd. m. d. Beiblatte: Literar. Blätter f. Homiletik u. Ascetik. 1. Bd. Ebendas. 1834. 1 Thlr.

—— die, wöchentl. Blätter f. Kanzelberedtsamkeit u. Erbauung, nebst e. monatl. literar. Beiblatte f. Homiletik u. Ascetik, im Vereine mit protestant. Geistlichen, hrsg. v. Carl Zimmermann. 18—22. Bd. à 6 Hfte. gr. 8. Darmstadt 844, 45, Leske. à Bd.
1—17. Bd. Ebendas. 1834—42. à 1 Thlr.

Sonntagsfeier, die, wöchentliche Blätter für Kanzelberedtsamkeit und Erbauung, hrsg. von Carl Wilh. Schultz und Carl Zimmermann. 23—28. Bd. oder Neue Folge. 1—6. Bd. oder Jahrg. 1854—56. à Jahrg. 12 Hefte oder 52 Nrn. (Bog.) gr. 8. Darmstadt, Leske. à Bd. * 1 Thlr. *
1—22. Bd. Ebendas. 1834—45. à Bd. 1 Thlr.

— — Ein Monatsblatt für Kanzelberedsamkeit u. Erbauung, herausg. von K. Zimmermann. 27—32. Bd. oder Neue Folge 5—10. Bd. (Jahrg. 1856—58.) à 12 Hefte (à 4 Bgn.). Darmstadt, Leske. gr. 8. Jeder Bd. n. 1 ℛ.

—— die. Ein Monatsblatt für Kanzelberedtsamkeit und Erbauung, hrsg. von Carl Zimmermann. 29—38. Bd. oder Neue Folge. 7—16. Bd. Jahrg. 1857—61. à Jahrg. 12 Hefte. gr. 8. (à Heft ca. 64 S.) Darmstadt, Zernin. à Bd. *

Sonntagsfeier, die. Ein Monatsblatt für Kanzelberedtsamkeit und Erbauung hrsg. von Karl Zimmermann. 39.—50. Bd. oder Neue Folge 17.—28. Bd. Jahrg. 1862—67. à Jahrg. 12 Hefte. gr. 8. (à Heft 64 S.) Darmstadt, Zernin. à Jahrg.

Sonntagsfeier, die. Eine Monatsschrift für Kanzelberedtsamkeit und Erbauung, hrsg. von Karl Zimmermann. 51.—54. Bd. oder Neue Folge 29.—32. Bd. Jahrg. 1868 und 1869. à Jahrg. 12 Hefte. gr. 8. (à Heft 64 S.) Darmstadt, Zernin. à Jahrg. *

—— dass. — 55. Bd. oder Neue Folge 33. Bd. 4 Hefte. gr. 8. (à 9 Bog.) Ebendas. 870. *

Sonntagsfeier, die. Eine Vierteljahrsschrift f. Kanzelberedtsamkeit u. Erbauung, hrsg. v. Prälat Karl Zimmermann. 55. Bd. od. Neue Folge. 33. Bd. 4 Hfte. (9 B.) gr. 8. Darmstadt 871. Zernin. n. 6. —

— kathol. Wochenblätter für christl. Bildung und Erbauung in Haus und Leben. Herausg. von Jos. Bäder. 1r Jahrg. 1834 November rc. 52 Numm. Mit Kpfrn. u. Musikbeil. 8. Carlsruhe 835. Marx. $3^1/_4$ ℛ

Sonntagsfeier von H. v. F. . . . Neuwied [1851]. V: *Hoffmann genannt von Fallersleben, August Heinrich.* (GGr)

Sonntags-Feier. Von J. B. H. (NB. Gebete.) 8. (34 S.) Wien, Mechitaristen-Buchdruck. 1853.

Sonntagsfeier. Eine Sammlung von Predigten über die epistol. Pericopen auf alle Sonn- und Festtage des christl. Kirchenjahres zur häusl. Erbauung von Auberlen, Bär, Caspari, Delitzsch rc. Hrsg. von J. Rabus. 2 Bde. gr. 8. (X und 676 S.) Hamburg 860. 61, Rittler. *

Sonntagsfeier. Andachten aus d. Schatzkammer d. Denker u. Dichter. Jg. 1. Berlin: Ver. f. Soz. Ethik u. Kunstpflege (1909/10). 8° A 12.1097

Sonn- u. Festtagsfeier, christkatholische. Ein Gebetbuch hrsg. von e. Priester der Versammlung des allerheil. Erlösers. 18. (8 B. u. 1 Stahlst.) Wien 843, (Mechitaristen-Congreg.-Bh.)

Sonntagsfeier, die christliche, ein Wort der Liebe an unsere Gemeinen. 16. ($1^1/_4$ B.) Berlin 842, Wohlgemuth's Buchh.

Proudhons Sonntagsfeier. Von einem jüdischen Conservativen. Berlin o. J. 8.

Sonntagsfeier zur Veredlung der Kinderherzen in Unterhaltungen über die Evangelien. Berlin [1857]. V: *Materne, Therese.* (zu)

— zur Veredlung der Kinderherzen, in Unterhaltungen über die Evangelien der Sonn- und Festtage von Th. M. Mit 6 feinen (lith.) Bildern in Tondr. Berlin (857.) Winckelmann. gr. 16. (3 Bl., 282 S.) 1 ℛ.

— über würdige. Ein Büchlein zur Belehrung u. Erbauung für Christen aller Stände. 8. Ulm 840. Ebner. $^1/_4$ ℛ

Sonntagsfrage, die. Von E. K. gr. 8. (16 S.) Rathenow 876. Haase in Comm. n. — 15

Sonntagsfrage, die, und die Eisenbahnbeamten. Von dem Centralkomité der schweiz. Gesellschaft für Sonntagsheiligung. Basel, H. Georg. 1875.

Sonntagsfreude
v. Neues Tagblatt aus der östlichen Schweiz.

Sonntagsfreude. Ausgewählte Erzählungen für die reifere Jugend und das Volk. Mit Illustrationen. 1. Bdchn.: Die fünf Sinne. In fünf Erzählungen. Aus dem Engl. von H. A. Kaiser. 8. (132 S. mit eingedr. Holzschn. und 4 Holzschntaf.) Einsiedeln 869, Gebr. Benziger. geb.

Die Sonntagsfreude : 1873- 1881? Cleveland, OH
Monthly publication of German Baptists.

Sonntagsfreude. Eine Sammlung volksthümlicher Dichtungen, herausgegeben von M. Z. Köln 1889. 2. Ausg. 1890. H: *Zanders, Maria.* (Russell XVI, II, 1, 1282)

Sonntags-Freude. Eine Sammlg. volkstüml. Dichtgn., hrsg. v. M. Z. 8. (IV, 282 S.) Köln 889. (Neubner.) geb. n. 3. —

Sonntags-Freude. E. Sammlg. volkstüml. Dichtgn., hrsg. v. Maria Zanders. (2. wohlf. Ausg.) 8. (III, 284 S.) Köln 890. (P. Neubner.) Geb. 1. 20; m. Goldschn. 2. —

— I. Jahrg. Predigten von H. Hoffmann. 56 Hfte. gr. 8. (à ca. 8 S.) Halle 896. R. Mühlmann's Verl. à n. — 10

1. Das Kreuz Christi, d. Warnungszeichen wider d. Ärgernis an Gottes Wegen. Predigt z. Sonntag Estomihi üb. Matth. 16, 21–24.
2. Die Versuchg. Jesu in d. Wüste. Predigt z. Sonntag Invocavit üb. Matth. 4, 1—11.
3. Das Kreuz Christi u. d. Gebot d. Keuschheit. Predigt zum Sonntag Reminiscere üb. 1. Thess. 4, 1—8.
4. Entweder für mich, od. wider mich. Predigt zum Sonntag Oculi üb. Luk. 11, 14—28.
5. Nicht Begabung, sondern Begnadigg. ist wahrer Grund zur Christenfreude. Predigt z. Sonntag Lätare üb. Lukas 10, 17—21.
6. Welcher unter euch kann mich e. Sünde zeihen? Predigt z. Sonntag Judica üb. Joh. 8, 46—59.
7. Die Erniedrigg. u. d. Erhöhg. d. Gekreuzigten. Predigt z. Palmsonntag üb. Philipper 2, 5—11. Christi Kreuz, unser Gnadenthron. Predigt z. Karfreitag, üb. Luk. 23, 39—43.
8. Jesus d. Auferstandene, d. Fels d. Heils. Predigt z. 1. Osterfesttag üb. 1. Kor. 15, 17—20. Die Zeugen d. Auferstehung Jesu. Predigt z. 2. Osterfesttag üb. Luk. 24, 13—35.
9. Daß Gott d. Menschen d. Ewigkeit in die Brust gelegt hat. Predigt z. Sonntag Quasimodogeniti üb. 1. Kor. 13, 8—12.
10. D. geistliche Auferstehg. Predigt zum Sonntag Misericordias Domini üb. Epheser 2, 4—10.
11. Der Stufengang d. zukünft. neuen Lebens. Predigt z. Sonntag Jubilate üb. 1. Kor. 15, 20.
12. D. leibl. Auferstehung. Predigt zum Sonntag Kantate üb. Philipper 3, 20. 21.
13. Was ihr bitten werdet in meinem Namen, das will ich thun. Predigt z. Sonntag Rogate üb. Joh. 14, 13. Die Bedeutg. der Himmelfahrt Jesu. Predigt zum Himmelfahrtstag üb. Marc. 16, 14—20.
14. Ringet danach, daß ihr stille seid. Predigt zum Sonntag Exaudi üb. 1. Thess. 4, 11.
15. Die Feuertaufe m. d. Pfingstgeist! Predigt z. 1. Pfingstfesttag üb. Luk. 12, 49. Pfingstsegen im Haus! Predigt zum 2. Pfingstfesttag üb. Apostelgesch. 10, 42—49.
16. Von der Wiedergeburt. Predigt zum Trinitatissonntag üb. Joh. 3, 1—15.
17. Die völlige Liebe treibt d. Furcht aus! Predigt z. 1. Sonntag nach Trinitatis üb. 1. Joh. 4, 16—21.
18. Der e. große Grundfehler. Predigt zum 2. Sonntag nach Trinitatis üb. Marci 10, 17—27.
19. D. Gelindigkeit des HErrn. Predigt zum 3. Sonntag nach Trinitatis üb. Matth. 12, 14—21.
20. Die christl. Leidensfreudigkeit. Predigt z. 4. Sonntag nach Trinitatis üb. 2. Kor. 4, 7—12.
21. D. Kirche Christi, d. einz. unbezwingl. Macht. Predigt zum 5. Sonntag nach Trinitatis üb. Matth. 16, 13—18.
22. Denk an d. Kauf in deiner Tauf! Predigt zum 6. Sonntag nach Trinitatis üb. Röm. 6, 3—11.
23. Die Fürsorge der Gemeinden f. ihre Armen. Predigt zum 7. Sonntag nach Trinitatis üb. Apostelgesch. 6, 1—6.
24. D. Aussicht auf Vollendg. Predigt z. 8. Sonntag nach Trinitatis üb. Röm. 8, 20—39.
25. D. Aussicht auf Vollendg. Predigt z. 9. Sonntag nach Trinitatis üb. 1. Joh. 3, 2—3.
26. Daß Er uns aussöhnen kann m. d. unverschuld. Uebeln uns. Lebens. Predigt z. 10. Sonntag nach Trinitatis üb. Joh. 9, 1—7.
27. Uns. irdischer Lebensberuf im Licht dieses Worts. Predigt z. 11. Sonntag nach Trinitatis üb. Joh. 4, 34.
28. Jesu Ruhm, daß Er alles wohlmacht. Predigt z. 12. Sonntag nach Trinitatis üb. Marci 7, 31—37.
29. Ein Blick üb. d. irdischen Standesunterschiede hinaus auf d. himml. Krone. Predigt z. 13. Sonntag nach Trinitatis üb. Jakobi 1, 9—12.
30. D. gottgefäll. Geduld. Predigt z. 14. Sonntag nach Trinitatis üb. Jakobi 5, 7—11.
31. Jesus, d. Arzt d. Leibes u. d. Seele. Predigt z. 15. Sonntag nach Trinitatis üb. Joh. 5, 5—14.
32. D. kleinen Sünden. Predigt z. 16. Sonntag nach Trinitatis üb. 1. Korinther 5, 6.
33. D. Einfalt d. inneren Auges. Predigt z. 17. Sonntag nach Trinitatis üb. Lukas 11, 34—36.
34. D. bewahrende Treue d. HErrn. Predigt zum 18. Sonntag nach Trinitatis üb. 1. Kor. 1, 4—9.
35. D. Vollmacht, Sünde zu vergeben. Predigt z. 19. Sonntag nach Trinitatis üb. Joh. 20, 19—23.
36. D. Hochzeit d. Königssohnes. Predigt z. 20. Sonntag nach Trinitatis üb. Matth. 22, 1—14.
37. D. Erweckung. Predigt z. 21. Sonntag nach Trinitatis üb. 2. Thess. 2, 14.
38. Die Gaben, wodurch der hl. Geist erleuchtet. Predigt zum 22. Sonntag nach Trinitatis üb. Epheser 5, 8.
39. Von d. Heiligung. Predigt z. 23. Sonntag nach Trinitatis üb. Römer 6, 22. Gottes Trost, bei droh. Völkergerichten! Predigt z. Landesbußtag üb. Psalm 119, 52.
40. D. Tod, e. Knecht d. Lebensfürsten. Predigt z. Gedächtnisfeier d. Verstorbenen üb. 2. Tim. 1, 10.
41. Jesu Einzug in Jerusalem. Predigt z. 1. Advent üb. Matth. 21, 1—9.
42. Die Aussicht auf das Weltende. Predigt zum 2. Advent üb. 2. Petri 3, 3—14.
43. Drei Gerichtshöfe. Predigt z. 3. Advent üb. 1. Korinth. 4, 1—6.
44. Gottes Gnadenwahl. Predigt zum 4. Advent üb. Epheser 1, 3—6.
45. Seine Geburt, d. Hoffnung d. Welt. Predigt zum 1. Weihnachtstag üb. Jes. 9, 6. — Es erschien die Freundlichkeit u. Leutseligkeit Gottes uns. Heilandes. Predigt zum 2. Weihnachtsfesttag üb. Tit. 3, 4—7.
46. Das Lob d. christl. Zufriedenheit. Predigt z. Sonntag nach Weihnachten üb. Phil. 4, 11—13.
47. Wir haben hier keine bleibende Stadt, sondern d. zukünftige suchen wir. Predigt z. Neujahrstage üb. Hebr. 13, 14.
48. Gottvertrauen, unser Anker. Predigt z. Sonntag nach Neujahr üb. Hebräer 10, 35.
49. Christenstand, geistl. Priesterstand. Predigt z. 1. Sonntag nach Epiphanias üb. Röm. 12, 1—8.
50. Pauli Bekehrung e. Exempel wahrer Bekehrung. Predigt z. 2. Sonntag nach Epiphanias üb. Apostelgesch. 9, 1—6.
51. Jesu Mitleid gegen d. Herde s. Volks. Predigt z. 3. Sonntag nach Epiphanias üb. Matth. 9, 35—38.
52. Seelenruhe. Frucht d. Glaubens. Predigt z. 4. Sonntag nach Epiphanias üb. Matth. 8, 23—27.
53. D. Liebe ist d. Gesetzes Erfüllg. Predigt z. 5. Sonntag nach Epiphanias üb. Röm. 13, 8—10.
54. E. Wort v. wahren Lebenszweck. Predigt z. 6. Sonntag nach Epiphanias üb. Matth. 16, 25.
55. D. himmlische Weltlauf. Predigt z. Sonntag Septuagesimä üb. 1. Kor. 9, 24—27; 10, 1—11.
56. Die Schule d. Demut. Predigt z. Sonntag Sexagesimä üb. 2. Kor. 11, 18—12, 10.

Sonntags-Freude. II. Jahrg. Epistelpredigten v. Frdr. Ahlfeld. 56 Nrn. gr. 8. Halle 897. R. Mühlmann's Verlag. à n. — 10

1. Die aus dem Herrn geborne Liebe ist die schönste Blume im Christenleben. Predigt z. Sonntag Estomihi üb. 1. Kor. 13, 1—13. (11 S.)
2. Wann ist Christus f. dich nicht umsonst gestorben? Predigt z. Sonntag Invocavit üb. 2. Kor. 6, 1—10. (11 S.)
3. Zwei Stücke aus dem rechten evang. Fasten. Predigt z. Sonntag Reminiscere üb. 1. Thessalonicher 4, 1—7. (12 S.)
4. Der Christ in d. Nachfolge s. Herrn. Predigt zum Sonntag Oculi üb. d. Epheserbrief Kap. 5, 1—9. (11 S.)
5. D. zwei Testamente Gottes. Predigt z. Sonntag Lätare üb. d. Galaterbrief Kap. 4, 21—31. (12 S.)
6. Jesus Christus ist d. rechte Hohepriester. Predigt z. Sonntag Judica üb. d. Hebräerbrief Kap. 9, 11—15. (12 S.)
7. Durch d. Tiefe in d. Höhe! Predigt z. Palmsonntag üb. d. Philipperbrief Kap. 2, 5—11. (12 S.)
8. D. Lamm Gottes, welches d. Welt Sünde trägt. Predigt z. Karfreitag üb. Jesaias, Kap. 53. (12 S.)
9. Wer feiert Ostern in Lauterkeit u. Wahrheit? Predigt zum 1. hl. Ostertag üb. 1. Korinther 5, 6—8. — Die Ostersonne geht auf üb. d. Heiden. Predigt zum 2. hl. Ostertag üb. d. Apostelgeschichte 10, 34—41. (20 S.)
10. Unser Glaube ist d. Sieg, der d. Welt überwindet. Predigt z. Sonntag Quasimodogeniti üb. 1. Johs. 5, 4—10. (12 S.)
11. Zeitlebens trägt d. Christ d. Herrn s. Kreuz nach. Predigt z. Sonntag Miseric. Dom. üb. 1. Petri 2, 21—25. (12 S.)
12. Welches ist d. beste Rechtfertigg. d. Christen gegen d. Anklage d. Welt. Predigt z. Sonntag Jubilate üb. 1. Petri 2, 11—20. (12 S.)
13. Opfere deinen Zorn auf d. Altare d. göttl. Barmherzigkeit. Predigt z. Sonntag Cantate üb. d. Epistel St. Jacobi, Kap. 2, 16—21. (11 S.)
14. Bete, daß dich d. hl. Geist hineinführe in d. rechte Gemeinschaft m. deinem Heilande. Predigt z. Sonntag Rogate üb. d. Epistel St. Jacobi, Kap. 1, 22—27. — Das Himmelfahrtsfest ist die lichte Höhe zwischen d. Geschichte d. Herrn u. d. Geschichte s. Kirche. Predigt z. Himmelfahrtsfeste üb. Apostelgeschichte 1, 1—11. (22 S.)
15. Wie rüstet sich e. gläubiger Christ auf Pfingsten? Predigt z. Sonntag Exaudi üb. 1. Petri 4, 8—11. (11 S.)
16. D. Wunderwege d. hl. Geistes. Predigt z. 1. hl. Pfingsttag üb. Apostelgeschichte 2, 1—13. (12 S.)
17. D. hl. Geist ist d. neue Lebensodem d. Gläubigen. Predigt z. 2. hl. Pfingsttag üb. Apostelgeschichte 19, 42—48. (12 S.)
18. Unser ganzes Heil ruhet in d. hl. Dreieinigkeit. Predigt z. Feste d. hl. Dreieinigkeit üb. 1. Römer 11, 33—36. (10 S.)
19. Bleibe in d. Liebe. Predigt z. 1. Sonntag nach Trinitatis üb. 1. Johannis 4, 16—21. (10 S.)
20. Selbstsucht u. Liebe. Predigt z. 2. Sonntag nach Trinitatis üb. 1. Johannis 3, 13—18. (10 S.)
21. D. rechte Arzenei, um d. Bitterkeit u. Gefahr d. Trübsal zu vertreiben. Predigt zum 3. Sonntag nach Trinitatis über 1. Petri 5, 6—11. (11 S.)
22. D. Sehnsucht d. Christen nach d. Vollendg. d. Heils. Predigt z. 4. Sonntag nach Trinitatis üb. Römer 8, 18—23. (11 S.)
23. Wie wird d. Gemeinde wirklich e. Gemeinde? Predigt zum 5. Sonntag nach Trinitatis üb. 1. Petri 3, 8—15. (11 S.)
24. Christi Weg, mein Weg. Predigt z. 6. Sonntag nach Trinitatis üb. Römer 6, 3—11. (11 S.)
25. Ringe m. allem Ernst darnach, daß du in d. Dienst d. rechten Herrn kommst. Predigt z. 7. Sonntag nach Trinitatis üb. Römer 6, 19—23. (11 S.)

26. Gottes Kinder treibet d. Geist Gottes. Predigt z. 8. Sonntag nach Trinitatis üb. Römer 8, 12—17. (10 S.)
27. D. Fall Israels in d. Wüste, e. mächt. Warng. f. d. pilgernde Christenvolk. Predigt zum 9. Sonntag nach Trinitatis üb. 1. Korinther 10, 6—13. (11 S.)
28. Der eine hl. Geist in den mancherlei Gaben schafft Frieden. Predigt z. 10. Sonntag nach Trinitatis üb. 1. Korinther 12, 1—11. (11 S.)
29. Von Gottes Gnade bin ich, das ich bin. Predigt z. 11. Sonntag nach Trinitatis üb. 1. Korinther 15, 1—10. (11 S.)
30. Gesetz u. Evangelium. Predigt z. 12. Sonntag nach Trinitatis üb. 2. Korinther 3, 4—11. (11 S.)
31. E. Erntekranz zur Ehre Gottes. Predigt zum 13. Sonntag nach Trinitatis üb. 5. Mose 8, 7—18. (11 S.)
32. Verschied. Bäume auf demselben Boden. Predigt z. 14. Sonntag nach Trinitatis üb. Galater 5, 16—24. (11 S.)
33. D. Demut ist d. erste Arzenei f. d. kranke christl. Gemeindeleben. Predigt z. 15. Sonntag nach Trinitatis üb. Galater 5, 25 u. 26 bis 6, 1—10. (11 S.)
34. Bist du stärker geworden an d. inwend. Menschen? Predigt z. 16. Sonntag nach Trinitatis üb. Epheser 3, 13—21. (11 S.)
35. Friede sei m. euch. Predigt z. 17. Sonntag nach Trinitatis üb. Epheser 4, 1—6. (11 S.)
36. Welches ist d. Kern alles Christengebetes? Predigt z. 18. Sonntag nach Trinitatis üb. 1. Korinther 1, 4—9. (11 S.)
37. D. tägliche Aus- u. Anziehen d. Christen. Predigt z. 19. Sonntag nach Trinitatis üb. Epheser 4, 22—26. (11 S.)
38. Schicket euch in d. Zeit, denn es ist böse Zeit. Predigt zum 20. Sonntag nach Trinitatis üb. Epheser 5, 15—21. (12 S.)
39. Paulus d. rechte Lehrmeister in d. hl. Kampfe d. Christen. Predigt z. 21. Sonntag nach Trinitatis üb. Epheser 6, 10—17. (11 S.)
40. D. brüderliche Liebe unt. d. Kreuze. Predigt z. 22. Sonntag nach Trinitatis üb. Philipper 1, 3—11. (12 S.)
41. D. Gottlosigkeit ist d. höchste Thorheit. Predigt z. Bußtag üb. Psalm 14, 1. (11 S.)
42. Irdisch od. himmlisch? Predigt z. 23. Sonntag nach Trinitatis üb. Philipper 3, 17—21. (12 S.)
43. Stehe auf vom Schlaf, denn d. Herr ist nahe. Predigt zum 1. Adventssonntag üb. Römer 13, 11—14. (11 S.)
44. Die eine Liebe Gottes schafft die eine Gemeinde. Predigt z. 2. Adventssonntag üb. Römer 15, 4—13. (11 S.)
45. D. Geistlichen sind Haushalter üb. Gottes Geheimnisse. Predigt z. 3. Adventssonntag üb. 1. Korinther 4, 1—5. (11 S.)
46. Die Seligkeit des Christen, der d. Herrn aufgenommen hat. Predigt z. 4. Adventssonntag üb. Philipper 4, 4—7. (10 S.)
47. Es ist erschienen d. heilsame Gnade Gottes allen Menschen. Predigt zum 1. hl. Christtag üb. Titum 2, 11—14. — Die Freundlichkeit Gottes in d. Geburt s. Sohnes ist d. schönste Christengeschenk. Predigt zum 2. hl. Christtag üb. Titum 3, 4—7. (21 S.)
48. Ueber Bethlehem geht d. beste Weg in d. neue Jahr. Predigt zu Neujahr üb. Galater 3, 23—29. (12 S.)
49. Wer m. Christo leidet, hat m. ihm auch Freude u. Wonne. Predigt zum Sonntag nach Neujahr üb. 1. Petri 4, 12—19. (11 S.)
50. Wie feiert d. gläubige Gemeinde d. Fest d. Erscheing. Jesu Christi? Predigt zum Epiphanienfest üb. Jesaias 60, 1—6. (12 S.)
51. Was sind Christen nach d. Seite ihres Wandels? Predigt z. 1. Sonntag nach Epiphanias üb. Römer 11, 1—6. (11 S.)
52. Einige Stücke aus d. v. Gnade u. Wahrheit durchleuchteten Christenleben. Predigt z. 2. Sonntag nach Epiphanias üb. Römer 12, 7—16. (12 S.)
53. Ein Lebensspiegel f. d. Umgang m. d. Brüdern. Predigt z. 3. Sonntag nach Epiphanias üb. Römer 12, 17—21. (12 S.)
54. D. zweite Blatt im Schuldbuche d. Christen. Predigt zum 4. Sonntag nach Epiphanias üb. Römer 13, 8—10. (11 S.)
55. Laufet also, daß ihr d. Kleinod ergreifet. Predigt z. Sonntag Septuagesimä üb. 1. Korinther 9, 24—10, 5. (12 S.)
56. Wenn ich mich rühmen will, will ich mich meiner Schwachheit rühmen. Predigt zum Sonntag Dom. Sexagesimä üb. 2. Korinther 11, 19—12, 9. (12 S.)

Sonntags-Freude. III. Jahrg. Evangelien-Predigten v. Geo. Hornburg. 29 Nrn. gr. 8. Halle 898. 99. R. Mühlmann's Verlag. à n. — 10

1. Sehet an Christi Passion! Predigt z. Sonntag Estomihi üb. Luk. 18, 31—43, u. Von d. Versuchungen d. Teufels. Predigt z. Sonntag Invocavit üb. Matth. 4, 1—11. (10 S.)
2. D. Glaubens Anfang, Kräftigg. u. Kraft. Predigt z. Sonntag Reminiscere üb. Matth. 15, 21—28, u. Von d. Macht d. Teufels. Predigt zum Sonntag Oculi üb. Luk. 10, 14—28. (10 S.)
3. Was will d. Speisg. Christi sein? Predigt z. Sonntag Lätare üb. Johs. 6, 1—15. (4 S.)
4. Einsegnung. Predigt z. Sonntag Palmarum üb. Joh. 17, 11. 12, u. Schauet an am Karfreitag heute Christum selber, d. Gekreuzigten! Predigt z Karfreitag üb. Mark. 15, 22—28. (8 S.)
5. Fürchtet euch nicht! Predigt z. 1. Osterfesttag üb. Mark. 16, 1—8, u. Christi Auferstehg. ist d. Bürgschaft f. Christi dreifache Erlösung. Predigt z. 2. Osterfesttag üb. Luk. 24, 13—35. (8 S.)
6. Friede sei m. Euch! Predigt z. Sonntag Quasimodogeniti üb. Joh. 20, 19—20, u. Christus d. gute Hirte. Predigt z. Sonntag Misericordias Domini üb. Joh. 10, 12—16. (8 S.)
7. Vom Nichtsehn u. vom Wiedersehn des Herrn im Leben der Gläubigen. Predigt z. Sonntag Jubilate üb. Joh. 16, 16—23, u. Das Wunderwerk des hl. Geistes an der ganzen Welt. Predigt z. Sonntag Cantate üb. Joh. 16, 5—10. (10 S.)
8. Herr, lehre uns beten! Predigt z. Sonntag Rogate üb. Joh. 16, 23—26, u. Christus, aufgefahren gen Himmel. Predigt z. Himmelfahrtsfeste üb. Mark. 16, 14—20. (10 S.)
9. D. Zeugnis d. hl. Geistes v. d. Wahrheit d. christl. Glaubens. Predigt z. Sonntag Exaudi üb. Johannes 15, 26—16, 4. — Von dem Wirken d. hl. Geistes an d. Herzen d. Menschen. Predigt zum 1. Pfingstfesttag üb. Joh. 14, 23—31. — Das Pfingstfest als d. Fest d. Wunderliebe d. dreiein. Gottes zu uns. Predigt z. 2. Pfingstfesttag üb. Joh. 3, 16—21. (15 S.)
10. Ueber d. christl. Heiligg. Predigt z. Trinitatisfeste üb. Joh. 3, 1—15, u. Vom Jenseit. Predigt z. 1. Sonntag nach Trinitatis üb. Luk. 16, 19—31. (10 S.)
11. Das große Abendmahl uns. Gottes. Predigt z. 2. Sonntag nach Trinitatis üb. Luk. 14, 16—24, u. Verloren, gesucht u. gefunden! Predigt z. 3. Sonntag nach Trinitatis üb. Luk. 15, 1—10. (8 S.)
12. Richtet nicht! Predigt zum 4. Sonntag nach Trinitatis üb. Luk. 6, 36—42, u. Fahre auf d. Höhe! Predigt z. 5. Sonntag nach Trinitatis üb. Luk. 5, 1—11. (8 S.)
13. Die Warng. Christi vor d. Pharisäer-Gerechtigkeit. Predigt zum 6. Sonntag nach Trinitatis üb. Matth. 5, 17—26, u. Christi prakt. Erklärg. d. 4. Bitte: „Unser täglich Brot gieb uns heute". Predigt zum 7. Sonntag nach Trinitatis üb. Mark. 8, 1—9. (8 S.)
14. D. Evangelium Christi ist d. sicherste Prüfstein f. alle neuen Lehren. Predigt z. 8. Sonntag nach Trinitatis üb. Matth. 7, 13—23, u. Vier Schwierigkeiten in uns. Gleichnis. Predigt z. 9. Sonntag nach Trinitatis üb. Luk. 16, 1—9. (10 S.)
15. Gottes Heimsuchgn. an s. Volke Israel. Predigt z. 10. Sonntag nach Trinitatis üb. Luk. 19, 41—48, u. D. Mensch sieht, was vor Augen ist, aber Gott sieht das Herz an. Predigt z. 11. Sonntag nach Trinitatis üb. Luk. 18, 9—14. (8 S.)
16. Von d. christl. Fürbitte. Predigt z. 12. Sonntag nach Trinitatis üb. Mark. 7, 31—37, u. Christus, d. barmherz. Samariter. Predigt z. 13. Sonntag nach Trinitatis üb. Luk. 10, 23—37. (10 S.)
17. Worin denn soll die Dankbarkeit des Christen gegen Jesum Christum, seinen Herrn, bestehen? Predigt z. 14. Sonntag nach Trinitatis üb. Luk. 17, 11—19, u. Von den zweifachen Sorgen d. Welt. Predigt zum 15. Sonntag nach Trinitatis üb. Matth. 6, 24—34. (10 S.)
18. Für was alles haben wir denn uns. Gott zu danken an d. diesjährigen Erntedankfest? Predigt zum Erntedankfest üb. Psalm 65, 1—12, u. Die Frage nach dem neutestamentlichen, nach d. christlichen Gottesdienst. Predigt zum 17. Sonntag nach Trinitatis üb. Luk. 14, 1—11. (8 S.)
19. Wie kommen wir zum ewigen Leben? Durch das Gesetz od. durch d. Glauben an d. Herrn Jesum Christum? Predigt z. 18. Sonntag nach Trinitatis üb. Matth. 22, 23—46, u. Welches ist d. besond. Zweck v. Christi Heilungswundern? Predigt z. 19. Sonntag nach Trinitatis üb. Matth. 9, 1—8. (10 S.)
20. Was alles verdankt d. Reformation s. Freiheit? Predigt z. Reformationsfest üb. Joh. 8, 31. 32 u. Die Zeugnisse des Glaubens f. d. Wirklichkeit d. Wunder Christi. Predigt zum 21. Sonntag nach Trinitatis üb. Joh. 4, 47—54. (8 S.)
21. Vergieb! Predigt z. 22. Sonntag nach Trinitatis üb. Matth. 18, 21—35 u. Sehet zu u. thuet rechtschaffene Frucht d. Buße. Predigt z. Bußtag üb. Matth. 3, 8. 10. (10 S.)
22. Von d. ewigen Seligkeit. Predigt z. Totenfest üb. Offenbarg. Joh. 14, 13. (4 S.)
23. Zion, dein König kommt! Predigt z. 1. Adventssonntage üb. Matth. 21, 1—9 u. Vom Weltgerichte. Predigt z. 2. Adventssonntage üb. Luk. 21, 25—36. (10 S.)
24. Das Thal laßt sein erhöhet. Predigt z. 3. Adventssonntage üb. Matth. 11, 2—10 u. Macht niedrig, was hoch stehet! Predigt z. 4. Adventssonntage üb. Joh. 1, 19—28. (10 S.)
25. Jesus Christus, d. Weihnachtskind. Predigt z. 1. Weihnachtsfesttag üb. Luk. 2, 1—12 u. Jesus Christus, d. Weihnachtslicht. Predigt zum 2. Weihnachtsfesttag üb. Luk. 2, 8—14. (8 S.)
26. D. rechte Glaube ist d. herzl. Ergreifen d. Person d. Heilandes in d. Kraft d. heil. Geistes. Predigt z. Sonntag nach Weihnachten üb. Luk. 2, 25—34 u. d. Gnade uns. Herrn Jesu Christi sei u. bleibe m. euch allen! Amen. Predigt z. Neujahrstage üb. Luk. 2, 21. (8 S.)
27. Vom Kirchengehen. Predigt z. 1. Sonntag nach Epiphanias üb. Luk. 2, 41—50 u. D. Heiland verwandelt auch jetzt noch manches Wasser uns z. Heil. Predigt z. 2. Sonntag nach Epiphanias üb. Joh. 2, 1—11. (10 S.)
28. Christus uns. Arzt. Predigt z. 3. Sonntag nach Epiphanias üb. Matth. 8, 1—13 u. Uns. Geschichte v. Schifflein Christi ist e. prophet. Bild v. d. Geschichte d. christl. Kirche. Predigt z. 4. Sonntag nach Epiphanias üb. Matth. 8, 23—27. (10 S.)
29. Von d. verheißungsvollen Mitarbeit aller Gläubigen in Christi Weinberg. Predigt zum Sonntag Septuagesimä üb. Matth. 20, 1—16 u. Von d. 4 Arten d. Hörer d. Gotteswortes. Predigt z. Sonntag Sexagesimä üb. Luk. 8, 4—15. (III, 10 S.)

—— für die christliche Jugend. Hrsg. von J. A. Pflanz. 3—5. Jahrg. 1859—61. à Jahrg. 52 Nrn. (½ Bog.) Mit Beilagen. gr. 8. Ravensburg, Dorn'sche Buchh. à Jahrg. *

Sonntagsfreude für die christliche Jugend. Hrsg. von J. A. Pflanz. (6.) Jahrg. 1862. 52 Nrn. (½ Bog.) Mit Beilagen. gr. 8. Ravensburg, Dorn'sche Buchh. *

—— Hrsg. von J. A. Pflanz. (7.—10.) Jahrg. 1863—66. à Jahrg. 52 Nrn. (Bog. mit eingedr. Holzschn.) gr. 4. Freiburg im Br., Herder'sche Verlagsh. à Jahrg. *
Ausg. in Monatsheften à Jahrg. *
geb. à Jahrg. *

—— für die deutsche Jugend. Hrsg. von J. A. Pflanz. Jahrg. 1872. 52 Nrn. (à ½ Bog.) gr. 8. München, Stahl. *
In 12 Heften (à 2 Bog.) *

—— dass. — Jahrg. 1873. 52 Nrn. (à ½ Bog.) gr. 8. Ebendas. *
In 12 Heften (2 Bog.) à Heft *

—— dass. — Hrsg. unter Mitwirkung hervorragender kathol. Schriftsteller. Jahrg. 1874. 52 Nrn. (à ½ Bog.) gr. 8. Ebendas. *
In 12 Heften (2 Bog.) à Heft

Sonntagsfreude für die deutsche Jugend. Hrsg. unter Mitwirkung hervorragender kathol. Schriftsteller. Jahrg. 1875. 52 Nrn. (à ½ Bog.) gr. 8. München, Stahl.
In 12 Heften à Heft 35 Pf.
Nicht weiter erschienen.

Sonntagsfreude für die katholische Jugend. Hrsg. von J. A. Pflanz. 1. Jahrg. 1857. 26 Nrn. (½ Bog.) (Juli bis Decbr.) Mit Beilagen. gr. 8. Spaichingen, Kupferschmid. (Leipzig, Kößling'sche Buchh.) * —

—— dass. — Hrsg. von Demselben. 2. Jahrg. 1858. 52 Nrn. (½ Bog.) Mit Beilagen. gr. 8. Ebendas. *
Die Fortsetzung erschien unter dem Titel:
Sonntagsfreude für die christliche Jugend.

Sonntagsfreude für die katholische Jugend. Herausg. von J. A. Pflanz. 3—6. Jahrg. 1859—62. à 52 Nrn. (à ½ Bgn.) Ravensburg, Dorn. gr. 8. Jeder Jahrg. n. 24 ngr.

— — 7. u. 8. Jahrg. 1863 u. 64. à 52 Nrn. (à 1 Bgn. m. Holzschn.) Freiburg im Br., Herder. 4. Jeder Jahrg. n. 1 ₰;
Ausg. in Monatsheften n. 1 ₰ 6 ngr.

— des Kindes, an den Evangelien des Kirchenjahres. Halle 863. Fricke. 8. (VII, 151 S.) 15 ngr.

Sonntagsfreuden des Landmanns. Kiel 1791. V: *Reventlow, Friederike Juliane Gräfin von geb. Gräfin von Schimmelmann.* (Ky) (MGT) (GGr) (Kordes, Schlesw.-holst. u. eutin. Schriftst. Schleswig 1797.)

Sonntagsfreund, der. Ein Erbauungsblatt für evangel.-luther. Christen, hrsg. unter Mitwirkung christl. Freunde von dem zechauer Pastoral-Verein. Redig. von Runkwitz. 1. Jahrg. 1861. April bis Dezbr. 39 Nrn. (½ Bog.) gr. 8. Altenburg, (Bonde.) Vierteljährlich *

Sonntagsfreund, der. Ein Erbauungsblatt für evangelisch-luther. Christen, hrsg. unter Mitwirkung christl. Freunde von dem Zechauer Pastoral-Verein. Redact.: Runkwitz. 2.—4. Jahrg. 1862—64. à Jahrg. 52 Nrn. (½ Bog.) gr. 8. Altenburg, (Bonde.) à Jahrg. *
Vgl.: Sonntagsbote.

Sonntagsfreund, der. Zur Förderg. der Berliner Stadtmission. Hrsg. v. Stöcker. 1. u. 2. Jahrg. 1885 u. 1886. à 52 Nrn. (B.) gr. 4. Berlin, Buchh. der Berliner Stadtmission. à Jahrg. n. 1. 60

Sonntagsfreund, der. Hrsg. zur Förderg. der Berliner Stadtmission v. Stöcker. 3. Jahrg. 1887. 52 Nrn. (B.) gr. 4. Berlin, Buchhandlg. der Berliner Stadtmission. n. 1. 60; m. Kirchenzettel n. 2. 20

— dasselbe. Red.: Griesemann. 4. Jahrg. 1888. 52 Nrn. (B.) gr. 4. Ebd. n. 1. 60; m. Kirchenzettel n. 2. 20

— dasselbe. Hrsg. v. Krückeberg. Red.: E. Evers. 5. Jahrg. 1889. 52 Nrn. (B.) gr. 4. Ebd. n. 1. 60; m. Kirchenzettel n. 2. 20

— dasselbe. Hrsg. v. E. Evers. 6. Jahrg. 1890. 52 Nrn. (B.) gr. 4. Ebd. n. 1. 60; m. Kirchenzettel n. 2. 20

Sonntagsfreund, der. Hrsg. zur Förderung der Berliner Stadtmission v. Ernst Evers. 7.—10. Jahrg. 1891—1894. à 52 Nrn. (Bog. m. Abbildgn.) gr. 4. Berlin, Buchh. der Berliner Stadtmission. à Jahrg. n. 1. 60

Sonntagsfreund, der. Hrsg. zur Förderg. d. Berliner Stadtmission v. Ernst Evers. 11.—14. Jahrg. 1895—1898. à 52 Nrn. (Bog. m. Abb.) gr. 4. Berlin, Buchh. der Berliner Stadtmission. à Jahrg. n. 1. 60
Kann auch vierteljährlich bezogen werden.

Sonntagsfreund, der. Hrsg. zur Förderung der Berliner Stadtmission v. Ernst Evers. 15.—18. Jahrg. 1899—1902. à 52 Nrn. gr. 4. (à ca. 8 S. m. Abbildgn.) Berlin, Vaterländ. Verlags- u. Kunstanstalt. à Jahrg. n. 1. 60

Sonntagsfreund, der. Hrsg. zur Förderung der Berliner Stadtmission u. red. von Ernst Evers u. seit 1904 von Curt Nicklas. 19.—22. Jahrg. 1903—1906. à 52 Nrn. (à ca. 8 S. m. Abbildgn.) gr. 4. Berlin, Vaterländ. Verlags- u. Kunstanstalt. Jahrg. 1903—05 à n. 1. 60; 1906 n.n. 2. —

Sonntagsfreund, der. Hrsg. v. der Berliner Stadtmission. Red.: Ernst Bunke. 23.—26. Jahrg. 1907—1910. à 52 Nrn. (à ca. 12 S. m. Abbildgn.) Lex. 8. Berlin, Vaterländ. Verlags- u. Kunstanstalt. à Jahrg. nn 2. —

— der, f. die Prov. Brandenburg. Hrsg. von Ernst Evers u. Schlegelmilch. Red.: Evers. 6. u. 7. Jahrg. 1901 u. 1902. à 52 Nrn. gr. 4. (à ca. 8 S. m. Abbildgn.) Ebd. à Jahrg. n. 1. 60

— der, für die Prov. Brandenburg. Hrsg. in Verbindung m. mehreren Amtsbrüdern u. red. v. E. Evers u. seit 1904 von Curt Nicklas. 8.—11. Jahrg. 1903 bis 1906. à 52 Nrn. (à ca. 8 S. m. Abbildgn.) gr. 4. Ebd. Jhrg. 1903—1905 à n. 1. 60; 1906 n.n. 2. —

— der, f. die Prov. Brandenburg. Hrsg. in Verbindg. m. mehreren Pastoren von der Berliner Stadtmission. Red.: Ernst Bunke. 12.—15. Jahrg. 1907—1910. à 52 Nrn. (à ca. 8 S. m. Abbildgn.) Lex. 8. Ebd.
à Jahrg. nn 2. —

Sonntagsfreund, der deutsche. Ein Wochenblatt zur Förderung der Sonntagsfeier und des Sonntagssegens. Organ der deutschen Gesellschaft der Sonntags- und Arbeiterfreunde, des Schutz- und Trutzvereins und der Hilfsvereine der Berliner Stadtmission. Hrsg. von ihrem Schriftführer W. Quistorp. 1. Jahrg. 1877. 52 Nrn. (à ½ Bog.) gr. 4. Pasewalk, (Schnurr.) *
Bildet die Fortsetzung von: Wacht, die deutsche.
Nicht weiter erschienen.

Sonntags- und Arbeiterfreund, deutscher. Ein Monatsblatt zur Förderung der deutschen und internationalen Bestrebungen für Sonntagsruhe und Sonntagsheiligung, sowie des christl. Herbergswesens und der Jünglingsvereinssache. Redact.: Quistorp. 1. und 2. Jahrg. 1881 und 1882. à Jahrg. 12 Nrn. (à Nr. ½ Bog.) gr. 8. Ducherow. (Berlin, Deutsche evangelische Buch- und Tractat-Gesellschaft.)
à Jahrg. * 1 20

— Magdeburger. Illustr. Volksblatt f. d. Prov. Sachsen. Hrsg. zur Förderg. d. Stadtmission v. Steinwachs, Riemschneider u. Evers. Red.: E. Evers. 3.—6. Jahrg. 1895—1898. à 52 Nrn. (Bog.) gr. 4. Ebd.
à Jahrg. n. 1. 60
Kann auch vierteljährlich bezogen werden.

— Magdeburger. Illustr. Volksblatt für die Prov. Sachsen. Hrsg. zur Förderg. der Stadtmission v. Karig in Verbindg. m. Evers. Red.: E. Evers. 7. u. 8. Jahrg. 1899 u. 1900. à 52 Nrn. gr. 4. (à ca. 8 S.) Ebd.
à Jahrg. n. 1. 60
Fortsetzung, s.: Sonntagsfreund f. die Prov. Sachsen.

— der ostpreußische. Hrsg. v. Braun u. Ernst Evers. 3.—6. Jahrg. 1891—1894. à 52 Nrn. (Bog.) gr. 4. Ebd. à Jahrg. n. 1. 60

— der ostpreußische. Hrsg. v. Braun u. Ernst Evers. 7.—10. Jahrg. 1895—1898. à 52 Nrn. (Bog. m. Abb.) gr. 4. Ebd. à Jahrg. 1. 60
Kann auch vierteljährlich bezogen werden.

— der ostpreußische. Hrsg. v. Braun u. Ernst Evers. Red.: E. Evers. 11.—14. Jahrg. 1899—1902. à 52 Nrn. gr. 4. (à ca. 8 S. m. Abbildgn.) Ebd. à Jahrg. n. 1. 60

— der ostpreußische. Hrsg. v. Braun u. Curt Nicklas. Red.: Curt Nicklas. 15.—18. Jahrg. 1903—1906. à 52 Nrn. (à ca. 8 S. m. Abbildgn.) gr. 4. Ebd.
Jhrg. 1903-1905 à n. 1. 60; 1906 n.n. 2. —

— der ostpreußische. Hrsg. v. Braun u. der Berliner Stadtmission. Red.: Ernst Bunke. 19.—22. Jahrg. 1907—1910. à 52 Nrn. (à ca. 8 S. m. Abbildgn.) Lex. 8. Ebd. à Jahrg. nn 2. —

— für die Prov. Sachsen. Hrsg. u. red. in Verbindg. m. mehreren Amtsbrüdern v. Ernst Evers. 9. u. 10. Jahrg. 1901 u. 1902. à 52 Nrn. gr. 4. (à ca. 8 S. m. Abbildgn.) Ebd. à Jahrg. n. 1. 60
Vergl.: Sonntagsfreund, Magdeburger.

— f. die Prov. Sachsen. Hrsg. u. red. in Verbindg. m. mehreren Amtsbrüdern von E. Evers u. seit 1904 von Curt Nicklas. 11.—14. Jahrg. 1903—1906. à 52 Nrn. (à ca. 8 S. m. Abbildgn.) gr. 4. Ebd.
Jhrg. 1903—1905 à n. 1. 60; 1906 n.n. 2. —

— für die Prov. Sachsen. Hrsg. in Verbindg. m. mehreren Pastoren v. der Berliner Stadtmission. Red.: Ernst Bunke. 15.—18. Jahrg. 1907—1910. à 52 Nrn. (à ca. 8 S. m. Abb.) Lex. 8. Ebd. à Jahrg. nn 2. —

Schweizer Sonntagsfreund
v. Christlicher Volksbote aus Basel.

Sonntagsfreund, schweizer. Hrsg. von Freunden d. Sonntags. 4. Jahrg. 1886. (6 Nrn.) In-8. Basel, C. F. Spittler. Jährlich — 50

— schweizer. Hrsg. v. Freunden des Sonntags. Red.: G. Peyer. Jahrg. 1887—1890. à 6 Nrn. (1/2 B.) gr. 8. Basel, (Spittler). à Jahrg. — 60

— schweizer. Hrsg. v. Freunden d. Sonntags. Red.: Gust. Peyer. Jahrg. 1891. 1892. à 6 Nrn. (1/2 Bog.) gr. 8. Basel, (Jaeger & Kober). à Jahrg. — 60

— dasselbe. Red.: Ed. Thurneysen. Jahrg. 1893. 1894. à 6 Nrn. (1/2 Bog.) gr. 8. Ebd. à Jahrg. — 60

Sonntagsfreund, Schweizer. Hrsg. von Freunden des Sonntags. Jahrg. 1891. (6 N°). Red. von *G. Peyer.* N° 49. Gr. in-8°. 8 S. Basel, C. F. Spittler. Jährlich — 75

Sonntagsfreund, Schweizer. Hrsg. von Freunden des Sonntags. Jahrg. 1892. (6 N°, N° 55—60). Red. von *G. Peyer.* N° 55. Gr. in-8°. 8 S. (S. 455—462). Basel, C. F. Spittler. Jährlich — 75

— schweizer. Hrsg. v. Freunden d. Sonntags. Red.: Ed. Thurneysen. Jahrg. 1895—1898. à 6 Nrn. (à ca. 8 S.) gr. 8. Basel (Kober). à Jahrg. — 60

Sonntagsfreund, Schweizer. Herausgegeben von Freunden des Sonntags. Jahrg. 1895. In-8°. Zürich, Zürcher & Furrer.

— schweizer. Hrsg. v. Freunden des Sonntags. Red.: Karl Stockmeyer. Jahrg. 1899—1902. à 6 Nrn. gr. 8. (à ca. 8 S.) Basel (Kober). à Jahrg. — 60

— schweizer. Hrsg. v. Freunden des Sonntags. Red.: Karl Stockmeyer. Jahrg. 1903—1906. à 6 Nrn. (à Jhrg. 48 S.) gr. 8. Basel (Kober). à Jhrg. — 60

— schweizer. Hrsg. v. Freunden des Sonntags. Red.: Karl Stockmeyer. Jahrg. 1907—1910. à 6 Nrn. (à ca. 8 S.) 8. Basel, (Kober). à Jahrg. — 60

— der westpreußische. Hrsg. in Verbindg. m. mehreren Amtsbrüdern u. red. v. Curt Nicklas. 22. Jahrg. 1906. 52 Nrn. (à ca. 8 S. m. Abbildgn.) gr. 4. Berlin, Vaterländ. Verlags- u. Kunstanstalt. n.n. 2. —

— der westpreußische. Hrsg. in Verbindg. m. mehreren Pastoren in Westpreußen v. der Berliner Stadtmission. Red.: Ernst Bunke. 23.—26. Jahrg. 1907—1910. à 52 Nrn. (à ca. 8 S. m. Abbildgn.) Lex. 8. Berlin, Vaterländ. Verlags- u. Kunstanstalt. à Jahrg. nn 2. —

Sonntagsgast, der, (religiöse Zeitschr. Redig. v. e. Verein u. hrsg. v. Karl Dielitz.) 1—3. Jahrg. 1833—35. à 52 Nrn. (1/2 B.) 8. Berlin, Fröhlich u. Comp. à J.

Sonntagsgast, der, (religiöse Zeitschrift. Redigirt v. e. Verein und herausg. von Karl Dielitz.) 1r—9r Jahrg. 1833—1841. à 52 Numm. 8. Berlin, Thome. à J. 1 ℛ — 1r Jahrg 1833. 2e Aufl. 8. Ebd. 840. n. 1 ℛ

Sonntagsgast, der, (eine religiöse Zeitschr. Redig. v. ein. Verein. Hrsgeb. Karl Dielitz.) 1. Jahrg. 1833. 2. Aufl. (840.), 4—10. J. 1836—48. à 52 Nrn. (1/2 Bog.) 8. Berlin, (Thome.) à J. *

Sonntagsgast, der. (Hrsgr.: Karl Dielitz.) 11—15. Jahrg. 1843—47. à 52 Nrn. (1/2 Bog.) 8. Berlin, (Thome, auch J. A. Wohlgemuth, Berl.) à J. *

Sonntagsgast, der. Ein Wochenblatt für häusl. Erbauung. Mit fortlaufenden Betrachtungen über die Sonn- und Festtags-Evangelien. Hrsg. von Pribil. 16—20. Jahrg. 1848—52. à Jahrg. 52 Nrn. (1/2 Bog.) 8. Berlin, (Thome.) à Jahrg. *

Sonntagsgast, der. Ein Wochenblatt fü. häusl. Erbauung. Mit fortlaufenden Betrachtungen über die Sonn- und Festtags-Episteln. Redakt.: Pribil. 21—23. Jahrg. 1853—55. à Jahrg. 52 Nrn. (1/2 Bog.) 8. Berlin, (Thome.) à Jahrg. * 1 —

Sonntagsgast, der. Ein Wochenblatt für häusl. Erbauung. Mit fortlaufenden Betrachtungen über die Sonn- und Festtags-Episteln. 25—29. Jahrg. 1857—61. à Jahrg. 52 Nrn. (1/2 Bog.) 8. Berlin, (Beck.) à Jahrg. *
Der 25. und 26. Jahrg. wurde von Pribil, der 27. von Theis, der 28. und 29. von Kerkow redigirt.
24. Jahrg. 57 Nrn. (1/2 Bog.) (Ebendas.) * 1 Thlr.

— — 25. u. 26. Jahrg. 1857 u. 58. à 52 Nrn. (à 1/2 Bgn.) Berlin, Evangelische Buchhdlg. 8. Jeder Jahrg. n. 1 ℛ.

Sonntagsgast, der. Redact.: Kerkow. 30.—35. Jahrg. 1862—67. à Jahrg. 52 Nrn. (1/2 Bog.) 8. Berlin, (Beck. — W. Schultze.) à Jahrg. *

Sonntagsgast, der. Redact.: Kerkow. 36. und 37. Jahrg. 1868 und 1869. à Jahrg. 52 Nrn. (à ½ Bog.) 8. Berlin, (Beck. — W. Schultze.) à Jahrg. * 3 —

—— der. Eine Kirchenzeitung für die Gemeinde. Redact.: W. Ziethe. 38. und 39. Jahrg. 1870 und 1871. à Jahrg. 52 Nrn. (à ½ Bog.) gr. 8. Berlin, (Matthies.) à Jahrg. * 3 —

—— dass. — 40. Jahrg. 1872. Nr. 1—13. (à ½ Bog.) gr. 8. (Ebendas.) *

Der Sonntags-Gast : Jahrgang 1–5, June 5, 1870– May 24, 1875.
Weekly. Sub-title: Belletristisches Wochenblatt. Merged with DAS CALIFORNIA JOURNAL, which continued volume numbering of DER SONNTAGS-GAST. "Beilage" issued with each number.
San Francisco, CA

Der Sonntagsgast : 1871. Bloomington, IL
Literary supplement to MCLEAN COUNTY DEUTSCHE PRESSE.

Der Sonntagsgast : 1871 –?
Monthly. Established by P. Wenner.
New York, NY

Der Sonntagsgast : 1872? –1936?
Monthly. Organ of Independent Congregation, United Lutheran Church. Dated also at New York, 1872–86. Large quarto, each issue 16 pages. Circulation: 1890, 4000; 1910, 1250; 1920, 900. Edited & published by George Unangst Werner, 1885–1936.
Reading, PA

Sonntagsgast : 1880?–1890?
Weekly. Merged with ZUSCHAUER IN DER NEUEN HEIMATH. Circulation: 1885, 2208; 1890, 2950. Edited & published by Frank Weiss, 1880–86; edited by Frank Weiss, & published by Herald Printing & Publishing Co., 1887–89, edited by Frank Weiss, & published by Hugo Held & Co., 1890.
Erie, PA

Der Sonntagsgast : 1882?–1885? Jersey City, NJ
Literary supplement of NEW JERSEY FREIE PRESSE.

Der Sonntagsgast : 1883?–1892?
Weekly. Edited & published by Leopold Hascher, 1883–91; by Otto Stutzbach, 1892.
Paterson, NJ

Der Sonntagsgast : 1885?–1897? Albany, NY
Sunday edition of ALBANY FREIE BLAETTER.

Der Sonntagsgast : 1885? Appleton, WI
Literary supplement to WECKER UND BEOBACHTER AM WINNEBAGO.

Der Sonntagsgast : 1886–? Marshalltown, IA
Beilage zum MARSHALLTOWN BEOBACHTER.

Der Sonntagsgast : Dec. 1889–Apr. 1891.
Supplement to SPRINGFIELDER ANZEIGER. Small folio, each issue 4 pages.
Springfield MN

Der Sonntagsgast : 1890?–1914? Toledo, OH
Democratic weekly. Edited & published by William H. Triebald.

Der Sonntagsgast : 1893–1914? Mobile, AL
Sunday supplement to Mobile Alabama Staatszeitung. Literary.

Sonntags-Gast : July 3, 1897–Dec. 31, 1910. Freeport, IL
Sunday edition of DEUTSCHER ANZEIGER. Also: Sonntagsblatt, Sonntagspost.

Der Sonntagsgast : Sept. 1900–July 26, 1918
Supplement to WISCONSIN FUNKEN, with which it is numbered. Sub-title: Unterhaltungsblatt Beilage des Wisconsin Thalbote.
Merrill, WI

Sonntags-Gedanken. Auch e. Jahrgang Predigten. (Von Meerwein. Hrsg. v. W. Hesselbacher.) (248 S.) schmal gr. 8. Karlsruhe (904). J. J. Reiff. Kart. n. 1. 50
Sonderabdruck aus: „Bad. Wochen-Zeitg., Sonntags- u. Unterhaltungs-Beilage".

Sonntags-Gedanken. Auch e. Jahrg. Predigten. (Von Meerwein.) II.—IV. (Schluß-)Reihe. (IV, 315; VI, 292 u. IV, 284 S.) 22,5×10 cm. Karlsruhe 907. 09. J. J. Reiff. Kart. à 1. 50
Sonderabdrucke aus: „Bad. Wochen-Zeitg., Sonntags- u. Unterhaltgs.-Beilage".

S. B. v. W. Kurtze und einfältige Sonn- und Fest-Tags-Gedancken etc. (*in Versen*). Stettin. o. J. (circ. 1700.)

Sonntags-Germania : 1892?–1894? Evansville, IL
Sunday edition of GERMANIA.

Sonntagsgesetze, Die. Ein Zeichen der Zeit. Basel [1905]. V: *Segesser, Friedrich.* (BBullschw 5, 1905)

Sonntagsgesetze, Die, in der Schweiz. Basel [1905]. V: *Segesser, Friedrich.* (BBullschw)

Hamburgischer E l t e r n und Kinder häusliches Sonn- und Fest-**tags-Gesprächs-Blatt** oder Hamburger evangelisch-catechetischer Haus-Jahrgang. Bl. 1–3. Hamburg: Sülau 1754. 8°
Hrsg.: Joh. Friedr. Clausenius.

Sonntags-Gewerbeblatt, Nürnberger. Herausg. von Klingenfeld. Jahrg. 1862. 12 Nrn. (à 2 Bgn.) Nürnberg, W. Schmid. gr. 8. n. 1 ℛ 18 ngr.

Sonntags-Glocke : 1880–1923?
Sunday edition of DIE SONNE. Has supplement titled: BEILAGE ZUR SONNTAGS-GLOCKE. Circulation: 1880, 1200 (est.); 1890, 5000; 1900, 3500; 1910, 3500.
Peoria, IL

Sonntags-Glocken
v. Fürstenländer, Volks-Zeitung.

Sonntagsglocken. Illustr. kathol. Wochenschrift zur Erbaug., Belehrg. u. Unterhaltg. Hrsg.: Rich. Langer. Red.: J. Korzeniewski. 1. u. 2. Jahrg. Oktbr. 1904—Septbr. 1906. à 52 Nrn. (à ca. 16 S.) Lex.-8. Berlin (N. 58, Pappel-Allee 36/37), R. Langer. à Jhrg. 5. 20

Sonntagsglocken. Kath. Wochenschrift z. Erbauung, Belehrung u. Unterhaltung. Hrsg.: Kuratus R(ich.) Langer, Berlin. [Jg. 1.] Berlin 1904: H. Walter. 4° [F.] [05. 14450]

Sonntagsglocken. Eine Mitgabe f. unsere Konfirmierten. (135 S.) 8. Wismar 907. H. Bartholdi. —70; geb. 1. —

Sonntagsglocken. Illustrierte kathol. Wochenschrift zur Erbaug., Belehrg. u. Unterhaltg. Hrsg.: Rich. Langer. Red.: J. Korzeniewski. 5. u. 6. Jahrg. Oktbr. 1908—Septbr. 1910. à 52 Nrn. (5. Jahrg.: 1220 S.) Lex. 8. Berlin, Verlag der Sonntagsglocken. à Jahrg. 5. 20

Sonntagsgruß. Im Verein mit christlichen Freunden zum Besten der Innern Mission red. u. hrsg. von Frl. C. v. Scheliha. Jahrg. 1879/80. 52 Nrn. (¼ B.) gr. 8. Breslau, Dülfer in Comm. n. 1. 20

Sonntagsgruß. Im Verein mit christl. Freunden zum Besten der Innern Mission. Jahrg. 1881—1884. à Jahrg. 52 Nrn. (à Nr. ¼ Bog.) gr. 8. Liegnitz, Expedition. à Jahrg. *

Sonntagsgruss. Evangelisches Sonntagsblatt für Frankfurt a. M. und Umgegend. Frankfurt a. M. 1892—1894. H: *Kayser, C.* & *Fr. Naumann.* (StBFrankf I, 1)

Sonntagsgruß. Hrsgbr.: C. Kayser u. Fr. Naumann. 2. Jahrg. 1892. 52 Nrn. (Bog. m. Bildern.) gr. 4. Frankf. a. M., Evangel. Buchh. * 2 —
Der erste Jahrg. erschien im Selbstverlage v. C. Kayser.

Sonntagsgruß. Hrsg.: Regehly. 19. Jahrg. 3. u. 4. Quartal. April—Septbr. 1898. 26 Nrn. (à ca. 4 S. m. Abb.) gr. 8. Berlin, G. Hempel. n.n.n. — 60

— dasselbe. 20. Jahrg. Oktbr. 1898—Septbr. 1899. 52 Nrn. (à ca. 4 S. m. Abb.) gr. 8. Ebd. n.n.n. 1. 20
Kann auch vierteljährlich bezogen werden.

Sonntagsgruß. Schriftleiter i. V.: L. Burmeister. 21. u. 22. Jahrg. Oktbr. 1899—Septbr. 1901. à 52 Nrn. gr. 8. (à ca. 4 S. m. Abb.) Berlin, G. Hempel. à Jahrg. n. 1.60

Sonntagsgruss. Zeitschrift f. die ehemal. Zöglinge der Prem'schen Prov.-Blinden-Anstalt zu Bromberg. Hrsg. v. Wittig. 4. Jahrg. 1906. 12 Nrn. (120 Bl. in Blindenschrift.) Lex.-8. Bromberg (Mittler). n. 8.—

Sonntagsgruss. Zeitschrift f. die ehemal. Zöglinge der Posen'schen Prov.-Blindenanstalt zu Bromberg. Hrsg. v. der Prov.-Blindenanstalt zu Bromberg. 6.—8. Jahrg. 1907—1909. à 12 Nrn. (à ca. 20 Bl. in Blindenschrift.) Lex. 8. Bromberg, (Mittler). à Jahrg. 8.—

Sonntagsgruß für Alle. Emmishofen: Evangelische Buchhandlung 1896–? 8⁰

— f. Gesunde u. Kranke. (Pfennigpredigten.) II. Serie. 52 Nrn. (à ca. 4 S.) gr. 8. Heidelberg 898. Ev. Verlag. 4.—
Kann auch vierteljährlich bezogen werden.

— **f. Gesunde u. Kranke.** (Pfennigpredigten.) (4. u. 5. Jahrg.) 1899 u. 1900. à 52 Nrn. gr. 8. (à ca. 4 S.) Heidelberg, Ev. Verlag. à Jahrg. 4.—

— **dasselbe.** (6. u. 7. Jahrg.) 1901 u. 1902. à 52 Nrn. gr. 8. (à ca. 4 S.) Ebd. à Jahrg. n.n. 2.60

— f. Gesunde u. Kranke. (Pfennigpredigten.) (8.—11. Jhrg.) Unter Mitwirkg. v. Baumgarten u. Kind hrsg. Schriftleitung: K. Däublin. Jahrg. 1902/03 – 1905/06. à 52 Nrn. (à 4 S.) gr. 8. Heidelberg, Ev. Verl. à Jhrg. n.n 2.60

— f. Gesunde u. Kranke. (Pfennigpredigten.) Unter Mitwirkg. v. Baumgarten u. Kind hrsg. Schriftleitung: K. Däublin. (12.—15. Jahrg.) Jahrg. 1906/07—1909/10. à 52 Nrn. (à Jahrg. IV, 216 S.) gr. 8. Heidelberg, Ev. Verlag. à Jahrg. nn 2.60

— dasselbe. Gesammelte Pfennigpredigten. Kirchenj. 1907—08. 2. Evangelien-Reihe, meist aus den sogen. Eisenacher Perikopen. (IV, 216 S.) gr. 8. Ebd. 908. Geb. in Leinw. 1.50

— dasselbe. Kirchenj. 1908/09. 2. Epistel-Reihe, meist aus den sogen. Eisenacher Perikopen. (IV, 216 S.) gr. 8. Ebd. 909. Geb. in Leinw. 1.50

— f. Große u. Kleine. E. elsaß-lothring. evang. Familienblatt. Red. v. U. Lörcher. Hrsg.: C. F. Hoffet. 4. Jahrg. 1898. 52 Nrn. (Bog. m. Abb.) 4. Straßburg (Buchh. d. evang. Gesellschaft). n. 3.—

— **für Große u. Kleine.** Ein elsaß-lothring. evangel. Familienblatt. Red. v. U. Lörcher. Hrsg.: C. F. Hoffet. 5. Jahrg. 1899. 52 Nrn. 4. (à ca. 4 S.) Straßburg, Verl. d. Straßburg. Zeitg. n. 3.—

Sonntagsgruß Himmelan. Konstanz: Hirsch 1896 ff. 8⁰
Hrsg.: Carl Hirsch.

— an die Kinder. Red. v. Erziehungsverein in Elberfeld. 7.—9. Jahrg. 1896—1898. à 52 Nrn. (à ca. 4 S.) gr. 8. Elberfeld, Buchh. d. Erziehungs-Vereins. à Jahrg. n.n. —50

— **an die Kinder.** Red.: Erziehungsverein. 10.—13. Jahrg. 1899—1902. à 52 Nrn. gr. 8. (à 4 S.) Elberfeld, Buchh. des Erziehungs-Vereins. à Jahrg. n. —50

— an die Kinder. Red.: Erziehungs-Verein in Elberfeld. 14.—17. Jahrg. 1903—1906. à 52 Nrn. (à Jhrg. 208 S.) gr. 8. Elberfeld, Buchh. des Erziehungs-Vereins. à Jhrg. n. —50

— an die Kinder. Red.: Erziehungs-Verein in Elberfeld. 18. Jahrg. 1907. 52 Nrn. (à 4 S.) gr. 8. Elberfeld, Buchh. des Erziehungs-Vereins. —50
Erscheint nicht mehr.

Sonntagsgrüsse für das Bergische Land. Jg. 1–25. Solingen: Lennep u. Becker 1899–1923. 8⁰
Hrsg.: Heinrich Lennep, Becker und Paschmann.

Sonntags-Handels-Schule, die — zu Prag während des Schuljahres 1856. K. k. Hofbuchdr. von Gottlieb Haase Söhne in Prag. (4 Bl. 4.)

Sonntagshefte, neue Bremer. Wochenschrift f. moderne Kunst u. Dichtg. u. f. d. Kunstleben Bremens. Hrsg.: Hans Müller-Brauel. 1. Jahrg. April—Decbr. 1897. 39 Nrn. (Bog.) gr. 4. Bremen, Expedition. n. 7.50

Sonntags-Heiligung, über die. 12. (24 S.) Schreiberhau 851. (Breslau, Dülfer & Geiser.) n. 2 ngr

Sonn- und Feiertags-Heiligung. Zusammengestellt von E. H. Martinsbühel 1895. V: *Hager, Edmund.* (margr)

[5.] Die **Sonntags-Heiligung** und -Ruhe im Handelsgewerbe und Gewerbebetriebe. Textausg. m. Anm. v. W. Assmann, Polizei-Comm. zu Bochum. *Bochum: W. Stumpf 1896.* (4 Bl., 140 S.) 1 Bd 8. [56. 6517

Sonntags-Heim. Sonntags-Beilage zum „Deutschen Tageblatt". Jahrg. 1889 u. 1890. à Jahrg. 52 Nrn. (Bog. m. Illustr.) gr. 4. Berl., (F. Luckhardt). Jahrg. 1889 * 4 —; 1890 * 6 —
Vom Jahrg. 1891 ist nur noch das 1. Quart. erschienen. — Früherer Jahrg. u. d. T.: Damen-Welt.

Sonntags-Herold : 1881–? **Detroit, MI**

Sonntags-Horn [Schlagwort]

Sonntags Horn und Hintersteinbach — Karte vom —
ohne Titel. 1 : 14,400. 1 Bl.

Sonntags Journal : 1873?–?
Sunday edition of GERMANIA. The Abend Post Co. also had published a Sunday edition, SONNTAGS JOURNAL, and weekly edition called NORDWESTLICHE POST. Except for a few issues at WM bound with the NORDWESTLICHE POST, no files of SONNTAGS JOURNAL have been found. Probably came into existence concurrently with ABEND POST in 1890 or shortly thereafter. When the ABEND POST was merged with GERMANIA daily, as GERMANIA UND ABEND POST in 1897, the name of the SONNTAGS JOURNAL was changed to SONNTAGS POST and became Sunday edition of amalgamated dailies. Later it became known as GERMANIA SONNTAGS POST, and still later as MILWAUKEE SONNTAGS POST. Successor to this Sunday issue is still published by National Weeklies, Winona, as DEUTSCHE SONNTAGSPOST. In 1897, title varies: SONNTAGS POST.
Milwaukee, WI

Sonntags-Journal 1878?–1900?
Sunday edition of ROCHESTER VOLKSBLATT. Edited by Dr. Makk. Circulation: 1880, 2000; 1890, 2950; 1900, 3200.
Rochester, NY

Das Sonntags-Journal : 1884?–1913?
Sunday edition of BALTIMORE JOURNAL. Title varies: DIE SONNTAGS-POST, 1885—1912. Suspended: June 22 – July 20, 1913. Circulation: 1890, 6500; 1900, 10,600; 1910, 11,000.
Baltimore, MD

Sonntags Journal: 1884–1909 **Lancaster, PA**

Sonntags-Journal : 1887?–1892?
Weekly. Circulation: 1890, 500 (est.). Edited & published by John Weber, 1889–92.
Union City, NJ

Sonntags Journal : 1888?–1911?
Weekly. Democratic, 1890–1903; Republican, 1904–11. Circulation: 1890, 2700 (est.); 1900, 2500; 1910, 1800. Published by Albany German Publishing & Printing Co., 1888—1901; edited & published by F. C. Walser & Co., 1902; by Albany Herold Co., 1903—11. Other editors: J. Miller, 1892.
Albany, NY

Brooklyner Sonntags Journal: 1877?—1878?
Independent weekly. Circulation: 1878, 600 (est.). Edited & published by Lascher & Koslowsky.
Brooklyn, NY

New-Yorker Sonntags-Journal: Apr. 19, 1885—1908?
Sunday edition of BELLETRISTISCHES JOURNAL. Sub-title: Sonntagsblatt des New-Yorker Belletristischen Journal. Circulation: editor claims 25,000, in 1885. Large quarto, each issue 16 pages.
New York, NY

Sonntagskalender. 13. Jahrg. 1873. 4. (XXVI, 40 S. m. eingedr. Holzschn.) Freiburg i. B., Herder. n. — 30

Sonntags-Kalender. 16. und 17. Jahrg. 1876 und 1877. 4. (à ca. 60 S. mit eingedr. Holzschn.) Freiburg i. Br., Herder'sche Verlagsh. à Jahrg. *

—— 1878—1880. 4. (à ca. 56 S. mit eingedr. Holzschn.) Ebendas. à Jahrg. *

Sonntagskalender, 1881—1885. 4. (à Jahrg. ca. 50—70 S. mit eingedr. Holzschn.) Freiburg i. Br., Herder'sche Verlagsh. à Jahrg. *

Sonntagskalender 1886—1888. 4. (à Jahrg. ca. 50—60 S. mit Illustr.) Freiburg i. Br., Herder'sche Verlagsh. à Jahrg. *

—— Kalender für Zeit und Ewigkeit. 1889. 4. (XXIV, 68 S. mit Illustr.) Ebendas. *
Vgl.: Kalender für Zeit und Ewigkeit.

Sonntagskalender. Kalender f. Zeit u. Ewigkeit 1890—1893. 4. (à Jahrg. 6—11 Bog. m. Illustr.) Freib. i. Br., Herder. à Jahrg. * — 30
In 3 Ausg.: 1, mit Kalendarium; 2, ohne dasselbe; 3, Ausg. f. Baden, Württemberg u. Hohenzollern-Sigm.

Sonntagskalender, katholischer. 8.—14. Jahrg. 1868—1874. 4. (à ca. 60 S. mit eingedr. Holzschn.) Freiburg i. Br., Herder'sche Verlagsh. à Jahrg.

— katholischer. 17. Jahrg. 1877. 4. (56 S. m. eingedr. Holzschn.) Ebend. n. — 30

Sonntagskalender für Stadt und Land für das J. 1860. Ein Wort im Vertrauen, den Kalten zur Warnung, den Lauen zur Ermunterung von Fridolin Clar. 4. (XX und 44 S.) Freiburg im Br. 859, Herder'sche Verlagsh. Thlr. *

—— dass. — Auf das J. 1861. 2. Jahrg. Das vierte Gebot Gottes von der andern Seite. Ein Wort für gescheidte Leut' durch Herzog. 4. (II und 34 S. mit eingedr. Holzschn.) Ebendas. 860. *

—— dass. — Auf das J. 1862. 3. Jahrg. Vom Verf. der badischen Vetter. 4. (66 S. mit eingedr. Holzschn.) Ebendas. 861. *
Das Vorstehende bildet eine Fortsetzung des „Kalender für Zeit und Ewigkeit".

Sonntagskalender für Stadt u. Land auf die Jahre 1863, 1865-70. 4—10. Jahrg. Freiburg im Br., Herder'sche Verlagsh. 4. Jeder Jahrg. (36 S. mit eingedr. Holzschn.) 3 ngr.

Sonntagskalender f. Stadt u. Land. Kalender f. Zeit u. Ewigkeit. 1894. 34. Jahrg. Mit vielen Illustr. u. Rebus. 4. (52 S. m. 1 Taf.) Freiburg i/B., Herder. n. — 30

— dasselbe. Ausg. m. Calendarium u. allgemeinem Marktverzeichniß. 4. (XII, 52 u. 11 S. m. 1 Taf.) Ebd. n. — 30

— dasselbe. Ausg. f. Baden, Württemberg u. Hohenzollern-Sigmaringen. 4. (XXII, 52 u. 7 S. m. 1 Taf.) Ebd. n. — 30

— dasselbe. 1896. Ausg. f. Baden, Hessen, Württemberg u. Hohenzollern-Sigmaringen. 4. (XXII, 52 u. 7 S. m. 1 Taf.) Ebd. n. — 30

Sonntagskalender f. Stadt u. Land. 1899. 39. Jahrg. Ausg. m. Calendarium u. allgem. Marktverzeichniß. 4. (XII, 64 u. 10 S. m. Abb., 1 Farbendr. u. 1 Wandkal.) Freiburg i/B., Herder. n. — 40; Ausg. ohne Calendarium (64 S.) n. — 40; Calendarium allein, z. Einlegen. (XII S.) Kostenlos.

Sonntagskalender für Stadt u. Land. 1903. 43. Jahrg. Ausg. m. Calendarium u. allgem. Marktverzeichniß. 4. (XII, 68 u. 10 S. m. Abbildgn., 1 Taf. u. 1 Wandkalender.) Freiburg i/B., Herder. n. — 40; Ausg. für Baden, Württemberg, Hessen u. f. die Hohenzollernschen Lande. (XII, 68 u. 7 S.) n. — 40; Ausg. ohne Calendarium (64 S.) n. — 40; Calendarium allein, zum Einlegen. (XII S.) Kostenlos.

Sonntagskalender f. Stadt u. Land. 1907. 47. Jahrg. (XXVI, 64 u. 8 S. m. Abbildgn., 1 Taf. u. 1 Wandkalender.) gr. 8. Freiburg i/B., Herder. n. — 40

Sonntagskalender f. Stadt u. Land. 1911. 51. Jahrg. (XXVI, 64 u. 12 S. m. Abb., 1 Taf. u. Wandkalender.) gr. 8. Freiburg i/B., Herder. — 40

Sonntagskind, Das neue. Komisches Singspiel in zwei Aufz. Leipzig [1794]. V: *Perinet, Joachim.* (GGr)

Sonntagskind, das neue; Singspl. 8. Leipz. 794. Prag, Geers. 6 gl

Sonntagskind, das reisende, 16 H. 8. Altona, Bechtold 798.

Sonntagskinder. Eine Erzählung nicht nur für Kinder. Mit einem Bilde (Holzschntaf.) von O. Speckter. 3. Aufl. 16. (32 S.) Berlin 873, Buchh. des Missions- und Frauen-Kranken-Vereins. *

Sonntagskinder. Eine Erzählg. nicht nur f. Kinder. Mit e. (Holzschn.-) Bilde v. O. Speckter. 4. Aufl. 8. (32 S.) Berlin 876. Buchh. d. Goßner'schen Mission. n. — 20

Sonntagskinder. Eine Erzählung nicht nur für Kinder. Mit 1 (Holzschn.-)Bilde von O. Speckter. 4. Aufl. 8. (32 S.) Berlin 876, Buchh. des Missions- und Frauen-Kranken-Vereins. *

Sonntagsklänge für evangelische Gemeinden. In Verbindung mit Bärwinkel, Förster, Hermens rc. und andern Freunden der preuß. Landeskirche hrsg. von H. Strunk. 1. Jahrg. 1881. 52 Nrn. (à Nr. ½ Bog.) gr. 4. Halle, Strien Verlag. *

—— dass. — 2. Jahrg. 1882. 52 Nrn. (Bog.) gr. 4. Wittenberg, (Wunschmann.) *

Sonntagsklänge f. evangelische Gemeinden. In Verbindg. m. gleichgesinnten Freunden hrsg. v. H. Strunk u. A. Wächtler. 3—6. Jahrg. 1883—1886. à 52 Nrn. (B.) gr. 4. Halle, Niemeyer. à Jahrg. n. 1. 60

Sonntagsklänge f. evangelische Gemeinden. In Verbindg. mit gleichgesinnten Freunden hrsg. von A. Wächtler. 7.—10. Jahrg. 1887—1890. à 52 Nrn. (B.) gr. 4. Halle, (Niemeyer). à Jahrg. n. 1. 60

Sonntagsklänge f. evangelische Gemeinden. In Verbindg. m. gleichgesinnten Freunden hrsg. v. A. Wächtler. 11.—14. Jahrg. 1891—1894. à 52 Nrn. (Bog.) gr. 4. Halle a/S., (M. Niemeyer). à Jahrg. n. 1. 60

Sonntagsklänge f. evang. Gemeinden. In Verbindg. m. gleichgesinnten Freunden hrsg. v. A. Wächtler. 15.—18. Jahrg. 1895—1898. à 52 Nrn. (Bog. m. Abb.) gr. 4. Halle (Wischan & Wettengel). à Jahrg. n. 1. 60; m. Beilage: Kirchl. Anzeiger f. Halle. à 52 Nrn. à ca. 4 S.) gr. 4. à Jahrg. n.n. 2. -
Kann auch vierteljährlich bezogen werden.

Sonntagsklänge f. evangelische Gemeinden. Ein Volksblatt in Verbindg. m. gleichgesinnten Freunden hrsg. von A. Wächtler. 19.—22. Jahrg. 1899—1902. à 52 Nrn. gr. 4. (à ca. 8 S. m. Abbildgn.) Halle (Wischan & Burkhardt). à Jahrg. n. 1. 60; m. Beilage: Kirchlicher Anzeiger f. Halle. 52 Nrn. gr. 4. (à 2 S.) à Jahrg. n. 2. —; Anzeiger allein n.n. — 25

Sonntagsklänge f. evangelische Gemeinden. In Verbindg. m. gleichgesinnten Freunden hrsg. v. A. Wächtler. 23.—26. Jahrg. 1903—1906. à 52 Nrn. (à ca. 8 S. m. Abb.) gr. 4. Halle, Wischan & Burkhardt. à Jhrg. n.n. 1. 60
Nicht mehr durch den Buchhandel zu beziehen.

Der Sonntags-Correspondent : 1881? — Apr. 1918.
Sunday edition of Der Deutsche Correspondent. Circulation: 1900, 7660; 1905, 11,270; 1910, 9000; 1915, 11,000.
Baltimore, MD

Sonntags Correspondent : 1885? — 1911? Albany, NY
Sunday edition of Albany Herold.

Sonntagsladen, der, oder das vierte Gebot. Aus dem Engl. übers. gr. 16. (76 S. mit 1 Holzschnt.) Cincinnati 858. (Philadelphia, Schäfer und Koradi.) geb. *

Sonntagslaunen des Herrn Tobias Lausche, Gastwirths zum blauen Engelein . . . Nürnberg 1799. V: *Münch, Joh. Glob.* (GGr) (Ky) (MGT) (Fiker) *Münch, J. Glieb.* (NN)

Sonntagsleben in Dobberau. Rostock 1806. V: *Koppe, Johann Christian.* (NN) (Ky) (MGT)

Der Jugend **Sonntagslust.** (Illustrirtes) Beiblatt zum Kropper kirchlichen Anzeiger v. Johannes Paulsen. Kropp. Fol. Jg. 3—6, 1882—85. Jg. 8, 1887. Jg. 21, 1900. Jg. 32, 1911. Jg. 33, 1912.

Sonntags-Magazin. Familien-Museum zur Verbreitung gemeinnütziger Kenntnisse. Herausg. in Leipzig durch A. Peters u. Comp., Dr. Reichmeister u. C. A. Schimmer. 1r—4r Jahrg. 1833—1836. à 52 Numm. Mit vielen Abbildd. gr. 4. Leipzig, Allgem. Niederländ. Buchh. (Brockhaus.) 1r—3r Jahrg. à 2 ℛ 4r J. 2 2/3 ℛ

Der Sonntagsmorgen : June 16, 1867— June 11, 1908.
Sunday edition of Cincinnati Volksfreund. Title varies: Sonntagsblatt des Cincinnati Volksfreund [in 1876]. Circulation: 1870, 3500 (est.); 1880, 7500; 1890, 7500; 1900, 12,000; 1905, 12,000.
Cincinnati, OH

Sonntagsmuße. Ein Buch f. Frauen von der Verfasserin der Gedanken über die Liebenswürdigkeit der Frauen. 8. (13½ B.) Nürnberg 845, Friedr. Campe.

Sonntags-Nachrichten : July 1, 1871—1896.
Sunday edition of New Yorker Tages-Nachrichten. Title varies slightly. For supplement, see New Yorker Lustige Blätter. Circulation: 1875, 25,560; 1880, 23,000; 1890, 36,090; 1895, 35,000.
New York, NY

Sonntagsnovellen, v. C. Nicolai. 2 Bde. 8. Quedlinburg, Basse. 815.
1r Bd. enth. Maria, oder das stille Pfarrhaus. — Meine Reise aus dem Zimmer in die Schlafkammer.
2r Bd. der eifersüchtige Ehemann. — Der Ehemann ohne Eifersucht.

Sonntags-Palmen. 1.—7. Hft. 12. Cöthen, Schriften-Niederlage d. evangel. Vereinshauses. à n. — 10
1. Getreu. Eine Erzählg. aus Antwerpen um d. J. 1564 v. M. Rüdiger. (20 S.) 891.
2. Versöhnt. Eine Erzählg. aus unserer Zeit v. M. Rüdiger. (22 S.) 892.
3. Der Christbaumengel. Von M. Eltner. Gesegnete Pfingsten. Von Johanna Boy. (20 S.) 893.
4. Das Fenster nach Jerusalem. Von Johanna Boy. 2. Aufl. (22 S.) 893.
5. Kindesliebe. Erzählg. v. C. Rhiem. Weihnachtsblumen. Erzählg. v. C. Rhiem. (20 S.)
6. Das 4. Gebot. Eine Erzählg. v. M. Dahnow. (18 S.)
7. Du sollst den Feiertag heiligen. Eine Weihnachtsgeschichte, nach Thatsachen erzählt v. Helene Berthold. (19 S.)

Sonntags-Palmen. 1. Hft. 12. Cöthen 897. Dessau, Buchhdlg. d. evang. Vereinshauses. n.n. — 10
Eine Weihnachtsüberraschung. Von M. Eltner. (19 S.)

Sonntags-Palmen. H. 1. Cöthen: Ev. Vereinsh. [Berlin: Sonntagsschulbuchh. 1897]. 8⁰ [Umschlagt. F.]

Sonntagspeter, der, und der Sonntagslohn. Berlin 862. (Beck.) 8. (24 S.) 1¼ ngr.

Sonntags-Pfennig-Geschichten in allen Farben für Kinder. Eine Miniatur-Kinder-Bibliothek gewählt aus den vorzüglichsten Jugendschriftstellern des In- und Auslandes von einem Kinderfreunde. 1.—5. Lieferung. (I. Band, 416 S. II. Band. S. 1—128.) 16. Wien. Druck und Verlag von A. Dorfmeister. (Von diesem Werke erscheinen alle Monat 4 Lieferungen, die einen Band ausmachen. Die Lieferung 6 kr.)

Sonntags-Post, die. Illustrirte Wochenschrift zur Belehrung und Unterhaltung. Redig. von Otto Wigand. Jahrg. 1857. 52 Nrn. (Bog. mit eingedr. Holzschn.) gr. 4. Leipzig, O. Wigand. •
Bildet die Fortsetzung von „Die Feierkirche".
Ist nicht fortgesetzt worden.

Sonntagspost
① Eine schweizerische Wochenschrift ③ Allgemeiner schweizerischer Anzeiger ④ Schweizer Grenzpost und Tagblatt der Stadt Basel (BS) ⑤ 2 Probe-Nummern im Dezember 1864; 1. 1. 1865—18. 12. 1870 ⑥ 4⁰ ⑦ Wochenblatt ⑧ Bern: K. J. Wyß ⑩ Dr. Abraham Roth ⑪ Dr. A. Roth ⑫ politisch neutral; belehrend und unterhaltend ⑬ BGSZ: 973 ⑭ Be: L. S ⑮ Der Herausgeber Dr. Abr. Roth ist vom 12. 12. 1868—30. 6. 1870 auch Redaktor und Herausgeber der »Berner Tagespost«.

Sonntags-Post : Jan 27, 1866 — Dec. 1903.
Sunday edition of San Francisco Abend-Post. Title varies: California Journal und Sonntags-Post, 1878 — ?. Circulation 1891, 7560; 1901, 7652.
San Francisco, CA

Sonntags-Post. Unterhaltungsbl d "Louisv Anzeiger" [weekly]. Nov 24, 1867 - Jan 2, 1870. Louisville, 1867-70.

Sonntagspost: Die Sonntagspost
⑤ 1869—1870 ⑦ Wochenblatt ⑧ Basel ⑬ BGSZ: 12, p. 40.

Die Sonntagspost : 1873—?
Monthly. Edited by the Rev. F. J. Werner.
Cincinnati, OH

Sonntagspost : 1873 — present Omaha, NE

Sonntagspost : 1873 — 1954? Winona, MN
Das Sonntagsblatt des Deutschtums in Amerika.

Die Sonntags-Post : 1881? — 1882?
Independent weekly, issued on Sunday. Circulation: 1882, 1500. Edited & published by German Printing & Publishing Co.
Denver, CO

Die Sonntagspost : 1885 — ? Baltimore, MD
Published each Sunday.

Die Sonntags-Post : 1885? — 1905?
Independent weekly; then issued as Sunday edition of Die Post. Circulation: 1890, 1550; 1900, 1800. Edited & published by Brus & Mesterschmidt, 1885—88; by Brus & Wolfram, 1889—90; by Brus & Schaefer, 1891; by Post Printing Co., 1892—1905.
Peoria, IL

Die Sonntags-Post : 1887?—1889?

Sunday edition of DIE GREENVILLE POST. Circulation: 1889, 1002.
Greenville, OH

Sonntags-Post : 1889?—1892? Des Moines, IA

Sunday edition of IOWA STAATS-ANZEIGER. Circulation: 1890, 1500.

Die Sonntagspost : 1891—Jan. 1896.

Weekly. Sub-title: Dem Humor, Theater, Musik, usw. gewidmet. Circulation: 1895, 2200. Edited & published by Hermann A. O. Hoffmann [assisted by ? Keller, 1891—92], 1891—96.
Buffalo, NY

Sonntags-Post : 1892?—1895? Leavenworth, KS

Sunday edition of LEAVENWORTH POST. Circulation: 1895, 1600.

Die Sonntagspost : 1894?—1896?

Weekly. Edited by Carl Claussen, & published by Sonntagspost Publishing Co.
Cleveland, OH

Die Sonntagspost : 1895?—1900?

Supplement to LINCOLN COUNTY ANZEIGER. Advertised in weekly, 1895.
Merrill, WI

Sonntags-Post : 1896?—1899?

Weekly. Edited & published by Hermann Otto, 1896—99.
Paterson, NJ

Sonntagspost : Sept.? 1899—1955 [ ].

Sunday edition of ABENDPOST. Circulation: 1905, 31,486; 1910, 37,665; 1920, 34,650; 1930, 37,393; 1940, 16,291; 1944, 9161; 1950, 9100; 1954, 7580.
Chicago, IL

Deutsche Sonntagspost : 1858?—1955

Issued as the Sunday edition of the following papers: 1) DER HEROLD, 1861—May 1898; 2) HEROLD UND SEEBOTE, May 1898—Dec. 31, 1912; GERMANIA HEROLD, Jan. 1913—May 1918; 4) MILWAUKEE HEROLD, May 1918—1954. Title varies: 1) GERMANIA UND SONNTAGSPOST, May 16, 1917—Oct. 27, 1901; 2) MILWAUKEE GERMANIA SONNTAGSPOST, Nov. 3, 1901—Dec. 31, 1905; 3) MILWAUKEE-SONNTAGSPOST Jan. 21, 1906—Mar. 1939; 4) DEUTSCHE SONNTAGSPOST, Apr. 3, 1939—1954. Other slight variations. Place of publication varies: Winona, Minn., Oct. 9, 1932—1954. Included in numbering of the daily edition, 1861?—Sept. 1932. Paging varies: 8—36 pages, one of the largest Sunday papers. Circulation: 1900, 21,500; 1905, 25,666; 1910, 40,000; 1920, 30,000; 1930, 27,698; 1940, 14,042; 1945, 29,625; 1948, 27,125. Edited by Max Fischer; by Leo Luedke, Franz Paul Lindl, Dr. H. E. Fritsch, Carl Eichstedt & Frau Grete, Oct. 16, 1932—1942, by Dorothy Leicht, 1940—54 [edited by Otto Hoerman in 1954]. Published by National Weeklies, Inc., Winona, Oct. 9, 1932—1954.
Milwaukee, WI

Sonntags-Post, illustrirte. Romanzeitung für alle Stände. Red. von E. Ewald. Lex.-8º. Lief. 1. (S. 1—16.) Wien, Emil Carl Fischer. fl. —.10. **1887.**

—— königsberger, für Religion, öffentliches Leben, Wissenschaft und Kunst. Hrsg. von Jul. Rupp. 2—6. Bd. Jahrg. 1857—61. à Jahrg. 52 Nrn. (Bog.) gr. 4. Königsberg, (Theile's Buchh.) [2., 3., 5. und 6. Bd. à Bd. * 2 Thlr. 20 Ngr., 4. Bd. * 2 Thlr.] *
1. Bd. (Ebendas.) 1856. * 2 Thlr. 20 Ngr.

Sonntagspost, Königsberger, für Religion, öffentliches Leben, Wissenschaft und Kunst. Hrsg. von Jul. Rupp. 7. Bd. Jahrg. 1862. 52 Nrn. (Bog.) Fol. Königsberg, Theile's Buchh.

Luzerner Sonntagspost
⑤ 1. 1. 1872 (1 Nummer) ⑥ 4° ⑦ Wochenblatt ⑧ Luzern: Cesar Petermann, Sohn ⑩ L. Schmid ⑪ L. Schmid ⑬ BGSZ: 1028 ⑭ Lu: Z.

Pittsburgher Sonntags-Post : 1887—? Pittsburgh, PA

Sonntags-Predigten für das ganze katholische Kirchenjahr. Gesammelt aus den vorzüglichsten neueren und neuesten Predigtwerken. (Abdruck aus der Wiener Kirchenzeitung.) Wien 852. Mayer u. Co. gr. 8. (2 Bl., 327 S.) n. 16 ngr.

Sonntags-Predigten eines Volksmissionärs. Herausgegeben von Anton Kerschbaumer. Brixen 1866. 2. Aufl. 1872. 3. Aufl. 1881. 4. Aufl. 1892. V: *Moro, Stephan.* (MARGR)

Sonntags-Predigten eines Volksmissionärs. Hersg. von Ant. Kerschbaumer. 2 Abthlgn. Brixen 868. Theolog. Verl.-Anstalt. gr. 8. (583 S.) Jede Abthl. n. 24 ngr.

Sonntags-Predigten e. Volksmissionärs. Hrsg. v. Ant. Kerschbaumer. 2. Aufl. gr. 8. (548 S.) Brixen 872. Theolog. Verlags-Anstalt. n. 4. 80

Sonntags-Predigten e. Volksmissionärs. Hrsg. v. Ant. Kerschbaumer. 4. Aufl. gr. 8. (IV, 527 S.) Brixen 892, A. Weger. * 4 80
2. u. 3. Aufl., s. XVII. Bd. 1. Abthl. S. 834: Kerschbaumer. — Vgl.: Festtags-Predigten.

Sonntags-Presse : 1883?—1884? St. Paul, MN

Sunday edition of DIE PRESSE. Circulation: 1884, 1150.

Sonn-, Festtags-, Gelegenheits- u. Trauungsreden, welche bei besond. Veranlass. gehalt. wurden. — Beiträge z. kathol. Kanzelberedsamkeit, gesamm. aus d. theol. Zeitschr. v. J. Frint. 8. (21 B.) Regensburg 838, Manz.

Der **Sonntagsreiter.** [F. v. Z. del. Bei Mansfeld & Comp. in Wien ged. J. B. Clarot lith. (Um 1830.)] [Umschlagtit.]
6 Taf. in kol. Lithogr. 4°.

Sonntagsritt, der. Eine Geschichte. 2. verb. Aufl. Breslau 862. Dülfer in Comm. gr. 8. (38 S.) n. 5 ngr.

Sonntagsruhe
v. Allgemeiner Anzeiger am Zürichsee, Wochenblatt vom See-Bezirk und Gaster.

Sonntagsruhe. Monatsblatt f. Stadt u. Land zur Unterhaltg. u. Belehrg. 1. Jahrg. 1873. 12 Nrn. (B.) gr. 8. Osnabrück, Brinker. n. 1. 20

Sonntagsruhe, die. Illustrirtes Volksblatt f. Stadt u. Land. Red.: M. Babenzien. 1. Jahrg. 1884. 52 Nrn. (B. m. Holzschn.) gr. 4. Rathenow, Haase. 3. —
Erscheint nicht mehr.

Sonntagsruhe, Die. Strassburg 1887. V: *Stumpf.* (Kat. d. stat. Bureaus. Dresden 1890.)

Sonn- und Feiertagsruhe, Die gewerbliche. Gr.-8. (18 S.) —.24
Klagenfurt: Heyn 1895.

Die Sonntagsruhe im Handelsgewerbe, m. e. übersichtl. Zsstellg der auf Grund d. Ausführgsvorschriften u. Bekanntmachgn f. d. Stadtkreis Köln a. Rh. bestehenden Bestimmungn u. zugelassenen Ausnahmen. Hrsg. v. G[eorg] Gerlach, kgl. Polizei-Sekr. zu Köln a./Rh. (Köln): Köln. Verl.-Anst. u. Dr. A.-G. [1896]. (27 S.)
1 Bd 8º

Sonntagsruhe, die, im Handelsgewerbe, s. a. Schriften, hrsg. v. der Berufsgenossenschaft Deutschnationaler Handlungsgehilfen-Verband.

Sonntagsruhe, die, im Handelsgewerbe. 2 Tle. 1.—6. Taus. (Schriften, hrsg. von der Berufsgenossenschaft Deutschnationaler Handlungsgehilfen-Verband. 10. u. 11. Bd.) gr. 8. Hamburg 902. Deutschnationaler Handlungsgehilfen-Verband. à n. — 50
1. Wie das Gesetz entstand. (80 S.)
2. Wie das Gesetz ausgeführt wird. (128 S.)

Sonntagsruhe, Die, und der 9 Uhr-Ladenschluss mit den für Essen einschliesslich Altendorf zugelassenen Ausnahmen. Essen-Ruhr 1901. V: *Krüppel, Anton.* (BERL)

— die, u. der 9 Uhr-Ladenschluß m. den f. Essen einschl. Altendorf zugelassenen Ausnahmen. gr. 16. (28 S.) Essen 901. Fredebeul & Koenen. n. — 10

Sonntagsruhe und Sonntagsfeier. Kranstadt 1885. V: *Obert, Franz.* (Trausch IV, 328)

Sonntagsruhe u. Sonntagsheiligung. Vortrag, geh. im kathol. kaufmänn. Verein „Lätitia" in Augsburg am 14. Jan. 1890. 8. (22 S.) Augsb. 890, Literar. Institut v. M. Huttler. ** — 10

Zur Sonntagsruhe-Frage in der Gärtnerei. Ein Beitrag z. Klärung. Hrsg. von d. Hauptgeschäftsstelle d. Allg. Deutschen Gärtner-Ver. Berlin: (Allg. Deutscher Gärtner-Ver.) 1902. (14 S.) 8°
Aus: Allg. Deutsche Gärtner-Zeitung. 1902.

Sonntagssagen. Barmen 869. (Klein.) 8. (16 S.) n. 2 ngr.

Sonntagsschul-Bibliothek. Nr. 1—3. 16. Hamburg, Koch. à Nr. * 40 Pf.; cart. à Nr. * geb. à Nr. *

Inhalt:
Nr. 1. Daph, die treue Negerin, oder die Kinder im Korbe. [Aus dem Engl.] (104 S. mit 2 Holzschntaf.) 876.
„ 2. Meister Ludwig und sein Peter. Vöglein und ihr Hund. Der wichtige Abend. Drei Erzählungen. (95 S. mit 2 Holzschntaf.) 876.
„ 3. Ein stiller Freund der Sonntagsschule. Erzählung von Onkel Wilhelm in Immenthal. — Der kleine Paul oder alles Große ist im Entstehen klein. (104 S. mit 1 Holzschntaf.) 877.

Sonntagsschul-Bibliothek. Nr. 4: Der Zucker im Schnee. Maria, die Holzsammlerin. Zwei Erzählungen. 16. (96 S. mit 2 Holzschntaf.) Hamburg 880, Koch. * cart. * 60 Pf.; geb. *
Nicht weiter erschienen.

Sonntagsschul-Bibliothek, die. Einige Winke f. ihre Gründg. u. Fortführg. v. Bibliophilos. gr. 16. (14 S.) Lpz. 892, (Wallmann). — 15

Sonntagsschul-Bilder, 100 Chromolith. 16. Basel 876. Spittler. n. 3. 20

Sonntagsschulblatt.
Monthly. Organ of Die Vereinigten Brüder in Christo.
Dayton, OH

Der Sonntagschul-Bote: Jahrgang 1—3, no. 11, Feb. 1900 – Nov. 1902?
Weekly. Sub-title: Eine illustrirte Monatsschrift innerhalb der Mennoniten Brüdergemeinde von Nordamerika, Jan.—Sept. 1901; 2) Eine christliche Monatsschrift, Oct. 1901 – Nov. 1902. Organ of Mennonitische Brüdergemeinde.
Place of publication varies: McPherson, Kans., Feb.—Sept. 1900; Durham, Kans., Oct. 1900—Aug. 1901; Lehigh, Kans., Sept. 1901— Apr. 1902; Hillsboro, May—Nov. 1902.
Octavo, each issue 16 pages; illustrated. Edited & published by Peter F. Duerksen, Feb. 1900—Apr. 1902; edited by Peter F. Duerksen, & published by Central Publishing Co., May—Nov. 1902.
Hillsboro, KS

Sonntagsschulbuch für evangelisch-lutherische Gemeinden. Hrsg. von der allgemeinen Versammlung der evangelisch-luther. Kirche in Nordamerika. 8. (349 S.) Allentown 879. (Dresden, H. J. Naumann.) cart. n. 2. 50

Sonntags-Schule, die. Herausg. von J. D. Prochnow. Jahrg. 1864. 48 Nrn. (à 1/2 Bgn. mit Holzschn.) Berlin, W. Schultze. 4. nn. 12 1/2 ngr.

Sonntags-Schule, die. Hersg. von J. D. Prochnow. 2—7. Jahrg. 1865—70. à Jahrg. 48 Nrn. (1/2 Bgn. mit eingedr. Holzschn.) Berlin, E. Beck. — W. Schultze. hoch 4. Jeder Jahrg. n.n. 12 1/2 ngr.

Sonntags-Schule, die. Hrsg.: J. D. Prochnow. 8. Jahrg. 1871. 48 Nrn. (1/2 B. m. eingedr. Holzschn.) hoch 4. Berlin, W. Schultze. n.n. 1. 25

— dasselbe. 9. Jahrg. 1872. 48 Nrn. (1/2 B. m. eingedr. Holzschn.) hoch 4. Berlin, (Leipzig, Bredt.) n.n. 1. 25

— dasselbe. 10—13. Jahrg. 1873—1876 à 48 Nrn. (1/2 B. m. eingedr. Holzschn.) hoch 4. Ebend. à Jahrg. 1. 50

Sonntags-Schule, die. Red.: Prochnow. 14—19. Jahrg. 1877—1882. à 48 Nrn. (1/2 B. m. eingedr. Holzschn.) hoch 4. Berlin. Leipzig, Bredt in Comm. à Jahrg. 1. 50

Sonntags-Schule, die. Red.: Prochnow. 20—23. Jahrg. 1883—1886. à 48 Nrn. (1/2 B. m. Holzschn.) hoch 4. Berlin. (Leipzig, Bredt.) à Jahrg. n.n. 1. 25

Sonntags-Schule, die. Red.: Prochnow. 24. u. 25. Jahrg. 1887. 1888. à 48 Nrn. (1/2 B. m. eingedr. Holzschn.) hoch 4. Berlin, Verlag f. Sonntagsschul-Litteratur. à Jahrg. n.n. 1. 20

— dasselbe. Red.: Wachsmann. 26. u. 27. Jahrg. 1889. 1890. à 48 Nrn. (1/2 B. m. eingedr. Holzschn.) hoch 4. Ebd. à Jahrg n.n. 1. 20

Sonntags-Schule, die. Red.: Wachsmann. 28. Jahrg. 1891. 48 Nrn. (1/2 Bog. m. eingedr. Holzschn.) hoch 4. Berlin, Deutsche Sonntagsschul-Buchh. (L. Burmeister). n.n. 1. 25

— dasselbe. Red.: Ulr. Meyer. 29. Jahrg. 1892. 52 Nrn. (1/2 Bog. m. eingedr. Holzschn.) hoch 4. Ebd. n.n. 1. 25

— dasselbe. Jahrg. 1893. 52 Nrn. (1/2 Bog. m. eingedr. Holzschn.) hoch 4. Ebd. n.n. 1. 20
Jahrg. 1891—1893 vergriffen.

— dasselbe. Jahrg. 1894. 52 Nrn. (1/2 Bog. m. eingedr. Holzschn.) gr. 8. Ebd. n.n. 3.—

Sonntags-Schule, die. E. illustr. Kinder-Zeitg. Eigentum d. „Komitees f. Förderg. d. Sonntagsschulsache in Deutschland." Begründ. v. J. D. Prochnow, fortges. v. E. Wachsmann u. jetzt hrsg. v. Ulr. Meyer. 32.—35. Jahrg. 1895—1898. à 52 Nrn. (à 4 S.) gr. 8. Berlin, Deutsche Sonntagsschul-Buchh. à Jahrg. 1. 20 (kplt. geb. n. 3. —)

Sonntags-Schule, die. Red.: Ulr. Meyer. 36.—39. Jahrg. 1899—1902. à 52 Nrn. gr. 8. (à ca. 16 S. m. Abbildgn.) Berlin, Deutsche Sonntagsschul-Buchh. à Jahrg. 1. 20; geb. n. 3. —

Sonntags-Schule, die. Red.: Ulr. Meyer. 40.—43. Jahrg. 1903—1906. à 52 Nrn. (à ca. 4 S. m. Abbildgn.) Lex.-8. Berlin, Deutsche Sonntagsschul-Buchh. à Jhrg. 1. 20; geb. n. 3. —

Sonntagsschule, die. Red.: Ulr. Meyer. 44.—47. Jahrg. 1907—1910. à 52 Nrn. (à 4 S. m. Abbildgn.) Lex. 8. Berlin, Deutsche Sonntagsschul-Buchh. à Jahrg. 1.20; geb. 3. —
Auch u. d. T.: Sonntagsbote f. die Jugend.

Sonntagsschule, die allgem., e. höchst nothwend. u. nützl. Handbuch f. Sonntagsschüler aller Confessionen, so wie zum Gebr. f. Gewerbs- u. Privatschüler. gr. 8. (21 B. u. 7 Stnt.) Bayreuth 830, Grau.

Sonntagsschule zur Belehrung u. Unterhaltung u. Ideenmagazin für Gewerbsgenossen aller Klassen u. Industriezweige. Eine Monatsschrift zur Verbreitung gemeinnütziger Kenntnisse nach den Anforderungen unserer Zeit. Hrsg. v. E. F. W. Lorenz. — Der Sonntagsschule neue Folge 1. Bd. in 3 Heften. 8. (13 1/2 B.) Altenburg 842, Pierer. à Hft.

—— dass. Neue Folge. 4—6. Hft. 8. (13 1/2 B. u. 3 Taf.) Ebds. 843. à

—— die, f. junge Handwerker in d. Hrzgl. Sächs. Residenzstadt Coburg. 8. (1 1/2 B.) Coburg 831, (Riemann.)

—— die, f. Handwerkslehrlinge in Schwerin, s. Bericht, 2., üb. die v. d. Freimaurer-Loge gegründ. Sonntagsschule.

Sonntagsschule, die, für Handwerkslehrlinge in Schwerin. A. u. d. T.: Zweiter Bericht über die von der Freimaurer-Loge Harpokrates zur Morgenröthe in Schwerin gegründete Sonntagsschule rc. 8. Schwerin (u. Rostock) 832. Stiller. 1/4 ℛ︀ℊ

Sonntagschule Leitfaden: 1879?–1900? Chicago, IL

Lutheran Sunday School paper, published quarterly, by the German Publication Board.

Sonn- u. Feiertags-Schulen, die, zur Beherzigung vorzügl. f. d. Bürger u. Landmann, wie auch f. Lehrer u. Schulvorstände auf d. Lande. 8. Ingolst. 830. (Krüll in Landsh.) 5 gr.

Sonn- u. Feiertags-Schulen, die, zur Beherzigung vorzügl. f. d. Bürger u. Landmann, wie auch f. Lehrer u. Schulvorstände auf d. Lande. 8. (4 B.) Ingolstadt 830. (Regensburg, Manz.)

Sonntagsschulfreund, der. Ein Blatt für Lehrer u. Lehrerinnen der Sonntagsschule. Hersg. von J. D. Prochnow. Jahrg. 1870. 12 Nrn. (Bgn.) Berlin, W. Schultze. hoch 4. n.n. 12½ ngr.

Sonntagsschulfreund, der. Ein Blatt f. Lehrer u. Lehrerinnen der Sonntagsschule. Red. v. J. D. Prochnow. Jahrg. 1871. 12 Nrn. (B.) hoch 4. Berlin 871. W. Schultze. n.n. 1. 25

— dasselbe. Jahrg. 1872—1876 à 12 Nrn. (B.) hoch 4. Berlin. (Leipzig, Bredt.) à Jahrg. n.n. 1. 25

Sonntagsschulfreund, der. Ein Blatt für Lehrer u. Lehrerinnen der Sonntagsschule. Red.: Prochnow. 14—19. Jahrg. 1877—1882. à 12 Nrn. (à 1/2—1 B.) hoch 4. Berlin. Leipzig, Bredt in Comm. à Jahrg. 3. —

Sonntagsschulfreund, der. Ein Blatt f. Lehrer u. Lehrerinnen der Sonntagsschule. Red.: Prochnow. 20—23. Jahrg. 1883—1886. à 12 Nrn. (à 1/2—1 B.) hoch 4. Berlin. (Leipzig, Bredt.) à Jahrg. 3. —

Sonntagsschulfreund, der. Ein Blatt f. Lehrer u. Lehrerinnen der Sonntagsschule. Red.: Prochnow. 24. Jahrg. 1887. 24 Nrn. (à 1/2—1 B.) hoch 4. Ebd. n. 1. 50

— dasselbe. Red.: Wachsmann. 25.—27. Jahrg. 1888—1890. à 24 Nrn. (à 1/2—1 B.) hoch 4. Ebd. à Jahrg. n. 1. 50

Sonntagsschulfreund. Organ f. deutsche Kindergottesdienste u. Sonntagsschulen. Im Auftrage d. Komitees f. Förderg. der Sonntagsschulsache in Deutschland u. unter Mitwirkg. v. Frhr. v. d. Goltz, Reinhard, Wachsmann hrsg. v. Dalton. 23.—26. Jahrg. 1891—1894. à 12 Nrn. Nebst: Biblische Winke. (à ca. 2 Bog.) gr. 8. Deutsche Sonntagsschul-Buchh. (L. Burmeister). à Jahrg. n. 2. —

Sonntagsschulfreund. Organ f. deutsche Kindergottesdienste u. Sonntagsschulen. Im Auftr. d. Komitees f. Förderg. d. Sonntagsschulsache in Deutschland u. unt. Mitwirkg. von Frhr. v. d. Goltz, Reinhard, Dalton, Wachsmann, hrsg. v. Fleischmann. 27.—30. Jahrg. 1895—1898. à 12 Hfte. (à ca. 2 Bog.) Nebst: Biblische Winke. gr. 8. Ebd. à Jahrg. n. 2. — (kplt. geb.: n. 3. —)

Sonntagsschulfreund, der. Organ f. deutsche Kindergottesdienste u. Sonntagsschulen. Im Auftrage des Komitees für Förderg. der Sonntagsschulsache in Deutschland u. unter Mitwirkg. von Frhr. v. d. Goltz, Dalton, Reinhard, Wachsmann hrsg. v. Fleischmann. 31.—34. Jahrg 1899—1902. à 12 Hfte. Nebst: Biblische Winke. gr. 8. (à ca. 16 u. 12 S.) Berlin, Deutsche Sonntagsschul-Buchh. à Jahrg. n. 2. —; geb. n. 3. —

Sonntagsschulfreund, der. Organ f. deutsche Kindergottesdienste u. Sonntagsschulen. Im Auftrage des Komitees f. Förderung der Sonntagsschulsache in Deutschland u. unter Mitwirkung v. Frhrn. v. d. Goltz, Dalton, Reinhard, Romberg hrsg. v. Fleischmann. 35.—38. Jahrg. 1903—1906. à 12 Hefte. Nebst: Biblische Winke. (à ca. 20 u. 12 S.) gr. 8. Berlin, Deutsche Sonntagsschul-Buchh. à Jhrg. n. 2. —; geb. n. 3. —

Sonntagsschulfreund, der. Organ f. deutsche Kindergottesdienste u. Sonntagsschulen. Im Auftrage des Komitees f. Förderg. der Sonntagsschulsache in Deutschland u. unter Mitwirkg. v. Conrad, Dalton, Reinhard, Romberg hrsg. v. Fleischmann. 39.—42. Jahrg. 1907—1910 à 12 Hefte. Nebst: Biblische Winke. 23. Jahrg. (à ca. 16 u. 16 S.) gr. 8. Ebd. à Jahrg. 2.—; geb. 3.—

— evangelischer. Monatsschrift zur Unterhaltg. u. Belehrg. f. Sonntagsschulen u. Familien. Red. v. G. Füßle. 13.—14. Jahrg. 1897—1898. à 12 Nrn. (à ca. 20 S.) gr. 8. Stuttgart, Christl. Verlagshaus. à Jahrg. n. 1. —

— evangelischer. Monatsschrift zur Unterhaltg. u. Belehrg. f. Sonntagsschulen u. Familien. Red. v. G. Füßle. 15.—18. Jahrg. 1899—1902. à 12 Nrn. gr. 8. (à ca. 20 S.) Stuttgart, Christl. Verlagshaus. à Jahrg. n. 1. —

Sonntagsschulfreund, evangelischer. Monatsschrift zur Unterhaltung u. Belehrg. f. Sonntagsschulen u. Familien. Red.: G. Füßle. 19.—22. Jahrg. 1903—1906. à 12 Nrn. (à Jahrg. 240 S.) gr. 8. Stuttgart, Christl. Verlagshaus. à Jhrg. n. 1. —

— evangelischer. Monatsschrift zur Unterhaltg. u. Belehrg. f. Sonntagsschulen u. Familien. Red.: G. Füßle. 23.—26. Jahrg. 1907—1910. à 12 Nrn. (à Jahrg. 240 S.) gr. 8. Stuttgart, Christl. Verlagshaus. à Jahrg. 1. —

Sonntagsschul-Gesangbuch der Reformirten Kirche in den Vereinigten Staaten. Hrsg. von den deutschen Synoden obiger Kirche. (Ausg. ohne Noten.) 16. (313 S.) Cleveland, O. 886. (Philadelphia, Schäfer und Koradi.) geb. *

Sonntagsschulgeschichten der Christuskirche. Hrsg. von Paulus Cassel. 5.—8. Heft. 16. [Berlin 875, H. Stein's Verlag.] Wittstock, Rother. à Heft *

Inhalt:

Heft 5. „Ehre sei Gott in der Höhe". Eine Weihnachtsgeschichte von H. C. (19 S.)
" 6. Michaels, Pauline, das sterbende Kind. Eine Geschichte. (16 S.)
" 7. Waldow, Anna v., der Friedensengel. Eine Weihnachtsgeschichte. (28 S.)
" 8. Röttger, Lydia, Maitbaum und Quirl. — Brocke, B., die Ueberraschung. Zwei Weihnachtsgeschichten. (20 S.)

Sonntagschul-Glocke: Band 1–?, Oct. 1856–1915?

Monthly, 1856–61; semi-monthly, 1862–1915?. Organ of Deutsche Methodistenkirche. Large quarto, each issue 4 pages. Circulation: 1875, 25,000 (est.); 1893, 29,948; 1912, 15,000. Edited by Wilhelm Nast, 1856–May 1892; by the Rev. Heinrich Liebhart, 1871–95. Published by Swormstedt & Poe, 1856—June 7, 1860; by Poe & Hitchcock, June 14, 1860—1870?; by Hitchcock & Walden, 1871?–July ? 1880; by Walden & Stowe, Aug. 2?, 1880–May 1884; by Cranston & Stowe, June 2, 1884–May 1892; by Cranston & Curts, June 2, 1892—1899; by Curts & Jennings, Jan. ?–May 1900; by Jennings & Pye, June 7, 1900–May 1904; by Jennings & Graham, June 8, 1904–1915?.
Cincinnati, OH

Sonntagsschul-Harfe. Ein Liederbuch f. die liebe Jugend. 16. (IV, 160 S.) Stuttgart 888. Verlag der Evangel. Gemeinschaft. geb. in Halbleinw. — 50; in Leinw. — 70

— dasselbe, m. Melodien. 3. Ster.-Aufl. 8. (IV, 164 S.) Ebd. 884. geb. in Halbleinw. — 80; in Leinw. 1. —

Sonntagsschul- und Jugend-Kalender für die J. 1876—1878. 1.—3. Jahrg. 16. (à ca. 60 S. mit eingedr. Holzschn.) Basel, Spittler. à Jahrg. *
Nicht weiter erschienen.

Sonntagsschul-Lehrer und Eltern-Freund : 1868?–1870?

Monthly. Lutheran. Edited & published by Pastor S. K. Brobst.
Allentown, PA

Sonntagsschul-Lehrer-Bibliothek. No 1–3. Hamburg: Verl. d. Traktat-Ges. 1896–98. 8°

Sonntagsschul-Lehrer-Bibliothek. Nr. 1. 3 Hfte. 8. Hamburg 896. Cassel, Verlagshaus d. deutschen Baptisten J. G. Oncken Nachf. à Hft. — 15
Kurzgef. Einleitg. in d. Bücher d. heiligen Schrift f. Sonntagsschul-Lehrer u. Bibelfreunde. Deutsche Bearbeitg. nach Taylors „Outline analysis" v. Cl. Peters. (112 S.) (Kplt. kart. n.n. — 60)

— dasselbe. Nr. 2. 8. Ebd. 897. Kart. n. — 35
Ursprung u. Auslegg. d. Bibel. Von Alvah Hovey. Ins Deutsche übertr. v. J. G. Fetzer. (40 S.)

Sonntagsschul-Lehrer-Bibliothek. Nr. 3. 12. Hamburg. (Cassel, J. G. Oncken Nachf.) Kart. n.n. — 85
Das Leben Jesu. Ein systemat. Studiengang f. Jugendvereine u. Bibelklassen. Von Walth. Rauschenbusch. (VIII, 180 S.) 898.

Sonntagsschul-Lectionen : 1890–1914?

Quarterly. Organ of Die Vereinigten Brüder in Christo. Edited by the Rev. Wilhelm Mittendorf, & published by The Publishing House of the United Brethren in Christ Church.
Dayton, OH

Internationale Sonntagschul-Lektionen in Vierteljahresheften für Lehrer und Schulen
Jahrgang 1, 1900–?

Quarterly Sunday School publication. Organ of Mennonitische Brüdergemeinde. Edited by Peter F. Duerksen, & published by Central Publishing Co.
Hillsboro, KS

Sonntagsschul-Lektionen für Jung und Alt : Jahrgang 1–?, 1889–?

Quarterly. German edition of SUNDAY SCHOOL LESSON HELPS. Organ of Die Allgemeine Conferenz der Mennoniten von Nord Amerika. Place of publication varies: Elkhart, Ind. Continued as MENNONITISCHE SONNTAGSSCHUL-VIERTELJAHRSHEFTE. Edited by S. F. Sprunger, by C. H. A. van der Smissen. Published by Welty & Sprunger, 1889–?
Berne, IN

Sonntagschul-Lektionen für Mennoniten und andere Gemeinden : 1890?–1908?

Quarterly. Organ of The Mennonite Church. Title varies: SONNTAGSSCHUL-LEKTIONEN NEBST ERKLÄRUNGEN, July 1890–1908. Quarto, each issue 54–60 pages. Edited by J. S. Coffman, and published by Mennonite Publishing Co.
Elkhart, IN

Sonntagschul-Lektionsheft und Blatt : 1870?–?

Weekly; then quarterly? Presbyterian. Organ der Konvention der Deutschen Presbyterianischen Prediger und Aeltesten des Westens.
Dubuque, IA

Sonntagsschul-Liturgie f. Weihnachten u. alle Sonntage des Jahres. 8. (4 S.) Zürich (901). (Art. Institut Orell Füßli.) n. — 10

Sonntagsschul-Magazin. Eine Monatsschrift für Sonntagsschullehrer und Freunde der Jugend, hrsg. auf Anordnung der jährl. Conferenz der bischöfl. Methodistenkirche in Deutschland und der Schweiz von G. Haußer, H. Mann, J. H. Breiter. 1.—3. Bd. Jahrg. 1879—1881. à Jahrg. 12 Nrn. (Bog.) gr. 8. Bremen, Verlag des Tractathauses. à Bd. *

—— dass. — Hrsg. von J. H. Breiter und G. Haußer. 4. Bd. Jahrg. 1882. 12 Nrn. (Bog.) gr. 8. Ebendas. *

Sonntagsschul-Magazin. Eine Monatsschrift f. Sonntagsschullehrer u. Freunde der Jugend, hrsg. auf Anordnung der jährl. Conferenz der bischöfl. Methodistenkirche in Deutschland u. der Schweiz v. J. H. Breiter. 5—8. Bd. Jahrg. 1883—1886. à 12 Nrn. (B.) gr. 8. Bremen, Verl. d. Tractathauses. à Jahrg. n. 1. 35

Sonntagsschul-Magazin. Eine Monatsschrift f. Sonntagsschullehrer u. Freunde der Jugend, hrsg. von H. J. Breiter. 9.—11. Bd. Jahrg. 1887—1889. à 12 Nrn. (1¹/₄ B.) gr. 8. Bremen, Verl. d. Tractathauses. à Jahrg. n. 1. 35

-- dasselbe. 12. Bd. Jahrg. 1890. 12 Nrn. (1¹/₄ B.) gr. 8. Ebd. n. 1. 40

Sonntagsschul-Magazin. Eine Monatsschrift f. Sonntagsschullehrer u. Freunde der Jugend, hrsg. v. H. J. Breiter. 13. u. 14. Bd. Jahrg. 1891. 1892. à 12 Nrn. (1¹/₄ Bog.) gr. 8. Bremen, Verlag d. Tractathauses. à Jahrg. n. 1. 40

— dasselbe, hrsg. v. J. U. Wuhrmann. 15. Bd. Jahrg. 1893. 12 Nrn. (1¹/₄ Bog.) gr. 8. Ebd. n. 1. 40

— dasselbe. Von A. Sulzberger. 16. Bd. Jahrg. 1894. 12 Nrn. (1¹/₄ Bog.) gr. 8. Ebd. n. 1. 40

Sonntagsschul-Magazin. E. Monatsschrift f. Sonntagsschullehrer u. Freunde d. Jugend. Von A. Sulzberger. 17. Bd. Jahrg. 1895. 12 Nrn. (à ca. 20 S.) gr. 8. Bremen, Verlag d. Traktathauses. n. 1. 40

— dasselbe. 18. Bd. Jahrg. 1896. 12 Nrn. (à ca. 20 S.) Ebd. n. 1. 25

— dasselbe. 19. u. 20. Bd. Jahrg. 1897—1898. à 12 Nrn. (à ca. 20 S.) Ebd. à Jahrg. n. 1. 40

Sonntagsschul-Magazin. Eine Monatsschrift f. Sonntagsschullehrer u. Freunde der Jugend. Von A. Sulzberger. 21.—24. Bd. Jahrg. 1899—1902. à 12 Nrn. gr. 8. (à ca. 16 S.) Bremen, Verlag des Tractathauses. à Jahrg. n.n. 1. 25

Sonntagsschul-Magazin, eine Monatsschrift f. Sonntagsschullehrer u. Freunde der Jugend. Von A. Sulzberger. 25.—28. Bd. Jahrg. 1903—1906. à 12 Nrn. (à ca. 20 S.) gr. 8. Bremen, Buchh. u. Verlag des Tractathauses. à Jhrg. n. 1. 40

Sonntagsschul-Magazin. Eine Monatsschrift f. Sonntagsschullehrer u. Freunde der Jugend. Von A. Sulzberger. 29. Bd. Jahrg. 1907. 12 Nrn. (à ca. 20 S.) gr. 8. Bremen, Buchh. u. Verlag des Traktathauses. 1. 40
Fortsetzg., s.: Leitstern, der.

Sonntagsschul-Sänger, der. Eine Sammlung von 24 drei- u. vierstimmigen Gesängen aus dem „Jugendfreund" für die Jugend in Schule u. Haus. 2., verm. Ausg. Allentown, Pa., 865. (Philadelphia, Schäfer & Koradi.) qu. 8. (32 S.) 6 ngr.

Evangelisches Sonntagsschul-Vierteljahresheft und Heim-Departement : Band 1, 1878–?

Quarterly. Sub-title: Internationale Sonntagschul-Lektionen. Organ of Evangelische Gemeinschaft. Title of English edition: EVANGELICAL SUNDAY SCHOOL QUARTERLY. Place of publication varies: Cleveland, 1878–1922. Octavo, each issue 32 pages. Edited by T. C. Meckel, by S. J. Umbreit; by J. Kusch. Published by Lauer & Yost, by Lauer & Mattill, by Thomas & Mattill; by Mattill & Lamb; by J. H. Lamb, by C. Hauser, by Evangelisches Verlagshaus [in 1945]
Harrisburg, PA

Mennonitisches Sonntagsschul-Vierteljahresheft : Band 1–43?, Apr. 1907–Dec. 1943?

Quarterly. Organ of The Mennonite Church. English edition bears title: SUNDAY SCHOOL QUARTERLY. Octavo, each issue 52–55 pages. Edited by D. H. Bender, 1907–12, by J. A. Ressler, 1913–20, by J. C. Fricke; by Edward Yoder. Published by Mennonite Book & Tract Society, 1907, by Mennonite Publishing House, 1908–43.
Scottdale, PA

Sonntagsschul-Vierteljahrsschrift : 1906–1915.

Sunday School quarterly. Organ of Die Allgemeine Evangelische Kirchenversammlung der Deutschen Kongregationalisten. Editors: Lemkau; K. L. Stahl; L. Ebertz; H. M. Baumann; J. D. Gross; O. J. Tiede; W. Schlutzkus; G. J. Schmidt. For a time, printed by a Mennonite Publishing concern, after 1906 published by Pilgrim Press.
Chicago, IL

Sonntagssegen. Hrsg. v. der Wupperthaler Traktat-Gesellschaft. Ster.-Ausg. 8. (16 S.) Barmen 873. Wiemann. n. — 10

Sonntagssegen. Hrsg. von der Wupperthaler Traktat-Gesellschaft. 12. (16 S.) Barmen 881, Wiemann. *

Sonntagssegen u. Sonntagsfluch, s.: Geschichten u. Bilder fürs deutsche Volk, Nr. 12.

Sonntagsstunde, die, eine Wochenschrift f. das J. 1813. 4. Leipz. Göschen. Schreibv.

Sonntagsstunden, Die, eine Wochenschrift zur Erbauung, Unterhaltung und Erheiterung. Leipzig 1813. H: *Göschen, Georg Joachim.* (ErschDL) (Ky)

Sonntags-Stunden, stille. Eine Sonnetten-Reihe. 12. (III und 67 S.) Greifswald 855, Koch's Verlag.

Sonntags-Tribüne: 1897 1901. Leavenworth, KS
Sunday edition of Leavenworth Tribüne.

Sonntagstrost. Predigten f. solche, die keinen Gottesdienst haben, üb. die 3. Reihe d. sächs. Perikopenbuches. 5. Jahrg. Hrsg. vom Verein zur Verbreitg. christl. Schriften im Königr. Sachsen. gr. 8. (IV, 416 S.) Dresden 891. Niederlage zur Verbreitg. christl. Schriften. Geb. n. 1. 50
Jahrg. 1—4 sind vergriffen.

— dasselbe. Ein Jahrgang Predigten üb. die 4. Reihe d. sächs. Perikopenbuches. (6. Jahrg.) gr. 8. (IV, 416 S.) Ebd. 892. Geb. n. 1. 50

— dasselbe. Ein Jahrgang Predigten üb. die 1. Reihe des sächs. Perikopenbuches. (7. Jahrg.) gr. 8. (IV, 424 S.) Ebd. 893. Geb. n. 1. 50

— dasselbe. Ein Jahrgang Predigten üb. die 2. Reihe des sächs. Perikopenbuches. (8. Jahrg.) gr. 8. (420 S.) Ebd. 894. Geb. in Halbleinw. n. 1. 50

Sonntagstrost. (IX. Jahrg.) E. Jahrgang Predigten üb. d. 3. Reihe d. sächs. Perikopenbuches. Hrsg. v. Verein zur Verbreitg. christl. Schriften im Königr. Sachsen. gr. 8. (420 S.) Dresden 895. Niederlage zur Verbreitg. christl. Schriften. Geb. in Halbleinw. n. 1. 50

— (X. Jahrg.) E. Jahrgang Predigten üb. die 4. Reihe des sächs. Perikopenbuches. gr. 8. (420 S.) Ebd. 896. Geb. in Halbleinw. n. 1. 50

— (XI. Jahrg.) E. Jahrgang Predigten üb. die 1. Reihe des sächs. Perikopenbuches. gr. 8. (416 S.) Ebd. 898. Geb. in Halbleinw. n. 1. 50

— (XII. Jahrg.) E. Jahrgang Predigten üb. die 2. Reihe des sächs. Perikopenbuches. gr. 8. (416 S.) Ebd. 898. Geb. in Halbleinw. n. 1. 50

Sonntagstrost. (XIII.—XVI. Jahrg.) Hrsg. vom Verein zur Verbreitung christl. Schriften im Königr. Sachsen. gr. 8. Dresden, Niederlage des Vereins zur Verbreitg. christl. Schriften. Geb. in Halbleinw. n. 6. 75
XIII. Ein Jahrgang Predigten üb. die 3. Reihe d. sächs. Perikopenbuches. (IV, 424 S.) 899. n. 1. 50
XIV. Ein Jahrgang Predigten über die 4. Reihe des sächs. Perikopenbuches. (IV, 416 S.) 900. n. 1. 75
XV. Ein Jahrgang Predigten über die 1. Reihe des sächs. Perikopenbuches. (IV, 416 S.) 901. n. 1. 75
XVI. Ein Jahrgang Predigten über die 2. Reihe des sächs. Perikopenbuches. (IV, 456 S.) 902. n. 1. 75

Sonntagstrost. (XVII.—XIX. Jahrg.) Je ein Jahrgang Predigten üb. die 3., 4. u. 1. Reihe des Perikopenbuches Hrsg. vom Verein zur Verbreitung christl. Schriften im Königr. Sachsen. (IV, 464; IV, 456 u. IV, 464 S.) 8. Dresden 903—905. Niederlage des Vereins zur Verbreitg. christl. Schriften. Geb. in Leinw. à n. 1. 75

Sonntagstrost. (XX—XXIV. Jahrg.) Ein Jahrgang Predigten üb. die 2. Reihe des sächs. Perikopenbuches. Hrsg. vom Verein zur Verbreitg. christl. Schriften im Königr. Sachsen. (IV, 456; IV, 464; IV, 456; IV, 472 u. IV, 464 S.) 8. Dresden 906—10. Niederlage des Vereins zur Verbreitg. christl. Schriften. Geb. in Leinw. 1.75; in Einzelpredigten, à Jahrg. ca. 58 Nrn. — 80

Sonntagsunterhaltungen für gebildete Religionsfreunde. St. 1. Leipzig 1798. 8°
Hrsg.: Joh. Otto Thieß.

Sonntagsunterhaltungen f. Verstand u. Herz. Eine Zeitschrift f. d. J. 1810. 3 Hefte. Mit Kpf. gr. 8. Hamb. (Aus in Altona). 1 ₰

Sonntagsunterhaltungen f. Verstand u. Herz. Eine Zeitschrift f. das J. 1810. 3 Hefte, mit K. gr. 8. Hamburg, Gundermann.

Sonntagsunterhaltungen u. Volksbibliotheken. Zwei Mittel zur Bildung unseres niederen Volkes. Ein praktischer Versuch. gr. 12. ($2\frac{1}{4}$ B.) Marienwerder 845, Baumann.
Aus: Archiv f. vaterländ. Interessen 1845, besond. abgedruckt.

Sonntags-Unterhaltungsblatt
v. Schweizerische Bodensee-Zeitung.

Sonn- u. Feiertagsverkehr in München 1909. (2 S.) 31,5×23 cm. München (910). J. Lindauer. — 15
Sonderabdruck aus: „Mittlgn. d. statist. Amtes d. Stadt München".

Sonntagsvorschriften (Die staatlichen) in Baden und die Notwendigkeit ihrer Verbesserung. 8°. Frankfurt 1878.

Sonntagsweihe, christliche, in ausgewählten Predigten auf alle Sonn- und Festtage des christl. Kirchenjahres. Zur häusl. Erbauung für evangel. Christen hrsg. von Joh. Sam. Sondermann. 2 Thle. in 11 Lfgn. hoch 4. (XV und 878 S. mit 10 Stahlst. und 2 in Stahl gest. Titeln.) Nürnberg 857, Lotzbeck.

Sonntags-Winona: Jahrgang 1 38, no 4, May 21, 1887 Nov. 28, 1924.
Weekly, May 21, 1887 Nov. 11, 1899; semi-weekly, Nov. 18, 1899 July 23, 1920, weekly, July 30, 1920 Nov. 28, 1924. Literary edition of Westlicher Herold. Sub title: Sonntags-Ausgabe des Westlichen Herold. Title varies: Winona, May 21, 1887 – Nov. 11, 1899; Der Wesser, July 30, 1920 Nov. 28, 1924. Circulation: 1895, 9450, 1910, 24,119, 1924, 28,450.
Winona, MN

Sonntags-Wochenblatt für den Landmann im Fürstenth. Lüneburg, hrsg. unter Leitung des landwirthschaftl. Provinzial-Vereins zu Uelzen. 1. Jahrg. Juli — Decbr. 1849. 26 Nrn. (à $\frac{1}{4}$ — $\frac{1}{2}$ Bog.) gr. 8. Uelzen. (Lüneburg, Engel.) **

Son[n]tags-Zeitung (Sh)
Ⓩ ?—1688—? Ⓕ 8° Ⓔ Schaffhausen: Riedinger oder Suter Ⓛ BGSZ. 1052. 1053 Ⓑ Sh: S (Nr. 9 v. 29. 1. 1688).

Sonntagszeitung, ein Leseblatt f. alle Stände des gebildeten Publikums. 1s 2s Quart. od. 26 Stck. gr. 4. Stettin, Leich. (Bruder in Lpz.) 808. 5 —

Sonntags-Zeitung. Organ für Politik, öffentliches Leben, Kunst, Wissenschaft, Handel u. Gewerbe. Hrsg. von H. G. Voigt. Red. von Feodor Wehl. 1 Jahrg. 1848. Juli bis Decbr. 26 Nrn. Imp. Fol. (B.) Hamburg, Jowien in Comm. n. $1\frac{1}{2}$ ₰

Sonntags-Zeitung. Illustrirtes Volksblatt für Belehrung und Unterhaltung nebst polit. Nachrichten. Redakt.: Sigm. Saphir. 1. Jahrg. 1855. 12 Hefte oder 52 Nrn. (à 2—4 Bog. mit eingedr. Holzschn.) Fol. Pest, Heckenast's Verlag. *

Sonntags-Zeitung. Illustrirtes Volksblatt für Belehrung u. Unterhaltung. Herausgbr. u. Red.: Sigm. Saphir. 1—4. Jahrg. 1855—58. à 52 Nrn. (à 1 Bgn. m. Holzschn. im Text.) Pest, Osterlamm in Comm. Imp.-4. Jeder Jahrg. n. 2 ℛ︎. 20 ngr.

Sonntags-Zeitung. Illustrirtes Volksblatt zur Belehrung und Unterhaltung, nebst politischen Nachrichten. (II. Jahrg.) Verantw. Redakteur: Dr. Sigm. Saphir. Verleger: Gustav Heckenast. 4. 2spaltig. Erscheint jeden Sonntag. Pest 1856.

Sonntags-Zeitung. Illustrirtes Volksblatt für Belehrung und Unterhaltung, nebst politischen Nachrichten. IV. Jahrg. Verantw. Red. Dr. *Sigm. Saphir.* Verl. von *Gustav Heckenast.* Druck von *Landerer & Heckenast* in *Pest.* 1858.
Erscheint in **Pest**, jeden Sonntag, 1 Bogen in Fol. 2-sp. Prän.-Pr. 1/4-jähr. 1 fl.; pr. Post 1 fl. 15 kr.

Sonntags-Zeitung: 1878?—1880? **Peoria, IL**
Democratic weekly. Edited & published by Adolph Zwanzig.

Sonntags-Zeitung. Halberstadt: Schulz 1895. 8°

Sonntags-Zeitung. – Die Sonntags-Zeitung. – Erfurt. – 6.IV.1902 – 1919, Nr. 12.
Fortges. u.d.T.: Thüringer Volkswacht.

Sonntags-Zeitung: 1907?—1909? **Portland, OR**
Sunday edition of Oregon Deutsche Zeitung.

Argentinische Sonntags-Zeitung: 1905 ?
Weekly, with supplements. Sub-title: Illustriertes Unterhaltungsblatt, Familien und Modezeitung. Editor and Publisher: Karl Balzer. Printed by G. Berger.
Buenos Aires

Sonntagszeitung. – Bergedorfer Sonntagszeitung. – Hamburg-Bergedorf. – 1.I.1824 – 31.VIII.1830.
Fortges. u.d.T.: Bergedorfer Bote.

Berliner Sonntags-Zeitung. Red. Held. April 1856, Probenummer. 4.

Detroiter Sonntags-Zeitung: Apr. 1869—1882?
Weekly supplement to Michigan Journal. This paper was sent gratis to all subscribers of daily or weekly editions, but had its own rate if ordered separately. Large quarto, each 8 pages, paged continuously. Circulation: 1880, 1500. Edited by Konrad Marxhausen, 1869—81; by John Becker, 1881; by Weise & Wiencke, 1882.
Detroit, MI

Sonntags-Zeitung f. Deutschlands Frauen. M. der Gratis-Buchbeilage: Dichtergrüße, Sammlg. d. schönsten Dichtgn. aller Zeiten. 1. Jahrg. Oktbr.—Dezbr. 1897. 13 Nrn. (à ca. 2 Bog. m. Abb.) gr. 4. Berlin. Leipzig, W. Vobach & Co. 1.50

— dasselbe. Illustr. Zeitschrift m. d. Beilagen: Praktische Mitteilgn. f. Küche u. Haus (52 Nrn.), Deutsche Dichtergrüße, Sammlg. d. schönsten Dichtgn. (26 Nrn.), Illustr. Zeitung f. Mode u. Handarbeit (26 Nrn.). Publications-Organ deutscher Frauenvereine. (2.) Jahrg. 1898. 52 Hfte. (à ca. 24 S.) gr. 4. Ebd. 7.20; einz. Hfte. — 15

— dasselbe. Illustr. Zeitschrift m. den Beilagen: Grüße deutscher Dichter. Sammlung der schönsten Dichtungen (26 Nrn.), Jul. Lohmeyers illustr. Jugendzeitg. (26 Nrn.), Album prakt. Handarbeiten (26 Nrn.), Prakt. Mitteilgn. f. Küche u. Haus (26 Nrn.), Illustr. Zeitg. f. Mode u. Handarbeit (26 Nrn.), Schnittmusterbeilagen (12 Nrn.). Red.: A. Stern; Frl. D. Kiesewetter; Frl. Helene Tiedemann. (3.) Jahrg. Oktbr. 1898—Septbr. 1899. 52 Hfte. (à 24 u. 8 S. in gr. 8. u. 1 Schnittmusterbog.) gr. 4. Ebd. à Hft. — 20

Sonntags-Zeitung für Deutschlands Frauen. Illustrierte Familien- u. Modenzeitg. Mit den Beilagen: Moden-Zeitung fürs deutsche Haus. Album prakt. Handarbeiten. Große Kinder-Modenwelt. Schnittmusterbogen. Kunstblätter moderner Meister. Praktische Mitteilgn. f. Küche u. Haus, Gesundheitspflege u. Erziehg. Illustrierte Kinderzeitg. Red.: S. Hochstein; Doris Kiesewetter; Hermine Steffahny; Helene Tiedemann. Oktbr. 1899—Septbr. 1903. à 52 Hfte. gr. 4. (à ca. 16, 12 u. 8 S. u. 8 S. in gr. 8. m. Farbdr.) Berlin, W. Vobach & Co. à Hft. —20
Billige Ausg., s.: Familien- u. Modenzeitung.

Sonntagszeitung f. Deutschlands Frauen. Illustrierte Familien- u. Modenzeitg. Mit den Beilagen: Moden-Zeitung fürs deutsche Haus. Album prakt. Handarbeiten. Große Kinder-Modenwelt. Schnittmusterbogen. Kunstblätter moderner Meister. Praktische Mitteilgn. f. Küche u. Haus, Gesundheitspflege u. Erziehung. Illustrierte Kinderzeitg. Red.: M. Bade, S. Hochstein. Oktbr. 1903 bis Septbr. 1905. à Jahrg. 52 Hefte. (à ca. 20, 8 u. 12 S. m. Taf.) gr. 4. Berlin, W. Vobach & Co.
Fortsetzung u. d. T.: à Hft. — 20

— fürs deutsche Haus. Illustrierte Familien- u. Frauenzeitg. 9. u. 10. Jahrg. der „Sonntags-Zeitg. f. Deutschlands Frauen". Red.: Frau Erna Orth-Steinberg u. S. Hochstein. Oktbr. 1905—Septbr. 1907. à 52 Hefte. (à ca. 24 u. 16 S. m. farb. Taf.) gr. 4. Leipzig, W. Vobach & Co. à Hft. — 20

Sonntags-Zeitung fürs deutsch. Haus. Illustrierte Familien- u. Frauen-Zeitg. Mit 7 Beilagen. Red.: S. Hochstein, Wolfg. Engel, Erna Orth-Steinberg u. Amalie Witte. Jahrg. 1910/11. (Oktbr. 1910—Septbr. 1911.) 52 Hefte. (1. Heft. 28 S. m. 1 farb. Taf. u. 1 Schnittbog.) 31×23,5 cm. Berlin, W. Vobach & Co. à Nr. — 20

Sonntags-Zeitung: Illustrierte Sonntags-Zeitung v. Oltner Nachrichten.

Illustrierte Sonntags-Zeitung für unsere Frauen. Wochenschrift für Unterhaltung, Mode und Handarbeit, Küche und Haus. 6. Jahrg. 4°. erscheint in 52 Heften
Wien: Kratz, Helf & Co. 1903. vierteljährlich K 8.26

— fürs Lehrerhaus. Illustriertes Familienblatt f. Unterhaltung u. Belehrung. Mit der Beilage: „Für unsere Kinder". Schriftleiter: Fritz v. d. Höhe. April 1905. 2 Hefte. (à 16 S. m. Abbildgn. u. 8 S. in 8.) Lex.-8. Leipzig (A. Cavael.) à — 15
Erscheint nicht mehr.

Philadelphier Sonntags-Zeitung: 1871? 1872?
Independent weekly. Circulation: 1872, 8000 (est.). Edited & published by Mühleck & Scheu.
Philadelphia, PA

Sonnwendstein [Schlagwort]

Sonnwendstein, s.: Wiener Ausflugskarten.

Sonny, Adf., de Massiliensium rebus quaestiones. gr. 8. (110 S.) Petropoli 887. (Dorpat, Karow.) * 2 80
Diss.

Sonoma County Journal: 1882?—1886?
Independent weekly. Circulation: 1885, 600. Edited & published by D. Klintworth.
Santa Rosa, CA

Sonoma County Presse: 1878?—1880?
Independent weekly. Circulation: 1880, 575. Edited & published by F. W. Cohnen.
Petaluma, CA

Sonreck, F. W., üb. die Pneumatik der Regulatoren, s.: Jepkens, A., die neue Orgel in der kathol. Pfarrkirche zu Kempen.

Sons, probable (by Amy le Feuvre), bearb. von Elisab. Dickmann, s.: Schulbibliothek, französische u. englische. C. 37.

Sons: Handbuch für Holzarbeiter, s. Diston.

Sonsbeeck, Frd. Lud. v., Specimen juridicum inaug., ad legem 4 digestorum de captivis et de postliminio. 8maj. (2½ B.) Groningae 842. (Emden, Rakebrand.) *

Sonst! — **Jetzt!** Dem Volke zur Erinnerung! Drei Proclamationen Sr. Maj. Friedrich Wilhelm IV. Königs von Preußen über das Verhältniß Preußens zu Deutschland 1848. 1849. gr. 8. (8 S.) Berlin 851. Nolte. 1 ngr

Sonst! — Jetzt! Dem Volke zur Erinnerung! Drei Proclamationen Sr. Majestät Friedrich Wilhelm IV. König von Preußen über das Verhältniß Preußens zu Deutschland 1848. 1849. Berlin, F. W. Nolte, 1851. 8 S. 8°.

Sonst und jetzt. Tischlied 27. Okt. 1900. H. S. »Als Gotthold bei uns Aufnahm fand.« Frankfurt a. M. 1900. V: *Schneider, Heinrich.* (wolfstieg I, 806)

Sonst u. Jetzt, das, des Adels, geschichtl. dargest., nebst e. Vorschlage wegen Umgestaltung d. Adelsinstituts f. Sachsen v. e. Sachsen. 8. (2 B.) Bayreuth 834, Grau. — 4

Sonst — Jetzt und Einst. Allegorisch-dramatische Scene zur Vorfeier des höchsterfreulichen Geburtsfestes S. K. H. des Herzogs von Cambridge. Gesprochen auf dem Maskenballe am 21. Februar 1826. Hannover [1825]. V: *Harrys, [Joh.] Georg [Carl].* (GGr IX, 342)

Sonst, Laurent., der Priester-Apostat Johann Czerski u. die apostol. Duodezkirche zu Schneidemühl vor dem Richterstuhle der heil. Schrift, der kirchl. Geschichts-Ueberlieferung u. des gesunden Menschenverstandes. gr. 8. (4 B.) Regensburg 845, Manz.

Sonst, Laurenz, Der Priester-Apostat Joh. Czerski u. die apostol. Duodezkirche zu Schneidemühl vor dem Richterstuhle der hl. Schrift, der kirchl. Geschichtsüberlieferung u. des gesunden Menschenverstandes; zugleich eine Verteidigung u. Rechtfertigung der kath. Kirche. Regensb., Manz (jetzt Verlagsanst.), 1845, gr. 8°, 65 Bl.

SONTAG (I), Ueber Spiel, Tanz u. Theater in Beziehung auf die erwachsene Jugend. 1791. 4°.
Citirt Heun (nachmals Clauren ps.).

Sontag, B., Anschauung u. Anschaulichkeit, s. a. Abhandlungen, pädagogische. N. F. III. 9.

Anschauung und Anschaulichkeit. Von B. Sontag, Lehrer in Halle i. W. Bielefeld: A. Helmich [1898]. (16 S.) 8°
= Abhandlungen, Pädagogische. N. F. Bd 3, H. 9.

Sontag, Carl, s. Sontag, Karl

Sontag, Ernst, die Gründung e. Industrie-Hypothekenbank. Ein Beitrag zum Problem der Organisation des langfrist. industriellen Kredits. (48 S.) gr. 8. Kattowitz 909. Gebr. Böhm. 1.—

Sontag, Ernst [Referendar bei d. Kgl. Amtsger. zu Löwen]: Der besondere Schutz der Mitglieder des deutschen Reichstages gegen Strafverfolgung und Verhaftung. Von d. jur. Fak. d. Kgl. Univ. zu Breslau im J. 1894 „des Preises für würdig befunden“ ... (Erscheint vollst. im gl. Verl. u. d. T.: Der besondere Schutz d. Mitglieder d. deutschen Reichstages u. d. deutschen Landtage gegen Strafverfolgg u. Verhaftg.) Breslau, W. Koebner, 1895; VII, 52 S., 2 Bl. 8.
Breslau, Jur. Fak., Inaug.-Diss. v. 10. Juni 1895

Sontag, Ernst, d. besond. Schutz d. Mitglieder d. deutschen Reichstages u. d. deutschen Landtage gegen Strafverfolgg. u. Verhaftg. gr. 8. (VIII, 92 S.) Breslau 895. M. & H. Marcus. n. 2.—

Sontag, das Stempelsteuergesetz, s.: Boehm, A.

— Das preuß. Stempelsteuergesetz, s.: Taschengesetzsammlung. (Boehm, J.)

Ein Brief der Henriette Sontag vom 9. Febr. (1852). (Der Gesellschaft d. Bibliophilen zu ihrer Generalversammlung 1905 gewidmet v. 'Berliner Bibliophilen-Abend'. Hrsg. Gotthilf Weisstein.) (Berlin 1905: v. Holten.) 6 Bl. 8° [Umschlagt.]

Sontag, J., Lehrbuch der Handels- u. Wechselkunde. II. Abth. gr. 8. Wien 895. C. Graeser & Co. n. 1. 40
Wechselkunde. (III, 136 S.)
Die 1. Abth. erscheint später.

Sontag, Joh., der schriftliche Verkehr der Hoteliers usw., s.: Heß, Adf. Fr.

Sontag, Karl

Sontag, Carl, Frauen-Emancipation, s. Bloch's, E., Theater-Correspondenz.

Sontag, Carl, Schimpfereien. 8. (XI, 856 S.) Berlin 894. Freund & Jeckel. n. 6.—

— Similia similibus curantur od. Frauen-Emancipation. Schwank in 1 Akt. 8. (VII, 46 S.) Ebend. 876. n. 1. 50

Sontag, Carl, vom Nachtwächter zum türkischen Kaiser! Bühnen Erlebnisse aus dem Tage e. Uninteressanten. 2. Aufl. gr. 8. (XVI, 524 S.) Hannover 875. Helwing's Verl. n. 8. 80

— dasselbe. 3. unveränd Aufl. 2 Bde. 8. (XXI, 222 u. 206 S.) Ebend. 876. n. 5. —

— vom Nachtwächter zum türkischen Kaiser! Bühnen-Erlebnisse aus dem Tagebuche eines Uninteressanten. 4., unveränd. (Titel-)Aufl. 2 Thle. in 1 Bde. 8. (XXI, 222 u. 206 S.) Hannover (1876) 878. Helwing's Verl. n. 5. —

Sontag, Karl Rich., die Entlassung gegen Caution im deutschen Strafverfahren. gr. 8. (VIII und 211 S.) Heidelberg 865, Weiß. *

Sontag, Karl Rich., die Festungshaft. Ein Beitrag zur Geschichte des deutschen Strafsystems und zur Erläuterung des Reichsstrafrechts. gr. 8. (V, 202 S.) Leipzig 872, C. F. Winter'sche Verlagsh.

—— die Redaktionsversehen des Gesetzgebers insbesondere auf strafrechtlichem Gebiet. gr. 8. (66 S.) Freiburg i. Br. 874, Wagner'sche Buchh.

Sontag, Carolus Richardus: De sponsalibus apud Romanos. Halae 1860: Hendel. 76 S. 8° (4°)
Halle-Wittenberg, Jur. Diss. v. 15. Juni 1860
Geb. [Magdeburg 6. 2. 1835]

Sontag, Léon, Wo ist der Herd der socialen Uebel? Ein Wahlruf an die deutschen Männer, den deutschen Frauen ehrfurchtsvoll gewidmet. gr. 8. (56 S.) [Breslau 878, Gosohorsky's Buchh.] Freiburg i. Br., Kiepert. *

Sontag, Max *Otto* [pr. Arzt aus Elbing]: Ueber Cervical-Blasenfisteln ... Greifswald, Druck v. J. Abel, 1892; 1 Bl., 5—32 S. 8.
Greifswald, Med. Fak., Inaug.-Diss. v. 29. Dez. 1892

Sontag, Otto, u. J. B. Hofmann, Festreden u. Trinksprüche. Orig.-Festreden u. Trinksprüche in Poesie u. Prosa f. alle mögl. festl. Gelegenheiten v. S., sowie humorist. Tafelreden f. Vereine, Gesellschaften, Studentenkreise u. a. m. von H. Mit prakt. Ratschlägen f. Festredner. (320 S.) gr. 8. Berlin (904). A. Weichert. 3. —; geb. 4. —

Sontag, Otto, der tolle Fürst. Roman. gr. 8. (208 S.) Berlin 898. O. Dreyer. 2. —; geb. 3. —

Sontag, Otto, der tolle Fürst. Roman. (208 S.) 8. Berlin (908). O. Dreyer. 2.—; geb. 3.—

Sontag, R., für die Freiheitsstrafen. Beiträge zur Lehre von der Strafe. [Aus: „Zeitschr. f. die gesammte Strafrechtswissensch."] gr. 8. (52 S.) Berlin 881. Guttentag. n. 1. —

Sontag, S., s. Conférences, les, du Père Hyacinthe à Strasbourg.

Sontag, Samuel (Eperies) A. S. 1194/30

Dissertatio inauguralis medica de metastasi sive sede morborum mutata Oder: Wie sich öffters eine Kranckheit in die andere verwandele.
Präs. Friedrich Hoffmann.
Halle (Hilliger) IX. 1731. 45 S.

W. v.: J. F. Cassebohm, J. R. Brockmann, Johann Georg Lesser. 32875

Sontag, W. H., meine Excommunication. Ein Wort der Rechtfertigung an meine Mitbürger. 1—5. Abdr. Wiesbaden 856. Ritter in Comm. gr. 8. (16 S.) 1⅓ ngr.

Sontags-Blat, s. Sonntagsblatt

Sontags-Zeitung
v. Son[n]tags-Zeitung (Sb).

Sontheim, Friedr. v., Geschichte der Liebe oder Versuch einer Philosophie der Geschichte für Damen. Eine Festgabe an die Schönen. 16. (212 S.) Stuttgart 854(55,) Hallberger'sche Vrlgsh. — 21

Sontheimer, . Kurze Lebensbeschreibung des Thadäus Seif ([geb.] 1816), Förster in Appenzell. Verfasst von Dr. S'. [Mit 1 Vignette.] 8. *o. O. u. J.* [1888/90].

Sontheimer, Anton, approb. Arzt aus Augsburg: **Ueber Carcinom des Rachens.** *München 1898: Kastner & Lossen.* (27 S.) 8°
München, Med. Diss. v. 1898

v. Sontheimer, Jos., s. Heilmittel, zusammengesetzte, der Araber.

v. Sontheimer, Jos., die Kräfte der Heil- und Nahrungsmittel, s. Zusammenstellung über die Kräfte d. Heil- u. Nahrungsm.

v. Sontheimer, Jos., s. A. P. Wilson Philipp, Untersuchung üb. die Funktionen des Lebens ꝛc. u. andere Sonnleithner in Sontheimer ab.

Sontheimer, Ludwig, a. Tübingen: Vitruvius und seine Zeit. E. literarhist. Untersuchung. Tübingen: J. J. Heckenhauer in Komm. 1908. (X, 125 S.) 8°
Tübingen, Phil. Fak., Ref. Gundermann, Diss. v. 7. Febr. 1908
[Geb. 14. Sept. 84 Tübingen; Wohnort: Tübingen; Staatsangeh.: Württemberg; Vorbildung: Sem. Urach Reife M. 02; Studium: Tübingen 8 S.; Coll. 2. Aug. 06.]

Die aus dem Kapitel Ottobeuren hervorgegangene Geistlichkeit. Vom Ursprung d. Kapitels bis z. J. 1900. Nach hist. Quellen bearb. von Martin **Sontheimer.** Memmingen: Feiner 1910. XVI, 420 S. 8°
[11. 10083

Sonthofen [Schlagwort]

Sonthofen, s.a. Bayern. Karte.

Sonthofen. Orientierungskarte der Umgebung von Sonthofen u. Hindelang im Allgäu. 1 : 40,000. 63×56 cm. Farbdr. Sonthofen 905. (Hindelang, M. Kaufmann jun.) (Nur direkt.) n. 2. —

SONTHOM, EMANUEL, A. DRANCKMEISTER, JOS. HALL. — Goldenes Kleinod der Kinder Gottes. Das ist: Der wahre Weg zum Christenthum. Aus dem Englischen in das Teutsche übersetzt. An vielen Orten verbessert, und mit dreyen herrlichen neuen Tractätlein vermehret . . . Benebens etlichen nothwendigen Registern, und einer Vorrede M. Paul Daniel Longolius. [4 Teile in einem Bande.] Hof, im Voigtlande, J. E. Schultze, 1737. 8°. *Frontispiz*, VII Bl., 822 S., XIII Bl. 169 S., VII Bl. 48 S. Schwarzer Lederbd. d. Z. (Rücken beschädigt, Rückdecke mit Wasserspur), gepunzter Goldschnitt.

Die Titel der 3 angehängten Tractate: (1) Das Gespräch des Hertzens. Oder: Das eiferige Gebet, welches aus Geistlichen Betrachtungen veranlasset, im Sinne, sonder Rede, zu Gott geschicket wird. (2) Ein Edles Büchlein Von der innerlichen Geistlichen Hoffart, Und Von der tieffen, unerkannten und verborgenen Bosheit in aller Menschen Hertzen . . . Durch Albertum Dranckmeisterum, Vloensem. (3) Joseph Hallens, weiland Engeländischen Bischoffs zu Norwick, Besiegete Todes-Furcht . . . übersetzet von M. H. K. E. H. P. — Der Herausgeber und wohl auch Übersetzer dieser mystisch-asketischen Schriften Longolius, Rektor des Gymnasiums zu Hof, gibt eingangs eine Biographie des berühmten englischen Theologen und Satirikers JOSEPH HALL (1574—1656), Bischofs von Exeter, Norwich etc., von dem der letzte Traktat stammt

Sonthom, Em., güldn. Kleinod d. Kinder Gottes. 8. Berl. Voß. 751.

— — dass. 12. Nürnb. Endter.

Sontog, C. K., s. Sontag, Karl Richard

Sontoneff, Maxi, Abgott Mann. Schauspiel in 3 Akten. 8. (82 S.) Dresden 901. E. Pierson. n. 1. 50

Sontowsky, Johanna, d. kleinen Schatzgräber, s. a. Bloch's, Ludw., Kinder-Theater.

Die kleinen Schatzgräber. Dramat. Märchen in 1 Aufz. von Johanna Sontowsky. Berlin: E. Bloch (1895). (18 S.) 8°
= Kinder-Theater, Ludwig Blochs. No 36.

Sontra [Schlagwort]

Sontra, s.: Prousson. Mosetlochblättor.

Sooden, Soolbad, an der Werra u. seine Umgebung. Mit 2 Karten u. 7 Illustr. 2. wesentlich verm. Aufl. 16. (IV, 80 S.) Halle a. S. 892, Mühlmann. * 1 —

Sool- u. russische Dampfbad, das, zu Königsborn bei Unna. gr. 8. Hamm 827, Schulz.

Soolbad Salzungen, das, s.: Salzungen.

Soolbäder. Die S'-B' in Mumpf, Kanton Aargau. [Mit 1 Illustration.] quer-8. Rheinfelden (1867).

Soolingen, Cornelius
s.: Solingen, Cornelis

Soonwald [Schlagwort]

Soonwald, s.: Nahethal.

Soós, L., die Nützlichkeit u. Schädlichkeit der Saatkrähe (Corvus frugilegus L.) in der allgemeinen Auffassung. (Deutsch u. ungarisch.) (25 S. m. 1 Karte u. 1 Tab.) Lex.-8. Budapest 904. (F. Kilián's Nachf.)
Sonderabdruck aus: „Aquila". n.n. 1. 50

SOÓS, STEPHAN: Der heilige Antonius von Padua. Gebetbuch zur Verbreitung der Verehrung des großen Wunderthäters. Verfaßt von P. Stephan Soós, Karmelit. Zweite Aufl. Budapest 1905. Stephaneum Buchdruckerei. 144 S. 1 t. - 130 mm

Soostmann, Otto: Die Einrichtung der Seminar-Übungsschule und die Einführung der Seminaristinnen in die Unterrichtspraxis. Osnabrück 1908: Kisling. S. 3—31. 4°
Osnabrück, st. HM OP 1908 [215] [S 08. 458

Soostmann, Otto, die Erforschung der kindlichen Individualität, s.a. Greßler's pädagog. Blätter. 10. Heft.

Die Erforschung der kindlichen Individualität. Von Otto Soostmann, Seminarl. Langensalza: Greßler 1910. 28 S. 8°
(Greßlers Pädagogische Blätter. H. 10.)

Soothe, J. C. v., auserlesenes höchst ansehnliches Ducatencabinet. Hamburg 1784. Unentbehrliches u. werthvolles Suppl. zu J. T. Köhler's Ducatencabinet. Enth. u. A. über 700 noch nicht beschriebene Ducaten-Goldgulden. (Neudruck.) (XI, 243 S.) gr. 8. Bonn 904. (Köln, Palmstr. 36, Dr. H. Meyer.) Geb. n. 12. —

Sopha, ou conte moral p. Crebillon. 8. Jene, Fischer. 763.

— der, eine moral. Erzählung, a. d. Franz. des Hrn. Crebillon. 2 Thle. 8. Berl. Lange. 765.

Sopha, der, eine moralische Erzählung, aus dem Franz. des Crebillon, 2 Theile, 8. Pecklin, 765. 15 sgl.

Sophar, M. W., über das Grab hinaus, s.: Weber's moderne Bibliothek.

Sophar, M. W., ein Phantom, s.: Weber's moderne Bibliothek.

Sophia oder die Folgen des Leichtsinns und der Unwirthlichkeit. Bremen 1801. V: *Berger, Julie.* (BGE) »1807« (KY)

Sophia. Christliche Frauenzeitung. Zürich 867. Woerl. hoch 4. (IV, 196 S. mit eingedr. Holzschn.) 15 ngr

Sophia. 1000 Recepte f. Küche u. Haus, Gesundheits- u. Körperpflege. 1. u. 2., verb. Aufl. gr. 16. (V, 401 u. V, 421 S.) Berlin 897. F. Lipperheide. Geb. in Leinw. à 2. 50

Sophia. 1000 Rezepte f. Haus u. Küche, Gesundheits- u. Körperpflege nebst e. Anh.: Hauswirtschaftl. Winke. 4., verb. u. verm. Aufl. (V, 350 S.) kl. 8. Berlin 909. F. Bruckmann Zweigniederlassg. Geb. in Leinw. 2. —

Sophia v. Lissau, od. Kampf d. Judenthumes u. Christenthumes. N. d. 2. Aufl. d. Engl. frei übers. v. † Gust. Sellen. 8. (16 B.) Leipzig 828, Wienbrack.

Sophia Dorothea, Gemahlin Georg's I., Memoiren, s. Memoiren.

Sophian, Töne aus meiner Liebe. 18. Göttingen 845. (Vandenhoeck u. Ruprecht.) n. 1/3 Thlr.

Σοφίας Απάνθισμα etc. Kern d. Weisheit. gr. 12. Wien 811. (Wallishausser); (Leipz., Hinrichs). 12 Gr.

Sophia's Buch f. kleine Mädchen, v. L. 8. (4 1/4 B. u. 3 Stnt.) München 835, (Franz.)

Sophia's Lieblingsstunden. Romane, Erzählungen, Gedichte, v. J. G. Gruber. 8. Leipz. Schiegg. 811.

Sophie oder Grossmuth und Reu. Ein rührendes Drama. München 1773. V: *Törring, Graf.* (Oberbayr. Arch. 51, 2) (Zeitschr. f. Büch. N. F. 15, 1923, S. 123)

Sophie ou de l'éducation des filles. Berlin 1777. V: *Sydow, Marie Joseph. von geb. de l'Escun.* (Schl) (MGT) (KY)

Sophie, ou de l'éducation des filles (par Mdme de Montbart). 8. Berl. 777. Rottmann. 20 Gr.

Sophie; od. d. gerechte Fürst. Schsp. v. Möller. 8. Leipz. Böhme. 777.

Sophie oder Briefe zweyer Freundinnen. Stettin 1780. V: *Kluge, Johann Daniel.* (KY) (ML)

Sophie, oder Briefe zweyer Freundinnen, in 2 Theilen, 8. Stettin, 780. Kaffke. 15 sgl.

— od. Briefe zweier Freundinnen, (v. J. D. Kluge). 2 Thle. 8. Stettin 780. (Nicolai in Berl.) 12 Gr.

SOPHIE, oder ein Gemälde zur Bildung junger Frauenzimmer. Augsburg 1789. 8°. (3 Mk. 50 Pfg. L. Rosenthal, 1907.)

— ein Gemälde zur Bildung junger Frauenzimmer. 8. Augsb. 789. Wolff. 9 Gr.

Sophie oder der Einsiedler am Genfersee. Leipzig 1794. 2. A. 1800. V: *Fischer, Christian August.* (HS) (MGT)

— oder der Einsiedler am Genfer See, von C. A. Fischer, 2 Theile, mit 1 Kupfer, 8. Leipzig, 795. Schäfer. 1 Rthl. 8 sgl.

Sophie aus Rousseaus Emil, ein Bild schöner Weiblichkeit. Leipz. 1797. V: *Müller, Carl Ludwig Methusalem.* (MGT) (GGr) (KY)

— aus Rousseau's Emil, ein Bild schöner Weiblichkeit. 8. Leipz. 797. (Cnobloch). 10 Gr.

Sophie, aus Rousseaus Emil, ein Bild schöner Weiblichkeit, Taschenform. Leipzig, 797. Martini. 13 sgl.

— aus Rousseaus Emil; ein Bild schöner Weiblichkeiten. 8. Leipz. Martini. 797.

— od. der Einsiedler am Genfersee; herausg. v. Ch. A. Fischer. 3 Thle. 8. Leipz. Schäfer. (Kühn.) 800.

SOPHIE, oder das unbekannte Mädchen. Originalaufl. Mit TKpf. u. gestoch. Tit. Wien, Wallishausser, 1802. 8°. (45 xr.) Selten!

Sophie, od. die Folgen d. Leichtsinns u. d. Unwirthlichkeit (v. Julie Berger). 8. Bremen 807. Müller. 16 Gr.

Sophie v. Bernrode, od. Verirrungen in der Liebe. 8. Leipz. 799. (Cnobloch). 1 Thlr. 8 Gr.

— de Brabant. Opéra en 2 Actes p. Bursay. 8. Brswg. Pluchart. 806.

Sophie Charlotte, Gräfin zu Stolberg-Wernigerode. 8. (32 S.) Basel 868, Spittler.

Sophie, Dorothea. Trauerspiel in 3 Aufzügen ... Bamberg 1866. V: *Schühlein.* (BMarsch 1011)

Sophie, Großherzogin v. Sachsen-Weimar-Eisenach, s. Bürkner, Rich. — Couvreur, J. — Dittenberger, Rud. — Festschrift. — Hesse. — Hodermann, Rich. — Rösel, R. — Schmeißer, Rich.

— einer jungen, Reise, aber nicht von Memel nach Sachsen. 1r Bd. 2 Thle. 8. Nürnb. Felsecker. 780.

— einer jüngern Reise, aber nicht von Memel nach Sachsen, 1r Theil, in 2 Abtheilungen, 8. Nürnberg, 780. Felseckers. 25 sgl.

Der Collisionsfall „Sophie" -„Hohenstaufen". Die Entscheidung des Seeamts zu Bremerhaven vom 9. December 1884, des Kaiserlichen Oberseeamts zu Berlin vom 21. April 1885, des Hans. Oberlandesgerichts zu Hamburg vom 3. Februar 1888, nebst den dazu gehörigen Skizzen. Bremen 1888.

Sophie, regier. Königin v. Dänemark, s. Jh. Hübner I. genealog. Tabellen.

— von Normann, von Amalie Berg. 8. Berlin, Dunker u. H. 808. Schreibpap.

Sophie und Ottokar, ein Roman ... Leipzig 1800. V: *Lüders, Ludw.* (MGT)

— u. Ottokar; ein Roman von Gustav Moll, m. Kpf. 8. Leipz. Gräff. 800. , 8

Sophie Waller, e. Beitrag z. Geschichte d. Stammbäume. 8. Leipz. 794. (Knobloch). 1 ₰ 4 gr

Sophie Werner, s. Werner, Sophie.

Sophie Werner, od.: Jugendgeschichte d. Schulmeisterstochter zu Langenbach. Ein Gemälde ländl. Sitten. Als Weihnachts- u. Geburtstagsgeschenk f. gute u. folgsame Kinder. 12. (6¼ B. u. 6 ill. Abbild.) Meißen 829, [Klinkicht u. Sohn.]

Sophie, Kurfürstin v. Hannover, s.: Briefe der Königin Sophie Charlotte v. Preußen.

Briefe der Kurfürstin **Sophie** von Hannover an die Raugräfinnen und Raugrafen der Pfalz. Hrgg. v. Eduard Bodemann. Leipzig 1888. = Publicationen aus den K. Preussischen Staatsarchiven. Bd 37. 8°

Memoiren der Herzogin **Sophie** nachmals Kurfürstin von Hannover hrgg. v. Adolf Köcher. Leipzig 1879. = Publicationen aus den K. Preussischen Staatsarchiven. Bd 4. 8°

Sophie, Gräfin v. Valois, s. Valois.

Sophie, Gräfin v. Valois, die Tochter d. Unglücks; e. romant. Geschichte. 2 Bde. 8. Erfurt 812. (Otto). 1 ₰ 12 gr

Sophie Charlotte, Königin v. Preußen, s.: Briefe.

[Sophie Charlotte, Königin v. Preussen und *Sophie*, Kurfürstin v. Hannover]. Briefe der Königin Sophie Charlotte von Preussen und der Kurfürstin Sophie von Hannover an hannoversche Diplomaten. M. e. Einl. hrsg. von Rich. *Doebner.* Leipzig 1905. 8°. (Publicationen a. d. K. preuss. Staatsarchiven. Bd 79.)

Sophie Verena, s. Verena, Sophie.

Sophie Verena, Else. Novelle. 8. (III und 227 S.) Berlin 856, A. Duncker.

Sophie-Wilhelmine, Heideprinzeßchen. Märchen in 3 Abteilgn. m. Silhouetten. 4. (19 Bl.) Wolfenbüttel 894. J. Zwißler. Kart. n. 2. —

Sophie, ..., (Sophie Tasché, geb. Hofmann), Dichtung u. Wahrheit. Erzähll. 8. Gießen 813. Tasché. 14 gr

Sophie, Lindenknospen, s. Lindenknospen.

Sophie, ..., Lindenknospen. (Gedichte). 8. Straßb. 827. Gerhard in Danzig. 3 gr

Sophie, ..., (Sophie Tasché, geb. Hofmann), Reise ins Bad, od. Gewalt der Liebe u. des Zufalls. 8. Gießen 812. Tasché. 1 ₰

Sophienbad in Reinbek bei Hamburg. Wasserheilanstalt. Hamburg. o. J. 1 Bl. 4°.

Wasserheilanstalt **Sophienbad** zu Reinbek <nahe Hamburg>. Hamburg. [1894.] 1 Bl. 4°.

Sophiens Briefwechsel. Ein Musterbuch für Mädchen von 12 bis 16 Jahren zur Bildung des Geistes u. des Herzens. Nach dem Französischen frei bearb. v. Frz. Friedr. Herm. Voigt. 12. (18 B.) Reutlingen 845, Mäcken Sohn.

Sophiens Geschichte in Briefen zweyer Freundinnen, gesammelt und herausgegeben von einem Bürger in Genf, 2 Theile, 8. Frankfurt, 780. Reiffenstein. 15 sgl.

—'ns Geschichte, in Brief. zweyer Freundinnen. 2 Thle. 8. Frankf. Reiffenstein. (Hermann, a. Gräff in Leipz.) 780.

— Reise von Memel nach Sachsen, (von Jh. Tim. Hermes). 5 Thle. 8. Leipz. 769—73. 2e Aufl. 6 Thle. 775. 3e A. 778. (Hinrichs). 5 ₰ Anhang dazu. Leipz. 776. Böhme. (Knobloch). 5 gr

— Reise von Memel nach Sachsen (von J. T. Hermes) 6 Theile, mit Kupf. dritte vermehrte Ausgabe, 8. Leipz. 778. Feind. Gut Pap. 7 Rtl. 15 sgl. Dasselbe Buch, 6 Theile, mit 1 Kupf. ordinair Papier. 4 Rthl. 15 sgl.
Anhang zu diesem Buche, 8. Daselbst, 776. Böhme. 7 sgl.

Sophien's Reise von Memel nach Sachsen. 6 Thle. m. K. 8. Leipz. Junius. (Linke.) 778. Rthlr. ohne Kupfer.

— Reisen u. merkwürd. Schicksale in England u. d. Türkei. Eine Geschichte z. Troste bedrängter Liebenden, (v. Kerndörfer). 8. Leipz. 824. Kaysers B. 1 ₰ 8 gr

Sophismen, mathematische. Herausg. v. Johann Viola. 2. verm. Aufl. kl. 8. (23 S.) Wien. Gerold. 1864. 30 kr.

Sophisterei, Die, in Ehstland. Ein Fragment an Hrn A. v. Kotzebue ... Riga 1787. V: *Jannau, Heinr. Joh. von.* (Ky) (MGT)

Sophisterei, die, in Esthland; ein Fragment an Hrn. v. Kotzebue (v. H. J. v. Jannau). 8. (Riga) 787. Beilage: Fliegend Blatt v. A. v. Kotzebue. 8. Reval 787.

Sophistereien u. Widersprüche in d. Versuch e. Anleit. z. Sittenlehre f. alle Menschen. gr. 8. Berl. 784. Maurers B. 2 gr

Sophocles: Aias / Ajax.

— Ajax, Electra, Oedipus, s. Acta Seminarii Philolog. Heidelbergensis.

—— Aias, s.a.Bibliothek der Gesamt-Litteratur des In- und Auslandes.

— dasselbe, s.a.Bibliothek, kleine.

— Ajax Proben e. deutschen Uebersetzung, s. Dav. Chr. Grimm.

— dasselbe, s.a.Kultur, antike.

— dasselbe, s.a.Meyer's Volksbücher.

— Ajas. In moderner Form von Ludw. Klug, s. Tragödien, griechische ꝛc.

— Aiax. Gr. et lat. cum scholiis vett. et notis ed. Hoerius. Vitob. 746. 8. 12 gr. Lips. 765. 8. 12 gr.

— Ajax, cum scholiis tam antiquis etc. c. J. G. Hoerius. 8. Wittenb. 746. Mit n. Tit. Leipz. 766. Hilscher. 12 ℛ

— Ajax, c. scholiis tam antiquis etc. ed. Hoesius. 8. Lips. Hilscher. (Comt. f. Litt.) 766. — 12

Sophocles, Ajax, metrisch übers. von Borheck. 8 Gotha, Ettinger. 780. — 16

— — Graece, c. scholiis et commentario perpet. ed. Lobeck. Lips. 809. 8. 1 rthlr. 16 gr.
— — Graece. Brevibus notis instruxit G. Hermannus. Lips. 817. 8. 16 gr. (Ist der dritte Theil der kleinern Erfurdtischen Ausgabe.)

— Ajax, varietate lectionum et perpet. adnotatione illustr. ab H. L. J. Billerbeck. Acced. Index. 8 maj. Gottingae 824, Vandenhöck et R.

Sophoclis Ajax, ad opt. libr. fidem recens. E. Wunderus. 8 Leipz. 824, Hartmann.

— Ajax, c. W. Dindorf. 12 maj. Leipz. 825. Teubner. 5 ℛ Engl. Pap. 8 ℛ

— — Vss. 1—852. Probe e. neuen metr. Uebers. d. Trauerspiele d. S. v. F. C. Wolff. Pr. 1826. 84 S. 4°. —.90

— Ajax. Cum notis ed. Fr. H. Bothe. In us. scholar. 8 maj. Leipz. 826. Hahn. 10 ℛ

— id. lib. Cum lection. codicum Laurentianorum ex schedis P. Elmsleii et selecta annotatione interpretum. gr. 8. Leipz 827, Hartmann. Rthlr

— Ajax. Cum lection. codic. Laurentianorum ex schedis P. Elmsleji et selecta annotatione interpretum. 8 maj. Leipz. 827. (Lehnhold). 8 ℛ

— Ajax, ad opt. libr. fidem recens. Ed. Wunderus. 8. Leipz. 829. (Lehnhold). 4 ℛ

—— Ajax. Commentario perpetuo illustr. Chrst. Aug. Lobeck. Edit. II. novis curis elaborata. 8 maj. (32¼ B.) Lipsiae 835, libr. Weidmann.

—— Ajax. Ed. ex exemplaribus optimis et analectis emend. et illustr. Io. Apitzius. 8 maj. (9½ B.) Berolini 839, Hayn.

—— Aias. Deutsch in den Versmaaßen des Originals, mit einer Einleitung über Sinn u. Geschichte der Aeakidenfabel, u. einem Anhang über zwei zum Aias gehörige Tragödien, v. Ad. Schöll. gr. 8. (16¼ B.) Berlin 842, Veit u. Comp.

—— Ajax. Ad optimor. libror. fidem recensuit et brevibus notis instruxit Godofr. Hermannus. Editio IV. 8. (XVIII und 178 S.) Lipsiae 851, E. Fleischer.

— — Im Versm. der Urschrift übersetzt v. J. Zastra. Pr. 1860. 28 S. 4°.

— Ajax. Tragödie. Im Versmaße der Urschrift übersetzt von Jul. Zastra. Neisse 860. Graveur. 8. (59 S.) n. 8 ngr.

— — In den Versmassen des Originals übersetzt v. T. Meckbach. Pr. 1864. 28 S. 4°. —.90

— — Suethicis versibus expressa, pars I. II. ab J. Spongberg. Pr. 1866. 108 S. 4°.

— Aias übers. von Gust. Wendt. Berlin 866. Grote'sche Verlagsb. 16. (XII, 79 S.) cart. n. 12 ngr.

— Ajax. Commentario perpetuo illustravit Christ. Aug. Lobeck. Editio III. Berlin 866. Weidmann'sche Buchh. gr. 8. (VIII, 431 S.) n. 1 ℛ 25 ngr.

— Ajax ad novissimam optimi codicis conlationem recensuit et brevi adnotatione instruxit Maur. Seyffertus. Ebend. 866. gr. 8. (XII, 156 S.) n. 26 ngr.

— the Ajax critically revised, with the aid of Mss. newly collated, a. explained, by Frederick H. M. Blaydes. gr. 8. (VII, 342 S.) London 875. (Jena, Fr. Frommann.) n. 5. —

— Ajax übers. v. E. Eyth. Pr. 1877. 19 S. 4°. Blaubeuren.

— Ajas. Uebers. von Eyth. gr. 4. (19 S.) Blaubeuren 877. (Tübingen, Fues.) n. — 80

— Aiax, scholarum in usum ed. Frdr. Schubert. 8. (XVIII, 50 S.) Prag 883. Tempsky. — Leipzig, Freytag. n. — 40

— Aias. Für den Schulgebrauch erklärt v. R. Paehler. Ausg. A. Kommentar unterm Text. gr. 8. (VIII, 112 S.) Gotha 889. F. A. Perthes. 1. 50; Ausg. B. Text u. Kommentar getrennt in 2 Hftn. (VIII, 45 u. 64 S.) 1. 50

—— Aiax. Cum verbis ac litteris codicis optimi atque antiquissimi. In scholarum usum ed. I. Hollub. gr. 8. (V, 56 S.) Freiwaldau 891, Titze. * — 90

—— Aias. Für den Schulgebrauch hrsg. v. Friedr. Schubert. 2. verb. Aufl. 8. (VIII, 74 S. m. 6 Abbildgn.) Lpz. 891, G. Freytag. * — 60; geb. ** — 85

Sophokles' Aias. Für den Schulgebrauch herausgegeben von Friedr. Schubert. II. verbesserte Auflage. Mit 6 Abbildungen. 8. (VIII, 73 S.) —.36, geb. —.50
Prag: Tempsky 1892.

— Aias. Für den Schulgebrauch hrsg. v. Frdr. Schubert. 3. unveränd. Aufl. 8. (XVI, 74 S. m. 6 Abbildgn.) Leipzig 894. G. Freytag. n. — 60; geb. n.n. — 80

Sophokles' Aias. Z. Gebrauch f. Schüler hrsg. (Komm.: F. d. Schulgebr. bearb. u. erläut.) v. Prof. Dr. Christian Muff, Dir. ... zu Cassel. Text. Kommentar. *Bielefeld & Leipzig: Velhagen & Klasing 1896.* 2 Bde 8. Text. (XXIII, 84 S.) Komm. (2 Bl., 63 S.)
(Sammlung latein. u. griech. Schulausgaben.) (96 7110

— — In den Versmassen der Urschrift übersetzt von R. Joachim. Pr. 1897. 72 S. 1.20

— Aias. Für den Schulgebrauch erklärt v. R. Paehler. 2., verb. Aufl. Ausg. A., Kommentar unterm Text. gr. 8. (X, 112 S.) Gotha 898. F. A. Perthes. 1. 50; Ausg. B, Text u. Kommentar getrennt in 2 Hftn. (X, 45 u. 65 S.) 1. 50

— dasselbe in d. Uebersetzg. v. J. J. C. Donner, in neuer Bearbeitg. hrsg. u. m. Einleitg. u. Anmerkgn. vers. v. F. Mertens. 12. (88 S.) Leipzig 898. G. Freytag. Geb. n. — 60

Sophocles' Aias in der Uebersetzung von J. J. C. Donner in neuer Bearbeitung herausgegeben und mit Einleitung und Anmerkungen versehen von F. Mertens. 8. (88 S.) Geb. — .30
Prag: Tempsky 1898.

Sophokles, Aias. Zum Gebrauch f. Schüler hrsg. von Christian Muff. Text. (Neudr.) (XXVIII, 84 S.) 8. Bielefeld 903. Velhagen & Klasing. Geb. in Leinw. n. — 90; Kommentar (63 S.) 904. Geb. n. — 90

— dasselbe, v. Frdr. Schubert. 4., gänzlich umgearb. Aufl. v. Ludw. Hüter. (XXXXIV, 60 S. m. 10 Abbildgn.) kl. 8. Leipzig 904. G. Freytag. Geb. n. 1. 20

Schubert, F., Sophokles' Aias. 4. Aufl. 8°. (ill. XXXXIV, 60 S.) geb. K 1.50
Wien: Tempsky 1904.

— dasselbe, hrsg. v. Schmitz-Mancy, s. a. Schöningh's, Ferd., Ausgaben ausländischer Klassiker m. Erläuterungen Nr. 8.

Sophokles Aias, auf Grund d. Übers. von Donner in neuer Bearb. f. d. Schulgebr. hrsg. u. mit Einl. u. Anm. vers. von Prof. Dr. [Maximilian] Schmitz-Mancy. Paderborn: F. Schöningh 1905. (102 S.) 8° [F.]
— Ausgaben, Schöninghs, ausländ. Klassiker mit Erl. 8. [06. 1041]

— dasselbe, s. a. Schöningh's, Ferd., Textausgaben.

Aias. Ein Trauerspiel von Sophokles. Paderborn: F. Schöningh [1905]. (54 S.) 8°
— Textausgaben, Schöninghs, alter u. neuer Schriftsteller. 36. [06. 1041]

— Aias. Für den Schulgebrauch hrsg. v. Ludw. Schunck. (Aschendorffs Sammlung latein. u. griech. Klassiker.) (XXXII, 79 S. m. 5 Taf.) 8. München 906. Aschendorff. Geb. n. 1. —

— dasselbe. Kommentar, bearb. v. L. Schunck. (96 S.) 8. Münster 906. Aschendorff. — 95

Sophoclis Ajax. Denuo rec. brevique ann. crit. instr. Fredericus H[enry] M[arvell] Blaydes. Halis Sax.: Orphanotropheum 1908. 104 S. 8°

— Aias v. Frdr. Schubert. 5. Aufl. v. Ludw. Hüter. (XLVI, 60 S. m. 11 Abb.) 8. Leipzig 908. G. Freytag. — Wien, F. Tempsky. Geb. 1.20

— dasselbe. Für d. Schulgebrauch erklärt v. R. Paehler. (Ausg. A. in 1 Bde., Ausg. B. Nach Text u. Komment. getrennte Ausg.) 3. Aufl. (VIII, 135 S.) 8. Gotha 909. F. A. Perthes. 1.50; Ausg. B. 2 Hefte. (VIII, 53 u. 79 S.) 1.50

Schubert, F., Sophokles' Ajas. 5. Aufl. 8°. (ill. XLVI, 60 S.) geb. K 1.50
Wien: Tempsky 1909.

— Ajax Lorarius. Graece c. schol. et comment. perpetuo ed. Ch. A. Lübeck. 8maj. Leipz. 809. Weidmann. 1 ₰ 16 gr. Schrbp. 2 ₰ Velinp. 3 ₰

— der rasende Ajas, s. a. Meyer's Volksbücher.

— — der rasende Ajas. Tragödie. A. d. Griech. mit Erläutern. v. Joh. Jul. Guttmann. 8. (7 B.) Schweidnitz 836, Heege.

— der rasende Aias. Metrisch übertragen v. Frz. Fritze. gr. 8. (4½ B.) Berlin 845, Förstner. *

Sophokles. Der rasende Aias [Aiax]. Deutsch, in d. Versmaßen d. Urschrift von J[ohann] J[akob] C[hristian] Donner. Für Schule u. Volk hrsg. von Ludwig Schunck, Oberl. Mit Titelbild u. 3 Bild. im Text. Münster i. W.: Aschendorff 1905. (100 S.) 8° [F.]
(Aschendorff's Sammlung auserlesener Werke d. Literatur.) [07. 3464]

— rasender Aias v. J. J. C. Donner. gr. 8. (4 B.) Heidelberg 842, C. F. Winter. Thlr. *

— die Aleaden des, ein Beitr. z. Litteraturgesch. dieses Dichters v. Friedr. Vater. gr. 8. (2 B.) Berlin 835, [Mylius'sche Vrlsh.]

— Αἴσχ., Πανόραμα τῆς Ἑλλάδος ἢ συλλογὴ ποικίλων ποιημάτων. Mit grammat. Erklärungen u. e. Wörterbuche herausg. von Theod. Kind. 8. Leipzig 835. Weber. ⅓ ₰

— Antigone (auch: Antigona).

— siehe a. Antigone.

— dass. — s. a. Breitkopf und Härtel's Text-Bibliothek Nr. 58.

— dasselbe, s. a. Bücherei, allgemeine, Nr. 6.

— Antigone, s. a. Bühnen-Repertoir, Bd. XIII.

— dasselbe, s. a. Diesterwegs deutsche Schulausgaben.

— dasselbe, s. a. Festschrift zur Einweihung des neuen Gymnasialgebäudes zu Limburg a. d. Lahn.

— — griech. u. deutsch von Hamacher, s. Hamacher, Studien.

— dasselbe, s. a. Hofmannsthal, Hugo v.

— dasselbe. Mit Einleitung v. Herm. Müller, s.: Kochs deutsche Klassikerausgaben.

— dasselbe, s. a. Kultur, antike.

— dass. — s. a. Meyer's Volksbücher.

— dass. — deutsch, s. a. Museum.

— Antigone, s. a. Répertoire du Théâtre franç., 2. Série, No. 52.

— dasselbe, s. a. Schul-Ausgaben, deutsche, Nr. 14.

— dass. — verdeutscht, s. a. Straub, C. W.

— dass. — s. a. Teubner's Sammlung deutscher Dicht- u. Schriftwerke f. höhere Töchterschulen.

— Antigone, v. E. P. Renninger, s. Theater, griechisches.

— Antigone, s. a. Theater-Bibliothek, classische.

— — ed. C. G. A. Erfurt, v. Tragoediae ius T.

— Antigone, s. a. Tragödien, griechische.

— dasselbe, übers. von Cst. Hubatsch, s.: Velhagen & Klasing's Sammlung deutscher Schulausgaben 70. Lfg.

Sophocles. Antigone, Oedipus, Electra, Philoctet. Wien u. Leipz. 1760. Ü: *Steinbrychel (Steinbrüchel), Joh. Jac.* (Ebert) (Ky)

— Antigone, Oedipus, Electra, Philoctet, (übers. v. J. J. Steinbrüchel). 8. Wien 760. Jahn. 1 Thlr. 5 Gr. A. u. d. T.: Das tragische Theater d. Griechen. 1r Bd. 8. Zürich 763. Orell. 1 Thlr. 16 Gr.

Sophocles. Antigone. Ein Trauerspiel. Nebst Pindars vierter und fünfter Ode. A. d. Griech. Zürich 1760. Ü: *Steinbrychel (Steinbrüchel), Joh. Jac.* (Hoff) (DegG) (ML) (Ky) (Cat. d. Stadtbibl. Zürich. Zürich 1864–97.)

— Antigone, Trauersp. nebst Pindars 4te u. 5te Ode, a. d. Griech. 8. Zürich, Geßner. (a. Orell.) 760. — 6

Sophocles. Antigone. Ex recensione Brunckii . . . Gottingae 1788. H: *Meinecke, Albert Christian.* (BrMm) (Ky) (MGT) (Ebert) (Adel) (Hoff)

— Antigone ex recens. Brunck. c. ejusd. et Camerarii not. selectis. Cur. in us. scholar. et indice graeco-latin. instr. A. C. M(einecke). 8. Götting. 788. Vandenhöck u. R. 12 Gr.

— Antigone. E Brunck. potiss. rec. c. comment. perpet. a Jh. Hnr. Chr. Barby. 8. Berl. 806. Maurers B. 21 Gr.

— — Graece. Iterum rec. et brevibus notis instr. C. G. H. Erfurdt. Lips. 809. 8. 16 gr. Ist Th. 1. der kleinen Erfurdter Ausgabe.

— Antigona, ad libror. fid. recens. et brev. not. instruxit C. G. A. Erfurdt. Edit. 2da cum annotatt. G. Hermanni. 8. Lips. 823, G. Fleischer.

— Antigona, ad opt. libror. fidem recens. E. Wunderus. 8. Lips. 824, Hartmann.

— Antigona, ad opt. libror. fid. rec. E. Wunderus. 8. Leipz. 824. Lehnhold. 4 Gr.

— Antigone. Uebers. von O. Martens. 8. Bielefeld 825, Helmich.

— Antigone, c. W. Dindorf. 8. Leipz. 825. Teubner. 4 Gr. Engl. Pap. 6 Gr.

— Antigona, ed. Fr. Hnr. Bothe. 8maj. Leipz. 827. Hahn. 10 Gr.

— Antigone, ad exempl. fid. ac praecipue cod. vetustiss. florent. a P. Elmslejo etc. 8maj. Leipz. 827. (Lehnhold). 8 Gr.

——, Antigone. A. d. Griech. übers. u. durch Anmerkn. erläut. v. Fr. Stäger. 8. (9½ B.) Halle 829, [Grunert.]

— Antigone; aus d. griech. übers. u. mit Anmerkk. erläutert v. Fr. Stäger. 8. Halle 829. Fr. Ruff. 12 Gr.

——, Antigona. Cod. Mss. omniumque exemplar. scripturae discrepantia enotata integra. cum scholiis vetustis virorumque doctor. curis presse subnotatis emend. atque explicatior edita a Fr. Car. Wex. II Ti. 8maj. (21¼ u. 21½ B.) Lipsiae 829, 31, Vogel. à 1 Thlr. 16 Gr., Vlnp. 2 Thlr. 16 Gr. 3 Thlr. 8 Gr., Vlnp.

— — 1. Hälfte, deutsch durch F. C. Wex. Pr. 1882. 18 S. 4°.

Sophocles, Antigone, als Probe einer neuen metrischen Uebersetzung von Fr. Karl Wolff. 1. Hälfte. Flensburg. 1834. 4. P. (Skoleprogr.).

—— dass. — Metrisch uebers. v. (Fr.) Carl Wex. 4. (13 B.) Leipzig 834, Vogel.

— Antigone, im Versmaaß d. Urschrift übersetzt von Joh. Minkwitz. 16. Stuttgart 835. Metzler. ¼ Thlr.

— — Im Versmaasse der Urschrift übers. v. J. M. Beitelrock. Pr. 1886. 47 S. 4°. 1.—

— — Uebersetzung im Versmasse des Originals (vss. 211—521). Von F. W. K. Richter. Pr. 1810. 14 S. 4°. —.90.

— Antigone. Recens. Ed. Wunder. Edit. II. 8maj. Erfurt u. Gotha 840. Hennings. 7/12 Thlr.

Sophokles. Antigone. Neue metrische Uebersetzung. Berlin 1842. Ü: *Schelling, Hermann.* Vgl. Liter.-Ztg. 1842, Sp. 712. (DARP)

—— Antigone. Neue, metrische Uebersetzung. gr. 8. (4⅛ B.) Berlin 842, Schröder's Verl. •
Vgl.: Bühnen-Repertoir des Auslandes Nr. 103 u. Répertoire du Théâtre franç.

—— Antigone. Uebersetzt v. Vic. Strauß. 8. (5 B.) Bielefeld 842, Velhagen u. Klasing. •

— dass. (übers.) von J. J. C. Donner. gr. 8. Heidelberg 842, C. F. Winter. n. ½ Thlr. Velinp. n. ½ Thlr.

Sophokles Antigone, über, u. ihre Darstellung auf dem deutschen Theater. Zur Würdigung der griech. Tragödie u. ihrer Bedeutung für unsere Zeit. Von einem Freunde der dramat. Dichtkunst. gr. 12. Leipzig 842, Engelmann. n. ⅓ Thlr.

—— Antigone, Griechisch u. Deutsch, hrsg. v. Aug. Böckh. Nebst 2 Abhandlungen über diese Tragödie im Ganzen u. über einzelne Stellen derselben. gr. 8. (10⅛ B.) Berlin 843, Veit u. Comp.
Hieraus besond. abgedruckt:

—— Antigone. Griechischer Text, berichtigt v. Aug. Böckh. gr. 8. (4 B.) Ebds. 843. •

— dass., übersetzt v. Aug. Böckh. gr. 8. Berlin 843, Veit u. Comp. n. ⅓ Thlr.

—— Antigone. Metrisch übersetzt u. m. Einleitung u. Anmerk. versehen von Fr. Rempel. gr. 8. (6 B.) Hamm 843, Schulzische Buchh. •

— Antigone, übersetzt von A. Böckh. Mit Musik von Felix Mendelssohn-Bartholdy nach Donners Uebersetzung. Klavierauszug. op. 55. Fol. Leipzig 843, Kistner. 4½ Thlr.

—— Antigone. Metrisch übertragen von Frz. Fritze. gr. 8. (4¼ B.) Berlin 844, Förstner.

—— Antigone. Deutsch von Wolfg. Rob. Griepenkerl. gr. 8. (7 B.) Braunschweig 844, Westermann. •

—— Antigone. Deutsch von Osw. Marbach. 2., wohlf. Ausg. 8. (7¼ B.) Leipzig 844, Franke.

— Antigone griechisch mit Anmerkungen nebst einer Entwicklung des Grundgedankens u. der Charaktere in der Antigone hrsg. von Aug. Jacob. gr. 8. (VI u. 152 S.) Berlin 849, Dümmler in Comm. n. 3/4 ₰

— Antigona qualis die VI. mensis decembris anni MDCCLII. in hon. F. C. Kraft in aula Johannei Hamburgensis a discipulis primae classis acta est. Gel. 1852. 59 S. 4°. 1.—

— — Tragödie verdeutscht von Johs. Minckwitz. 3. Aufl. Stuttgart 853. Metzler. 16. (92 S.) 12 ngr.

— — Fortsetzung der Uebertragung der A. v. F. W. K. Richter. Pr. 1854. 12 S. 4°. —.90

— — nach neuen Grundsätzen der Prosodie bearb. von Ed. Eyth. Heidelberg 854. K. Winter. 16. (VII, 64 S.) n. 10 ngr.

— — Tragödie. Deutsch von Edm. Lobedanz. Leipzig 855. Brockhaus. 16. (IX, 119 S.) n. 24 ngr.

— Antigone. Uebersetzt von H. Clemen. 8. (64 S.) Lemgo 855(59). (Herford, Menckhoff.) *

— Antigone, with notes for the use of colleges in the United States. By Thdr. D. Woolsey. New edition, revised. 8. (IX und 140 S.) Boston und Cambridge 857. (Philadelphia, Schäfer und Koradi.) geb. *

— Antigona fabula. Latinis numeris reddidit Herm. Lotze. Gottingae 857. Wigand. 16. (60 S.) n. 10 ngr.

— Antigone, deutsch in den Versmaßen der Urschrift von J. J. C. Donner. 4., verb. Aufl. gr. 8. (76 S.) Leipzig 857, C. F. Winter'sche Verlagsh. *

— Antigone. Uebers. von H. Clemen. (Lemgo 855.) Herford 858. Menckhoff in Comm. 16. (64 S.) n. 7½ ngr.

— Antigone recognovit Aug. Meineke. 8. (62 S. mit Portr. in Kpfrst.) Berlin 861, Th. Chr. Fr. Enslin. 15 Ngr.; geb.

— — v metrickém překladu od Frant. Sohaje. 2. vydání. Prag 862. Rziwnatz in Comm. 8. (IV, 67 S.) n. 11 ngr.

— Antigona ad novissimam optimi codicis conlationem recensuit et brevi adnotatione instruxit Maur. Seyffertus. gr. 8. (XVI und 134 S.) Berlin 865, Weidmann'sche Buchh. *

— — Tragödie v. S. frei übertragen v. R. Löhbach. Pr. 1866. 19 S. 4°.

— Antigone. Tragoedie in freier Uebertragung von Rud. Löhbach. Neuwied 866. (Berlin, Calvary & Co.) 4. (19 S.) n. 8 ngr.

— Antigone, deutsch in den Versmaßen der Urschrift von J. J. C. Donner. 5., verb. Aufl. 2. Abdr. gr. 8. (80 S.) Leipzig 867, C. F. Winter'sche Verlagsh. *

— Antigone. Trauerspiel übers. u. mit erläut. Anmerkungen versehen von Jos. Tachau. Wien 867. (Beck'sche Univ.-Buchh.) gr. 16. (IV, 76 S.) n. 10 ngr.

SOPHOKLES Antigone. Uebersetzt mit Erklärungen für Nicht-Philologen von RUDOLPH BROHM. Thorn. 1868. Ernst Lambeck. 8°.

— Antigone, nach neuen Grundsätzen der Prosodie bearb. von Ed. Eyth. 2. (Titel-)Ausg. 16. (VI, 64 S.) Heidelberg (854)75, C. Winter's Universitäts-Buchh. *

— Antigone. Deutsch in den Versmaßen der Urschrift v. J. J. C. Donner. 8. verb. Aufl. gr. 8. (80 S.) Leipzig 875. C. F. Winter. n. 1. —

— dasselbe. Deutsch von Thdr. Kayser. 8. (82 S.) Tübingen 878. Fues. n. 1. 50

— Antigone, nebst den Scholien des Laurentianus hrsg. von Mor. Schmidt. gr. 8. (LVI, 91 S.) Jena 880. Fischer. n. 2. 80

— dass. — Aus dem Griech. in antikem Versmaaß übertr. von H. A. Feldmann. 16. (X, 76 S.) Hamburg 882, Grüning. ℳ 1,20.; geb.

— Antigone in den Versmaßen des Originals übersetzt von Theod. Meckbach. 27 S. Progr. G. Tilsit 1882.

— dasselbe. Für den Schulgebrauch erklärt v. Geo. Kern. Ausg. A., m. untergesetzten Anmerkgn. gr. 8. (IV, 68 S. m. 2 Tab.) Gotha 883. F. A. Perthes. n. 1. —; Ausg. B., m. besond. Anmerkungenheft (IV, 38 u. 28 S. m. 2 Tab.) n. 1. —

— dass. — Scholarum in usum edidit Fridr. Schubert. 8. (XII, 48 S.) Prag 883, Tempsky. — Leipzig, Freytag. *

— Antigone. Griechisch und deutsch hrsg. von Aug. Boeckh. Nebst zwei Abhandlungen über diese Tragödie im Ganzen und über einzelne Stellen derselben. Neue verm. Ausg. gr. 8. (VIII, 270 S.) Leipzig 884, Teubner. *
Aus: Boeckh's gesammelte kleine Schriften, besonders abgedruckt.

— Antigone. Für den Schulgebrauch erklärt v. Georg Kern. (Comm Schulausg. griech. u. lat. Class. 20. Bändchen.) 8. (IV u. 68 S.) Wien, Carl Graeser. 60 kr.
1884.

— — Ins Deutsche übertragen von Sannegg. Pr. 1888. 60 S.

— Antigone. In scholarum usum ed. J. Holub. gr. 8. (XII, 47 S.) Wien 888. Konegen. n. — 56

— dasselbe. Pubblicata ad uso delle scuole da F. Schubert. 2. ed. riveduta e corretta adattata ai ginnasi italiani da R. Adami. 8. (XVI, 64 S. m. Bildern.) Leipzig 889. Freytag. n. — 60

— dasselbe. Für den Schulgebrauch hrsg. v. F. Schubert. 2., verb. Aufl. Mit 7 Abbildgn. 8. (XVIII, 64 S.) Wien u. Prag 889. Tempsky. — Leipzig, Freytag. n. — 50

— dasselbe. Mit Einleitgn. u. Anmerkgn. f. den Schulgebrauch hrsg. v. J. Rappold. 2 Thle. gr. 8. Wien 890. Hölder. n. 1. 40
1. Einleitung u. Text. (VI, 76 S.) n. — 80
2. Anmerkungen. (60 S.) n. — 60

— Antigone. Ed. Gust. Kassai. 8. (78 S.) Budap. 891, R. Lampel. * — 60

— — In den Versmassen der Urschrift übersetzt v. R. Joachim. Pr. 1898. 78 S.

— dasselbe. In den Versmaßen der Urschrift übers. v. Rob. Joachim. 8. (78 S.) Duisburg 898. J. Ewich. Kart. n. — 80

— dasselbe. Für d. Schulgebrauch erklärt v. Geo. Kern. 3. Aufl. Ausg. A, Kommentar unt. Text. gr. 8. (IV, 75 S. m. 2 Taf.) Gotha 893. F. A. Perthes. n. 1. —; Ausg. B, Text u. Kommentar getrennt in 2 Hftn. (IV, 38 u. 36 S. m. 2 Taf.) n. 1. —

Sophokles' Antigone. Z. Gebr. f. Schüler hrsg. v. Prof. Dr. Christian Muff, Dir. ... zu Cassel. Text. Kommentar. *Bielefeld & Leipzig: Velhagen & Klasing 1896.* 2 Bde 8.
Text. (XXIV, 82 S.) Komm. (2 Bl., 64 S.)
(Sammlung latein. u. griech. Schulausgaben.) [96. 4787

— dasselbe in d. Uebersetzg. v. J. J. C. Donner, in neuer Bearbeitg. hrsg. u. m. Einleitg. u. Anmerkgn. vers. v. F. Mertens. 12. (94 S.) Leipzig 896. G. Freytag. Geb. n. — 60

Sophokles' Antigone in der Uebersetzung von J. J. C. Donner. In neuer Bearbeitung herausgegeben und mit Einleitung und Anmerkungen versehen von F. Mertens. 8. (94 S.) Geb. —.30
Prag: Tempsky 1896.

— dasselbe. Für den Schulgebrauch erklärt von Geo. Kern. Ausg. A., Kommentar unterm Text. 4. Aufl. gr. 8. (VI, 76 S. u. 2 Bl.) Gotha 898. F. A. Perthes. n. 1. —; Ausg. B., Text u. Kommentar getrennt in 2 Hftn. (VI, 38 S. m. 2 Taf. u. 36 S.) n. 1. —

— Antigone. Zum Gebrauch f. Schüler hrsg. v. Chrn. Muff. Text. (Neue Aufl.) gr. 8. (82 S.) Bielefeld 899. Velhagen & Klasing. Geb. — 90; Kommentar. (64 S.) 899. n. — 70

— dasselbe. Uebersetzung m. e. Anh. sachl. Bemerkgn. von Wilh. Schneidewind. 1. u. 2. Bdchn. 12. Zweibrücken (899). Stuttgart, F. Lehmann. n. — 90
1. (S. 1—44.) n. — 50. — 2. (S. 49—83.) n. — 40.

— dasselbe. Für d. Schulgebrauch hrsg. v. Frdr. Schubert. 4., unveränd. Aufl. 8. (XVI, 65 S. m. 6 Abbildgn.) Leipzig 900. G. Freytag. Geb. in Leinw. n. — 90

— dasselbe. Zum Gebrauch f. Schüler hrsg. v. Christian Muff. Text. (Neudr.) (XXIV, 82 S.) 8. Bielefeld 902. Velhagen & Klasing. Geb. in Leinw. 1. —; Kommentar (64 S.) 904. Geb. n. — 80

Antigone. Ein Trauerspiel in 8 Szenen. Zur Aufführung in Schulen u. Vereinen d. gleichnamigen Tragödie d. Sophocles in gedrängter Kürze nachgebildet als verbindenden Text zu Mendelssohns Chören z. Antigone u. mit e. Vorspruch versehen von Dr. Johannes Simon, Oberl. in Köln. *Gelsenkirchen: E. Kannengießer 1903.* (48 S.) 8° [04. 3895 6

Sophokles' Antigone. Auf Grund der Donnerschen Übers. f. d. Schulgebr. hrsg. von Dr. M[ax] Schmitz-Mancy, Prof. zu Krefeld. Mit 4 Bild. *Münster i. W.: Aschendorff 1903.* (120 S.) 8° [F.]
— Ausgaben, Aschendorffs, f. d. deutschen Unterricht. [23.] [03. 3014

Schubert, Fr., Sophokles' Antigone. 5. Aufl. 8°. (ill. XXXIX, 51 S.) geb. K 1.50
Wien: Tempsky 1903.

— dasselbe. Eine Nachdichtg. v. Carl Josephy. (56 S.) 8. Zürich (903). Schulthess & Co. n. 1.—; kart. n. 1.40

— dasselbe, in den Versmaßen der Urschrift übers. v. Rob. Joachim. 2. Aufl. (VIII, 68 S.) 8. Duisburg 904. J. Ewich. Kart. n. — 80

Sophokles' Antigone. Für d. Schulgebr. hrsg. von Dr. H[einr.] Deiter, Prof. Mit 5 Abb. [Nebst] Komm. Münster i. W.: Aschendorff 1904. 2 Bde: 8° [F.]
(Aschendorff's Sammlung lat. u. griech. Klassiker.) [07. 6338

— dasselbe. I. Holub. Ed. correctior. 2 partes. 8. Wien 904. C. Gerold's Sohn. — 80
I. Textum continens. (42 S.)
II. Commentarium et metra continens. (17 S.)

— dasselbe. Für den Schulgebrauch erklärt von Geo. Kern. 5. Aufl., besorgt von Frdr. Paetzolt. Ausg. A., Kommentar unterm Text. (VIII, 119 S.) 8. Gotha 905. F. A. Perthes. n. 1. 20; geb. n. 1. 60

— Antigone. Denuo recensuit et brevi annotatione critica instruxit Freder. H. M. Blaydes. (104 S.) gr. 8. Halle 905. (Buchh. des Waisenhauses.) n. 2. —

Antigone von Sophokles. Frei ins Deutsche übertr. von Otto Kuntze. Labes 1905: A. Straube & Sohn. (68 S.) 8° [F.] [05. 2011 9

— dasselbe, in der Uebersetzg. v. J. J. C. Donner, in neuer Bearbeitg. hrsg. u. m. Einleitg. u. Anmerkgn. versehen v. F. Mertens. 1. Aufl. 2. Abdr. in neuer Rechtschreibg. (92 S.) kl. 8. Leipzig 905. G. Freytag. — Wien, F. Tempsky. Geb. n. — 60
(Schulausgaben u. Hilfsbücher f. d. dt. Unterricht.)

— dasselbe, v. Frdr. Schubert. Bearb. v. Ludw. Hüter. 6., durchgesch. Aufl. (XLI, 52 S. m. 11 Abbildgn.) 8. Leipzig 905. G. Freytag. — Wien, F. Tempsky. Geb. n. 1. 20

— dasselbe. Tragödie, übers. u. f. die Aufführg. bearb. v. Mart. Jöris. (47 S.) 8. Limburg (905). Limburger Vereinsdruckerei. n. — 60

— dasselbe, s. a. Bibliothek der Gesamtliteratur.

Antigone. Tragödie des Sophokles. Ins Deutsche übertr. von Friedrich Wendenburg. Mit e. Vorw. d. Übers. u. d. Bilde d. Dichters. Halle a. S.: O. Hendel [1906]. (VI, 48 S.) 8°
(Bibliothek d. Gesammtliteratur d. In- u. Auslandes. No 2005.)

— dasselbe, s. a. Schöningh's, Ferd., Textausgaben. 41.

Antigone. Ein Trauerspiel von Sophokles. Auf Grund d. Übers. von [Johann Jakob Christian] Donner in neuer Bearb. Paderborn: F. Schöningh [1906]. (49 S.) 8° [F.]
— Textausgaben, Schöninghs, alter u. neuer Schriftsteller. 41. [07. 14201

Sophokles' Antigone. Übers. von Johannes Geffcken u. Julius Schultz. Leipzig & Berlin: B. G. Teubner 1907. (43 S.) 8° [F.]
(Deutsche Schulausgaben hrsg. von H. Gaudig u. G. Frick.) [07. 4315

— dasselbe, in modern. Form m. Einleitg. u. Erläutergn. v. Thdr. Kayser. 2. neubearb. Aufl. (85 S.) 8. Stuttgart (907). A. Bonz & Co. 1.50; geb. in Leinw. 2.40

— dasselbe. Metrische Übersetzg. v. Herm. Schilling. 2., neu durchgesch. Aufl. (102 S.) 8. Berlin 908. K. Curtius. 2.—; geb. 3. —

— Antigone. Für den Schulgebrauch hrsg. v. Adf. Lange. 2 Tle. (102 u. 91 S.) 8. Berlin 908. Weidmann. Geb. u. geh. 1. 80

Sophokles' Antigone. Übers. u. eingel. von Otto Altendorf, Oberl., Gießen. Frankfurt a. M. & Berlin: Diesterweg 1908. 93 S. 8°

— der Ausgang d. Ajas, ein Trauerspiel, aus d. Griech. v. Chr. Tob. Damm. 8. Berl. 757.

Sophocles. Der Ausgang des Aias, ein Trauerspiel a. d. Griech. Leipzig 1757. Ü: *Damm, Christian Tobias.* (ML) (Hoff)

Sophoclis cantica digessit Otto Schroeder, ([Prof.], Berlin). Lipsiae: B. G. Teubner 1907. (VI, 86 S.) 8°
(Bibliotheca script. graec. et rom. Teubneriana.) [07. 14804

— Philoctetae carmina antistrophica eorumque metra descripsit G. C. F. Lisch. 8maj. Leipz. 832. Lehnhold. 6 gr.

Sophokles. Der Chor aus Antigone, von — in Musik gesetzt von Dr. Felix Mendelssohn-Bartholdy. Mit einem Prologe und einer erzählenden Darstellung der Tragödie rc. rc. 8. (32 S.) Brünn. Druck von Franz Gastl. 1854.

Sophokles. Die Chöre aus Antigone von — —, nach Donner's Uebersetzung in Musik gesetzt von Dr. F. Mendelssohn-Bartholdy. Mit einer Einleitung und erzählenden Darstellung der dramatischen Handlung von Christian Kuffner, aufgeführt von der Linzer Liedertafel „Frohsinn." 8. (16 S.) Linz. Gedruckt bei Joh. Huemer's Witwe. 1855.

— d. Chorlieder u. Wechselgesänge aus d. Tragödien, in deutscher Übersetzg. v. Wilh. Hoffmann. 2 Tle. Progr. 4. Berlin, R. Gaertner. à n. 1. —
1. König Oedipus. Oedipus auf Kolonos. Antigone. (30 S.) 896.
2. Aias. Elektra. Philoktetes. Trachinierinnen. Tereus. (28 S.) 897.

— Dramata, ed. G. H. Schäfer. 8. Leipz. 818. Weigel. 1 ₰ 8 gr

Σοφοκλέους δράματα. Mit Einleitung und Anmerkungen für Schulen hrsg. von Aug. Witzschel. 1—6. Bdchn. 8. Leipzig, Geuther.

Inhalt:
Bdchn. 1. Ἀντιγόνη. (VI und 106 S.) 847. 9 Ngr.
- 2. Οἰδίπους τύραννος. (110 S.) 847. 9 Ngr.
- 3. Ἠλέκτρα. (91 S.) 848. 8 Ngr.
- 4. Τραχίνιαι. (84 S.) 849. 8 Ngr.
- 5. Φιλοκτήτης. (94 S.) 851. 8 Ngr.
- 6. Αἴας μαστιγοφόρος. (80 S.) 852. 8 Ngr.

—— δράματα. Mit Einleitungen und Anmerkungen für Schulen hrsg. von Aug. Witzschel. 7. Bdchn.: Οἰδίπους ἐπὶ Κολωνῷ. 8. (103 S.) Leipzig 853, Geuther.
1—6. Bdchn. Ebendas. 1847—52. 1 Thlr. 20 Ngr.

— Dramata quae supersunt et deperditorum Fragmenta Graece et Latine denuo recens. et R. F. Ph. Brunck annot. integra, aliorum et sua selecta illustr. F. H. Bothe. II Vol. 8. maj. Lps. Weidmann. 806. 6 —
Schrbp. 8 —
Holl. P. 12 —

— u. Euripides' ausgewählte Dramen. Mit Rücksicht auf die Bühne übertragen von Adf. Wilbrandt. 2. Bd. A. u. d. T.: Vier Tragödien. Nördlingen 867. Beck'sche Buchh. gr. 16. (XXVI, 376 S.) n. 1 ₰ 18 ngr; geb. mit Goldschn. u. in Futteral. n. 2 ₰
Vergl. Sophokles, drei Tragödien mit Euripides' Satyrspiel.

— Edip král. Metricky přeložil Fr. Sohaj. (Vydano pomoci Musea kr. Českého.) Prag 858. Rziwnatz in Comm. 16. (2 Bl., 76 S.) n. 8 ngr

— Edipo Re col commento di F. G. Schneidewin, riveduto e migliorato da A. Nauck, e recato in italiano da Dom. Denicotti. Vienna 858. Gerold. 8. (LXXXIV, 153 S.) n. 16 ngr

— Edipo re. Pubblicato ad uso delle scuole da Federico Schubert. 2. ed., riveduta e corretta, adattata ai ginnasi italiani da R. Adami. 8. (XVII, 76 S. m. 7 Abbildgn.) Prag 890. Tempsky. — Leipzig, Freytag. n. — 60

— Electra / Elektra.

— Electra ed. Wunder, s. Bibliotheca graeca, ed. Jacobs et Rost.

—— dass. — s. a. Bibliothek der Gesamt-Litteratur.

—— Elektra, übers. von J. G. Müller, s. Elektra.

— — griech. u. deutsch von Hamacher, s. Hamacher, Studien.

— dasselbe, s. a. Kultur, antike.

— Elektra, s. a. Meyer's Volksbücher.

— dasselbe, s. a. Schulausgaben, deutsche.

— dasselbe, s. a. Westermayer, A.

Sophocles. Elektra. Ein Trauerspiel. Nebst Pindars erster Ode. A. d. Griech. Zürich 1759. Ü: *Steinbrychel, (Steinbrüchel), Joh. Jac.* V (Vorwort): *Gesner, Sal.* (Hoff) (DegG). Ü: *Gesner, S.* (AarF)

Sophocles. Electra; oder die gerechte Uebelthat; ein Trauerspiel; nebst Pindars erster Ode. Zürich 1760. Ü: *Steinbrychel (Steinbrüchel), Johann Jacob.* (BrMm) (ML) (Ky)

— Elektra; nebst Pindars erster Ode; übers. (v. J. J. Steinbrüchel). 8. Zürich 760. Geßner. 6 gr

— Electra et Euripidis Andromache, graece ex opt. exempl. emend. R. F. Ph. Brunck, cur. J. Schweighäuser. 8. Strassb. 779. Heitz. 16 gr

— Electra et Euripidis Andromache, graece c. not. Brunck. 8. Strasb. Treuttel et W. 779. — 16

— Electra graece c. antiq. schol. select. ex rec. Brunck. var. lect. et perpetua annot. illustr. C. A. C. Schoffler. 8. Helmstädt, Fleckeisen. 794. — 20

— — Graece. Ad optimor. libr. fidem rec. et brev. notis instr. G. Hermannus. Lips. 819. 8. 16 gr. Ist Theil 4. der kleinern Erfurdter Ausgabe.

— Electra, ad opt. libr. fidem recens. E. Wunderus. 8. Leipz. 824. Hartmann.

— Electra, ad opt. libr. fidem recens. Ed. Wunderus. 8. Leipz. 824. (Lehnhold). 4 gr

— Electra, c. W. Dindorf. 12maj. Leipz. 825. Teubner. 3 gr Engl. Pap. 8 gr

— Electra, edid. Fr. H. Bothe. In usum scholar. 8maj. Lips. 826. libr. Hahn.

— Electra, ad opt. exempl. fid. ac praecipue cod. vetustiss. florent. a Pt. Elmslejo. 8maj. Leipz. 827. (Lehnhold). 8 gr

—— Elektra, eine Tragödie, in den Versmaaßen des Originals übertragen u. erläutert, nebst der Analyse der Euripideischen Elektra, einer philologisch-krit. Abhandlung üb. die Erneuerung der antiken Tragödie u. dem Leben des Dichters. Von Carl Rosenberg. Lex.-8. (12 B.) Berlin 842, Vereins-Buchhandlung.

—— Elektra v. J. J. C. Donner. gr. 8. (4½ B.) Heidelberg 842, C. F. Winter.

—— Elektra. Metrisch übertragen von Frz. Fritze. Lex.-8. (6¼ B.) Berlin 843, Förstner.

— — frei in der Form von Jos. God. Müller. Celle 854. Capaun-Karlowa. 16. (XII, 115 S.) n. 22½ ngr

— Electra in usum scholarum edidit Otto Jahn. Bonn 861. Marcus. gr. 8. (101 S.) n. 20 ngr

— Electra in usum scholarum ed. Otto Jahn. Ed. 2. curata ab Adolfo Michaelis libri Laurentiani specimine photolith. aucta. gr. 8. (VIII, 144 S. m. eingedr. Holzschn.) Bonn 872. A. Marcus. n. 3. 60

—— Deutsch in den Versmaßen der Urschrift von J. J. C. Donner. 7. verb. Aufl. 2 Bde. 8. (355; 230 S.) Leipzig 873, C. F. Winter'sche Verlagsh. *M 6.; geb. *

— the Electra. Critically revised, with the aid of Mss. newly collated a. explained by Freder. H. M. Blaydes. gr. 8. (V, 337 S.) London. Jena 873. Fr. Frommann. n. 5. —

— Elektra. Drama. Aus dem Griech. im antiken Versmaaß übertr. von H. A. Feldmann. 16. (96 S.) Hamburg 880. Grüning. 1. 20; geb. m. Goldschn. n. 2. —

— Electra. In usum scholarum ed. Otto Jahn. Ed. 3. curata ab Adolfo Michaelis. gr. 8. (VIII, 175 S.) Bonn 882. Marcus. n. 3. 60

Sophokles, Electra. Scholarum in usum edidit Frider. Schubert. 8. (XVIII, 49 S.) Prag 884, Tempsky. — Leipzig, Freytag. *

—— Elektra. Für den Schulgebrauch erklärt von Gerh. Heinr. Müller. Ausg. A. Kommentar unterm Text. gr. 8. (IV, 92 S.) Gotha 885, F. A. Perthes.

—— dass. — Ausg. B., Text und Kommentar getrennt in 2 Heften. gr. 8. (IV, 51, 40 S.) Ebendas. 885.

—— Electra. In scholarum usum ed. J. Holub. (Tragoediae. V.) 8. (VIII, 60 S.) Prag 890, Neugebauer. * — 80

—— dass. — Für den Schulgebrauch hrsg. v. Friedr. Schubert. 2. verb. Aufl. 8. (XVIII, 75 S. m. 6 Abbildgn.) Lpz. 891, G. Freytag. * — 60; geb. ** — 85

—— dass. — Deutsch v. Adf. Müller. 8. (119 S.) Meldorf 892, (Albers). * 1 20; geb. * 1 60

— dasselbe. Mit Einleitg. u. Anmerkgn. f. den Schulgebrauch hrsg. v. J. Rappold. 2 Thle. gr. 8. Wien 898. A. Hölder. n. 1. 40
1. Einleitung u. Text. (IV, 80 S.) n. — 80
2. Anmerkungen. (58 S.) n. — 60

— dasselbe, erklärt v. Geo. Kaibel. (Sammlung wissenschaftl. Commentare zu griech. u. röm. Schriftstellern.) gr. 8. (VIII, 310 S.) Leipzig 896. B. G. Teubner. n. 6. —; geb. in Leinw. n. 7. —

— dasselbe. Für den Schulgebrauch erklärt von Gerh. Heinr. Müller. Ausg. A, Kommentar unterm Text. 2., verb. Aufl. gr. 8. (VI, 94 S.) Gotha 897. F. A. Perthes. 1. 20

— Elektra. Ausg. f. d. Schulgebrauch v. Gerh. Heinr. Müller. 2., verb. Aufl. Ausg. B, Text u. Kommentar getrennt in 2 Hftn. gr. 8. (VI, 50 u. 40 S.) Gotha 897. F. A. Perthes. 1. 20

— — Metrisch übersetzt v. H. Klammer. Pr. 1899. 67 S.

— Elektra. Für den Schulgebrauch bearb. v. Chrn. Muff. Text. gr. 8. (XXVII, 86 S.) Bielefeld 899. Velhagen & Klasing. Geb. — 90; Kommentar. (85 S.) 899. n. — 80
(Sammlung latein. u. griech. Schulausgaben.)

— Elektra in den Versmassen der Urschrift übersetzt von R. Joachim. Pr. 1[illegible] 84 S. 1

SOPHOKLES

(F) Sophokles' Elektra. Für den Schulgebrauch herausgegeben von Friedrich Schubert. 3. Auflage. Mit 5 Abbildungen. Wien und Prag. 1901. Tempsky. 8°. XVIII, 74 S. mit 1 Tafel. Geb. K 1.—

— dasselbe. Deutsch von Adf. Müller. 2. [Titel-]Aufl. 8. (119 S.) Meldorf [892.] 902. M. Hansen. n. — 60; geb. n. — 80

— Elektra. Für den Schulgebrauch hrsg. v. Ludw. Schunck. (Aschendorff's Sammlung latein. u. griech. Klassiker.) (XXXVIII, 80 S. m. 5 Abb.) kl. 8. Münster 906. Aschendorff. Geb. 1.—; Kommentar. (87 S.) 907. — 85

Schubert, F., Sophokles' Elektra. 4. Aufl. 8°. (ill. XLVI, 56 S.) Wien: Tempsky 1906. geb. K 1.50

—— fabulae superstites, s. Poetarum scenicorum graecorum fabulae.

—— Fragmenta explicuit E. A. J. Ahrens. Additi sunt indices novi. gr. Lex.-8. (10 B.) Parisiis 844, Didot fratres. *

—— dramatum Fragmenta recensuit et annotatione siglisque metricis in margine scriptis instr. Frid. Henric. Bothe. 8maj. (16⅝ B.) Lipsiae 846, Libr. Hahniana.

—— et Aeschyli perditarum fabularum fragmenta ed. F. G. Wagner, s. Poetarum tragicorum graecorum fragmenta.

— — Fragmente aus König Oedipus. Uebersetz. v. G. Fischer. Pr. 1849. 24 S. 4°. 1.—

— ut volunt Clytemnaestrae fragmentum ed. C. L. Struve. 8. Riga, Hartmann. 807. — 21

— ut volunt Clytaemnestrae Fragmentum, ed. Karl Ldw. Struve. 8. Riga 807. (Serig in Leipz.) 21 gr Hbg. Pr. 12 gr

Sophokles, s. Freund's, Wilh., Schülerbibliothek.

(——) Lexicon Sophocleum, s. Dindorf, Guil. — Ellendt, Friedr.

(——) Lexici Sophoclei quod Ellendtius composuit supplementum, s. Genthe, Herm.

—— Die Mädchen v. Trachis od. das Problem d. Erdenglücks. Tragödie, übers. u. m. erklär. Einleitg. vers. v. Jac. Oeri. gr. 8. (VI, 119 S.) Basel 892, Sallmann. * 1 60

— Mädchen aus Trachis. („Dem Menschen werden Freuden u. Leiden abwechselnd zu teil.") Übers. u. erläut. v. Joh. Holub. Hrsg. v. Rud. Jung. (VIII, 64 S. m. 1 Abb.) 8. Weidenau (909). (Freudenthal, W. Krommer.) — 50

– (König) Oedipus / Oidipus.

— dasselbe, s. a. Bibliothek der Gesamt-Litteratur d. In- u. Auslandes.

— König Oedipus, s. a. Bibliothek, kleine.

— dasselbe, s. a. Kultur, antike.

— König Oedipus, s. a. Meisterwerke dramat. Poesie.

— dasselbe, s. a. Meyer's Volksbücher.

-- s. a. Oedipus u. sein Geschlecht.

— dasselbe, übers. v. M. Wohlrab, s.: Schulausgaben, deutsche.

— Oedipus v. C. P. Renninger, s. Theater, griech.

— Oedipus, s. a. Tragödien, griechische.

— dasselbe, s. a. Velhagen & Klasing's Sammlg. deutscher Schul-Ausgaben.

Sophocles. Oedipus, ein Trauerspiel in Versen ... Celle 1746. Ü: *Steffens, Johann Heinrich.* (ML)

— König Oedipus; aus d. Griech., nebst e. Abhandl. v. J. K. F. Manso. 8. Gotha 785. Ettinger. 10 gr.

— König Oedipus in d. Versmaaßen d. Originals. 8. Berlin, Adamson. 803. — 12

Sophocles. König Oedipus; eine Tragödie; in den Versmaasen des Originals a. d. Griech. übers. Bresl. u. Leipz. 1803. Ü: *Solger, Carl Wilh. Ferd.* (Ky) (MGT)

— König Oedipus; übers. v. J. H. C. Eggers. 8. Kiel 803.

— König Oedipus, im Versmaße d. Originals übers. (v. K. W. F. Solger). 8. Berl. 805. Adamson. 12 gr.

— Oedipus ex Brunck. potiss. recens. c. comment. perpet. I. H. Barby. 8. Berl. Realschulb. 807. 1 —
Schreibp. 1 4

Sophokles, König Oedipus Tragödie, übersetzt von Adolph Wagner. gr. 8. Leipz. Weygand. 814.

— König Oedipus; griechisch. Nach Brunks u. Erfurdts Ausg. bearb. u. m. einigen ihrer Anmerkk. u. m. e. griechisch-deutschen Wörterbuch f. junge Leute herausgeg. v. G. W. H. H. Neue wohlf. Ausg. 8. Nürnb. 823. Zeh.

— König Oedipus, übersetzt und in Abhandlungen und Anmerkk. erklärt von Friedr. Stäger. Mit Berichten und Proben von einigen engl. u. franz., einer italien. u. einer span. Uebersetzung dieser Tragödie. 8. Halle 836. Grunert. 3/4 Thlr.

—— König Oidipus, übers. u. in Abhandln. u. Anmerkn. erklärt v. Friedr. Stäger. Mit Berichten u. Proben v. einigen engl. u. französ., e. italien. u. e. span. Uebersetz. dies. Tragödie. 8. (13 B.) Halle 836, [Mühlmann.]

König Oedipus des Sophokles als Probe einer neuen metrischen Uebersetzung des Sophokles. Abth. 2. Womit zugleich zu der ... Prüfung ... einladet Friedrich Karl Wolff. Flensburg. 1838. 4°

—— König Oedipus. Tragödie, übers. v. Ad. Wagner. 2. Aufl. 8. (7 1/2 B.) Leipzig 840, Gebhardt u. Reisland.

— König Oedipus, von J. J. C. Donner. gr. 8. Heidelberg 842, C. F. Winter. n. 1/2 Thlr.

— dass. Metrisch übertragen von Frz. Fritze. gr. 8. Berlin 844, Förstner. 1/2 Thlr.

—— König Oedipus. Deutsch v. O. Marbach. Mit e. ausführl. krit. Erläuterung. 16. (10 1/2 B.) Leipzig 846, Otto Wigand. *
Vgl.: Meisterwerke dramat. Poesie.

— König Oedipus nach neuen Grundsätzen der Prosodie bearb. u. hrsg. von Ed. Eyth. gr. 16. (VIII u. 87 S.) Stuttgart 851, Belser in Comm. n. 1/3 Thlr.

—— König Oedipus nach neuen Grundsätzen der Prosodie bearb. von Ed. Eyth. 2., neu durchges. Ausg. 16. (80 S.) Heidelberg 854, K. Winter. *

—— Koenig Oedipus. Schulausg. mit krit. und das Versmaass erklärenden Anmerkungen hrsg. von Friedr. Bellermann. gr. 8. (XX und 144 S.) Berlin 857, Springer's Verlag. *

—— König Oedipus, deutsch in den Versmaßen der Urschrift von J. J. C. Donner. gr. 8. (82 S.) Leipzig 857, C. F. Winter'sche Verlagsh. *

— Oedipus. Ein Trauerspiel. Jena 863. Mauke. 16. (114 S.) n. 12 ngr.

— König Oedipus, eine Tragödie. In moderner Form von Rud. Löhbach. Neuwied 864. Heuser. 16. (2 Bl., 90 S.) n. 12 ngr.

—— König Oidipus. — Oidipus in Kolonos. — Antigone. — Trachinierinnen. — Ajas. — Elektra. — Philoktetes. Deutsch von Osw. Marbach. Nebst einführender Abhandlung: die griechische Tragödie und Sophokles und mit erläut. Einleitungen und Anmerkungen. 3. (Titel-)Ausg. gr. 8. (XXIV, 470 S.) Leipzig (866)68, Senf.

— König Oidipus. Nach der ältesten Handschrift u. den Zeugnissen der alten Grammatiker berichtigt, übersetzt, durch einen exegetisch-krit. Commentar erklärt von Frz. Ritter. Leipzig 870. Teubner. gr. 8. (VIII, 252 S.) n. 1 Thlr. 20 ngr.

—— König Oedipus, nach neuen Grundsätzen der Prosodie bearb. von Ed. Eyth. 3. (Titel-)Ausg. 16. (XVI, 80 S.) Ebendas. (854)75. *

—— dass. — Uebersetzt von Ad. Schöll. 2 Lfgn. 3. Aufl. 12. (80 S.) [Stuttgart 877, Nübling.] Berlin, Langenscheidt'sche Verlagsh. à Lfg. * 35 Pf. *

— König Oedipus. Drama. Aus dem Griech. im antiken Versmaaß übertragen von H. A. Feldmann. gr. 16. (80 S.) Hamburg 879. Grüning. 1. 20; cart. m. Goldschn. 1. 50; geb. m. Goldschn. 2. —

— dasselbe. Deutsch von Thdr. Kayser. 8. (105 S.) Tübingen 879. Fues. n. 2. —

— dasselbe, scholarum in usum ed. Frdr. Schubert. 8. (XIV, 54 S.) Prag 883. Tempsky. — Leipzig, Freytag. n. — 40

—— König Oidipus. Für den Schulgebrauch erklärt von Geo. Kern. Ausg. A.: Kommentar unterm Text. gr. 8. (VI, 91 S. mit 4 Tab.) Gotha 884, F. A. Perthes. *

—— dass. — Ausg. B.: Text und Kommentar getrennt in 2 Heften. gr. 8. (VI, 44; 45 S. mit 4 Tab.) Ebendas. 884. *

— dasselbe. Tragödie. Uebers. v. Emil Müller. 8. (V, 74 S.) Halle 885. Niemeyer. n. 1. 20

—— König Oedipus, übers. in den Versmassen des Originals von Thdr. Meckbach. 4. (30 S.) Leipzig 886, Fock. * 1 —

Sophokles' König Oedipus. Für den Schulgebrauch herausgegeben v. Friedrich Schubert. 2. verbesserte Auflage. Mit 7 Abbildungen. 8. (XVI, 76 S.) —.36
Prag: Tempsky 1889.

—— König Oidipus. Für den Schulgebrauch hrsg. v. Friedr. Schubert. 2. verb. Aufl. 8. (XVI, 76 S. m. 7 Abbildgn.) Lpz. 890, Freytag. * — 60; geb. * — 85

Sophokles, König Oidipus. Trauerspiel, übers. v. Rud. Meyer=Kraemer. gr. 8. (82 S.) Berlin 891. Winckelmann & Söhne. n. 1. 20

— König Oedipus, in d. Uebersetzg. v. J. J. C. Donner, in neuer Bearbeitg. hrsg. u. m. Einleitg. u. Anmerkgn. versehen v. F. Mertens. 12. (114 S. m. 4 Abb.) Leipzig 895. G. Freytag. Kart. n. — 60

Sophokles' König Ödipus. In der Uebersetzung von S. J. C. Donner. In neuer Bearbeitung herausgegeben von F. Mertens. Mit vier Abbildungen. 8. (114 S.) Geb. —.30
Prag: Tempsky 1895.

— König Oidipus. Für den Schulgebrauch erklärt v. Geo. Kern. 3. verb. Aufl Ausg. A, Kommentar unterm Text. gr. 8. (VI, 93 S. u. 4 Bl.) Gotha 898. F. A. Perthes. n. 1. —; Ausg. B, Text u. Kommentar getrennt in 2 Hftn. (VI, 44 S. m. 4 Taf. u. 47 S.) n. 1.—

Sophokles' König Ödipus [Oedipus tyrannus]. Deutsch in d. Versmaßen d. Urschrift von J[ohann] J[akob] C[hristian] Donner. Für d. Schulgebr. hrsg. von Ludwig Schunck, Oberl. zu Neustadt. Mit 4 Bildern. *Münster i. W.: Aschendorff 1903.* (104 S.) 8° [F.]
— Ausgaben. Aschendorffs, f. d. deutschen Unterricht. [32.] [04. 7459

— dasselbe. Denuo recensuit et brevi annotatione critica instruxit Freder. H. M. Blaydes. (VIII, 104 S.) gr. 8. Halle 904. Buchh. des Waisenhauses. n. 2. —

König Oidipus von Sophokles [Oedipus tyrannus]. Frei ins Deutsche übertr. von Otto Kuntze. Labes 1904: A. Straube & Söhne. (91 S.) 8°

— dasselbe, hrsg. v. Schmitz-Mancy, s. a. Schöningh's, Ferd., Ausgaben ausländischer Klassiker IX.

Sophokles' König Ödipus [Oedipus rex]. Auf Grund d. Übers. von Donner in neuer Bearb. f. d. Schulgebr. hrsg. u. mit Einl. u. Anm. vers. von Prof. Dr. [Maximilian] Schmitz-Mancy. Mit 1 Bildn. Paderborn: F. Schöningh 1905. (112 S.) 8° [F.]
— Ausgaben, Schöninghs, ausländ. Klassiker mit Erl. 9. [06. 1040

— dasselbe, s. a. Schöningh's, Ferd., Textausgaben.

König Oedipus [Oedipus rex]. Ein Trauerspiel von Sophokles. Paderborn: F. Schöningh [1905]. (57 S.) 8° [F.]
— Textausgaben, Schöninghs, alter u. neuer Schriftsteller. 38. [06. 1030

— dasselbe v. Frdr. Schubert. Bearb. v. Ludw. Hüter. 7. Aufl. (XLI, 52 S. m. 11 Abbildgn.) 8. Wien 906. F. Tempsky. — Leipzig, G. Freytag. Geb. 1.20

— dasselbe. Übers. u. eingeleitet v. Otto Altendorf. (93 S. m. Bildnis.) 8. Frankfurt a/M. 908. M. Diesterweg. 1.—; geb. in Leinw. 1.60

Sophokles. König Oidipus [Oedipus tyrannus]. Für d. Schulgebr. erkl. von Gustav Wolff. 5. Aufl. bearb. von Ludwig Bellermann. Leipzig & Berlin: B. G. Teubner 1908. (VI, 176 S.) 8° [08. 13713

— König Ödipus. Tragödie. Neu übers. von Hugo v. Hofmannsthal. (102 S.) kl. 8. Berlin 910. S. Fischer, Verl. 2.—; geb. n 3.—

— dasselbe. Tragödie. Übers. u. f. die neuere Bühne eingerichtet. (Wohlfeile Ausg. [4.—5. Aufl.]) (102 S.) kl. 8. Ebd. 911. 1.—

—— Oedipus Coloneus, s. a. Maehly, Jac. — Peters, L.

— — Coloneus ex recens. Brunck. c. not. et indice graecolatino ed. et in. scholar. accommod. A. C. Meinecke. 8. Duisb. Helwing. (Baedecker.) 791. — 8

— — — Graece cum scholiis vett. emendatior. ed. C. Reisigius. Jen. 819. 8. 1. gr.

— Oedipus Coloneus, ad opt. libror. fidem recens. E. Wunderus. 8. Lips. 824, Hartmann.

— Oedipus Coloneus e recens. P. Elmsley. A. M. Acced. Brunckii et alior. annotat. selectae, cui et suam addidit editor. 8 maj. Lipsiae 824, Hartmann. 2 Rthl. 6 gr. Schreib-P.

Sophoclis, Oedipus Coloneus e rec. P. Elmsleji A. M. Acced. Brunckii et alior. annotat, selectae, cui et suam addidit editor. 8maj. Lpz. 824. (Lehnhold) 2 ₰ 6 gr Schrbp. 3 ₰ 12 gr

— Recens. P. Elmslejus. In usum scholar. 8maj. Leipz, 824 (Lehnhold). 8 gr

— ed. Ed. Wunderus. 8. Leipz. 825. (Lehnhold). 6 gr

— c. W. Dindorf. 12maj. Leipz. 825. Teubner. 6 gr Engl. Pap. 9 gr

— Oedipum coloneum ed. Ed. Wunder. 8maj. Gotha 832. Hennings. 20 gr Postp. 1 ₰ Velinp. 1 ₰ 6 gr

— Oedipus Coloneus cum scholiis graecis edidit et annotavit Aug. Meineke. Accedunt analecta Sophoclea. Berlin 863. Weidmann. gr. 8. (XIV, 326 S.) n. 1 ₰ 20 ngr.

—— dass. — Scholarum in usum ed. Frdr. Schubert. 8. (XVIII, 65 S.) Prag 885, Tempsky. — Leipzig, Freytag. *

— Oedipus Coloneus. In scholarum usum ed. J. Holub. gr. 8. (VIII, 62 S.) Wien 888. Konegen. n. — 56

— Oedipus Coloneus. Denuo recensuit et brevi annotatione critica instruxit Freder. H. M. Blaydes. (126 S.) gr. 8. Halle 904. Buchh. des Waisenhauses. n. 2. 40

— Oedipus in Colono, cum scholiis vetustis et suis comment. tum emendatior edita tum explanatior ab K. Reisig. 8maj. Jena 820. Cröker. 18 gr Commentar dazu, s. K. Reisig.

– Oedipus / Oidipus auf Kolonos.

— Oedipus auf Kolonos, s. a. Bibliothek, kleine.

—— Oedipus in Kolonos, s. a. Breitkopf und Härtel's Textbibliothek Nr. 60.

— dasselbe, s. a. Kultur, antike.

— Oedip auf Colonos erklärt, s. a. Hocheder.

— Oedipus auf Kolonos, erklärt v. Frz. v. Paula Hocheder. gr. 8. Passau 826. Pustet. 1 ₰ 8 gr

— Oedipus auf Colonos, erklärt von F. v. P. Hocheder. gr. 8. Regensburg 826. (Kollmann in Augsburg.) 1 1/3 ₰

——, Oedipus in Kolonos. Von Arnold Ruge. gr. 12. (5 B.) Jena 830, Schmid.

——, Oidipus auf Kolonos im Versmaas d. Urschrift übers. mit Anmerkn. v. Friedr. Stäger. 8. (11¾ B.) Merseburg 833. (Lipsiae, Fort.) — 12

— Oedipus auf Kolonos im Versmaas der Urschrift übersetzt mit Anmerkk. von Friedr. Stäger. 8. Merseburg 833. Weidemann. 1/2 ₰

— — Probe e. Uebersetz. v. F. C. Wex. Pr. 1887. 8 S. 4°.

— Oedipus in Kolonos, von J. J. C. Donner. gr. 8. Heidelberg 842, C. F. Winter. n. 1/2 Thlr

—— Oedipus in Kolonos. Metrisch übertragen v. Frz. Fritze. gr. 8. (5 7/8 B.) Berlin 844, Förstner.

— — Eine Tragödie. In modernen Versmaßen für deutsche Leser bearb. von C. Th. Gravenhorst. Hannover 853. Rümpler. 12. (VIII, 92 S.) 18 ngr.

— Oedipus auf Kolonos, nach neuen Grundsätzen der Prosodie bearb. von Ed. Eyth. Heidelberg (856.) K. Winter. 16. (2 Bl., 94 S.) n. 10 ngr.
König Oedipus, Antigone und Oedipus auf Kolonos von Eyth, in 1 Bde., zusammen n. 24 ngr.

—— Oedipus auf Kolonos, deutsch in den Versmaßen der Urschrift von J. J. C. Donner. gr. 8. (100 S.) Leipzig 856(57), C. F. Winter'sche Verlagsh. *

—— Oedipus auf Kolonos, nach neuen Grundsätzen der Prosodie bearb. von Ed. Eyth. 2. (Titel-)Ausg. 16. (IV, 94 S.) Ebendas. (854)75.

— Oedipus in Kolonos, deutsch von Thdr. Kayser. 8. (125 S.) Tübingen 879. Fues. n. 2. 20

— Oedipus auf Kolonos. Für den Schulgebrauch erklärt v. Fr. Sartorius. gr. 8. (III, 66 S.) Gotha 882. F. A. Perthes. n. — 80

— Oedipus auf Kolonos. Erklärt v. Fr. Satorius. (Schulausg. griech. u. lat. Class. A. 15.) 8. (66 S.) Ebds. 48 kr.
1884.

—— Oedipus in Kolonos. Drama. Aus dem Griech. im antiken Versmaß übertr. von H. A. Feldmann. gr. 16. (121 S.) Hamburg 885, Grüning. M 1.20.; geb. mit Goldschn.

— dasselbe, scholarum in usum ed. Frdr. Schubert. 8. (XVIII, 65 S.) Prag 885. Tempsky. — Leipzig, Freytag. n. — 40

— Oedipus auf Kolonos. Verbindender Text zur Aufführung der Chöre in Mendelssohn's Musik v. R. Martens. Pr. 1888. 15 S. 4°. —.75

— — Uebersetzt in den Versmassen des Originals von T. Mockbach. Pr. 1888. 85 S. 4°. 1.—

— — In deutscher Nachbildung von Bader. Pr. 1898. 72 S.

— — In den Versmassen der Urschrift übersetzt von R. Joachim. Pr. 1895. 108 S. 1.50

— dasselbe. F. d. Schulgebrauch hrsg. v. Frdr. Schubert. 2., verb. Aufl. 8. (XVII, 85 S. m. 5 Abb.) Leipzig 896. G. Freytag. n. — 60; geb. n. — 90

Sophokles' Oidipus auf Kolonos. Für den Schulgebrauch. Herausgegeben von Friedrich Schubert. Mit 5 Abbildungen. II. verbesserte Auflage. 8. (XVII. 85 S.) —.36
Prag: Tempsky 1896.

Sophokles' Oidipus auf Kolonos. F. d. Schulgebr. bearb. v. Prof. Dr. Christian Muff, Dir. ... zu Cassel. Text. Kommentar. *Bielefeld & Leipzig: Velhagen & Klasing 1898.* 2 Bde 8.
Text. (XXV, 106 S.) Kommentar. (2 Bl., 85 S.)
(Sammlung latein. u. griech. Schulausgaben.) [98. 7869]

Sophokles' Oidipus auf Kolonos. Für den Schulgebrauch herausgegeben von Friedrich Schubert. Mit 5 Abbildungen. 2. verbesserte Auflage. 8. (XVII, 85 S.) —.36
Prag: Tempsky 1898.

Sophokles' Oedipus auf Kolonos [Oedipus Coloneus]. Für d. Schulgebr. hrsg. von Ludwig Schunck, Prof. Mit 5 Abb. [Nebst] Kommentar. Münster i. W.: Aschendorff 1907. 2 Bde 8°
(Aschendorffs Sammlung lat. u. griech. Klassiker.) [08. 4767]

— Oedipus *der König*. Uebers v. Manso. Goth. 785. 8. 10 gr.
— — — Uebersetzt. Berl. u. Leipz. (1804.) 8. 12 gr.

Sophocles, Oedipus *der König*. Uebersetzt von Ad. Wagner. Leips. 813. 8. 14 gr.

Sophocles. Oedipus König von Thebe. Ein Trauerspiel. Nebst Pindars zweiter Ode. A. d. Griech. . . . Zürich 1759. Ü: *Steinbrychel (Steinbrüchel), Joh. Jac.* (DegG) (BrMm) »1760« (ML) (Ky)

— Oedipus, König v. Thebe; nebst Pindars 2r Ode. Aus dem Griech. (v. J. J. Steinbrüchel). 8. Zürich 760.

— Oedipus rex gr. et latin. e recens. Brunck., adnotat. perpet. illustr. C. G. Kühnoel. 8. Leipz. 790. Weidmann. 20 gr

— Oedipus rex, ex edit. Brunckii et Erfurthi cum eorundem notis selectis, in usum scholar. c. indice graeco-germano. 8. Nürnb. 821. Zeh. 1 Thlr Neue wohlf. Ausg. herausgg. v. G. W. H. H. 8. Ebd. 823. 14 gr

— Oedipus rex, ed. Ed. Wunderus. 8. Lpz. 824. (Lehnhold). 4 gr Schrbp. 6 gr

— Oedipus rex, c. W. Dindorf. 8. Leipz. 825. Teubner. 5 gr Engl. Pap. 8 gr

— ed. Fr. Hnr. Bothe. 8maj. Leipz. 827. Hahn. 10 gr

— Oedipus rex, ad opt. exempl. fid. ac praecipue cod. vetust. florent. a Pt. Elmslejo. 8maj. Leipz. 827. (Lehnhold). 8 gr

— Oedipus rex ed. Ed. Wunder. 8maj. Gotha 832. Hennings. 12 gr Postp. 16 gr Velinp. 1 Thlr

— — Als Probe einer neuen Uebersetzung des Sophokles von F. C. Wolff. I. u. II. Pr. 1886—88. 20, 84 S. 4°. —.90

— Oedipus rex. Actus primi versio latina cum adnotationibus ab A. Muschlich. Pr. 1888. 16 S. 4°. 1.—

—— Oedipus rex edidit et adnotavit Henr. van Herwerden. Editio major. Accedunt analecta tragica et anecdota Ambrosiana. gr. 8. (VIII und 216 S.) Trajecti ad Rhenum 866. (Leipzig, A. Dürr.)

—— Oedipus rex. Scholarum in usum edidit Frider. Schubert. 8. (XIV, 54 S.) Prag 883, Tempsky. — Leipzig, Freytag. *

— — Uebersetzt in den Versmassen des Originals von T. Meckbach. Pr. 1886. 80 S. 4°. 1.—

Oedipus rex. Ed. I. Holub. Ed. correctior. (50 S.) 8. Wien 904. C. Gerold's Sohn. n. — 60

— Oedipus tyrannus / Oidipus tyrannos.

— — — Griechisch von Renninger. — Steht in dessen griechischem Theater. Theil 2.

— Oedipus tyrannus, adjecta sunt difficilioribus locis scholia graeca. 8. Leipz. 773. Langenheim. 4 gr

Sophocles. Oedipus Tyrannus et Euripidis Orestes ex optimis exemplaribus emendati. Argent. 1779. H: *Brunck, Rich. Frdr. Phil.* (Gi) (Hoff) V (Vorrede): *Schweighäuser, Joh.* (MGT) (BrMm) (ErschDL)

— Oedipus tyrannus et Euripidis Orestes, ex opt. exempl. emend. R. F. Ph. Brunck, (cur. J. Schweighäuser). 8. Strassb. 779. Heitz. (Treuttel u. W.) 1 Rthlr 4 gr.

Sophocles. Oedipus tyrannus. Lipsiae 1781. H: *Morus, Samuel Friedrich Nathanael.* (Ky)

— Oedipus tyrannus e recens. et c. not. select. Brunckii, c. indice graeco-latino cur. in us. lect. A. C. Meinecke. 8. Götting. 790. (Leipz., Göthe). 12 gr.

— — — Gr. et lat. c. annot. perp. ed. Kuinoel. Lips. 790. 8. 20 gr.

— ex recens. Brunckii, ed. M. Waldhauser. 8. Münch. 806. Lentner. 6 gr.

— ex Brunck. potiss. recens. cum comment. perpet. J. H. Barby. 8. Berl. 807. (Reimer). 1 Rthlr Schrbp. 1 Rthlr 4 gr.

— — — Graece, cum notis selectis Brunckii et Erfurdtii et indice Graecogermanico. Norimb. 819. 8.

Sophoclis, *Oedipus Tyrannus.* Graece ex rec. Petr. Elmsley, qui et annotatt. suas adjec. Oxon. 811. 8. zu 2 rthlr. 12 gr. Ed. auct. cum praef. G. Dindorfii. Lips. 820. 8. 12 gr.

Sophocles. Oedipus tyrannus, ex recensione Pet. Elmsley . . . Lipsiae 1821. H: *Dindorf, Wilh.* (Hoff)

— — Oedipus tyrannus ex recens. P. Emsley; qui et annotationes suas adjecit. Edit. auctior indicibusque locupletiss. instructa. Cum praefat. G. Dindorfii. 8maj. Lipsiae, Hartmann. 821.

— — — cum notis selectis Brunckii et Erfurdtii. Curav. in usum scholar. cum ind. gr. germ. G. W. H. H. Norimb. 821. 8.

— the Oedipus tyrannus; with english notes, for the use of students in schools and colleges. By Howard Crosby. 4. Edition, revised and corrected. gr. 12. (188 S.) New York 857. (Philadelphia, Schäfer und Koradi.) geb. *
Vgl.: Sofocle.

— Oedipus tyrannus in usum scholarum ed. Mauric. Schmidt. gr. 8. (90 S.) Jena 871. Dufft. n. 1. 50

— Oedipus Tyrannos, für den Schulgebrauch erklärt von Frdr. Brandscheid. gr. 8. (VII, 214 S.) Wiesbaden 882. Rodrian. n. 2. 80

— Oedipus tyrannus. In scholarum usum ed. J. Holub. gr. 8. (VIII, 52 S.) Wien 887. Konogen. n. — 56

Sophokles' Oidipus Tyrannos. Z. Gebr. f. Schüler hrsg. v. Prof. Dr. Christian Muff, Dir. ... zu Cassel. Text. Kommentar. *Bielefeld & Leipzig: Velhagen & Klasing 1894.* 2 Bde 8.
Text. (XXIII, 80 S.) Komm. (2 Bl., 52 S.)
(Sammlung latein. u. griech. Schulausgaben.) (96. 4738

Sophokles' Oidipus Tyrannos. Zum Gebr. f. Schüler hrsg. von Prof. Dr. Christian Muff, Rektor, Pforta. 2. verb. Aufl. Text. Kommentar. *Bielefeld & Leipzig: Velhagen & Klasing 1901.* 2 Bde 8°
(Sammlung latein. u. griech. Schulausgaben.) (01. 9399

— dasselbe. Für den Schulgebrauch hrsg. v. H. Deiter. (XX, 82 S. m. Bildn. u. 4 Taf.) 8. Münster 904. Aschendorff. Geb. 1.—; Kommentar. (51 S.) Geh. — 60

— Oidipus Tyrannos. Zum Gebrauch f. Schüler hrsg. v. Christian Muff. (Neudr.) Text. (XXVIII, 80 S.) 8. Bielefeld 905. Velhagen & Klasing. Geb. n. 1. —

— dasselbe v. Frdr. Schubert. 3., gänzlich umgearb. Aufl. v. Ludw. Hüter. (LXII, 58 S. m. 11 Abbildgn.) 8. Leipzig 907. G. Freytag. — Wien, F. Tempsky. Geb. 1. 20

— Oidipus Tyrannos. Für den Schulgebr. hrsg. v. Adf. Lange. I. Tl.: Einleitung u. Text. II. Tl.: Kommentar. (95 u. 87 S.) 8. Berlin 908. Weidmann. Geb. u. geh. 1. 80
(Griech. u. lat. Schriftsteller mit Anm.)

– Oidipus, s. Sophocles: Oedipus.

— quae extant omnia, cum veterum Grammaticorum Scholiis supers. Tragoediae VII, vers. et not. collect. de R. F. Brunck. III Tmi. 4. maj. Argentorati. (Eggenberger, Pest.) 786. 36 —

Sophoclis, quae exstant omnia, cum vet. Grammaticorum scholiis supers. Tragoediae VII, vers. et not. illustr., deperditarum fragmenta collegit R. Ph. Fr. Brunck. II Voll. 4maj. Strassb. 786. Treuttel u. W. 24 Rthlr Ed. in 8maj. IV Voll. ibid. 786—789. 9 Rthlr 20 gr. gr. Pap. 16 Rthlr Vol. III. et IV. In Sophoclis Tragoed. VII Scholiastae graeci. 6 Rthlr gr. Pap. 10 Rthlr

— — Parodos aus S.' Antigone, metr. übers. v. G. Legerlotz. 1884.

– Philocteta, s. Sophocles: Philoctetes.

– Philoctetes / Philoktet(es).

Sophokles, Philoctetes, s. a. Bibliothek der Gesamt-Litteratur d. In- u. Auslandes.

— dasselbe, s. a. Bibliothek, kleine.

— Philoktetes, s. a. Kultur, antike.

—— dass. — s. a. Meyer's Volksbücher.

—— Philoktetes; übers. von J. G. Müller, s. Philoktetes.

— Philoktetes, s. a. Universal-Bibliothek.

Sophocles. Philoktet. Ein Trauerspiel. Nebst Pindars dritter Ode. A. d. Griech. Zürich 1760. Ü: *Steinbrychel (Steinbrüchel), Joh. Jac.* (DegG) (Ky) (Hoff) (ML)

— Philoctetes. 8. Mitau 777. Hinz. 12 gr.

— — graeco c. not. Frid. Godicke. 8. Berolin. Mylius. 781. — 22

— Philoctetes, Euripidis Hecuba, Medea, Iphigenia in Aulide, c. indic. graeco-lat. et mantissa var. lect. ed. A. H. Niemeyer. 8. Halle 781. Waisenhaus-B. Ed. II. c. indic. copios. adj. a J. P. Krebs. 8. ibid. 797. 20 gr.

— e recens. Brunck. comment. perpetua ed. Jh. Hnr. Just. Köppen. Prs. I. 8. Braunschw. 788. Schulbuchh. 10 gr.

Sophocles. Philoktet. Ein Schauspiel mit Gesang. Nach d. Griech. . . . Königsb. 1795. Ü: *Schmalz, Theod. Ant. Heinr.* (DegG) (Ky)

— Philoctetes. Schauspiel mit Gesang, nach d. Griech. (v. Th. Schmalz). 8. Königsb. 795. (J. Müller in Leipz.) 9 gr

— — Schausp. n. d. Griech. v. Schmalz. 8. Königsberg, Nicolovius. 795. — 9

— — Euripidis Hecuba, Medea, Iphigenia in Aulide, c. A. H. Niemoyer, c. ind. copios. adj. I. P. Krebs. 8. Halae, Waiseuh. 797. — 2"

— Philoctetes; e Brunck. potiss. recens. c. comment. perpet. Jh. Hnr. Chr. Barby. 8. Berl. 803. Maurers B. 16 gr

— — Graece c. comment. perpet ed. Barby. Berol. 805. 8. 16gr.

Sophoclis Philoctetes. Graece. Edid. G. E. Groddeck. Acc. prolusio in locum Julii Pollucis de scena in theatro Graecorum. Vilnae 806. 8. (109 S.)

— Philoctetes gr. ed. G. E. Groddeck. 8. Wilna 806. (Kummer in Leipz.) 16 gr

— Philoctetes, übers. v. Otto Martens. gr. 8. Tübing. 810. v. Cotta. 9 gr

— Philoctetes, übers. v. H. Eph. v. Liebau. 4. Mitau 820.

Sophocles Philoctetes. Übersetzt von v. Gersdorf. Weimar 821. 8. 6 gr.

— Philoctetes, ad Erfurdtianae recensionis Exemplar in publicarum lection. usum. 8. Wien 821. (Ign. Klang.) ¼ Thlr.

— Philoctetes. Recognovit et commentariis in usum literarum Graecarum studiosis conscriptis illustravit I. Pr. Matthæi [d: J. M. Schultze]. Altona und Lpz. 1822.

— Philoctetes, recogn. et commentar. in usum juvent. literar. graec. studiosae conscriptis illustr. J. P. Matthaei. 8 maj. Altona 822, Hammerich. 1 Rthl. 16 gr. Schreib - P.

— Philoctetes graece, cum suis selectisque alior. notis edd. P. Buttmann. 8 maj. Berol. 822, Mylius.

Sophocles. Philoctetes. A. d. Griech. übers. Weimar 1822. Ü: *Gersdorf, Ernst Christian August von.* (Hoff) (Mn) (Gi) (Ky)

— Philoctetes. Tragödie. (Uebers. von v. Gersdorf). gr. 8. Weimar 822. 2e A. 829. Hoffmann. 9 gr

— Philoctetes, ed. Ed. Wunderus. 8. Leipz. 824. (Lehnhold). 4 gr

— Philoctetes ad opt. libr. fid. recens. E. Wunderus. 8. Leipz. 825, Hartmann.

— Pilocletes. Cum praef. W. Dindorf. gr. 12. Leipz. 825. Teubner. 5 gr Engl. Pap. 8 gr

— Philoctetes, ed. Fr. Hnr. Bothe. 8maj. Leipz. 827. Hahn. 10 gr

— Philoctetes, ad opt. exempl. fid. ac praecipue cod. vetust. florent. a Pt. Elmslejo. 8maj. Leipz. 827. (Lehnhold). 8 gr

——, Philoctetes. Tragödie. 2., verb. Aufl. 8. (6 B.) Weimar 827. [Leipzig, Böhme.]

——, Philoctet. Schausp. In 3 Acten f. d. Theater übers. v. C. Wünsch. 8. (5 B.) Berlin 830, Laue.

— Philoctetam ed. Ed. Wunder. 8maj. Gotha 832. Hennings. 18 gr Postp. 1 Thlr. Velinp. 1 Thlr. 8 gr

— Philoktetes, von J. J. C. Donner. gr. 8. Heidelberg 842, C. F. Winter. n. ⅓ Thlr.

—— Philoktet. Eine Tragödie. Metrisch übertragen von Pamacher. Nebst e. Abhandl. über den dramat. Vers im Deutschen von Dems. gr. 8. (6 B.) Trier 844, Lintz'sche Buchh.

—— Philoktetes. Metrisch übertragen v. Frz. Fritze. gr. 8. (5 B.) Berlin 845, Förstner.

— Philoktetes frei in der Form von Jos. Gob. Müller. Celle 855. Capaun-Karlowa. 16. (XX, 121 S.) n. 10 ngr.

— — Erste Hälfte metr. übersetzt von K. W. Osterwald. Pr. 1866. 27 S. 4°.

Sophoclis Philoctetes ad novissimam optimi codicis conlationem recensuit et brevi adnotatione instruxit Maur. Seyffertus. Berlin 867. Weidmann'sche Buchh. gr. 8. (XVI, 166 S.) n. 28 ngr.

— the Philoctetes, critical revised with the aid of mss. newly collated, a. eyplained by Freder. H. M. Blaydes. gr. 8. (X, 308 S.) Jena 872. Fr. Frommann. n. 5. —

— Philoctota. Rec., prolegomenis et commentario instruxit Chr. Cavallin. gr. 8. (LIII, 318 S.) Lund 875. (Leipzig, T. O. Weigel.) *

—— Philoctetes. Scholarum in usum edidit Frider. Schubert. 8. (XV, 47 S.) Leipzig 884, Freytag. * — 40

—— Philoktetes. Für den Schulgebrauch erklärt von Gerh. Heinr. Müller. Ausg. a. Kommentar unterm Text. gr. 8. (III, 74 S.) Gotha 886, F. A. Perthes. *

—— dass. — Ausg. b. Text und Kommentar getrennt in 2 Heften. gr. 8. (III, 51; 24 S.) Ebendas. 886. *

—— dass. — Drama. Aus dem Griech. im antiken Versmaaß übertr. von H. A. Feldmann. 12. (96 S.) Leipzig 886, Unflad. *

— Philoctetes. In scholarum usum ed. J. Holub. 8. (VIII, 52 S.) Prag 889. (Neugebauer.) n. — 70

—— dass. — Erklärt v. J. Holub. (Tragoediae. III.) Mit e. (lithogr.) Abbild. 8. (39 S.) Ebd. 889. * — 75

— Philoktetes. Mit Einleitg. u. Anmerkgn. f. den Schulgebrauch hrsg. v. J. Rappold. 2 Thle. gr. 8. Wien 891. A. Hölder. n. 1. 48
1. Einleitung u. Text. (IV, 75 S.) n. — 80
2. Anmerkungen. (48 S.) n. — 68

— dasselbe. F. d. Schulgebrauch hrsg. v. Frdr. Schubert. 2., verb. Aufl. 8. (XVI, 64 S. m. 6 Abb.) Leipzig 894. G. Freytag. n. — 50

Sophokles' Philoktetes. Für den Schulgebrauch herausgegeben von Friedr. Schubert. Zweite verbesserte Auflage. Mit 6 Abbildungen. 8. (64 S.) —.30, geb. —.50
Prag: Tempsky 1894.

Sophokles' Philoktet. Z. Schulgebr. bearb. v. Prof. Dr. Christian Muff, Dir. ... zu Cassel. Text. Komm. *Bielefeld & Leipzig: Velhagen & Klasing 1897.* 2 Bde 8.
Text. (XXIV, 82 S.) Komm. (2 Bl., 56 S.)
(Sammlung latein. u. griech. Schulausgaben.) [97. 8157

— **Philoktetes.** In den Versmassen der Urschrift übersetzt v. R. Joachim. Pr. 1899. 87 S. 1.20

Hunziker, Rudolf. Sophokles' Philoktetes. Für den Schulgebrauch erklärt von Gerh[ard] Heinr[ich] Müller. In 2., umgearbeiteter Aufl. hrg. von Dr. Rudolf Hunziker, Lehrer ... zu Winterthur. VI + 116 S. 8. Gotha, Friedrich Andreas Perthes, 1903. (M. 1. —)
(Bibliotheca Gothana. A, 49. [Ausg.] a [Kommentar unterm Text].) *Ausg. b: Text und Kommentar getrennt.*

Sophokles' Philoktetes. Unter teilweiser Benutzung d. Donnerschen Übers. f. d. Schulgebr. hrsg. von Dr. M[ax] Schmitz-Mancy, Prof. zu Krefeld. Mit 5 Bild. Münster i. W.: Aschendorff 1906. (144 S.) 8°
(Aschendorff's Sammlung auserlesener Werke d. Literatur.)

Sophoclis Philoctetes. Denuo rec. brevique ann. crit. instr. Fredericus H[enry] M[arvell] Blaydes. Halis Sax.: Orphanotropheum 1908. IV, 87 S. 8°

— — Probe einer neuen Uebersetzung des Sophokles. (Antigone). v. E. A. J. Ahrens. Pr. 1851. 18 S. 4°. —.75

Sophocles. Proben einer Uebersetzung sophokleischer Tragödien in modernen Versmassen von H. Schwarz. Pr. 1877. 16 S. 4°. —.80

– Scholia in Sophoclis tragoedias, s. Elmsley, Peter

— s.: **Scholia in tragoedias vetera.**

Sophocles: Sophocles.

—— übers. von H. Viehoff, s. Bibliothek ausländischer Klassiker.

— deutsch von O. Marbach, s. Lorck's Hausbibliothek.

SOPHOCLES, übers. von CHR. GRAF ZU STOLBERG. I—II. Lpz. 1787.

Sophokles. Deutsch v. Brömel u. Sigismund. Schönste u. wohlfeilste Ausg. im Schiller-Format. 1. u. 2. Hft. 16. (à 4 B.) Erfurt 843. [Leipzig, Schmidt.] à

Sophokles. Erklärt von F. W. Schneidewin. (Sammlung Griechischer u. Latein. Schriftsteller mit Deutschen Anmerk.) 1—4. Bdchn. gr. 8. 1: Aias. Philoktetes. (VIII u. 216 S.) 2: Oedipus Tyrannos. (157 S.) 3: Oedipus auf Kolonos. (196 S.) 4: Antigone. (155 S.) Leipzig 849—51, Weidmann. (1: 1/2 ₰ 2: 1/3 ₰ 3: 12 ngr 4: 1/3 ₰) 1 ₰ 17 ngr

Sophokles. Erklärt von F. W. Schneidewin. 2. Bdchn.: Oedipus Tyrannos. gr. 8. (157 S.) Leipzig 851. [Berlin,] Weidmann'sche Buchh.

—— **dass. — 3. Bdchn.: Oedipus auf Kolonos. gr. 8. (196 S.) Ebds. 851.**

Sophokles. Erklärt von F. W. Schneidewin. 1—6. Bdchn. Berlin 853—58. Weidmann. 8. 2 ₰. 14 ngr
1. Bdchn.: Allgemeine Einleitung. Ajas. Philoktetes. 2. Aufl. 853. (X, 258 S.) 16 ngr — 3. Aufl. 855. (XI, 280 S.) 20 ngr
2. Bdchn.: Oedipus Tyrannos. 2. Aufl. 853. (162 S.) — 3. Aufl. besorgt von Aug. Nauck. 856. (IV, 166 S.) 10 ngr
3. Bdchn.: Oedipus auf Kolonos. 2. Aufl. 853. (200 S.) — 3. Aufl. besorgt von Aug. Nauck. 857. (IV, 199 S.) 12 ngr
4. Bdchn.: Antigone. 2. Aufl. 854. — 3. Aufl. 856. (160 S.) 10 ngr
5. Bdchn.: Elektra. 853. (166 S.) 10 ngr — 2. Aufl. 855. (165 S.) 10 ngr — 3. Aufl. besorgt von Aug. Nauck. 858. (171 S.) 12 ngr
6. Bdchn.: Trachinierinnen. 854. (147 S.) — 2. Aufl. besorgt von Aug. Nauck. 857. (156 S.) 10 ngr

—— **dass. — 3. Bdchn.: Oedipus auf Kolonos. 2. Aufl. gr. 8. (200 S.) Ebds. 854.**

—— **dass. — 4. Bdchn.: Antigone. gr. 8. (155 S.) Ebds. 852.**
1. Bdchn. Ebendas. 1849. 15 Ngr.

—— **dass. — 4. Bdchn.: Antigone. 2. Aufl. 1852. und 3. Aufl. gr. 8. (160 S.) Ebds. (856).**

— übersetzt von Geo. Thudichum. Neue Bearbeitung. Darmstadt 855. Leske. 16. (3 Bl., 568 S.) n. 1 ₰. 26 ngr

—— (Uebersetzt und erklärt) von Osw. Marbach. 1. und 7. Bdchn. 8. Leipzig 856, Arnoldische Buchh. à Bdchn. * 24 Ngr.
Inhalt:
Bdchn. 1. König Oidipus. 2., verb. Aufl. (171 S.)
" 7. Philoktetes. (198 S.)

Sophokles. Deutsch in den Versmaßen der Urschrift von J. J. C. Donner. 4., verb. Aufl. 2 Bde. gr. 8. (VIII und 546 S.) Leipzig und Heidelberg 856(57,) Winter'sche Vrlgsh. *

— deutsch in den Versmaßen der Urschrift von J. J. C. Donner. 4. verb. Aufl. 2 Bde. Leipzig 857. C. F. Winter. 8. (3 Bl., 330; 2 Bl., 216 S.) n. 2 ₰.
Hieraus einzeln: Antigone. (76 S.) n. 10 ngr — König Oedipus. (82 S.) n. 10 ngr — Oedipus auf Kolonos. (100 S.) n. 10 ngr

— von Osw. Marbach. Leipzig 858. Lorck. 8. Jedes Bdchn. n. 24 ngr
1. Bdchn.: König Oidipus. Uebers. u. erklärt. 2. verb. Aufl. (2 Bl., 171 S.)
2. " 1. Hälfte. Oidipus in Kolonos. 1. Hälfte. Text. (2 Bl., 112 S.)
3. " Antigone. 2. verb. Aufl. (2 Bl., 244 S.)
4. " Trachinierinnen. 1. Hälfte. Text. (2 Bl., 70 S.)
5. " 1. Hälfte. Ajas. 1. Hälfte. Text. (2 Bl., 72 S.)
6. " 1. Hälfte. Elektra. 1. Hälfte. Text. (2 Bl., 88 S.)
7. " Philoktetes. (2 Bl., 198 S.)

Sophokles. Für den Schulgebrauch erklärt von Gust. Wolff. 1. Thl.: Ajax. Leipzig 858. Teubner. gr. 8. (VIII, 152 S.) n. 10 ngr

Sophokles erklärt von F. W. Schneidewin. 6 Bdchn. (Neue Aufl.) besorgt von Aug. Nauck. Berlin, Weidmann. 8.
1. Bdchn.: Allgemeine Einleitung. Ajas. Philoktetes. 4. Aufl. 860. (330 S.) 20 ngr
2. Bdchn.: Oedipus Tyrannos. 4. Aufl. 861. (168 S.) 10 ngr
3. Bdchn.: Oedipus auf Kolonos. 4. Aufl. 861. (204 S.) 13 ngr
4. Bdchn.: Antigone. 4. Aufl. 860. — 5. Aufl. 864. (172 S.) 10 ngr
5. Bdchn.: Elektra. 4. Aufl. 862. (171 S.) 13 ngr
6. Bdchn.: Trachinierinnen. 3. Aufl. 864. (161 S.) 10 ngr

— Für den Schulgebrauch erklärt von Gust. Wolff. 2. Thl.: Elektra. Leipzig 863. Teubner. 8. (VIII, 142 S.) n. 10 ngr

— **Deutsch in den Versmaßen der Urschrift von J. J. C. Donner.** 2 Bde. 5. verb. Aufl. Leipzig 863. C. F. Winter. gr. 8. (VI, 585 S.) n. 2 ₰

— metrisch übersetzt von Otto Fischer. 1. Bdchn. König Oedipus. Tübingen 865. Osiander. 8. (103 S.) n. 5 ngr.

—— Für den Schulgebrauch erklärt von Gust. Wolff. 1.—4. Thl. gr. 8. Leipzig, Teubner. à Thl. (*ℳ 1.) ℳ 1,20.
Inhalt:
Thl. 1. Aias. 3. Aufl. (IV, 150 S.) 875.
» 2. Elektra. 2. Aufl. (VII, 158 S.) 872.
» 3. Antigone. 2. Aufl. (VI, 162 S.) 873.
» 4. König Oidipus. (VI, 159 S.) 870.

Sophokles erklärt von F. W. Schneidewin. 7 Bdchn. gr. 8. Berlin, Weidmann'sche Buchh. à Bdchn. ℳ 1,20.
Inhalt:
Bdchn. 1. Allgemeine Einleitung. Aias. 6. Aufl. besorgt von Aug. Nauck. (XII, 201 S.) 871.
» 2. Oedipus Tyrannos. 6. Aufl. besorgt von Aug. Nauck. (183 S.) 872.
» 3. Oedipus auf Kolonos. 5. Aufl. 1870, und 6. Aufl. besorgt von Aug. Nauck. (213 S.) 875.
» 4. Antigone. 6. Aufl. 1869, und 7. Aufl. besorgt von Aug. Nauck. (176 S.) 875.
» 5. Elektra. 5. Aufl. 1869, und 6. Aufl. besorgt von Aug. Nauck. (189 S.) 873.
» 6. Trachinierinnen. 4. Aufl. besorgt von Aug. Nauck. (169 S.) 873.
» 7. Philoktetes. 6. Aufl. besorgt von Aug. Nauck. (163 S.) 871.

Sophocles erklärt v. F. W. Schneidewin. 1—7. Bdchn. besorgt v. Aug. Nauck. gr. 8. Berlin 871—76. Weidmann. 9. 60
1. Allgemeine Einleitg. Ajas. 6. Aufl. (XII, 201 S.) 1. 20
2. Oedipus Tyrannos. 7. Aufl. (162 S.) 1. 50
3. Oedipus auf Kolonos. 6. Aufl. (215 S.) 1. 80
4. Antigone. 7. Aufl. (176 S.) 1. 20
5. Elektra. 6. Aufl. (189 S.) 1. 20
6. Trachinierinnen. 4. Aufl. (169 S.) 1. 20
7. Philoktetes. 7. Aufl. (168 S.) 1. 50

Sophokles, v. Thudichum, s.: Universal-Bibliothek.
— Für den Schulgebrauch erklärt v. Gust. Wolff. 1—4. Thl. gr. 8. Leipzig 872—76. Teubner. 4. 40
1. Ajas. 3. Aufl. (VI, 150 S.) 1. 20
2. Elektra. 2. Aufl. (VII, 158 S.) n. 1. —
3. Antigone. 2. Aufl. (VI, 162 S.) n. 1. —
4. König Oedipus. 2. Aufl. bearb. v. Ludw. Bellermann. (XI, 108 S.) 1. 80

—Deutsch in den Versmaßen der Urschrift v. J. J. C. Donner. 7. verb. Aufl. 2 Bde. 8. (355 u. 230 S.) Leipzig 873. C. F. Winter. n. 6. —; geb. n. 6. 80

Sophokles, deutsch von J. J. C. Donner. Achte Auflage. 2 Bde. Leipzig und Heidelberg 1875. 8°.

Sophokles, erklärt von F. W. Schneidewin. 1—7. Bdchn. gr. 8. Berlin 877—82. Weidmann. 10. 20
1. Allgemeine Einleitung. Aias. 8. Aufl., besorgt von Aug. Nauck. (XII, 201 S.) 1. 50
2. Oedipus Tyrannos. 8. Aufl., besorgt von W. Nauck. (179 S.) n. 1. 50
3. Oedipus auf Kolonos. 7. Aufl., besorgt v. Aug. Nauck. (210 S.) 1. 50
4. Antigone. 8. Aufl., besorgt von Aug. Nauck. (176 S.) 1. 20
5. Elektra. 7. Aufl., besorgt von Aug. Nauck. (186 S.) 1. 50
6. Trachinierinnen. 5. Aufl., besorgt von Aug. Nauck. (166 S.) 1. 50
7. Philoktetes. 8. Aufl., besorgt von Aug. Nauck. (163 S.) 1. 50

— Für den Schulgebrauch erklärt von Gust. Wolff. 2. u. 3. Thl. 3. Aufl. Bearb. von Ludw. Bellermann. gr. 8. Leipzig 878. 80. Teubner. à 1. 20
2. Elektra. (VI, 152 S.)
3. Antigone. (VIII, 153 S.)

Sophokles. Erklärt von F. W. Schneidewin und Aug. Nauck. 1.—3., 5. und 7. Bdchn. 8. Aufl. gr. 8. Berlin, Weidmann'sche Buchh. à Bdchn. ℳ 1,50.
Inhalt:
Bdchn. 1. Allgemeine Einleitung. Aias. (XII, 203 S.) 882.
» 2. Oidipus Tyrannos. (179 S.) 881.
» 3. Oidipus auf Kolonos. (212 S.) 884.
» 5. Elektra. (185 S.) 883.
» 7. Philoktetes. (163 S.) 882.
4. und 6. Bdchn. Ebendas. 1880. ℳ 2,70.

Sophokles. Erklärt v. F. W. Schneidewin. 2—5. Bdchn. Neue Aufl., besorgt v. Aug. Nauck. gr. 8. Berlin, Weidmann. 5. 70
2. Oidipus Tyrannos. 8. Aufl. (182 S.) 886. 1. 50
3. Oidipus auf Kolonos. 8. Aufl. (212 S.) 884. 1. 50
4. Antigone. 9. Aufl. (176 S.) 886. 1. 20
5. Elektra. 8. Aufl. (185 S.) 882. 1. 50

—— Für den Schulgebrauch erklärt von Gust. Wolff. 5. Tl.: Oidipus auf Kolonos von Ludw. Bellermann. gr. 8. (VI, 202 S.) Leipzig 883, Teubner.
1.—4. Thl. Ebendas. 1875—80. à ℳ 1,20.

— Deutsch in den Versmaßen der Urschrift v. J. J. C. Donner. 10. Aufl. 2 Thle. in 1 Bd. gr. 8. (III, 355 u. III, 230 S.) Leipzig 883. C. F. Winter. n. 6. —; geb. n.n. 6. 90

— Für den Schulgebrauch erklärt v. Gust. Wolff. 3—5. Tl., bearb. v. Ludw. Bellermann. gr. 8. (VIII, 180 S.) Leipzig, Teubner. 3. 90 (1—5.: 6. 30)
3. Antigone. 4. Aufl. (VIII, 180 S.) 885. 1. 20
4. König Oidipus. 3. Aufl. (IX, 175 S.) 885. 1. 20
5. Oidipus auf Kolonos. (VI, 262 S.) 1. 50

— erklärt von F. W. Schneidewin. 1. u. 7. Bdchn. 9. Aufl., besorgt v. Aug. Nauck. gr. 8. Berlin, Weidmann. à 1. 50
1. Allgemeine Einleitung. Aias. (XII, 204 S.) 888.
7. Philoktetes. (164 S.) 887.

—— erklärt von F. W. Schneidewin. 1., 2., 4. und 7. Bdchn. 9. Aufl., besorgt von Aug. Nauck. gr. 8. Berlin, Weidmann'sche Buchh. à Bdchn. ℳ 1.50. *
Inhalt:
Bdchn. 1. Allgemeine Einleitung. Aias. (XII, 204 S.) 888.
» 2. Oidypus Tyrannos. (182 S.) 886.
» 4. Antigone. (176 S.) 886.
» 7. Philoktetes. (164 S.) 888.

— Für den Schulgebrauch erklärt v. G. Wolff. 1. Tl. Aias. 4. Aufl., bearb. v. Ludw. Bellermann. gr. 8. (VI, 174 S.) Leipzig 887. Teubner. 1. 50

Sophokles. Erklärt v. J. Holub. I—III. gr. 8. Paderborn, F. Schöningh. n. 3. 75
I. Oidipus Tyrannos. Mit 1 (Lichtdr.-)Abbildg. (XII, 92 S.) 887. n. 1. 50
II. Oidipus auf Kolonos. Mit e. topograph. Skizze. (XII, 92 S.) 888. n. 1. 50
III. Philoktetes. Mit e. lith. Abbildg. (89 S.) 889. n. — 75

—— In modernen Versmaßen neu übertr. v. M. Kleemann. 7 Hefte. 8. Hildburgh. 889—92, Gadow u. Sohn. * 3 60
1. König Oidipus. (III, 59 S.) — 60.
2. Oidipus auf Kolonos. (70 S.) — 60.
3. Antigone. (48 S.) — 40.
4. Aias. (52 S.) — 40.
5. Philoktet. (60 S.) — 60.
6. Elektra. (58 S.) * — 60.
7. Trachinierinnen. (46 S.) * — 40.

Sophokles. Deutsch in Versmaßen der Urschrift v. J. J. C. Donner. 11. Aufl. 2 Bde. (7 Hefte). 8. (III, 355; III, 280 S.) Lpz. 889, C. F. Winter. à Heft * 1 —; compl. * 6 —; geb. in 1 Bd. ** 6 90
1. Der rasende Ajas. 10. Aufl. (76 S.)
2. Antigone. 11. Aufl. (80 S.)
3. Elektra. 10. Aufl. (84 S.)
4. Oedipus auf Kolonos. 10. Aufl. (104 S.)
5. König Oedipus. 11. Aufl. (88 S.)
6. Philoktetes. 10. Aufl. (83 S.)
7. Die Trachinierinnen. 7. Aufl. (70 S.)

Sophokles, erklärt v. Fr. W. Schneidewin. 5. u. 6. Bdchn. gr. 8. Berlin, Weidmann. à 1. 50
5. Elektra. 9. Aufl., besorgt v. Aug. Nauck. (191 S.) 893.
6. Trachinierinnen. 6. Aufl., besorgt v. Aug. Nauck. (166 S.) 891.

— Für den Schulgebrauch erklärt v. Gust. Wolff. 2. u. 3. Tl. gr. 8. Leipzig, B. G. Teubner. à 1. 50
2. Elektra. 4. Aufl., bearb. v. Ludw. Bellermann. (VI, 168 S.) 893.
3. Antigone. 5. Aufl., bearb. v. Ludw. Bellermann. (VIII, 185 S.) 892.

— für d. Schulgebrauch erklärt v. Gust. Wolff. 4. Tl. König Oidipus. 4. Aufl. Bearb. v. Ludw. Bellermann. gr. 8. (VIII, 176 S.) Leipzig 894. B. G. Teubner. 1. 50

Sophokles. Erklärt v. F. W. Schneidewin u. A. Nauck. 2. Bdchn.: König Oedipus. 10. Aufl. Neue Bearbeitg. v. Ewald Bruhn. 8. (232 S.) Berlin 897. Weidmann. 2. 10

Sophokles. Erklärt v. F. W. Schneidewin u. A. Nauck. 8. Bdchn.: Anh., zusammengestellt v. Ewald Bruhn. gr. 8. (VI, 170 S.) Berlin 899. Weidmann. 2. 25; (kplt. 13. 05)

Sophokles. Für den Schulgebrauch erklärt v. Gust. Wolff. 1. u. 3. Tl. gr. 8. Leipzig, B. G. Teubner. à 1.50
1. Aias. 5. Aufl., bearb. v. Ludw. Bellermann. (VIII, 168 S.) 899.
3. Antigone. 6. Aufl., bearb. v. Ludw. Bellermann. (VIII, 172 S.) 900.

Sophokles. Erklärt v. F. W. Schneidewin u. A. Nauck. 4. Bdchn. gr. 8. Berlin, Weidmann. n. 1. 80
Antigone. 10. Aufl. Neue Bearbeitung v. Ewald Bruhn. (III, 205 S.) 904.

Sophokles. Erklärt v. F. W. Schneidewin u. A. Nauck. 2., 3. u. 7. Bdchn. 8. Berlin, Weidmann. 5. 80
2. König Oedipus. 11. Aufl., besorgt v. Ewald Bruhn. (III, 239 S.) 910. 2. 20
3. Oidipus auf Kolonos. 9. Aufl. Neue Bearbeitg. v. Ludw. Radermacher. (IV, 202 S.) 909. 1. 80
7. Philoktetes. 10. Aufl., besorgt v. Ludw. Radermacher. (4, 154 S.) 907. 1. 80

— Théâtre, cont. les Tragédies de ce poëte qui n'avoient pas encore été traduites p. du Puy. gr. 4. Paris. (Schweighäuser à Bas.) 793. 3 —

Trachiniae.

— Trachiniae gr., e recens. Brunckii, ed. c. comment. perpet. adnotat. illustr. J. G. C. Höpfner. 8maj. Lpz. 791. (Brockhaus). 1 ℛ

— — graece ex rec. et comment. illust. I. G. C. Hopfner. 8. maj. Lps. Iunius. (Gleditsch.) 791. 1 —

— Trachiniae, ex recens. Brunck. var. lect. et comment. adj. in us. tironum illustr. H. L. J. Billerbeck. 8. Hildesh. 801. Gerstenberg. 1 ℛ 10 gℛ Der Text apart 8 gℛ

Sophoclis Trachiniae. Graece. In usum lectionum edid. et notis illustr. G. E. Groddeck. Acc. prolusio in Julii Pollucis locum de Thymele in theatro Graecorum. Vilnae 808. 8. (320 S.)

— gr., in us. lect. ed. G. E. Groddeck. 8. Wilna 808. (Kummer in Leipz.) 1 ℛ 8 gℛ

— Trachiniae, ed. Ed. Wunderus. 8. Lpz. 824. (Lehnhold). 4 gℛ

— Trachiniae, ad opt. libr. fid. recens. E. Wunderus. 8. Lips. 825, Hartmann.

— Trachiniae, c. praef. W. Dindorf. gr. 12. Lpz. 825. Teubner. 4 gℛ Engl. Pap. 6 gℛ

— Trachiniae; ed. Fr. Hnr. Bothe. 8maj. Leipz. 827. Hahn. 10 gℛ

— Trachiniae ad opt. exempl. fid. ac praecipue cod. florent. a P. Elmslejo. 8maj. Leipz. 827. (Lehnhold). 8 gℛ

— Τραχίνιαι. Sophoclis Trachiniae. Recognovit et adversariis enarravit Joann. Apitzius. 8maj. Halae 833. libr. Orphanotrophei. n. 1⅔ ℛ (22 B.)

— Trachiniae. Ad optimor. libror. fidem recensuit et brevibus notis instruxit Godofr. Hermannus. Editio III. 8. (XVI u. 184 S.) Lipsiae 851, E. Fleischer. ¾ ℛ

— the Trachiniae, critical revised, with the aid of mss. newly collated, a. explained by Freder. H. M. Blaydes. gr. 8. (XV, 323 S.) Ebend. 872. n. 5. —

— Trachiniae, codicibus denuo collatis rec., varietate lectionis instruxit, indicibus adornavit Vladimir Subkoff. gr. 8. (XII, 100 S.) Mosquae 879. (Leipzig, Brockhaus' Sort.) n. 5. —

— Trachiniae. Scholarum in usum ed. Fr. Schubert. 8. (VI, 59 S.) Leipzig 886. Freytag. n. — 40

– Trachiniai, s. Sophocles: Trachiniae.

— die Trachinierinnen, s. a. Bibliothek, kleine.

— Trachinierinnen, griech. u. deutsch von Hamacher, s. Hamacher, Studien.

— Trachinierinnen, s. a. Kultur, antike.

—— die Trachinierinnen, s. a. Meyer's Volksbücher.

— die Trachinierinnen, od. Dejanira u. Herkules, ein Trauersp. 8. Lpz. Sommer. — 6

Sophocles. Trachinierinnen. Mitau 1777. Ü: *Goldhagen, Ernst Marcus.* (Ebert)

— die Trachinierinnen, übers. v. E. M. Goldhagen. 8. Mitau 777. Hinz. 6 gℛ

— d. Trachinierinnen, als Probe e. metr. Nachbildung der Werke des Tragikers, von W. Süvern. gr. 8. Berlin, Realschulbuchh. 802. — 12

— die Trachinierinnen, als Probe einer metr. Nachbildung der Werke d. Tragikers, von J. W. Süvern. gr. 8. Berl. 802. (Reimer). 12 gℛ

—— Trachinierinnen v. J. J. C. Donner. gr. 8. (3⅞ B.) Heidelberg 843, C. F. Winter. •

—— die Trachinierinnen. Metrisch übertragen v. Frz. Fritze. gr. 8. (4¼ B.) Berlin 845, Förstner.

Sophokles' Trachinierinnen. Für d. Schulgebr. bearb. von Prof. Dr. Christian Muff, Rektor, Pforta. Text & Kommentar. *Bielefeld & Leipzig: Velhagen & Klasing 1900.* 2 Bde 8°
(Sammlung latein. u. griech. Schulausgaben.) [illegible]

— dasselbe, übers. v. G. Wendt. 2. Aufl. 7 Bde. 8. Karlsruhe (904). J. Gutsch. Kart. à n. 1. 50; auf starkem Pap. in 2 Bde. geb. n. 10. —
1. Aias. (XVI, 78 S.) — 2. Antigone. (XVI, 74 S.) — 3. Elektra. (XVI, 83 S.) — 4. Oedipus. (XVI, 86 S.) — 5. Die Trachinierinnen. (XVI, 66 S.) — 6. Philoktet. (XVI, 83 S.) — 7. Oedipus auf Kolonos. (XVI, 104 S.)

Tragédies de Sophocle. Trad. avec des notes critiques par Dacier. Altenb. 763. 8. 16 gr. Oft noch vorher.

Tragedies, trad. en franç. avec des Notes critiques p. Dacier. 8. Altenburg, Richter. (Academ. Buchh., Iena.) 763.

– Tragoediae.

— id. lib. cur. A. Matthiae, s. Bibliotheca class. poet. graecor. Tom. IX.

—— tragoediae, rec. Ed. Wunder, s. Bibliotheca graeca.

Sophoclis Tragoediae. Rec. Fr. H. Bothe, II Vol., s. Poetae scen. Graecor., Vol. III., IV.

— — cum not. Struve. 8. Riga, Hartmann. — 2

Sophoclis, *Tragoediae.*

— — Graece. Emend. var. loctt. scholia notasque adiecit C. G. A. Erfurdt. Lips. 802–811. 6 Vol. 8. 15 rthlr. (Vol. I. Trachiniae 1 rthl. 12 gr. II. Electra. 2 rthl. 12 gr. III. Philoctetes. 2 rthlr. IV. Antigona. 2 rthlr. V. Oedipus rex. 3 rthlr. VI. Aiax. 3 rthlr. 16 gr.)

— — Gr. et lat. c. Brunckii notis, aliorum et suis ed. Bothe. Lips. 806. 2 Vol. 8. 6 rthlr.

— — in usum scholar. ad exempl. Brunck. diligent. express. 8. Halae, Waisenh. 809. — 22

— — Graece ad exempl. Brunckii. Ed. II. Hal. 809. 8. 22 gr. Ib. 813. 8. 1 rthlr.

Sophocles. Tragoediae. Ad optimorum librorum fidem iterum recensuit ... Erfurdt. Lipsiae 1809—24. H: *Hermann, Johann Gottfried Jacob.* (Ky)

— Tragoediae. Ad opt. libror. fidem iterum recens. et brevibus notis instr. K. G. A. Erfurdt, (cur. et edid. J. Gf. J. Hermann). VII Voll. 8min. Leipz. 809—24. Er. Fleischer. 5 ß 20 ℊ Ed. II. (ed. J. Gf. J. Hermann). VII Voll. 8. ibid. 823—25. 7 ß 8 ℊ (Vol. I. Antigona. 823. Ed. III. 830. 1 ß 12 ℊ Vol. II. Oedipus rex. 823. Ed. III. 830. 1 ß 4 ℊ Vol. III. et IV. Ajax et Electra 825. 1 ß 16 ℊ Vol. VI. Philoctetes 824. 1 ß Vol. VII. Oedipus coloneus. 824. 1 ß 8 ℊ)

— Tragoediae. Ad opt. libror. fidem emendatae, c. brevi notat. emendata a G. H. Schäfer. II Tmi. 16. Leipz. 810. Tauchnitz. 1 ß 8 ℊ

— griech. emendirt u. erläutert von J. G. v. Fröhlich. Ir Thl. (Philoctet, Electra u. die Trachin.) Nebst Erläuterr. 8. Sulzb. 815. v. Seidel. (à 16 ℊ) 1 ß 8 ℊ

— — Tragoediae. Ad optimorum librorum fidem iterum recensuit et brevibus notis instruxit C. G. A. Erfurdt. Vol. III. Ajax. 8. Lipsiae, Gerh. Fleischer. 817.

— — Graece. In usum schol. Lips. et Lugd. B. 818. 8. 1 rthl. 8 gr.

— — — — Vol. IV. Electra. 8. Ibid. 819.

— Tragoediae. Editio stereotyp. 16. Leipz. 819—22. Tauchnitz. 20 ℊ Hbg. Pr. 10 ℊ Fein Pap. 1 ß 4 ℊ

— — Tragoediae. Editio stereot. 12. Lipsiae, Tauchnitz. 820.
Fein Pap.

— Tragoediae; in us. schol. ad optem. libr. fidem diligent. expressae. Pars I et II. textum contin. editio IIIia, emend. et multo auct. 8. Halae 822, Waisenhaus-B. à 1 Rthl.

— Tragoediae; ad opt. libr. fidem accur. editi. Editio stereot. 12. Lips. 822. Tauchnitz.

— Tragoediae. Versio Brunckiana, denuo recensita et distinctis sing. versibus passim reficta. 8. Leyd. 824. (Lpz., Weigel). 2 ß 4 ℊ

— Tragoedie; ad opt. libr. fidem recens. ed. Wunderus. Access. brevis annotatio et conspectus metrorum. 8. Lips. 825. Hartmann. 2 Rthl. — Weiss Pap.

Sophoclis, Tragoediae. Cum praefat. W. Dindorfii. 12 maj. Lips. 825, Teubner. 1 Rthl. — Engl. Pap. (Antigone 4 gr., engl. P. 6 gr. — Ajax 5 gr., engl. P. 8 gr. — Electra 5 gr., engl. P. 8 gr. — Oedipus Coloneus 6 gr., engl. P. 9 gr. — Oedipus Tyrannus 5 gr., engl. P. 8 gr. — Philoctetes 5 gr., engl. P. 8 gr. — Trachiniae 4 gr., engl. P. 6 gr.)

— Tragoediae. Cum brevi annotat. A. Matthiae. 8. Leipz. 825. Weigel. 1 ß Hbg. Pr. 12 ℊ

— Tragoediae, ed. Fr. H. Bothe. II Voll. 8maj. Leipz. 826. Hahn. 2 ß 16 ℊ (A. u. d. T.: Poetae scenici Graecorum).

Sophoclis Tragoediae. Ad optimor. exemplar. fidem ac praecipue cod. vetustissimi Florent. a Pet. Elmslejo collati emendatae cum annotatione tantum non integra Brunckii et Schaeferi et alior. selecta etc. VIII Vol. 8 maj. (69½ B.) Lipsiae 827, [Lehnhold.] 8 Thlr., Schrbp. Thlr.

Einzeln:

Vol. I. Ajax. 8 Gr. Vol. V. Electra. 8 Gr.
- II. Antigona. 8 Gr. - VI. Oedipus Rex. 8 Gr.
- III. Trachiniae. 8 Gr. - VII. Oedipus Col. 10 Gr.
- IV. Philoctet. 8 Gr. - VIII. Lexicon. 1 Thlr. 4 Gr.

—— id. — Ad opt. libror. fidem recens. et brevibus notis instr. Car. Gtlo. Aug. Erfurdt. Vol. I. — E. s. t.: Antigona. Edit. III. cum adnotationibus Godofr. Hermanni. 8. (28½ B.) Lipsiae 830, E. Fleischer.

—— id. Vol. II. — E. s. t.: Oedipus Rex. Ad opt. libr. fidem denuo recens. et notis Erfurdtii suisque instr. Godofr. Hermannus. Edit. III. 8. (19 B.) Ibid. 833.
Vol. III—VII. (III. et IV. Edit. II.) auch v. G. Hermann besorgt. Ebendas. 1822—25. 4 Thlr. 16 Gr.

— Tragoediae ed. Ed. Wunder. Vol. I. Sect. 1—3. 8maj. Gotha 831. Hennings. 1 ß 6 ℊ Postp. 1 ß 16 ℊ Velinp. 2 ß 8 ℊ (Bildet auch d. *Bibl.* gr. viror. Vol. IV.)

—— id. — Recog. ac brevi annotatione scholar. in us. instr. Fr. Nevius. 8 maj. (43 B.) Lipsiae 831, Vogel.
2 Thlr. 12 Gr., Vlnp.

— Tragoediae. Ad optimor. libror. fid. recensuit et brevibus not. instruxit Car. Glob. Aug. Erfurdt. Vol. II. Oedipus Rex. Edit. IIIa. 833. 1 $^{1}/_{6}$ ß — Edit. II. Vol. VI. Et. s. tit.: Philoctetes denuo recens. et brevibus notis instr. Godofr. Hermannus. 8. Lipsiae 839. Er. Fleischer, 1 ß

— Tragoediae ed. Wunderus. Vol. I. Sect. IV. Antigonem. 8maj. Gotha 835. Hennings. $^{7}/_{12}$ ß Postp. $^{3}/_{4}$ ß Velp. 1 $^{1}/_{6}$ ß — Vol. II. Sect. I. Electram. 8maj. Ibid. 836. $^{7}/_{12}$ ß Postp. $^{3}/_{4}$ ß Velinp. 1 $^{1}/_{6}$ ß — Sect. II. Aiacem. 8maj. Ibid. 837. $^{2}/_{3}$ ß Postp. $^{7}/_{8}$ ß Velinp. 1 ß 7 ℊ

—— Tragoediae. Ad optimor. libror. fid. rec. et brevibus notis instr. Car. Gtlo. Aug. Erfurdt. Edit. II. Vol. VI., VII. 8. Lipsiae, E. Fleischer.

E. s. tit.:

Vol. VI. Philoctetes denuo recens. et brevibus notis instr. Godofr. Hermannus. (18 B.) 839. 1 Thlr.

VII. Oedipus Coloneus. Denuo recens. et brevibus notis instr. Godofr. Hermannus. (20 B.) 841. 1 Thlr. 8 Gr.

Vol. I—V. Ibid. 1822—30. 5 Thlr.

—— Tragoediae. 8maj. (29¼ B.) Monachi 840, libr. scholar. Regia. (Ratisbonae, Manz.)

Sophoclis Tragoediae, ad optimorum librorum fidem accurate recens. C. H. Weise. Nova editio stereotypa adiectis G. H. Schäfer et editoris notis. 2 Vol. 16. Leipzig 841, K. Tauchnitz. $^{5}/_{12}$ ß fein Pap. $^{2}/_{3}$ ß

—— tragoediae. Ad opt. libror. fid. iterum recens. et brev. notis instrux. Car. Glob. Aug. Erfurdt. Edit. III. Vol. III. Et. s. t.: Sophoclis Aiax. Tertium recens. etc. Godofr. Hermannus. 8. (XVIII und 178 S.) Lipsiae 848, E. Fleischer. Schrbp.

—— id. — Edit. II. Vol. V. Et. s. t.: Sophoclis Trachiniae. Iterum recens. etc. Godofr. Hermannus. 8. (XVI und 184 S.) Ibid. 848. Schrbp.

— (Deutsch.) Von J. J. C. Donner. 2 Bde. 3. neu bearb. Aufl. gr. 16. (1: VIII u. 368 S. 2: 243 S.) Heidelberg 850, C. F. Winter. n. 1 Thlr 26 ngr.

—— tragoediae. Ex recensione Guil. Dindorfii. Editio II. correctior. 8. (381 S.) Lipsiae 850, Teubner.
Einzeln jede Tragoedie

—— tragoediae graece et latine. Ex recensione Guil. Dindorfii. Vol. I.: Ajax. Electra. Oedipus rex. 8. (163 S.) Lipsiae 850, Teubner. Fein Pap.
Einzeln jede Tragoedie auf Drckp.

—— id. — Vol. II.: Oedipus Coloneus. Antigone. Trachiniae. Philoctetes. 8. (S. 164—381.) Ibid. 850. Fein Pap.
Einzeln jede Tragoedie auf Drckp.

—— erklärt von F. W. Schneidewin. 1—6. Bdchn. gr. 8. Berlin, Weidmann'sche Buchh. *

Inhalt:

Bdchn. 1. Allgemeine Einleitung. Ajas. Philoktetes. 4. Aufl. besorgt von Aug. Nauck. (330 S.) 860. * 20 Ngr.
» 2. Oedipus Tyrannos. 4. Aufl. besorgt von Aug. Nauck. (168 S.) 861. * 10 Ngr.
» 3. Oedipus auf Kolonos. 3. Aufl. 1857. * 12 Ngr. und 4. Aufl. besorgt von Aug. Nauck. (204 S.) 861. * 13 Ngr.
» 4. Antigone. 4. Aufl. besorgt von Aug. Nauck. (164 S.) 860. * 10 Ngr.
» 5. Elektra. 3. Aufl. besorgt von Aug. Nauck. (171 S.) 858. * 12 Ngr.
» 6. Trachinierinnen. 2. Aufl. besorgt von Aug. Nauck. (156 S.) 857. * 10 Ngr.

Sophoclis tragoediae. Edid. Thdr. Bergk. Editio stereot. Lipsiae 858. B. Tauchnitz. 16. (LXXX, 416 S.) 15 ngr.

Sophoclis tragoediae. Edidit Theod. Bergk. Editio stereot. 8. (LXIV und 356 S.) Leipzig 858, B. Tauchnitz.
In 7 Heften à 3 Ngr.

Inhalt:

Heft 1. Aiax. (48 S.)
» 2. Electra. (50 S.)
» 3. Oedipus Tyrannus. (52 S.)
» 4. Oedipus Coloneus. (62 S.)
» 5. Antigone. (42 S.)
» 6. Trachiniae. (42 S.)
» 7. Philoctetes. (50 S.)

—— dass. — Velinp. gr. 8. (LXIV und 356 S.) Ebendas. 858.

—— erklärt von F. W. Schneidewin. 1., 2. und 4.—6. Bdchn. gr. 8. Berlin, Weidmann'sche Buchh.

Inhalt:

Bdchn. 1. Allgemeine Einleitung. Ajas. Philoktetes. 5. Aufl. besorgt von Aug. Nauck. (XII und 343 S.) 865. 20 Ngr.
» 2. Oedipus Tyrannos. 5. Aufl. besorgt von Aug. Nauck. (174 S.) 866. * 10 Ngr.
» 4. Antigone. 5. Aufl. besorgt von Aug. Nauck. (172 S.) 864. * 10 Ngr.
» 5. Elektra. 4. Aufl. besorgt von Aug. Nauck. (171 S.) 862. 13 Ngr.
» 6. Trachinierinnen. 3. Aufl. besorgt von Aug. Nauck. (161 S.) * 10 Ngr.
3. Bdchn. 4. Aufl. 1861. 13 Ngr.

Sophokles tragoediae. Ex recensione et cum praefatione Guil. Dindorfii. Editio IV. correctior. Leipzig 863. Teubner. 8. (LXVIII, 381 S.) 12½ ngr.

—— Deutsch in den Versmaßen der Urschrift von J. J. C. Donner. 2 Bde. 5. Aufl. 1863. und 6., verb. Aufl. gr. 8. (VI und 585 S.) Leipzig 868, C. F. Winter'sche Verlagsh. *
geb. *

—— Für den Schulgebrauch erklärt von Gust. Wolff. 3 Thle. gr. 8. Leipzig, Teubner. à Thl. * 10 Ngr. *

Inhalt:

Thl. 1. Ajas. 2. Aufl. (VI und 149 S.) 867.
» 2. Elektra. (VIII und 142 S.) 863.
» 3. Antigone. (VIII und 156 S.) 865.

—— tragoediae. Ad optimorum librorum fidem iterum recensuit et brevibus notis instruxit Car. Glob. Aug. Erfurdt. Vol. IV et VI. 8. Leipzig, E. Fleischer.

Inhalt:

Vol. IV. Electra. Ad optimorum librorum fidem recensuit et brevibus notis instruxit Godofr. Hermannus. Editio III. Editio altera denuo typis exscripta. (XII und 228 S.) 864. 25 Ngr.
» VI. Philoctetes. Ad optimorum librorum fidem denuo recensuit et brevibus notis instruxit Godofr. Hermannus. Editio III. Editio II. denuo typis exscripta. (XXXII und 248 S.) 866. 1 Thlr.

— erklärt von F. W. Schneidewin. 1—5. Bdchn. Berlin, Weidmann'sche Buchh. gr. 8. 2 Thlr 6 ngr.
1. Bdchn. Allgemeine Einleitung. Ajas. Philoktetes. 5. Aufl., besorgt von Aug. Nauck. (XII, 343 S.) 865. 20 ngr.
2. Bdchn. Oedipus Tyrannos. 5. Aufl., besorgt von Aug. Nauck. (174 S.) 866. n. 10 ngr.
3. Bdchn. Oedipus auf Kolonos. 5. Aufl., besorgt von Aug. Nauck. (213 S.) 870. 12 ngr.
4. Bdchn. Antigone. 6. Aufl., besorgt von Aug. Nauck. (174 S.) 869. n. 12 ngr.
5. Bdchn. Elektra. 5. Aufl., besorgt von Aug. Nauck. (176 S.) 869. 12 ngr.

— Für den Schulgebrauch erklärt von Gust. Wolff. 1., 3. u. 4. Thl. Leipzig, Teubner. gr. 8. Jeder Thl. n. 10 ngr.
1. Thl. Ajas. 2. Aufl. (VI, 149 S.) 867.
3. Thl. Antigone. (VIII, 156 S.) 865.
4. Thl. König Oedipus. (VI, 169 S.) 870.

—— metrisch übers. von Otto Fischer. 1. Bdchn.: König Oedipus. 8. (103 S.) Tübingen 865, Osiander'sche Buchh. *

—— deutsch von Osw. Marbach. Nebst einführ. Abhandlung: Die griechische Tragödie und Sophokles und mit erläut. Einleitungen und Anmerkungen. Neue (Titel-)Ausg. gr. 8. (XXIV und 470 S.) Leipzig 866, Senf.

—— tragoediae edidit Aug. Nauck. gr. 8. (XII und 387 S.) Berlin 867, Weidmann'sche Buchh.

Hieraus einzeln à 3 Ngr.

Ajax. — Antigone. — Electra. — Oedipus Coloneus. — Oedipus tyrannus. — Philoctetes. — Trachiniae.

—— tragoediae. Recensuit et explanavit Eduard. Wunderus. Vol. I. Sect. III. continens Oedipum Coloneum. Editio IV. plurimis locis emendata. gr. 8. (XXXIV und 160 S.) Leipzig 867, Teubner.

Sophoclis tragoediae. Ad optimorum librorum fidem accurate rec. C. H. Weise. Nova edit. ster. C. Tauchnitiana. Adjectis C. H. Schaeferi et editoris notis. 2 voll. Nova impressio. Leipzig 868. Holtze. 16. (VI, 252 u. 322 S.) 12½ ngr.

— Deutsch in den Versmaßen der Urschrift von J. J. C. Donner. 2 Bde. 6., verb. Aufl. Leipzig 868. C. F. Winter'sche Verlagsh. gr. 8. (VI, 585 S.) n. 2 Thlr; geb. n. 2 Thlr 8 ngr.

—— Tragoediae. Ad optimorum librorum fidem accurate rec. C. H. Weise. Nova edit. ster. C. Tauchnitiana. Adjectis C. H. Schaeferi et editoris notis. 2 vol. Nova impr. 1868. M. 1,25., et Nova impr. 16. Leipzig 873, Holtze.
à Vol. 75 Pf.

Inhalt:

Vol. 1. Aiax. Electra. Oedipus Rex. (VI, 252 S.)
» 2. Antigone. Oedipus Coloneus. Trachiniae. Philoctetes. (322 S.)

— tragoediae. Rec. et explanavit Ed. Wunderus. Vol. I. Sect. I. continens Philoctetam. Ed. IV., quam cur. N. Wecklein. gr. 8. (IV, 123 S.) Leipzig 875. Teubner. 1. 50

—— Tragodiae. Ex rec. Guil. Dindorfii. Ed. IV. correctior. 8. (LXVIII, 387 S.) Leipzig 875, Teubner.
Jedes Stück einzeln à

— dasselbe. Vol. I. sect. IV. continens Antigonam. Ed. V., quam curavit N. Wecklein. gr. 8. (128 S.) Ebend. 878. 1. 50

—— Erklärt von F. W. Schneidewin und Aug. Nauck. 7 Bdchn. gr. 8. Berlin, Weidmann'sche Buchh.

Inhalt:

Bdchn. 1. Allgemeine Einleitung. Aias. 7. Aufl. (XII, 201 S.) 877. M. 1,50.
» 2. Oedipus Tyrannos. 7. Aufl. (182 S.) 876. M. 1,50.
» 3. Oedipus auf Kolonos. 7. Aufl. (210 S.) 877. M. 1,50.
» 4. Antigone. 8. Aufl. (176 S.) 880. M. 1,20.
Bdchn. 5. Elektra. 7. Aufl. (186 S.) 877. M. 1,50.
» 6. Trachinierinnen. 5. Aufl. (166 S.) 880. M. 1,50.
» 7. Philoktetes. 7. Aufl. (168 S.) 876. M. 1,50.

— tragoediae, ex recensione et cum praefatione Gulielmi Dindorfii. Ed. V. correctior. 8. (LXIX, 381 S.) Leipzig 879. Teubner. 1. 50

Sophokles. Tragoediae. Recensuit et explanavit Ed. Wunderus. Vol. I., sect. 2., continens Oedipum regem. Edit. V., quam curavit N. Wecklein. gr. 8. (136 S.) Leipzig 880, Teubner.

— Deutsch in den Versmaßen der Urschrift von J. J. C. Donner. 9. Aufl. 2 Thle. in 1 Bd. gr. 8. (III, 355 u. III, 230 S.) Leipzig 880. C. F. Winter. n. 6. —; geb. n.n. 6. 90

— dasselbe. Erklärt v. C. Schmelzer. 1—5. Bd. gr. 8. Berlin 885. 86. Habel. n. 9. 60; Schulbd. à n.n. — 30; Leinw.-Bd. à n.n. 1. —

1. König Oedipus. (152 S.) n. 1. 80
2. Aiax. (132 S.) n. 1. 80
3. Antigone. (130 S.) n. 1. 80
4. Electra. (149 S.) n. 1. 80
5. Oedipus in Kolonos. (180 S.) n. 2. 40

— tragoediae ex recensione Guil. Dindorfii. Ed. VI, quam curavit brevique adnotatione instruxit S. Mekler. 8. (CVI, 365 S.) Leipzig 885. Teubner. 1. 50

—— dass. — Einzelausg. 7 Nrn. 8. Ebendas. 885. à Nr.

Inhalt:

Nr. 1. Aiax. (IV, S. 1—50.)
» 2. Electra. (IV, S. 51—101.)
» 3. Oedipus rex. (IV, S. 103—156.)
» 4. Oedipus Coloneus. (V, S. 157—218.)
» 5. Antigone. (IV, S. 219—266.)
» 6. Trachiniae. (IV, S. 267—313.)
» 7. Philoctetes. (IV, S. 315—365.)

— dasselbe. Scholarum in usum ed. Jos. Král. I. Aiax. gr. 8. (48 S.) Prag 885. (Kytka.) n.n. — 30

—— tragoediae. Scholarum in nsum ed. Jos. Král. I und II. gr. 8. Prag, (Srdce.) à ** 30 Pf. ** — 60

Inhalt:

I. Aiax. (48 S.) 885.
II. Antigona. (48 S.) 886.

— dasselbe. Rec. et explanavit Ed. Wunderus. Vol. II. Sect. 1. continens Electram. Ed. IV., quam curavit N. Wecklein. gr. 8. (132 S.) Leipzig 886. Teubner. 1. 80

— dasselbe. Scholarum in usum ed. J. Král. II. III. 8. Prag, A. Storch Sohn. n. — 78 (I—III.: n.n. 1. 8)
II. Antigona. (48 S.) 886. n. — 30. — III. Electra. (58 S.) 889. n. — 48.

— dasselbe. Recensuit et explanavit E. Wunderus. Vol. I, sect. 3, continens Oedipum Coloneum. Ed. V., quam curavit N. Wecklein. gr. 8. (160 S.) Leipzig 889. Teubner. 1. 80

— dasselbe. Recensuit et explanavit E. Wunderus. Vol. II, sect. 3, continens Trachinias. Ed. III., quam curavit N. Wecklein. gr. 8. (116 S.) Ebd. 890. 1. 50

Sophokles tragoediae. In scholarum usum ed. J. Holub. V. Electra. 8. (VIII, 60 S.) Prag 890. Neugebauer. n. — 80

— tragoedia, ad optimorum librorum fidem accurate rec. C. H. Weise. Nova ed. ster. Adjectis C. H. Schaeferi et editoris notis. Tom. I. Aiax. Electra. Oedipus rex. Nova impressio. 16. (VI, 252 S.) Leipzig 891. O. Holtze's Nachf. — 75

Sophoclis Tragoediae. Ex rec. Guilelmi Dindorfii. 6. ed. ster. minor quam cur. S[iegfried] Mekler. Lipsiae: Teubner 1908. 365 S. 8°
(Bibliotheca scriptorum Graec. et Rom. Teubneriana.)

—— Tragoediae et fragmenta, s. Aeschylus.

— — quae extant septem c. vers. lat. II Tmi. 8. Glasgow. 745. 2 4

Sophocles, Tragoediae VII. graece c. vers. lat. et not. crit. op. Brunck. 2 Vol. 4. Strasb. Treuttel et W. 786. Rthlr. 24 —

— - id. lib. IV Vol. 8. ibid. 9 20
gr. Pap 16 —

— — — Vol. 3. 4. apart 6 —
fein Pap. 10 —

— Tragoediae VII, c. scholiis vett., versione lat. et notis. Acced. deperditor. dramatum fragmenta. Ex edit. R. Ph. Fr. Brunck. III Voll. 8maj. Strassb. 788.

Sophocles. Tragoediae VII, in usum scholarum ad exemplar Brunckianum expressae. Halle 1790. H: *Niemeyer, August Hermann.* (Ky) Editio III. 1822. H: *Martin, Joh. Friedrich.* (Ky) (Hoff) (Ebert)

— Tragoediae VII, (gr.) in usum scholar. ad exempl. Brunckianum expressae (ed. A. H. Niemeyer). II Voll. 8. Halle 790. Waisenhaus-B. 2 ₰ Ed. n. 809. Ed. II. 813. Ed. III. emend. et mult. auct. (c. J. F Martin). II Voll. 822. (Vol. I. Text. Voll. II. Varietatem lectionis etc.) 8. ibid. 822. (à 1 ₰) 2 ₰

— Tragoediae VII. ex recens. Brunck. cum Brunckianis select. paucisque suis notis edid. Lr. Sahl. II Voll. 8maj. Kopenh. 802. Proft. 1 ₰ 16 gr

— Tragoediae VII, ad opt. libr. fidem recens. ed. Ed. Wunderus. Acced. brevis annotatio et conspectus metrorum. 8. Leipz. 825. (Lehnhold). 1 ₰ 8 gr Weiss Pap. 2 ₰

— Tragoediae Septem, ad optimorum exemplarum fidem ac praecipuae cod. vetustissimi florentini a Pet. Elmslejo colati emendate cum annotatione tantum non integra Brunckii, et Schäferi, et aliorum selecta, Acced. Depertitarum Tragoediarum Fragmenta. Vol. I. Ajax 12 gr. Vol. II. Antigona 9 gr. Vol. III. Trachiniae 9 gr. Vol. IV. Philoctet 10 gr. Vol. V. Electra 10 gr. Vol. VI. Oed. Rex. 12 gr. Vol. VII. Oedip. Colonnes 16 gr. Vol. VIII. Fragm. Lexicon Sophocleum. Index. 1 Rthl. 4 gr. gr. 8. Leipz. 827, Hartmann.

— Tragoediae VII, ad opt. exempl. fidem ac praecipue cod. vetustissimi florentini a Pt. Elmslejo collati emendatae cum annotatione tantum non integra Brunckii et Schäferi, et aliorum selecta. Acced. deperditarum Tragoediarum fragmenta. VIII Ptes. (P. VIII. Fragm. Lexicon Sophocleum. Index. 1 ₰ 4 gr) 8maj. Leipz. 827. (Lehnhold). 3 ₰ Schrbp. 4 ₰

Sophoclis Tragoediae septem ex lat. Brunckii interpretat. denuo editae et ejusd. notis selectis instructae. VII Fasc. 8maj. Quedlinburg 836, libr. Becker. (?)

Fasc. I. Oedipus Rex. (4 B.) 8 Gr.
- II. Oedipus Coloneus. (4¼ B.) 8 Gr.
- III. Electra. (3¾ B.) 8 Gr.
- IV. Antigone. (3 B.) 6 Gr.
- V. Trachiniae. (2¾ B.) 6 Gr.
- VI. Ajax Lorarius. (3¼ B.) 8 Gr.
- VII. Philoctetes. (4 B.) 8 Gr.

— Tragoediae septem ex latina Brunckii interpretat. denuo editae et ejusdem notis selectis instructae. Fasc. I. Oedipus Rex. 8maj. Quedlinburg 836. libr. Becker. (Franke.) 1/3 ₰ — Fasc. II. Oedipus Coloneus. 8maj. Ibid. 836. 1/3 ₰ — Fasc. III. Electra. 8maj. Ibid. 836. 1/3 ₰ — Fasc. IV. Antigone. 8maj. Ibid. 836. 1/4 ₰ — Fasc. V. Trachiniae. 8maj. Ibid. 836. 1/4 ₰ — Fasc. VI. Ajax Lorarius. 8maj. Ibid. 836. 1/3 ₰ — Fasc. VII. Philoctetes. 8maj. Ibid. 836. 1/3 ₰

— — VII. ac deperditarum fragmenta emend. var. lect., scholia notasque tum alior. tum suas adj. C. G. A. Erfurth. acced. Lexicon Sophocleum et Index verbor. locuplet. Vol. I. Trachiniae. 8. maj. Lps. G. Fleischer. 802. 1 12
Schreibp. 2 —

— — — Vol. II. Electra. 8. maj. ibid. 803. 2 12
Schreibp. 3 —

— — — Vol. III. Philoctetes. 8. maj. 805. 2 —
Schreibp. 2 12

— — — Vol. IV. Antigona. 8. maj. ibid. 806. 2 —
Schreibp. 2 12

• — **Tragoediae VII, ac deperditarum fragmenta emend. var. lect. scholia notasque tum alior., tum suas adj. C. G. A. Erfurth. Vol. V. Oedipus Rex. 8maj. Lips. G. Fleischer. 809.**
Schreibp.

— — — Vol. VI. Ajax. 8. maj. ibid. 811. 3 16
Schreibp. 4 —

— Tragoediae Septem, ac deperditarum fragmenta. Emendavit, varietatem lectionis, Scholia notasque tum aliorum tum suas adj. C. G. A. Erfurdt. Acced. Lexicon Sophocleum et index verborum locupletissimus. Vol. VII. Oedipus Coloneus, Post mortem editoris curav. L. Heller et L. Doederlein. gr. 8. Lips. 825, G. Fleischer. 3 Rthl. 16 gr. Schreib-P. 4 Rthl. 8 gr. Vol. I — VII. 802 — 23. 18 Rthl. 8 gr. Schreib-P.

— id. lib. Ad opt. libr. fidem iterum recens. et brevib. notis instrux. C. G. A. Erfurdt. Vol. I — IV. 2e Aufl. 8. Leipzig 823 — 25, G. Fleischer.

— id. lib. Vol. V — VII. 8. Ebd. 822 — 24, Ebd.

—— Tragoediae superstites et deperditarum fragmenta ex recens. et cum annotat. G. Dindorffii. (II Vol.) 8maj. (53¼ B.) Oxonii 832, 36. (Lipsiae, T. O. Weigel.) *
Vol. I. Text. 2 Thlr. 4 Gr. Vol. II. Annotationes. 4 Thlr.

— tragoediae superstites et perditarum fragmenta ex recensione et cum commentariis G. Dindorfii. VIII Voll. Edit. III. Oxford 860. (Parker.) 8. (CXIV, 1190 S.)
n. 6 ß 20 ngr.

—— tragoediae superstites et perditarum fragmenta. Ex recensione Guil. Dindorfii. Editio ex poetarum scenicorum editione V. expressa. hoch 4. (XIV und 172 S.) Leipzig 867, Teubner. *

— **Tragoedien, s. a. Aeschylos, die Oresteia.**

— s. a. Bibliothek, Cotta'sche, der Weltlitteratur.

— — übers. von K. W. S. Solger, s. Bibliothek der griechischen u. römischen Classiker.

— Uebers. v. A. Schöll, s.: Bibliothek, Langenscheidt'sche.

—— Tragödien, verdeutscht von J. Minckwitz, s. Classiker des Alterthums.

— dass. — s. a. Collection Spemann.

— dass. — s. a. Dichter, griechische, in neuen metrischen Übersetzungen.

—— Tragödien, s. a. Müller, Joh.

—— übers. von Geo. Thudichum, 7 Bdchn., s. Universal-Bibliothek Nr. 630; 641; 659; 670; 677; 709 und 711.

Sophocles, *Tragödien.* Uebers. von Chr. Gr. zu Stolberg. Leipz. 787. 2 Bände. 8. 3 rthlr. 12 gr.

— — Uebers. von Hölderlin. Frankf. 804. 2 B. 8. 1 rthl.

— — Uebersetzt von Ast. Leipz. 804. 8. 2 rthlr.

— — Uebers. von Fähse. Leipz. 804. 809 2 B. 8. 2 rthl.

— Tragödien, von K. W. F. Solger. 2 Bde. gr. 8. Berlin, Realschulbuchh. 808. 3 8
Velinp. 5 8

— Tragödien, aus d. Griech. übers. v. K. W. F. Solger. 2 Bde. gr. 8. Berl. 808. Reimer. 3 ß 8 g Velinp. 5 ß 8 g 2e A. gr. 8. Ebd. 824. 2 ß 20 g

— Tragödien, griech., mit kurzen deutschen Anmerkk. von Gli. Karl Wlh. Schneider. 10 Bdchn. 8. Weimar 823—30. Hoffmann. 9 ß 20 g (I. Bdchen. Electra. 12 g — II. Trachinerinnen 14 g — III. Ajax. 16 g — IV. Philoctet. 16 g — V. Oedip. Tyran. 16 g — VI. Oedip. Coloneus. 20 g — VII. Antigone. 16 g — VIII. Bruchstücke aus d. Leben Sophocles n. e. Register. 1 ß 6 g — IX. u. X. vollständ. Sophocl. Wörterverzeichniß. 2 Thle. 4 ß)

— Tragödien. Uebersetzt v. K. W. F. Solger. 2 Thle. 2e Aufl. gr. 8. Berlin 824, Reimer.

— Tragödien. Uebers. v. Christian Graf zu Stolberg. 2 Bde. Mit 2 Vign. gr. 8. Hamb. 824, Fr. Perthes.

— dies. übers. v. Geo. Thudichum. 1r Thl. König Oedipus. — Oedipus in Kolonnos. — Antigone. gr. 8. Bonn 827, Marcus.

— übers. u. mit Anmerkk. begl. v. Geo. Tudichum. 1r Thl. (König Oedipus, — Oedipus in Colonos. — Antigone). gr. 8. Darmst. 827. Leske. 1 ß 18 g

—— Tragoedien. Griechisch, mit kurzen teutschen Anmerkn. v. G. C. W. Schneider. 9. u. 10. Bdchn. — A. u. d. T.: Vollständ. sophokl. Wörterverzeichniss. 2 Abthln. 8. Weimar. [Leipzig, Böhme.] [1. Α—Κ. (37¼ B.) 829., 2. Λ—Ω. (33 B.) 830. à 2 Thlr.]
1—8. Bdchn. Ebendas. 1823—27. 5 Thlr. 16 Gr.

—— Tragödien. Uebers. v. Wolfg. Rob. Griepenkerl. I. Thl. — A. u. d. T.: König Oedipus. 8. (9 B.) Berlin 835, [Mittler, Vrlsb.]

—— Tragödien. Uebers. v. Karl Wilh. Ferd. Solger. 2 Thle. 3. Aufl. 8. (33⅛ B.) Berlin 837, G. Reimer.

— Tragödien. Griechisch, mit teutsch. Anmerkk. von Glieb. Karl Wilh. Schneider. 1r Bd. Elektra, 2e umgearb. verb. u. vielfach verm. Aufl. von S. F. W. Hoffmann. 8. Leipzig 837. Böhme. ¾ ß

—— Tragoedien. Griech., mit teutschen Anmerkn. v. Gtli. Carl Wilh. Schneider. I. Bd. Elektra. 2. umgearb., verb. u. vielfach verm. Aufl. v. S. F. W. Hoffmann. 8. (17 B.) Leipzig 837, [Geuther.]

Sophokles, Tragödien, übers. v. Geo. Thudichum. 2. Thl. Trachinierinnen. Aias. Philoktetes. Elektra. gr. 8. (22 B.) Darmstadt 838, Leske. Thlr.
1. Thl.: König Oedipus, Oedipus in Kolonos, Antigone. Ebendas. 1827. 1 Thlr. 18 Gr.

— von J. J. C. Donner. (In 4 Lfrgg.) — 1e Lfrg. König Oedipus. — Oedipus in Kolonos. gr. 8. Heidelberg 838. Winter. n. ½ ß — 2e Lfrg. Antigone. Philoktetes. gr. 8. Ebd. 838. n. ½ ß — 3e u. 4e Lfrg. Elektra. — Der rasende Ajas. — Die Trachinierinnen. — Anmerkungen. — Anhang. gr. 8. Ebd. 839. à ½ ß

— Tragödien in deutscher Prosa. Von e. Vereine Gelehrter. 16. Erfurt 840. Hilsenberg. n. 1 ß

—— Tragödien in deutscher Prosa. Von e. Vereine Gelehrter. 16. (23 B.) Erfurt 840. [Leipzig, C. F. Schmidt.] *

—— Tragödien v. Friedr. Wilh. Geo. Stäger. Urschrift u. Uebersetz. 2 Bde. (od. 4 Hfte.) gr. 8. (50¾ B.) Halle 841, 42. [Berlin, Fd. Bethge's Vrlsh.] *

— Tragödien, von Fr. Wlh. Geo. Stäger. Urschrift u. Uebersetzung. 2 Bde. (in 4 Heften.) gr. 8. Halle 841, 42, Mühlmann. n. 2⅔ ₰

—— dass. Von J. J. C. Donner. 2 Bde. 2., verb. Aufl. gr. 8. (32 B.) Ebds. 842. *

Pracht.-Ausg. *

Apart u. folg. Ttln.:

Bd. 1. Antigone. (4¼ B.) * 8 Gr., Blnp. * 12 Gr.
König Oedipus. (5 B.) * 8 Gr., Blnp. * 12 Gr.
Oedipus in Kolonos. (5¼ B.) * 8 Gr., Blnp. * 12 Gr.
Philoktetes. (4¾ B.) * 8 Gr., Blnp. * 12 Gr.
„ 2. Rasender Aias. (4 B.) * 8 Gr., Blnp. * 12 Gr.
Elektra. (4⅝ B.) * 8 Gr., Blnp. * 12 Gr.
Trachinierinnen. (3⅞ B.) * 8 Gr., Blnp. * 12 Gr.

—— Tragödien. Griechisch, mit kurzen teutschen Anmerkungen von Glieb. Carl Wilh. Schneider. 5. Bdchn. König Oidipus. 2., verb. u. verm. Aufl., besorgt v. Aug. Witzschel. 8. (12½ B.) Leipzig 844, Geuther.

—— dass. 7. Bdchn. A. u. d. Ttl.: Sophokles Antigone. 2., verb. u. verm. Aufl., besorgt v. Aug. Witzschel. 8. (11⅛ B.) Leipzig 844, Geuther.

—— Tragödien v. Friedr. Wilh. Geo. Stäger. Urschrift u. Uebersetzung. Neue Ausg. 4 Hfte. gr. 8. (49 B.) Berlin 846, F. Bethge's Vrlgsh. à

—— des, Tragödien in deutsch. Prosa. Von e. Vereine Gelehrter. Neue wohlf. Ausg. 8. (23 B.) Erfurt 846. (Leipzig, Schmidt.)

Sophokles Tragoedien. Griechisch, mit kurzen teutschen Anmerkungen von Glieb. Carl Wilh. Schneider. 6. Bdchn. A. u. d. T.: Sophokles Oidipus auf Kolonos. 2., verb. und verm. Ausg. besorgt von Aug. Witzschel. 8. (XII und 152 S.) Leipzig 849, Geuther. Thlr.

—— Tragödien in deutscher Prosa. Zum Schulgebrauch und Selbstunterricht, und insbesondere zur Vorbereitung auf die öffentl. Schulstunden für die Oberklassen von Gelehrtenschulen. 3., durchgeseh. Aufl. 8. (IV und 307 S.) Grimma 850. [Wurzen,] Verlags-Comptoir.

— Tragödien verdeutscht von Johs. Minckwitz. Neue Ausg. 16. (605 S. m. 1 Kpfrst.) Stuttgart 851, Metzler. In Engl. Einb. m. Goldschn. 2 ₰

Sophokles, Tragoedien. Griechisch m. kurzen teutschen Anmerkgn. von Glieb. Carl Wilh. Schneider. 3. Bdchn. 2. verb. u. verm. Ausg. A. u. d. T.: Sophocles Aias. 2. verb. u. verm. Ausg. besorgt von Aug. Witzschel. 8. (X u. 114 S.) Leipzig 852, Geuther. 16 ngr

— Tragödien deutsch von Wilh. Jordan. 2 Thle. Berlin 862. G. Reimer. 8. (XLVIII, 664 S.) n. 2 ₰ 20 ngr

—— Tragödien, verdeutscht von Johs. Minckwitz. Neue (Titel-) Ausg. 16. (605 S.) Stuttgart (851)62, Metzler's Verlag. geb. mit Goldschn.

—— Für den Schulgebrauch erklärt von Gust. Wolff. 2.—4. Teil. Bearb. von Ludw. Bellermann. gr. 8. Leipzig, Teubner. à Teil ℳ 1,20.

Inhalt:

Teil 2. Elektra. 3. Aufl. (VI, 152 S.) 880.
„ 3. Antigone. 3. Aufl. (VIII, 153 S.) 878.
„ 4. König Oidipus. 2. Aufl. (XI, 168 S.) 876.
1. Teil. Ebendas. 1875. ℳ 1,20.

— Tragödien. In den Versmaßen der Urschrift ins Deutsche übers. von Carl Bruch. 2 Thle. in 1 Bde. 8. (237 u. 288 S.) Breslau 879. Morgenstern. n. 6. —; geb. n. 8. —

— dasselbe. 2. Aufl. 7 Lfgn. 8. Ebend. 879. 80. à — 60
1. Antigone. (56 S.) — 2. König Oedipus. (S. 57—124.) — 3. Oedipus in Kolonos. (S. 125—205.) — 4. Aias. (S. 209—271.) — 5. Philoktetes. (S. 273—339.) — 6. Elektra. (S. 341—408.) — 7. Die Trachinierinnen. (S. 409—462.)

—— Tragödien. In den Versmaaßen der Urschrift in's Deutsche übers. von Carl Bruch. 2. Aufl. 7 Lfgn. 8. Breslau 880, Morgenstern. à Lfg. 60 Pf.

Inhalt:

Lfg. 1. Antigone. (S. 1—56.)
„ 2. König Oedipus. (S. 57—124.)
„ 3. Oedipus in Kolonos. (S. 125—205.)
„ 4. Aias. (S. 207—271.)
„ 5. Philoktetes. (S. 273—339.)
„ 6. Elektra. (S. 341—408.)
„ 7. Die Trachinierinnen. (S. 409—463.)

—— dass. — Zum Schulgebrauche mit erklär. Anmerkungen versehen von N. Wecklein. 5.—7. (Schluß-)Bdchn. gr. 8. München, Lindauer'sche Buchh. à Bdchn. *ℳ 1,20. *

Inhalt:

Bdchn. 5. Oedipus in Kolonos. (116 S.) 880.
„ 6. Philoktetes. (88 S.) 881.
„ 7. Die Trachinierinnen. (84 S.) 884.
1.—4. Bdchn. Ebendas. 1874—79. à ℳ 1,20.

— Tragödien. Uebers. von Heinr. Viehoff. 2 Thle. in 1 Bd. 8. (463 S.) Leipzig 881. Bibliograph. Institut. geb. n. 4. —

— Tragödien, zum Schulgebrauche m. erklär. Anmerkgn. versehen v. N. Wecklein. 7. Bdchn.: Die Trachinierinnen. gr. 8. (84 S.) München 884. Lindauer. n. 1. 20 (1—7.: n. 8. 40)

—— dass. — Uebers. von G. Wendt. 2 Bde. gr. 8. (VII, 330; III, 253 S.) Stuttgart 884, Cotta'sche Buchh. *

geb. *

—— Tragoedien. Erklärt von C. Schmelzer. 1.—7. Bd. gr. 8. Berlin, Habel.

1.—4., 6. und 7. Bd. à *ℳ 1.80.; 5. Bd. *ℳ 2.40. *

geb. à Bd. ** 30 Pf., fein geb. à Bd. **ℳ 1.— mehr.

Inhalt:

Bd. 1. König Oedipus. (152 S.) 885.
„ 2. Ajax. (132 S.) 885.
„ 3. Antigone. (120 S.) 885.
„ 4. Electra. (149 S.) 885.
„ 5. Oedipus in Kolonos. (180 S.) 886.
„ 6. Philoctet. (150 S.) 887.
„ 7. Trachinierinnen. (136 S.) 888.

—— dass. — Zum Schulgebrauche mit erklär. Anmerkungen versehen von N. Wecklein. 1.—3. Bdchn. 2. Aufl. gr. 8. München, Lindauer'sche Buchh. à Bdchn. *

Bdchn. 1. Antigone. (100 S.) 885.
„ 2. Oedipus Tyrannos. (97 S.) 886.
„ 3. Elektra. (98 S.) 888.

— Tragoedien. Erklärt v. C. Schmelzer. 6. u. 7. Bd. gr. 8. Berlin, Habel. n. 3. 60 (1—7.: n. 13. 20)
6. Philoctet. (150 S.) 887. n. 1. 80. — 7. Trachinierinnen. (136 S.) 888. n. 1. 80.

— dasselbe, zum Schulgebrauche m. erklär. Anmerkgn. versehen v. N. Wecklein. 1.—3. u. 6. Bdchn. gr. 8. München, Lindauer. à n. 1. 20
1. Antigone. 3. Aufl. (101 S.) 890. — 2. Oedipus Tyrannos. 2. Aufl. (97 S.) 886. — 3. Elektra. 2. Aufl. (98 S.) 888. — 6. Philoktetes. 2. Aufl. (88 S.) 889.

— In modernen Versmaßen neu übertr. v. M. Kleemann. I—IV. 8. Hildburghausen 889. 890. Gadow & Sohn. à — 60
1. König Ödipus. (III, 59 S.) — 2. Ödipus auf Kolonos. (70 S.) — 3. Antigone. (48 S.) — 4. Aias. (52 S.)

— Deutsch in den Versmaßen der Urschrift v. J. J. C. Donner. 11. Aufl. 2 Bde. 8. (III, 355 u. III, 230 S.) Leipzig 889. C. F. Winter. n. 6. —; geb. in 1 Bd. n.n. 6. 90; in 7 Hftn. à n. 1. —
1. Der rasende Ajas. 10. Aufl. (76 S.) — 2. Antigone. 11. Aufl. (80 S.) — 3. Elektra. 10. Aufl. (84 S.) — 4. Oedipus auf Kolonos. 10 Aufl. (104 S.) — 5. König Oedipus. 11. Aufl. (88 S.) — 6. Philoktetes. 10. Aufl. (83 S.) — 7. Die Trachinierinnen. 7. Aufl. (70 S.)

— dasselbe in deutscher Prosa m. Einleitgn. u. Anmerkgn. v. e. Vereine Gelehrter. 4. (Titel-) Aufl. 12. (IV, 307 S.) Berlin (850) 895. H. R. Mecklenburg. 1. 50; 7 Hfte. einzeln à — 25
1. König Oedipus. (IV, 52 S.)
2. Oedipus auf Kolonus. (S. 53—98.)
3. Antigone. (S. 99—134.)
4. Ajax. (S. 135—174.)
5. Philoktet. (S. 175—212.)
6. Elektra. (S. 213—262.)
7. Die Trachinierinnen. (S. 263—307.)

Sophokles' Tragödien. Hrsg. v. Carl Conradt. I—III. Text u. Kommentar. gr. 8. Leipzig, B. G. Teubner. Geb. n. 4. 50
I. Antigone. Text (56 S. m. Bildn.) 895. Geb. n. — 70; Kommentar (IV, 44 S.) Geb. n. — 70
II. König Oedipus. Text (64 S.) 895. Geb. n. — 80; Kommentar (47 S.) 896. Geb. n. — 70
III. Ajas. Text (57 S.) 898. Geb. n. — 80; Kommentar (43 S.) Geb. n. — 80

— dasselbe. Hilfsheft. gr. 8. (VII, 60 S. m. Abb.) Ebd. 896. n. — 70

— dasselbe. In neuer Uebersetzg. v. Osk. Hubatsch. gr. 8. (X, 457 S.) Bielefeld 896. Velhagen & Klasing. n. 4. 50; geb. in Leinw. n. 5. 50

— Tragödien, z. Schulgebrauche m. erklär. Anmerkgn. vers. v. N. Wecklein. 1.—3. u. 6. Bdchn. gr. 8. München, J. Lindauer. à n. 1. 20; geb. in Leinw. à n. 1. 50
1. Antigone. (Ausg. A.) 5. Aufl. (105 S.) 897.
2. Oedipus Tyrannos. (Ausg. A.) 4. Aufl. (103 S.) 897.
3. Elektra. 3. Aufl. (100 S.) 896.
6. Philoktetes. 3. Aufl. (91 S.) 896.

— dasselbe, zum Schulgebrauche m. erklär. Anmerkgn. versehen v. N. Wecklein. 4. Bdchn. Aias. 4. Aufl. Ausg. A. (Anmerkungen unter dem Text.) gr. 8. (106 S.) München, 901. J. Lindauer. n. 1.20; Ausg. B. (Text u. Anmerkgn. in 2 Hftn.) (56 u. 48 S.) n. 1. 20; Einbde. à n.n. — 30

— Tragödien. In den Versmaßen der Urschrift ins Deutsche übers. v. Carl Bruch. (2. Aufl.) (In 7 Lfgn.) 1. Lfg. 8. (56 S.) Breslau 902. E. Morgenstern, Verl. — 60

Sophokles Tragödien hrsg. von Prof. Dr. Carl Conradt, Dir. zu Greifenberg. 2. Aufl. 1, Text. Leipzig & Berlin: B. G. Teubner 1904. 8°
(B. G. Teubners Schülerausgaben griech. u. lat. Schriftsteller.)

— Tragödien, zum Schulgebrauche m. erklär. Anmerkgn. versehen v. N. Wecklein. 1., 3., 4. u. 6. Bdchn. Ausg. A. (Anmerkgn. unter dem Text.) Ausg. B. (Text u. Kommentar getrennt.) 8. München, J. Lindauer. à n. 1. 20; geb. à n.n. 1. 50
1. Antigone. 6. Aufl. Ausg. B. 2 Tle. (52 u. 55 S.) 904.
3. Elektra. 4. Aufl. Ausg. B. 2 Tle. (58 u. 42 S.) 905.
4. Aias. 5. Aufl. Ausg. B. 2 Tle. (57 u. 48 S.) 905.
6. Philoktetes. 4. Aufl. Ausg. A. (93 S.) 904.

— Tragödien, hrsg. v. Carl Conradt. I. u. II. 8. Leipzig, B. G. Teubner. 1. 50
I. Antigone. Kommentar. (IV, 44 S.) 908. — 70
II. König Oidipus. Text. 2. Aufl. (XII, 58 S.) 906. Geb. — 80

— dasselbe. Hilfsheft. 2. Aufl. (VI, 62 S. m. Titelbild.) 8. Ebd. 908. — 70

Sophokles, Tragödien. Deutsch in den Versmaßen d. Urschrift v. J. J. C. Donner. Hrsg. u. m. Einleitgn. versehen v. Ghold. Klee. (499 S. m. Bildnis.) kl. 8. Leipzig (909). Hesse & Becker Verl. 1.25; geb. in Leinw. 1.75; feine Ausg. Halbfrz. 2.70; Luxusausg., Liebh.-Halbfrz. 3. 50

— dasselbe. Deutsch v. Heinr. Schnabel. 2 Bde. (V, 497 S. m. Bildn.) 8. Leipzig 910. Dr. W. Klinkhardt. à 3.—; in 1 Leinw.-Bd. geb. 7. —

— dasselbe z. Schulgebrauche m. erkl. Anmerkgn. versehen v. N. Wecklein. 1. Bdchn. Ausg. A. (Anmerkgn. unter d. Text.) Ausg. B. (Text und Kommentar getrennt.) 8. München, J. Lindauer. à Bdchn. 1.20; geb. n 1. 50
1. Antigone. 7. Aufl. Ausg. A. (107 S.) 910; Ausg. B. 2 Tle. (52 u. 58 S.) 910.

— ausgewählte Tragödien, zum Schulgebrauche m. erklär. Anmerkgn. versehen v. N. Wecklein. 1. u. 2. Bdchn. gr. 8. München 874. 76. Lindauer. à n. 1. 25
1. Antigone. (98 S.)
2. Oedipus Tyrannos. (96 S.)

Sophokles' ausgewählte Tragödien, zum Schulgebrauche mit erklärenden Anmerkgn. versehen von N. Wecklein. 3—6. Bdchn. gr. 8. München 877—81. Lindauer. à n. 1. 25
3. Elektra. (91 S.)
4. Aias. (98 S.)
5. Oedipus in Kolonos. (116 S.)
6. Philoktetes. (88 S.)

Sophokles' ausgewählte Tragödien. König Oedipus. Oedipus in Kolonos. Antigone. Elektra. Mit Rücks. auf d. Bühne übertr. von Adolf Wilbrandt. 2. Aufl. Mit d. Sophoklesstatue d. Lateran als Titelbild. *München: C. H. Beck 1903.* (VI, 343 S.) 8° [F.]

Sophokles drei Tragödien mit Euripides' Satyrspiel. Mit Rücksicht auf die Bühne übertragen von Adf. Wilbrandt. gr. 16. (XXXII und 354 S.) Nördlingen 866, Beck'sche Buchh. * geb. mit Goldschn. und in Futteral. *

—— drei schönste Tragödien für gebildete Leser übers. und mit einer Einleitung über das griech. Drama und Erläuterungen versehen von Ed. Eyth. 32. (XXXVII und 238 S.) Heidelberg 856, K. Winter. *

—— sämmtliche Tragödien. Metrisch übertragen v. Frz. Fritze. gr. 8. (34⅛ B.) Berlin 845, Förstner.

— sämmtliche Tragödien. Metrisch übers. v. Frz. Fritze. 2. (Titel-) Aufl. gr. 8. (XXIV u. 521 S.) Berlin (843 — 45) 851, Förstner. In Engl. Einb. 2 ₰

— sechs Tragödien in deutscher Nachbildung v. Frz. Bader. gr. 8. (IX, 497 S.) Leipzig 896. S. Hirzel. n. 4. 80

Sophokles. 7 Tragödien. Erklärungen, s. Schwenck.

— Trauerspiele.

— — nebst Pindars Oden, von Geßner. 8. Wien, Jahn. 761. 1 5

— Trauerspiele, übers. v. C. M. Goldhagen. 1r Bd. 8. Mitau 777. Hinz. (Nauck in Leipz.) 20 gr

— — von Goldhagen. 1r Bd. 8. Mitau, Hinz. (Sommer, Lpz.) 777. — 20

— übers. v. G. Cph. Tobler. 2 Thle. gr. 8. Basel 781. Schweighäuser. 1 ₰ Schrbp. 1 ₰ 12 gr

— übers. v. Chr. Graf zu Stolberg. 2 Bde. gr. 8. Leipz. 787. Göschen. 3 ₰ 12 gr 2e Aufl, 2 Bde. Mit 2 Vign. gr. 8. Hamb. 824. Fr. Perthes. 3 ₰ 8 gr

— übers. v. J. C. F. Hölderlin. 2 Bde. gr. 8. Frankf. a. M. 804. Fr. Wilmans. 1 ₰

— Trauerspiele, von Fr. Ast. gr. 8. Leipz. Schwickert. 804. 2 —

— — von Gfr. Fähse. 2 Thle. gr. 8. Lpz. Tauchnitz. 804—9. (1r 20 gr. 2r 1 Rthlr. 4 gr.) 2 —

—— Trauerspiele, übers. v. K. F. G. Liskovius. Mit d. griech. Texte zur Seite. 1. Bd. — A. u. d. T.: Antigone. 8. (10¼ B.) Leipzig 829, Barth.

— — Uebersetzung der Chorlieder aus S.' Antigone von J. J. Schneider. Pr. 1868. 80 S. 1.—

— — Uebersetzung des Sophokleischen Philoktet. Teil I. II. von O. Nitzsch. Pr. 1891, 1892. 6, 18 S. 4°. à —.75

15 Sophocles. Uebersetzungen sophokleischer Chorgesänge v. W. Hoffmann. I. Pr. 1869. 18 S. 4°. 1.50
— — II. Pr. 1870. 86 S. 4°. 2.—

— — Freie Uebertragung der Chorlieder aus dem König Oedipus, dem Oedipus auf Kolonos und der Antigone des S. v. J. Zimmermann. Pr. 1889. 18 S. 4°. —.80

– Werke.

—— dass. — s.a. Bibliothek, Langenscheidt'sche sämmtlicher griechischer und römischer Klassiker.

– – s.a. Bibliothek der Übersetzungen sämtlicher griechischer und römischer Klassiker.

— dasselbe, s.a. Collection Spemann.

—— Werke, metrisch übers. von Joh. Minkwitz, s. Dichter, griechische, 31—33. Bdchn.

—— Werke, Präparation, s. Freund's Schüler-Bibliothek.

– Werke, s.a. Sammlung, neueste, ausgewählter griech. u. römisch. Classiker.

—— Werke verdeutscht von Adf. Schöll, s. Volksbibliothek, deutsche, der griech. und röm. Classiker.

— Werke, metrisch übers. von Jh. Minkwitz. Vollständ. in 7 Bdchn. (1. König Oedipus. 2. Antigone. 3. Der rasende Ajax. 4. Philoctetes. 5. Electra. 6. Die Trachinierinnen. 7. Oedipus auf Kolonos.) 16. Stuttg. ..., Metzler. à 1/4 Thlr.

Sophokles' Werke, übersetzt von Johannes Minkwitz. 2 Bde. Stuttgart 1835—1843. 8°.

— Werke, metrisch übers. v. Joh. Minkwitz. 1s u. 2s Bdchen. 16. Stuttgart 835. Metzler. (I. König Oedipus. II. Antigone.) (à 1/4 Thlr.) 1/2 Thlr.

— Deutsch von Brömel u. Sigismund. Schönste u. wohlfeilste Ausg. in Schiller-Format. I—VI. 16. Erfurt 843, 44, Expedition der Thüringer Chronik. à 1/12 Thlr. Vollständ. in 6 Hftn. 1/2 Thlr. — breit 8. Erfurt 846. (Lpz., Schmidt.) 1/3 Thlr.

—— (Werke.) Deutsch von J. J. C. Donner. 2 Bde. 3., neu bearb. Aufl. gr. 16. (1. Bd. VII und 368 S.) Heidelberg 850, C. F. Winter. *

—— Werke. Griechisch mit metrischer Uebersetzung und prüfenden und erklär. Anmerkungen von J. A. Hartung. 8 Bdchn. 8. (XXXVII und 1906 S.) Leipzig 850—51, W. Engelmann. à Bdchn. 21 Ngr.

Inhalt:
Bdchn. 1. Elektra.
" 2. Antigone.
" 3. Rasender Ajas.
" 4. Philoktetes.
" 5. König Oedipus.
" 6. Oedipus auf Kolonos.
" 7. Trachinerinnen.
" 8. Fragmente. Mit einem Wort- und Sachregister über alle 8 Thle.

— Werke. Metrisch übersetzt, mit Einleitung und Anmerkungen von J. A. Hartung. Mit dem (lith.) Grundriß u. 1 (lith.) Ansicht eines griech. Theaters. Leipzig 853. Engelmann. 16. (XX, 520 S.) 1 Thlr. 22 1/2 ngr.

—— Werke. Deutsch in den Versmaßen der Urschrift von J. J. C. Donner. 9. und 10. Aufl. 2 Thle. in 1 Bd. gr. 8. (III, 355; III, 230 S.) Leipzig 880,83, C. F. Winter'sche Verlagsb. *M 6.; geb. **

— Werke, verdeutscht in der Versweise der Urschrift u. erklärt v. Adf. Schöll. 13., 15—20. Lfg. 8. Berlin 885. 86. Langenscheidt. à n. — 35
13. 15. Ajas. 3. u. 5. Lfg. 4. Aufl. (S. 97—144 u. S. 193—248.) — 16—20. Philoktet. 1—5. Lfg. 2. Aufl. (S. 1—265.)

— dasselbe. Zum Schulgebrauche m. erklär. Anmerkgn. versehen v. N. Wecklein. 1. Bdchn. Antigone. 2. Aufl. gr. 8. (100 S.) München 885. Lindauer. n. 1. 20

— Werke. Deutsch in der Versweise d. Urschrift v. Adf. Schöll. 8. u. 9. Lfg. 8. Berlin 895. 96. Langenscheidt. à n. — 35
Antigone. 2. u. 3. Lfg. 3. Aufl. Rev. v. Fritz Schöll. (S. 49—144.)

— Werke. 7. u. 11. Lfg. 8. Berlin-Schöneberg, Langenscheidt's Verl. à n. — 35
7. Antigone. Deutsch im Versmaße der Urschrift v. Adf. Schöll. 1. Lfg. 3. Aufl. Rev. v. Fritz Schöll. (S. 1—48.) (903.)
11. Ajas. Deutsch im Versmaße der Urschrift von Adf. Schöll. 1. Lfg. 3. Aufl. Rev. v. Fritz Schöll. (4. Bd. S. 1—48.) (903.)

— Werke. Deutsch in der Versweise der Urschrift u. erklärt v. Adf. Schöll. 3.—6. u. 12. Lfg. kl. 8. Berlin-Schöneberg, Langenscheidt's Verl. à — 35
3.—6. Ödipus auf Kolonos. 1.—4. Lfg. 3. Aufl., rev. v. Fritz Schöll. (2. Bd. S. 1—164.) (909. 10.)
12. Ajas. 2. Lfg. 3. Aufl. Rev. v. Fritz Schöll. (4. Bd. S. 49—96.) (908.)

—— sämmtliche Werke, s.a. Bibliothek, Cotta'sche, der Weltlitteratur.

— sämtliche Werke in 2 Bdn. Uebers. u. m. Einleitg. versehen v. Leo Türkheim. 8. (204 u. 223 S. m. Bildnis.) Stuttgart 893. J. G. Cotta Nachf. In 1 Leinwdbd. n. 2. —

— In modernen Versmaßen neu übertr. v. M. Kleemann. V—VII. 8. Hildburghausen, F. W. Gadow & Sohn. n. 1. 40 (I—VII.: n. 3. 80)
V. Philoktet. (60 S.) 890. n. — 60. — VI. Elektra. (59 S.) 892. n. — 40. — VII. Trachinierinnen. (46 S.) 892. n. — 40

—— Wörterbuch zu, s. Ebeling, Heinr.
Vgl.: Brambach, Wilh. — Schöll, Adf.

Memorial Ed. Greek Lexicon of the Roman and Byzantine periods (from B. C. 146 to A. D. 1100). By E[vangelinus] A[postolides] Sophocles. (Hrsg.: Joseph Henry Thayer.) [Neudr.] New York: Ch. Scribner's Sons; Leipzig: O. Harrassowitz 1904. (XVI, 1188 S.) 4° [Fr.u. Ant.] [ot. 4130

R[ede], bei der zweiten Initiation des Br. J. v. G. in der L. zur G. in B., den 23. Nov. 1810, von F. v. D. Sophocoln. o. O. [1810]. 4°
Kl. 1161c.

Ueber Sophokles. Ein Vortrag. 20 S.--Berlin Elis.-Progr. 1852

Sophokles, s. Sophocles

Sophoniae in libros Aristotelis de anima paraphrasis, s.a. Commentaria in Aristotelem graeca.

Sophoniae in libros Aristotelis De anima paraphrasis. Consilio et auctor. Acad. litt. Regiae Boruss. ed. Michael Hayduck. Berolini: G. Reimer 1883. VIII, 175 S. 8°
(Commentaria in Aristotelem Graeca. Vol 23, P. 1.) (10. 8064

Sophonisbe. Trsp. des Jac. Thomson, a. d. Engl. übers. v. Schlegel. gr. 8. Lpz. Fritsch. 758.

— Trsp. d. Thomson, v. Schlegel. gr. 8. Lpz. Hartknoch. 758.

— Drama mit historischem Prolog u. Chören v. Meißner. 8. Lpz. Dyk. 776.

Sophonisbe. Ein Trauerspiel in vier Aufz. Dessau u. Leipzig 1782. 2. Aufl. 1794. V: *Hanker*, *Garlieb.* (schr)

Sophonisbe. Trauerspiel von [Garlieb Hanker pseud. M. L.] Epheu. Für die Berliner Bühne bearbeitet. Berlin 1784. H & B: *Plümicke*, *Carl Martin.* (GGr)

— Trsp. v. Plümike. 8. Berl. Unger. 784.

— Trsp. v. Epheu. 8. Dessau. (Gräff in Lpz.) 794.

— Tragedie in 5 Akten v. Gramberg. gr. 8. Oldenb. Schulz. 808.

Sophonisbe. Ein Trauerspiel aus dem Alterthum. 16. (157 S.) Leipzig 867, Duncker und Humblot. *

Sophophone, oder Darstell. der Verfolgungen merkw. Philosophen, die das Opfer ihrer Grundsätze wurden. 1r Th. 8. Gera, Heinsius. 800.

Sophos, Fabeln. Syrisches Original der griechischen Fabeln des Syntipas in berichtigtem vocalisirtem Texte zum ersten Male vollständig mit einem Glossar herausg., nebst literarischen Vorbemerkungen u. einer einleitenden Untersuchung über das Vaterland der Fabel von Jul. Landsberger. Posen 859. Merzbach. 8. (CXLIV, 186 S.) n. 2 ℳ

Sophromore. Idée d'un bon gouvernement. Erlangen ca. 1760. V: *Verdier de la Blaquiere*, *Mathieu.* (EB)

Sophron oder die Bestimmung des Jünglings für dieses Leben. Mietau 1773. V: *Hartmann*, *Gottlieb David.* (Ky) (ML) (BrMm) (Cat. d. Stadtbibl. Zürich. Zürich 1864—97.)

Sophron, oder mein Leben jenseits, Pendant zu Sintenis Elpizon. 8. Lpz. Bauer. 810.

Sophron, oder die Dichter-Weihe. Roman. 8. Leipzig 822, Leich.

Sophron, od. die Dichter-Weihe. Roman. 8. Leipz. 824. Leich. 21 gr.

Sophron und Lucian, ein Gespräch über die Talente und Bestimmung der Weiber. [Leipzig 1794.] V: *Wedag*, *Friedrich Wilhelm.* (ML)

Sophron, Der militaerische, an seine junge, unerfahrene Kameraden ... Leipz. 1792. V: *Kaltenborn*, *Rudolph Wilhelm von.* (Pr) (Ky) (MGT)

— der militär., an seine junge Cameraden, od. Klugheitslehre f. angeh. Officiers, (v. R. W. v. Kaltenborn), durchgesehen, verbess. u. hrsgg. v. J. v. Mauvillon. 8. Leipz. 792. Dyck. 20 gr.

— und Neophilus, s. a. Ch. W. Snell.

Sophron und Neophilus, ein philosophisches Gespräch über einige wichtige Angelegenheiten der Menschheit ... Giessen 1785. V: *Snell*, *Chn Wilh.* (stri)

— u. Probleismus, od. die Dichter u. die Lebensweihe, (v. Wilh. Chr. Charl. Gensel). 8. Leipz. 822. Leich. 21 gr.

Sophron und Problemimus, oder die Dichter und die Lebensweihe ... Leipzig 1822. V: *Gensel*, *Wilhelmine Christiane Charl. geb. Thyme.* (GGr) (Schl) (MGT)

Sophron, Briefe f. Zöglinge an Bildungsanstalten. 8. (15 B.) Dinkelsbühl 844, Walthr'sche Buchh. –

Sophron u. Medon, Ueb. d. gemeine u. höhere Magie, ihre verschiedenen Gattungen u. deren Werth od. Unwerth. Magdeb. 8°. 1798.

— u. Medon, üb. die gemeine u. höhere Magie. 8. Magdeb. 798. Creutz. 12 gr.

Sophron, der weise Rathgeber auf der Lebensreise. Eine Sammlung von Lebensregeln, Klugheitslehren u. Maximen in aphorist. Darstellung. Als Hülfsbüchlein für Aeltern, Erzieher rc. Aus d. Französ. frei übersetzt. 8. Wien 841, Pichler's sel. Witwe. (Leipzig, Liebeskind.) 5/12 ℳ

Sophron, der weise Rathgeber auf der Lebensreise. Eine Sammlung von Lebensregeln, Klugheitslehren und Maximen in aphoristischer Darstellung. Als Hülfsbüchlein für Eltern, Erzieher, Lehrer und Jugendfreunde, bei Lese- und Diktando-Uebungen, wie auch zur Selbstbildung für die reifere Jugend. Aus dem Französischen frei übersetzt. Wien, 1857. Druck und Verlag von A. Pichlers Witwe & Sohn. (168 S. 8.)

Sophron, der weise Rathgeber auf der Lebensreise. Eine Sammlung von Lebensregeln, Klugheitslehren und Maximen in aphorist. Darstellung. Aus dem Französ. frei übers. 3. Aufl. 8. (170 S.) Wien 861, Pichler's Wwe. und Sohn. (Leipzig, Liebeskind.)

Sophron, Bonaventura, der Adept der Zauberkunst. Enthüllte Geheimnisse der berühmtesten Meister der natürl. Magie u. Taschenspielerkunst in e. Sammlg. von üb. 200 der besten u. interessantesten älteren u. neueren Kunststücke u. Belustiggn. gr. 8. (147 u. VIII S.) Leipzig (902). E. Demme. n. 1. 50

SOPHRONIE, oder die Reue über eine ungemässigte Leidenschaft. Prag 1771. 8°. (1/4 Rthl.)
Fehlt Kayser p. 118. — Selten!

Sophronie, od. die Rede üb. e. ungemäßigte Leidenschaft. 8. Prag. Gröbl. 771.

Sophronistes, s.: Das darfst du nicht thun.

Sophronius

Sophronii patriarchae Alexandrini excerpta, s.: Grammatici graeci recogniti et apparatu critico instructi.

Sacram memoriam Regis Serenissimi Divi Friderici Guilelmi III universitatis Fridericiae Guilelmiae Rhenanae conditoris munificentissimi ab eadem universitate d. III m. Aug. a. 1889 . . pie recolendam victorumque renuntiationem e litterarum certaminibus prodeuntium . . . indicit Eduardus Strasburger, ord. phil. h. a. decanus. Inest Sophronii de praesentatione domini sermo ab H. Usenero editus. Bonnae, form. Caroli Georgi univ. typogr. (1889); 18 S. + 1 Bl. 4°

— Weihnachtsprodigt d. Sophronios hrsg. v. H. Usener. S.-A. s. a. 17 S.

Sophronizon, od. unpartheiisch-freimüth. Beitrr. zur neuern Geschichte, Gesetzgebung u. Statistik der Staaten u. Kirchen; hrsgg. v. H. E. G. Paulus; 1r—3r Bd. od. 12 Hfte. gr. 8. Frkf. a. M. 819—22. Fr. Wilmans. 9 Thlr. 6 Gr. 4r Jahrg. 4 Stcke. 1822. gr. 8. Heidelb., Oßwald. 3 Thlr. 8 Gr. Ergänzungsheft dazu 822. Ebd. 1 Thlr. 5r—10r Jahrg. 1823—28. gr. 8. Ebd. (5r Jahrg. 6 Stcke. 5 Thlr. 8 Gr. 6r J. 6 Stcke. 5 Thlr. 8 Gr. 7r J. 8 Stcke. 5 Thlr. 8r—10r Jahrg. à 6 Stcke. à 5 Thlr.) 30 Thlr. 10 Gr. 11r—13r J. 1829—31. à 6 Hfte. gr. 8. Ebd., Winter. (à Jahrg. 5 Thlr.) 15 Thlr.

Sophronizon. Eine unparthei.-freimüth. Zeitschr., d. Besserwerden in Kirche, Staat u. Wissenschaftlichkeit bezweckend. Hrsg. v. H. E. G. Paulus. 10. Jahrg. 1828. od. 10. Bd. 6 Hfte. gr. 8. Heidelberg, [Vereins-Verlag.] 5 —

—— dass. Supplementhft. gr. 8. Ebds. 831.
Einzelne Hfte. à 20 Gr.
1—3. Jahrg. 1819—21. Frankfurt a. M., Wilmans. 9 Thlr. 6 Gr. — 4. J. 1822. 8 Thlr. 8 Gr., u. Ergänzungshft. dazu, 1 Thlr. — 5—9. J. 1823—27. à 5 Thlr. Heidelberg, [Vereins-Verlag.]

Sophronizon, neuer, s. Paulus, H. E. G.

Neuer Sophronizon oder Reflexionen und Miscellen über wissenschaftliche, kirchliche und allgemeine Zeiterscheinungen und Denkaufgaben. Bd 1–3 (zu je 3 Lfgn). Darmstadt: Leske 1841–42. 8°
Hrsg.: Heinr. Eberh. Gottlob Paulus.
Vorh. u. d. T.: Sophronizon.

Sophronizon, J., Geschichte der Reformation, s.: Volksbibliothek, wissenschaftl.

Sophrons

– Lehren, s. Schmerler.

Sophrons Vermächtniß. Eine Reihe wahrer anmuthiger u. lehrreicher Begebenheiten, v. J. K. v. Tr. 8. Regensburg 827, Reitmaier.

Sophrosine, Gräfin v. Reizenstein, s. Reizenstein.

Sophrosyne. Ein Geschenk für Jünglinge u. Jungfrauen Bildung des Geistes u. Veredlung des Herzens. gr. 12. Quedlinb. 832. Becker. 18 Gr.

Sophrosyne. Ein Geschenk f. Jünglinge u. Jungfrauen zur Bildung d. Geistes u. Veredlung d. Herzens. gr. 12. (8 B.) Quedlinburg 833, Becker.

Sophrosyne, oder für Reinheit der Seele u. des Körpers, für Familienglück ꝛc. 8, Leipz. 799. (Aue in Altona). 12 Gr.

Sophrosyne, od. f. Reinheit d. Seele u. d. Körpers, f. Familienglück ꝛc. 8. Leipz. Jacobäer. 799. Rthlr.

Sophoulis, T. P., Hades in der antiken Kunst. Diss. 1884. 89 S.

Sophus, Dr., der Magister und das Zigeunermädchen. Aus d. Dän. 16. Kiel 839. Baurmeister u. Comp. 1 Thlr.

Sophus, der Magister u. d. Zigeunermädchen. A. d. Dän. 16. (14¾ B.) Kiel 839. [Hamburg, Schuberth u. Comp.]

Sophus, der Magister u. das Zigeunermädchen. Aus d. Dän. (Neue Ausg.) 16. (14¾ B.) Hamburg 842, Schuberth u. Comp.

—— drei Novellen, s. Novellen.

Soplica, Pamiętki, s. Biblioteka pisarzy polskich.

Sopp, Die Bedeutung und Aufgaben der evangelischen Arbeitervereine. 8°. Bochum 1887.

Sopp, A., der Alkohol als Stärkungs- u. Heilmittel u. seine Gefahren für die Gesundheit. Vortrag, geh. am 5. II. 1901 im Vereinshaus „Westend" zu Frankfurt a. M. (Parochial-Verband der Paulskirche) u. am 6. V. 1901 im Vereinshaus „Nordost" (in e. Versammlg. des „Blauen Kreuzes"). gr. 8. (22 S.) Neumünster (901). Vereinsbuchh. G. Ihloff & Co. n. — 15

Sopp, A. A. (= Jakob Edler v. Zepharowich): „Neueste Darstellung der Kameralwissenschaften", 4 Bände, Wien 1808—1811. Vorh.: UB München (Signatur Techn. 1149).

Sopp, A. A., (Jak. Edler v. Zepharowich,) neueste Darstell. der Cameral-Wissenschaften. 3 Bde. Mit Kpf. u. Tabb. gr. 8. Wien 808—810. Schrämbl. 10 Thlr.

Sopp, A. A. (Jak. Edler v. Zepharowich). Neueste Darstellung der Cameralwissenschaften. 3 Bde. Mit Kpf. u. Tab. gr. 8°. Wien, Schrämbl, 1808—11.

Sopp, A(nton), approb. Arzt aus Hanau: Über den Einfluss der Geburt auf Temperatur und Puls beim Einzelindividuum. *Marburg 1898: O. Ehrhardt.* (38 S.) 8°
Marburg, Med. Diss. v. 16. Sept. 1898

Sopp, Frid. Hvgo ⟨geb. am 5 Febr. 1855 in Elberfeld⟩: Theses theologicae . . . ad obtinendvm gradvm licentiati S. S. theologiae . . . Bonnae, typ. C. Georgi (1878). 2 Bl. 8.
Bonn, Ev.-theol. Fak., Thes. v. 5 Aug. 1878

Sopp, Iacobus ⟨geb. am 24 Aug. 1833 in Bonn⟩: De acidi phosphorici et molybdaenici nova metandi ratione . . . Bonnae, typ. Carthausianis (1857). 2 Bl., 37 S., 1 Bl. 8.
Bonn, Phil. Fak., Diss. v. 26 März 1857

Sopp, Karl, aus Idstein i. Taunus: Die Entwicklung der Landesherrlichkeit im Fürstentum Osnabrück bis zum Ausgange des 13. Jahrhunderts. *Idstein 1902: G. Grandpierre.* (69 S.) 8°
Tübingen, Phil. Diss. v. 1902
(Nicht für den Austausch)

Sopp, Karl, Inhaltsverzeichnis, s.: Zeitschrift f. die Geschichte des Oberrheins.

Sopp, Wilhelm [aus Elberfeld]: Orthographie und Aussprache der ersten neuenglischen Bibelübersetzung von William Tyndale. . . . Marburg, *Druck v. Ehrhardt Karras, Halle a. S.*, 1889; 2 Bl. + 88 S. + 1 Bl. 8°
Marburg, Phil. Fak., Inaug.-Diss. v. [14. Aug.] 1889

Soppart, Karl, Referendar: Die staatsrechtliche Stellung des Reichslandes Elsass-Lothringen. Breslau 1910: Schatzky. 54 S. 8°
Breslau, Jur. Diss. v. 12. Juli 1910, Ref. Brie, Gretener
[Geb. 21. Dez. 85 Thorn; Wohnort: Briesen; Staatsangeh.: Preußen; Vorbildung: Gymn. Thorn Reife O. 06; Studium: Marburg 4, Breslau 3 S.; Rig. 8. Febr. 10.] [U 10. 540

Alefeld, Johann Ludwig [Präs.] u. Phil. Reinh. Soppe (Breidenbach) [Auctor]
De mentis humanae facultatibus exercitatio academica.
Giessae 8. Nov. 1725: Müller. 44 S. 4°
disceptationi publicae . . . exponet.

Soppe, Philipp Reinhard (Breidenbach) A. S. 1382/47

De horis salutiferis passionis Iesu Christi et illarum debita conciliatione dissertatio chronologica.
Präs. Jo. Georg Liebknecht.
Giessen (Vulpius) 4. IV. 1726. 24 S. 32876

Soppe, Phil. Reinh., deutsch-latein. Lexicon phraseologicum, aus den gewöhnl. Autor. Class. zusammengetr. gr. 8. Frankf. Varrentrapp. 751.

Soeppliedt, F., guter Rat f. Erzieherinnen, die ins Ausland gehen wollen. Nebst Angabe v. Asylen. gr. 8. (15 S.) Frankfurt a/M. 885. Alt. n. — 80

Soppron, Ignaz. Monographie von Semlin und Umgebung. Zumeist nach handschriftlichen Quellen. (Mit 6 Taf.) 8. Semlin 1890.

Sopra i voti monastici dei regolari soppresi per fatto di principe. Diss. In Vienna 1787. V: *Pilati, Carl Anton von.* (BiblPort) (Margr)

Soprano, P. P., de belli romani exitu biblica disquisitio. Augustae Taurinorum 869. (Leipzig, Brockhaus' Sort.) 8. (188 S.) n. 20 *ngr.*

Sor, Wilh. Gedenkblatt. Reden, geh. in den ersten Trauertagen nach weil. dem Durchlauchtigsten Hrn. Erzherzog Kronprinz Rudolf. gr. 8. (16 S.) Wien 889, Lippe. * — 40

Sor, Charlotte v., Napoleon in Belgien u. Holland im J. 1811. A. d. Franz. v. Wilh. Francke. 2 Bde. 8. (31¼ B.) Leipzig 840, Kollmann.

Sor, Charlotte v., Napoleon und der Herzog von Vicenza. Nach den vertraulichen Mittheilungen Caulaincourts, Großstallmeisters rc. Hrsg. von R. O. Spazier. 2 Bde. 2. (Titel-) Aufl. 12. (VIII und 724 S.) Stuttgart (1837) 853, Hallberger'sche Vrlgsh. Thlr. *

v. Sor, Chr., Serbiens Freiheitskrieg u. Milosch. Aus dem Französ. 8. Leipzig 845, Berger's Buchh. 1 ₰

Sor, Chr. v., Serbiens Freiheitskrieg u. Milosch. Aus d. Franz. 8. (12¼ B.) Leipzig 845, Thomas.

Soer, Anton. (geb. Meschede Dez. 1816): De natura epilepsiae, adjecta collectione sectionum epilepticorum. Berolini (1840). (48 S.) 8°
Berlin, Med. Diss. v. 20. Okt. 1840

Soer, Josef [aus Meschede (Westfalen)]: Ueber das Mal perforant du pied. . . . Würzburg, Paul Scheiner's Buchdr., 1888; 39 S. 8°
Würzburg, Med. Fak., Inaug.-Diss. v. 1888

Soral, H., le Nord-Est et les chemins de fer suisses, s.: Zeitfragen, schweizer.

Soralli, Mark., († d. 4. Juni 1757.) f. *M. Kramer,* il nuovo parlatorio etc.

Sorantin, Arth. Wolfg., Oesterreich zur See. Kriegsmaritime Geschichte m. Flottenbuch der österreich. Kriegsmarine. Zum 40. Gedenktage der Seeschlacht bei Lissa. 1. Heft. (IX u. S. 1—24 m. 2 Taf. u. 1 Karte.) Lex.-8. Purkersdorf (906). A. W. Sorantin.
Subskr.-Pr. f. je 10 Hefte à n. — 80; Einzelpr. à n. 1.—

Sorantin, Arth. Wolfg., d. Burgruine Rauheneck im Helenenthale bei Baden. (14 S. m. Abbildgn.) 8. Baden (907). Wien (XIII/4, Hütteldorferstr. 140), Selbstverlag. — 35

Sorantin, A. W., Die Burgruine Rauheneck im Helenentale bei Baden. 8°. (14 S.) K —.40
Baden: Verein der niederösterreichischen Landesfreunde 1907.

— Die Burgruine Rauhenstein im Helenenthale bei Baden. (15 S. m. Abbildgn.) 8. Ebd. (907). — 35

Soranus

Sorani Ephesii liber de muliebribus affectionibus. Recensuit et latine interpretatus est Franc. Zachar. Ermerins. gr. 8. (CXXI, 305 S.) Utrecht 869, Kemink und Sohn. * 8 —

Sorani Ephesii de arte obstetricia morbisque mulierum quae supersunt. Ex apographo Frid. Reinh. Diez, nuper fato perfuncti prim. edita. 8maj. (19¼ B.) Regimonti Pr. 838, (Graefe et Unzer.)

Sorani Gynaeciorum vetus translatio latina, nunc primum edita cum additis graeci textus reliquiis a Dietzio repertis atque ad ipsum codicem Parisiensem nunc recognitis a Valentino Rose. 8. (XX, 423 S. mit 2 lithogr. Taf.) Leipzig 882, Teubner. 4 80

Soranus v. Ephesus, Gynäkologie, s.: Bibliothek medicinischer Klassiker.

Sorau [Schlagwort]

— s. a.: Deutschland. Karte. (Abt. Preussen.)

— s. a.: Preussen. Messtischblätter.

Sorau. Baron, Paul, Wandkarte des Kreises Sorau, entworfen nach den Generalstabskarten der königl. preuss. Landesaufnahme. 1:50,000. 6 Blatt à 41 × 53 cm. Farbdr. Sorau (899). O. Klinkmüller. n. 10. — ; auf Leinw. m. Stäben n. 15. —

Sorau. Karte des Kreises Sorau. 1:150,000. 31,5 × 42 cm. Farbendr. Forst 893. O. Kunze. n. — 60

Sorau. Kunze's, O., Karte v. Kreise Sorau. 1:150,000. 33 × 44 cm. Farbendr. Forst 896. O. Kunze. n. — 75

Sorau. Kunze's, Otto, neueste Karte vom Kreise Sorau u. Stadtkreise Forst (Lausitz). 1:150,000. 33 × 44,5 cm. Farbdr. Forst i. L. (Sorauerstr. 30), (905). Otto Kunze.

Sorau. Verkehrskarte v. Sorau N.-L. m. weiterer Umgebung. 26,5 × 33,5 cm. Farbdr. Sorau (900). E. Zeidler. n. — 20

Sorauer, Ludov. (geb. Beuthen 14. 7. 1834): De hydro-pneumopericardio. Berolini (1858). (30 S.) 8°
Berlin, Med. Diss. v. 22. März 1858

Sorauer, Mauritius (geb. Beuthen in Oberschles. 13. 2. 1841): De tuberculosis ratione aetiologica; insertae sunt tabulae, quibus, qualis natura morbi novissimis temporibus Vratislaviae fuerit, accuratius exponitur. Vratislaviae (1863). (27 S.) 8°
Breslau, Med. Diss. v. 7. Nov. 1863

Sorauer, Paul

Sorauer, P., Atlas der Pflanzenkrankheiten. 1.—4. Folge. (à 8 chromolith. Taf.) Fol. Mit Text. gr. 8. (S. 1—26.) Berlin 887—890. Parey. In Mappe. à Folge n. 20 —

Sorauer, Paul, Atlas der Pflanzenkrankheiten. 5. u. 6. Folge. Farbendr. Fol. Mit Text. gr. 8. Berlin, P. Parey. In Mappe. à n. 20. —
5. (Taf. XXXIII—XL u. Text S. 27—34.) 891. — 6. (Taf. XLI—XLVIII u. Text S. 35—43.) 893.

Sorauer, Paul, Beiträge zur Keimungsgeschichte der Kartoffelknolle. gr. 8. (28 S. mit 1 lithogr. Taf. in qu. 4.) Berlin 868, Wiegandt, Hempel und Parey. * 2 —

Sorauer, Paul, s.: Dienst, internationaler phytopatholog.

Sorauer, Paul, die Frostschäden an den Wintersaaten des J. 1901, s. a. Arbeiten der deutschen Landwirtschafts-Gesellschaft.

Die Frostschäden an den Wintersaaten des Jahres 1901. Im Auftr. d. Deutschen Landw.-Gesellschaft, Sonderausschuss f. Pflanzenschutz, bearb. von Prof. Dr. Paul Sorauer-Berlin. *Berlin 1901: W. Greve.* (VIII, 204 S.) 8° [F.]
— Arbeiten d. Deutschen Landwirtsch.-Gesellschaft. 62.

Sorauer, Paul, Handbuch der Pflanzenkrankheiten. Für Landwirthe, Gärtner u. Forstleute. Mit 20 (eingedr.) Holzschn. u. 16 Taf. in Farbendr. Lex.-8. (VIII, 406 S.) Berlin 874. Wiegandt, Hempel & Parey. n. 15. —

Sorauer, Paul, Handbuch der Pflanzenkrankheiten. Für Landwirthe, Gärtner, Forstleute u. Botaniker bearb. 2. Aufl. 2 Thle. gr. 8. Berlin 886. Parey. geb. n. 34. —
1. Die nicht-parasitären Krankheiten. Mit 19 lith. Taf. u. 61 Textabbildgn. (XVI, 920 S.) n. 20. —
2. Die parasitären Krankheiten. Mit 18 lith. Taf. u. 21 Textabbildgn. (XI, 456 S.) n. 14. —

Sorauer, Paul, Handbuch der Pflanzenkrankheiten. 3., vollständig neubearb. Aufl., in Gemeinschaft m. G. Lindau u. L. Reh hrsg. v. P. Sorauer. (In 16—18 Lfgn.) 1.—10. Lfg. (1. Bd. S. 1—448, 2. Bd. S. 1—368 u. 3. Bd. S. 1—80 m. Abbildgn.) Lex.-8. Berlin 905. 906. P. Parey. à n. 3. —

— Handbuch der Pflanzenkrankheiten. 3., vollständ. neubearb. Aufl., in Gemeinschaft m. G. Lindau u. L. Reh hrsg. von P. Sorauer. 11.—22. Lfg. (1. Bd. XVI u. S. 449—891; 2. Bd. VIII u. S. 369—550 u. 3. Bd. S. 81—400 m. Abbildgn.) Lex. 8. Berlin 906 —910. P. Parey. à Lfg. 3. —

Sorauer, Paul, Jahresbericht etc. f. Pflanzenschutz, s.: Arbeiten d. d. Landwirtschafts-Gesellsch. Hft. 5. 8. 19. 26. 29.

— s.: Jahresbericht d. Sonderausschusses f. Pflanzenschutz.

Sorauer P.: Nachtrag zu den »Studien üb. Verdunstung«. 1883. [Rostr. Saml.].

Sorauer, Paul, die Obstbaumkrankheiten. Im Auftrage des deutschen Pomologen-Vereins bearb. 8. (VIII, 204 S.) Berlin 879. [Wiegandt, Hempel und Parey.] Parey. *

Sorauer, Paul, die Obstbaumkrankheiten, s. a. Thaer-Bibliothek.

— Die Obstbaumkrankheiten ... Berl. 1882. 204 S.
(Thaer-Bibliothek. Bd. 58).

— populäre Pflanzenphysiologie f. Gärtner. Ein Ratgeber bei Ausführg. der prakt. Arbeiten, wie auch e. Leitfaden f. den Unterricht an Gärtnerlehranstalten. gr. 8. (VI, 247 S. m. 33 Abbildgn.) Stuttgart 891. Ulmer. n. 4. 50; geb. in Halbleinw. n.n. 4. 85

— Pflanzenschutz, s. a. Frank, A. B.

— u. Geo. Rörig, Pflanzenschutz, s. a. Anleitungen f. den prakt. Landwirt. Nr. 6.

Pflanzenschutz. Anleitung f. d. prakt. Landwirt z. Erkennung u. Bekämpfung d. Beschädigungen d. Kulturpflanzen. Im Auftr. d. Deutschen Landw.-Gesellsch., bearb. von Prof. Dr. Paul Sorauer u. Prof. Dr. Georg Rörig, Reg.R. im Gesundheitsamt. 3., verm. Aufl. Mit 58 Textabb. u. 7 Farbentaf. *Berlin: Deutsche Landw.-Ges. 1904.* (201 S.) 8° [J.]
[Frühere Aufl. u. d. T.: Frank, Alb. Bernh.: Pflanzenschutz.]
— Anleitungen f. d. praktischen Landwirt. No 6.

Sorauer, Paul, u. Georg *Roerig:* Pflanzenschutz. Anleit. f. d. prakt. Landwirt z. Erkenn. u. Bekämpf. d. Beschädig. d. Kulturpflanzen. Mit 104 Textabb. u. 9 Farbentaf. 5. Aufl. Berlin 1910. 8°

Sorauer, Paul: Referat über die Errichtung einer Hopfenbau-Versuchsstation, s. Pott, Emil

— die Schäden der einheimischen Kulturpflanzen durch tierische u. pflanzliche Schmarotzer, sowie durch andere Einflüsse. Für die Praxis bearb. gr. 8. (VII, 250 S.) Berlin 888. Parey. geb. n. 5. —

— Schutz der Obstbäume gegen Krankheiten (2. Aufl. der gleichnam. Schrift v. Ed. Lucas), s. a. Schutz der Obstbäume gegen Tiere u. gegen Krankheiten. II.

— Schutz d. Obstbäume gegen Krankheiten ... Stuttg. 1900. 238 S. Fig.
(Zugleich 2. Aufl. d. Schrift »Schutz d. Obstbäume gegen Krankheiten« v. E. Lucas).
(= Schutz d. Obstbäume gegen feindliche Tiere u. gegen Krankheiten. Bd. 2).

Sorauer P.: Ueber die Stecklingsvermehrung d. Pflanzen. 1885. [Rostr. Saml.].

— Untersuchungen über die Ringelkrankheit u. den Russthau der Hyacinthen. Mit 19 (eingedr.) Fig. in Holzschn. u. 1 chromolith. Taf. 8. (55 S.) Leipzig 878. H. Voigt. n. 1. —

Sorauer (P.) Ringelkrankheit ... der Hyacinthen. Berlin, 1878. 8°.

— welche Massnahmen sind, insbesondere in organisatorischer Beziehung, bisher v. den verschiedenen europäischen Staaten eingeleitet worden, um die Erforschg. der in wirthschaftl. Hinsicht bedeutsamen Pflanzenkrankheiten zu befördern u. die schädig. Wirkgn. derselben zu reduciren, u. was kann u. muss in solcher Richtg. noch gethan werden? (Internationaler land- u. forstwirthschaftl. Congress zu Wien 1890, 56. Hft.) gr. 8. (11 S.) Wien 890. (Frick.) n. 1. —

— s.: Zeitschrift f. Pflanzenkrankheiten.

Uebersichtliche Zusammenfassung d. praktisch wichtigen Ergebnisse aus den v. der Deutschen Landwirtschafts-Gesellschaft gesammelten Berichten üb. die im Jahre 1900 aufgetretenen Schädigungen d. landwirtschaftlichen Kulturpflanzen.
Bearb. v. P. Sorauer. 1900. [Rostr. Saml.]

Sorauer, Siegfriedus (*geb. Oppeln 26. 8. 1835*): De dolorum ad partum anomalorum origine, decursu, therapia. Vratislaviae (1859). (31 S.) 8°
Breslau, Med. Diss. v. 21. Mai 1859

Sorbait, Paul de: Commentaria et controversiae in omnes libros aphorismorum Hippocratis. 1073 S., gbd.

Viennae Austriae: Lackhner 1701

JB 421

— isagoge institut. med. et anotomicarum. fol, Norimberg. 752.

— praxis medica. fol. ibid. 701.

SORBEN, Albertine, oder die erste Liebe. Romantisches Gemählde aus dem 18. Jahrhundert. Mit Titelkpfr. u. Titelvignette. Wien 1801. 8°. (9 ggr.) 166 S. (60 Pfg. Mindestgebot, R. Zinke's Dresdner Juni-Auct. 1908, no. 676.)
Kayser hat: „Eine romantische Geschichte" ....

Sorben, Albertine, od. die erste Liebe. 8. Wien 801. Pichler. 9 gr.

Sorber, Johann Jakob [Praes.], s. Bepler, Chph. Ludw.: De natura et indole remedii devolutivi adpellationis in Germania aliisque provinciis.

Sorber, Jo. Jac.: Commentatio de censu constitutivo seu mutuo palliato cuius origo natura forma et usus hodiernus e scitis patrum conciliorum pontificum maximorum bullis historia scriptoribus fide dignis et diplomatibus eruitur. Jenae 1746.

Sorber, Ioh. Iac., commentatio de censu constitutivo seu mutuo Palliato. 4. Ienae. 747.

Sorber, Joannes Jacobus: „Commentatio de comitiis veterum Germanorum antiquis ex historia monumentis diplomatibus et scriptoribus fide dignis eruta", Vol. 1, 2 Jenae 1745, [Vol. 2:] Francofurti et Lipsiae 1749. — Vorh.: Bibl. des Kammergerichts Berlin — Bc. 1965 — und des Oberlandesgerichts Celle — Cd. 136.

— de comitiis veter. Germanor. ex histor., monumentis diplomat. et scriptorib. fide dignis erut. II Vol. 4. Ienae, Ritter. 745–49.

Sorber, Johann Jakob [Praes.], s. Hort, Johann Benjamin: Vigilantibus jura sunt scripta.

— commentatio de institutis sacris populorum germanicorum et septentrional. gentilium ex legibus antiquis, conciliorum canonibus, litteris decretalibus Pontif. etc. 8. Marb. 791. (Fr. Fleischer in Leipz.) 16 gr

— f. D. H. Kemmerich, synopsis.

Sorber, Jh. Jak., († d. 25. Nov. 1797.) observationum et quaest. select. forensium ex jure feudali, civili, criminali, germanico, ecclesiastico etc. depromptarum II Ptes. 4. Jena 750, 51. Cuno. 12 gr

Sorber, Johann Jakob (Erfurt) A. S. 578/3

Vestigia iuris Germanici in iure canonico et quidem cap. I. X. de sponsalibus de odio in matrimonia imparia et restricto iure nobilitatis Germanicae quod ad connubia. Präs. Johann Georg Estor. Rec. Marburg 1750. 115 S.

Diss. Jena 9. IV. 1740. 32878

Sorber, Johann Jakob (Erfurt) A. S. 100/10

Vestigia iuris Germanici in iure canonico et quidem cap. I. X. de sponsalibus de odio in matrimonia inaequalia et restricto iure nobilitatis Germanicae quod ad connubia. Präs. Johann Georg Estor. Jena (Ritter) 9. IV. 1740. 62 S. 32877

Sorber, Johann Jakob [Praes.], s. Wuttig, Johann Christian: De iure revolutionis seu recadentiae.

Sorbonne, die Pariser, Urteil üb. d. Jesuitenorden, s.: Aktenstücke, kirchliche.

Sorcier, F., der schnelle Franzose, od. leichtfaßl. Anleit. z. Erlern. d. französ. Sprache ohne Lehrer in 20 Lectionen. 2 Hfte. 8. (à 3 B.) Wien 837, 38, [Tendler u. Comp.] à

Sordello de Goito, vita et poesie per Cesare de Lollis, s. a. **Bibliothek**, romanische, Bd. 11.

Vita e poesie di Sordello di Goito p. Cesare de Lollis. *Halle a. S.: M. Niemeyer 1896.* (VIII, 326 S., 1 Bl.) 1 Bd 8.
— Bibliothek, Romanische. No 11. [96. 3035

Sorel, Agnes. Oper in 2 Aufz. nach d. Franz. von Sonnleitbner. 8. Wien, Wallisbäußer. 807.

Sorel, Alb., Montesquieu, s.: Geisteshelden, Bd. 20.

Sorela, Luis: Alemania en Africa. Berlin 1884 90 S. 8°.

Sören, Kundsens Heldengeschichte, od. vom Duelliren, a. dem Dän. gr. 8. Schleswig, Christiani. 785.

Sören Knudsens, Heldengeschichte, od. vom Duelliren; aus d. Dän. gr. 8. Schlesw. 785. (Hammerich in Altona). 8 gr

SÖREN-BIÖRN: Über die vortheilhafteste Behandlungs-Methode bei Besamung und Bepflanzung der Kiefern auf magern, vorzüglich auf ganz sandigen Böden, Sandschollen und Sanddünen. - Danzig 1807. 38 S.

SÖREN-BIÖRN: Über die Erlen und deren Behandlung. - Danzig 1817. 39 S.

SÖREN-BIÖRN: Übersicht der vortheilhaftesten Behandlung und Benutzung der preussischen Weidenarten. - Danzig 1804. 46 S. 3. Aufl.

Sörensen, Niels, m. sein Sohn Sören Nielsen. Ballade v. e. schleswig-holstein. Kampfgenossen. 8. (8 S.) Flensburg 902. Huwald. — 80

Sörensen, Aage, die Arbeiterversicherung in Dänemark, s.: Zacher, die Arbeiter-Versicherung im Auslande.

Soerensen, Asmus [Lehrer a. d. techn. Staats-Lehranst. z. Chemnitz]: Beiträge zur Geschichte der Entwickelung der serbischen Heldendichtung. Th. 1 ... (Th. 1 vollst. in: Arch. f. slav. Philol. Bd. XIV u. XV.) Berlin, Weidmann, 1892; 1 Bl., 556–586 S., 1 Bl. 8.
Leipzig, Phil. Fak., Inaug.-Diss. v. [11. Juni] 1892

Soerensen, Asmus [Dr.]: Entstehung der kurzzeiligen serbokroatischen Liederdichtung im Küstenland ... (Vollst. u. d. T.: Beitrag z. Gesch. d. Entwickelg d. serb. Heldendichtg, in: Arch. f. slav. Philol., Bd. XIV ff.) Berlin, Weidmannsche Buchh., 1895; 2 Bl., 110 S., 1 Bl. 8.
Leipzig, Phil. Fak., Hab.-Schr. v. 22. Okt. 1895

Soerensen, Asmus, Entstehg. d. kurzzeiligen serbokroatischen Liederdichtung im Küstenland gr. 8. (IV, 112 S.) Berlin 895. Weidmann. n. 3.—

Polnische Grammatik mit gramm.-alph. Verbalverzeichnis in 2 Teilen ... Von Prof. Dr. Asmus Soerensen. 1. 2. *Leipzig: E. Haberland (1899–) 1900.* 2 Bde 4°(8°) [F.]
(1.) Poln. Gramm. in syst. Darstellung. (In 2 Lfgn.) (1899–)1900.
(2.) Grammat.-alph. Verz. d. poln. Verba mit Bedeutungsangabe, Beisp. u. Nominalableitungen. Erg. z. poln. Gramm. 1900. [00. 8018

Soerensen, Asmus. Juda und die assyrische Weltmacht. Eine Quellenuntersuchung [Programm der Technischen Staatslehranstalten zu Chemnitz. Ostern 1885.] Chemnitz [1885]. 4°.

Sörensen, C., Stimmen u. Bilder aus dem Leben der Menschen u. der Natur. (XV, 176 S. m. Abbildgn. u. Bildnis.) 8. Hadersleben (906). (J. Dreesen Nachf.) n. 2. 40

Sörensen, Ch., s. M. F. Liebenberg, Confirmationshandlung.

Einige Bemerkungen über Seminare und Seminaristenbildung, besonders auch über das Tondersche Seminar, veranlasst durch beifolgende, im 3. Quartalhefte der Schleswig-Holstein-Lauenburgischen Provinzialberichte 1827 befindlichen Aufsätze über diese wichtige Angelegenheit. Von Christian **Sörensen**. Schleswig. 1828. 8°.

Versuch einer kritischen Beleuchtung des von Schleiermacher gelegten Fundamentes der philosophischen Ethik v. Ernst Henning Christian **Soerensen**. Altona. 1855. 4°. Gymn.-Progr.

SOERENSEN, JOHANNES, De scrofulosa corporis compage. Diss. inaug. Kiloniae. 1794.

Sörensen, Johannes, prakt. Arzt aus Kappeln, Kr. Schleswig, i. Preuß.: Ueber 28 Fälle von Carcinom des Ileum und Colon. Leipzig 1903: B. Georgi. (76 S.) 8°
Leipzig, Med. Diss. v. (10. März) 1903

Sörensen, Joh., S. J., Kunstlehre, s.: Gietmann, Gerh.

Malerei, Bildnerei und schmückende Kunst. Von Johannes Sörensen, S. J. Mit 2 Farbendr. u. 92 Abb. auf 40 Taf. *Freiburg i./B.: Herder 1901.* (XIV, 333 S.) 8° [F.]
= Gietmann, Gerhard: Kunstlehre. T. 4. [c4. 6] 6

Sörensen, Th., die Stellung d. Christen zur Enthaltsamkeitssache. Das Reich Gottes ist nicht Essen u. Trinken. Eine Predigt. Hrsg. vom Centralbureau d. dän. Enthaltsamkeitsvereins. Mit Genehmigg. d. Verf. als e. Erwiderg. auf die im Handbuch d. Hrn. Martius zu Dommitzsch enthaltenen Einwürfe gegen s. g. „Teetotallismus" ins Deutsche übertr. v. Alb. Dorner. 12. (16 S.) Bremerhaven 891. Ch. G. Tienken. n. — 20

Sörensen, Th., Untersuchungen über Inhalt und Alter des alttestamentl. Pentateuch. I. Thl. A. u. d. T.: Historisch-kritischer Commentar zur Genesis. gr. 8. (XX und 343 S.) Kiel 851, Akademische Buchh. *

Sörensen, William, **Gonyleptiden (Opiliones, Laniatores)**, s. a. **Ergebnisse der Hamburger Magalhaens. Sammelreise.**

Gonyleptiden (Opiliones, Laniatores) bearb. von William Sörensen (Kopenhagen). Hamburg: L. Friederichsen & Co. 1902. (36 S.) 4° (8°)
= Ergebnisse d. Hamburger Magalhaens. Sammelreise. Lfg. 6, 5.

Sörensens, Johann

— Empfindungen, als man d. hochsel. Fürstin Maria Reuß v. Plauen zum letzten Mal geläutet hatte. gr. 4. Leipz., (Kummer). 2 gr

Sörensens, Joh., geistl. Gesänge, Oden u. Lieder, in Musik gesetzt. 2 Thle. 2te verm. Aufl. gr. 4. Leipz. Kummer. (in Comm.) Rthlr.

— Sammlung geistl. Gesänge, Motetten, Oden u. Lieder. 4 Thle. 4. Ebend.

— neue Sammlung geistl. Gesänge, Motetten, Oden u. Lieder. 2 Thle. 4. Ebend. 812.

Sorer, R. Militärtauglichkeit nach Stadt und Land. (Enthalten in „Wiener Arbeiten auf dem Gebiete der socialen Medicin".) Wien 1910.

Soresius, P. D., Anfangsgr. d. italien. Sprache. 8. Constanz. (Doll, Augsb.) 782.

Soret, Ch. Élements de cristallographie physique. Avec 1 pl. et 538 figures dans le texte. In-8°. XX, 653 p. Genève et Bâle, Georg & Co. 15 — 1893.

Soret, Charles. Le Tremblement de terre du 22 Juillet 1881. Résumé des documents recueillis par la commission sismologique suisse. [Avec 2 planches.] 4. Berne 1882.
([Supplément à:] Jahrbücher des Tellurischen Observatoriums zu Bern ... 1881.)

Soret, Frédéric

Soret, Fr., s. v. Göthe, Metamorphose d. Pflanzen.

– Sur quelques monnaies Houlagouïdes. [Aus dem XVI. Bande der ZDMG. besonders abgedruckt.] Leipzig 1862.

Soret, Frédéric. Goethes Unterhaltungen mit Friedrich S'. Nach dem französischen Texte, als eine bedeutend vermehrte und verbesserte Ausg. des dritten Teils der Eckermannschen Gespräche, hrg. von Dr. C[arl] A[ugust] H[ugo] Burkhardt .... XVIII + 158 S. 8. Weimar, Hermann Böhlaus Nachfolger, 1905. [M. 4.—]

Soret, J.-Louis

Soret, J.-L. Des conditions physiques de la perception du beau. Avec 73 fig. et 4 planches. Gr. in-8°. VII, 333 p. Genève, Bâle, Lyon, H. Georg, 1892. 10 —

Soret, J.-Louis. Les impressions réitérées. Discours d'ouverture de la 69e réunion annuelle de la Société helvétique des sciences naturelles, Genève, 10 août 1886. In-8°, 35 p. Genève et Bâle, H. Georg. 1887. — 60

Soret, J. L., Instruments de précision, s. Weltausstellung, internationale, 1878 in Paris.

Soret, J.-L. et Sarasin, Edouard. Sur la polarisation rotatoire du quartz. Gr. in-8°, 137 p. Genève, Bâle et Lyon, H. Georg. 1882. 3 —
*** Extrait des Archives des sciences physiques.

EINPFROPFUNG, Die, der gesunden Vernunft. Aus d. Französ. (des *Jean Soret*) übers. (von Naumann) und mit einem zweiten Theil (vom Uebersetzer?) vermehrt. London (Gotha, Mevius) 1761. 8°. (3 Mk. Damköhler, Berlin, 1882.)
Anon.-Lex. II. p. 13 (nach Weller).

Soreth, Josef [prakt. Arzt aus Olpe in Westfalen]: Über Kotsteine .... Berlin, Buchdr. v. Gustav Schade (Otto Francke) (1888); 30 S. + 1 Bl. 8°
Berlin, Med. Fak., Inaug.-Diss. v. 4. Jul. 1888

Soreth, Lor., zwölf geistliche Lieder (Weihnachts- und Marienlieder) für gemischten Chor componirt. gr. 8. (20 S.) Paderborn 867, Kleine. *

Soreth, W., zwei Reden über die Enthaltsamkeitsvereine nebst einer Anleitung zu deren Einrichtung. 8. (VIII und 36 S.) Münster 847, Theissingsche Buchh.

Sorg, Edward, die kalte Wittib. Eine Straßburger Geschichte (aus der Zeit d. großen Judenbrennens). (138 S.) kl. 8. Straßburg (909). J. H. E. Heitz. 2. —

— dasselbe, s. a. Volksschriften, elsässische.

Sorg, Frz. Loth. Aug., disquisitiones physiologicae circa respirationem vermium et insectorum, quib. palm. adjud. societas regia scientiarum Gottingensis. 8. Rudolst. 805. Klüger. 20 gr Hildebrand in Arnst. Hbg. Pr. 12 gr

— Diss. inaug. sistens experimenta physiologica et medica. 8. Würzb. 798.

Sorg, Frdr., die zehn Gebote des neunzehnten Jahrhunderts. Sichere Grundlage zur praktischen Veredlung der Menschenfamilie. Zürich 859. Meyer & Zeller in Comm. gr. 8. (16 S.) n. 4 ngr.

Sorg, Frdr., die Stimme der Natur. Gedichte. 16. (X u. 154 S.) Speyer 849, Neidhard in Comm. n. 2/3 ₰

Sorg, Ildefons, die Unhaltbarkeit des speculativen Systems der Güntherianer nachgewiesen vom kirchlich-dogmat. Standpunkte aus. gr. 8. (24 S.) Grätz 851, (Damian und Sorge.) *.

Sorg, Nikol., Geschichte der christlichen Malerei. Mit 2 (lithogr.) Taf. Aufrisse der neapolitan. Katakomben (in qu. Fol.) gr. 8. (VIII und 410 S.) Regensburg 853, Manz.

Sorg, Nicol., vier Predigten üb. den Selbstmord. gr. 8. (45 S.) Ravensburg 852, Dorn. 1/6 ₰

Berechnungen über das Gewindeschneiden nach den englischen und m/m. Maassen. Ein einfach prakt. Handbuch f. Metalldreher von W[ilhelm] **Sorg**. Berlin: Selbstverl.; (A. Seydel in Comm.) 1901. (59 S.) 8°

Berechnungen über das Gewindeschneiden nach d. engl. u. m/m. Maassen. Ein einfach prakt. Handbuch f. Metalldreher von **W. Sorg**. 2. Aufl. *Berlin: Selbstverl.* [aufgekl.: *A. Seydel*] *1902.* (63 S.) 8°
[Umschlagt.:] Vereinfachter Lehrgang über Berechnung d. Wechselräder zum Gewindeschneiden von W. Sorg.

Sorg, W., Berechngn. üb. d. **Gewindeschneiden** nach den engl. u. m/m **Maassen. Ein einfach prakt.** Handbuch f. Metalldreher. **4. verb. Aufl.** (64 S.) kl. 8. Berlin 907. (Polytechn. Buchh. A. Seydel.) nn — 75

— Berechnungen über **Teilung** u. **Spiralfräsen** u. s. w. Ein prakt. Handbuch f. Universalfräser, Dreher u. Schlosser. 2. Aufl. (56 S.) kl. 8. **Ebd. 908.** nn — 75

Sorge, alle eure, werfet auf den Herrn, denn er sorget für euch. Sechs Kreuze mit Initialen in Blumen. Chromolithogr. 16. Leipzig 883, (Baldamus.) * 1 40

Sorge, Alle eure, werfet auf Ihn!, s. Geschichten und Bilder fürs deutsche Volk. Nr. 19.

Sorge, Amandus, appr. Arzt aus Leutenberg: (Aus d. med. Klinik zu Jena.) Ueber einen neuen Fall vom Bence Jones'schen Körper bei Erkrankung des Rumpfskelettes. *Jena 1900: G. Neuenhahn.* (29 S.) 8°
Jena, Med. Diss. v. (9. Juli) 1900

Sorge, C., **Beschreibung der Anlage und des Betriebes der zwickauer Kohleneisenbahnen.** gr. 8. (21 S. mit 1 chromolithogr. Uebersichtskarte und 1 chromolithogr. Längenprofil in Imp.-Fol.) Zwickau 861, (Richter'sche Buchh.) Thlr. *

Sorge, C. Th., die Secundairbahnen in ihrer Bedeutung und Anwendung für das Königr. Sachsen. 1. Aufl. 1873, und 2. Aufl. gr. 4. (19 S. mit 1 lithogr. Karte in Fol.) Dresden 874, Burdach. * 1 20

—— Uebersicht der im Königreich Sachsen zur Chausseeunterhaltung verwendeten Steinarten, s. **Geinitz**, H. B.

Sorge, Christian Valentin (Gotha) A. S. 795/28

Dissertatio inauguralis juridica de interdicto unde vi, quatenus usufructuarius ex eo restituitur.
Präs. Georg Adam Struve.
Jena (Ehrich) XI. 1718. 24 Bl.

W. v.: Johann Ernst Gerhard, J. B. Manso.
32880

Sorge, Ernst, s. Familienharfe, Lindenauer.

Sorge, Fr. Adolf

— Allerlei üb. das mittlere Zeitalter des deutschen Reichs. 8. Frkf. a. M. 765. Andreä. 9 gr.

— **Anlage zu e. brauchbaren Geschichtskunde des röm.-deutschen Reichs bis auf die neuest. Zeiten. 8. Nördling. 770. Beck. 8 gr.**

— Anlage z. e. deutsch. Königs- Kaiser- u. Reichsgesch. 8. Ebend. 770. -

Sorge, Fr. Adf.: Chronologie d. deutschen Lehnwesens, m. Anm. u. Beylagen. *Frkf.* u. *Lpz.* (*Nürnb.*), **Raspe. 764. 4.** (4 Gr.)

— Chronologie d. deutsch. Lehnwesens. 4. Frankf. Eßlinger. 765. -

— Chronologie des deutschen Lehnwesens, mit Anmerkk. u. Beilagen. 4. Frankf. a. M. 765. (Schäfer). 4 gr.

— Caesarini Fürstenerii, Republicani JCti, deutsch-vaterländ. Gedanken üb. einige Stellen der neuesten Wahlkapitulation. 8. Frankf. u. Leipz. 766. (Anonym).

— buntscheckiges Gemälde e. Biedermannes. 8. Frkf. a. M. 766.

— Kern d. deutsch. Reichsgeschichte. 8. Frankfurt, Raspe. 763.

Sorge, Fr. Ad., († 1772.) Kleinigkeiten. 8. Nördling. 771. Beck. 4 gr.

Sorge, Fr. Adf.: Von Kurfürstentagen. ***Frkf. a. M. u. Leipz.*** **764. 4.**

— Kurfürstentaxe. 4. Frankf. u. Leipz. 764.

Sorge, Frz., über die wichtigsten Punkte der Diätetik während einer Karlsbader Kur. Für gebildete Kurgäste und andere gebildete Leser. 6. Aufl. 8. (61 S.) Carlsbad 873, Feller. * 1 —

Sorge, Fritz, appr. Arzt a. Ilmenau, Unterarzt beim 3. Thüring. Inf.-Reg. Nr. 71: Kasuistischer Beitrag zur Kenntnis des Situs viscerum inversus. Berlin (1906): G. Schade. (38 S.) 8°
Berlin, Med. Fak., Ref. v. Leyden, Diss. v. 28. Febr. 1906
[Geb. 28. März 78 Ilmenau; Wohnort: Sondershausen; Staatsangeh.: Sachsen-Weimar; Vorbildung: Gymn. Rudolstadt Reife O. 00; Studium: Berlin Kaiser Wilh.-Akad. 9 S.; Coll. 28. Febr. 06; Approb. 15. Febr. 06.]

Sorge, G. Wilhelm

Sorge, W., die Homöopathie, befreit von Uebertreibungen und gestützt durch viele bewährte Heilanzeigen. Zur Verständigung mit der opponir. Arztwelt. gr. 8. (VII und 114 S.) Sondershausen 864, Eupel. [Lübeck, Bolhoevener.]

Sorge, G. Wilh., **der Phosphor ein grosses Heilmittel.** Physiologisch geprüft und therapeutisch, nach dem Grundsatze similia similibus currantur, verwerthet, unter Benutzung der gesammten medicin. Literatur. (Gekrönte Preisschrift.) gr. 8. (XVI und 448 S.) Leipzig 862, Purfürst. [Dr. Schwabe.]

Sorge, Geo. Andr., († d. 4. April 1778.) Anleit. z. Fantasie. Mit Kpf. 4. Lobenstein 767. Verf. 18 gr.

Sorge, Georg Andreas. Anleitung zum Generalbass und zur Composition. Mit Anmerkungen von Friedrich Wilhelm Marpurg. Berlin 1760.

— Anleit. z. Generalbasse u. Composit. v. Marpurg. 4. Berlin, Lange. 760. -

— Anweisung zur Nationalrechnung. 8. Ebendaselbst. 749. -

— zuverlässige Anweis., Klaviere u. Orgeln gehörig zu temperiren u. zu stimmen. Mit 1 Kpf. 4. Ebersdorf 758. u. 4. Leipz. 771. Breitkopf u. H. 4 gr.

— compendium harmonicum, od. Lehre von der Harmonie, mit krit. Anmerkk. v. Marpurg. Mit 24 Kpft. 4. Ebersdorf 760. Breitkopf. 18 gr.

— die Natur des Orgelklangs. 8. Hof 771.

— der in der Rechen- u. Meßkunst wohlerfahrne Orgelbaumeister. Mit 5 Kpft. 4. Lobenst. 773. Verf. 18 gr.

— Temperatur, Gespräch u. Anweisung z. musikalischen Rechen- und Meßkunst. 8. Ebersdorf. Breitkopf. 754. -

— gründl. Untersuchung, ob die Schröterschen Klaviertemperaturen vor gleichschwebend passiren können. 8. Lobenst. 754.

— Vorgemach z. Generalbaß. 3 Thle. 4. Ebersdorf. Breitkopf. 754. — 6

— Vorgemach der musicalischen Composition. 1. 2. 3. Theil. Lobenstein (1745. 1746. 1747).

Sorge, Geo. And., Vorgemach d. musikal. Composition. 3 Thle. 4. Lobenstein, Autor. 747.

Sorge, Gotthold Guilelmus: De epilepsia. Halae (1848): Gebauer. 26 S. 8°
Halle-Wittenberg, Med. Diss. v. 20. [vielmehr: 21.] Juli 1848
Geb. Schildau (Kr. Torgau) 5. 4. 1825. V.

Sorge, Heinr. von der, das Flachs- u. Hanf-Büchlein oder der rechte Weg beim Bereiten u. Veredeln des Flachses u. Hanfes zu Spinnmaterial nach der besten, vollkommensten Art. Ausführliche, auf die neuesten Beobachtungen u. Erfahrungen gestützte Darlegung aller schon bei der Cultur zu nehmenden Rücksichten; ꝛc. Zum Selbstunterricht für Fabrikanten, Weber, Seiler, Landwirthe u. A. Mit 5 (lith.) Taf. Abbildgn. (in 4.) Weimar 859. Voigt. 8. (VI, 129 S.) 15 ngr.

—— die praktische Weinprobe, s. a. Weinprobe.

Sorge, Heinrich von der: Die praktische Weinprobe. Fingerzeige und Rathschläge für Winzer und Weinhändler, sowie auch für Küfer, Kellermeister, Gastgeber und Weintrinker, enthaltend eine reichhaltige Sammlung erprobter und bewährter Erfahrungen, die Güte und Haltbarkeit des Weines zu erhöhen; den Krankheiten und sonstigen Zufällen des Weines vorzubeugen oder dieselben schnell und sicher zu heben; Enthüllung aller Regeln und Vortheile, welche bei der Vorrichtung der Fässer, beim Auf-, Nach- und Ueberfüllen, Abziehen, Schwefeln, Schönen und Mischen des Weins, sowie bei der Nachbildung des sogenannten Bouquets der Weine, bei der Fabrication der moussirenden Weine, bei der Bereitung der sogenannten Weintinctur, aller Arten Luxus-Weine usw. zu beobachten sind; Nachweis aller hierzu nothwendigen Apparate, sowie auch deren neueste Constructionen; genaue Angabe der zuverlässigsten Prüfungsweisen des Weins sowohl auf Qualität, als auch auf etwaige Verfälschung etc. Mit 5 Taf. Abb. Weimar: Voigt 1859. VIII, 122 S. -- 32*

Sorge, Heinr. v. der, die praktische Weinprobe. Fingerzeige und Rathschläge für Winzer und Weinhändler, sowie auch für Küfer, Kellermeister, Gastgeber und Weintrinker, enth. eine reichhalt. Sammlung erprobter und bewährter Erfahrungen, die Güte und Haltbarkeit des Weines zu erhöhen ꝛc. 2., verb. und verm. Aufl. 8. (VIII und 122 S. mit 2 Stnt. in qu. gr. Fol., enth. 24 Abbild.) Weimar 865, Voigt.

Sorge, Heinr. v. der, die praktische Weinprobe. Fingerzeige u. Rathschläge f. Winzer u. Weinhändler, sowie auch f. Küfer, Kellermeister, Gastgeber u. Weintrinker. 3. verm. u. verb. Aufl. Mit 3 (lith.) Taf. (in qu Fol.), enth. 32 Abbildgn. 8. (X, 190 S.) Weimar 875. B. F. Voigt. 2. 25

Sorge, Jo. Gottlieb: Incl. Wittebergensis academiae Monumenta publica ..., s. Bulisius, Georg Christian.

Sorge, Kurt: Eine neue Methode zur Messung von Elliptizitäten des Lichts mit Hilfe der Lummer'schen Doppelringe. Breslau 1909: Graß, Barth & Co. 71 S. 8°
Breslau, Phil. Diss. v. 18. Sept. 1909, Ref. Lummer, Pringsheim
[Geb. 3. Juli 87 Breslau; Wohnort: Breslau; Staatsangeh.: Preußen; Vorbildung: Maria-Magdalena-Gymn. Breslau Reife O. 05; Studium: Breslau 9 S.; Rig. 28. Juli 09.] [U 10. 644

Sorge, Marte, „Und sing mir e. Sonnenstrahl". Ein neues Versbuch. (70 S. m. Bildnis.) 8. Straßburg 909. J. Singer. 1.50; geb. 2. 50

Sorge, Marte, Wellen u. Wogen. Gedichte. (76 S.) kl. 8. Straßburg 906. J. Singer. n. 1. 50

Sorge, Max, Profile der Eisenbahnen im Königr. Sachsen. Chromolithogr. Imp.-Fol. Leipzig 879, Hinrichs'sche Buchh. * 1 60

Sorge, Max, a. Königsee: (Aus der Frauenklinik zu Jena.) Mikroskopische Untersuchungen von regionären Lymphdrüsen auf Metastasenbildung bei 15 Fällen von Carcinoma uteri. Jena 1905: G. Neuenhahn. (26 S.) 8°
Jena, Med. Fak., Ref. Franz, Diss. v. 25. Aug. 1905
[Geb. 2. April 82 Oberweißbach; Wohnort: Königsee; Staatsangeh.: Schwarzburg-Rudolstadt; Vorbildung: Gymn. Arnstadt Reife O. 00; Studium: Jena 2, Rostock 1, Jena 1, München 3, Leipzig 1, Jena 1 S.; Coll. 7. Aug. 05; Approb. 29. Dez. 05.]

Sorge, Paul, approb. Arzt aus Leipzig-Lindenau: Ueber die Erkrankungen der Cauda equina, nebst Mitteilung eines Falles von Compression der Cauda equina durch ein Sarcom des Kreuzbeins. *Leipzig 1903: B. Georgi.* (37 S.) 4°
Leipzig, Med. Diss. v. (7. Dez.) 1903

Sorge, Paul Heinrich (Gotha) A. S. 836/33

Exercitatio juridica de denunciatione injuriarum Saxonica. Präs. Dietrich Hermann Kemmerich. Wittenberg (Kreusig) 17. XII. 1723. 45 S.

W. v.: Präs. 32885

Sorge, R., Das Spülbohren nach Erdöl. Frankfurt a. M., 1906. 31 S. mit 6 Abb.

Sorge, Reinhard: Aus d. chemischen Institut d. Universität Breslau. Ueber die Condensation aromatischer Ketone. *Jena 1902: A. Kämpfe.* (47 S.) 8°
Breslau, Phil. Diss. v. 10. Juli 1902

Sorge, Rich., tiefbohrtechnische Studien üb. Ölgruben-Betrieb u. Spülbohrung. Aus dem Nachlass hrsg. v. Herm. Sorge. (159 S. m. Fig. u. Bildnis.) gr. 8. Berlin 908. Schöneberg, Verlag f. Fachliteratur. Geb. in Leinw. 6. —

Sorge, W., s. a. Sorge, G. Wilhelm

Sorge, W., die Dispensirfreiheit der Aerzte gegenüber dem §. 3 des Entwurfes eines Apothekengesetzes für das deutsche Reich. gr. 8. (31 S.) Berlin 877. Dümmler's Sort. n. — 60

Sorge, W., Religion u. Naturwissenschaft keine Gegensätze. Wider den Monismus f. akademisch Gebildete. gr. 8. (VII, 80 S.) Berlin 893. K. G. Wiegandt. n. 3. —

Der falsche Waldemar. Hist. Schauspiel in 5 Aufz. Von Wilhelm **Sorge**. Berlin 1909: (Boll). 51 S. 8° [U. 10444

Sorge, Wilh., der falsche Waldemar. Histor. Schauspiel in 5 Aufz. (61 S.) kl. 8. Berlin 909. (Gsellius.) 2. —

Sorge, Wolfg. (Bearb.), s. Abenteuer, Die, des Chevalier v. Faublas.

Sorge, Wolfg., Alfhid. Eine Novelle. (59 S.) 8. Leipzig-Gohlis 909. Raschwitz, B. Volger. 1. —

Sorge & Sabeck, Automobil-Material. Berlin 1903

Sorge & Schma: Preis-Courant der Maschinen-Treibriemen-Fabrik. Berlin 1889

Soergel, Albert

Soergel, Alb., Ahasver-Dichtungen seit Goethe, s. a. Probefahrten.

Soergel, Albert: Ahasver-Dichtungen seit Goethe. Leipzig 1905: R. Voigtländer. (VII, 172 S.) 8° [F.] ¶ [= Probefahrten Bd 6.]
Leipzig, Phil. Fak., Ref. Köster, Volkelt, Diss. v. 12. Sept. 1905
[Geb. 15. Juni 80 Chemnitz; Wohnort: Fürth b. Chemnitz; Staatsangeh.: Sachsen; Vorbildung: Gymn. Chemnitz Reife O. 99; Studium: Freiburg i. B. 1, Berlin 2, Leipzig 7 S.; Rig. 19. Mai 05.]

Ahasver-Dichtungen seit Goethe. Von Albert **Soergel**. Leipzig: R. Voigtländer 1905. (VIII, 172 S.) 8° [F.]
— **Probefahrten**. Bd 6. [05. 13186

Soergel, Alfred: Die englischen Maskenspiele. Halle a/S. 1882: (Uschmann in Weimar). 92 S. 8°
Halle-Wittenberg, Phil. Diss. v. [13. Mai] 1882
Geb. Schlotheim (Schwarzb.-Rudolst.) 20. 3. 1857. V.

Sörgel, Alwin H., für Auswanderungslustige. Briefe eines . . . nach Texas Ausgewanderten. Leipzig 1847. H: *Biedermann, Friedrich Carl.* (BrMm)

Sörgel, A. H., Briefe, s. Für Auswanderungslustige.

Sörgel, Alwin H., s.: Für Auswanderungslustige.

Sörgel, A. H., neueste Nachrichten aus Texas rc., s. Nachrichten f. Auswanderer.

--Neueste Nachrichten aus Texas. Eisleben, 1847.

Soergel, Arthur, a. Naumburg a. S.: I. Beiträge zur Kenntnis der Einwirkungsprodukte aromatischer Amine auf Chloral. II. Einige neue Morphinderivate. Kiel 1906: Schmidt & Klaunig. (34 S.) 8°
Kiel, Phil. Fak., Ref. Harries, Diss. v. 10. Okt. 1906
[Geb. 29. Jan. 81 Warschau; Wohnort: Naumburg; Staatsangeh.: Preußen; Vorbildung: Realgymn. Magdeburg Reife M. 01; Studium: Halle 5, Kiel 4 S.; Rig. 3. Aug. 06.]

Sörgel, Ernst August, s. Annahme, Über die, der polnischen Krone ...

Sörgel, Er. Aug., allgem. Chronik d. Merkwürd. der gesammt. Länder- u. Völkerkunde. Mit ill. Kpf. 4. Gera 804. Heinsius. 3 ℛ

— freimüth. Darstell. der Geschichte des Tages. 4 Bde. 4. Gera 800 u. ff. Illgen. 6 ℛ

– s. Geschichte der letzten Bauernunruhen in Kursachsen.

Sörgel, E. A., Geschichte und Geographie des spanischen Amerika. 1r Thl. Mit 1 Karte. gr. 8. Ronneburg, Literar. Comt. 821.

— Geschichte d. europ. Kriege d. 18n Jahrh. 3 Thle. gr. 8. Altenb. Richter. (Akadem. Buchh. in Jena, auch Joachim in Leipzig.) 793–98. (1r 1 Rthlr. 8 gr. 2r 1 Rthlr. 12 gr. 3r 2 Rthlr.)

– s. Geschichte, Neueste, der Staaten und der Menschheit.

— Geschichte u. Statistik des spanisch. Amerika. 1r Thl. Mit 1 Karte. gr. 8. Ronneb. 820. (Weber). 1 ℛ 18 ℊ

— Memorial an Se. Kurfürstl. Durchl. v. Sachsen, in Betreff des dem Verderben nahen Manufaktur- u. Handelswesens. 8. Gera 801. Illgen. 6 ℊ

– (Hrsg.), s. Nitsch, Paul Friedrich Achat: Lehrbuch der allgemeinen Völkergeschichte.

— das Haus Oestreich, von seinem Entstehen bis zu Ende des 18. Jahrh. 1r Bd. Mit Sörgels Bildn. 8. Gera 801. Heinsius. 1 ℛ

Sörgel, Ernst August. Das Haus Oesterreich von seinem Entstehen bis zum Ende des achtzehnten Jahrhunderts. (Mit 1 Portrait.) 8. Gera und Leipzig 1802.

Uebersicht der vornehmsten Ereignisse der Deputationsloge in Gera von ihrem Entstehen bis zur Errichtung der rechtmässigen und zweckförmigen, auch ger. und vollk. St. Johannis-Loge Archimedes zum ewigen Bunde am 26ten Oct. 5804 in der ersten am Stiftungstage noch im Or. von Altenburg gehaltenen Loge den Brrn mitgeth. von [Ernst Aug.] Sörgel. Als Ms. f. d. Brr. [Gera 1804.] 16 S. 8° [Umschlagtit.]
Kl. 2951.

– s. Vorlesungen über die jetzige bedenkliche Lage von Europa.

– s. Wort, Ein, für die braven Gemeinen des königlich sächsischen Kriegsheeres.

Sörgel, F. G., Liederbuch für Schulen. Eine Sammlung von Canons und Liedern in genauer Stufenfolge und mit besonderer Rücksicht auf Bildung eines kindlich-frommen Sinnes ausgewählt. gr. 8. (IV und 99 S.) Nordhausen 854, Förstemann. *

Soergel, Hans *Theodor:* **Das bäuerliche Erbrecht in Bayern und sein Einfluss auf die socialen Verhältnisse ... Ansbach, C. Brügel & Sohn, 1892; III—VI S., 2 Bl., 63 S. 8.**
Erlangen, Jur. Fak., Inaug.-Diss. v. 1892

Soergel, Hs. Th. Das bäuerliche Erbrecht in Bayern u. sein Einfluss auf die socialen Verhältnisse. Eine jurist. u. volkswirtschaftl. Studie. gr. 8. (VIII, 64 S.) Ansbach 892, C. Brügel u. Sohn. 1 50

Soergel, Hs. Th., Jahrbuch der Rechtsprechung z. Verwaltungsrecht, enth. die gesamte Rechtsprechung zum reichs- u. landesrechtlichen Verfassungs-, Verwaltungs- u. Versicherungsrecht, bearb. u. hrsg. unter Mitwirkg. von G. v. Morhart, W. v. Tzschoppe, Vosler u. a. 1. Jahrg.: Rechtsprechung der J. 1907 u. 1908. (XXI, 733 S.) 8. Stuttgart 909. Deutsche Verlags-Anstalt.
Geb. in Leinw. 9. —

— dasselbe, enth. die gesamte Rechtsprechung zum Verfassungs-, Verwaltungs- u. Versicherungsrecht, Reichs- u. Landesrecht, hrsg. unter Mitwirkg. v. Behr, G. v. Morhart, Seidler u. a. 2. Jahrg. Rechtsprechung d. J. 1908 u. 1909. (Ausg. 1.) (XXIII, 1038 S.) 8. Ebd. 910.
Geb. in Leinw. 10. —

— dasselbe. Reichsrecht. 2. Jahrg.: Rechtsprechung der J. 1908 u. 1909. (Ausg. 2.) (XII, 550 S.) 8. Ebd. 910.
Geb. in Leinw. 6. 50

— dasselbe, enth. die gesamte Rechtsprechung zum Verfassungs- u. Verwaltungsrecht von Preußen. Bearb. von W. v. Tzschoppe. 2. Jahrg.: Rechtsprechung d. J. 1908 u. 1909. (Ausg. 3.) (XII, 278 S.) 8. Ebd. 910.
Geb. in Leinw. 3. —

Soergel, Hs. Th., Jahrbuch der Rechtsprechung zum Verwaltungsrecht, enth. die gesamte Rechtsprechung zum Verfassungs- u. Verwaltungsrecht von Baden, Bayern, Braunschweig, Hessen, Sachsen, Württemberg. Bearb. von Behr, G. v. Morhart, Seidler u. a. 2. Jahrg.: Rechtsprechung der Jahre 1908 u. 1909. (Ausg. 4.) (XVI, 326 S.) 8. Stuttgart 910. Deutsche Verlags-Anstalt.
Geb. in Leinw. 3. —

– s.: Jahrbuch des Strafrechts u. Strafprozesses.

Soergel, Hs. Th., s.: Recht, das.

— **Rechtsprechung 1900 z. B. G. B., E. G. z. B. G. B., C. P. O., K. O., G. B. O. u. R. F. G., nach dem System der Gesetze bearb. gr. 16. (VII, 209 S.) München 900. Jurist. Verlag. (Nur direkt.) Geb. in Leinw. n. 3. —**

Rechtsprechung zum BGB., EG. z. BGB., CPO., KO., GBO. u. RFG. (1902 ff.: u. ZwVG.; 1905 ff.: u. dem ges. Handelsr.; 1906 ff.: zum ges. Zivil-, Handels- u. Prozeßr.) nach d. Reihenfolge der Gesetzesparagraphen bearb. (1906 ff.: unter Mitw. von Birkenbihl hrsg.) von Hs. Th. Soergel. 1900—10. Stuttgart 1902—12.

Jg. 1. 2. 1900. 01. 5. Aufl.
„ 3. 4. 1902. 03.
„ 5. 1904. 2. Aufl. Mit sämtl. Reichsger.-Entsch. d. Jahre 1900—04 in Kommentarform. 1905.
„ 6-12. 1905—12.
Gen.-Reg. zu Bd 1—6. Jg. 1900—05. 1906.

— **dasselbe 1900/01 zum B.G.B., E.G. zum B.G.B., C.P.O., K.O., G.B.O. u. R.F.G., nach der Reihenfolge der Gesetzesparagraphen bearb. 1. u. 2. Jahrg. 2., unveränd. Aufl. 12. (VI, 642 S.) Stuttgart 902. Deutsche Verlags-Anstalt. Geb. in Leinw. n. 6. —**

Rechtsprechung zum B.G.B., E.G. z. B.G.B., C.P.O., K.O., G.B.O. und R.F.G. nach d. Reihenfolge d. Gesetzesparagraphen bearb. von Dr. H[an]s Th[eodor] Soergel. Jg. 1 u. 2. 1900/01. 3., unveränd. Aufl. *Stuttgart: Deutsche Verl.-Anst. 1902.* 8° [F.] (04. 1902 4

Rechtsprechung ... zum B.G.B., E.G. z. B.G.B., C.P.O., K.O., G.B.O. u. R.F.G. nach d. Reihenfolge d. Gesetzesparagraphen bearb. von Dr. Hs. Th. Soergel. Jg. 1. u. 2. 5., unveränd. Aufl. *Stuttgart: Deutsche Verlags-Anst. 1902.* 8° [F.] (03.10495

— **Rechtsprechung 1902—1905 zum B.G.B., E.G.z.B.G.B., C.P.O., K.O., G.B.O., R.F.G. u. Zw.V.G., nach der Reihenfolge der Gesetzesparagraphen bearb. 3. – 6. Jahrg. 12. Stuttgart, Deutsche Verlags-Anstalt. Geb. in Leinw. n. 22. 40**

1902. (VIII, 504 S.) 903. Geb. n. 4. 80
1903. (VIII, 571 S.) 904. Geb. n. 5. 20; f. die Abonnenten der Zeitschrift „Das Recht" n.n. 3. 75
1904. Mit sämtl. Reichsgerichtsentscheidgn. der J. 1900—1904 in Kommentarform. 1.—5. Aufl. (à VIII, 536 S.) 905. Geb. n. 6. 40; f. die Abonnenten der Zeitschrift „Das Recht" n.n. 4. 75
1905. (VIII, 704 S.) 906. Geb. n. 6. —; f. die Abonnenten der Zeitschrift „Das Recht" n.n. 4. 50

— **dasselbe. Generalregister zum 1.—6. Bd. Jahrg. 1900 bis 1905. (IV, 231 S.) 12. Ebd. 906. Geb. in Leinw. n. 3. —**

Deutschlands oberstrichterliche **Rechtsprechung**. Hrsg. von Dr. H[ans] Th[eodor] Soergel. (Jg. [1.] 1908.) Hannover: Helwing (1908). 4°
(Das Recht. Jg. 12., Beil.) (10. 3639

— **Rechtsprechung 1906—1910 zum gesamten Zivil-, Handels- u. Prozeßrecht. Kl. 8. Stuttgart, Deutsche Verlags-Anstalt. Geb. in Leinw. 41.—; f. Abonnenten der Zeitschrift „Das Recht" nn 33. —**

1906. (insgesamt zu 84 Gesetzen) nach der Reihenfolge der Gesetzesparagraphen, unter Mitwirkung von Birkenbihl hrsg. 7. Jahrg. (VIII, 878 S.) 907. Geb. 7.50; f. Abonnenten der Zeitschrift „Das Recht" nn 5. 50
1907. (insgesamt zu 149 Gesetzen) nach der Reihenfolge der Gesetzesparagraphen, unter Mitwirkung von Birkenbihl hrsg. 8. Jahrg. (IX, 1113 S.) 908. Geb. 8. 50; f. Abonnenten der Zeitschrift „Das Recht" nn 7. —
1908. nach der Reihenfolge der Gesetzesparagraphen, unter Mitwirkg. von Birkenbihl hrsg. 9. Jahrg. (IX, 858 S.) 909. Geb. 7.50; f. Abonnenten der Zeitschrift „Das Recht" nn 6.–
1909. nach d. Reihenfolge der Gesetzesparagraphen hrsg. 10. Jahrg. 1.—6. Aufl. (XII, 1032 S.) 910. Geb. 8.50; f. Abonnenten der Zeitschrift „Das Recht" nn 7. —
1910. sowie zum Landesrecht von Preußen, insgesamt zu 180 Gesetzen, bearb. u. hrsg. 11. Jahrg. (XIV, 1018 S.) 911. Geb. 9.—; f. die Abonnenten der Zeitschrift „Das Recht" nn 7.50

Soergel, Hermannus: Glossae Aristaeneteae ... Norimbergae, ex offic. Stichi typogr., 1893; 1 Bl., III, 54 S. 8.
Erlangen, Phil. Fak., Inaug.-Diss. v. 1893

Soergel, J., Cornelia, die Mutter der Gracchen. Ein röm. Frauenbild. 16. (80 S.) Erlangen 868, Deichert. — 60
cart. — 75

Sörgel, J., die gegenwärtige Gymnasialbildung m. besond. Berücksicht. d. bayer. Gymnasialwesens. gr. 8. (132 S.) Nördlingen 873. Beck. n. 1. 60

Sörgel, J., die bayerischen Gymnasien sonst u. jetzt mit besonderer Beziehung auf Dr. Geo. Mezger's Schrift „Schulrath Dr. Geo. Casp. Mezger" u. einige neuere Klagen üb. unsere Gymnasien. gr. 8. (64 S.) Hof 878. Grau & Co. n. — 80

Lucian's Stellung zum Christenthum. — Von J. Sörgel, G. P. — 1875. Kempten, Tob. Dannheimer. — S. 3—24[8].
Progr. Kempten, K. Gymn.

Sörgel, J. Demosthenische Studien. I. II. 36, 40 SS. 8.
Progr. *Hof* 1881. 1884.

Sörgel, J., Wie steht es mit der Überbürdung an den bayerischen Gymnasien? Rede, gehalten bei der Schlußfeier des Gymnasiums am 8. Aug. 1883. 8. (15 S.) Hof 883, [Grau und Comp.] Lion. * — 20

Soergel, I. F., versio latina *γαλεωμυομαχίας ἀδήλου*, i. e. felis et murium pugnae, incerti auctoris. 4. Rudolst. Solbrig. 750.

Soergel, Johann

Soergel, J., De Tiberio et Gajo Gracchis commentationis part. III. Pr. 1: 24 S. 4°.

De Tiberio et Gaio Gracchis commentationis particula I. Scrips. J. Soergel, schol. lat. mag. — 1860 Ibid. — S. 3—21.
Progr. Erlangen

Soergel: De Tiberio et Gaio Gracchis commentationis part. II. et III. Zs. 45 S.–Erlangen, Progr. 1863, 1866

Sörgel, J.: De Tiberio et Gaio Gracchis commentationis part. IV. 21 S.–Hof, Progr. 1869.

Sörgel, Johann Konrad (Hersbruck) A. S. 365/19

Theses juridicae inaugurales.
Altdorf (Meyer) 18. II. 1710. 16 S. 32783

Sörgel, Johannes: Englisch als erste Fremdsprache. (Erfurt 1908: Öhlenroth.) 20 S. 4°
Erfurt, st. OR OP 1908 (313) [S 08. 456

Sörgel, Johannes, aus Altkirchen: Über den Gebrauch des reinen und des präpositionalen Infinitivs im Altfranzösischen. Halle a. S. 1899: C. A. Kaemmerer & Co. (34 S.) 8°
(Soll vollst. in einer Zeitschrift erscheinen.)
Halle, Phil. Diss. v. 1899

Soergel, Konr., die Beitreibung der öffentlichen Abgaben im Königr. Bayern. Für den prakt. Gebrauch der Staats- u. Gemeinde-Beamten u. der rentamtl. u. gemeindl. Vollzugs-Organe unter Benutzg. amtl. Quellen zusammengestellt. (VII, 125 S.) 8. Fürth 904. G. Rosenberg. Geb. in Leinw. n. 2. 40

— **die Rechte u. Pflichten des Hundebesitzers gegenüber den Gesetzen.** (Mit den Bestimmgn. üb. die Beförderg. v. Hunden auf der Staatsbahn.) Auf Anregg. des „Kynolog. Vereins Fürth E. V." hrsg. 2. Aufl. (21 S.) 8. Fürth 906. (München, J. Lindauer.) n. — 40

Sörgel, L. Beleuchtung d. Verhältnisses zwischen Staat u. Kirche. Ansprache u. Festrede bei der feierl. Einholg. der neu eingepfarrten 302 Kirchengemeindeglieder v. Mainleus am 19. Jan. 1873 geh. Nebst e. Festbeschreibg. nach dem „Culmb. Tagebl." gr. 8. (15 S.) Culmbach 873. Wanderer. n. — 20

Sörgel, Mart. Fr., († d. 27. Juli 1787.) Beitr. zur Vorbereitung junger Leute, die die Universität beziehen wollen, nach den gegenwärt. Zustand d. Wissenschaften in Deutschland. 4. Götting. 768.

— s. Cicero, epist. ad familiares et ejusd. Erzählungen.

— Ermahnung zur Tugend in e. Abschiedsrede, nebst e. Ermahnung zur Tugend, welche die Herzogin Bernhardine Christine Sophie einem jungen Officier schriftlich gegeben. 8. Lemgo 768. Meyer. 2 gl.

— Erzähl. der Arbeiten in d. ersten Klasse d. latein. Schule zu Eimbeck. 4. Götting. 769.

— s. Livius 771.

— Paralipomena de Symbolo Athanasiano ex D. Waterland excerpta. 8. Götting. 763.

— s. Phädri, Fabeln. — Plutarchi, libelli duo. — Tacitus, de situ et ejusd. Agricola. — Terenz, comedien.

Sörgel, Paul, Die neuen Bahnen der körperlichen Erziehung, Eine Kritik d. heutigen Turnunterrichts m. prakt. Vorschlägen f. s. Neugestaltung, Ansbach, 152 S., 8°.

Sörgel, S., ein Bismarckbild in Wort u. Lied. Zum 80. Geburtstage Sr. Durchlaucht d. Fürsten v. Bismarck am 1. Apr. 1895 f. Schulen u. Vereine zusammengest. gr. 8. (16 S.) Potschappel (895). (Dresden, A. Müller, Fröbelhaus.) n.n. — 20

— Deutschland von d. Auflösg. bis zur Wiederaufrichtg. d. Kaiserreiches in Wort u. Lied. Zur 25jähr. Jubelfeier d. Kaiser-Proklamation f. Schulen u. Vereine zusammengest. gr. 8. (23 S.) Ebd. 895. n.n. — 20

Festgabe zur Feier des hundertjährigen Geburtstages Kaiser Wilhelms I. am 22. März 1897. Für Schulen u. Vereine zsgest. v. S. Sörgel, Schuldir. in Potschappel. (Potschappel: Selbstverl.; Dr. v. C. Landgraf Nf. 1897.) (31 S.) 1 Bd 8°

Sörgel, S., u. Fr. Uhlig, biblische Geschichte für Volksschulen. Auf Grund der Bestimmungen des „Lehrplanes für die einfachen Volksschulen des Königr. Sachsen" u. des „Lehrplanes für den Religionsunterricht in den Volksschulen der Inspektions-Bezirke Dresden-Land" bearb. 8. (III, 199 S. m. 1 chromolith. Karte.) Meißen 882. Schlimpert. geb. n. 1. —

— u. Uhlig, biblische Geschichte f. Volksschulen. Auf Grund der Bestimmgn. d. „Lehrplanes f. die einfachen Volksschulen d. Königr. Sachsen" bearb. 2. Aufl. gr. 8. (VIII, 208 S. m. 2 chromolith. Karten.) Meißen 883. Schlimpert. cart. n.n. — 90

Sörgel, S., 50 evangelische Kirchenlieder, m. Erläutergn. versehen. 2 Hfte. 8. (VI, 55 u. IV, 45 S.) Essen 883. Bädeker. à n. — 60

— der deutsch-französische Krieg in Wort u. Lied. Zur Feier der 25. Wiederkehr des Tages v. Sedan f. Schulen u. Vereine zusammengest. 3. Aufl. gr. 8. (24 S.) Ebd. (895). n.n. — 20

Sörgel, S., Lesebuch f. Fortbildungsschulen, s.: Rasche, E.

Sörgel, S., Liederbuch f. Volksschulen. Zusammengestellt nach den Vorschlägen e. Kommission aus der Lehrerschaft der Inspektionsbezirke Dresden-Land. 3 Hfte. 8. Meißen 894. H. W. Schlimpert. n. — 80
1. (1.—3. Schulj.) 4. Aufl. (52 S.) n. — 25
2. (4.—6. Schulj.) 5. Aufl. (56 S.) n. — 25
3. (7. u. 8. Schulj.) 4. Aufl. (68 S.) n. — 30

— Stoffe u. Entwürfe z. Anschauungs-Unterrichte, unt. Berücksicht. d. bekanntesten Bilder f. d. Anschauungsunterricht zusammengest. 1. Tl. gr. 8. (VII, 116 S.) Hildburghausen 895. Kesselring. n. 2. —

— Weihnachten in Wort u. Lied. gr. 8. (24 S.) Potschappel 895. (Dresden, A. Müller, Fröbelhaus.) n.n. — 20

Soergel, Th., s. Soergel, Hans Theodor

Soergel, Wilh. Alb., Leides u. Liebes. Jugendgedichte. 8. (III, 100 S.) Dresden 902. E. Pierson. n. 2. —; geb. n. 3. —

Sorgen, Bedenken, Wünsche in bezug auf den Religionsunterricht in den öffentlichen Schulen Hamburgs. (26 S.) 8. Hamburg 907. L. Gräfe. — 50

Sorgen, Irdische, eine himmlische Zucht. Berlin 1856. V: *Brewster, Marg.* (Russell II, 2, 742)

Sorgen, irdische, eine himmlische Zucht. 32. (16 S.) Berlin 856, W. Schultze.

Sorgen ohne Noth, u. Noth ohne Sorgen. Lstsp. in 5 Akten v. Kotzebue. 8. Lpz. Kummer. 810.

Sorgenbrecher, der, oder das Buch zum Schief- u. Buckliglachen. Enthaltend eine Lachtaubenfricassee mit Pfefferkuchensauce u. Senfgurken, ein erprobtes Gericht ꝛc. An das Licht gestellt durch Jocos. Hilar. Kurzweil, genannt Lachlieb. 1. Aufl. (6½ B.) 843., 2. Aufl. (7½ B.) 44. 11¼ Ngr. u. 3., verm. Aufl. 12. (7½ B.) Nordhausen 846, Fürst. Thlr. -

Sorgenbrecher, der, od. das Buch zum Schief- u. Buckliglachen. Enth. e. Lachtaubenfricassée m. Pfefferkuchensauce u. Senfgurken, e. erprobtes Gericht zur gründl. Heilg. aller Murrköpfe u. Grillenfänger, aber auch lust. Häusern bestens zu empfehlen. An das Licht gestellt durch Jocosum Hilarium Kurzweil, genannt Lachdieb. 8. (96 S.) Schwelm 873. Wortmann. n. — 60

Sorgenbrecher, der, oder Zwerchfellerschütterungen als Mittel zur Erheiterung in trüben Stunden. Hrsg. von L. Jocus. 1.—8. Heft. 8. (32; 40; 32; 40; 32; 40; 32; 40 S.) Ilmenau 885, Schröter. à Heft *
In Bdn. à 4 Hefte zu *

Sorgenbrecher, der bewährte. Eine sichere Anleitung Gram und Kummer zu verscheuchen und Frohsinn und Heiterkeit zu erwecken. gr. 16. (96 S.) Crefeld 849, Klein.
Aus: Gemüthlicher Festleiter ꝛc., besonders abgedruckt.

Sorgenfrei.

—— dass. — s. Gerber-Zeitung [F. A. Günthers], deutsche.

Sorgenfrei. Wochenschrift für Unterhaltung und Belehrung. Redact.: F. A. Günther. 1.—5. Jahrg. 1875—1879. à Jahrg. 52 Nrn. (Bog.) gr. 4. Berlin, Günther. à Jahrg. *

Sorgenfrei. Wochenschrift zur Unterhaltung und Belehrung. Redact.: F. A. Günther. 6.—10. Jahrg. 1880—1884. à Jahrg. 52 Nrn. (Bog.) gr. 4. Berlin, Günther's Zeitungsverlag. à Jahrg. * 4 —

Sorgenfrei. Wochenschrift zur Unterhaltung und Belehrung. Redact.: F. A. Günther. Jahrg. 1885 und 1886. à Jahrg. 52 Nrn. (Bog.) gr. 4. Berlin, F. A. Günther. à Jahrg. *

Sorgenfrei. Wochenschrift zur Unterhaltg. u. Belehrg. Red.: W. Dust. 13.—16. Jahrg. 1887—1890. à 52 Nrn. (B.) gr. 4. Berlin, F. A. Günther. à Jahrg. n. 4.—

Sorgenfrei. Wochenschrift zur Unterhaltg. u. Belehrg. Begründet von F. A. Günther. Red.: W. Dust. 17.—20. Jahrg. 1891—1894. à 52 Nrn. (Bog.) gr. 4. Berlin, F. A. Günther. à Jahrg. n. 4.—

Sorgenfrei. Wochenschrift zur Unterhaltg. u. Belehrung. Begründet v. F. A. Günther. Red.: Eug. Engelbrecht. 21.—24. Jahrg. 1895—1898. à 52 Nrn. (à ca. 1 Bog.) gr. 4. Berlin, F. A. Günther's Zeitungsverlag. à Jahrg. n. 4.—
Kann auch vierteljährlich bezogen werden.

Sorgenfrei. Wochenschrift zur Unterhaltg. u. Belehrg. Begründet von F. A. Günther. Red.: Hans Klimke. 25.—28. Jahrg. 1899—1902. à 52 Nrn. gr. 4. (à ca. 8 S.) Berlin, F. A. Günther's Zeitungsverlag. à Jahrg. n. 4.—

Sorgenfrei. Wochenschrift zur Unterhaltg. u. Belehrung. Gratis-Beilage f. F. A. Günthers Deutsche Gerber-Zeitg., Deutsche Schuhmacher-Zeitg., Bäcker- u. Konditor-Zeitg., Deutsche Tischler-Zeitg. Begründet v. F. A. Günther. Red.: Osk. Krahner. 29.—32 Jahrg. 1903—1906. à 52 Nrn. (à ca. 8 S.) gr. 4. Berlin, F. A. Günther's Zeitungsverlag. à Jhrg. n. 4.—

Sorgenfrei. Wochenschrift zur Unterhaltung u. Belehrung. Gratis-Beilage f. F. A. Günthers Deutsche Gerber-Ztg., Deutsche Schuhmacher-Zeitg., Bäcker- u. Konditor-Ztg., Deutsche Tischler-Zeitg. Begründet von F. A. Günther. Red.: C. Wilkens. 33.—36. Jahrg. 1907—1910. à 52 Nrn. (à Jahrg. 416 S.) 31,5×22,5 cm. Berlin, F. A. Günther & Sohn. à Jahrg. 4.—

SORGENFREI, Adrian Lebemann Edler v. (ps.), Der kleine Spaßvogel. 1847.

— — Dasselbe. 1850.
Weller, Lex. Ps. p. 532.

Sorgenfrei, Paul, approb. Arzt aus Hamburg: Aus d. patholog. Institut zu Würzburg. Ein nach 12 Jahren recidiviertes Unterlippencarcinom. *Würzburg 1898: Verlagsdruckerei.* (26 S.) 8°
Würzburg, Med. Diss. v. 1898

Sorgenfrei, Pet., der Philister v. Pleißenburg u. sein Student. Eine Erzählg. aus seinem Leben. (78 S.) 8. Leipzig (Petersteinweg 1), P. Thümmler. n. 2.—

Sorgenfrei, Wilh. v., Versuch d. menschl. Leben nach seinen Hauptperioden, Auf- u. Abstufungen, Aussichten, Hoffnungen u. Leidenschaften, dann Wechseln mittelst farbiger Gläser — wie in ein. Panorama — zu betrachten. 8. (4 B. u. 1 Titlbild.) Nürnberg 836, (Riegel u. Wießner.)

Sorgenfrei, Willib., Carlo u. seine Streiche, s. a. Vereins-Theater, kathol.

Carlo und seine Streiche. Lustsp. in 3 Aufz. von Willibald **Sorgenfrei**. *Duisburg: J. Hoffmann 1893.* (63 S.) 8° [8.]
= Vereins-Theater, Katholisches. Bdch. 40. [w. 3173

Sorgenfrey, Wilhelm, od. die Folgen des Romanlesens. 8. Hamb. Matthießen. (Gräff in Leipz.) 803.

Sorgenfrey, Wilhelm, od. die Folgen des Romanlesens. 8. Hamb. 803. Matthießen. (Leipz., Wienbrack). 4 gr

Sorgenfrey, zur Charakteristik d. Otto v. Freising als Geschichtschreiber. gr. 4. (19 S.) Greiz 873. (Berlin, Calvary & Co.) n. 1. 20

Sorgenfrey, Alexander: Ueber Wiederbelebung und Nachkrankheiten nach Scheintod. 61 S. 8°
Dorpat, Diss. v. 1876

Sorgenfrey, Bernh., göttliche Universal-Wissenschaft. 1. u. 2. Bd. 8. Bitterfeld, F. E. Baumann. à 1.—
1. Welt u. Mensch im Lichte der göttlichen Wissenschaft. (III, 160 S.) 899.
2. Welt u. Mensch im Lichte der göttlichen Wissenschaft. (III, 132 S.) 900.

Welt und Mensch im Lichte der göttlichen Wissenschaft. Eine medianime Kundgabe durch Bernhard Sorgenfrey. Bitterfeld: F. E. Baumann [1899]. (160 S.) 8°
= Sorgenfrey: Göttl. Universal-Wissenschaft. Bd 1.

Sorgenfrey, B., Weltfrieden. Friedensvorschläge u. -Pläne vom Standpunkte der Nationalphysiologie u. christliche Realpolitik. (40 S.) 8. Döbeln 907. (Leipzig, Verlag f. Lebensreform.) —50

Sorgenfrey, Fr. Jul., († ...) eigne Lebensgeschichte von ihm selbst. 8. Jena 775.

Sorgenfrey, Th., de vestigiis juris gentium Homerici. gr. 8. (61 S.) Leipzig 871, Haessel. *

Sorgenfrey, Thdr., die Abiturienten des Rektors J. H. Lipsius. Ein Beitrag zur Geschichte der Nikolaischule zu Leipzig im 19. Jahrh. (40 S.) Lex.-8. Leipzig 904. H. Haessel Verl. n. 1. 50

— Chronik der Stadt Neuhaldensleben, s.: Behrends, Pet. Wilh.

Sorgenfrey, Theodor (Hrsg.), s. Haessel. – Hermann Haessel, ein deutscher Buchhändler.

Sorgenfrey, Theod. Das höhere Schulwesen der Stadt Neuhaldensleben. 10 S. *Neuhaldensleben* 1876.
Das neue Realschulgebäude. III S. u. 2 Taf. *Neumünster* 1879.
Progr.

Sorgenfrey, Thdr., aus Neuhaldenslebens Vergangenheit. gr. 8. (31 S.) Neuhaldensleben 900. C. A. Eyraud. n. —50

Sorgenfrey, Th. Zum Verhältnis von Schule und Haus. Wünsche und Bitten. 18 S. **Progr.** *Neuhaldensleben* 1878.

'Unsere **Sorgenkinder**', Sammlung von Vorträgen, geh. z. Förderung sprechgebrechlicher u. zurückgebliebener Schulkinder ... No 1. Kiel: R. Cordes in Komm. 1907. 8° [c3. 18106 8

Sorgenkinder, unsere. Sammlung von Vorträgen, geh. zur Förderung sprechgebrechl. u. zurückgebliebener Schulkinder. Nr. 1—3. (31, 28 u. 44 S.) gr. 8. Kiel 907—09. R. Cordes. à 1.—

Sorgenkindern, den. Worte der Mahnung, Belehrung u. des Trostes, aus dem Munde erfahrener Christen. 16. (110 S.) Basel 877. Bahnmaier. —75

Sorger Anton: Die Spiritualen. (Fraticellen). H. 1888 PN 508 **Diss.** Wien, Univ. 715

Sorger, Ferd., kaufmännische Rechnungs-Praxis. Zum Selbststudium für Jedermann, sowie zum Unterrichts-Gebrauche an Handels-Akademien, Industrie- u. Gewerbe-Schulen. Mit der fünfstelligen Logarithmen-Taf. der natürlichen Zahlen von 1—10,000, 22 verschiedenen Tab. u. 34 in den Text gedr. Holzschn. gr. 8. (XII, 355 S.) Graz 881. (Wien, Lechner's Verl.) n. 5. 60

Sorger, Franz

Sorger, Fr., Carlsbad. Heilmittel in einigen Arten von Magen- und Leberkrankheiten. 8. (44 S.) Carlsbad 861, Gebr. Franieck (Pohlenz.)

Sorger, Frz., Karlsbad, Heilmittel in einigen Arten von Magen- und Leberkrankheiten. 4. Aufl. gr. 16. (XII, 47 S.) Karlsbad 876, Feller. *
Die frühern Auflagen erschienen im Selbstverlage.

Sorger, Fr., Carlsbad in seinem therapeut. Verhalten zu einigen Arten von Leververgrösserungen (Hypertrophie.) gr. 12. (109 S.) Carlsbad 849. (Prag, Kronberger'sche Buchh.) Thlr. *

— über die wichtigsten Punkte der Diätetik während einer Carlsbader Kur. Für gebildete Kurgäste u. andere gebildete Leser. 8. (60 S.) Carlsbad 852. (Prag, Kronberger.) n. 7 ngr

Sorger, Dr. Franz — Ueber die wichtigsten Punkte der Diätetik während einer Karlsbader Kur. Für gebildete Kurgäste und andere gebildete Leser. Verfaßt von — —. 3te umgearbeitete und verbesserte Auflage. Karlsbad, 1857. Druck und Verlag der Gebr. Franieck. (51 S. 8.)

—— über die wichtigsten Punkte der Diätetik während einer carlsbader Kur. Für gebildete Kurgäste und andere gebildete Leser. 4., verb. Aufl. 8. (58 S.) Carlsbad 861, Gebr. Franieck (Pohlenz.)

— über die wichtigsten Punkte der Diätetik während e. Karlsbader Kur. Für gebildete Kurgäste u. andere gebildete Leser. 6. Aufl. 8. (61 S.) Ebend. 873. n. 1. —

—— über die wichtigsten Punkte der Diätetik während einer Karlsbader Kur. 7. Aufl. gr. 16. (XII, 56 S.) Ebendas. 876. *

Sorger, Frz., üb. die wichtigsten Punkte der Diätetik während einer Karlsbader Kur. 8. Aufl. 12. (79 S.) Karlsbad 880. Feller. n. 1. 20

Sorger, Frz., üb. die wichtigsten Punkte der Diätetik während e. Karlsbader Kur. 9. Aufl. 8. (79 S.) Karlsbad 884. Feller. n. 1. 20

Sorger, H., kleine Bilder aus dem Leben. 16. (79 S.) Hamburg 883, (H. J. Koch.) * — 60

Sorger, H., die 10 Gebote in talmudisch-jüdischer Beleuchtung u. das daraus sich ergebende Urteil üb. das moderne Judentum. 8. (67 S.) Münster 894. A Russell. n. — 70

— Heilsames u. Gefährliches in der Socialdemokratie, sowie derselben Aussicht f. die Zukunft. gr. 8. (16 S.) Bremerhaven 891. L. v. Vangerow. n. — 50

Sorger, H., der Weltbrand u. wie er gelöscht wird. Eine Betrachtg. f. Jedermann. 8. (42 S.) Bremerhaven 890. Tienken. n. — 60

Sorger, J. Franz [cand. med. aus Riedlingen (Württemb.)]: Beitrag zur Lehre von den multiplen Neuro-Fibromen. . . . Würzburg, P. Scheiner's Buchdr., 1891; 31 S. 8°
Erlangen, Med. Fak., Inaug.-Diss. v. 29. Dez. 1890

Sorger, Johann Georg: F r i d e r i c u s Bellicosus acad. Lips. ... fundator historice descriptus, s. H ü b n e r, Christian

Sorger, Leopod[l], pr. Arzt aus Riedlingen a. D., Württemberg: Beitrag zu den bisherigen Erfahrungen ueber den Bakteriengehalt von Schwimmbädern. *Freiburg i. B. 1899: Ch. Lehmann's Nachf.* (46 S.) 8°
Freiburg i. B., Med. Diss. v. 1899

Sorger Siegfried: Vergleichungen des Lautbestandes der Hs. Of mit dem des Originales Ov.
H. 1907 PN 2377 Diss.Wien, Univ 237

Sorget f. die Gesundheit der Schüler. Hygienische Wünsche u. Winke f. Lehrer u. Schulaufsichtsbeamte v. Felix. 8. (30 S.) Berl. 891, W. Issleib. * — 50

Sorget f. die Gesundheit der Schüler. Hygienische Wünsche u. Winke f. Lehrer u. Schulaufsichtsbeamte v. Felix. 8. (30 S.) Berlin 891. G. Schuhr. n. — 50

Sorget Gott auch für die Ehre der Menschen? ... Hildesheim 1767. V: *Koken, Johann Carl.* (ML) (Rotermund, Gel. Hannover. Bremen 1823)

Sorget nicht! 6 (chromolith.) Spruchkarten mit Blumen u. Vögeln. 16. Leipzig 879. Böhme. n. — 85

Sorgfalt, Josephs II., für das Lyceum in Graz. V: *Wernekingh, Joseph.* (WBL 55/46) (BiblPort)

Sorgfalt, über die, der Staaten Deutschlands und besonders des Königreichs Sachsen f. d. Gesundheit ihrer Bewohner. Winke für Staatsmänner, Aerzte und Richtärzte. 8. Leipzig 833. Böhme. 1/3 ₰

Sorgius, Michael

Sorgius, M., vor dem Straßburger Steintor 1870. Erinnerungen eines Achtzigjährigen aus der Belagerungszeit Straßburgs. Mit 8 — vor und nach der Uebergabe aufgenommenen — Abbildgn. (73 S.) gr. 8. Straßburg 908. W. Heinrich. 1.—

Sergius, M.: Die Volksschulen im Elsaß von 1789—1870. Dargest. unter Berücks. der Regulative und der geschichtl. Entwickelung des französischen Unterrichts. — Straßburg: Bull 1902. V, 172 S.

Sorgius, Wilhelm [approb. Arzt aus Schiltigheim i. E.]: Über die Lymphgefässe der weiblichen Brustdrüse. Strassburg, Buchdruckerei von R. Schultz & Comp., 1880. 8. 28 S.

Sorglich, Gust., Jesus Christus u. das gebildete Haus unserer Tage. 8. (54 S.) Berlin 902. C. A. Schwetschke & Sohn. n. —80

Sorgo, Jos., über die Arten der Tuberkuloseinfektion, s.: Vorträge des Vereines zur Verbreitung naturwiss. Kenntnisse in Wien. 44. Jhrg. 8. Heft.

Sorgo, Jos., die Bedeutung der Schilddrüse, s.: Vorträge des Vereines zur Verbreitung naturwissensch. Kenntnisse in Wien. 41. Jahrg. 6. Hft.

— über die Beziehungen zwischen menschl. u. tierischer Tuberkulose, s.: Vorträge des Vereines zur Verbreitung naturwiss. Kenntnisse in Wien. 43. Jhrg. 11. Heft.

— über die Disposition zur Tuberkulose, s.: Vorträge des Vereines zur Verbreitung naturwiss. Kenntnisse in Wien. 45. III.

Sorgo, J., Über die Disposition zur Tuberkulose. [Vorträge des Vereines zur Verbreitung naturwissenschaftlicher Kenntnisse in Wien. 45. Jahrg. Heft 3.] 8°. (42 S.) † K —.80
Wien: Braumüller 1905.

— über Staubkrankheiten, s.: Vorträge des Vereines zur Verbreitung naturwissensch. Kenntnisse in Wien. 42. Jahrg. 9. Hft.

Sorgt f. eure Dienstboten! Ein Mahnruf an Dienstgeber u. edle Menschenfreunde. Für den Verein zum Wohle der Dienstboten in Prag geschrieben vom Verf. der Schrift: „Armuth u. Armenpflege, e. Beitrag zur Lösg. der Armenfrage." gr. 8. (28 S.) Prag 871. Dominicus in Comm. n. — 40

Sorhagen, Gustav, Professor: Die Landschaft des Oderbruchs. Ein Überblick über ihre Entwässerung und Besiedelung. Eberswalde 1906: C. Müller. (S. 3—15.) 4°
Eberswalde, Wilhelms-G u. R i. E. P 1906 (80)

Sorhagen, Ludw., die Kleinschmetterlinge der Mark Brandenburg und einiger angrenzender Landschaften. Mit besond. Berücksicht. der Berliner Arten. gr. 8. (X, 367 S.) Berlin 886, Friedländer und Sohn. *

Sorhagen, Ludw., Wittmaack's „biologische Sammlg. europäischer Lepidopteren" im naturhistor. Museum zu Hamburg. Beschreibung einiger noch nicht oder nur ungenügend bekannter Raupen. Lex.-8. (46 S. m. Fig.) Hamburg 898. (L. Gräfe & Sillem.) n. 2. —
Sonderabdr. aus: „Mittheilgn. a. d. naturhistor. Museum".

Soria; enthalt. messianische Stellen aus d. Talmud u. übers. ins Deutsche — das jüdische Religionssystem. — Uebersetzung der vornehmsten u. wichtigsten Gebete der Juden — d. Babylonischen Magerorden, s. Cleve.

Soria. Enthaltend messianische Stellen aus d. Talmud, das jüdische Religions-System rc. 4. Cöln 823. (Gaul u. Tonger.) 3/4 ntf

DE SORIA, Eman. Am.: Bonorum finito bello restituendorum ex amnestiae pacto elaborata synopsis. *Viennae.* 738. 4.

Söring, Christoph, und seine Familie; eine Geschichte. Hamburg 1788. V: *Manhard, Johann Wilhelm.* (MGT) (Ky)

Söring, Christoph, u. seine Familie; e. Gesch. 8. Hamb. Rostock. 788.

– s.a. Söting ...

Soritsch, ..., russisches Buchstabier- u. Lesebuch für deutsche Lese-Anstalten. St. Petersb. 831. Brieff. 80 Kop.

— grammatisch-stufenweise Uebungen zum Uebersetzen aus d. Russischen ins Deutsche. 2 Thle. Auch mit Russ. Titel. St. Petersb. ... Brieff. ...

Sorkau (W.). Die Braunkohlenformation Pommerns. Eine Zusammenstellung nach den Bohrungen. (Sep.-Abdr. a. d. Mitt. d. naturw. Ver. für Neu-Vorpommern und Rügen. 34. Jahrg. 1902.) 8.

Sorko, Leop., die Wasserverbauungsfrage (Meliorationen) in Weinbergen. Ein Beitrag zur Hebg. der Erträge. I. Schutz gegen Erdabschwemmgn. Kommunikationen. II. Erdrutschungen, deren Ursachen u. Behebgn. Auf Grund prakt. Erfahrgn. verf. Mit Tab. u. 97 den Text erläut. Abbildungen auf 16 Taf. (84 S.) 31,5×22,5 cm. Wien 908. A. Hartleben. 5.—; geb. 6. —

SORLI, Peter: Petrographische Untersuchungen an kristallinen Schiefern von Obersteiermark, vorzugsweise des Rennfeldes. — 1908. 59 Bl.
Diss. Graz, Univ.

Sormani, P. V., de Jo. Schraderi vita ac scriptis. gr. 8. (97 S.) Trajecti ad Mosam 886. Berlin, Calvary und Comp. *

Sormas, R. (Red.), s. Mittheilungen für die Gehilfenschaft des Buch-, Kunst- und Musikhandels.

Soermer, Karl Gottlob (Dresden) A.S. 123/19

Corporis integri robusti et proceri privilegium ex iure Rom. imperii publ. et Saxonico.
Präs. Christoph Ludwig Crell. Rec.
Wittenberg (Scheffler) 1746. 64 S.

Diss. XII. 1730. 32784

Sorn, Josef Beiträge zur lateinischen Grammatik. Der Infinitiv bei Sallust, Florus, Eutrop und Persius. Übersicht über die Formen bei Florus und Persius. 8 (S. 3—32).
Progr. Ober-G. der Franciscaner *Hall* 1887.

Sorn, Josef: Weitere Beiträge zur Syntax des M. Junianus Justinus. S. 3—13. 8. Progr. K. k. erstes Staatsgymn. *Laibach* 1902.

Sorn, Josef: Einige Bemerkungen zum „Liber memorialis" des L. Ampelius. S. 3—16. 8. K. k. erstes Staatsgymn. *Laibach* 1901.
Progr.

Sorn, Josef: Bemerkungen zum Texte des M. Junianus Justinus. 13 S. 8. Progr. K. k. I. Staatsgymn. *Laibach* 1909.

Justinus. Sorn, Josef Über den Gebrauch der Präpositionen bei M. Junianus Justinus. 8 (30 S.).
Progr. K. k. Staats-Oberg. *Laibach* 1894.

Sorn, Jos., üb. d. Gebrauch d. Präpositionon bei M. Juniauus Justinus. Progr. gr. 8. (30 S.) Laibach 894. (I. v. Klainmayr & F. Bamberg.) n. 1. —

Die Sprache des Satirikers Persius. 8 (33 S.) K. k. Oberg. *Laibach* 1890.
Progr.

— Der Sprachgebrauch des Eutropius. Erster Theil. 8 (S. 3—46). Zweiter Theil. 8 (30 S.).
Ober-G. der Franciscaner *Hall* 1888. K. k. Ober-G. *Laibach* 1889.
Progr.

Sorn, Jos., der Sprachgebrauch d. Historikers Eutropius. Ein Beitrag zur histor. Grammatik der latein. Sprache. gr. 8. (V, II, 39 S.) Laibach 892. (M. Fischer.) n. 1. 20

—: Zur Textkritik des M. Junianus Justinus. S. 4—6. 8.
Progr. K. k. Staats-Gymn. *Marburg a. D.* 1910.

Sorochowitsch, Chaim: Aus der Königlichen Universitäts-Frauenklinik zu Breslau. Direktor: Geh. Medizinalrat Prof. Dr. Küstner. Gelatinetherapie der Melaena neonatorum. Breslau 1907: Breslauer Genossenschafts-Buchdruckerei. (30 S.) 8°
Breslau, Med. Fak., Ref. Küstner, Diss. v. 29. Juni 1907
[Geb. 8. Juni 82 Lutjenka, Gouv. Poltawa in Rußland; Wohnort: Gadiatsch in Rußland; Staatsangeh.: Rußland; Vorbildung: Gymn. Starodub Reife Juni 02; Studium: Wien 4, München 1, Breslau 5 S.; Rig. 27. Juni 07.]

Sorochowitsch, K(elie) [von Tschernigoff, Russland]. Hämotologische Arbeiten unter Leitung von Privatdocent Dr. Naegeli, Zürich. Ueber einen Fall von tötlicher Kinderanämie (perniciöse Anämie?) mit Erythropöse und myeloider Umwandlung der Milz und Lymphdrüsen. Zürich 1904. 32 S. 8°. [9. III. 04.]
Zürich. Med. Diss. 1903/1904.

Sorochowitsch, K[elie]. Über einen Fall von tötlicher Kinderanämie ⟨perniciöse Anämie?⟩ mit Erythropoese und myeloider Umwandlung der Milz und Lymphdrüsen. Diss. Med. Univ. Zürich. *Kopftitel:* Hämotologische Arbeiten unter Leitung von Privatdocent Dr. [Otto] Naegeli, Z'. 32 S. 8. Zürich, A. Markwalder, 1904.

Kurzgefaßtes Schulwörterbuch zu Xenophons Anabasis. Von Friedrich Gustav Sorof, Geh. Reg.R. *Leipzig & Berlin: B. G. Teubner 1903.* (IV, 131 S.) 8°
(B. G. Teubners Schülerausgaben griech. u. lat. Schriftsteller.) 104. 5133

– (Hrsg.), s. Xenophon: Hellenika in Auswahl.

Sorof, Friedrich Gustav Georg, s. Sorof, Gustav

Sorof, G., Ueber die römischen Curien. S.-A. 1862. 48 S.

Sorof, G., de Ciceronis pro L. Murena oratione commentatio critica. Particula 1. gr. 4. (20 S.) Potsdam 861, (Gropius'sche Buchh.) *

Sorof, [Gustav], Rekt. Prof. Dr.: Zwei Aktenstücke zur Geschichte der Klosterschule Rossleben, zum ersten Mal gedruckt. *Görlitz 1901: Görlitzer Nachrichten u. Anzeiger.* (S. 1—3.) 4° [F.]
Rossleben, Kloster-S, P 1901 (266)

Sorof, (Gustav), Rekt. Prof. Dr.: Ansprachen, gehalten bei seiner Einführung als Rektor am 11. April 1899. *Görlitz 1900: Görlitzer Nachrichten u. Anzeiger.* (S. 1—6.) 4° [F.]
Rossleben, Kloster-S, P 1900 (263)

Sorof, Gustav: Ansprachen, gehalten bei der Einführung des Rektors Sorof am 11. April 1899. 4 (S. 1—6).
Progr. Klostersch. *Roßleben* 1900
Ansprachen des Staatsministers u. Oberpräsidenten v. Boetticher, Exc., des Erbadministrators, Oberkammerherrn v. Witzleben, u. des Rektors Sorof.

Sorof, (Fridericus) Gustavus (Georgius) *(geb. Qualkwitz bei Ohlau 23. 4. 1829)*: De augmento in trimetris tragicis abjecto, praemissa de crasi, elisione, aphaeresi quaestione. Vratislaviae (1851). (35 S.) 8° *[Verf. erlebte die Diplomerneuerung 1901 als Geh. Reg.-Rat u. Gymn.-Dir. a. D. in Potsdam.]*
Breslau, Phil. Diss. v. 24. Juli 1851

Sorof, G[ustav]: Bemerkungen zu Horaz. 17 S. 4.
Kgl. Matthias Claudius-Gymn. mit Realschule u. Vorschule *Wandsbek* 1906 (352).
C I 22. 34. 29. 31. 28. 19. 32. III 3. Epod. 4.
Progr.

Sorof, Gustav [Dr., Dir.]: *Bericht über die Feier des 75jährigen Bestehens der Anstalt.* Cöslin, gedr. bei C. G. Hendess, 1897; 33—35 S. 4.
Cöslin, k. G, OP 1897 (137)

Sorof, Gustav [Dir. Dr.]: **Zwei Gedächtnisreden, gehalten zum Andenken an Se. Majestät** Kaiser Wilhelm I. und Se. **Majestät Kaiser Friedrich III.** Cöslin, gedr. bei C. G. Hendeß, 1889; 1 Bl., 18 S. 4°
Cöslin, k. G, OP 1889 (122)

Sorof, Gustavus [Marchicus]: De Aristotelis geographia capita duo.... Halis Sax., form. E. Karras, 1886; 94 S. 8°.
Halle, Phil. Fak., Inaug.-Diss. v. [7. Apr.] 1886.

Sorof, Gustavus, de Aristotelis **geographia capita duo.** Diss. Halle 1886, Lippertsche Buchh. 8°. 94 S.

Sorof, [Gustav]: [Die fünfzigjährige Jubelfeier der Anstalt.] S. 13 bis 16. 4. **Progr.** Kgl. Wilhelms-Gymn. *Berlin* 1909 (76).

—: [Professor Dr. Bussenius tritt in den Ruhestand.] S. 19. 4.
Progr.

Sorof, Gustav: **Rede, gehalten am 6.** Oktober 1896. ([Umschlagt.:] Eine Jubiläumsrede.) *Cöslin 1898: C. G. Hendess.* (11—18 S.) 4° ¶[Vgl. des Verfassers P-Beilage 1897.]
Cöslin, k. G, OP 1898 (140)

Sorof, Gustav: Rede. Gehalten am 2. September 1898. (Umschlagtitel: Bismarck. Rede, gehalten am Sedantage 1898.) 4 (S. 42—50). **Progr.** Stadtgymn. *Halle a. S.* 1899

Sorof, Gust. Drei Reden, welche bei der Entlassung von Abiturienten gehalten worden sind. 13 S. **Progr.** *Putbus* 1882.

(Sorof, Gust., u. Th. Wehrmann) Die bei der Einführung des Dir. Sorof am 15. April 1882 gehaltenen Reden. 11 S. *Cöslin* 1883.
Progr.

Sorof, [Gustav]: [Vigilie für die im Laufe des Kirchenjahres gestorbenen ehemaligen Angehörigen der Klosterschule.] S. 19 bis 22. 4. **Progr.** Klosterschule *Roßleben* 1901 (266).

Sorof, (Gustav), Rekt. Prof. Dr.: [**Vigilie,** gehalten am Vorabend des Totenfestes 1899 zum Andenken ehemaliger Angehöriger der Klosterschule.] *Görlitz 1900: Görlitzer Nachrichten u. Anzeiger.* (S. 15—17.) 4° [F.]
Rossleben, Kloster-S, P 1900 (263)

Sorof, Gustav: **Vindiciae Lucianeae.** *Halle a. S. 1898: E. Karras.* (15 S.) 4°
Halle a. S., Stadt-G, OP 1898 (245)

Sorof: Vindiciae Tullianae. 22 S.—Potsdam, Progr. 1866

Sorof, Gust., **Vindiciae Tullianae. gr. 4.** (22 S.) **Berlin 866, Weidmann'sche Buchh.**

Sorof, [Gustav Johannes Franz], Rekt. Prof. Dr.: Die freien **Vorträge** im deutschen Unterricht der oberen Klassen. *Görlitz 1903: Görlitzer Nachrichten.* (S. 1—7.) 4°
Roßleben, Kloster-S, P 1903 (289)

Sorof, [**Gustav**]: [**Worte der Erinnerung bei der Trauerfeier für den am 22. Oktober 1909 verstorbenen Prof. Max Zeisiger.**] S. 17—20. 4.
Progr. Kgl. Wilhelms-Gymn. *Berlin* 1910 (77).

Sorof, Gustav Johannes Franz, s. Sorof, Gustav

Sorof, Mart. Die Entstehung der Apostelgeschichte. **Eine krit.** Studie. g. 8. (104 S.) Berl. 890, Nicolai's Verlag. * 1 60

Sorof, Mart.: Das Evangelium des Markus, s. Schriften, Neutestamentliche, im Zusammenhang erläutert f. höhere Schulen.

Sorof, Martin. (geb. Potsdam 19. 1. 1861): De ratione, quae inter eos codices recentiores, quibus Aeschyli fabulae Prometheus, Septem adv. Thebas, Persae continentur, et codicem Laurentianum intercedat. Berolini (1882). (60 S.) 8°
Berlin, Phil. Diss. v. 28. Apr. 1882

Sorof, Mart., de ratione, quae inter eos codices recentiores, quibus Aeschyli fabulae Prometheus, Septem adv. Thebas, Persae continentur, et codicem Laurentianum intercedat. Dissertatio inauguralis. gr. 8. (60 S.) Berlin 882. (Mayer & Müller.) n. 1. 20

Sorokina, M[alka], aus Cherson: Ueber die Psychosen des Climacteriums. Bern 1910. 26 S. 8°. [3. II. 10.]
Bern. Med. Diss. 1909/10.

Sorokina, M[alka]. Über die Psychosen des Climacteriums. Diss. Med. Bern. 26 S. 8. Bern, Gottfr. Iseli, 1910.

Sorontini, Mad., Wie putzt, färbt u. modernisirt man Strohhüte? Nebst einer Anleitung zur Färberei der Schmuckfedern. Supplem. zum „Bazar" u. allen anderen Damen-Muster-Zeitungen. Wien 863. (Wenedikt.) 8. (15 S.) 7½ ngr.

Sörrensen, Wolfgang Hans: Joh. Heinr. Wilhelm Tischbein. Sein Leben und seine Kunst bis zum Jahre 1788. **Berlin:** Pass & Garleb 1909. 58 S. 8° ¶(Ersch. vollst. als Buch b. Spemann, Berlin & Stuttgart.)
Kiel, Phil. Diss. v. 6. Dez. 1909, Ref. Neumann
[Geb. 14. Mai 82 Braunschweig; Wohnort: Braunschweig; Staatsangeh.: Braunschweig; Vorbildung: Neues Gymn. Braunschweig Reife M. 02; Studium: Göttingen 5. Kiel 6 S.; Rig. 3. Aug. 08.] [U 10. 2538

Joh. Heinr. Wilhelm Tischbein, s. Leben u. s. Kunst. Von Dr. Wolfgang **Sörrensen.** Berlin & Stuttgart: Spemann 1910. XIX, 144 S. 8° [11. 1731 3

Carte Générale Orographique et Hydrographique de l'Europe, qui montre les principales ramifications des montagnes, fleuves et chemins, avec les principales villes, dressée d'après les meilleurs cartes des auteurs les plus accrédités. Par le Général Baron Sorriot de L'host. Gravée par J. List à Vienne. 1816. 1 : 1,500,000. 4 Bl.

Sorten-Verzeichnis für den Obstbau in der Provinz Hannover, s. a. Arbeiten der Landwirtschaftskammer für die Provinz Hannover.

Sorten-Verzeichnis für den Obstbau in der Provinz Hannover. Hrsg. v. d. Landwirtschaftskammer f. d. Provinz Hannover. Hannover: Landwirtschaftskammer 1907. 55 S. 8°
(Arbeiten d. Landwirtschaftskammer f. d. Prov. Hannover. H. 22.) [09. 11461 7

Sortes Sangallenses, s. a. Winnefeld, **Hermannus.**

Sortes Sangallenses ed. H. Winnefeld. Adiecta sunt **alearum oracula ex codice Monacensi primum edita. gr. 8. (60 S.) Bonn 887. Fr. Cohen.** n. 2. —

Sortes, toutes. 8. **Kopenh. ... Proft. 8 ß**

Sortes, (Dr.,) offene Rede über öffentl. Gesellschaften. 8. Kempten 821, Dannheimer.

Sortimenter, der deutsche. Zeitung f. die Interessen des deutschen Sortimenterstandes u. des deutschen Sortiments-Buchhandels. Organ des Rechtsschutzvereins der deutschen Sortimenter. Hrsg.: Bernh. Lehmann. 1. u. 2. Jahrg. (à ca. 8 S.) 4. Danzig 904—906. Dr. B. Lehmann.
Für 6 Nrn. n.n.n. 3. —

Sortimenter, der deutsche. Zeitschrift für die Interessen d. deutschen Sortimenterstandes u. d. deutschen Sortiments-Buchhandels. Organ des Vereins der deutschen Sortimenter (Rechtsschutz-Ver. u. Sortimenterkammer). Hrsg.: Bernh. Lehmann. 3.—7. Jahrg. (à Nr. ca. 8 S.) 32,5 ×24 cm. Danzig 906—11. Dr. B. Lehmann.
Für 6 Nrn. nnn 3.—; einz. Nrn. nnn — 75

Sortimenter u. **Verleger.** Wie können wir unsere hohen Spesen verringern? Ein Wort an den gesammten deutschen Buchhandel des In- u. Auslandes. Von M. S. 12. (24 S.) Striegau 890. Berlin, G. Wattenbach.
n.n.n. — 40

Sortimenterbund, der. (Von Severinus.) gr. 8. (8 S.) Königsberg (902). Akadem. Buchh. n. — 40

Der Sortimenterfreund. Leipzig: Seele 1900–(1901). 8°

Sortimenter-Regeln. Eine Anweisg. f. den Sortimenter in kürzester Fassg. qu. 16. (11 S.) Leipzig 894. K. F. Pfau. n.n.n. — 25

Sortiments-Buchbinder, der praktische. I. kl. 8. Leipzig (910). F. Schneider. — 80
Der Preisberechner. Von Carl Kolbe. (104 S.)

Sortiments-Katalog, katholischer. Eine Auswahl von vorzügl. Werken. gr. 8. (II, 205 S.) München 888, Korff. *

Sortiments-Katalog, katholischer. Eine Auswahl vorzügl. Werke f. kathol. Kreise. 1. Nachtrag. Herbst 1888 bis Herbst 1891. gr. 8. (83 S.) Münch. 891, Korff. — 50
Hauptwerk. Ebd. 1888. * 1 35; mit 1. Nachtrag zusammen * 1 50.

Sortiments-Catalog d. ungar. Literatur. II. Jahrg. für 1885. 8. Budapest, B. Koczányi u. A. Zunft. Per 100 Expl. 4 fl. Netto b. 1884.

Sortiments-Catalog, systemat., v. Landcharten u. geograph. Apparaten d. geograph. Instituts zu Weimar etc. gr. 8. Weimar, Geogr. Institut. 806. — 16

Sosandra. Ein dramat. Gedicht in 4 Aufz. v. C. Vitzthum v. Eckstädt, herausg. v. Haugwitz. 8. Berl. Unger. 805.

Soschinski, B., die Leitungen, Schalt- u. Sicherheitsapparate usw., s.: Pohl, H.

Sosibius: Die berühmtesten Methoden und Mittel gegen den Bandwurm; Abhandlung über die Kubeben; einige Zusätze für die Therapie des Trippers und der Lustseuche (nebst) Nachtrag. 84 S.(S.275 - 358). Leipzig: 1835

s.: Sosibius: Repertorium der vorzüglichsten Arzneiformeln für die Therapie des Trippers und der Lustseuche. 2.unveränd... wohlfeile Ausg. Anhang.

JB 4.622

Sosibius, Repertorium d. vorzügl. Arzneiformeln f. d. Therapie d. Trippers u. d. Lustseuche, mit e. Anh., enthalt. d. berühmt. Methoden u. Mittel geg. d. Bandwurm, e. Abhandl. üb. d. Kubeben u. einige and. Zusätze. 1. Aufl. (14½ B.) 831. 1 Thlr. 12 Gr., 2., unveränd., mit Nachträgen, Sach- u. Namenregister vers. wohlf. Ausg. (16½ B.) gr. 12. Leipzig 835, [Böhme.] Thlr.

Sosibius, Dr., Repertorium d. vorzügl. Arzneiformeln für d. Therapie d. Trippers u. d. Lustseuche, mit Anh., enthalt. die berühmtest. Methoden u. Mittel gegen d. Bandwurm, e. Abhandl. üb. d. Kubeben u. einige andere Zusätze. 8. Leipz. 831. Hartmann. 1 ₰ 12 gr

Sosibius: Repertorium der vorzüglichsten Arzneiformeln für die Therapie des Trippers und der Lustseuche mit einem Anhange, enthaltend die berühmtesten Methoden und Mittel gegen den Bandwurm, eine Abhandlung über die Kubeben und einige andere Zusätze. 2.unveränd....wohlfeile Ausg. 384 S., gbd.

Leipzig: Hartmann 1835

JB 4.622

Soskin, S. (Hrsg.), s. Altneuland

Soskin, Selik [aus Tschurubasch in Russl.]: Kritische Geschichte der Lehre von der Fettbildung. '(Eine v. d. kgl. landwirtschaftl. Hochschule zu Berlin gekr. Preisschrift.)' ... (Aus: Journ. f. Landwirtsch., Bd 42.) Merseburg, Buchdr. v. F. Stollberg, 1894; 3 Bl., 74 S. 8.
Rostock, Phil. Fak., Inaug.-Diss. v. [26. Mai] 1894

Die Internationale Kautschuk-Ausstellung in London 14.–26. Sept. 1908. Von Dr. S[elig] **Soskin**. Mit 3 Taf. u. 1 Diagr. (Berlin: Tropenpflanzer 1908.) S. 286–330. 8°
(Der Tropenpflanzer. Beihefte. Bd 9, Nr 6.) 10. 4909

Die Ölpalme. Ein Beitrag zu ihrer Kultur. Im Auftr. des Kolonial-Wirtschaftlichen Komitees verf. von Dr. S[elik] **Soskin**. Berlin: Kol.-Wirtsch. Komitee 1909. 55 S. 8° 10. 7305

Soskin, S., die Olpalme. Ein Beitrag zu ihrer Kultur Im Auftrage des kolonialwirtschaftl. Komitees verf. (55 S. m. Abbildgn.) gr. 8. Berlin 909. (E. S. Mittler & Sohn.) 2. —

Die Ölpalme. Ein Beitrag zu ihrer Kultur. Im Auftrage d. Kolonial-Wirtschaftlichen Komités verf. von Dr. S[elig] Soskin. Mit 9 Abb. (Berlin: Tropenpflanzer 1909.) V S., S. 312–341. 8°
(Der Tropenpflanzer. Beihefte. Bd 10, Nr 6.)

— s.: Tropenwirt, der.

Sosna, A., Seerosen. 16. (57 S.) Bremen 884. Roussell.
n. 1, 25; geb. n. 2. —

Sosna, A., Seerosen. 2. Aufl. 8. (58 S.) Emden 886, Haynel. geb. *

Sosna, Karl, Ant. Kralik und **Karl Krautwurst,** systematisches Hilfsbuch zum Studium der zollämtlichen Warenkunde, zugleich Handbuch bei der zollämtlichen Warenrevision. Auf Grund des mit dem Gesetze vom 21. Mai 1887 [R.-G.-Bl. Nr. 82] abgeänderten Zolltarifes. gr. 8. (IX, 221; 322 S. mit mehreren in den Text gedr. von Ferd. Winkler nach dem Mikroskop gezeichneten Abbild.) Wien 887, (Bermann und Altmann.) *

Sosnosky, Theodor von

Sosnosky, Th. v., Dichter-Steckenpferde. Imitationen. 2. u. 3. Aufl. 12. (131 S.) Dresden 890. Minden. n. 1. —

Sosnosky, Thdr. v., aus der Dreiviertelwelt. Lebensbilder. 8. (VII, 216 S.) Dresden 895. E. Pierson. n. 2. —

(8) **Sosnosky,** Thdr. v., aus d. Dreiviertelwelt. 895. (KBL 30.) Jetzt: Berlin, Verlag Berlin-Wien.

Das sechste Gebot. Ein Roman aus Oesterreich von Theodor v. **Sosnosky**. Berlin: R. Eckstein Nachf. 1904. (307 S.) 8° [F. u. Ant.] 4. 1907 11

Sosnosky, Thdr. v., an d. Lebensbörse. Der Roman e. Strebers. 2. Aufl. (256 S.) kl. 8. Berlin 909. Schuster & Loeffler. 3.—; geb. 4. —

Die Deutsche Lyrik des 19. Jahrhunderts. Eine poet. Revue zsgest. von Theodor v. **Sosnosky**. *Stuttgart: J. G. Cotta 1901.* (XVI, 464 S.) 8° [F.] [01. 993

Der Minnesöldner. Der Roman eines Lebemanns. Von Theodor v. **Sosnosky**. Berlin & Leipzig: Schuster & Loeffler 1910. 232 S. 8° [1c. 7601

Pierres de Strass. Imitationen von Theodor v. **Sosnosky**. Wien, Pest, Leipzig: A. Hartleben 1899. (VIII, 141 S.) 8°

Sosnosky, Thdr. v., Ridicula. 8. (VII, 108 S.) Breslau 894. E. Trewendt. n. 1. 80

— **Shocking! Keine Geschichten f. die Familie. 8. (VIII, 168 S.) Dresden 899. E. Pierson. n. 2. 60**

(B) — Schocking. 890. (KBB 82.) Jetzt: Berlin, Verlag Berlin-Wien.

— **Sprachsünden. Eine Blütenlese aus der modernen deutschen Erzählungs-Litteratur. 8. (III, 76 S.) Breslau 890. Trewendt. n. 1. —**

— der Sprachwart. Sprachregeln u. Sprachsünden als Beiträge zur deutschen Grammatik u. Stilistik. 8. (XII, 231 S.) Ebd. 894. n. 3. —

SOSNOWSKI, Felix: De notis verae ecclesiae. — (1833) 96 S. 4° (Handschr.) Diss. 33
Diss. Wien, Univ.

Sosnowski, M. E., s.: Katalog der Raczyńskischen Bibliothek in Posen.

Sosnowsky, M. E. v., Kuno Fischer, s. Bücherei, deutsche.

Sossenfeld: De diffusione. 22 S. Bonnae, Schul-/Univ.-Schrift 1864

Sossinka, Willibald, prakt. Arzt: Aus d. Poliklinik f. Nervenkrankheiten d. H. Prof. Dr. Mendel in Berlin. 300 Fälle von peripherischer Facialis-Lähmung. Leipzig 1905: B. Georgi. (42 S.) 8°
Leipzig, Med. Fak., Ref. Flechsig, Diss. v. 25. Mai 1905
[Geb. 10. März 79 Gr. Przygodzice, Kr. Ostrowo; Wohnort: Berlin; Staatsangeh.: Preußen; Vorbildung: Gymn. Ostrowo Reife O. 99; Studium: Berlin 9 S.; Coll. 30. Mai 05; Approb. 15. Mai 04.]

Sossna, Maximilian, Kaplan: Quellen und Literatur über den Servitenorden. Breslau 1910: Nischkowsky. 60 S. 8°
Breslau, Kath.-theol. Diss. v. 27. Juli 1910, Ref. Nürnberger †
[Geb. 1. Sept. 78 Gleiwitz; Wohnort: Namslau; Staatsangeh.: Preußen; Vorbildung: Gymn. Gleiwitz Reife O. 00; Studium: Breslau 7 S.; Rig. 24. Mai 10.] [U 10. 455

Sotznitz, F. L., ewiger Kalender. 16. (32 S.) Riga 884. (Jonck & Poliewsky.) n. — 75

Šoštarić, M., Stellenbestimmungstabellen. Multiplikation 4 Tafeln; Division 4 Tafeln zusammen roh K 10.—
Wien: Sirk & Spadinger 1905.

ŠOŠTARIĆ, Max: Anatomische Untersuchungen über den Bau des Stammes der Salicineen. - Wien 1898. 11 S., 1 Taf. - Diss. Phil. Fak. u. d. T.: Untersuchungen über die Anatomie des Stammes der Salicineen. - (Sitzungsber. d. Akad. d. Wiss. i. Wien, Math.-nat. Klasse Bd. 108)

ŠOŠTARIČ, Max
Anatomische Untersuchungen über den Bau des Stammes der Salicineen von Dr. Max Šoštarič. (Mit 1 Tafel.) Aus den Sitzungsberichten der kaiserl. Akademie der Wissenschaften in Wien. Mathem.-naturw. Classe; Bd. CVII. Abth. I. December 1898. Wien. 1898. In Comm. Gerold's Sohn. Gr.-8°. 10 S. fl. —.25

Sostmann, A(dolf): ⟨Aus d. mediz. Klinik in Jena⟩. Ueber Darmruptur und über eine nach Sturz aufgetretene Duodenalruptur mit ungewöhnlichem Verlaufe. Jena 1904: Frommann. (37 S.) 8°
Jena, Med. Fak., Ref. Stintzing, Diss. v. 6. Okt. 1904
[Geb. 24. Jan. 67 Hildesheim; Wohnort: Hildesheim; Staatsangeh.: Preußen; Vorbildung: Gymn. Hannover Reife M. 89; Studium: Berlin 2, München 1, Kiel 3, Göttingen 1, Jena 4 S.; Coll. 28. Febr. 03; Approb. 2. März 97.]

Geschichte des 3. Badischen Dragoner-Regiments Prinz Karl Nr. 22. Vf. v. (Alfred) **Sostmann**, Sekondlt. ... M. 1 Bildn. d. hohen Chefs, 2 Uebersichtskt. u. 8 Sk. im Text. Berlin: E. S. Mittler & Sohn 1898. (VIII, 320 S., 1 Bl., 1 Portr., 2 Kt.) 1 Bd 8°

Sostmann, Bernhard, approb. Arzt aus Otterndorf: Aus d. pathol. Institute zu Kiel. Ein Fall von Durchbruch eines Leber-Echinokokkus in die Bauchhöle [!]. *Kiel 1899: Vollbehr & Riepen.* (15 S.) 8°
Kiel, Med. Diss. v. [9. Jan.] 1900

Sostmann, Carl, s. Sostmann, Karl

Sostmann, Friedr., Auswahl deutscher Gedichte. 1. Thl. 1. Abthl. Grundlage für den Sprechunterricht in Elementarklassen. (Für das Alter von 5—8 (9) Jahren.) br. 8. (XII und 142 S.) Jena 852, Mauke. *

— dass. — 1. Thl. 2. Abthl. Zu Sprech-, Memorir-Vortrags-Uebungen. (Für das Alter von 8 (9)—12 Jahren.) br. 8. (VIII und 256 S.) Ebds. 852. *

— Auswahl von Märchen für Kinder. (Für das Alter von 7—9 Jahren.) 1. Thl. gr. 8. (IV und 171 S.) Jena 852, Mauke. *

Sostmann, Friedr., Auswahl von Märchen für Kinder. (Für das Alter von 8 bis 11 Jahren.) 2. Thl. Jena 853. Mauke. gr. 8. (IV, 249 S.) n. 10 ngr.

— 70 (lithogr.) Bilder-Lese-Tafeln stufenweis geordnet zu dem Lesegange. Fol. Jena 852, Mauke. *

— deutsches Lesebuch für Elementarklassen. 1. Thl. 1. Abthl. (Für das Alter von 6—8 Jahren.) 2. Aufl. gr. 8. (VIII und 96 S.) Jena 852, Mauke.

— dass. — 1. Thl. 2. Abthl. (Für das Alter von 8—9 (10) Jahren.) 2. Aufl. gr. 8. (VIII und 246 S.) Ebds. 852. *

Sostmann, Frdr., deutsches Lesebuch f. Elementarklassen. [Für das Alter von 6 bis 8 Jahren] 1. Thl. 1. Abth. 4. verm. Aufl. gr. 8. (VIII, 96 S) Jena 871. Dufft. — 45

— deutsches Lesebuch für Mittelklassen der Bürgerschulen und Oberklassen der Volksschulen. (Für das Alter von 9 (11)—12 (14) Jahren.) 2. Thl. gr. 8. (XII und 516 S.) Jena 852, Mauke. *

— Lesebuch für Elementarklassen. Im Auftrage u. unter Mitwirkung des pädagog. Seminars der Universität Jena hrsg. Mit Vorwort von Stoy. gr. 8. (VIII u. 240 S.) Jena 848, Hochhausen. n. 6 ngr.

— **Lesekasten zu dem Lesegang. 32 Bl. in Fol. Jena 852, Mauke.** *

— 202 Lieder für Kinder. (Mit Singweisen.) Gabe für den Gesangunterricht. Dem Gedankeninhalt nach geordnet. Die Stufe der Schwierigkeit für den Gesangunterricht ist im Inhaltsverzeichniß durch a, b, c bezeichnet. (Für das Alter von 6—12 Jahren.) 2. Aufl. gr. 8. (LXIV und 72 S.) Jena 852, Mauke. *

— erster Sprech- und Lese-Unterricht. Begleitschreiben zu den Büchern für den Elementarunterricht: Auswahl deutscher Gedichte rc. und Deutsches Lesebuch rc. mit seinen 70 Bilderlesetafeln. Allen Lehrern und Eltern, denen der erste deutsche Unterricht am Herzen liegt, gewidmet. gr. 8. (74 S.) Jena 852, Mauke.

Sostmann, Karl

Sostmann, Carl: Der Formenbau des Nomens und Verbums in dem Fragment von Gormont et Isembart, nebst e. etymol. Wörterverzeichnisse. Kiel 1910: Fiencke. 116 S. 8°
Kiel, Phil. Diss. v. 22. Sept. 1910, Ref. Körting
[Geb. 13. Mai 85 Hamburg; Wohnort: Hamburg; Staatsangeh.: Hamburg; Vorbildung: Realgymn. Altona Reife O. 06; Studium: Kiel 1, Berlin 5, Kiel 3 S.; Rig. 11. Juni 10.] [U 11. 2666

Sostmann, geb. Blumenhagen, Wilhelmine die Brautkrone, od.: Der Majorats-Herr. gr. 12. (9 B.) Braunschweig 830, G. C. E. Meyer.

Sostmann, geb. Blumenhagen, Wilhelmine, der Buchstabe des Gesetzes. Ein Roman. gr. 12. ($12\frac{1}{2}$ B.) Braunschweig 843, G. C. E. Meyer sen.

— die Gräfinnen Coboga. 3 Bde. 8. Leipz. 826. (Krappe). 3 ℛ 12 ℊ

Sostmann, Wilhelmine
Die Gräfinnen Caboga. Ein Roman. Bd 1-3.
Leipzig: Taubert 1826. 8°

Sostmann, geb. Blumenhagen, Wilhelmine, Donata, od. Liebe u. Weltton. Ein Roman. 8. ($16\frac{1}{2}$ B.) Braunschweig 840, G. C. E. Meyer sen.

——, Elisabeth, od.: Leben u. Glück uns. Zeiten. Roman. 3 Thle. gr. 12. (30 B.) Braunschweig 831, G. C. E. Meyer.

— romant. Erzählungen. 8. Leipz. 831. (Berlin, Bade.) 1 ℛ

—— romant. Erzählungen. Der Verlobungs-Ring. — Das Blumenorakel. — Das Mädchen v. Colombe. 8. (14 B.) Leipzig 831, Glück.

— der Erzbischof von Madrid. Roman in 2 Thlen. gr. 12. Hamburg 835. Nestler u. Melle. 2 ℛ

— die Frauen des Hauses Vaubreuil. Ein Roman. 3 Bde. 8. (... B.) Braunschweig 842, G. C. E. Meyer sen.

—— Freund u. Bruder, oder: Die Herren von Beauvours. Roman. 2 Bde. gr. 12. (21 B.) Braunschweig 843, G. C. E. Meyer sen.

Sostmann, Wilhelmine, geb. Blumenhagen, Fürst u. Minister. Roman. 3 Bde. (825 S.) Braunschweig 851, G. C. E. Meyer sen. $3\frac{1}{2}$ ℛ

—— Gedichte. 8. ($6\frac{3}{4}$ B.) Hamburg 835, (Nestler u. Melle.)

Sostmann, Wilhelmine, geb. Blumenhagen, die neugriechische Helena, oder: Der grüne Kranz auf Hohenschwangau. Ein Roman nach histor. Anklängen. 2 Thle. gr. 12. (434 S.) Hamburg 852, Nestler und Melle. *

—— der polnische Jude. Histor. Roman. 2 Thle. 8. ($38\frac{1}{4}$ B.) Braunschweig 833, G. C. E. Meyer.

—— Männerherz u. Frauentreue. 8. ($16\frac{1}{2}$ B.) Braunschweig 828, G. C. E. Meyer.

— Monats-Rosen. 8. Leipz. 825. (Krappe). 1 ℛ 6 ℊ

Sostmann, (geb. Blumenhagen, W.) Monats-Rosen. 8. Leipz. 825, Taubert.

—— Novellen u. Erzählungen. 2 Bde.: Leonore. — Thränen-Segen. — Schicksals-Urtheil. — Die Verführerin. 8. (25 B.) Braunschweig 829, G. C. E. Meyer.

—— die Perle von Nantes. Geschichtl. Roman. 2 Bde. 8. (624 S.) Braunschweig 847, G. C. E. Meyer sen.

— die Perle von Nantes. Geschichtl. Roman. 2 Bde. 8. (624 S.) Braunschweig 849, G. C. E. Meyer sen. $2\frac{2}{3}$ ℛ

—— die Somnambule. — Kunstleben. — Liota oder der Schleierfall. Drei Novellen. 8. (13 B.) Braunschweig 841, G. C. E. Meyer sen.

—— die letzten Tudors auf dem Throne von England. Geschichtl. Roman. In 3 Bdn. 1. Bd. 2 Thle. u. 2. Bd. 2 Thle. Die heil. Maid von Kent. — Anna Boleyn. — Heinrich VIII. u. sein Hof. — König Eduard VI. 12. ($40\frac{1}{4}$ B.) Braunschweig 845. G. C. E. Meyer sen.

—— dass. 3. Bd. 2 Thle. Elisabeths erste Liebe. Der Prätendent. 12. (22 B.) Ebds. 845.

— die letzten Tudors auf dem Throne von England. Geschichtl. Roman. In 3 Bdn. à 2 Thle. Die heil. Maid von Kent. — Anna Boleyn. — Heinrich VIII. und sein Hof. — König Eduard VI. Elisabeth's erste Liebe. Der Prätendent. Ebend. 845, 46. 6 ℛ

Sostmann, Wilhelmine. Peter Vischer. Romantisch-dramatisches Gemälde aus der Vorzeit Nürnbergs, in zwei Abtheilungen ... Nürnberg. Verlag von George Winter 1832.
Tit., 1 Bl., 108 S.; 10 Taf. in Kupferst., davon 9 kol. 8°.

Sostmann, Wilhelmine, das Haus Walitzla oder Bilder aus Ungarn. Ein Roman in 3 Bdn. Hamburg 861. Nestler & Melle. (Liegnitz, Krumbhaar.) gr. 8. (578 S.) 2 ℛ

Состоянiе, нынѣшнее, Россiи и заграничные русскiе дѣятели. Глава 1—3. (Die gegenwärtige Stellung Russlands.) gr. 8. (60 S.) Berlin 862, Behr's Buchh. *

Sotau, W., Die Quellen des Livius im 21. und 22. Buch. I. Pr. 1894.21 S. 4°.
— — II. Livius' 22. Buch u. Plutarch. Pr. 1896. 20 S. 4°.

Sörbeer, s. Soetbeer.

Sotberg, Eric., Ulphilas illustratus. 4. Lips. 763. — 10

Sotefleisch, Jh., kl. Katechismus Lutheri, mit einleit. Beweisthüm. aus d. Schrift u. geistl. Liedern; herausgg. v. Al. Bromberg. 8. Hamb. 772.

Sötefleisch, Joh., kurze einfältige Fragen u. Antworten aus d. kleinen Catechismo Lutheri. Sammt angehängter Haus-Tafel. 8. (72 S.) Verden 849, Tessan. 1 ngl.

Soteria Augustalia-Augustae Maria Theresiae Germ. Pannon. Bohem. Ill. Dac. Nov. Belg. Insubricae Maximae Piae Felici Matri Studiorum Patronae elegantiorum Litterarum Curatores publici Gaudii monumentum posuere. Vindobonae 1767. V: *Gaspari, Gio. Batt. de.* (széchenyi 4/523) (Della Vita di G. B. di Gaspari. Venezia 1770. S. 192/193)

SOTERIADES, Nikolaus (Athen): De tuberculosi. (Titel nach der Urkunde)
12.2.1876 - Urk; Chr 1875/76,16
Diss.Ingolst.-Landsh.-Mchn.

Soterichi ad Nicomachi Geraseni introd. arithmet. de Platonis psychogonia scholia. mum ed. R. Hoche. Pr. 1871. IV, 6 S. 4°.

Sotermann H, die altindische Säule. (79 S) Dresden 1906

Sothen, v.: Das Gefecht v. Etoges am 14. Febr. 1814, s.a. Beiheft zum Militär-Wochenblatt.

Sothen, v. Das Gefecht von Etoges am 14. Februar 1814. Berlin 1894. 8°. (Bh. z. M. W. B.)

Sothen, v., die Operationen der verstärkten 3. bad. Brigade zwischen Dijon u. Autun v. 29. XI.—3. XII. 1870, s. a. Beiheft zum Militärwochenblatt. 1900. Hft. 2.

Die Operationen der verstärkten 3. Badischen Brigade zwischen Dijon und Autun vom 29. Nov. bis 3. Dez. 1870. Vortrag geh. zu Berlin 1899 von v. **Sothen**, Hauptm. im Inf.Reg. No 31. Mit 1 Anlage u. 2 Gefechtsskizzen. *Berlin: E. S. Mittler & Sohn (1900).* (S. 63–86.) 8° [F.]
= **Militär-Wochenblatt**. 1900. Beih. 2, [1.]

– Die Schlacht vor Le Mans am 10., 11. u. 12. Jan. 1871, s.a. Beiheft zum Militär-Wochenblatt.

Die Schlacht vor Le Mans am 10., 11. und 12. Januar 1871. Vortrag, geh. ... von v. **Sothen**, Hauptm., Lehrer an d. Kriegsschule Potsdam. Mit 3 Skizzen in Steindr. Berlin: E. S. Mittler & Sohn (1896). (S. 231–263.) 8°
= Beihefte z. Militär-Wochenblatt. 1896. H. 5.

– Zur Schlacht bei Ligny, s.a. Beiheft zum Militär-Wochenblatt.

Zur Schlacht bei Ligny. Vortrag, geh. 1898 von v. **Sothen**, Hauptm., Gren. Reg. No 7. Berlin: E. S. Mittler & Sohn 1898. (S. 143–165.) 8°
= Militär-Wochenblatt. 1898. Beiheft 4, [2]

v. Sothen, Geo., s. J. Adm. Kersting, nachgelass. Manuscripte 2c.

Sothen, Otto (von)

– s. J. A. Kersting, nachgelass. Manuscripte.

Sothen, Otto v., vom Kriegswesen im 19. Jahrh., s. a. Aus Natur u. Geisteswelt.

Vom Kriegswesen im 19. Jahrhundert. Zwanglose Skizze von Otto v. **Sothen**. Mit 9 Übersichtskt. Leipzig: Teubner 1904. 137 S. 8°
(Aus Natur u. Geisteswelt. Bdch. 59.)

Sothen, O., Kerstings nachgelassene Manuskripte über Pferdearzneiwissenschaft. (V.) Mit 1 Kpfrn. 8. Braunschweig (789) 18. Vieweg. M. 3.—

Sothen, Otto, Lieutenant und Regiments-Bereiter des chur-hannöverschen 8. Cavallerie-Regiments etc. Versuch einer Abhandlung von der militärischen Reiterei, nebst einer Anleitung zum Flanquiren, Particulier-Choq, Carraccoliren etc. Mit 2 Kupfern.
24 Bl., 278 S. 8. Göttingen 1787.

Sothen, Otto, Versuch e. Abhandl. von der militär. Reiterei. Mit Kpf. gr. 8. Götting. 787. Vandenhöck u. R. 1 ß 4 gl

Sothmann, Matthias Nikolaus

Sothmann, Matth. Nicol., unsere Führerin zum Lichte des wahren Christenthums. 8. Hamb. 819. (Lübeck, Niemann). 4 gl

Anschar's Leben. Von Pastor [Matthias Nikolaus] Sothmann in Midstedt. den 14. Mai 1826. 2. Aufl. (Schleswig. 1828.) 2 Bl. 8°.

— **Sendschreiben an den Hrn. Pastor [Hinrich] S[chmidt] in E[ddelack] in Süderdithmarschen wegen eines Inserats desselben im 1. H. III. Bd. S. 163 der Oppositionsschrift von Prof. Schröter und Dr. Klein, Jena 1819. Glückstadt. 1820. P.**

⊙ Versuch einer grundlichen und entscheidenden Darstellung der gegenwärtigen Glaubensfehde v. Matthias Nicolaus **Sothmann**. Hamburg. 1818. 8°.

— Versuch e. gründl. u. entscheidenden Darstell. der gegenwärt. Glaubensfehde. 8. Hamb. 819. (Lübeck, Niemann). 8 gl

Sotier, Alfred

Sotier, A., Bad Kissingen. Mit 1 (lith.) Karte der Umgebung Kissingens. gr. 8. (VIII, 272 S.) Leipzig 881. Engelmann. n. 4. —; geb. 4. 80

Sotier, Alfr., Bad Kissingen. Mit 1 (lithogr.) Karte der Umgebung Kissingens. gr. 8. (VIII, 272 S.) Leipzig 881, Giesecke und Devrient. *M 4.; geb. *

Sotier, Alfr., Bad Kissingen. 2. Aufl. Mit 1 (chromolith.) Plan der Stadt Kissingen u. 1 Karte der Umgebg. derselben. 8. (VI, 362 S.) Leipzig 883. Engelmann. n. 3. —; geb. n. 3. 60

Sotier, Paul, appr. Arzt aus Bad Kissingen: Beiträge zur Pathologie der Hautpigmentierungen. Würzburg 1903: A. Borst. (32 S.) 8°
Würzburg, Med. Diss. v. 1903

Söring, Christoph, u. seine Familie; e. Geschichte, (v. Jh. With. Manhard). 8. Hamb. 788. Rostock. 6 gl

– s.a. Söring ...

Sotiriadis, Georgios [aus Makedonien]: Zur Kritik des Johannes von Antiochia .... Leipzig, Druck v. B. G. Teubner, 1887; 2 Bl. + 62 S. 8°.
München, Phil. Fak., Inaug.-Diss. v. 1887.

Sotiriadis, Georgius, zur Kritik des Johannes von Antiochia. gr. 8. (126 S.) Leipzig 887, Teubner. *
Aus: Jahrbücher für classische Philologie, 16. Suppl.-Bd., besonders abgedruckt.

Sotiriadis, Georgios, die Organisation d. höheren Unterrichts in Griechenland u. den griech. Landschaften in d. Türkei. [Aus: „Baumeister's Handb. d. Erziehungs- u. Unterrichtslehre f. höh. Schulen".] gr. 8. (20 S.) München 897. C. H. Beck. n. — 60

Sotlan, Mirko. Mož-beseda. Iz viren igrokaz v 5 dejanjih. V Celovcu, St. Hermagoras-Druck., 1876. 119 S. (Verf.: Mihael Lendovšek.)

Sotnikoff, Iwan [aus Moskau]: Ueber die tuberöse und die gummöse Form der tertiären Hautlues. Bern 1898. 46 S. 8°.
Bern. Med. Diss. 1897/98.

de Soto, Henry [aus Jena]: Die Wärmebildung beim Vogelembryo thermometrisch untersucht. ... Jena, Druck v. B. Engau, 1888; 34 S. u. 3 Taf. 8°
Jena, Med. Fak., Inaug.-Diss. v. [20. Sept.] 1888

Sotoff, S(imon): Zur Kenntnis der Mediastinaltumoren mit Beschreibung eines Falles mit rapidem Verlauf. München 1910: Ernst. 46 S. 8°
München, Med. Diss. v. 28. Juni 1910, Ref. v. Bauer
[Geb. 18. Jan. 84 Moskau; Wohnort: Moskau; Staatsangeh.: Rußland; Vorbildung: II. Gymn. Moskau Reife Mai 03; Studium: Phil. Moskau 3, Med. Heidelberg 5, München 3 S.; Rig. 28. Juni 10.] [U 10. 3589

Sotomayor, Maria de Zayas y, s. Zayas y Sotomayor

Sotschiwitschka, Leben, s. Leben.

Sottaz, H[ubert]. Les montagnes du Canton de Fribourg. [Avec 2 planches et 1 carte.] E. 8. Berne 1877.

Sotteck, Adolph. (Joan. Leop.) (geb. Johannisburg in Ostpr. 2. 3. 1824): De pulmonum tuberculosorum natura. Berolini (1850). (33 S.) 8°
Berlin, Med. Diss. v. 27. Aug. 1850

§ SOTTISEN. Erste (u. wohl einz.) Sammlung. Deutschland (Giessen, Krieger) 1792. 8°.
Weller, fing. Dr. — Selten!

Sottises Champêtres oder Schäfer Gedicht des Herrn Prof. Philippi ... Leipzig 1733. V: *Liscow, Christian Ludwig*. (GGr) (Waniek, Gottsched. Leipzig 1897. S. 241.)

Sottises Galäntes d. i. Galante Thorheiten, angezeiget in einem Sendschreiben an Herrn Prof. Gottscheden ... O. O. 1733. V: *Philippi, Joh. Ernst*. (Waniek, Gottsched. Leipzig 1897. S. 241.) (ML)

Erzeugnisse meiner unfreiwilligen Muße v. W. Sottmann. Kiel. 1880. 8°

Sotto, Js. del, s.: Brederoode — Christine — Frauenherz, ein — Jacoba v. Holland.

—— le lapidaire du 14e siècle. Description des pierres précieuses et de leurs vertus magiques, d'après le traité du Chevalier Jean de Mandeville, avec notes, commentaires et un appendice sur les caractères physiques des pierres précieuses, à l'usage des gens du monde. hoch 4. (XV, 213 S. mit 2 Stnt.) Wien 862, (Gerold's Sohn.) *

— le lapidaire du 14. siècle. Description des pierres précieuses et de leurs vertus magiques, d'après le traité du Chevalier Jean de Mandeville, avec notes, commentaires et un appendice sur les caractères physiques des pierres précieuses, à l'usage des gens du monde. hoch 4. (XV, 213 S. m. 2 Steintaf.) Wien 875. (Gerold's Sohn.) n. 6. —

Sotzmann, die xylographischen Bücher eines in Breslau befindlich gewesenen Bandes, jetzt in dem kgl. Kupferstich-Kabinet in Berlin. Lex.-8. (2⅓ B. u. 1 Stnt.) Leipzig 842, T. O. Weigel. *
Aus: Serapeum. Hrsg. v. Naumann, besond. abgedruckt.

—— über die gedruckten Literae Indulgentiarum Nicolai V. Pont. M. pro Regno Cypri von 1454 u. 1455. gr. 8. (1¾ B. u. 1 Stnt.) Leipzig 844, T. O. Weigel. *
Aus: Serapeum. Hrsg. v. Naumann, besond. abgedruckt.

Sotzmann, Daniel Friedrich

Sotzmann, Dn. Fr., über des Antonius v. Worms Abbildung der Stadt Cöln, aus dem J. 1531. Mit 3 Vorstellungen in Steindr. gr. 8. Cöln 819. Dü-Mont-Schauberg. 14 Gr.

Sotzmann, D. F., Amerikan. Atlas, auch zu Büschings Erdbeschreibung von Amerika von Ebeling. 10 Bl. gr. Fol. Hamb. Bohn. 796-810. (à 18 gl.)

— amerikan. Atlas, auch zu Büschings Erdbeschreib. von Amerika, von Ebeling. 10 Bl. gr. Fol. Hamb. 796—810. (A. Campe). 7 Rthlr. 12 Gr.

— Atlas von den Preuß. Staaten, in 21 Blätt. 4. Hamb. 793—797. Bohn. 2 Rthlr. 12 Gr. — Repertorium dazu, in alphabet. Ordnung, v. Adm. Chr. Gaspari. gr. 8. Hamb. 794. Bohn. 1 Rthlr. (Schnuphase in Altenb.) 12 Gr.

— vollständ. Atlas über alle Theile der Erde, in 34 Karten, zum Gebr. der Schulen, besond. zu dem Lehrbuch der allgem. Erdbeschreib., nach W. Guthrie. gr. 4. Berl. 796. R. A. 804. Akadem. B. 5 Rthlr. 12 Gr.

Sotzmann, D. F. Das Fürstenthum Breslau oder der Breslausche und Neumarcktsche Kreis. Nürnberg 1813. 1 Bl. c. K. v.

Sotzmann, D. F., Carte générale du Royaume de Prusse, divisé en 4 parties, savoir: la Prusse orientale, occidentale, méridionale et nouvelle Prusse orientale: avec une partie de la Silésie, 1798. Ganz neu verb. Ausg. Berlin 1800. . . . . . . (Br. Mus.)

—— Deutschland. Nach dem Wiener Congress, den hierauf erfolgten Staatsverträgen u. Austauschungen, berichtigt im Monat Juli 1816. M. 1:2000000. Nürnberg, Schneider u. Weigel. (Bauer u. Raspe.) 1817. (¼ Rthlr.)

— Erklär. e. neuen Karte vom Kriegstheater rc., nebst geograph.-statist. Uebersichtstabb. der auf der Karte vorkomm. Departements. Fol. Berl. 792. Akadem. B. 6 Gr.

Sotzmann. Dumouriez Feldzug an der Maas 1792. Gezeichn. von S.

Sotzmann, D. F. Generalcharte von der Altmark. Berlin 1788. 1 Bl. c. K. v.

Sotzmann, D. F. Generalkarte des Königreichs Dänemark. Nürnberg 1803. 1 Bl. c. K. v.

Sotzmann, Dn. F., Generalkarte von Deutschland, der Batavischen u. Helvetischen Republik, Ober- u. Mittel-Italien u. dem östlichen Theil der Französischen Republik in 2 Sectionen. Nach den Bestimmungen der neuesten Friedens-Schlüsse u. Conventionen, ingleichen nach astronomischen Ortsbestimmungen u. den vorzüglichsten Hülfsmitteln, auf Kosten der Königl. Akademie der Wiss. zu Berlin entw. M. 1:1500000. Berlin 1803. 2 Bll. Imp. Fol. . . . . (Br. Mus.)

Sotzmann, D. F. General-Karte von Ost-, West-, Süd- und Neu-Ostpreussen, dem Grenz-Tractate von 1797 gemäss entworfen, nach den jetzigen 8 Kammer-Departements abgetheilt und mit den neu angelegten Post-Coursen versehen. Berlin 1800. 1 Bl. c. K.

Sotzmann, D. F. General-Karte von den Königlich Preussischen Staaten nach den neuesten und zuverlässigsten Hülfsmitteln auf das Genaueste entworfen. 2. Auflage. Berlin 1802. 1 Bl. c. K. v.

— Generalkarte v. den sämmtl. königl. Preußischen Staaten, in 16 Bl. Berl. Akadem. Buchh. 802.

—— General-Charte von den sämmtlichen Königl. Preussischen Staaten, welche zugleich als Post-Karte durch die Länder der Preussischen Monarchie u. durch ganz Deutschland dient, in 16 Blättern entworfen, und jetzt mit den Entschädigungs-Ländern vermehrt. M. 1:100000. Berlin 1802. Schropp u. Co. (1½ Rthlr.)
Repertorium dazu. gr. 8. . . . . (Br. Mus.; RPA.)
——, —— 2. verb. Aufl., welche zugleich die neuen Preussischen Acquisitionen darstellt ... Berlin 1803. 2 Bll. (Br. Mus.; RPA.)

— s. Geographie u. Statistik der deutschen Kurfürstenthümer.

Sotzmann, Dan. Frdr., Grenzkarte der Preussischen, Russischen und Oesterreichischen Monarchien, in 16 Bll. entw. Berlin 1796. . . . . (Br. Mus.)

— Handbuch zum Gebr. d. neuen General-Karte v. Ost-, West-, Süd- u. Neuost-Preußen. 8. Berl. 800. Schropp u. C. 1 Rthlr. 12 Gr.

Sotzmann, D. F. Holland, oder die Vereinigten Niederlande, nach H. O. C. Büsching's Erdbeschreibung und den besten Hülfsmitteln entworfen. Berlin 1796. 1 Bl. c. K. v.

Sotzmann, Dan. Frdr., Karte von Deutschland in 16 Blättern nach Büsching's Erdbeschreibung u. den besten Hülfsmitteln entworfen. Berlin, Akademische Kunst- und Buchhandlung. (Schropp u. Co.) 1789. Roy. Fol. 2 Bll.
Repertorium dazu. Ebend. 1793. . . . . (RPA.; HC.; Br. Mus.; D.)

— Repertorium d. Karte v. Deutschland. Oder alphabet. Verzeichn. aller hier vorkommenden Städte, Flecken, Dörfer, Klöster, Schlösser, Bergwerke u. Weiler rc. Nebst Angabe d. Längen- u. Breitengrade. gr. 8. Berlin 792, (Mauck.)

— Repertorium der Karte v. Deutschland. Oder alphabet. Verzeichniß aller hier vorkomm. Städte, Flecken, Dörfer, Klöster, Schlösser, Bergwerke u. Weiler rc. Nebst Angabe der Längen- u. Breitengrade. gr. 8. Berl. 793. (W. Mauck in Leipz.) 1 Rthlr. Hbg. Pr. 12 Gr.

— Karte von Deutschland, in 16 Blättern, nebst e. Generaltableau u. e. statist. Uebersicht Deutschlands, v. F. A. Randel. gr. 4. Berl. 804. Akadem. B. 4 Rthlr.

Sotzmann, D. F. Karte von Deutschland in 4 Blättern. Nürnberg 1809. fol.

Sotzmann, Dn. F., Karte von Deutschland, in 4 Blättern, entworfen im J. 1805 u. nach der durch die Bundesacte der Rheinischen Conföderation datirt Paris v. 12. Juli 1806, ingleichen nach den durch die verschiedenen Tausch- u. Pacifications-Verträge, besonders aber nach den durch den Frieden zu Tilsit am 9. Juli 1807 bestimmten Besitzungen u. nach dem Wiener Frieden zu Anfang des J. 1808. M. 1:870000. Nürnberg (1810). Schneider u. Weigel. (Bauer u. Raspe.) (3 Rthlr.) . (FBA.)
—— —— Supplement dazu, oder Fortsetzung derselben jenseits des Rheins, bestehend aus 45 Blättern in Roy.-Fol. Ebend. 1813—15.
Zum eigentlichen Deutschland gehören von diesem Supplemente nur die Sectionen 15. 19. 20. 23. 21. 27. 28. 29. 32 u. 33.
Das Repertorium. 4 Bde. gr. 8. 1812. 13. 6 Rthlr.
Ein grosser Theil dieser Karten, besonders der westliche Theil Deutschlands, wurde in den Jahren 1831—1841 berichtigt.

Sotzmann, D. F., Karte von Deutschland in 16 Blättern... Berlin, Schropp & Co., [1816?] . . . . (Br. Mus.)

Sotzmann, Dn. F., Karte von Deutschland in 16 Blättern ..: Nach den Landesgrenzen kolorirt. Berlin, Schropp & Co., 1836. . . . . (Br. Mus.)

—— Karte von Deutschland, Italien und der europäischen Türkei, nebst einem grossen Theile des Mittelländischen Meeres — des Königreichs Ungarn u. Galizien, dem grössten Theile des Russischen Reichs in Europa, Preussen, einem Theile von Schweden u. Norwegen, Dänemark, Holland, einem Theile von Frankreich, England u. s. w., gest. von K. Jäck. Berlin 1817. Schropp & Co. 24 Bll. Roy.-Fol. (8 Thlr.)

Sotzmann, D. F. Karte von Gross-Polen zwischen der Netze, Oder, Pilitz und Weichsel, nach einer Aufnahme von 1773 verjüngt entworfen. Hrsg. von der Königlich Preussischen Academie der Wissenschaften. Berlin 1791. 1 Bl. c. K. v.

D. F. Sotzmann's Karte vom Kriegstheater der Verbündeten Armeen in Frankreich, in XII. grössern Blättern. Nach Cassini und dem Atlas national durchaus so speciell entworfen, dass auf demselben auch die kleinsten Dörfer, Anhöhen, Chausséen u. s. w. bemerkt sind. Berlin 1814 im Verlage der K. pr. Academischen Kunst u. Buchhandlung. 1 : 400,000. 12 Bl.

Sotzmann, Dn. Fr., Karte vom Kriegstheater d. vereinigten preuß. u. östreich. Armeen in Frankreich, nach Cassini u. d. Atlas national entworfen. 2 Hfte in 12 Bl. Berl. 793. Akad. Buchh. 4 Thlr 12 Gr Dessen Fortsetz. in 4 Bl., den Kriegsschauplatz zwischen Spanien u. Frankreich enthaltend. Berl. 794. Ebd. 1 Thlr 12 Gr

Sotzmann. Neue Karte v. Kriegstheater der verein. Preuss. u. Oesterr. Armeen in Frankreich. 3 Hfte. m. 16 Krtn. u. Tab. Berlin 1793.

Sotzmann, D. F. Karte von Polen und den angränzenden Provinzen nach des H. O. C. Büsching Erdbeschreibung und den besten Hülfsmitteln entworfen. Berlin 1793. 1 Bl. c. K. v.

Sotzmann, D. F. Karte von dem nördlichen Theil des Ober-Sächsischen Kreises, welcher die Mark Brandenburg und das Herzogthum Pommern enthält, aus den vorzüglichsten Special-Karten sorgfältig zusammengetragen und mit dem Laufe der fahrenden, reitenden und Extra-Posten versehen. Berlin 1800. 1 Bl. c. K.

——, Topographisch-militärische Charte von Deutschland, im Westen bis an das diesseitige Rheinufer, im Osten bis an die Preussischen Provinzen Ost- u. Westpreussen reichend, bestehend aus 204 Blättern in Roy.-Fol. unternommen von dem Geographischen Institut in Weimar. Nebst 4 Bänden Repertorium aller in der Karte enthaltenen Orte u. anderer Gegenstände, u. 1 oro-hydrographischen Uebersichtskarte. Fol. Weimar 1807—12. Landes-Industrie-Comptoir. (D.; PBH.; HC.; Br. Mus.; RPA.)

Gross-Polen — Karten von — zwischen der Netze Oder, Pilitz und Weichsel etc. nach einer Aufnahme vom Jahre 1773 verjüngt entworfen durch D. F. Sotzmann. Herausgegeben von der Königl. Preuss. Academie der Wissenschaften zu Berlin im Jahre 1791. C. F. Gürsch sculp. Berlin 1791. 1: 612,500. 1 Bl.

— Lehrbuch der allgem. Erdbeschreib., für den öffentl. u. Privatgebrauch, über alle fünf Theile unserer Erde. 3 Bde. gr. 8. Berl. 795. (1r Bd. 2e A. 804.) Akadem. B. (Nauck in Leipz.) 2 Thlr 12 Gr Hbg. Pr. 18 Gr (1r Bd. ganz Deutschland. 2r Bd. ganz Europa. 3r Bd. alle übrigen Theile.)

Sotzmann, (D. F.) Lehrbuch der neuesten Erdbeschreibung nach W. Guthrie frei bearbeitet. 3 Thle. gr. 8. Berlin 804, (Nauck.)

Sotzmann, Dn. F., Die Baiersche Monarchie nebst Wirtemberg, Baden, Hohenzollern u. s. w. Neu begränzt nach dem Münchener Vertrage vom 14. April 1816 u. ergänzt mit den überrheinischen Besitzungen. Nürnberg, Schneider u. Weigel (Bauer u. Raspe), 1816. Imp.-Fol. Kupferst. (1/3 Thlr.)

Sotzmann. Plan von dem Angriff auf Mainz eröffnet den 18. Juny 1793.

Sotzmann. Plan der Stadt u. Festung Toulon. Berlin 1793. — Weimar 1806.

—— Das Deutsche Reich nach seinen einzelnen Staaten, sowie der gesammten Länder der Preussischen u. Oesterreichischen Monarchie, zu Brunns Grundriss des deutschen Reichs entworfen im J. 1794 u. nach dem Entschädigungsplane abgeändert u. verbessert. Berlin, Akademische Buchhandlung. 1804. Imp.-Fol. Kupferst. u. kolor.

Sotzmann, Geh. Kr.-Sekretär. Geographisch-statistisches Repertorium zur neu entworfenen Generalkarte von den sämmtlichen königl. preussischen Staaten, in alphabetischer Ordnung; von dem Verfasser der neuesten Erdbeschreibung nach Wilhelm Guthrie. (2 Bde.) 8. Berlin 1799—1800

Sotzmann, D. F. Die Batavische Republik nach ihrer neuesten constitutionellen Eintheilung vom 17. October 1801. Berlin 1804. 1 Bl. c. K.

Sotzmann, D. F. Specialkarte von der Altemark und den angrenzenden Provinzen. Berlin 1816. 1 Bl. c. K.

Sotzmann, D. F. Special-Charte von den Westphälischen Provinzen Cleve, Geldern, Meurs, Marck, Ravensberg, Minden, Lingen und Tecklenburg, nebst den angrenzenden Ländern Berlin 1790. 1 Bl. c. K. v.

Sotzmann, D. F. Special-Karte vom Herzogthum Magdeburg, der Grafschaft Mansfeld, den Fürstenthümern Anhalt und Blankenburg und der Abtey Quedlenburg, nebst dem grössten Theile der Altmark, des Fürstenth. Halberstadt, der Grafschaft Wernigerode. Berlin. 1800. 2 Bl. c. K.
Desgl. Ausgabe von 1814. 1 Bl. c. K.

Sotzmann, D. F. Special-Karte von der Mittelmark. Berlin 1791. 1 Bl. c. K.

Sotzmann, D. F. Special-Karte von der Neumark und den angrenzenden Ländern. Berlin 1807. 6 Bl. c. K.

Sotzmann, D. F. Special-Karte von der Neumark und den angrenzenden Ländern. Berlin 1811. 1 Bl. c. K.

Sotzmann, D. F. Special-Karte von der Prignitz. Berlin 1793. 1 Bl. c. K. v.

Sotzmann, D. F. Special-Karte von der Ukermark. Berlin 1796. 1 Bl. c. K.

Sotzmann, D. F. Special-Karten der Creise Arenswalde, Landsberg, Soldin, Friedeberg, Königsberg, Züllichau, Sternberg, Schiefelbein und Dramburg. Berlin 1790—1795. 9 Bl. c. K. v.

— deutsche u. franzöf. Vorschriften, in einzelnen Linien f. Anfänger. Berl. 784. N. A. 814. Maurers B. 6 Gr

Sotzmann, F., deutsche u. franz. Vorschriften in einzelnen Linien f. Anfänger u. zum Gebrauch in Schulen. N. Aufl. 8. Berl. Maurer'sche Buchh. 814.

Sotzmann, F., s. Sotzmann, Daniel Friedrich

Sotzmann, J. D. F., s. Sotzmann, Daniel Friedrich

Souabo, La, et l'Allemanie avant et sous la domination des Romains. Fribourg 1842. (Br. Mus.)

Soubeiran, Eugène

Soubeiran, E., Anleitung zur Verfertigung künstlicher Mineralwässer und ähnlicher Compositionen. Aus d. Franz. übers. und durch Zusätze, so wie die Formeln der vorzügl. deutschen Mineralwässer vermehrt. Mit 1 Steintafel. gr. 12. Leipzig 840. Voß. 1/2 Thlr

—— Handbuch d. pharmaceut. Praxis, od. ausführl. Darstell. d. pharmaceut. Operationen sammt d. gewähltesten Beispielen ihrer Anwend. Deutsch bearb. v. Fr. Schödler. Durch handschriftl. mitgeth. Zusätze u. Verbessn. v. Soubeiran verm. (5 Lfgn.) gr. 8. (66 B. u. 2 Stnt.) Heidelberg 838, 39, C. F. Winter. à * 5/6 Thlr. Thlr. *

Soubhy, Saleh, Dr., Pèlerinage a la mecque et a médine precede d'un aperçu sur l'islamisme et suivi de considérations générales au point de vue sanitaire et d'un appendire sur la circoncision. Ouvrage illustré de planches phototypiques. Gr.-8. (129 S.) In Comm. 4.80
Wien: Braumüller 1894.

Soubiran, Jean François

— Beispiel-Samml. zur Uebung in der franzöf. Sprache. 4 Hfte. 8. Wien 798—805. v. Mösle. 2 Thlr

— — Supplement hierzu ist Collection d'Exemples etc.

Soubiran, Jh. Frz., biographie de feu son Altesse le Prince Charles de Ligne etc., s. *Biographie.*

— — le même. gr. 8. Dresd. Walther. 807.

Soubiran, I. F., Biographie de feu son Altesse le Prince Charles de Ligne etc. 8. Vien. Mösle. 809.

— collection d'exemples propres à l'exercice de la langue Franç. trad. de l'Allemand. III Cah. 8. Wien 805. v. Mösle. 1 ℛ

— Dictionnaire grammatical des mots équivoques dans cette langue, od. grammatikal. Wörterbuch der in d. franzöf. Sprache vorkomm. zweideutigen Wörter; durch die Rechtschreibung erklärt, in franzöf. Gespräche gesetzt, u. zugleich übersetzt zum Gebr. beider Nationen. 8. Wien 805. v. Mösle. 1 ℛ 8 ℊ Hbg. Pr. 20 ℊ

— Kunst, die französ. Sprache gut aussprechen, wohl reden u. schreiben zu lernen. 8. Wien 805. v. Mösle. 1 ℛ Hbg. Pr. 12 ℊ

Soubirous, Bernadette, mit dem Klosternamen Schwester Marie-Bernard. Ihre letzten Lebenstage u. ihr Tod. Aus dem Franz. übers. von Frf. v. A. Mit 5 (eingedr. Holzschn.-)Illustr. 8. (88 S.) Einsiedeln 880. Benziger. — 50

Soubise, Schloss. 2 Thle. gr. Fol. (à 14 Photocollograph.) Berlin 891. Hessling & Spielmeyer. In 2 Mappen. à n. 14. —

1. Die ornamentalen Wand- u. Plafonds-Decorationen im Style d. Rococo. — 2. Decorative Malereien v. François Boucher.

Souby-Bey (Übers.), s. Bidpai: Fabeln u. Parabeln d. Orients.

Souben-Bey, Fabeln u. Parabeln des Orients. Der türk. Sammlg. humajûn name entnommen u. ins Deutsche übertr. Mit e. Vorwort v. Rieder Pascha. (XII, 130 S.) 8. Berlin 903. E. Fleischel & Co. n. 2. —; geb. n. 3. —

Soubhy Bey, A., Grammatik der deutsch-türkischen Sprache. 1. Thl. gr. 8. (383 S.) Wien 886. (Bloch & Hasbach.) n. 4. —

Soubhy Bey, A. Grammatik der deutsch-türkischen Sprache. 2. Thl.: Satzbaulehre. 8. (128 S.) Wien 888, (Hasbach). 2 —
1. Thl. Gbb. 1886. * 4 —.

Souček, Frau Marie, neuestes Handbuch der böhmischen Kochkunst. Eine Sammlg. auserlesener, wirklich erprobter u. verläßl. Kochrezepte, nebst e. reichhalt. häusl. Ratgeber. Auf Grund eigener langjähr. reicher Erfahrg. u. wiederholt belobter Tätigkeit auf dem Gebiete der Kochkunst verf. (393 S.) gr. 8. Wien (908). A. Hartleben. 4. —; geb. in Leinw. 5. —

Soucellier, Robert [aus Bochum]: Zur Anatomie der Tubenschwangerschaft.... Würzburg, Ettlinger's Buchdr., 1890; 31 S. 8°
Würzburg, Med. Fak., Inaug.-Diss. v. 1890

Souchay, E. F.

Souchay: Anmerkungen zu der Reformation der Freien Stadt Frankfurt. Frankfurt a. M. 2 Bde

Bd 1. enth. den 2. Theil der Reformation. (Vertrags-Recht.) 1848.
„ 2. enth. den 3—7. u. theilweise den 9. u. 10. Theil der Reformation. (Sachen- u. Erbrecht, Familienrecht, Güterrecht der Ehegatten.) 1849.

Souchay, Anmerkungen zu der Reformation der Freien Stadt Frankfurt. 2 Bde. gr. 8. (XL u. 1336 S.) Frankfurt a. M. 848. 49. (Stiefel.) n. 4⅔ ℛ

Souchay, E. F., Deutschland während der Reformation. gr. 8. (XII, 534 S.) Frankfurt a. M. 868, Sauerländer's Verlag. *

Souchay, E. F., Geschichte der deutschen Monarchie von ihrer Erhebung bis zu ihrem Verfall. 4 Bde. gr. 8. Frankfurt a. M., Sauerländer's Verlag. à Bd. * 2 Thlr. 20 Ngr. *

Inhalt:
Bd. 1. Geschichte der Carolinger und der Ottonen. (XVI und 640 S.) 861.
„ 2. Geschichte der Salier und Hohenstaufen. (XVI und 788 S.) 861.
„ 3. Geschichte des Wahlreichs und der Luxemburger. (XVI und 696 S.) 862.
„ 4. Geschichte der Habsburger bis auf Carl V. (XXIII und 532 S.) 862.

Souchay, Jh. Dn., Dankpredigt, bei Gelegenheit der den reformirten Glaubensgenossen in Frankfurt a. M. ertheilten Freiheit, ihren Gottesdienst in der Stadt halten zu dürfen, vorgetragen am 23. Dec. 1787; aus d. Französ. übers. v. Jh. Fr. Piel. 8. Frankf. a. M. 788. Eichenberg. 3 ℊ

— Gedächtnißrede auf Justus Christoph Krafft, vormal. Prediger der deutsch-reform. Gemeinde zu Frankfurt a. M. 8. Frkf. a. M. 795. Eichenberg. 3 ℊ

— Predigt, bei Gelegenheit d. Einweihung des, der reform.-französ. Gemeinde bewilligten Bethauses, gehalt. am 16. Septbr 1792; aus d. Französ. übers. v. Jh. Fr. Piel. 8. Frkf. a. M 795. Eichenberg. 4 ℊ

— Sermon d'action de graces à l'occasion de la liberté du culte en ville accordée aux églises réformées de Frankfurt s. l. Main prononcé le 23. Dec. 1787. 8. Frkf. a. M. 788. Eichenberg. 3 ℊ

— Sermon prononcé pour la dédicace de l'oratoire accordé à la commune réformée française de Frankfurt s. l. Main, le 16. Sept. 1792. 8. Frkf. a. M. 792. Eichenberg. 3 ℊ

Elegien und andere Gedichte. Von Theodor Souchay. (Als Hs. gedr.) Cannstatt: Reitzel 1902. VI, 80 S. 8° A 12.10663

Souchay, Thdr., frisch vom Herzen! Lieder u. Dichtgn. 8. (XV, 354 S.) Stuttgart 886. Greiner & Pfeiffer. geb. m. Goldschn. n. 4. —

Souchay, Thdr., Gedichte. 16. (VIII, 199 S.) Stuttgart 873, Aue. geb. mit Goldschn. *

Souchay, Theodor [app. Arzt aus Stuttgart]: Zur Kenntniss der Wurstvergiftung ... Türbingen: Druck v. Heinrich Laupp jr., 1889. 22 S. 8°
Tübingen, Med. Fak., Inaug.-Diss. v. 1889

Souchay, Thdr. Zur Kenntniss der Wurstvergiftung. Diss. gr. 8. (22 S.) Tüb. 889, (Moser). ** — 70

— Lieder des Lebens. Neue lyr. u. ep. Dichtgn. 8. (VIII, 172 S.) Leipzig 899. Berlin, G. H. Meyer. n. 3. —; geb. 4. —

(B) Souchay, Thdr., Lieder d. Lebens. 899. (KVB 32.) Jetzt: Berlin, F. Wunder.

Souchay, Thdr., der Künste Lobgesang, s.: Krug, Arnold.

Stimmungen von Carl Souchay v. Lucius. *Berlin: Gose & Tetzlaff 1903.* (85 S.) 8° [F.] [04.3519]

Souchon, A. F., s. Adventsgabe in vier Predigten.

Souchon, A. F., das dreifache Aufsehen in der gegenwärtigen Zeit. Predigt über Römer 16, 17—20. am 7. Sept. 1845 gehalten. 8. (1 B.) Berlin, J. A. Wohlgemuth, Verl. *

—— die Ausübung des allgemeinen Priesterthums der Christen gegenüber dem Volk der Juden. Predigt am 11. Juni 1868 zu Berlin gehalten. 8. (14 S.) Berlin 868, (Beck.) *

—— der Christ ein Fremdling u. Pilgrim auf Erden. Predigt den 3. Mai 1846 gehalt. gr. 8. (1 B.) Berlin, (J. A. Wohlgemuth, Verl.) *

— Christus und die Kirche, 8 Predigten, s. Zeugnisse, evangel., für christl. Wahrheit.

Souchon, A. F., Epistel-Predigten auf alle Sonn- und Festtage des Kirchenjahrs. 2 Bde. Berlin 853. W. Schultze. gr. 8. (VIII, 584; 426 S.) n. 1 ₰. 25 ngr.

Souchon, A. F., Evangelien-Predigten auf alle Sonn- u. Festtage des Kirchenjahres. 2. Sammlung. 1. Bd.: 60 Predigten. Advent bis Pfingsten. Berlin 860. Schlawitz. gr. 8. (VIII, 685 S.) n. 1 ₰ 25 ngr

—— dass. — 2. Sammlung. 2. Bd.: 50 Predigten. Die Trinitatis-Sonntage. gr. 8. (VI und 567 S.) Ebendas. 861. *
1. Sammlung. Berlin 1846, Wohlgemuth. * 1 Thlr. 20 Ngr

—— der Friede des Herzens. Predigt am Neujahrstage 1845. 8. (1 B.) Nordhausen, Fürst. *

— Mehr Frucht auf dem Missionsfelde. Predigt über Ev. Joh. 15, 2 am Missionsfeste, den 7. Aug. 1861, in der Domkirche zu Halle gehalten. Halle 861. Mühlmann. gr. 8. (15 S.) 3 ngr

Souchon, A. F., der Gehorsam gegen die Obrigkeit. Predigt am 22. Sonnt. n. Trinit. den 19. November 1848 gehalten. gr. 8. (14 S.) Berlin 848, J. A. Wohlgemuth in Comm. n. 2 ngr

—— der Glaube an den heiligen Geist. Predigt am Sonnt. Exaudi, den 1. Juni 1851 gehalten. gr. 8. (15 S.) Berlin 851, [Wilh. Schultze.]

—— haue ihn ab, was hindert er das Land? Predigt über Ev. Lucä 13, 6—9, am Bußtage den 10. Mai 1843 gehalten. 8. (1 B.) Berlin, (J. A. Wohlgemuth, Berl.) *

—— ihr werdet auch zeugen. Predigt über Ev. Joh. 15, 26—16, 4. am 28. Mai 1843 gehalten. 8. (1 B.) Berlin, (J. A. Wohlgemuth, Berl.)

—— ihr werdet meine Zeugen sein bis an das Ende der Erde. Predigt über Apostelgeschichte 1, 1—8. am Missionsfeste zu Stendal den 12. Juni 1844 gehalten. Nebst der daselbst gehaltenen Rede des Missionspredigers L. Schultze. 8. (1½ B.) Berlin, J. A. Wohlgemuth Berl. 1844. *

—— der Kampf des Glaubens. Confirmationsrede über 1. Timoth. Cap. 6. v. 12. am 20. März 1845. 8. (1 B.) Berlin, J. A. Wohlgemuth, Berl. 1845.

Souchon, A. F., die Lehre des Christenthums, in der Ordnung des kleinen Katechismus Luthers für Konfirmanden u. Christen aller Stände dargestellt. Nach dem Tode des Verf. hrsg. von G. Souchon. 12. (109 S.) Gütersloh 881. Bertelsmann in Comm. n. — 50

Souchon, A. F., die Lehre d. Christentums, in der Ordnung d. kleinen Katechismus Luthers f. Konfirmanden u. Christen aller Stände dargestellt. Nach dem Tode d. Verf. hrsg. v. G. Souchon. 2. Aufl. 12. (111 S.) Berlin 886. Touchy. n. — 50

Souchon, A. F. Die Lehre d. Christentums, in der Ordng. d. kleinen Katechismus Luthers f. Konfirmanden u. Christen aller Stände dargestellt. Nach dem Tode d. Verf. hrsg. v. G. Souchon. 3. Aufl. 12. (87 S.) Berl. 890, Sophienstädt. Buchh. * — 50

Souchon, A. F., die Lehre d. Christentums in der Ordnung d. kleinen Katechismus Luthers, f. Konfirmanden u. Christen aller Stände dargest. Nach d. Tode d. Verf. hrsg. v. G. Souchon. 4. Aufl. 12. (87 S.) Berlin 896. Sophien-Buchh. n. — 50

—— das Missionswerk, ein Werk des Herrn u. kein vergebliches Werk. Predigt über 1. Cor. 15, 58. am Missionsfeste zu Neu-Ruppin den 26. Septbr. 1843 gehalten. 8. (1 B.) Berlin, (J. A. Wohlgemuth, Berl.) 1843.

—— Passionspredigten. 8. (VI und 166 S.) Berlin 850, [Wilh. Schultze.]

— Passions- und Ostersegen. 38 Predigten über das Leiden und die Auferstehung Jesu Christi. Berlin 857. Schlawitz. gr. 8. (VII, 503 S.) n. 1 ₰. 15 ngr.

— Predigten über die Episteln auf alle Sonn- u. Festtage des Kirchen-Jahres. 1. Lfg. gr. 8. (S. 1—96.) Berlin 852, W. Schultze. n. ⅙ ₰

—— Predigten über die Evangelien auf alle Sonn- u. Festtage des Kirchen-Jahres. gr. 8. (67½ B.) Berlin 846, J. A. Wohlgemuth, Berl. *

— Predigten über die Evangelien auf alle Sonn- u. Festtage d. Kirchen-Jahres. 2. unveränd. wohlfeilere (Titel-) Ausg. gr. 8. (X u. 1069 S.) Berlin (846) 850, J. A. Wohlgemuth. 1¼ ₰

Souchon, A. F., Predigten auf alle Sonn- u. Festtage des Jahres. Zum Vorlesen in Kirchen, so wie zur Beförderung d. häusl. Gottesdienstes. 1—8. Hft. gr. 8. (52 B.) Berlin 844. 45, J. A. Wohlgemuth, Berl. Thlr. à *
Einzeln jedes Heft 7½ Ngr.

—— zwei Predigten. Gehalten am Sonntage Palmarum und am heil. Osterfeste. 8. (30 S.) Berlin 847, J. A. Wohlgemuth. *

Souchon, A. F., seid getrost. Predigt über Evang. Joh. 16, V. 33. am 15. Sonnt. nach Trinit., den 20. Sept. 1846 gehalten. gr. 8. Berlin 846, Wohlgemuth. n. 1/12 ₰

—— seid mäßig u. nüchtern zum Gebet. Predigt über 1. Petri 4, 7—11. am Jahresfeste des Enthaltsamkeitsvereins in Berlin den 27. Juni 1843 gehalten. 8. (1 B.) Berlin, (J. A. Wohlgemuth, Berl.) 1843.

— die Versicherung der Vergebung der Sünden. Predigt am 1. Sonntage nach Trin. 1855 zu Erfurt während der General-Kirchen-Visitation gehalten. Erfurt 855. Körner'sche Buchhdlg. gr. 8. (16 S.) n. 4 ngr

—— die Versicherung der Vergebung der Sünden. Predigt am 1. Sonnt. nach Trin. 1855 zu Erfurt während der General-Kirchen-Visitation gehalten. gr. 8. (16 S.) Erfurt 855, (Weingart.) *

— von der Wiedergeburt. Predigt am Trinitatisfeste den 7. Juni 1857 gehalten. Berlin 857. Schlawitz. gr. 8. (15 S.) n. 2 ngr

—— die Wirkungen der Predigt von der Geburt des Heilandes. Predigt. gr. 12. (1 B.) Berlin 842, [C. H. Schultze.]

— die Wirkungen der Predigt von der Geburt des Heilandes. Predigt. gr. 12. Berlin 842, Wolf u. Comp. 1/12 ₰

Souchon, A. F., ein Wort an die Hausväter nach der Huldigungsfeier. Predigt. gr. 8. Berlin 840. Logier. 1/12 ₰

—— ein Wort an d. Hausväter nach d. Huldigungsfeier. Pred., üb. Apostelgesch. 16, 31. geh. am 25. Okt. 1840. gr. 8. (1 B.) Berlin 841, Logier.

Souchon, George [aus Gleissen (Prov. Brandenburg)]: Über einseitige Hallucinationen. . . . Berlin, Buchdr v. Gustav Schade (Otto Francke) (1890); 29 + 1 S. + 1 Bl. 8°
Berlin, Med. Fak., Inaug.-Diss. v. 6. Mai 1890

Souchon, Martin: Die Papstwahlen von Bonifaz VIII. bis Urban VI. 1294—1378 . . . . *München*, 1887; IV + 35 S. 8°.
München, Phil. Fak., Inaug.-Diss. v. 1887.

Souchon, Martin, die Papstwahlen von Bonifaz VIII. bis Urban VI. 1294—1378. Diss. München 1887, A. Buchholz. 8°. IV, 35 S.

Souchon, Mart., die Papstwahlen von Bonifaz VIII. bis Urban VI. und die Entstehung des Schismas 1378. gr. 8. (VI, 206 S. mit 1 Taf.) Braunschweig 888, Goeritz. *

Souchon, Mart., die Papstwahlen in der Zeit d. grossen Schismas. Entwicklg. u. Verfassungskämpfe d. Kardinalates v. 1378—1417. 1. Bd. 1378—1408. gr. 8. (VII, 300 S.) Braunschweig 898. B. Goeritz. n. 10. —

Souchon, Mart., die Papstwahlen in der Zeit d. grossen Schismas. Entwicklung u. Verfassungskämpfe des Kardinalates v. 1378—1417. 2. Bd. 1408—1417. Mit e. Kardinalstabelle im Anh. gr. 8. (V, 330 S.) Braunschweig 899. B. Goeritz. n. 12. 50; (kplt. n. 22. 50)

Soucis, Pierre, oder die Philosophen im Lande der Freiheit. Wien 1796. V: *Gleich, Joseph Alois.* (WBL)

Soucis, Pierre, od. die Philosophen im Lande d. Gleichheit. 8. Wien, Aloys Doll. 796.

Souczek, Helene, Messungen des Radiumgehaltes der bei der Verarbeitung v. St. Joachimsthaler Uranpecherzrückständen resultierenden radiumarmen Produkte, s. a. Mitteilungen der Radium-Kommission der kaiserl. Akademie der Wissenschaften. V.

Souczek Helene: Mitteilungen der Radium-Kommission der Kaiserlichen Akademie der Wissenschaften. 5. Messungen des Radiumgehaltes der bei der Verarbeitung von St. Joachimsthaler Uranpecherzrückständen resultierenden radiumarmen Produkte. S. 119. Ha. 371 . . . . . —.30
Separatabdruck

Soudek, Rich., die deutschen Arbeitersekretariate, s. a. Abhandlungen, volkswirtschaftliche u. wirtschaftsgeschichtliche. 7.

Soudek, Richard: Die deutschen Arbeitersekretariate. *Leipzig: Jäh & Schunke 1902.* (99 S.) 8° ¶ [= Volkswirtsch. u. wirtschaftsgesch. Abhandl., H. 7.]
Leipzig, Phil. Diss. v. [8. Nov.] 1902

Souderton Independent: Aug. 16, 1876 Souderton, PA

Soufflet, Karl, petit Dictionnaire des Germanismes corrigés. 8. Dresd. 802. ...

Souffrances, les, et le triomphe du sauveur. Harmonie des principaux témoignages historiques sur la passion, la mort, la résurrection et l'ascension de Jésus-Christ, tirés du nouv. Testament. 12. (3⅓ B.) Strasbourg 843, libr. Levrault.

Souffrances, Les, du Jeune Werther. Traduit ... Erlang. 1776. V: *Goethe, Johann Wolfgang von.* Ü: *Seckendorf, Carl Siegmund Freih. von.* (BrMm)

Souffrances, les, du jeune Werther en II Part. trad. de l'original allemand. 8. Erlang. Walther. (Breuning.) 776.

Souheur, taktische und strategisch-taktische Aufgaben für Felddienst-, Gefechts- und Detachements-Uebungen, Feld-Uebungsreisen und für das Kriegsspiel. Entworfen bezw. bearb. gr. 8. (XII, 72 S. mit 2 Plänen in Steindr.) Berlin 886, Mittler und Sohn. *

Souheur, taktische u. strategisch-taktische Aufgaben f. Felddienst-, Gefechts- u. Detachements-Uebungen, Feld-Uebungsreisen u. f. das Kriegsspiel. 2., verm. u. nach den neuen Bestimmgn. umgearb. Aufl. Mit 2 Plänen in Steindr., 1 : 100,000, die weiteren Umgebgn. v. Metz u. Cöslin darstellend. gr. 8. (XIV, 106 S.) Berlin 890. Mittler & Sohn. n. 4. —

Souheur, Jean: Praktische Anleitung zur Behandlung des falschen Mehlthaues, Brandes, der Blattfallkrankheit und Anthracnose an Weinstöcken, Tomaten, Kartoffeln, Runkelrüben und allen Obstbäumen und Beerensträuchern. Mit 32 Abb. Antwerpen 1894. 61 S. -- 121*

Soukop, Raim., Compendium der Staatsrechnungswissenschaft in Fragen u. Antworten. Ein Leitfaden üb. diesen Lehrgegenstand zur Vorbereitung f. die Staatsprüfung. gr. 8. (72, 231 u. VIII S. m. 1 Taf.) Wien 901. (C. Konegen.) n. 4. 20

Soukop, Raim., die Staatsverrechnung in Fragen u. Antworten. Handbuch zur Vorbereitg. f. die Prüfg. aus der Staatsrechnungswissenschaft. 2., gänzlich umgearb. Aufl. (VIII, 579 S. m. 4 Formularen.) gr. 8. Wien 906. C. Konegen. n. 6. 75; geb. n. 8. —

Soukup, J., počty v příkladech a několik obrázků měřických. s. Dívčí škola.

SOUKUP, Johannes Nepom.: De lege morum naturali. — (1877) 127 S. 4° (Handschr.) Diss. 343
Diss. Wien, Univ.

Söul [Schlagwort]

Söul, s.: Asien, Herrich, A.

Söul, s.: China. Karte.

Soulange-Bodin, über d. Cultur d. Haideerde-Pflanzen u. ihre Anwendung in Masse in d. Landschaftsgärten; frei bearb. u. verm. v. Fr. A. Lehmann. 8. (2½ B.) Dresden 828. [Wien, Gerold.]

Soulange-Bodin, Chev., üb. die Pflege der Camellien; frei bearb. u. verm. v. Fr. A. Lehmann. 8. Dresd. 828. Hilscher. (Gerold in Wien). 3 gr
(1 B.)

Soulavie et de Launay, Mémoires presentés à l'académie Imper. des Sciences pour repondre à la question minéralogique proposée. Avec 1 Pl. gr. in-8. St. Petersbourg 786. (Leipzig, Voss.) n. 5/6 ß

Soulavie, J. L. (Gir.)

— Beobachtt. üb. die Vulkane Italiens u. am Rhein, f. W. Hamilton.

(Soulavie, J. L. Gir.) Memoiren des Marschalls Herzogs von Richelieu. A. d. Französ. von J. C. Hess. 9 Bde. 8. Jena 1790—1800.

Soulavie, J. L., mémoires historiques et politiques du règne de Louis XVI., avec 7 tabl. et 3 gr. planch. gravées, représentant 114 portraits des personages remarquables de ce règne. VI Vols. 8. Strassb. 802. Treuttel u. W. 10 ß

Soulavie, J. L., curé de Sevent, ancien vicaire général du ci-devant diocèse de Châlons etc. Suite des mémoires du maréchal duc de Richelieu. Composés dans sa bibliothèque et sous ses yeux. Ecrivez l'histoire avec vérité, et faites tant de honte au vice, qu'il ne reste plus que la vertu en France. Anne d'Autriche. 8. Paris, Hambourg 1791.

Soulavy, Ottok., über Eisenbahnbau- u. Reconstructionsarbeiten im Rutschterrain. Verf. unter Mitwirkg. v. Carl Schmidt. (16 S. m. Abbildgn. u. 2 Taf.) Imp.-4. Wien 898. (Spielhagen & Schurich.) n. 2. —
Sonderabdr. aus: „Ztschr. d. österr. Ingen.- u. Archit.-Ver."

Soulé, C. Prakt. Betrachtgn üb. d. Krankhn, welche b. d. Eisenbahn-Beamten vorkommen. A. d. Franz. Leipzig 1866.

Soulé, C., practische Betrachtungen über die Krankheiten, welche bei den Eisenbahn-Beamten vorkommen. Aus dem Französ. von Gust. Bögel. gr. 8. (79 S.) Leipzig 866, Engelmann.

SOULES, François 1748 - 1809
Vollständige Geschichte der Revolution in Nord-Amerika.
Aus dem Französischen des Franz Soules, von Karl Hammerdörfer ...
Erster [- Zweyter] Band.
Zürich: Orell, Geßner, Füßli und Comp. 1788. 8°.
Stadtbibliothek Trier
Übers. v. Histoire des troubles de l'Amérique Angloise, Paris 1787.
Vermutlich identisch mit Karl Hammerdörfer, Revolution in Nord Amerika, Zürich 1788 [Palmer: mit Nachweis für Library Company of Philadelphia - dort nicht vorhanden -]; konnte nicht gefunden werden.
Sabin 87292. Baginsky 941. Palmer.
Karl Hammerdörfer, 1758-1794

– – s.a. Saules

Soulié, Frédéric

—— Abenteuer e. galanten Katers; ein Kammerkätzchen; das Maison de santé, s. Makart-Bouquet.

Soulié, Fréd., der Graf v. Beziers. Histor. Roman. A. d. Franz. v. Fr. Steger. 2 Bde. gr. 12. (.. B.) Braunschweig 838, G. C. E. Meyer sen.

— le conseiller d'état. 2 Vols. 8. Paris 837. Brockhaus et Avenarius. 2⅔ ℳ

—— Contes pour les enfants. 16. (7¼ B.) Stuttgart 840, Erhard.

— dies Landhaus ist zu verkaufen, s. Jahrhundert, das, in seinen rc. Novellen rc.

Soulié, Friedr., geheime Dramen, s. Museum, Bibliothek rc. 18—22. Bd.

Soulié, Friedr., les drames invisibles, s. Ponson du Terrail, le page Fleur de Mai.

—— der Ehrenmann. Nach „Le conseiller d'Etat" aus d. Franz. übers. v. L. Kruse. 3 Thle. 8. (51 B.) Leipzig 837, Kollmann.

—— die Eisenhütte. A. d. Franz. v. W. Schultze. 2 Thle. 8. (27¼ B.) Braunschweig 841, G. C. E. Meyer sen.

— les quatre époques. 2 Vols. .. Paris 837. Brockhaus et Avenarius. 2⅔ ℳ

— die Eroberung von Toulouse. Eine historische Novelle. Aus d. Französ. übertragen. 8. Leipzig 842, Binder. (Bamberg.) ½ ℳ
102 S.

—— die Eroberung von Toulouse. Eine histor. Novelle. Aus d. Franz. übertragen. 8. (6½ B.) Leipzig 842, [Genf.]

—— neue Erzählungen. Frei n. d. Franz. v. Jul. Schoppe. 8. (16 B.) Leipzig 842, [Kößling'sche Buchh.]
Nur neuer Ttl. zu: Dess., Villebois Traum.

— neue Erzählungen. Frei nach d. Französ. von Jul. Schoppe. kl. 8. Leipzig 842, Krappe. 1⅓ ℳ

— es war hohe Zeit oder zu Etwas ist Unglück doch gut. Nach d. Französ. frei bearb. von Isidorus Orientalis. 8. Bautzen 846, Schlüssel. ¾ ℳ

—— es war hohe Zeit od. zu Etwas ist Unglück doch gut. Nach d. Franz. frei bearb. von Isidorus Orientalis. 8. (13¾ B.) Bautzen 846, Weller.

—— es war Zeit, od.: auch das Böse hat sein Gutes. Aus d. Franz. 2 Bde. 8. (20½ B.) Nordhausen 846, Fürst.

— Saturnin Fichet, s.: Lese-Cabinet, belletrist., 24. Bd. od. Neue Folge 138—149. Lfg.

—— die Geheimnisse der Provinz. (Huit jours au château.) Deutsch v. Louis Fort. 3 Bde. 8. (33½ B.) Leipzig 844, Literar. Museum.

—— Generalbeichten. A. d. Franz. v. Ed. Brinckmeier. 3 Thle. 8. (41 B.) Braunschweig 840, 41, G. C. E. Meyer sen.

– Der Herzog von Guise, s.a. Bibliothek, Europäische, der neuen belletristischen Literatur Deutschlands.

– – s.a. Museum. Bibliothek ... N. F.

— der Herzog von Guise. Roman. Deutsch von Alex. Lameth. 3 Bde. (Museum 22., 25. u. 26. Bd.) 18. Leipzig 846, Berger. 1 ℳ

Soulié, Fréd., († d. 23. Septbr. 1847), Höhe u. Tiefe. Novelle. Nach dem Französ. frei bearbeitet von Isidorus orientalis. 8. (236 S.) Altenburg 847, Helbig. 1 ℳ

—— au jour le jour, } s. Collection des auteurs mo-
—— huit jours au château, } dernes français.

— das goldne Kalb, s.: Lese-Cabinet, belletrist., 715—723. Lfg.

– Ein Kammerkätzchen, s.a. Makart-Bouquet.

– – s.a. Neufeld's Kikeriki-Kollektion.

[F.] Ein Kammerkätzchen. Von Frédéric Soulié. Deutsch v. M. Roese. 2. Aufl. *Berlin: Neufeld & Henius [1897].* (134 S.) 1 Bd 8.
— Reise-Bibliothek, Neufelds. Bd 35. [98. 2004

—— aus dem Leben eines Schriftstellers. A. d. Franz. v. W. Schultze. 2 Bde. gr. 12. (41½ B.) Braunschweig 839, G. C. E. Meyer sen.

—— zwei Leichen. Histor. Roman. A. d. Franz. v. E. Brinckmeier. 2 Thle. gr. 12. (32 B.) Braunschweig 838, G. C. E. Meyer sen.

—— ein Liebestraum, u. d. Kammerzofe. Zwei Novellen. N. d. Franz. v. W. Schultze (u. Fr. Steger). 8. (18¼ B.) Braunschweig 840, G. C. E. Meyer sen.

Soulié, Frédéric, le lion amoureux. Nouvelle éd. 12. (147 S.) Berlin 890. Neufeld & Honius. n. 1.20

—— der verliebte Löwe, s.a. Bernard, Charl. de, die Liebhaberjagd.

— der verliebte Löwe, s.a. Collection Kikeriki.

– – s.a. Makart-Bouquet.

– – s.a. Neufeld's Kikeriki-Kollektion.

—— der verliebte Löwe. A. d. Franz. übers. v. W. Schultze.— Eleonore v. Montefeltro. Von Alphonse Royer. A. d. Franz. übers. v. W. L. Wesché. Zwei Novellen. 8. (14½ B.) Braunschweig 840, G. C. E. Meyer sen.

[F.] Der verliebte Löwe. Von Frédéric Soulié. Deutsch v. M. Roese. 2. Aufl. *Berlin: Neufeld & Henius [1897].* (137 S.) 1 Bd 8.
— Reise-Bibliothek, Neufelds. Bd 37. [98. 2005

°Magnetismus. Übers. von L. Kruse. T. 1. 2. Leipzig: Kollmann 1839. 8°

—— le Maitre d'école, s.a. Bibliothèque moderne.

— le maitre d'école. 16. Leipzig 846, Schäfer. geb. ½ ℳ

—— Margarethe. Aus d. Franz. v. W. Schultze. 2 Thle. 8. (29⅛ B.) Braunschweig 842, G. C. E. Meyer sen.

—— die Memoiren des Teufels, s. Ausland, das belletrist.

—— die Memoiren d. Teufels. Frei n. d. Franz. v. Jul. Schoppe. 4 Thle. 8. (65 1/4 B.) Altona 838, Hammerich.

—— dass. Frei n. d. Franz. v. C. T. Heyne. 5—8. Thl. (54 B.) Ebds. 839, 40.

— die Gräfin von Monrion, s. a. Bibliothek, Europäische, 89. 92 u. 93 Bd. — Lese-Cabinet, belletrist., 13—18. Lfg. u. Neue Folge 11—16. Lfg.

— die Gräfin von Monrion, s. a. Museum. Bibliothek der neuesten u. besten Romane des Auslandes. N. F. 1. Bd.

— die Gräfin von Monrion. Ins Deutsche übertragen von Osader. 1.—3. Thl. 8. Grimma 846, Verl.-C. à n. 1/2 ℛ

Soulié, F., nouvelles, s.: Bibliothèque classique intéressante.

—— Novellen etc. s. Kock, Paul de.

—— der Paradies-Feigenbaum. Aus d. Franz. übers. von W. du Roi. 3 Bde. gr. 12. (26 B.) Braunschweig 842, G. C. E. Meyer sen.

—— Eulalie Pontois. A. d. Franz. v. Ed. Brinckmeier. 8. (14 B.) Braunschweig 841, G. C. E. Meyer sen.

— les prétendus, s. Collection des meilleurs Auteurs franç., T. 5.

— ausgewählte Romane. Aus d. Französ. von L. Fort. 2. Serie. 1.—3. Bdchn. Von Tag zu Tag. Roman. 1.—3. Bdchn. 16. Leipzig 844, Ph. Reclam jun. à 1/4 ℛ

— ausgewählte Romane. Aus d. Französ. von Louis Fort. 2. Serie. 4.—11. Bdchn. A. u. d. T.: Geheime Dramen. 1.—8. Bdchn. 16. Leipzig 845, Literar. Museum. 2 ℛ

— dass. 12.—14. Bdchn. A. u. d. T.: Die Löwin. 1.—3. Bdchn. 16. Ebend. 845, 46. 24 ngl

— neueste und beste Romane. — Auswahl. 1.—3. Bdchn. A. u. d. T.: Die Freier. Aus d. Französ. übersetzt von Oskar v. Birkeneck. 3 Bdchn. 16. Leipzig 842, 43, Fort. Liter. Museum. à B. 1/4 ℛ

— dass. 4.—11. Bdchn. — A. u. d. T.: Jung u. Alt. (Si jeunesse savait! si vieillesse pouvait!) Aus d. Französ. übers. von Oskar v. Birkeneck. 1.—8. Bdchn. 16. Leipzig 843, 44, Literar. Museum. à 1/4 ℛ

— dass. 12.—15. Bdchn. Diana und Louise. Aus d. Französ. von Fort. 4 Bdchn. 8. Ebend. 844. à 1/4 ℛ

Soulié, Fr., neueste und beste Romane. — 16. Bdchn. Ein Haus zu verkaufen. Aus d. Französ. von J. Litorf. 16. Leipzig 843, Literar. Museum. 1/4 ℛ

— dass. 17. Bdchn. Christine in Fontainebleau. Aus d. Französ. übers. von J. Litorf. 16. Ebend. 843. 1/4 ℛ

— dass. 18. u. 19. Bdchn. Erste Liebe. Aus d. Französ. von Louis Fort. 2 Bdchn. 16. Ebend. 843. à 1/4 ℛ

— dass. 20.—27. Bdchn. Das Schloß in den Pyrenäen. Aus d. Französ. v. Jean Jaques. 8 Bdchn. 16. Ebd. 843. à 1/4 ℛ

— dass. 28.—33. Bdchn. Acht Tage im Schloß. Aus den Memoiren eines jungen Mannes. Aus dem Französ. von Jean Jaques. 6 Bdchn. 16. Ebend. 843. à 1/4 ℛ

— dass. 34.—36. Bdchn. Der Bananenbaum. 3 Bdchn. Aus d. Französ. von Louis Fort. 16. Ebend. 843. à 1/4 ℛ

— dass. 37.—40. Bdchn. Der Schwur der Carbonari u. das Fräulein von La Faille. — Die Trappisten. — Die Nichte des Hrn. von Baugelas. — Ein Montmorency. Aus d. Französ. von L. Fort. 16. Ebend. 844. à 1/4 ℛ

— dass. 41.—44. Bdchn. Jung und Alt. (Si jeunesse savait! si vieillesse pouvait!) Aus d. Französ. von O. v. Birkeneck. 9.—12. Bdchn. (Schluß.) 16. Ebend. 844. à 1/4 ℛ

—— neueste u. beste Romane. Auswahl. 44 Bdchn. 16. Leipzig 843, 44, [Berger's Buchh.] à Bdchn. 7 1/2 Ngr.

A. u. d. Tiln.:

Bdchn. 1—3. Die Freier. Aus d. Franz. übersetzt v. Oskar v. Birkeneck. 3 Bdchn. (19 3/4 B.)
» 4—11. Jung und Alt. (Si jeunesse savait! si vieillesse pouvait!) Aus d. Franz. übersetzt v. Oskar v. Birkeneck. 1—8. Bdchn. (54 3/4 B.)
Vgl. 41—44. Bdchn.
» 12—15. Diana u. Louise. Aus d. Französ. v. Louis Fort. 4 Bdchn. (21 1/2 B.)
» 16. Ein Haus zu verkaufen. Aus d. Französ. übers. v. J. Litorf. (7 B.)
» 17. Christine in Fontainebleau. Aus d. Franz. übers. v. J. Litorf. (6 1/2 B.)
» 18., 19. Erste Liebe. Aus d. Franz. v. Louis Fort. 2 Bdchn. (12 B.)
» 20—27. Das Schloß in den Pyrenäen. A. d. Franz. v. Jean Jacques. 8 Bdchn. (53 3/4 B.)
» 28—33. Acht Tage im Schloß. Aus den Memoiren eines jungen Mannes. Aus d. Franz. v. Jean Jacques. 6 Bdchn. (38 3/4 B.)
» 34—36. Der Bananenbaum. Aus d. Franz. v. Louis Fort. 3 Bdchn. (22 1/2 B.)
» 37—40. Der Schwur der Carbonari u. das Fräulein von La Faille. — Die Trappisten. — Die Nichte des Herrn v. Baugelas. — Ein Montmorency. Aus d. Franz. v. Louis Fort. 4 Bdchn. (26 3/4 B.)
» 41—44. Jung u. alt. (Si jeunesse savait! si vieillesse pouvait!) A. d. Franz. v. Oskar v. Birkeneck. 9—12. Bdchn. (Schluß.) (22 B.)
Vgl. 4—11. Bdchn.

—— dass. 2. Serie. Aus d. Franz. v. Louis Fort. 1—14. Bdchn. 16. Ebds.

A. u. d. Tiln.:

Bdchn. 1—3. Von Tag zu Tag. Roman. 3 Bdchn. (25 B.) 844. 22 1/2 Ngr.
» 4—11. Geheime Dramen. 8 Bdchn. (97 B.) 845. 2 Thlr.
» 12—14. Die Löwin. 3 Bdchn. (28 B.) 845, 46. 24 Ngr.

— Sathaniel. 2 Vols. 8. Paris 837. Brockhaus et Avenarius. 2 2/3 ℛ

—— Sathaniel. Histor. Roman. A. d. Franz. v. W. Schultze. 2 Thle. gr. 12. (24 1/2 B.) Braunschweig 838, G. C. E. Meyer sen.

Soulié, Friedr., die Schule des Lebens. Roman nach Si jeunesse savait, si vieillesse pouvait. Nach d. Franz. v. Ernst Rumann. 2 Bde. gr. 12. (25 B. u. 2 Kpfr.) Braunschweig 843, G. C. E. Meyer sen. Thlr.

—— der Schulmeister. A. d. Franz. übers. v. Wilh. Wesché. gr. 12. (12 B.) Braunschweig 839, G. C. E. Meyer sen.

—— die vier Schwestern. N. d. Franz. v. Ed. Brinckmeier. 3 Bde. 8. (36 1/4 B.) Braunschweig 841, G. C. E. Meyer sen.

— die verkannte Seele, s. Franzosen, die, der neuesten Zeit.

—— der Serpent. N. d. Franz. v. Wilh. Ludw. Wesché. 2 Bde. 8. (28 1/2 B.) Braunschweig 840, G. C. E. Meyer sen.

— die zwölfte Stunde, s.: Bühnen-Repertoir, Nr. 152.

— der Graf von Toulouse. Histor. Roman. Deutsch von L. v. Alvensleben. 2 Bde. 8. Leipzig 835. Kayser'sche Buchh. Beyer. 2 ℛ

—— der Graf v. Toulouse. Histor. Roman. Deutsch v. L. v. Alvensleben. 2 Bde. 8. (31 1/2 B.) Leipzig 835, [Kößling'sche Buchh.]

—— Villebois Traum. Frei n. d. Franz. v. Jul. Schoppe. 8. (16 B.) Leipzig 840, Krappe.
Vgl. Dess., neue Erzählungen.

—— modernes Treiben. Skizzen aus Frankreich u. seiner Hauptstadt. A. d. Franz. v. F. Steger. gr. 12. (11 B.) Braunschweig 838, G. C. E. Meyer sen.

– V o n   Tag zu Tag, s.a.   A u s l a n d ,   Das belletristische. 104–107. 321.

Soulié, Melchior-Frédéric

Von Tag zu Tag. Gegenstück zu den "Pariser Mysterien" von Eugen Sue. Nach dem Franz. von August Zoller. Th. 4.
Stuttgart: Franckh 1844. 336 S. 8°

—— die Zauberlaterne, od. Geschichte Napoleons, im Volkston v. zwei Soldaten erzählt. Mit Anmerkn. verseh. v. Bédollierre. A. d. Franz. v. Heinr. Elsner. gr. 8. (15 1/2 B. u. 42 Holzschn.) Stuttgart 839, Gärtner.

Soulié, Maurice

Soulié, M., der König ist verliebt, s.: Marsolleau, L.

Soulié, Melchior Frédéric, s.   S o u l i é ,   Frédéric

Soulier, H. La doctrine du „Logos" chez Philon d'Alexandrie. Diss. 1876. 165 S.

Souliers, les, Mors-Dorés, ou la Cordonière allemande. 8. Basel, Rottmann. 6 gr.

S o u l i e r s , les, Mors-Dorés; ou la Cordonnière allemande. Com. en 2 Act. 8. Berl. Rottmann.

[Souligne de]: Politische Bedencken, darin erwiesen wird:
1. Daß die Röm. Religion alle Herrschafften, allwo sie die Oberhand hat, zu Grunde richte.
2. Daß sie Frankreich um mehr denn 200 Millionen Pfund jährl. in Schaden bringe [usw.].
Aus d. Frantz. übers. o. O. 1701.

de *Soulima*, P., mémoire sur le rapprochement de la théorie des fonctions analytiques ou de calcul des dérivations. 4. Götting. 805. Dieterich. 3 gr.

Soumet et Belmontet, une fête de Neron, s Théâtre franç.

Soumet, Alex., Jeanne d'Arc, s.: Répertoire du théâtre Français. Nr. 358.

S o u p e r s , les, de Daphné et les Dortoirs de Lacédémone, anecdotes grecques. 12. Lpz. Weidmann. 740.

Soupert, Jean, u. Pierre Notting: Kurze   A n l e i t u n g   zur Kultur und Behandlung der Rosen. Luxemburg: J. Joris 1878. – 15 S. 8°

Soupert, Jean, u. Pierre Notting: C a t a l o g   über Special-Rosen-Cultur von Soupert & Notting in Luxemburg. Herbst 1880 und Frühling 1881. Catalogue des rosiers ...
Luxemburg: J. Joris 1880. – 134 S. 12°

S o u r b e c k , Thdr., Fichtennadeln vom Libanon. Lose Reise-Blätter. 8. (X, 209 S.) Basel 888, (Schwabe.)

Sourbeck, Th. Lohnstatistik des Personals der schweizer. Eisenbahnen. I. Teil. Das vertraglich angestellte Personal der 5 Hauptbahnen. Durchgeführt im Auftrag des Eidg. Eisenbahn-Departements. — Les traitements du Personnel des Chemins de fer suisses. 1re partie. Le personnel commissionné des 5 grandes Compagnies. Statistique établie par mandat du Département fédéral des Chemins de fer. In-fol. VII, 302 S. Bern. (Neukomm & Zimmermann.) 1899. 10 —
Ausland 12 50

Sourbeck, Th. Lohnstatistik d. Personals d. schweiz. Eisenbahnen. II. Teil. Das im Taglohn arbeitende Personal der fünf Hauptbahnen und das gesamte Personal der Nebenbahnen. Durchgeführt im Auftrag d. Eidg. Eisenbahndepart. 35×24 1/2 cm. VII, 265 S. Bern, Neukomm & Zimmermann. 10 —
1900.

S o u r b e c k , Thdr. Syrische Reisebilder. Fichtennadeln vom Libanon. [2. (Titel-)Ausg. (v.: „Fichtennadeln vom Libanon".)] 8. (X, 209 S.) Basel 890, Schwabe. * 2 80

Sourbeck, Th. Egyptische Strassenbilder. Plaudereien über das Land des Kurbatsch und Bakschisch. In-8°. XVII, 240 S. Basel, Benno Schwabe, 1891. 3 50

Sources, les, du droit suisse, s.: S a m m l u n g schweizer. Rechtsquellen.

Sources of Sanskrit Lexikography, s.: Q u e l l e n w e r k e der altindischen Lexikographie.

Sourisseau, J.: Mittel, den Ertrag des Weinstocks zu vermehren, zu verbessern, besser aufzubewahren und den Handel damit zu verbreiten.
Colmar 1860: Decker. 30 S. -- Bibliothèque Nationale et Universitaire de Strasbourg*

Sourlis, Apostolos, a. Piraeus: I. Zur Kenntnis der Dihydroxylaminverbindungen. II. Reduktionsversuche von o-Nitrokörpern. Weida i. Th. 1908: Thomas & Hubert. (64 S.) 8°
Leipzig, Phil. Fak., Ref. Beckmann-Hantzsch, Diss. v. 7. Aug. 1908
[Geb. 17. Jan. 84 Piraeus (Griechenland); Wohnort: Piraeus; Staatsangeh.: Griechenland; Vorbildung: Gymn. Piraeus Reife M. 00; Studium: München 5, Leipzig 5 S.]

Soury, J., de Hylozoismo apud recentiores. gr. 8. (131 S.) Paris 881. (Ollendorff.) n.n. 4. —

Sous, fünfzig. Ein feines Stück, der böse Trank, s.: Z e h n p f e n n i g - U n t e r h a l t u n g s h e f t e f. Nationalstenographen.

F ü n f z i g   Sous. Ein feines Stück. Der böse Trank. Liegnitz: Verl. f. Nationalstenogr. 1903. (16 S.) 8° [Umschlagt.]
= Zehnpfennig-Unterhaltungshefte f. Nationalstenogr. No 7.

Souscription des francs-maçons pour les pauvres. Dresde, le 17. janv. 1772. Trad. de l'allemand. [Dresde 1772.] 28 S. 8° [Kupfertit.]
Kl. 38^a^.

Soušek, Jak., das Ausweisungsrecht der Gemeinde. Mit Berücksicht. der Judikatur der Verwaltungsbehörden sowie des Verwaltungsgerichtshofes u. des Reichsgerichtes. (139 S.) gr. 8. Wien 903. Manz. Geb. in Leinw. n. 2.60

Soušek, Jak., gewerbliche Betriebsanlagen nach österreich. Gewerberecht. (VIII, 144 S.) gr. 8. Wien 908. M. Perles. 3.60

Soussmann, H. Grosse practische Flötenschule. Op. 53. Abtheilung I. II. III. IV. Leipzig.

Soußmann, H: Große neue praktische Schule des Flötenspiels. Mit Griff- und Triller-Tabellen für die Flöte alten Systems sowie für die Böhm-Flöte, mit neuen Übungsstücken versehen und neubearb. von R. Tillmetz. (Deutsch und Englisch.) T. 1—3. Heilbronn. (Um 1896?)

(Soust de Borckenfeld, A. van.) L'année sanglante. Par P. Jane (Pseud.). Leipzig 1872. 8°.

De codicibus manuscriptis Augustini quae feruntur quaestionum Veteris et Novi Testamenti CXXVII. Scripsit Alexander Souter. Wien: C. Gerold's Sohn in Komm. 1905. (25 S.) 8°
— Sitzungsberichte d. Kais. Akademie d. Wiss. in Wien. Philos.-hist. Kl. Bd 149, 1. (05. 1019 9

Souter, Alex., De codicibus manuscriptis Augustini quae feruntur quaestionum Veteris et Novi testamenti CXXII. (25 S.) gr. 8. Wien 905. (A. Hölder.) n. —70
Sonderabdruck aus: „Sitzungsber. d. k. Akad. d. Wiss."

Souter, Alex, s.: Pseudo-Augustini quaestiones veteris et novi testamenti.

Souter, A., Pseudo-Augustini Quaestiones veteris et novi Testament. CXXVII. [Corpus scriptorum ecclesiasticorum latinorum. Vol. L.] Gr.-8°. (XXXV, 579 S.) K 19.50
Wien: Tempsky 1908.

Soutgate, Johanne, die neue Prophetin in England. 2 Th. 8. Erfurt, Hennings.

Soutgate, Johanne, die neue Prophetin in England. Ein Gemälde des Mysticismus aus unseren Tagen. Aus den Memoiren des Herzogs von **ingham ... Erfurt 1805. V: *Arnold, Th. Ferd. Kajetan.* (SB. d. Heidelb. Akad. d. Wiss. Phil.-hist. Kl. 1912, I, S. 56) (Zeitschr. f. Büch. N. F. 15, 1923, S. 123)

South, John F.

South, Knochenlehre z. Gebr. f. Studirende. Deutsch bearb. v. Henle. gr. 12. (7½ B. m. Holzschn. v. Branston.) Berlin 840, Morin. Thlr.

South, Knochen-Lehre zum Gebrauch f. Studirende. Deutsch bearb. von J. Henle. Mit den Abbild. sämmtl. Knochen in Holzschn. von Branston. Wohlf. Ausg. 12. (7¼ B.) Berlin 844, Morin. *

South, Rob., zwölf geistl. Reden üb. versch. Texte d. heilig. Schrift. 8. Delitzsch, Vogelgesang. 755.

Southay, s. Southey

South Bend Courier: Oct. 3, 1873—1905?
Independent weekly; supported Tilden. Title varies: INDIANA COURIER, 1873—Sept. 1879 Circulation: 1880, 800; 1890, 800; 1900, 1100. Edited by J. B. Stoll, Oct. 3, 1873—Feb. 20 1874; published by Fassett Brothers & John Brownfield, Oct. 3, 1873–Jan. 1874; by John Brownfield, Feb 6–20, 1874; edited & published by G. Eikentsiner, Feb. 27, 1874–1901? (with A. Troger, 1882–1900); by George Schleyer, 1902; by Werner Hagler, 1903; by Otto Sandmayr, 1904–05
South Bend, IN

Southcode, Johanna, der neuen Prophetin von London, Lebensbeschreibung frei übersetzt. 8. Erfurt, Hennings. 815. Rthlr.

South eastern railway continental guide, official. January, February 1858. Containing routes and time tables to and from London, trough France, Belgium, Prussia, North and Central Germany, Austria, up and down the Rhine Switzerland etc. Illustrated with a (lithogr.) map of Northern and Central Europe, shewing the railways open and in progress (in qu. gr. 4.) gr. 16. (VII und 118 S.) Köln 858. (Leipzig, E. H. Mayer.) Thlr. *

Southey, Henry Herbert: Über die Vermeidung, Entstehung und Heilung der Lungenschwindsucht. (Observations on pulmonary consumption. Dt.) Übers. von Justus Radius. 108 S., gbd.

Leipzig: Hartleben 1820

JB 2.439

Southey, Robert. England und die Engländer. A. d. Engl. Leipzig 1818. Ü: *Bergk, Johann Adam.* (Ky) (EngG) (MGT) (NN) (BrMm)

Southey, Rob., England u. die Engländer; aus d. Engl. (v. J. A. Bergk). gr. 8. Leipz. 818. Baumgärtner. 1 ß 8 gl

Southey, Rob., Geschichte Oliver Cromwell's. 3 Abthlgn. gr. 16. (30 B.) Leipzig 845, Schäfer.

Southey, Robert. Geschichte Oliver Cromwells. Zweite Auflage. Leipzig 1848. 8°.

Southey, Rob., Admiral Nelson's Leben, Kämpfe u. Siege. Ein biograph. Gemälde. Aus d. Engl. 3 Abthll. gr. 8. Stuttgart 837. Neff. 1 ß — 2e Aufl. u. d. T.: Nelson's Leben. Ein biograph. Gemälde. Aus d. Engl. Mit d. Umschlags-Tit.: Deutschlands Männern und Söhnen! — Nelson. Als Vorbild der Thatkraft, der Vaterlandsliebe, des Ruhmes und der Ehre und zum Verständniß der Kriegsgeschichte Napoleons. gr. 8. Ebd. 837. 1 ß

Southey, Robert. John Wesley's Leben ... Nach dem Engl. Hrsg. von F. A. Krummacher. Hamburg 1827—28. Ü: *Thiesen, Charlotte.* (GGr X, 199) (Zeitschr. f. Büch. N. F. 15, 1923, S. 123)

Southey, Rob., John Wesley's Leben, die Entstehung u. Verbreitung d. Methodismus; nach d. Engl. von Fr. Ad. Krummacher. 2 Thle. 8. Hamb. 827. 28. Herold. 2 ß 12 gl

Southey, Rob., John Wesley's Leben, d. Entstehung u. Verbreitung d. Methodismus. N. d. Engl. Hrsg. v. Fr. Ad. Krummacher. 2 Thle. 8. (59 B.) Hamburg 828, Herold.

—— John Wesley's Leben, die Entsteh. u. Verbreit. d. Methodismus. N. d. Engl. Hrsg. v. Friedr. Ad. Krummacher. 2 Bde. Neue wohlf. Ausg. 8. (59¾ B.) Hamburg 841, Herold'sche Buchh. *

Southey, Rob., the life of Nelson, Wörterbuch v. M. Benecke, s.: Authors, English.

Southey, Rob., the Life of Nelson, s. a. Schulbibliothek, französische und englische.

Southey, Rob., the life of Nelson. Erklärt von Otto Ritter. gr. 8. (X, 152 S. mit 2 Schlachtplänen und 3 Schiffsfig.) Berlin 886, Weidmann'sche Buchh. cart. [M 1.80.]

Southey, Rob., the life of Nelson, hrsg. v. Osk. Thiergen, s. a. Authors English.

The life of Nelson Robert Southey. M. Anm. z. Schulgebr. hrsg. v. Dr. Oskar Thiergen, Prof. ... zu Dresden. M. 1 Abb. u. 2 Übersichtsktch. [Nebst] Anm. [&] Wörterb. *Bielefeld & Leipzig: Velhagen & Klasing 1897.* 3 Bde 8.
[Text.] (XIV, 160 S., 1 Taf., 1 Kt.) Anm. (37 S.) Wörterb. (50 S.)
= Sammlung, Velhagen & Klasings, französ. u. engl. Schulausgaben. English Authors. Lfg 69 B. (98. 3089

— Poems, II Voll. with II Conts. 16. Zwickau 820. (Gebr. Schumann). 16 gl Hbg. Pr. 10½ gl

South Hungary. Through S. H. By Dr. Adolphus Sternberg, Patricius Dragalina, Dr. Cornelius Diaconovich, Dr. John Sziklay, and Athanasius Plavsic. With 28 (*Umschlag: 32) Illustrations by J[ohann] Weber [3 Plates], and one Map. (Illustrated Europe. № 131. 132.) 8. Zurich [1890].
To and through Hungary. Part 9.

South Sea Bubbles, by the Earl and the Doctor, s. a. Collection of British Authors.

South Sea Bubbles. By the Earl and the Doctor. (Collection of British authors. Tauchnitz edition. Vol. 1426.) Leipzig 1874. (III), 320 S. 8°

Southworth, E. D. E. N., s.a. Nevitt - Southworth

– Die vermißte Braut, s. Bibliothek, Amerikanische.

– Die verlassene Ehefrau, s. Bibliothek, Amerikanische.

– Einsam und verlassen, s. Roman-Bibliothek, Neue.

– Die verlorene Erbin, s. Bibliothek, Amerikanische.

– Clifton's Fluch, s. Bibliothek, Amerikanische.

– Gefunden und vereint, s. Roman-Bibliothek, Neue.

– Die Inselprinzessin, s. Bibliothek, Amerikanische.

– Licht u. Schatten, s. Bibliothek, Amerikanische.

– Der Zigeunerin Prophezeiung, s. Roman-Bibliothek, Neue.

– Die Schwiegermutter, s. Bibliothek, Amerikanische.

Southworth, E. D. E. N., Shannondale, s.: Bibliothek, Amerikanische, 1—4. Bd.

– Mark Sutherland, s. Bibliothek, Amerikanische.

– Die verstoßene Tochter, s. Bibliothek, Amerikanische.

– Virginia u. Magdalena, s. Bibliothek, Amerikanische.

SOUTHWORTH, MASE SHEPARD. Investigations on the Isomeric Cresoles with reference to their occurrence in Coal-tar. (Tübingen) Pau, 1873.

Soutien bei Zugs- u. Kompagnie-Uebungen der kgl. bayer. Infanterie. 32. (128 S.) Straubing 845, Schorner.

Soutien bei Zugs- u. Compagnie-Uebungen der königl. bayer. Infanterie. 32. Straubing 846, Schorner'sche B. 1/8 ₰

Σουτσου, Αλεχ., Πανοραμα τῆς Ἑλλάδος ἢ συλλογὴ ποικίλων ποιημάτων. Mit grammat. Erklär. u. e. Wörterbuche hrsg. v. Theod. Kind. 8. (9 B.) Leipzig 835, [Schrey.] * 2/3 Thlr., hrbg. Pr.

Soutter, Abr. Henr. (geb. Morges in d. Schweiz 2. 9. 1842): De hyperalbuminosi. Berolini (1865). (34 S.) 8°
Berlin, Med. Diss. v. 9. März 1865

SOUTZO, Prince Nicolas
Mémoires du Prince Nicolas Soutzo Grand-Logothète de Moldavie 1798—1871. Publiés par Panaïoti Rizos. Vienne. 1899. Gerold & Co. Gr.-8°. XII, 434 S. fl. 4.80

Souvan, Ivan, s. a. Novellen, vier, aus dem südslavischen Leben.

(F) **Souvan**, I., Vier Novellen aus dem südslawischen Leben. 8°. (107 S.) K 1.—
Agram: Trpinac 1908.

Souvenir. Deutsche Blätter d. Liebe u. Freundschaft. Nebst e. Blumen- u. Farbendeutung. gr. 12. (5 2/3 B. u. Titvign.)
Aachen u. Brüssel: Mayer 1833.

Souvenir. Deutsche Blätter d. Liebe u. Freundschaft. Zu Stamm- u. Gedenkbüchern. Nebst e. Blumen- u. Farbendeutung. (Neue Ausg.) gr. 12. (5 1/6 B.) Aachen 837, [Kaatzer's sel. Wwe.]

Souvenir. Ein Damen-Kalender für 1847. 32. (Mit 1 Stahlst.) Berlin 846, Simion. In Futteral. n. 2/3 ₰

Souvenir. Ein Damen-Kalender für 1848 u. 1852. 16. (1848: 120 S., m. 12 Notizbl. u. 1 Stahlst. 1852: 96 S. m. 14 lith. Bl. in Golddr. m. Stahlst.) Berlin, Simion, geb. m. Goldschn. à n. 2/3 ₰

Souvenir. Ein Damen-Kalender für 1848. 16. (120 S. mit 12 Notizbl. und 1 Stahlst.) Berlin 847. [Leipzig, Voigt und Günther.] *

—— dass. — für 1852. 32. (96 S. mit 14 lithogr. Bl. in Golddr. und 1 Stahlst.) Ebds. 851. *

Souvenir. Album für deutsche Frauen und Jungfrauen. 853. (X, 146 S. u. 12 Lithogr.) — 2. sehr verm. Aufl. Berlin 854. Simion. (Leipzig, Voigt u. Günther.) 16. (X, 174 S. u. 12 Lithogr.) n. 20 ngr.

Souvenir. O frage nicht! Von Georgy, Thumann und Füllhaas bildlich erläutert. gr. 16. (IV und 66 S. mit eingedr. Holzschn. und 1 Holzschntaf.) Leipzig 868, Amelang's Verlag. geb. mit Goldschn. *
Erschien a. u. d. T.: Souvenir. Lieder der Freundschaft.

Souvenir. O frage nicht! Von Georgy und Füllhaas bildlich erläut. 3. Aufl. gr. 16. (III, 81 S. mit eingedr. Holzschn.) Leipzig 873, Amelang's Verlag. geb. mit Goldschn. *

Souvenir. O frage nicht! Illustrirt v. Georgy, Füllhaas u. A. 4. Aufl. gr. 16. (III, 80 S. m. eingedr. Holzschn.) Leipzig 875. Amelang. geb. m. Goldschn. n. 3. —
Ist a. u. d. T. „Souvenir. Lieder der Freundschaft u. Liebe" zu gleichem Preise erschienen.

Souvenir. O frage nicht! Illustrirt von Georgy, Füllhaas u. A. 5. Aufl. gr. 16. (III, 82 S. m. eingedr. Holzschn.) Leipzig 878. Amelang. geb. m. Goldschn. n. 3. —

—— Lieder der Freundschaft und Liebe. Illustrirt von Georgy, Füllhaas u. A. 6. Aufl. 12. (III, 82 S. mit eingedr. Holzschn.) Leipzig 881, Amelang's Verlag. geb. mit Goldschn. * 3 —

Souvenir. O frage nicht! Illustriert von Georgy, C. Klimsch, Erdm. Wagner rc. 7. Aufl. 12. (VII, 104 S.) Leipzig 885, Amelang's Verlag. geb. mit Goldschn. **

Souvenir. O frage nicht! Illustr. v. Georgy, C. Klimsch, Erdm. Wagner, Thumann, Zick u. A. 8. Aufl. 12. (IX, 88 S.) Leipzig 890. Amelang. geb. m. Goldschn. 3. —

Souvenir. O frage nicht! Illustr. v. Georgy, C. Klimsch, Erdm. Wagner u. A. 9. Aufl. 12. (VII, 88 S.) Leipzig 894. C. F. Amelang. Geb. in Leinw. m. Goldschn. 3. —

Souvenir. Familien-Almanach. Weihnachten 1884. hoch 4. (70 S. mit eingedr. Holzschn.) Berlin, [Steinitz und Fischer.] Fischer. geb. 4 —

— pour l'an 1808. Braunschw., Vieweg. 1 ₰

Souvenir du cinquantième anniversaire de l'entrée en fonctions de M. Louis Bonnet... comme pasteur de l'Eglise réformée française de Francfort s./M. 23 Août 1885. 8. (Francfort s./M.)

— **de Bade et de ses environs.** 18 vues et un plan de la ville (in gr. 4.) Avec une carte du chemin de fer. qu. gr. 16. Carlsruhe 845, Bielefeld. geb. n. 1 1/3 ₰

— de Baden-Baden. [Aus: „J. Weber's Skizzenbuch".] 8. (6 Lichtdr.) Zürich 879. Orell, Füssli & Co. Verl. n. 4. —

—— de Bamberg, s. Erinnerung an Bamberg.

Souvenir de Berne. 8. Bienne 1854.

— de Breslau. Achtzehn Ansichten hervorragendster Gebäude. Photolith. 7 facher Tondr. qu. 16. Breslau 874. Priebatsch. In Mappe. 1. 50; 3 facher Tondr. — 75

—— du cabinet de feu Mr. Pierre Leven, vendu à Cologne le 4 Octobre 1853 par J. M. Héberlé (H. Lempertz) cont. les annotations des prix. hoch 4. (9 S.) Cologne 853, Héberlé.

— de Carlsrouhe. 17 vues et 1 plan de la ville avec 1 carte du chemin de fer. qu. 8. le même 843. n. 1 ℳ

Souvenir du Vme Centenaire de la Bataille de Sempach.... Einsiedeln 1886 s. [Oechsli, Wilhelm].

— de Chamonix. (32 S. Abbildgn.) qu. 8. Ebd. (906). 1. 60

Souvenir d'un citoyen (par J. H. S. Formey). II Vols. 8. Berl. 789. (Köchly). 1 ℳ 20 𝔤𝔯 Velinp. 2 ℳ 16 𝔤𝔯

– s.a. Souvenirs ...

Souvenir d'un Citoyen. II Vol. 8. Berlin, Lagarde. 789. 1 20
Velinp. 2 16

Souvenir commémoratif de la cérémonie funèbre du 10 mars 1880 à l'occasion de l'inauguration du monument élevé à la mémoire de Eugène Baune par ses concitoyens le 10 mars 1881. 8. Bâle 1881.

Souvenir f. Damen u. Herren auf das J. 1813, ein elegantes Taschenbuch, mit 14 Vign. 16. Leipz. Leo. 812. gebund. in Seide

— des Dames. Die neuesten auserlesenen Näh- u. Stickmuster in 32 Blättern. 8. Dresd. Arnold. 812.

Souvenir du dîner de noce de M. & Mme Grob-Borel. Le 3 avril 1884. 8. Bern.

Souvenir de Albrecht Dürer. — Erinnerung an Albrecht Dürer. gr. Fol. (7 Kpfrt.) Nürnberg 855, v. Ebner'sche Buchh. [Verlags-Conto.] *

German Ref Ch in E 68th St, NY. Souv z Einweihung d dten Reformierten Prot Kirche, Feb 20, 1898. NY, 1898.

—— d'Ems et des bords du Rhin. Collection de (25) vues pittoresques dessinées d'après nature et gravées sur acier. qu. 4. Ems 850, Kirchberger. *

—— de l'exposition nationale suisse. 16. (19 Stnt.) Zürich 883, Orell, Füssli und Comp. 1 50

Souvenir des fabulistes. 1820
s. Almanach des fabulistes.

Aurora Männer-Gesang-Verein. Newark, NJ. Souvenir ... Fest-Konzert — Goldenen Jubs, 11. Apr 1902. Newark, 1902.

Souvenir de la Fête Fédérale de Gymnastique = Eidgenössisches Turnfest Bern. 1906. [Album de 13 vues.] [II + 12 feuilles.] 8-obl. (Bern, Freytag & Cie, Soc. Franco-Suisse d'Edition Photographique, [1906].) [fr. 2. —]

Souvenir de la fête des 2 et 3 juin 1884, à Genève. (Suppl. de la Feuille centrale (XXIVe année.) In-8°, 16 p. Bâle, imprimerie de l'Allgemeine Schweizer-Zeitung.

—— für Freunde u. Freundinnen. (Sentenzen.) 32. (1 B., 1 Vign. u. 7 Bl. wß. Papier.) Leipzig 828, Central-Compt.

Souvenir für Freundinnen. 24. (Leipzig, Centr.-Comptr. in L.) 826.

—— de la galerie de peinture du musée de la Haye. Contenant 70 esquisses (lith.) tracées d'après les plus beaux tableaux des maîtres les plus célèbres. 8. Leide 848. (Leipzig, Fr. Fleischer.) *

Souvenir de Genève. (G^d^ et le Grand Hôtel de la Métropole.) [Avec des illustrations et 1 plan.] 8. Zurich s. d. [1890/99].

— de Genève. (32 S. Abbildgn.) qu. 8. Ebd. (906). 1. 60

Souvenir de Genève. [Album de 32 vues, avec titre illustré.] [IV + 32 p.] 4-obl. Zurich, Photoglob C^o^, [1910]. [fr. 2. —]

Souvenir des 24. Gesangfestes des Nordamerikanischen Sängerbundes: abgehalten vom 21. bis 25. Juli 1886 in Milwaukee, Wis., redigiert von Wilhelm Forsthorn. Milwaukee 1886.
Milwaukee, WI

— de Heidelberg et de ses environs. 15 vues, un panorama et un plan de la ville avec une carte du chemin de fer. qu. gr. 16. le même 844. eleg. geb. n. 1 1/3 ℳ

Souvenir de Herisau dédié aux soldats français internés dans le Canton d'Appenzell en 1871. [Avec 1 planche.] 8. St. Gall (1871).

Souvenir zum 50jährigen Jubiläum der „German-Pilgrim-Loge" im Or. New York, 27. März 1900.
Recens: FZ. 54 (1900) S. 151—152 (K. Pilz).

German Pilgrim: **Souvenir zum Fünfzigjährigen Jubiläum der German Pilgrim Loge No. 179. Orient New York, den 27. März 1900. [New York 1900: Meyer & Kessler.] 12 Bl. 7 Taf. Abbild. 8°.**
[Umschlagtit.:] Souvenir der German Pilgrim Loge No. 179 zum Fünfzigjährigen Jubiläum. 1850—1900.
W. 13 485 ist dementsprechend zu ergänzen.

Souvenir du Jubilé Pastoral de Mgr ([Joseph] Xavier [de]) Hornstein..., Curé-Doyen de Porrentruy. 1864—1889. (Publié dans le journal Le Jura.) 8. Porrentruy 1889.

Souvenir du lac quatres cantons, s. a. Album vom Vierwaldstaettersee.

Souvenir du lac des IV. cantons. 12 Ansichten in Photolithographie. Lwddecke m. Goldpressung. Luzern, Prell. 1875. 3. —

— du Lac des IV Cantons, Righi et du St. Gotthard. qu. 8. (21 Photogr.-Imitationen.) Luzern 887. Prell. In Leinw.-Carton. 2. 40

— au Lac de Genève. qu. 16. (15 Photogr.-Imitationen.) Zürich 892. C. Künzli. In Leinw.-Decke. n. 1. 50

Souvenir de la dix-huitième législature de l'Assemblée fédérale suisse. Du 4 décembre 1899 au 30 novembre 1902. II + 52 p. fol. Berne, Haller, [1903].

Souvenir de la dix-neuvième législature de l'Assemblée fédérale suisse. Du 1er décembre 1902 au 3 décembre 1905. II + 40 p. fol. Berne, Haller, [1906].

Souvenir de la vingtième législature de l'Assemblée fédérale suisse. Du 4 décembre 1905 au 6 déc' 1908. II + 40 p. fol. Berne, Haller, [1909].

— du Lac Leman. (32 S. Abbildgn.) qu. 8. Ebd. (906). 1. 60

— de Luzerne. qu. 16. (16 Photogr.-Imitationen.) Luzern 881. Prell. geb. 1. 60

— de Lucerne et du Lac des IV Cantons. qu. 8. (14 Photogr.-Imitationen.) Ebd. 887. In Leinw.-Carton. n. 4. —

— de Magdebourg. qu. gr. 8. (10 Stahlst.) Magdeburg 844, Baensch. In Etui n. 1⅓ ₰

Souvenir des St. Louis Schweizer Männerchor's zu seinem 30-jährigen Jubiläum. 1872—1902. [Illustriert.] [36 S.] quer-4. [St. Louis,] Co-Operative Prtg. House.

— de Mannheim et de Schwetzingen. 15 vues, deux plans et un panorama de Mannheim avec une carte du chemin de fer. qu. gr. 16. Carlsruhe 844, Bielefeld. eleg. geb. n. 1⅓ ₰

Souvenir du 25 mars 1850. Dédié à tous les Bernois qui ont été réunis en ce jour mémorable à la Leuenmatte à Munsingen. [Avec 1 planche.] 8. Berne 1850.

Souvenir für den Nachtisch meiner Freundin. Zürich 1772. V: *Meister, Leonh.* (Cat. d. Stadtbibl. Zürich. Zürich 1864—97.)

Souvenir an das Berner Oberland (°*Umschlag:* de l'Oberland bernois). B' Ob' Bahnen, Interlaken... Schynige-Platte. ([Mit] 10 Illustrationen [Tafeln, und illustriertem Umschlag].) 8. Genève [1898].

Souvenir vom Berneroberland. [Ansichten-Album.] [IV + 36 S.] quer-4. Zürich, Photoglob, [1903]. [fr. 2. —]

Souvenir vom Berner Oberland. (40 S. Abbildgn.) qu. 8. Zürich (906). (Leipzig, C. Güttich.) 1. 60

— de l'Oberland Bernois, s.a. Album vom Berner Oberland.

Souvenir de l'Oberland Bernois. (*Umschlag:* Album vom Berner Oberland.) [Couverture illustrée.] [II p. + 27 planches.] 8-obl. Interlaken et Lucerne, Prell & Eberle, [1902]. [relié fr. 3. —]

Sängerbund,

--Nord-östlicher ... Official souvenir. 24 nos. Balt. 1877-1904.

Offizielles Souv. Z Andenken an die 50. Gen Versammlung (Goldenes Jub) d Dten Römisch-Kath Central-Vereins. Cincinnati, 1905.

Souvenir, offizielles, der 1. internationalen Jagd-Ausstellung Wien 1910. (25 S. Abb.) 20,5×27,5 cm. Wien (910). (W. Frick.) 2. —

Vereinigte Sänger v NY. Off Souv ... Großes Lokal Sängerfest ... 4. Juni 1905. NY, 1905.

Souvenir dédié aux parents... des soldats... morts à Zurich en 1871 *s.* Discours prononcés à l'occasion de l'inauguration du monument érigé au cimetière catholique de Wiedikon....

Souvenir du 8 juin 1897 De la part de Mr le pasteur H(enri) Bonnefon et des familles Déonna, Séverin et Bonnefon. (Guglielma Marguerite Bonnefon née Déonna. 10 Mai 1873—8 Juin 1897.) 8. *s. l.* [1897].

— le, du pensionat. Journal destiné à l'étude de la langue française. (Mit deutschen u. engl. Anmerkgn.) Réd.: A. Reitzel. 8. année 1888. 26 nrs. (B.) gr. 8. Lausanne. Leipzig, Echo-Expedition. n. 4. — Fortsetzg. s.: l'Écho littéraire. Die dort angeführte Verleger-Angabe ist zu ändern in: Echo-Exped. in Leipzig.

—— le, du pensionat. Journal destiné à l'étude de la langue française. (Mit deutschen und engl. Anmerkungen.) Rédact.: A. Reitzel. 8me année 1888. 26 nrs. (Bog.) gr. 8. Lausanne. (Leipzig, Gustorff.) *

Souvenir offert par le presbytère de l'Église réformée française de Francfort s. M. à l'occasion du trois cent cinquantième anniversaire de sa fondation célèbre du 24 au 27 avril 1904. (Vorr.: Charles Correvon.) Francfort s. M. 1905: Knauer. 104 S. 8°

Deutscher Kath Verband v Ill. Souv u Prog f die 9. Staatsversammlung, 19.-21. Mai 1901. Chicago, 1901.

— du Rhin. Album de vues pittoresques entre Mayence et Cologne. Ems (853.) Kirchberger. qu. 4. (15 Stahlst.) n. 2 ₰.

Souvenir du Rigi. 12 Ansichten in Photolithographie. Leinwanddecke mit Goldpressung. Luzern, C. F. Prell. 1875. 3. —

Souvenir du Righi. Mit 16 Ans. 12. Luzern, C. F. Prell. 1876. 3. —

— s.a. Souvenirs ...

— du Rigi. Ausg. 1880. qu. 16. (16 Photogr.-Imitationen.) Ebend. 880. geb. 1. 60

—— du Righi. qu. 8. (14 Photogr.-Imitationen.) Luzern 887, Prell. In Leinw.-Carton *

—— dass. — Kleine Ausg. qu. 16. (12 Photogr.-Imitationen.) Ebendas. 887.

Souvenir an den Rigi, die Königin der Berge. Mit Ansichten. 56 Stn. 8. Luzern, A. Petermann. 1. 20 1871.

Souvenir de la = an die Riviera. 60 vues d'après des photographies...: Ventimiglia, Bordighera, Ospedaletti, San Remo, Alassio, Savona, Pegli, Gênes, Nervi, Santa Margherita, Portofino, Rapallo, Spezia, etc. Texte français par: Georges Verdène. Directeur = Herausgeber: Julius Laurencic. Französisch-Englisch-Deutsch.... *Kopftitel:* Album illustré = Illustriertes Prachtalbum.... IV + 36 p. fol.-obl. Zurich, César Schmidt, [1903]. [fr. 3. —]
Sep.-Ausg. (nur anderer Umschlag) von: Album Illustré Balnéaire.... Illustriertes Prachtalbum [der] Bäder und Kurorte. Liefg. 9 & 10.

—— du St. Gothard. qu. 8. (20 Holzschntaf.) Zürich 883, Schmidt. * 1 60

Souvenir de St Moritz, Haute-Engadine.... ([Hrg. vom] Kur- und Verkehrsverein von St. M'....) [Mit Vignetten und 4 Tafeln.] IV + 32 S. 8. Samaden, Engadin Press Co, (1910).

Rheinischer Sängerbund, NY. Souvenir ... 1847-1902: 52 jhr Jub und Fahnenweihe, 12. Okt 1902. NY, 1902.

Souv für das 17. Natle Sängerfest des Nordöstlichen Sängerbundes ... 22.-27. Juni 1894. Redigirt v Winter u Thoma. NY, 1894.

Nord-östlicher Sängerbund v A. Souv f d 17. Natle Sängerfest ... abgeh vom 22. bis 27. Juni 1894 in NY ... Ed: Joseph Winters and L. F. Thoma. NY, 1894. See also no. 11199.

— von St. Gallen. qu. 16. (10 Photogr.) Genève 888. (St. Gallen, Hasselbrink.) geb. n. 3. 50; Cabinetformat n. 7. —

— v. St. Gallen. Leporello-Album. qu. 16. (12 Bl. Photogr.-Imitationen.) St. Gallen 891. Busch & Co. In Leinw.-Decke. n. — 80

Deutscher Veteranen-Bund 1870/71.
--Souv z Sedanfest, 3. Sept 1905, und 2. Sept 1906. NY, 1905-06. 2 pts.

— von Stettin. 16. (16 lithogr. Ansichten.) Stettin 884, Spaethen. geb. 1 50

Souvenir. En s' de M. Edmond-Auguste Strohl, né à Strasbourg le 26 janvier 1817, mort à Cannes le 22 janvier 1894. 8. Bâle 1894.

— de la Suisse. qu. 16. (15 Farbendr.) Zürich 892. C. Künzli. In Leinw.-Decke. n. 1. 50

Souvenir de la Suisse aux internés français. [Couverture illustrée.] 8. *s. l.* 1871.

Souvenir de la Suisse ([aux] soldats [français internés]). [Avec 1 planche.] 8. Berne (1871).
Ed. A. — *Ed. B.*

— de la Suisse en vues pittoresques. qu. 4. (40 Stahlst.) Darmstadt 869, Lange. geb. *

Souvenir der Trinity-Loge Nr. 12, f. & a. m. zu New-Yorck, zur Feier ihres hundertjährigen Bestehens hrsg. von dem histor. Comité der Loge. 1895. New York 1895. H: *Litthauer, Gotthardt A., Otto F. Jentz & Wilh. Hassloch.* (wolfstieg I, 691)

Souvenir der vereinigten Schweizer Vereine von St. Louis, U. S. A. 1904: Weltausstellungsplatz, Swiss Day Aug. 19; Lemp's Park, Schweizer Volksfeste Aug. 21—22. [Mit Noten und vielen Illustrationen.] IV + 96 S. quer-4. (St. Louis, Mo., Co-operative Printing House.)

Souvenir Viège Zermatt. [Illustré.] II + 20 p. 8. Bern, Hubacher & Biedermann, [1901].

— de mon dernier voyage à Paris. 8. Zürich 799. Orell. 20 *gr*

— de mes voyages en Angleterre (par J. H. Meister). II Tomes. 12. Zürich 795. Orell. 1 *rℓ* 8 *gr*

Souvenir. En S' de Frédéric-William Georg-Wacker, décédé à Bâle le 2 Novembre 1903. [Avec portrait-planche.] 14 p. 8. [Bâle, Franz Wittmer, 1903.]

— de Wiesbaden, Schwalbach, Ems et Schlangenbad. 15 vues et un panorama d'Ems. qu. gr. 16. le même 844. eleg. geb. n. 1⅙ *rℓ*

Souvenir de Zürich. 18 Abbild. Luzern, Prell. 1883. Feine Ausgabe 1 50
Billige „ 1 —

Gesang-Verein Eintracht (Union Hill, NJ). 1855-1905. Souv Buch f d 50. Jub, 23-29. Juli 1905. Ed: Georg F. Herz. Union Hill, NJ, 1905.

Souvenir-Kalender für das gemeine Jahr 1855. 32. Wien. Leopold Grund.

Souvenir-Kalender für das Schaltjahr 1856. Wien. Zu haben bei Leopold Grund. (16 Bl. 16.)

Souvenir-Kalender für das gemeine Jahr 1857. Wien. Zu haben bei Leop. Grund. (16 Bl. 16.)

Souvenirkalender für das gemeine J. 1858. Wien. Zu haben bei Leop. Grund. (10 Bl. 12.)

Souvenir-Kalender für das J. 1862. 32. (... S.) Wien 861, Gorischek's Universitäts-Buchh.

Souvenir-Kalender für die J. 1863—68. 32. (à Jahrg. ca. 24 S.) Wien, Gorischek's Universitäts-Buchh. à Jahrg. *

Souvenir-Kalender für die J. 1869—1875. 32. (à 24 S.) Wien, Gorischek's Universitäts-Buchh. à Jahrg. *

Souvenir-Collection. Graudenz. 16. (18 Lichtdr. m. 1 Bl. Text.) Graudenz 890. Gaebel. In Mappe. n. 1. 20

— Rocco. Ausg. B. Berlin I. 16. (17 Lichtdr. m. 1 Bl. Text.) Leipzig 890. Rauert & Rocco. In Mappe. n. 1. 20

— dasselbe. Bremen. 16. (17 Lichtdr. m. 1 Blatt Text.) Ebd. 890. In Mappe. n. 1. 20

— dasselbe. München. 16. (17 Lichtdr. m. 1 Bl. Text.) Ebd. 890. In Mappe. n. 1. 20

Souvenir-Programm der ... General-Versammlung des Deutschen Römisch-Katholischen Staats-Verbandes und Volks-Vereins von Pennsylvania, Abgehalten zu ... vom ... bis ...: 1907?
Published by Deutsch Römisch-Katholischer Staats-Verband und Volks-Verein. Location and dates vary.
South Bethlehem, PA

--Souv Progr d Gen-Versammlung, no. 13 (1906). Phila, 1906.

Souvenir-Programm. Erste Jahres-Konvention des Deutsch-Amerikanischen Verbands vom Staat New York und Feier des Deutschen Tags, arrang. von d. Verein d. Deutschen von Troy ... (Troy, N. Y. 1907: Troy Freie Presse.) quer-8°
[Umschlagt.:] Official Program of the convention of the German-American State Alliance of New York ... 1907.

Vereinigte Sänger v Phila. Souv Progr. 25. Jub 1880-1905 ... 6.-7. Dez 1905. Phila, 1905.

Sängerbund (Joliet, Ill). 1870-95: souv Progr - silbernes Jub, 14.-15. Aug, 1895. Chicago, 1895.

North. American Sängerbund,
--Southern District. Offizielles Souvenir Program. Birmingham, 22.-24. Sept 1907. Birmingham, 1907.

North Pacific Sängerbund. Souvenir program, 4th ann Sängerfest ... Portland, Ore. July 21-24, 1905. Portland, 1905.

Deutscher Tag [Phila]. Souv Progr, 1891 and 1892. 2v. Phila, 1891, 1892.

Souvenirs de Bâle. gr. 16. (32 Holzschntaf. m. lith. Plan in qu. gr. Fol.) Basel 875. (Binningen, Kompe.) 2. 15

Souvenirs de Bâle. gr. 16. (32 Holzschntaf. mit lithogr. Plan in qu. gr. Fol.) Basel 875. (Binningen, Kompfe.)

Souvenirs de Berlin en 1833. E. *s.* [Chavannes, Mlle Herminie].

Souvenirs d'une Bleue, élève de Saint-Cyr, hrsg. von Konr. Meier, s.: Hartmann's, K. A. Mart., Schulausgaben französischer Schriftsteller. Nr. 25.

Souvenirs d'un citoyen. Berlin 1787. 1794. V: *Formey, Johann Heinrich Samuel.* (Pr) »1789« (Ky) (MGT) (Pr) (Milchs) (ADB 19, 628)

Souvenirs, d'un Citoyen, (par Mr. Formey). 2 Vol. avec frontispice. gr. in-8. Berlin 789. (Leipzig, Fr. Fleischer.) $1^5/_6$ ℛ

– s.a. Souvenir ...

Souvenirs de Tante Claire.... Genève et Bâle, Paris 1895 s.a. (Aubert.) Claire.

Souvenirs de Tante Claire, précédés d'un avant-propos de M. *Ernest Naville* et d'une lettre de la Comtesse *Agénor de Gasparin*. In-12°. 187 p. Genève et Bâle, Georg & Co. 2 —
1895.

Souvenirs critiques et remarquables des petits cantons Suisses; enth. das Bildniß Wilhelm Tells, Ansicht von Ruttli, von Tells Capelle u. mehr. Aarau, Sauerländer. 813.

— s. auch Erinnerungen an Polen.

Souvenirs historiques. I—III. gr. in-8. Leipzig 835, 36. [Wolfenbüttel, Holle'sche Buchh.] [I. II. ($14^1/_4$ B.) 835. à $^2/_3$ Thlr., III. ($4^3/_4$ B.) 836. $^1/_2$ Thlr.]

— historiques. I—III. gr. in-8. Leipz. 835. (Melzer.) $1^5/_6$ ℛ

— d'un homme du monde, ou recueil de diverses pensées de bons mots etc. 12. Paris. (Kupferberg, Mayence.) 789. — 12

— — les mêmes. II Vol. 8. Paris. (Sommer à Lpz.) 1 16

— de l'Italie. Livr. I—VI. (à 4 Kpfr. u. Text.) Fol. Paris 833. Rittner et Goupil. (Leipzig, Rud. Weigel.) à Livr. n. 2 ℛ color. à n. $5^1/_3$ ℛ

Souvenirs d'Italie, d'Angleterre et d'Amérique, par F. A. Chateaubriand. 12. Altenburg, Brockhaus. 816.

—— du Lac des quatre cantons. 2e édit. qu. 16. (16 Photogr.-Imitationen.) Luzern 876, Prell. geb.

Souvenirs de Lavey s. T[œpffer], R[odolphe].

Souvenirs de Mayence, Collection de gravures sur acier représentant les monumens les plus remarquables de cette ville. 4. (10 Stahlstiche u. 20 Blätter buntes Papier.) Mayence 844, Le Roux. (E. Janitsch et B. Kunkel.) In Etui n. $1^1/_2$ ℛ

Souvenirs pittoresques de la terre sainte, s. Bilder aus dem heil. Lande.

Souvenirs poétiques. 16. Leipz. 803. Er. Fleischer. 12 gr

— de la Pologne, historiques, statistiques et litteraires, publ. par une Reunion de Litterateurs polonais. Livr. I—IV. Avec Lithogr. Lex.-8. Paris 833. (Leipzig, Bossange père.) n. $2^1/_4$ ℛ

— les, d'un jeune prisonnier. 8. Hamb. 795. (A. Campe). 8 gr

— les, d'un jeune Prisonnier. 8. Hambourg, Hoffmann. 795. — 8

— — le même livr. 8. Paris. (Sommer à Leipzig.) 795. — 10

—— du Rigi, avec texte explicatif, composé par J. C. Wirz-Widmer, et trad. en français par C. G. Schlotterbeck. (A. m. d. Futteral-Ttl.: Erinnerungen an den Rigi. (Franz. u. Deutsch.) qu. gr. 8. (8 Bl. Text u. 6 col. u. auf farb. Pap. gekl. Ansichten.) Zuric 838. [Leipzig, Volckmar.]

— du Rigi, avec texte explicatif, composé par J. C. Wirz-Widmer, et trad. en français par C. G. Schlotterbeck. (A. m. d. Futteral-Titel: Erinnerungen an den Rigi. Franz. u. Deutsch.) Mit 6 color. Ansichten. qu. gr. 8. Zürich 838. Wirz-Widmer. $1^5/_8$ ℛ

—— du Righi. qu. 16. (16 Photogr.-Imitationen.) Ebendas. 876. geb.

– s.a. Souvenir ...

Souvenirs de St. Petersbourg, s. Erinnerungen an St. Petersburg.

Souvenirs du vieux Strasbourg. 50 planches avec texte explicatif par Ad. S(eyboth). Fol. (12 S. Text.) Strassb. i. E. 891, J. H. E. Heitz. In Mappe * 12 —

Souvenirs du vieux Strasbourg. Strasbourg [1892]. V: *Seyboth, Adolph.* (Cat. d. Stadtbibl. Zürich. Zürich 1864—97.)

Souvenirs de la Suisse. 35 feuilles, représentant les points de vue les plus remarquables de la Suisse, gravées sur acier. Basel 868. Krüsi. qu. Fol. In engl. Einb. mit Goldschn. n. 5 ℛ 15 ngr

Souvenirs de la Suisse. 8 aquarelles. qu. Fol. Berlin 898. W. Schultz-Engelhard. n. 12. —

Souvenirs d'un vétéran. Edition provisoire. [Kiel 1848.] V: *Buchwald, Henri de.* (schles)

Souvenirs d'un voyage par le Stilvio au lac de Côme en 1825. S. l. [1826]. V: *Wessenberg, Johann Philipp Freiherr von.* (Margr)

Souvenirs de mes voyages en Angleterre. Zuric 1795 s.a. [Meister, Jacob Heinrich.]

Souvenirs de mes voyages en Angleterre. Zürich 1795. V: *Meister, Jacob Heinrich.* (Ky) (MGT)

Souvent, Alois

Souvent, A., Karte des Salzkammergutes in Oberösterreich. 3. Aufl. Fol. (2 Bl.) Linz 872, Ebenhöch's Buchh. aufgez. in Carton * 4 50

Souvent, Al. Das Salzkammergut in Oberösterreich. Wien. 1840. Folio.

Souvent, Alois, Katastral-Wappen-Archivar zu Linz: Uebersichtskarte der neu organisirten Gerichts- und Verwaltungsbezirke der Kronländer Erzherzogthum Oesterreich ob der Enns und Herzogthum Salzburg, verfaßt im Jahre 1854 von .... 1 Bl. 27 Z. hoch, 30 Z. br. Längen- und Breitengrade in 60 Theile getheilt. In der rechten unteren Ecke sind nebst einer Zeichenerklärung Maßstäbe: 4 Meilen à 4000 Wr. Klftr. = 1 Wr. Zoll, 4 deutsche oder geographische Meilen 15 auf einen Grad, nebst 3 Miriametern. Zinkdruck von Wernigk in Wien.

Souveraine, an die, der rhein. Konföderation, üb. das Recht, ihren Staaten eigene Landes-Bischöfe u. eine bischöfl. Diözesan-Einrichtung nach Gutbefinden zu geben. Ein patriot. Wort zu seiner Zeit von Dr. H., einem kathol. Kanonisten (F. A. Frey). gr. 8. Karlsr. 812. Braun. 6 gr (Wesché in Frankf. a. M.) 8 gr

— — dass. v. Fr. gr. 8. Bamb. Göbhardt. 813.

Souveränität, d., des Papstes hat keinen historischen Grund. 8. Lpz. Kleyb. 790.

Die Souveränetät d. Papstes hat keinen histor. Grund. *Leipz.* 791. 8.

—die, u. das Veto des St. Gallischen Volks. 8. St. Gallen 831. Büreau d. Freimüth. 4 ß

Souveränitäts-Brevier, e., f. das deutsche Volk u. seine Nachbarn. Kundgebungen d. „Hohen Loge" zu Köln a. Rh. 1. Stück: Die Energie. gr. 8. (14 S.) Leipzig-Gohlis (Langestr. 45) 897. H. Barenberg. n. — 20

— dasselbe f. d. deutsche Volk u. s. Reichsnachbarn. Neue Folge: Die Dimension. gr. 8. (14 S.) Ebd. 897. 98. n. — 20

— dasselbe. Kundgebungen d. Hohen Loge „L. a. B." 3. Stück: Die Macht. gr. 8. (15 S.) Ebd. 898. n. — 10

Würtembergs Souveränitäts-Missbräuche. Teutschland 1814.
Weller, fing. Dr. — Rar!

Souvestre, Emile, les anges du foyer, s.: Bibliothèque contemporaine.

Souvestre, Emile, Anton, od. d. Reiche u. d. Arme. Schausp. in 5 Aufz. N. d. Franz. v. Aug. Gathy. 8. (6¾ B.) Hamburg 838, Hoffmann u. Campe.

Souvestre, Emile, Bekenntnisse e. Arbeiters. Deutsch v. W. Bovermann. (106 S.) 8. Leipzig (908). O. Spamer. — 80; geb. in Leinw. 1. 20

Souvestre, Emile, der Bettler von St. Rochus, s. Novellen-Sammlung.

Souvestre, Emile, Au bord du lac, hrsg. v. P. Huot & Th. Engwer, s. a. Prosateurs français.

Au bord du lac par Émile Souvestre. Auswahl von 2 Erzählungen. Mit Anm. z. Schulgebr. hrsg. von Dr. P[aul] Huot, Dir. zu Berlin. [Nebst] Wörterbuch. *Bielefeld & Leipzig: Velhagen & Klasing 1900.* 2 Bde 8°
— Sammlung, Velhagen & Klasings, franz. u. engl. Schulausgaben. Prosateurs franç. Lfg 119 A. [01. 4691

Au bord du lac par Émile Souvestre. Auswahl von 2 Erzählungen. Mit Anm. z. Schulgebr. hrsg. von Dr. P[aul] Huot, Dir. zu Berlin. [Nebst] Anm. *Bielefeld & Leipzig: Velhagen & Klasing 1900.* 2 Bde 8°
— Sammlung, Velhagen & Klasings, franz. u. engl. Schulausgaben. Prosateurs franç. Lfg 119 B. [01. 4698

—— Bianka Capello, s. Bildergallerie, romantische. 7. Bd.

— le chevalier de Lorraine. Hrsg. v. Frdr. Speyer. I. Tl.: Einleitg. u. Text. II. Tl.: Anmerkgn. u. Wörterverzeichnis. 8. (VIII, 133 S.) Leipzig 896. G. Freytag. Geb. in Leinw. u. geh. n. 1. 10

Souvestre, Emile. Le Chevrier de Lorraine, s. a. Textausgaben französischer u. englischer Schriftsteller.

Souvestre, Émilie, Le chevrier de Lorraine. Herausgegeben von Friedrich Speyer. I. Theil: Einleitung und Text. II. Theil: Anmerkungen und Wörterverzeichniss. 8. (I. Theil: VIII, S. 1—75, II. Theil. S. 76—133.) Geb. —.70
Prag: Tempsky 1896.

Souvestre, Émile, Choix de contes et recits, s. Bibliothèque instructive des écoles secondaires.

Souvestre, E., choix d'oeuvres, s.: Sammlung französ. Lesestücke.

— Au coin du feu, s.a. Auteurs français.

Souvestre, Emile, au coin du feu, s. a. Bibliothek gedieg. u. interess. französ. Werke.

— — s.a. Bibliothèque moderne.

— Au coin du feu, hrsg. v. C. Humbert, s.: Hartmann's, K. A. Mart., Schulausgaben.

— Au coin du feu, hrsg. v. J. Bauer u. Th. Link, s.: Klassiker-Bibliothek, französisch-englische.

— dasselbe. s. a. Prosateurs français.

— dasselbe, s. a. Reuter's Bibliothek f. Gabelsberger-Stenographen.

Souvestre, Émile, au coin du feu, hrsg. v. Alfr. Mohrbutter, s.: Schulbibliothek, franz. u. englische. A.

— **au coin du feu. Avec des notes grammaticales et etymologiques à l'usage des classes supérieures et moyennes des écoles des deux sexes par C. M. Sauer. 2. Edit. Leipzig 870. (Kittler.) 8. (VIII, 167 S.)** n. 12 ngr.

—— Au coin du feu. Nouv. édit. 8. (VIII, 236 S.) Leipzig 873, Wilfferodt. *

— au coin du feu. Avec des notes grammaticales et étymologiques à l'usage des classes supérieures et moyennes des écoles des deux sexes par C. M. Sauer. 4 éd. 8. (VIII, 165 S.) Leipzig 875. Kittler. n. 1. 20

— au coin du feu. Hrsg. u. mit Anmerkungen versehen von A. Güth. gr. 8. (VII, 159 S.) Berlin 877. Weidmann. 1. 50

—— au coin du feu. Hrsg. und mit Anmerkungen versehen von A. Güth. gr. 8. (VII, 159 S.) Berlin 879, Weidmann'sche Buchh.

— dasselbe, avec des notes grammaticales et étymologiques à l'usage des classes supérieures et moyennes des écoles des deux sexes par C. M. Sauer. 5. éd. 8. (IX, 165 S.) Leipzig 879. Kittler. n. 1. 20

— dasselbe. Hrsg. u. mit Anmerkungen versehen von O. Schulze. 1. u. 2. Bdchn. Mit 2 Anhängen. gr. 8. (V, 80 u. IV, 91 S.) Leipzig 879. Teubner. à n. 1. —

—— Au coin du feu. Erklärt von A. Güth. 1. Bd. 2. Aufl. gr. 8. (96 S.) Berlin 884, Weidmann'sche Buchh. — 90

Souvestre, Émile, au coin du feu. Erklärt von A. Güth. 2. Bd. 2. Aufl. gr. 8. (III, 84 S.) Berlin 885, Weidmann'sche Buchh. [90 Pf.] 1 —
1. Bd. Ebendas. 1884. [90 Pf.] ℳ 1.—.

—— Au coin du feu. Zum Schul- u. Privatgebrauch hrsg. v. J. Bauer u. Th. Link. Mit Questionnaire u. Wörterverzeichnis. 8. (II, 123 S.) Münch. 891, Lindauer. 1 20

Au coin du feu par Émile Souvestre. Erkl. von Dr. A. Güth. 3. Aufl. besorgt von Prof. Dr. G[ustav] Lücking, Dir. zu Berlin. Bd 1. [Mehr nicht erschienen.] Berlin: Weidmann 1893. (116 S.) 8°
(Weidmannsche Sammlung franz. u. engl. Schriftsteller.)

— **Confessions d'un ouvrier**, hrsg. v. Alb. Benecke, s.: Prosateurs français.

— **confessions d'un ouvrier (Wörterbuch)**, s.: Prosateurs français.

—— confessions d'un ouvrier, s. Schulbibliothek, französische und englische.

— Gonzalès Coques. Les deux d'Abano. Le jeune homme pâle. Nouvelle éd. 12. (148 S.) Berlin 890. Neufeld & Henius. n. 1. 20

— Dorfgeschichten aus Frankreich und den Alpen. Aus dem Französ. Dresden 855. Meinhold. 8. (238 S.) 15 ngr.

— im Eck am Herdfeuer. [Daheim im trauten Kreise.] Wortgetreu nach H. R. Mecklenburg's Grundsätzen aus dem Franz. übers. v. B. W. 1. Hft. 32. (64 S.) Berlin 889. H. R. Mecklenburg. n. — 25

—— l'éclusier de l'ouest, s. Collection d'auteurs français.

— l'éclusier de l'ouest. Erklärt von J. Schirmer. 8. (47 S.) Berlin 878. Weidmann. — 45

—— L'éclusier de l'ouest. Zum Schul- u. Privatgebrauch hrsg. v. J. Bauer u. Th. Link. Mit Questionnaire, Wörterverzeichnis u. Karte. 8. (II, 99 S.) Münch. 891, Lindauer. * 1 20

— Erlebnisse eines Handwerkers. Uebers. von M. zu Bentheim-Tecklenburg. 2. Aufl. 8°. Würzburg 1858.

— s.: Erzählungen, ausgewählte.

— ausgew. Erzählungen aus Au coin du feu, erklärt v. C. Reichel, s.: Perthes' Schulausgaben engl. u. französ. Schriftsteller.

— ausgewählte Erzählungen, s.: Sammlung französischer u. englischer Textausgaben.

— Erckmann-Chatrian, Mme Charles Reybaud, französische Erzählungen, hrsg. v. G. Wolpert, s.: Schulbibliothek, französ. u. engl.

—— fünf Erzählungen aus Au coin du feu, s. Bibliothèque française.

— fünf Erzählungen aus Au coin du feu, hrsg. v. P. Huot, s. a. Prosateurs français.

Fünf Erzählungen aus Au coin du feu par Émile Souvestre. Mit Anm. z. Schulgebr. hrsg. von Dr. P[aul] Huot, Dir. zu Berlin. [Nebst] Anm. [&] Wörterbuch. Bielefeld & Leipzig: Velhagen & Klasing 1901. 3 Bde 8°
= Sammlung, Velhagen & Klasings, franz. u. engl. Schulausgaben. Prosateurs franç. Lfg 4 B.

— kleine Erzählungen, s. Sammlung französ. Autoren.

— 6 Erzählungen aus Au coin du feu u. aus Los Clairières, s.: Prosateurs français.

— Vier Erzählungen aus Au coin du feu. Für den Schulgebrauch hrsg. v. A. W. Loewenstein. (79 S.) 8. Leipzig 909. G. Freytag. — Wien, F. Tempsky. Geb. 1.—; Wörterbuch. (29 S.) Kart. — 30
(Freytag's Sammlung franz. u. engl. Schriftsteller.)

— zwei Erzählungen aus Les derniers paysans, s.: Prosateurs français.

— L'esclave u. L'apprenti. Für d. Schulgebrauch hrsg. v. Frdr. Speyer. I. Tl.: Einleitg. u. Text. II. Tl.: Anmerkgn. u. Wörterverzeichnis. 8. (VIII, 155 S.) Leipzig 897. G. Freytag. Geb. in Leinw. n. 1. 25; Ausg. f. Mädchenschulen n. 1. 25

Souvestre, Émile, L'Esclave und l'Apprenti. Für den Schulgebrauch. Herausgegeben von Friedrich Speyer. I. Theil. Einleitung und Text. II. Theil. Anmerkungen und Wörterverzeichniss. 8. (VIII, 155 S.) geb. .75
Prag: Tempsky 1897.

— Der Fabrikant, s. Universal-Bibliothek. 978.

— Filozor na poddaszu. Dziennik człowicka szczęśliwego. Dzieło przez Akad. Francuską uwieńczone. Lissa 858. E. Günther. 12. (192 S.) 25 ngr.

— le gardien de vieux phare, s.: Collection d'auteurs français.

—— Der Herr Gemahl; der Schiffsarzt, s. Makart-Bouquet.

— der Herr Gemahl der Frau von Solange. Der Schiffsarzt, s.: Collection Kikeriki.

— Geschichten aus vergangener Zeit, s. Universal-Bibliothek. 1258. 1259.

— Henri Hamelin, ou le Fabricant, s. Répertoire du Théatre français. No. 218.

— Henri Hamelin, s. Théâtre franç. moderne p. Louis, V. Série, No. 11.

— Henri Hamelin, Comédie en 3 actes et en prose. Publ. par J. Louis. 16. Leipzig 841, Melzer. 1/4 ₰

——, Henri Hamelin, Comédie en 3 act. et en prose. Publ. par J. Louis. 16. (7 1/4 B.) Leipzig 841. [Munic, Oberdorfer.]
Vgl.: Théâtre franç.

In eine Gletscherspalte gestürzt. Romant. Erzählung aus d. Alpen. Erzählt von [Émile] Souvestre. *Berlin: Tessaro-Verl. (1902).* (64 S.) 8° [F.]
— Indianer-Bücher. 39. (03. 13333)

Souvestre, s.: Indianer-Bücher.

Souvestre, Emile, die Jugendsünden. Deutsch von Heinr. Hermann. 8. (102 S.) Baden 850, Zehnder.

—— dass. — s. Novellen, drei, hrsg. von Kühne.

—— Am Kamin, s. Meyer's Volksbücher Nr. 900.

—— am Kamin, s. Universal-Bibliothek Nr. 1583 und 1584.

—— der Klettermast, s. Aula der schönen Literatur 86—89. Bdchn.

— der Klettermast. Deutsch von A. Schraishuon. 4 Bdchn. in 2 Bdn. 8. Stuttgart 846, Hallberger. 1 ₰ 6 ngl

— die Kletterstange, s.: Bibliothek, Europäische, 15 u. 16. Bd.

—— der schwarze Koffer. Aus d. Franz. Deutsch v. A. Schraishuon. 2 Bdchn. 8. (23 1/8 B.) Stuttgart 846, Hallbergersche Verlagsh.
Vgl.: Aula der schönen Literatur. 72—75. Bdchn.

— der König der Welt oder das Geld und seine Macht. Ein Roman der Vergangenheit und Gegenwart. Deutsch von A. Kretzschmar. 4 Bde. Leipzig 855. O. Wigand. 8. (303; 271; 299; 281 S.) 3 ₰.

– Peter Landais, s. Bibliothek, Europäische, der neuen belletristischen Literatur Deutschlands. 19.

Souvestre, E., Aus dem Leben eines Handwerkers. (Deutsch von P. H. Sillig.) 2. durchges. Aufl. 8°. Leipzig, Costenoble, 1857.

— le mari de Madame de Solange. Le chirurgien de marine. Nouvelle éd. 12. (147 S.) Berlin 890. Neufeld & Henius. n. 1. 20

— der Mensch u. d. Geld, s.a. Bibliothek, Europäische, 54. u. 55. Bd.

—— der Mensch u. das Geld. Frei nach dem Franz. von A. Rosas. 2 Bde. 8. (26 B.) Altona 843, Hammerich.

— le mousse, s. Bibliothek gediegener u. interessanter französ. Werke, herausg. von Goebel.

— le Mousse, s. Théâtre franç. par Schütz, VII. Série, No. 10.

—— Nouvelles rustiques, s. Sammlung interessanter Erzählungen und Novellen der neuesten französ. Literatur.

—— am warmen Ofen. Drei Erzählungen aus dem Volksleben. In das Deutsche übertragen und mit einer Biographie des Verf. versehen von Rud. Müldener. 8. (X, 86 S.) Langensalza 868, Beyer und Söhne.

— les derniers paysans. Hrsg. u. mit Anmerkungen versehen von J. Schirmer. 1—3. Bdchn. gr. 8. Berlin 877. 78. Weidmann. 2. 70
1. Le Kacouss de l'Armor. La Groac'h. (63 S.) — 60
2. Les boisiers. La fileuse. (88 S.) — 90
3. La viole blanche. Les Bryérons et les sauniers. La chasse aux trésors. (VII, 126 S.) 1. 20

— Peter Heinrich der Strenge, oder Erlebnisse eines Arbeiters. Aus dem Französ. Aarau 854. Christen. 8. (182 S.) 12 ngr.

—— ein Philosoph in der Dachstube, s. Universal-Bibliothek Nr. 769 und 770.

—— der Philosoph in der Dachstube. Tagebuch eines Glücklichen. Deutsch von A. Diezmann. (Gekrönte Preisschrift.) 1. Ausg. 1850. und 2., nach Ertheilung des Preises veranstaltete Ausg. 8. (IV und 181 S.) Leipzig 851, [Costenoble.]*

— un philosophe sous les toits, s.a. Bibliothek gediegener u. interessanter französ. Werke.

—— un philosophe sous les toits, s.a. Bibliothèque française.

– – s.a. Bibliothèque moderne.

— un philosophe sous les toits ou Journal d'un homme heureux, hrsg. v. Geo. Stern, s.: Prosateurs français.

— un philosophe sous les toits, s.a. Sammlung französ. u. engl. Textausgaben z. Schulgebrauch.

— un philosophe sous les toits. Journal d'un homme heureux. Mit grammatical. u. sachl. Anmerkgn. u. e. vollständ. Wörterbuche f. den Schul- u. Privatgebrauch hrsg. v. Ed. Hoche. gr. 16. (190 S.) Leipzig 872. E. Fleischer. 1. 40

— un philosophe sous les toits. Journal d'un homme heureux. Ouvrage couronné par l'académie française. Nouvelle éd. 8. (142 S.) Leipzig 877. Wilfferodt. n. 1.—

Souvestre, Émile, un philosophe sous les toits. Journal d'un homme heureux. Ouvrage couronné par l'Académie française. Mit grammat. und sachl. Anmerkungen und einem vollständ. Wörterbuche für den Schul- und Privatgebrauch hrsg. von Ed. Hoche. 2. ganz neu bearb. und mit einer kurzen Biographie verseh. Aufl. 8. (VII, 182 S.) Berlin 881, Friedberg und Mode.

— le cousin Pierre, hrsg. v. J. Wychgram, s.: Prosateurs français.

— dans la prairie. Nouvelle éd. 8. (144 S.) Leipzig 883. Wilfferodt. n. 1. —

—— Schriften; deutsch bearb. v. Jul. Schoppe. 6 Thle. 8. Altona, Hammerich.
A. u. d. Ttln.:
Thl. 1., 2. Frauenloos. In vier Erzähln. frei n. d. Franz. 2 Thle. (26½ B.) 837. 2 Thlr. 8 Gr.
" 3., 4. Reich u. Arm. Roman. N. d. Franz. v. Jul. Schoppe. 2 Thle. 8. (25⅝ B.) 837. 2 Thlr. 8 Gr.
" 5., 6. Das rothe Haus. 2 Thle. 8. (25¼ B.) 838. 2 Thlr. 8 Gr.

— ausgewählte Schriften. 2 Bde. Leipzig 857. Costenoble. 8. Jeder Bd. 15 ngr.
1. Bd.: Der Philosoph in der Dachstube. Tagebuch eines Glücklichen. Deutsch von Aug. Diezmann. 3. durchges. Aufl. (VII, IV, 170 S.)
2. Bd.: Aus dem Leben eines Handwerkers. Deutsch von P. H. Sillig. 853. — 2. durchges. Aufl. (2 Bl., IV, 176 S.)

— Souvenir, s.: Sammlung französ. Lesestücke.

— souvenirs d'un vieillard. Précédés d'une notice biograph. et littéraire par Vict. du Plessis. 2. édit. Berne 857. (Leipzig, Brockhaus.) 8. (XXXII, 199 S.) n. 15 ngr.

— — 2 vols. Bâle (855.) Georg. 32. (LX, 196; 180 S. u. lith. Portr.) n. 1 ₰.

— Südfrüchte, s.: Bibliothek, Europäische, 347. Bd.

— Sulpice. General Guillaume, s.: Bibliothek, Europ., 38. Bd.

— théâtre de la jeunesse, hrsg. v. J. Jacoby, s.: Théâtre français.

— sous la tonnelle, hrsg. v. Gg. Buchner, s.: Klassiker-Bibliothek, französisch-englische. 34.

— Sous la tonnelle, hrsg. v. P. Huot, s.: Prosateurs français.

-- sous la tonnelle. Nouvelle éd. 8. (235 S.) Leipzig 871. Wilfferodt. n. 1. 20

—— Sous la tonnelle. Nouv. édit. 8. (235 S.) Leipzig 874, Wilfferodt. *

— sous la tonnelle. Für höhere Lehranstalten ausgewählt u. mit einleitender Biographie nebst Anmerkungen hrsg. von Th. Weischer. 8. (VIII, 111 S.) Köln 882. Warnitz & Co. n. 1. 20

— aus der Verbannung, s.: Bibliothek, Europäische, 654—658 u. 850. Bd.

—— die Verworfenen u. die Auserwählten. Aus d. Französ. übers. 9 Bdchn. in 3 Bdn. 8. (54¼ B.) Stuttgart 846, Hallberger'sche Vrlgsh.
Vgl.: Aula der schönen Literatur. 33—41. Bdchn.

— ein Wassertropfen, s.: Bibliothek, Europäische, 31 u. 32. Bd.

Souvestre, Emile, Werke, s. Bibliothek, europäische.

— gesammelte Werke, s. Sammlung der neuern u. bessern Romane d. Franzosen.

Souvey, B[enoît]. Les conserves alimentaires préparées dans les ménages. Système de fermeture à double effet. Joint hermétique. Ouverture facile. [Par] B. Souvey, Bulle ..., Propriétaire des brevets.... [Avec 1 planche.] II + VI + 38 p. 8. Berne, Siebenmann & Co., (1903).

Souvey, B[enoît]. Das Einmachen der Nahrungsmittel «Conserven» im Haushalte. Doppelwirkendes Verschluss-System, sicher und handlich. Luftdichter Verschluss. Leichtes Oeffnen. [Von] B. S', Bulle..., Patentinhaber.... [Mit 1 Tafel.] II + VI + 42 S. 8. Bern, Siebenmann & Co., (1903).

v. Souza, Frau, die Gräfin v. Fargy. Nach d. Französ. v. K. L. M. Müller. 2 Bdchen. 8. Leipz. 823. Hinrichs. 2 ß 6 gr

Souza, Antonio Ennes de, Hütteningenieur aus Maranhâo (Brasilien): Ueber A m a l g a m e. Zür. Zürcher u. Furrer Dr. 1879. 73 S. 8°
Zürich, Phil. Diss. [v. 29. Jan. 1880].

de Souza, Antonio Veiga [app. Arzt, geb. in Lissabon]: Zwei Fälle von „Juveniler Form der Muskelatrophie". (Erb.) Ein Beitrag zur Lehre von der „Dystrophia muscularis progressiva". . . . Kiel, Verl. v. Lipsius & Tischer, 1888; 30 S. u. 5 Taf. 8°
Kiel, Med. Fak., Inaug.-Diss. v. 20. Sept. 1888

Souza, A. V. de, zwei Fälle v. „juveniler Form der Muskelatrophie" [Erb]. Ein Beitrag zur Lehre v. der „Dystrophia muscularis progressiva". Inaug.-Diss. gr. 8. (25 S. m. 5 Lichtdr.-Taf.) Kiel 888. Lipsius & Tischer. n. 2. —

Souza, Joaquim Gomes de, Anthologie universelle, s. Anthologie.

O perfeito Portuguez. Der perfekte Portugiese. Eine Anleitung ohne Lehrer Portugiesisch richtig lesen, schreiben u. sprechen zu lernen. Mit beigefügter vollst. Aussprache-Bezeichnung. Von Dr. G. **Souza** de Castro. 2. Aufl. rev. u. verb. von B. Casagrande. *Schweidnitz & Leipzig: C. Lerch (1902).* (223 S.) 8° [Aut. u. F.]
= Cray, Collection. [11.] [04. 8885 2

de Souza Fontes, Ludwig Ribeiro (geb. am 21 Dez. 1856 in Rio de Janeiro): Beiträge zur anatomischen Kenntniss der Hautdecke des Ornithorhynchus paradoxus ... Bonn, Druck v. J. Trapp (1879). 16 S., 1 Bl., 1 Taf. 4.
Bonn, Med. Fak., Diss. v. 26 Juli 1879

Sovet, die physische Erziehung der Kinder von der Geburt bis zur Pubertät. Aus dem Französ. Leipzig 862. Abel 8. (VIII, 214 S.) n. 24 ngr

Sovremennik

Sowremennik, Nikolaus II. Enthüllungen. Mit Geheimdokumenten u. Reden des Zaren. (In russ. Sprache.) (331 S.) 8. Berlin, Stuhr's Verl. 6. —
1909.

[Russ.] **Sovremennik**: Nikolaj II. Razoblačenija. Izd. 2., ispravl. i dopoln. S tajnymi dokum. i rěčami carja. Berlin: Caspari 1910. 339 S. 8°
[Auf d. Umschl.:] Sowremennik: Enthullungen über Nikolaus II. [10. 13460

Sowremennik, Nikolaus II. Enthüllungen. 2. verm. u. verb. Aufl. 3.—4. Taus. Mit Geheimdokumenten u. Reden des Zaren. (In russ. Sprache.) (340 S.) 8. Berlin 910. H. Caspari. 6. —
1. Aufl. (331 S.) 909. 6. —

Sowa, Rudolf von

Sowa Dr. R. v.: Zur Aussprache des Westarmenischen. 10. Mähr.-Trübau 82.
Progr.

v. Sowa, Rudolf Die mährische Mundart der Romsprache. 8 (19 S.). **Progr.** Erstes deutsch. k. k. G. *Brünn* 1893.
Auch in Xenia Austriaca III (1893).

v. Sowa, Rudolf: Die Mundart der catalonischen Zigeuner. 8 (S. 13—23). **Progr.** Erstes deutsches k. k. G. *Brünn* 1897.

Sowa, Rud. v., die Mundart der slovakischen Zigeuner. Hrsg. mit Unterstützung der kaiserl. Akademie der Wissenschaften in Wien. gr. 8. (X, 194 S.) Göttingen 887, Vandenhoeck und Ruprecht's Verlag. 7 —

v. Sowa, Rudolf Die Nominalbildung in den Algonkinsprachen. 8 (18 S.). **Progr.** Erstes deutsches k. k. G. *Brünn* 1891

Sowa R.: Proben aus „Sorathi." Dichtung v. F. Holzhausen, mit einem Vorworte. 10. Mähr.-Trübau 83.
Progr.

Sowa, Rud. v.: W ö r t e r b u c h d. Dialekts der deutschen Zigeuner, s.a. A b h a n d l u n g e n f. die Kunde des Morgenlandes, XI, 1.

Wörterbuch des Dialekts d. deutschen Zigeuner zsgest. v. Rudolf v. **Sowa**. *Leipzig: In Comm. bei F. A. Brockhaus; (Dr. v. G. Kreysing) 1898.* (XIV, 128 S.) 8.
= Abhandlungen f. d. Kunde d. Morgenlandes. Bd XI. No 1. [98. 5427

Sowade, Georg, Referendar aus Berlin: Steht der Lebensversicherungs-Gesellschaft ein selbständiger Schadensersatzanspruch gegen denjenigen zu, welcher den Tod des Versicherten schuldhaft verursacht hat? *Rostock 1902: C. Hinstorff.* (79 S.) 8° [F.]
Rostock, Jur. Diss. v. [24. Jan.] 1903

Sowade, Johann, appr. Arzt aus Berlin, Assistenzarzt im 2. Nassauischen Inf.-Reg. No 88: Ueber seröse Cysten des Scrotums, Hodens und Samenstranges. *Hamburg 1904: Gebr. Lüdeking.* (42 S.) 8°
Heidelberg, Med. Diss. v. 1904

Sowden, W. C., Abhandl. üb. die Einimpfung der Blattern &c.; aus dem Holländ. 8. Dortmund 801. (Wundermann in Hamm). 6 gr

Sowden, W. C., über die Einimpfung der Blattern &c. a. d. Holländ. 8. Dortmund, Mallinkrodt. 801.

Sowden, Hannah, Volkspredigten; aus d. Engl. 8. Zwickau 802. Gebr. Schumann. 12 gr

[SOWER, Christopher] 1754 - 1799
Zuschrift an die Teutschen in Pennsylvanien, und benachbarten Provinzen ...
[New York. 1780]. 16 S. 4°.
Public Record Office London
Datiert S. 16: Neuyork, den 14ten April, 1780.
Vgl. Amer. Antiquarian Soc., Proceedings, XLI, 246.
Bristol B 5187.

Sowerby, J., botan. Zeichenbuch. Mit Kpf. gr. 4. Weimar 797. Ind.-Compt. 9 gr

Sowerby, J. G., u. H. H. Emmerson, die Vesperstunde. Ein Buch für Kinder mit Orig.-Illustr. 4. (64 S. m. eingedr. Chromolith.) Berlin 881. Asher & Co. cart. n. 6. —

Sowerby, James

— Conchologie minéralogique de la Grande Bretagne. Traduction française revue, corrigée et augmentée, par L. Agassiz. 8.—20. (Schluss-)Livr. gr. in 8. Mit 261 Kupft. Solothurn 842—45, Jent et Gassmann. à n. 2¾ ß — 25¾ ß (1.—7. Livr. 837—41, les mêmes.)

Sowerby, James, Großbritanniens Mineral-Conchologie, od. ausgewählte Abbildungen und Beschreibungen der Schalthier-Ueberreste, welche zu verschied. Zeiten und in verschied. Tiefen der Erde erhalten worden sind. Deutsche Bearbeitung, durchgesehen, berichtigt u. bevorwortet v. Dr. Agassiz. 1e—5e Lfrg. Mit 60 lithogr. Tafeln. gr. 8. Neuchatel 837. (Braunschweig 840. Leibrock.) à n. 3 ß — dass. mit franz. Text. Ebd. à n. 3 ß

Sowerby, James, Mineral-Conchologie Großbrittaniens, oder ausgemalte Abbildungen u. Beschreibungen der Schalthier-Ueberreste, welche zu verschied. Zeiten u. in verschied. Tiefen der Erde erhalten worden sind. Deutsch bearb. von Ed. Desor. Durchgesehen u. mit Anmerk. u. Berichtigungen versehen von L. Agassiz. 6.—8. Liefg. Mit lithogr. Tafeln. gr. 8. Braunschweig 841, 42. Solothurn, Jent u. Gassmann. (à n. 3 ₰) — 9.—20. u. Registerheft. Mit 243 Kupfr. u. Steintaf. Ebend. 842—44. à n. 2¾ ₰ compl. Ebend. (à Heft n. 2¾ ₰) n. 55 ₰

Sowerby, James, Mineral-Conchologie Grossbritaniens, od. ausgemalte Abbildn. u. Beschreibn. d. Schalthier-Ueberreste, welche zu verschied. Zeiten u. in verschied. Tiefen d. Erde erhalt. worden sind. Deutsch bearb. v. Ed. Desor. Durchges. u. m. Anmerkn. u. Berichtig. vers. v. L. Agassiz. (20 Hfte.) Lex.-8. (88 halbe B. u. 395 Stnt.) Solothurn 837—44, Jent u. Gassmann. à * 2¾ Thlr. *
Die französ. Orig.-Ausg. Ebendas., gleicht in Allem der vorstehenden.

v. Sowiński, Witold: **Über die Hydrierungsstufen der Naphtoësäuren ... Posen, Hofbuchdr. W. Decker & C., 1892; 54 S. 8.**
Berlin, Phil. Fak., Inaug.-Diss. v. 14. Juli 1892

Sowizrzał, nowy, figlarz jakich mało, z ziemi Pomorskiéj rodem. 8. (161 S. mit Holzschn.) Breslau 847. Schletter. ½ ₰

Sowka, Paul, appr. Arzt: Aus d. chir. Klinik zu Leipzig. Ueber einen Fall von Nierenechinococcus mit einer Casuistik der letzten 10 Jahre. Leipzig 1909: Georgi. 42 S. 8°
Leipzig, Med. Diss. v. 8. Febr. 1909, Ref. Trendelenburg
[Geb. 17. April 81 Leipzig; Wohnort: Ambrock; Staatsangeh.: Sachsen; Vorbildung: Gymn. Wurzen Reife O. 02; Studium: Leipzig 2, München 1, Leipzig 7 S.; Coll. 17. Febr. 09; Approb. 20. Jan. 09.] [U 09. 1883

Sowoldnich, Ernestus *(geb. Deutsch-Steine bei Ohlau 27. 6. 1822)*: De acephalo quodam humano. Vratislaviae (1847). (25 S., 1 Taf.) 8°
Breslau, Med. Diss. v. 12. Nov. 1847

Sowremennik
s. Sovremennik.

Soxhlet, v., Nährmittel-Unwesen. gr. 8. (2 S.) Leipzig (902). B. Konegen. n. 1.—
Sonderabdruck aus: „Der Kinderarzt".

Soxhlet, E., was soll ich fabrizieren? 30 Orig.-Rezepte f. Kleinbetrieb. Zugleich Nachweis bester Bezugsquellen aller Rohmaterialien. (Bibliothek fürs prakt. Leben.) (36 S.) 8. Hannover (905). Gebr. Hiller. Kart. n. 2.—

Soxhlet, Franz von

Soxhlet u. **Krauss F.**: Anleitung z. Gewinnung u. Verfütterung v. Reisig-Schrot ... (U. St.) [1894?]. 4 S. P.

Soxhlet, F., Anleitung zur Verminderung der Futterkosten u. zur Futterersparniß. Im Auftrage d. General-Comités d. landwirthschaftl. Vereines in Bayern zusammengestellt. gr. 8. (8 S.) München 893. A. Ackermann's Nachf. — 30

Soxhlet v.: Aufklärung üb. die »Propaganda« -Gelder d. Kalisyndikats u. meinen Ausschluss aus dem Düngerausschusse d. deutschen Landwirtschafts-Gesellschaft. [Münch. 1910]. 27 S. P.

Soxhlet F.: Beiträge z. physiologischen Chemie d. Milch. Diss. Leipz. 1872. 54 S. P.

Soxleth, Berichte über die in den Jahren 1892/93 und 1894/95 an der 1. Zentralversuchsstation zu München ausgeführten Untersuchungen betr. d. Kalkgehalt b. Ackerböden. München 1896
Verf. untersuchte im Auftr. d. b. Staatsmin. d. Innern 2279 Bodenproben.

Soxhlet, F., über Kindermilch und Säuglings-Ernährung. Vortrag, gehalten am 24. März 1886 im ärztl. Verein zu München. gr. 8. (16 S.) München 886, J. A. Finsterlin. * — 45
Aus: Münchener medicinische Wochenschrift, besonders abgedruckt.

Soxhlet, üb. Margarine. Bericht an d. General-Comité d. landwirthschaftl. Vereins in Bayern. gr. 8. (IV, 198 S.) München 895. J. F. Lehmann's Verl. n. 2. 40

Soxhlet, Prof. Über Margarine. Bericht an das General-Comité des landwirtschaftlichen Vereins in Bayern. In-8°. 198 S. Zürich-Oberstrass, E. Speidel. 1895. 3 20

—— Milchkochverfahren, s. Schmidt-Bonn, F. A.

— die chemischen Unterschiede zwischen Kuh- u. Frauenmilch u. die Mittel zu ihrer Ausgleichung. [Aus: „Münch. medicin. Wochenschr."] gr. 8. (16 S.) München 893. J. F. Lehmann's Verl. n. — 60

Soxhlet, F. Die chemischen Unterschiede zwischen Kuh- und Frauenmilch und die Mittel zu ihrer Ausgleichung. In-8°. 16 S. Oberstrass Zürich, E. Speidel. 1893. — 80

Soxhlet: Die chemischen Unterschiede zwischen Kuh- und Frauenmilch und die Mittel zu ihrer Ausgleichung. Vortrag. Stuttgart 1893

— e. verbessertes Verfahren der Milch-Sterilisirung. Vortrag, geh. am 6. Mai 1891 im ärztl. Verein zu München. [Aus: „Münchener medicin. Wochenschr."] gr. 8. (24 S. m. 3 Abbildgn.) Ebd. 891. n. — 80

Soxhlet, V. H., die Färberei der Baumwolle m. direkt färbenden Farbstoffen. Ein prakt. Handbuch f. Färber, Koloristen, Techniker u. Chemiker. Mit 150 gefärbten Baumwollproben u. 30 Abbildgn. gr. 8. (VIII, 259 S.) Stuttgart 901. J. G. Cotta Nachf. Geb. in Leinw. n. 15.—

—— Die Kattun-Druckerei, s. Wharton, B. F.

SOXHLET, V. H.
(F) Die Kunst des Färbens und Beizens von Marmor, künstlichen Steinen, von Knochen, Horn und Elfenbein und das Färben und Imitiren von allen Holzsorten. Ein praktisches Handbuch zum Gebrauche der Tischler, Drechsler, Galanterie-, Stock- und Schirmfabrikanten, Kammacher etc. Von V. H. Soxhlet. [Chemisch-technische Bibliothek. Bd. 286.] Wien. Pest. Leipzig. 1899. Hartleben 8°. VIII, 232 S. fl. 1.65, geb. 2.10

Soxhlet, V. H., d. Praxis d. Anilin-Färberei u. -Druckerei auf Baumwoll-Waaren. Enth. die in neuerer u. neuester Zeit in der Praxis in Aufnahme gekommenen Herstellungsmethoden: Echtfärberei m. Anilinfarben, d. Anilinschwarz u. andere auf der Faser selbst zu entwickelnde Farben. Anwendung d. Anilinfarben zum Zeugdruck. 8. (VIII, 382 S. m. 13 Abbildgn.) Wien 890. Hartleben. n. 6.—; geb. n. 6. 80
(Chemisch-technische Bibliothek. 184.)

– Die chemischen Unterschiede zwischen Kuh- und Frauenmilch ..., s. Soxhlet, Franz von

Soxleth, s. Soxhlet

Soyaux, A., Pestalozzi, seine Lehrart u. seine Anstalt. Mit Bemerkk. u. 4 Tabb. 8. Leipz. 803. Gr. Fleischer. 12 gr.

Soyaux, A. W. F., Predigten u. geistl. Reden. Nach seinem Tode ausgewählt u. zum Beßten d. städt. Armenkasse hrsg. v. J. F. C. 8. (14 B.) Glogau 828, [Flemming.]

Soyaux, A. W. F., Predigten u. geistl. Reden. Nach seinem Tode ausgewählt u. z. Besten der städtischen Armenkasse herausgg. v. J. F. C. 8. Glogau 828. N. Günthersche B. 18 gl

Soyaux, Frida [jetziger Name]
s. Schanz, Frida [Mädchenname]. (10. 2170

Soyaux, Herman

Soyaux, H., deutsche Arbeit in Afrika. Erfahrungen u. Betrachtgn. gr. 8. (VII, 182 S.) Leipzig 888. Brockhaus. n. 3. 50

Soyaux, Hermann: Berichte über meine Reise in Süd-Brasilien, s.a.B e i t r ä g e zur Förderung der Bestrebungen des deutschen Kolonialvereins.

Soyaux, Herman: Berichte über meine Reise in Süd-Brasilien. — Bln: Heymann 1887. 46 S. (Beiträge zur Förderung der Bestrebungen des Dt. Kolonialvereins. H. 6.)
Aus: Dt. Kolonialzeitung.

Soyaux, Herm., aus West-Afrika. 1873—1876. Erlebnisse u. Beobachtungen. 2 Thle. Mit einer lith. Karte. gr. 8. (IX, 350 u. V, 229 S.) Leipzig 879. Brockhaus. n. 12. —; geb. n. 13. 50

Soyaux, Ludw., im Kornfeld. Lieder u. Träumereien. 16. (V, 94 S.) Hamburg 876. Hoffmann & Campe Verl. geh. m. Goldschn. n. 2. —

— der Rechte, s.: Kühling's, A., Album f. Liebhaber-Bühnen.

Soyaux, Ludw., Renate. Eine Künstlergeschichte vom Rhein. 8. (182 S.) Reudnitz-Leipzig 885, Payne. geb. mit Goldschn. * 3 50

Soycourt, von, Abhandl. über die Versuche, d. z. Beweise d. Daseyns e. gebundnen Wärme angeführt worden, a. d. Franz. mit K. 8. Quedlinb. Ernst. 790. — 6

Soyer's, Alexis, Koch- und Wirthschaftsbuch oder die erfahrene Hausfrau. Nach der 25. engl. Aufl. für Deutsche Frauen bearb. von B. Kopsius. Berlin 854. Simion. (Leipzig, Voigt u. Günther.) 8. (XX, 484 S.) 1 ₰.

Bei der Urne Friedrich's, des großen Königs. Eine Rede, welche in der L. Royale York zur Fr. in Berlin ist gehalten worden vom Br. Soyeux. O. O. [1786]. 4⁰
Kl. 1380.

Soyka, Isidor

Soyka, I., zur Assanirung Prags. Bericht, erstattet dem Vereine deutscher Aerzte in Prag am 4. Decbr. 1885 von seinem Vertreter im städt. Gesundheitsrathe. gr. 8. (41 S.) Prag 886, Dominicus. * — 80
Aus: Prager medicinische Wochenschrift, besonders abgedruckt.

Soyka, J., der Boden, s.a. Handbuch der speciellen Pathologie u. Therapie.

Soyka J. der Boden. (Handb. d. Hyg. v. Pettenkofer u Ziemssen. I, 2, 3.) Leipzig 1887

— Kritik der gegen die Schwemmkanalisation erhobenen Einwände, s.a. Tagesfragen, hygienische.

Soyka, J., Kritik der gegen die Schwemmkanalisation erhobenen Einwände. Mit einem Vorwort von M. v. Pettenkofer. [Hygienische Tagesfragen. I.] gr. 8. (96 S.) München 880. Rieger. n. 2. —

— über die Natur u. die Verbreitungsweise der Infectionserreger, s.: Zur Aetiologie der Infectionskrankheiten mit besonderer Berücksichtigung der Pilztheorie.

— die Schwankungen d. Grundwassers mit besond. Berücksicht. der mitteleuropäischen Verhältnisse, s. a. Abhandlungen, geographische.

Soyka, Isidor: Die Schwankungen des Grundwassers mit besonderer Berücksichtigung der mitteleuropäischen Verhältnisse. Mit 18 Abbildungen im Texte. Wien 1888. (II), 84 S.
= Geographische Abhandlungen. Bd. 2. Heft 3. 8⁰.

—— Zur Theorie u. Praxis der Desinfection, s.a. Wander-Vorträge, medicinische. 5.

—— zur Theorie und Praxis der Desinfection. Vortrag, gehalten im Verein deutscher Aerzte zu Prag am 17. Febr. 1888. gr. 8. (11 S.) Prag 888. (Berlin, Fischer's medicin. Buchh.) * — 50
Aus: Prager medicinische Wochenschrift, besonders abgedruckt.

— Untersuchungen zur Kanalisation. gr. 8. (IV, 153 S.) München 885. Oldenbourg. n. 4. —

—— über die Verbreitungsweise der Cholera nach Ort und Zeit. Vortrag, gehalten am 24. Septbr. 1883 in der Hygiene-Ausstellung zu Berlin. (35 S.); 2. Aufl. gr. 8. (39 S.) Berlin 884, Pasch. *

—— dass. — s.a. Vorträge über Gesundheitspflege und Rettungswesen.

Soyka, Jos., Wintersport auf der Rax. Mit 8 Vollbildern u. 7 Abb. im Text nach Orig.-Aufnahmen. Eine Schiroutenskizze. (55 S. m. Lokalfahrplan.) kl. 8. Wien 909. (K. Schmelzer.) — 50

Soyka, Karl, Veilchen im Schnee. Gedichte. 16. (X, 88 S.) Reichenberg 885, Fritsche. geb. * 3 —

Soyka, Otto, der Fremdling. Roman. (205 S.) 8. München (910). A. Langen. 3.—; geb. n 4.50; in Halbfrz. 6. —

Soyka, Otto, jenseits der Sittlichkeits-Grenze. Ein Beitrag zur Kritik der Moral. (87 S.) 8. Wien 906. Akadem. Verlag f. Kunst u. Wissenschaft. n. 2. —

Soyters, Hedw. v., die gebrochenen Geistes sind. Roman. (333 S.) 8. München 908. G. Müller. 4.—; geb. 5. —

Sozial-Demokrat.

Social-Demokrat. – Der Social-Demokrat. –
Berlin. – 15.XII.1864 – 30.VI.1865.
Fortges. u.d.T.: Social-Demokrat.

Social-Demokrat. –
Berlin. – 1.VII.1865 – 26.IV.1871.
Vorh. u.d.T.: Der Social-Demokrat.

Social-Demokrat (Der). Organ des Allgemeinen Deutschen Arbeitervereins. Redigirt von J. B. von Hofstetten und J. B. von Schweitzer. Nr. 1, 15. Dec. 1864—1871, Berlin. (Nr. 1—78 in fol., ab Nr. 79 in 4⁰.)

Social-Demokrat (Aus dem). Leitartikel und Aufsätze aus dem Organ der socialdemokratischen Partei. 8⁰. Berlin, Selbstverl. von W. Grüwel, 1868.

Socialdemokrat (Der). Dramatisches Gedicht in 3 Abtheilungen. 8⁰. Nördling 1873.

Socialdemokrat (Der). New York 1875 und 1876.

Sozialdemokrat: Der Sozialdemokrat (Zh)
(1) Zentral-Organ der deutschen Sozialdemokratie (1879—1881—?). Organ der Sozialdemokraten deutscher Zunge (?—1888—1890) (4) Korrespondenz für die deutschen Sozialisten und Arbeitervereine im Auslande (5) 28. 9. 1879—27. 9. 1890 (6) 2° (7) Wochenblatt (8) Zürich-Hottingen: Vereinsdruckerei, später Schweiz. Genossenschaftsbuchdruckerei (28. 9. 1879—22. 9. 1888); London: German Cooperative Publishing Comp. (1. 10. 1888—27. 9. 1890) (10) C. Conzett (1879—22. 9. 1888), German Cooperative Publishing Comp., London (11) Friedrich Engels, Eduard Bernstein; Mitarbeiter: Karl Kautsky, Karl Manz, Julius Motteler (12) sozialdemokratisch (13) Unser Scheidegruß. »Der Sozialdemokrat« Nr. 39, 27. 9. 1891 (Nachrufartikel von verschiedenen Autoren, darunter einer von Friedrich Engels); Geschichte der Zürcher Arbeiter-Bewegung 1898—1948, p. 102 (14) Be: L (1888—1890) (15) Nachdem der Bundesrat 1888 auf Betreiben Bismarcks die Ausweisung der Redaktoren und Expedienten verfügt hatte, wurde die Zeitung in London gedruckt.

Socialdemokrat (Der). Wochenblatt der socialdemokratischen Partei Deutschlands. Berlin. Jhrg. 1, Nr. 1, 3. Febr. 1894; Nr. 48, 27. Dec. 1894. Jhrg. 2, Nr. 1, 3. Jän. 1895; Nr. 52, 26. Dec. 1895. cpl.

Der Sozialdemokrat. Wochenblatt der Sozialdemokratischen Partei Deutschlands. Berlin: Expedition 1895–1897. 4⁰
Red.: Max Schippel und August Jakoby.
Fortges.u. d. T.: Sozialistische Monatshefte.

Socialdemokrat: Der Socialdemokrat
(1) Herausgegeben von der socialdemokratischen Vereinigung »Vorwärts« (5) 20. 6. 1896—16. 1. 1897 (6) 2° (7) Wochenblatt (8) Bern: Obrecht & Käser (10) v. sub 1 (11) das Pressekomitee (12) Kampforgan innerhalb der sozialdemokratischen Partei (13) BGSZ: 973 (14) Be: L. St (15) Von dem in der Arbeiterunion herrschend gewordenen Geiste fühlten sich die Typographia, der Grütliverein, der Metallarbeiterverein, die Steinhauergewerkschaft und die Lithographia abgestoßen. Sie trennten sich daher von der Union und gründeten den sozialdemokratischen Verein »Vorwärts«, dessen Organ der »Socialdemokrat« bildet.

„Social-Demokrat“ (Der) und seine Helfershelfer. 8⁰. Genf, Jean Gérand, 1864.

Socialdemocrat, Der, kommt. Ein Warnungsruf an unser Landvolk von einem alten Dorfpfarrer. Freiburg 1890. Freiburg 1890. V: *Hansjakob, Heinrich.* (cramerBkde S. 32) (Reiter)

Sozialdemokrat, der, kommt! Ein Warnungsruf an unser katholisches Landvolk v. e. alten Dorfpfarrer. 1.—4. Aufl. gr. 8. (24 S.) Freiburg i/Br. 890. Herder. n. — 20

— dasselbe. 5.—10., neu durchgeseh. Aufl. gr. 8. (24 S.) Ebd. 890. n. — 15

Sozialdemokrat, der, kommt! Ein Warnungsruf an unser Landvolk v. e. alten Dorfpfarrer. 11.—17. unveränd. Aufl. gr. 8. (24 S.) Freiburg i/B. 890. 891. Herder. n. — 15

— dasselbe. Polnische Ausg. 1. u. 2. Aufl. 8. (88 S.) Gr. Strehlitz 891. Wilpert. n. — 20

Social-Demokrat. – Neuer Social-Demokrat.
Berlin. – 2.VII.1871 – 29.IX.1876.

Socialdemokrat, Neuer. Eigenthum des allgemeinen deutschen Arbeiter-Vereins. 1871—76. Berlin. Fol. . . . . (HC.)

Social-Demokrat, Neuer. Eigenthum des Allgem. deutschen Arbeiter-Vereins. Jahrg. 4—6 (vom 4. Jan. 1874—29. Septbr. 1876, Schluss, weil *verboten*). (4 voll.) Berlin. Gr. Fol. Saub. Ppbde. m. roth. Lwdrück. Bd. 1 kleiner als die andern.
Die Fortsetzung erhielt d. Titel „Vorwärts!“ (s. d.).

Sozial-Demokrat. – Nürnberg-Fürther Sozial-Demokrat. –
Nürnberg. – 1.X.1874 – 30.IX.1878.
Vorh. u.d.T.: Social-Demokratisches Wochenblatt.
Fortges. u.d.T.: Fränkische Tagespost.

Social-Demokrat, Nürnberg-Fürther. Organ d. socialdemokrat. Arbeiterpartei. Jahrg. 1875—76. (2 voll.) Nürnberg. Gr. Fol. Einige Nrn. gebräunt u. knapp beschnitten. Saub. Ppbde. m. roth. Lwdrück.

Sozialdemokrat: Der schweizerische Sozialdemokrat
(4) Berner Tagwacht (5) 7. 1. 1888—30. 12. 1892 (6) 2° (7) Wochenblatt (8) Bern: Stämpfli, Lack, Scheim & Cie. (10) Albert Steck (11) Alb. Steck (12) sozialistisch (13) BGSZ: 973 (14) Be: L, S, St.

Socialdemokraten (Die). 8⁰. Berlin 1876.

Socialdemokraten Berlins! Flugblatt mit der Unterschrift: „Vorwärts. Unser Losungswort sei Brod und Freiheit.“ 8⁰. Druckerei der socialdem. Propaganda, s. a.

Socialdemokraten (An die deutschen). Zwei Flugblätter, redigirt von L. v. Bornhorst. 8⁰. Braunschweig, W. Bracke jun., s. a.

Socialdemokraten (Die) in ihrem eigenen Spiegel betrachtet. Zur Lehr und Warnung aller Gutdenkenden von einem Antisocialisten. 16⁰. Nördlingen, Th. Reichle, 1893.

Sozialdemokraten, die, in ihrem eigenen Spiegel betrachtet! Zu Lehr u. Warnung aller Gutdenkenden v. e. Antisozialisten. 5. Taus. 16. (32 S.) Nördlingen 893. Th. Reischle. n. — 10

Socialdemocraten, Die, was sie den Wählern versprechen und was sie wollen. Berlin 1876. V: *Unruh, Hans Victor von.* (stams)

Socialdemokraten, die, was sie den Wählern versprechen und was sie wollen. 1.—5. Abdr. gr. 8. (56 S.) Berlin 876,77, Springer. *

Sozialdemokratie, die, s.a. Flugschriften der national-liberalen Partei.

Sozialdemokratie. 8. (30 S.) Gernsbach 882. Christl. Colportage-Verein. n. — 8

— die, u. die technischen **Angestellten** in Industrie u. Gewerbe, Bergbau, Schiffahrt u. Landwirtschaft, s.a. Flugschriften, sozialdemokratische. IV.

Die **Sozialdemokratie** und die technischen Angestellten in Industrie und Gewerbe, Bergbau, Schiffahrt und Landwirtschaft. Berlin: Vorwärts 1908. (16 S.) 8° [Umschlagt. F.]
= **Flugschriften**, Sozialdemokratische. 4. [08. 1402

— u. **Arbeiterpartei**. Von einem Unabhängigen (7 S.) 8. Wien 905. Kubasta & Voigt. — 20

— u. **Arbeiterversicherung**, s.a. Flugschriften, sozialdemokrat. I.

Sozialdemokratie und Arbeiterversicherung. Berlin: Vorwärts 1907. (16 S.) 8° [Umschlagt. F.]
= **Flugschriften**, Sozialdemokratische. 1. [07. 13638

— u. **Beamtentum.** Eine Betrachtg. üb. den Stimmenzuwachs bei der letzten Reichstagswahl aus den Kreisen der mittleren Beamten. Von e. mittleren Beamten. (12 S.) gr. 8. Leipzig 903. [F. Luckhardt.] O. Gracklauer. — 30

— — dasselbe. Nebst e. Erwiderg. auf den Artikel „Eine Verdächtigg. des Beamtentums" in No. 461 der „Post vom 2. 10. 03." 2., verm. Aufl. (16 S.) gr. 8. Ebd. 903. — 30

Socialdemocratie und Christentum. Basel [1903.] V: *Reinhardt*, *Ldw.* (BBullSchw 4, 1904)

— die, u. das einige wahre Christentum. gr. 8. (26 S.) Brem. 892, (Valett u. Comp.). * — 30
Aus: Einiges wahres Christentum, besonders abgedruckt.

Socialdemokratie (Die) in Deutschland und das Socialistengesetz. Von A. Z. (Jahrbuch f. Socialwissenschaft, hrsg von Richter, 1. Jhrg., 1879.)

(F) **Die Sozialdemokratie** und der Frieden. 8°. (50 S.) K 1.—
Wien: Brand 1909.

— die, u. der Frieden. Reden der sozialdemokrat. Abgeordneten üb. die bosn. Frage u. die Kriegsgefahr. (50 S.) gr. 8. Wien 909. Wiener Volksbuchh. nn — 30

Sozialdemokratie, die, in den Gemeindevertretungen, s. a. Flugschriften, sozialdemokratische. III.

Die **Sozialdemokratie** in den Gemeindevertretungen. Berlin: Vorwärts 1907. (16 S.) 8° [Umschlagt. F.]
= **Flugschriften**, Sozialdemokratische. 3. [07. 16715

— die, in ihrer wahren Gestalt, s. a. Arbeiter-Bibliothek, katholische. 6. 7. Heft.

Die **Sozialdemokratie** in ihrer wahren Gestalt. 1.–10. Taus. Berlin: Der Arbeiter in Comm. 1908. 46 S. 8°
(Katholische Arbeiter-Bibliothek. H. 6 u. 7.)

Sozialdemokratie, die, im Heere. Reform des deutschen Heeresdienstes zur Abwehr des Sozialismus. Von e. Offizier. gr. 8. (V, 55 S.) Jena (901). Berlin, H. Costenoble. n. 1. —

— die, u. das Heer, s. a. Flugschriften, sozialdemokratische. V.

Die **Sozialdemokratie** und das Heer! Berlin: Vorwärts (1910). 16 S. 8°
(Sozialdemokratische Flugschriften. 5.) [10. 875

Socialdemokratie (Die) in den Landtagen von Coburg und Gotha 1904—1908. Handbuch für Landtagswähler. 8°. Gotha, Wilh. Bock, 1908.

Socialdemocratie, Die, im Lichte der Tatsachen. Von J. G. Zeitgemässe Erinnerungen, besonders für Wahlen: Warnsdorf und Wien [1903.] V: *Gürtler*, *Joseph.* (EB)

— die, im Lichte der Tatsachen. Von J. G. Zeitgemäße Erinnergn., besonders f. Wahlen. (61 S.) gr. 16. Warnsdorf (903). A. Opitz. n. — 16

— die, im Lichte der Wahrheit. (Flugschrift Nr. 20.) (47 S.) 8. Berlin 906. Reichsverband gegen die Sozialdemokratie. n. — 30

Die **Sozialdemokratie** in **Mainz**. *Berlin: Puttkammer & Mühlbrecht 1906.* (53 S.) 8° [F.]
= **Flugschriften** d. nationalliberalen Partei. H. 23. [06. 6361

Sozialdemokratie u. **Militär.** Material z. Abwehr gegen sozialdemokrat. Agitation. Zusammengest v. J. E. u. M. E. 12. (32 S.) Stuttgart 898. Deutsches Volksblatt. n. — 20

— die, e. republikanische Partei. (Ein Weckruf an das monarch. Deutschland.) Hrsg. vom Reichsverband gegen die Sozialdemokratie. (VIII, 39 S.) 8. Berlin 910. Verlagsanstalt u. Druckerei „Teutonia". — 50

Socialdemocratie, Die, am Pranger. Wien 1906. V: *Hemala*, *Frz.* (EB)

Socialdemokratie (Die) und die hiesige Presse. Nebst Anhang: Programm der socialistischen Arbeiterpartei Deutschlands. 8°. Hottingen-Zürich, Genoss.-Buchdr., s. a.

— die, im Münchener Rathaus. Handbuch f. Gemeindewähler. Hrsg. v. sozialdemokrat. Verein München. (IV, 112 S.) 8. München 908. G. Birk & Co. 1. 30

Social-Demokratie, die, auf dem Reichstage. [Aufsatz von John Prince-Smith; Rede des Reichstags-Abgeordneten Dr. Carl Braun.] gr. 8. (56 S.) Berlin 869, Herbig. * 1 —

— die, u. d. deutsche Reichstag, s. a. Arbeiter-Bibliothek, Berliner, Nr. 10.

Socialdemokratie (Die) und der deutsche Reichstag. Materialien zum Gebrauch für socialdemokratische Wähler. (Berliner Arbeiterbibliothek, Ser. 1, Heft 10.) 8°. Berlin 1889.

Socialdemokratie (Die) vor dem deutschen Reichstage. 1. Heft. Entwurf eines Gesetzes gegen die gemeingefährlichen Bestrebungen der Socialdemokratie nebst Motiven und Anlagen. 2. Heft. Erste Berathung des Gesetz-Entwurfes gegen die gemeingefährlichen Bestrebungen der Socialdemokratie. Stenogr. Bericht der Verhandlungen des Deutschen Reichstages am 16. u. 17. Sept. 1878. 8⁰. Hamburg, Genossensch.-Buchdr., 1878.

Socialdemokratie (Die) vor dem Deutschen Reichstage. Heft 1: Entwurf eines Gesetzes gegen die gemeingefährlichen Bestrebungen der Socialdemokratie nebst Motiven und Anlagen. Heft 2: 1. Berathung des Gesetzentwurfes. Stenogr. Bericht der Verhandlungen des Deutschen Reichstages vom 16. u. 17. Sept. 1878. Heft 3 u. 4: 2. Berathung des Gesetzentwurfes. Stenogr. Bericht der Verhandlungen des Deutschen Reichstages vom 9.—16. Okt. 1878. Heft 5: 3. Berathung des Gesetzentwurfes. Stenogr. Bericht der Verhandlungen des Deutschen Reichstages vom 18.—19. Okt. 1878. 8⁰. Hamburg, Genoss.-Buchdr., 1878.

Socialdemokratie (Die) vor dem Deutschen Reichstage. Berathung der Denkschrift betreffend die Verhängung des kleinen Belagerungszustandes über Hamburg, Altona und Umgegend. Stenogr. Bericht der Verhandlungen des Deutschen Reichstages vom 30. u. 31. März 1881. (Heft 6.) 8⁰. Hamburg, Dietz, 1881.

Socialdemokratie (Die) vor dem Deutschen Reichstage. Erste Lesung des Socialisten-Gesetzes nach dem amtl. Stenogramm. Heft 1. Reichstagssitzung am Donnerstag den 20. März 1884. 8⁰. Stuttgart, Dietz, 1884.

Socialdemokratie (Die) vor dem Deutschen Reichstage. Berathung der Denkschrift betr. die Erneuerung der Verhängung des kleinen Belagerungszustandes über Berlin und Hamburg-Altona am Sonnabend den 31. Jan. 1885. Nach dem amtl. Stenogramm. 8⁰. Stuttgart, Dietz, 1885.

Socialdemokratie (Die) vor dem Deutschen Reichstage. Reichstagssitzung am 18. u. 19. Febr. 1886. Nach dem amtl. Stenogramm. Kleine Ausg. 8⁰. München, L. Viereck, 1886. (Sozialpolit. Zeit- u. Streitfr., Heft 26.)

Socialdemokratie, die, vor dem deutschen Reichstage. Stenographischer Bericht der Verhandlgn. am 18. u. 19. Febr., 30. u. 31. März u. 2. Apr. 1886. 5 Hfte. 8. (88, 68, 79, 84 u. 72 S.) Stuttgart 886. Dietz. n. 2. —

— **Die Sozialdemokratie im deutschen Reichstag.** Tätigkeitsberichte u. Wahlaufrufe aus den J. 1871 bis 1893. I—V. 8. Berlin, Buchh. Vorwärts. 4. 60; geb. in Leinw. 5. —

I. Die parlamentarische Tätigkeit des deutschen Reichstages u. der Landtage u. die Sozialdemokratie von 1871 bis 1874. (66 S.) 907. — 60
II. Dasselbe v. 1874 bis 1876. (S. 67—184.) 907. 1. —
III. Die sozialdemokrat. Wahlaufrufe f. die Reichstagswahlen 1881, 1884, 1887. (S. 185—283.) 908. 1. —
IV. Die Tätigkeit des deutschen Reichstages von 1887—1889. (S. 285—418.) 909. 1. —
V. Dasselbe von 1890—1893. (VII u. S. 419—542.) 909. 1. —

Socialdemokratie (Die revolutionäre). Flugblatt. 8⁰. s. l. s. a.

Socialdemokratie (Die revolutionäre). 8⁰. London, Druck der socialdemokr. Gen.-Buchdr. „Freiheit“, s. a.

Socialdemokratie (Die) in Russland. Bericht der Delegation der sozialdemokratischen Arbeiterpartei Russlands an den internationalen Sozialistenkongress in Amsterdam, 1904. 8⁰. München (Leipzig, Leipziger Buchdr.) 1904.

Sozialdemokratie, die, in Rußland. Bericht der Delegation der socialdemokrat. Arbeiterpartei Rußlands an den internationalen Socialisten-Kongreß in Amsterdam 1904. (64 S.) 8. München 23, 904. R. Etzold. (Leipzig, Leipz. Buchdruckerei.) n. — 30

Sozialdemokratie, die, u. der moderne Staat. gr. 8. (III, 52 S.) Berlin 890. Brachvogel & Ranft. n. 1. —

Sozialdemokratie, die, u. die Wahlen. gr. 8. (16 S.) Berlin 877. Mittler & Sohn. — 25

Socialdemokratie (Die) und die Währungsfrage. 8⁰. Berlin, Walther, 1895.

Socialdemocratie. Die Sozialdemokratie, was sie ist und was sie will. Ein Wort der Aufklärung, hrg. im Auftrage des Komitees der Sozialdemokratischen Partei Basel. 14 S. 8. Basel, Genossenschafts-Buchdr., 1908.

Socialdemocratie. Die Sozialdemokratie, was sie ist und was sie will. Ein Wort der Aufklärung, hrg. im Auftrage des Komitees der Sozialdemokratischen Partei der Stadt Bern. 16 S. 8. Bern, Unionsdruckerei, 1909.

— die, in ihren Widersprüchen, Irrwegen u. Gefahren f. Deutschland. Hrsg. vom Reichsverband gegen die Sozialdemokratie. (16 S.) Lex.-8. Ebd. 905. n. — 25

—— die, e. Zuchtruthe Gottes. gr. 8. (16 S.) Lpz. 892, Dörffling u. Franke. — 30

Socialdemokratie (Die) und ihr Zukunftsstaat. Reichstags-Verhandlungen über die socialdemokratischen Ziele am 31. Jan., 3., 4., 6. u. 7. Febr. 1893. Mit einer geschichtl. Einleitung. 8°. Berlin, Ullstein, 1893.

Sozialdemokratisch od. **Nationalsozial?** Redekampf zwischen den Reichstags-Abgeordneten Hrn. Molkenbuhr u. Hrn. v. Gerlach zu Emden am 15. XI. 1899. Nach stenograph. Aufnahmen durch Mitglieder des Emder Gabelsberger Stenographen-Vereins. 8. (62 S.) Emden 900. (A. Gerhard.) n. — 30

Socialdemokratisches. Der socialdemokratische Arbeiterverein zu Mainz fordert alle Parteigenossen auf, für die weiteste Verbreitung der nachfolgenden Urkunden Sorge zu tragen. 8°. Mainz, Gottsleben, 1870.

1) Manifest an die landwirtschaftliche Bevölkerung. 2) Aufruf der besitzlosen Handarbeiter an ihre Leidensgefährten, die besitzlosen Kopfarbeiter. 3) Nationalökonomisches, ein Vortrag von J. Dietzgen. 4) Das Ziel der Arbeiterbewegung, eine Rede von Dr. Joh. Jacoby.

Sozialdemokrats
① Politisks, finatniks un literariks laikraksts (Politische, finanzielle und literarische Zeitschrift) ⑤ 1901—? (oder 1902—1906) ⑥ 8° ⑦ Monatsblatt ⑧ Bern: Unionsdruckerei ⑪ Albert Berner vertrat die Redaktion gegen außen ⑫ sozialdemokratisch ⑬ Bihlmans: Das lettische Zeitungswesen. »Zeitungswissenschaft« 1932 ⑮ In lettischer Sprache. Der Satz wurde durch Fritz Rosin an der Tscharnerstraße in Bern gesetzt.

Sociales und sonst noch etwas. Basel [1901]. V: *Renggli, Johann.* (BBullschw 5, 1905)

Social-Gesetze, die, des Königr. Bayern. Mit Erläuterungen aus den Motiven zu den Gesetzentwürfen, den Vorträgen der Referenten und den Sitzungs-Protokollen der besonderen Ausschüsse der beiden Kammern von H. E. I. und II. gr. 8. (III, 102 S.) Landshut 868, Krüll'sche Buchh. — 90
Schreibpap. in 4. 1 25
—— dass. — III. und IV. gr. 8. Ebendas. 869. 2 20
Schreibpap. in 4. 3 20

Inhalt:
III. Das Gesetz über das Armenwesen vom 29. April 1869. (52 S.) 40 Pf.; Schreibpap. 50 Pf.
IV. Die Gemeindeordnung für die diesrheinischen Landestheile vom 29. April 1869. (193 S.) *M.* 1.80., Schreibpap. *M.* 2,70.

Social-Gesetzgebung, die neue, für das Königr. Bayern in den Entwürfen sammt Motiven. Die Gesetzentwürfe über 1., Gemeindewesen, 2., Ansässigmachung und Verehelichung, 3., Heimath und Aufenthalt rc. gr. 8. (276 S.) Nördlingen 867, Beck'sche Buchh. *

Sozialgesetz-Sammlung. 1.—3. Heft. 8. München 884, Pollner. *

Inhalt:
Heft 1. Die verschiedenen Vereinsgesetze in Deutschland. (45 S.) * 50 Pf.
" 2. Hülfskassengesetz mit Novelle, nebst den bayer. Verordnungen: Vollzug der Arbeiterkrankenversicherung, Festsetzung des ortsübl. Tagelohnes, Verhältniß der eingeschriebenen und anderen Hülfskassen zur Krankenversicherung. Haftpflichtgesetz, Gesetz über die Beschlagnahme des Arbeitslohnes, Freizügigkeits-Gesetz. Hrsg. von Fr. Rohleder. (40 S.) * 30 Pf.
" 3. Sozialisten-Gesetz mit dem Geschäftsregulativ für die Reichskommission. Dynamit-Gesetz. Hrsg. von Fr. Rohleder. (17 S.) * 30 Pf.

Sozial-Harmonie, die. Volkswirtschaftliche u. staatswissenschaftl. Zeitschrift. Hrsg. v. **Max Hausmeister.** 1. u. 2. Jahrg. Septbr. 1892—Aug. 1894. à 9 Nrn. (Bog.) gr. 4. Stuttgart, Strecker & Moser. à Jahrg. n. 2. 50

Sozial-Harmonie, die. Volkswirtschaftliche u. staatswissenschaftl. Zeitschrift. Hrsg. v. **Max Hausmeister.** 3. Jahrg. Septbr. 1894—Decbr. 1895. 13 Nrn. (Bog.) gr. 4. Stuttgart. Süddtsch. Verlags-Institut. n. 3. 60; Septbr.—Decbr. 1894. (4 Nrn.) n. 1. 10

— dasselbe. 4. u. 5. Jahrg. 1896—1897. à 9 Nrn. (Bog.) gr. 4. Ebd. à Jahrg. n. 2. 50

— dasselbe. 6. Jahrg. Septbr. 1897—Aug. 1898. 9 Nrn. (Bog.) gr. 4. Ebd. n. 2. 50

Sozial-Harmonie, die. Volkswirtschaftliche u. staatswissenschaftl. Zeitschrift. Hrsg. v. Max Hausmeister. 7.—11. Jahrg. Septbr. 1898—Aug. 1903. à 9 Nrn. gr. 4. (à ca. 8 S.) Stuttgart, Süddeutsches Verlags-Institut. à Jahrg. 2. 50

Sozial-Harmonie, die. Volkswirtschaftliche u. staatswissenschaftl. Zeitschrift. Hrsg. v. Max Hausmeister. 12.—15. Jahrg. Septbr. 1903—Aug. 1907. à 9 Nrn. (à ca. 8 S.) gr. 4. Stuttgart, Süddeutsches Verlags-Institut. à Jhrg. 2. 50

Sozial-Harmonie, die. Volkswirtschaftliche u. staatswissenschaftl. Zeitschrift. Hrsg. u. red. v. Max Hausmeister. 16.—18. Jahrg. Septbr. 1907—Aug. 1910. à 9 Nrn. (à ca. 8 S.) Lex. 8. Stuttgart, Süddeutsches Verlags-Institut. à Jahrg. 2. —

Sozialism, der, u. die Kirche von R. [Aus d. „Westphälischen Kirchenblatte" abgedr.] 8. (10 S.) Paderborn 848, Schöningh. 1 *ngr*

Sozialismus. Wird der Sozialismus siegen? Ein Ueberblick der Erscheingn., welche das Kommende verkünden. gr. 8. (38 S.) Köln 893. (Leipzig, Leipziger Volksbuchh.) n. — 30

Socialismus und Anarchismus in Europa und Nordamerika während der J. 1883 bis 1886. Nach amtl. Quellen. gr. 8. (IV, 155 S.) Berlin 887, Wilhelmi. * 2 50

Socialismus und Christentum. Zwei populäre Vorträge. 8°. Würzburg 1878.

Der **Socialismus** in England, geschildert von englischen Socialisten. Hrsg. v. Sidney Webb. Deutsche Originalausg. besorgt v. Dr. Hans Kurella. *Göttingen: Vandenhoeck & Ruprecht 1898.* (XII, 320 S.) 1 Bd 8.
(97. 7893

Socialismus, der Erzfeind, steht vor der Thüre, v. Meister Arnold. 12. (63 S.) Straßb. i. E. 891, Le Roux u. Comp. ** — 15

Sozialismus, der, in direkter Entwickelg. aus d. bestehenden Verhältnissen. Verf. v. E. T. 8. (V, 99 S.) Biel 894. (E. Kuhn.) n. — 80

Sozialismus, der, als Feind der Religion u. die Volksschule. Ein Wort zur Aufklärg. v. A. P. 1.—20. Tauf. gr. 8. (32 S.) Berl. 892, Harnisch. — 20

Sozialismus, der, u. die Frau in Vergangenheit, Gegenwart u. Zukunft. Von Germanicus. Bebel im Lichte der Bibel. 2. Tl. gr. 8. (VI, 254 S.) Leipzig 899. A. Deichert Nachf. n. 3. —

Socialismus, der, ist die consequente Fortbildung des Liberalismus. gr. 8. (15 S.) Berlin 877, Beck's Verlag. *
Aus: Kreuzzeitung, besonders abgedruckt.

Socialismus, der, ist die consequente Fortbildung des Liberalismus. [Aus: „Neue Preuß. Zeitung".] 2. Aufl. 8. (14 S.) Berlin 878. Beck. n. — 20

Über Sozialismus, Kommunismus und Anarchismus. 12 Vorlesungen von Dr. Karl Diehl, Prof. Jena: G. Fischer 1906. (228 S.) 8° [F.]

Sozialismus, der moderne, und Communismus im Vergleich zu dem Sozialismus der letzten zwei Jahrtausende (von Jul. Frühauf). gr. 8. (35 S.) Halle 870, Buchh. des Waisenhauses. *
Aus: Der Arbeiterfreund, besonders abgedruckt.

— u. Sozialdemokratie, s. a. Miniatur-Bibliothek.

Sozialismus u. Sozialdemokratie, s. a. Arbeiter-Bibliothek, katholische. 3. Heft.

Sozialismus und Sozialdemokratie. 1.–10. Taus. Berlin: Der Arbeiter in Comm. 1907. 31 S. 8°
(Katholische Arbeiter-Bibliothek. H. 3.)

Socialismus und Socialdemokratie. 8°. Berlin, Verlag „Der Arbeiter", 1908. (Katholische Arbeiterbibliothek, Heft 3.)

Socialist, der. Wochenschrift zur Förderung der Volkswohlfahrt. Hrsg. und redig. von Held. 1. Jahrg. Mai — Decbr 1849. 35 Nrn. (Bog.) gr. 4. Berlin, Expedition. Vierteljährl. *

Der Socialist : Jahrgang 1–3, no. 784, Nov. 15, 1875 – May 31, 1878.
Daily, evening except Sunday, published in interests of Socialists and of Freethinkers. Sub-title: Unabhängiges Organ für die Interessen des Volkes, 1875–78. Title varies: MILWAUKEE'R SOCIALIST, Nov. 1, 1876 – May 31, 1878. Followed by VORWÄRTS (MILWAUKEE'R SOCIALIST). Organ of Section 1 der Internationalen Arbeiter Association. For Sunday edition, see MILWAUKEER LEUCHTKUGELN. For supplement, see DIE ROTHE LATERNE. Circulation: 1878, 1176. Edited by Joseph Johann Brucker, Nov. 15, 1875 – 1877; by Joseph Johann Brucker & G. Lyser, 1877–78. Published by Socialist Printing Co., 1875–78.
Milwaukee, WI

Socialist (Der). Centralorgan der socialistischen Arbeiterpartei Oesterreichs. 8°. Wien, Stephan Kohl u. Genossen, 1878.

Socialist. Zeitschr. Pest, Jänner-Mai 1882. 5 nos.

Der Sozialist : Jahrgang 1–8, no. 46, Jan. 3, 1885 – Nov. 12, 1892.
Weekly. Sub-title: Zentral-Organ der Sozialistischen Arbeiter-Partei von Nord-Amerika, Jan. 3, 1885 – Nov. 12, 1892. Purpose: „Organisation der Arbeiter-Klasse behufs Erlangen der politischen Gewalt in den Staaten." Excluded from Germany by anti-socialist laws of 1880–90. Followed by VORWÄRTS. Circulation: 1890, 1750; 1892, 1750. Edited by Joseph Dietzgen, called by his friend Marx "the philosopher of the proletariat," his idea was to harmonize the radical and conservative factions in Socialism; by W. L. Rosenberg. Most prominent organ of moderates, yet excluded from Germany by anti-socialist laws of 1885. Published by National-Exekutiv-Komite der Sozialistischen-Arbeiter Partei, Jan. 3, 1885 – May 12, 1888; by N.Y. Labor News Co., May 12, 1888 – Nov. 12, 1892.
New York, NY

Der Sozialist: Jan. 3, 1885 – Nov. 12, 1892
Sozialistische Arbeiter Partei von Nord Amerika v. 1–8, no. 46, Jan. 3, 1885 – Nov. 12, 1892
New York, NY

Der Sozialist Jan. 3, 1885 – 1894?
Weekly. Common title: Vorwärts, merged with Wochenblatt der New Yorker Volkszeitung
New York, NY

Socialist (Der). Zeitschr. Berlin, 15. Nov. 1891—12. Jänner 1895. — Neue Serie, 17. Aug. 1895 sq.

Socialist (Der). Organ der unabhängigen Socialisten bezw. aller Revolutionäre (später „des Anarchismus und Socialismus"). Jhrg. 1—9, fol., u. vom Mai 1899 ab in 8°. Berlin 1891—1899.
53 Nrn. Vom 9. Jhrg. erschien 10—13 auf einmal für den Monat April; ab Mai erschien die Zeitschrift monatlich einmal, October fiel sie aus, wofür dann December 1899 mit einer Doppelnummer abschloss. Redacteure waren unter And. nach und nach: Teistler, Prüfer, Frz. Landauer, Mücke, Krengel, Petersdorf, Weidner.

Der Sozialist. Organ der unabhängigen Sozialisten. Berlin: Expedition 1891–1899 (?) 8°
Red.: Max Mücke.

Sozialist: Der Sozialist (D)
① Herausgegeben von revolutionären Kreisen der Schweiz (15. 1. 1909—1. 9. 1909). Organ des sozialistischen Bundes (seit 15. 1. 1909) ⑤ 15. 1. 1909—15. 6. 1913 ⑥ 4° ⑦ Monatsblatt (15. 1. 1909—15. 3. 1909); halbmonatlich (ab 1. 4. 1909) ⑧ Berlin: Wilhelm Habicht ⑩ Sozialistischer Bund, Berlin NW ⑪ Gustav Landauer; Schweizer Redaktion: Ernst Jost, Bern, Margarete Faas, Bern ⑫ sozialdemokratisch, anarchistisch ⑬ BGSZ: 52, p. 30; Drahn: Die Bern ⑫ sozialdemokratisch, anarchistisch ⑬ BGSZ: 52, p. 30; Drahn: Die ⑮ Kopfblatt der Berliner Zeitung mit Verlagsort »Bern«. Vom Juli 1913 an nur noch deutsches Blatt.

Chicagoer Sozialist : 1876–1879?
Socialist daily, morning except Sunday. Edited by Robert List, & published by Socialist Printing Association.
Chicago, IL

Sozialisten, die, s.: Engelhorn's allgemeine Roman-Bibliothek.

Socialisten (An die deutschen). Flugblatt, gedruckt in der socialdemokr. Genoss.-Buchdr. „Freiheit" in London, Sept. 1880.

Socialisten (An die deutschen) und socialistischen Vereine im Auslande. Flugblatt der socialistischen Arbeiterpartei Deutschlands mit der Unterschrift: „Zürich, den 14. Sept. 1880. Mit socialdemokrat. Gruss. Die auswärtige Verkehrsstelle. Walther."

Socialistengesetz. Entwurf eines Gesetzes gegen die gemeingefährlichen Bestrebungen der Socialdemokratie. Mit Motiven und Bericht an die 4. Commission. gr. 4°. Berlin 1878.

Socialisten-Gesetz, das. Gesetz gegen die gemeingefährlichen Bestrebungen der Socialdemokratie. Vom 21. Oktbr. 1878. gr. 8. (9 S.) Berlin 878. Burmester & Stempell. n. — 10

— dasselbe. gr. 8. (8 S.) Berlin 878. Dörner. — 10

Socialisten-Gesetz, das. Gesetz gegen die gemeingefährlichen Bestrebungen der Socialdemokratie. Vom 21. Oktbr. 1878. gr. 8. (9 S.) Berlin 879, Burmester und Stempell. *

Jahre (Zwölf) Socialistengesetz. Ein Beitrag zur Geschichte des Socialistengesetzes und der socialdemokratischen Bewegung in Deutschland. gr.-8°. Berlin, Germania, 1890. 100 S.

Sozialisten-Gesetz, das neue, vor dem deutschen Reichstage. 1—5. 8. Leipzig 880. Stuttgart, Dietz. n. 1. 60

1. Berathung des Gesetzentwurfs, betr. die Verlängerung des Gesetzes gegen die gemeingefährl. Bestrebungen der Sozialdemokratie. Stenographischer Bericht der Verhandlungen des deutschen Reichstages am 6. März 1880. (99 S.) n. — 40
2. 2. Berathung. I. Stenographischer Bericht der Verhandlungen des deutschen Reichstages am 17. April 1880. (64 S.) n. — 30
3. 2. Berathung. II. Stenographischer Bericht der Verhandlungen des Deutschen Reichstages vom 17. u. 19. April 1880. (71 S.) n. — 30
4. 2. Berathung. III. Stenographischer Bericht der Verhandlungen des deutschen Reichstages vom 17. u. 19. Apr. 1880. (56 S.) — 20
5. 3. Berathung. Stenographischer Bericht vom 4. Mai 1880. (87 S.) — 40

Sozialisten-Gesetz, das neue, vor dem deutschen Reichstage. Berathung des Gesetzentwurfs, betreffend die Verlängerung des Gesetzes gegen die gemeingefährl. Bestrebungen der Sozialdemokratie. 5 Hefte. 8. [Leipzig 880.] Gera, Fink. *

Inhalt:

Heft 1. Stenographischer Bericht der Verhandlungen des deutschen Reichstages am 6. März 1880. (99 S.) * 40 Pf.
" 2. —— dass. — Am 17. April 1880. 1. Bericht. (64 S.) * 30 Pf.
" 3. —— dass. — Am 17. und 19. April 1880. 2. Bericht. (71 S.) * 30 Pf.
" 4. —— dass. — Am 17. und 19. April 1880. 3. Bericht. (56 S.) * 20 Pf.
" 5. —— dass. — Am 4. Mai 1880. (87 S.) * 40 Pf.

Sozialisten-Gesetz, das *neue*, vor dem Deutschen Reichstage. 1. bis 2. Berathung etc. (in 1 Bdchn.). Stenogr. Bericht der Verhandlgn. am 6. März, 17. u. 19. April 1880. Leipzig, Genossenschafts-Buchdr., 1880. Kl. 8°. Ppb.
99. 64 u. 71 S.

— **das**, für das Deutsche Reich nach dem am 19. Oktbr. 1878 erfolgten Beschlusse des deutschen Reichstages. Giltig bis zum 31. März 1881. gr. 16. (15 S.) Schloßchemnitz 878. Kästner & Müller. — 15

Sozialisten-Kongreß, internationaler, zu Amsterdam, 14. bis 20. VIII. 1904. (78 S.) gr. 8. Berlin 904. Buchh. Vorwärts. n. 1. —

Internationaler **Sozialisten-Kongress** zu Kopenhagen 28. August bis 3. September 1910. Berlin: Vorwärts 1910. 130 S. 8°

Sozialisten-Kongreß, internationaler, zu Paris 23. bis 27. IX. 1900. gr. 8. (32 S.) Berlin 900. Buchh. Vorwärts. n. — 20

Sozialisten-Kongreß, internationaler, zu Stuttgart. 18. bis 24. VIII. 1907. (132 S.) gr. 8. Berlin 907. Buchh. Vorwärts. 1. 20

Sozialisten-Kongresse, Die ersten deutschen, [1865: Braunschweig, 1868: Nürnberg, 1875: Gotha (Vereinigungs-Kongreß).] Urkunden aus der Jugendzeit der deutschen Sozialdemokratie (1865—1875). Hrsg. von der Frankfurter Volksstimme. Frankfurt a. M., 1906. 148 S.

Die ersten deutschen **Sozialisten-Kongresse**. Urkunden aus d. Jugendzeit d. deutschen Sozialdemokr. ⟨1865—1875⟩. Hrsg. von d. Frankfurter Volksstimme. Frankfurt a.M.: Volksstimme 1906. (148 S.) 8° [F.]

Socialisten-Prozess (Der). Breuder und Genossen vor dem Reichsgericht in Leipzig. Nach authentischen Quellen bearbeitet und kritisch beleuchtet von M. Transil. 8°. Leipzig 1881.

Sozialisten-Prozeß, der, in Chemnitz am 28., 29. u. 30. Septbr. u. 7. Oktbr. 1885. 8. (16 S.) Chemnitz 885. Hager. — 10

Socialistenspiegel. (Auf Umschlag: 2. Aufl.) gr. 8°. Berlin, „Fortschritt" in Komm., 1903.

Sozialistenspiegel. (Umschlag: 2. Aufl.) (63 S.) gr. 8. Berlin 903. (A. Stephan.) n. — 50

Sozialistenspiegel. (3. Aufl.) Berlin: O. Gartz 1903. (63 S.) 8° [F.]

Eugen Richter's **Sozialistenspiegel**. Die Wahlfälschungen d. Aktiengesellschaft Fortschritt. *Berlin: Vorwärts 1903.* (64 S.) 8° [F.]

Sozialistentödter Bülow im deutschen Reichstag, s. a. Agitations-Bibliothek, sozialdemokratische. VI.

Socialistentödter Bülow im Deutschen Reichstag. Aus den Verhandlungen des deutschen Reichstages über den Etat 1907. gr. 8°. Berlin, Buchh. Vorwärts, 1907. (Socialdemokratische Agitations-Bibliothek, 6.)

Sozial-Correspondenz. Allgem. Ausgabe derselben, s. Volkswohl.

Social-Correspondenz. Organ des Centralvereines für das Wohl der arbeit. Classen. Hrsg. von Dr. Vict. Böhmert und Arth. v. Studnitz. 1. Jhrg., Apr.—Dec. 1877, 76 Nrn. gr. 4°. Dresden, Exped. 2.—8. Jhrg., 1878—1884, à 52 Nrn. gr. 4°. Ebd. (Jhrg. 1884 hrsg. von Böhmert. Fortsetzung: Vide: „Volkswohl".)

SOCIAL-CORRESPONDENZ. Organ des Centralvereins für das Wohl der arbeitenden Classen, später: Klassen.*)
Herausgegeben von VICTOR BÖHMERT und ARTHUR von STUDNITZ.:
Jahrg. (I)—VI. Dresden, 1877—1882. (Ohne bes. Titelblatt. — Verlag der Expedition der „Social-Correspondenz". Druck von B. G. Teubner in Dresden, später: Druck von C. Heinrich in Dresden.) 4°.
Herausgegeben von VICTOR BÖHMERT.:
Jahrg. VII—VIII. (1883—1884). Dresden. 1883—1884. Verlag der Social-Correspondenz.

Social-Correspondenz. Organ des Centralvereins für das Wohl der arbeitenden Klassen. Herausg. von V. Böhmert u. A. v. Studnitz. Jhg. 1—6. April 1877—82. — Herausg. von V. Böhmert. Jhg. 7—11. 1883—87. — Herausg. von V. Böhmert u. W. Bode. Jhr. 12—17. 1888—93. Dresden. gr. 4.

Sozialkorrespondenz. 1901-07. 4° Berlin 1901-07

Sozialkorrespondenz. 1908-13. 4° Dresden 1908-13

Social-Correspondenz. Organ des Centralvereins für das Wohl der arbeitenden Classen. Hrsg. von Vict. Böhmert u. Arth. v. Studnitz. 1. Jahrg. April—Decbr. 1877. 76 Nrn. (1/4 B.) gr. 4. Dresden, Exped. n. 4. 80

—— **dass.** — 2. Jahrg. 1878. 52 Nrn. (à 1/2 Bog.) gr. 4. Ebendas. *

—— dass. — 3. Jahrg. 1879. 52 Nrn. (à 1/2 Bog.) gr. 4. Ebendas. *

Social-Correspondenz. Organ des Centralvereins für das Wohl der arbeitenden Klassen. Hrsg. von Vict. Böhmert und Arth. v. Studnitz. 4.—7. Jahrg. 1880—1883. à Jahrg. 52 Nrn. (à Nr. 1/2 Bog.) gr. 4. Dresden, Expedition. à Jahrg. *

Social-Correspondenz. Organ d. Centralvereins f. das Wohl der arbeit. Klassen. Hrsg. v. Vict. Böhmert. Allgemeine Ausg. 8. Jahrg. 1884. 52 Nrn. (1/2 B.) gr. 4. Dresden, Expedition. n. 6. 40
cf.: Volkswohl.

Social-Correspondenz. Organ des Centralvereins für das Wohl der arbeitenden Klassen. Hrsg. von Victor Böhmert. 9.—11. Jahrg. 1885—1887. à Jahrg. 104—108 Nrn. (à Nr. 1/4 Bog.) gr. 4. Dresden, Expedition. à Jahrg. 20 —

Sozial-Correspondenz. Organ des Zentralvereins f. das Wohl der arbeitenden Klassen. Hrsg. v. V. Böhmert u. W. Bode. 11.—14. Jahrg. 1887—1890. à 104 Nrn. (ca. 1/4 B.) gr. 4. Dresden, Geschäftsstelle, Wasserstr. 7. à Jahrg. n. 20. —
Ist eine Correspondenz für Zeitungsredactionen. Ausg. f. das allgemeine Publicum s.: Volkswohl.

—— dass. — Hrsg. von Victor Böhmert und Wilh. Bode. 12. Jahrg. 1888. 104—108 Nrn. (à Nr. 1/4 Bog.) gr. 4. Dresden. (Leipzig, Duncker und Humblot.) * 20 —
Ist als Correspondenz für Zeitungs-Redaktionen bestimmt. — Die Ausgabe für weitere Kreise, s. Volkswohl.

Sozial-Politik in der hl. Schrift, von P. v. S(ick). gr. 8. (66 S.) Stuttgart 900. J. F. Steinkopf. n. — 80

Sozialpolitik, die, der deutschen Zentrumspartei. Gesammelte sozialpolit. Flugblätter des Volksvereins f. das kathol. Deutschland. 1.—5. Taus. (124 S.) gr. 8. M.-Gladbach 903. Zentralstelle des Volksvereins f. das kath. Deutschland. n. — 50

Die **Sozialpolitik** der deutschen Zentrumspartei. Gesammelte sozial-polit. Flugblätter d. Volksvereins f. d. kath. Deutschland. 6.–10. Taus. *M. Gladbach: Zentralstelle d. Volksver. 1903.* (124 S.) 8° [F.] [03. 7795 6

Die **Sozialpolitik** der deutschen Zentrumspartei. Gesammelte sozial-polit. Flugblätter d. Volksver. f. d. kath. Deutschland. 11.–15. Taus. M.Gladbach: Zentralstelle d. Volksver. f. d. kath. Deutschl. 1907. (160 S.) 8° [F.] [07. 10887

Sozialpolitik, die, der deutschen Zentrumspartei 1907. Gesammelte sozialpolit. Flugblätter des Volksvereins f. d. kath. Deutschland nach dem Bestande des J. 1907. 16.—20. Taus. (Neudr. 1910.) (160 S.) gr. 8. M. Gladbach 910. Volksvereins-Verlag. — 30

Socialpolitisches. Von einem Feudalen. Berlin 1874. V: *Thielmann, Adolph Wilh. Freih. v.* (Kat. d. Bibl. d. dtsch. Reichstages. Berl. 1882.)

Socialpolitisches. Von einem Feudalen. gr. 8. (85 S.) Breslau 874, Mälzer. [Gera, Reisewitz.] * 1 —

Socialreform. Ein Centralorgan für Volkserziehung, Fortbildung und Nationalökonomie. Mit Beiträgen berühmter Schul- und Volkslehrer. Gegründet und hrsg. v. P. A. Korn. 1864—1871, 1. bis 8. Jhrg., 12 Nrn. gr. 8⁰. Wien, Perles in Comm.

Socialreform. Ein Central-Organ für Volkserziehung, Fortbildung und National-Oekonomie. Mit Beiträgen berühmter Schul- und Volkslehrer. Gegründet und hrsg. von P. A. Korn. 8. Jahrg. 1871. 12 Nrn. (Bog.) gr. 8. Wien 871, (Perles.) * 6 —
Vgl.: Frauen-Zeitung, allgemeine. — Zeitschrift für Volkserziehung.

Sozialreform. Wochenschrift. Hrsg. v. K. Beerwald. 1. Jahrg. Juli 1895—Dezbr. 1895. 26 Hfte. (2 Bog.) gr. 8. Berlin-Carlshorst, H. Friedrich. n. 6. —; Weiter nicht erschienen. einz. Hfte. — 30

Sozialreform. Wochenschrift. Hrsg. von Dr. K. Beerwald. 1. Jhrg. Juli 1895 — Juni 1896. 52 Hefte. gr. 8⁰. Berlin, K. G. Wiegandt.

Sozialreform für die Bureauangestellten. Denkschr. d. Zentralver. d. Bureauangestellten Deutschlands (Sitz Berlin) an den Reichstag u. d. Bundesrat. Berlin 1907. 8⁰.

Social-Reform, friedliche. Ein Vorschlag zur Lösung der socialen Frage. Von Ernst Vorwärts. gr. 8. (III, 72 S.) Altona 885, Harz. * 1 50

Sozial-Reform, kaufmännische. Monatsschrift f. die Hebg. d. deutschen Handlungsgehilfenstandes. Amtliches Organ des Gaues Königr. Sachsen im deutschnationalen Handlungsgehilfen-Verband u. des deutschnation. Familien-Kranken-Unterstützungsvereins auf Gegenseitigkeit. Verantwortlich: Otto Wege. 6.—9. Jahrg. 1907—1910. à 12 Nrn. (114, 144, 144 u. 156 S.) Lex. 8. Leipzig, Buchh. der „Kaufmänn. Sozial-Reform". à Jahrg. 2.—; geb. 2.80

Socialreform im Kleinen. Bearbeitet für die Mitglieder der Gemeinde Schlaiten. Schlaiten 1899. V: *Ingruber, Ignaz.* (Margr)

Sozial-Technik. Zeitschrift f. techn. u. wirtschaftl. Fragen d. Industrie, Unfallverhütg., Gewerbehygiene, Arbeiterwohlfahrt, Gewerberecht. Organ des Vereins deutscher Revisions-Ingenieure. Hrsg. u. Schriftleiter: Ludw. Kolbe. 7. Jahrg. Juli 1907—Dezbr. 1908. 36 Hefte. (696 S. m. Abb.) 31×24 cm. Berlin, A. Seydel. 22.50; geb. 25. —
Vorh. u. d. T.: Gewerblich-techn. Ratgeber.

— (Neue Folge der Zeitschrift: Gewerblich-techn. Ratgeber.) Zeitschrift f. techn. u. wirtschaftl. Fragen d. Industrie, Unfallverhütg., Gewerbehygiene, Arbeiterwohlfahrt, Gewerberecht. Organ des Vereins deutsch. Revisions-Ingenieure. Hrsg. u. Schriftleiter: Ludw. Kolbe. 8. u. 9. Jahrg. 1909 u. 1910. à 24 Hefte. (476 u. 476 S. m. Abb.) 31,5×24 cm. Ebd. à Jahrg. 15.—; geb. 17. 50

Sozialversicherung, die, u. d. christlich-soziale **Partei.** (39 S.) 8. Wien 910. A. Opitz Nachf. — 60

Spaan, J. Th., warum habe ich d. Priesterstand verlassen u. bin in d. Ehestand getreten? A. d. Holländ. 8. (4 1/2 B.) Leipzig 838, (Engelmann.)

Špaček, E., vollständiges Stations-Verzeichniss sämmtlicher österreichisch-ungarischer Eisenbahnen, deren Anschlüsse, Angabe der wichtigsten Bauobjecte [Tunnels], aller an den Bahnen gelegenen Zollämter, geograf. und polit. Lage der Bahnen und Stationen, nebst einem alfabet. geordneten Stations-Register [in 2 Thln.] mit Doppelbezeichnung der böhmisch-mährisch-schles. und ungar. Stationen. Neueste Ausg. gr. 16. (VIII, 279 S.) Prag 879, (Grégr und Dattel.) *

Spaček, E., vollständiges Stations-Verzeichniss der Eisenbahnen Oesterreich-Ungarns u. der ausländischen Anschlussbahnen etc., nebst dem Verzeichnisse der österr.-ungar. Zuckerfabriken etc. Bearb. f. d. J. 1890. 8. (IX, 455 S.) Prag 889. (Pilsen, Steinhauser.) cart. n. 5. —

Spaček, Frz., Gebisse der Säugethiere. Schematische Hilfstabelle zur Systematik der Säugethiere. Mit Rücksicht auf Dr. Pokorný's „Naturgeschichte des Thierreichs" zusammengestellt. Imp.-Fol. Mit eingedr. color. Holzschn. Prag 875, [Mourek.] Bellmann's Verlag. * 3 —

Spach, Ed[ward]. Bilder aus dem Leben. 6. Folge. 40 S. 8. Strassburg, J. H. Ed. Heitz, [1906]. (M. —. 50)
Elsässische Volksschriften, Heft 61.

Spach, Ed., Bilder aus dem Leben, s. Volksschriften, elsässische

Spach, Ed.: Es werde Licht, s. Volksschriften, Elsässische.

Spach, Edward, Haiderösslein, gepflückt von einem Elsässer. 8. (VI, 263 S.) Straßburg 878. (Stuttgart, Heitz.) n. 3. —

Spach, Ed., Liedergruß aus Lichtenberg im Elsaß. gr. 8. (VI, 73 S.) Straßburg 898. E. van Hauten. n. 1.50

Elsässische Pfarrhäuser. Von Ed. **Spach**. Folge [1]–4. Straßburg: Heitz [1891]–95. 8°
[1.] Erinnerungen aus meinem Vikarleben. [Th. 1.] 2. Aufl. [1891.]
[2.] Neue Folge. Erinnerungen aus meinem Kinderleben. 1892.
3. Bei meinen Großeltern. 1893.
4. Aus meinem Vikarleben. Th. 2. [1895.]
(Elsässische Volksschriften. 19. 23. 25. 36.) [10. 5090

Spach, Ed., elsässische Pfarrhäuser,
— aus meinem Schülerleben in Buchsweiler,
} s.: Volksschriften, elsässische.

— Waldstrauß. Gedichte. 12. (IV, 128 S.) Buchsweiler 894. H. Korn's Nachf. n. 1. —; geb. n.n. 1.60; feinere Ausg. n. 1.50; geb. n.n. 2.25

Wie Schloß Lichtenberg zur Ruine wurde. Kriegserlebnisse von Ed. **Spach**. Mit 2 Ansichten. 5. verm. Aufl. Straßburg: Heitz 1906. 64 S. 8°
(Elsässische Volksschriften. H. 1.) [10. 5089

— wie Schloß Lichtenberg zur Ruine wurde, } s. a. Volksschriften, elsässische.

Spach, F. P., Parallelentheorie. Wien 852. Sommer. (F. Klemm.) gr. 8. (26 S.) 6 ngr.

Spach, F. P., Parallelentheorie. gr. 8. (26 S.) Wien 852. (Leipzig, Hübner.) 6 ngr.

Spach, F. P. — Würdigung einer neuen Weltansicht. Diese Ansicht erschien 1854 in Braunschweig bei Oehme und Müller unter dem Titel: Neue und unwiderrufliche Beweise, daß unsere Erde im Mittelpunkte des Weltalls steht, und Sonne, Mond und Sterne sich um dieselbe bewegen Von Dr. Karl Schöpffer. Die Würdigung verfaßt von — —, ehemaligem Professor an einem k. k. Lyceum. Wien. 1855. Druck und Verlag von Leopold Sommer. (16 S. 8.)

Spach, F. P., Zeitbestimmung u. Berichtigungen. Wien 860. F. Klemm in Comm. Lex.-8. (16 S.) n. 6 ngr.

Spach, Friedrich

Spach, Fr., († 1794.) s. Greis, ein sterbender, an seinen Sohn.

Für Jünglinge. Fragmente aus der Brieftasche eines Weltbürgers. . . . . (von *Friedrich Spach*, geb. zu Buchsweiler im Elsass, Schauspieler, † als —?— in Straßburg 1794. — Goedeke V, 375, 19). Frankfurt a. M. 1791.
Anon.-Lex. II. p. 130 (nach Meusel, Kayser u. Goedeke).

Vgl. J ü n g l i n g e , Für.

— Koketterie u. Liebe. Orig.-Schspl. in 3 Akten. 8. Karlsr. 792. Braun. 8 gr.

WALTHER, Friedr. („Der Philosophie Magister aus Berlin". d. i. *Friedrich Spach*), Mädchen und Weiber, eine Reihe von Beobachtungen, Skizzen, Erzählungen und Fragmenten. Hrsg. von —. (Französ. Motto aus La Bruyère.) Heidelberg, bei den Gebr. Pfähler, 1791. 8°. (1 Mk. G. Priewe, 1895; jetzt höher!)

Vgl. W a l t h e r , Friedrich.

Spach, Friedr. Kurze Predigten üb. die in der Kirche Augsburgischer Confession in Elsaß-Lothringen vorgeschriebenen Epistelperikopen. gr. 8. (262 S.) Straßb. 889, Heitz. * 3 —

Spach, Fr., Karl v. Schönbach. Trspl. in 4 A. 8. Frankf. 787. Eichenberg. 6 gr.

— s. Verbrecher, der, aus Vaterlandsliebe.

Spach, Ludwig (Adolf)

Spach, Ludw., dramatische Bilder aus Straßburgs Vergangenheit. 2 Bde. 8. (263 u. 362 S.) Straßburg 876. Trübner. n. 6. —

Spach, Louis, Biographies alsaciennes. Archéologie, histoire et littérature alsatiques. [Oeuvres choisies. Tome V.] gr. 8. (IX, 487 S.) Strassburg [Nancy] 871, Berger-Levrault und Comp. *

Spach, L., Heinrich Farel. Ein elsäss. Roman. Deutsch bearb. v. Herm. Ludwig. 2 Bde. 8. (XIV, 302 u. 240 S.) Stuttgart 891. Deutsche Verlags-Anstalt. n. 5. —; geb. in 1 Bd. n. 6. —

Spach, L., Heinrich Farel. Ein elsäss. Roman. Deutsch bearb. v. Herm. Ludwig. 2 Tle. in 1 Bd. (Neue wohlf. [Titel-]Ausg.) 8. (XIV, 302 u. 240 S.) Stuttgart [891.] 899. Deutsche Verlags-Anstalt. n. 1.50; geb. n. 1.75

Spach, Ludw., zur Geschichte der modernen französischen Literatur. Essays. 8. (VII, 374 S.) Straßburg 877. Trübner. n. 4. —

—— moderne Culturzustände im Elsaß. 3 Bde. 8. Straßburg, Trübner. [1. und 2. Bd. (III, 316; IV, 319 S.) 873. *ℳ 9.; 3. Bd. (IV, 318 S.) 874. *ℳ 4.] *

Spach. Lebensbeschreibung des Generals Rapp. 8. Strassburg 1855.

— Rüdiger Manesse, s.: Jan, Herm. Ludw. v.

— Heinrich Waser. Ein Drama in 5 Aufzügen m. Gesängen. 8. (130 S.) Ebend. 875. n. 2. —

Spach, P a u l. Anfangsgründe der Arithmetik. Klgft., ?, 1822. (Die späteren Aufl. in Wien.)

Spach, (Paul,) Anfangsgründe d. Mathematik. 1r Thl. 2e Aufl. 4. Wien 826, Ant. Strauß.

Spach, Paul, Anfangsgründe d. Mathematik. 2 Thle. gr. 8. (12 B. u. 2 Stnt.) Wien 829, (Heubner.)
Thl. 1. Arithmetik od. Zahlenwissenschaft. 8., verb. u. verm. Aufl.
= 2. Geometrie od. Raumgrößenlehre. 2. Aufl.

Spach, P a u l. Horazens Aufsatz über die Dichtkunst. Uebersetzt. Klgft., Leon, 1821. 32 S.

Spach, P a u l. Beyträge zur Übersetzung der für die Humanitäts-Classen an den österreichischen Gymnasien vorgeschriebenen lateinischen Lesebücher. Klgft., Leon, 1822. 168 S.

Spach, P a u l. Ciceros Catilinarische Reden nebst ein u. vierzig Oden des Horaz. Klgft., Leon, 1823. 112 S.

Spachovsky, Wilhelm: Die Bevölkerungsdichte von Böhmen. Kremsier '05. S. 3—21. Kremsier, dt. Staats-G. P 1904/05.

Spachta, Dom. Aloys., Homiletika čili nawedení k duchownímu řečnictwí. Díl I. gr. 8. (VII und 236 S.) Prag 849, Hess.

Spachta D. A. Homiletica. 2. Aufl. 8. Prag, W. Heß 1852.

— krátkámluvnice jazyka polského pro Cechy. 2. opravné a rozmnožené vydání. gr. 12. (138 S.) Ebd. 850. 8 ngr

Spachta Dom. Alois. Pilat. 7 Fastenpredigten. 8. Prag, W. Hoß 1852.

Spachtova mluvnice polská. 3. přepracované vydání. Prag 865. Kober. gr. 8. (IV, 88 S.) n. 12 ngr

Spačil, J., Schiffbarkeit d. Donau, s.: Suppán, C. V.

Spáčil, J., Wagen, Dynamometer u. Materialprüfungs-Maschinen, s.: Bericht über die Weltausstellung in Philadelphia 1876.

Spackeler, G.: Schwedens Eisensteinbergbau in technischer, sozialer und wirtschaftlicher Hinsicht, seine Aussichten und vermutliche Entwicklung. Essen-Ruhr, 1909. 43 S. mit 31 Abb.

Spackeler, Ludolf, aus Hannover, Unterarzt im 2. Hannov. Feld-art.-Reg. No 26: Über die **Lungentuberkulose** infolge beruflicher Staubinhalationen. *Berlin (1903): G. Schade.* (45 S.) 8°
Berlin, Med. Diss. v. 16. Jan. 1903

Spaczek: Ueber das Reich des Menschen. 12 S. – Zengg, Progr. 1855

a Spada, Recueil de sentences, maximes et beaux vers. 12. Braunschw. 811. Pluchart. 1 ₰ 8 gr

Spada, a, Recueil de sentences, maximes et beaux vers. 12. Brunsv. Pluchart. 812.

Spaden, die Familie. Schsp. von Beil. 8. Zürich. Ziegler. 794.

Spadolino, Stefano, der räthselhafte Räuber-Hauptmann in den Umgegenden Roms. Weimar 1832. V: *Gräbner, Karl.* (GGr X, 252) (Zeitschr. f. Büch. N. F. 15, 1923, S. 123)

Spadolino, Stefano, der räthselhafte Räuber-Hauptmann in d. Umgegenden Roms. 8. Weimar 832. Hennings u. Hopf in Erfurt.)

SPADORA, Tonetta, die Giftmischerin; aus dem Staatsarchiv des Hofs zu U****. Leider kein Roman. Rudolstadt, Langbein u. Klüger, 1800. 8°.
Anzeige der Verlagsfirma ohne Preisangabe.

Spadora, Tonetta, die Giftmischerin. 8. Rudolst. 800. (Hildebrandt in Arnst.) 12 gr Hbg. Pr. 9 gr

SPADY, JOHANN. Ueber α-Isobutyl β-isopropylchinolin und dessen Umwandlungsprodukte. (Basel) München, 1885.

Spafarjew, Leontij Wassiljewitsch, Ritter

— Atlas of the Gulf of Finland containing the South Coost, with the Island belonging to is,, from cape Luserort to Cronstadt with Lighthouses and Towers, necessary to be Known for sailing by night. (Russisch u. englisch). 22 Bl. in grössten Atlas-Format. St. Petersb. 823.

— Beschreib, der im Finnischen u. Rigischen-Meerbusen errichteten Feuerbaken, welche nach der neu eingeführten Art erleuchtet werden. (Russisch u. deutsch). Mit 2 Steindrucktaf. gr. 4. St. Petersb. 820. (25 S.)

Spafarjew, Ritter Leontij Wassiljewitsch, a new Guide for the navigation of the Gulf of Finland. 8. St. Petersb. 813. (VI. u. 24 S.) — Deutsch: Anzeige aller Veränderr. in Betreff der Vervollkommnung der Feuerbaken. 8. Ebd. 813.

Spagnoletto, Biographie u. Charakteristik desselben, s.: Eisenmann, O.

Spahl, s.: Preussen. Messtischblätter.

Der sogenannte Fall Spahn. Hälfte 1. 2. *Leipzig: Fr. Baud 1902.* 8° [5.]
— Aktenstücke, Kirchliche. No 10. 11. [02. 417]

Spahn, Algebra f. Mittelschulen u. höhere Mädchenschulen, s.: Deviller.

Spahn, Carl, s. Spahn, Karl

Spahn, Ferdinand: Beitrag zur Frage der Histogenese der Adenomyome des Uterus. Heidelberg 1906: H. Dörr. (20 S.) 8°
Heidelberg, Med. Fak., Ref. v. Rosthorn, Diss. v. 8. Juni 1905.

Spahn, Johann

[Gedicht.] Dem Br. Ludw. Becker zu seinem 25jährigen Maurer-Jubiläum am Johannis- und 50jährigen Stiftungsfeste der Loge zur Wahrheit und Freundschaft im Or. Fürth, dargebracht von den Brüdern dieser Loge. [Unterz.:] J[oh.] Spahn. [Fürth 1853]: Volkhart. 2 Bl. 4° [Umschlagtit.]
„Noch ein Kranz in uns're Festeshalle, . . .“

[Gedicht] Der geliebten Schwesterloge Eleusis zur Verschwiegenheit im Oriente von Bayreuth, dargebracht am Johannisfeste 5854 von der Loge zur Wahrheit und Freundschaft im Oriente Fürth. [Unterz.:] J. **Spahn.** [Fürth 1854] o. J.: Volkhart. 2 Bl. 2°. [Umschlagtit.]
„Zum Feste drängt aus uns'rer stillen Hütte ...“ 21.

[Gedicht.] Dem Meister v. St. der ger. und vollk. St. Johannis-Loge zur Einigkeit im Or. Frankfurt a/M. [d. i. Georg Wilh. Martini] zum 25jährigen Maurerjubiläum, den 15. März 5876, von den Brüdern der ger. und vollk. Loge „Kette“ im Or. München. [Unterz.:] J[oh.] **Spahn.** [München 1876.] 1 Bl. 2° [Kopftit.]
„Im traulichen „Thal“ an der Isar Strand ...“ 138.

[Gedicht.] Dem geliebten Br. Jul. Wilh. Reissig zum Johannis- und Stiftungsfeste der Loge zur Wahrheit und Freundschaft im Or. Fürth am 10. Juni 5855. [Unterz.:] J[oh.] **Spahn.** [Fürth 1855]: Volkhart. 2 Bl. 4° [Umschlagtit.]
„Auf, Brüder, füllet bis zum Rand ...“ 155.

Sommer, Chr. Phil. Jak.: [Gedicht.] Dem Br. Chr. Phil. Jak. Sommer an dessen 50 jährigen Maurerjubiläum, dem funfzigjährigen Johannis- und Stiftungsfeste der Loge zur Wahrheit und Freundschaft im Or. Fürth, von den Brüdern dieser Loge dargebracht am 12. Juni 5853. [Unterz.:] J[oh.] **Spahn.** Fürth [1853]: Volkhart. 2 Bl. 4⁰ [Umschlagtit.]
,,Sei uns gegrüsst Du von den Ersten Einer, ...'' 155.

Maurerische Gedichte von Joh. **Spahn.** Fürth: Kühl [1865]. 160 S. 8⁰
Recens: FZ. 20 (1866) S. 84; Mitteilungen a. d. Vereine deutsch-amerik. Frmr. 1 (1866) S. 16, abgedr. in: Bh. 9 (1866) S. 119.
Tt. 2378. 25. 342.

Spahn, Joh., maurerische Gedichte. Fürth 866. Kühl. 16. (VI. 160 S.) geb. mit Goldschn. n. 2 ℛ

[Lied.] Den geliebten Brrn. Aldinger, Braun und Müller zu ihrem 25sten Maurer-Jubiläum am Johannisfeste der Loge zur Wahrheit u. Freundschaft im Osten von Fürth. [Unterz.:] J[oh.] **Spahn.** Fürth, den 16. Juni 1851. [Fürth 1851]: Volkhart. 2 Bl. 4⁰ [Umschlagtit.]
Ohne Noten: ,,Auf Brüder, vereint Euch zum maurischen Gruss, . . .'' 155.

[Lied.] Unserm Br. Jul. Wilh. Reissig, am Tage seines 25jährigen Maurer-Jubiläums. Am Johannisfeste den 17. Juni 5849. [Unterz.:] J[oh.] **Spahn.** Von den Brüdern seiner Loge zur Wahrheit und Freundschaft im Or. Fürth. [Fürth 1849]: Volkhart. 2 Bl. 8⁰ [Umschlagtit.]
Ohne Noten: ,,Brůder auf zur frohen Feier . . .'' 155.

[Lied.] Dem Br. J. Wilh. Reissig bei der Wiederannahme des ersten Hammers am Johannisfeste 5852, von den Brüdern der Loge zur Wahrheit und Freundschaft im Or. Fürth, dargebracht am Tage des Festes, am 13. Juni 1852. [Unterz.:] J[oh.] **Spahn.** [Fürth 1852]: Volkhart. 2 Bl. 4⁰ [Umschlagtit.]
Ohne Noten: ,,Auf Maurerbrüder, stimmet an . . .''

[Lied.] Dem Br. Jul. Wilh. Reissig bei der Wiederannahme des ersten Hammers am Johannis- und fünfzigjährigen Stiftungsfeste 5853, von den Brüdern der Loge zur Wahrheit und Freundschaft im Or. Fürth, am 12. Juni 1853. [Unterz.:] J[oh.] **Spahn.** [Fürth 1853]: Volkhart. 2 Bl. 4⁰ [Umschlagtit.]
Ohne Noten: ,,Heil unserm Meister Heil!'' 155.

[Lied.] Dem Br. Jul. Wilh. Reissig bei der Wiederannahme des ersten Hammers am Johannisfeste 5854 von den Brüdern der Loge zur Wahrheit und Freundschaft im Or. Fürth, dargebracht am Tage des Festes, am 11. Juni 5854. [Unterz.:] Joh. **Spahn.** [Fürth 1854]: Volkhart. 2 Bl. 4⁰ [Umschlagtit.]
Ohne Noten: ,,Erschalle mein Lied aus fröhlichem Munde . . .'' 155.

[Lied.] Dem Br. Jul. Wilh. Reissig, bei der Wiederübernahme des ersten Hammers. [Unterz.:] J[oh.] **Spahn.** Aus Hochachtung und inniger brüderlicher Liebe dargebracht von der Brüderschaft der ger. und vollk. St. Joh. ▭ zur Wahrheit und Freundschaft im Or. von Fürth, am Johannisfeste den 12. Juni 5842. [Fürth 1842]: Volkhart. 2 Bl. 4⁰ [Umschlagtit.]
Für Solo u. Chor. Ohne Noten: „Meister Dich begrüssen wieder . . .“ 21.

[Sonett.] Dem Br. G. Friederich zum Willkomm in der Loge zur Wahrheit u. Freundschaft im Or. von Fürth am 27. Juli 1842. [Unterz.:] J[oh.] **Spahn.** [Fürth 1842.] 3 Bl. 4⁰ [Umschlagtit.]
[Dasselbe.] [Lithogr.] [Fürth 1842]: Herrlein. 2 Bl. 8⁰
,,Sei uns gegrüsst, in traulich stiller Halle . . .'' 139. [Lithogr.] in 155.

Weihegesang am vierzigsten Stiftungsfeste der Loge zur Wahrheit und Freundschaft im Or. von Fürth. [Unterz.:] J[oh.] **Spahn.** Den noch lebenden Stiftern aus Liebe, Achtung und Dankbarkeit dargebracht von der Brůderschaft dieser Loge den 11. Juni 5843. Fürth [1843]: Volkhart. 2 Bl. 4⁰ [Umschlagtit.]
Ohne Noten: ,,Sonst war's bei uns trübe, es fehlte das Licht, . . .''

Des Bildes Zweck. Bei Gelegenheit der Aufstellung des Bildnisses des Br. Jul. W. Reissig. Eine Zeichnung des Br. Joh. Spahn. Im Morgen von Fürth am 25. Mai 5845. [Fürth 1845]: Volkhart. 2 Bl. 4⁰ [Umschlagtit.]
In Versen: „Was soll das Bild, das nun die Hallen schmücket, . . .“ 3.

Spahn, C[arl]. Zur Bürgergutsfrage (im Kanton Schaffhausen). Separat-Abdruck aus dem Schaffhauser Intelligenzblatt, Nr. 122 bis Nr. 124 — 1904. II + 22 S. 8. Schaffhausen, H. Meier & Cie., 1904.

Spahn, K., Gustav Adolf d. Gr., König v. Schweden. Ein Heldengedicht in 4 Gesängen, als Denkschr. zur 2. Säcularfeier d. Schlacht bei Lützen, am 6. Nov. 1832. gr. 8. (8 B.) Leipzig, Zirges. 1832.

Spahn, Ch., Frühlingskränze. (Gedichte.) Mit 1 Kpf. u. 1 Vign. 8. Eisenberg 826. Schöne. 20 gr

Spahn, Karl, Frühlingsklänge. (Gedichte.) 2e Ausg. Mit 1 Kpfr. 8. Eisenberg 840. Schöne. 3/4 ß

Spahn, Carl, das Lied vom sächsischen Dreier. In Melodie gesetzt v C. F. Hanitsch. gr. 8. (1/4 B.) Eisenberg 842, Schöne'sche Buchh. 1 1/2 Ngr. Ausgabe m. Clavierbegleit.

Spahn, C[arl]. Die Randenbahn. Vortrag gehalten ... den 17. März 1905. II + 20 S. 8. Schaffhausen, H. Meier & Cie., 1905.

Spahn, C., Der socialpolitische Standpunkt des schweiz. Nationalökonomen Simonde de Sismondi. 8⁰. Schaffhausen 1886.

Spahn, Karl: Studien zur Geschichte des Andernacher Rheinzolls. Bonn: Georgi 1909. VI, 90 S. 8° ¶(Ersch. auch als Buch b. Röhrscheid, Bonn.)
Bonn, Phil. Diss. v. 14. Aug. 1909, Ref. Schulte
[Geb. 31. Okt. 85 Andernach; Wohnort: Andernach; Staatsangeh.: Preußen; Vorbildung: Gymn. Andernach Reife O. 04; Studium: Bonn 2, München 1, Bonn 8 S.; Rig. 9. Dez. 08.] [U 09. 433

Studien zur Geschichte des Andernacher Rheinzolls. Von Dr. phil. **Karl Spahn.** Bonn: Röhrscheid 1909. VI, 90 S. 8°
[Ersch. auch als Inaug.-Diss. Bonn 1909.] [11. 14433

Spahn, Martin

Spahn, Mart., Beiträge, Straßburger, zur neueren Geschichte.

Spahn, Mart., Johannes Cochläus. E. Lebensbild aus d. Zeit d. Kirchenspaltg. gr. 8. (XVI, 377 S.) Berlin 898. F. L. Dames. n. 7. —

— dasselbe. Für den Schulgebrauch bearb. v. Christian Muff. (Neudr.) Text. (XXIX, 86 S.) 8. Bielefeld 906. Velhagen & Klasing. Geb. n. 1. —; Kommentar. (85 S.) 905. n. — 90

— Elektra. Denuo recensuit et brevi annotatione critica instruxit Freder. H. M. Blaydes. (94 S.) gr. 8. Halle 906. (Buchh. des Waisenhauses) n. 1. 80

— dasselbe, v. Frdr. Schubert. 4., gänzlich umgearb. Aufl. v. Ludw. Hüter. (XLVI, 56 S. m. 11 Abbildgn.) 8. Leipzig 905. G. Freytag. — Wien, F. Tempsky. Geb. n. 1. 20

— dasselbe, s.: Bibliothek, kleine.

Spahn, Martin [aus Marienburg in Westpr.]: Die innere politische Entwicklung des Herzogtums Pommern von 1478 bis 1625 ... [Erschien vollst. u. d. T.: Verfassungs- u. Wirtschaftsgesch. d. Herzogt. Pommern v. 1478 bis 1625, als Heft 1 d. 14. Bds von: Staats- u. socialwiss. Forsch. hrsg. v. G. Schmoller.] Leipzig, Duncker & Humblot, 1896; 36 S., 2 Bl. 8.
Berlin, Phil. Fak., Inaug.-Diss. v. 29. Febr. 1896

Spahn, Mart., s.: Jahres-Mappe der deutschen Gesellschaft f. christliche Kunst.

— Der Kampf um die Schule in Frankreich u. Deutschland. (33 S.) gr. 8. Kempten 907. J. Kösel. — 70

Der Kampf um die Schule in Frankreich und Deutschland. Vortrag von Dr. Martin **Spahn**, Prof. 7.–9. Taus. Kempten & München: J. Kösel 1907. (33 S.) 8° [F.] [07. 9166

— s.: Kultur u. Katholizismus.

— der Große Kurfürst. **Die Wiedergeburt Deutschlands im 17. Jahrh. Mit 1 Karte in Farbendr., 93 Portr. auf 8 Taf. u. 138 Abbildgn. im Text u. reichem Buchschmuck. (Weltgeschichte in Karakterbildern, hrsg. v. Frz. Kampers,** Seb. Merkle u. **Mart. Spahn. IV. Abtlg. Neuere Zeit.)** Lex.-8. **(IV, 152 S.) Mainz 902. München,** Kirchheim. **In Leinw. kart. n. 4. —**

— Leo XIII. (III, 248 S. m. 1 Bildnis.) gr. 8. München 905. Mainz, Kirchheim & Co. n. 4. —; geb. in Leinw. n. 5. —

— Ernst Lieber als Parlamentarier. (V, 81 S.) 8. Gotha 906. F. A. Perthes. n. 1. 50; geb. n. 2. —

Michelangelo und die Sixtinische Kapelle. Eine psycholog.-hist. Studie über d. Anfänge d. abendländ. Religions- u. Kulturspaltung von Martin **Spahn**. Mit 37 Abb. u. 1 Beilage. Berlin: G. Grote 1907. (VIII, 238 S.) 4°(8°) [07. 17849

Spahn, Mart., s.: **Urkunden u. Actenstücke zur Geschichte des Kurfürsten Friedrich Wilhelm v. Brandenburg.**

Philipp Veit. Von M[artin] **Spahn**. Mit 92 Abb. *Bielefeld & Leipzig: Velhagen & Klasing 1901.* (101 S.) 4°(8°) [F.]
= **Künstler-Monographien.** 51. [01. 9524

Verfassungs- und Wirtschaftsgeschichte des Herzogtums Pommern von 1478 bis 1625. Von Dr. Martin **Spahn**. *Leipzig: Duncker & Humblot 1896.* (XVIII S., 1 Bl., 202 S.) 8.
= **Forschungen,** Staats- u. socialwissenschaftliche. Bd 14. H. 1. [96. 4790

— Auf dem Wege zur Reichsfinanzreform. (VIII. 51 S.) Lex. 8. Kempten 910. J. Kösel. — 75

— s.: Weltgeschichte in Karakterbildern.

Die Wiedergeburt Deutschlands im 17. Jh. Der Grosse Kurfürst. Von Martin **Spahn**. Mit 1 Karte, 93 Portr. u. 138 Abb. *Mainz: F. Kirchheim 1903.* (151 S.) 4°(8°) [F.]
= **Weltgeschichte** in Karakterbildern. Abt. 4, (1.) [03. 13130

— Das deutsche Zentrum, s. a. Kultur u. Katholizismus. 5. Bd.

Das deutsche Zentrum von Martin **Spahn**. 2. Aufl. Mainz & München: Kirchheim (1906). (117 S.) 8°
= **Kultur** u. Katholizismus. Bd 5. [07. 3491

Spahn, Mart., Das deutsche Zentrum. Mainz u. München (1907). 8⁰.
(Kultur u. Katholizismus, hrsg. von Mart. *Spahn*. Bd 5.)

Spahn, Peter

Spahn, P., s.: **Protokolle d. Kommission f. die 2. Lesg. des Entwurfs des bürgerlichen Gesetzbuchs.**

— **Verwandtschaft u. Vormundschaft nach dem bürgerl. Gesetzbuche f. das Deutsche Reich**, s. **D. Recht**, das, des bürgerl. **Gesetzbuchs in Einzeldarstellungen.** Nr. 9.

Spahn, P[eter]: Verwandtschaft und Vormundschaft nach dem BGB. für das Deutsche Reich. Berlin 1901.
(Das Recht d. BGB. in Einzeldarst. H. 9.)

Spahn, Wilhelm (Gau-Algesheim)
Drei Fälle von Hämophilie.
Giessen: W. Keller 1867. 27 S.
Diss. med. 15.7.1867. vorh. 26. 7.

Spahnberger, A. J., **Anweisung in 46 Lekt. d. niedere u. höh. Arithmetik ohne Hülfe ein. Lehrers vollkommen zu erlernen**; enthalt. die vier Species, arithmet. u. algebraisch dargest., die Rechnungsarten m. d. Brüchen u. mit d. Potenzen u. Wurzelgrößen. 2 Hfte. gr. 8. (11¾ B.) Ulm 838, (Leipzig, Künzel. ?)
(Erschien 1831, 32 u. d. T.: Volksbuch f. d. Größen-Lehre, in 46 Nrn.)

Spahnberger, A. J., s. M. Rossard: Prophezeihungen.

Spahr, Arnold, und **Kunz**, Heinrich. **Lieder fürs junge Volk.** 23 ein- und zweistimmige Kindergesänge mit leichter Klavierbegleitung. Hrg. von A' Sp', ... in Liestal und H' K' ... in Aarburg. Heft 1. II + 24 S. 4. Liestal, Suter & Cie., 1903. [fr. 1. 80]

Spahr, Arnold. **Liederbuch f. die ersten 4 Schuljahre.** 8. (VII, 112 S.) Liestal 889, Gebr. Lüdin. cart. [* 1 —] * — 80

Spahr, Arnold. Sonnenblick. Liederbuch fürs junge Schweizervolk. Hrg. von A' Sp'. [Mit Melodien.] XVI + 214 S. 8. Liestal, Verlag des Herausgebers: A. Spahr-Recher, Lehrer, 1901.

Spahr, Arnold. Sonnenblick. Gesangbuch für die mittleren und obern Klassen schweizerischer Volksschulen, sowie für Sekundar-, Bezirks- und Singschulen (*Umschlag:* Sonn'. Ges' fürs junge Schweizervolk). Hrg. von A' Sp'. 2. Aufl. Revidiert und vermehrt. [Mit Melodien und illustriertem Umschlag.] XVI + 304 S. 8. Basel, Max Pohl, 1906. [geb. fr. 1. 40]

Spahr, Friedrich

Spahr, **Fr.**, u. **P. Hirsch**, **Lehrbuch der Arendsschen Stenographie.** 2., verb. Aufl. 8. (12 S. m. 8 autogr. Taf.) Berlin 894. C. Hause. n. — 50

Lehrbuch der Arendsschen Stenographie f. d. Schul- u. Selbstunterricht. Von Fr[iedrich] **Spahr** u. P[aul] Hirsch. 4. Aufl. Berlin: Benekendorff 1910. 20 S. 8° [11. 9437

Spahr, Frz., u. P. Hirsch, **Lehrbuch d. Arendsschen Stenographie f. d. Schul- u. Selbstunterricht.** 12.—16. Taus. 4. Aufl. (20 S.) gr. 8. Berlin 910. K' Benekendorff. p — 50

— — **Übungsbuch f. die Erlernung der Arendsschen Stenographie.** 8. (8 S. m. 8 autogr. Taf.) Ebd. 892. — 40

Spahr, Ludwig: Qualitätsbestimmungen bei Gerste und Weizen zur Feststellung des Einflusses verschiedener stickstoffhaltiger Düngemittel auf die Braufähigkeit der Gerste und auf die Backfähigkeit des Weizens. Giessen 1900: Brühl. 67 S. 8°
Gießen, Phil. Diss. v. 2. April 1909, Ref. Gisevius
[Geb. 25. Aug. 84 Lich; Wohnort: Gießen; Staatsangeh.: Hessen; Vorbildung: Oberrealsch. Marburg Reife O. 05; Studium: Gießen 6 S.; Rig. 27. Febr. 09.] [U 09. 1236

Spaichingen [Schlagwort]

Spaichingen. Wandkarte von dem königl. württemb. Oberamt Spaichingen, m. geognost. Kärtchen. 1:37,500. 64,5×84 cm. Farbdr. Spaichingen (901). M. Kupferschmid. Auf Leinw. m. Stäben od. in Taschenform n. 6. —; ermässigter Preis n. 2. —
Text dazu s. **Dolderer, J. G., Beschreibung des Oberamts Spaichingen.**

Spaics, A. **Das englische Inf.-Rglm.** Kolozsvár 1901. 25 S.

Späing, W., französisches u. englisches Handelsrecht im Anschluß an das allgemeine deutsche Handelsgesetzbuch. 8. (VIII, 538 S.) Berlin 888. Vahlen. n. 8. —; geb. n. 9. —

Späing, W., Handelsregister u. Firmenrecht nach deutschem u. außerdeutschem Rechte. gr. 8. (III, 108 S.) Berlin 884. Vahlen. n. 2. —

Späing, W. Französisches, belgisches u. englisches Wechselrecht im Anschluß an die allgemeine deutsche Wechselordnung. 8. (VIII, 323 S.) Berl. 890, Vahlen. * 6 —

Späing, Wilhelm, Referendar im Bez. d. Kammerger.: Der Girovertrag der Deutschen Reichsbank. Bonn 1906: C. Georgi. (X, 92 S.) 8°
Bonn, Jur. Fak., Ref. Cosack, Diss. v. 9. Nov. 1906
[Geb. 20. Mai 83 Wriezen a. O.; Wohnort: Berlin; Staatsangeh.: Preußen; Vorbildung: Gymn. Charlottenburg, Breslau, Königsberg Reife 12. Sept. 01; Studium: Königsberg 3. München 1, Bonn 2 S.; Rig. 11. Juli 06.]

Späing, Wilh., der Girovertrag der deutschen Reichsbank. Eine jurist. Konstruktion. (Diss.) (X, 90 S.) gr. 8. Bonn 906 L. Röhrscheid. n. 1. —

Spaink, Pierre **François** [pr. **Arzt in Baarn**]: **Über die Einwirkung reinen Alkohols auf den Organismus und insbesondere das peripherische Nervensystem.** . . . **Amsterdam, Druck v. J. Clausen, 1890;** 112 S., 1 Bl., 1 Taf. 8°
Jena, Med. Fak., Inaug.-Diss. v. [28. Aug.] 1890

Spaink, Pierre François, üb. die Einwirkung reinen Alkohols auf d. Organismus u. insbesondere auf das peripherische Nervensystem. Inaug.-Diss. gr. 8. (112 S. m. 1 Taf. u. 1 Bl. Erklärg.) Amsterdam 890. (Rudolstadt, Dabis.) n. 3. —

Spaits, Alex., mit Kosaken durch die Mandschurei. Erlebnisse im russisch-japan. Kriege. Mit 132 Illustr. nach eigenen photograph. Aufnahmen sowie 4 Kartenskizzen. (III, 372 S.) gr. 8. Wien 906. C. Konegen. n. 7. —; geb. n. 8. 50

Der Weg zum Berliner Kongress. Hist. Entwicklung Bosniens u. d. Herzegowina bis z. Okkupation 1878, von Rittmeister Alexander **Spaits**, illustr. von Hauptm. Otto Gstöttner. Wien & Leipzig: C. W. Stern 1907. (94 S.) 8°
= **Truppen**, Unsere, in Bosnien u. d. Herzegowina 1878. Bd 1. [07. 6005

Spakler, J. C, De ephoris apud Lacedaemonios. Diss. 1842. 134 S.

Spalanzani, s. Spallanzani.

Spalart, Robert von

Spalart, R. von, Tableau historique des costumes, des moeurs et des usages des principaux peuples de l'antiquité et du moyen âge. Avec 589 figures. (f.) Trad. de l'allem. par L. Jaubert. Metz 804–7. 6 Vol. 8. Avec 6 Cahiers figures en folio. — Vienne 810. 11. 8 Vol. 8.

— **tableau historique des costumes, des moeurs et des usages des principaux peuples de l'antiquité et du moyen âge.** Tom. I — VI. av. 450 fig. color. gr. 8. et fol. ibid. 810. (Tom. I — III. cont. l'antiq. 48 Rthlr. Tom. IV — VI. cont. le moyen âge 42 Rthlr.)

v. Spalart, Rob., Versuch üb. das Kostüm der vorzügl. Völker des Alterthums u. des Mittelalters, nach d. besten Schriftstellern bearb. u. herausgg. von Ign. Albrecht. 3; Thle, u. Fortsetz. von Jak. Kaiserer. 5 Thle. Mit 590 Kpf. gr. 8. u. Fol. Wien 796—811. Härter. (Mayer u. K.; a. Rohrmann u. Schw.) 36 ℛ illum. 78 ℛ

Spalart, Robert v. Versuch über das Kostum der vorzüglichsten Völker des Alterthums (Abt. II: des Mittelalters). Nach den bewährtesten Schriftstellern bearbeitet von Robert von Spalart (von Abt. II, Bd. 3 ab:) und fortgesetzt von Jakob Kaiserer. Auf eigene Kosten herausgegeben von Ignatz Albrecht ... Wien, in der Ederischen Kunsthandlung (von Abt. II, Bd. 3 ab:) Bey Phil. J. Schalbacher 1796—1837.
2 Abt. in 10 Teilen. 8°.
I: Altertum: 1: Kostum der Aegypter und Griechen. 1796. 1 gest. u. 2 gedr. Tit., 8 — 273 S., 3 S. Inhalt; 27 Taf. in 8° u. 22 Taf. in qu. 8°. 2: Kostum der barbarischen Nationen, der Hebräer und Indier. 1797. 1 gest. u. 2 gedr. Tit., VI S., S. 273—664, 4 Bl.; 40 Taf. in 8° u. 35 Taf. in qu. 8°. 3: Kostum der Römer, der Etruscer, Lateiner, Samniter, der Marsen und Sabiner. 1798. 1 gest. u. 2 gedr. Tit., XVI S., S. 673—1129, 7 S.; 43 Taf. in 8° u. 58 Taf. in qu. 8°. 4: Anmerkungen und Ergänzungen zu Robert von Spalart's Versuch über das Kostum des Alterthums ... Von Leopold Ziegelhauser ... Wien, 1837. Bey Mich. Lechner ... 181 + 3 S.; 15 Taf. in 8° u. 4 Taf. in qu. 8°

II: Mittelalter: 1. Kostum der Gothen, Sueven und Vandalen, der ... Hunnen, der Angelsachsen und Dänen. 1800. 1 gest. u. 2 gedr. Tit., 3 Bl., 220 S.; 35 Taf. in 8° u. 22 Taf. in qu. 8°. 2: Kostum der Franken vom fünften Jahrhunderte bis in das zwölfte, und ... der Normänner. 1801. 1 gest. u. 2 gedr. Tit., 5 Bl., S. 221—356; 35 Taf. in 8° u. 23 Taf. in qu. 8°. 3: Geschichte des Ritterwesens im Mittelalter. 1804. gest. Tit., XVI + 507 S.; 60 Taf. in 8° u. 32 Taf. in qu. 8°. 4: Kostum der geistlichen Orden. 1807. 1 gest. u. 1 gedr. Tit., X S., 1 Bl., 292 S.; 47 Taf. in 8° u. 17 Taf. in qu. 8°. 5: Uebersicht des gesellschaftlichen Zustandes der europäischen Nationen in den Zeiten des Mittelalters. Trachten der Franzosen, Italiener, Niederländer, Schweizer, Burgunder und Deutschen 1811. 1 gest. u. 1 gedr. Tit., VI S., 1 Bl., 184 S.; 73 Taf. (Taf. 68 fehlt) in 8° u. 13 Taf. in qu. 8°. 6: Anmerkungen und Ergänzungen zu Robert von Spalart's Versuch über das Kostum des Mittelalters ... Von Leopold Ziegelhauser ... Wien, 1837. Bey Mich. Lechner ... 214 S., 1 Bl.; 48 Taf. in 8° u. 18 Taf. in qu. 8°.
Die Taf. in kol. Kupferst.
Graesse VI, 1. 457.

Spalart, Rob. v., Versuch üb. d. Costüm d. vorzüglichsten Völker d. Alterthums, d. Mittelalters u. d. neuesten Zeit. Nebst Fortsetzn., Anmerkn. u. Ergänzn. v. L. Ziegelhauser. 2 Abthln. od. 10 Bde. Mit 422 ill. Kpfrn. in 4. u. 242 ill. Kpfr. in qu. Fol. 8. (.. B.) Wien 796—837, [Klang.] Hrbgs. Pr.
Davon ist apart zu haben 1. Abthl. 4. Bd. u. 2. Abthl. 6. Bd., enth. Ziegelhausers Forsetzungen. 2 Thle. mit 65 ill. Kpfrn. in 4. u. 18 ill. Kpfrn. in qu. Fol. (.. B.) 837., hrbgs. Pr. 3 Thlr. 4 Gr.

Die Briefe G[eorg] Spalatins an V. Warbeck, nebst ergänzenden Aktenstücken von G[eorg] Mentz, Prof., Jena. *Berlin: C. A. Schwetschke & S. 1904.* (S. 197–246.) 8°
= Archiv f. Reformationsgeschichte. Jg. 1, H. 3. [1]

Spalatin, G., etliche Historica, wohl zu merken, so sich auf d. Reichstag zu Augsburg zugetragen; zusammengebracht im J. 1530. — An d. 3. Jubelfeier d. Augsburg. Confession nach d. alten Abdruck nebst e. kurzen Biographie d. Verf. hrsg. v. D. F. H. Schönhuth. 8. (3 B.) Tübingen 830, Reiß jun. u. Küstner. (?)

Spalatin, G., etliche Historica, wohl zu merken, so sich auf d. Reichstag zu Augsburg zugetragen; zusammengebracht im J. 1530. An d. 3n Jubelfeier d. Augsburg. Confession nach d. alten Abbruck nebst e. kurz. Biographie des Verf. herausgg. v. D. F. H. Schönhuth. 8. Tübing. 830. Reuß jun. u. K. 4 ℊ

Spalatin, G. Friedrich des Weisen Leben und Zeitgeschichte. Hrsg. von Naudecker und Preller. 8. Jena 1851. 4,00.

Spalatin's, Geo., historischer Nachlaß u. Briefe. Aus den Originalhandschriften hrsg. von Chr. Gotth. Neudecker u. Ludw. Preller. 1. Bd. A. u. d. T.: Friedrichs des Weisen Leben u. Zeitgeschichte. gr. 8. (236 S.) Jena 851, Mauke. n. 1 1/3 ℛ

Spalatiniana [Georg Spalatin: Werke, Ausz.] 1. Vita Georgii Spalatini ex ipsius αὐτογράφῳ descripta M.D.XXXIV. 2. Index brevissimus rerum illustrissimi Principis, Dn. Johannis Ducis Saxoniae Electoris, in Electoratu inceptus colligi M.D. XXVI. 3. Georgii Spalatini Ephemerides inchoatae anno MCCCCLXXX. Anh.: Einige Lutherana u. Aktenstücke aus d. Nürnberger Veit Dietrich Kodex u. A. Hrsg. von Dr. Georg Berbig. Leipzig: M. Heinsius Nachf. 1908. (VII, 123 S.) 8°
= Quellen u. Darstellungen aus d. Geschichte d. Reformationsjahrhunderts. 5. [08. 8338]

Spalato, s.: Adriatisches Meer.

Spalding, Hauptm. v., die Entstehung, Entwickelung und Einrichtung der königl. Unteroffizier-Schule zu Jülich. gr. 8. (48 S. mit 1 Plan in Steindr.) Berlin 882, Mittler und Sohn. *

Spalding's landwirtschaftlicher Kalender f. d. J. 1902. gr. 16. (IV S., Schreibkalender u. 52 S.) Berlin (Militär-Verlag R. Felix). Geb. in Leinw. n. 1. 50
Vergl.: Kalender, landwirtschaftlicher.

Spalding's landwirtschaftlicher Kalender f. d. J. 1906. 7. Jahrg. (200 S.) 16. Berlin (N.O. Greifswalderstrasse 212. 213). Spalding Feldeisenbahnfabrik. Geb. n. 1. —

Spalding's landwirtschaftlicher Kalender f. d. J. 1909. 10. Jahrg. (78 S. m. Schreibkalender.) 16. Berlin (N.O. Greifswalderstr. 213), Spalding Feldeisenbahnfabrik. Geb. 1. —

Spalding, *Aurel* Der König der Tiere bei den alten Germanen Teil I. Verehrung des Bären. 4 (30 S.).
Progr. Prg. u. Vorsch. *Neumark Westpr.* 1890 (38).

Spalding, Bernhard Heinrich (Tribsees) A. S. 573/5

Dissertatio juridica de manumissione servorum, seu hominum propriorum, ex jure Romano et Germanico, speciatim Pomeranico. Präs. Augustin Balthasar. Greifswald (Struck) 30. V. 1743. 76 S.

Gew.: Andreas Mayer, Christoph Nürenberg.

32893

Spalding, Georg Ludwig

Spalding, G. L., Commentarius in priorem partem libri de Xenophane, Zenone et Gorgia. Berol. 793. 8. 8 gr. (Steht auch an dessen: *Vindiciae* philosophor. Megaricor. Hal. 792. 8.)

— comment. in Imam part. libelli de Xenophane, Zenone etc. (mit griech. Text). 8maj. Berl. 793. Mylius. 8 ℊ

Spalding, Georg Ludwig, s. Demosthenes: Oratio in Midiam.

Spalding, Georg Ludwig, s. Kleist, Ewald Christian von: Ver.

— oratio funebris de Büsching. 8maj. Berl. 794. Mylius. 3 ℊ

Spalding, Georg Ludwig, s. M. Fab. Quintilianus: Institution.

— Rede üb. den Patriotismus bei d. Preuß. Jugend. gr. 8. Berl. 801. Mylius. 3 ℊ

— Rede üb. den Werth des Gelehrten. 8. Berl. 797.

Spalding, G. L., vermischte prosaische Schriften u. Gedichte in latein. u. deutscher Sprache. gr. 8. Berl. Schöne. 812.

Spalding, Georg Ludwig, s. Jh. Joach. Spalding: Lebensbeschreib.

— üb. d. deutsche Sprache, eine Vorles. gr. 8. Berlin, Realschulbuchh. 808.

— üb. die deutsche Sprache; eine Vorlesung. gr. 8. Berl. 808. (Reimer). 2 ℊ

Spalding, Geo. Edw., († d. 7. Juni 1811.) Versuch didakt. Gedichte. 8. Berl. 804. Reimer. 1 ℛ 4 ℊ Holl. P. 1 ℛ 8 ℊ Velinp. 2 ℛ 8 ℊ

Spalding, G. L., Vindiciae philosophorum Megaricorum. Subjicitur commentar. in priorem partem libelli de Xenophane, Zenone et Gorgia. Halae 792. 8. (83 S.)

Spalding, Henry S., die geheimnisvolle Höhle, s.: Bachem's Jugend-Erzählungen.

Spalding, J., Gründe seiner Abtretung von d. allgem. Art d. Gottesverehrung; aus d. Engl. 8. Pyrmont 803. (Uslar).

Spalding, J. L. E., Vergleichungen der durch die neue Maaß- u. Gewichtsordnung vom 16. Mai 1816 für d. königl. Preuß. Staaten eingeführten Maaße u. Gewichte. 2e A. 4. Bresl. 820. J. F. Korn. 12 gr

Spalding, Jo. Heinrich

(SPALDING, Jo. H.:) Mecklenb. öffentl. Landesverhandll.; aus Landtags- u. Landesconventsprotocollen. *Güstrow* u. *Neustrelitz*, Michaelis. 792 — 94. 800. Fol. (16 Thl. 8 Gr.)

— Landesverhandlungen, s. a. Landesverhandlungen.

Spalding, Jos. Hnr., (✝ d. 24. April 1807.) repertorium juris Mecklenburgici (deutsch). 4. Rostock 781. 6 Thl 6 gr

SPALDING, Jo. H.: Repert. jur. Mecklenburg. (deutsch.) *Rostock*. 781., m. neuem Tit. *Güstrow* u. *Neustrelitz*, Michaelis. 796. 4. (6 Thl. 6 Gr.)

Spalding, Johann David (Güstrow) A. S. 137/4

Dissertatio inauguralis de consensu feudali. Präs. Kaspar Achaz Beck. Jena (Fickelscherr) VI. 1728. 45 S.

W. v.: Justus Henning Boehmer, Präs. 32894

Spalding, Johann Joachim, s. Bestimmung d. Menschen.

J. Jo. **Spalding**: d. Bestimm. d. Menschen. *Lpz.*, Weidmann. B. (1-12e A. 748-91.) 13e A. m. n. Zusätzen. 794. 8° 14 gr

[SPALDING, JOHANN JOACHIM]. Die Bestimmung des Menschen. Von neuem verbesserte und vermehrte Auflage mit Zugaben. Leipzig, Weidmanns Erben und Reich. 1768. Gr. 8°. 6 Bl. 146 S. *Mit 1 Titelvignette*. HLd. d. Z.

„Die kleine [1748 erstmals erschienene] Schrift hat Spaldings (1714—1804) schriftstellerischen Ruhm begründet . . . die gefällige und reine Darstellung und sein unleugbar sehr vorteilhafter Einfluß auf die Bildung unserer Sprache" erwarben ihm „ungemeinen Beifall" (EL). — Teilweise leicht gebraunt, hie u. da leichte Flecken.

— — Dasselbe Werk. Achte Auflage mit einigen Zugaben. Leipzig, Weidmann etc., 1764. 8°. 4 Bl. 134 S. 1 Bl. *Mit Titelvignette von G. I. Crusius*. Ld. d. Z. m. Rv.

— — Dasselbe Werk. Von neuem verbesserte und vermehrte Auflage mit einigen Zugaben. Leipzig, Weidmann. 1774. 5 Bl., 146 S. 1 Bl. *Mit hübscher Titelvignette v. G. G. Endner*. HLd. d. Z. — Teilweise leicht gebräunt.

(Spalding, J. J.), Die Bestimmung des Menschen. Neue Aufl. 244 S. Lpz. 1794. 12°.

[Johann Joachim] **Spaldings** Bestimmung des Menschen (1748) u. Wert d. Andacht (1755). Mit Einl. neu hrsg. von Lic. Horst Stephan, Priv.Doz. Gießen: A. Töpelmann 1908. (44 S.) 8° [J.]
— **Studien** z. Geschichte d. neueren Protestantismus. Quellen-H. 1. (08.8691)3

Spalding, Joh. Joach., (✝ d. 22. Mai 1804.) Briefe an Gleim. 8. Halberst. 771. Groß. (W. Rauck in Leipz.) 6 gr

— vertraute Briefe, die Religion betreffend, s. Briefe.

[Spalding, Joh. Joachim:] Briefe, welche den Streit der Religion betreffen. Leipzig 1755.

Spalding, Johann Joachim, s. J. Buttler: Bestätigung.

Spalding, Johann Joachim, s. Festpredigten, neue.

Spalding, Johann Joachim, s. Foster, James: Betrachtungen . . .

Spalding, Johann Joachim: Gedächtniß-Predigt auf David Bruhn. Berlin 1782. 8°

Gedächtnisspredigt auf Friedrich den Zweyten, König von Preussen, etc. etc. etc. Von Johann Joachim Spalding, Probst in Berlin. Berlin 1786. Voß. 8°.

— Dies. auf Louise Amalia, verwittw. Prinzessin v. Preußen. 8. Berl. 780. Voß. 3 gr

— Dies. auf E. G. Sadewasser. gr. 8. Berl. 770. Mylius. 3 gr

— Gedächtniß-Predigt auf Joh. Pet. Süsmilch. 8. Berl. 767. Mylius. 2 gr

— Gedanken v. Werth d. Gefühle im Christenthume, s. Gedanken.

Spalding, Johann Joachim, s. Gesangbuch f. d. Preuß. Lande.

— das Glück des häusl. Lebens. 8. Berl. 765.

— Lebensbeschreibung v. ihm selbst, und herausgeg. v. s. Sohne G. L. Spalding. gr. 8. Halle, Waisenhausbuchh. 805.

— lettres sur les disputes de réligion; trad. de l'Allemand. 8. Brem. 769. Cramer. 3 gr

— Lieder für den öffentl. Gottesdienst. 8. Berl. 765. N. A. 778. Wever. (Sander). 6 gr

— üb. die Nutzbarkeit des Predigtamts. gr. 8. Berl. 772. (Anonym). 2e A. 773. 3e verm. A. 791. Voß. 1 Thl 12 gr Holl. Pap. 2 Thl 8 gr

— über die Nutzbarkeit des Predigtamts und der. Beförd. gr. 8. Berl. Voß. 791.

Holl. V.

— Predigt auf das Absterben d. Prinzen Fr. Heinr. Karl v. Preußen, am 14. Juni 1767 gehalten. gr. 8. Berl. 767.

— Predigt von der Begierde nach Vergnügen rc. 8. Berl. 784. Voß. 3 gr

— Predigt von dem, was erbaul. ist rc. 8. Berl. 781. Voß. 3 gr

— Predigt von der Demüthigung vor Gott, am Mittwoch nach Jubilate 1773 gehalten. 8. Berl. 773. Voß. 2 gr

— Predigt bei der Einführung W. A. Tellers, am 17. Juli 1768. 8. Berl. 768. Voß. 3 gr

— Predigt von der Einigkeit in d. Religion. 8. Berl. 786. Voß. 6 gr

— Predigt bei der Einweihung der neuen Georgenkirche in Berlin. 8. Berl. 780. Voß. 3 gr

Spalding, Joh. Joach., Predigt am Friedensfeste, d. 23. May 1779. Berlin 1779. 8. (27 Seit.)

— Predigt üb. die Gesinnung eines Christen bei dem herrschenden Verderben in d. Welt. 8. Berl. 776. Voß. 2 gr

— Predigt üb. den besten Trost des hohen Alters, zum Gedächtniß A. E. Vogels. gr. 8. Berl. 768. Mylius. 3 gr

— Predigten. gr. 8. Berl. 765. 2e A. 768. 3e Aufl. 775. (Reimer). 1 Thl

— Predigten. gr. 8. Berlin, Lange. 775.

Spalding, Joh. Joach., Predigten. 8. Berlin. 775. Jetzt Verlag von Reimer.

— Predigten, enthalt. die seit 1764 bis 1774 einzeln gedruckten Predigten, nebst kl. Aufsätzen, (ohne Vorwissen d. Verfassers veranstaltet). 8. Frankf. 775. (Sander in Berl.) 1 Thl 4 gr

— Predigten, größtentheils b. außerord. Fällen. 8. Frankf. Straußs. (Akadem. Buchh.) 775.

— neue Predigten. 2 Thle. 8. Berl. 768 u. 84. 1r Thl. 2e A. 770. 3e A. 777. Voß. 2 Rthlr. 8 Gr.

— Rede bei der Einsegnung des Hrn. Sack mit seiner Tochter. 4. Frkf. a. M. 770. Hermann. 3 Gr.

— die Religion, eine Angelegenheit der Menschen. 8. Berl. 797. (Anonym). 2e A. 798. 3e A. 800. 4e A. 806. Voß. 20 Gr.

— traité sur la déstination de l'homme, trad. de l'Allemand par la reine de Prusse, Christiane Elisabeth. gr. 8. Berl. 776. Rottmann. 12 Gr.

— traité sur la Destination de l'homme, trad. de l'allemand p. la Reine de Prusse, Christiane Elisabeth. gr. 8. Berlin, W. Vieweg. 799.

Spalding, Jh. Joach., Trauungsrede bei der Heirath seiner Tochter, nebst e. Ode d. Karschin. 4. Frkf. a. M. 771. Keßler. 3 Gr.

Spalding, Johann Joachim, s. Villette: Unterredung.

Spalding, Johann Joachim, s. Vorstellung der Deistischen Grundsätze.

— Warnung vor falschen Bekehrungen. gr. 8. Berl. 782. Rottmann. 4 Gr.

Spalding, John Lancaster

Spalding, J. Lancaster, Ansichten üb. Erziehung. Uebers. v. F. Mersmann. 1. u. 2. verb. Aufl. 12. (à 24 S.) Münster 902. Alphonsus-Buchh. n. — 40

Spalding, J[ohn] L[ancaster]: Die Frau und ihre wissenschaftliche Ausbildung. Übers. v. F. Mersmann. — Münster: Alphonsus-Buchh. 1902. 19 S. 8°

— die Frau u. ihre wissenschaftliche Ausbildung. Uebers. v. F. Mersmann. 2. verb. Aufl. 12. (20 S.) Ebd. 902.

Spalding, J. L., „Gelegenheit". Anreden. Autoris. Uebersetzg. aus dem Engl. v. Isidor Hencka. (XII, 283 S. m. Bildnis.) gr. 8. München 903. G. Schuh & Co. n. 3. 60; geb. 4. 80

Spalding, Karl August Wilhelm

Spalding, Karl Aug. Wlh., Geschichte des christl. Königreichs zu Jerusalem. 2 Thle. 8. Berl. 803. Mylius. 2 Rthlr. 8 Gr.

Spalding, Karl August Wilhelm, s. Geschichte d. bürgerl. Kriege in Granada.

— Peter d. Grausame, s. Peter.

(Spalding, C. A. W.) Peter der Grausame. 8. Berlin 1787.

Spalding, L., Gesch. der Einführung u. des Gebrauches der Scutellarie Lateriflora (Scullap) als e. Vorbauungs- u. Heilungsmittel d. Wasserscheu ꝛc.; aus d. Engl. Mit 1 Abbild. gr. 8. 803. (Centr.-Compt. in Leipz.) 8 Gr.

Spalding, (L.,) Gesch. d. Einführung u. d. Gebrauches d. Scutellarie Lateri flora (Soullcap) als e. Verbauungs- u. Heilungsmittel d. Wasserscheu. Mit 1 Abbildg. gr. 8. (Leipz., Hinrichs) 803.

Spalding, Lyman.

A New Nomenclature of Chemistry proposed by De Morveau, Lavoisier, Berthollet and Fourcroy, with additions and improvements. Hanover (N. H.), 1799 12 pp., sm. fol. oblong.

The author, who was lecturer on chemistry in Dartmouth College, adopts the name Septon for nitrogen, as proposed by Mitchill; nitric acid being septic acid, etc. In other respects De Morveau is generally followed.

[J. u. Ant.] **Spalding**, Richard *Georg Siegfried* [Referendar]: Der Begriff des „negotium utiliter gestum" nach gemeinem Rechte unter Berücks. d. modernen Gesetzgebgn ... Greifswald, Druck v. J. Abel, 1895; 44 S. 8.
Greifswald, Jur. Fak., Inaug.-Diss. v. 1895

Spalding, Thomas (Güstrow) A. S. 314/17

Dissertatio inauguralis iuridica de caede infantum in utero. Präs. Justus Henning Boehmer.
Halle (Grunert) IV. 1732. 38 S. 32895

Spalding, Thomas (Güstrow) A. S. 55/20

Dissertatio inauguralis iuridica de caede infantum in utero. Präs. Justus Henning Boehmer. Rec.
Halle (Grunert) 1740. 38 S.

Diss. IV. 1732. 32896

Spalding, Volney *Morgan*: The Traumatropic Curvature of Roots ... (Aus: Ann. of Bot., Vol. VIII.) *Oxford, Univ. Press, 1894*; 1 Bl., 423—451 S., 1 Bl., 1 Taf. 8.
Leipzig, Phil. Fak., Inaug.-Diss. v. [17. Jan.] 1895

Spalding, W., Geschichte der englischen Literatur nebst Proben aus den bedeutenderen Schriftstellern und einer Entwickelungsgeschichte der engl. Sprache. Nach der 2. Aufl. des Orig. mit Anmerkungen ins Deutsche übers. gr. 8. (XXIV und 549 S.) Halle 854, Graeger. *

Spalding, Walt. R., Tonal counterpoint. Studies in part-writing. (IX, 258 S.) gr. 8. Leipzig (904). A. P. Schmidt. Geb. in Leinw. n. 8. —

— modern harmony, s.: Foote, Arth.

Spaleny, Norbert

Spaleny, N., das bosnische Pferd. Ein Versuch, den Kreis der Gönner u. Freunde dieses tücht., im Occupationsgebiete unentbehrl. Gebirgspferdes zu erweitern. [Aus: „Armee- u. Marine-Zeitg."] 12. (15 S.) Wien 892. (L. W. Seidel & Sohn.) n. — 80

Spaleny, Norbert, Rückblicke auf die russische Taktik der Vergangenheit u. Gegenwart. Nach Quellen bearb. gr. 8. (VIII, 175 S.) Graz 878. Lentner. n. 4. 80

Spaleny, Norbert, Wahrnehmungen und Erfahrungen der k. k. Truppen bei der Occupation Bosniens und der Hercegovina im Jahre 1878. Nach dem Orig.-Materiale des militär-wissenschaftlichen Vereines zu Wien bearb. gr. 8. (133 S.) Wien 884, (Seidel und Sohn.) *
Aus: Organ der militär-wissenschaftlichen Vereine, besonders abgedruckt.

Oesterr.-ungar. Wandkarte. Herausg. v. Norb. Spaleni u. Carl Ivinger. 3. verb. Aufl. 4 Bl. Folio. Wien, *L. W. Seidel & Sohn. 3 fl. 20 kr. N. b. 1883, Ins. 66

Anon.: Heinrich **Spalinger**. Zürich, Kantonsschule, Progr. 1875.

Spalinger, Adolf, cand. iur. aus Winterthur ⟨Schweiz⟩: Einige Kapitel aus dem Gebiete der Gesetzgebung des Deutschen Reiches. *Berlin 1900: G. Schade.* (68 S.) 8°
Rostock, Jur. Diss. v. [12. Sept.] 1900

Spalinger, Heinr., theoretisch-praktische Gesang-Anleitung m. rhythm., melod. u. dynam. Beispielen. gr. 8. (IV u. 80 S.) Zürich 852. Orell, Füßli & Co. n. 1/2 ₰

Lieder für schweizerische Freimaurer-Logen. Hrsg. von Heinr. Spalinger. Zürich: Orell, Füssli & Co. 1867. 64 S. 8°
Recens: Bh. 11 (1868) S. 109 (J. G. Findel). Tt. 2309. 60 Lieder nebst Noten. 193.

Spalinger, Heinr., Sammlung zwei-, drei- und vierstimmiger Lieder. 1—3. Heft. Zürich 854. Höhr. 8. n. 22 ngr.
Inhalt. 1. Heft: Sammlung von zweistimmigen Liedern. (2 Bl., 80 S.) n. 5 ngr. — 2. Heft: Sammlung von dreistimmigen Liedern. (140 S.) n. 9 ngr. — 3. Heft: Lieder für gemischten Chor. (2 Bl., 80 S.) n. 8 ngr.

— Sammlung von Männerchören mit besonderer Berücksichtigung höherer Lehranstalten gewählt und herausgegeben. Zürich (854.) Höhr. gr. 8. (IV, 225 S.) n. 22 ngr.

Spalinger, Paul, prakt. Arzt aus Marthalen '(Ct. Zürich)': Ueber die Endresultate der Hydrocelenoperation durch Punction mit nachfolgender Jodinjection mit gleichzeitiger Berücksichtigung der Schnittoperation. (S.A. aus: Beiträge z. klin. Chirurgie [— Bruns], Bd 13 [S. 779—841]). Tüb. H. Laupp 1895. 2 Bl., 63 S. 8°.
Zürich, Med. Diss. [v. 24. Mai 1895].

Spalke, E.: Nur kein Radler! Schwank in 1 Akt. Berlin: E. Bloch (1901). (26 S.) 8°
= Theater-Korrespondenz, Eduard Blochs. No 315.

Spalke, E., Nur kein Radler!, s. Bloch's, Ed., Theater-Korrespondenz.

Spallanzani, (Lazzaro): Physicalische und mathematische Abhandlungen 1 - 5. Aus dem Italienischen übersetzt. 292 S., gbd., 2 Taf.

Leipzig: Gleditsch 1769

Spallanzani, Laz., physikalische u. mathematische Abhandll.; aus dem Italienischen. Mit Kpf. gr. 8. Leipz. 769. (Brockhaus). 14 gl

Abts Spalanzani Physikal. und math. Abhandlungen.
1) Versuch über die Ergänzung oder den neuen Anwuchs abgeschnittener Theile bei einigen Thieren.
2) Neue Bemerkungen von der Würkung des Herzens in den Blutgefässen.
3) Mikroscopische Beobachtungen in Ansehung des Lehrgebäudes von der Erzeugung der Herren Nedham und Büffon.
4) Briefe über die Maulesel und andere Bastardthiere.
5) Von dem in die Höhe springen oder Abprallen der Steine, welche auf die Oberfläche des Wassers geworfen werden. m. K. Leipz. 8. 1769.

— Abriß e. Reise nach d. flegreischen Gefilden, d. Aetna u. d. äolischen Inseln, unternommen 1788; aus d. Italien. (von Jh. Cph. Majer). 8. Straßb. 791. Akadem. B. (Hinrichs in Leipz.) 3 gl

Des Lazaro Stallanzani [Osservazioni fisiche istituite nell' isola di Citera oggidi detta Cerigo. Deutsch:] angestellte physikalische Beobachtungen auf der Insel Cythera, neutzutage Cerigo genannt, an Cap.Lorgna. Aus d.Ital. [Übers.:Johann Christoph Maier.] Strasburg: Akadem.Buchh. 1789. 64 S. 8°

— physikal. Beobachtt. auf der Insel Cythera; aus d. Italien. (v. Jh. Cph. Majer). Mit 1 Kpft. 8. Straßb. 789. (Leipz., Hinrichs). 6 gl

— Briefe an Thouvenel üb. die Elektricität; aus d. Italien. v. J. Mayer. 1. 8. Prag 794. Calve. 3 gl

— expériences sur la digestion de l'homme, trad. de l'Italien, par J. Senebier. 12. Bern 784. Haller. 16 gl

— expériences pour servir à l'histoire de la génération des animaux et des plantes, av. fig. 8. Genf 785. (Pott u. C. in Lausanne). 1 ₰ 16 gl

— Opuscules de Physique animale et végétale, trad. de l'Ital. p. I. Senebier, av. fig. II Vol. 8. Génève. (Flick à Basle.) 777

— opuscules de physique animale et végétale, trad. de l'Italien par J. Senebier. II Vols., av. fig. 8. Genf 777. (Neukirch in Basel). 2 ₰ 16 gl

— Reise im Auszuge, s. Gemälde aus d. Naturreiche rc.

Spallanzani, L. Reise in beide Sicilien und in einige Gegenden der Appenninen. Aus dem Italienischen mit Anmerkungen, nebst einem Anhange über die Vulcane aus dem Franz. des Herrn Senebier. Leipzig 1795—96. 4 Bde.

— Reisen in beyde Sicilien und in einige Gegenden d. Apeninen, a. d. Ital. 5 Bde. mit K. gr. 8. Lpz. Dyk. 795—98, (1r 1 Rthlr. 4 gr. 2r 1 Rthlr. 20 gr. 3r 1 Rthlr. 4r 1 Rthlr. 8 gr. 5r 1 Rthlr.)

— Versuche u. Bemerkk. über rc. d. Phosphor, s. J. W. Ritter, Darstellung.

Spallanzani, [Lazzaro]: Versuche über die Erzeugung der Thiere und Pflanzen. Nebst Johann Senebier's Entwurf e. Geschichte d. organisierten Körper vor ihrer Befruchtung. Aus d. Franz. übers. von Christian Friedrich Michaelis. Abt. 1. Leipzig 1786.

— Versuche über die Erzeugung der Thiere u. Pflanzen; nebst Senebier's Entwurf e. Gesch. der organ. Körper rc.; aus d. Französ. v. Chr. Fr. Michaelis 2 Thle. Mit Kpf. gr. 8. Leipz. 786. Göschen. 1 ₰ 16 gl

Spallanzani, [Lazaro]: Versuche über das Verdauungs-Geschäft des Menschen und verschiedener Thier-Arten, nebst einigen Bemerk. des Herrn Senebier. Uebers. u. mit e. Reg. vers. von Christian Friedrich Michaelis. Leipzig 1785. 440 S.

— Versuche üb. d. Verdauungsgeschäfte d. Menschen u. verschied. Thierarten; nebst Senebier's Bemerkk. übers. u. mit Register versehen v. Chr. Fr. Michaelis II. gr. 8. Leipz. 785. Dyck. 1 ₰ Schrbp. 1 ₰ 12 gl Zusätze zu dems. übers. von demselben. gr. 8. Leipz. 785. Dyck. 3 gl

— voyage dans les deux Siciles et dans quelques parties des Appenins, trad. de l'Italien, av. remarques. V Vols., av. fig. gr. 8. Bern 797, 98. Haller. 6 ₰ 6 gl

Spallart, s.: Neumann-Ritter v. Spallart.

Spallart, Robert von, s. Spalart, Robert von.

Spallek, Carl, üb. Prolapsus-Operationen m. besond. Berücksicht. der Frank'schen Methode aus der Greifswalder gynäkologischen Klinik. Diss. gr. 8. (28 S.) Greifswald 893. (Gross-Strehlitz, A. Wilpert.) n. 1. —

Spalmadori, Canal, s.: Adriatisches Meer.

SPALOWSKY Joachim Johann Nepomuk. Abhandlung der Oekonomie und der dazu gehörigen Wissenschaften ... Von – ... Hraschanzky, Wien 1787. Mössle, Wien 1801. 1 vol. 232 S. + 23 Tab.

— Abhandl. der Oekonomie u. der dazu gehör. Wissenschaften. Mit 100 erläut. Kpf. 1r Bd. gr. 4. Wien 787. Verf. schwarz 3 fl 8 kr illum. 12 fl

Spalowsky, J. J. N.: „Abhandlung der Oekonomie und der dazu gehörigen Wissenschaften" mit 100 erläuternden Kupfern; Band I: „Vom Schreiben, Aufsätzen und Rechnungswesen", Wien 1787.

– Tabellarischer Entwurf zur Übersicht der Lehrordnung. Für die ökonomischen Vorlesungen des Dr. –. Mössle, Wien 1785. 1 vol. 8 Bl. + 6 Tab.

Spalowsky, Jh. Joach. Nep., († d. 17. Mai 1797.) de cicuta flammula jovis, aconito, pulsatilla. cum fig. 8maj. Wien, (Trattner). 16 kr

— Naturgeschichte der vierfüß. Thiere, Vögel, Amphibien u. Conchylien, nebst Abhandl. v. ökonom. Wissenschaften, dann der Numismatik, mit vielen ill. Kpf. 10 Bde. 4. Wien, Verf.

— 1r u. 2r Beitrag zur Naturgeschichte der Säugthiere, in 108 Platten. 4. Wien, Verf. 13 fl 8 kr Fein Pap. 24 fl Holl. Pap. 48 fl

— 1r—6r Beitrag zur Naturgesch. der Vögel, in 269 Platten. gr. 4. Wien 790—95. Verf. 40 fl Fein P. 72 fl Holländ. Pap. 144 fl

Spalowsky, Jh. Joach. Nep., Prodromus in systema hist. Testaceorum — Vorschmack e. vollständ. systemat. Geschichte der Schaalthiere ɔc. Mit 155 Kpf. 1r Bd. Fol. Wien 795. Verfass. 24 fl
(NB. Von dem 1ten, 3ten, 7ten u. 8ten Werke erwähnt Meusel nichts; auch war sonst keine genauere Nachricht davon aufzufinden. Vielleicht giebt mir eine Wiener Buchhandlung Auskunft?)

– Vorbothe der Naturgeschichte. Von ... – ... Hraschanzky, Wien 1789. 1 vol. 40 S. + 26 kol. Stiche.

— der Vorbote der Naturgeschichte, in 25 Platten. Wien ... Verfass. 1 fl 18 kr illum. 9 fl

Spalt, s. a. **Deutschland**, **Kürschner-Pelp.**

Spalt im Jahre 1821. Vom k. Steuerkataster. 1: 2500. 1 Bl.

Spalteholz, Robert

Spalteholz, Rob., praktische Anleitung zur kaufmännischen Buchhaltung nach einfacher u. doppelter Methode, s.: Treuber, W.

Spalteholz, R., Beispiele u. Übungsaufgaben zur kaufmännischen Buchhaltung, s.: Treuber, W.

—— mein Freund Bellamy, s. Bibliothek, neue, für das deutsche Theater.

—— **Geschäftsgänge zur Buchhaltung zum Gebrauche in den Handelslehranstalten. 3. umgeänd. Aufl. gr. 8. (15 S.) Dresden 883, G. Dietze.** *

— Geschäftsgänge zur Buchhaltung zum Gebrauche in den Handelslehranstalten. 4., umgeänd. Aufl. gr. 8. (15 S.) Dresden 889. G. Dietze. n. — 50

Spalteholz, Rob., Geschäftsgänge zur Buchhaltung zum Gebrauche in den Handelslehranstalten. 5., umgeänd. Aufl. gr. 8. (15 S.) Dresden 894. G. Dietze. n. — 50

Spalteholz, Rob., Geschäftsgänge zur Buchhaltung zum Gebrauche in den Handelslehranstalten. 6., umgeänd. Aufl. gr. 8. (15 S.) Dresden 899. F. Jacobi. n. — 50

Spalteholz, Rob., Geschäftsgänge zur Buchhaltg. zum Gebrauche in den Handelslehranstalten. 9., umgeänd. Aufl. (15 S.) 8. Dresden 909. F. Jacobi. — 40

— s.: Heinrich, Edm., **Formulare kaufmänn. Arbeiten.**

Spalteholz, Rob., Kaufm. Korrespondenz, s.: Findeisen, C. F.

— Leitfaden f. den Unterricht in der kaufmänn. Buchhaltung nach einfacher u. doppelter Methode, m. Übungsaufgaben versehen. Für Handelsschulen, sowie zum Selbstunterricht. Mit e. bildl. Darstellung des Systems der doppelten Buchhaltg. gr. 8. (VIII, 174 S.) Dresden 901. F. Jacobi. Geb. in Leinw. n. 3.—

— Leitfaden f. den Unterricht in der kaufmänn. Buchhaltung nach einfacher u. doppelter Methode, m. Übungsaufgaben versehen. Für Handelsschulen, sowie zum Selbstunterricht. 2. Aufl. (VIII, 189 S.) 8. Ebd. 909. Geb. in Leinw. 3. —

[Lied.] Dem Br. Emil [Rumpelt gen.] Walther am Johannistage 1870. [Unterz.:] R[ob.] S[palteholz]. [Dresden 1870]: Wulffen. 1 Bl. 8⁰ [Kopftit.]
Ohne Noten: „Ein hohes Lied auch möcht' ich singen . . ." 111.
[Dasselbe u. d. Tit.:]
[Lied.] Dem Meister am Johannisfeste 1874. [Unterz.: Rob.] Sp[alteholtz]. Dresden 1874]: Ramming. 1 Bl. 8⁰ [Kopftit.] 111.

Spalteholz, R., das Reich d. Friedens. Dramatisches in 5 Aufzügen. 16. (135 S.) Dresden 871. Türk in Comm. 1. 50

Spalteholz, Walter (Julius) (geb. Pirna 19. 10. 1859): Zur Kenntniss der Chinolinfarbstoffe. Berlin 1883. (20 S.) 8°
Berlin, Phil. Diss. v. 22. Dez. 1883

Spalteholz, Werner, d. Arterien d. menschl. Haut. 13 stereoskop. Taf., nach Photographien eig. Präparate in Kupferdr. gr. 8. (19 S. m. 5 Fig.) Leipzig 895 Veit & Co. n. 11. —

Handatlas der Anatomie des Menschen. In 750 Abb. mit Text (3: In 935, grösstenth. nach Orig. von Bruno Héroux hergest. Abb.). Mit Unterst. von Wilhelm His, Prof., Leipzig, bearb. von Werner **Spalteholz**, Prof., Leipzig. Bd 1–3. *Leipzig: S. Hirzel 1896–1903.* 3 Bde 4°(8°)
1. Fig. 1–280. Knochen, Gelenke, Bänder. 1896.
2. Fig. 281–511. Regionen, Muskeln, Fascien, Herz, Blutgefäße. 18(96–)98.
3. Eingeweide, Gehirn, Nerven, Sinnesorgane. 19(00–)03. [04. 1364 11

— Handatlas d. Anatomie d. Menschen in 750 theils farb. Abb. m. Text. Mit Unterstützg. v. Wilh. His bearb. 1. u. 2. Bd. à 2 Abthlgn. Lex.-8. (S. 1—475.) Leipzig 895—898. S. Hirzel. à Bd. n. 13. —; geb. à n.n. 14. —

— dasselbe. 1. Bd. Knochen, Gelenke, Bänder. 2. Aufl. (4.—6. Taus.) gr. 8. (III, 235 S. m. z. Tl. farb. Abb.) Ebd. 899. n. 13. — ; geb. n.n. 14. —

Spalteholz, Wern., Handatlas der Anatomie des Menschen. Mit Unterstützg. v. Wilh. His. I. u. II. Bd. u. III. Bd. 1. Abth. (Mit z. Tl. farb. Abbildgn.) Lex.-8. Leipzig, S. Hirzel. n. 34. —
I. Knochen, Gelenke, Bänder. 3. Aufl. (7.—10. Taus.) (III, 235 S.) 901. n. 13. —; geb. n. 14. —
II. Regionen, Muskeln, Fascien, Herz, Blutgefässe. 2. u. 3. Aufl. (4.—10. Taus.) (S. 237—475.) 899. 901. n. 13. —; geb. n.n. 14. —
III. 1. 1. u. 2. Aufl. (1.—6. Taus.) (S. 477—616.) 900. 901. n. 8. —

Spalteholz, Werner, Handatlas der Anatomie des Menschen. Mit Unterstützg. v. Wilh. His bearb. In 935, grösstenteils nach Originalen v. Bruno Héroux hergestellten Abbildgn. III. Bd. Eingeweide, Gehirn, Nerven, Sinnesorgane. 2. Abth. (V u. S. 617—869.) Lex.-8. Leipzig 903. S. Hirzel. n. 13. —; (III: n. 21. —; geb. n.n. 22. —; vollständig: n. 47. —; in 1 od. 3 Bde. geb. n.n. 50. —)

— dasselbe. 4. Aufl. 3 Bde. (Mit z. Tl. farb. Abbildgn.) Lex.-8. Ebd. n. 47. —; in 1 od. 3 Bde. geb. n. 50. —
I. Knochen, Gelenke, Bänder. (VI, 235 S.) 901. n. 13. —; geb. n.n. 14. —
II. Regionen, Muskeln, Fascien, Herz, Blutgefässe. (S. 237 bis 475.) 904. n. 13. —; geb. n.n. 14. —
III. Eingeweide, Gehirn, Nerven, Sinnesorgane. (S. 477—869.) 906. n. 21. —; geb. n. 22. —

Spalteholz, Wern., Handatlas der Anatomie des Menschen. Mit Unterstützg. v. Wilh. His bearb. 3 Bde. Lex. 8. Leipzig, S. Hirzel. 47.—; geb. 50.—
1. Knochen, Gelenke, Bänder. 5. u. 6. Aufl. (VII, 235 S. m. z. Tl. farb. Abb.) 907. 10. 13.—; geb. 14. —
2. Regionen, Muskeln, Fascien, Herz, Blutgefässe. 5. u. 6. Aufl. (III u. S. 237—475 m. z. Tl. farb. Abb.) 907. 10. 13.—; geb. n 14. —
3. Eingeweide, Gehirn, Nerven, Sinnesorgane. 5. Aufl. (III u. S. 477—869 m. Abb.) 909. 21.—; geb. n 22. —

— Hand-atlas of human anatomy. With the advice of Wilh. His. Translated from the 3. German ed. by Lewellys F. Barker. With a preface of Franklin P. Mall. Vol. I and II gr. 8. Ebd. à n. 13.50; geb. à n. 14.50
I. Bones, joints, ligaments. (VI, 235 S. m. z. Tl. farb. Abbildgn.) 900.
II. Regions, muscles, fasciae, heart, blood vessels. (S. 237—475 m. z. Tl. farb. Abbildgn.) 901.

— Hand-atlas of human anatomy. With the advice of Wilh. His. Translated from the 3. German ed. by Lewellys F. Barker. With a preface by Franklin P. Mall. Vol. III. Viscera, brain, nerves, sense-organs. (V u. S. 477—872 m. z. Tl. farb. Abbildgn.) gr. 8. Leipzig 903. Philadelphia, J. B. Lippincott Company. n. 21. —; geb. n. 22. — (Vollst. n. 48. —; geb. n. 51. —)

— Mikroskopie u. Mikrochemie. Betrachtungen üb. die Grundlagen der mikroskop. Untersuchungsmethoden. (Erweiterter Abdr. e. Vortrages, geh. am 28. XI. 1903.) (38 S.) gr. 8. Leipzig 904. S. Hirzel. n. 1. —

Spalteholz, Werner, die Vertheilung der Blutgefässe in der Haut. [Aus: „Archiv f. Anat. u. Physiol."] gr. 8. (54 S. m. 3 Abbildgn. u. 6 Taf.) Leipzig 893. Veit & Co. n. 10. —

Spalteholz, W., die Vertheilung der Blutgefässe im Muskel. Mit 3 Taf. [Aus dem physiolog. Institute zu Leipzig.] [Aus: „Abhandlgn. d. k. sächs. Gesellsch. d. Wiss."] Lex.-8. (22 S. m. 3 Bl. Erklärgn.) Leipzig 888. Hirzel. n. 1. 80

— Verzeichniss d. medicin. period. Schriften in d. medicin. Instituten u. in d. Universitäts-Bibliothek d. Universität Leipzig. Hrsg. v. der „biolog. Gesellschaft zu Leipzig". 2., verb. Aufl. gr 8. (31 S.) Leipzig 897. (Kössling.) 1. —

Verzeichnis der periodischen Schriften medizinischen und naturwissenschaftlichen Inhalts in der Bibliothek, den medizinischen und naturwissenschaftlichen Instituten der Universität Leipzig. Begründet von W[erner] **Spalteholz**, fortgef. u. erw. von E[rhard] Riecke. Hrsg. von d. 'Biolog. Gesellsch. zu Leipzig'. 3. Aufl. Leipzig: C. Beck in Komm. 1907. (104 S.) 8° [08. 3283 3

Spalteholz-Wagner, Geo., Hertha-Fee. Drama in 1 Vorspiel u. 4 Akten. (VI, 224 S.) 8. Dresden 908. E. Pierson. 3. —

— Horridoh. Schauspiel in 3 Akten. (V, 130 S.) 8. Ebd. (907). 2. —

— Lust u. Leid u. Last u. Liebe. Gedichte. (1. u. 2. Bd.) (242 u. 320 S.) 8. Ebd. 908. 09. Geb. in Leinw. à 5. —

— Die Sonnige. Drama in 4 Akten. (III, 180 S.) 8. Ebd. (907). 2. 50

Spaltenstein, Mich., Gedanken üb. Anwaltsgebühren u. Anwaltszwang. gr. 8. (87 S.) Berlin 887. Puttkammer & Mühlbrecht. n. — 50

Spaltenstein, Mich., das specifisch juristische Geschäft im römischen Obligationenrecht. gr. 8. (V, 207 S.) Strassburg 876. Schultz & Co. n. 5. —

Spaltenstein, Mich., zum Konkurse d. Aktiengesellschaft. E. Beitrag zur Revision d. Konkursordng. gr. 8. (32 S.) Strassburg 898. Schlesier & Schweikhardt. n. — 50

Spaltenstein, Mich. Konkurs der Creditbank Kehl. Geschichtl. Darstellg. u. jurist. Gedanken. gr. 8. (52 S.) Strassb. i. E. 892, R. Schultz u. Comp. Sort. * — 80

Spaltenstein, Mich., die Wiedereinsetzung in den vorigen Stand. Ein römischrechtl. Versuch. gr. 8. (IV, 222 S.) Berlin 873, Vahlen. *

Spälter, Friedrich Zur Homerischen Didaxis. 8 (36 S.). **Progr.** Studienanst *Schweinfurt* 1888.

Kurzgefaßter Commentar zum allgemeinen Theil der Germania des Tacitus für Schüler. — Von Friedr. Spälter, Stdl. — Bayreuth, Max Pößl. — S. 3—66.

Progr. Bayreuth, K. Gymn.

Spälter, Frdr., ausführl. Lehrbuch d. bayerischen Geschichte. 1. Vorzeit u. Mittelalter. gr. 8. (III, 194 S.) Regensburg 895. W. Wunderling. n. 1. 60

Spaltowski, Kurt: Die Versorgung der deutschen Hochofen-Industrie mit Eisenerz. Greifswald 1909: Abel. 91 S. 8°
Greifswald, Phil. Diss. v. 20. Febr. 1909, Ref. Oldenberg
[Geb. 24. Jan. 81 Eydtkuhnen; Wohnort: Hirschberg i. Schl.; Staatsangeh.: Preußen; Vorbildung: Gymn. Bromberg Reife O. 02; Studium: Greifswald 3, Berlin 2, Greifswald 3 S.; Rig. 21. Dez. 08.] [U 09. 1567

Spaltung, die, Europens in zwei feindselige Halb-Regionen. Im Gegensatz zum Europ. Bund des Hrn. (v.) Phiselbeck. Nach d. Princip d. Weltsprache. gr. 12. (5 B.) Stuttgart 832, Scheible.

Spaltung, die, Europens in 2 feindselige Halb-Regionen. Im Gegensatz zum Europäischen Bund des Hrn. (v.) Schmidt-Phiseldeck. Nach d. Princip der Weltsprache. gr. 12. Stuttg. 832. Scheible. 9 g?

Spaltung, die, in der christ-kathol. Gemeinde zu Bromberg, dargelegt von dem Vorstande derselben. 8. (2 B.) Bromberg 845, (Fischer.)

Spaltung, die, der patriotischen Partei in Bayern. gr. 8. (31 S.) Würzburg 877. Woerl. — 45

Spälty, Heinrich. Ein Lipom des Herzens. Diss. Med. Univ. Zürich. Mit einer Tafel. *Kopftitel:* Aus dem pathologischen Institut in Zürich. 22 S. 8. Zürich, Hürlimann & Fischer, 1901.

Spalving, J., der practische Kopfrechner, enth. Beispiele aus dem bürgerlichen Leben, besonders aber aus dem Kinderkreise, sowohl der männlichen als auch der weiblichen Jugend, nebst Anleitung einige der schwierigeren Aufgaben elementarisch zu lösen, bestimmt für den ersten Rechenunterricht in den Ostsee-Provinzen [hauptsächlich mit Berücksichtigung der in diesen Provinzen gebräuchlichen Münzen, Maße u. Gewichte.] Nach unterrichtlichen Grundsätzen geordnet u. zusammengestellt. Dorpat 858. (Hoppe.) gr. 8. (304 S.) n. 1 ℛ︎ 10 ngr.

Spalding, J., der praktische Kopfrechner, enthltd. Beispiele aus dem Kinderkreise u. dem bürgerlichen Leben, mit Berücksichtigung der in den Ostsee-Provinzen gebräuchl. Münzen, Maße u. Gewichte, nebst einigen Fingerzeigen u. Erläuterungen. 2., vielfach veränd. Aufl. Dorpat 865. Gläser's Verl. gr. 8. (VI, 170 S.) n. 28 ngr.

Spalding, J., Leitfaden für den geometrischen Anschauungsunterricht nach Lorey's Grundsätzen zusammengestellt. (Bestimmt für die untere Klasse der Kreisschulen, sowie für andere Anstalten, in denen der geometr. Unterricht seinen Anfang nimmt.) gr. 8. (48 S. mit 1 Stnt. in qu. Fol.) Dorpat 863, Gläser's Verlag. *

— Leitfaden für den geometrischen Anschauungsunterricht nach Lorey's Grundsätzen zusammengestellt. (Bestimmt für die untere Klasse der Kreisschulen, sowie für andere Anstalten, in denen der geometr. Unterricht seinen Anfang nimmt.) — Anhang dazu. Ebend. 865. gr. 8. (15 S.) 3 ngr.

Spamer, Albert Die Diatomaceen von Düren und Umgegend. 4 (21 S.). **Progr.** Ev. Rprg. *Düren* 1888 (462).

Spamer, Albert (Giessen)
Untersuchungen über Holzreife.
Giessen: W. Keller 1882. 16 S. u. 1 Taf.
Diss. phil. 8.8.1882. vorh. 26. 7. 1a.

Spamer, Alb., Untersuchungen üb. Holzreife. gr. 8. (15 S. m. 1 Steintaf.) Giessen 882. (Leipzig, Fock.) n. — 50

Spamer, Georg, appr. Tierarzt a. Schotten: Aus d. veterinär-anatom. Institut d. Univ. Gießen. Prof. Dr. Paul Martin. Beiträge zur Entwicklung des Wiederkäuermagens. Gießen 1907: v. Münchow. (66 S., 2 Taf.) 8°

Gießen, Veterinär-Med. Koll., Ref. Martin, Diss. v. 12. März 1908

[Geb. 27. Jan. 83 Schotten; Wohnort. Gr.-Gerau; Staatsangeh.: Hessen; Vorbildung: Realgymn. Darmstadt Reife O. 01; Studium: Gießen 7 S.; Rig. 17. Juli 07.]

Spamer, Hermann, approb. Arzt in Worms: Aus d. Universitäts-Augenklinik zu Breslau. Über Netzhautablösung mit besonderer Berücksichtigung der Wiederanlegung derselben. Klinisch-statist. Mitteilungen. *Breslau 1901: Bresl. Genoss.-Buchdr.* (54 S.) 8°

Breslau, Med. Diss. v. [8. März] 1904

Spamer, Johann Conrad (Hrsg.), s. Achenwall, Gottfried: Französischer Finanz-Staat.

— Leichenrede auf Ludwig IX. Landgrafen zu Hessen-Darmstadt, am 9. Mai 1790 gehalt. 8. Frkf. a. M. 790. Eichenberg. 3 kr.

Spamer, Jh. Konr., philolog.-krit. Versuch üb. die 3 letzten Verse des 53 Psalms. 8. Frankf. a. M. 785.

Spamer, Karl
Über Aphasie und Asymbolie nebst Versuch einer Theorie der Sprachbildung.
Berlin 1876. 49 S.
Habil. med. Giessen 26.2.1876. vorh. 26.1a

Spamer, Karl, Physiologie der Seele. Die seelischen Erscheinungen vom Standpunkte der Physiologie u. der Entwickelungsgeschichte des Nervensystems aus wissenschaftlich u. gemeinverständlich dargestellt. gr. 8. (VIII, 312 S. m. 25 eingedr. Holzschn.) Stuttgart 877. Enke. n. 6. —

Spamer, (Frz.) Otto, s. a. Otto, Frz.

Spamer, Otto, Agenda für den praktischen Photographen, s. Agenda.

Spamer's, Otto, illustrirter Almanach. Jahresausgabe für Jung und Alt im deutschen Haus. 1. Jahrg. 1874. Lex.-8. (92 S. mit eingedr. Holzschn. und 1 Holzschntaf.) Leipzig 873, Spamer. *

—— Bibliothek des Wissenswürdigsten aus der technischen Chemie und Gewerbskunde, s. Bibliothek des Wissenswürdigsten.

Spamer's, Otto, *illustrirtes Handels-Lexikon*. Prakt. Hülfs- u. Nachschlagebuch über alle Gegenstände u. Verhältnisse des Handels- u. Weltverkehrs etc. Hrsg. durch die Redaktion von *Rothschild's* Taschenbuch f. Kaufleute. 4 Bde. (A—Z.) Mit 715 in d. Text gedr. Abbild., 48 Tonbild. u. 1 Flaggenkarte in Buntdruck. Leipzig, O. Spamer, 1876—79. Gr. Lex.-8°. Hlwdbde. •

I: 4 Bll., 778 S. II: 3 Bll., 839 S. III: 3 Bll., 896 S. IV: 3 Bll., 864 S.

Spamer, Otto, Vehme oder Justiz? Appellation an die öffentliche Meinung in Betreff eines Gutachtens des Leipziger Sachverständigen-Vereins I. Section vom 10. Novbr. 1858, wodurch derselbe den Inhalt des angeklagten Buchs: Livingstone, der Missionär etc. für gesetzmässig erklärt, u. dennoch dessen Verleger auf's Empfindlichste an der Ehre kränkt. Eine Streitschrift zu seiner Rechtfertigung u. im Interesse des gesammten deutschen Buchhandels geschrieben. Leipzig 859. Spamer. gr. 8. (136 S.) n. 12½ ngr.

Spamer's, Otto, neue Volksbücher. Belehrendes und Unterhaltendes für Alt und Jung aus allen Theilen des Wissens: aus Natur und Leben, Geschichte und Völkerkunde, sowie dem Gebiete der menschlichen Arbeit. Illustrirte Unterhaltungs-Schriften. Nr. 1—31, 33—37, 39, 40, 42 und 43. 8. Leipzig, Spamer. * M 48,65.; cart. *

Inhalt:

Nr. 1. Habicht, Ludw., quer über oder ein Mann, ein Wort. Erzählung. Mit Kopfleisten, Initialen und 4 Tonbildern von W. Claudius. (142 S.) 880. * M 1,25.; cart. * M 1,50.

" 2. Otto, Frz., Reisen im Finstern. Vier Abenteuerl. Geschichten, erzählt für Jung und Alt. 3. erweit. Abdr. (VII, 118 S. mit Text-Illustr., Kopfleisten und 1 Titelbild.) 880. * M 1,25.; cart. * M 1,50.

" 3. Weise, Karl, aus dem Jugendleben eines Handwerkers. Neue Lebensbilder, nach eigenen Erlebnissen niedergeschrieben. Mit Kopfleisten, Initialen und 6 Tonbildern nach Zeichnungen von W. Claudius. (VI, 112 S.) 880. * M 1,25.; cart. * M 1,50.

" 4. Philippi, Emil, das Rettungsboot oder die Helden der Küste. Nach dem Engl. des R. M. Ballantyne; mit einem Anhang: Wesen, Ziele und Einrichtung der deutschen Gesellschaft zur Rettung Schiffbrüchiger. (X, 150 S. mit 4 Buntdr.-Bildern und in den Text gedr. Abbild.) 880. * M 1,25.; cart. * M 1,50.

" 5. Otto, Frz., das Tabakskollegium und die Zeit des Zopfs, oder wie man vor 150 Jahren lebte und es trieb. Lebensbilder aus der Regierungszeit des Königs Friedrich Wilhelm I. von Preußen. Unserm Volke und der deutschen Jugend vorgeführt. Ein Vorläufer zu seiner histor. Erzählung: „Der große König und sein Rekrut". 2. durchges. Aufl. Mit 50 Illustr. und 6 Tonbildern nach Zeichnungen von Alb. Kretschmer. (VIII, 271 S.) 880. * M 1.80.; cart. * M 2,20.

" 6. Michael, C., Opfer des Aberglaubens, Irrthums und Wahns. Erzählungen und Enthüllungen aus uralter Zeit bis auf unsere Tage. (VI, 141 S. mit Kopfleisten, Text-Abbild., 1 Titelbilde, nebst 2 Tonbildern.) 880.

" 7. Kretzer, Max, Schwarzkittel oder die Geheimnisse des Lichthofes. Wahrheit und Dichtung aus den Arbeitsstätten einer großstädt. Fabrik. Erzählung. Mit Kopfleisten, Initialen und 6 Tonbildern nach Zeichnungen von Wilh. Claudius. (VIII, 175 S.) 882. * M 1,25.; cart. * M 1,50.

" 8. Waldow, Ernst v., der Erbonkel. Charakterbilder aus einer kleinen Stadt. Eine volksthüml. Erzählung. (114 S. mit 2 Tonbildern, Kopfleisten und Initialen.) 883. * M 1.; cart. * M 1,25.

" 9. Körber, Phpp., das große Los oder Glückstreffer und Millionär. C. Weisflog und H. Zschokke nacherzählt. Mit Kopfleisten, Initialen und 4 Tonbildern nach Zeichnungen von G. Nestel. (VI, 170 S.) 880. * M 1.; cart. * M 1,25.

" 10. Rank, Jos., auf Um- und Irrwegen. Lebensbilder. (VI, 107 S. mit Kopfleisten, Initialen und 1 Titelbilde.) 881. * M 1.; cart. * M 1,25.

" 11. Körber, Phpp., die Schule des Lebens. I. Faet, der Safranhändler, oder Beharrlichkeit führt zum Ziel. Eine Volksschrift. Neu bearb. von C. Michael. (V, 191 S. mit Kopfleisten, Initialen und 2 Tonbildern.) 881. * M 1,25.; cart. * M 1,50.

" 12. —— dass. — II. Leonhard Thummet; der brave Bürger, oder Jeder ist seines Glückes Schmied. Eine Volksschrift. Neu bearb. von C. Michael. (V, 144 S. mit Kopfleisten, Initialen und 2 Tonbildern.) 881. * M 1,25.; cart. * M 1,50.

" 13. Fischer, Wilh., Glück auf! Einfache Geschichten aus dem wirkl. Leben erzählt. 2. Aufl. Mit Textillustr., Kopfleisten und 4 Tonbildern nach Zeichnungen von W. Claudius u. A. (IX, 158 S.) 880. * M 1.; cart. * M 1,25.

" 14. Otto, Frz., das Goldmacherdorf oder 25 Jahre aus der Geschichte einer Gemeinde. Eine volksthüml., wahrhafte Erzählung. Unter Zugrundelegung von H. Zschokke's „Anmuthiger Geschichte" zeitgemäß bearb. (X, 164 S. mit 4 Tonbildern, Kopfleisten und Initialen.) 880. * M 1,25.; cart. * M 1,50.

" 15. Michael, C., die Begebenheiten im „Rothen Igel" oder die Wirthshauspest. Geschichten aus dem wirkl. Leben zu Nutz und Frommen für Jedermann. Unter Zugrundelegung von H. Zschokke's „Branntweinpest" wiedererzählt. (VII, 126 S. mit Kopfleisten, Initialen und 1 Titelbild.) 880. * M 1.; cart. * M 1,25.

Nr. 16. Otto, Frz., der Sohn des Schwarzwaldes. Johann Peter Hebel und der rheinische Hausfreund. Hrsg. unter Zugrundelegung einer hinterlassenen Lebensskizze von Ernestine Diethoff. Mit 58 Text-Illustr. und 1 (color.) Titelbilde nach Zeichnungen von W. Claudius, C. H. Schmolze, T. Stauber u. a. (VI, 170 S.) 882. * M 1,25.; cart. * M 1,50.

" 17. —— unter Kobolden und Unholden. Sagen und Märchen aus dem Reiche der Riesen und Zwerge, Gnomen, Wichte, Kobolde, Elfen und Nixen. Dem deutschen Volke und der Jugend erzählt. Mit einer Einführung von Villamaria. (X, 228 S. mit 40 in den Text gedr. Illustr. und 1 bunten Titelbilde.) 882. * M 1,60.; cart. * M 2.

" 18. —— das Geisterschiff oder die Sage vom „Fliegenden Holländer" nach deutscher, skandinav. und oriental. Auffassung. In 3 Erzählungen. Nach C. Michael, D. Waldner, W. Hauff, mitgetheilt. (VI, 118 S. mit 16 Text-Abbild. und 1 bunten Titelbilde.) 881. * M 1.; cart. * M 1,25.

" 19. Langenstein, Frz., und C. Michael, wie man's treibt, so geht's oder dunkle Existenzen und verschlungene Lebenswege. Drei Erzählungen aus dem wirkl. Leben. (III, 128 S. mit Kopfleisten, Initialen und 1 Titelbilde.) 880. * M 1.; cart. * M 1,25.

• 20. Glaser, Adf., das verschwundene Dokument. Volkstümliche Erzählung aus dem wirkl. Leben unserer Zeit. (136 S. mit 4 Tonbildern, Kopfleisten und Initialen.) 883. *ℳ 1.; cart. *ℳ 1,25.

• 21. Theden, Dietr., in der Fremde. Eine Volksgeschichte für Auswanderungslustige. (VIII, 124 S. mit 4 Tonbildern, Kopfleisten und Initialen.) 883. *ℳ 1.; cart. *ℳ 1,25.

• 22. Cüppers, A. Jos., Hermann — Arminius — der Cherusker, der Sieger im Teutoburger Walde. Heldengeschichte aus alter Zeit für Volk und Jugend. (VIII, 96 S. mit Kopfleisten, Initialen und 5 Tonbildern.) 881. Dass. 2. Aufl. 1893.

• 23. Paul, B., die versunkene Stadt. Ein Bild aus ferner Vergangenheit. 2. [Volks-]Ausg. Mit 1 Titelbild nach Zeichnung von B. Mörlins. (VII, 174 S.) 881. *ℳ 1,25.; cart. *ℳ 1,50.

• 24. Hempel, R. F., Im Feuerregen. Erzählung aus den letzten Tagen Pompejis. Unter Benutzung von Körber's Erzählung „Diomedes und Clodius" hrsg. (VII, 126 S. mit 30 Text-Abbild. und 1 Titelbild.) 880. *ℳ 1.; cart. *ℳ 1,25.

• 25. Lutter, H., Jermak Timofejeff, der Eroberer Sibiriens. Historische Erzählung aus dem 16. Jahrh. (XXXII, 120 S. mit Kopfleisten, Initialen und 5 Tonbildern.) 880. *ℳ 1,25.; cart. *ℳ 1,50.

• 26. Michael, C., im Geisterkreis der Ruhe- und Friedlosen. Sagenhafte Gestalten in den Überlieferungen des deutschen Volkes. Unsrer Jugend und dem Volke erzählt. Unter Mitwirkung von Frz. Otto hrsg. (X, 195 S. mit 52 Text-Illustr. und 1 bunten Titelbilde.) 883. *ℳ 1,25.; cart. *ℳ 1,50.

• 27. Portig, Gust., Martin Luther. Zur Erinnerung an den größten deutschen Volksmann und zur Feier seines 400jährigen Geburtstages. (VIII, 142 S. mit 35 Text-Illustr. und 1 Titelbild.) 883. *ℳ 1,25.; cart. *ℳ 1,50.

• 28. Roth, Rich., Heinrich Pestalozzi, der schweizerische Jugendfreund und Volksbildner. Ein Lebensbild, in Form einer Erzählung für Jugend und Volk dargestellt. (VIII, 168 S. mit Kopfleisten, Initialen und 3 Tonbildern.) 880. *ℳ 1,25.; cart. *ℳ 1,50.

• 29. Meyer, Johs., poetisches Vaterlandsbuch für Schule und Haus. 1. Bd.: Chronologisch geordnete Sammlung der schönsten histor. Dichtungen. Von den ältesten Zeiten deutscher Geschichte bis zum Auftreten des Großen Kurfürsten. Zur Pflege nationaler Gesinnung zusammengestellt sowie mit Einleitungen, Zeittafeln und Anmerkungen versehen. (XIV, 266 S. mit 12 Text-Illustr. und 1 Titelbild.) 881. *ℳ 1,60.; cart. *ℳ 2.

• 30. —— dass. — 2. Bd.: Vom Auftreten des Großen Kurfürsten bis auf unsre Tage. Zur Pflege nationaler Gesinnung zusammengestellt, sowie mit Einleitungen, Zeittafeln und Anmerkungen versehen. (X, 244 S. mit 77 Text-Illustr. und 1 Titelbilde.) 883. *ℳ 1,60.; cart. *ℳ 2.

• 31. Becker, C. A., Gebrüder Saus und Braus und Hüll und Füll. Volkstümliche Erzählung in 2 Abtlgn. (VI, 114 S. mit 5 Tonbildern, Kopfleisten und Initialen.) 885. *ℳ 1.; cart. *ℳ 1,25.

• 33. Schröder, Willem, de plattdütsche Bismarck. Dat is Bismarck's Leben un Dahten, mit Döntjes un Riemels darto. Vertellt van 'n ohlen Jäger in 'n Lüneborger Haidebuuren-Klubb. Mit 35 fine Billers un en Titelbild uutstaffeert. (VIII, 192 S.) 878. *ℳ 1,60.; cart. *ℳ 2.

• 34. Demélen, Emil, Dozsa, der Bauernkönig. Erzählung aus der Zeit des ungar. Bauernaufruhrs [1514]. (VI, 80 S. mit Kopfleisten, Initialen und 1 Titelbilde.) 880. *ℳ 1.; cart. *ℳ 1,25.

• 35. Körber, Phpp., der verlorene Sohn. Erzählung für die reifere Jugend. 3. Aufl. neu bearb. und hrsg. von C. Michael. (106 S. mit 2 Tonbildern, Kopfleisten und Initialen.) 886. *ℳ 1.; cart. *ℳ 1,25.

• 36. Habicht, Ludw., zum Schein. Erzählung aus dem Volksleben. (92 S. mit 2 Tonbildern, Kopfleisten und Initialen.) 886. *ℳ 1.; cart. *ℳ 1,25.

• 37. Schmidt, Ferd., der siebenjährige Krieg. 5. verm. Aufl. Mit 10 Text-Abbild. und 1 Titelbild nach Zeichnungen von Ludw. Burger u. A. (VI, 96 S.) 884. *ℳ 1.; cart. *ℳ 1,25.

Nr. 39. Nover, Jak., nordisch-germanische Götter- und Heldensagen für Schule und Volk. Unter Mitwirkung von Wilh. Wägner hrsg. (VIII, 214 S. mit 30 Text-Illustr. und 1 Titelbild.) 881. *ℳ 1,60.; cart. *ℳ 2. Dass. 2., verb. Aufl. 1886.

• 40. Wägner, Wilh., deutsche Heldensagen für Schule und Volk. Neu bearb. Auszug des zweiten Bandes seines größeren Werkes: „Nordisch-german. Vorzeit". Sagenkreis der Amelungen. Sagenkreis der Nibelungen. Gudrun. Beowulf. Karolingischer Sagenkreis. König Artus und der heil. Gral. (VI, 268 S. mit 20 Text-Illustr. und 1 Titelbild.) 881. *ℳ 1,60.; cart. *ℳ 2.

• 42. Oberländer, Rich., berühmte Reisende, Geographen und Länderentdecker im 19. Jahrh. Lebensbilder von Karl Ritter, dem Vater der neueren Erdkunde; Heinr. Barth, Deutschlands größtem Entdeckungsreisenden; Elisha Kent Kane, dem Weltfahrer; David Livingstone, dem Missionär und Länderentdecker; Henry Stanley, dem Bismarck der Afrikaforschung. (X, 166 S. mit Kopfleisten, Initialen, Porträts und 5 Tonbildern.) 880. *ℳ 1,25.; cart. *ℳ 1,50.

• 43. Passow, A., die schwarzen Napoleone in Südafrika. Schilderungen des Lebens und der Sitten der Bantu-Völker, unter besond. Berücksicht. des Krieges der Engländer mit den Zulu. (X, 136 S. mit Kopfleisten, Initialen und 5 Tonbildern.) 881. *ℳ 1,25.; cart. *ℳ 1,50.

Nr. 32, 38 und 41 sind noch nicht erschienen.

Spamers, Otto, neue Volksbücher. Belehrendes und Unterhaltendes für Alt und Jung aus allen Theilen des Wissens: aus Natur und Leben, Geschichte und Völkerkunde, sowie dem Gebiete der menschlichen Arbeit. Nr. 38, 44 und 45 in 3 Tln. 8. Leipzig, Spamer. *ℳ 4.80.; cart. *

Inhalt:

Nr. 38. Schmidt, Ferd., die Freiheitskriege. 6. umgearb. Aufl. (VIII, 198 S. mit 18 Text-Abbild. und 1 Titelbild.) 887. ℳ 1.60.; cart. ℳ 2.—.

• 44. Mohl, M. O., die Boers. Bilder und Schilderungen aus dem Leben der Freiheitskämpfer in Südafrika. Dem deutschen Volke erzählt. (VIII, 116 S. mit zahlr. Kopfleisten, Initialen und 2 Tonbildern.) 882. 80 Pf.; cart. ℳ 1.—.

• 45. Schmidt, Ferd., Volkserzählungen und Schilderungen aus dem Berliner Volksleben. 2. durchges. Aufl. 3 Tle. [1. Tl.: Aus dem Tagebuche einer Lehrerin. — Ein Kleinstädter in Berlin. — Vor den Thoren Berlins. — Ein Morgen im Park. — Arme Sünder. — Einige Striche zur Charakterisierung der heutigen Volkszustände Berlins. (118 S. mit 1 Titelbilde, Kopfleisten und Initialen.) 888. — 2. Tl.: Harun al Raschid in Berlin. — Im Kapkeller. — Ein Baumeister. — Ein Pantinen-Mädchen. — Eine harte Schule. (124 S. mit 1 Tonbilde, Kopfleisten und Initialen.) 888. — 3. Tl.: Lerne nur das Glück ergreifen. — Dichter, Handwerker und Kaufmann. — Christoph. — Auf St. Marien. (112 S. mit 1 Tonbilde, Kopfleisten und Initialen.) 888.] à Tl. * 80 Pf.; cart. *ℳ 1.—.

Nr. 1—31, 33—37, 39, 40, 42, 43. Ebendas. 1880—84. [*ℳ 48.65.; cart. *ℳ 59.70.] — Nr. 1—4, 6—16, 18—28, 31, 34—37, 42 und 43. à Nr. * 80 Pf.; cart. *ℳ 1.—. — Nr. 5, 17, 29, 30, 33, 39 und 40 (Doppelbände). à Nr. *ℳ 1.60.; cart. *ℳ 2.—. — Nr. 32 und 41 sind noch nicht erschienen.

Spamer's, Otto, neue Volksbücher. Nr. 4, 32, 40—42. 8°. Lpz., Spamer. * 4 80; cart. * 6 —

4. Philippi, Emil. Das Rettungsbot. Erzählg. Nach dem Engl. d. R. M. Ballantyne. 2. Aufl. (VII, 122 S. m. Illustr.) 892. * — 80; cart. * 1 —.

32. Opfermann, E. Bauernstolz. Der Försteradjunkt. Thüring. Dorfgeschichten. Mit Titelbild. (III, 114 S.) 892. * — 80; cart. * 1 —.

40. Wägner, Wilh. Deutsche Heldensagen f. Schule u. Volk. Neu bearb. Auszug d. 2. Bds. von „Nordisch-german. Vorzeit". Sagenkreis der Amelungen. Sagenkreis der Nibelungen. Gudrun. Beowulf. Karolingischer Sagenkreis. König Artus u. d. heil. Gral. 3. v. J. Wägner durchges. Aufl. Mit 22 Text-Illustr. u. 1 Titelbild. (IV, 268 S.) 892. * 1 60; cart. * 2 —.

41. Boden, Karl. Der deutsche Patriot Ulrich v. Hutten. (IV, 104 S. m. Illustr.) 888. * — 80; cart. * 1 —.

42. Berühmte Reisende, Geographen u. Länderentdecker im 19. Jahrh. Lebensbilder v. Karl Ritter, Heinr. Barth, Elisha Kent Kane, Dav. Livingstone, Henry Stanley. Hrsg. v. Rich. Oberländer. 2. verb. Aufl. (IX, 170 S. m. Illustr.) 891. (1893 ?)

Spamer's, Otto, neue Volksbücher. Belehrendes u. Unterhaltendes f. Alt u. Jung aus allen Theilen des Wissens: aus Natur u. Leben, Geschichte und Völkerkunde, sowie dem Gebiete der menschl. Arbeit. Illustr. Unterhaltungsschriften. 8. Leipzig, O. Spamer. n. 28. 80; kart. n. 36. —

3. Aus dem Jugendleben e. Handwerkers. Neue Lebensbilder, nach eignen Erlebnissen niedergeschrieben v. Karl Welf. 2. Aufl. Mit Kopfleisten, Initialen u. 6 Tonbildern [nach] Zeichngn. v. W. Claudius. (VI, 112 S.) 894. n. — 80; kart. n. 1. —

4. Das Rettungsbot. Erzählg. Nach dem Engl. d. R. M. Ballantyne. Von Emil Philippi. 2. Aufl. Mit 4 Tondr.-Bildern u. in den Text. gedr. Abbildgn. (VII, 122 S.) 892. n. — 80; kart. n. 1. —

45—47. Volkserzählgn. u. Schilderungen aus dem Berliner Volksleben. Von Ferd. Schmidt. 3 Bde. 2., durchgesch. Aufl. Mit je 1 Tonbilde, Kopfleisten u. Initialen. (VI, 118; VI, 124 u. VI, 112 S.) 888. à n. — 80; kart. à n. 1. —

48. Das Buch vom Alten Fritz. Leben u. Thaten d. großen Preußenkönigs Friedrich II., genannt der Einzige. Ein Gedenkbuch. Von Frz. Otto. 4., durchgesch. Aufl. Neue (Titel-) Ausg. Auszug aus dem größeren Werke. (VIII, 152 S. m. 67 Abbildgn. u. Titelbild. 892. n. — 80; kart. n. 1. —

49. Rhöngeschichten. Zwei Erzählgn. aus dem Volksleben des vor. Jahrh. v. E. Opfermann. Mit 1 Titelbild v. R. A. Jaumann. (V, 114 S.) 892. n. — 80; kart. n. 1. —

50. Unser Kaiserpaar. Lebensbilder des deutschen Kaisers u. der deutschen Kaiserin Wilhelm u. Auguste Viktoria. Dem deutschen Volke u. der deutschen Jugend in Wort u. Bild geschildert. 11. Aufl. (IV, 141 S.) 894. n. — 80; kart. n. 1. —

Spamer's, Otto, neue Volksbücher. Nr. 5, 7, 9, 11, 12, 14, 44, 51 u. 52. 8. Leipzig, O. Spamer. à n. — 80; kart. à n. 1. —

5. Er muß studieren. D. Nagel. D. Gewalt d. Wahrheit. D. Schutzgeist. 4 Erzählgn. v. Ludw. Habicht. M. 1 Titelbild v. Rich. Gutschmid. (139 S.) 896.

7. Schwarzkittel od. d. Geheimnisse d. Lichthofes. Wahrheit u. Dichtg. aus d. Arbeitsstätten e. großstädt. Fabrik. Erzählg. v. Max Kretzer. 2. (Titel-)Aufl. M. Kopfleisten, Initialen u. 6 Tonbildern nach Zeichngn. v. Wilh. Claudius. (VI, 175 S.) (882) 895.

9. Das große Los od. Glückstreffer u. Millionäre. E. Welsflog u. H. Zschokke nacherz. Von F. O. Phpp. Körber. 2. [Titel-] Aufl. M. Kopfleisten, Initialen u. 4 Tonbild. nach Zeichngn. v. G. Nestel. (VI, 170 S.) (880) 898.

11. Die Schule des Lebens I. Faet, d. Safranhändler od. Beharrlichkeit führt z. Ziel. E. Volksschrift v. Phpp. Körber. 2. (Titel-)Aufl. Mit Kopfleisten, Initialen u. 2 Tonbildern. (V, 191 S.) (881) 896.

12. Dasselbe. II. Leonhard Thummel, der brave Bürger oder Jeder ist s. Glückes Schmied. E. Volksschrift v. Phpp. Kör-

der. 2. [Titel-] Aufl. M. Kopfleisten, Initialen u. 2 Tonbildern. (III, 144 S.) (881) 896.

14. Das Goldmacherdorf od. 25 Jahre aus der Geschichte e. Gemeinde. E. volksthüml., wahrhafte Erzählg. Unt. Zugrundelegg. v. H. Zschokke's „anmuth. Geschichte" zeitgemäß bearb. Von Otto Franz. 2. [Titel-] Aufl. M. 4 Tonbild., Kopfleisten u. Initialen. (X, 164 S.) (881) 898.

44. Die Boers. Bilder u. Schildergn. aus d. Leben d. Freiheitskämpfer in Südafrika. D. deutschen Volke erzählt v. M. O. Mohl. 2. (Titel-) Aufl. M. zahlr. Kopfleisten, Initialen u. 2 Tonbild. (V, 116 S.) (882) 896.

51. Der Falschmünzer. Bestraft. 2 Erzählgn. v. Ludw. Habicht. M. 1 Titelbild v. Rich. Gutschmidt. (126 S.) 896.

52. An der Küste von Patagonien. Schildergn. u. Erlebnisse e. Robbenjägers v. Tob. Büchele. Mit e. Titelbild v. Willy Stöwer. (III, 143 S.) 896.

Spamer's, Otto, neue Volksbücher. Nr. 1, 35 u. 38—40. 8. Leipzig, O. Spamer. n. 6. 40; kart. n. 8. —

1. Quer über od. e. Mann, e. Wort. Erzählg. aus dem wirkl. Leben. Von Ludw. Habicht. Mit Kopfleisten, Initialen u. 4 Vollbildern v. W. Claudius. 2. Aufl. (156 S.) (900.) n. — 80; kart. n. 1. —

35. Der verlorene Sohn. Erzählung f. die reifere Jugend. Von Phpp. Körber. 4. [Titel-]Aufl., neu bearb. u. hrsg. von C. Michael. Mit 2 Tonbildern, Kopfleisten u. Initialen. (V, 106 S.) [886.] (900.) n. — 80; kart. n. 1. —

38. Die Freiheitskriege. Von Ferd. Schmidt. 7. umgearb. [Titel-]Aufl. Mit 18 Text-Abbildgn. u. 1 Titelbilde. (VIII, 196 S.) [887.] (900.) n. 1. 60; kart. n. 2. —

39. Nordisch-germanische Götter- u. Heldensagen f. Schule u. Volk. Unter Mitwirkung von Wilhelm Wägner hrsg. Von Jak. Nover. 3. verb. Aufl. Mit 32 Text-Abbildgn. u. 1 Titelbilde. (XII, 250 S.) 901. n. 1. 60; kart. n. 2. —

40. Deutsche Heldensagen f. Schule u. Volk. Von Wilh. Wägner. Neu bearb. Auszug des 2. Bds. seines größeren Werkes „Nordisch-german. Vorzeit". Sagenkreis der Amelungen. Sagenkreis der Nibelungen. Gudrun. Beowulf. Karolingischer Sagenkreis. König Artus u. der hl. Gral. 4. v. F. Wagner durchgesch. Aufl. Mit 22 Text-Illustr. u. 1 Titelbild. (VIII, 268 S.) 901. n. 1. 60; kart. n. 2. —

Spamer's, Otto, neue Volksbücher f. alt u. jung. (Abteilung: Volksschriften.) Nr. 9. 13. 14. 16. 23. 25 u. 53. 8. Leipzig, O. Spamer. à n. — 80; kart. à n. 1. —

Fischer, Wilh., Glück auf! Einfache Geschichten aus dem wirkl. Leben. 3. Aufl. Mit 9 Abbildgn. nach Zeichngn. v. W. Claudius u. a. (166 S. m. Bildnis.) (904.) (Nr. 13.)

— helft einander. 6 Erzählgn. Mit 1 Titelbilde v. M. de Witt. (125 S.) (905.) (Nr. 53.) Geb. in Leinw. 1. 20

Hebel, Joh. Pet., Geschichten aus dem rheinischen Hausfreunde. Nebst e. Lebensskizze des Verf. Mit 58 Text-Illustr. u. 1 Titelbilde nach Zeichngn. v. W. Claudius, C. H. Schmolze, T. Stauder u. a. (Neue [Titel-]Ausg. v.: Frz. Otto, der Sohn des Schwarzwaldes.) (170 S.) [182] (903). (Nr. 16.)

Körber, Philipp, das große Los. C. Weisflog nacherzählt. 3. Aufl. Mit 2 Vollbildern nach Zeichngn. v. G. Nestel. (94 S.) (903.) (Nr. 9.)

Lutter, H., Jermak Timofejeff, der Eroberer Sibiriens. Erzählung aus dem 16. Jahrh. 2. Aufl. Mit Kopfleisten, Initialen u. 4 Vollbildern. (122 S.) (903.) (Nr. 25.)

Zschokke, Heinr., das Goldmacherdorf. Eine volkstüml., wahrhafte Erzählg., bearb. von Frz. Otto. 3. Aufl. Mit 4 Vollbildern. (175 S.) (903.) (Nr. 14.)

— zwei Millionäre. Eine Dorpelgeschichte. Nacherzählt v. F. O. 3. Aufl. Mit 2 Vollbildern nach Zeichngn. v. G. Nestel. (92 S.) (903.) (Nr. 23.)

Spamer's illustrierte Weltgeschichte. Mit besond. Berücksicht. der Kulturgeschichte unter Mitwirkg. anderer bewährter Fachmänner neubearb. u. bis zur Gegenwart fortgeführt v. Otto Kaemmel u. Berthold Volz. 3., völlig neugestaltete Aufl. (In 8 Bdn.) 1. u. 5.—7. Bd. gr. 8. Leipzig, O. Spamer. à n. 8. 50; geb. in Halbfrz. n. 10. —; auch in Abtlgn. à n. 3. — u. in Lfgn. à n. — 50

1. Illustrierte Geschichte d. Altertums. 1. Bd. Von den ersten Anfängen der Geschichte bis zum Verfall der Selbständigkeit v. Hellas. Bearb. v. B. Volz, J. Petersmann, K. Sturmhoefel. (IX, 720 S. m. 400 Text-Abbildgn. u. 41 z. Tl. farb. Kunstbeilagen u. Karten.) 893.

5. Geschichte der Neueren Zeit. 1 Tl. Vom Beginn der großen Entdeckungen bis zum dreißigjährigen Kriege. Bearb. v. Otto Kaemmel. (XII, 752 S. m. 340 Text-Abbildgn. u. 40 Beilagen u. Karten.) 893.

6. — dasselbe. 2. Tl. Vom 30 jähr. Kriege bis zur Machthöhe Ludwigs XIV. Bearb. v. Otto Kaemmel. Mit 457 Text-Abbildgn., sowie 36 (z. Tl. farb.) Beilagen u. Karten. (XII, 768 S.) 894.

7. — dasselbe. 3. Tl. Vom Verfall der bourbon. Macht bis zum Beginn der großen französ. Revolution. Bearb. v. Otto Kaemmel. Mit 465 Text-Abbildgn. u. 34 (z. Tl. farb.) Beilagen u. Karten. (XII, 760 S.) 894.

Spamer's, Otto, illustr. Weltgeschichte. M. bes. Berücksicht. d. Kulturgeschichte unt. Mitwirkg. v. G. Diestel, F. Rösiger, O. E. Schmidt u. K. Sturmhoefel neubearb. u. bis zur Gegenwart fortgef. v. Otto Kaemmel. 3., völlig neugest. Aufl. 2.—4. u. 8.—10. Bd. gr. 8. Leipzig, O. Spamer. à n. 8. 50; geb. in Halbfrz. à n. 10. —

2. Illustr. Geschichte d. Altertums. 2. Bd. Von Alexander d. Großen bis z. Beginn d. Völkerwanderg. In 3. Aufl. bearb. v. Ferd. Rösiger u. O. E. Schmidt. Mit 418 Text-Abb. u. 14 Beilagen u. Karten. (XIV, 862 S.) 896.

3. Illustr. Geschichte d. Mittelalters. 1. Tl. Von d. Völkerwanderg. bis zu den Kreuzzügen. In 3. Aufl. neubearb. v. Otto Kaemmel. M. 300 Text-Abb. u. 8 Beilagen u. Karten. (XIV, 726 S.) 896.

4. Dasselbe. 2. Tl. Von den Kreuzzügen bis z. Zeitalter der Renaissance. In 3. Aufl. neubearb. v. G. Diestel. Mit 418 Text-Abb. u. 13 Beilagen. (XIV, 808 S.) 897.

8. Illustr. Geschichte d. neuesten Zeit. 1. Tl. Von d. französ. Revolution v. 1789 bis zum österreich. Feldzuge 1809 v. B. Volz. In 3. Aufl. bearb. von Konr. Sturmhoefel. Mit 276 Text-Abb., sow. 28 Beilagen u. Karten. (XII, 692 S.) 895.

9. Dasselbe. 2. Tl. Von d. Beginne des nationalen Kampfes gegen Napoleon I. bis z. Kaisertum Napoleons III. (1808—1852) von B. Volz. In 3. Aufl. bearb. v. Konr. Sturmhoefel. Mit 308 Text-Abb., sowie 12 Beilagen u. Karten. (XIV, 784 S.) 897.

10. Dasselbe. 3. Tl. Von d. Thronbesteigg. Napoleons III. bis zur Gegenwart. In 3. Aufl. neu bearb. v. Otto Kaemmel. M. 240 Text-Abbildgn., sow. 7 Beilagen u. Karten. (XI, 607 S.) 898.

— dasselbe. Register. Lex.-8. (356 S.) Ebd. 898. n. 4. 50; geb. in Halbfrz. n. 6. —

Spamer's illustrierte Weltgeschichte. Mit besond. Berücksicht. der Kulturgeschichte, unter Mitwirkg. v. G. Diestel, F. Rösiger, O. E. Schmidt u. K. Sturmhoefel hrsg. v. Otto Kaemmel. 4. bis zur Gegenwart fortgeführte Aufl. 10 Bde. m. Registerbd. Lex.-8. Leipzig 902. O. Spamer. à Bd. n. 10. —; geb. in Halbfrz. à n. 12. —; Registerbd. n. 4. 50; geb. in Halbfrz. n. 6. —

1. Geschichte des Altertums. I. Von den ersten Anfängen der Geschichte bis zum Verfall der Selbständigkeit von Hellas. Neu bearb. v. Otto Kaemmel, J. Petersmann u. K. Sturmhoefel. Mit 400 Text-Abbildgn. u. 41 Kunstbeilagen u. Karten. (IX, 720 S.)

2. Dasselbe. II. Von Alexander dem Großen bis zum Beginn der Völkerwanderung. Bearb. v. Ferd. Rösiger u. O. E. Schmidt. Mit 418 Text-Abbildgn. u. 14 Beilagen u. Karten. (XIV, 862 S.)

3. Geschichte des Mittelalters. I. Von der Völkerwanderg. bis zu den Kreuzzügen. Neu bearb. von Otto Kaemmel. Mit 300 Text-Abbildgn. u. 8 Beilagen u. Karten. (XIV, 726 S.)

4. Dasselbe. II. Von den Kreuzzügen bis zum Zeitalter der Renaissance. Neu bearb. v. G. Diestel. Mit 418 Text-Abb. u. 13 Beilagen. (XIV, 808 S.)

5. Geschichte der neueren Zeit. I. Vom Beginn der großen Entdeckgn. bis zum 30 jähr. Kriege. Neu bearb. von Otto Kaemmel. Mit 340 Text-Abbildgn. u. 40 Beilagen u. Karten. (XII, 752 S.)

6. Dasselbe. II. Vom 30 jährigen Kriege bis zur Machthöhe Ludwigs XIV. Neu bearbeitet von Otto Kaemmel. Mit 457 Text-Abb. sowie 36 Beilagen u. Karten. (XII, 768 S.)

7. Dasselbe. III. Vom Verfall der bourbon. Macht bis zum Beginn der großen französ. Revolution. Bearb. von Otto Kaemmel. Mit 465 Text-Abbildgn. sowie 34 Beilagen u. Karten. (XII, 760 S.)

8. Geschichte der neuesten Zeit. I. Von der französischen Revolution v. 1789 bis zum österreich. Feldzuge 1809. Bearb. v. Konr. Sturmhoefel. Mit 276 Text-Abbildgn. sowie 28 Beilagen u. Karten. (XII, 692 S.)

9. Geschichte der neuesten Zeit. II. Von dem Beginne des nationalen Kampfes gegen Napoleon I. bis zum Kaisertum Napoleons III. (1808—1852). Bearb. v. Konr. Sturmhoefel. Mit 308 Text-Abbildgn. sowie 12 Beilagen u. Karten. (XIV, 784 S.)

10. Dasselbe. III. Von der Thronbesteigung Napoleons III. bis zur Gegenwart. Neu bearb. v. Otto Kaemmel. Mit 258 Text-Abbildgn. sowie 7 Beilagen u. Karten. (XII, 648 S.) Register. (359 S.)

Span, Gewinn d. Kultur aus d. russisch-türk. Krieg. 8. (5½ B.) Sulzbach 829, (v. Seidel.)

Span, Johann Ludwig — A. S. 317/10

Dissertatio iuridica inauguralis de odiosis in iure. Giessen (Lammers) XI. 1746. 62 S.

W. v.: Georg Wilhelm Wagner, J. D. Gros, I. I. Hess, G. W. Ludolf, J. J. Wagner, Ludwig August Würffel.

32897

Span, Joh. Ludwig
Dissertatio juridica inauguralis de odiosis in jure.
Giessae [29.] Nov. 1747: Eb. Henr. Lammers. 62 S. 4°
pro licentia summos in utroque jure honores ac privilegia consequendi.

Span, Johann Ludwig: „Des heil. Reichs Stadt Franckfurth am Mayn Wechsel-Recht aus dasigen Statutis, sonderlich des Jüngsten Wechsel-Ordnung de 1739 methodice verfasset . . . .", Frankfurt a. M. und Leipzig 1752. — Vorh.: Bücherei der Industrie- und Handelskammer Leipzig.

Span, Jh. Ldw., (+ . . .) Wechselrecht der Stadt Frankfurt a. M. 4. Frankf. a. M. 752. Eßlinger. 6 gr 2e A. mit Anmerkk. von e. prakt. Juristen. gr. 8. Frkf. a. M. 830. Schäfer. 1 fl 8 gr Guilhaumann. 1 fl 16 gr

Span, Joh. Ludw., der freien Stadt Frankfurt a. M. Wechsel-Recht aus dasigen Statutis, sonderlich d. jüngsten Wechsel-Ordnung de 1739 methodice verfasset u. mit d. gemein. Wechsel-Recht überall verglichen, folglich zugleich als e. Einleit. zu dem letztern eingerichtet, auch mit e. vollständ. Register vers. 2. Aufl. mit Anmerkn. v. e. prakt. Juristen. Lex.-8. (6¼ B.) Frankfurt a. M. 830, [Wilmans.].

Span, Mart., Herrmann d. Cherusker. Trspl. in 5 A. gr. 8 Wien 820. Pichler. (Leipz., Liebeskind). 12 gr

Span, Martin, s. Keßler, J. G. v.: Österreich. Geschäfts-Lexikon.

— universa Phraseologia latina. Edit. Nova aucta. gr. 8. Wien 824. Geistinger.
Vgl. Phraseologia, ...

Span, Rede auf den Römischen-deutschen Kaiser Joseph II. gr. 8. Wien, Geistinger.

— Reden bei Errichtung der Statue Josephs II. gr. 8. Wien 810. Geistinger. 12 gr

— orthograph.-etymolog. Taschenwörterbuch der deutschen Sprache, zum Gebr. für Jedermann, u. insbesond. für Studirende, Beamte rc. vermehrt u. berichtigt. 12. Wien 819. Geistinger. 1 fl 8 gr

—— orthograph. u. etymologisches Taschenwörterbuch der deutschen Sprache, zum Gebrauche f. Jedermann. 12. Wien, Geistinger. (Leipzig, W. Vogel.) 820.

Span, Mart., novi versus memoriales de Nominum generibus item de praeteritis Verborum et supinis. 8. Wien 818. Geistinger. 18 gr (Gerold). Hbg. Pr. 8 gr

— novi versus memoriales de nominum generibus, item de praeteritis verborum et supinis etc. 8. Viennae. (ibid.) 819.

— Würdigung der deutschen Dichter, mit comparativen Parallelen ihrer Kunstversuche, als Mittel zur Bildung d. ästhet. Urtheilskraft. 2 Bde. 16. Wien 827. Schrämbl. (Leipz., Liebeskind). 1 fl 4 gr

Span, Peter: Die Fortbildung der Pädagogik Herbarts durch Ziller. . . . Hermannstadt, Druck d. Archidiöcesan-Buchdr., 1889; 4 Bl. + 59 S. + 1 Bl. 8°
Jena, Phil. Fak., Inaug.-Diss. v. 1889

Spaen, Gerard Karel Freiherr von. Briefe über Holland, England und Spaa. A. d. Franz. Arnheim 1792—93. Ü: *Reck, Johann Jacob Christian von.* (Ky) (MS) (MGT)

v. Spaen, ..., Briefe üb. Holland, England u. Spanien; aus d. Französ. (v. J. J. Chr. v. Reck). 3 Thle. 8. Arnheim 792, 793. (Montag u. W. in Regensb.) 2 fl 8 gr (3r Thl. A. u. d. T.: Nachr. von e. Reise durch die Niederlande. 20 gr)

— Nachrichten v. e. Reise d. einige Provinzen d. Niederlande und e. ganz kleinen Theile von Deutschland, aus dem Franz. 8. Ebend. 793.
(sind dessen Briefe über Holland rc. 3r.)

Spancken, Anton: Die rechtliche Natur des Erbvertrages. Borna-Leipzig: 1908. R. Noske. (X, 58 S.) 8°
Erlangen, Jur. Fak., Ref. Binder, Diss. v. 18. März 1908.

Spancken, Carl, Geschichte der Stadt Paderborn, s.: Richter, Wilh.

Spancken, W., Beiträge zur Geschichte Westfalens, s. Seibertz, J. S.

Spandau [Schlagwort]

Spandau, s.: **Deutschland. Kürschner-Pelp.**

Spandau, s.: **Mark. — Wanderkarten.**

Spandau. Dittmar, P., Plan v. Spandau u. Umgegend. 1 : 12,500. 89 × 63 cm. Farbdr. Nebst Strassenverzeichnis etc. gr. 4. (1 Blatt.) Spandau 897. C. Jürgens. n. 3. —

Spandau. Dittmar, P., Plan v. Spandau u. Umgegend. 3. Aufl. Neubearb. durch R. Gerloff. 1 : 12,500. 88,5 × 66 cm. Lith. Spandau 904. H. Mund. n. 3. —

— Pharus-Plan. Spandau-Tegel. 1 : 23,100. 53 × 39 cm. Farbdr. Berlin, Pharus-Verlag. n. — 75

Spandau. Straube, J., neue Spezialkarte v. Spandau — Finkenkrug — Brieselang. 1 : 60,000. In Generalstabsmanier in 11 Farben ausgeführt. [Aus: „Spezialkarte der Umgegend v. Berlin u. Potsdam".] gr. 4. Berlin 887. Straube. — 50

— Straube, J., Spezialkarte v. Spandau-Finkenkrug u. dem Brieselang. [Aus: „S.'s grosser Umgebg. v. Berlin u. Potsdam".] 1 : 60,000. 29,5 × 23,5 cm. Farbendr. Berlin 892. J. Straube. n. — 40

Spandau [Verfasser]

Spandau. Zur Kritik und Interpretation des Shakespeareschen Othello. Regensburg, St. A.. 1860. 13 S. 4.
Progr.

Spandau, Adolfus [Arnsbergensis]: De sermone Propertiano specimen primum. . . . Lipsiae, typ. Hesses et Beckeri, 1888; 2 Bl. + 58 S. + 1 Bl. 8°
Leipzig, Phil. Fak., Inaug.-Diss. v. 18. Mai 1880

Spandau, Fritz, aus Aachen: Zur Geschichte von Neutral-Moresnet. *(Aachen 1904): Aachener Verlags- u. Druckerei-Ges.* (43 S.) 8°
Bonn, Phil. Diss. v. 20. Juli 1904

Zur Geschichte von Neutral-Moresnet. Mit besond. Berücks. d. Altenbergs u. d. Aachener Reichs. Von Dr. Fritz **Spandau**. Aachen: Aachener Verl.- u. Dr.-Gesellsch. 1904. (43 S.) 8° [07. 9600

Spandau, K., Sallust ein Pamphletist? Pr. 1869. 31 S. 4°. 6.—

Spandau, C., Eine Sallustatudie. Pr. 1869. 81 S. 4°. 1.20

Spandel (Erich), Mittheilungen über neue Aufschlüsse von Erdschichten längs des Maines bei Offenbach und über die Gliederung des Meeresthones daselbst. (Sep.-Abdr. a. d. 29., 30., 31. und 32. Bericht d. Offenbacher Vereins für Naturkunde.) (Ohne Druckort und -Jahr.) 8.

Spandl, Ernst, Liebesträume. Gedichte. (50 S.) 8. Heidelberg 907. Berlin, E. Philipp. 1. —

Spandl, Josef

— Der Ablativus absolutus und sein Verhältnis zum gewöhnlichen Ablativ. Pr. 1896. 11 S. Gaya.

Spandl J.: Zur Etymologie des Wortes „consul". 3. Gaya 88.
Progr.

Spandl Josef: Die Flexion der deutschen Adjectiva nach artikelhaften Wörtern im Plural. 4. Gaya 92.
Progr.

Spandl, J., Constructionsschwankungen in der latein. Sprache u. deren Ursachen. Pr. 1892. 19 S. Gaya. 1.—

Frida **Spandow**: Ein- und Ausfälle. Ernste u. heitere Gedichte. *Berlin: Harmonie [1903].* (78 S.) 8° [F.]
— Brettl- u. Theater-Bibliothek, Bunte. 17.

Spandow, Max [pr. Arzt aus Berlin]: Die Milzexstirpation. . . . Berlin, Buchdr. v. Gustav Schade (Otto Francke) (1889); 37 + 1 S. + 1 Bl. 8°
Berlin, Med. Fak., Inaug.-Diss. v. 21. Dez. 1889

Spandow, Philipp

— Tyrann Ichl Roman. (315 S.) 8. Berlin 903. Schuster & Loeffler. 4. —; geb. 5. —

[F.] Philipp **Spandow**. Von Ihr und mir. M. e. musikal. Beigabe v. Prof. Richard Schmidt ... *Berlin: E. Kantorowicz 1896.* (130 S., 1 Musikbeil.) 1 Bd 8. [94. 1808

Spandow, Phpp., von Ihr u. mir. Mit e. musikal. (Umschlag-) Beigabe v. Rich. Schmidt. 2. Aufl. 8. (130 u. Musikbeilage 2 S.) Berlin 896. E. Kantorowicz. n. 1. 50; geb. n.n. 2. —

Die Reise nach St. Louis und die Weltausstellung 1904. Prakt. Handbuch f. Reisende von Philipp **Spandow**. Berlin: A. Goldschmidt 1904. (80 S.) 8°
(Griebens Reiseführer.) [04. 5679

Spandow, Philipp, die Reise nach St. Louis, s. Grieben's Reiseführer.

Spandowski, Paul: Die polnischen Gewerbevereine im Rahmen der Entwicklung eines polnischen gewerblichen Mittelstandes. ⟨'Towarzystwa Przemysłowe'.⟩ Posen: St. Adalbert-Dr. u. Buchh. 1909. X, 143 S. 8° ¶(Ersch. auch als Buch ebd.)
München, Staatswirtsch. Diss. v. 30. Juni 1909, Ref. Brentano
[Geb. 22. März 85 Kulm Wpr.; Wohnort: Kulm; Staatsangeh.: Preußen; Vorbildung: Gymn. Kulm Reife O. 04; Studium: Theol. Pelplin Theol. S. 4, Staatsw. Freiburg i. B. 5, München 1 S.; Rig. 30. Juni 09.] [U 10. 3470

SPANE, Hinterlassene, aus der Werkstatte eines Ex-Illuminaten, hrsg. von (Aug. Frdr.) Cranz. O. O. (Frankfurt a. Main, Diez) 1795. 8°. (6 Mk. Adolf Weigel, 1910:)
Enthält scharfe Satiren, welche z. Teil das Erotische streifen, wohl meist mit persönlicher Spitze: Die Geistlichkeit, Die Polizei, Der Philosoph, Der Patriot usw.
Anon.-Lex. IV. p. 99 (nach Kayser).

Späne aus der Werkstatt des Schreiners Jacob. 8. St. Gallen, Huber. 805.

— aus Meister Sarens Werkstatt, von Rup. Becker. 8. Leipz. Voß. 793.

Spanfehlner, Josef

Spanfehlner, J.: Vom Turnen insbesondere der studierenden Jugend. Passau 1861. 15 S. 4° Straubing, Kgl. bayer. Gymn. P 1860—61.

Spang, P. J., Prædikener og Leiliahedstaler. 2 Hfte. gr. 8. (XX u. 462 S.) Kopenhagen 847, Reitzel. n. 2 ℛ

Spangemacher, Johannes, approb. Arzt aus Borken i. Westfalen: Über das Schicksal der angeborenen Leistenhernien. *Kiel 1899: H. Fiencke.* (15 S.) 8°
Kiel, Med. Diss. v. [29. März] 1899

Spangenberg, August Gottlieb, Mitbegründer d. Brüdergemeine. Ein Lebensbild zur Erinnerg. an seinen 200. Geburtstag, 15. VII. 1904. Von e. Mitgliede d. Brüdergemeine. (85 S. m. Bildnis.) kl. 8. Gnadau (904). Unitäts-Buchh. n. — 40

Spangenberg, ..., s. Geschäfte, die, des Hauswesens.

Spangenberg, Schieß-Aufgaben m. Erläuterungen f. Aktive u. Reserveoffiziere (Reserveoffizier-Aspiranten, Reserve-Unteroffiziere) u. Einjährig-Freiwillige der Kanonenbatterien der Feldartillerie. (XVI, 281 S. m. Fig.) 12. Stuttgart (903). Leipzig, F. Engelmann. Geb. in Leinw. n. 3. —

Schiess-Aufgaben mit Erläuterungen für aktive und Reserve-Offiziere ... u. Einjährig-Freiwillige d. Kanonenbatterien d. Feldartillerie von **Spangenberg**, Hauptm. im 5. Bad. Feldart.-Reg. Nr 76. 2. Aufl. Leipzig: F. Engelmann 1908. XV, 287 S. 8° [11. 364 7

Spangenberg, A. J. Charte von dem Kreise Eschwege und den daran grenzenden Ortschaften des Königreichs Preussen, des Grossherzogthums Sachsen-Weimar, der Kreise Witzenhausen, Melsungen und Rothenburg. 1:50000. Cassel 1829. 1 Bl. L. Fl.

Spangenberg, Adolf [app. Arzt aus Hanau a/M.]: Ein Fall von Tuberkulose des Lides und des Auges. . . . Marburg, Buchdr. Fr. Sömmering, 1889; 31 S. 8°
Marburg, Med. Fak., Inaug.-Diss. v. (20. Sept.) 1889

Spangenberg, Albert: Zur Erkenntnis des Tongiessens. [1910.] 49 S., 1 Taf. 4°
Darmstadt, Dr.-Ing.-Diss. v. 21. 7. 1910

Spangenberg, August Gottlieb

Spangenberg's Hingang zu seinen Oberhirten Christo, (vor Chr. G. May). 4. Zittau 792.

Spangenberg, Aug. Gtl., († d. 18. Sept. 1792.) Anmerkk. zu Aegid. Gerstetters Schrift gegen die evangelisch. Brüder. 8. Prag 784. Schönfeld. 6 gl.

[SPANGENBERG, August Gottlieb] 1704 - 1792
Von der Arbeit der evangelischen Brüder unter den Heiden.
Barby: Laux. 1782. 168 S. 8°.
Universitätsbibliothek Marburg
Sabin 88934 u. Palmer: mit Verfasser.

— von der Arbeit d. evangel. Brüder unter den Heiden. 8. Barby (Leipz.) 782. (Kummer). 3 gl.

— Bekenntniß von der Hoffnung des ewigen Lebens. 8. Barby 791. (Kummer in Leipz.) ½ gl.

— Etwas von d. Pflege d. Leibes f. Kinder. 8. Barby (Leipz.) 803. (Kummer). 1 gl.

— Exposition de la Doctrine chrétienne. 8. Barby. (Kummer, Lpz.) 782.

— Gesangbüchlein f. Kinder in d. Brüdergemeine. 8. Barby 789.

Spangenberg, Aug. Gottlieb. Idea fidei fratrum oder kurzer Begrif der Christlichen Lehre in den evangelischen Brudergemeinen. Barby, C. F. Laux & Leipzig, 1779. 8°. 592 S.

— idea fidei fratrum, od. Begriff der christl. Lehre in den Brüdergemeinen. 8. Barby 779, auch 783. (Kummer in Leipz.) 8 gl.

SPANGENBERG, August Gottlieb 1704 - 1792
Leben des Herrn Nicolaus Ludwig Grafen und Herrn von Zinzendorf und Pottendorf,
beschrieben von August Gottlieb Spangenberg
Erster [- Achter und letzter] Theil.
[Barby:] Brüdergemeine. [1772 - 1775]. 8°.
Stadt- und Universitätsbibliothek Bern
Sabin 88931. Baginsky 480: unvollständig. Palmer.
Nikolaus Ludwig Graf von Zinzendorf und Pottendorf, 1700-1760

— Leben des Hrn. Nikol. Ldw. Grafen v. Zinzendorf u. Pottendorf. 8 Thle. 8. Barby 773—75. (Kummer in Lpz.) 1 ℛ 12 gl.

— Lebensgeschichte N. L. von Zinzendorf im Auszug, s. Duvernoy.

[SPANGENBERG, August Gottlieb] 1704 - 1792
Kurzgefaßte historische Nachricht von der gegenwärtigen Verfassung der evangelischen Brüderunität augspurgischer Confeßion.
Frankfurt-Leipzig. 1774. 84 S. 8°.
Staats- und Universitätsbibliothek Göttingen
2. Aufl. 1781, Nachdr. 1786, 3. Aufl. 1793. 4. Aufl. 1813.
Anderer Druck d. 1. Aufl.: Barby 1774 [Kayser, V, 281] konnte nicht gefunden werden.

[SPANGENBERG, August Gottlieb] 1704 - 1792
Kurzgefaßte historische Nachricht von der gegenwärtigen Verfassung der evangelischen Brüderunität augspurgischer Confession.
Zweyte Auflage.
Barby: Laux. 1781. 80 S. 8°.
Newberry Library Chicago
1. Aufl. 1774, Nachdr. 1786, 3. Aufl. 1793.
4. Aufl. 1813.

SPANGENBERG, August Gottlieb 1704 - 1792
August Gottlieb Spangenbergs kurzgefaßte historische Nachricht von der gegenwärtigen Verfassung der evangelischen Brüderunität augspurgscher Confession mit Anmerkungen begleitet von einem Ungenannten, welcher sich acht Jahre in verschiedenen Brüdergemeinen aufgehalten.
Berlin: Mylius. 1786. 158 S. 8°.
Staats- und Universitätsbibliothek Göttingen
Weitere Ausg. 1. Aufl. 1774, 2. Aufl. 1781, 3. Aufl. 1793, 4. Aufl. 1813.

[SPANGENBERG, August Gottlieb] 1704 - 1792
Kurzgefaßte historische Nachricht von der gegenwärtigen Verfassung der evangelischen Brüder-Unität augsburgischer Confession.
Dritte Auflage.
Barby: Brüdergemeine. 1793. 78 S. 8°.
Universitätsbibliothek Tübingen
1. Aufl. 1774, 2. Aufl. 1781, Nachdr. 1786
4. Aufl. 1813.
Sabin 88930 u. Palmer: mit Verfasser.

— einige Reden an Kinder gehalten, in verschiedenen Brüdergemeinden. 2 Samml. 8. Ebend. 799.

— Samml. etlicher Reden, in Herrenhut gehalt. 3. Barby. (Kummer in Lpz.) 797.

— Samml. etlicher Reden, gehalten an die Kinder zu Herrenhut. 2 Sammll. 8. Barby 797, 99. (Kummer in Leipz.) 6 ℛ

— von Vergebung der Sünden. 8. Barby (Leipz.) 792. (Kummer). ½ ℛ

— über die Worte Pauli: das Wort vom Kreuz ꝛc. 8. Barby (Leipz.) 791. (Kummer). ⅓ ℛ

Spangenberg, C. H. G., De T. Lucretii Cari tropis. Diss. 1881. 54 S.

Spangenberg, Carl, s. Spangenberg, Karl

Spangenberg, Cyriacus, 8 Briefe an Andreas Fabricius, Pastor zu St. Nicolai in Eisleben. Hrsg. v. H. Heineck, m. e. Vorwort v. Herm. Größler. [Aus: „Mansfelder Blätter".) gr. 8. (6 S.) Nordhausen 893. H. Heineck. — 50

Spangenberg's, Cyriacus, Briefwechsel. Gesammelt und bearb. von Heinr. Rembe. Briefe von 1550—1584. gr. 8. (147 S.) Dresden 888, H. J. Naumann. * 2 25

Spangenberg, C., Hennebergische Chronika, d. uralten Grafen zu Henneberg. 2 Thle. 4. Meinungen, Griesbach. 768.

Spangenberg, Cyr., Chronikon, oder Lebensbeschr. aller Bischöfe des Stifts Verden. Folio. Hannover, Helwing.

Spangenberg, Cithara Lutheri zum Katechismus, oder Predigten über Luthers Katechismuslieder. Als Vorbild zur Liederauslegung in Kirche und Schule neu herausg. und mit Lebensbeschreibung u. Schriftenverzeichniß Spangenbergs versehen von Wilh. Thilo. Berlin 855. Th. Enslin. gr. 8. (XVI, 271 S.) n. 24 ngr.

Spangenberg, Cyr., Formularbüchlein d. alten Adamssprache, von J. M. Schamelius. 8. Lpz. Junius. (Knobloch.) 719. Rthlr.

—— Formularbüchlein der alten Adamssprache. Mit Lebensbeschreibung Spangenbergs und einem Verzeichnis seiner Werke hrsg. von Heinr. Rembe. 8. (LXIV, 102 S.) Ebendas. 887. *ℳ 1.50.; geb. * 2 40
Auf Velinpap. roh * 2 25

— Vide: Kauffmann, W.: Wider den verfluchten Wucher.

Spangenberg's, Cyr., Doctor Martin Luther als Treckejunge. Eine Bergmannspredigt. Mit e. Vorwort, Spangenberg's 22 Predigten über Luther betr. Hrsg. v. H. Rembe. 16. (XXIII, 64 S.) Eisleben 887. Winkler. n. — 60

—— von der Musica und den Meistersängern. Hrsg. durch Adelbert v. Keller, s. Bibliothek des litterarischen Vereins in Stuttgart, Bd. 62.

Spangenberg, E., prakt. Erdbeerkultur. Anleitung zur Anlage u. Pflege v. Erdbeerpflanzgn., sowie zu Ernte, Verpackg., Versand u. Verwertg. der Früchte. (VIII, 112 S. m. 63 Abbildgn.) gr. 8. Frankfurt a/O. 905. Trowitzsch & Sohn. n. 1. 50

Spangenberg, E., der lutherische Katechismus, mit einer Zusammenstellung von Bibelsprüchen, Psalmen, Gebeten und Kirchenliedern, zum Gebrauch für den Unterricht in der Schule und Kirche. Für die luther. Kirche von H. Ahlfeld. 8. (76 S.) Kassel 879, Grobel. geb. * — 60

Spangenberg, E., der lutherische Katechismus. 8. Kassel 879, Hühn. geb. (* 60 Pf.) * — 65

Spangenberg, E., der lutherische Katechismus m. e. Zusammenstellung v. Bibelsprüchen, Psalmen, Gebeten u. Kirchenliedern zum Gebrauch für den Unterricht in Schule u. Kirche nach dem „hessischen Landeskatechismus", eingerichtet v. H. Ahlfeld. 5. Aufl. 8. (74 S.) Kassel 897. E. Hühn. Geb. n.n. — 50

Spangenberg, E., der lutherische Katechismus m. e. Zusammenstellung v. Bibelsprüchen, Psalmen, Gebeten Kirchenliedern, zum Gebrauch f. den Unterricht in Schule u. Kirche nach dem „hessischen Landeskatechismus" eingerichtet v. H. Ahlfeld. 6. Aufl. (77 S.) kl. 8. Kassel 902. E. Hühn. Geb. n. — 50

Spangenberg, E., der hessische Landeskatechismus mit einer Zusammenstellung von Bibelsprüchen, Psalmen, Gebeten und Kirchenliedern zum Gebrauch für den Unterricht in Schule und Kirche. 11. Aufl. 8. (76 S.) Kassel 885, Hühn. geb. * — 65

— der hessische Landeskatechismus m. e. Zusammenstellung v. Bibelsprüchen, Psalmen, Gebeten u. Kirchenliedern zum Gebrauch f. den Unterricht in Schule u. Kirche. 14. Aufl. (79 S.) kl. 8. Kassel 902. E. Hühn. Geb. n. — 50

Spangenberg, E., der hessische Landeskatechismus m. e. Zusammenstellung v. Bibelsprüchen, Psalmen, Gebeten u. Kirchenliedern zum Gebrauch f. den Unterricht in Schule u. Kirche. 15. Aufl. (78 S.) kl. 8. Kassel 907. E. Hühn. Kart. nn — 50

Spangenberg, E. H. A. Rousseau's „Emil oder von der Erziehung" im Lichte der heutigen Erziehungsansichten. Cassel, H. B., 1874. 44 S. 4. Progr.

Spangenberg, [Erich], Dr.: Zum Geschichtsunterricht in den oberen Klassen. *Görlitz 1899: Görlitzer Nachrichten u. Anzeiger.* (S. 1—17.) 4°
Rossleben, Kloster-S, P 1899 (250)

Spangenberg, Ericus: De Atheniensium publicis institutis aetate Macedonum commutatis. Halis Saxonum 1884: Hendel. 55 S. 8°
Halle-Wittenberg, Phil. Diss. v. 5. Aug. 1884
Geb. Magdeburg 5. 12. 1860. V.

Spangenberg, [Erich]: Urkundliches zur ältesten Geschichte der Klosterschule. Görlitz 1905: Görlitzer Nachrichten und Anzeiger. (S. III—XI.) 4°
Roßleben, KlosterS P 1905 (294)

Spangenberg, [Erich]: Urkundliches zur ältesten Geschichte der Klosterschule. 2. Roßleben 1908: Sauer. XXVII S. 4° [Forts. d. P-Beil. 1905.]
Roßleben, Kloster-S P 1908 (322) [S 08. 459

Spangenberg, Ernst, s. A r c h i v , neues, vaterländ.

Spangenberg, Ernst [app. Arzt aus Hagenohsen in Hann.]: Aus d. Laboratorium d. pharmakognost. Sammlung in Kiel. Beitrag zur Kenntnis der Wirkung des Cytisin. . . . Kiel, Druck v. L. Handorff, 1891; 16 S. 8°
Kiel, Med. Fak., Inaug.-Diss. v. [14. März] 1891

Spangenberg, Ernst (Hrsg.), s.a.B e i t r ä g e zur Kunde der teutschen Rechtsalterthümer und Rechtsquellen, . . .

S p a n g e n b e r g , Ernst: „Beyträge zur Kunde der teutschen Rechtsalterthümer und Rechtsquellen, enthaltend: Mittheilungen aus Dreyer's und Grupen's handschriftlichem Nachlasse und ungedruckte Rechtsquellen des Mittelalters", Hannover 1824. — Vorh.: Bibl. des Kammergerichts Berlin — Bc. 890.

Spangenberg, Ernst, Beiträge zur Kunde der deutschen Rechtsalterthümer und Rechtsquellen, enthaltend Mittheilungen aus Dreyer's u. Grupen's hdschrftl. Nachlasse und ungedruckte Rechtsquellen des Mittelalters. Mit 1 Kupf. u. 5 Steintaff. Hannover 1825. 4. . . . . (886)

— Beiträge zu den deutschen Rechten des Mittelalters, vorzüglich zur Kunde u. Kritik d. altgerman. Rechtsbücher, u. des Sachsen- u. Schwabenspiegels, Größtentheils aus unbenutzten handschriftl. Quellen geschöpft. Mit Kupf. u. Steindr. gr. 4. Halle 822, Gebauer.

Spangenberg, Ernst, Beyträge zu den Teutschen Rechten des Mittelalters, vorzüglich zur Kunde u. Kritik der altgermanischen Rechtsbücher, und des Sachsen- und Schwabenspiegels, grösstentheils aus unbenutzten handschriftlichen Quellen geschöpft. Mit Kupfern u. Steindrücken. Halle 1822. 4. . . . . (D.; 886)

Spangenberg, Ernst: Ueber die neuesten B e m ü h u n g e n in Frankreich, den Zustand der Gefängnisse zu verbessern. Halle: Hemmerde 1817.

(Spangenberg, E.) Histor.-statist.-topogr. Beschreibung der Stadt Celle. 8. M. Pl. Celle 1826. 6,00.
Vgl. B e s c h r e i b u n g , . . .

Spangenberg, E. Ueber die sittliche und burgerliche Besserung der Verbrecher mittelst des Ponitentiarsystems, als den einzigen Zweck jeder Strafe; und über die Unzweckmäfsigkeit der frühern Straftheorien, namentlich der Abschreckungstheorie in ihrer praktischen Anwendung. Frei aus dem Englischen bearbeitet, oder: *W. Roscoe's* Bemerkungen über das Strafgesetzbuch und die Besserung der Verbrecher mittelst des Ponitentiar-Systems. In Beziehung auf Deutschland übersetzt, erweitert, ergänzt und mit Anmerkungen begleitet von Esp. gr. 8. *Landshut, Krüll.* 1821

Spangenberg, Ernst, s. C o r p u s juris civilis.

— Jacob Cujas u. seine Zeitgenossen. Mit Cujas Bildn. u. 1 Fac-Simile. 8. Leipz. 822, Hartknoch.

SPANGENBERG, E.: Einleit. in das römisch-Justinianeische Rechtsbuch od. Corpus jur. civ. rom., handelnd von dessen Quellen, Entsteh., Plan, Verbreit., gesetzl. Kraft in Deutschl., Verhältniss zu den übrigen deutschen Rechtsquellen, Ausleg., exeget. u. krit. Bearb., Uebers., Handschriften und Ausgaben. *Hannov.*, Hahn. 817. gr. 8. (3 Thl.)

Spangenberg, E., Einleitung in das Römische Justinianische Gesetzbuch, oder Corpus juris civili Romani, handelnd von dessen Quellen, Plane, Geschichte, Verbreitung gesetzlicher Kraft in Deutschland, Auslegung und Literatur. gr. 8. Hannover, Gebr. Hahn. 818.

Spangenberg, Ernst, s. E n n i u s , Quintus: Annales.

S p a n g e n b e r g , Ernst Die Entwicklung des physikalischen Kraftbegriffs. 4 (17 S. = S. 65—81).
In: Festschrift zur Feier des 550jähr. Bestehens des Progr. G. *Stendal* 1888 (zu 238).

S p a n g e n b e r g , Ernst, die Entwicklung des physikalischen Kraftbegriffs, s.a.F e s t s c h r i f t zur Feier des 550jährigen Bestehens des Gymnasiums zu Stendal.

[**Spangenberg**, E. P. J.]: Entwurf eines Strafgesetzbuches für das Königreich Hannover. Mit Nachtr. Hannover 1825.

S p a n g e n b e r g , Ernst (Pet. Joh.), prakt. Erörterungen aus allen Theilen d. Rechtswissenschaft, s. H a g e m a n n , Theod., prakt. Erörterungen rc., 9. Bd.
Vgl. E r ö r t e r u n g e n , . . .

S p a n g e n b e r g , Ernst, Erörterungen a. d. Rechtsgelehrsamkeit, s. H a g e m a n n , Th.

— Handbuch f. Greffiers d. Tribunale erster Instanz im Königr. Westphalen. 8. Hannov. 811. Hahn. 14 gl.

— Diss. inaug. historiae feminarum Romanorum civilis specimen. 8. Götting. 806.

S p a n g e n b e r g , E. (P. J.): „Ideen über die Nothwendigkeit und die Organisation eines Handelsgerichts für Hamburg", Hamburg 1814. — Vorh.: Com. Bibl. Hamburg.

— Ideen üb. die Nothwendigkeit eines Handelsgericht für Hamburg. gr. 8. Hamb. 814. Perthes u. B. 8 gl.

— i n s t i t u t i o n e s juris civilis Napoleonei. 8. Gottingae, Vandenhök et R. 808.

Spangenberg, Ernst, s. I s t die Errichtung e. allgem. Appellationsgerichts . . .

Spangenberg, E., Commentar über d. Code Napoléon. 1r u. 2r Bd. 4. Göttingen, Röwer. 810. (à 1 Rthlr. 12 gr.)

Spangenberg, E., Commentar üb. den Code Napoleon. 3r u. letzt. Bd. 4. Götting. Röwer. 811.

— Commentar üb. das französ.-westphäl. Gesetzbuch, s. G. H. Oesterley.

—— Commentar zur Proceß-Ordnung f. d. Unter-Gerichte d. Königr. Hannover. 2 Abthln. gr. 8. Hannover, Hahn. [1. (29 B.) 829. 1 Thlr. 16 Gr., 2. (29½ B.) 830. 1 Thlr. 20 Gr.]

SPANGENBERG, Er. (Pet. Joh.): Die Lehre von dem Urkundenbeweise in Bezug auf alte Urkunden. Zunächst für juristische Geschäftsmänner. In 2 Abtheilungen. *Heidelberg*, Mohr. 827. gr. 8. (3 Thl. 12 Gr.)

Spangenberg, Ernestus: •Linea brevissima atque chorographia omnium superficierum rotatoriarum et inprimis superficiei rotatione cycloidae circum basim suam ortae. 14 Bl. 4° (2°)
Halle-Wittenberg, Phil. Diss. v. 24. Febr. 1876
Geb. [Magdeburg 6. 2. 1852]
Verf. erlebte die Diplomerneuerung des Dr. sc. nat. 1926 als Gymnasial-Professor a. D. in Stendal

Spangenberg, Ernst, s. M a g a z i n f. das Civil- u. Criminalrecht Frankreichs.

MINNEHÖFE, Die, des Mittelalters und ihre Entscheidungen oder Aussprüche. Ein Beitrag zur Geschichte des Ritterwesens und der romant. Rechtswissenschaft (von *Ernst Peter Johannes Spangenberg* aus Göttingen, geb. d. 6. Aug. 1784, † als Oberappellationsgerichtsrath am 18. Febr. 1833). Leipzig: F. A. Brockhaus, 1821. 8°. XXIV—248 S. (In München: Dec. 85h.) Sehr geschätztes Werk. Vergriffen! (9 Mk. Franz Teubner, Bonn, 1895; 4 Mk. Friedr. Meyer, Lpz., 1898; 6 Mk., unbeschn. Expl. auf Handpap., Max Jaeckel, Potsdam, c. 1908.)

Vgl. M i n n e h ö f e , ...

Spangenberg, Ern. (Pet. Jo.), Antiquitatis Romanae Monum., s. Antiquitatis etc.

Spangenberg, Ernst, s. N o t h w e n d i g k e i t e. Justizreform im Allgemeinen.

Spangenberg, Er., das Oberappellationsgericht in Celle für das Königreich Hannover, nach seiner Verfassung, Zuständigkeit u. nach dem bei demselben Statt findenden Geschäftsgange u. Prozeßverfahren dargest. gr 8. Celle 833. Schulze. n. 2½ ℛ

— processus judiciarius civilis in regno Westphaliae. 8. Götting. 809. Vandenhöck u. R. 20 𝔤𝔩

— de veteris Latii religionibus domesticis comment. etc. 4maj. Götting. 807. Dieterich. 12 𝔤𝔩

Spangenberg, Ernst, s. R e p e r t o r i u m , allgem., über die v. J. 1813–23 erlass. kön. Hannövr. Verrodnn. . . .

— Repertorium der jetzt gültigen Kraft habenden französ. Gesetze, welche in d. Bülletin des lois de l'Empire français, d. Hanseat. Gesetzbülletin ꝛc. enthalten sind. gr. 8. Hamb. 812. Perthes u. B. 1 ℛ 8 𝔤𝔩

Spangenberg, E[rns]t: Sammlung der Verordnungen und Ausschreiben welche für sämmtliche Provinzen des Hannoverschen Staats . . . ergangen sind. Hannover.
Th. 1. 1750—59. 1819.
„ 2. 1760—79. 1820.
„ 3. 1780—99. 1821.
„ 4, Abth. 1. 1800—11. 1821.
„ 2. Die Lauenburgischen Verordnungen bis 1739. 1822. [Nebentit.:] **Corpus** constitutionum ducatus Lauenburgici oder Sammlung der für das Herzogth. Lauenburg ergangenen Verordnungen u. Ausschreiben.
„ 3. Die Hadelnschen Verordnungen bis 1739 einschl. 1823. [Nebentit.:] **Corpus** privilegiorum et constitutionum terrae Hadeleriae oder Sammlung der für das Land Hadeln ertheilten u. ergangenen Privilegien. Verordnungen u. Ausschreiben.
„ 4. Ergänzungen. Generalreg. 1825.

— Sammlung d. Verordnungen u. Ausschreiben, welche für sämmtliche Provinzen des Hannöv. Staats, jedoch was den Calenberg.=, Lüneburg.=, Brem.= u. Verdischen Theil betrifft, seit dem Schlusse der in demselben vorhandenen Gesetzsammlungen bis zur Zeit der feindlichen Usurpation ergangen sind. 1r Thl. 1ste u. 2te Abth. 4. Hannover, Gebr. Hahn. 818 u. 819. (1ste Abth. 18 Gr. 2te Abth. 2 Thlr. 16 Gr.

— Samml. d. Verordnungen u. Ausschreiben ꝛc., s. Sammlung.

— Westphäl. Staats= u. Privatrecht in Grundrissen. 8. Götting. 808.

— juris Romani tabulae negotiorum sollemnium, modo in marmore, modo in charta superstites. Cum II. tab. lithogr. 8 maj. Lips. 822, Cnobloch.

Spangenberg, Ernst, s. U l p i a n u s : De edendo.

Spangenberg, F., Untersuchungen über das Geschichtswerk des Polybius. Pr. 1858. 68 S. 4°.

Spangenberg, F. G., Volks-Conversations-Lexicon des gesammten Geschäfts- u. Verkehrslebens für strebsame Handel- u. Gewerbtreibende u. Landleute, sowie für bildsame Arbeiter jedes Berufes. Nebst Anh.: Magazin der Neuigkeiten u. nützlichen Mittheilungen für das gesammte Geschäfts- u. Verkehrsleben mit Sachregister. Nach guten Quellen u. praktischen Erfahrungen im Verein mit Fachmännern bearb. u. herausg. 1. Bd. 1. Heft. Dresden 863. — Leipzig, C. L. Fritzsche. gr. 8. (S. 1—48.) n. 4 ngr.

[F.] Die Barbarossahöhle im Kyffhäuser-Gebirge. Geolog. Führer durch dieselbe v. Dr. G. **Spangenberg,** Assistent ... zu Halle a. S. M. 4 Lichtbild., 1 Profil u. 1 Grundriss. *Leipzig: B. Franke (1897).* (15 S., 4 Taf.) 1 Bd 8. [97. 3[?]

Geschichtliche Nachrichten über die ger.·. u.·. vollk.·. St.·. Johannis-Loge Augusta zum goldenen Zirkel im Or. von Göttingen während ihres 50 jährigen Bestehens von 1810—1860. Zur Jubelfeier zsgest. von G. H. **Spangenberg.** Ms. f. BBr. Göttingen 1860: Kästner. 12 S. 8° [Umschlagtit.]
Abgedr. in: Bh. 3 (1860) S. 236—238.
Tt. 548. 193.

Spangenberg, Geo., disquisitio inaug. anat. circa partes genitales foemineas avium, cum tabb. V aen. 4. Götting. 813. Dieterich. 16 𝔤𝔩

Spangenberg, Georg August (Übers.u.Comm.):

s.: Boyer, Alexis: Vorlesungen über die Krankheiten der Knochen. (Leçons sur les maladies des os. Ed.par Anthelme (Balthasar de) Richerand. Dt.) Bd 1 - 2. Leipzig: 1804

Spangenberg, Georg August A. S. 146/17

Commentatio iuridica de muliere ob testium solemnitatem testimonii ferundi in codicillis experte.
Göttingen (Schultz) 1770. 79 S.

Gew.: Gerlach Adolph Fhr. von Münchhausen. 32900

Spangenberg, Geo. Aug. I., (+ d. 4. März 1806.) comment. jurid. de muliere, ob testium solemnitatem testimonii ferendi in codicillis experte. 8. Götting. 770. Dieterich.

— commentatio medica sistens historiam febris intermittentis malignae, quae anno MDCCC. Philippoburgi saeviit. 4. Würzb. 801.

Spangenberg, Geo. Aug. II., neue theoret.-prakt. Darstell. der Blutflüsse. gr. 8. Braunschw. 805. Vieweg. 1 ℛ 12 𝔤𝔩

Spangenberg, Georg August A. S. 45/19

Exercitatio academica antiqua doni Germanorum matutini quod vulgo morgengabam appellant qua originem, quam rem sistens.
Göttingen 1767. 32 S.

Gew.: Julius Melchior Strube. 32899

Spangenberg, G(eorg August) (Übers.):

s.: Guthrie, G(eorge) J(ames): Über Schusssunden in den Extremitäten... (On gunshot Wounds of the extremities... Dt.) Berlin: 1821

Spangenberg, Georg August, s. J. F. D. J o n e s : Abhandll. üb. den Proceß, den die Natur einschlägt . . .

Spangenberg, Georg August, s. G. G. T a n n e n b e r g : Abhandlung . . .

Spangenberg, Georg Wilhelm

Spangenberg, Geo. Wlh., Diss. inaug. med. Observat. obstetriciar. de partu clunibus praeviis peracta decas. 4. Götting. 780. Dieterich. 2 gr

Spangenberg, H., e. neuer elektrischer Apparat zu medizinischer Behandlung m. konstanten, galvanischen Doppelströmen. Geschichte, Beschreibg. u. Anwendungsvorschriften f. die Behandlg. gr. 8. (37 S. m. Fig.) Leipzig 893. (E. Heitmann.) n. 1. —

(Spangenberg, H.): Kalkulatorische und rechtliche B e d e n k e n gegen die Anwendbarkeit der Einwerf-Methode bei Berechnung des Pflichttheils im Präjudiz des Ober-Tribunals Nr 2620 vom 4. April 1855. Glogau (1872).

Spangenberg, H., s.: E n t s c h e i d u n g e n des königl. preußischen Oberverwaltungsgerichts.

Spangenberg, H., Gewerbeordnung f. das Deutsche Reich, s.: B e r g e r, T. Ph.

— Reichsgesetz, betr. Kinderarbeit in gewerblichen Betrieben, s.: G u t t e n t a g ' s Sammlung deutscher Reichsgesetze. 71. Bd.

Beiträge zur älteren Verfassungs- und Verwaltungsgeschichte des Fürstentums Osnabrück. Von H a n s Spangenberg. *Osnabrück 1900: J. G. Kisling.* (143 S.) 8° [F.]
Aus: Mittheilungen d. Ver. f. Gesch. u. Landeskunde zu Osnabrück. Bd 25. (ol. 5041

Spangenberg, Hans [aus Berlin]: Cangrande I. della Scala . . . [Erschien vollst. 1892 als Heft 11 d. Histor. Untersuch. Hrsg. v. J. Jastrow.] Berlin, Druck v. L. Simion, *1891*; 2 Bl., 36 S., 1 Bl. 8.
Berlin, Phil. Fak., Inaug.-Diss. v. 17. Nov. 1891

Spangenberg, Hans, Cangrande I. dolla Soala [1291—1320], s. a. U n t e r s u c h u n g e n, historische.

Spangenberg, Hans, Cangrande I. della Scala. II. Tl. (1321—1329.) gr. 8. (VIII, 168 S.) Berlin 895. R. Gaertner. n. 4. 50 (I. u. II.: n. 10. 50)

Hof- und Zentralverwaltung der Mark Brandenburg im Mittelalter. Von Hans Spangenberg. Leipzig: Duncker & Humblot 1908. (VIII, 548 S.) 8° [G.]
(Veröffentlichungen d. Vereins f. Geschichte d. Mark Brandenburg.) (ol. 569

Mit Genehmigung der phil. Fak. der Albertus-Universität wird Sonnabend den 28. Juli 1906 . . . Herr Dr. phil. Hans Spangenberg . . . seine öffentliche Antrittsvorlesung über „Die Reformation in Italien" halten. Zu diesem Akte ladet ein der Dekan der phil. Fak. K[arl] Diehl. Königsberg i. Pr. (1906): Hartung. (1 Bl.) 4°

Spangenberg, Heinrich Georg

v. Spangenberg, H. G., üb. die Luftjagd der Vorzeit. Nach Esparron u. einigen Andern. (Aus d. Jahrb. der Forst- u. Jagdkunde abgedr.) gr. 8. Erfurt u. Gotha 831. Flinzer. 8 gr

S p a n g e n b e r g, H. G. v., über d. Luftjagd d. Vorzeit. Nach Esparron u. einigen Anderen. gr. 8. (4 B.) Erfurt 831. [Leipzig, Gebr. Reichenbach.]
Aus den „Jahrbüchern d. Forst- u. Jagdkunde, hrsg. von v. Wedekind u. Steph. Behlen" abgedruckt.

v. SPANGENBERG, H. G.: Ueber unentschiedene forstl. Rechtsfragen u. entschied. bemerkenswerthe Forstrechtsfälle mit besond. Bezug auf preuss. u. sächs. Gesetze. 1s, 2s Bdchen. *Gotha*, Flinzer. 823. gr. 8. (16 Gr.)

—— über unentschiedene forstl. Rechtsfragen u. entschied. bemerkenswerthe Forstrechtsfälle mit besond. Bezug auf preuß. u. sächs. Gesetze. 1. u. 2. Bdchn. gr. 8. Gotha 832, Flinzer. [1. (4 B.), 2. (5 B.) à 8 Gr.]

Spangenberg, J. C.

Dissertatio de natura systematum logarithmicorum in genere, et in specie de systemate logarithmorum solidorum, auctore *Spangenberg*, Marburgi. 4. S. 348. m. 1 K. 1742.

Spangenberg, J. G., de sacris natalitiis vere christianis. Gothae 1722. 4.

Spangenberg, Jakob Georg A. S. 1372/21

Dissertatio academica de quinquertionibus eruditis. Präs. Burkhard Gotthelf Struve. Jena (Ritter) 1721. 28 S. 32901

Spangenberg, Jo. Konrad [Praes.], s. P l i t t, Johann Jakob: De eo quod juris naturae est circa gradus prohibitos et eorumdem dispensationem.

Spangenberg, Johann

Spangenbergii, J., bellum grammaticale, iterum edidit R. S c h n e i d e r. 8. (X, 41 S.) Göttingen 887. Vandenhoeck & Ruprecht's Verl. n. 1. —

S p a n g e n b e r g, Joh., Casp. Huberinus und Harms, Erbauliches, s. H u b e r i n u s, Casp.

Spangenberg's, Joh., g r a m m a t i s c h e r K r i e g. In deutscher Uebersetzg. v. Rob. Schneider. [Aus: „Central-Organ f. d. Interessen d. Realschulwesens".] gr. 8. (25 S.) Berlin 895. Friedberg & Mode. n. — 60

Spangenberg, Jh., († . . .) Postilla, od. Auslegung der Episteln u. Evangelien auf alle Sonntage des ganzen Jahres. 4. Lüneb. 794. (Nauck in Berl.) 1 rthlr 3 gr N. Aufl. 4. Nürnb. 823. Endter. 1 rthlr

Spangenberg, Johann Chr. Jakob

Spangenberg, Jh. Chr. Jak., Handbuch der in Jena seit beinahe 500 Jahren dahingeschiedenen Gelehrten, Künstler, Studenten u. andern bemerkenswerthen Personen. 8. Jena 819. (Schmid). 1 rthlr

Spangenberg, Johann Fr.

Spangenberg, Jh. Fr., († d. 17. Nov. 1820,) Cyanen, s. K. A. Buchholz.

Spangenberg, Joan. Fr(id.) (geb. Ringleben 3. 6. 1791): De febre puerperali. Berolini (1820). (27 S.) 8°
Berlin, Med. Diss. v. 14. Apr. 1820

Spangenberg, Johann Georg Wilhelm (Suhl) A. S. 566/45

Ad novell. CVII. cap. I. observatio. Präs. Georg Stephan Wiesand. Wittenberg (Dürr) 10. VI. 1772. 16 S. 32902

[F.] Spangenberg, *Karl* [Dr., Dir.]: *Bericht über die Feier des 25jährigen Bestehens der Anstalt.* Neumünster, R. Hieronymus' Buchdr., 1896; 6—8 S. 4.
Neumünster, PG u. RPG, P 1896 (288)**

[F.] Spangenberg, *Karl* [Dir. Dr.]: Zur Geschichte der Anstalt in den ersten fünfundzwanzig Jahren. (M. 2 Bild.) Neumünster, R. Hieronymus' Buchdr., 1896; 3—16 S., 1 Taf. 4.
Neumünster, PG u. RPG, Festschr. 1896 (288)**

Spangenberg, Karl, neuestes Hand- u. Modelbuch f. Schlosser. Enthaltend: Gründliche Belehrungen, wie alle beim Schlosser vorkommenden Arbeiten m. bestem Erfolg auszuführen sind, so wie gründliche Anweisungen u. Zeichnungen zur Construction der neuesten u. besten Kassa-, Archiv-, Kommoden- rc. Schlösser, Pasquille, Jalousien u. Vorgesperre. Mit 24 (lith.) Taf. Abbildgn. (in gr. 8., qu. 4. u. qu. Fol.) 8. (IV u. 52 S.) Weimar 851, Rauschke & Schmidt. 1/2 ₰

Spangenberg, C., Handbuch der Schlosserkunst, s. Schmidt, Ed. Dec.

Spangenberg, Carl, der Kirche Christi Wachsthum, Kampf u. Sieg. Lieder für Bibel-, Missions- u. andere Vereine. Breslau 861. Dülfer in Comm. 8. (IV, 96 S.) n. 3½ ngr.

Spangenberg, Karl Fr. Wilhelm von

— de observantia imperii; commentatio juris publici. 8maj. Halle 795. (Laue in Berl.) 5 gr

— de observantia imperii. 8. maj. Halae, Curt. 795.

— commentatio juris publici de observantia imperii. 8. maj. Jenae, Acad. Bchhdl. 795.

v. SPANGENBERG, K. F. W.: Versuch ein. system. Darstell. d. Lehre v. Besitz. *Bayreuth*, Lübecks E. (Grau.) 794. 2 Thle. 8. (1 Thl.)

Spangenberg, C. F. W., systemat. Darstellung d. Lehre vom Besitz. 2 Thle. gr. 8. Leipz. Dnk. 794.

Spangenberg, Karl Ludwig (Obernkirchen) A. S. 582/1a

Dissertatio inauguralis de beneficio a latere.
Präs. Georg Heinrich Ayrer.
Göttingen (Schulz) 1750. 71 S. 32904

Bericht über die Genesungsheime der Ortskrankenkasse für kaufmännische Geschäfte zu Hamburg, belegen in Trittau (Hostein) u. in Kollow bei Schwarzenbek. (Verf.: L. Spangenberg.) *Hamburg 1901: Grefe & Tiedemann.* (57 S.) 8° [5.] [01 1608]

Spangenberg, Ludwig

Spangenberg, Ldw., († d. 7. Juni 1811.) die Unruhen in Göttingen, in Hauptbezug auf Ludw. Spangenberg. 8. Rostock 806.

Spangenberg, Ludw., üb. das Verhalten der Metalle bei wiederholten Anstrengungen. [Fortsetzung der Wöhler'schen Festigkeitsversuche] [Aus: „Zeitschrift f. Bauwesen".] Imp.-4. (32 S. m. 2 Steintaf. in Imp.-4. u. qu. Fol.) Berlin 875. Ernst & Korn. n. 3. —

Spangenberg, Max, zum Sieg der freien Wissenschaft. Offener Streitbrief an Hrn. G. Gadow, Vers. der zugleich an Hrn. Max Spangenberg adressirten Schrift „Die Freiheit der Wissenschaft u. Hr. du Bois-Reymond". gr. 8. (32 S.) Hamburg 883. J. F. Richter. n. — 60

Spangenberg, Max, der Standpunkt der „Freien wissenschaftlichen Vereinigung an der Universität Berlin" zur Judenfrage u. zur Wissenschaft. Zwei Reden, an seine Vereinsgenossen geh. am 4. Juli 1881 u. 30. Octbr. 1882. gr. 8. (35 S.) Berlin 882. F. & P. Lehmann. n. — 60

Spangenberg, Oskar, Farben-Harmonie. Praktisches Nachschlagewerk f. Weber, Wirker, Posamentierer, Färber, Dekorateure, Kostümierer u. solche, die durch pass. u. geschmackvolle Zusammenstellg. v. Farben dem Auge wohltuende Effekte hervorbringen wollen. 2. verm. u. verb. Aufl. (5 Taf. m. aufgeklebten Stoffmustern u. 1 Taf. Text.) 31×21,5 cm. Apolda (909). Selbstverlag.
Auf Pappe, in Leporelloform, in Leinw. kart. 10. —

Spangenberg, Otto [app. Arzt aus Cassel]: Über primäres Gallencangscarcinom[!] und seine Beziehung zu Gallensteinen ... Freiburg i. B., Buchdr. v. H. Epstein, 1896; 32 S. 8.
Freiburg i. B., Med. Fak., Inaug.-Diss. v. 1896

Spangenberg, Otto, a. Rodenberg (Hessen-Nassau): 1. Zur Konstitution des Apomorphins. 2. Zur Kenntnis des Thebainols. (Berlin 1907: G. Schade.) (34 S.) 8°
Berlin, Phil. Fak., Ref. Fischer, Diss. v. 13. Juli 1907
[Geb. 7. Jan. 84 Rodenberg (Prov. Hessen-Nassau); Wohnort: Berlin; Staatsangeh.: Preußen; Vorbildung: Kaiserin-Augusta-Gymn. Charlottenburg Reife O. 03; Studium: Berlin 8 S.; Rig. 30. Mai 07.]

Spangenberg, Pauline, s.: Erich, Herr, u. sein Mündel.

Spangenberg, Pet. Lud., De chorea St. Viti. 40 pp. Jen. 4°.
Jenaische gel. Zt. 1765.
1764

Spangenberg, W., der Findling im Walde. Roman. 8. (203 S.) Danzig 890. Hinstorff. n. 3. —; geb. n. 4. —

Spangenberg, Wolfhart

Spangenberg, W., ausgewählte Dichtungen, s.: Litteraturdenkmäler, elsässische, aus dem XIV.—XVII. Jahrh.

Griechische Dramen in deutschen Bearbeitgn v. Wolfhart Spangenberg u. Isaac Fröreisen. Nebst deutschen Argumenten hrsg. v. Oskar Dähnhardt. Bd 1. 2. *Tübingen: Litt. Ver. in Stuttgart 1896. 97.* 2 Bde 8.
1. 1896. (2 Bl., 313 S.) 2. 1897. (2 Bl., 350 S.)
= Bibliothek d. litt. Vereins in Stuttgart. [Bd] 211. 212. [98. 1683

— — Wie gewunnen, so zerunnen. Ein kurtzweilig Spiel von der Weltkinder listigen Practick vnd Rencken Geldt zu gewinnen. Zur Lehr vnd Warnung gestellet durch *Lycosthenem Psellinoros* Andropediacum. Nürnberg. Georg Leop. Fuhrmann, 1613. 12°. Mit kleinem Titelholzschn. 44 Bll. (letztes weiss). (In Reimen.) (160 Mk. L. Rosenthal, 1906.)
Goedeke unbekannt. Professor Ernst Martin in Strassburg, der eine Neuausg. der Dichtungen Wolfh. Spangenberg's (Els. Litteratur-Denkmäler Strassb. 1887.) veröffentlichte, bemerkt auf S. XII der Vorrede des IV. Bdes., dass ihm von „Wie gewunnen so zerrunnen" nur ein unvollständiges Ex. vorlag, und dass er nicht ermitteln konnte, wo das vollständige Ex., das Scherer benützte, zu suchen sei.
Neudruck von E. Martin. O. O. 1902. Br. 8°. (3 Mk. der Vorige.)

SPANGENTHAL, Hermann (Kassel): über primären Gallertkrebs des Omentum maius. Ein Beitrag zur Lehre von d. primären Endothel-Carcinom der serösen Häute.- München: Wolf 1902. 22 S.
22.7.1902 - Chr 1902/03,23; Jv 1902/03,316
Diss. Ingolst.-Landsh.-Mchn.

Spangenthal, S., Auskunftsbuch über Wertpapiere. [Früher u. d. T.: „Finanzielles Jahrbuch."] 1.—7. Aufl. (1902—1908). Berlin, 1902—1908.

Spangenthal's, S., Auskunftsbuch über Wertpapiere. Jahrbuch f. Kapitalisten. 5. Aufl 1906. (IV, 704 S.) kl. 8. Berlin-Charlottenburg, Spangenthal. n. 4. —

Spangenthal's Auskunftsbuch üb. Wertpapiere. 7. Aufl. (VII, 726 S.) kl. 8. Berlin-Charlottenburg, Spangenthal. 1908. 5. —

Spangenthal's Auskunftsbuch üb. Wertpapiere. 9. Aufl. 1910/11. (IV, 666 S.) kl. 8. Berlin-Charlottenburg, S. Spangenthal. 4.50

Die Geschichte der Berliner Börse. Von S. Spangenthal. — Berlin: Selbstverl. 1903. 151 S. 8° 1.

Spangenthal, s.a. Jahrbuch, finanzielles.

— finanzielles Jahrbuch. Auskunftsbuch üb. Wertpapiere. Enth.: Genaue Angaben üb. alle Wertpapiere, die an der Berliner Börse u. an den meisten sonst. deutschen Börsenplätzen notiert werden, sowie üb. die wichtigsten Papiere der Londoner u. New Yorker Börse. 2., neubearb. Aufl. Jahrg. 1903. (IV, 551 S.) 8. Ebd. 3. —; geb. in Leinw. n. 3. 50

Spangenthal, S., Taschenbuch f. die Berliner Börse. 1894/95. 12. (IV, 112 S.) Berlin 894. Rosenbaum & Hart. n. 1. —

Spangl, A., Vers. in Kopf- und Zifferrechnung rc. 8. Linz, Akad. Bchhdl. 808.

Spangl, Versuch e. stufenweisen Fortgangs in d. Kopf- u. Zifferrechnung. 2e Aufl. gr. 8. Linz 822, Akadem. B.

Spängler, Frz., Schulrecht, s.: Scholae Salisburgenses. 5. Hft.

Spaengler, J.: Über das Kupfer. 19 S. 8°.– Oberhollabrunn, Progr. 1867.

Spängler, Jul. Das neue Realschulgebäude im II. Bezirke in Wien. 38 S. 8. Progr. Rsch. II. Bez. *Wien* 1876.

Spängler, L: Der elektrische Probebetrieb auf der Wiener Stadtbahn. Wien, Teschen und Leipzig 1901

Spängler, L: Versuche über elektrischen Betrieb auf einigen Hauptbahnen in Deutschland. Vortrag. Wien 1902

Spängler, Rudolf: Über roten Schnee.
Separatabdruck aus: Sitzungsber. d. Kais. Akademie d. Wiss. in Wien. Bd. 47. II. S. 6.

Spanheim, Ezech., (†...) von den Kaisern des Julian, u. der den satyr. Schriften der Alten; aus d. Französ. (von K. W. Brumbey). 8. Elbing. 785. Hartmann. 7 gr.

Spanheim, Ezechiel. Von den Kaisern des Julian ... a. d. Franz. Elbing 1786. Ü: *Brumbey, Carl Wilhelm.* (MGT) »1785« (Ky)

SPANHEMIUS, Ezech.: Orbis Romanus s. ad constit. Antonini Imp. de qua Ulp. 117. D. de statu hom. Exercitatt. II. Acc. J. Guil. HEINECCII praef. *Hal.* et *Lips.* 728. 4.

— Usus praestant. Numismatum antiq. c. fig. perm. Vol. II. fol. Vitteb. Zimmermann. 706. Schreibn.

Spanhemii, E., usus praest. numismatum antiq. Berl. 796. (Mylius).

Spanheim, Friedrich

— controversiarum de religione c. dissidentibus hodie christianis elenchus historico-theologicus. 8. Basel, Brandmüller. (Flick.) 719.

— Historia Iobi. 8. Regensburg. 710.

Spanheim, Fr., Merckwürdige Historie der Päbstin Johanna, aus des Hrn. *v. Spanheim* .... latein. Dissertation durch Herrn (Jac.) l'Enfant gezogen .... nun aus d. Frantzös. ins Teutsche übers. In 2 Tom. (Mit 5 Kpfrn.) Franckfurt u. Leipzig (Bremen, Saurmann) 1737. 8°. 16 Bll., 476 S. (3 Mk., Expl. mit nur 3 Kpfrn., Max Weg, Lpz., 1897.)
Nach dem M. M. V. 1737. E 1 b. wäre dieses die 2. Aufl. Die 1. ist wahrscheinlich von demselben Jahre oder von 1736, da das Buch zuerst im M. M. V. 1736. E 3 a erwähnt ist. — Original der Dissertation (in Berlin u. München): *Frid. Spanhemii*, de Papa Foemina disquisitio historica. Qua ut Onuphrii, sic praecipue Allatii, Labbei, Blondelli, Launoji, Mabilloni, adversus papissam praesidia excutiuntur. Lugduni Batavor. 1691. Kl. 8°. 516 pp. (7 Mk., Prgtbd., J. Rosenthal, c. 1903.)

Spanheim, Fr., (†...) introductio ad chronologiam et historiam sacram etc., adjec. S. Er. Tim. Stubenrauch. 8maj. Halle 770. Trampe. (Hahn in Hannov.) 8 gr.

Spanjaard, Robert: Studien über Halogenderivate des o-Oxychinolins. *Freiburg i. B. 1898: F. Wagner.* (47 S.) 8°
Freiburg i. B., Phil. Diss. v. 1898

Spanien [Sachl. Ordnungswort]

Spanien, s. Mestschersky, Alex. Fürst.

— ein geograph. Spiel, mit e. Reisebeschreib. rc. Mit ill. Kpf. Leipz., (Fr. Fleischer). 20 gr.

— eine Skizze, Weihnachtsgeschenk für Zeitungsleser. 8. Erlang. 809. Breuning. (Heyder). 6 gr.

Spanien, oder Sitten, Gebräuche, Trachten u. Denkmäler der Spanier. Nach den neuesten u. besten Quellen mit Bezug auf das Werk v. *Breton* bearb. v. D. G. W. T. 4 Bde. Mit 50 Kpfrn. (Landschafts-, Städte-, Sitten- u. Trachtenbilder.) Pest 1817. 8°. (12 Kr., Expl. mit den schönen illustr. Orig.-Umschl., A. H. Huber, Salzburg, 1909.)

Spanien, oder Sitten, Gebräuche, Trachten u. Denkmäler der Spanier. s. a. Miniaturgemälde.

Spanien. Illustr. Broschüren f. Litteratur, Kunst, Wissenschaft, Handel u. Industrie. Hrsg.: Ernst Baron v. Ungern-Sternberg u. Ernst Bark. XI. Jahrg. Juni 1898—Mai 1899. 12 Nrn. (à ca. 2 Bog.) gr. 8. Madrid (Cuesta de Santo Domingo 16), Redaktion. n. 10. —

Spanien und die Cholera-Epidemie des Jahres 1885. Berlin 1886.

— u. die span. Nation, ein Landes- u. Volksgemälde aus den neuesten u. besten Quellen, (v. F. W. A. Bratring). 8. Berl. 808. Maurers B. 10 gr.

Spanien und die spanische Nation ... Berlin 1809 [1808]. Ü: *Bratring, Frdr. Wilh. Aug.* (MGT) (Hitzig) »1811« (Ky)

— u. Portugal, in geograph., histor. u. polit. Hinsicht. Mit 1 Karte. gr. 8. Leipz. 820. Gnobloch. 6 gr.

— u. Portugal, in histor., polit., geograph., religiös., merkantil. u. militär. Rücksicht, e. Handbuch für Zeitungsleser. 8. Pirna 809. Friese. 10 gr. Mit 1 Karte 18 gr.

— u. Portugal, für Zeitungsleser. Mit 1 Postkarte. 8. Lüneb. 809. Herold u. W. 8 gr.

Spanien unter der Regierung Karls IV., nach Langle, s. a. F. v. Bilderbeck, Taschenbuch f. 1805.

Spanien unter der Regierung Karls IV. A. d. Franz. ... Mannheim 1818. V: *Fleuriau, Jér. Charlemagne.* (EngG)

Spanien und die Revolution. Leipzig 1821. V: *Hügel, Johann Theobald Friedrich Freiherr von.* (BrVV) (Ky) (Döll) (Heyd) (WFM)

— u. die Revolution, (von ... Frhrrn. v. Hügel). gr. 8. Leipz. 821. Brockhaus. 2 ℛ 6 gℊ

Spanien u. die Revolution. 2. unveränderte Aufl. gr. 8. (XX u. 285 S.) Wien 848, Rohrmann. 1 1/8 ℛ

Spanien und die Revolution. 2., unveränd. Aufl. gr. 8. (XX und 285 S.) Wien 848, [Sternickel und Sintenis.]

— u. die Spanier ꝛc., s. Welt- u. Menschenkunde, 2r Thl.

Spanien und die Spanier unter Ferdinand VII. Ein historisch-geographisch-statistisches Gemälde. 8. Erlangen (1800).

— u. die Spanier unter Ferdinand VII., ein histor.-geograph.-statist. Gemälde. 8. Erlang. 818. Heyder. 12 gℊ

Spanien seit dem Sturze Espartero's bis auf die Gegenwart (1843—1853). Nebst einer Uebersicht der politischen Entwickelung Spaniens seit 1808. Leipzig 853. (Berlin,) Weidmann. 8. (IV, 315 S.) 1 ℛ. 7 1/2 ngr.

Spanien und Tirol tragen keine fremden Fesseln, s. Bäuerle, Adolf.

Spanien und Tirol tragen keine fremden Fesseln. [Wien 1809.] V: *Bäuerle, Adf.* Vgl. GGr IX, 81, 5. (DARP)

— wie es gegenwärtig ist, in phys., polit., moral., religiös., statist. u. literar. Hinsicht, aus den Bemerkkk. e. Deutschen, während seines Aufenthalts zu Madrid von 1790—92, (von Ant. Kaufhold). 2 Thle. 8. Gotha 797. Ettinger. 2 ℛ 16 gℊ

Spanien, wie es gegenwärtig ist in physikalischer, moralischer ... Hinsicht ... Gotha 1797. V: *Kaufholz, Leop. Anton.* (Ky) (EngG) (ML) (BrMm) (MGT)

Spanien in Wort u. Bild. Hrsg. unter Mitwirkg. Sr. k. u. k. Hoh. Erzherzog Ludwig Salvator, v. J. Graus, Kirchberger, R. Frhr. v. Bibra, Mrs. Will. Threlfall. Lex.-8. (608 Sp. m. 167 Illustr. u. 1 farb. Karte.) Würzburg 894. L. Woerl. n. 8. —
geb. n. 9. —

Spanien [Schlagwort]

Spanien, s.: Atlanten. Sydow. — Europa. Kiepert, R.

Spanien, s.: Europa. Noordhoff. —

Spanien, s.: Hand- u. Reisekarten. 41. — Pyrenäen-Halbinsel.

Spanien, s.: Zuckerfabriken.

Spanien. Bamberg, K., Schulwandkarte der Pyrenäen-Halbinsel. 1 : 800,000. 12 Blatt. 3. Aufl. Chromolith. qu. gr. Fol. Berlin 890. Chun. n. 10. —; auf Leinw. in Mappe n. 16. —; m. Stäben n. 17. 50

Spanien — Die Königreiche — und Portugall mit ihren Provincien. Gabriel Bodenehr fecit et excudit. 1 : 10,000,000. 1 Bl.

Spanien. — Davidos, C. F.: Spanien und Portugal, nach den neuesten astronomischen Ortsbestimmungen, nach dem Atlas Thomas Lopez, und anderen sichern Hülfsmitteln bearbeitet. Verlegt bey Tranquillo Mollo in Wien. 1820. 1 : 930,000. 9 Bl.

Spanien. Gaebler, Eduard, Wandkarte d. iberischen Halbinsel. (In span. Sprache.) 1 : 1,000,000. 4 Blatt à 59×78,5 cm. Farbdr. Leipzig (908). G. Lang. Auf Leinw. m. Stäben 18. —

Spanien — Karte der Königreiche — und Portugal mit Algarve nach Faden's neuester Carte dieser Königreiche bearbeitet. Weimar im Verlage des geographischen Instituts 1824. 1 : 750,000. 6 Bl.

Spanien — Karte von — nach der neuen Karte von Lopez in 4 Blatt, und seinen ältern Zeichnungen der einzelnen Provinzen, an der Südküste nach Tofiino, und mit einiger Beyhülfe von Mentelles Karten entworfen 1798 von Conrad Mannert. Nürnberg bey Schneider und Weigels 1799. 1 : 1,900,000. 1 Bl.

Spanien — Charte von den Königreichen — und Portugal. Nach etc. entworfen und gezeichnet von Friedrich Wilhelm Streit, Oberlieutenant. Weimar im Verlage des geographischen Instituts 1809. Gestochen von L. Hess z. W. 1 : 2,200,000. 1 Bl.

— Vogel, C., Karte v. Spanien u. Portugal. 1 : 1,500,000. 4 Blatt. [Aus: „Stieler's Hand-Atlas".] Kpfrst. u. color. qu. Fol. Mit Text. 8. (72 S.) Gotha 889. J. Perthes. Auf Leinw. in Carton. n. 6. —

Spaniens Erd-, Geschichts- u. Staatenkunde. 8. Quedlinb. 787. Reußner. (Ernst). 12 gℊ

Spaniens Schicksale in der neuesten Zeit, od. Gesch. Spaniens seit d. Rückkehr Ferdinands VII. 1814 bis z. Einberuf. d. constituir. Cortes. Von *r. gr. 12. (11 1/2 B.) Leipzig 836, Fest'sche Vrlsbuchh. Thlr.

Spaniens Staatsverfassung durch die Cortes, aus der Urschrift übertragen u. herausgeg. von Fr. v. Grunenthal u. K. G. Dengel. gr. 8. Berlin, Christiani. 820.

Spaniens Verfassungskampf, seine Parteien und hervorragendsten Staatsmänner. (1812—1854.) Zur Aufklärung. Leipzig 854. Remmelmann. (Kaiserslautern, Meuth.) gr. 8. (V, 88 S.) n. 15 ngr.

Spanier [Sachl. OW]

Spanier, die, od. Scenen aus Spaniens neuest. Revolutionsgeschichte. 8. Quedlinb. 810. Basse. 18 gℊ

Spanier, der beredte. Eine Anleitg., in sehr kurzer Zeit, ohne Hülfe e. Lehrers, leicht u. richtig spanisch lesen, schreiben u. sprechen zu lernen. 12. (160 S.) Bern 890. Heuberger's Verl. n. 1. —

Spanier, die französischen. Begebenheit: folge d. Verwandelten in Paris, von A. Hirschwald. 2 Thle. 8. Berlin, Unger. 820. (Steinacker und W. in Leipzig.) 2 16

Spanier, der, u. der Freiwillige in Paris. Eine Geschichte aus dem heil. Kriege, v. Caroline de la Motte Fouqué. 8. Berl. Nicolai. 814.

Spanier, die, auf Fühnen, s. Fanny Tarnow.

Spanier, die, auf Fühnen. Schauspiel in 4 Aufzügen, frei nach e. ausländ. Original bearbeitet, v. Fanny Tarnow. 8. Leipz. 827. Reinsche B.

Spanier, der geschickte, oder die Kunst, ohne Lehrer in 10 Lektionen spanisch lesen, schreiben u. sprechen zu lernen. 12. (68 S.) Köln 880. Mayer. — 60

Spanier, der kleine. — Unser tägliches Brot. — Joe, der Indianer. (63 S. m. Abbildgn.) kl. 8. Elberfeld 904. R. Brockhaus (durch J. Faßbender). n. — 20

SPANIER, Der, mit der Mandoline. 2 Thle. Mit 2 Titelkpfrn. von J. Pentzel. Leipzig, 1803. bey Heinrich Gräff. 8°. Zahm.

1: XXIV (incl. Doppeltitel mit poet. Haug'schem Motto, 5 Bll. Widm. an Frau v. Schwerdtner auf Ilkendorf u. Bodenbach, sowie S. XIII ff. Vorr., überschrieb.: „Der Hain am Ufer des Baltischen Meeres"), 212 S., 2 Bll. Roman-Verlag d. Firma.

2: Doppeltit., 2 Bll. Widm. („Meiner Freundin Caroline v. Bogen"), 1 Bl. Vorr., 272 S. — Daran interess. cplt. Verlags-Cat. der Firma für 1803, 16 Bll. stark.

Spanier, d., in Peru; od. Rolla's Tod. Trsp. v. Kotzebue. 8. Lpz. Kummer. 796.

— der tapfere, während d. Feldzugs in Florida. 2 Thle. 8. Nordh. 801. Nitsche. 1 ℳ 4 gr.

— der verliebte. 8. Frankf. u. Leipz. 749.

Spanier [Verfasser]

Spanier, s.: Lesebuch f. Bürgerschulen.

— s.: Schreiblesefibel.

Spanier, Eugen: Zur Kenntnis der Wirkung des Schwefels auf Kohlenwasserstoffe und des Schwefelgehaltes der Erdöle. 1910. 64 S. 8°
Karlsruhe, Dr.-Ing.-Diss. v. 29. 7. 1908

F. G. Fichtes Einfluß auf das Erziehungswesen im 19. Jahrhundert. Von F[riedrich] Spanier, Rektor. Langensalza: Beyer 1909. 32 S. 8°
(Pädagogisches Magazin. H. 376.) [11. 9514

· Deutsche Sprachschule, s.: Baron.

— Wie schützen wir die aus der Schule entlassene Jugend vor Gefahren? Ratschläge zur prakt. Jugendfürsorge. (V, 74 S.) 8. Langensalza 908. Schulbuchh. 1. —

Spanier, J., der „Papist" Shakespeare im Hamlet. 8. (III, 116 S.) Trier 890. Paulinus-Druckerei. n. 1. 60

SPANIER, Julius: Ein Beitrag zur Laparotomie bei diffuser eitriger Peritonitis.- München: Kastner & Callwey 1904. 53 S.
31.7.1904 - Chr 1904/05,13; Jv 1903/04,333
Diss. Ingolst.-Landsh.-Mchn.

Spanier, Ludwig: Die Ovariotomie bei Greisinnen ... Strassburg i. E., Buchdr. v. M. DuMont-Schauberg, 1890. 49 S. u. 1 Tab. 8°
Strassburg, Med. Fak., Inaug.-Diss. v. 1890.

Spanier, M., künstlerischer Bilderschmuck f. Schulen. Hrsg. v. d. Lehrervereinigg. f. d. Pflege d. künstler. Bildg., Hamburg. gr. 8. (51 S.) Hamburg 897. Commeter. n. 1. —

Spanier, M., künstlerischer Bilderschmuck f. Schulen. Hrsg. v. der Lehrervereinigg. f. die Pflege der künstler. Bildg., Hamburg. 3., erweit. Aufl. 8. (117 S.) Leipzig 902. R. Voigtländer. n. 1. 40
2. Aufl. (XI, 87 S.) Hamburg 900. n. 1. 20.

— s. a. Falke, Gust., als Lyriker.

Spanier, M., Gustav Falke als Lyriker. Eine Einführg. 4. Aufl. (50 S.) 8. Hamburg 907. A. Janssen. — 60

Spanier, M., zur Kunst. Ausgewählte Stücke moderner Prosa zur Kunstbetrachtg. u. zum Kunstgenuß. (Aus deutscher Wissenschaft u. Kunst.) Mit Einleitg., Anmerkgn. u. Bilderanh. (X, 148 u. 16 S.) 8. Leipzig 905. B. G. Teubner. Geb. n. 1. 20

— „Nemt, frouwe, disen kranz". 15 Gedichte Walthers v. der Vogelweide. Eine Einführg. (71 S.) 8. Ebd. 911. Geb. 1. 25

— Hans Thoma u. seine Kunst f. das Volk. (66 S. m. Abbildgn.) 4. Leipzig (903). Breitkopf & Härtel. Geb. in Leinw. n. 2. —

Spanier, Meyer: Über Murners Narrenbeschwörung und Schelmenzunft ... (Aus: Beitr. z. Gesch. d. deutsch. Sprache u. Lit., XVIII, 1.) Halle a. S., Druck v. E. Karras, 1893; 1 Bl., 71 S. 8.
Heidelberg, Phil. Fak., Inaug.-Diss. v. [19. Febr.] 1894

Vom alten und modernen Sturm und Drang. Von Dr. M[eyer] Spanier. (4. Taus.) *Berlin: Kritik 1896.* (16 S.) 1 Bd 8.
= Fragen d. öffentlichen Lebens. H. 8. [97. 1873

Spanier, Moritz

Spanier, M., Exeget. Beiträge zu Hieronymus' „Onomastikon". Diss. 1896. 87 S. 1.5

— exegetische Beiträge zu Hieronymus' „Onomastikon". gr. 8. (VIII, 41 S.) Magdeburg 896. (J. Neumann.) n.n. — 75

Exegetische Beiträge zu Hieronymus' 'Onomastikon' von Dr. Moritz Spanier, Lehrer in Magdeburg. [Nebst] Nachträgen u. Berichtigungen. *Magdeburg 1896 97: C. Friese.* 2 Bde 8° [01. 2239

Die jüdische Ethik und Herbarts fünf ethische Ideen. Von Dr. Moritz Spanier in Magdeburg. *Magdeburg: E. Loewenthal & Co. 1901.* (24 S.) 8° [Umschlagt. J.] [01. 1188

— Moses Mendelssohn als Pädagoge. Vortrag, geh. auf d. Konferenz d. Vereins israel. Lehrer Mitteldeutschlands, am 29. V. 1898 zu Eisenach. gr. 8. (20 S.) Magdeburg 898. (M. Brandus.) n. — 40

Spanier, Mor., Quellenbuch f. den Unterricht in jüdischer Geschichte u. Litteratur. gr. 8. (VI, 139 S.) Frankfurt a/M. 890. Kauffmann. geb. n.n. 1. 30; m. Goldschn. n. 2. —

— u. E. Flanter, Wegweiser f. den jüdischen Religionsunterricht. Abhandlungen, Entwürfe u. Lehrproben aus allen Zweigen des jüd. Religionsunterrichts. Unter Mitwirkung erfahrener Schulmänner hrsg. 3 Hfte. gr. 8. (à 40 S.) Berlin 898. 899. 902. W. Latte. à n. — 60

(B) Spanier, M., u. E. Flanter, Wegweiser f. den jüdischen Religionsunterricht. 898—902. (KBL 82.) Jetzt: Frankfurt a. M., J. Kauffmann.

Spanjer, Otto: Untersuchungen über die Wasserapparate der Gefässpflanzen. M. 1 Taf. *Marburg 1898: (Breitkopf & Härtel in Leipzig).* (52 S.) 4° ¶ (Aus: Botanische Zeitung, 1898 II. 3/4. — Mit Tafeln.)
Marburg, Phil. Diss. v. [19. Apr.] 1898

Spanjer Herford, Feod., s.: Psalmen, die. Metrische Uebersetzg.

Spanjer-Herford & Hahn, Verzeichnis kraftlos erklärter [mortifizierter] u. aufgebotener Werthpapiere. Nach amtl. resp. authent. Quellen bearb. u. hrsg. gr. 8. (III, 138 S.) Braunschweig 881. Selbstverlag. n.n. 6. —

Spaniol, Eine Prise, für Bonaventura. 1796. V: *Schäffer, Johann Heinrich.* (BGE III², 26)

Spanke, Arnold (Th.), ein kleiner Irrtum od. Das Weihnachts-Oratorium, s.: Radermacher's, F., Vereinsbühne.

Spanke, Arn., u. Heinr. **Bockeradt,** religiöse Männerchöre hauptsächlich zur Verehrung der Mutter Gottes für den kirchlichen Gebrauch an Gymnasien, Seminarien u. Lyceen, mit besonderer Rücksicht auf marianische Sodalitäten. Paderborn 864. Schöningh. gr. 16. (148 S.) n. 12 ngr.

— Dem Mutigen gehört die Welt, s.: Theater, kleines.

Nächstenliebe. Weihnachtsspiel in 3 T. von Arnold **Spanke.** (Nur Herren- u. Knabenrollen.) Paderborn: B. Kleine [1906]. (40 S.) 8° [F.]
= Theater, Kleines. H. 372. [07. 3490 6

Der Onkel aus Amerika. Weihnachtsspiel in 3 T. von Arnold **Spanke.** Paderborn: B. Kleine [1904]. (23 S.) 8° [F.]
= Theater, Kleines. H. 348. [05. 13641

Spanke, Johannes, a. Meschede: Zwei altfranzösische Minnesinger. Die Gedichte Jehan's de Renti und Oede's de la Couroierie. Chemnitz-Leipzig: W. Gronau 1907. (63 S.) 8° ¶ (Aus: Zeitschrift f. französ. Sprache u. Lit. Bd 32.)
Straßburg, Phil. Fak., Ref. Gröber-Reitzenstein-Keil, Diss. v. 15. Juni 1907
[Geb. 13. Mai 84 Meschede; Wohnort: Meschede; Staatsangeh.: Preußen; Vorbildung: Gymn. Paderborn Reife; Studium: Freiburg i. B. 1, Berlin 1, Würzburg 1, Paris 1, Straßburg 3 S.]

Spanke, Carl (geb. am 8 Aug. 1859 in Meschede Westf.): Untersuchungen über den Einfluss galvanischer Ströme auf die Sensibilität der Haut ... Bonn, Univ.-Buchdr. v. C. Georgi 1883. 30 S., 1 Bl. 8.
Bonn, Med. Fak., Diss. v. 7 Juli 1883

Spann: Der Realismus an den humanistischen Gymn. 8 S. – Amberg, Progr. 1865.

Spann, Frau Erika, s.: Rheinsch, Erika.

Spann, J.: Probe-Melkungen von Allgäuer Kühen 1894–1909. Memmingen 1910.

Spann, Joseph, appr. Tierarzt zu München: Das Haemomelasma ilei beim Pferde. München 1905: G. Birk. (28 S.) 8°
Gießen, Med. Fak., Ref. Olt, Diss. v. 23. Dez. 1905
[Geb. 22. Nov. 79 München; Wohnort; München; Staatsangeh.: Bayern; Vorbildung: Luitpold-Gymn. München Reife Juli 99; Studium: München Tierärztl. Hochsch. 8 S.; Rig. 15. Nov. 05.]

Spann, Carl, aus München: **Beiträge** zur Kenntnis der Beschaffenheit billiger Email- und Tongeschirre. *Leipzig-Reudnitz 1903: A. Hoffmann.* (45 S.) 8°
Würzburg, Med. Diss. v. 1903

Spann, Othmar, die Bedeutung der Berufsvormundschaft, s.: (KBL 34.) Klumker, Chr. J.

Spann, Othmar: Die Berufsvormundschaft und ihre Bedeutung. Den Teilnehmern der 5. Tagung Deutscher Berufsvormünder (Berlin 24.—26. Okt. 1910) überr. vom Zentralbl. f. Vormundschaftswesen. Jugendgerichte u. Fürsorgeerziehung. Berlin 1910.

Spann, Othmar, s.: Blätter, kritische, f. die gesamten Sozialwissenschaften.

Spann, O., Die Lage u. das Schicksal der unehelichen Kinder, s. Vorträge der Gehe-Stiftung zu Dresden.

— zur Logik der sozialwissenschaftlichen Begriffsbildung, s. Festgaben f. Friedrich Julius Neumann.

Spann, O., Zur Logik der sozialwissenschaftlichen Begriffsbildung. Tübingen, 1905. 16 S. [in Ja 180

Die unehelichen **Mündel** des Vormundschaftsgerichtes in Frankfurt am Main. Statist. Untersuchungen über Vormundschaftsführung ... von Dr. Othmar **Spann,** Prof. Dresden: Böhmert 1909. VII, 112 S. 8°
(Probleme d. Fürsorge. Bd 5.) [10. 2459

— Die unehelichen Mündel des Vormundschaftsgerichtes in Frankfurt am Main, s.a. Probleme der Fürsorge. 5. Bd.

— die Stiefvaterfamilie unehelichen Ursprungs. Zugleich e. Studie zur Methodologie der Unehelichkeits-Statistik. Mit e. Nachwort üb. die Bedeutg. der Berufsvormundschaft. Von Chr. J. Klumker. (42 S.) Lex.-8. Berlin 904. G. Reimer. n. — 50
Sonderabdruck aus: „Ztschr. f. Sozialwiss."

Spann, Othmar, a. Wien: **Untersuchungen über den Begriff der Gesellschaft zur Einleitung in die Soziologie 1. Bd.** Zur Kritik des Gesellschaftsbegriffes der modernen Soziologie. Tübingen 1905: H. Laupp jr. (150 S.) 8° ¶ (Aus: Zeitschr. f. d. gesamte Staatswissenschaft, Jahrg. 1903 bis 1905.)
Tübingen, Staatsw. Fak., Ref. Triepel, Diss. v. 16. Juli 1903
[Geb. 1. Okt. 78 Wien; Wohnort: Wien; Staatsangeh.: Oesterreich; Vorbildung: Bürger- u. Handelssch. Wien; Studium: Wien, Zürich, Bern, Tübingen, zus. 7 S.; Rig. 16. Juli 03.]

Untersuchungen über die uneheliche Bevölkerung in Frankfurt am Main. Unternommen im Auftr. d. 'Centrale f. priv. Fürsorge' von Dr. Othmar **Spann.** Dresden: O. V. Böhmert 1905. (VI, 178 S., XXXIII Tab.) 4° (8°) [F.]
— **Probleme** d. Fürsorge. Bd 2. [05. 9918

— Untersuchungen üb. den Gesellschaftsbegriff zur Einleitung in die Gesellschaftslehre. 1. Bd.: Wirtschaft u. Gesellschaft. Eine dogmenkrit. Untersuchg. (VIII, 232 S.) Lex. 8. Dresden 907. O. V. Böhmert. 4. 40

Spann, P. J., Betrachtt. üb. das Leiden u. Sterben unsers göttl. Erlösers. 8. Eger 818. Kobrtsch. 4 Kr.

Spann-Weber, Thekla, Königin Louise v. Preußen. Vortrag geh. im Dresdner Frauenbildungsverein. gr. 8. (22 S.) Leipzig 874. Krüger. n. — 50

Spannagel, Julie, zuletzt Oberin der Diakonissenanstalt Elisabethenstift in Darmstadt, die hessische Tabea, nach ihrem Leben, Wirken u. Leiden. Dargestellt v. e. alten Freunde u. Mitarbeiter in M. (96 S. m. Abbildgn. u. Bildnis.) 8. Berlin (906). (F. Zillessen.) n. 1. —; geb. n. 1. 40

Spannagel, Alexander (Pfullingen) A. S. 813/8

Tractatio moralis synoptica de jure poenarum.
Präs. Andreas Adam Hochstetter.
Tübingen (Reis) VIII. 1703. S. 57-66.

W. v.: Johann Michael Erhard. 32906

Arnold Theod. Spannagel, systemata Reilii et Brunonis sibi opposita. Hal. 1798. 8.

Konrad von Burgsdorff. Ein brandenburg. Kriegs- u. Staatsmann aus d. Zeit der Kurfürsten Georg Wilhelm u. Friedrich Wilhelm. Von Karl **Spannagel,** Prof., Münster i. W. *Berlin: A. Duncker 1903.* (XVIII, 458 S.) 8° [F.]
— **Quellen** u. Untersuchungen z. Geschichte d. Hauses Hohenzollern. Bd 5. [03. 1660 3

Spannagel, Carl [aus Barmen]: **Zur Geschichte des deutschen Heerwesens von Beginn des zehnten bis zum Ausgang des zwölften Jahrhunderts ....** Leipzig, Druck v. Brückner & Niemann, 1885; 3 + 77 + 1 S. 8°.
Leipzig, Phil. Fak., Inaug.-Diss. v. 9. Dez. 1885.

Spannagel, Carl, zur Geschichte d. deutschen Heerwesens vom Beginn d. 10. bis zum Ausgang d. 12. Jahrh. gr. 8. (V, 77 S.) Leipzig 885. Fock. n. 1. 50

Spannagel, Karl, Minden u. Ravensberg unter brandenburgisch-preußischer Herrschaft von 1648 bis 1719. gr. 8. (VIII, 248 S.) Hannover 894. Hahn. n. 4. 50

Spannagel, Vorstufe f. den Unterricht im kaufmännischen Briefwechsel, s.: Lange, Rich.

Spannagel, Max, aus Iserlohn: Über die Synthese heterocyklischer Verbindungen aus 3,6-Diketonsäureestern. *Göttingen 1903: F. Haensch.* (63 S.) 8°
Göttingen, Phil. Diss. v. [8. Dez.] 1903

Spannagel, **Max,** über die Synthese heterocyklischer Verbindungen aus 3,6-Diketonsäureestern. Diss. (63 S.) gr. 8. Göttingen 903. (Vandenhoeck & Ruprecht.) n. 1. 40

Spannagel, Rud. (Red.), s. Alpenzeitung, Österreichische.

Spannaus, Karl, appr. Arzt a. Oberspier ⟨Schwarzb.-Sondersh.⟩: Über die Resultate der Blasensteinbehandlung. Halle a. S. 1905: C. A. Kämmerer & Co. (20 S.) 8°
Halle, Med. Fak., Ref. v. Bramann, Diss. v. 29. März 1905
[Geb. 18. Dez. 76 Sondershausen; Wohnort: Oberspier, Schwarzb.-Sondersh.; Staatsangeh.: Schwarzb.-Sondersh.; Vorbildung: Gymn. Sondershausen Reife O. 97; Studium: Jena 1, Halle 1, Berlin 5, Jena 3, Halle 4 S.; Coll. 24. März 05; Approb. 11. Nov. 04.]

Spannbrucker, Sim., katholische Burschenvereine. Rede, geh. beim Charitaskongresse in Linz. (22 S.) 8. Linz 906. Preßverein. n. — 20

— **übersichtliche Darstellung der Gebete u. Ceremonien bei der feierlichen Kirchweihe. 16. (81 S.) München 898. Herder & Co.** n. — 10

Spannbrucker, Simon, übersichtliche Darstellung der Gebete u. Zeremonien bei der feierlichen Kirchweihe. 2., durchgeseh. Aufl. (31 S.) 16 München 907. Herder & Co. — 15

Spannbrucker, Simon. Uebersichtliche Darstellung der Ceremonien u. Gebete bei der feierlichen Grundsteinlegung zu e. neuen Kirche. 24. (11 S.) Freising 891. (Münch., Herder u. Comp.) — 06

Spannbrucker, Sim., übersichtl. Darstellg. d. Ceremonien u. Gebete bei d. feierl. Grundsteinlegg. zu e. neuen Kirche 2. Aufl. 16. (11 S.) München 898. Herder & Co. — 08

— Die Passion des Gottmenschen, s.: Breiteneicher, Mich.

Spannenberg, L.: Gustav Adolf. Gedenkblatt z. 300j. Geburtstagsfeier d. grossen Heldenkönigs. Bielefeld: A. Helmich [1897?]. (17 S.) 8°
= Abhandlungen, Pädagogische. H. 23.

Spannenberg, L., die Weihnachtsfeier in Schule, Kirche u. Haus, s.: Sammlung kleiner Volksschriften, Nr. 21.

— **welche Veranstaltungen sind f. das nachschulpflichtige Alter zu treffen, damit die Resultate des Schulunterrichts u. der Schulerziehg. gesichert werden u. die durch die sozialen Verhältnisse der Gegenwart bedingte Ausgestaltg. erfahren?,** s.: Sammlung pädagogischer Vorträge.

Spannenkrebs, August, die metaphyischen Prinzipien des Grundes und des Zweckes nach Leibniz. Diss. Würzburg 1885, Stahelsche Univ.-Buchh. 8°. 68 S.

Spanner, Andreas, Polyanthea sacra ex universae s. Scripturae utriusque Testamenti figuris, symbolis, testimoniis necnon e selectis patrum aliorumque autorum sententiis, eruditis interpretationibus, similitudinibus rarisque historiis collecta et copiosis exquisitisque materiis moralibus de virtutibus et vitiis pro concionibus efformandis adornata atque ad communem sacrorum praesertim oratorum utilitatem in lucem edita. Augsburg u. Dillingen, Benkart, 1739, Fol., 2 Bde, 979 u. 1024 S.
Ältere Aufl. Augsb. u. Dill., 1702 u. 1710.

Spanner, Andreas. Auctarium Polyantheorum sacrorum . . . Augustae Vind. 1724. H: *Mayer*, *Barthol.* (BrMm)

Spanner, And., polyanthea sacra ex universa S. S. figuris, symbolis et testim. III Tmi. c. auctuario. fol. Augsb. Wolf. 741.

Spanner, J. G., Getreiderechnungs-Büchlein f. Getreidehändler, Brauer, Bäcker, Oekonomen, überh. für Alle, die mit Getreide im Handel u. Wandel stehen rc. 8. (12½ B. u. 1 Tab.) Straubing 845, Schorner.

Spanner's, J. G., Getreiderechnungs-Büchlein f. Getreidehändler, Bräuer, Bäcker, Oekonomen, überhaupt f. Alle, die m. Getreide im Handel u. Wandel stehen u. nicht so viel Zeit haben üb. Alles, was sie kaufen od. verkaufen, ihre eigenen Berechng. zu machen. Nach dem metr. Maße neu bearb. v. e. prakt. Oekonom. 16. (208 S.) Straubing 874. Mauter. — 75

Spanner-Hansen, Christian, „Um a Busserl." Ländliches Charakterbild mit Gesang in einem Aufzuge. 8. (40 S.) —.30
Korneuburg: J.Kühkopf 1894.

Spanner-Hansen, Chrn. Th., zu Ehren d. Kaisers, s.: Theater, neues Wiener. 136.

—— Der Kampf um's Recht. — Uebereilt. — Der Urlauber, s. Volkstheater, Wiener.

Spannert, A., die wissenschaftlichen Benennungen der europäischen Großschmetterlinge m. sämmtlichen anerkannten Varietäten u. Aberrationen zur Grundlage f. e. jeden Liebhaber u. Forscher der Schmetterlinge. Deutsch erklärt. gr. 8. (289 S.) Berlin 888. C. Duncker's Verl. geb. [n. 6. —] ermäßigt auf 4. 50

Spannhake, Ernst. Die Concurrenz v. deutschen Officieren u. Beamten im Handel u. Gewerbe. (Deutscher Officierverein. — Waarenhaus f. Deutsche Beamte), beleuchtet. gr. 8. (15 S.) Hannov. 889, (Schmorl u. v. Seefeld). — 25
—— dass. — 2. verb. Aufl. gr. 8. (16 S.) Lpz. 890, Jüstel u. Göttel. * — 25

Spannocchi, A. G., Irrlicht. Dramatische (richtig: epische) Dichtg. (III, 147 S.) Wien 906. W. Braumüller. n. 3. 60; geb. in Leinw. n 4. 80

Spannocchi, Horatii, „Relazione delle cose di Polonia intorno alla religione" 1586. Edidit Jos. Korzeniowski. [Aus: „Scriptores rerum polon.", vol. XV.] gr. 8. (133 S.) Krakau 894. (Buchh. der poln. Verlags-Gesellschaft.) n.n. 2. 40

Spannuth, H. Z., de exceptione curatoris nondum excussi restitutionem in integrum a minoribus adultis petitam haud remorante. 4. Helmst. 796. Fleckeisen. 9 gr

Johann Friedrich Julius Spannuth

Ueber die nichtigen Einwendungen und das schwere Vergehen derer, welche absichtlich ihre Kinder und Pfleglinge nicht durch Schutzblattern gegen die Kinderpocken zu sichern suchen. Eine Predigt... von Johann Friedrich Julius Spannuth. Hrsg. u. mit Anm. begleitet von Wilhelm [Hermann Georg] Remer. Helmstädt: Fleckeisen 1807. X,69 S. 8°

Spannuth, L., Frau Eva, s.: Behrend, M.

Spannuth-Bodenstedt, Ludw., das träumende Land. Schauspiel in 4 Akten. (152 S.) 8. Stuttgart (905). (F. Stahl.) n. 2. —

Spannuth-Bodenstedt, Ludw., s.: Rheinland.

— vor Sonnenaufgang! Neue Gedichte. 12. (80 S. m. Bildn.) Göttingen 898. L. Horstmann. n. 1. 50; geb. n. 2. 50

Spanoghe, Em., emendationes Tullianae. Miscella. gr. 8. (VII, 67 S.) Leiden 890. Brill. n.n. 1. 70

Spante, Lotte. Von Johanne. Mit 6 Illustr. v. Jos. Scotti. (Autoris. Uebersetzg. aus dem Dän. v. D. Wreschner.) (159 S.) 8. Jena 906. H. Costenoble. n. 3. —; geb. n. 4. —

Spanudis, Christodulos G. [aus Zagori in Epiros]: Ueber Congenitale Lungensyphilis. ... Freiburg i. B., Buchdr. H. Epstein, 1891; 36 S. 8°
Freiburg i. B., Med. Fak., Inaug.-Diss. v. 1891

Spanuth: A r m e n i e n . Beitr. z. Kenntnis d. Geschichte, d. kirchl. u. äusseren Verhältnisse d. Landes. Stuttgart: Ch. Belser 1896. (48 S.) 8°
= Zeitfragen d. christlichen Volkslebens. Bd 21. H. 3.

Spanuth-Pöhlde, Armenien, s. a. Zeitfragen des christl. Volkslebens.

Spanuth, Biblische Geschichten, s.: Hechtenberg, A.

[F.] Philipp Melanchthon und seine Wirksamkeit in der Reformation. Z. 400j. Geburtst. Von Spanuth-Pöhlde. *Stuttgart: Ch. Belser 1897.* (52 S.) 8.
= Zeitfragen d. christlichen Volkslebens. Bd 22. H. 1. [97. 86]

Spanuth, Aug. Brot d. Lebens. Ein Jahrgang Predigten zur häusl. Erbauung wie zum Vorlesen in Landkirchen. gr. 8. (IX, 656 S.) Gotha 891, Schloeßmann. * 6 —; geb. * 7 —

Spanuth, Aug., Merk- u. Lernbüchlein f. Konfirmanden. Im genauesten Anschluß an d. Verf. ausgef. Unterredgn. m. Konfirmanden. E. Lehr- u. Hilfsbuch f. d. Konfirmandenunterr. 1.—7. Tausend. 12. (64 S.) Stuttgart 897. Greiner & Pfeiffer. Kart. n.n. — 25

Spanuth, Aug., Methodik des Klavierspiels, s.: Scharwenka, Xav.

—— Drei Predigten üb. u. f. das christliche Haus. Gehalten in der Epiphanienzeit u. seiner Gemeinde, sowie den Christenhäusern hin u. her zugeeignet. gr. 8. (36 S.) Ebd. 891. * — 50

Spanuth, Aug., Spruchbuch zur biblischen Geschichte. Auf Grund der v. den verm. Ausschüssen der Bezirkssynoden Stadt u. Inspection Hannover im Anschluß an die 5 Hauptstücke getroffenen u. im Anh. mitgetheilten Spruch-Auswahl. 8. (56 S.) Hannover 873. Cruse. geb. n. — 65

— ausgef. Unterredungen m. Konfirmanden. E. Lehr- u. Hilfsbuch f. d. Konfirmandenunterr. 1. u. 2. Aufl. gr. 8. (VIII, 246 u. XII, 244 S.) Ebd. 897. à n. 3. 20; geb. in Leinw. à n. 4. —

Spanuth, Aug., s.: Zeitschrift, katechetische.

Spanuth, Ferd., s.: Zeitschrift, katechetische.

Spanuth, Gottfried: Die Familiennamen der jetzigen und früheren Schülerinnen der Victoria-Luise-Schule zu Hameln. Zum 50j. Jubelfest 1859—1909. Nach ihrer Entstehung u. Bedeutung bearb. Hameln 1909: Niemeyer. 38 S. 8°
Hameln, Viktoria-Luise-S P 1910 [121] [S 10. 420

Spanuth, Heinr., s.: Bibliothek, religions-pädagogische.

Die Gleichnisse Jesu nach neueren Grundsätzen für den Unterricht bearb. von Heinrich Spannuth, Rektor. Osterwieck/H.: A.W. Zickfeldt 1906. (151 S.) 8° [F.]

— s.: Monatsblätter f. den evangelischen Religionsunterricht.

Präparationen für den evangelischen Religionsunterricht. Von H[einrich] Spanuth. T. 1. Osterwieck & Leipzig: A.W. Zickfeldt 1907. 8° [F.]
= Bücherschatz, Der, d. Lehrers. Bd 12. [07. 15396 8

Präparationen für den evangelischen Religionsunterricht. Von H[einrich] Spanuth. 2. verm. Aufl. T. 1. Osterwieck/Harz & Leipzig: Zickfeldt 1910. 8°
(Der Bücherschatz d. Lehrers. Bd 12.) [11. 4429

— die Propheten des Alten Bundes. Biblische Geschichten u. Lesestücke, f. die Hand der Schüler ausgewählt. (32 S.) 8. Stuttgart 903. Greiner & Pfeiffer. n. — 12

— dasselbe. Lebensbilder u. Entwürfe zur unterrichtl. Behandlg. (V, 121 S.) gr. 8. Ebd. 903. n. 1. 60; geb. n. 2. 20

Spanuth, H., was können wir zur Pflege u. Bewahrung der Konfirmierten thun, s.: Sammlung theologischer u. sozialer Reden u. Abhandlungen.

Spanuth, Johannes: Festschrift zum 50jährigen Siedlungsjubiläum der Deutschen in Kaffraria. 1908. Gedruckt: Deutsche Buchdruckerei, Kapstadt, Castlestr. 73. 28 S.

Spanuth, Johann (Hrsg.), s. a. F e s t s c h r i f t zum 50jährigen Siedelungsjubiläum der Deutschen in Kaffraria.

Spanuth, [Johannes]: [Professor Ludwig Siemonsen, gestorben am 8. Mai 1900.] S. 9—10. 4.
Progr. Kgl. Gymn. (Johanneum) *Hadersleben* 1901 (301)

Spanuth, Johannes [Dr.]: Zacharias Rhetor: das Leben des Severus von Antiochien in syrischer Uebersetzung, hrsg. Göttingen, Druck d. Dieterichschen Univ.-Buchdr., 1893; 1 Bl., 31 S. 4.
Kiel, k. G, OP 1893 (283)

Spanuti, Hetrm. Just., deutsch-orthographisches Schreib-Conversations-Zeitungs- und Sprüchwörter-Lexikon. 8. Hannover. 720.

Spányik, Glycerius, Historia pragmatica Regni Hungariae, compendio proposita. Ed. VI. 8maj. (31¾ B.) Pestini 844, Kilian et Soc.

(S p a r a g n a p a n , Rudolf.) Antwort auf die Einlage des Herrn Kommissari Anton von Salis Soglio, und Herrn Joh[ann] Baptista Bottagiso, die evangelischen ehmahls Klefnerischen Kirchengüter betreffend, an die Ehrsamen Râthe und Gemeinden, evangelischer Religion. (Castasegna, den 6ten Febr. 1794.) fol. *o. O.*

S p a r a g n a p a n , Rudolf. Erzehlung dessen, was sich in Absicht der Verwaltung der evangelischen ehmahls Klefnerischen Legaten am leztern Löbl. Bundstag und seither merkwûrdiges zugetragen hat, nebst Beleichtung der mir gemachten Beschuldigungen. Dargestellt von mir, R' Sp', Landammann von Unter Porta. Castasegna, den 27ten Dec. 1793. fol. *o. O. u. J.* [1793/94].

Sparagnapane, Gaudenz

— es werde Licht! Schauspiel in 5 Aufzügen. 8. (90 S.) Ebd. 900. n. 2. —

Sparagnapane, Gaudenz, Feierabend! Gedichte. 8. (XIII, 246 S.) Dresden 900. E. Pierson. n. 1. 50; geb. n. 2. 50

— Fiat iustitia! Schauspiel in 3 Akten. 8. (III, 79 S.) Ebd. 900. n. 1. 60

— Kulissenzauber. Schauspiel in 3 Akten. 8. (99 S.) Ebd. 900. n. 2. —

48 Lieder und Balladen, Felix Mendelssohn-Bartholdys 48 Liedern ohne Worte nachgedichtet von Gaudenz Sparagnapane. Dresden & Leipzig: E. Pierson 1900. (XVII, 107 S.) 8° [F.] [07. 6764

— Herzog Ulrich v. Wirtenberg. Historisches Schauspiel in 5 Akten. 8. (IV, 89 S.) Ebd. 900. n. 1. 50

Die Oldenburgische Spar- & Leih-Bank (Oldenburg) vom 6. Jan. 1845—6. Jan. 1895. — Oldenburg 1895: Stalling. V, 40 S. 8°

Ueber Sparbanken. Ein Vortrag, geh. in der Central-Administration der Schleswig-Holsteinischen Patriotischen Gesellschaft in ihrer Sitzung vom 30. Nov. 1818. Altona: Aue 1819. 8°

Sparber, Anselm, O. S. A., der selige Hartmann, Bischof v. Brixen u. Gründer des Chorherrenstiftes Neustift. Kurzes Lebensbild, nach bewährten Quellen dargestellt f. das kathol. Volk. (96 S. m. 3 Taf. u. 1 Bildnis.) 8. Brixen (910). Buchh. der Verlagsanstalt Tyrolia. 1.20

Sparber, Josaphat, O. M. Cap., Liederbuch f. die Ordensversammlungen der Tertiaren u. f. die Anstalten des seraphischen Liebeswerkes. 2. verb. Aufl. (56 S.) kl. 8. Bregenz 909. J. N. Teutsch. —45

Sparbier, J., Vorgeschichte des Eimsbütteler Turnhallenbaues, Hamburg 1909, 30 S., 8°.

Sparbuch für alle Baar-Einkäufe bei den innen verzeichneten Mitgliedern (Lieferanten) des Rabatt-Spar-Vereins Königsberg i. Pr. *(Königsberg i. Pr.: Rabatt-Spar-Ver. [1903].)* (18, 21 S.) 8° [Umschlagt.] [04. 10

Spärcke, Joachim (Stettin) A. S. 339/24

Observationes selectae ad historiam censurae ecclesiasticae papalis. Dissertatio II.
Präs. Theodor Crüger.
Wittenberg (Koberstein) 5. XI. 1718. 14 S. 32887

Spare in der Zeit, so hast Du in der Noth. Eine Erzähl. f. d. Bürger u. Landmann. 8. (2 B.) Elberfeld 840, Schmachtenberg.

Spare in der Zeit, so hast Du in der Noth! Eine Erzählung für Jedermann, zur Belehrung über den Zweck und Nutzen der Sparkasse. 2. verb. Aufl. Elberfeld (853.) Schmachtenberg. 12. (35 S.) 3 ngr.

Spare moments. First German edit. Göttingen 861. Wigand. 16. (72 S.) 7½ ngr.

Spare moments. 2. ed. 16. (72 S.) Kassel u. Göttingen 873. Wigand. — 75

Spare und arbeite. Ein wohlgemeintes Wort an die Arbeiter, gegeben in drei gekrönten Volksschriften über den Segen der Sparkassen. Zur Förderung des geist. und materiellen Wohles aller Arbeiter hrsg. von der Seidenindustrie-Gesellschaft des Kantons Zürich. 5. Aufl. 8. (67 S.) Zürich 885, Schmidt. *
Auch u. d. T.: Bete und arbeite erschienen.

Die Krupp'sche Spareinrichtung: 1900–1910, mit einem Anhange: Aeltere Maßnahmen der Firma Fried. Krupp A.-G. zur Förderung des Sparsinns unter ihren Arbeitern und Angestellten. Essen-Ruhr, 1910. 49 S. mit Abb., Diagr. u. 1 Taf.

Sparfeld, (Karl) Eduard

Sparfeld, Ed., christlicher Bet-Altar, s. Bet-Altar.

Sparfeld, (Carl) Ed., christlicher Bet-Altar für jugendliche Herzen. 8. Leipzig 846, Pönicke u. Sohn. n. 12 ngl

Sparfeld, (C.) Eduard, des Kindes erste Bibel. Für Schule u. Haus. 8. (7 B. u. 1 Kpfr.) Leipzig 844, Friese. *

— s. Bibel, die, für Schule u. Haus.

Sparfeld, Eduard. Das Buch von Robert Blum. Ein Denkmal seines Lebens und Wirkens. Eingeführt durch Franz Rauch. Leipzig. Selbstverlag 1849. VIII 95 S. 8.

Sparfeld, Ed., das Buch von Robert Blum. Ein Denkmal seines Lebens u. Wirkens. Eingeführt durch Frz. Rauch. 8. (VIII u. 96 S. m. 1 Portr. in Stahlst. u. 1 lith. Facsimile in gr. 4.) Leipzig 849, Matthes in Comm. n. 12 ngl

— Chronik von Leipzig. Eine histor.-statist. Darstellung von Leipzigs Entstehen, Wachsthum u. Entwicklung in seinen sämmtlichen äußeren u. inneren Verhältnissen. 1—3. Lfg. gr. 8. (S. 1—96.) Leipzig 848, Stadler in Comm. (à n. 1/6 ℛ) n. 1/2 ℛ — 2. bis in die Mitte des Jahres 1851 fortgeführte Aufl. Nebst 2 Abbildgn. der Stadt Leipzig aus den Jahren 1547 u. 1851 (in Holzschn.) 8. (X u. 278 S.) Leipzig 851. (C. F. Schmidt.) 2/3 ℛ

—— Chronik der Stadt Leipzig. Ein Handbuch der Geschichte von Leipzigs Entstehen, Wachsthum und Entwickelung in seinen äußern und innern Verhältnissen. 1. Aufl. 1849. und 2., bis in die Mitte des J. 1851 fortgeführte Aufl. Nebst 2 Abbildungen der Stadt Leipzig aus den J. 1547 und 1851. 8. (X und 278 S. mit 2 Holzschn.) Leipzig 851, (C. F. Schmidt.)

Sparfeld, (C.) Ed., die biblische Geschichte mit den Worten der heiligen Schrift alten und neuen Testaments. Für Schulen geordnet u. bearbeitet. gr. 8. (32 B.) Adorf 838, Verlags-Bureau. *

—— **biblische Geschichten aus dem alten u. neuen Testament zum Gebrauch f. die Jugend gebildeter Stände in Schule u. Haus erläutert u. geordnet. gr. 8. (12 B. u. 1 Stahlst.) Leipzig 845, Friese.**

—— **des Kindes erstes Glaubens- u. Sittenbuch. Eine Sammlung bibl. Sprüche u. Liederverse zur Darstellung christl. Glaubens u. Lebens. 1. Aufl. (4¼ B.) 845. 6 Ngr. u. 2., verm. Aufl. 8. (5⅛ B.) Leipzig 846, Brauns.**

—— **Gustav Adolph König von Schweden, der heldenmüthige Kämpfer f. Deutschlands Religionsfreiheit. Ein Volksbuch für alle Stände. 5 Lfgn. 8. (30 B., 3 Kpfr. u. 2 Schlachtpläne.) Leipzig 845, Friese. à * 5 Ngr.** *

Sparfeld, Ed., Gustav Adolf König v. Schweden, der heldenmütige Kämpfer f. Deutschlands Religionsfreiheit. Ein Volksbuch f. alle Stände. 2. Aufl. 8. (481 S. m. Bildnis.) Leipzig 894. R. Friese, Sep.-Cto. Geb. in Leinw. n. 3.—

Sparfeld, (C.) Eduard, der Hauslehrer. Prakt. Handbuch über Erziehung u. Unterricht. Für Lehrer, Erzieher u. Aeltern. gr. 8. (33 B.) Leipzig 844, Kollmann. Thlr.

Sparfeld, Ed., der Hauslehrer. Praktisches Handbuch über Erziehung und Unterricht. Für Lehrer, Erzieher und Aeltern. 2. (Titel-)Ausg. gr. 8. (XV und 512 S.) Leipzig (844)58, Kollmann.

—— Heerpredigt, s. Heerpredigt.

Sparfeld, Ed., Otto Leonhard Heubner u. seine Selbstvertheidigung über seine Theilnahme an den Vorfällen zu Dresden im Mai 1849. Für das deutsche Volk bearb. 8. (58 S.) Zwickau 850, Gebr. Thost. — 2. unveränderte Auflage. 8. (58 S.) Ebd. 850. n. 1/6 ℛ

—— illustrirter Kalender, s. Kalender.

—— ein Criminalprozeß veranlaßt durch den Rath der Stadt Leipzig. Als Beitrag zur Geschichte geheimer Verfolgungen so wie des geheimen schriftl. Gerichtsverfahrens nebst den nöthigen Actenbelegen, Urtheln, Vertheidigungen ꝛc. in eigner Sache hrsg. gr. 8. (40 S.) Leipzig 849, (Matthes.) *.

Sparfeld, Ed., die Kunst jedes deutsche Wort richtig schreiben zu lernen, s. Kunst.

—— das Leben Jesu Christi. Eine Confirmationsgabe. gr. 8. (13 B. u. 1 Karte.) Leipzig 837, Otto Wigand. *

—— dass., als Lehrbuch f. d. Religionsunterr. in oberen Classen. gr. 8. Ebds. 837.

—— Noch einmal der Prophet Sacharja, s. Noch.

Sparfeld, Eduard, s. Oswald, H., illustrirter Weltumsegler.

—— der Prophet Sacharja, s. Sacharja.

— deutsche Sprachlehre für Schulen. 1. Thl. — A. u. d. T.: Vorschule des deutschen Sprachunterrichts. 8. Leipzig 841, Friese. 1/3 ₰

—— der deutsche Sprachmeister. Ein Lehrbuch f. Erwachsene zum Selbstunterricht. gr. 8. (11 B.) Leipzig 844, Fest'sche Vrlgsbuchh.

—— stille Stunden. Eine Sammlung bibl. Gemälde u. Parabeln. 8. (12 B.) Leipzig 843, [C. L. Fritzsche.]

Sparfeld, (Carl) Ed., Stille Stunden. Eine Sammlung biblischer Gemälde und Parabeln. 8. Leipzig 843, Taubert. 2/3 ₰

—— deutscher Trichter. Gründliche Anweisung die deutsche Sprache richtig sprechen, schreiben und verstehen zu lernen. Zum Selbstunterricht und für Schulen. 8. (IV und 76 S.) Leipzig 853, Hunger.

—— vergleich. tabell. Uebersicht d. deutschen u. latein. Conjugationsformen. 1 Tab. in gr. Fol. Leipzig 837, Fort. (?) *

Sparfeld, Ed., die Ursachen d. Unglaubens der Gebildeten uns. Zeit. Eine von d. Vollziehern d. Reinhardschen Predigtstiftung gekr. Preispredigt. Nebst einigen Parabeln u. freier Bearbeitung e. bibl. Familiengemäldes. gr. 8. (2 B.) Leipzig 830, Glück.

(——) Volk u. König, oder die Adreßfrage, s. Volk u. König.

— drei Worte Jesu an seine Gemeinden zur Verständigung über Wesen u. Zweck derselben. Gesprochen vor der freien christl. Gemeinde in Dresden am 28. Juli 1850. gr. 8. (15 S.) Leipzig 850, Kollmann. 2 ngl

— Zeittafel der Geschichte von Leipzig. Imp.-Fol. Leipzig 843, Peter. (Rößling.) n. 1/6 ₰ — In Etui n. 1/4 ₰

—— Zeittafeln der europäischen Staatengeschichte. Eine unparteiische, chronologisch geordnete Uebersicht aller wichtigen Ereignisse und Vorfälle. Das Jahr 1849. 1. Ausg. (55 S.) 1849. 4 Ngr. und 2., verb. Ausg. 16. (IV und 75 S.) Leipzig 850, Matthes.

— Zeittafeln d. europäischen Staatengeschichte. Eine unparteiische, chronologisch geordnete Uebersicht aller wichtigen Ereignisse u. Vorfälle d. J. 1849. 2 Hfte. 16. 1. Hft. Jan.—Juni. (55 S.) 2. Hft. Juli – December. (IV u. 75 S.) Leipzig 850, Matthes. (à 4 ngl.) 8 ngl — 2. verb. Ausg. 16. Ebd. 850. 8 ngl

Sparfeuerung, Neueste (System Urbanitzky), f. d. kleinsten und grössten Industrieanlagen. 8. (18 S. m. 6 Plän.) Wels, Joh. Haas 1885.

Spargelbau, d. Ulmer, od. vollständ. Beschreib., wie d. Pflanzung d. Spargels im Ulmischen betrieben wird. Nebst e. Anweis., d. Spargel auch d. Winter üb. im freien Lande z. treiben. 8. Ulm, 1810. Stettin.

Spargel-Bau, der, wie er eigentl. zu behandeln ist. 8. Wien 824. Ant. Pichler. 4 gl

— d., wie er eigentl. z. behandeln ist. 8. Wien 1824. (Leipzig, Liebeskind.) — 5

Spargel-, Gurken- u. Melonengärtner etc. 8. Neuburg, 1802. (Nürnberg, 1809). (Leipzig, Joachim.) — 10

Spargelgärtner, d. kunsterfahrne u. immerwährender Spargelkalender. 8. Bautzen, 1795. (Dresden, Arnold.) — 3¼

— d. Ulmer, od. Nachricht, wie bei Ulm d. Spargelbau getrieben wird. Nebst e. Anweis., wie d. Ulmer Spargeln auch in andern Gegenden schön u. dauerhaft erzogen werden können. 8. Ulm, 1821. 2. Aufl. 1828. (Tuttl. Kling.) (— 14) — 5

Spargel-Gärtner, der Ulmer, od. Nachricht, wie bei Ulm d. Spargelbau getrieben wird. Nebst e. Anweis., wie die Ulmer Spargeln auch in and. Gegenden schön u. dauerhaft erzogen werden können. 2., ganz umgearb. Aufl. 8. (7 B.) Ulm 828, Ebner.

Spargelgärtner, der vollkommene, od. neueste u. beste Methode d. Spargel vorzügl. schön u. dauerhaft anzulegen, u. d. Kunst ungeheuer große Spargel, von d. feinsten u. zartesten, von weicher u. wohlschmeck. Beschaffenheit zu ziehen, u. d. ganze Jahr üb. zu bekommen. Von e. prakt. Gärtner u. vieljähr. Beobachter des Spargels. 8. (2 B.) Berlin 835, (Lewent.)

Spargitzen . . . Arnsberg 1860. V: *Grimme, Friedrich Wilhelm.* **(Nd. Jahrb. 22, 76) (Zeitschr. f. Büch. N. F. 15, 1923, S. 123)**

Sparherd, ein, zum Kochen, Braten u. Backen, beschrieben u allen deutschen Hausmüttern empfohlen von e. deutschen Haus vater. Mit 2 Abbildd. 8. Münch. 822. Finsterlin. 8 gl

Sparig, Eugen: Herodots Angaben über die Nilländer oberhalb Syene's . . . Halle a. S., Druck d. Buchdr. d. Waisenhauses, 1889; 2 Bl. + 46 S. + 1 Bl. 8°
Halle, Phil. Fak., Inaug.-Diss. v. 23. Febr. 1889.

Sparig, Eugenius: De chori cantico extremo Electrae Sophocleae. *Halle a. S. 1898: Waisenhaus.* (76 86 S.) 4°
Halle, Latein. Haupt-S, Festschr. 1898

Scharnhorst. Eine Kaisergeburtstagsrede von Prof. Dr. Eugen **Sparig,** Oberl. Halle a. S.: Waisenhaus 1910. 43 S. 8° [10. 12637

Sparig, Eugen: Wie Goethe den Homer übersetzen lernte. S. 15 bis 60. 8.
In: Ehrengabe der Latina. Acht Abhandlungen. . . . Wilhelm Fries bei der Gedenkfeier seiner 25 jähr. Wirksamkeit als . . . Direktor der Franckeschen Stiftungen dargebracht. Lat. **Progr.** Hauptschule *Halle a. S.* 1906.

Sparig, Osc., **Gedanken üb. Sterblichkeit u. Sterblichkeitstafeln.** gr. 8. (32 S.) **Dresden (902). C. Weiske. n. — 80**

Spariosu, Basil: Über die Ursache der Wetter-Trübungen als Grundlage einer Wetter-Prognose. Mostar: Pacher & Kisić 1902. (16 S.) 8° [Umschlagt.]

Spariosu, Basil, **wissenschaftlich begründete Wetter-Prognose f. d. J. 1907. (4 S.) 16. Kremsmünster, O.-Oest., Selbstverlag. n. — 34**

Spariosu, B., Wissenschaftlich begründete astro-meteorologische Wetterprognose für das Jahr 1908. 9. Jahrgang K —.40
Kremsmünster: Spariosu.

Spariosu, Basil, wissenschaftlich begründete astro-meteorologische Wetter-Prognose f. d. J. 1908. (4 S.) 16. Kremsmünster (Wien, W. Frick). — 34

Spark, Wilhelm

Spark, Wilh., über die Besoldung der Aerzte. (53 S.) gr. 8. Freiburg i/B. 908. F. Funcke. 1. —

Spark, Wilh., die Gleichheit aller Menschen vor Gott u. ihre Beziehungen zur Sozialdemokratie. Gegenwartsbetrachtungen u. Zukunftshoffngn. (III, 132 S.) gr. 8. Freiburg i/B. 907. F. Funke. n. 1. 80

— Die Grundvergiftungen der Menschheit u. ihre gründliche Heilung. (VIII, 254 u. IV S. m. 3 Abbildgn.) gr. 8. Ebd. 908. Geb. in Leinw. 5. —

— Nervenleiden u. Heilmittel. Neue Lehre v. dem Wesen u. den Ursachen der Nervenleiden auf Grund e. neuen Theorie üb. den Bau des Nervenmoleküls, neuer naturwissenschaftl. Entdeckgn. u. eigener Erfahrgn. des Verf. (126 S.) gr. 8. Ebd. 909. 2. 50

— Der Selbstmord, seine Folgen u. seine Verhütung. (68 S.) gr. 8. Ebd. 909. 1. 50

— Geschlechtliche Störungen beim Manne, ihre Ursachen u. Heilung. (91 S.) 8. Ebd. 909. 1. 50

Sparcassa-Kalender, österreich.-ungarischer, f. d. J. 1895. Bearb. v. Rob. Stern. gr. 16. (V, 210 S. u. Tagebuch.) Wien, L. Weiss. Geb. in Leinw. n. 2. 70

Consumverein Olten. Sparkassa-Reglement für die Mitglieder. (1901 März 17.) 2 S. 8.

Die Sparkasse. Eine faßliche Darstellung des Zweckes, der Vortheile für das Allgemeine und der Einrichtung einer Sparkassenanstalt, mit Rücksicht auf die erste Oestreichische Anstalt dieser Art. Für das Volk und dessen nähere Vorsteher. *Wien, Anton Strauſs.* 1821

Sparkasse, die; z. e. faß. Darstell. des Zweckes u. der Vortheil. rc. derselben. 8. Wien 822. (Gerold). 9 K

Sparkasse, die. Volkswirtschaftl. Zeitschrift. Organ des deutschen Sparkassen-Verbandes. Hrsg. u. Red.: W. Schaefer. Jahrg. 1895—1898. à 24 Nrn. (à ca. 12 S.) gr. 4. Hannover (Göhmann). à Jahrg. n.n. 10. —

Sparkasse, die. Volkswirtschaftliche Zeitschrift. Organ des deutschen Sparkassen-Verbandes. Hrsg.: W. Schaefer. Jahrg. 1899—1902. à 24 Nrn. gr. 4. (à ca. 16 S.) Hannover (Göhmann'sche Buchdr.). à Jahrg. n.n. 10.—

— die. Volkswirtschaftliche Zeitschrift. Organ des deutschen Sparkassen-Verbandes. Hrsg.: W. Schaefer u. seit 1905: Rocke. Jahrg. 1903—1906. à 24 Nrn. (468, 528, 636 u. 760 S.) gr. 4. Hannover (Göhmann'sche Buchdr.). à Jhrg. n. 12. —

Sparkasse, die. Volkswirtschaftliche Zeitschrift. Amtliches Fachblatt des deutschen Sparkassen-Verbandes. Hrsg. u. Red.: Rocke. Jahrg. 1907—1910. à 24 Nrn. (à ca. 20 S.) Lex. 8. Hannover, (Göhmann'sche Buchdr.). à Jahrg. 12. —

Die **Sparkasse.** Volkswirthschaftliches Finanzblatt. Freies Organ für die deutschen Sparkassen Herausgegeben von Heyden. Essen. Jahrgang 1895—1898.

Die **Sparkasse.** Neues volkswirtschaftliches Finanzblatt. Unabhängige Zeitschrift für die Sparkassen Deutschlands. Essen. Jahrgang 1904. (Erscheinen eingestellt.)

Sparkasse, die. (Von F. Salomon [G. Salomon].) (59 S.) 4. Tilsit (904). Fabrikdir. Salomon. n. 2. 50

Die Sparkasse in Bremen. — (Berlin: Eckstein 1909.) 37 S. 4°

Sparkasse, Die kärntnerische, 1835—1910. Klgft., v. Kleinmayr, 1910. 24 S.

Die Preetzer **Spar-** und Leih**kasse**, ihre Entstehung und Entwickelung. Preetz 1902: (J. M. Hansen). (45 S.) 8° [F.] [07. 14803

Die Sparkasse des Kreises Pr. Holland 1877–1902. (Zur Erinnerung an d. 25j. Bestehen d. Sparkasse d. Kreises Pr. Holland.) *(Pr. Holland 1902: H. Weberstädt.)* (22 S.) 8° [Umschlagt. F.] [02. 11713

Sparcasse, die sicherste, für Haus u. Familie oder durch Erfahrung erprobte Mittel für Leiden u. Krankheiten bei Menschen u. Hausthieren. Sympathetische u. magnetische Kuren, so wie Mittel u. Recepte für Haus- u. Landwirthschaft. Ein Schatzkästlein für Alle, die sich Gesundheit u. Wohlstand erhalten u. verlorene wieder erwerben wollen. In 5 Hftn. Mit alphabet. Register. 8. (VIII u. 328 S.) Meißen 850. 51, Goedsche. (à 1/6 Thlr.) n. 5/6 Thlr.

— die städtische, in Hildburghausen. 1825—1905. (Von Max Thiemann.) (32 S.) 8. Hildburghausen (905). F. W. Gadow & Sohn. n. — 60

Die Städtische Sparkasse in Cassel [Kassel]. Zum 70jähr. Bestehen. Hrsg. von Stadtrath Boedicker. 1. Aug. 1832—1. Aug. 1902. — Cassel (1902): Weber & Weidemeyer. 51 S. 8°

Spar-Casse, die, die größte öffentliche Wohlthat, wahrhaft im Versprechen, getreu in der Erfüllung! Eine mit Zifferbeweisen u. Vergleichsgegenständen durchgeführte Darstellung des Nutzens u. der Erfolge einer planmäßigen Sparsamkeit. 2., gänzlich umgearb. Aufl. Wien 861. (Typograf.-literar.-artist. Anstalt.) gr. 8. (66 S.) n. 8 ngr.

Sparcasse, Die, die größte öffentliche Wohltbat . . . 2. Aufl. Wien 1861. V: *Renz, M. F.* (EB)

Sparkasse, die württembergische, in Stuttgart von 1818-89. Stuttgart 1889

Die Württembergische Sparkasse in Stuttgart am Ende des 19. Jahrhunderts. Eine Denkschrift aus Anlaß der Einweihung des neuen Anstaltsgebäudes im Dez. 1900. — Stuttgart (1900): Bonz. 61 S. 8°

Sparkassen, s.: Beiträge zur Statistik der innern Verwaltung des Großherzogth. Baden.

Sparkassen, über. Ein Wort der Belehrung für Jedermann. 8. Elberfeld 838. Schmachtenberg. 1/12 Thlr.

Sparkassen und Erwerbs- und Wirtschafts-Genossenschaften in Steiermark im Jahre 1896. Graz: Leuschner 1898
= Statistische Mitteilungen über Steiermark, 4.

Die **Sparcassen** und die **Erwerbs- und Wirthschafts-Genossenschaften** in Steiermark im Jahre 1898. Hrsg. vom Statist. Landesamte von Steiermark. *Graz: Leuschner & Lubensky in Comm. 1900.* (53 S.) 8°
= **Mitteilungen**, Statistische, über Steiermark. H. 6. [00. 4633

Die **Sparcassen** und die **Erwerbs- und Wirthschafts-Genossenschaften** in Steiermark im Jahre 1899. Hrsg. vom Statist. Landesamte von Steiermark. *Graz: Leuschner & Lubensky 1901.* (56 S.) 4°(8°)
= **Mitteilungen**, Statistische, über Steiermark. H. 7. [01. 3299

Die Sparcassen und die Erwerbs- und Wirtschafts-Genossenschaften in Steiermark im Jahre 1900. [Statistische Mittheilungen über Steiermark. Heft 9.] Gr.-8°. (51 S.) † K 1.—
Ebda.

Die Sparkassen und die Erwerbs- und Wirtschaftsgenossenschaften in Steiermark im Jahre 1902. [Statistische Mitteilungen über Steiermark. 5. Heft.] Lex.-8°. (VIII, 95 S.) † Ebda.

Sparkassen, die, u. die Erwerbs- u. Wirtschafts-Genossenschaften in Steiermark, s. Mitteilungen, statistische, aus Steiermark. 15. Hft.

Sparkassen v. Gemeinden u. Distrikten in Bayern. gr. 8. (XII, 224 S.) München 874. Th. Ackermann. n. 3. —

Sparcassen, Die, der dänischen Monarchie am Schlusse des Jahres 1855. [Kopenhagen] 1856—57. V: *David, Chn. Gg. Nathan.* (CBH) (Kat. d. stat. Bureaus. Dresden 1890.)

Sparkassen, d. öffentlichen, im Königr. Bayern in d. J. 1894 u. 1895. [Aus: „Zeitschr. d. k. bayer. statist. Bureau".] gr. 4. (77 S.) München 897. (J. Lindauer.) n. 1. —

Sparkassen, die öffentlichen, im Königr. Bayern in den J. 1896 u. 1897. [Aus „Ztschr. d. bayer. statist. Bureau".] gr. 4. (S. 131–212) München, J. Lindauer. 1899. 1. 50.

Sparkassen, die öffentlichen, im Königr. Bayern im J. 1898. [Aus: „Ztschr. des bayer. statist. Bureau".] gr. 4. (S. 15–58.) München, J. Lindauer. 1901. 1. —

Sparkassen, Die preussischen und übrigen deutschen. Herausg. von dem Centralverein für das Wohl der arbeitenden Klassen. Berlin 1851. 8.
I-1 Mittheilungen des Centralvereins ... Heft 10.

Sachsens öffentliche Sparkassen. (Dresden 1906.) 4°.

Die Sparkassen in Steiermark in den Jahren 1903 und 1904 nebst Übersichten über die Jahre 1894—1904. [Statistische Mitteilungen über Steiermark. XX. Heft.] Gr.-8°. (VI. 55 S.) †
Graz: Leuschner & Lubensky 1908. K 1.—

Sparkassen, die, in Steiermark, s.a.Mitteilungen, statistische, üb. Steiermark. 20. Heft.

Sparcassen und Vorschuss-Vereine, Die, in Steiermark im Jahre 1894. Bearbeitet im statistischen Landesamte von Steiermark. Statistische Mittheilungen über Steiermark. II Heft.) Gr.-8. (91 S.) * —.50
Graz: Leuschner & Lubensky 1896.

Sparkassen und Vorschuss-Vereine in Steiermark im Jahre 1894. 1895. Graz: Leuschner 1896-97. = Statistische Mitteilungen über Steiermark. 2,3.

— u. **Vorschuss-Vereine,** die, in Steiermark, s.a.Mitteilungen, statist., üb. Steiermark, Hft. 3.

Sparkassenbuch des Vorschuß-Vereins, e. G. m. u. H., zu Marburg. *[Marburg 1903: H. Bauer].* (16 S.) 8° [F.]

Sparkassengesetzgebung. Schweizerische und ausländische Sp' und Sparkassenreformen. Zur Erläuterung und Einführung des kantonalen bernischen Sparkassenverbandes. Mit Beigabe der Statuten. 92 S. 8. Bern, Büchler & Co., 1905.
Kantonale bernische Handels- und Gewerbekammer.... Serie der Berichte und Entwürfe: Nr. 13.

Sparkassen-Kalender, deutscher, f. d. J. 1910. Hrsg. vom deutschen Sparkassen-Verbande. (VIII S., Schreibkalender u. 214 S. m. 1 Bildnis.) 16. Hannover, Göhmann'sche Buchdr. Geb. nn 1.50

— elsaß-lothringischer, f. d. J. 1911. 1. Jahrg. (48 S. m. 1 Abbildg. u. 1 Bildnis.) 8. Gebweiler, J. Boltze. — 40

Sparkassenwesen, das, in seiner Bedeutung f. die Arbeiterwohlfahrt, s.a. Schriften der Centralstelle f. Arbeiter-Wohlfahrtseinrichtungen.

Sparkassenwesen (Das) in seiner Bedeutung für die Arbeiterwohlfahrt. Die Reinhaltung der Luft in Fabrikräumen. Vorberichte und Verhandlungen der Konferenz vom 7. u. 8. Mai 1894. 8°. Berlin, C. Heymann's Verl., 1894.

Das Sparkassenwesen in seiner Bedeutg f. d. Arbeiterwohlfahrt. — Die Reinhaltg d. Luft i. Fabrikräumen. Berlin 1895.

Sparcassenwesen, Das, in Deutschland und den ausserdeutschen Landestheilen Östreichs und Preussens . . . Berlin 1864. V: *Schmid, Constantin & Hermann Brämer.* (Kat. d. Bibl. d. dtsch. Reichstages. Berl. 1882.)

Sparkassenwesen, das, in Deutschland u. den außerdeutschen Landestheilen Oestreichs u. Preußens. II. (Schluß.) Die deutschen Bundesstaaten außer Oestreich u. Preußen. Herausg. vom Centralverein in Preußen für das Wohl der arbeitenden Klassen. Berlin 864. Janke. gr. 8. (VIII, S. 345—662.) n. 1 *Thlr* 15 *ngr.*
I.: s. Schmid, Const., das Sparkassenwesen.

Das **Sparkassenwesen** in Schleswig-Holstein. Bericht der von der Gewerbekammer für die Provinz Schleswig-Holstein am 27. Februar 1889 eingesetzten Kommission. Vorgelgt in der fünften Plenarsitzung 1890. Kiel. 1890. 8°

Sparkassen-Zeitung, oesterreichisch-ungarische. Erstes ausschließliches Organ für internationales Sparkassenwesen. 5.—9. Jahrg. 1880—1884. à Jahrg. 52 Nrn. (Bog.) gr. 4. Wien, Administration. à Jahrg. ** 16 —

Sparks of Wit, s. J. G. *Flügel*, Budget of Mirth.

Sparks, Jared

Sparks, J., a continuation to B. Franklin's autobiography, } s. Authors, standard american.

Sparks, J., a continuation to B. Franklin's autobiography, } s. Dürr's Collection etc.

Sparks, Jared, Leben u. Briefwechsel Geo. Washingtons. A. d. Engl. im Auszg. bearb. Hrsg. v. Friedr. v. Raumer. 2 Bde. gr. 8. (70 B.) Leipzig 839, Brockhaus. *

Sparks, J., Leben d. berühmten amerikan. Reisenden John Ledyard, d. Begleiters v. Cook. Nach sein. Tagebüchern u. sein. Briefwechsel dargest. A. d. Engl. v. C. F. Michaelis. 8. (22½ B. u. Ttlkpfr.) Leipzig 829, Hinrichs.

Sparks, J., the life of Benjamin Franklin, s. Bibliothek der englischen Literatur.

Sparks, Jared, s.: Life, the, of Benjamin Franklin.

Sparks, Jared: The Life of G. Washington, s. Authors, standard American.
– Dass. s.a.: Dürr's Collection . . .

SPARKUHL, Julius: Beitrag zur Lehre von der chronischen Oophoritis.- Jena: Fischer 1889. 11,1 S., 2 Taf.
23.7.1887 - Chr 1887/88,17; Jv 1889/90,230
Diss. Ingolst.-Landsh.-**Mchn.**

Sparkuhl, Karl, wie dünket euch um Christo? Weß Sohn ist er? Ev. Matthäi 22, 42. Ein zeitgemäßes offenes Wort an Jedermann. gr. 8. (20 S.) Hannover 900. (Hannover u. Celle, Schulbuchh.) — 80

Sparlinsky, G[ersch]. Schopenhauers Verhältnis zur Geschichte. 48 S. 8. Bern, Scheitlin & Co., 1910.

Ausg. A: Diss. Phil. Bern.
Ausg. B: Von Dr. G. Sp'. [fr. 1. —.] — Berner Studien zur Philosophie und ihrer Geschichte .... Band 72.

Sparmann F.: P. Hofmanus Peerlkampius qua ratione emendaverit satiras Horat. nonnullis ostenditur exemplis. 17. Rudolfswert 876. Progr.

Johann Wilhelm Sparmann

Kurtze doch gründliche Beschreibung aller in und vor der Stadt Töplitz befindlichen warmen Bäder, ... Von Johann Wilhelm Sparmann. Dreßden & Leipzig: Hekel 1733. 192 S. 8°

— Beschreib. aller in und vor d. Stadt Töplitz befindl. warmen Bäder. 8. Dresden, Walther. 735.

Sparmann, Joh. Wilh., Natur und Cur aller Galanteriekrankheiten männl. und weibl. Geschlechts. 8. Dresden, Heckel. 735.

Sparmann, Otto, Einkommen u. Auskommen. Eine soziale Studie aus der Schule des Lebens. Mit 4 Tab.: Die Einzelausgaben e. Haushaltes v. 10000, 7000 u. Mk. 5000 Verbrauch u. e. Zusammenstellg. der prozentualen Verteilg. der Ausgaben f. die Einkommen v. Mk. 2400 bis 10000. (48 S.) gr. 8. München (904). (Hans Sachs-Verl.) n. 2. —

Sparmann O, Einkommen und Auskommen. (48 S) München (1907)

Sparmann, O., Einkommen u. Auskommen. Eine soziale Studie aus der Schule des Lebens. Mit 4 Tab.: Die Einzelausgaben e. Haushaltes v. Mk. 10 000, 7000 u. Mk. 5000 Verbrauch u. e. Zusammenstellg. der prozentualen Verteilg. der Ausgaben f. die Einkommen von Mk. 2400 bis 10 000. (48 S.) gr. 8. München, Hans Sachs-Verlag. 1908 2. —

Sparmann, Otto, Einkommen u. Auskommen. Eine soziale Studie aus der Schule des Lebens. Mit 4 Tab.: Die Einzelausgaben e. Haushaltes v. Mk. 10000, 7000 u. Mk. 5000 Verbrauch u. e. Zusammenstellg. d. prozentualen **Verteilg. der Ausgaben f. die Einkommen v. Mk. 2400 bis 10000.** 2. Aufl. (48 S.) gr. 8. **München 910. Hans Sachs-Verlag.** 1.50

Sparmberg, Fritz, appr. Arzt a. Gera: Aus der Kgl. Kinderklinik des Herrn Geheimrat Prof. Dr. von Ranke. Ueber einen Fall von Epilepsie mit hochgradiger Verblödung und terminaler Sinusthrombose. München 1905: Kastner & Callwey. (26 S.) 8°

München, Med. Fak., Ref. v. Bauer, Diss. v. 15. Dez. 1906

[Geb. 26. Juli 80 Gera, Reuß j. L.; Wohnort: Gera; Staatsangeh.: Reuß j. L.; Vorbildung: Realgymn. Gera Reife O. 99, Ergänzungsprüfung Gymn. Mühlhausen i. Th. Reife M. 00; Studium: Jena 4, München 2, Berlin 3, München 2 S.; Coll. 15. Dez. 06; Approb. 30. Nov. 06]

Sparrecht, K., Rang- und Gehaltsverhältnisse der Fachturnlehrer an den höheren Schulen Preussens. 8°.
Aus: Monatsschrift f. d. Turnwesen. Jg 1907, H. 9.

Sparofen, d. neue, mit Luftzugröhren, v. H. C. Bauernfreund, m. 2 Kpf. 8. Ansbach, Haueisen. (Gassert.) 801.

Sparofen, der transportable, od. Anweis. z. Verfertigung eines in Frankreich erfund. Heizungsapparats, der mit einem Jedermann zugängl. Brennmaterial u. auf e. äußerst wohlfeile Art geheizt wird rc. Nebst Beschreib. e. Schreibtisches, der mittelst dies. Apparats e. behagl., wohlthät. Wärme um sich her verbreitet, u. an dem man weder an d. Füßen, noch an d. Händen Kälte empfindet. A. d. Franz. 12. (2⅔ B.) Ilmenau 830, [Weimar,] Voigt.

Sparöfen, die sowohl zum Kochen, als Heizen der Zimmer erfunden sind. Mit 2 Kpft. 4. Leipz. 803. Baumgärtner. 12 gl.

Spar-Oefen, die sowohl z. Kochen als Heitzen d. Zimmer erfunden sind ... Leipz. [1803]. 14 S. 2 Tvl. P.

Der **Sparpfennig**. Zeitschrift, gewidmet d. wirtschaftl. Fürsorge f. d. Zukunft. Organ d. Volks-Sparverbandes f. Deutschland. No 1. Bromberg: Volks-Sparverband 1908. 4° [F.] [08. 4395

Sparr, Friedrich Samuel, Exercitationes adolescenti aetati salubres, Diss., Leipzig 1745, 40 S., Kl.-8°.

Sparr, Jh. Gf. Aug., († d. 30. Jan. 1811.) fortgesetzte Nachr. üb. die Schulen für die männl. Jugend in Nordhausen. 2 Hfte. 8. Nordhausen 810. (Hahn in Hannov.) 8 gl.

— Dietrich u. Heyse, neue Nachr. von Einrichtung d. Schulanstalten zu Nordhausen. 8. Hannov. 810. Hahn. 8 gl.

Das landwirtschaftliche Genossenschaftswesen in der Provinz Pommern v. Karl **Sparr**. 1.–4. Taus. Stettin: Selbstverl. 1907. (90 S.) 8° [F.] [07. 7184 9

Sparr, Karl: Der genossenschaftliche Warenverkehr in der Provinz Pommern. Stettin: Verl. des Verbandes pommerscher landw. Genossenschaften 1910. 55 K

Wegweiser für die Geschäftsführung der ländlichen Spar- und Darlehnskassen ... bearb. von Wanderlehrer K[arl] **Sparr**. 2. Aufl. Stettin: Verband pomm. landw. Genossensch. 1910. 209 S. 8° [10. 18461 9

RENNER, Kaspar Friedr. (ps. *Franz Heinr. Sparre*, geb. 20. März 1692 zu Münden, Structuar u. Stadtvoigt in Bremen. † am 21. Mai 1772. — Goedeke III, 343, 49, nach Kinderling in Bragur 6, 2, 145–152), Eine Handvoll Knittel-Gedichte. Bremen, bey Nathanad Saurmann. 1738. 8. (In Göttingen: P. 3905.) Selten!

2 Bl. u. 109 S. — Enth. 14 Stücke (Gelegenheitsgedichte) von verschiedenen Verfassern, wovon 4 doppelt zählen. Näheres bei Flohr, Dr. Otto, Geschichte des Knittelverses .... Berlin 1893. Gr. 8⁰. S. 65–68.

Sparre, Jul. v., Erwiderung auf die Jarolimek'sche Recension meiner Schrift: Zur Theorie der Separation. [Oesterreich. Zeitschrift für Berg- und Hüttenwesen.] gr. 8. (16 S.) Oberhausen 869, Spaarmann. * — 25

Sparre, J. v., Das Powelland, ein Anthrazitkohlenlager von 11 146 Acres (18000 Pr. Morgen) gelegen in Luzerne und Schuylkill County im Staate Pennsylvanien. Mit einem Gutachten von H. v. Dechen. Berlin, 1850. 32 S. mit 1 Karte. [Fb 257

v. Sparre, J. Das Separationssystem. Eisleben. 1856.

—— zur Theorie der Separation oder kritische Bemerkungen zu v. Rittinger's Lehrbuch der Aufbereitungskunde. hoch 4. (48 S.) Ebendas. 869. * 1 20

v. Sparre, Karl, die Auswanderungen u. Ansiedelungen der Deutschen als Nationalsache; insonderheit Preußens Betheiligung an d. Auswanderungsfrage. gr. 8. (VIII u. 55 S.) Gießen 847, Ricker. ¼ ß

Sparre, K. v. Geschichtliche Darstellung des Grundeigenthums und der Grundsteuer-Verfassung des Kreises Wetzlar. gr. 8⁰. Berlin 1837.

Sparre, Karl von. Deutschland und die Städteordnung und die Landgemeindeordnung. Gießen, G. Fr. Heyer 1843. X 96 S. 8.

—— die allgemeine Einkommensteuer als einzige gerechte direkte Abgabe, aus Theorie und Erfahrung nachgewiesen. gr. 8. (97 S.) Gießen 848, Ferber'sche Buchh. *

Sparre, C. v., die allgemeine und die partielle Einkommensteuer, als direkte Abgaben. 2. (Titel-)Aufl. gr. 8. (X und 95 S.) Marburg 852, Elwert'sche Universitäts-Buchh. *

K. v. Sparre, Die allgem. u. die partielle Einkommensteuer als direkte Auflage. Marb. 1853.

K. v. Sparre, Die allgem. und die partielle Einkommensteuer, verglichen mit der bisherigen Steuertheorie und Praxis. 2. A. Frankf. a. M., 1855. (X. u. 99 S.) gr. 8.

Sparre, Karl v., die allgemeine und die partielle Einkommensteuer, verglichen mit der bisher. Steuertheorie und Praxis. 2. Aufl. Frankfurt a. M. 854. Brönner. gr. 8. (X, 99 S.) n. 15 ngr.

Sparre, Karl v. Die preuss. Klassensteuer und Mahl- und Schlachtsteuer aus dem Gesichtspuncte eines Praktikers. Eine Parallele als Entgegnung auf den Verwandlungsvorschlag des Herrn von Bülow-Cummerow. 8°. Giessen, Riecker, 1844.

—— die Lebensfragen im Staate in Beziehung auf das Grundbesitzthum. I. Thl. Enthält die Untersuchung der Natur u. der Bedeutung des Grundeigenthums, aufgefaßt aus dem histor., rechtl., landwirthschaftl., national-ökonom., staatswirthschaftl. u. politischen Gesichtspunkte. gr. 8. (25½ B.) Gießen 842, Heyer's Verl.

— die Lebensfragen im Staate in Beziehung auf das Grundbesitzthum. 2. Thl. Enthält die Lebensfragen und deren Lösung. A. u. d. T.: Die Natur u. die Bedeutung des Grundbesitzes für die Staatsexistenz. Frankfurt a. M. 854. Brönner. gr. 8. (VII, 204 S. u. 2 Tab. in Fol.) n. 1 ℛ.
1. Thl. 1842. jetzt ebend. herabges. Pr. n. 1 ℛ.

Sparre, Graf P., Adolf Findling, od. drei Jahre unt. Königin Christina's Regierung. Histor. Novelle. N. d. Schwed. v. C. Eichel. 3 Thle. 8. (66¼ B.) Leipzig 840, Kollmann.

—— der letzte Freisegler. Histor. Roman. A. d. Schwed. v. C. E**l. 3 Thle. 8. (66 B.) Leipzig 841, Kollmann.

Sparre, P., der Seekadet zur Zeit Gustavs III., s.: Bibliothek, Europäische. 437—440 u. 489. Bd. — Lese-Cabinet, belletristisches, 392—397. 423—425. Lfg.

v. Sparre-Wangenstein, (C. J.) Entwurf d. Grundzüge einer Gemeinde-Ordnung. gr. 8. Hamm 823, Schulz. — 10

v. Sparre-Wangenstein, C. J., über Geschwornen-Gerichte u. das Verfahren in peinl. Sachen. gr. 8. Leipz. 819. Brockhaus. 16 gl.

Sparrer, Emil: Caracalla I. Nach der Darstellung in den Scriptores Historiae Augustae. (Umschlagtitel: Caracalla I.) S. 5—14. 8.
K. k. Kaiser Franz Joseph-Staatsgymn. *Mähr.-Schönberg* 1908.
Progr.

Sparrer, Emil: Zum Kausalitätsgesetze. S. 3—6. 8.
Kaiser Franz Joseph-Gymn. (Landes-Unter- und Kommunal-Progr. Ober-Gymn.) *Mährisch-Schönberg* 1907.

Sparrer, Joh. Bapt. Der Reliquienschatz in der ehemaligen Stifts- u. Klosterkirche Waldsassen. 12. (VIII, 83 S. m. 1 Bild.) Regensb. 892, (Habbel). * — 50

(Sparrmann, Andreas): Andreas Sparrmanns Reise nach dem Vorgebirge der guten Hoffnung, den südlichen Polarländern und um die Welt, hauptsächlich aber in den Ländern der Hottentotten und Kaffern in den Jahren 1772 bis 1776. Aus dem Schwedischen frei übersetzt von Christian Heinrich Groskurd. Herausgegeben und mit einer Vorrede begleitet von Georg Forster. Mit Kupfern und einer Landcharte. Berlin 1784. (XXVI), 628 S. 8°. II 7711

Sparrmann, Andr., Reisen in Afrika, vom Vorgebirge der guten Hoffnung aus, landwärts, zur Erweiterung der Naturgeschichte, in d. J. 1772—76; aus d. Schwed. von Chr. H. Groscurd. Mit e. Vorrede von Geo. Forster. Mit Kpf. u. 1 Karte. gr. 8. Berl. 783. Haude u. Sp. 2 ℛ

Sparsamkeit gegen Gott. Vom Verfasser des Flachstüchleins. 8 S. 8. Basel, C. F. Spittler. —. 05
1876.

Sidrón, Diss. symptomatum febrilium. resp. D. Weser. P. II. Lps. 8°. (Anxietas.) resp. II. Sparschuch. P. III Delirium.
1768

Sparschuh, N., praktische Erziehungs- u. Unterrichtslehre in 2 Theilen. 1. Thl. A. u. d. Ttl.: Anleitung zur häusl. Erziehung f. denkende Eltern. 8. (22 B.) Frankfurt a. M. 845, Andreäische Buchh.

Sparschuh, Nikolaus

Sparschuh, N., Berichtigungen und Beiträge zu Grimms Geschichte der deutschen Sprache. gr. 8. (IV und 116 S.) Mainz 850, Faber'sche Buchh. Thlr. *

Sparschuh, N., Kelten, Griechen u. Germanen. Vorhomerische Kulturdenkmäler. Eine Sprachstudie. gr. 8. (LV, 318 S.) München 877. Lindauer. n. 10. —

Sparschuh, Nik., deutsches Sprach- und Uebungs-Buch für die unteren Klassen höherer Lehranstalten. 2 Thle. Mainz 854, 55. Le Roux. gr. 8. n. 25 ngr.
Inhalt. 1. Thl.: Die Wortlehre. (VI, 130 S.) n. 10 ngr.
2. „ Die Satzlehre, deutsche u. vergleichende Onomatik, Synonymik. (VIII, 168 S.) n. 15 ngr.

—— keltische Studien, oder Untersuchungen über das Wesen und die Entstehung der griech. Sprache, Mythologie und Philosophie vermittelst der keltischen Dialecte. (1. Bd.) gr. 8. (XII und 181 S.) Frankfurt a. M. 848, Varrentrapp's Verlag. *

Sparsteuer. Eine Steuer zu Gunsten der Arbeit, der Landwirtschaft, des Handwerks, der Industrie, des Handels und der Beamten-, Gelehrten- und Künstler-Welt. Von Publicanus. Sociale Streitfragen, 2. Heft. gr. 8°. Berlin 1897.

Sparsteuer v. Publicanus, s. a. Streitfragen, sociale.

Sparta, das neue, od. preuß. Patriotismus. Schauspiel in 1 Akt. 8. Halberst. Büreau f. Lit. u. Kunst. 815.

Sparta, das neue, oder preuß. Patriotismus. Schspl. in 1 Akt. Halberst 815. Vogler in Potsd. 4 gl.

Spartau, Curt v., Schsp. v. Bell. gr. 8. Zürich, Ziegler. 794.

Spar- und Betriebsverein in Bern. 11 Stn. 8.
1872.

Spar-Verein, der, in Kassel, s. Gewerbs-, Vorschuß- und Spar-Verein.

Spar- u. Bauvereine (Die) in Hannover, Göttingen und Berlin. Eine Anleitung zur praktischen Bethätigung auf dem Gebiete der Wohnungsfrage. (Schrift. d. Centralstelle f. Arbeiter-Wohlfahrtseinrichtungen, Nr. 3.) gr. 8°. Berlin, Heymann's Verl., 1893.
Vgl. Schriften der Centralstelle f. Arbeiter-Wohlfahrtseinrichtungen Nr. 3.

Spartwald, Aufklärungen zu meiner Pensionierung. Vortrag, geh. am 8. X. 1906. (16 S.) 8. Leipzig (906). Fritzsche & Schmidt. n. — 40

— meine letzten Worte an meine Gemeinde. Abschiedspredigt üb. Offenbarg. Johannes 3, 11, am Reformationsfest 1906 in der St. Lukaskirche zu Leipzig-Volkmarsdorf geh. (15 S.) 8. Ebd. (906). n. — 25

Sparzwang, Arbeitslosenstatistik und Arbeitsnachweis. Gutachten . . . Zürich 1899. V: *Cramer-Frey, Conr.* & *Max Huber.* (Zuwachsverz. der Bibliotheken in Zürich 1898 ff.)

Sparzwang, Arbeitslosenstatistik und Arbeitsnachweis. Gutachten, erstattet an das eidgenössische Handels-, Industrie- und Landwirtschaftsdepartement vom Vorort Zürich des Schweizerischen Handels- und Industrievereines. 4°. Zürich 1899.

Spasshinskij, die Nixe, s.: Bahr, Herm.

Spasits, Milovan Ivanovits: *De vectigalibus publicis directis et indirectis. 17 Bl. 4° (2°)
Halle-Wittenberg, Phil. Diss. v. 13. März 1844
Geb. Rekovatz (Serbien) 1816. V.

Spasowicz, Wlodzimiérz

Spasovič, V. D., Geschichte der slavischen Literaturen, s. Pypin, A. N.

Spasowicz, W. D., sieben Plaidoyers in Kriminalsachen. (1877—1887.) (In russ. Sprache.) gr. 8. (VII, 278 S.) Berlin (900). J. Räde. n. 5. —

[Russ. u. Ant.] Sem' sudebnych rěčej po ugolovnym dělam V[ladimira] D[aniloviča] Spasoviča [Włodzimierz Spasowicz]. ⟨1877–1887.⟩ *Berlin: Stuhr [1900].* (273 S.) 8°
[Auf d. Umschl.:] Spasowicz, Sieben Plaidoyers [in Kriminalsachen]. [...]

—— Tischreden in den Versammlungen der Rechtsanwälte vom Justizkreise St. Petersburg (1873 – 1901). (In russ. Sprache.) (VII, 104 S.) 8. Leipzig 903. E. L. Kasprowicz. n. 2. 50

Spass, Der, oder die Kunst zu küssen. Amathunt 1764. V: *Henrici, Christian Friedrich* (pseud. *Picander*). (BGE IV, 106)

Spass, Ein. Seitenstück zur Bauernsymphonie von Mozart. [In: Wiener Zeitschrift für Kunst, Literatur und Mode 1845, Nr. 214.] S.-A. V: *Lyser, Johann Peter.* (Friedrich Hirth: J. P. Lyser. München u. Leipzig 1911. S. 548)

Spaß, der Eckernförder. Am 5. April 1849. (Gedicht). 1 B. in Fol. Frankfurt a. M. 849, Brönner. 2 ngr.

Spaß u. Ernst. Lstsp. s. Sammlung n. Originalstück 2c.

— u. Ernst beisammen, od. Katechismus der jungen Welt, wie sie leibt u. lebt. 2e Aufl. 8. Münch., (Jaquet).

Spaß und Ernst beysammen. Oder Katechismus d. jungen Welt, wie sie leibt u. lebt. 5. Aufl. gr. 12. (1 B.) München 839. [Augsburg, Jaquet's Verl.]

Spaß u. Ernst beisammen, oder Katechismus der jungen Welt, wie sie leibt u. lebt. 5e Aufl. 8. München 840. Jaquet. 1 ngr.

Spaß u. Ernst, mitunter etwas Rath u. That; e. Taschenbuch für lustige Leute. 5 Thle. 8. Quedlinb. 784—97. Ernst. 2 ₰ 12 gr. N. Ausg. 5 Thle. 816. Ebd. 1 ₰ 12 gr. (5r Thl. A. u. d. T.: Auswahl nützl. u. unterhalt. Erzähll. u. Anekdoten 2c.)

SPASS und Ernst, ein Taschenbuch für lustige Leute. Quedlinburg 1784. 8°. — Samml. 2—3, titulo: Fortgesetzter Spass und Ernst, mitunter etwas Rath und That. Quedlinburg u. Blankenburg 1785—86. 8°. Selten!

Spaß und Ernst, mitunt. etwas Rath u. That. Ein Taschenbuch f. lustige Leute. 5 Thle. wohlf. Ausg. 8. Quedlinb. Ernst. 815.

Spaß muß sein! Lustiges u. Schnurriges vom Vater Witz u. der Mutter Laune. 1. u. 2. Sammlung. Mülheim a. d. R. 862. Bagel. 8. Jede Sammlung (à 32 S. u. 32 lith. Bl.) n. 5 ngr.

Spaß muß sein! Lustiges u. Schnurriges vom Vater Witz u. der Mutter Laune. 3. Sammlung. Mülheim a. d. R. 866. Bagel. 8. (32 S. mit 24 Steintaf.) n. 5 ngr.

Spaß muß sein. Lustiges u. Schnurriges vom Vater Witz u. der Mutter Laune. 1—3. Sammlg. 8. (96 S. m. 72 Holzschn.) Mülheim 873. Bagel. à — 50

Spaß muß sein. qu. 4. (12 farb. Taf. m. Text.) Leipzig 889. Fr. Pfau. cart. n. — 70

Spaß-

— u. Scherzchronik, kleine Schwänke, s. Langbein, C. F. G., der Taschengesellschafter.

Spaßer, Ernst, Herrn Amtsrat Michel — Erde, nördl. Halbkugel, Europa mittl. Stock. Offener Brief. gr. 8 (53 S.) Basel 898. F. E. Perthes. n. 1. —

Spaßer, Jh. Mt., (Eberh. Fr. Hübner,) Pritschenschläge. St. Petersb., Stuttg. u. London 799.

SPASSCASTANIEN, Theologische, gesammelt und ausgestreut für Prediger und die es werden wollen, zu genießen bei schlechter Verdauung. Leipzig 1805. bei J. G. Graffé. 8°. VIII—112 S.
100 ergötzliche, stellenweise derbe Anekdoten enthaltend. — Selten!

Spaßkastanien, theologische, gesammelt und ausgestreut f. Prediger und die es werden wollen. 8. Leipzig. (Graffé in Weißenfels.) 805.

Spaßkastanien, theologische 2c. 8. Leipz. Schmidt. 805.

Spassky, note sur la tempête d'hiver qui a fait beaucoup de desastres a Kalouga etc. siehe: Bulletin de la Société Imp. des naturalistes de Moscou. Tome XXIV, 1. partie.

— observations météorologiques faites à l'observatoire astronomique de Moscou, siehe: Bulletin de la Société Imp. des naturalistes de Moscou. Tome XXIV, 1. partie.

Spaßmacher, der, Augsburger, od. komische u. pudelnärrische alte u. neue Geschichten u. Erzählungen zur Erschütterung des Zwergfelles 2c. 2c. Eichstädt 821. Beyer. 1 gr.

Spaßmacher, d., v. Moßfleck m. launigten und sinnreichen Einfällen 2c. 6 Thle. 8. Wien, v. Mösle. 809.

Spaßmacher, neuester wiener, od.: Kurz aber gut. Eine origin. Scherz-Bibliothek voll spaßhafter Ein- u. Ausfälle, witziger Gedanken, komischer Geniestreiche 2c. Von Sperling, Edlen v. Spatz. 6 Thle. 16. (28 B.) Wien 839, [Dorfmeister.]

Spaßmacher, neuester Wiener, oder: Kurz aber gut. Eine originelle Scherz-Bibliothek voll spaßhafter Ein- und Ausfälle, witziger Gedanken, komischer Geniestreiche rc. Von Sperling, Edlem von Spatz. In 6 Thlen. 16. Wien 839. Mausberger. (Leipzig, Hunger.) 5/6 ₰

SPASSMACHER, Martin, Neuester Traumdeuter. Ein Büchlein für Scherz u. Ernst womit Manches sein Glück machen kann, bereichert mit allerlei lustigen Historien. Rosenheim, E. Huber, o. J. (1867). 8°. 128 S. (In München: Phys. m. 266h.)
Die Jahrzahl nennt Weller's Lex. Ps. p. 534.

SPASS- und Schnurren-Magazin, Lustiges. Originale u. Copien (hrsg. von Caspar Constantin Beyer). 3 Bdchn. Erfurth, bey Beyer und Maring 1797, 97, 98. 8°. (1—2 in Darmstadt: E 3632.) (4 Mk. 50 Pfg. Adolf Weigel, c. 1908.)
190, 160, 142 S. Darin derbe und pikante Anekdoten. — *Am Ende* steht: „Der Beschluß folgt" (nur diese 3 Bdchn. ersch.). Name des Herausgebers in K. Herrmann's Bibl. Erfurtina. Erfurt 1863. S. 159. — Fehlt im Anon.-Lex.

Spaß- u. Schnurren-Magazin, lustiges. 3 Thle. 8. Erf. 798. (Otto). 1 ₰ 3 gr

Spassmann [Pseud.], s. Kritzinger, Friedrich Adolf

Spaßmöller, P. W., Gubalke auf der Spur od. Der Hauptmann v. Köpenick. Olympische Komödie. (30 S.) 8. Berlin-Steglitz 906. E. Quehl. n. — 60

Spassow, Athanas D., aus Sistow (Bulgarien): **Der Verfall des alten Handwerks und die Entstehung des modernen Gewerbes in Bulgarien während des 19. Jahrhunderts.** *Greifswald 1900: J. Abel.* (70 S.) 8°
Greifswald, Phil. Diss. v. 2. Jan. 1901

Spaßvogel: Der Spaßvogel
v. St. Galler Stadt-Anzeiger, Zofinger Tagespost.

Spassvogel, Der. Eine Wochenschrift für den Fasching des Jahres 1778. 8 Stücke u. Ankündigung. Titel-Kupf. + 33 Vign. O. O. 1778. V: *Richter, Joseph.* (Denkwürdigkeiten aus Alt-Oesterr. XVII/XXIII) (R. F. Arnold, Allg Bücherkunde 1919, S. 96) (Neuigkeits-Weltblatt 16/II, 1911) (Hans Viktor Pisk: Josef Richter. Diss. Wien 1927) (Unterhaltendes Schauspiel nach den neuesten Begebenheiten. Erfurt 1778. S. 757) (Hdschr. Mitth. von G. Gugitz, Wien)

Spaßvogel, der. 2 Thle. Mit Kpf. gr. 8. Wien 778. Kurzböck. 20 gr

SPASS-VOGEL, Der, oder Sammlung pudelnärrischer Anekdoten. (18**.) 8°.
Harpf's (Königsb. i. Pr.) Leihbibl.-Cat. no. 13,946.

—der, oder Samml. lustiger Anekdoten. 8. Halle 809. Dreyßig. 6 gr

Spaßvogel, der. Eine Unterhaltg. f. lustige Leute. In zwanglosen Hftn. hrsg. v. H. Fischer. 1. u. 2. Nest. Mit d. Beiblatt: Der Anecdotenfischer. Gesellschafter d. Spaßvogels. 1. u. 2. Hamen. 8. (64 S.) Nordhausen 849, Fischer. (à 1/12 ₰) 1/6 ₰

Der Spassvogel: 1861?—? Alexandria, VA

Spaßvogel, der, oder Witz über Witz in Wort und Bild. Ein Buch zum Todtlachen und Wiederlebendigwerden für lachlustige Leute. Lustige Geschichten, Schwänke, Anekdoten und Gedichte, mit mehr denn 50 schönen Bildern (in eingedr. Holzschn.) 2., verm., gesalzene und gepfefferte Aufl. Hrsg. von Jakob aus den Bergen. 8. (128 S.) Mülheim 861. (Bagel.)

Spaßvogel, der, oder Witz über Witz in Wort u. Bild. Ein Buch zum Todtlachen u. zum Wiederlebendigwerden für lachlustige Leute. Lustige Geschichten, Schwänke, Anekdoten u. Gedichte, mit mehr denn 50 schönen Bildern (in eingedr. Holzschn.). 3., verm., gesalzene u. gepfefferte Aufl. Hrsg. von Jakob aus den Bergen. Mülheim a. d. R. 866. (Bagel.) 8. (128 S.) 10 ngr

Spaßvogel, der, oder Witz über Witz in Wort und Bild. Ein Buch zum Todtlachen und zum Wiederlebendigwerden für lachlustige Leute. Lustige Geschichten, Schwänke, Anekdoten und Gedichte, mit mehr denn 50 schönen Bildern. 4. Aufl. 1872, und 5. verm., gesalzene und gepfefferte Aufl. Hrsg. von Jakob aus den Bergen. 8. (176 S. mit eingedr. Holzschn.) Mülheim a. d. R. 875, Bagel.

Spaßvogel, der, od. Witz üb. Witz in Wort u. Bild. Ein Buch zum Todtlachen u. zum Wiederlebendigwerden f. lachlust. Leute. Lustige Geschichten, Schwänke, Anekdoten u. Gedichte, m. mehr denn 50 schönen Bildern (in Holzschn.) 5. verm., gesalzene u. gepfefferte Aufl. Hrsg. v. Jakob aus den Bergen. 8. (128 S.) Mülheim 873. Bagel. 1. —

Spaßvogel, der, oder Witz über Witz in Wort u. Bild. Ein Buch für lachlustige Leute. Lustige Geschichten, Schwänke, Anekdoten u. Gedichte mit mehr denn 50 schönen Bildern. 7., verm., gesalzene u. gepfefferte Aufl. Hrsg. von Jakob aus den Bergen. 8. (128 S.) Mülheim 879. Bagel. 1. —

Spaßvogel. Lose Blätter d. Humors. Zusammengestellt v. Dr. Lustig. 8. (96 S.) [Düsseld. 890, F. Bagel.] Frankf. a. M., Jaeger's Verlag. — 60

Spaßvogel, der engl. Eine Sammlung witziger, launiger, beißender, scherz- und ernsthafter Anekdoten. Aus den beliebtesten Londoner Sammlungen der Art englisch und deutsch mit der Aussprache jeden Wortes nach einer der wirklichen Sprachweise höchst annähernden Bezeichnungsweise, so wie mit erläuternden und sprachlehrigen Bemerkungen und vorzüglicher Hinweisung auf van der Bergs Schulgrammatik. Herausg. v. Joh. Christ. Nesseck. 12. Wien 841. Ignaz Klang. 2/3 ₰

— der jüdische, oder Jocosus hebricosus. Ahne Versammling von allerhand lustige Jüdengeschichtcher u. Jüdengedichtcher, mit ahner pauetischen Vorred'. Ahn Büchlich zum Kranklachen for de Gesunden u. zum Gesundlachen for de Kranken von A. L. Berend & Co. Mit grausam viele in Holz beschnittene Kupperstichlis. — Ahne wohre Noritäts-Gallerie in Familichen-Gemälden. 8. (VIII, 350 S.) München 877. Braun & Schneider. n. 3. —; geb. n. 4. 20

— der jüdische, od. Jocosus hebricosus. Ahne Versammling v. allerhand lust. Jüdengeschichtcher u. Jüdengedichtcher, m. ahner pauetischen Vorred'. Ahn Büchlich zum Kranklachen for de Gesunden u. zum Gesundlachen for de Kranken v. A. L. Berend & Co. Mit grausam viele in Holz beschnittene Kupperstichlings. — Ahne wohre Noritäts-Gallerie in Familichen-Gemälden. 2. Aufl. 8. (VIII, 352 S.) München 890. Braun & Schneider. n. 3. —; geb. n. 4. 20

Spaßvogel, der kleine, oder: Halt auf! sonst lach' ich mich zu Tode! Knallerbsen, Knallraketen, Knallbonbons, Knallfidibus u. sonst. Knallefecte. Herausgeg. von Adrian Lebemann, Edler v. Sorgenfrei. 1. Dosis in 100 Portionen. 16. (2 B.) Hamburg 846, (47,) Berendsohn. *

— der kleine, od. Halt auf! sonst lach' ich mich zu Tode! Knallerbsen, Knallraketen, rc. Eine Universal-Medizin f. Hypochondristen, Mysantropen rc. Hrsg. v. Adrian Lebemann Edler v. Sorgenfrei. 1. Dosis. 2. Aufl. u. 2. Dosis. 16. (à 32 S.) Hamburg 850, Berendsohn. (à n. 1/12 ₰) n. 1/6 ₰

SPASZVOGEL, Der Wiener. Komisch-illustr.-satyrisches Jahrbuch auf alle Stunden, Tage und Monate. Mit zahlr. Textillustr. Wien, o. J. 8°. (3 Kr., Hlwd., Gilhofer & Ranschburg, 1912.)

SPASSVOGEL, Der Wiener. Illustrirter humoristisch-satirischer Jux-Kalender für das Jahr 1854—56 (soviel ersch.?). Hrsg. von Ullmayer. 8°. (1 Kr., Jahrg. 3 in 2ter Aufl., ebd. 1855, apart, Carl Greif, 1914.)

—— wiener. **Komisch illustrirter humoristisch-satyr. Jux-Kalender für das J. 1858. Von Frz. Ullmayer. 5. Jahrg. 8. (XVI und 77 S. mit eingedr. Holzschn.) Wien 857, Verfasser. (Wenedikt.)**
Ist nicht fortgesetzt worden.

Spassvogel, Der Wiener. Komisch-illustr. satyrischer Volks-Kalender. Hrsg. v. F. Ullmayer. Jahrg. 6, 1859. M. zahlr. Holzschn. Wien 1859. (8 Mk., im Origumschl., Südd. Antiqu., München, 1911.)

SPASSVOGEL (ps.), Der grüne Beutel (aber nicht der englische), ein Schwänkchen in deutsche Pompadoure (sol) nach Blumauer. Breslau, b. Schöne, o. J. (Ende XVIII. Jh.) Kl. 8°. (In Warmbrunn, wo das Expl. Sommer 1906 nicht aufzufinden war.) Sehr selten!
Nicht in Weller's Lex. Ps.

SPASSVOGEL, Ernst (ps.), In Berlin. Erstes (u. einz.) Heft. Berlin, J. F. J. Stackebrandt, 1838. Gr. 12°. 24 S. (2 Mk. E. Frensdorff, 1907.)
Am Schluss ein scharfer Angriff gegen Gutzkow, der „ein sehr arroganter Kritiker" genannt wird.

Spaßvogel, Ernst, in Berlin. 1s Heft. gr. 12. Berlin 838. Stackebrandt. n. 1/6 ₰ — 2s Heft. A. u. d. T.: Berliner Woll-Witze. gr. 12. Ebd. 838. n. 1/6 ₰

Spaßvogel, Fabian [Pseud.], s. Krebs, Karl Josef

† Spaßvogel, Gabriele, (...?) Schneeballen, s. Schneeballen.

SPASSVOGEL, Gabriele (ps.), Schneeballen. Ein Winter-Geschenk für satyrische Nascher. Zur Unterhaltung gesammelt von —. Wien 1828. 8°. 134 S. (1 Mk. J. Taussig, Prag, 1906.)
Weller, Lex. Ps. p. 534.

Spassvögel. Auswahl drolliger und witziger Anekdoten, erheiternder Scherze ... Hamburg 1839. *Hoffmann, Peter Friedr. Ludwig.* (schr)

Spaßvögel, eingefangen u. für Freunde d. Scherzes u. Witzes z. Kauf gebracht v. Papageno, nunmehrigen Doktor d. Weltweisheit. 1r u. 2r Fang. 12. Hamb. 826—27, Neßler. à 18 gr.

SPASSVÖGEL eingefangen und für Freunde des Scherzes und Witzes zu Kauf gebracht von Papageno, nunmehrigen Doktor der Weltweisheit. 2. Fang. Hamburg, F. H. Neßtler (1827?). 8°. IV, 212 S.
Verfasser: Friedr. Karl Jul. Schütz; Gotth. Weißstein Bibliothek, Nr. 5347.

Spaßvögel, Leipziger, Anekdoten, Schnurren, Witze u. s. w. 1., 2., 3. Flug. 12. Leipzig ... (Künzel.) 3/4 ₰

Spaßvögel, Leipziger, Anekdoten, Schnurren, Witze rc. 1r—3r Ausflug, (v. Chr. G. Kayser). 32. Leipz. 826. Schumann. (à 6 gr) 18 gr 4r — 12r Ausflug. A. u. d. T.: Anekdotenschmauß, neuester, allöopathisch u. homöopathisch zugerichtet rc. Herausgg. v. Andr. Spiegel (Chr. G. Kayser). 32. Leipz. 830. Kaysers B. 16 gr

Spaßvögel, Leipziger, Anekdoten, Schnurren, Witze rc. 4—12. Ausflug. — A. u. d. T.: Neuester Anekdotenschmaus, allöopath. u. homöopath. zugerichtet. Hrsg. v. † Andr. Spiegel (Chrstn. Gtlo. Kayser). 16. (10 B.) Leipzig 830, (Kayser.)
1—3. Flug. Ebendas. 1826. 18 Gr.
Vgl. Anekdoten-Schmaus.

—— Leipziger, e. Samml. d. vorzüglichsten Anekdoten. 2. Ausg. 16. (10 B.) Leipzig 833, Kayser.

Spaßvogel's lustiges Bilderbuch für artige kleine Kinder. Dresden 863. Bock. gr. 4. (10 color. Lithogr. mit Text.) 15 ngr

Spat, od. Casp. Stielers deutsche Secretariatkunst in neue Form gebracht von J. F. Feller. Fol. Frankfurt, Andreä. 726.

Spat, bußfertiger Sünder. 12. Nrnb. 716.

— neu entsprungene Wasserquelle, mit Kupf. 8. Ebend. 718.

— — dass. 12. Ebend. 714.

Spät erkannt. Trier 1895. V: *Jacoby, Alinda.* (Berl)

Spät, C. A., aus der Mappe eines Einsamen. Leipzig 868. E. J. Günther. 8. (224 S.) 1 ₰

Spät, Franz

Spät, Frz., s.: **Anonymus Londinensis.**

Die geschichtliche Entwickelung der sogenannten Hippokratischen Medicin im Lichte der neuesten Forschung. Einegeschichtl.-medicin. Studie. Von Dr. med. Franz **Spaet.** *Berlin: S. Karger 1897.* (4 Bl 55 S.) 1 Bd 8.

SPÄT, Franz (Moosburg): Primaerer multipler Epithelkrebs des Gehirns. Mit 1 Taf. Abb. - München: Wolf 1882. 24 S., 1 Bl., Taf.
16.2.1882 - Urk (Titel: De primario multiplici cerebri epith. carcinomate.): Chr 1881/82,8
Diss.Ingolst.-Landsh.-Mchn.

Das ärztliche Gebührenwesen in Bayern. Nebst e. Anh.: Die Gebühren d. Bader u. Hebammen. Von Dr. Franz **Spaet**, Kgl. Bezirksarzt, u. Fritz Stenglein, Kgl. Reg.Ass. *Augsburg: M. Rieger 1903.* (XIV, 283 S.) 8° [F.]

Spaet, Fr., König-Ludwig-Quelle (Umschlag: Fürth-Nürnberg), sulfatische kohlensaure Kochsalz-Therme m. Brom- u. Jod-Gehalt. Ärztlich begutachtet. (22 S. m. Taf.) 17,5×24 cm. Nürnberg (910). (J. L. Schrag.) 1. —

Spaet, Frz., Typhus, Pettenkofer u. Koch. (31 S.) gr. 8. München 903. (Augsburg, M. Rieger.) n 1. —
Sonderabdruck aus: „Beilage z. Allgem. Zeitg."

Späte, Friedrich, a. Dresden: Die Bituminierung. Ein Beitrag zur Chemie der Faulschlammgesteine. (Berlin: R. Trenkel 1907.) (71 S.) 8°
Berlin, Phil. Fak., Ref. Fischer, Diss. v. 10. Aug. 1907
[Geb. 10. Okt. 81 Dresden; Wohnort: Dresden; Staatsangeh.: Sachsen; Vorbildung: Wettiner Gymn. Dresden Reife O. 01; Studium: Bonn 3, T.H. Berlin 2, Univ. Marburg 1, Berlin 6 S.; Rig. 27. Juni 07.]

Späte, Paul, Referendar in Mittweida: Die Stellung der ein Erwerbsgeschäft selbständig betreibenden Ehefrau im gesetzlichen Güterstand der Verwaltung und Nutznießung. *Leipzig 1903: W. Wigand,* (90 S.) 8°
Leipzig, Jur. Diss. v. 1903

Spaten, der. Organ für politische u. national-ökonomische Interessen. Herausg.: Herm. Claudius. 1. Bd. 4 Hefte. Wien 861. Rospini. gr. 8. (IV, 256 S.) Jedes Heft n. 10 ngr

Spatenka Josef: Das erste Buch Herodians.
II. 1898 PN 1158 Diss. Wien, Univ.

Spatenka, Jos., Tabellen zur neueren deutschen Literaturgeschichte (1724—1832). (9 Doppeltaf.) gr. 8. Wien 903. A. Pichler's Wwe. & Sohn. n. — 50

Spaeter, Johann

Geschichte der zum Verbande der Gr. National-Mutterloge in den preussischen Staaten gen. Zu den drei Weltkugeln gehörigen Johannisloge Julius zu den drei empfindsamen Herzen und der damit verbundenen altschottischen Delegation Isis im Or. Anklam 1776—1906. Den Brrn gewidmet von Joh. Spaeter. Ms. f. Brr. Anklam 1906: [Poettcke]. II, 87 S. 8°

cf. Bbl. 20 (1906) S. 507—508 (Emil Rosenberg); L. 30 (1907) S. 63 (P. Fischer); BZC. 36 (1907) S. 209.
S. 47–82: Mitglverzeichn. für 1776—1906.

Spaeter, Johann Friedrich (Mansfeld) A. S. 138/3

Dissertatio iuridica de exigua instrumenti principalem uxoris minus principalem mariti causam continentis fide. Präs. Heinrich Brokes.
Wittenberg (Eichsfeld) 11. VIII. 1738. 23 S.
32888

SPATH, DEMETRIUS ALOYSIUS: Ein Wort über Aufklärung und Menschenliebe. In: Programm d Ben. Ober-Gymn. Zu Oedenburg 1852/53, S. 3-8.

Spath, Friedrich: Zentrifugalkraft und Revision der Newtonschen Bewegungsgesetze. Bemerkungen zu den Vorschlägen von Friedrich Poske. S. 17–36. 8. Progr. K. k. Staats-Gymn. *Salzburg* 1910

Spath, Johann Ignaz

Spath, Jh. Ign., († d. 24. Nov. 1805.) Versuch e. Leitfadens bei Verhandll. eines Concurses in d. k. k. böhm.-östreich. Erblanden. gr. 8. Prag 802. Barth. 12 kr

Spath, Karl Fulgentius

Spath, K. F., Bilder aus dem Leben Jesu. 8. (VI, 562 S.) Wien 869, (Mayer und Comp.) * 4 50

Spath, K. F., dramatische Dichtungen. 8. (IV, 249 S.) Wien 871. Mayer & Co. in Comm. n. 2. 25

SPATH C(ARL) F(ULGENTIUS): Festgedicht zum feierlichen Empfang Ihrer k. k. apostolischen Majestäten Franz Joseph I. und Elisabeth in Martinsberg. o. O. 1854. o. Dr. 8 S. - 4°

SPATH, FULGENTIUS, O. S. B.: Lyrische Gedichte. Herbstrosen . . . Güns 1845. Gedr. bei Carl Reichard u. Söhne. In Commission bei Braumüller u. Seidel in Wien. 185, 1 S. - 12°

SPATH, C(ARL) F(ULGENTIUS): Glockentöne der Andacht. Katholisches Gebetbuch von C. F. Spath, Benediktiner Ordenspriester vom Freistifte Martinsberg in Ungarn. Pressburg (1845) im Verlage des A. Bucsanszky. 316 S. - 150 mm
- Dass. Pressburg 1846: Bucsanszky.

Spath, *Oskar* [Prof.]: Analecta critica ad Lucianum. Freising, Dr. F. P. Datterer, Buchdr., 1896; 29 S. 4.
Bruchsal, grossh. G, P 1896 (614)

Joh. Wilh. Spaeth, Maschinenfabrik, Eisengiesserei und Brückenbauanstalt, Nürnberg-Dutzendteich. — (Berlin: Eckstein [1909].) 13 S. 2° [Kopft.] (Dt. Industrie, dt. Kultur. 7, 1.)

Späth, Adolph: Amerikanische Beleuchtung der „Amerikanischen Reisebilder" des Herrn Prof. J. G. Pfeiderer. Mit besonderer Rücksicht auf württembergische Leser. *Philadelphia, Pa.: C. G. Fischer 1882. 24 S.*

Spaeth, Adolf, Distriktstierarzt in Ilshofen (Württbg.): Ueber klinische Blutdruckmessungen beim Hunde. (Aus der Klinik für kleinere Haustiere der Königl. Tierärztlichen Hochschule Stuttgart. Professor Uebele.) Schwäb. Hall 1910. IV + 72 S. [10. XII. 09.]
Bern. Vet.-med. Diss., 1909/10.

Spaeth, Adolf. Ueber Klinische Blutdruckmessungen beim Hunde. Aus der Klinik für kleinere Haustiere der Königl. Tierärztlichen Hochschule Stuttgart.... Diss. Vet.-Med. Bern. IV + 72 S. 8. Schwäb. Hall, Emil Schwend, 1910.

Späth, A., Brosamen v. d. Herrn Tische. Sechs Predigten f. die liebe Jugend. gr. 16. (117 S.) Philadelphia 871 (Schäfer & Koradi.) geb. n. 1. 20

— die Evangelien d. Kirchenjahrs f. Sonntagsschulen u. Familien durch Fragen und Anmerkgn. schriftgemäß erläut. 16. (173 S.) Ebend. 871. geb. n. 1. 20

[Spaeth, A.]: Our jubilee. *Edited by . . . Published quarterly, for free distribution, by the Central Jubilee Committee of the Evangelical Lutheran Ministerium of Pennsylvania and adjacent states, in the interest of the 150th anniversary of the Ministerium. No. 1—8. Allentown, Pa. 1896. pp. 64; Unser Jubiläum. Deutsche Ausgabe. Allentown, Pa. 1896. 64 S., ill.*

Späth, A., Jugendfreund-Lieder. 1. Hft. 8. (24 S.) Allentown 877. (Philadelphia, Schäfer & Koradi.) n. — 20

-- Liederlust; Altes u Neues für muntere Sänger. Allent. 1886.

Späth, A., Martin Luther im Liede seiner Zeitgenossen. 8. (132 S.) Reading, Pa. 883. Pilger-Buchhandlg. geb. n. 2. —

Späth, Adj., Wilhelm Julius Mann, e. deutsch-amerikan. Theologe. Erinnerungsblätter, ges. u. bearb. v. S gr. 8. (IX, 296 S. m. Bildn.) Reading, Pa. 895. Pilger-Buchh. Geb. in Leinw. n. 8. —

Späth, A., Rede bei der Begräbnißfeier des Präsidenten Abraham Lincoln. Gehalten in der evangelisch-luther. Zionskirche zu Philadelphia, den 19. April 1865. Mit einer Zugabe aus der Osterfest-Predigt am 14. April. Philadelphia 865. (Schäfer & Koradi.) gr. 8. (15 S.) n. 8 ngr.

— die Reformation u. das Reformiren. Rede bei der Reformationsfeier des Theolog. Seminars zu Philadelphia, 31. Octbr. 1877. 8. (10 S.) Reading 877. (Ebend.) n. — 20

Späth, Adph., Saatkörner aus den Evangelien des Kirchenjahres. gr. 8. (462 S. m. Bildnis.) Philadelphia 898. (Schäfer & Koradi.) Geb. in Leinw. 8. —

— „von der Seele bis aufs Fleisch". Predigt. Am 19. Sonntag nach Trin. in der Zions-Kirche zu Rochester, N. Y., über Matth. 9, 1—8. 8. (15 S.) Reading, Pa. 881. Pilger-Buchh. n. — 40

Spaeth, C. H., Antrittspredigt gehalten am 25. April 1869. Oldenburg 869. Schmidt. gr. 8. (11 S.) n.n. 2¼ ngr

— Antwort auf die Zuschrift des Herrn Dr. Nielsen, Geh. Oberkirchen-Rath in Oldenburg über meine Himmelfahrtspredigt. Ebend. 870. gr. 8. (40 S.) n. 6 ngr

— die „Bekenntnißtreuen." Ebend. 870. gr. 8. (68 S.) n. 10 ngr

Späth, C. H., der Geist Jesu Christi. Predigt, geh. am Pfingstfeste, den 28. Mai 1871. gr. 8. (15 S.) Oldenburg 871. Schmidt. — 30

— Confirmations-Rede, gehalten am 10. April 1870. Ebend. 870. gr. 8. (12 S.) n. 2 ngr

—— Kriegspredigt, gehalten am 17. Juli 1870. gr. 8. (10 S.) Ebendas. 870.

— Predigt gehalten am Himmelfahrtsfeste den 26. Mai 1870. Ebend. 870. gr. 8. (13 S.) n. 2 ngr

— — 2. Aufl. Ebend. 870. gr. 8. (13 S.) 3 ngr

— warum sind wir Protestanten? Predigt am Reformationsfest, 31. Octbr. 1869. Ebend. 870. gr. 8. (16 S.) n. 2 ngr

—— Worte bei der Friedensfeier am 3. März 1871. gr. 8. (10 S.) Ebendas. 871.

Späth, Caroline, s. Späth, Karoline.

Späth, Charlotte, Bilder aus dem Leben. Erzählungen f. erwachsene Töchter u. junge Frauen. Eine Festgabe. 2. verm. Aufl. Mit 1 (lith.) Titelbilde. 8. (VI u. 280 S.) Stuttgart 851, Scheitlin. 1 ₰

Späth, Charlotte, die Frau Dote. Eine wahre Geschichte. br. 8. (137 S. mit dem Bildniß der Frau Dote in Stahlst.) Stuttgart 856(57,) Schmidt und Spring.

—— ausgewählte Erzählungen für die weibliche Jugend, zur Weckung und Veredlung ihres sittl. und religiösen Gefühls. 8. (III und 299 S. mit 5 Kpfrn. und gest. Titel.) Stuttgart 851, Erhard.

Späth, Charlotte, ausgewählte Erzählungen für die weibliche Jugend. 2. (Titel-)Aufl. 8. (III und 299 S. mit 5 Stahlst. und Titel in Stahlst.) Leipzig (851)65, Berndt. geb.

Gesammelte Erzählungen für junge Mädchen von Charlotte Späth . . . Neue Folge in acht Erzählungen. Mit acht Bildern [= getönte Lithogr.] gezeichnet von J. SCHNORR. Stuttgart, Carl Schober, 1864. 2 Bl. 218 S. 1 Bl. Verlagsanz. 8°. Verblaßter Or.-Leinenband mit Goldpressung. 15.—
R. 2251. ★ Originalausgabe und 1. Abdruck der reizenden Illustrationen Schnorrs von Carolsfeld. 2 SS. am Innenrand geklebt. Einige unbed. Fl.

—— gesammelte Erzählungen für junge Mädchen. Neue Folge in acht Erzählungen. Mit 8 (lithogr.) Bildern gezeichnet von J. Schnorr. 1. Aufl. 1864. 1 Thlr., geb. 1 Thlr. 6 Ngr. und 2. (Titel-)Aufl. 8. (III und 218 S.) Stuttgart 868, Schober. geb. *

— hundert und zehn moralische Erzählungen für kleine Kinder. Mit 12 (lith. u.) color. Bildern. 853. (V, 264 S.) — 2. verm. Aufl. Leipzig (856.) Friedlein. 16. (VIII, 266 S.) 27 ngr
Vgl. Späth, Karoline.

Späth, Charlotte, Erzählungen für junge Mädchen. br. 8. (261 S. mit 8 lithogr. Bildern in Tondr.) Stuttgart 858, Schmidt und Spring. geb.

— Maria Werner. Die mutterlose Jungfrau in ihrem Leben u. ihrer Haushaltung. Ein unterhaltendes u. wirthschaftl. Bildungsbuch f. Frauen u. Töchter. 2. vielverm. Aufl. Mit 2 Kpfrn. 8. (VIII u. 549 S.) Stuttgart 851, Scheitlin. In Engl. Einb. 1 ₰ 18 ngr

— Maria Werner, die mutterlose Jungfrau in ihrem Leben u. ihrer Haushaltung. Ein unterhaltendes u. wirthschaftliches Bildungsbuch für Frauen u. Töchter. 2 Thle. in 1 Bde. 3. vielverm. Aufl. Stuttgart 860. Cstelt. (Schober.) 8. (VI, 514 S.) 1 ₰ 15 ngr

—— Maria Werner. Die mutterlose Jungfrau in ihrem Leben und ihrer Haushaltung. Ein unterhaltendes und wirthschaftl. Bildungsbuch für Frauen und Töchter. 4. viel verm. Auf. 2 Thle. in 10 Lfgn. gr. 8. (VIII, 343; 160 S.) Stuttgart 868,69, Schober. à Lfg. 45 Pf. * geb. *

Hieraus einzeln:
—— Maria Werner, die mutterlose Jungfrau in ihrer Küche und ihrer Haushaltung. Ein Koch- und Wirthschaftsbüchlein. 4. viel verm. Aufl. 8. (160 S.) Ebendas. 869. * cart. *

—— Maria Werner. Die mutterlose Jungfrau in ihrem Leben und ihrer Haushaltung. Ein unterhaltendes und wirtschaftl. Bildungsbuch für Frauen und Töchter. 5. vielverm. und verb. Aufl. 2 Thle. in 1 Bde. 8. (XI, 320; 172 S.) [Stuttgart 885.] Schw. Hall, Schober. ℳ 4.50.; geb. * Auch in 9 Lfgn. à *

Späth, Charlotte, Maria Werner. Die mutterlose Jungfrau in ihrer Küche und ihrer Haushaltung. Ein Koch- und Wirtschaftsbüchlein. 5. vielverm. und verb. Aufl. 8. (172 S.) Stuttgart 885, Schober. ℳ 1.50.; cart.
6. Aufl. u. d. T.:

—— Maria Werner in ihrer Küche und ihrer Haushaltung. Koch- und Wirthschaftsbüchlein. 6. verb. Aufl. 8. (172 S.) Schw. Hall 887, Schober. ℳ 1.50.; cart. *

— die Zwillingsschwestern. Eine Erzählung f. Herrschaften u. Dienstboten. gr. 16. (101 S. m. 2 lith. Taf.) Stuttgart 852, Ed. Hallberger. 9 ngr

Spaeth, Eduard: Beiträge zur Kenntniss der hydrographischen Verhältnisse von Oberfranken mit specieller Berücksichtigung des Frankenwaldes und des Fichtelgebirges . . . München, M. Rieger'sche Univ.-Buchh. (Gustav Himmer), 1889; 79 S. u. 1 Kart. 8°
Erlangen, Phil. Fak., Inaug.-Diss. v. 1889.

Die chemische und mikroskopische Untersuchung des Harnes. E. Handbuch z. Gebr. f. Ärzte, Apotheker, Chemiker u. Studier. bearb. v. Dr. Eduard Spaeth. M. 63 in d. Text gedr. Abb. u. 1 Spectraltaf. *Leipzig: J. A. Barth 1897.* (XII, 340 S., 1 Taf.) 1 Bd 8. [97. 5631]

Spaeth, Eduard, die chemische u. mikroskopische Untersuchung des Harnes. Ein Handbuch zum Gebrauche f. Aerzte, Apotheker, Chemiker u. Studierende. Mit 75 in den Text gedr. Abbildgn. u. 1 (farb.) Spektraltaf. 2., neubearb. Aufl. (XX, 532 S.) gr. 8. Leipzig 903. J. A. Barth. n. 10.—; geb. in Leinw. n. 11.—

Spaeth, Eduard, die chemische u. mikroskop. Untersuchung des Harns. Ein Handbuch zum Gebrauche f. Ärzte, Apotheker, Chemiker u. Studierende. Mit 91 in den Text gedr. Abbildgn. u. 1 (farb.) Spektraltafel. 3. umgearb. u. ergänzte Aufl. (XXIV, 671 S.) gr. 8. Leipzig 908. J. A. Barth. 12.60; geb. in Leinw. 13.60

— die Vornahme der Lebensmittelkontrolle, s.: Raumer, Eduard v.

Spaeth, Ernst, Beiträge zur Lehre von der Tabes dorsualis. Tübingen 864. Buchhdlg. Zu-Guttenberg. gr. 8. (40 S.) n. 12 ngr

Späth Ernst: Über den Einfluß der Orthosubstitution bei der Bildung der Aldehyddiazetate. S. 119. Hb. 100 . . . . Sgr.
Separatabdruck

Späth, F., s.: Bericht üb. die Verhandlungen der XIII. allgemeinen Versammlung deutscher Pomologen u. Obstzüchter 2c.

Spaeth, Frz., Verzeichnis der v. Professor Dr. Yngve Sjöstedt in Kamerun gesammelten Cassiden. (S. 171 bis 180.) gr. 8. Stockholm 903. (Berlin, R. Friedländer & Sohn.) n. — 50
Sonderabdruck aus: „Arkiv f. zoologi".

SPAETH, Franz Xaver (Teisbach): Observationes medicae de morborum constitutione adjecto pleuritidis decursu peculiari.- Monachii: Hübschmann 1816. 30 S.
16.8.1816 - Pe 352; F 57
Diss. Ingolst.-Landsh.-Mchn.

Spaeth, Friedrich [aus Lindau (Bayern)]: Ueber die Tuberculose der weiblichen Genitalien .... Strassburg, Univ.-Buchdr. v. J. H. Ed. Heitz (Heitz & Mündel), 1885; 47 S. 8°.
Strassburg, Med. Fak., Inaug.-Diss. v. 1885.

Spaeth, Friedrich, über die Tuberculose der weiblichen Genitalien. Diss. Strassburg 1885. Trübners Buchh. u. Antiqu. (E. d'Oleire). 8°. 47 S.

Späth, G.

Späth: Commentatio de gladiatoribus. 27 S.–München L. Progr. 1863

Späth, Hermann

Spaeth, H., Antrittspredigt. gr. 8. (15 S.) Breslau 877. Maruschke & Berendt. n. -- 30

Spaeth, Herm., protestantische Bausteine. Leben u. Wirken d. Dr. Heinr. Krause nebst e. Auswahl aus seinen publicist. Arbeiten. Mit D. Heinr. Krause's (lith.) Portr. gr. 8. (X, 415 S.) Berlin 873. G. Reimer. n. 6. —

— Bußpredigt, geh. am 15. Mai 1878 in Breslau. 8. (14 S.) Breslau 878. Trewendt & Granier. n. — 25

— die Entwicklung Jesu, | s.: Vorträge, protestant.
— der Glaube an Gott. |

— die drei Grundideen einer gesunden Weltanschauung. Ein protestantischer Vortrag, zugleich ein Abschiedswort. gr. 8. (32 S.) Oldenburg 877. Schulze. n. — 60

— Luther u. sein Werk. 4 Vorträge. gr. 8. (107 S.) Oldenburg 876. Schmidt. n. 2. —

—— Samenkörner der Wahrheit. Predigten. 16 Hefte. 8. (512 S.) Oldenburg 873—75, Schulze'sche Buchh.
Subscr.-Pr. à Lfg. * 50 Pf.; à Lfg. * 60 Pf. *
geb. *

— Samenkörner der Wahrheit. Predigten. 8. (512 S.) Oldenburg 876. Schulze. 7. —; geb. n. 8. —

—— Theismus und Pantheismus. Ein Vortrag. 8. (23 S.) Oldenburg 878, Schulze'sche Hofbuchh. * —

Späth, H., Welt u. Gott. Grundzüge einer die Gegensätze der Neuzeit in sich verarbeit. theistischen Weltanschauung. Berlin 867. G. Reimer. gr. 8. (XVI, 331 S.) 1 ₰ 15 ngr.

Spaeth, Herm., Wer ist der Protestanten-Verein und was will er? 8. (26 S.) Oldenburg 872, (Bültmann und Gerriets.) *

— das Wesen d. Christenthums, | s.: Vorträge, protestantische.
— das Wesen d. Religion, |
— das Zeitalter der Reformation u. die Gegenwart, |

Spaeth, J. *Duncan:* Die Syntax des Verbums in dem angelsächsischen Gedicht Daniel. E. Beitr. z. angelsächs. Grammatik ... Leipzig, Druck v. E. Freter, 1893; 1 Bl., 50 S., 1 Bl. 8.
Leipzig, Phil. Fak., Inaug.-Diss. v. [18. Sept.] 1893

Späth, J. L. Nova methodus regiones saxosas geographice dimetiendi. Altorfii 1761. 4.

Späth, Johann Leonhard

Späth, Jh. Lhrd. Abhandlung über die Aufnahme der Gewerbsteuer in grossen Staaten und Reichen, nach einem neuen Princip aufgestellt. gr. 8°. Sulzb., v. Seidel, 1822.

Späth, Jh. Lhrd. Abhandlung über die prakt. Aufnahme der Grundsteuer für die Hofverbande und walzende Stücke. gr. 8°. Nürnberg, Wittwer, 1809.

— Abhandl. z. Berechnung d. Grades d. Genauigkeit, mit welcher auf e. Mauerquadraten nach Birds u. Branders Theilungsmethode d. Abtheil. d. Theilkreise f. die 90. u. 96. Theilung vollführt werden kann. Mit 1 Kpf. 8. Leipz. 788. Schwickert. 12 ₰

SPÄTH, Johann Leonhard: Abhandlung über die periodischen Durchforstungen oder über den regulären nach dem Locale geordnetem Plänterhieb in unseren Hochwaldungen. - Nürnberg 1802. 264 S.

— Abhandl. üb. die periød. Durchforschungen, od. üb. den regulairen Plänterhieb in Hochwaldungen, für Förster. 8. Nürnb. 802. Stein. 20 ₰

— Abhandl. üb. Elektrometer. Mit 1 Kpf. 8. Nürnb. 791. Schneider u. W. 8 ₰

— Abhandl. von runden, ovalen, Ey- u. Polygonalfässern. Mit 1 Kpf. gr. 8. Nürnb. 794. 2e A. 796. Stein. 18 ₰

— Abhdl. v. runden, ovalen, ey- u. vieleckigen Fässern, m. K. gr. 8. Nrnb. Stein. 796.

Späth, J. L.: „Abhandlung über die Grundsteuer nach dem reinen und rohen Ertrage der Stücke", München 1818.

Späth, Jh. Lhrd. Abhandlung über die Grundsteuer nach dem reinen und rohen Ertrag der Stücke. 8°. München (Fleischmann) 1819.

— Abhandl. üb. die Kröpfe d. Mühlgerinne u. Beschauflung unterschlächtiger Räder 2c. Mit 1 Kpf. 8. Nürnb. 815. Schrag. 6 ₰

SPÄTH, Johann Leonhard: Praktische Abhandlung über das Verkohlen des Holzes in großen und kleinen Mailern für Cammeralisten und Forstmänner. - Nürnberg 1800. 168 S., 1 Taf.

— Abhandl. üb. das Verkohlen des Holzes in großen u. kleinen Meilern. Mit 1 Kpf. gr. 8. Nürnb. 800. Bauer u. M. 14 ₰

— Abhandl. üb. d. forstl. Zuwachs u. Gehau-Bestimmung. gr. 8. Ulm 796. Stettin. 6 ₰

SPÄTH, Johann Leonhard: Abhandlung über den forstlichen Zuwachs und Gehaubestimmung. Ein Beytrag zu der Anleitung, die Mathematik und physikalische Chemie auf das Forstwesen und forstliche Camerale nützlich anzuwenden. - Ulm 1798. 64 S.

SPÄTH, Johann Leonhard: Anleitung, die Mathematik und Physikalische Chemie auf das Forstwesen und forstliche Camerale nützlich anzuwenden. - Nürnberg 1797. XXXVI, 624 S., 3 Tab.

Späth, Johann Leonhard: „Anleitung, die Mathematik und physikalische Chemie auf das Forstwesen und forstliche Kamerale nützlich anzuwenden", Nürnberg 1797 (Stein).

— Anweis. allerley Arten von Brau- Brenn- u. Farbgefäßen, so wie runde, ovale und andere Fässer zu visiren, mit K. gr. 8. Nrnb. Stein. 796.

J. Lh. Späth — 1) über den Bau, Effect, und Berechnung einer Walzmaschine mit zwey und drey Wellen, welche durch die Kräfte des Wassers in Bewegung gesetzt wird. 2) Beschreibung des Baues und Effects einer Polirmühle. Erfurt, Keyser. 39 S. 4. mit 2 Kpft. (Allg. Lit. Zeit. 1789. 1. B. 533 S.) 1788.

SPÄTH, Johann Leonhard: Beschreibung und ausführliche Gebrauchs-Anweisung eines neuen, sehr einfachen Taxationsinstruments oder Baummessers für Forstmänner. - Nürnberg 1802. 61 S., 1 Taf.

— Beschreib. u. ausführl. Gebrauchs-Anweisung e. Taxationsinstruments od. Baummessers, f. Forstmänner rc. Mit 1 Kpf. 8. Nürnb. 802. Stein. 6 kr

Späth, L., üb. die Entstehung u. Ausbildung des Sternhimmels, od. die Kosmogonie. gr. 8. Nürnberg, Schrag. 815.

SPÄTH, Joh. Leonh.: Fragmente aus der forstlichen Stereometrie in Bezug auf mögliche Nutzung des Holzes. - Nürnberg 1797

— über die Altdorfische Gemeindetheilung. kl. 8. Nürnb. 794.

SPÄTH, Johann Leonh.: Geodäsie, oder Anweisung zum Feldmessen, zum Gebrauch auf Schulen. - Nürnberg, Altdorf 1790. 2 Bd. 208 u. 216 S., m. Kupf.

— Geodäsie, oder Anweisung zum Feldmessen, mit Kupf. 2 Thle. 8. Nrnb. Schneider und W. 790.

Späth, Joh. Leonhard, k. bayer. Hofrath und Prof. der höheren Mathematik zu München. Die höhere Geodäsie oder die Wissenschaft, die Reiche der Erde und diese selbst, geographisch aufzunehmen und zu chartieren. Mit 4 Kupfern. 8.
München: Fleischmann 1816.

SPÄTH, Johann Leonhard: Die praktische Geometrie, angewandt für die Aufnahme grosser Distrikte, der Flur-, Aemter- und Profil-Karten, sowie der Gemeindetheilungen, Taxation ... Nürnberg 1818

— die praktische Geometrie, angewandt für die Aufnahme großer Distrikte, der Flur-, Aemter- und Profilcharten u. s. w. 1r Thl. gr. 8. Nürnberg, Riegel u. W. 819.

SPÄTH, Johann Leonhard: Handbuch der Forstwissenschaft, worinnen der praktische Betrieb der Waldungen ihre möglichste Erhaltung, Verbesserung und cammeralistische Benutzung abgehandelt wird. - Nürnberg 1801-1805. 4 Tl. - Tl. 1: XVI, 368 S. - Tl. 2: XXIV, 329 S. - Tl. 3: XVI, 429 S. - Tl. 4: XXIV, 543 S.

Späth, Joh. Leonhard: „Handbuch der Forstwissenschaft, worin der praktische Betrieb der Waldungen, ihre mögliche Erhaltung, Verbesserung und Benutzung abgehandelt wird", 4 Teile, Nürnberg 1801—1805 (Bauer & R.).

SPÄTH, Johann Leonhard: Inhalts-Anzeige der Privat-Vorlesungen über das Forstwesen, welche auf der Reichsstadt Nürnbergischen Universität Altdorf gehalten werden von Johann Leonhard Späth, Professor der Mathematik und Physik daselbst. - Nürnberg 1797. 32 S.

Späth, Joh. Leonh.: „Inhaltsanzeige der Privatvorlesungen über das Forstwesen", Nürnberg 1797 (Stein).

Spaeth, Joh. Leonh., Karte von dem ehemaligen Franken oder dem Mayn- und Rezat-Kreis des Kgrs Bayern, den Grhzgthm Frankfurth und Würzburg, nebst den angränzenden Staaten. Nürnberg 1811. Kupf., kolor. . . . . (RPA.)

Späth, Joh. Leonh., üb. d. Lichtstärke d. Fixsterne u. Sonnen nach ihrem veränderl. Glanze. Nach eigenen Ansichten bearb. gr. 8. (3½ B.) München 837, Franz.

— über den natürl. Magnetismus unserer Erde; üb. d. Nordlicht, Sonnenflecken, Feuerkugeln, Sternschüssen u. Cometen. gr. 8. Nürnb. 822, Stein.

Späth, Joh. Leonh., über d. Materielle d. Vortrages d. Mathematik, Physik u. Chemie auf uns. Gymnasien, Liceen, Universitäten u. techn. Instituten, wornach außer d. gewöhnl. Zwecken d. Unterrichtes insbesond. durch dens. auch Professoren dieser Wissenschaften, so wie d. Civil-Ingenieure d. Staates, u. die Directoren seiner techn. administrat. Stellen zunächst gebildet, u. nachgezogen werden mögen; womit noch Anordnungen u. Verfügungen rc. verbunden sind. 8. (13½ B.) München 832. (Regensburg, Manz.)

— üb. das Materielle des Vortrages der Mathematik, Physik u. Chemie auf unsern Gymnasien, Lyceen, Universitäten u. techn. Instituten rc.; womit noch Anordnungen u. Verfügungen rc. verbunden sind. 8. Münch. 832. (Krüll in Landsh.) 18 kr

— üb. d. Natur d. Gase, od. d. Gasometrie. Nach neuen u. eigenen Ansichten vorgetragen. gr. 8. (4½ B.) München 835, Franz.

— üb. d. Natur, Veränderungen u. Dauer uns. Sonne. gr. 4. (2½ B.) München 835, (Franz.)

— Diss. de observatione eclipsium satellitum Jovis, c. fig. aen. 4. Nürnb. 795. Lechner. (v. Ebner). 4 kr

Späth, J. L.: „Praxis der Güterarrondirung, nach eigenen Ansichten und Erfahrungen", Nürnberg 1819 (Riegel & W.).

— Praxis d. Güterarrondirung nebst eigenen Ansichten u Erfahrungen. Mit 1 Kupf. gr. 8. Ebend. 819.

Späth, Johann Leonhard, s. Schulze, El.: Geometr. Handbuch.

— Statik d. hölzernen Bogenbrücken nach d. Construktion des Hrn. K. F. v. Wiebeking. Mit 1 K. gr. 8. München, Fleischmann. 811.

Späth, Joh. Leonh., Statik u. Dynamik d. Physik. 2 Abtheil. gr. 8. Nürnb. Stein. 812—13. (Ir 16 gr. IIr 1 Rthlr.)

SPÄTH, Johann Leonhard: Taxation der Hut-, Zehend-, Jagd-, Forst- und Eigenherrlichen Rechte, mit welchen liegende Gründe belastet sind; mit der Schätzung der Stücke, Höfe, Landgüter und Hofmarken selbst, nach baarem örtlichen Werth. - Nürnberg 1824. 174 S.

Späth, Joh. Leonhard: „Taxation der Hut-, Zehend-, Jagd-, Forst- und eigenherrlichen Rechte, mit welchen liegende Gründe belastet sind; mit der Schätzung der Stücke, Höfe, Landgüter, Hofmarken etc.", Nürnberg 1824 (Stein).

Photometrische Untersuchung über die Deutlichkeit, mit welcher wir entfernte Gegenstände vermittelst dioptrischer Fernröhren beobachten können, in Anwendung dieser Theorie auf die Zuverlässigkeit, mit welcher vermittelst eines Hadleyischen Spiegelsextanten Winkel zu Wasser und zu Lande können abgemessen werden, wie auch über die Zuverlässigkeit, mit welcher vermittelst dieses Instruments und einem neuerfundenen Chronometer von Thom. Mudge oder Joh. Emery die geographische Länge eines Orts bestimmt werden kann, von J. Lh. *Späth*, Leipzig, Schwickert. 1789. 82 S. 4. mit 1 Kpft.

Analytische Untersuchungen über die Zuverläsigkeit, mit welcher ein Landmesser vermittelst verschiedener Geometerwerkzeuge Winkel u. Linien abmessen kann, von *J. Lh. Späth.* Altdorf u. Nürnberg, Monath. 158 S. 4. m. 2 Kpft. 1789.

— die Visirkunst, od. die einfachste, leichteste u. sicherste Art, runde, ovale u. Eifässer, so wie eckige Fässer aller Gattungen zu visiren. Mit 1 Kpf. gr. 8. Nürnb. 810. Stein. 16 kr

Späth, Johann Leonhard: „Ueber die örtliche progressive Wachsthumszunahme der Waldbäume in Anwendung auf den möglichen Ertrag eines Waldbodens", Nürnberg 1796. Stein.

SPÄTH, Johann Leonhard: Über die örtliche progressive Wachsthumszunahme der Waldbäume in Anwendung auf den möglichsten Ertrag eines Waldbodens. - Nürnberg 1796. 131 S.

Spaeth, Johann Wilhelm

Spaeth, J. W., Maschinenfabrik und Eisengießerei: Ansichten von der Fabrik und Erzeugnissen derselben. Dutzendteich b. Nürnberg (1899?)

Spaeth, Johann Wilhelm: Ansichten von Nürnberg und der Fabrik von Joh. Wilh. Spaeth. Dutzendteich b. Nürnberg (1899?)

Spaeth, J. W: Mehrfachziehtische. Beschreibungen von Stanz-, Richtmaschinen und Scheeren. Hopfenpressen. Dutzendteich bei Nürnberg. (1899)

Spaeth, Dr. Josef — Bericht über die Ergebnisse der neu errichteten geburtshilflich-gynäkologischen Klinik der k. k. medizinisch-chirurgischen Josefsakademie während des ersten Jahres ihres Bestandes. Von ——. Aus der Wiener medizinischen Wochenschrift 1856 besonders abgedruckt. Wien, 1856. Gedruckt bei A. Pichlers Witwe und Sohn. (57 S. 8.)

Spaeth, J., Klinik der Geburtshilfe und Gynaekologie, siehe: Chiari, J.

Spaeth, Jos., Compendium der Geburtskunde für Studirende. 1. Hälfte. Lex.-8. (S. 1—220 mit vielen in den Text eingedr. Holzschn.) Erlangen 856(57,) Enke's Vrlgsh. Thlr.*

Späth, Jos., Compendium der Geburtskunde für Studirende. 2. Hälfte. Lex.-8. (X und S. 221—458 mit 54 in den Text gedr. Holzschn.) Erlangen 857, Enke's Verlagsbuchh. *
1. Hälfte. Ebendas. 1856. * 1 Thlr. 10 Ngr.

Späth, Dr. Josef, Lehrbuch der Geburtshilfe für Hebammen. Mit 33 in den Text eingedruckten Holzschnitten. gr. 8. (XI u. 340 S.) Wien, Braumüller. 1869 4 fl.

Spaeth, Jos., Lehrbuch der Geburtshilfe für Hebammen. 2. Aufl. Mit 33 (eingedr.) Holzschn. gr. 8. (XI, 344 S.) Wien 874. Braumüller. n. 8. —

Späth, Jos., Lehrbuch der Geburtshilfe für Hebammen. 3. Aufl. Mit 33 (eingedr.) Holzschn. gr. 8. (XI, 346 S.) Wien 880. Braumüller. n. 8. —

Späth, Jos., Lehrbuch der Geburtshilfe f. Hebammen. 4. Aufl. Mit 33 Holzschn. gr. 8. (XI, 346 S.) Wien 886. Braumüller. n. 8. —

SPÄTH, Josef (Passau): De usu balneorum frigidorum in morbis febrilibus excepto typho.- München: Straub 1872. 20 S.
1.8.1871 - Urk; F 75; Chr 1871/72,19
Diss. Ingolst.-Landsh.-Mchn.

Späth, Caroline, 110 moralische Erzählungen für kleine Kinder. 3. Aufl. br. 8. (VI und 226 S. mit 11 ill. Stnt. und lithogr. und ill. Titel in Tondr.) Stuttgart 866, Nitzschke. cart.
Vgl. Späth, Charlotte.

Späth, Caroline, 110 moralische Erzählungen für kleine Kinder. 4. Aufl. 8. (VI. 205 S. m. 12 Chromolith.) Stuttgart 871. Nitzschke geb. 3. —

Späth, Karoline, 110 moralische Erzählungen für kleine Kinder. 5. Aufl. Mit 12 bunten Bildern. 8. (VIII, 205 S.) Stuttgart 880. Nitzschke. geb. 3. —

Späth, Karoline, 110 moralische Erzählungen f. kleine Kinder. 6. Aufl. M. 4 Farbdr.-Bild. u. vielen Textillustr. v. Alfr. Greiner. gr. 8. (VIII, 208 S.) Stuttgart 895. W. Nitzschke. Geb. n. 3. —

Späth, Karoline, 110 moralische Erzählungen f. Kinder. 7. Aufl. Mit 4 Farbdr.-Bildern u. vielen Textillustr. v. Alfr. Greiner. gr. 8. (VIII, 208 S.) Stuttgart (900). W. Nitzschke. Geb. 3. —

Späth, Meister Konrad, gen. Frühauf [Pseud.], s. Gerle, Wolfg. Adolf

— Schelmufsky's seltsame Abentheuer u. Reisen zu Wasser u. zu Lande, nebst d. Begebenh. von der Ratte. 8. Berl. 821. Christiani. (Cosmar u. Krause). 1 ß

Späth, Konr., genannt Frühauf, Guckkasten-Bilder aus dem Leben u. der Phantasie; Erzählungen, Träume, humoristische u. satyrische Versuche, Reiseskizzen, biographische und historische Fragmente. 2 Bndchen. Mit 1 Titelk. 8. Brünn, Traßler. 820. Rthlr.

Späth, Konrad, s. Hans Sachs: Historien u. gute Schwänke.

Späth, L., über Obstbau, s.: Sammlung gemeinnütziger Vorträge auf dem Gebiete des Gartenbaues, der Land- u. Forstwissenschaft.

Späth, Ludw., 100 Rad-Ausflüge v. München f. die Zeit von 1/2 Tag bis zu e. Woche. Mit e. Tourenkarte. 12. (108 S.) München 900. J. Lindauer. n. — 80

— 120 Rad-Ausflüge v. München f. die Zeit von 1/2 Tag bis zu 1 Woche. Mit 1 Touren-Karte. 2. Aufl. 12. (150 S.) Ebd. 902. n. 1. —

Späth, Ludw., 170 Radausflüge v. München f. die Zeit von 1/2 Tag bis zu 1 Woche. Mit 4 Kartenblättern. 3., durchaus umgearb. u. verb. Aufl. (152 S.) 8. München 906. J. Lindauer. n. 1. 50

Spaeth, Osw., Gedichte. (71 S.) kl. 8. Leipzig 907. Verlag f. Literatur, Kunst u. Musik. 2.—; geb. n 3. —

Späth, Philipp (Jakob)

Späth, Ph. Jak. Beitrag zu einer Abhandlung vom Steuerwesen im Würtembergischen. 8°. Tübingen (Osiander) 1799.

SPÄTH (Ph. Jac.): Beyträge zu e. Abhandl. v. Steuerwesen im Würtemb. *Tübingen*, Heerbrandt. 799 8.

SPÄTH, Ph. Jac.: Einleit. in d. Würtemberg. Inventur- u. Theilungswesen. *Stuttgart*, Steinkopf. 800. 8. (12 Gr.)

Späth, Ph. Jak. Grundriss einer möglichst guten Steuerregulirung. 8°. Stuttgart, Sattler, 1816. (Hofmann.)

Späth, P. „Grundriss einer möglichst guten Steuerregulierung", Stuttgart 1817.

— üb. das Würtemberg. Inventur- u. Theilungs-Wesen, in Hinsicht auf Zubringungs-Inventarien u. Theilungs-Receß. 8. Heilbr. 820. (Claß). 12 gr

— Skizze einer Uebersicht der topograph. Geschichte der Würtemberg. Erblande. 8. o. O. (Stuttg.) 817. (Hofmann). 12 gr

Späth, Philipp. Taschenbuch der Weltgeschichte, oder chronologisch-geordnete Uebersicht des Merkwürdigsten in der allgemeinen Weltgeschichte. Mit 1 allegorischen Kupfer. 8. Stuttgart 1816.

Späth, Ph., Taschenbuch d. Weltgeschichte. gr. 12. Stuttgart, Sattler. 1816.

— Taschenbuch der Weltgeschichte oder chronologisch geordnete Uebersicht des Merkwürdigsten in der allgemeinen Weltgeschichte. Mit 1 Kpf. u. Register. 2te Aufl. 12. Stuttgart, Metzler. 820.

Spaeth, Philipp
Taschenbuch der allgemeinen Weltgeschichte. 2. umgearb. und verm. Ausg.
Stuttgart: Metzler 1821. 428 S. 8°

— Chronologische Übersicht des Merkwürdigen aus der allgemeinen Weltgeschichte. Stuttg. 820. 12. 6 gr.

— chronologische Uebersicht d:s Merkwürdigern aus d. allgemeinen Weltgeschichte, nebst synchronistischen Regenten-Tafeln. Taschenform. Ebend. 821.

Späth, P., Versuch zur Beurtheilung des neuesten Systems der Steuer-Rectification. 8°. Stuttgart 1807.

Spaeth, Rich., die Erlöserkirche zu Breslau. Festschrift zur Einweihg. am 2. IX. 1904. (48 S. m. Abbildgn. u. 1 Taf.) gr. 8. Breslau 904. Ev. Buchh. n. — 75

Die Erlöserkirche zu Breslau. Festschrift z. Einweihung 1904 von Richard **Späth**, Pastor prim. Breslau: G. Kauffmann 1904. (48 S.) 8° [F.] [05. 4861 2

Familie und Kirche. Referat geh. in d. Versamml. d. Kreissynode Breslau 1897 von R[ichard] **Spaeth**, Pastor. Breslau (1897): Graß, Barth & Co. (47 S.) 8° [F.] [07. 13531 2

Festpredigt zur Einweihung der Erlöserkirche zu Breslau. Geh. 1904 von Pastor prim. R[ichard] **Spaeth**. Breslau: G. Kauffmann 1904. (14 S.) 8° [F.] [05. 4863 2

Eine Goethestudie. Goethes religiöse Stellung in ihrer Bedeutung für die Gegenwart. Von Pastor prim. [Richard] **Spaeth** in Breslau. Görlitz: R. Dülfer 1908. (26 S.) 8° [F.] [08. 7015

Spaeth, Rich., Konfirmandenstunden, s.: Menzel.

— die evangelische Pfarrkirche u. das Hospital zu Elftausend Jungfrauen. Festschrift zur Feier ihres 600jähr. Bestehens, auf Grund der Urkunden bearb. gr. 8. (V, 168 S. m. Abbildgn. u. 4 Taf.) Breslau 900. Ev. Buchh. n.n.1.—

Predigt zur Gedächtnißfeier des 350jähr. Todestages Martin Luthers am Jahresfest d. Breslauer Gustav-Adolf-Frauen- u. Jungfrauen-Vereins, 18. Febr. 1896, geh. von Diakonus [Richard] **Spaeth**. Breslau 1896: O. Gutsmann. (10 S.) 8° [F.] [07. 13523 2

Spaethe, Arthur, Arzt aus Gera, Reuss: Über den Einfluss der Ernährung auf die Ausscheidung der Kohlenhydrate im Harn. *Leipzig (1901): A. Edelmann.* (23 S.) 8°
Leipzig, Med. Diss. v. (30. Juli) 1901

Spaethe, C. F., de nonnullis ex antiquitt. graec. ad N. T. pertinentibus. Hal. 1767. 4.

Spaethen, (Albert) Friedrich: Beitrag zur Hypertrophie und Tumorbildung in der männlichen Mamma . . . Berlin, C. Vogts Buchdr., 1896; 28 S., 2 Bl. 8°
Berlin, Med. Fak., Inaug.-Diss. v. 27. Nov. 1896.

Spätner, Josef, aus Duisburg: Aus d. Laboratorium d. med. Klinik zu Bonn. Direktor: Herr Geheimrat Prof. Dr. Schultze. Die angeborenen Stenosen und Atresien des Darmes. *Bonn 1904: E. Eisele.* (96 S.) 8°
Bonn, Med. Diss. v. 23. März 1904

Späthling, Ludwig: Bericht über die Thätigkeit des Gabelsberger Stenographen-Vereins Regensburg, a. V. während der Vereinsjahre 1889/90–1893/94. . . . Regensburg: Dr. v. M. Wasner 1894. (64 S.) 8°

Spätlich, Walter: Untersuchungen über Tetrabothrien. Ein Beitr. z. Kenntnis d. Cestodenkörpers. Halle a. S. 1909: (Lippert, Naumburg a. S.). 56 S. 8° ¶(Aus: Zool. Jahrbücher. Bd 28. Abt. f. Anat.)
Halle, Phil. Diss. v. 16. Nov. 1909, Ref. Grenacher
[Geb. 14. Febr. 83 Ratibor; Wohnort: Ratibor; Staatsangeh.: Preußen; Vorbildung: Gymn. Ratibor Reife O. 02; Studium: München 1, Breslau 1, Berlin 2, Halle 8 S.; Rig. 9. März 09.] [U 10. 1801

Spätling, Theodor, appr. Arzt aus Werl (Westf.): Die Rückbildung des Pneumothorax nach Empyemoperation und ihre Beeinflussung durch eine neue Ventilvorrichtung. *Greifswald 1902: J. Abel.* (30 S.) 8°
Greifswald, Med. Diss. v. 31. Juli 1902

Spätlinge, Erzähl. u. Gedichte, siehe Heidelberger Taschenbuch.

Spätlinge. Königsberg 1803. V: *Scheffner, Joh. Georg.* (Ky) (EE) (BrMm) (GGr) (MGT)

Spätlinge, (v. J. G. Scheffner). 8. Königsb. 803. Nicolovius. 1 ₰ 12 gl Die dazu gehör. Episteln, s. unter: Episteln.

Spätlinge. Wien 1884. V: *Czerny, Wenzel.* (EB)

Spatny, Frz., Beiträge zur Geschichte d. Obstbaues im Königr. Böhmen. [Aus „neuer Wirthschaftskalender".] 8. (60 S. m. e. Holzschntaf. in qu. 4.) Prag 872. (Rziwnatz.) n. — 70

Spatný, Frant., hedbávnictví se zvláštním ohledem na dějepis hedbavnictví vůbec a v Čechách a na Moravě zvláště. Prag 863. Rziwnatz in Comm. 8. (IV, 61 S.) n. 8 ngr.

— holubářství v Čechách. Ebend. 862. 8. (VI, 76 S.) n. 12 ngr.

Spatný, Frant., Příruční knížka k úřadování představených obecních. 1. svazeček. Prag 852. (Rziwnatz.) 12. (72 S.) n. 7 ngr.

— naučení o vydávání listů domovských, lístků legitimačních etc. pro úředníky, advokáty, notáře etc. 2. svazeček knížky příruční k uřadování představených obecních. Ebend. 861. 12. (IV, 68 S.) n. 10 ngr.

— Sammlung der deutsch-böhmischen technischen, hauptsächlich mechanischen Nomenklatur. Enthält üb. 4000 Schlagwörter [Aus „Světozor".] gr. 16. (III, 100 S) Ebend. 871. n. 1. 20

Spatného, Frantiska, slownik hospodársko-technicky pro auřednjky, mysliwce, stáwitelské mistry a hospodáre cesko-nemecky. S úwodnj predmluwau od prof. Dra. Jos. Lumbe. gr. 12. WPraze 843. (Kronberger et Rziwnatz.) n. 5/6 ₰

Spatny, Frant., německo-česky slovník pro mužské a ženské krejči, postřihače, švadleny etc. — Deutsch-böhmisches Wörterbuch für Männer- und Damenschneider, Tuchscherer, Nätherinnen 2c. 8. (X und 106 S.) Prag 861, (Rziwnatz.) *

— stručný dějepis c. k. vlastensko-hospodářské společnosti v Čechách. Ebend. 863. 8. (42 S.) n. 6 ngr.

Špatný, Fr., Deutsch-böhmisches Universal-Wörterbuch d. Kochkunst- und Gastwirthschaft. (Povšechný německa-český slovník kuckař-ký hostinský.) Heft 2 8. (S. 33—64.) Prag. R. Brejška, Oberkelln. 20 kr. 1883.

Spatný, Fr., Deutsch-böhmisches Universal-Wörterbuch der Kochkunst u. Gastwirthschaft (Slovník Povšechný etc.) 3. Heft. 8. (S. 65 bis 96) Prag, R. Brejška. 1884.

Spatny, Frz., deutsch-böhmisches Wörterbuch für Jäger u. Jagdfreunde. Enth. nicht nur die waidmänn. Ausdrücke, sondern auch die Namen der europäischen Vögel u. Nomenklatur der einzelnen Bestandtheile der Jagdwaffen. Prag 870. (Rziwnatz.) 8. (VIII, 129 S.) n. 20 ngr.

Spatný, Frz., Deutsch-Böhmisches Wörterbuch f. Wirthschaftsbeamte, Thierärzte, Technologen etc. 1—4. Hft. gr. 8. (S. 1—256.) Prag 849. Kronberger in Comm. (à n. 1/4 ß) n. 1 ß

— deutsch-böhmisches Wörterbuch f. Wirthschaftsbeamte, Thierärzte, Technologen, Forst- u. Weidmänner, Land- u. Teichwirthe, Gärtner, Bau-, Maurer- u. Zimmermeister, Mühlbauer, Müller u. Brauer, mit gehöriger Berücksicht. der hierauf Bezug nehmenden Hilfswissenschaften u. Gewerbe. 5—8. Heft. Prag 851. Rziwnatz. gr. 8. (IV, S. 257—494.) n. 1 ß.

Spatný, Frz., deutsch-böhmisches Wörter-Buch für Wirthschaftsbeamte, Thierärzte, Technologen etc. mit gehör. Berücksichtigung der hierauf Bezug nehmenden Hilfswissenschaften und Gewerbe. 2. Aufl. 6 Hefte. gr. 8. (VI und 493 S.) Prag 864, (Rziwnatz.) à Heft * 10 Ngr. *

— deutsch-böhmisches Wörterbuch f. Zuckerfabrikation, Gaserzeugung, Maschinenwesen u. Oeconomie, m. besond. Berücksicht. der betreff. Fabriks- u. Vereinsangelegenheiten. 8. (VII, 137 S.) Ebend. 872. n. 3. —

Spatný, Frz., kurzgefasstes deutsch-böhmisches technisches Wörterbuch. 3 Hefte. 8. (188 S.) Prag 878,79, (Rziwnatz.) à Heft * 80 Pf.; compl. *

— zábavy myslivecké. 1. 2. svazeček. Prag 856, 57. (Rziwnatz.) 16. (64; 64 S.) Jedes Heft 5 ngr.

— zábavy myslivecké. Dil I. Svazeček 1—5. — Dil II. Svazeček 1. 2. Ebend. 860—64. 16. Jedes Heft (à 64 S.) n. 5 ngr.

Spatschil Franz: Der Heidelberger Bund. H. 1910 PN 2951 Diss. Wien, Univ.

Aus der Spätsommerfrische. Erlebtes und Erdachtes. 8. (20 S.) —.25
Hermannstadt: Krafft 1894.

Spaettgen, Doris Freiin von [Mädchenname]
s.u. Scheliha, Doris von [Frauenname]

Spaettgen, Doris Freiin v., plein air. Novelle. gr. 8. (157 S.) Leipzig 890. Reißner. n. 2. —; geb. n. 3. —

Spättgen, Doris Freiin v. (Doris v. Scheliha), Arbeitskraft. Roman. 2 Bde. 8. (192 u. 198 S.) Dresden 898. C. Reißner. n. 5. —; in 1 Bd. geb. n. 6. —

— aus der Bahn. Roman. 8. (393 S.) Leipzig 890. Friedrich. n. 5. —; geb. n.n. 6. —

— lose Blätter. Neue Novellen. 8. (180 S.) Leipzig 895. F. A. Berger. n. 2. —; geb. n. 3. 20

— fremdes Blut, s.: Daheimbibliothek.

— v. Bruderhand. Roman. 2 Bde. 8. (173 u. 214 S.) Leipzig 893. Dresden, C. Reißner. n. 6. —; in 1 Bd. geb. n. 7. —

Spaettgen, Doris Freiin v., durch Sturm zum Hafen. Erzählung. 8. (138 S.) Berlin 884, Janke. *

Sein Erbe. Roman von Doris Freiin v. Spättgen [d. i. Doris v. Scheliha]. Berlin: A. Schall (1904). (308 S.) 8° [J.]
= Verein d. Bücherfreunde. Jg. 13, [5.] [13. 1631]

Der Erbfeind. Erzählung von Doris Freiin v. Spättgen. Leipzig: W. Friedrich [1892]. 273 S. 8° [10. 11143]

— Amerikanische Existenzen, s. Ottmann's Bücherschatz.

— Fee. Roman. 8. (235 S.) Lpz. 889, Reißner.

— Frauenlehn. Roman. 2 Bde. 8. (274 u. 296 S.) Breslau 887. [Schottländer.] Schlesische Verlags-Anstalt. n. 9. —; geb. n. 11. —

Gespenster. Rübezahl. Novellen von Doris Freiin v. Spättgen. Jena: Costenoble 1893. 259 S. 8° [11. 7184 2]

— Gift. Roman. 8. (348 S.) Dresden 896. C. Reißner. n. 5. —; geb. n. 6. —

Spättgen, Doris Freiin v. (Frau Doris v. Scheliha), Glücksspiel. Roman. Illustriert v. J. G. Mohr. 2 Bde. 8. (324 S.) Dresden 901. E. Pierson. n. 6.—; geb. n. 8.—
Jetzt: Berlin: Vlg.Berlin-Wien.

— kein Herz, s.: Eckstein's Reisebibliothek.

— Mater Innocentia. Historischer Roman. 8. (235 S.) Leipzig 889. Reißner. n. 3. 50; geb. n. 4. 50; m. 4 Lichtdr.-Bildern n. 4. 50; geb. n. 5. 50

— Jone. Roman. 1. Aufl. 1889 u. 2. (Titel-)Aufl. 2 Bde. 8. (231; 251 S.) Dresd. 892, Pierson. * 8 —; geb. * 10 —
Jetzt: Berlin: Vlg.Berlin-Wien.

— unsere Mädchen, s.: Bloch's, Ed., Theater-Korrespondenz.

— Meteor. Roman. 8. (214 S.) n. 3.—;
Dresden: Pierson 1902. geb. n. 4.—
Jetzt: Berlin: Vlg.Berlin-Wien.

— Nautilus. Heimatlos, s.: Kürschner's Bücherschatz.

Spättgen, Doris Freiin von: Nur die Hälfte, s. Eckstein's Reise-Bibliothek.

— Pars diaboli (Des Teufels Anrecht), s.: Für Herz u. Haus!

Rache. Roman von Doris Freiin v. Spättgen [d. i. Doris v. Scheliha]. Dresden: Reissner 1904. 303 S. 8° [11. 317 2]

– Ihr Regiment, s. Eckstein's Reise-Bibliothek.

— Schatten. Roman. 8. (378 S.) Stuttgart 890. Deutsche Verlags-Anstalt. n. 4. —

— Schatten. Roman. (Neue Titel-Ausg.) 8. (378 S.) Stuttgart (890) 895. Deutsche Verlags-Anstalt. n. 1. 50; geb. n. 1. 75

Spättgen, Doris Freiin v. (Doris v. Scheliha), d. Schein. Roman. 8. (316 S.) Jena 895. H. Costenoble. n. 5. —; geb. n.n. 6. —

Sein und Werden. Roman von Doris Freiin v. Spättgen [d. i. Doris v. Scheliha]. Berlin: A. Goldschmidt 1909. (230 S.) 8° [J.] [08. 17333]

— Sphinx. Roman. 8. (307 S.) Leipzig 886. Reißner. n. 4. 50; geb. n. 5. 50

— „Steh fest". Roman. (282 S.) 8. Berlin (908). A. Schall. 3.50; geb. 4.50

– D. bürgerl. Tante, s. Eckstein's Reise-Bibliothek.

— um fünfzig Gulden. Um nichts. 16. (86 S.) Anklam 897. H. Wolter, Verl. Geb. in Leinw. n. 1. —

Spättgen, Doris Frein v. (Frau Doris v. Schcliha), zwischen Unrecht u. Recht. Roman. (309 S.) 8. Dresden 903. E. Pierson. n. 3. —; geb. n. 4. —

Ⓑ — Zwischen Unrecht u. Recht. 903. (KBL 34.) Jetzt: Berlin, Verlag Berlin-Wien.

Spättgen, Doris Freiin v., e. Vorurtheil. Roman. 2 Bde. 8. (203 u. 236 S.) Leipzig 892. Dresden, C. Reißner. n. 7. —; in 1 Bd. geb. n. 8. —

— gefährliche Waffen. Roman. 2 Bde. 8. (175 u. 199 S.) Ebd. 894. n. 6. —; in 1 Bd. geb. n. 7. —

— William. Roman aus dem deutsch-amerikan. Leben. 8. (226 S.) Leipzig 889. Reißner. n. 3. —; geb. n. 4. —

— aus den Wolken, s.: Eckstein's 50-Pfennig-Bibliothek.

Spättgen, Doris Freiin v., d. Amerikaners Wort. Roman. 8. (263 S.) Berlin 885. Janke. n. 2. —

Spatz [Sachl. OW]

Spatz, der. Dramatischer Scherz in 1 Aufzug. 16. (23 S.) Frankfurt a. M. 857. Küchler.

Spatz. Der Spatz. Was pfeift der (*Spatz*) vom Dache?... Humoristisches Sechseläutenblatt. Jahrg. 8. No. 8. Zürich, 21. April. 1902. [Mit Vignetten.] [4 S.] fol. (Zürich, M. Metzler.) fr. —. 40

Spatz. Der Spatz. Was pfeift der (*Spatz*) vom Dache?... Humoristisches Sechseläutenblatt. Jahrg. 9. No. 9. Zürich, 20. April. 1903. [Mit Vignetten.] [4 S.] fol. (Zürich-Wiedikon, M. Metzler.) fr. —. 40

Spatz. Der Sp'. Was pfeift der (*Spatz*) vom Dache?... Humoristisches Sechseläutenblatt. Jahrg. 10. Nr. 10. Zürich, 18. April. 1904. [Mit Vignetten.] [4 S.] fol. (Zürich-Wiedikon, M. Metzler.) fr. —. 40

Spatz. Der Sp'. Was pfeift der (*Spatz*) vom Dache?... Humoristisches Sechseläutenblatt. Jahrg. 11. Nr. 11. Zürich, 10. April. 1905. [Mit Vignetten.] [4 S.] fol. (Zürich-Wiedikon, M. Metzler.) fr. —. 40

Spatz. Der Sp'. Was pfeift der (*Spatz*) vom Dache? ... Humoristisches Sechseläutenblatt. Jahrg. 12. Nr. 12. Zürich, 23. April 1906. [Illustriert.] [4 S]. fol. (Zürich-Wiedikon, M. Metzler.) fr. —. 40

Spatz. Der Sp'. Was pfeift der (*Spatz*) vom Dache? ... Humoristisches Sechseläutenblatt. Jahrg. 13. Nr. 13. Zürich, 15. April 1907. [Illustriert.] [4 S.] fol. (Zürich-Wiedikon, M. Metzler.) fr. —. 40

Spatz. Der Sp'. Was pfeift der (*Spatz*) vom Dache? ... Humoristisches Sechseläutenblatt. Jahrg. 14—16. Nr. 14—16.... [Illustriert.] [*je* 4 S.] fol. *je* fr. —. 40
Nr. 14. Zürich, 27. April 1908. (Zürich-Wiedikon, M. Metzler.)
Nr. 15. Z', 19. A' 1909. (Z'-W', M. M'.)
Nr. 16. Z', 18. A' 1910. (Höngg, R. Bader.)

Spatz, der Ulmer. Illustrirter Volks- u. Familien-Kalender f. 1890. gr. 8. (30 S.) Stuttgart 889. Braunbeck. n. — 10

Spatz [Verfasser]

SPATZ, Bernhard (München): Über den Einfluss von Krankheiten auf die Grösse des Herzens.- Leipzig: Hirschfeld 1881. 31 S.
8.10.1880 - Urk (Titel: De vi et effectu quem morbi in quantitatem cordis exhibeant.); Chr 1880/81.14
Diss.Ingolst.-Landsh.-Mchn.

Spatz, G., Anlage, Einrichtung u. Betrieb der Sägewerke, s.: Braune, Geo.

Spatz, G. F., Beitr. zur Beförder. häusl. Andacht. 2e verm. Aufl. gr. 8. Leipz. 825. (Kayser). 12 gr.

Spatz, Jh. Fr. Wlh., († d. 21. Febr. 1803.) das evangel. Speyer, od. kurzgefaßte Nachr. von der Reformation. gr. 8. Frankenthal 778.

Spatz, Jul. Mart., Hamaël, der reiche Arme. Eine biblisch-evangelische Novellette. Frei nach dem Holländischen. Speyer 861. Lang. 16. (96 S.) n. 10 ngr.

Spatz, Jul. Mart., Kaiserdom und Retscher. Ein Sang in die Gegenwart. Speyer 858. Lang. 16. (40 S.) 7½ ngr.

Spatz, M., die Kampforganisationen Neu-Polens. (78 S.) gr. 8. München 910. J. F. Lehmann's Verl. 1. 50

Spatz, Paul W. H., die Regentschaft Tunis. Ein Handbuch f. Touristen. 8. (136 S. m. Abbildgn.) Halle 903. C. A. Kaemmerer & Co. Kart. n. 1. —

Spatz, Philipp, Hilfsbuch f. Zeitungsleser. Erläuterung der in Zeitgn. häufig wiederkehr. Fremdwörter u. Ausdrücke, welche insbesondere die Politik, die Technik, den Sport u. die Kunst betreffen. (III, 84 S.) 8. Wien 910. M. Perles. 1. 60

SPATZ, Rudolf (München): Beiträge zur Mortalitäts-Statistik der Gewerbekrankheiten.- Nürnberg: Bieling-Dietz 1887. 1 Bl., 24 S.
12.11.1886 - Chr 1886/87,11; Jv 1886/87,190 (Prom.-Datum: 1887)
Diss. Ingolst.-Landsh.-Mchn.

Spatz, Rudolf, Beiträge zur Mortalitäts-Statistik der Gewerbekrankheiten. Diss. München 1887, A. Buchholz. 8°. 24 S.

Spatz, Willy, Bilder aus der Vergangenheit des Kreises Teltow. 1. Tl. Von der ältesten Zeit bis zum Ende des großen (od. 30jähr.) Krieges. (XI, 251 u. XX. S. m. Abbildgn. u. 1 Karte.) Lex.-8. Berlin (905). (E. Haase.) Geb. in Leinw. n.n. 20. —

Bilder aus der Vergangenheit des Kreises Teltow. Im Auftr. d. Kreises bearb. von Willy **Spatz**. T. 1. Berlin: R. Rohde (1905). 4° [F.] [Umschlagt.:] Der Teltow. 06. 4153

Chronik von Nowawes-Neuendorf. Zur Feier d. Vereinigung beider Orte im Auftr. d. Gemeinde-Vorst. verf. von Dr. Willy **Spatz**. Nowawes: Gemeinde Nowawes in Komm. 1907. (X, 94 S.) 4°(8°) [F.] 07. 9167

Spatz, Willy, aus der Geschichte Schmargendorfs. Ein Beitrag zur Geschichte des Kreises Teltow. Vornehmlich nach Akten des Geheimen Staatsarchivs zu Berlin. Lex.-8. (56 S. m. Abbildgn. u. 4 Taf.) Berlin 902. (Liebel.) n. 2. —

Spatz, Willy, s.: Kunstdenkmäler, die, der Prov. Brandenburg.

— s.: Landeskunde der Prov. Brandenburg.

Spatz, Wilhelm, Dr.: Quellenstellen zur älteren märkischen Geschichte als Hülfsmittel für den Geschichtsunterricht. Berlin: Liebelsche Buchh. in Komm. 1904. (48 S.) 4° [F.] Schöneberg, Hohenzollernschule OP 1904 (94)

Spatz, Wilhelm *Julius Ludwig* [aus Berlin]: Die Schlacht von Hastings ... [Erschien vollst. als Heft 3 von: Histor. Stud. veröffentl. v. E. Ebering.] Berlin, C. Vogts Buchdr., *1896*; 2 Bl., 26 S., 1 Bl. 8.
Berlin, Phil. Fak., Inaug.-Diss. v. 20. Juni 1896

Die Schlacht von Hastings. Von Wilhelm **Spatz**, Dr. phil. *Berlin: E. Ebering 1896.* [S. 1—26 erschien als Berl. Diss. 1896.] (4 Bl., 69 S.) 1 Bd S. = Studien, Historische. H. III. 97. 4253

Spatzen, Londoner. Eine Jugenderzählung. Frei aus dem Engl. von P. v. Bl. Autoris. Uebersetzung. 8. (143 S. m. 3 Holzschntaf.) Basel 881. Schneider. n. 1. 20; geb. n. 2. —

Spatzen, Londoner. E. Jugenderzählg. Frei aus d. Engl. von P. v. Bl. Autor. Uebersetzg. 2. Aufl. 8. (112 S. m. 3 Abb.) Basel 896. A. Geering. n. — 80; Geb. in Leinw. n. 1. 20

Spatzenegger, Dr. Leopold. ... Salzburg 1877. V: *Pichl, Frz v.* (Hr)

Spatzenpfiff, Der. Wiener Volkslied. Wien [1855]. V: *Neidl, Julius.* (EB)

Spatzier, Hans, zur Einführung in den Spiritismus, s.: Flugschriften, spiritistische.

Der Lehrlings-Katechismus der Johannis-Freimaurerei. Zur Instruction hrsg. von Hans Spatzier. Berlin 1897: Thyssen. 3 Bl. 8°. [Umschlagtit.] 21.

Liederbuch für Freimaurer-Logen. Zsgest. und bearb. von Hans Spatzier. Berlin: Pintus 1898. 80 S. 8°
73 Lieder ohne Noten. 25a.

— der Spiritismus vor Gericht im Proceß Valeska Töpfer. Eine spiritistisch-wissenschaftl. Beleuchtg. Nach e. Vortrage, geh. am 20. Mai 1892 im spiritist. Verein „Psyche". gr. 8. (16 S.) Berlin 892. E. Aschenfeldt. — 80

Spatzier, J., die nützl. Futterpflanzen, s. Mittheilungen üb. d. Futterbau.

Spatzier, Johanne Karol. Wilhelmine, s. Spazier, Johanne Karol. Wilhelmine

Spatzier, Max: Der Abbé Desfontaines, ein Kritiker Voltaires. Leipzig 1904: E. Glausch. (71 S.) 8°
Leipzig, Phil. Fak., Ref. Birch-Hirschfeld u. Wülker, Diss. v. 14. Okt. 1904
[Geb. 3. Juni 81 Zittau; Wohnort: Zittau; Staatsangeh.: Sachsen; Vorbildung; Realgymn. Zittau Reife O. 00; Studium: Leipzig 2, Wien 1, Leipzig 5 S.; Rig. 10. Mai 04.]

Spatzier, Wilhelm [aus Braunschweig]: Ueber das Auftreten und die physiologische Bedeutung des Myrosins in der Pflanze ... M. e. Taf. (Aus: Pringsheim's Jahrb. f. wiss. Bot., Bd XXV Heft 1.) Berlin, Gebr. Borntraeger, 1893; 2 Bl., 40 S., 1 Taf. 8.
Erlangen, Phil. Fak., Inaug.-Diss. v. 1893

Spätzle, Mich., d'Bettfläsch, s.: Volksbühne, schwäbische.

Spauer, s. Spaur.

Spaulding, Eduard Gleason, aus Burlington, Vereinigte Staaten: Beiträge zur Kritik des psychophysischen Parallelismus vom Standpunkte der Energetik. T. 1. *Halle a. S. 1900: E. Karras.* (34 S.) 8° ¶ (Erscheint vollst. als H. 14 d. Abhandlungen zur Philosophie u. ihrer Gesch.)
Bonn, Phil. Diss. v. 4. Mai 1900

Beiträge zur Kritik des psychophysischen Parallelismus vom Standpunkte der Energetik von Edward Gleason Spaulding. *Halle a. S.: M. Niemeyer 1900.* (VII, 109 S.) 8°
= Abhandlungen z. Philosophie u. ihrer Geschichte. H. 14. [illegible] 3

Spaulding, Frank *Ellsworth* [aus Groton, Mass., U. S. A.]: Richard Cumberland als Begründer der englischen Ethik ... Leipzig, G. Fock, 1894; x, 101 S. 8.
Leipzig, Phil. Fak. Inaug.-Diss. v. [28. März] 1894

Spaun, Anton Ritter von

Spaun, Ant. v., Heinrich v. Ofterdingen u. d. Nibelungenlied. Ein Versuch d. Dichter u. d. Epos f. Oesterreich zu vindiciren. Mit e. Anh.: Proben österreich. Volksweisen im Rhythmus d. Nibelungenliedes. gr. 8. (8¼ B. u. 3 Notenbl.) Linz 840, Haslinger.

Spaun, A. v., die Klage, s. Klage.

Spaun, Ant. Ritter v., das österreichische Volkslied, s. Zur Kenntnis u. Pflege des deutschen Volksliedes. 1.

Spaun, Anton Ritter von: Das österreichische Volkslied. Mit e. Nachrufe von Adalbert Stifter. 2. Aufl. Wien: Deutscher Volksgesang-Verein 1896. 30 S. 8°
(Flugschriften hrsg. von d. Deutschen Volksgesang-Vereine in Wien. 1.)

Spaun, Ant. v., österreich. Volksweisen, s. Volksweisen.

Spaun, Ant. Ritter v., österreichische Volksweisen in einer Auswahl von Liedern, Alpen-Melodien u. Tänzen, gesammelt. Mit 30 (eingedr.) Zinkotypien nach Orig.-Zeichnungen von Karl Geiger. 3., verb. Aufl. gr. 4. (111 S.) Wien 882. Manz. cart. n. 8. —

Spaun, Franz Frhr. von

— Anleit. zur geradlinigten Trigonometrie u. zur Arithmetik der Sinuse durch die Constructions-Methode. gr. 4. Münch. 818. (Finsterlin). 20 gr; bei Pustet in Passau. 16 gr

— Anleitung zur geradlinigten Trigonometrie u. zur Arithmetik der Sinuse durch die Constructions-Methode. 4. Ebend. (in Comm.) 819.

v. Spaun, Frz., Antwort auf das Schreiben d. Grafen Karl v. Arco, über die Thaumaturgen. 8. Regensburg 821. (Kollmann in Augsburg.)

— üb. die Thaumaturgen, s. Antwort auf d. Sendschreiben d. Gr. K. v. Arko.

— verbindliche Antwort auf das höfliche Schreiben des Anonymus 2c. 8. Ebd. 822. ¼ ß

Spaun, Franz von, s. Antwort, Vorläufige, des Verfassers des Versuchs ...

Spaun, Franz v., Bemerkungen üb. die wichtigsten Verhandlungen der bairischen Ständeversammlung. II Hefte. gr. 8. München. (Leipzig, Seeger.) 818.

SPAUN, Fr. von, Mathematischer Beweis, dass die Unbeschränktheit des Luxus früher oder später, aber unfehlbar eine Nation zu Grunde richte, mit Schreiben an den H. Aug. von Kotzebue über seine litterar. Blätter. O. O. 1813. 117 S. 8°.
Max Perl's Berliner April-Auction 1910, no. 1229. — Selten!

—, mathemat. Beweis, dass die *Unbeschränktheit des Luxus* früher oder später, aber unfehlbar, eine Nation zu Grunde richte, mit angehängtem *Schreiben an den H. August v. Kotzebue* über seine litterarischen Blätter. O. O. 1818. 8°. Ppb.
117 S. (incl. Tit. u. 7 Bll. Vorrede). In letzterer u. in dem „Schreiben" (S. 105 ff.) heftige Angriffe auf Kotzebue's politisch-litterarisches Verhalten.

— mathem. Beweis, daß die Unbeschränktheit d. Luxus früher oder später, aber unfehlbar eine Nation zu Grunde richte. 8. München, Thienemann. 818.

— mathemat. Beweis, daß die Unbeschränktheit des Luxus früher oder später, aber unfehlbar eine Nation zu Grunde richte. 8. Münch. 818. (Pustet in Passau). 12 gr

Spaun, Franz von, s. Briefe über die ersten Grundsätze d. Mechanik.

— üb. die hölzernen Brücken mit großen Jochöffnungen. 8. Münch. 818. Landsh., Weber. 4 gr

Spaun, Franz von: Über die hölzernen Brücken mit großen Jochöffnungen. (Beilage zum bairischen Kunst- und Gewerbeblatte.) Passau. 1818. 8°

- *Spaun*, Frz. v. († 1826 zu München), über die Ehrenrettung des Münchner Brod-Tarifs von dem Hrn. Stadtrichter *Reingruber*. O. O. (München) 1818. 8⁰. Cart.
  24 S. — Controverse zwischen Spaun u. Reingruber bei Gelegenheit der Theuerung in München im J. 1818. — Selten!

— üb. Reingrubers Ehrenrettung des Münchner Brodtarifs. 8. Passau 818. Pustet. (Münch., Weber). 4 gr.

— Einleit. zur geometr. Construction aller Probleme d. sphärischen Trigonometrie, mittelst welcher die Zweideutigkeiten der analyt. Formeln gehoben werden. gr. 8. Nürnb. 811. Stein. 12 gr.

v. Spaun, (F.,) Etwas üb. Eigenthum, Eigenthumsgesetze u. die Eigengerichtsbarkeit. 8. Passau 822, Pustet.

Spaun, Frz. (Frhr.) v., *Glossen über den Zeitlauf*. Enthaltend die demokratischen Umtriebe mit einem bewährten Hausmittel gegen die pestilenzialische Konstitutions-Wuth, aus der Hausapotheke eines guten deutschen Königs (*Max Josef's* v. Bayern), u. etwas über die Segnungen des Mittelalters. Aus *Baiern*. O. O. 1821. 8⁰. Eleg. Hsrsb.
Interess. satyr.-polit. Abhdlgn. 1 Bl., XXXVI--252 S., 1 Bl. — Franz Frhr. v. Spaun, 1753 in Tirol geb., seit 1788 österr. Reg.-Rath u. Landvogt im Breisgau, sass wegen einer angeblich regierungsfeindl. Schrift 10 J. auf der Festung Kufstein. Er starb 1826 zu München.

— Glossen über d. Zeitlauf. 8. Passau 821, Pustet.

— über die Grundverhältnisse des Staates zur Kirche u. zu der röm. Curie. 8. Münch. 818. (Finsterlin; a. Weber; a. Pustet in Passau). 8 gr.

v. SPAUN, Fr.: Ueb. d. Grundverhältnisse d. Staats z. Kirche u. zu d. röm. Curie. *München*, Thienemann. 819. gr. 8. (5 Gr.)

Spaun, Franz von, s. Lehrsätze des gemeinen Menschenverstandes.

Spaun, Franz v., der sarmatische Lykurg. gr. 8. Nürnb. Stein. 811.

Spaun, Frz. (Frhr.) v. (1753—1826). der sarmatische Lykurg oder über die *Gleichstellung der Juden* und der Juden (Druckf. statt Christen), und den Einfluss der Volksfeste auf die National-Bildung. Ein politischer Roman. [illegible] 8⁰. Tit. gestemp. u. einige Bll. nicht rein. Ppb.
1 Bl., 302 S., 1 Bl. Err. — Zuerst gedr. 1811.

Spaun, Franz von, s. Malleus ferreus etc.

v. Spaun, (F.,) über die, der Regierung anzuempfehlenden Maßregeln d. übermäßigen Korntheurung abzuhelfen. 8. Passau 817, Pustet. 5 gr. (bei Weber in Landsh.) Rthlr.

— polit. u. literar. Phantasien. 8. Zürich 817. Orell. 16 gr.

— üb. die religiösen Phantastereien der neuesten Zeit. 8. Münch. 824. (Finsterlin).

— üb. den Plan des Hrn. Obersalinenraths v. Reichenbach, eine eiserne Röhrenbrücke üb. die Isar zu bauen. 8. Regensb. 820. Pustet. 6 gr.

v. Spaun, Frz., Staberls Promotion zum magnetisirenden Doctor; eine Posse in 3 A. 8. Münch. 817. Weber. 8 gr.

— Samml. seiner literar. Werke, theils Kritiken der allerneuesten Fatalitätstragödien, kleine Novellen u. Romane seiner Erfindung, e. Lustspiele u. Uebersetzungen 2c. 8. Münch. 821.

— vermischte Schriften. 1s u. 2s Bdchen. 8. München 822. (Passau, Pustet.)

v. *Spaun*, Fr., Dissert. de successione foeminarum in feudo. 8maj. Wien 776. Heubner. 4 gr.

— mein mathemat. Testament. 4. Ebd. 824. 5/6 Rthlr. Postp. 1 5/6 Rthlr. Velinp. 2 1/3 Rthlr.

— mein mathemat. Testament. Mit 1 Plan. 4. Passau 825, Pustet 20 gr. Postpap. 1 Rthl. 20 gr. Velinp.

Spaun, Frz. v., polit. Testament. Ein Beitr. z. Geschichte d. Pressfreiheit im allgem. u. in besond. Hinsicht auf Bayern. Mit d. verstorb. Docen Vorbericht u. Bemerkn. hrsg. v. Eisenmann. gr. 8. (19½ B.) Erlangen 831, Palm u. Enke.

— über die Thaumaturgen des 18ten Jahrhunderts. 8. Ebd. 821. 1/4 Rthlr.

Spaun, Fr. v., ueber die *Thaumaturgen des 19. Jahrhunderts*. München 1821. 8⁰. Cart., unbeschn.
43 S. Ohne Namen d. Verlegers u. Druckers.

— Träume eines Wachenden. 8. o. O. (München) 819. Lindauer. 12 gr.

— Träume eines Wachenden. 8. (München, Lindauer. 820.

—, ueber *privilegirte Umtriebe*. O. O. 1821. 8⁰. Cart.*), unbeschn.
72 S. — S. 55: „Unter den Sünden-Böcken, welche in den politischen Schaafstall der Kirche zurückgekehrt sind, zeichnet sich rühmlich der Archivar unserer (bayer.) Landstände Herr (Fel. Jos.) v. Lipowsky aus; der vormals so gut als der Freyherr v. Mastiaux an dem Land u. Leute verderblichen Aufklärungs-Werke arbeitete und nun als Jesuiten-Freund u. Löschhöruler erster Klasse auftritt." etc.

v. Spaun, Frz., über privilegirte Umtriebe. 8. Passau 821, Pustet. 8 gr.

Spaun, Franz v., die *Verschwörung gegen den gesunden Menschenverstand*. (Motto aus Ovid.) München (o. A. d. V. u. D.) 1817. 8⁰. Cart.
48 S. — Mit heftigen Ausfällen auf Lavater, Mesmer, Schelling.

— die Verschwörung gegen den gesunden Menschenverstand. 8. Passau 817, Pustet u. Landshut, Weber.

— die Verschwörung gegen den gesunden Menschenverstand. 8. (München, Fleischmann in Comm.) 818.

— die Verschwörung gegen den gesunden Menschenverstand. 8. Münch. 818. (Weber; a. Pustet in Passau). 6 gr.

Spaun, Franz von, s. Versuch, das Studium der Mathematik zu erleichtern.

Spaun, Franz von: „Vom Wechsel und vom Wechselrechte; eine Untersuchung der Frage: ob die Privilegien der Wechsel nothwendig und nützlich seien?", München 1819 (Finsterlin). — Vorh.: Com. Bibl. Hamburg, Bücherei der Ind.- u. Handelsk. Leipzig.

— wie viel Uhr ist es? 4. Münch., Finsterlin. 2 gr.

Spaun, Joh. v., das Reichsgericht. Die auf dasselbe sich bezieh. Gesetze u. Verordngn. samt Gesetzesmaterialien sowie Uebersicht der einschläg. Judikatur u. Literatur. (IX, 406 S.) 8. Wien 904. Manz. n. 7.60; geb. n. 8.60

Spaur, Friedrich Franz Josef Graf von

— die christl. Freiheit, erklärt in einer Predigt 2c. gr. 8. Salzb. 794. Mayr. 3 gr.

Spaur, Graf Fried., Gedanken üb. die Bildung d. Gutsbesitzer u. Bauern zu ihrem Berufe, dem Landbau. 8. Salzb. Oberer. 813.

v. Spauer, Graf Fr. Frz. Jos., Maximen für Jünglinge, die in die große Welt treten. 8. Salzb. 809. Mayr. 10 gr.

—— Ueber die Pflicht des Staates, die Arbeitsamkeit zu befördern, die Bettelei abzustellen und die Armen zu versorgen. 8⁰. Salzburg, Mayr, 1794. kl. 8⁰. Ebd. 1802.

[Spauer, Frdr. Frz Graf v.,] Reisen durch Oberdeutschland in Briefen an einen vertrauten Freund. 1. Bd. enthaltend Salzburgs gebirgigte Gegenden, Reichenhall und Berchtesgaden. Mit 2 Kupfern. Marburg 1800. 8. . . . . (D.)

Vgl. Reisen...

v. Spaur, Gräfin Therese, Papst Pius' IX. Fahrt nach Gaeta. 8. (VIII u. 61 S.) Schaffhausen 852, Hurter. 9 ngr

Spaaracchini, Girolamo, Socialdemokratische Hobelspäne eines philosophischen Tischlergesellen. 1. Bändchen. kl.-8°. Bern, E. Magron, 1878.

Spausta, J. Hugo, Vernunft u. Wahrheit. Der Mensch u. sein Verhältnis zu Gott od. die Lösg. der sozialen Frage. (128 S.) 8. Leipzig 904. O. Mutze. n. 2. —

FSC
www.fsc.org
MIX
Papier | Fördert gute Waldnutzung
FSC® C083411

Kolibri 360 GmbH
Ferdinand-Jühlke-Straße 7
99095 Erfurt, Deutschland
produktsicherheit@kolibri360.de